DICTIONNAIRE TOPOGRAPHIQUE

DU

DÉPARTEMENT DU MORBIHAN

COMPRENANT

LES NOMS DE LIEU ANCIENS ET MODERNES

RÉDIGÉ SOUS LES AUSPICES

DE LA SOCIÉTÉ POLYMATHIQUE DU MORBIHAN

PAR M. ROSENZWEIG

VICE-PRÉSIDENT DE CETTE SOCIÉTÉ

CORRESPONDANT DU MINISTÈRE DE L'INSTRUCTION PUBLIQUE, ARCHIVISTE DU DÉPARTEMENT

PARIS

IMPRIMERIE IMPÉRIALE

M DCCC LXX

D
16 ς
17

DICTIONNAIRE TOPOGRAPHIQUE

DE

LA FRANCE

COMPRENANT

LES NOMS DE LIEU ANCIENS ET MODERNES

PUBLIÉ

PAR ORDRE DU MINISTRE DE L'INSTRUCTION PUBLIQUE

ET SOUS LA DIRECTION

DU COMITÉ DES TRAVAUX HISTORIQUES ET DES SOCIÉTÉS SAVANTES.

DICTIONNAIRE TOPOGRAPHIQUE

DU

DÉPARTEMENT DU MORBIHAN

COMPRENANT

LES NOMS DE LIEU ANCIENS ET MODERNES

RÉDIGÉ SOUS LES AUSPICES

DE LA SOCIÉTÉ POLYMATHIQUE DU MORBIHAN

PAR M. ROSENZWEIG

VICE-PRÉSIDENT DE CETTE SOCIÉTÉ

CORRESPONDANT DU MINISTÈRE DE L'INSTRUCTION PUBLIQUE, ARCHIVISTE DU DÉPARTEMENT

PARIS

IMPRIMERIE IMPÉRIALE

———

M DCCC LXX

INTRODUCTION.

I. — DESCRIPTION PHYSIQUE [1].

Le département du Morbihan, borné au sud par l'Océan Atlantique, est limité à l'ouest, au nord, à l'est et au sud-est par les départements du Finistère, des Côtes-du-Nord, d'Ille-et-Vilaine et de la Loire-Inférieure. Il est compris entre $4°25'$ et $6°6'$ de longitude occidentale, $46°14'$ et $48°10'$ de latitude boréale : le chef-lieu, Vannes, est situé par $5°5'42''$ de longitude et $47°39'31''$ de latitude.

La plus grande longueur du département, de l'ouest à l'est, est de 128 kilomètres; sa largeur moyenne, de 88 kilomètres du nord au sud. Sa superficie totale est de 680,263 hectares environ, qui se subdivisent de la manière suivante [2] :

Terres labourables et terrains évalués par assimilation........	239 086^h	62^a	10^c
Prairies naturelles................	63 828	09	26
Vergers, pépinières, jardins.....	13 630	03	06
Oseraies, aunaies, saussaies...........................	" "	97	61
Landes, pâtis et bruyères....	299 084	27	79
Vignes...........	" 721	45	27
Bois et forêts. (Voy. plus bas les forêts de l'État.)......... ..	35 160	72	15
Propriétés bâties.............................	3 713	75	94
Cimetières, églises, presbytères, bâtiments publics..........	" 290	05	35
Étangs, abreuvoirs, mares, canaux d'irrigation.............	2 339	55	22
Rivières, lacs, ruisseaux.................	3 456	35	74
Routes, chemins, places publiques, rues..	14 262	64	54
Marais salants......................................	" 923	10	35
Plantations et châtaigneraies..........................	2 357	10	83
Forêts de l'État....................................	1 408	63	12
	680 263	37	63

[1] Nous devons cette description à l'obligeance de M. Arrondeau, inspecteur d'académie, aujourd'hui président de la Société polymathique du Morbihan.

Morbihan.

[2] Ces renseignements sur la classification des terrains du Morbihan ont été fournis en 1862 par M. le directeur des contributions directes.

A

Canaux de navigation évalués comme terre labourable (1re cl.).   Contenances
Carrières et mines évaluées comme les terrains environnants...   non déterminées
Écluses évaluées, ainsi que les canaux, comme terre de 1re classe.   aux
Autres objets non imposables (compris aux art. 9, 11, 12 et   récapitulations
   15)......................................   des matrices.

Outre son territoire continental, le département comprend plusieurs îles, dont les principales sont : l'île d'Arz et l'île aux Moines, dans le golfe du Morbihan; ensuite les îles de Houat et d'Hœdic, qui semblent prolonger la presqu'île de Quiberon; puis l'île de Groix, en face de la rade de Lorient; et enfin Belle-Île, la plus considérable, dont la superficie est de 8,000 hectares.

Le sol est constitué presque exclusivement par les terrains les plus anciens. Des granits de divers âges, des schistes et des quartz appartenant aux étages cambrien et silurien, se le partagent inégalement. On n'y trouve aucune trace des terrains secondaires; quelques dépôts d'argile, de sables et de cailloux roulés sont les rares témoins de l'époque tertiaire; l'élément calcaire y fait complétement défaut.

L'ensemble de ces terrains présente une surface très-accidentée, découpée d'une foule de vallons à flancs escarpés et offrant une pente générale du nord au sud. Au nord-ouest, elle se relève en s'appuyant sur l'extrémité des montagnes Noires, dont la crête dentelée dépasse en quelques points 300 mètres de hauteur au-dessus du niveau de la mer.

Des landes incultes couvrent encore une notable portion du département. La zone littorale, qui est généralement la partie la plus fertile du territoire, est complétement déboisée. A l'intérieur, on trouve les forêts de Lanouée, de Quénécan, de Conveau, de Camors, les bois de Molac, Colpo, Trédion, Lanvaux, derniers vestiges de l'immense forêt qui couvrait jadis cette région de la Bretagne.

Les principaux cours d'eau sont : la Vilaine, qui n'arrose que l'angle sud-est du département; l'Oust, qui se jette dans la Vilaine à Redon; et le Blavet, qui par sa jonction avec le Scorff forme la rade de Lorient. Le canal de Nantes à Brest traverse le département sur un développement de 131 kilomètres, empruntant d'abord le lit de l'Oust, puis celui du Blavet; la section qui réunit ces deux vallées a son point de partage à Hilvern.

Le département du Morbihan doit à sa situation maritime un climat tempéré. Le printemps est généralement froid et pluvieux, l'automne sec et beau ; les froids intenses sont rares et de peu de durée. Les vents, souvent forts, soufflent le plus habituellement des régions de l'ouest. Les orages sont peu fréquents et les grêles dévastatrices très-rares. La quantité annuelle de pluie surpasse la moyenne de l'ensemble de la France.

II. — GÉOGRAPHIE HISTORIQUE [1].

Le pays que nous avons à étudier ayant été successivement habité par les Armoricains, Celtes ou Gaulois, par les Romains ou Gallo-Romains, par les Bretons et par les Francs, sa topographie doit être étudiée à chacune de ces différentes époques.

ÉPOQUE CELTIQUE.

L'Armorique embrassait à l'origine toute la région occidentale de la Gaule transalpine, et plus particulièrement de la Celtique, pays compris entre la Seine, la Garonne et l'Océan. Parmi les peuples qui l'habitaient au moment de la conquête romaine figure la république des Vénètes (*Venetia* et *Veneti* de César, du celtique *Guennet* ou *Gwened*), qui occupait sur les bords de la mer l'espace renfermé entre la Vilaine et l'Ellée. Le nombre et l'importance des monuments qu'ils ont laissés sur la côte attestent que là était la principale résidence de cette peuplade toute maritime, que là se trouvaient les *oppidum* dont parlent les Commentaires sans les nommer; ils ne semblent pas avoir eu de capitale particulière.

ÉPOQUE GALLO-ROMAINE.

L'an 56 avant Jésus-Christ, la puissance des Vénètes est anéantie dans le combat naval livré par les Romains, sous les yeux de César, dans la baie de Quiberon, en face de la presqu'île de Rhuis. Cette défaite a pour résultat la soumission de toute la péninsule armoricaine, l'établissement de voies, de stations et de *villa*.

Ptolémée, qui écrivait au iie siècle de notre ère, mentionne les *Veneti* (Οὐένετοί) comme faisant partie de la Gaule lyonnaise, d'après la division établie par Auguste, et ayant pour capitale *Dariorigum* (πόλις Δαριόριγον), citée pour la première fois; sur la carte dressée d'après le texte de Ptolémée, cette capitale est placée sur le *Herius*

---

[1] Nous empruntons la plupart des renseignements historiques qui suivent à trois ouvrages que nous nous bornons à résumer rapidement : les Prolégomènes du Cartulaire de Redon, publié en 1863 par M. A. de Courson; l'Annuaire historique et archéologique de Bretagne, par M. A. de la Borderie (1861-1862); et l'Annuaire statistique, historique et administratif du Morbihan, par M. A. Lallemand (années diverses).

fluvius (Ἥριος ποταμός), occupant la position de la Vilaine, qui se jette dans l'*Oceanus Aquitanicus* (*Géographie,* l. II, ch. VIII, et carte publiée dans le *Theatrum Geographiæ veteris* de Bertius).

Au IIIe siècle, la domination romaine s'affermit : la plupart des monuments datés, bornes ou monnaies, que l'on découvre de nos jours dans le Morbihan, sont de cette époque.

Le *Dariorigum* du géographe d'Alexandrie devient, à cette époque, *Dartoritum* dans la carte de Peutinger, qui aux noms précédemment indiqués ajoute ceux de *Reginea, Sulim* et *Durecie.*

A partir du IVe siècle, le nom du chef-lieu disparaît pour faire place, comme dans le reste de la Gaule, au nom du peuple : *Civitas Venetum,* inscrit dans la troisième Lyonnaise par la Notice des Provinces au commencement du Ve siècle.

Vers le même temps, la Notice de l'Empire d'Occident fixe à Vannes (*Venetis*) le *Præfectus militum Maurorum Venetorum* sous les ordres du *dux tractûs Armoricani.*

Si nous mentionnons encore le *Vindilis* de l'Itinéraire d'Antonin (IVe siècle), qui semble se rapporter à Belle-Île-en-Mer, nous aurons épuisé la nomenclature des noms de lieux fournis par les documents primitifs de notre histoire. Nous avons négligé à dessein certains noms qui ne nous paraissent pas mériter le moindre crédit.

Quant à l'emplacement précis de ces différents lieux, nous ne pouvons que résumer les opinions le plus généralement adoptées par les savants qui jusqu'à ce jour se sont efforcés de résoudre cette question difficile, en s'appuyant sur les données archéologiques et philologiques, vu le silence de l'histoire et l'extrême confusion des cartes de Peutinger et de Bertius.

La position de *Dariorigum* offrant un intérêt tout particulier, c'est sur elle que s'est concentrée plus spécialement l'attention. Vannes et Locmariaquer se sont longtemps disputé et se disputent encore aujourd'hui l'honneur d'avoir été le chef-lieu gallo-romain primitif : de part et d'autre, en effet, les ruines attestent un établissement important; néanmoins certaines considérations, dans lesquelles nous ne pouvons entrer ici, ont rallié en faveur de Vannes la majorité des suffrages. Toujours est-il qu'à la fin du IVe siècle cette dernière ville était bien réellement, si elle ne l'avait toujours été, la capitale des Vénètes-Romains, ainsi que le prouvent ses murailles, les nombreuses voies qui y aboutissent, et le nom qu'elle a conservé depuis cette époque.

Bien que Samson ait placé *Sulim* et *Reginea* aux Salles et à Rohan, les auteurs modernes s'accordent généralement à fixer à Castennec la première de ces stations, la seconde aux environs de Réguiny, et *Durecie* à Rieux. En y ajoutant les établissements de Locmariaquer, de Goh-Ilis et de Nostang, dont la situation est connue, mais dont on ignore l'ancienne dénomination, on aura les principaux centres de population de la période gallo-romaine.

Ces centres étaient reliés entre eux par un réseau de voies dont nous citerons les plus importantes : celles de Vannes à Locmariaquer, à Hennebont, à Corseul, à Rennes, à Angers, à Nantes avec embranchement sur Port-Navalo; enfin celle de Rennes à Carhaix par Castennec.

Telle était, sous la domination romaine, la cité, c'est-à-dire le territoire occupé par les Vénètes, l'un des cinq peuples que renfermait la péninsule armoricaine au début du v⁰ siècle. Cette cité (*civitas*) fut-elle, suivant le système communément adopté, divisée régulièrement en un certain nombre de *pagus,* subdivisés eux-mêmes en *vicus?* Il n'y a pas lieu de le croire. On trouve, il est vrai, un peu plus tard la désignation de quelques *pagus* (en breton *pou* ou *bro*); mais elle n'est guères appliquée, sauf un cas peut-être, pour la région dont nous nous occupons, qu'à des portions de pays indéterminées et d'une étendue très-variable.

ÉPOQUE FRANCO-BRETONNE, MOYEN ÂGE ET TEMPS MODERNES.

Cependant l'empire croulait de toutes parts. Tandis que les Francs envahissaient le nord de la Gaule, l'Armorique, dépeuplée par suite des exactions fiscales de l'administration romaine, voyait, dès la première moitié du v⁰ siècle, aborder journellement sur ses côtes des bandes de Bretons chassés de leur pays par les Anglo-Saxons. Pendant deux siècles, ces immigrations continuent sans opposition de la part des habitants de la péninsule; cette conquête lente et pacifique n'en était que plus assurée et donne lieu à des modifications topographiques successives. Déjà l'Armorique du v⁰ siècle, restreinte à la région située entre la Seine et la Loire, avait emprunté aux troupes de *Lètes,* propriétaires de biens concédés par les Romains, le nom de *Létavie*[1]. Au vi⁰ siècle, la partie occidentale de la presqu'île reçoit de ses nouveaux colons, sans doute en souvenir de la patrie abandonnée, la dénomination de *Petite-Bretagne* ou simplement *Bretagne,* dénomination qui s'est perpétuée jusqu'à nos jours, mais appliquée à une étendue de pays de plus en plus considérable, à mesure que l'invasion bretonne gagnait vers l'est. De ce côté, le sol encore occupé par les Gallo-Romains porta pendant quelque temps le nom de *Romanie,* par opposition à celui de Bretagne. Il n'était plus question d'Ar-

---

[1] M. Le Men, archiviste du Finistère, dans son *Histoire de l'abbaye de Sainte-Croix de Quimperlé,* donne à ce mot une autre étymologie; il en fait la forme latine du mot breton *Letaw,* pays maritime.

morique; il ne fut bientôt plus question de Romanie, le jour où les conquêtes des Francs vinrent rajeunir la vieille Gaule. Dès lors il n'y a plus que deux peuples en présence : les Bretons· et les Gallo-Francs.

Dans la région qui forme aujourd'hui le département du Morbihan, Vannes, seule d'entre les anciens centres gallo-romains, avait conservé quelque prestige ; elle était, à la fin du v° siècle, le siége d'un évêché et la résidence d'un roi, *Rex Venetensis*. *Urbs,* *.civitas Venetica,* telles sont les expressions dont se sert Grégoire de Tours, au vi° siècle, pour désigner la ville de Vannes ; *Civitas, parrochia Venetensis,* dit à la même époque la Vie de saint Melaine. Remarquons, en passant, que *civitas* n'a plus alors le sens de *territoire* que lui donnait César.

Cette importance de la ville de Vannes eut deux conséquences naturelles : d'une part, la création d'une dénomination topographique particulière pour le pays dont elle était le centre, celle de *pays Vannetais, Veneticus pagus* dans Grégoire de Tours, correspondant à l'ancien territoire des Vénètes ; de l'autre, une lutte prolongée entre les Bretons et les Francs relativement à la possession de cette même ville.

Le Vannetais se divisait en deux parties : le Vannetais oriental ou Haut-Vannetais et le Vannetais occidental ou Bas-Vannetais. A la fin du v° siècle, un prince galloromain, Eusébius, gouvernait Vannes et le Vannetais oriental, pays bientôt occupé par les Francs ; quant au Vannetais occidental, il était alors aux mains des Bretons et de leur chef, le comte Waroch ou Guérech, ce qui lui faisait aussi donner le nom de *Bro-Werech, pagus Gueroci.* Au vi° siècle, Waroch s'empare de Vannes elle-même sur les Francs et succède à Eusébius sous le nom de *Waroch Ier.* Sous les successeurs de ce prince, le Broërec, désigné le plus souvent sous le titre de *Comté,* continue de s'étendre peu à peu : d'où il convient, pour déterminer exactement les limites de ce comté, de préciser avant.tout l'époque dont on veut parler. A l'origine, il couvre la portion du pays vannetais renfermée entre l'Ellée et la baie du Morbihan, non compris Vannes, mais y compris la presqu'île de Rhuis ; sous Waroch Ier, la ville fait partie du Broërec et n'est reprise par les Francs qu'au viii° siècle ; au ix°, tout le Vannetais oriental, pays disputé depuis trois cents ans, est définitivement au pouvoir des Bretons, après les conquêtes de Nominoë, et le Broërec a pour dernières limites la Cornouaille à l'ouest, la mer au sud, à l'est la Vilaine, au nord la Domnonée ou plutôt une vaste forêt, qui deviendra bientôt célèbre, dans les fastes de la chevalerie, sous le nom de *Brocéliande,* et qui occupait le centre de la péninsule armoricaine.

Le reste de la Bretagne gagnait également vers l'est ; avant même que le Vannetais oriental fût réuni au Broërec, les Bretons s'étaient avancés au nord jusqu'aux confins du diocèse de Rennes ; après la mort de Nominoë, au ix° siècle, leur domination s'étend sur tout le pays qui constitua plus tard la province de Bretagne, et même au delà pendant quelque temps.

La topographie de la domination bretonne après la conquête du Haut-Vannetais, mais avant celle des comtés de Rennes et de Nantes, représente à peu près la topographie de la langue bretonne du ixe au xiie siècle. En effet, la ligne de démarcation de cette langue, au ixe siècle, limite à l'est les évêchés de Dol et de Saint-Malo et coupe celui de Nantes en se dirigeant vers l'embouchure de la Loire à travers le doyenné de la Roche-Bernard; elle s'arrêta là, malgré les succès postérieurs des Bretons. A gauche de cette ligne, l'élément breton déborde de toutes parts l'élément romain dans la composition des noms de lieux, comme aussi dans les vocables des églises : on le reconnaît encore aujourd'hui, malgré les transformations opérées depuis cette époque; à droite, au contraire, persiste l'élément romain.

Mais les invasions normandes du ixe et du xe siècle ont pour résultat une nouvelle dépopulation de la province et le report vers l'ouest de cette ligne de séparation des langues. A partir du xiie siècle, et jusqu'à nos jours, elle peut être tracée directement de l'embouchure de la Vilaine à la rivière de Châtelaudren, et de ce point à la mer: elle sert alors de démarcation entre la *basse* et la *haute Bretagne,* autrement dit entre la *Bretagne bretonnant* et la *Bretagne Gallo,* pays différant entre eux non-seulement par la langue, mais aussi par le costume, par les mœurs et par le caractère.

Nous avons suivi la Bretagne, et particulièrement le pays que nous étudions, jusqu'au moment où leur constitution politique commence à s'établir sur des bases certaines : parler des guerres étrangères ou intestines qui les désolèrent par la suite n'ajouterait rien à leur topographie; nous n'avons donc pas à nous en préoccuper, et il nous suffira de rappeler le grand fait qui domine tous les autres : l'union de la Bretagne à la France au xvie siècle.

Mais ce qui rentre essentiellement dans notre cadre, et ce que nous n'aurons garde de négliger, c'est la nomenclature des divisions multiples et si variées qui partagèrent notre sol jusqu'à la Révolution française, aux divers points de vue ecclésiastique, féodal, judiciaire, financier et administratif. Bien que chacun des articles du Dictionnaire porte avec lui toutes les indications nécessaires à cet égard, il nous a semblé utile de donner ici dans leur ensemble ces différentes divisions; nous y comprenons tout à la fois les localités qui faisaient partie de l'ancien diocèse de Vannes et celles des diocèses voisins qui sont entrées dans la composition du département actuel du Morbihan; nous nous sommes attaché, en outre, à présenter, autant que possible, dans cette nomenclature l'état de choses qui existait en 1789, en indiquant néanmoins, lorsqu'il y avait lieu, les modifications antérieures.

§ 1. ORGANISATION ECCLÉSIASTIQUE.

Des différents diocèses de la province de Bretagne compris autrefois dans le ressort de l'archevêché de Tours, cinq ont contribué à la formation du département du Morbihan, savoir : ceux de Vannes, de Cornouaille, de Saint-Brieuc, de Saint-Malo et de Nantes. Le diocèse de Vannes a, de son côté, fourni quelques paroisses aux départements du Finistère, des Côtes-du-Nord et d'Ille-et-Vilaine.

Bien que l'organisation ecclésiastique semble comporter, en général, pour chaque diocèse des divisions et des subdivisions en archidiaconés, archiprêtrés, doyennés et paroisses, il s'en faut que ce système ait été partout régulièrement suivi; les pouillés de Bretagne en sont une nouvelle preuve.

Ici, comme ailleurs, on a observé pour ces divisions, à l'origine, les limites naturelles des forêts et des cours d'eau.

En Bretagne particulièrement, la paroisse, *plebs* (en breton *plou* et toutes ses variantes), *parrochia, ecclesia,* renferme quelquefois une ou plusieurs *trèves* (*treb, trev, tref*) ou *fillettes,* composées chacune d'un certain nombre de villages ou hameaux (*villa, ker*); mais il est à remarquer que ces trèves, toujours pourvues d'une chapelle à laquelle étaient attachés des droits spéciaux facilitant l'exercice du culte, n'existaient que dans les paroisses très-étendues : la trève, toujours éloignée de l'église paroissiale, était une annexe, une succursale, plutôt qu'une division de la paroisse. La *frairie,* qu'il ne faut pas confondre avec la trève, est, au contraire, une subdivision plus ou moins considérable de la paroisse ou de la trève elle-même : tandis que la trève n'était qu'une exception, toutes les paroisses rurales et même les villes étaient partagées en plusieurs frairies; quoique pourvue le plus souvent d'une chapelle, la frairie était moins une division ecclésiastique qu'une division administrative ou financière établie; il est vrai, par les fabriques paroissiales, auxquelles incombait autrefois le soin de lever les impôts, de recruter la milice, etc.

Dans ses Prolégomènes du cartulaire de Redon, M. A. de Courson signale quelques autres dénominations en usage au IXᵉ siècle : par exemple, celle de *plebs condita* affectée, suivant lui, aux paroisses ayant une origine toute romaine et militaire, celles de *centena* et de *vicaria,* assimilées à *plebs,* celle de *compot,* réunion de plusieurs villages; et autres de moindre importance.

A côté des institutions du clergé séculier s'élevaient les établissements réguliers, les abbayes, les prieurés simples ou conventuels, les couvents, les ordres militaires, les hôpitaux et anciennes maladreries.

En donnant ici la liste des divisions et subdivisions ecclésiastiques de l'ancien diocèse de Vannes et des parties des diocèses limitrophes comprises aujourd'hui dans le Morbihan, nous avons eu soin, ainsi que nous le disions plus haut, de la rapporter le plus exactement possible à une date précise, celle de 1789. C'est surtout, en effet, dans la confection d'un pouillé que cette précaution est indispensable; le pouillé d'un diocèse au xvie siècle diffère notablement de celui du même diocèse au xviie siècle, et tous deux de celui du xviiie siècle, et l'on s'exposerait à de graves erreurs en essayant de composer un pouillé nouveau, à l'aide de ces éléments divers, sans préciser une époque. Il suffira, pour s'en convaincre, de suivre sur nos tableaux et dans notre Dictionnaire les nombreuses transformations qu'ont subies quelques localités : les unes, simples villages ou frairies à l'origine, deviennent avec le temps trèves ou même paroisses; d'autres, au contraire, figurant d'abord comme paroisses, ne sont plus que des trèves à l'approche de la Révolution; il en est dont l'état se modifie jusqu'à trois et quatre fois, par suite du déplacement de la population, de l'érection en paroisses des anciennes chapelles seigneuriales ou prieurales, englobant à leur tour leurs paroisses primitives, des rivalités et des procès qui en résultaient, et dont quelques-uns duraient encore en 1789.

Si cette extrême mobilité rend difficile la confection d'une liste des paroisses, il n'est pas plus aisé de dresser exactement un état des prieurés; très-nombreux et desservis régulièrement au moyen âge, ils sont, pour la plupart, ou abandonnés ou sécularisés à la Révolution, et se confondent souvent avec de simples chapellenies. En présence de cette situation douteuse, nous n'avons fait figurer ici que les principaux, à la suite des abbayes dont ils dépendaient, renvoyant pour les autres au Dictionnaire.

De nombreux documents, conservés aux archives départementales et datant du xiie au xviiie siècle, nous ont servi à établir le pouillé suivant :

1. — DIOCÈSE DE VANNES.

Fondé en 465, le diocèse de Vannes fut d'abord gouverné par des évêques gallo-romains, dont le premier fut saint Patern. Ses limites, qu'il conserva même après l'occupation bretonne, étaient celles de l'ancienne *civitas* des Vénètes : la mer, au sud; à l'ouest, l'Ellée; au nord, le Blavet supérieur, l'Oust jusqu'à Malestroit, et une ligne allant de ce point vers l'est jusqu'à la Vilaine, un peu au-dessus de Langon; à l'est, la Vilaine. Quant aux divisions du diocèse, elles ne semblent avoir aucun rapport avec les *pagus* mentionnés dans les premiers siècles. Nous avons vu plus haut ce qu'on entendait, au vi^e siècle, par le *pagus Venetensis* et le *pagus Gueroci;* on trouve encore à la même époque, dans le diocèse de Vannes, le *pagus Reuvisii,* pays de Rhuis, et plus tard (xi° siècle), le *pagus Beels* : ce dernier est le seul qui figure avec la qualification de doyenné dans l'organisation ecclésiastique.

Les évêques de Vannes résidaient dans cette dernière ville, au manoir de la Motte, ancien château ducal (plus tard la préfecture); ils avaient aussi une résidence d'été au manoir de Kerango, en la paroisse de Plescop.

Outre l'officialité, ils avaient une juridiction temporelle très-étendue connue sous le nom de *Régaires*, ayant son siége principal à Vannes et un siége particulier à Pont-scorff; mais cette dernière cour avait été aliénée longtemps avant la Révolution.

Le chapitre de l'église cathédrale avait pour dignitaires un archidiacre, un trésorier, un chantre et quatre archiprêtres.

Le diocèse de Vannes renfermait cent soixante et douze paroisses, réparties entre six doyennés et quatre territoires, savoir :

Le territoire de Vannes (nous adoptons ici l'expression de *territoire*, tout en faisant observer que dans aucun des nombreux pouillés que nous avons consultés cette division du diocèse ne porte de nom particulier);

Le doyenné de Pont-Belz (corruption de Pou-Belz), dont le siége était à Mendon;

Le doyenné des Bois, de Guémené-des-Bois (corruption de Héboë et de Kemenet-Héboë) ou de Guidel, dont le siége était à Guidel;

Le doyenné de Guémené (ancien Kemenet-Guégant), dont le siége était à Locmalo;

Le doyenné de Porhoët, dont le siége était à Saint-Servant;

Le doyenné de Carentoir, dont le siége était à Carentoir;

Le territoire de Redon;

Le territoire de Rieux;

Le doyenné de Péaule, dont le siége était à Péaule;

Le territoire de Belle-Île (ancienne officialité relevant directement de la cour de Rome jusqu'en 1666).

Les doyens étaient en même temps recteurs (curés) au siége de leur doyenné.

Le territoire de Vannes comprenait trente-quatre paroisses, savoir :

Arradon, avec sa trève l'Île-aux-Moines;

Arzon;

Baden;

Brandérion, anciennement trève de Languidic;

Elven, avec ses trèves Aguénéac et Trédion;

Grand-Champ, avec ses trèves Brandivy et Locmaria;

Houat, anciennement trève de Saint-Goustan-de-Rhuis;

Île-d'Arz (L') (unie à Ilur);

Landaul;

Landévant;

Languidic;

Meucon;

Notre-Dame-du-Mené (à Vannes);

Noyalo;

Plaudren (unie à Saint-Bily), avec ses trèves Locqueltas et Monterblanc;

Plescop;

Plœren;

Plougoumelen;

Plumergat, y compris sa trève Mériadec-Coëtsal;

Pluneret;

Pluvigner, avec sa trève Saint-Bieuzy;

Saint-Avé;

Saint-Gildas-de-Rhuis (anciennement Saint-Goustan), avec sa trève Hœdic;

Saint-Goustan-d'Auray;

Saint-Nolff;

Saint-Patern (de Vannes);

Saint-Pierre (de Vannes), anciennement Sainte-
Croix;

Saint-Salomon (de Vannes);

Sarzeau;

Séné;

Sulniac, avec ses trèves le Gorvello et la Vraie-
Croix;

Surzur, avec ses trèves le Hézo et la Trinité-de-
la-Lande;

Theix;

Treffléan, avec sa trève Bizole.

Le doyenné de Pont-Belz comprenait dix-huit paroisses, savoir :

Belz;

Brech;

Carnac;

Crach;

Erdeven;

Kervignac;

Locmariaquer;

Locoal, avec sa trève Sainte-Hélène (désignée aussi
sous le nom de paroisse de Locoal-Hennebont);

Meudon;

Merlévenez (dont l'église paroissiale était anciennement à Trévelzun);

Nostang;

Plœmel;

Plouharnel;

Plouhinec;

Quiberon ou Locmaria-de-Quiberon;

Riantec, avec sa trève le Port-Louis;

Saint-Gildas-d'Auray, primitivement en Brech;

Saint-Gilles-Hennebont, y compris sa trève
Saint-Gilles-des-Champs (anciennement paroisse). La paroisse de Saint-Gilles-Hennebont
faisait primitivement partie du territoire de
Vannes.

Le doyenné des Bois comprenait vingt paroisses, savoir :

Arzano, avec sa trève Guilligomarch (anciennement paroisse);

Berné;

Bubry, avec sa trève Saint-Yves;

Caudan;

Cléguer;

Groix ou l'Ile-de-Groix;

Guidel;

Inguiniel;

Inzinzac, avec sa trève Penquesten;

Lanvaudan, avec sa trève Calan (anciennement
paroisse);

Lesbins-Pontscorff, avec sa trève Gestel (anciennement paroisse);

Lorient ou St-Louis-de-Lorient, anc¹ en Plœmeur;

Meslan;

Plœmeur;

Plouay;

Quéven, avec sa trève Bihoué (anc¹ paroisse);

Quistinic;

Rédené, avec sa trève Saint-David;

Saint-Caradec-Hennebont;

Saint-Caradec-Trégomel, avec sa trève Kernascléden.

Le doyenné de Guémené comprenait dix-neuf paroisses, savoir :

Bieuzy (unie à l'ancienne paroisse de Castennec);

Cléguérec, avec ses trèves Saint-Aignan et Sainte-Brigitte;   .

Guern, avec sa trève Saint-Michel;

Langoëlan, avec sa trève le Merzer (anciennement paroisse);

Lescouet;

Lignol, avec sa trève Saint-Yves;

Locmalo ou Locmalo-Guémené;

Malguénac, avec sa trève Stival (anciennement paroisse);

Mellionnec;

Melrand;

Persquen;

Plélauff;

Ploërdut, avec sa trève Locuon;

Plouguernevel, avec ses trèves Bonen, Locmaria et Saint-Gilles-Goarec : cette paroisse faisait anciennement partie du diocèse de Cornouaille;

Plouray;

Priziac;

Saint-Tugdual (primitivement trève du Croisty), avec sa trève le Croisty (anciennement paroisse);

Séglien, avec sa trève Lescharlins (aujourd'hui Saint-Germain, paroisse au xv⁵ siècle);

Silfiac, avec sa trève Perret (ancienne paroisse).

Le doyenné de Porhoët comprenait trente-cinq paroisses, savoir :

Baud;

Bignan;

Bohal, anciennement trève de Saint-Marcel, et primitivement paroisse : cette paroisse faisait partie du territoire de Rieux au xv⁵ siècle;

Buléon, anciennement trève de Saint-Allouestre;

Camors;

Crédin;

Croixanvec;

Cruguel (anciennement trève de Billio, et primitivement paroisse), avec sa trève Billio (anciennement paroisse);

Guégon, avec ses trèves Coët-Bugat (anciennement paroisse) et Trégranteur;

Guéhenno, avec sa trève la Chapelle-ès-Brières (anciennement paroisse);

Guénin;

Lantillac;

Locminé ou Saint-Sauveur-de-Locminé, anciennement dans la paroisse de Moréac;

Moréac;

Moustoirac ou Moustoir-Radenac ou Moustoir-Locminé, anciennement trève de Locminé, et primitivement paroisse;

Naizin;

Noyal-Pontivy (dont l'église paroissiale était anc⁵ à Sainte-Noyale), avec ses trèves Gueltas, Kerfourn, Saint-Gérand, Saint-Thuriau;

Pleugriffet;

Plumelec, avec sa trève Saint-Aubin (anciennement paroisse);

Pluméliau, avec sa trève Saint-Nicolas-des-Eaux;

Plumelin;

Pontivy;

Quily, anciennement trève de Sérent;

Radenac;

Réguiny;

Remungol, avec sa trève Moustoir-Remungol (ancienne paroisse);

Rohan, anciennement trève de Saint-Gouvry et primitivement paroisse;

Saint-Allouestre;

Sainte-Croix (de Josselin);

Saint-Gonnery;

Saint-Gouvry, anciennement trève de Rohan;

Saint-Jean-Brévelay;

Saint-Marcel;

Saint-Servant;

Sérent, avec ses trèves Lizio, le Roc-Saint-André et Saint-Guyomard (ou Saint-Maurice).

Le doyenné de Carentoir comprenait neuf paroisses, savoir :

Carentoir, avec ses trèves la Chapelle-Gaceline, la Gacilly, la Haute-Bourdonnaye ou les Hautes-Bouessières, Quelneuc;

Malestroit ou Saint-Gilles-de-Malestroit, anciennement trève de Missiriac, et primitivement paroisse : Malestroit faisait partie du territoire de Rieux au xviᵉ siècle;

Missiriac, anciennement trève de Malestroit, et primitivement paroisse : la paroisse de Missiriac faisait partie du territoire de Rieux au xviᵉ siècle;

Renac;

Ruffiac, avec sa trève Saint-Nicolas-du-Tertre;

Saint-Just;

Sixt;

Temple de Carentoir (Le), anciennement trève de Carentoir, et primitivement paroisse :

Tréal.

Le territoire de Redon comprenait quatre paroisses, savoir :

Bains;

Brain;

Langon;

Redon.

Le territoire de Rieux comprenait treize paroisses, savoir :

Allaire, avec sa trève Saint-Gorgon;

Béganne;

Fougerêts (Les);

Glénac (anciennement trève de Cournon, et primitivement paroisse), avec sa trève Cournon (anciennement paroisse, et primitivement en celle de Bains) : Glénac faisait partie du doyenné de Carentoir au xvᵉ siècle;

Peillac;

Pleucadeuc;

Rieux, avec sa trève Saint-Jean-des-Marais;

Saint-Congard;

Saint-Gravé;

Saint-Jacut;

Saint-Laurent-de-Grée-Neuve : cette paroisse faisait partie du doyenné de Carentoir au xvᵉ siècle;

Saint-Martin-sur-Oust;

Saint-Vincent-sur-Oust, avec sa trève Saint-Perreux.

Le doyenné de Péaule comprenait seize paroisses, savoir :

Ambon;

Arzal, avec sa trève Lantiern;

Berric;

Billiers;

Bourg-Paul-Muzillac;

Caden;

Larré;

Lauzach;

Limerzel;

Malansac;

Marzan;

Molac : la paroisse de Molac faisait partie du territoire de Rieux pendant le xvᵉ siècle et aussi pendant le xviᵉ;

Noyal-Muzillac, avec sa trève le Guerno;

Péaule;

Pluherlin, avec sa trève Rochefort;

Questembert.

Le territoire de Belle-Île comprenait quatre paroisses, savoir :

Bangor;

Locmaria;

Palais (Le) ou Saint-Gérand du Palais;

Sauzon.

Le diocèse de Vannes renfermait deux collégiales, celles de Notre-Dame-de-la-Fosse, à Guémené, et de Notre-Dame-de-la-Tronchaye, à Rochefort.

Quant aux établissements réguliers, ils étaient en grand nombre, et quelques-uns très-anciens. Les premiers monastères dont l'histoire fasse mention sont : au vi° siècle, ceux de Saint-Gunthiern en l'île de Groix, de Sainte-Ninnoch en la paroisse de Plœmeur, de Saint-Gildas en la presqu'île de Rhuis et de Saint-Melaine en Brain (aujourd'hui dans l'Ille-et-Vilaine); au viii° siècle, celui de Locminé, alors en la paroisse de Moréac; au ix° siècle, ceux de Saint-Sauveur de Redon (Ille-et-Vilaine), de Cnoch ou Conoch en Ruffiac, de Saint-Ducocan en Cléguérec, de Cournon en Bains (aujourd'hui Cournon est dans le Morbihan et Bains dans l'Ille-et-Vilaine). Les monastères du Ballon et de Busalt, dans la même paroisse de Bains, existaient aussi à une époque fort reculée.

A la fin du xviii° siècle, le diocèse de Vannes comptait cinq abbayes, savoir :

L'abbaye de la Joie (femmes), en Saint-Gilles-Hennebont, dont dépendait le prieuré de Lochrist (anciennement membre de Saint-Gildas-de-Rhuis);

L'abbaye de Lanvaux, en Grand-Champ;

L'abbaye de Prières, en Billiers;

L'abbaye de Saint-Gildas-de-Rhuis, en la paroisse de ce nom, dont dépendaient les prieurés d'Arz (Notre-Dame), Auray, Baud, Bourgerel en Noyal-Muzillac, Gâvre en Plouhinec, Langlenec en Sarzeau, Locminé, Rieux, Saint-Clément en Quiberon, Saint-Gildas-de-Blavet en Bieuzy, Saint-Guen en Saint-Patern de Vannes, Saint-Guénaël en Caudan, Saint-Nicolas-de-Blavet en Pluméliau (anciennement membre de Saint-Sauveur de Redon, et primitivement de Saint-Florent-le-Vieil, Maine-et-Loire). Mentionnons ici, pour mémoire, le vieux prieuré de Saint-Pabu-de-la-Fosse-au-Serpent en Sarzeau, qui n'existait déjà plus au xiv° siècle; celui du Hézo, qui était devenu, à la fin du xvii° siècle, la propriété du séminaire de Vannes; celui d'Ambon, réuni à la même époque au collége des jésuites de cette ville; et celui des Saints en Grand-Champ, pareillement uni au séminaire au commencement du xviii° siècle;

L'abbaye de Saint-Sauveur de Redon, en la paroisse de ce nom (aujourd'hui dans l'Ille-et-Vilaine), dont dépendaient les prieurés d'Arzon, la Couarde en Bieuzy, Locmariaquer (anciennement membre de Sainte-Croix de Quimperlé), Locoal, Ruffiac, Saint-Barthélemy au faubourg de Redon, Sainte-Croix de Josselin.

D'autres prieurés du diocèse de Vannes relevaient d'abbayes étrangères à ce diocèse; c'étaient :

Les prieurés de la Magdeleine de Malestroit, avec ses annexes la Grêle en Pluherlin (dépendant primitivement de Saint-Sauveur de Redon) et la Magdeleine de la Montjoie en Malansac, de Rohan (le Clox), membres de Marmoûtiers de Tours;

Les prieurés de Lanénec en Plœmeur (anc. abbaye de femmes), de Lotivy en Quiberon, de Notre-Dame-de-Bonne-Nouvelle en Rédené (dit aussi chapellenie du Reclus),
de Saint-Cado en Belz, outre les anciens prieurés de Locmaria (en Belle-Île), le Palais
et Sauzon, membres de Sainte-Croix de Quimperlé [les prieurés de Groix (Saint-
Gunthiern) et de Saint-Michel-des-Montagnes, en Plœmeur, avaient aussi appartenu
à cette abbaye, mais ils avaient passé, au xviie siècle, aux Oratoriens de Nantes];

Le prieuré d'Arz (Saint-Georges, femmes), membre de Saint-Georges de Rennes;

Les prieurés de Coët-Bugat en la trève de ce nom, de Saint-Symphorien en Saint-
Patern de Vannes, avec son annexe Saint-Thébaud en Saint-Avé, tous membres de
Saint-Jean-des-Prés;

Le prieuré de Kerguélen ou de Notre-Dame (femmes) en Saint-Caradec-Hennebont,
membre de Saint-Melaine de Rennes;

Les prieurés (femmes) de Kerléano en Brech, de Locmaria en Plumelec, de Priziac en Molac, de Saint-Léonard en Saint-Martin-sur-Oust, membres de Saint-Sulpice
de Rennes;

Et d'autres moins importants.

Le diocèse de Vannes renfermait, en outre, un nombre considérable de couvents,
savoir :

COMMUNAUTÉS D'HOMMES.

Augustins, à Malestroit.

Capucins, à Auray, Hennebont, Vannes.

Carmes (ancienne observance), au Bondon près de Vannes, Hennebont, Sainte-Anne d'Auray.

Carmes (déchaux), à Vannes.

Chartreux, en Brech, près d'Auray (anciennement collégiale).

Cordeliers ou Récollets, à Bernon en Sarzeau, Bodélio en Malansac, Pontivy, le Port-Louis (à ce
couvent avait été annexé, au xviie siècle, celui de Sainte-Catherine de Riantec), Vannes.

Dominicains ou Jacobins, à Saint-David en Rédené (dits *Dominicains de Quimperlé*, parce qu'ils
habitaient un faubourg de cette ville, ou *abbaye blanche*, à cause de leur costume, par opposition à
l'abbaye *noire* de Sainte-Croix de la même ville), Vannes (couvent de Saint-Vincent).

Trinitaires, à Rieux et à Sarzeau.

Et, pour mémoire :

Camaldules, à Roga en Saint-Congard (dont les biens furent unis, à la fin du xviiie siècle, à l'hôpital de Malestroit);

Jésuites, à Vannes (jusqu'en 1762).

COMMUNAUTÉS DE FEMMES.

Calvairiennes, à Redon.

Carmélites, établissement de Nazareth, près de Vannes (auquel avait été annexé, au xvi° siècle, celui des Trois-Marie du Bondon).

Charité (Filles de Notre-Dame de la), à Hennebont, Vannes (maison du Petit-Couvent).

Cordelières, à Auray.

Hospitalières, à Auray (Hôtel-Dieu), Guémené, Vannes.

Père-Éternel (Dames du), à Vannes.

Sagesse (Sœurs de la), à Locminé (établissement d'instruction et de charité).

Ursulines, à Hennebont, Malestroit, Muzillac, Pontivy, Redon, Vannes.

Visitandines, à Vannes.

Quant aux ordres religieux militaires, un seul, celui de Saint-Jean de Jérusalem, avait des biens dans le diocèse au moment de la Révolution, et ces biens, augmentés de toutes les anciennes possessions des Templiers, étaient considérables; nous ne citerons que leurs principaux établissements :

Commanderie du Croisty en Saint-Tugdual, avec ses annexes Beauvoir en Priziac, Pontscorff (à l'hôpital et au Temple), Saint-Jean-du-Croisty, Saint-Jean en Saint-Caradec-Hennebont;

Commanderie du Temple-de-Carentoir.

L'ordre du Saint-Esprit de Montpellier avait eu un établissement à Auray, mais ses biens avaient été, en 1777, unis à l'hôpital général de cette ville.

Nous renvoyons au Dictionnaire pour les hôpitaux et anciennes maladreries.

2. — DIOCÈSE DE CORNOUAILLE.

Ce diocèse, séparé de celui de Vannes par l'Ellée et le Blavet supérieur, a fourni au département du Morbihan six paroisses, savoir :

Dans le doyenné de Gourin (siége à Gourin), faisant partie de l'archidiaconé de Cornouaille, les paroisses de :

Faouët (Le);

Gourin, et ses trèves Roudouallec et le Saint;

Guiscriff, et sa trève Lanvénégen;

Langonnet, et sa trève la Trinité;

Dans le doyenné de Quimperlé, compris aussi dans l'archidiaconé de Cornouaille, la paroisse de :

Locunolé;

Dans le doyenné de Poher (ancien *pagus*), sous l'archidiaconé du même nom, la paroisse de :

Neulliac, et sa trève Kergrist. Cette paroisse avait encore une autre trève, Hémonstoir, qui est entrée dans le département des Côtes-du-Nord.

Cette partie du diocèse de Cornouaille renfermait :

Une abbaye, celle de Langonnet, en la paroisse de ce nom ;
Un prieuré, celui de Saint-Gilles de Pont-Briand, dans le Saint en Gourin, membre de Sainte-Croix de Quimperlé ;
Un couvent, celui des Ursulines du Faouët ;
Une commanderie de Saint-Jean de Jérusalem. au Faouët, annexe de celle du Croisty, et ayant elle-même dans ses dépendances les établissements de Roudouallec et de Saint-Jean près du Faouët.

3. — DIOCÈSE DE SAINT-BRIEUC.

Ce diocèse, séparé de celui de Vannes par l'Oust, a fourni au département du Morbihan deux paroisses, savoir :

Dans l'archidiaconé de Goëllo (ancien *pagus*), les paroisses de :

Bréhan-Loudéac ;
Saint-Samson (en Bréhan-Loudéac, au XIIIᵉ siècle) ;
Et deux prieurés, celui de Saint-Samson, dans la paroisse de ce nom, et celui de Notre-Dame-de-Bonne-Encontre, dans la même paroisse. connu aussi sous le nom de Notre-Dame de Rohan. à cause du voisinage de cette dernière ville ; tous deux membres de Saint-Jean-des-Prés.

4. — DIOCÈSE DE SAINT-MALO.

Ce diocèse, dont l'évêque avait une résidence d'été et une cour de Régaires à Saint-Malo-de-Beignon (aujourd'hui dans le Morbihan), était séparé de celui de Vannes par l'Oust et par une ligne reliant approximativement Malestroit au Temple-de-Carentoir et le Temple à Langon. Il comprenait la plus grande partie du pays connu sous le nom de *Porhoët* (*pagus trans silvam*) ; c'est sans doute pour cette raison qu'on donnait fréquemment à l'évêque de Saint-Malo, au IXᵉ siècle (Cartulaire de Redon), la qualification d'*episcopus in Poutrecoet*. Il a fourni au département du Morbihan trente et une paroisses. savoir :

Dans le doyenné de Beignon (siége à Beignon). faisant partie de l'archidiaconé de Porhoët. les paroisses de :

Augan (unie à l'ancienne paroisse de Gerguy) ;	Campénéac ;
Beignon ou Saint-Pierre-de-Beignon :	Caro ;

Guer, avec sa trève Monteneuf;
Mauron;
Néant;
Ploërmel ou Saint-Armel-de-Ploërmel, avec sa trève la Chapelle-sous-Ploërmel;
Réminiac, en la paroisse de Caro au ix° siècle;

Saint-Abraham, avec sa trève Monterrein (anciennement paroisse);
Saint-Brieuc-de-Mauron;
Saint-Malo-de-Beignon;
Tréhorenteuc, anciennement trève de Paimpont (Ille-et-Vilaine);

Dans le doyenné de Lanouée (siége à Lanouée), faisant également partie de l'archidiaconé de Porhoët, les paroisses de :

Brignac;
Croix-Helléan (La), anciennement en Guillac;
Grée-Saint-Laurent (La), anciennement trève de Mohon;
Guillac, avec sa trève Montertelot (anciennement paroisse);
Guilliers;
Helléan, anciennement en Guillac;
Lanouée;

Loyat, avec sa trève Gourhel;
Ménéac, avec sa trève Évriguet;
Mohon;
Notre-Dame-du-Roncier (à Josselin);
Pommeleuc, anciennement trève de Lanouée;
Saint-Martin (de Josselin);
Saint-Nicolas (de Josselin);
Taupont;
Trinité-Porhoët (La), anciennement en Mohon;

Dans le doyenné de Montfort, les paroisses de :

Concoret;

Saint-Léry.

Cette portion considérable du diocèse de Saint-Malo, comprise aujourd'hui dans le Morbihan, renfermait deux abbayes, savoir :

L'abbaye du Mont-Cassin (femmes), en Saint-Nicolas de Josselin, ancien prieuré dépendant de Saint-Sulpice de Rennes, érigé en abbaye à la fin du xvii° siècle;

L'abbaye de Saint-Jean-des-Prés, en Guillac, dont dépendaient les prieurés de Bodegat en Mohon, la Croix-Helléan, Guillac, Guilliers, Loyat, Mohon, Pommeleuc, Saint-Michel de Josselin.

D'autres prieurés relevaient d'abbayes étrangères soit au diocèse de Saint-Malo, soit au département du Morbihan; c'étaient :

Les prieurés de Saint-Martin de Josselin, de Saint-Nicolas de Ploërmel (auquel avaient été annexés ceux de Trédion, au diocèse de Vannes, et de Saint-Nicolas de Guer), membres de Marmoûtiers;

Les prieurés de Brignac, de Saint-Brieuc-de-Mauron, de Saint-Étienne en Guer, de Tréhorenteuc, membres de Paimpont (diocèse de Saint-Malo);

Les prieurés de Saint-Nicolas de Josselin et de Taupont, membres de Saint-Gildas-de-Rhuis;

Les prieurés de Bodieuc en Mohon et de la Trinité-Porhoët, membres de Saint-Jacut (diocèse de Dol);

Et d'autres moins importants.

Dans la même portion du diocèse de Saint-Malo se trouvaient quelques couvents, savoir :

Carmes, à Josselin et à Ploërmel;
Carmélites, à Ploërmel;
Saint-Esprit (Sœurs du), à la Chapelle-sous-Ploërmel (établissement d'instruction et de charité):
Ursulines, à Josselin et à Ploërmel.

Les chevaliers de Saint-Jean de Jérusalem y étaient représentés par leurs établissements de Pommeleuc, de Saint-Jean-de-Ville-Nard en Ploërmel, de la Trinité-Porhoët.

5. — DIOCÈSE DE NANTES.

Ce diocèse, séparé de celui de Vannes par la Vilaine, a fourni au département du Morbihan cinq paroisses, savoir :

Dans le doyenné de la Roche-Bernard (siége à Nivillac), faisant partie de l'archidiaconé de la Mée, les paroisses de :

Camoël, anciennement trève d'Assérac (Loire-Inférieure), et primitivement paroisse;
Férel, anciennement trève d'Herbignac (Loire-Inférieure);
Nivillac;
Pénestin, anciennement trève d'Assérac (Loire-Inférieure);
Saint-Dolay,

auxquelles il faut ajouter la trève de Théhillac, qui est entrée dans la formation du Morbihan, tandis que sa paroisse Missillac restait à la Loire-Inférieure.

Cette portion du diocèse de Nantes renfermait quelques prieurés; c'étaient :

Les prieurés de Pénestin, de Saint-Jacques (ou Saint-James) en Nivillac, membres de Saint-Gildas-des-Bois (diocèse de Nantes);

Le prieuré de Moutonnac en Nivillac, membre de l'abbaye de Toussaints d'Angers.

Le calvinisme avait régné longtemps à la Roche-Bernard; la chapelle de l'hôpital avait servi de temple protestant pendant quelques années.

§ 2. ORGANISATION FÉODALE ET MILITAIRE.

A la domination romaine avait succédé, nous l'avons vu, celle de petits souverains gallo-romains ou bretons, indépendants les uns des autres, désignés sous le titre de comtes et quelquefois de rois, et exerçant une autorité tout à la fois militaire et judiciaire; nous avons dit particulièrement quelques mots des comtes de Vannes et de Broërec. Au-dessous d'eux étaient les *tyerns* ou *mactyerns*, princes héréditaires de paroisses, les vassaux de condition noble, et enfin ceux des classes inférieures, les serfs, les colons, les possesseurs d'héritages (*heredes*), les habitants des *villa* ou hameaux (*villani*, vilains), etc. Les principaux devoirs de vassalité consistaient dans le service militaire, les redevances en argent ou en nature, les corvées.

Le Cartulaire de Redon nous a conservé les noms des principales résidences des mactyerns au ix⁰ siècle; ils ont été relevés avec soin par M. de Courson. Quant à celles des souverains eux-mêmes, nous citerons, pour le pays dont nous nous occupons, la cour de Coëtleu en Saint-Congard et le château de Rieux, mentionnés également au ix⁰ siècle. Un peu plus tard apparaissent dans l'histoire, à côté des châteaux seigneuriaux de Château-Trô, de Josselin, de Castennec, de Rohan, de la Roche-Bernard, etc. les résidences ducales d'Auray, de l'Isle en Marzan, de la Motte et de l'Hermine à Vannes, de Plaisance près de la même ville, de Ploërmel, de Sucinio en la presqu'île de Rhuis.

Le comté de Broërec, définitivement constitué au ix⁰ siècle, devint alors le comté de Vannes; le nom de Broërec persista néanmoins comme nom de famille, quoiqu'il n'y eût plus de seigneurie ainsi appelée : on le trouve à la chapelle de Locmaria en Ploëmel sur un tombeau de 1340; il désigna aussi, jusqu'au xv⁰ siècle, la sénéchaussée de Vannes.

Vers le milieu du x⁰ siècle, Alain Barbe-Torte, ayant chassé les Normands du pays, reçut de la nation, en récompense de ses services, le gouvernement de toute la Bretagne; il figure dans l'histoire, ainsi que ses successeurs, tantôt avec le titre de comte, tantôt avec celui de duc de cette province. C'est toutefois en 1297 seulement que la Bretagne fut érigée par Philippe le Bel en duché-pairie de France.

Indépendamment du domaine ducal, devenu plus tard royal, dont les biens étaient répandus un peu partout, le pays fut bientôt morcelé en une infinité de domaines seigneuriaux relevant les uns des autres à divers degrés. Nous n'avons pas l'intention d'énumérer ici l'innombrable quantité de fiefs et arrière-fiefs qui se partageaient ainsi le territoire que nous étudions, encore moins d'indiquer les différentes familles qui se les transmirent de siècle en siècle : on trouvera dans le Dictionnaire la mention de toutes les seigneuries, quelle que soit leur importance; mais nous devons dès à présent signaler les principales, en renvoyant pour plus de détails aux excellents articles insérés par M. A. de la Borderie dans les *Mélanges d'histoire et d'archéologie bretonnes* (1855).

La très-ancienne seigneurie de Kemenet-Héboë ou d'Hennebont, qui existait déjà au vi^e siècle, était limitée au sud par la mer, à l'ouest par l'Ellée, au nord par le Kemenet-Guégant, à l'est par le Blavet; Hennebont (la vieille ville) en était la capitale. Elle fut démembrée, au xiiie siècle, en trois châtellenies principales : la Roche-Moisan, le Pontcallec et les Fiefs-de-Léon. La seigneurie de la Roche-Moisan passa, au xive siècle, au sire de Guémené-Guégant; son chef-lieu, situé d'abord au château de la Roche-Moisan en Arzano, fut transféré, au xve siècle, à celui de Tréfaven. La seigneurie de Pontcallec avait pour centre le château de ce nom, en la paroisse de Berné; elle faisait partie du domaine ducal au xiiie et au xve siècle. La seigneurie des Fiefs-de-Léon, dont le chef-lieu primitif était à Tréfaven, appartint d'abord à la maison de Léon; portée par alliance, à la fin du xiiie siècle, dans la maison de Rohan, elle entra, à la fin du siècle suivant, dans celle de Guémené. Sa juridiction, unie à celle du vicomté de Plouhinec, s'exerçait à Hennebont au commencement du xviie siècle, époque à laquelle le siège en fut transféré à Pontscorff.

La seigneurie de Porhoët, qu'il ne faut pas confondre avec l'archidiaconé et le doyenné du même nom, faisait, à l'origine, partie comme eux de cette vaste étendue de pays connue primitivement sous le nom de *Pagus trans silvam* ou *Pou-tré-coët*, nom qu'il empruntait à la forêt de Brécilien dont nous avons déjà parlé. Constituée au xie siècle, avec Château-Trô en Guilliers, puis Josselin, pour capitale, la seigneurie de Porhoët comprenait alors le comté de Porhoët, tel qu'il existait deux siècles plus tard, et la vicomté de Rohan; elle fut, au xiie siècle, diminuée de celle-ci au profit d'un puîné. Au xve siècle, le comté de Porhoët se divisait en deux châtellenies principales, celle de Josselin et celle de la Chèze; cette dernière fut encore, en 1603, démembrée du Porhoët et unie à la vicomté de Rohan, nouvellement érigée en duché. Dès lors le comté de Porhoët, réduit à la châtellenie de Josselin, renfermait, en ce qui concerne le Morbihan seulement, une vingtaine de paroisses, dont la circonscription peut être à peu près déterminée par celle des cantons actuels de la Trinité-Porhoët (moins le bourg de ce nom), de Josselin et de Saint-Jean-Brévelay. Celles de ces paroisses qui étaient situées sur la rive droite de l'Oust, dans le diocèse de Vannes, formaient une subdivision particulièrement désignée sous les noms de bailliage d'Outre-l'eau, fief de Kemenet, ou Porhoët-en-Vannes.

La seigneurie de Rohan, vicomté démembrée du comté de Porhoët au xiie siècle, eut successivement pour chef-lieu Castennec, Rohan et Pontivy. Elle était divisée, au xve siècle, en trois châtellenies, celles de Rohan, de Goarec et de Corlay (ces deux dernières aujourd'hui dans les Côtes-du-Nord). Au xvie siècle, la châtellenie de Corlay fut distraite de la vicomté de Rohan en faveur de la branche de Rohan-Guémené; on détacha également des portions considérables de celles de Rohan et de Goarec. Par compensation, lorsqu'en 1603 la vicomté fut érigée en duché, on lui annexa la châtellenie de la Chèze, enlevée, nous l'avons vu, au comté de Porhoët. Enfin, au xviii° siècle, le duché de Rohan, très-étendu malgré ses pertes, comprenait six membres ou juridictions particulières : Pontivy, Rohan, la Trinité-Porhoët, la Chèze, Loudéac et Goarec, renfermant plus de quarante paroisses (dont plusieurs appartiennent aujourd'hui au département des Côtes-du-Nord). Il était borné au sud par le ressort de la juridiction royale d'Auray, à l'ouest et au nord par la seigneurie de Rohan-Guémené et le duché de Penthièvre, à l'est par le comté de Porhoët.

La seigneurie de Guémené, qui existait déjà au vi° siècle sous le nom de Kemenet-Guégant, avait pris, par des additions successives, une extension considérable ; nous avons vu qu'elle avait acquis, au xiv° siècle, la châtellenie de la Roche-Moisan et les Fiefs-de-Léon, puis, au xvi° siècle, la châtellenie de Corlay. Elle se trouva dès-lors et resta par la suite composée de quatre seigneuries : Guémené, Corlay, la Roche-Moisan et les Fiefs-de-Léon, comprenant ainsi au sud presque tout l'ancien territoire du Kemenet-Héboë, au nord une étendue de pays à peu près égale bornée au sud par la seigneurie de Pontcallec, à l'est par le duché de Rohan, à l'ouest et au nord par le diocèse de Cornouaille, sur lequel elle prenait encore plusieurs paroisses formant la seigneurie de Corlay. La seigneurie de Guémené avait été érigée en principauté en 1570.

La seigneurie de Malestroit, érigée en baronnie en 1451, s'étendait sur presque tout le pays occupé actuellement par le canton de ce nom et sur quelques paroisses limitrophes.

La seigneurie de Rochefort (comté) comprenait presque en entier les cantons de Rochefort et de Questembert, avec quelques paroisses de ceux de Muzillac et d'Elven.

La seigneurie de Rieux (comté) embrassait tout le canton d'Allaire et quelques parties de ceux de la Gacilly et de Rochefort.

La seigneurie de Largouet (comté), dont le chef-lieu était à Elven, s'étendait sur tout le canton d'Elven et sur une partie des cantons de Grand-Champ, Questembert, Vannes-Ouest, Auray, etc.

La seigneurie de Kaër (baronnie) comprenait plusieurs paroisses du littoral : Séné, Vannes, Arradon, Crach, et Locmariaquer où était anciennement le château de Kaër, chef-lieu primitif de la seigneurie.

Citons encore les baronnies de Lanvaux, de la Roche-Bernard, de Camors, de Molac ; les comtés du Bois-de-la-Roche et de Trécesson ; la vicomté de Mauron ; le marquisat de Belle-Île ; les seigneuries temporelles de l'évêque, du chapitre, etc.

L'organisation des milices régulières, remplaçant les anciens *osts* de la chevalerie,

remonte en Bretagne au xve siècle. A partir de cette époque, chaque paroisse dut
fournir, suivant son importance, un certain nombre de miliciens équipés et armés à
ses frais, qui portèrent, à l'origine, les noms d'*élus* et de *francs-archers;* des milices
bourgeoises furent en même temps créées dans les villes et servirent souvent à ren-
forcer temporairement les troupes soldées. Dans les deux derniers siècles, ces milices
étaient sous les ordres d'un commandant en chef et de commandants particuliers de la
province.

§ 3. ORGANISATION JUDICIAIRE.

L'administration de la justice et de toutes les affaires publiques appartenait, à l'origine, au Parlement général des États de Bretagne, qui tenait ses séances annuelles
successivement dans les différentes villes de la province. En 1485, le duc François II
créa un parlement sédentaire à Vannes, chargé spécialement de rendre la justice; il
fut transféré à Rennes en 1553.

L'année précédente avaient été établis, en Bretagne, les quatre siéges présidiaux
de Rennes, Nantes, Vannes et Quimper. Ces cours de justice tenaient un rang intermédiaire entre le Parlement et les anciennes sénéchaussées royales; elles avaient même
absorbé complétement les sénéchaussées des villes où elles avaient été érigées. Il y
eut pendant quelque temps un présidial à Ploërmel: mais il ne tarda pas à être in-
corporé à celui de Vannes, ainsi qu'une juridiction royale primitivement instituée à
Muzillac.

En 1789, le territoire actuel du Morbihan et les portions de l'ancien diocèse de
Vannes qui en ont été distraites comprenaient, en totalité ou en partie, indépendam-
ment du présidial et sénéchaussée de Vannes, dix autres sénéchaussées royales, savoir :
celles d'Auray, Belle-Île, Gourin, Guérande (Loire-Inférieure), Hennebont, Nantes
(Loire-Inférieure), Ploërmel, Quimperlé (Finistère), Rennes (Ille-et-Vilaine), Rhuis.
Les appels de ces cours étaient portés, suivant le cas, soit aux présidiaux, soit au
Parlement.

Quelques-unes de ces sénéchaussées, Vannes et Ploërmel par exemple, remontaient
au xiiie siècle, époque où furent créées ces sortes de juridictions. Il ne semble, d'ailleurs, exister aucun rapport entre ces divisions judiciaires et les divisions ecclésiastiques.

La sénéchaussée de Vannes, qui porta jusqu'au xve siècle le nom de Broërec, et à
laquelle on avait substitué, au siècle suivant, le présidial de Vannes, comptait dans
son ressort particulier les paroisses de :

Ambon;	Malansac;	Questembert;
Arradon;	Marzan;	Saint-Avé;
Arzal;	Meucon;	Saint-Nolff;
Berric;	Molac;	Saint-Patern (de Vannes);
Billiers;	Notre-Dame-du-Mené (àVannes);	Saint-Pierre (de Vannes);
Bourg-Paul-Muzillac;	Noyal-Muzillac;	Saint-Salomon (de Vannes);
Caden;	Noyalo;	Séné;
Elven;	Péaule;	Sulniac;
Grand-Champ;	Plaudren;	Surzur;
Larré;	Plescop;	Theix;
Lauzach;	Pluherlin (anciennement dans le	Trefflèan.
Limerzel;	ressort de Ploërmel);	

La sénéchaussée d'Auray, à laquelle avait été annexée une lieutenance particulière de celle de Vannes, et qui figure jusqu'au xviii° siècle sous la double dénomination de cour d'Auray et de Quiberon, s'étendait sur les paroisses de :

Baden;	Locmariaquer;	Plouharnel;
Belz;	Locoal (la trève Sainte-Hélène	Plumergat;
Brech;	était dans la sénéchaussée	Pluneret;
Carnac;	d'Hennebont);	Pluvigner;
Crach;	Mendon;	Quiberon;
Erdeven;	Plœmel;	Saint-Gildas (d'Auray);
Landaul;	Plœren;	Saint-Goustan (d'Auray).
Landévant;	Plougoumelen;	

Belle-Île relevait primitivement de la cour d'Auray; lorsqu'en 1719 le roi devint propriétaire de ce marquisat, Belle-Île fut érigée en sénéchaussée royale, ayant son siége au Palais; mais, contrairement à la règle générale, elle resta, pour ses appels, sous le ressort de la juridiction d'Auray. Elle n'embrassait que les quatre paroisses de l'île, savoir :

Bangor;	Palais (Le);
Locmaria;	Sauzon.

La sénéchaussée de Gourin, quelque temps unie à celle de Carhaix (Finistère), comprenait les paroisses de :

Faouët (Le);	Guiscriff;
Gourin;	Langonnet.

La sénéchaussée de Guérande comptait dans son ressort les paroisses de :

Camoël;	Férel;	Pénestin;

La sénéchaussée d'Hennebont, appelée aussi, au xvie siècle, cour d'Hennebont et Nostang, et. au xviiie siècle, cour d'Hennebont, Port-Louis et le port de Lorient, du nom des diverses localités où elle était tenue de siéger à tour de rôle, renfermait les paroisses de :

Arzano;	Lesbins-Pontscorff;	Plouhinec;
Berné;	Lescouet;	Plouray;
Brandérion;	Lignol;	Priziac;
Bubry;	Locmalo;	Quéven;
Caudan;	Lorient;	Quistinic;
Cléguer;	Mellionnec;	Rédené;
Groix;	Merlévenez;	Riantec;
Guidel;	Meslan;	Saint-Caradec-Hennebont;
Inguiniel;	Nostang;	Saint-Caradec-Trégomel;
Inzinzac;	Persquen;	Saint-Gilles-Hennebont;
Kervignac;	Plœmeur;	Saint-Tugdual;
Langoëlan;	Ploërdut;	Silfiac (la trève Perret se trou-
Languidic;	Plouay;	vait dans la sénéchaussée de
Lanvaudan;	Plouguernevel;	Ploërmel).

La sénéchaussée de Nantes comprenait les paroisses de :

Nivillac;	Saint-Dolay;

et la trève de Théhillac en Missillac.

La sénéchaussée de Ploërmel s'étendait sur un nombre très-considérable de paroisses, entre autres, pour le Morbihan ou le diocèse de Vannes, sur celles de :

Allaire;	Carentoir;	Guénin;
Augan;	Caro;	Guer;
Baud;	Cléguérec;	Guern;
Béganne;	Concoret;	Guillac;
Beignon;	Crédin;	Guilliers;
Bieuzy;	Croixanvec;	Helléan;
Bignan;	Croix-Helléan (La);	Lanouée;
Bohal;	Cruguel;	Lantillac;
Bréhan-Loudéac;	Fougerêts (Les);	Locminé;
Brignac;	Glénac;	Loyat;
Buléon;	Grée-Saint-Laurent (La);	Malestroit;
Camors;	Guégon;	Malguénac;
Campénéac;	Guéhenno;	Mauron;

Melrand ;
Ménéac ;
Missiriac ;
Mohon ;
Moréac ;
Moustoirac ;
Naizin ;
Néant ;
Neulliac ;
Notre-Dame-du-Roncier (à Josselin) ;
Noyal-Pontivy ;
Peillac ;
Plélauff ;
Pleucadeuc ;
Pleugriffet ;
Ploërmel ;
Plumelec ;
Pluméliau ;
Plumelin ;
Pommeleuc ;

Pontivy ;
Quily ;
Radenac ;
Redon ;
Réguiny ;
Réminiac ;
Remungol ;
Renac ;
Rieux ;
Rohan ;
Ruffiac ;
Saint-Abraham ;
Saint-Allouestre ;
Saint-Brieuc-de-Mauron ;
Saint-Congard ;
Sainte-Croix (de Josselin) ;
Saint-Gonnery ;
Saint-Gouvry ;
Saint-Gravé ;
Saint-Jacut (anciennement dans le ressort de Vannes) ;

Saint-Jean-Brévelay ;
Saint-Just ;
Saint-Laurent-de-Grée-Neuve ;
Saint-Léry ;
Saint-Malo-de-Beignon ;
Saint-Marcel ;
Saint-Martin (de Josselin) ;
Saint-Martin-sur-Oust ;
Saint-Nicolas (de Josselin) ;
Saint-Samson ;
Saint-Servant ;
Saint-Vincent-sur-Oust ;
Séglien ;
Sérent ;
Sixt ;
Taupont ;
Temple-de-Carentoir (Le) ;
Tréal ;
Tréhorenteuc ;
Trinité-Porhoët (La).

Depuis l'érection, en 1603, du vicomté de Rohan en duché, la juridiction de Pontivy, siége principal de ce duché, ressortit directement au Parlement.

La sénéchaussée de Quimperlé comptait dans son ressort la paroisse de :

Locuuolé.

La sénéchaussée de Rennes comprenait les paroisses de :

Bains ;   Brain ;   Langon.

La sénéchaussée de Rhuis, dont le siége était à Sarzeau, et qui fut quelque temps unie au présidial de Vannes, renfermait les paroisses de :

Arzon ;   Saint-Gildas-de-Rhuis ;
Houat ;   Sarzeau.
Île-d'Arz (L') ;

Les sénéchaussées étaient divisées en un certain nombre de prévôtés ou bailliages ; mais ces bailliages n'étaient guères que des arrondissements de perception dont nous reparlerons tout à l'heure.

A ces juridictions royales il faut ajouter celles de l'amirauté de Vannes et de l'amirauté de Lorient démembrée de la première en 1782; des consulats de ces deux villes; des traites de Vannes; de la maîtrise des eaux, bois et forêts de Vannes, à côté de laquelle fonctionnaient les maîtrises particulières de Rhuis, de Porhoët (à Josselin), de Rohan (à Pontivy), de Rieux, de Largouet (à Trédion), ainsi que les grueries de Guémené, Lorient, Pontcallec, Pontscorff, Rochefort.

Les sénéchaussées royales avaient, en outre, dans leur ressort toutes les cours seigneuriales ayant droit de haute, moyenne ou basse justice; l'évêque, le chapitre, les abbayes, les prieurés, les ordres militaires avaient aussi leurs juridictions.

§ 4. ORGANISATION FINANCIÈRE.

Après la création du Parlement, les États de Bretagne n'avaient plus conservé dans leurs attributions que le gouvernement des finances de la province; c'étaient eux qui votaient les impôts et qui en ordonnaient l'emploi. Ils étaient représentés à Vannes par une commission intermédiaire, dans les villes inférieures par un correspondant.

Nous avons vu que, pour faciliter la perception des impôts, on avait divisé chaque paroisse en un certain nombre de frairies. D'après le même système, la réunion de plusieurs paroisses formait une *prévôté* ou un *bailliage,* dont les impositions, levées par les soins des prévôts ou sergents féodés des juridictions royales ou seigneuriales, étaient versées par eux entre les mains des receveurs royaux ou des trésoriers généraux de la province. Le nombre et, par conséquent, l'étendue de ces bailliages, comme aussi des frairies, varièrent suivant les époques. Au XVIIIe siècle, les bailliages, ou *départements,* correspondaient assez exactement à nos cantons actuels, dont ils portaient même les noms, les frairies à nos sections de communes. Ces divisions servaient alors non-seulement à la perception des impôts que nous appellerons directs et que levaient les communautés de ville ou les *généraux* (fabriques) des paroisses rurales sous les dénominations multiples de fouage, capitation, dixième, vingtième, casernement, etc. mais encore à celle des impôts indirects appelés *devoirs* et *billots,* établis, comme de nos jours, sur les boissons, le tabac, le timbre, l'enregistrement, etc. et à la recette desquels étaient préposés de nombreux commis sous la surveillance de directeurs et de fermiers généraux.

La Chambre des comptes de Bretagne avait eu successivement pour siège plusieurs villes du pays dont nous nous occupons: on la trouve, en effet, à partir du XIIIe siècle, établie tantôt à Muzillac, tantôt à Auray, tantôt à Vannes; fixée enfin à Vannes vers le milieu du XVe siècle. elle y resta jusqu'en 1495, époque où elle fut transférée à Nantes.

D'après M. Bigot (*Essai sur les monnaies de Bretagne*), on aurait des monnaies, du
viie siècle, portant les noms de Caro et de Vannes; au xive siècle, d'Auray.

L'existence de l'atelier monétaire d'Auray n'est établie que par un exemplaire,
unique jusqu'à ce jour, d'un double de billon de Charles de Blois qui porterait AREG..
CIVIS. Mais l'état de cette pièce est assez fruste pour permettre d'hésiter. M. l'abbé
Chauffier a proposé TREG... CIVIS (Tréguier), lecture également douteuse. La question
n'est donc pas encore tranchée. Quant à l'atelier monétaire établi à Vannes sous Jean Ier,
il cessa de fonctionner au xve·siècle.

§ 5. ORGANISATION ADMINISTRATIVE.

L'administration de la province appartenait à un gouverneur, secondé à une certaine
époque par des lieutenants généraux. Au-dessous d'eux étaient les gouverneurs de
place; sans parler du gouvernement particulier militaire de Belle-Île, nous citerons
les gouvernements d'Auray, Hennebont, Josselin, Malestroit, Ploërmel, du Port-Louis,
de Redon, Sarzeau (Sucinio et Rhuis), Vannes, en faisant remarquer que ces villes avaient
toutes été closes ou protégées par un château fort. Ces villes, plus celles de Lorient,
de Pontivy et de la Roche-Bernard, étaient en outre administrées chacune par une réunion d'habitants appelée communauté de ville, ayant droit de députer aux États de la
province.

D'autre part, la Bretagne composait une généralité ou intendance divisée en subdélégations; dans chaque ville et dans les bourgs les plus importants résidait un subdélégué particulier recevant les ordres de l'intendant par l'entremise du subdélégué
général établi à Rennes. La portion de la province occupée par l'ancien diocèse de Vannes
et aujourd'hui par le Morbihan renfermait, en totalité ou en partie, dix-neuf subdélégations, savoir : celles d'Auray, Belle-Île (siége au Palais), Callac (Côtes-du-Nord),
Corlay (Côtes-du-Nord), Gourin, Guémené, Hennebont, Josselin, Lorient, Malestroit,
Montauban (Ille-et-Vilaine), Plélan-le-Grand (Ille-et-Vilaine), Ploërmel, Pontivy,
Quimperlé (Finistère), Redon (Ille-et-Vilaine), Rhuis (siége à Sarzeau), la Roche-Bernard, Vannes. Ces divisions administratives n'avaient aucun rapport ni avec les divisions ecclésiastiques ni avec les divisions judiciaires. Les paroisses étaient réparties
entre elles de la manière suivante :

SUBDÉLÉGATION D'AURAY.

Baden.	Carnac.	Landaul.
Belz.	Crach.	Landévant.
Brech.	Erdeven.	Locmariaquer.

Locoal (la trève Sᵗᵉ-Hélène était
dans la subdᵒⁿ d'Hennebont).
Mendon.
Plœmel.

Plougoumelen.
Plouharnel.
Plumergat.
Pluneret.

Pluvigner.
Quiberon.
Saint-Gildas (d'Auray).
Saint-Goustan (d'Auray).

SUBDÉLÉGATION DE BELLE-ÎLE.

Bangor.
Locmaria.

Palais (Le).
Sauzon.

SUBDÉLÉGATION DE CALLAC.

Plouguernevel.

SUBDÉLÉGATION DE CORLAY.

Mellionnec.

Plélauff.

SUBDÉLÉGATION DE GOURIN.

Faouët (Le).
Gourin.

Guiscriff.
Langonnet.

SUBDÉLÉGATION DE GUÉMENÉ.

Guénin.
Langoëlan.
Lescouet.
Lignol.

Locmalo.
Persquen.
Ploërdut.
Plouray.

Priziac.
Saint-Tugdual.
Séglien.
Silfiac.

SUBDÉLÉGATION D'HENNEBONT.

Arzano.
Baud.
Berné.
Brandérion.
Bubry.
Camors.
Cléguer.

Inguiniel.
Inzinzac.
Kervignac.
Languidic.
Lanvaudan.
Merlévenez
Meslan.

Nostang.
Plouay.
Quistinic.
Saint-Caradec-Hennebont.
Saint-Caradec-Trégomel.
Saint-Gilles-Hennebont.

SUBDÉLÉGATION DE JOSSELIN.

Bréhan-Loudéac.
Buléon.
Croix-Helléan (La).

Grée-Saint-Laurent (La).
Guégon.
Guillac.

Guilliers.
Helléan.
Lanouée.

Lautillac.
Ménéac.
Mohon.
Notre-Dame-du-Roncier (à Josselin).
Pleugriffet.
Plumelec.
Pommeleuc.
Radenac.
Réguiny.
Saint-Allouestre.
Sainte-Croix (de Josselin).
Saint-Martin (de Josselin).
Saint-Nicolas (de Josselin).
Saint-Samson.
Saint-Servant.
Trinité-Porhoët (La).

SUBDÉLÉGATION DE LORIENT.

Caudan.
Groix.
Lesbins-Pontscorff.
Lorient.
Plœmeur.
Plouhinec.
Quéven.
Rédené.
Riantec.

SUBDÉLÉGATION DE MALESTROIT.

Bohal.
Carentoir.
Cruguel.
Guéhenno.
Malestroit.
Missiriac.
Pleucadeuc.
Quily.
Ruffiac.
Saint-Congard.
Saint-Laurent-de-Grée-Neuve.
Saint-Marcel.
Saint-Martin-sur-Oust.
Sérent.
Temple-de-Carentoir (Le).
Tréal.

SUBDÉLÉGATION DE MONTAUBAN.

Brignac.
Saint-Brieuc-de-Mauron.
Saint-Léry.

SUBDÉLÉGATION DE PLÉLAN.

Beignon.
Concoret.
Guer.
Réminiac.
Saint-Malo-de-Beignon.
Tréhorenteuc.

SUBDÉLÉGATION DE PLOËRMEL.

Augan.
Campénéac.
Caro.
Loyat.
Mauron.
Néant.
Ploërmel.
Saint-Abraham.
Taupont.

SUBDÉLÉGATION DE PONTIVY.

Bieuzy.
Cléguérec.
Crédin.
Croixanvec.
Guern.
Malguénac.
Melrand.
Moréac.
Naizin.
Neulliac.
Noyal-Pontivy.
Pluméliau.
Plumelin.
Pontivy.
Remungol.
Rohan.
Saint-Gonnery.
Saint-Gouvry.

SUBDÉLÉGATION DE QUIMPERLÉ.

Guidel.   Locunolé.

SUBDÉLÉGATION DE REDON.

Allaire.   Langon.   Renac.
Bains.   Limerzel.   Rieux.
Béganne.   Malansac.   Saint-Gravé.
Brain.   Peillac.   Saint-Jacut.
Caden.   Pluherlin.   Saint-Just.
Fougerèts (Les).   Questembert.   Saint-Vincent-sur-Oust.
Glénac.   Redon.   Sixt.

SUBDÉLÉGATION DE RHUIS.

Arzon.   Saint-Gildas-de-Rhuis.   Surzur.
Houat.   Sarzeau.

SUBDÉLÉGATION DE LA ROCHE-BERNARD.

Arzal.   Férel.   Péaule.
Billiers.   Marzan.   Pénestin.
Bourg-Paul-Muzillac.   Nivillac.   Saint-Dolay.
Camoël.   Noyal-Muzillac.

Et la trève de Théhillac en Missillac.

SUBDÉLÉGATION DE VANNES.

Ambon.   Meucon.   Saint-Jean-Brévelay.
Arradon.   Molac.   Saint-Nolff.
Berric.   Moustoirac.   Saint-Patern (de Vannes).
Bignan.   Notre-Dame-du-Mené (à Van- Saint-Pierre (de Vannes).
Elven.   nes).   Saint-Salomon (de Vannes).
Grand-Champ.   Noyalo.   Séné.
Ile-d'Arz (L').   Plaudren.   Sulniac.
Larré.   Plescop.   Theix.
Lauzach.   Plœren.   Treffléan.
Locminé.   Saint-Avé.

Lorsqu'en 1790 un décret de l'Assemblée nationale divisa et subdivisa la France en
départements, districts, cantons et municipalités, le département du Morbihan, dont
le nom avait été emprunté au golfe qui baigne une partie de son littoral, fut formé,

comme nous l'avons vu, indépendamment du diocèse de Vannes, de quelques portions des diocèses de Cornouaille, de Saint-Brieuc, de Saint-Malo et de Nantes. Nous les avons indiquées au chapitre de l'organisation ecclésiastique; il nous reste à faire connaître ici les paroisses qui furent détachées du diocèse de Vannes pour entrer dans la composition des départements limitrophes.

Au Finistère on donna :

Arzano et sa trève;

Rédené et sa trève.

Aux Côtes-du-Nord :

Lescouet;
Mellionnec.

Plélauff;
Plouguernevel et ses trèves.

Plus Perret, trève de Silfiac;

A l'Ille-et-Vilaine :

Bains;
Brain;
Langon.

Redon;
Renac;
Saint-Just;

Sixt.

Ainsi constitué, le département du Morbihan fut partagé en neuf districts, divisés en 69 cantons administratifs et judiciaires subdivisés eux-mêmes en 232 municipalités, parmi lesquelles figurent la plupart des anciennes trèves.

Les districts étaient ceux d'Auray, le Faouët, Hennebont, Josselin, Ploërmel, Pontivy, la Roche-Bernard (ou Roche-Sauveur), Rochefort (ou Roche-des-Trois), Vannes.

Voici quelle était la répartition des cantons et des municipalités entre ces districts; nous marquons d'un astérisque les chefs-lieux de cantons :

DISTRICT D'AURAY.

*Auray.	Landaul.	Plougoumelen.
Bangor.	*Landévant.	Plouharnel.
Belz.	Locmaria.	Plumergat.
Brech.	*Locmariaquer.	*Pluneret.
Camors.	Locoal.	*Pluvigner.
Carnac.	*Mendon.	*Quiberon.
Crach.	*Palais (Le) [1] ou la Montagne.	Sauzon.
Erdeven.	*Ploemel.	

[1] Le canton portait le nom de Houat, Hœdic et Belle-Île.

DISTRICT DU FAOUËT.[1]

Berné.
*Faouët (Le).
*Gourin.
Guiscriff.
Langoëlan.
*Langonnet.

*Lanvénégen.
Lignol.
Locunolé.
Meslan.
*Ploërdut.
Plouray.

*Priziac.
Roudouallec.
Saint (Le).
*Saint-Caradec-Trégomel [1].
Saint-Tugdual.

DISTRICT D'HENNEBONT.

Brandérion.
*Bubry.
Calan.
Caudan.
Cléguer.
Gestel.
Groix.
*Guidel.
*Hennebont.

Inguiniel.
Inzinzac.
*Kervignac.
*Languidic.
Lanvaudan.
*Lorient.
Merlévenez.
Nostang.
Plœmeur.

*Plouay.
Plouhinec.
*Pontscorff.
*Port-Louis ou Port-Liberté (Le).
Quéven.
Quistinic.
Riantec.
Sainte-Hélène.

DISTRICT DE JOSSELIN.

*Bignan.
Billio.
*Bréhan-Loudéac.
Buléon.
Crédin.
Croix-Helléan (La).
Cruguel.
Évriguet.
Grée-Saint-Laurent (La).
*Guégon.

Guéhenno.
Gueltas.
Helléan.
*Josselin.
*Lanouée.
Lantillac.
Ménéac.
Mohon.
Pleugriffet.
*Plumelec.

Quily.
Radenac.
*Réguiny.
Rohan.
Saint-Allouestre.
Saint-Gouvry.
Saint-Jean-Brévelay.
Saint-Samson.
Saint-Servant.
*Trinité-Porhoët (La).

DISTRICT DE PLOËRMEL.

Augan.
Beignon.
Brignac.
*Campénéac.

*Caro.
Chapelle (La).
Concoret.
Gourhel.

*Guer.
Guillac.
Guilliers.
Lizio.

---

[1] Le canton portait le nom de *Kernascléden*, village de la municipalité de Saint-Caradec.

Morbihan.   E

*Loyat.
*Malestroit.
*Mauron.
Monteneuf.
Monterrein.
Montertelot.
*Néant.

*Ploërmel.
Roc-Saint-André (Le).
Ruffiac.
Saint-Abraham.
Saint-Brieuc-de-Mauron.
Saint-Guyomard.
Saint-Léry.

Saint-Malo-de-Beignon.
Saint-Nicolas-du-Tertre.
*Sérent.
Taupont.
Tréhorenteuc.

DISTRICT DE PONTIVY.

*Baud.
Bieuzy.
*Cléguérec.
Croixanvec.
*Guémené,
Guénin.
Guern.
Kerfourn.
Kergrist.
Locmalo.
*Locminé.

Malguénac.
*Melrand.
Moréac.
Moustoirac.
Moustoir-Remungol.
Naizin.
*Neulliac.
*Noyal-Pontivy.
Persquen.
*Pluméliau.
Plumelin.

*Pontivy.
Remungol.
Saint-Aignan.
Sainte-Brigitte.
Saint-Gérand.
Saint-Gonnery.
Saint-Thuriau.
Séglien.
Silfiac.
Stival.

DISTRICT DE LA ROCHE-BERNARD (OU ROCHE-SAUVEUR).

Arzal.
Béganne.
Billiers.
*Camoël.
Férel.
Guerno (Le).

Lauzach.
Marzan.
*Muzillac.
Nivillac.
Noyal-Muzillac.
*Péaule.

Pénestin.
*Rieux.
*Roche-Bernard ou Roche-Sau-
   veur (La).
Saint-Dolay.
Théhillac.

DISTRICT DE ROCHEFORT (OU ROCHE-DES-TROIS).

Allaire.
Berric.
Bohal.
Caden.
*Carentoir.
Cournon.
Fougerêts (Les).
*Gacilly (La).
Glénac.
Larré.

Limerzel.
Malansac.
Missiriac.
Molac.
*Peillac.
*Pleucadeuc.
Pluherlin.
*Questembert.
Réminiac.
*Rochefort ou Roche-des-Trois.

Saint-Congard.
Saint-Gorgon.
Saint-Gravé.
Saint-Jacut.
Saint-Laurent-de-Grée-Neuve.
Saint-Marcel.
Saint-Martin.
Saint-Perreux.
Saint-Vincent.
Tréal.

Ambon.	Meucon.	Saint-Nolff.
*Arradon.	Monterblanc.	*Sarzeau ou Rhuis.
Arzon.	Noyalo.	Séné.
Baden.	Plaudren.	Sulniac.
*Elven.	Plescop.	*Surzur.
*Grand-Champ.	Plœren.	Theix.
Hézo (Le).	*Saint-Avé.	Treffléan.
Île-aux-Moines (L').	Saint-Gildas-de-Rhuis ou Abei-	Trinité-Surzur (La).
Île-d'Arz (L').	lard.	*Vannes [1].

La loi du 28 pluviôse an viii ayant supprimé les districts pour les remplacer par des arrondissements communaux ou sous-préfectures, le Morbihan fut divisé en quatre arrondissements : Pontivy, Ploërmel, Lorient et Vannes, que l'on composa, le premier de la réunion des districts de Pontivy et du Faouët, le deuxième des districts de Ploërmel et de Josselin, le troisième des districts d'Hennebont et d'Auray, le quatrième des districts de Vannes, la Roche-Bernard et Rochefort.

Les divisions cantonales avaient été conservées ; une nouvelle loi du 8 pluviôse an ix ayant ordonné la réduction des justices de paix, un arrêté des consuls du 3 brumaire an x fixa à 37 le nombre des cantons du Morbihan. Ce nombre, ainsi que celui des arrondissements, n'a pas changé depuis cette époque; mais des modifications successives ont été apportées dans les circonscriptions communales. Le département est aujourd'hui (1862) divisé de la manière suivante :

I. ARRONDISSEMENT DE LORIENT.

(11 cantons, 50 communes, 161,816 habitants.)

1° CANTON D'AURAY.

(6 communes, 14,494 habitants.)

Auray, Crach. Locmariaquer, Plougoumelen, Plumergat. Pluneret.

2° CANTON DE BELLE-ÎLE.

(4 communes, 10,076 habitants.)

Bangor, Locmaria. Palais (le), Port-Philippe.

[1] Le canton portait le nom de *Vannes et Séné*.

3° CANTON DE BELZ.

(5 communes, 8,732 habitants.)

Belz, Erdeven, Étel, Locoal-Mendon, Plœmel.

4° CANTON D'HENNEBONT.

(4 communes, 13,753 habitants.)

• Brandérion, Hennebont, Inzinzac, Languidic.

5° CANTON DE LORIENT (1ᵉʳ).

(1 commune, 26,729 habitants.)

Lorient.

6° CANTON DE LORIENT (2ᵉ).

(1 commune, 17,952 habitants.)

Plœmeur.

7° CANTON DE PLOUAY.

(6 communes, 14,473 habitants.)

Bubry, Calan, Inguiniel, Lanvaudan, Plouay, Quistinic.

8° CANTON DE PLUVIGNER.

(5 communes, 11,817 habitants.)

Brech, Camors, Landaul, Landévant, Pluvigner.

9° CANTON DE PONTSCORFF.

(6 communes, 14,897 habitants.)

Caudan, Cléguer, Gestel, Guidel, Pontscorff, Quéven.

10° CANTON DU PORT-LOUIS.

(8 communes, 19,918 habitants.)

Groix, Kervignac, Merlévenez, Nostang, Plouhinec, Port-Louis (le), Riantec, Sainte-Hélène.

11° CANTON DE QUIBERON.

(4 communes, 8,975 habitants.)

Carnac, Plouharnel, Quiberon, Saint-Pierre.

II. ARRONDISSEMENT DE NAPOLÉONVILLE.

(7 cantons, 48 communes, 101,467 habitants.)

1° CANTON DE BAUD.

(5 communes, 15,940 habitants.)

Baud. Bieuzy, Guénin, Melrand, Pluméliau.

2° CANTON DE CLÉGUÉREC.

(8 communes, 13,045 habitants.)

Cléguérec. Kergrist, Malguénac Neulliac, Saint-Aignan, Sainte-Brigitte. Séglien, Silfiac.

3° CANTON DU FAOUËT.

(6 communes, 14,087 habitants.)

Berné. Faouët (le), Guiscriff, Lanvénégen, Meslan, Priziac [1].

4° CANTON DE GOURIN.

(5 communes, 11,847 habitants.)

Gourin, Langonnet, Plouray. Roudouallec, Saint (le).

5° CANTON DE GUÉMENÉ.

(8 communes, 13,675 habitants.)

Guémené, Langoëlan, Lignol, Locmalo, Persquen, Ploërdut, Saint-Caradec-Trégomel, Saint-Tugdual.

6° CANTON DE LOCMINÉ.

(7 communes, 13,753 habitants.)

Locminé, Moréac, Moustoirac, Moustoir-Remungol, Naizin, Plumelin, Remungol.

7° CANTON DE NAPOLÉONVILLE.

(9 communes, 19,120 habitants.)

Croixanvec, Gueltas, Guern, Kerfourn, Napoléonville, Noyal-Pontivy, Saint-Gérand, Saint-Gonnery, Saint-Thuriau.

---

[1] La commune de Locunolé, qui faisait partie de ce canton, a été distraite du Morbihan en 1857 et annexée au Finistère.

III. ARRONDISSEMENT DE PLOËRMEL.

(8 cantons, 63 communes, 91,589 habitants.)

1° CANTON DE GUER.

(6 communes, 8,997 habitants.)

Augan, Beignon, Guer, Monteneuf, Porcaro, Saint-Malo-de-Beignon.

2° CANTON DE JOSSELIN.

(10 communes, 15,534 habitants.)

Croix-Helléan (La), Cruguel, Grée-Saint-Laurent (la), Guégon, Guillac, Helléan, Josselin, Lanouée, Quily, Saint-Servant.

3° CANTON DE MALESTROIT.

(12 communes, 13,467 habitants.)

Caro, Chapelle (la), Lizio, Malestroit, Monterrein, Réminiac, Roc-Saint-André (le), Ruffiac, Saint-Abraham, Saint-Guyomard, Saint-Nicolas-du-Tertre, Sérent.

4° CANTON DE MAURON.

(7 communes, 8,919 habitants.)

Brignac, Concoret, Mauron, Néant, Saint-Brieuc-de-Mauron, Saint-Léry, Tréhorenteuc.

5° CANTON DE PLOËRMEL.

(6 communes, 12,561 habitants.)

Campénéac, Gourhel, Loyat, Montertelot, Ploërmel, Taupont.

6° CANTON DE ROHAN.

(9 communes, 10,087 habitants.)

Bréhan-Loudéac, Crédin, Lantillac, Pleugriffet, Radenac, Réguiny, Rohan, Saint-Gouvry. Saint-Samson.

7° CANTON DE SAINT-JEAN-BRÉVELAY.

(7 communes, 11,821 habitants.)

Bignan, Billio, Buléon, Guéhenno, Plumelec, Saint-Allouestre, Saint-Jean-Brévelay.

8° CANTON DE LA TRINITÉ-PORHOËT.

(6 communes, 10,203 habitants.)

Évriguet, Guilliers, Ménéac, Mohon, Saint-Malo-des-Trois-Fontaines, Trinité-Porhoët (la).

IV. ARRONDISSEMENT DE VANNES.

(11 cantons , 76 communes, 131,632 habitants.)

1° CANTON D'ALLAIRE.

(9 communes, 11,995 habitants.)

Allaire , Béganne, Peillac, Rieux, Saint-Gorgon, Saint-Jacut, Saint-Jean-la-Poterie. Saint-Perreux, Saint-Vincent.

2° CANTON D'ELVEN.

(6 communes, 10,103 habitants.)

Elven, Monterblanc, Saint-Nolff, Sulniac, Trédion, Treffléan.

3° CANTON DE LA GACILLY.

(7 communes, 11,187 habitants.)

Carentoir. Cournon, Fougerêts (les), Gacilly (la), Glénac, Saint-Martin, Tréal.

4° CANTON DE GRAND-CHAMP.

(4 communes, 8,568 habitants.)

Grand-Champ, Meucon, Plaudren, Plescop.

5° CANTON DE MUZILLAC.

(7 communes, 10,736 habitants.)

Ambon, Arzal, Billiers, Damgan, Guerno (le), Muzillac, Noyal-Muzillac.

6° CANTON DE QUESTEMBERT.

(9 communes, 12,132 habitants.)

Berric, Bohal, Larré, Lauzach, Molac, Péaule, Pleucadeuc, Questembert, Saint-Marcel.

7° CANTON DE LA ROCHE-BERNARD.

(8 communes, 12,543 habitants.)

Camoël, Férel, Marzan, Nivillac, Pénestin, Roche-Bernard (la), Saint-Dolay, Théhillac.

8ᵉ CANTON DE ROCHEFORT.

(9 communes, 10,486 habitants.)

Caden, Limerzel, Malansac, Missiriac, Pluherlin, Rochefort, Saint-Congard, Saint-Gravé, Saint-Laurent.

9ᵉ CANTON DE SARZEAU.

(4 communes, 10,982 habitants.)

Arzon, Saint-Armel, Saint-Gildas-de-Rhuis, Sarzeau.

10ᵉ CANTON DE VANNES (EST).

(7 communes, 17,320 habitants.)

Hézo (Le), Noyalo, Saint-Avé, Séné, Surzur, Theix, Trinité-Surzur (la).

11ᵉ CANTON DE VANNES (OUEST).

(6 communes, 15,580 habitants.)

Arradon, Baden, Île-aux-Moines (l'), Île-d'Arz (l'), Plœren, Vannes.

En tout 4 arrondissements, 37 cantons, 237 communes, 486,504 habitants.

LISTE ALPHABÉTIQUE

DES SOURCES

OÙ L'ON A PUISÉ LES RENSEIGNEMENTS CONTENUS DANS CE DICTIONNAIRE.

Abbaye de la Joie.— Arch. du Morbihan.

Abbaye de Lanvaux. — Arch. du Morbihan.

Abbaye de Sainte-Croix de Quimperlé (*Histoire de l'*), publiée par M. Le Men, archiviste du Finistère, en 1862.

Abbaye de Saint-Gildas-de-Rhuis. — Arch. du Morbihan.

Abbaye de Saint-Maurice de Carnoët.— Arch. du Morbihan.

Annuaire historique et archéologique de Bretagne, par M. A. de la Borderie, 1861-1862.

Annuaire statistique, historique et administratif du Morbihan, par M. A. Lallemand.

Arradon. — Arch. du château.

Auray.— Arch. communales et hospitalières.

Baud et Kerveno (Seigneuries de). — Arch. du Morbihan.

Bavalan (Seigneurie de). — Arch. du Morbihan.

Beaurepaire en Augan.—Arch. du château.

Bois-Brassu (Seigneurie du). — Arch. du Morbihan.

Boyer en Mauron (Le).—Arch. du château.

Brossais en Saint-Gravé (Le). — Arch. du château.

Callac en Plumelec.—Arch. du château.

Camors (Seigneurie de). — Arch. du Morbihan.

Canonisation de saint Vincent Ferrier; procès-verbaux, 1453-1454. — Manuscr. du chapitre de Vannes.

Carmélites des Trois-Marie-du-Bondon, à Vannes. — Arch. du Morbihan.

Carmes de Josselin. — Arch. du Morbihan.

Carmes de Sainte-Anne. — Arch. du Morbihan.

Carte agronomique du Morbihan. — Arch. du Morbihan.

Carte archéologique du Morbihan, par M. L. Rosenzweig, 1863. — Ministère de l'instruction publique, arch. du comité des travaux historiques et des sociétés savantes.

Carte de France, dressée par l'État-major (Morbihan).

Carte des côtes de France, levée par les ingénieurs hydrographes de la marine sous les ordres de M. Beautemps-Beaupré, ingénieur hydrographe en chef, etc. 1816-1828.

Carte du Morbihan, par M. Bassac, 1860.

Carte géologique du Morbihan, par MM. Th. Lorieux et Eug. de Fourcy, 1848-1850.

Cartulaire de l'abbaye de Redon, publié en 1863, par M. A. de Courson, dans la collection des Documents inédits de l'Histoire de France.

Castellan en Saint-Martin. — Arch. du château.

Chapitre de Vannes. — Arch. du Morbihan.

Chartreuse d'Auray (La). — Arch. du Morbihan.

Coatdor en Guidel (Seigneurie du). — Arch. du Morbihan.

Cordeliers de Vannes. — Arch. du Morbihan.

Couedic en Plescop (Seigneurie du). — Arch. du Morbihan.

Cours d'eau (État statistique des) non navigables ni flottables du Morbihan, dressé en vertu de la circulaire ministérielle du 30 juillet 1861. — Arch. des ponts et chaussées.

Dictionnaire des terres nobles comprises dans le territoire actuel du département du Morbihan, par M. L. Galles (travail en préparation).

Dictionnaire historique et géographique de Bretagne, par Ogée; nouvelle édition, 1843-1853.

Eaux et forêts. — Arch. de l'inspection, à Lorient.

Épigraphie du Morbihan, par M. L. Rosenzweig. — Arch. du comité des travaux historiques, etc.

Essai sur les monnaies du royaume et duché de Bretagne, par A. Bigot, 1857.

Forêt en Languidic (Seigneurie de la). — Arch. du Morbihan.

Helfaut (Seigneurie du). — Arch. du Morbihan.

Hennebont. — Arch. communales.

Irrigations (État statistique des) et des usines sur les cours d'eau non navigables ni flottables du Morbihan, dressé en vertu de la circulaire ministérielle du 30 juillet 1861. — Arch. des ponts et chaussées.

Kerfily en Elven. — Arch. du château.

Kergus en Gourin. — Arch. du château; actuellement entre les mains de M. Stenfort, à Gourin.

Kerleau en Elven. — Arch. du château; actuellement à Vannes entre les mains de M. Jourdan, juge de paix.

Largouet-sous-Vannes. — Arch. du Morbihan.

Lorient. — Arch. communales. — Titres de la juridiction aux arch. du Morbihan.

Loyat. — Arch. du château.

Malestroit. — Arch. de la fabrique. — Arch. communales et hospitalières. — Titres de la seigneurie aux arch. du Morbihan.

Mélanges d'histoire et d'archéologie bretonnes, articles de M. A. de la Borderie, 1855.

Mémoires pour servir de preuves à l'Histoire de Bretagne, par dom Morice, 1742-1746.

Ménoray (Seigneurie de). — Arch. du Morbihan.

Morbihan (Le), son histoire et ses monuments, par Cayot-Délandre, 1847.

Napoléonville. — Arch. communales.

Palais (Le). — Arch. communales.

Plans cadastraux du Morbihan. — Arch. du Morbihan.

Plœmeur. — Arch. de la fabrique.

Pontivy (Cour de). — Arch. du Morbihan.

Port-Louis (Le). — Arch. communales.

Présidial de Vannes. — Arch. du Morbihan.

Prieuré de Gâvre. — Arch. du Morbihan.

Prieuré de Kerleano. — Arch. du Morbihan.

Prieuré de la Magdeleine de Malestroit. — Arch. du Morbihan.

Prieuré de Saint-Guen. — Arch. du Morbihan.

Prieuré de Saint-Martin de Josselin. — Arch. du Morbihan.

Prieuré de Saint-Nicolas de Guer. — Arch. du Morbihan.

Prieuré de Trédion. — Arch. du Morbihan.

Recensement de la population du Morbihan; tableaux de 1856 et de 1861. — Arch. du Morbihan.

Récollets du Port-Louis. — Arch. du Morbihan.

Répertoire archéologique du département du Morbihan, par M. L. Rosenzweig; Imprimerie impériale, 1863.

Roche-Bernard (Seigneurie de la). — Arch. du Morbihan.

Rohan-Chabot (Duché de). — Arch. du château de Kerguéhennec et des Forges-des-Salles.

Rohan-Guémené (Principauté de). — Arch. du Morbihan.

Rôles des états de Bretagne et des subdélégations de l'intendance. — Arch. du Morbihan.

Saint-Georges en Nostang (Seigneurie de). — Arch. du Morbihan.

Saint-Gravé. — Arch. de la fabrique.

Sénéchaussée d'Auray. — Arch. du Morbihan.

Sénéchaussée de Belle-Île-en-Mer. — Arch. du Morbihan.

Sénéchaussée de Ploërmel. — Arch. du Morbihan.

Sérent (Seigneurie de). — Arch. du Morbihan.

Spinefort (Seigneurie de). — Arch. du Morbihan.

Talhouet en Pluherlin. — Arch. du château.

Taupont. — Arch. de la fabrique.

Terres nobles du diocèse de Vannes en 1666; tabl. par paroisses. — Arch. départementales d'Ille-et-Vilaine.

Touches en Porcaro (Les). — Arch. du château.

Trinitaires de Sarzeau. — Arch. du Morbihan.

Vaudequip en Allaire (Le). — Arch. du château.

Villegonan (Famille de la). — Arch. du Morbihan.

OBSERVATIONS

INDISPENSABLES POUR L'INTELLIGENCE DU DICTIONNAIRE.

Nous ajoutons à cette liste quelques observations relatives à la rédaction du Dictionnaire.

Nomenclature actuelle. — Notre ignorance de la langue bretonne était pour nous une première difficulté à vaincre dans la classification de la plupart des noms de lieux du département; la diversité des formes données à un même mot d'après des règles qui. nous échappent et suivant les différentes régions, l'emploi simultané du terme primitif et de sa traduction française, nous ont probablement plus d'une fois induit en erreur. Pour ne pas nous lancer dans le système toujours dangereux des interprétations étymologiques, nous avons cru devoir conserver à chaque nom la forme sous laquelle il figure aujourd'hui dans les documents qui ont servi de base à notre travail; il en résulte que des noms qui ont évidemment la même origine se trouveront écrits de diverses manières. Ainsi, par exemple, le mot *ker,* si usité en breton, sera remplacé quelquefois par *kaer, quer, car,* sans parler du *k* barré (ᴋ) que nous avons laissé de côté comme étant d'un usage trop restreint; on trouvera de même *coët, couet, coat,* etc. Nous reviendrons tout à l'heure sur ces variantes.

Nous avions, pour dresser la liste des vingt mille noms environ que renferme le Dictionnaire, plusieurs documents à notre disposition : les plans du cadastre, les cartes agronomique et géologique du département, cette dernière dressée d'après celle de Cassini, les cartes de l'État-major et de Beautemps-Beaupré, les tableaux du recensement quinquennal de la population, les archives des eaux et forêts, celles des ponts et chaussées, etc. mais cette abondance a été aussi pour nous dans bien des cas une cause d'embarras, en ce qu'elle donnait aux formes d'un même mot une variété que l'examen des titres anciens était loin de diminuer. Toutes les fois qu'il y a eu doute, nous avons adopté exclusivement la forme présentée par le recensement, quelque fautive qu'elle nous parût, comme étant l'orthographe administrative.

Nous avons fait rentrer dans notre nomenclature les chapelles, croix, fontaines et autres monuments isolés, mais seulement lorsqu'ils avaient un vocable particulier, distinct des noms des villages environnants; nous avons négligé les petits étangs naturellement indiqués par les moulins qu'ils font marcher, ainsi que les chemins qui empruntent leur dénomination aux lieux auxquels ils aboutissent.

A côté des villages, hameaux ou écarts renfermés dans chaque commune; nous avions songé d'abord à relever, à l'aide des états cadastraux, les noms des diverses parcelles de terre qui entourent les lieux habités, dont quelques-uns peuvent avoir une signification importante au point de vue historique: nous avons dû renoncer à ce projet, en présence du morcellement excessif du sol, dans la crainte de donner à notre Dictionnaire une étendue démesurée; mais nous y avons compris les rues des villes, avec tous les changements qu'elles ont subis dans leur dénomination à différentes époques; nous avons même inscrit dans la nomenclature actuelle, et non à la Table des formes anciennes, les noms que ces rues portaient avant la Révolution, parce qu'ils sont pour la plupart encore en usage de nos jours.

Toutes les fois que le même nom s'est rencontré dans plusieurs communes, et cela est arrivé fréquemment, nous avons, pour faciliter les recherches, rangé ces communes dans l'ordre alphabétique.

Certaines expressions dont nous nous sommes servis exigent une traduction; tels sont les termes français :

Basse, plateau de roches ou banc de sable recouvert par la marée haute;
Commun, lande ou pâture indivise entre tous les habitants d'une même commune, d'un ou de plusieurs villages;
Cour, siége d'ancienne juridiction seigneuriale;
Douet, lavoir;
Fraiche, place;
Lande, terrain couvert d'ajoncs, de genêts et de bruyère;
Loge, hutte, maison;
Motte, butte, grée, colline rocheuse et couverte de lande;
Noë, terrain marécageux;
Pas, perche, planche, pont;
Porte, métairie noble aux abords d'un château;
Touche, bois;

Et les termes bretons :

Bihan ou *vihan,* petit;
Bras ou *vras,* grand;
Coët ou *coat,* bois;
Coh ou *goh,* vieux;
Creiz, milieu;

F.

Gouach ou *gouech*, ruisseau ;
Ihuel, ihuellan ou *ihuellauff*, haut ;
Izel, izellan ou *izellauff*, bas ;
Lann, lande ;
Mané ou *mené, motten*, montagne ;
Néhué ou *névé*, neuf ;
Ty, maison.

Sans entrer dans de longues explications, auxquelles suppléera facilement l'intelli-
gence du lecteur, sur la méthode que nous avons suivie pour notre classification, nous
nous bornerons à la faire comprendre ici par quelques exemples :

Rue Neuve. Le mot mis en vedette est : *Rue*.
Maison-Blanche : Maison.
Moulin d'En-Haut : Moulin.
Croix-de-Pierre : Croix.
Grand-Pont, pont : *Grand*.
Haut-Calzac et *Bas-Calzac* (lieux voisins réunis en un seul article) : *Calzac*.
Petit-Bézy (il n'y a pas de Grand Bézy dans le voisinage) : *Petit*.
Bois-de-Lourmel (sans indication de bois) : *Bois*.
Bois-de-la-Roche (quoiqu'il y ait indication de bois, le château n'étant connu que sous ce nom) :
Bois.
Pont Jean, pont : *Jean*.
Pont eur-Moch, pont (*pont* étant alors breton) : *Pont*.
Mané-Beaumarais, lande (près du hameau de Beaumarais) : *Beaumarais*.
Coët-Rohan, bois (sans lieu habité du nom de *Rohan*) : *Coët*.
En-ty-Néhué (la maison neuve) : *En*.

Suivant l'usage du pays, nous avons appliqué le nom de *ville* à la plupart des chefs-
lieux de cantons ; celui de *bourg* à tous les chefs-lieux de communes ; celui de *village*
aux groupes de population composés de cinq maisons ou plus ; celui de *hameau* à une
réunion de deux, trois ou quatre habitations.

Il est un point cependant sur lequel nous nous trouverons peut-être en désaccord
avec la coutume locale : dans la campagne, toute maison qui se distingue par une construction plus soignée que celle des fermes ou des simples chaumières, par une super-
position de deux ou trois étages, par une couverture en ardoises, est désignée sous le
nom de *château;* il nous sera certainement arrivé plus d'une fois ou de ne pas distinguer du tout ces habitations du reste du village dont elles font partie, ou de les men-
tionner comme de simples écarts, lorsqu'elles en sont un peu éloignées. Toutefois
quelques véritables châteaux modernes ont bien pu, dans notre nomenclature, ne pas

recevoir cette dénomination par une omission involontaire, lorsque, par exemple, les tableaux de recensement nous les présentaient, en l'absence des propriétaires, comme occupés par un fermier ou par un jardinier. Quant aux anciens manoirs nobles ou gentilhommières, à tourelle, à pignons élevés, précédés d'une cour avec portail en pierres de taille, ils ont été tous relevés aussi exactement que possible. Bien plus, quoique la plupart d'entre eux ne fussent, en réalité, que des métairies nobles, nous leur avons uniformément accolé la qualification de *seigneurie*, suivant le système adopté par M. L. Galles, conservateur adjoint du musée archéologique de Vannes, dans un travail qu'il prépare en ce moment sous le titre de *Dictionnaire des terres nobles comprises dans le territoire actuel du département du Morbihan*, travail auquel l'auteur nous a permis de faire de fréquents emprunts.

A l'égard des nombreux cours d'eau (plus de huit cents) recueillis sur le cadastre et sur des états qu'a bien voulu nous communiquer M. l'ingénieur en chef du département, nous ferons observer que, pour ceux qui traversent plusieurs communes, nous avons toujours indiqué toutes ces communes, sans exception, dans l'ordre où elles sont arrosées, depuis la source jusqu'au confluent ou à l'embouchure. Quelques ruisseaux, les plus petits, ne portent aucun nom; la plupart, au contraire, en ont cinq ou six, quelquefois davantage, prenant successivement ceux des villages, des moulins ou des ponts qu'ils rencontrent; nous avons signalé toutes ces transformations, en renvoyant à un seul article pour les détails.

Variantes anciennes. — Un même lieu peut être désigné par plusieurs mots entièrement différents les uns des autres, ou par un seul mot affectant des formes diverses : de là deux sortes de variantes. Celles de la première espèce sont rares et demandent à être toutes relevées; les dernières, importantes surtout au point de vue étymologique, ont moins de valeur pour l'histoire et doivent être recueillies avec quelque réserve. Postérieurement au xv⁵ siècle, par exemple, il n'y a guères lieu de s'en occuper en général : ou elles sont insignifiantes, ou elles sont dues à une plume peu exercée. Beaucoup d'entre elles, d'ailleurs, peuvent être négligées, quelle que soit leur date : ainsi, sans parler des variantes qui ne sont que la traduction latine ou française de mots bretons, il en est d'autres que nous avons cru devoir passer sous silence dans le Dictionnaire; le tableau suivant les indiquera une fois pour toutes :

An, ar, en, er, eur (formes différentes de l'article);
Bihan, vihan;
Bras, vras;

Bot, bod;
Coët, couet, coë, coit, quoet, quoit, coat, hoët, houet;
Cos, coz, coh, goh;

Croës, groës;

Fetan, feten;

Goah, gouah, gouach, gouarh, gouarch, gouech;

Guern, guerne;

I, y (en terminaison);

Ker, kaër, quer, car, guer;

Kerantré, Kerentré, Kerentrech;

Kercaradec, Kergaradec;

Kergal, Kerangal (l'article s'interpose fréquemment entre deux substantifs);

Kergo, Kergoff;

Kerlan, Kerlann;

Lescouet, Liscouet;

Locmaria, Lomaria;

Mané, mené, menez, miné;

Men, mein;

Moten, motten;

Névé, neué, néhué;

Noë, née;

O, ou, eu, eux, euc, ec (en terminaison);

Ple, pleu, plo, plœ, ploi, plou, plu;

Porh, porch, pors, porz, portz;

Quilio, Quillio;

Roc, roch, roh;

Ros, roz;

Rosaie, rosais, rosay, rosaye;

Stanc, stang;

Ty, thy;

et autres analogues.

Mais, en revanche, nous avons admis exceptionnellement au nombre des variantes quelques mots écrits selon l'orthographe actuelle, lorsque cette forme se présentait à une date reculée.

Dates des variantes. — Toutes les fois qu'une même variante s'est rencontrée à plusieurs dates différentes, nous avons indiqué la plus ancienne. Dans le cas, au contraire, où la date du titre dont nous avions à extraire quelque nom n'était déterminée que par des années extrêmes, nous n'avons inscrit que la dernière comme étant seule certaine.

Sources des variantes. — Quoique nous ayons consulté un grand nombre de dépôts particuliers, les plus anciennes variantes nous ont été fournies principalement par les divers fonds des archives départementales du Morbihan, par les Preuves de dom Morice et par le Cartulaire de Redon (édit. de M. A. de Courson).

Pour les archives du Morbihan, nous n'avons désigné que les fonds, sans autre indication plus précise, l'inventaire n'en étant pas assez avancé pour qu'il n'y ait pas à craindre de modifications ultérieures. Du reste, ces fonds sont généralement peu considérables, et leur mode de classement permettra toujours de retrouver, au besoin, les textes consultés.

Des Mémoires pour servir de preuves à l'histoire de Bretagne nous n'avons guère mis à contribution que le premier volume, le seul qui renferme des documents assez anciens et dont nous n'ayons pas les originaux. Malheureusement, lorsqu'on est familiarisé avec les noms de lieux du pays, on acquiert promptement la certitude qu'ils ont été pour la plupart mal transcrits dans les Preuves, et cette certitude ne fait que s'accroître lorsque l'on compare les textes de D. Morice avec les originaux que nous possédons encore. Quant aux tables, il suffit d'y jeter un coup d'œil pour voir qu'elles sont à peu près nulles sous le rapport de la géographie.

Le Cartulaire de Redon nous a été d'un bien plus grand secours; quoique nous ayons constaté quelques inexactitudes dans les tables, le soin scrupuleux avec lequel le texte a été édité nous a engagé à y puiser avec confiance pour notre Dictionnaire.

Nous n'ignorons pas combien il eût été avantageux pour nous de consulter les archives des départements qui limitent le Morbihan, et surtout le riche dépôt de la Loire-Inférieure; mais ces explorations eussent exigé un temps considérable dont nous ne pouvons malheureusement disposer.

Géographie historique. — Le développement que nous avons donné plus haut à cette partie de l'Introduction nous a permis de restreindre en proportion les renseignements du Dictionnaire. Prenons, en effet, un exemple dans l'organisation ecclésiastique : les listes qui précèdent indiquent, en descendant du général au particulier, que dans l'évêché de Cornouaille se trouve l'archidiaconé du même nom, et dans celui-ci le doyenné de Gourin, renfermant, entre autres paroisses, celle de Gourin, qui compte elle-même au nombre de ses trèves celle de Roudouallec; pour donner dans le Dictionnaire le ressort ecclésiastique de Roudouallec, il nous suffira, en nous élevant d'un degré, de signaler ce lieu comme trève de Gourin; le lecteur qui voudra remonter plus haut dans l'échelle de l'organisation ecclésiastique pourra, sans recourir à plusieurs articles du Dictionnaire, se reporter immédiatement aux listes alphabétiques de l'Introduction. De même pour toute autre indication relative à la géographie historique.

D'autre part, nous avons été sobre de détails purement historiques; outre qu'on les trouve dans tous les auteurs qui ont écrit sur le Morbihan, il nous a semblé qu'ils n'entraient pas dans le cadre d'un ouvrage spécialement destiné à faire connaître la topographie du pays : nous nous sommes donc borné à reproduire les renseignements relatifs aux abbayes et aux seigneuries les plus importantes.

Table des formes anciennes. — Nous avons compris dans cette table, à côté des variantes des noms qui appartiennent à la topographie actuelle du département, tous les noms pour lesquels la nomenclature de notre époque ne nous fournissait pas de correspondants, et que, pour cette raison, nous avons rigoureusement exclus du Dictionnaire.

EXPLICATION

DES

ABRÉVIATIONS EMPLOYÉES DANS LE DICTIONNAIRE.

abb.	abbaye.	faub.	faubourg.
affl.	affluent.	f.	ferme.
anc.	ancien.	ff ou f".	fermes.
archid.	archidiaconé.	font.	fontaine.
arch.	archives.	h.	hameau.
arrond.	arrondissement,	hôpit.	hôpital,
auj.	aujourd'hui.	inscr.	inscription.
autref.	autrefois.	m¹ⁿ.	moulin.
cᵒⁿ.	canton.	mus.	musée archéologique de Vannes.
cart.	cartulaire.	par.	paroisse.
chap.	chapitre.	pⁱᵉ	partie.
ch.	charte.	pass.	passage.
chât.	château.	prés.	présidial de Vannes.
ch.-l.	chef-lieu.	riv.	rivière.
cᵛ.	commune.	ruiss.	ruisseau.
confl.	confluent.	sc.	sceau.
dépᵗ	département.	seign.	seigneurie.
dioc.	diocèse.	sénéch.	sénéchaussée.
dist.	distinct.	sᵉ.	siècle.
distr.	district.	subd.	subdélégation.
doy.	doyenné.	terr.	terrier.
éc.	écart.	territ.	territoire,
év.	évêché où évêque.	vill.	village.
fabr.	fabrique.	voy.	voyez.

DICTIONNAIRE TOPOGRAPHIQUE

DE

LA FRANCE.

DÉPARTEMENT

DU MORBIHAN.

A

Abattoir (Rue de l'), à Auray.

Abattoir (Rue de l'), à Lorient. — Voy. Neuve-de-la-Comédie (Rue).

Abbaye (L'), vill. en partie c^{ar} de Bohal, en partie c^{ne} de Sérent. — Seigneurie connue sous le nom de *l'Abbaye-Bourdin*; manoir en Sérent.

Abbaye (L'), vill. c^{ne} de Saint-Perreux.

Abbaye (L'), éc. c^{ne} de Saint-Vincent.

Abbaye (La Grande et la Petite), fermes et bois, c^{ne} de Guer. — Deux seigneuries.

Abbaye (Rue de l'), à Loyat.

Abbaye-aux-Alines (L') ou la Vieille-Abbaye, vill. c^{ne} de Carentoir.

Abbaye-aux-Chevaux (L'), vill. et pont sur le Beauché, c^{ne} de Carentoir.

Abbaye-aux-Oies (L'), vill. et m^{in} sur le Ninian, c^{ne} de Guillac; pont sur ce ruiss. reliant Guillac et Taupont.

Abbaye-aux-Saloux (L'), vill. c^{ne} de Carentoir.

Abbaye-Baillet (L'), vill. c^{ne} de Mauron. — Seigneurie.

Abbaye-Blot (L'), vill. c^{ne} de Carentoir.

Abbaye-de-Bonnay (L'), h. c^{ne} de Carentoir.

Abbaye-d'en-Bas (L'), vill. c^{ne} de Campénéac.

Abbaye-d'en-Haut (L'), vill. c^{ne} de Campénéac (éloigné du précédent). — Seigneurie.

Abbaye-Jarno (L'), f. et bois, c^{ne} de Guer.

Abbaye-Penguily (L'), vill. et étang, c^{ne} de Mauron. — Seigneurie.

Abraham, baie sur l'Océan, c^{ne} de Saint-Gildas-de-Rhuis.

Abreuvoir (L'), éc. c^{ne} de Rieux.

Abreuvoir (Ruisseau de l'). — Voy. Kerlézan (Ruisseau du Commun-de-).

Acensie (L'), lande, c^{ne} de Saint-Congard.

Aër, ruiss. — Voy. Daër.

Aff (L') ou Afft, riv. affluent de l'Oust; elle prend sa source dans la forêt de Paimpont (Ille-et-Vilaine), arrose dans le Morbihan les c^{nes} de Beignon, de St-Malo-de-Beignon et de Guer, rentre dans l'Ille-et-Vilaine et de nouveau dans le Morbihan, où elle traverse encore Carentoir, la Gacilly, Cournon et Glénac. — *Æff flumen*, vers 1000 (cart. de l'abb. de Redon).

Agriculteurs (Rue des), à Lorient. — Voy. Sainte-Marguerite (Rue).

Aguénéac, m^{in} sur la Claye, bois et f. dite *Cour d'Aguénéac*, c^{ne} de Trédion. — *Aguiniac*, xiie s^e (prieuré de Trédion). — Trève de la par. d'Elven. — Seign. manoir.

Ahès, chaussée ou ancienne voie romaine, en breton *Hent-Ahès*; elle traverse ou limite, après être sortie de l'Ille-et-Vilaine, et en allant de l'est à l'ouest, les c^es de Carentoir, Guer, Monteneuf, Tréal, Réminiac, Caro, Missiriac, Saint-Abraham, et se retrouve en Moustoirac, Plumelin, Guénin. — Une voie du même nom, dite aussi aujourd'hui *Chemin de Napoléonville à Carhaix*, et qui peut être le prolongement de la première, traverse les c^os de Napoléonville, Malguénac, Séglien, Langoëlan, Ploërdut, et entre dans le département des Côtes-du-Nord. — Pont (voy. GLANÉ).

AIGUILLON (MOULIN D'), m^in à vent, c^ne de Beignon; minière, c^ne de Guer.

AIGUILLON (PLACE D'), à Ploërmel. — Voy. ARMES (PLACE D').

AIGUILLON (PONCEAU D'), à Josselin. — Voy. SAINT-NICOLAS.

AIGUILLON (RUE D'), quai et cale, à Lorient. — Voy. POISSONNIÈRE (RUE).

ALLAIN, m^in sur la Ville-Oger, c^ue de Guégon.

ALLAIN, pont sur le Dourdu, c^ne de Lignol.

ALLAIN (RUISSEAU DU PONT-). — Voy. DOURDU (LE).

ALLAINE, arrond^t de Vannes. — *Alair plebs*, 878 (cart. de l'abbaye de Redon). — *Aler*, 1387 (chap. de Vannes). — *Aloir*, 1460 (château du Vandequip). Par. du territ. de Rieux. — Sénéch. de Ploërmel; subd. de Redon. — Distr. de Rochefort.

ALLAIS (LES), éc. c^ne de Guégon.

ALLAN, pont sur le ruiss. du Pont-Allan, reliant Vannes et Saint-Nolff.

ALLAN (RUISSEAU DU PONT-) ou DE TALHOUET, affluent du Saint-Léonard; il arrose Saint-Nolff, Trefféan, Vannes et Theix.

ALLANO, pont sur le Brohais, reliant Kergrist et le dép^t des Côtes-du-Nord.

ALLÉE (L'), f. — Voy. KERRAN, c^ne d'Arradon.

ALLEUX (LES), h. c^ne de Ménéac.

ALLIER (L'), f. c^ne d'Allaire.

ALLIÉS (LES), vill. c^ne de Béganne.

ALLY, vill. c^ne de Férel.

ALOËS, rocher sur l'Océan, côte de Pénestin.

ALOUETTE (PONT DE L'), sur le Saint-Malo, c^ne de Saint-Malo-de-Beignon.

AMBOISE (RUE), à la Gacilly.

AMBON, c^on de Muzillac. — *Ambon insula* (une partie de l'anc. par. d'Ambon, située auj. dans la c^ne de Damgan, forme presqu'île), 869 (cart. de l'abb. de Redon). Par. du doy. de Péaule; prieuré du vocable de Saint-Cyr, d'abord membre de l'abb. de Saint-Gildas-de-Rhuis, réuni, à la fin du XVIIe siècle, au collége des jésuites de Vannes. — Sénéch. et subd. de Vannes. — Distr. de Vannes.

AMITIÉ (IMPASSE et RUE DE L'), à Lorient, faub^g de Kerentrech.

AMITIÉ (RUE DE L'), à Vannes. — A porté successivement les noms *de Bourg-Maria* et *de la Coutume*.

AMOUR (FONTAINE D'), c^ne de Vannes.

AMOUR (ÎLE D'), sur l'étang de Keravéon, c^ne d'Erdeven.

AMOUR (PONT D'), sur le Vau-Lorient, c^ne de Porcaro.

AMOURIO, m^in sur l'Oyon, c^ne de Porcaro.

AN-ALLÉE (LOGE), éc. c^ne du Saint.

AN-AUTER, roche sur l'Océan, côte de Saint-Pierre.

ANCIEN PONT (RUE DE L'), à Napoléonville, dite autrefois rue *du Pont*.

ANCIEN-PRESBYTÈRE (L'), éc. c^ne de Camors.

AN-DORZEN (LOGES), h. c^ne du Saint.

AN-DOUAR-SANTÈS (LOGE), éc. c^ne de Gourin.

ANDRESTOL, vill. et m^in à vent, c^ne du Palais.

ANDRIEUX (LES), h. c^ne de Saint-Gravé.

ANDRO, port et fort sur l'Océan, c^ne de Locmaria.

ÂNE (CHEMIN DE L'), c^ne de la Trinité-Surzur.

ÂNE (FONTAINE À L'), c^ne des Fougerêts.

ÂNE (MARAIS DE L'), c^ne de Néant.

ANENO (L'), roche sur l'Océan, côte de Riantec.

ÂNES (PONT AUX), sur la Foliette, c^ne de Guer.

ANGLAIS (RUE AUX), à Malestroit. — Mentionnée en 1497 (fabr. de Malestroit).

ANGOULÊME (RUE D'), à Lorient. — Voy. PATRIE (RUE DE LA).

ANIERS (FONTAINE AUX), à la limite de Josselin et de Guégon.

ANJOU (CROIX D'), c^ue de la Trinité-Porhoët.

ANNE (RUE), à Hennebont. — Voy. SAINTE-ANNE (RUE).

ANNO-EN-ÉZET, roche sur l'Océan, côte d'Erdeven.

ANTER, h. c^ne de Port-Philippe.

ANTOUREAU, vill. c^ne du Palais.

AN-TREAC'H, basse sur l'Océan, côte de Plouharnel.

AN-TREAC'H, basse sur l'Océan, côte de Quiberon.

ANVORTE, h. c^ne de Port-Philippe.

ARCAL (LE GRAND et LE PETIT), vill. et éc. dit *Pavillon d'Arcal*, c^ne de Vannes. — Seigneurie.

ARCHE-QUÉONANQUE (L'), h. — Voy. QUÉONANQUE.

ARCHERS (CROIX DES), c^ne de la Gacilly.

ARCHES (LES), m^in sur le ru de ce nom, c^ne de Ruffiac.

ARCHES (RU DES), ruiss. affluent de l'Oust; il arrose Ruffiac, Missiriac et Saint-Laurent.

AN-COUTELLIGUEN, rocher sur l'Océan, près de l'île de Houat.

AN-CRAS (LOGES), h. c^ne de Guiscriff.

ARDENNE, ruiss. affluent de celui du Pont-Grignard; il arrose Tréal, Saint-Nicolas-du-Tertre et Carentoir.

ARDILLIÈRES (LES), éc. c^ne de Ménéac.

ARDILLIERS (LES), éc. c^ne de Monteneuf.

ARDOISE (L'), h. c^ne de Malansac.

ARDOISES (RUISSEAU D') ou DE LIVOUEC, affluent du Kermarec; il arrose Bubry et Guern.

Ar-Fer, rocher sur l'Océan, près de l'île d'Hœdic.

Ar-Frostachou (Loge), éc. c^{ne} de Gourin.

An-Gazec, île de la baie du Morbihan, entre la c^{ne} d'Arzon et l'île de Berder.

Ar-Gazec, roche de la baie de Quiberon, côte de Locmariaquer.

Ar-Halvoret, roche de la baie de Quiberon, côte de Locmariaquer.

Ar-Huéder, h. c^{ne} de Guiscriff.

Ar-Juneten, rocher sur l'Océan, près de l'île de Houat.

Ar-Lan (Loge), éc. c^{ne} de Gourin.

Armel. lande, c^{ne} d'Augan.

Armes (Place d'), à Lorient.

Armes (Place d'), à Ploërmel, dite, au xviie siècle, le Jeu-de-Paume, et au xviiie, d'abord place Neuve, place d'Armes, puis, en 1764, place d'Aiguillon.

Armes (Place d'), à Plouay.

Armes (Place d'), à Vannes. — Voy. Garenne (La).

Armorique, nom donné primitivement à toute la région maritime de l'ouest de la Gaule transalpine, et plus particulièrement de la Celtique, pays compris entre la Seine, la Garonne et l'Océan, puis, au ve siècle, à la partie seulement de cette région située entre la Seine et la Loire, occupée plus tard par la province de Bretagne et une portion de celle de Normandie. — Tractus armoricanus, ve siècle (Notice de l'empire d'Occident). — Letavia, v^e s^e. — Britannia, aliàs parva Britannia, pour la partie occidentale; Romania, pour la partie orientale, vi^e siècle.

Arnacu. vill. c^{ne} de Locmaria.

Arné. vill. c^{ne} de Crédin.

Arradon, c^{on} de Vannes-Ouest; chât. (voy. Kerran); éc. servant d'habitation au passeur; mⁱⁿ à vent; pointe et passage dans la baie du Morbihan, reliant Arradon à l'île aux Moines. — Aradon, 1387 (chap. de Vannes).

Par. du territ. de Vannes. — Seign. dite aussi de Kerdrém (voy. Kerran). — Sénéch. et subd. de Vannes. — Distr. de Vannes; chef-lieu de c^{on} en 1790, supprimé en l'an x.

Arrald, mⁱⁿ à vent, c^{ne} de Porcaro.

Arrivée-du-Pont (L'), éc. c^{ne} de Marzan.

Artimon (L'), plateau sur l'Océan, entre l'île d'Hœdic et le Croisic (Loire-Inférieure).

Artimon (L'), roche sur l'Océan, entre la côte de Sarzeau et celle de Pénerf.

Artois (Rue d'), à Lorient, formée en 1817 d'une partie de la rue de la Comédie; appelée en 1830 rue de l'Abattoir, puis rue Neuve-de-la-Comédie.

Ar-Veline (Loge), éc. c^{ne} de Guiscriff.

Arz, île et mⁱⁿ à eau dans la baie du Morbihan. —

L'Île-d'Arz, c^{ne} du c^{on} de Vannes-Ouest. — Art insula, 1031 (D. Morice, t. I, col. 371). — Arz, 1387 (chap. de Vannes). — Ars, 1553 (inscr. de l'église paroissiale).

Par. du terr. de Vannes; deux prieurés, l'un d'hommes, sous le vocable de Notre-Dame, membre de l'abbaye de Saint-Gildas-de-Rhuis; l'autre de femmes, sous le vocable de Saint-Georges, membre de l'abbaye de Saint-Georges de Rennes. — Sénéch. de Rhuis; subd. de Vannes. — Distr. de Vannes.

Arz (L'), riv. dite aussi ruisseau du Moulin Morio et ruisseau du Nédo, affluent de l'Oust; elle arrose les c^{nes} de Plaudren, Monterblanc, Elven, Larré, Molac, Pluherlin, Saint-Gravé, Malansac, Peillac, Saint-Jacut, Saint-Vincent, Allaire, Saint-Perreux et Saint-Jean-la-Poterie. — Pont sur cette riv. reliant Malansac et Pluherlin; vill. du Pont-d'Arz, c^{ne} de Pluherlin; autre pont sur la même riv. reliant Peillac et Saint-Jacut; f. du Pont-d'Arz, c^{ne} de Peillac; chapelle du Pont-d'Arz, c^{ne} de Saint-Jacut. — Atrum flumen, 820 (cart. de l'abb. de Redon). — Fluvius Itr, 859 (ibid.). — Arre, 1471 (chât. de Kerfily). — Seign. du Pont-d'Arz, en Saint-Jacut.

Arz (L') ou Artz, h. et mⁱⁿ sur la riv. de ce nom, c^{ne} de Malansac.

Arzal, c^{on} de Muzillac. — Arsal, 1128 (cart. de Redon).

Par. du doy. de Péaule. — Sénéch. de Vannes; subd. de la Roche-Bernard. — Distr. de la Roche-Bernard.

Arzic, pointe, port et fort sur l'Océan, c^{ne} de Locmaria.

Arzon, c^{on} de Sarzeau. Le bourg s'appelle particulièrement Locmaria. — Plebicula Ardon in Rowis (Rhuis) sita in provincia Warrochiæ (Broërech) juxta mare, 836 (cart. de l'abb. de Redon).

Par. du terr. de Vannes; prieuré du vocable de Notre-Dame, membre de l'abb. de Saint-Sauveur de Redon. — Sénéch. et subd. de Rhuis. — Distr. de Vannes.

Assemblée-Nationale (Rue de l'), à Lorient. — Voy. Guesclin (Rue du).

Assénac, h. c^{ue} de Plœren. — Acenac, 1427 (duché de Rohan-Chabot).

Aubépine (Fontaine de l'), c^{ne} d'Augan.

Aubert, pont sur le ruiss. de ce nom, reliant Ploërmel et Montertelot.

Aubert (Ruisseau du Pont-) ou du Pont-de-la-Vallée, affl. de l'Oust; il arrose Ploërmel, Augan, Monterrein et Montertelot. — Éc. du Pont-Aubert, c^{ne} de Montertelot.

Aucfer, vill. partie c^{ne} de Rieux, partie c^{ne} de Saint-

Jean-la-Poterie; pont sur la riv. d'Oust, reliant les départ. du Morbihan et d'Ille-et-Vilaine, ancien passage. — *Auquefer*, 1395 (D. Morice, II, 656).

Au-Dessus-des-Prés, lande, cⁿᵉ de Réguiny.

Audicé (Fontaine), cⁿᵉ de Limerzel.

Augan, cᵉⁿ de Guer. — *Plebs condita Algam*, 833 (cart. de l'abb. de Redon). — *Alcam*, 835 (*ibid.*). — *Algan*, 1131 (prieuré de Saint-Martin de Josselin). — *Augani*, 1466 (chât. de Beaurepaire). Par. du doy. de Beignon. — Seign. — Sénéch. et subd. de Ploërmel. — Distr. de Ploërmel.

Aulnais (Les), f. cⁿᵉ de Guer.

Aulnais (Les), h. cⁿᵉ de Lanouée. — Seign. connue sous le nom des *Aulnais-Caradreux*.

Aulnais (Les), h. cⁿᵉ de Ruffiac.

Aulnais (Ruisseau des). — Voy. Gaboulaie (La).

Aulnes (Fontaine des), cⁿᵉ de Saint-Gravé.

Aumaître (Rue), nom ancien d'une rue de Malestroit, au faubᵍ de la Madeleine, 1497 (fabr. de Malestroit), et aussi d'une venelle allant de la rue Saint-Marcel à la rue de Baudet, même ville.

Aunaies (Fontaine des), cⁿᵉ de Monteneuf.

Aune (L'), éc. cⁿᵉ de Peillac.

Aure (L'), éc. cⁿᵉ de Saint-Martin. — Seigneurie.

Auquinian, vill. cⁿᵉ de Neulliac; écluse sur le canal de Nantes à Brest.

Auray, arr. de Lorient; riv. voy. Loc (Le); pont, dit aussi *de Saint-Goustan* et plus anciennement *pont Neuf*, et viaduc du chemin de fer sur cette riv.; port. — *Castrum Alrae*, 1069 (D. Morice, t. I, col. 431). — *Alrai*, 1168 (*ibid.* col. 132). — *Aurai*, 1178 (*ibid.* col. 134). — *Elraium*, 1241 (abb. de Lanvaux). — *Elrayum*, 1280 (abb. de la Joie). — *Aurray*, 1282 (*ibid.*). — *Elray*, aliàs *Aurey*, 1309 (*ibid.*). — *Alraium, fortalicium*, 1377 (D. Morice, I, 49). — *Alroy*, 1383 (chartreuse d'Auray). —

Auroy, xivᵉ sᵉ (D. Morice, II, 319). — *Aulray*, 1429 (duché de Rohan-Chabot).

Auray comprenait deux paroisses, Saint-Gildas et Saint-Goustan (voy. ces mots), un prieuré (voy. Saint-Gildas), des communautés de capucins, cordelières et hospitalières; une commanderie de chevaliers du Saint-Esprit de Montpellier, dont les biens furent unis en 1777 à l'hôpital général d'Auray; un Hôtel-Dieu ayant comme annexe un hôpital à Saint-Yves, même ville; un hôpital général.

Châtellenie relevant primitivement du comté de Guingamp, réunie au domaine ducal en 1034; chât. détruit au milieu du xviᵉ s. — Siége d'une sénéchaussée royale créée en 1564 et des juridictions seigneuriales de Largouet et de Kaer; la sénéchaussée porta, jusqu'au xviiiᵉ siècle, le nom de cour d'Auray et de Quiberon. — Siége de la chambre des comptes de Bretagne au xiiiᵉ siècle et d'un atelier monétaire au xivᵉ siècle (Bigot, *Essai sur les monnaies de Bretagne*). — Gouvernement de place; communauté de ville, avec droit de députer aux États de la province et armoiries portant : *de gueules à une hermine passante d'argent, chapée d'hermines, au chef de France*. — Siége d'une subd. de l'intendance de Bretagne. — Chef-lieu de distr. et de cᵉⁿ en 1790.

Auray (Rue d'), à Vannes, dite autrefois *de Saint-Yves*; rues à Baud et à Landévant.

Aurio, pont sur le Grellec, cⁿᵉ de Ploërdut.

Austerlitz (Rue d'), à Napoléonville.

Autnou, font. et ruiss. *de la Fontaine-Autnou*, affl. du Kerdrého, cⁿᵉ de Plouay.

Avallec, h. cⁿᵉ de Pluméliau.

Avaugour, mⁱⁿ à vent, cⁿᵉ de Porcaro.

Avelenon, vill. cⁿᵉ de Baud.

Avérieux (Les), lande, cᵘᵉ d'Augan.

Ayon, vill. cⁿᵉ d'Allaire.

B

Baccus (Île à), sur l'Océan, cⁿᵉ de Pénestin.

Bacu (Loge le), éc. cⁿᵉ de Saint-Caradec-Trégomel.

Badec, basse sur l'Océan, côte de Port-Philippe.

Baden, cⁿᵉ de Vannes-Ouest; mⁱⁿ sur le ruiss. de ce nom. — *Badan*, 1430 (chap. de Vannes). Par. du territ. de Vannes. — Sénéch. et subd. d'Auray. — Distr. de Vannes.

Baden, mⁱⁿ sur l'Inam, cⁿᵉ de Lanvénégen.

Baden (Ruisseau du Moulin-de-) ou du Pont-de-Baden, affl. de la riv. d'Auray. — Pont sur ce ruiss.; éc. du *Pont-de-Baden* : le tout, cᵗᵉ de Baden.

Badion-du-Prado (Le), rue au Prado. — Voy. Prado (Le), cⁿᵉ de Guer.

Badonais (La), h. cⁿᵉ de Guer.

Baëlon (Loge), éc. cⁿᵉ de Guiscriff.

Baëron, mⁱⁿ sur le ruiss. du Moulin-du-Duc, cⁿᵉ de Langonnet.

Bagarné, vill. cⁿᵉ de Surzur.

Bagotaie (La), h. et ponceaux, cⁿᵉ de la Chapelle. — Seigneurie.

Bagué, f. cⁿᵉ de Languidic.

Baguenères (Îles), sur l'Océan, côte de Port-Philippe.

Baguen-Hir, roche dans la baie de Quiberon, entre Locmariaquer et Arzon.

Bahudant, h. c^ne de Monterblanc.

Baizy, h. bois et m^in à vent, c^ne de Plumergat. —Seign.

Baizy, éc. et bois, c^ne de Saint-Dolay.

Balanfournis, vill. c^ne de Sarzeau.

Balangeart, h. c^ne de Ruffiac. —Seigneurie.

Balgan, h. c^ce de Séné. — *Bolgan*, 1316 (duché de Rohan-Chabot). —Seigneurie; manoir.

Ballac, éc. c^ne de Moustoir-Remungol.

Ballo (Le), vill. c^ne de Caden. — Seigneurie.

Balloène, basse sur l'Océan, c^ne du Palais.

Ballon (Le), éc. c^ne de Brech, et m^in à vent. — Voy. Saint-Julien.

Balue (La), vill. c^ne de Carentoir.

Baluyère (La), vill. c^ne de Ploërmel.

Balven (Le), éc. c^ne de Saint-Thuriau.

Ban, vill. part. c^ne de Saint-Gorgon, part. c^ne d'Allaire.

Banalec-Lanvaux, vill. bois, marais et forges, c^ne de Pluvigner; pont sur le Loc, reliant Pluvigner et Grand-Champ; étang baignant ces deux c^nes (voy. Lanvaux). — Seigneurie.

Banallod, éc. c^ne du Saint.

Banalo (Le), h. c^ne de Plouhinec.

Banalou (Loges), h. c^ne de Guiscriff.

Banaster, vill. c^ne de Sarzeau; anse et passage sur l'Océan, reliant deux points de la commune.

Banaster-Kerjambet ou Kerjambet, vill. c^ne de Sarzeau.

Bande (La), h. c^ne de Malansac.

Bande (La) ou Saint-Jean-de-la-Bande, vill. c^ne de Pluherlin. — Prieuré, au xvie siècle.

Bande (La), f. c^ne de Saint-Jean-la-Poterie.

Bande (La), h. c^ne de Saint-Martin.

Bande-David (La), éc. c^ne d'Allaire. —Seigneurie.

Bande-d'en-Haut (La), éc. c^ne de Lizio.

Bandes (Masure des), éc. c^ne de Saint-Jacut.

Bandoux, f. c^ne de Réguiny. — Seigneurie.

Banerlan, éc. c^ne de Cléguérec.

Banével, h. c^ne de Baud.

Banga, éc. c^ne de Sérent.

Bangâvre, vill. anse sur l'Océan, falaise et corps de garde, c^ne de Riantec.

Bangor, c^ne de Belle-Île-en-Mer, et île du même nom sur l'Océan.

Par. du territ. de Belle-Île. — Sén. de Belle-Île (anc^t Auray); subd. de Belle-Île. — Distr. d'Auray.

Bara, lieu-dit du département des Côtes-du-Nord. Une rigole alimentaire de ce nom relie la riv. d'Oust au canal de Nantes à Brest, en traversant une partie des Côtes-du-Nord et, dans le Morbihan, les c^nes de Croixanvec, Saint-Gonnery et Gueltas.

Barach, vill. c^ne de Langonnet. — Seigneurie.

Barach, vill. bois et deux m^ins sur le Restihuilio, c^ne de Ploerdut. Une partie du vill. est dite *Barach-Coh* (Barach-Vieux). — Seigneurie; manoir.

Baragan, vill. c^ne de Nivillac.

Baraguin (Le), vill. c^na de Carentoir.

Baranton, font. célèbre du dép^t d'Ille-et-Vilaine; ruiss. affl. du Doift, descend de Paimpont (Ille-et-Vilaine) et arrose Mauron dans le Morbihan.

Bararach, vill. c^ne de Séné; pointe (voy. Langle). — Seigneurie.

Bara-Ségal (Rue), à Vannes. — Voy. Unité (Rue de l').

Baraton, ruiss. —Voy. Bernéan (Ruisseau des Bois-de-).

Baraton, f. et m^in sur le ruiss. du même nom, c^ne d'Augan; ruiss. voy. Pont-du-Moulin (Le). — Seigneurie; chât. aujourd'hui en ruines.

Baraval, éc. c^ne de Saint-Aignan; écluse et pêcherie sur le canal de Nantes à Brest.

Barbais (La), h. c^ne de Saint-Vincent, et ruiss. affl. de l'Arz, qui arrose Peillac et Saint-Vincent.

Barberet, lande, c^ne d'Augan.

Barbichons (Les), étang, c^ne du Hézo.

Barbier, croix, c^ne de Theix.

Barbotaie (La), h. c^ne de Malansac.

Barbotière (La), h. c^ne de Rieux.

Barbotin, f. c^ne de Ploërmel.

Barbotte, pont sur le ruiss. du Pont-Coléno, reliant Muzillac et Noyal-Muzillac.

Bardaie (La Haute et la Basse), vill. c^ne de Carentoir.

Barderf (Le), éc. c^ne de Cléguérec.

Barderf (Le), vill. et lande, c^ne de Saint-Thuriau.

Barderff, éc. c^ne de Noyal-Pontivy.

Barderff (Loge), éc. c^ne de Lanvaudan.

Barderf-Kerrédic, éc. c^ne de Cléguérec.

Bardouillène (La), éc. c^ne de Saint-Dolay.

Bardoulais (La), vill. et lande, c^ne de Guer. — Seigneurie.

Barges, f. c^ne de Pénestin.

Barh (Maison du), éc. c^ne de Vannes.

Barhderff, h. c^ne de Moréac.

Barh-Per, éc. c^ne de Moréac.

Baril, port, et rue *du Port-Baril*, à Auray, par. de Saint-Goustan (xviiie siècle).

Baril-au-Vin (Le), éc. c^ne de Saint-Jacut.

Baril-Rond (Le), roche sur l'Océan, entre Groix et la presqu'île de Gâvre.

Barlagadec, vill. c^ne de Lignol. —*Branlagadec*, 1461 (princip. de Rohan-Guémené).

Barlégan, vill. c^ne de Langonnet.

Barniquel, f. c^ne de Caden. — Seigneurie.

Baron (Le), m^in à vent et m^in à eau au confl. des ruiss. du même nom et du Plessis, c^ne de Theix. —Ruiss. dit aussi *du Ririenne, du Rodoué, de Kergo, de Bizole* ou *du Pont-de-Theix*, affl. du Plessis; il arrose Saint-Nolff, Treffléan et Theix.

BARONNE (PONT DE LA), sur le ruiss. du Pâtis-de-Boussac, c^ne d'Augan. — Ruiss. *du Pont-de-la-Baronne :* voy. VILLE-VOISIN (LA).

BARONNIE (LA), h. et m^in à vent, c^ne de Saint-Dolay.

BARQUES (PONT DES), à l'embouchure de la Vilaine, c^ne de Billiers.

BARQUET (LA), vill. c^ne de Pénestin.

BARRAQUE, h. c^ne de Malguénac.

BARRE (LA), vill. c^ne de Concoret.

BARRE (LA), h. et ruiss. affl. du Pont-de-Bas, c^ne de Guer.

BARRE (LA), vill. c^ne de Mauron.

BARRE (LA), vill. c^ne de Pleucadeuc.

BARRE (LA), f. et m^in dit *du Gué-de-la-Barre*, c^ne de Pluherlin. — Prieuré du vocable de Notre-Dame.

BARRE (LA), vill. c^ne de Saint-Jacut.

BARRE (LA), vill. c^ne de Théhillac.

BARRE (LA HAUTE et LA BASSE), h. c^ne de Caro. — Seigneurie.

BARRÉ (LE), h. c^ne d'Augan.

BARRÉGAN, h. et m^in sur l'Ellé, c^ne du Faouet. — Seigneurie.

BARRE-HELLO (LA), éc. c^ne de Caden.

BARRES (LES), h. c^ne de Lanouée.

BARRES (RUE DES), à Montertelot.

BARRIÈRE (CHEMIN DE LA), c^ne de Saint-Dolay.

BARRIÈRE (LA), f. c^ne de Carentoir.

BARRIÈRE (LA), h. c^ne de Locmalo.

BARRIÈRE (LA), vill. c^ne de Saint-Gonnery.

BARRIÈRE (RUE DE LA), à Guémené.

BARRIÈRE-DE-CRAVIAL (LA), éc. c^ne de Lignol.

BARRIÈRE-DE-L'ÉTOILE (LA), éc. c^ne de Cléguérec.

BAS (RUE DE), à Mauron.

BASBO (LE), vill. c^ne de Lanouée.

BAS-DE-LA-LANDE (LE), éc. c^ne de Bréhan-Loudéac.

BAS-DES-GRÉES (LE), éc. c^ne de Loyat.

BAS-DES-LANDES (LE), landes, c^ne d'Augan.

BAS-DES-LANDES (LE), éc. c^ne de Saint-Guyomard.

BAS-DES-LANDES (RUISSEAU DU). — Voy. BOUÈRE (LA).

BASEU-TRÈS, roches sur l'Océan, côte d'Hœdic.

BASSE (RUE), à Malestroit. — Trois rues de ce nom mentionnées en 1497 (fabr. de Malestroit).

BASSE (RUE), à Saint-Jean-la-Poterie.

BASSE BLANCHE, basse sur l'Océan, c^ne de Plœmeur.

BASSE-COUR (LA), f. — Voy. TALHOUET, c^ne de Guidel.

BASSE-COUR (LA), vill. c^ne de Sarzeau.

BASSE-COUR (RUE DE LA), à Vannes; après avoir porté le nom *du Rempart*, elle a repris son premier nom.

BASSE-LANDE (LA), h. c^ne de Caro.

BASSE-LANDE (LA), bois et lande, c^ne de Guer.

BASSE NEUVE (LA), basse sur l'Océan, entre Houat et Quiberon.

BASSE OCCIDENTALE (LA), basse sur l'Océan, côte de l'île aux Chevaux.

BASSE PLATE (LA), roche sur l'Océan, entre Houat et Hœdic.

BASSE PLATE (LA), basse sur l'Océan, côte de Port-Philippe.

BASSE-VILLE (RUE DE LA), à Josselin.

BASTARD (MAISON DU), éc. c^ne de Cléguérec.

BAS-TARJU (LE), vill. c^ne de Ménéac.

BASTELÈNE, éc. bois et font. c^ne d'Inguiniel. — Ruiss. *de la Fontaine-Bastelène*, affl. du ruiss. de la Fontaine-Saint-Maurice.

BASTILLE (RUISSEAU DE LA). — Voy. BONVALLON (RUISSEAU DU PONT-DE-).

BASTRESSES (LES), roches sur l'Océan, côte de Gâvre en Riantec.

BÂTARDAIS (LA) ou LE VILLAGE, h. c^ne de Saint-Gravé.

BÂTARDS (CROIX AUX), c^ne d'Augan.

BATELIÈRE (RUE), à Lorient. — Voy. ORY.

BÂTIMENT (LE), vill. c^ne de Remungol.

BATTERIE (LA), h. c^ne de Caudan.

BATTERIE VERTE (LA), batterie dans la presqu'île de Gâvre, c^ne de Riantec.

BATTEURS-DE-PENNEVINZ (LES), rochers sur l'Océan, côte de Sarzeau.

BATTEURS-DES-MÂTS (LES), rochers. — Voy. MÂTS (LES).

BAUCHE (LA), f. c^ne de Malansac.

BAUCHE (LA), éc. c^ne de Saint-Gravé; pass. sur l'Oust, reliant Peillac, Saint-Gravé et Saint-Martin.

BAUCHE-POTIN (BOIS DE LA), c^ne de Saint-Dolay.

BAUCHET (LE), h. m^in à vent et ruiss. affl. de la Vilaine, c^ne de Rieux.

BAUD, arrond^t de Napoléonville. — *Baut, parr^e*, 1259 (abb. de Lanvaux). — *Baut, burgus*, 1282 (duché de Rohan-Chabot). — *Bault*, 1322 (*ibid.*).

Par. du doyenné de Porhoët; prieuré membre de l'abb. de Saint-Gildas-de-Rhuis. — Seign. unie à celle de Kervéno et formant avec elle un marquisat érigé en 1627. — Sénéch. de Ploërmel; subd. d'Hennebont. — Distr. de Pontivy; chef-lieu de c^on en 1790.

BAUD (LANDE DU), c^ne de Ménéac.

BAUD (LE), éc. c^ne de Monterrein.

BAUD (RUE DE), à Locminé et à Grand-Champ. — Ruiss *du Grand-Chemin de Baud :* voy. GUERSACH.

BAUDET (RUE DE), à Malestroit. — 1477 (fabr. de Malestroit). — Voy. GRANDE-RUE.

BAUZEG, rocher, pointe et basse sur l'Océan, c^ne de Saint-Gildas-de-Rhuis.

Baizo, vill. cne de Malguénac. — *Le Bausou*, 1315 (duché de Rohan-Chabot).

Bavalan, f. et min à vent, cne d'Ambon. — *Bavalen*, 1307 (D. Morice, I, 1212). — Seigneurie; prévôté féodée de la sénéchaussée de Vannes; manoir.

Baymant, h. cne d'Inguiniel.

Bayon, vill. et h. dit *Moulin-Bayon*, cne de Quéven. — Le h. a pris son nom d'un min à eau qui n'existe plus.

Bayonnelle (La Grande et la Petite), roches sur l'Océan, côte d'Ambon.

Bayonnerie (La), éc. cne de Saint-Congard.

Bazin, croix, cne de Bréhan-Loudéac.

Bazy, vill. partie cne de Guégon, partie cne de Saint-Servant.

Bé (Le Haut et le Bas), h. cne de Ménéac. — Seigneurie.

Beatus, h. cne de Guidel.

Beau (Lande du), cne de Pleugriffet.

Beauchat (Le), vill. cne de Saint-Gravé.

Beauché, éc. min à eau et ruiss. affl. du Rahun, cne de Carentoir.

Beau-Chêne (Le), h. cne de Porcaro.

Beau-Chêne (Le), chât. et lande, cne de Trédion. — Seigneurie; manoir.

Beaud (Le), f. cne de Mohon.

Beaudru, éc. cne de Plaudren.

Beaudrie (La), éc. cne de Noyal-Muzillac.

Beaufort, h. cne de Bignan.

Beaufort, éc. et deux mins sur l'Oust, cne de Josselin.

Beaufort (Le Grand et le Petit), ff. cne de Noyal-Muzillac.

Beaujour, f. min à vent et bois, cne de Surzur. — Seigneurie.

Beaulieu, chât. h. bois et autre h. dit *du Bois-de-Beaulieu*, cne de Bignan; étang qui baigne Bignan et Moréac. — Prieuré, désigné aussi comme chapellenie, du vocable de Notre-Dame. — Seigneurie; manoir.

Beaulieu, h. cne de Cruguel. — Seigneurie.

Beaulieu, éc. cne d'Elven.

Beaulieu, éc. cne de Marzan.

Beaulieu, éc. cne de Muzillac.

Beaulieu, f. cne de Rieux. — Seigneurie.

Beaulieu, éc. cne de Sulniac.

Beau-Louise, étier, cne de Saint-Perreux.

Beaumadec, éc. cne de Grand-Champ.

Beau-Manoir (Le), h. cne de Pluvigner. — Seigneurie.

Beaumarais, h. et lande dite *Mané-Beaumarais*, cne de Grand-Champ; pont sur la Sale, reliant Grand-Champ et Plescop.

Beaumer, vill. marais, roche dite *Carec-Beaumer*, anse, pointe et batterie sur la baie de Quiberon, cne de Carnac. — Seigneurie.

Beaumont, éc. cne de Saint-Congard; chât. f. vill. min à eau, lande et vallée, cne de Saint-Laurent. — Seigneurie; manoir.

Beaumont, min sur le Léverin, cne de Taupont.

Beaumont (Rue de), à Lorient. — Voy. Patrie (Rue de la).

Beaumont (Ruisseau de) ou de Trémenan, affl. de l'Oust: il arrose Ruffiac, Saint-Martin et Saint-Laurent.

Beaupéro, éc. cne de Landévant. — Seigneurie.

Beaupré (Le Grand et le Petit), h. cne de Vannes.

Beauregard, f. cne de Béganne.

Beauregard, h. et min à vent, cne de Cléguérec. — Seigneurie; manoir.

Beauregard, h. cne de Moréac.

Beauregard, min à vent, cne de Rieux.

Beauregard, chât. f. bois et min sur le Liziec, cne de Saint-Avé. — *Kerpirhuiry*, 1606 (chap. de Vannes). — Seigneurie; manoir.

Beaurepaire, chât. f. bois et vivier, cne d'Augan. — Seigneurie; manoir.

Beaurnoc, éc. et lande, cne de Saint-Congard.

Beau-Sapin (Le), h. cne de Crédin.

Beausoleil, h. cne d'Allaire.

Beausoleil, font. cne d'Augan.

Beausoleil, éc. cne de la Croix-Helléan.

Beausoleil, éc. cne d'Elven.

Beausoleil, éc. cne de Lantillac.

Beausoleil, h. cne de Larré.

Beausoleil, éc. cne de Marzan.

Beausoleil, h. cne du Palais.

Beausoleil, éc. cne de Saint-Avé.

Beausoleil, h. cne de Saint-Gonnery.

Beausoleil, min à vent, cne de Saint-Malo-des-Trois Fontaines.

Beausoleil, f. cne de Sarzeau. — Seigneurie.

Beausoleil, éc. cne de Séné.

Beausoleil, éc. cne de Sulniac.

Beausolon (Commun de), lande, cne de Pleucadeuc.

Beau-Temps, h. cne de Sarzeau.

Beauvais, éc. cne d'Allaire.

Beauvais, f. cne de Malansac.

Beauvais, vill. cne de Saint-Jacut.

Beauvais, h. cne de Saint-Martin.

Beauvais, h. et éc. cne de Trédion.

Beauvais (La), ruiss. qui arrose Tréhorenteuc, entre dans le dép' d'Ille-et-Vilaine et se jette dans l'Aff à la limite de Beignon.

Beauval, vill. min sur le ruiss. de ce nom, éc. dit *Loge de Beauval*, bois, cne de Bréhan-Loudéac. — Seigneurie.

BEAUVAL, éc. c^{ut} de Lauzach.

BEAUVAL (RUISSEAU DE). — Voy. QUENGO (LE).

BÉAVIDO, h. c^{ne} de Bignan.

BEC-AR-MINÉ, éc. c^{ne} *de Priziac*.

BECCAREC, m^{in} sur le Kerihuel, c^{ne} de Guidel.

BECCAVIN, h. c^{ne} de Pluherlin..

BÉCEL, croix, c^{ne} de Porcaro.

BEC-EN-ALLÉE, éc. c^{ne} de Lauvénégen.

BEC-ER-HASTIGAU, anc. fort sur le bord du Scorff, c^{ne} de Plouay.

BEC-EN-HOËT, h. c^{ne} de Plouray.

BEC-ER-HOUET, éc. c^{ne} de Lorient.

BEC-ER-LANDE, éc. c^{ne} de Plœmeur.

BEC-ER-LANE, h. c^{ne} de Sulniac.

BEC-ER-LANN, éc. et lande, c^{ne} de Lignol.

BEC-ER-LANN, vill. c^{ne} de Theix.

BEC-ER-MEN, h. et pointe sur la rade de Lorient, c^{ce} de Caudan.

BEC-EN-MENDU, pointe dans la baie du Morbihan, c^{ne} de l'Île-aux-Moines.

BÉCHARDAIE (LA), vill. et bois, c^{ne} de Peillac.

BÉCHARDRIE (LA), h. c^{ne} de Peillac.

BÉCHEREL, m^{in} sur le Pont-Ehuello, m^{in} à vent et lande, c^{ne} de Kervignac.

BÉCHEREL, vill. m^{in} et pont sur le ruiss. de ce nom. — Ruisseau dit aussi *Houer - Veur*, affl. du Tronchâteau, c^{ne} de Plouay.

BÉCHET (LE), île sur l'Océan, c^{ne} de Pénestin.

BÉCHIS (LES), lande, c^{ne} de Monteneuf.

BÉCHY (LE), éc. c^{ne} de Saint-Dolay.

BÉCLAN, éc. c^{ne} de Plœren.

BECLANN (LE), éc. servant de caserne de douane, fort et pointe sur l'Océan, c^{ne} de Sarzeau.

BÉCULEUX (LE HAUT et LE BAS), vill. c^{ne} de Ruffiac.

BÉCURO (LE), roche. — Voy. ROCH-VELUR.

BEDANIÈRE (LA), h. c^{ne} de Peillac.

BÉDÉE, vill. et m^{in} sur l'Yvel, c^{ne} de Saint-Brieuc-de-Mauron.

BEDEX, vill. c^{ne} de Bangor.

BEDIVY, vill. c^{ne} de Guénin.

BEDUN (LE), rocher sur l'Océan, côte d'Ambon.

BÉE (LE), éc. c^{ne} d'Allaire.

BÉGAIE (LA), vill. c^{ne} de Caden.

BEG-AN-ARGOUL, pointe sur l'Océan, côte d'Hœdic.

BÉGANNE, c^{on} d'Allaire. — *Bekamne, plebs*, xiie siècle (cart. de Redon). — *Begane*, 1457 (chapitre de Vannes).

Par. du territ. de Rieux. — Sénéch. de Ploërmel; subd. de Redon. — Distr. de la Roche-Bernard.

BÉGAROSSE, h. c^{ne} du Palais.

BEG-AR-VIR, pointe sur l'Océan, c^{ne} de Groix.

BÉGASSE, m^{in} sur le Pontoir, c^{ne} de Meslan.

BÉGASSIÈRE (LA), lande, c^{ne} de Guer. — Seigneurie.

BÉGASSON, chât. et bois, c^{ne} de Pleucadeuc; m^{in} sur la Claie, c^{ne} de Saint-Congard. — Seigneurie; manoir.

BÉGASSON (VIVIER-DE-), ruiss. affl. de la Claie; il arrose Pleucadeuc et Saint-Congard.

BÉGAUDAIE (LA), f. c^{ne} de Rieux.

BEG-EL-LAN, pointe sur l'Océan et corps de garde, côte de Quiberon.

BEG-EN-AUD, pointe sur l'Océan, côte de Saint-Pierre.

BEG-EN-NENEZ, vill. et m^{in} sur l'Ellé, c^{ne} de Guidel.

BEG-EN-NUET, pointe sur l'Océan, côte de Port-Philippe.

BEG-ER-BILE, pointe sur la baie du Morbihan, c^{ne} de l'Île-aux-Moines.

BEG-ER-FAULE, éc. et pointe sur l'Océan, dans l'île d'Hœdic, c^{ne} du Palais.

BEG-ER-GOALENNEC, pointe sur l'Océan, côte de Quiberon.

BEG-ER-GORLAI, pointe sur l'Océan, dans l'île de Houat, c^{ne} du Palais.

BEG-ER-LANNEC, pointe sur la baie du Morbihan, c^{ne} de l'Île-aux-Moines.

BEG-EN-VASCHIF, pointe de l'île de Houat, sur l'Océan, c^{ne} du Palais.

BEG-EN-VIL, éc. et pointe sur l'Océan, c^{ne} de Quiberon.

BEG-EUR-GROUIGU, pointe sur l'Océan; côte de Saint-Pierre.

BEG-LAGATTE, pointe sur l'Océan, côte d'Hœdic.

BÉGNAT (LE), h. c^{ne} d'Arradon.

BÉGNON, vill. c^{ne} de Ménéac. — Seigneurie.

BÉGO (LE), étang et m^{in} à eau sur la baie de Quiberon, c^{ne} de Plouharnel. Ils n'existent plus depuis une vingtaine d'années par suite du passage de la grande route de Saint-Malo à Quiberon.

BEG-QUILVI, pointe sur la baie de Quiberon, côte de Saint-Pierre.

BÉGU, roche, à la limite des c^{nes} de Saint-Congard et de Saint-Gravé. — *Bejus*, lieu-dit, 1445 (chât. de Kerfily).

BÉHÉLEC, f. c^{ne} de Saint-Marcel. — Seigneurie.

BEIGNON, c^{on} de Guer; lande et ruisseau : voy. TOUCHE-GUÉRIN (LA). — *Bidainonum*, 1062 (cart. de Redon). — *Bedanum*, 1409 (fabr. de Taupont).

Doy. de l'archid. de Porhoët, dioc. de Saint-Malo; siége de ce doyenné; paroisse dite aussi *Saint-Pierre-de-Beignon*. — Baronnie appartenant à l'évêque de Saint-Malo. — Sénéch. de Ploërmel; subd. de Plélan. — Distr. de Ploërmel.

BRILLAC (LE), h. c^{ne} de Saint-Jacut.

BEIZIT (LE GRAND et LE PETIT), vill. et lande, c^{ne} de Brech.

Bel, h. c^{ne} de Pluvigner.

Bel, h. et ruiss. afff. du Pont-Bugat, c^{ne} de Surzur.

Belair, éc. c^{ne} de Crédin.

Belair, éc. c^{ne} de Cruguel.

Belair, éc. c^{ne} de Lanouée.

Belair, éc. c^{ne} de Marzan.

Belair, éc. c^{ne} de Monterblanc.

Belair, h. c^{ne} de Nivillac.

Belair, île sur l'Océan, c^{ne} de Pénestin.

Belair, f. c^{ne} de Rieux.

Belair, portion de la forêt de Quénécan, c^{nes} de Saint-Aignan et de Sainte-Brigitte.

Belair, h. partie c^{ne} de Saint-Gorgon, partie c^{ne} de Saint-Jacut.

Belair, f. c^{ne} de Trédion.

Bel-Air, h. c^{ne} de Saint-Gonnery.

Bel-Air (Le), éc. c^{ne} de Locminé.

Belamer, éc. c^{ne} de Guidel.

Bélane, vill. c^{ne} de Caudan.

Bélanno, éc. c^{ne} de Sulniac.

Belano, éc. c^{ne} d'Arzal.

Belano, h. c^{ne} d'Elven.

Bélano, éc. c^{ne} de Muzillac. — Seigneurie.

Belano, h. c^{ne} de Pluneret.

Bélano, éc. c^{ne} de Trefflléan.

Bélé (Rue du), à la Trinité-Porhoët.

Béléan, vill. c^{ne} de Marzan.

Béléan, vill. partie c^{ne} de Plescop, partie c^{ne} de Plœren. — Pont au confluent du Vincin et du Kergoal, reliant ces deux communes.—*Notre-Dame de Bethléem,* 1407 (inscr. de la chap. de Béléan). — Prieuré du vocable de Notre-Dame, en Plœren.

Bélec, port sur l'Océan, côte de Port-Philippe.

Bel-Espoir (Croix de), à la limite des c^{nes} de Pleucadeuc et de Pluherlin.

Belette (La), éc. c^{ne} de Bréhan-Loudéac. — Seigneurie; manoir.

Belette (Ruisseau de la) ou de la Fontaine-Moisan, afff. du Lié; il arrose Bréhan-Loudéac, qu'il sépare du départ. des Côtes-du-Nord.

Belettes (Les), éc. c^{ne} de Malansac.

Belhorno, h. et ruiss. afff. du Bel, c^{ne} de Surzur.

Bellair, éc. c^{ne} de Meslan.

Belle-Alouette (La), éc. c^{ne} de Caro.

Belle-Alouette (La), éc. c^{ne} de Guillac.

Belle-Alouette (La), éc. c^{ne} de Ploërmel.

Belle-Alouette (La), éc. c^{ne} de Porcaro.

Belle-Alouette (La), éc. c^{ne} de Réguiny.

Belle-Aurore, h. c^{ne} de Réguiny.

Bellébat, éc. c^{ne} de Vannes. — Seigneurie.

Belle-Chère, vill. m^{in} sur le ruiss. de ce nom, m^{in} à vent et bois, c^{ne} de Noyal-Pontivy. — Seigneurie.

Belle-Chère (Ruisseau de). — Voy. Kerguzangor.

Belle-Croix, éc. servant de caserne de douanes, c^{ne} de Sarzeau.

Belle-Croix (La), éc. c^{ne} de Saint-Avé.

Bellée, vill. m^{in} à eau et trois ponts sur la Claie; lande dite *Grée-de-Bellée;* ruiss. afff. de l'Oust, c^{ne} de Saint-Congard. — Seigneurie; manoir.

Belle-Eau, éc. c^{ne} de Caro.

Belle-Étoile (La), éc. c^{ne} de Saint-Samson.

Belle-Étoile (La), éc. c^{ne} de Sulniac.

Belle-Fontaine, réservoir d'eau douce construit par Vauban; redoute, c^{ne} du Palais.

Belle-Fontaine (La), éc. c^{ne} de Lorient.

Belle-Grée, lande, c^{ne} de Porcaro.

Belle-Ile, h. c^{ne} de Moréac.

Belle-Ile, éc. c^{ne} de Taupont.

Belle-Île (Noë de), lande et ruiss. qui descend de cette lande, afff. de l'Oust, c^{ne} de Bréhan-Loudéac.

Belle-Île-en-Mer, arrond. de Lorient; île sur l'Océan, renfermant les quatre c^{nes} du Palais, de Bangor, de Locmaria et de Port-Philippe; phare dans la c^{ne} de Bangor. — *Vindilis,* ive siècle (Itin. d'Antonin).— *Guedel, insula,* 1026 (cart. de Redon). — *Bella-Insula, nomine britannico Guedel,* 1050 (*ibid.*). — *Guezel,* 1146 (abb. de Sainte-Croix de Quimperlé). — *Guadel,* xve siècle (D. Morice, I, 34). — *Calonesus,* xvie siècle.

Territ. du dioc. de Vannes, anc. officialité relevant directement de la cour de Rome jusqu'en 1666. — Marquisat érigé en 1573, réuni au domaine royal en 1719. — Siége de sénéch. royale, établi au Palais; avait relevé, jusqu'en 1719, de la sénéch. d'Auray. — Gouvernement particulier militaire. — Siége d'une subd. de l'intendance de Bretagne, au Palais. — Distr. d'Auray; c^{ne} en 1790 sous le nom de *Houat, Hœdic et Belle-Île.*

Belle-Noë, vill. f. et ruiss. afff. du Gléré, c^{ne} de Rieux. — Seigneurie.

Belléon, vill. c^{ne} de Saint-Marcel; pont sur la Dutière, reliant Saint-Marcel et Sérent.

Belle-Pille, vill. c^{ne} de Carentoir.

Bellebit, éc. c^{ne} de Landévant. — Seigneurie.

Belleville, h. c^{ne} d'Allaire.

Belleville, h. et m^{in} à vent, c^{ne} de Campénéac.

Belle-Ville, éc. c^{ne} de Nivillac.

Belle-Vue, éc. c^{ne} de Belz.

Bellevue, éc. c^{ne} de Bignan.

Belle-Vue, vill. c^{ne} de Caden.

Bellevue, h. c^{ne} de Carentoir.

Bellevue, vill. c^{ne} de Caudan.

Bellevue, éc. c^{ne} de Grand-Champ.

Bellevue, éc. c^{ne} de Guémené.

Bellevue, éc. c^ne d'Hennebont.

Bellevue, éc. c^ne d'Hennebont (distinct du précédent).

Bellevue, h. partie c^ne de Josselin, partie c^ne de Lanouée.

Belle-Vue, f. c^ne de Malansac.

Bellevue, éc. c^ne de Melrand.

Bellevue, éc. c^ne de Ménéac.

Bellevue, éc. c^ne de Moustoirac.

Bellevue, h. c^ne de Naizin.

Bellevue, éc. c^ne de Napoléonville.

Belle-Vue, éc. c^ne de Plouharnel.

Belle-Vue, éc. c^ne de Plumelec.

Bellevue, éc. c^ne de Questembert.

Bellevue, éc. c^ne de Rieux.

Bellevue, éc. c^ne de Saint-Avé.

Bellevue, éc. c^ne de Saint-Nolff.

Bellevue, h. c^ne de Saint-Samson.

Belle-Vue, f. c^ne de Sarzeau.

Belle-Vue, h. c^ne de Séné.

Bellevue, éc. c^ne de Sérent.

Bellevue, éc. c^ne de Vannes.

Bellevue, éc. c^ne de Vannes, dit autref. *le Jointo*, puis *la Haute-Folie* (distinct du précédent).

Bellevue, éc. c^ne de Vannes (éloigné des deux autres).

Bellevue (Hutte de), éc. c^ne de Noyal-Muzillac.

Bellezœuvre, h. c^ne de Pluherlin.

Bellion, vill. c^ne de Béganne.

Bello (Le), h. c^ne de Saint-Allouestre.

Bellouan, chât. et f. dite *la Porte-Bellouan*, c^ne de Ménéac. — Seigneurie; manoir.

Belmont, h. c^ne de Berric.

Bélon, vill. et bois, c^ne de la Croix-Helléan.

Belon, vill. c^ne de Péaule. — Seigneurie.

Belon (Cour de), éc. c^ne d'Elven. — Seign. manoir.

Belorient, éc. et pont sur le ruiss. de la Mare-des-Patonillés, c^ne de Bohal; autre pont dit *du Gué-de-Belorient*, sur le même ruiss. reliant Bohal et Saint-Guyomard.

Belorient, h. c^ne de Gueltas.

Bel-Orient, h. c^ne de Josselin.

Belorient, éc. c^ne de Langonnet.

Belorient, h. c^ne de Marzan.

Belorient, h. partie c^ne de Pleugriffet, partie c^ne de Réguiny; bois, c^ne de Réguiny.

Bel-Orient, f. c^ne de Saint-Jean-la-Poterie.

Belorient, h. c^ne de Saint-Nolff.

Belorient, éc. c^ne de Sulniac.

Belorient, h. c^ne de Trédion.

Belorient (Rue de), à la Gacilly, et f. dans cette c^ne.

Belorsec (Le Grand et le Petit), h. partie c^ne de Sulniac, partie c^ne de Theix; pont sur le Gouvello, reliant les c^nes de Lauzach, Sulniac et Theix.

Beloste, m^in sur le ruiss. de ce nom, c^ne de Lignol; ruiss. dit aussi *de Kerduel*, affl. du Scorff, arrose Ploerdut et Lignol; bois s'étendant sur ces deux c^nes. — *Belost*, 1424 (princip. de Rohan-Guémené).

Beloste, h. c^ne de Saint-Caradec-Trégomel.

Beluré, éc. m^in à vent et pointe sur la baie du Morbihan, c^ne de l'Île-d'Arz.

Belvo (Le), éc. c^ne de Locminé. — Seigneurie.

Belz, arrond. de Lorient; m^in à vent et lande dans la commune. — *Bels*, 1387 (chap. de Vannes). — *Pagus qui dicitur Beels*, 1029 (D. Morice, I, 34). — *Poubels*, 1037 (cart. de Redon). — *Ponbels*, 1422 (chap. de Vannes).

    Belz a donné son nom au doy. de Pont-Belz, dioc. de Vannes. — Par. de ce doyenné. — Sénéch. et subd. d'Auray. — Distr. d'Auray.

Belzic (Rue du), à Auray.

Bémat, h. c^ne d'Inzinzac; pont sur le ruiss. du Pont-du-Couëdic, reliant Inzinzac et Lanvaudan.

Bénaleu, éc. c^ne de Plumergat.

Bénalo, éc. c^ne de Grand-Champ.

Bénalo, éc. c^ne de Plœren.

Bénalo-le-Bourg, éc. et lande, c^ne de Plaudren.

Bénalo-Locqueltas, éc. c^ne de Plaudren.

Bénance, vill. port et pointe sur le Morbihan, c^ne de Sarzeau. — *Bennans*, 1486 (trinitaires de Sarzeau).

Benauter, h. c^ne de Plaudren.

Bénéac (Le), h. et pont sur le Saint-Nicolas, c^ne de Guer.

Bénéach, pont sur le Liziec, reliant Elven et Treffléan.

Bénéran, île sur la baie du Morbihan, contenant une f. c^ne de Saint-Armel.

Bénérlin, vill. c^ne de Treffléan.

Bénézac (Le Grand et le Petit), h. font. et ruiss. *de la Fontaine-de-Bénézac*, affl. du Pembulzo, c^ne de Surzur. — Seigneurie.

Béniers (Pont ès), sur le ruiss. de ce nom, reliant Josselin et Lanouée.

Béniers (Ruisseau du Pont-ès-), dit aussi *le Crasseux* et *le Ténédo*, affl. de l'Oust; il arrose Lanouée et Josselin. — M^in sur ce ruiss. c^ne de Josselin.

Béniguet, pointe de l'île de Houat, sur l'Océan; îlot près de cette pointe.

Béniguet, pointe de l'île de Houat, sur l'Océan (distincte de la précédente); chaussée et passage entre Houat et les îlots de Valhuec et de Glazic.

Béninze, vill. c^ne d'Arzon.

Benoual, ruiss. affl. de l'Ellé, et deux m^ins sur ce ruiss. c^ne de Guidel.

Béomelen, rocher sur l'Océan, près de l'île d'Hœdic.

Béquerel, m^in sur le Crach, c^ne de Crach; étang baignant Crach et Carnac; pont sur le Crach, reliant Crach, Carnac et Plœmel.

Béquerel, m^{in} à eau, chapelle isolée, ruiss. affl. de la riv. d'Auray et pont sur ce ruiss. c^{ne} de Plougoumelen.

Bérais (La), vill. c^{ne} de Tréal. — Seigneurie.

Béraudais (La), h. f. et m^{in} sur la Claie, c^{te} de Bohal. — Seigneurie; manoir.

Bercé, font. c^{ne} de Guer.

Berche (Le), h. c^{ne} d'Arzal.

Berdache, m^{in} sur le Resto, c^{ne} de Moustoirac.

Berder, île contenant un éc. dans la baie du Morbihan, c^{ne} de Baden.

Berdeux, h. c^{ne} de Rieux.

Berdisquen, h. c^{ne} de Plougoumelen.

Bérenne, éc. c^{ne} de Marzan.

Bergard, f. c^{ne} de Surzur.

Bergerie (La), éc. c^{ne} de Billiers.

Bergerie (La), f. c^{ne} de Campénéac.

Bergerie (La), éc. c^{ne} de Campénéac (distinct du lieu précédent).

Bergerie (La), éc. c^{ne} d'Hennebont.

Bergerie (La), éc. c^{ne} de Pleucadeuc.

Bergerie (Rue de la), à la Gacilly.

Bergero, h. et m^{in} à vent, c^{ne} de Moréac.

Bergon, h. c^{ne} de Monteneuf. — Seigneurie.

Bergoüs, dolmen. — Voy. Daul-er-Groah.

Berguignau, éc. c^{ne} de Saint-Nolff. — Seigneurie.

Berho (Le), m^{in} sur le Kerollin, c^{ne} de Lanvaudan.

Bernlider, éc. c^{ne} de Grand-Champ. — *Branhuydez*, 1482 (abb. de Lanvaux).

Bernleidic, éc. et m^{in} à vent, c^{ne} de Surzur.

Béridais (La), vill. c^{ne} de Carentoir.

Bérisgue, vill. et m^{in} sur l'Étel, c^{ne} de Plouhinec; étang baignant Plouhinec et Ste-Hélène. — Seign.

Bériolet, vill. c^{ne} de Saint-Jean-la-Poterie.

Berlaga, éc. c^{ne} de Lanouée.

Berlan, éc. c^{ne} de Guégon.

Berlèze, vill. c^{ne} de Silliac.

Berloch, vill. c^{ne} de Languidic.

Berluhenne, h. c^{ne} de Plaudren.

Bernagouet, vill. c^{ne} de Missiriac. — *Brémagouet*, 1448 (fabr. de Malestroit).

Bermenic, h. c^{ne} de Grand-Champ.

Bernac, chât. et f. c^{ne} de Saint-Allouestre; m^{in} sur le Keriolas et m^{in} à vent, c^{ne} de Moréac. — Seigneurie; manoir.

Bernadière (La), éc. bois et vieux m^{in} sur le ruiss. du Moulin-Neuf, c^{ne} de Saint-Dolay.

Bernand, vill. c^{ne} de Ruffiac.

Bernantec, vill. c^{ne} de Port-Philippe.

Bernard, m^{in} et pont sur la Gouacraie, c^{ne} de Béganne.

Bernard, lande, c^{ne} de Pleugriffet.

Bernard, vill. bois et m^{in} sur le Rohan, c^{ne} de Vannes.

Bernard, rocher. — Voy. Roche-Bernard (La).

Bernard (Rue), à la Gacilly.

Bernarderie (La), éc. en ruines, c^{ne} de Saint-Samson.

Bernavau, vill. c^{ne} de Peillac. — Seigneurie.

Berné, c^{on} du Faouet. — *Berrené*, 1387 (chap. de Vannes). — *Berrané*, alias *Berrenné*, 1513 (abb. de la Joie).

   Par. du doy. des Bois. — Sénéch. et subd. d'Hennebont. — Distr. du Faouët.

Berne, roche dans la baie du Morbihan, près de l'île d'Ilur.

Bernéan (Le Haut et le Bas), vill. et bois, c^{ne} de Campénéac. — *Bronn-Ewin*, locus, 840 (cart. de Redon). — *Lisbroniwin*, villa, 844 (ibid.). — Seigneurie.

Barnéan (Ruisseau des Bois-de-), de la Ville-Renaud, de Roblot ou de Baraton, affl. du Moulinet; il arrose Campénéac et Beignon.

Berneuhen, h. c^{ne} de Grand-Champ.

Bernez, éc. c^{ne} de Remungol.

Bernic, h. c^{ne} de Kervignac.

Berniguet, h. et f. c^{ne} de Pénestin.

Bernilis, h. c^{ne} de Moustoir-Remungol.

Berno, pointe sur la baie du Morbihan, c^{ne} de l'Ile-d'Arz.

Bernon, vill. c^{ne} d'Arzon.

Bernon, h. et pointe sur la baie du Morbihan, c^{ne} de Sarzeau. — *Brenoiou-Rewis* (en Rhuis), 878 (cart. de Redon). — *Forêt de Bernon*, 1395 (trinit. de Sarzeau). — Communauté de récollets.

Bernus, chât. et vill. c^{ne} de Vannes. — *Bernuz*, 1448 (chap. de Vannes). — Seigneurie; manoir.

Bernutte, h. partie c^{ne} de Locminé, partie c^{ne} de Moréac.

Bernaye (La), chât. f^{es} dites aussi *Métairies de la Porte*; m^{in} sur le ruiss. appelé *Mer-de-Caden*, et m^{ins} à vent, c^{ne} de Caden. — Seigneurie; manoir.

Berre (Croix), c^{ne} de Theix.

Berric, c^{on} de Questembert. — *Berry*, 1433 (sénéch. de Ploërmel).

   Par. du doy. de Péaule. — Sénéch. et subd. de Vannes. — Distr. de Rochefort.

Berrien, h. c^{ne} de Kergrist. — Seigneurie; manoir.

Berry (Rue de), à Lorient. — Voy. Convention (Rue de la).

Bertèche (La), éc. c^{ne} de Saint-Brieuc-de-Mauron.

Bertu (Croix), c^{ne} de Grand-Champ.

Berthé, h. c^{ne} de Pluherlin.

Berthois (La), vill. c^{ne} de Loyat.

Berthois (Pont) ou de Goah-Vras, sur le Kerizac, c^{ne} de Plaudren.

Bertin (Le), h. cne de Silfiac.

Bertino, éc. cne de Questembert.

Bertrand (Basse de), îlot à l'embouchure de la Vilaine, côte de Billiers.

Bertrand (Croix), cne de Monteneuf.

Bertrie (La), vill. cne de Peillac.

Berval, vill. cne de Saint-Avé. — Seigneurie.

Berzen, min sur l'Ellé, cne du Faouët.

Bésihan, vill. et lande, cne de Monteneuf.

Besnier (Rue), à Mauron.

Besperné, h. cne de Larré.

Besquenno, éc. cne de l'Île-aux-Moines.

Bessais (Le), ée. de Peillac.

Bessuillac, h. et lande, cne de Guer.

Bessy (Le), h. cne de Taupont.

Bestiaux (Place aux), à Gourin.

Bestiaux (Place aux), à Plouay.

Béthaon, vill. salines et anse à l'embouchure de la Vilaine, cne d'Ambon. — *Bentazon*, 1434 (seign. de Bavalan).

Beulec, éc. cne de Ploërdut; pont sur le Scanff, reliant Ploërdut et Lignol.

Beurne (La), éc. et min à vent, cne de Questembert.

Beurre (Fontaine au), cne de Moréac. — Le ruiss. *de la Fontaine-au-Beurre*, affl. du Tarun, arrose Moréac et Locminé.

Beurrerie (Rue de la), à Ploërmel. — Voy. Noire (Rue).

Beuve, chapelle isolée, cne de Mauron.

Beuze (Le), h. cne du Saint.

Béven (Le), éc. cne de Pluméliau.

Bevert, éc. cne de Gourin.

Bézar (Fontaine du), cne de Vannes.

Bézic, vill. partie cne de Réminiac, partie cne de Caro. — Seigneurie.

Bézic (Le Haut et le Bas), vill. et min à vent, cne de Saint-Jacut. — Seigneurie; manoir.

Bézidalan, vill. cne d'Elven.

Bezidel, h. cne de Brech. — Seigneurie.

Bezidel, chât. f. et bois, cne de Cléguérec; lande s'étendant sur les cnes de Cléguérec et de Saint-Aignan; vill. dit *Lande-de-Bezidel*, cne de Saint-Aignan. — Seigneurie; manoir.

Bézidel, f. cne de Séné. — Seigneurie.

Bezident, éc. cne de Nivillac.

Bezier (Le), h. cne d'Allaire.

Bézier (Le), lande, cne de Monteneuf.

Béziray (La), h. cne de Bréhan-Loudéac.

Bézit (Le), h. cne de Saint-Nolff. — Seign. manoir.

Bézo (Le), vill. cne de Bignan. — Seigneurie.

Bézo (Le) ou Petit-Bézo, vill. cne de Saint-Dolay.

Bézon (Le Haut et le Bas), vill. partie cne de Ploërmel,

partie cne de Guillac; min à vent, cne de Ploërmel; min à eau sur le Ninian, cne de Guillac.

Bézoué (Le), h. cne de Plumelec. — Seigneurie.

Bézouet (Le), h. cne de Moustoirac. — Seigneurie.

Bézy (Lande et Croix du), cne de Pluherlin. — Anc. manoir en la par. de Malansac, auj. ruiné.

Bézy (Le), vill. et ruiss. affl. du Tohon, cne de Noyal-Muzillac.

Bézy (Le), vill. cne de Theix.

Biais (Les), éc. cne de Saint-Martin.

Biardaye (La), h. cne de Caro. — Seigneurie; manoir.

Biausse (La), f. cne de Guer.

Biche (La), port et fort sur l'Océan, cne de Locmaria.

Biches (Étang aux), cne de Trédion.

Biches (Fontaine aux), cne de Saint-Malo-de-Beignon.

Biches (Mare ès), baignant les cnes de Billio et de Plumelec.

Bied (Le), min en la Trinité-Porhoët. — Voy. Prieuré (Le).

Biel, h. cne de Saint-Caradec-Trégomel. — *Bizel*, 1397 (princip. de Rohan-Guémené).

Bien-à-l'Air, chât. cne de Josselin.

Bienfaisance (Rue de la), à Vannes, dite autrefois *des Trois-Duchesses*, *des Duchesses* ou *de la Duchesse*.

Bierque, éc. cne de Molac.

Bieux (Le), vill. cne de la Grée-Saint-Laurent.

Bieuzen, vill. cne de Bubry.

Bieuzent, vill. et lande, cne de Cléguérec.

Bieuzy, cne de Baud; lande dans la commune. — *Sanctus Biloi, parra, villa et fons*, 1125 (cart. de Redon). — *Beuzi*, 1288 (D. Morice, I, 1086). Par. du doy. de Guémené. — Sénéch. de Ploërmel; subd. de Pontivy. — Distr. de Pontivy.

Bigan, éc. cne de Monteneuf.

Bigarré (Place), au Palais, dite autrefois *de Saint-Sébastien*.

Bigaudais (La), vill. cne de Lizio.

Bignac, éc. cne de Béganne.

Bignac, vill. cne de Saint-Congard. — Seigneurie.

Bignan, cne de Saint-Jean-Brévelay; lande et vill. de la *Lande-de-Bignan*, partie en Bignan, partie en Moréac. — *Bingnen*, 1421 (duché de Rohan-Chabot). — *Bignen*, 1461 (*ibid.*). — Bois au xve siècle (*ibid.*). Par. du doy. de Porhoët; établissement de chevaliers de Saint-Jean-de-Jérusalem, autref. templiers. — Vicomté. — Sénéch. de Ploërmel; subd. de Vannes. — Distr. de Josselin; chef-lieu de con en 1790, supprimé en l'an x.

Bignat, éc. cne de Guern.

Bigne (Clos de la), lande, cne d'Augan.

Bigneul (Le), pointe et forts sur l'Océan, cne de Locmaria.

Bignon (Le), f. c^ne de Béganne.

Bignon (Le), h. c^ne de Carentoir.

Bignon (Le), éc. et m^in à vent, c^ne de Caro.

Bignon (Le), f. c^ne de la Chapelle.

Bignon (Le), éc. c^nn de Guer.

Bignon (Le), h. c^ne de Mauron.

Bignon (Le), h. c^ve de Monteneuf.

Bignon (Le), h. et bois, c^ne de Peillac. — Seigneurie.

Bignon (Le), éc. c^ve de Rieux.

Bignon (Le), h. c^ne de Ruffiac.

Bignon (Le), éc. c^ne de Saint-Gravé.

Bignon (Le), éc. c^ne de Saint-Guyomard.

Bignon (Le), éc. c^ne de Saint-Jacut.

Bignon (Rue du), à Ploërmel.

Bignonet (Croix du), c^ne d'Augan.

Bignon-Françmon (Le), éc. c^ve de Porcaro.

Bignon-Treilhent (Le), h. c^ne de Porcaro.

Bigodon, h. c^ve de Guiscriff.

Bigotais (La), vill. c^ne de Carentoir.

Bihilic, vill. c^ne de Meslan.

Bihinière (La), éc. c^ne de Nivillac.

Bihouarne, éc. c^ne de Plumergat.

Bihoué, lande et vill. dit *Lande-Bihoué*, partie c^ne de Quéven, partie c^ne de Guidel. — *Beroy*, 1387 (chap. de Vannes). — Trève de la par. de Quéven, anc^t paroisse.

Bihoué (Ruisseau de). — Voy. Scave (Le).

Binuit, éc. c^ve de Monterblanc.

Bijus (Le Haut et le Bas), vill. c^ne de Saint-Guyomard.

Bil, m^in à vent et île sur l'Océan, c^re de Damgan.

Bilair, h. c^ne d'Arzal.

Bilair, vill. et pont sur le Craneguy, c^ne de Surzur.

Bilaire, vill. c^ne de Vannes. — *Biler*, 1421 (prieuré de Saint-Guen). — Seigneurie.

Bilaire, m^in à vent, c^ne de Saint-Vincent.

Bilaire, vill. et pont, c^ne de Saint-Vincent, distinct du précédent. — Seigneurie.

Bilaire (Ruisseau de), affl. du Liziec; il arrose Saint-Avé et Vannes. — Pont sur ce ruiss. reliant ces deux c^nes; m^in à eau, c^ne de Saint-Avé; deux m^ins à vent, l'un en Vannes, l'autre en Saint-Avé.

Bilhaut, vill. ruiss. affl. du Groutel et m^in sur ce ruiss. c^ne de Ménéac.

Bil-Herbon, éc. c^ne de Séné.

Billaie (La), f. font. et ruiss. *de la Fontaine-de-la-Biliaie*, affl. de l'Aff, c^ne de Guer.

Billarec, vill. c^ne de Séné.

Billaud, m^in sur le Sédon, c^ne de Guégon.

Billène (Le), éc. c^ne de Pénestin.

Billenit, vill. c^ne de Guidel.

Billette (Rue), à la Trinité-Porhoët.

Billiaie (La), h. c^ne de Béganne.

Billiec, h. c^ne de Gourin.

Billiers, c^on de Muzillac; m^in à vent; port à l'embouchure de la Vilaine. — *Beler, parr^e.*, 1250 (D. Morice, I, 947).

Par. du doy. de Péaule. — Sénéch. de Vannes; subd. de la Roche-Bernard. — Distr. de la Roche-Bernard.

Billiers (Étier de), ruiss. qui arrose Ambon et Billiers et se jette dans l'Océan.

Billio, c^on de Saint-Jean-Brévelay. — *Mouster-Biliou*, 1387 (chap. de Vannes). — *Mouster-Billiou*, 1422 (*ibid.*).

Trève de la par. de Cruguel, anc^t par. — Distr. de Josselin.

Billion, vill. m^in à vent et ruiss. affl. de la Drague, c^ne d'Ambon; pont sur la Drague, reliant Ambon et Surzur. — Seigneurie.

Bil-Lorois ou Petit-Bil, éc. servant de caserne de douanes, et salines, c^ne de Séné.

Bily, pont sur le ruiss. dit *Mer-de-Caden*, reliant les c^nes de Béganne, Saint-Gorgon et Caden.

Bilz (Le), pointe, île, basse et corps de garde sur l'Océan, côte de Pénestin.

Bilzic, pont sur le Hinguair, reliant Hennebont et Caudan.

Bindo (Le), vill. c^ne de Sarzeau.

Bindre, vill. lande, éc. dit *Lande-de-Bindre* et salines, c^ne de Séné.

Binet ou Château-Binet, f. c^ne de Buléon. — Ancien manoir.

Bingly, font. c^ne de Saint-Dolay.

Biniat, éc. c^ne de Cléguérec.

Binio (Le), vill. m^in à vent et lande, c^ne d'Augan; ruiss. — Voy. Brété.

Biocne, h. c^ne du Saint.

Bior, éc. c^ne de Plouharnel.

Birduit, vill. c^ne de Noyalo.

Birvideaux (Les), plateau sur l'Océan, entre Quiberon, Groix et Belle-Île.

Biscond (Le), h. m^in sur l'Étel, étang et île sur l'étang, c^ne de Plouhinec. L'étang est desséché depuis une vingtaine d'années.

Bisoison, éc. c^ne de Guégon.

Bisquello, éc. c^ne de Noyal-Pontivy.

Bisson (Place), à Lorient, appelée avant 1789 place *Dauphine*, puis place *des Boucheries* jusqu'en 1830, époque à laquelle elle a pris son nom actuel.

Bissy, éc. c^ne d'Allaire.

Bivière, chât. et f. c^ne de Pontscorff.

Bizole, vill. marais et h. dit *le Marais-de-Bizole*, c^ne de Treffléan. — Trève de la par. de Treffléan. — Seigneurie.

Bizole (La), ruiss. — Voy. Baron (Le).

Blainau, h. c^ne de Trédion.

Blaire (Le), h. et pointe sur la baie du Morbihan, c^ne de Baden.

Blanc (Croix au), à la limite de Concoret et du dép^t d'Ille-et-Vilaine.

Blanc (Le), vill. chantier et anc. pass. sur le Scorff, c^ne de Lorient.

Blanc (Rue du), à Lorient. — Voy. Sainte-Marguerite (Rue).

Blanche (Rue), à Lorient.

Blanche (Rue), à Vannes. — Voy. Justice (Rue de la).

Blanchot, h. c^ne de Béganne.

Blancs (Les), h. c^ne de Radenac.

Blancs-Rochers (Les), rochers, c^ne d'Augan.

Blandel (Croix), c^ne de Pleugriffet.

Blanceraye (La), h. c^ne de Missiriac.

Blanluet, éc. c^ne de Guer.

Blatiers (Chemin des) ou des Sauniers, anc. route de Ploërmel à Concoret; on le trouve à la limite des c^nes de Néant et de Tréhorenteuc, d'où il entre dans le départ. d'Ille-et-Vilaine.

Blatiers (Chemin des), anc. route qu'on peut suivre depuis la c^ne de Campénéac, qu'elle sépare en partie de celle d'Augan, jusqu'à Guer.

Blatiers (Chemin des) (distinct du précédent), allant de Ploërmel à Guer, en traversant les c^nes de Ploërmel, Caro et Réminiac, qu'il sépare d'Augan, puis celles de Monteneuf et de Guer. — La portion de ce chemin comprise entre le vill. du Soleil et le bourg de Réminiac est appelée *chemin Corsal*, 1560 (chât. de Beaurepaire).

Blatiers (Chemin des), allant de la c^ne de Guer dans celles de Porcaro et de Beignon.

Blavasson, h. lande, salines, font. et ruiss. *de la Fontaine-de-Blavasson*, affl. de la Drague, c^ne de Surzur.

Blavet (Boulevards du), promenade à Napoléonville.

Blavet (Le), riv. canalisée, qui prend sa source dans le dép^t des Côtes-du-Nord, puis entre dans celui du Morbihan, où elle arrose d'abord les c^nes de Saint-Aignan, Cléguérec, Neulliac et Napoléonville, sous le nom de *Blavet Supérieur* et comme section du canal de Nantes à Brest; de Napoléonville elle se dirige vers Lorient, en prenant le nom de *canal du Blavet* ou *Blavet Inférieur*, à travers les c^nes de Guern, Saint-Thuriau, Bieuzy, Melrand, Pluméliau, Quistinic, Baud, Languidic, Inzinzac, Hennebont, où elle cesse d'être canalisée, Caudan, Kervignac, Riantec et Lorient, dont elle forme la rade après sa réunion avec le Scorff. — *Blavetum, flumen*, vi^e s^e (D. Morice, 1, 189). — *Blavet, fluvius*, 871 (cart. de Redon). — *Blaved*, 1125 (*ibid.*). — *Blaguelt*,

1160 (D. Morice, I, 638). — *Blavez*, 1184 (duché de Rohan-Chabot). — *Blevez*, 1277 (abb. de la Joie). — *Blaouez*, aliàs *Blouez*, 1406 (duché de Rohan-Chabot). — *Blavoez*, 1415 (abb. de la Joie). — *Blaoez*, 1478 (*ibid.*).

Blavet (Rue du), à Lorient.

Blaye, ruiss. — Voy. Durbœuf.

Blécan, f. et éc. c^ne de Guer.

Bled, h. et m^in à eau, c^ne de Béganne; ruiss. affl. de la Gouacraie, arrose Allaire et Béganne.

Bléfort, h. c^ne de Plumergat. — *Beufort*, 1390 (carmes de Sainte-Anne). — *Beaufort*, 1421 (*ibid.*).

Bléhédan, chât. f. et m^in sur le Trévelo, c^ne de Caden. — Seigneurie; manoir.

Blémeux (Les), h. lande et ruiss. *de la Lande-des-Blémeux*, affl. de la Perche, c^ne de Pleugriffet.

Bléno, h. c^ne de Lanouée. — *Blayno*, xive s^e (duché de Rohan-Chabot).

Blerne (Le), h. c^ne d'Elven. — *Le Bluern*, 1506 (chât. du Brossais).

Blévec (Le), f. — Voy. Métairie-Neuve (La).

Blézouan, vill. c^ne de Crédin.

Bliguervé, chât. et pointe sur la baie du Morbihan, c^ne de l'Île-d'Arz.

Plin (Le), pont sur le ruiss. des Landes-du-Loup, c^ne de Cournon.

Blinluet, h. c^ne de Peillac.

Blogo, vill. c^ne de Quily.

Blon, vill. et éc. c^ne de Guillac.

Blondin (Rue), à Sarzeau.

Blossiau (Le), vill. c^ne de Ploërmel.

Blouzereuil, vill. c^ne de Missiriac.

Bluette (La), bois, c^ne d'Augan.

Bobaran, vill. c^ne de Saint-Malo-des-Trois-Fontaines.

Bobehec, h. c^ne de Sulniac.

Bobertho, éc. c^ne de Questembert.

Boblay, chât. f. éc. dit *le Petit-Boblay* et m^in sur le ruiss. de ce nom, c^ne de Meslan. — Seigneurie; manoir.

Boblay (Ruisseau de) ou de Noguet, affl. de l'Ellé; il arrose Meslan, qu'il sépare du dép^t du Finistère.

Bobuay, m^in à vent, c^ne de Quily.

Bocabois, h. c^ne de Guégon.

Bocadé, h. c^ne d'Inguiniel; lande s'étendant en Inguiniel et Bubry; h. dit *Lande-de-Bocadé*, c^ne de Bubry.

Bocandé, éc. c^ne de Missiriac.

Bocandy (Le Haut et le Bas), h. c^ne de Guer.

Bocaran, vill. et pont sur le Keralvy, c^ne de Questembert.

Bocava, vill. c^ne de Caden.

Bocavin, pointe sur l'Océan, c^ne de Sarzeau.

Bocéno, f. c^ne de Camoël.

Bocenet, vill. et éc. dit *la Cour-de-Boceret*, c^ne de Nivillac. — Seigneurie; manoir.

Bocestin, éc. c^ne de Naizin.

Bocuat (Le), vill. c^ne de Saint-Martin.

Bochecho, f. c^ne de Plougoumelen.

Bochelin (Ihuel et Izel), h. lande et bois, c^ne de Bubry.

Bocher (Loges), vill. c^ne de Sainte-Brigitte.

Bochet (Le), éc. c^ne d'Allaire.

Bochet (Le), vill. c^ne d'Arzal. — Seigneurie.

Bochet (Le), vill. c^ne de Saint-Jacut.

Bocheterye (La), éc. c^ne de Lauzach.

Boclau (Le), vill. c^ne de Caro.

Boclémence, h. c^ne de Noyal-Pontivy.

Boclevet, vill. c^ne de Melrand.

Bocneuf-la-Forêt, vill. c^ne de Lanouée.

Bocneuf-la-Rivière, vill. et éc. c^ne de Lanouée; pont sur l'Oust, reliant Lanouée et Guégon. — Seigneurie.

Boco, vill. c^ne de Cournon.

Bocohan, vill. c^ne de Baden.

Bocohant, h. ruiss. dit aussi *du Pont-de-Luscanen, de Laun-Blesen* ou *des Landes-du-Mézo*, affl. du Luscanen; pont sur ce ruiss. c^ne de Plœren.

Bocol, h. c^ne de Plaudren.

Bocol, h. c^ne de Plumelin.

Bocolo (Le Grand et le Petit), vill. c^ne d'Elven.

Boconic, vill. c^ne de Malguénac.

Boconic, h. c^ne de Plumelin.

Bocourio-Bodelan, h. c^ne de Landévant.

Bocourio-Brener, h. c^ne de Landévant.

Bocquereux, vill. c^ne d'Allaire.

Bocrah, h. c^ne de Monterblanc.

Bocren, éc. c^ne de Plumelin.

Bocudello, éc. c^ne de Camors. — Seigneurie.

Bodaly, h. et pont sur le Loc, c^ne de Plaudren. — Seigneurie; manoir.

Bodau, h. c^ne de Moréac.

Bodamo, h. c^ne de Plumergat. — *Botamon*, 1403 (carmes de Sainte-Anne).

Bodan (Le), h. c^ne de Plaudren.

Bodan (Le), vill. c^ne de Questembert.

Bodanic (Le Haut et le Bas), vill. c^ne de Sarzeau.

Bodanquin, h. c^ne de Moustoirac.

Bodaurais, vill. et ruiss. affl. du Matz, c^ne de Caden.

Bodaval, h. c^ne de Meslan.

Bodaval, f. c^ne de Plougoumelen.

Bodavel, éc. c^ne de Baud.

Bodavel, vill. c^ne de Camors.

Bodéac, vill. et lande, c^ne de Belz; m^in à vent, c^ne de Locoal-Mendon. — Seigneurie.

Bodéan, vill. m^in à vent, ruiss. affl. de la Sale et m^in sur ce ruiss. c^ne de Grand-Champ.

Bodéan, h. m^in à vent et m^in à eau sur la Graë, c^ne de Saint-Jacut; bois s'étendant en Saint-Jacut et Allaire. — Seigneurie; manoir.

Bodeffa, vill. c^ne de Roudouallec.

Bodégan, h. c^ne de Guégon; ruiss. *du Pâtis-de-Bodégan*, affl. du Sédon, arrose Guégon et Guéhenno.

Bodegat, vill. c^ne de Mohon. — Prieuré, membre de l'abb. de Saint-Jean-des-Prés. — Seigneurie; anc. manoir qui a appartenu à Mme de Sévigné.

Bodegot, éc. c^ne de Pleucadeuc.

Bodéhanec, f. c^ne de Vannes.

Bodel, puits à Augan.

Bodel, m^in à eau, m^in à vent et f. dite *le Bas-Bodel*, c^ne de Caro; ruiss. affl. du ru des Arches, arrose Caro et Ruffiac. — Seigneurie; manoir.

Bodel (Pont), sur le ruiss. de la Fontaine-du-Bourg, c^ne de Missiriac.

Bodel (Ruisseau du Pont-de-). — Voy. Fontaine-du-Bourg (Ruisseau de la).

Bodelan, éc. et bois, c^ne de Landévant. — Seigneurie.

Bodeliave, éc. c^ne de Moustoirac.

Bodéligan, vill. et marais, c^ne de Caden; pass. sur le ruiss. du Pont-de-Caden, reliant Béganne, Caden et Péaule.

Bodélio, éc. lande, étang; ruisseau : voy. Ville-aux-Feuves (La); parc avec quatre portes, dites *portes de Bodélio, de Fer, Rouault et Saint-Jacut*; vill. du Parc-de-Bodélio; ruisseau *du Parc-de-Bodélio*, affl. du ruisseau de la Ville-aux-Feuves : le tout c^ne de Malansac. — Communauté de cordeliers.

Bodelneuf, vill. c^ne de Saint-Dolay.

Bodelnoc, éc. c^ne de Saint-Nolff.

Bodeluit, éc. et ruiss. affl. de la Sarre, c^ne de Guern.

Bodelven, h. c^ne d'Elven.

Bodenay, vill. c^ne de Sarzeau.

Bodeno, h. c^ne de Moustoirac.

Bodeno, h. c^ne de Nivillac.

Bodéno, vill. c^ne de Plougoumelen.

Boder (Loge), éc. c^ne de Quistinic.

Bodéral, éc. c^ne de Noyal-Muzillac.

Bod-er-Beren, éc. c^ne de Pluméliau. — Seigneurie.

Boderberen, h. et bois, c^ne de Saint-Thuriau.

Boderberen (Croix de). — Voy. Morel (Croix de).

Bod-er-Bic, f. c^ne de Biguan.

Boderbic, éc. c^ne de Camors.

Boderbihan, éc. c^ne de Plouray.

Boderel, vill. et lande, c^ne de Guern.

Bodergolec, éc. c^ne de Brech.

Bod-er-Guen, éc. c^ne de Locmariaquer.

Boderhan, h. et lande, c^ne de Locoal-Mendon. — Seign.

Boderhard, éc. c^ne de Saint-Jean-Brévelay.

Boderherff, vill. c^ne de Sarzeau.

Bodénin, vill. c^ne de Sarzeau.

Bodérin (Le), h. c^te d'Elven.
Bodermarais, h. c^ne de Noyal-Muzillac.
Bod-er-Men, h. c^ne de Lorient.
Bodermoël, h. c^ne de Noyal-Muzillac.
Bodéro, éc. c^ne du Guerno.
Bodéro, h. c^ne de Langonnet.
Bodervin, h. et font. c^ne de Noyal-Pontivy; ruiss. *de la Fontaine-de-Bodervin* (voy. Kerguzangor).
Bodery, éc. c^ne de Plaudren.
Bodery (Le), m^in sur le Glayo, c^ne de Quistinic.
Bodestin, éc. c^ne d'Inzinzac.
Bodeu (Le), éc. c^ne de Plumelec.
Bodeu (Pont), sur le Larhou, reliant Saint-Samson au dép^t des Côtes-du-Nord.
Bodeuc, éc. c^ne de Limerzel.
Bodeuc (Le Grand et le Petit), vill. bois, m^in à vent et éc. dit *Cour-de-Bodeuc*, c^ne de Nivillac.
Bodeven, vill. c^ne de Baud.
Bodeven, h. c^ne de Pluméliau.
Bodeven (Le Grand et le Petit), h. et font. dite *du Petit-Bodeven*, c^ne de Locoal-Mendon; ruiss. *de la Fontaine-du-Petit-Bodeven* (voy. Rozo). — Seign.
Bodévéno, h. c^ne de Baud.
Bodeveno, h. et ruiss. affl. du Cangrenn, c^ne de Pluviguer. — Seigneurie.
Bodévo (Le), vill. c^ne de Séglien.
Bodevrar, f. c^ne de Noyal-Muzillac.
Bodevrel, vill. et f. c^ne de Pluherlin. — *Botvrel*, xviie s^e (présidial de Vannes). — Seigneurie; manoir.
Bodez, h. c^ne du Faouët.
Bodèze, m^ie sur le ruiss. du Pont-Guillemin et m^in à vent, c^ne de Landévant; pont sur le Pont-Guillemin, reliant Camors et Pluvigner; ruiss. (voy. Guillemin).
Bodicderff, éc. c^ne de Saint-Tugdual.
Bodic-Lann, éc. c^ne de Baud.
Bodiel, vill. c^ne de Taupont.
Bodien, h. c^ne de Limerzel.
Bodieuc, vill. et m^in sur le Ninian, c^ne de Mohon; pont sur le Ninian, reliant Mohon et Lanouée; ruiss. affl. du Ninian, arrose Lanouée. — Il y aurait eu là jadis, suivant la tradition, une ville portant le nom d'*Alanczon*. — *Bodioc, prioratus*, 1199 (D. Morice, I, 783). — *Bodiec*, manoir, 1221 (duché de Rohan-Chabot). — *Bodiuc de Sancto-Lemano*, 1251 (*ibid.*).
Prieuré du vocable de la Trinité, membre de l'abb. de Saint-Jacut, appelé aussi *la Trinité-Bodieuc*. — Seigneurie.
Bodigon, h. c^ne de Rieux.
Bodiguen, éc. et m^in à vent, c^ne de Naizin.
Bodilan, éc. c^ne de Marzan.
Bodillo, f. c^ne de Béganne.
Bodin, éc. c^ne de Saint-Jean-Brévelay.

Bodinaie (La), vill. c^ne de Mauron.
Bodinais (Le Haut et le Bas), vill. et pont sur le canal des Forges, c^ne de Lanouée; ruines appelées *le Château de Bodinais*.
Bodion, éc. c^ne de Questembert.
Bodion (Le Grand et le Petit), vill. c^ne de Pluméliau.
Bodiquel, h. c^ne de Noyal-Pontivy.
Bodiquello, h. c^ne de Questembert.
Bodisac, éc. c^ne de Crach.
Bodiston, éc. c^ne de Marzan.
Bodivino, h. c^ne de Noyal-Pontivy.
Bodivo, vill. c^ne de Baud.
Bodivo, h. c^ne de Guern.
Bodliguen, vill. c^ne de Tréal.
Bodnagat, vill. c^ne de Saint-Jacut.
Bodnay, h. c^ne de Radenac. — *Boutenhay* et colline dite *Menez-Boutenhay*, 1414 (duché de Rohan-Chabot).
Bodo, éc. c^ne de Grand-Champ.
Bodo (Le Grand et le Petit), vill. c^ne d'Ambon. — Seigneurie.
Bodo (Le Grand et le Petit), vill. c^ne de Berric.
Bodo (Le Grand et le Petit), vill. c^ne de Damgan.
Bodon-Banal, éc. c^ne de Guiscriff.
Bodory, h. et deux m^ins sur le Resto, c^ne de Languidic. — Seigneurie; manoir.
Bodrain, h. c^ne de Baud.
Bodrebel, h. c^ne de Questembert.
Bodrefaux, vill. c^ne de Noyal-Muzillac.
Bodreguin, h. c^ne de Questembert.
Bodreuc, éc. — Voy. Moustoir-Bodreuc (Le).
Bodreuvais, vill. c^ne de Noyal-Muzillac.
Bodriabé, vill. c^ne de Limerzel.
Bodrilouet, h. c^ne de Bubry.
Bodrual, f. c^ne de Caden.
Bodual, vill. c^ne d'Elven. — Seigneurie.
Bodudal, h. c^ne de Rieux.
Boduhuern, pont sur le ruisseau de ce nom, reliant Camors et Pluvigner; ruiss. dit *Gouach-Boduhuern* (voy. Guillemin).
Boduic, vill. et m^in sur le ruiss. de ce nom, c^ne de Cléguérec; ruiss. voy.: Stang-en-Iruern (Le). — *Boduysie*, bois et lande, 1448 (duché de Rohan-Chabot). — Seigneurie; manoir.
Bodunan, éc. c^ne de Saint-Jean-Brévelay.
Boë (La), vill. c^ne de Saint-Abraham.
Bœuf, pont sur le ruiss. du Vieil-Étang, c^ne de Carentoir.
Bœufs (Les), roche sur la baie de Quiberon, côte de Locmariaquer.
Boffo (Le), h. c^ne de Trédion.
Bogas, vill. c^ne de Lanouée. — *Bogast*, xive siècle (duché de Rohan-Chabot).

Bogence, éc. c^ne de Plaudren.

Boger, f. c^ne d'Allaire.

Bogerie (La), h. c^ne de Saint-Vincent.

Boguégano, éc. c^ne de Landévant.

Boguet, vill. c^ne de Guégon.

Bogustin, h. c^ne de Quistinic.

Bohal, c^on de Questembert; chât. dit *le Bas-Bohal*, c^ne de Pleucadeuc. — *Bouhal*, étangs, 1432 (chât. de Kerfily).

    D'abord paroisse, puis trève de Saint-Marcel, puis redevenue paroisse du doy. de Porhoët; faisait partie du territ. de Rieux au xve siècle. — Seigneurie; manoir. — Sénéch. de Ploërmel; subd. de Malestroit. — Distr. de Rochefort.

Bohalgo, vill. et pont sur le Saint-Léonard, c^ne de Vannes. — *Bouhalgo*, xvie s^e (chât. de Kerleau).

Bohallec, éc. c^ne de Plumelin.

Bohat, h. et f. dite *Haut-Bohat*, c^ne de Sarzeau.

Bohurel, vill. c^ne de Sérent. — Seigneurie.

Boidaviny, éc. c^ne de Saint-Nolff; pont sur le Baron, reliant Saint-Nolff et Trefflèan.

Boïdec (Loge), éc. c^ne de Guiscriff.

Boin, h. c^ne des Fougerêts. — *Bouen*, 1476 (chât. de Castellan).

Boiraux, h. c^ne de la Grée-Saint-Laurent.

Boire, pont sur le Rahun, reliant Tréal et Carentoir; h. *du Pont-Boire*, c^ne de Carentoir.

Boire (La), éc. c^ne de Sérent. — Seigneurie.

Boirio (Le), éc. c^ne de Béganne. — Seigneurie.

Boiron (Le), h. c^ne de Saint-Dolay.

Boiry (Le Haut et le Bas), vill. c^ne de Saint-Guyomard; m^in sur la Claye, c^ne de Sérent. — Seigneurie.

Boiry (La), f. c^ne de Saint-Marcel. — *La Bouesrie*, 1445 (chât. de Kerfily). — Seigneurie.

Bois (Croix des), c^ne de Saint-Gravé.

Bois (Le), éc. c^ne d'Ambon.

Bois (Le), m^in à eau sur le Mont et m^in à vent, c^ne de Berric.

Bois (Le), f. c^ne de Carentoir.

Bois (Le), m^in sur l'Aff, c^ne de Guer.

Bois (Le), m^in sur le ruiss. du Moulin-du-Duc, c^ne de Langonnet; h. dit *Métairie-du-Bois*, c^ne du Saint.

Bois (Le), éc. c^ne de Lauzach.

Bois (Le), f. c^ne de Molac.

Bois (Le), h. c^ne de Neulliac.

Bois (Le), vill. c^ne de Peillac.

Bois (Le), éc. c^ne de Pluméliau.

Bois (Le), h. c^ne de Saint-Gérand.

Bois (Le), m^in sur le ruiss. du Moulin-du-Bois, c^ne de Saint-Tugdual.

Bois (Le), h. c^ne de Saint-Vincent.

Bois (Le Haut et le Bas), h. c^ne de Bréhan-Loudéac.

Bois (Les), vill. et f. c^ne d'Allaire.

Bois (Les), h. c^ne de Béganne.

Bois (Les), f. c^ne de Cruguel. — Seigneurie.

Bois (Les), m^in sur l'Yvel, c^ne de Ménéac.

Bois (Les), lande, c^ne de Monteneuf.

Bois (Les), h. c^ne de Pluherlin.

Bois (Les), h. c^ne de Radenac.

Bois (Les), éc. c^ne de Saint-Vincent (distinct du h. du Bois, même c^ne). — Seigneurie; manoir.

Bois (Maison des), éc. c^ne de Billio.

Bois (Place au), au Port-Louis.

Bois (Rue du), à Landévant.

Bois (Rue et Place du), à Auray; dites autrefois *du Marché-du-Bois*.

Bois (Ruisseau du Moulin-du-), affl. du Pont-Rouge; il arrose Saint-Tugdual et Ploërdut.

Boisaulet (Le), f. c^ne de Béganne. — Seigneurie.

Bois-Bas (Le), éc. c^ne de Baden. — Seigneurie; manoir.

Bois-Bénit (Le), h. c^ne de Monteneuf.

Bois-Bily (Le), vill. c^ne de Néant.

Bois-Bocher (Le), vill. c^ne de Béganne.

Bois-Bourgerel, vill. c^ne de Baden.

Bois-Bras (Le), h. c^ne de Néant.

Bois-Brassu (Le), f. c^ne de Carentoir. — Seigneurie; manoir.

Bois-Bréhan (Le Haut et le Bas), vill. dont une partie est dite *Cour-de-Bois-Bréhan*, taillis et m^in sur l'Arz, c^ne de Pluherlin. — Seigneurie; manoir.

Bois-Brun, éc. c^ne des Fougerêts.

Bois-Brun (Le), h. c^ne de Tréal. — Seigneurie.

Bois-By (Le), f. c^ne de Carentoir. — Seigneurie.

Bois-Charmé (Le), h. c^ne du Guerno.

Bois-Consort (Le), éc. c^ne de Monteneuf.

Bois-d'Amour, h. c^ne de Landévant.

Bois-d'Amour ou Coët-d'Amour, h. c^ne de Sarzeau.

Bois-d'Amour (Le), vill. c^ne de Riantec.

Bois-d'Araud, lande, c^ne d'Augan.

Boisdavel, éc. c^ne de Locminé.

Bois-David (Le), h. c^ne de Saint-Jacut.

Bois de-Haut (Le), lande, c^ne de Guer.

Bois-de-Haut (Le), éc. c^ne de Saint-Martin.

Bois-de-Hélais, h. c^ne de Limerzel.

Bois-de-la-Croix-Collin (Le), lande, c^ne de la Croix-Helléan.

Bois-de-la-Lande (Le), f. et m^in à vent, c^ne de Pénestin.

Bois-de-la-Roche (Le), chât. m^in sur l'Yvel et bois, c^ne de Néant; vill. partie c^ne de Néant, partie c^ne de Mauron. — Comté; anc. château.

Bois-de-Larré (Le), éc. c^ne de Larré.

    Morbihan.

Bois-de-la-Salle (Le), m^in à vent, c^ne de Péaule. — Seigneurie.

Bois-de-la-Salle (Le), h. et bois, c^ne de Sarzeau. — Seigneurie.

Bois-du-Lourmel (Fontaine du), c^ne de Guer.

Bois-de-Pekuer (Le), h. c^ne du Guerno.

Bois-de-Roche (Le), éc. dit *loge Coët-Roche*, bois, font. et ruiss. *de la Fontaine-du-Bois-de-Roche*, affl. du Butconan, c^ne de Lanvaudan.

Bois-de-Ros (Le), chât. et f. c^ne de Limerzel. — Seigneurie; manoir.

Bois-de-Sapins, éc. c^ne de Meslan.

Bois-de-Sapins (Le), h. c^ne de Baud.

Bois-de-Sapins (Le), éc. c^ne de Lignol.

Bois-de-Sapins (Le), éc. et bois, c^ne de Napoléonville.

Bois-des-Moines (Le), f. et ruiss. affl. de l'Arz, c^ne d'Elven.

Bois-des-Plats (Le), éc. c^ne de Caden.

Bois-des-Plats (Le), éc. c^ne de Questembert.

Bois-du-Capitaine (Le), éc. c^ne d'Elven.

Bois-du-Crocq, vill. divisé en quatre parties : Bois-du-Crocq-port-Nicolas, Bois-du-Crocq-port-Fraper, Bois-du-Crocq-port-Graillou et Bois-du-Crocq-port-Cloher, c^ne d'Inguiniel.

Bois-du-Crocq (Moulin de), m^in à eau, c^ne de Plouay.

Bois-du-Crocq (Ruisseau de), dit aussi *de Coët-er-Crocq, du Moulin-de-la-Bruyère, de la Fontaine-des-Fleurs* ou *de Pont-er-Bellec*, affl. du Scorff; il arrose Inguiniel et Plouay.

Bois-du-Drin (Le), éc. c^ne de Buléon.

Bois-du-Gat (Le), h. c^ne de Saint-Samson.

Bois-du-Gué (Le), h. c^ne de Saint-Servant.

Bois-du-Loup (Le), chât. vill. composé de plusieurs éc. et h. mentionnés à leur rang alphabétique; bois, font. et ruiss. *de la Fontaine-du-Bois-du-Loup*, dit aussi *du Doué-de-Roche*, affl. de l'Oyon, c^ne d'Augan. — *Bois-du-Lou*, 1423 (chât. de Beaurepaire). — Seigneurie; manoir.

Bois-du-Verger (Le), vill. c^ne du Guerno.

Bois-Faux (Le), vill. c^ne de Carentoir.

Bois-Fleuri, éc. et bois, c^ne d'Inguiniel.

Bois-Gandin (Le), lande, c^ne de Monteneuf.

Bois-Gervais (Le), éc. et m^in à vent, c^ne de Nivillac. — Seigneurie.

Boisgestin, f. c^ne de Noyal-Muzillac. — Seigneurie.

Bois-Gicquel, h. c^ne de Guégon.

Bois-Gicquel (Le), éc. c^ne de Campénéac.

Bois-Grignon (Le), vill. c^ne de Malansac.

Bois-Guéuénbuc (Le), h. bois et ruiss. dit aussi *du Pont-Percé* ou *des Prés-de-Boussac*, affl. du Gerguy, c^ne d'Augan; étang baignant Augan et Ploërmel. — Seigneurie.

Bois-Guéuo (Le), h. c^ne de Malansac.

Bois-Guillaume, h. c^ne de Caro.

Bois-Guillaume (Le), f. c^ne de Carentoir. — Seigneurie.

Bois-Guinche (Le), h. c^ne de Bréhan-Loudéac.

Bois-Guy, éc. c^ne de Plumergat.

Bois-Guy (Le), vill. c^ne de Saint-Jacut.

Bois-Hardouin, h. c^ne de Moustoir-Remungol; bois s'étendant en Moustoir-Remungol et Noyal-Pontivy. — Seigneurie; manoir.

Bois-Hellio (Le Haut et le Bas), vill. partie c^ne de Ploërmel, partie c^ne de Monterrein; m^in à vent, c^ne de Ploërmel. — Seigneurie.

Bois-Hervé (Le), vill. c^ne de Saint-Malo-des-Trois-Fontaines.

Bois-Hervé (Le), vill. c^ne de Saint-Perreux.

Boisillon, h. c^ne de Nivillac.

Bois-Jagut (Le), f. c^ne de Mauron. — Seigneurie.

Bois-Joli (Le), éc. c^ne de Marzan.

Bois-Joli (Le), éc. c^ne de Saint-Dolay. — Seigneurie.

Bois-Joly, h. partie c^ne de Caudan, partie c^ne d'Hennebont. — Seigneurie; manoir en Caudan.

Bois-Josselin, éc. c^ne de Nivillac.

Bois-Josselin (Le), f. c^ne de Ploërmel. — Seigneurie.

Bois-Julien (Le), f. c^ne de Malansac.

Bois-Jumel (Le), f. c^ne de Carentoir. — Seigneurie.

Bois-Juste (Le), h. c^ne de Plumergat. — *Boesiust*, 1391 (carmes de Sainte-Anne). — *Boyust*, 1425 (*ibid.*). — *Bojuste*, xviie siècle (*ibid.*). — Seigneurie.

Bois-Léuo (Le), vill. c^ne de Caden.

Bois-l'Enfant (Le), éc. c^ne de Saint-Jacut.

Bois-Lisco, éc. c^ne de Guégon.

Bois-Lorient, éc. c^ne d'Inguiniel.

Bois-Macé, éc. c^ne de Béganne.

Bois-Mainguy, vill. c^ne de Sérent. — Seigneurie.

Bois-Marand (Le), vill. c^ne de Pluherlin.

Bois-Marzan (Le), h. c^ne de Marzan.

Bois-Menus (Les), lande, c^ne de Monteneuf.

Bois-Moreau (Rue de), à Vannes, nouvellement créée en l'an ii et distincte de l'ancienne; pour celle-ci, voy. Hôpital (Rue de l'). — *Boscus Morandi*, 1336 (chap. de Vannes). — *Boismouraut*, 1421 (prieuré de Saint-Guen). — Seigneurie et manoir auj. détruit en Saint-Patern de Vannes.

Bois-Neuf (Le), village divisé en cinq parties : 1° le Bois-Neuf-rue-Beaudoux; 2° le Bois-Neuf-rue-Danet; 3° le Bois-Neuf-rue-Moiran; 4° le Bois-Neuf-rue-Noblet et 5° enfin le Bois-Neuf-rue-Pèlerins, c^ne de Saint-Martin.

Bois-Nouvel (Le), h. c^ne de Nivillac.

Bois-Payen (Le), vill. c^ne d'Allaire.

Bois-Peschard (Le), f. c^ne de Carentoir.

Bois-Picaut (Le), éc. c^ne de Bréhan-Loudéac.

BOISPIN, éc. c^ne de Noyal-Muzillac.

BOIS-PIN (LE), éc. c^ne de Berric.

BOIS-PIN (LE), éc. c^ne de Marzan.

BOIS-PIN (LE), h. c^ne de Plœmeur.

BOIS-QUELVÉ, éc. c^ne de Moustoirac.

BOIS-RICHARD (LE), h. c^ne d'Allaire.

BOIS-RIVEAU (LE), vill. et f. c^ne de Saint-Dolay. — Seigneurie.

BOIS-ROBERT (LE), h. c^ne de Saint-Nicolas-du-Tertre.

BOIS-RUAULT, h. c^ne de Caro. — Seigneurie.

BOIS-SAPIN (LE), éc. c^ne d'Arradon.

BOISSEL, f. et m^in sur le Ninian, c^ne d'Helléan.

BOISSIÈRE (LA), f. c^ne de Caro. — Seigneurie.

BOISSIÈRE (LA), h. c^ne de Cournon.

BOISSIÈRE (LA), f. c^ne d'Elven. — Seigneurie.

BOISSIÈRE (LA), vill. c^ne de Nivillac.

BOISSIÈRE (LA), h. c^ne de Peillac.

BOISSIÈRE-BOQUIDÉ, vill. c^ne de Monteneuf.

BOISSIÈRE-CADO (LA), vill. et éc. dit *la Haute-Boissière*, c^ne de Monteneuf.

BOISSIÈRES (LES), h. c^ne de Caro.

BOISSIÈRES (LES), f. c^ne des Fougerêts.

BOISSIGNOUX, vill. c^ne de Campénéac.

BOIS-SOLON (LE HAUT et LE BAS), h. c^ne de Malestroit. — *Le Bouaissollon*, 1424 (chât. de Kerfily).

BOISSY (LE), f. et bois, c^ne de Guer. — Seigneurie.

BOISTALEC, vill. c^ne de Muzillac.

BOISTANÉ, éc. c^ne de Guidel.

BOIS-TRAVAIS (LE), h. c^ne de Monteneuf.

BOISY (LE), éc. f. bois, étang, ruiss. *de l'Étang-du-Boisy*, aff. du Rohan, c^ne de Vannes. — Seigneurie; manoir.

BOIXO (RUE), à Guillac.

BOIZEL, h. et m^in à vent, c^ne de Pleucadeuc.

BOIZEUL (LE), vill. c^ne de Nivillac.

BOJULANT, h. c^ne de Pluméliau.

BOJUS, vill. c^ne de Gueltas. — *Bojust, villa*, 1270 (duché de Rohan-Chabot).

BOLAIS (LA), h. c^ne de Saint-Martin. — Seigneurie.

BOLAN, m^in sur l'Evel, c^ne de Moréac.

BOLAN, h. c^ne de Pluherlin; pont sur le Carbouède, reliant Pluherlin et Questembert.

BOLAN, vill. lande, h. dit *Lande-de-Bolan*, croix et éc. dit *Croix-de-Bolan*, c^ne de Saint-Gérand.

BOLAN (RUISSEAU DE). — Voy. SIVIAC (RUISSEAU DU PONT-DE-).

BOLANNE ou *Mané-Bolanne*, ruiss. aff. du Saint-Vincent; il arrose Inguiniel, Lignol et Persquen.

BOLAY (LE), vill. c^ne de Lanouée.

BOLÉDAT, éc. c^ne de Landévant.

BOLÉVENAN, h. c^ne de Languidic.

BOLIN, vill. c^ne du Roc-Saint-André.

BOLIQUINET (LE), h. c^ne de Languidic.

BOLORÉ, m^in et écluse sur le canal de Nantes à Brest, lande et village dit *Lande-de-Boloré*, c^ne de Saint-Aignan.

BOLUMET, h. c^ne de Neulliac.

BOMANGORO, h. c^ne de Plescop.

BOMAYEC, h. c^ne de Saint-Nolff.

BOMÉLO, vill. c^ne de Caden.

BOMOLO, éc. c^ne de Moustoir-Remungol.

BON-ABRI, éc. c^ne de Sulniac.

BONAL (RUELLE), à Sarzeau.

BONALO, éc. c^ne de Baud.

BONALO, éc. c^ne de Cléguérec.

BONALO, éc. c^ne de Guern. — *Botbenalec, villa*, 1125 (cart. de Redon).

BONALO, éc. c^ne de Plumelin.

BONALO (LE), h. c^ne de Plumelin (dist. du précédent).

BONALO (LE), éc. c^ne de Moréac.

BONARD, éc. et bois, c^ne de Malguénac.

BONAVAL, ruiss. dit aussi *de la Fontaine-de-Kerlivio*, aff. de l'Etel; il arrose Belz et Locoal-Mendon.

BONDON (LE), vill. et étang, c^ne de Vannes. — *Le Botdon*, 1428 (prieuré de Saint-Martin de Josselin). — *Boni doni conventus*, 1454 (canon. de Saint-Vincent-Ferrier). — *Le Bodon*, 1469 (carmélites des Trois-Marie du Bondon). — Communautés de grands carmes et de carmélites, celle-ci sous le vocable des Trois-Marie.

BONÉHAN, vill. c^ne de Moréac.

BONEN, rocher sur l'Océan, près de l'île d'Hœdic.

BONEN-AR-RADE, roche sur l'Océan, côte de Houat.

BONEN-BRAS, rocher sur l'Océan, près de l'île d'Hœdic.

BONEN-NOCH-MELEN, roches sur l'Océan, côte d'Hœdic.

BONERFAVEN (BRAS et BIHAN), vill. et pont, c^ne de Brech.

BONERVAUD, chât. f. bois et étang, c^ne de Theix. — Seigneurie; manoir.

BONERVAUD (RUISSEAU DE L'ÉTANG-DE-) ou ÉTIER-DE-SINCE, c^ne de Theix, va se jeter dans la baie du Morbihan; pont sur ce ruisseau.

BONET-PLAT, pointe de l'île de Houat, sur l'Océan.

BONÉVA, lande, c^ne d'Augan.

BONEVEL, vill. c^ne de Priziac. — *Boznevel*, 1459 (princip. de Rohan-Guémené).

BONHOMME (CROIX DU), c^ne de Plœmel.

BONHOMME (LE), vill. c^ne de Kervignac et pont sur le Blavet, reliant Kervignac et Caudan, anc. passage.

BONHOMME-GUILLAUME (CROIX DU), c^ne de Malansac.

BONJARD, vill. c^ne de Meslan.

BONIZAC, h. c^ne de Guiscriff.

BONMÉRÉ, lande et pont au confluent de l'Oyon et du ruiss. de la Vallée-Sainte-Anne, c^ne d'Augan.

BONNALO, h. c^ne de Naizin.

Bonnard (Le Haut et le Bas), vill. et marais, cne de Saint-Jean-la-Poterie.

Bonnay (Le Haut et le Bas), vill. cne de Carentoir.

Bonne-Chêne, éc. ruiss. et min sur ce ruiss. cne de Malguénac. — Seigneurie; manoir. — Voy. Roch (Le).

Bonne-Comtesse (La), h. cne de Guiscriff.

Bonne-Espérance, éc. cne de Kergrist.

Bonne-Façon (La), h. cne de Nivillac.

Bonne-Femme-Texier (Croix de la), cce de Beignon.

Bonne-Foi (Rue de la), à Vannes, appelée autrefois *du Pot-d'Étain* ou *du Pot*, et plus anciennement *des Trois-Marie*.

Bonne-Fontaine, h. cne de Pluherlin.

Bonne-Fontaine (Ruisseau de la), affl. de la Foye, cne de Beignon.

Bonnepart, h. cne de Theix. — Seigneurie.

Bonne-Rencontre, chapelle et min à vent, cne de Tréal.

Bonnet (Le), lande, cne de Monteneuf.

Bonnevais, pont sur le Carbouède, reliant Pluherlin et Questembert.

Bonno (Hutte-à-), éc. cne de Ploërmel.

Bonnoy, éc. cne de Berric.

Bono, vill. cne de Plougoumelen; pont suspendu, autref. passage sur la Sale, reliant Plougoumelen et Pluneret.

Bonote, vill. cne de Berné.

Bon-Reconfort, h. cne de Pluherlin.

Bon-Secours, vill. cne de Quéven.

Bons-Enfants (Rue des), à Lorient, appelée avant 1789 rue *Ferrand;* impasse appelée avant 1789 *cul-de-sac des Jeux*.

Bons-Enfants (Rue des), à Vannes, autref. *de Poulho*.

Bons-Pères (Rue des), à Vannes. — Voy. Noé (Rue).

Bons-Voisins (Pont des), sur le ruiss. du Pont-Guillemin, reliant Pluvigner et Landévant.

Bontul, h. cne de Meslan.

Bonvallon, min sur la Vilaine, cne de Marzan.

Bonvallon, vill. cne de Réguiny; pont sur le ruiss. de ce nom, reliant Réguiny et Radenac. — *Botvallon*, 1432 (cour de Pontivy).

Bonvallon (Ruisseau du Pont-de-) ou de la Bastille, affluent de l'Evel; il arrose Pleugriffet, Réguiny et Radenac.

Bonvalon, h. cne de Guénin.

Bonvalon, h. cne de Moréac.

Bopénec, h. cne de Nostang.

Boquédeno, éc. cne de Plaudren.

Boquelèche, éc. cne d'Elven.

Boquelen, éc. cne de Cléguérec.

Boquelen, h. cne d'Elven.

Boquen, vill. cne de Ménéac. — Seigneurie.

Boquenet, vill. cne de Questembert.

Boquéno, h. cne de Quistinic.

Boquenolo, éc. cne de Languidic.

Boquéré, h. cne de Saint-Guyomard.

Boquéris, éc. cne de Muzillac. — Seigneurie.

Boquesten, éc. cne de Baden.

Boquesten, éc. cne de Camors.

Boquestin, éc. cne de Plumelin.

Boquet, f. cne de Noyal-Muzillac.

Boquidé, f. cne de Monteneuf. — Seigneurie.

Boquidet, vill. cne de Sérent.

Boquignac, vill. cne de Questembert.

Borcastel, vill. cne de Port-Philippe.

Borchudan, h. cne de Locmaria.

Bordardoué, vill. cne du Palais.

Borde (La), vill. cne de Rieux.

Bordelane, vill. cne de Port-Philippe.

Bordelouet, vill. cne de Bangor.

Bordenech, vill. cne de Bangor.

Bordérenne, vill. cne de Locmaria.

Borderhouat, vill. cne de Locmaria.

Borderune, h. et port sur l'Océan, cne de Port-Philippe.

Bordéry, vill. et port sur l'Océan, cne de Port-Philippe. — *Borthenry*, xve siècle (abb. de Sainte-Croix de Quimperlé).

Bordillac, vill. cne du Palais.

Bordréneau, éc. cne du Palais.

Bordrouhant, h. cne de Bangor.

Borduro, vill. cne de Locmaria.

Bordustard, vill. cne du Palais.

Borec, h. cne d'Ambon. — Seigneurie.

Borec, f. et pont, cne de Muzillac. — Seigneurie.

Borenis (Le), rocher sur l'Océan, cne de Damgan.

Borflocu, vill. cne du Palais.

Borgeraie (La), vill. cne de Saint-Gravé.

Borgnais (La), h. cne de Malansac.

Borgne (Chemin du), au nord du Petit-Conleau, cne de Vannes.

Borgnois, h. et lande dite *Lann-Borgrois*, cne de Port-Philippe.

Borgnouaguen, h. cne du Palais. — *Portangoaraguer*, xve siècle (abb. de Sainte-Croix de Quimperlé).

Borguet (Ponte), à Malestroit. — 1485 (chât. de Kerfily). — Voy. Ponts (Les).

Borhouédic, f. cne de Surzur.

Borhuédet, h. cne de Port-Philippe.

Borin (Le Grand et le Petit), h. lande, éc. dit *Lann-Borin*, cne de Langonnet. — Le Grand-Borin est appelé aussi *la Maison-Blanche*.

Borlagadec, vill. cne de Bangor.

Borménahic, vill. éc. et min à vent, cne de Locmaria.

Borméné, vill. cne de Port-Philippe.

BORNALIGUEN, vill. c^ne de Bangor.

BORNE, pont au confl. du Pont-Rouge et du Kermartin, c^ne de Saint-Tugdual.

BORNE, h. lande, vill. dit *Lande-de-Borne*, pont et ruiss. *de la Lande-de-Borne*, affl. du Pont-Caden, en passant par l'étang de Cohanno, c^ne de Surzur. — Seigneurie.

BORNE (LE), vill. c^ne de Guégon.

BORNE (LE GRAND et LE PETIT), vill. lande et éc. dit *Lande-de-Borne*, c^ne d'Ambon.

BORNEGUIN, éc. c^ne de Questembert.

BORNOR, vill. c^ne de Locmaria.

BORNORD, vill. roches et fort sur l'Océan, éc. dit *Fort-Bornord* et pointe dite *de Castel-Bornord*, c^ne de Bangor.

BORNUÉ, vill. c^ne du Guerno.

BONO, vill. c^ne du Hézo.

BONO (LE), vill. et m^in à vent, c^ne de Saint-Vincent. — Seigneurie; manoir.

BONOGÉ, vill. c^ne de Sulniac.

BORSARASIN, h. c^ne de Locmaria.

BONSTANG, éc. c^ne du Palais.

BONTEMONT, h. c^ne de Bangor.

BORTENTERION, vill. c^ne de Port-Philippe.

BORTRÉLOT, vill. c^ne du Palais.

BORTHÉORO, vill. et m^in à vent, c^ne de Locmaria.

BORTICADO, vill. c^ne de Port-Philippe.

BORTIFAOUEN, h. c^ne de Port-Philippe. — *Bortifouen*, xve siècle (abb. de Sainte-Croix de Quimperlé).

BONTIQUIABEL (FONTAINE), c^ne de Port-Philippe.

BONVRAN, vill. et m^in à vent, c^ne de Locmaria.

BONZOSE, vill. c^ne de Bangor.

BOSCAHUE, éc. c^ne de Guidel.

BOSCAVE, h. c^ne de Saint-Gérand.

BOSCHAT (LE), vill. c^ne de Néant. — Seigneurie.

BOSCHER (LE), vill. c^ne de Guer. — Seigneurie.

BOSCHET (LE), f. et m^in sur le Fondeliane, c^ne de Carentoir. — Seigneurie.

BOSCHET (LE), f. c^ne de Monteneuf.

BOSCHET (LOGES), h. c^ne de Saint-Samson.

BOSCHON (LE), vill. c^ne de Caro.

BOSCO, h. et bois, c^ne de Naizin.

BOSCO (LE), h. c^ne de Buléon.

BOSCO (LE), éc. c^ne de Noyal-Muzillac.

BOSÉSAIS, vill. c^ne de Molac.

BOSNEUF, vill. c^ne de Bréhan-Loudéac.

BOSQUÉDAOUEN, vill. c^ne de Roudouallec. — *Bottcadoan*, xiie siècle (abb. de Sainte-Croix de Quimperlé).

BOSQUET (MÉTAIRIE), f. c^ne de Ploëmel.

BOSSARDAIS (LA), vill. c^ne d'Augan. — Seigneurie.

BOSSARDERIE (LA), h. c^ne de Concoret.

BOSSARDIÈRE (LA), h. c^ne de Saint-Vincent.

BOSSÉNO (LE), vill. c^ne de Péaule.

BOSSERNO (LA), h. c^ne de Saint-Martin.

BOSSERO, vill. c^ne de Caden; pont sur le Trévelo, reliant Caden et Limerzel.

BOSSERON (LE), éc. c^ne de Saint-Dolay.

BOSSETTE-BAZIN (LA), vill. c^ne de Ménéac.

BOSSETTE-LOHIER (LA), h. c^ne de Ménéac.

BOSSIGNAN (LE GRAND et LE PETIT), vill. partie c^ne de Noyal-Muzillac, partie c^ne de Muzillac.

BOSSIGNAN-BRANGOLO, vill. c^ne de Noyal-Muzillac.

BOSSU (LE), éc. c^ne de Saint-Gonnery.

BOSTUDOIT, h. c^ne de Tréal. — Seigneurie.

BOT (LE), vill. c^ne d'Allaire.

BOT (LE), vill. c^ne de Béganne.

BOT (LE), vill. et pont sur le Sédon, c^ne de Guégon.

BOT (LE), h. c^ne d'Hennebont.

BOT (LE), h. et pont sur le Kerniquello, c^ne de Kerfourn.

BOT (LE), *Bras* et *Bihan*, vill. c^ne de Langoëlan.

BOT (LE), vill. c^ne de Languidic.

BOT (LE), h. c^ne de Melrand.

BOT (LE), h. c^ne de Plougoumelen.

BOT (LE), h. c^ne de Saint-Caradec-Trégomel.

BOT (LE), f. c^ne de Saint-Gouvry.

BOT (LE), f. c^ne de Saint-Nicolas-du-Tertre.

BOT (LE), f. c^ne de Théhillac.

BOT (LE GRAND et LE PETIT), h. c^ne de Nivillac. — Seigneurie.

BOT (LE HAUT et LE BAS), vill. c^ne de Rieux.

BOTALEC, h. c^ne de Landévant.

BOTALEC, vill. c^ne de Plouhinec.

BOTALEC (LE), h. c^ne d'Arzal.

BOT-BARCH, éc. c^ne de Lignol.

BOTBONNALEC, h. c^ne de Bubry.

BOT-BOUIS, éc. c^ne de Moréac.

BOTCALLAC, éc. c^ne de Pluvigner.

BOTCALPER, éc. c^re de Baud. — Seigneurie.

BOTCALPER, h. c^ne de Bubry.

BOTCALPER, h. c^ne de Graud-Champ.

BOTCALPER, h. c^ne de Monterblanc.

BOTCALPER, éc. c^ne de Moréac.

BOTCARIO, h. c^ne de Baud.

BOT-CARZ, b. c^ne du Saint.

BOTCAZO, h. c^ne de Langoëlan.

BOTCHEUX, h. c^ne de Plumelin.

BOTCHOSSE, vill. c^ne de Baud. — Seigneurie.

BOTCHOUANIC, h. c^ne de Langoëlan.

BOTCOAL, vill. c^ne de Berné.

BOT-COAT, h. c^ne de Langonnet.

BOTCODAN, h. c^ne de Meslan.

BOTCOËT, vill. c^ne de Ploërdut.

BOTCOËT, h. c^ne de Plumelin.

Botcoët-la-Forêt, vill. c^{ne} de Grand-Champ.

Botcoët-Locmiquel, éc. c^{ne} de Grand-Champ.

Botcol, h. c^{ne} de Croixanvec.

Botcol, vill. c^{ne} de Guénin.

Botcol, h. c^{ne} de Kergrist.

Botcol, h. c^{ne} du Saint.

Botcol, vill. c^{ne} de Saint-Aignan.

Botcolin, vill. c^{ne} de Carentoir.

Botconan, m^{in} sur le ruiss. de ce nom, c^{ne} de Bubry.

Botconan (Ruisseau du Moulin-de-).— Voy. Hédennec.

Botcouanu, chât. f. et bois, c^{ne} de Vannes. — Seigneurie; manoir.

Botcran, vill. c^{ne} de Baud.

Botcren, vill. c^{ne} de Naizin.

Botcren, éc. c^{ne} de Persquen. — Seigneurie.

Botcuon, vill. et font. c^{ne} de Ploerdut.

Botcuon (Ruisseau de la Fontaine-de-). — Voy. Pont-Rouge (Le).

Botdaval, h. c^{ne} de Sarzeau.

Botdavel, éc. c^{ne} de Guénin.

Botdavelec, vill. c^{ne} de Remungol.

Botdemouel, h. c^{ne} de Guénin.

Botdenuit, h. c^{ne} de Guénin.

Botderbec, h. c^{ne} de Noyal-Muzillac.

Botdimon, h. c^{ne} de Guénin.

Botdrain (Le), éc. c^{ne} de Pluvigner.

Botdrin, h. lande et autre h. dit *Lande-de-Botdrin*, c^{ne} de Guénin.

Botel, vill. c^{ne} de Néant. — Seigneurie.

Botel, pont sur la Claie, reliant Plaudren et Plumelec.

Boteleau, h. c^{ne} de Trédion. — Seigneurie.

Botélégan, vill. c^{ne} de Languidic.

Botello, h. c^{ne} de Quistinic.

Bot-en-Tallec, éc. c^{ne} de Locoal-Mendon.

Bot-en-Tous, éc. c^{ne} de Plescop.

Botenbanz, vill. c^{ne} de Cléguérec. — Seign. manoir.

Botenbic, vill. c^{ne} de Guénin.

Botenblaye, vill. c^{ne} de Melrand. — Seigneurie.

Botenbo, h. c^{ne} de Plaudren. — *Botombau*, 1389 (duché de Rohan-Chabot).—*Bothturbau*, 1391 (*ibid.*).

Botenbolou, h. c^{ne} de Landévant.

Botenel, vill. c^{ne} de Moréac.

Botenf, m^{in} sur la Sale et m^{in} à vent, c^{ne} de Plougoumelen.

Botenf (Le), chât. f. bois, ruiss. dit aussi *de Goyedon*, affl. du Tarun, et m^{in} sur ce ruiss. c^{ne} de Plumelin. — Seigneurie; manoir.

Botenf (Le), éc. et f. c^{ne} de Pluneret. — Seign. manoir.

Botenff, vill. c^{ne} de Cléguérec.

Botenff (Le), h. c^{ne} d'Elven.

Botenff (Le), éc. c^{ne} de Grand-Champ.

Botenff (Le), m^{in} sur le Locmaria, c^{ne} de Guidel.

Boterff (Le), h. et m^{lin} sur la Sarre, c^{ne} de Melrand. — Seigneurie.

Boterff (Le), h. c^{ne} de Plaudren.

Boterff (Le), h. c^{ne} de Ploerdut. — *Botderv*, 1456 (princip. de Rohan-Guémené).

Boterff (Le), éc. et m^{lin} sur le Scave, c^{ne} de Pont-scorff. — Seigneurie; manoir.

Boterff (Le Grand et le Petit), h. c^{ne} de Naizin.

Boterf-Kerulas, h. c^{ne} de Saint-Nolff.

Boterf-Saint-Amand, éc. c^{ne} de Saint-Nolff.

Botengal, éc. c^{ne} de Moustoirac.

Bot-er-Garff, éc. c^{ne} de Languidic.

Bot-er-Glazec, h. c^{ne} de Lignol.

Botergo, éc. c^{ne} de Languidic.

Bot-er-Golec (Bras et Bihan), h. c^{ne} de Locoal-Mendon.

Bot-er-Hair, h. c^{ne} de Ploerdut.

Boteruné, éc. c^{ne} de Ploerdut.

Bot-er-Lerme, éc. c^{ne} de Pluneret.

Bot-er-Mané, éc. c^{ne} d'Erdeven.

Bot-er-Marec, h. c^{ne} de Cléguérec.

Bot-er-Mohet, vill. c^{ne} de Cléguérec.

Boternaux, h. croix et autre h. dit *Croix-Boternaux*, c^{ne} de Pluméliau; écluse sur le Blavet.

Bot-er-Pichon, éc. c^{ne} de Pluneret.

Bot-er-Préoste, éc. c^{ne} de Languidic.

Botersain, h. c^{ne} de Languidic.

Bot-Ervedan, h. c^{ne} de Silfiac.

Botervic, éc. c^{ne} de Plumelin.

Botervic, éc. c^{ne} de Pluvigner.

Boterzant, h. c^{ne} de Ploemeur.

Botfao, éc. c^{ne} de Lanvénégen.

Bot-Faut (Le), h. et bois, c^{ne} de Quistinic.

Bot-Faux, h. m^{io} à eau et ruiss. affl. de l'Evel, c^{ne} de Guénin.

Botfaux, éc. c^{ne} de Moustoirac.

Botfaux, éc. et lande, c^{ne} de Plaudren.

Bot-Faux (Le), h. c^{ne} de Bubry.—*Botfau, villa*, 1282 (abb. de la Joie).

Botflage, h. c^{ne} de Meslan.

Bot-Flocu, éc. c^{ne} de Camors.

Botguénin, éc. c^{ne} de Pluneret.

Bot-Halec, éc. c^{ne} de Saint-Aignan.

Bothallec, ruiss. — Voy. Duc (Ruisseau du Moulin-du-).

Bothervy, h. c^{ne} de Noyal-Muzillac.

Botioche, h. c^{ne} de Pluvigner. — *Botguioche*, 1504 (abb. de Lanvaux). — Seigneurie.

Botivès (Le Grand et le Petit), vill. c^{ne} de Malguénac. — Seigneurie; manoir.

Bot-Josse, h. c^{ne} de Pluvigner.

Bot-Kermarec, h. c^{ne} de Baud.

Botlan, h. cne de Cléguérec.

Botlan, h. cne d'Erdeven.

Botlan, h. cne de Langonnet.

Botlan, vill. cne de Naizin.

Botlan, h. cne de Saint-Nolff.

Botlan (Le), h. cne de Ploerdut.

Botlann, h. et bois, cne de Baud.

Botlann, éc. cne de Plaudren.

Botlann, mln sur le Rohan, cne de Plescop; mln à vent, cne de Plœren. — *Vieux Ruisseau de Botlann :* voy. Meucon (Le).— Bief reliant les ruiss. de Meucon et de Rohan, appelé aussi *Nouveau Ruisseau de Botlann*.

Bot-Largouet, h. cne de Sulniac.

Bot-Larmor, h. cne de Sulniac.

Botloche, éc. cne de Cruguel.

Botloré, chât. et f. cne d'Arradon. — Seigneurie.

Botloré, éc. cne de Plumergat.

Botloré, h. cne de Saint-Avé. — Seigneurie.

Botlosquet, éc. cne de Guern.

Botmars, éc. ruiss. affl. du Toul-er-Brohet, mln et pont sur ce ruiss. cne de Cléguérec.— Seigneurie; manoir.

Botnocre, h. cne de Baud.

Botnohen, vill. cne de Saint-Aignan.

Botoharec, vill. cne du Faouet.

Bot-Penal, vill. cne de Saint-Gildas-de-Rhuis.

Botper, éc. cne de Baud.

Botpern (Le), vill. cne de Saint-Jean-Brévelay.

Botpihan, éc. cne d'Ambon.

Botpilio, f. cne de Noyal-Muzillac. — Seigneurie.

Botplançon, vill. cne de Saint-Aignan.

Botpleven, h. cne de Saint-Aignan. — Seigneurie; manoir.

Bot-Pouic, h. cne de Baud.

Botponal, vill. cne de Saint-Aignan.

Botquelen, éc. cne de Noyal-Pontivy.

Botquélen, éc. cne de Pluvigner.

Botquélen, éc. cne de Saint-Gérand.

Botquélen (Le), h. cne d'Arradon.

Botquélen (Le), h. cne de Languidic.

Botquelvé, vill. cne de Langonnet.

Botqueneuc, éc. cne de Moréac.

Botquenven, vill. cne de Priziac. — *Botquenguen*, 1394 (princip. de Rohan-Guémené).

Botquesten, éc. cne de Pluvigner.

Botquesten (Le), éc. cne de Grand-Champ.

Botquiris, h. cne d'Ambon.

Botquistin, éc. cne d'Ambon.

Botquistin, h. cne de Moustoirac.

Botraden, h. cne de Guern.

Bot-Radin, h. cne de Moréac.

Botréal, h. cne de Guiscriff.

Botrel, éc. et pont, cns de Ruffiac. — *Boterelli villa*, 843 (cart. de Redon).

Botrin, éc. cne de Cruguel.

Botrin (Le), h. cne de Cléguérec.

Botrin (Le), h. cne de Questembert.

Botringue, f. cne de Surzur.

Bots (Pont des), sur le Trévelo, reliant Questembert et Limerzel.

Bot-Sapin, éc. cne de Pluméliau.

Bot-Sapins, éc. cne de Camors.

Bot-Sapins ou Coët-Sapins, h. cne de Pluvigner.

Botscave, éc. cne de Grand-Champ.

Bot-Scave (Le), éc. cne de Belz.

Botségalo, vill. cne de Grand-Champ.

Botspern, éc. cne de Plumelin.

Botspern (Le), éc. cne de Guern.

Botucar, éc. cne de Locmalo. — *Bothigar*, 1429 (princip. de Rohan-Guémené).— *Botdutgar*, 1436 (*ibid.*).

Botulen, éc. cne de Brech. — Seigneurie.

Botuzo, éc. cne de Landaul.

Botveille, vill. cne de Muzillac.

Botvern, vill. et ruiss. affl. du Pont-Blanc, cne de Langonnet.

Boucher (Croix), cne de Caro.

Boucher (Loges), h. cne de la Gacilly.

Boucherie (Rue et ruelle de la), à Vannes. — La rue a été autref. dénommée *du Puits*.

Boucheries (Place des), à Lorient. — Voy. Bisson (Place).

Bouchers (Rue des), à Napoléonville. — Voy. Forges (Rue des).

Bouchiers (Rue des), à Vannes.— Voy. Loi (Rue de la).

Boucouzoul, éc. cne de Caudan.

Boudevaudrie (La), éc. cne de Molac.

Boudeveille, f. cne de Loyat. — Seigneurie.

Boudiguer, h. cne de Guiscriff.

Bouëd, île de la baie du Morbihan, renfermant un éc. et salines, cne de Séné.

Bouëdic, île de la baie du Morbihan, renfermant un éc. et anse, cne de Séné. — Seigneurie; manoir.

Bouée (Le), vill. cne de Mauron.

Bouenandière (La), h. cne de Guilliers.

Bouère (La), h. cne de la Chapelle. — Seigneurie.

Bouène (La), chât. étang, mln sur cet étang et vill. cne de la Gacilly; passage sur l'Aff, reliant cette cne au département d'Ille-et-Vilaine. — Seigneurie; manoir.

Bouène (Rue de la), à la Gacilly.

Bouène (Ruisseau de la) ou du Bas-des-Landes, qui arrose la Chapelle et Monterrein.

Bousssel, h. et bois, cne de Peillac; marais, cne des Fougerêts; pass. sur l'Oust reliant ces deux communes.

Bouessière (La Haute et la Basse), vill. c^{ne} de Carentoir. — Trève des *Hautes-Bouessières:* voy. Bourdonnaye (La). — Seigneurie.

Bouessière-Launay (La), f. et mⁱⁿ à vent, c^{ne} de Carentoir.

Bouétiez (Le), chât. h. et étang, c^{ne} de Languidic; f. deux m^{ins} sur le Saint-Gilles et font. minérale, c^{ne} d'Hennebont. — Seigneurie; manoir.

Bouexis (Le), vill. c^{ne} de Mauron.

Bouexis (Le), vill. et mⁱⁿ à eau, c^{ne} de Néant. — Seigneurie.

Bouffaie (Le), h. c^{ne} de la Chapelle.

Bouffay (Place du), à Malestroit, mentionnée en 1497 (fabr. de Malestroit).

Bouffay (Place du), à la Roche-Bernard.

Bougnio, h. c^{ne} de Sulniac.

Bougrais (Chemin de la), c^{ne} de Peillac.

Bougro, vill. c^{ne} de Saint-Vincent; pass. sur l'Oust, reliant cette c^{ne} au dép^t d'Ille-et-Vilaine.

Bouhic, f. c^{ne} de Kergrist.

Bouie (La), vill. c^{ne} de Caden.

Bouie (La), h. partie c^{ne} de Pleucadeuc, partie c^{ne} de Saint-Congard.

Bouie (La), f. c^{ne} de Saint-Jean-la-Poterie.

Bouillante (La), ruiss. — Voy. Garoulaie (La).

Bouillenno, éc. c^{ne} de Locoal-Mendon.

Bouilleno, éc. c^{ne} de Grand-Champ.

Bouilleno (Ihuellan et Izellan), h. c^{ne} de Quistinic.

Bouilleno (Le), éc. c^{ne} de Camors.

Bouilleno (Le), éc. c^{ne} de Guern.

Bouilleno-Andran, éc. c^{ne} de Quistinic.

Bouillenon, h. c^{ne} de Languidic.

Bouillon (Le), éc. c^{ne} de Saint-Servant.

Bouillon (Ruisseau du Douet-du-), affl. du Goujon; il arrose Questembert et Limerzel.

Bouillon-Guillo (Pont du), sur le Sigré, reliant la Gacilly et Carentoir.

Bouillonnière (La), ruiss. — Voy. Kergrain-Morlo.

Bouillonno, marais, c^{ne} de Férel.

Bouillons (Chemin des), c^{ne} de Peillac.

Bouillons (Les), lande, c^{ne} de Saint-Congard.

Bouillons (Ruisseau de la Noë-des-), affl. du ruiss. des Grandes-Noës; il arrose Pluherlin et Pleucadeuc.

Bouis (La), vill. c^{ne} de Glénac. — Seigneurie.

Bouis (La), h. c^{ne} de Saint-Marcel.

Bouissière (La), lande, c^{ne} de Guer.

Bouix (Le), vill. c^{ne} de Guilliers. — Prieuré du vocable de St-Barthélemy, dépendant de l'abb. de Paimpont.

Boulaie (La), h. c^{ne} d'Allaire.

Boulaie (La), h. c^{ne} de Peillac.

Boulainio, éc. c^{ne} du Guerno.

Boulais (La), vill. c^{ne} de Guer.

Boulardais (La), f. c^{ne} de Ruffiac.

Boulas (Les), h. c^{ne} de Lanouée.

Boulat, éc. c^{ne} de Brech.

Boulats (Les), mⁱⁿ à vent et ruiss. *des Fontaines-du-Moulin-des-Boulats,* affl. de la Voltais, c^{ne} de Monteneuf.

Boulaye (La), vill. c^{ne} de Caro.

Boulaye (La), h. c^{ne} de Cléguérec. — Seign. manoir.

Boulaye (La), éc. et ruiss. affl. du Pontuel, c^{ne} de Moustoirac. — Seigneurie.

Boulaye (La), h. c^{ne} de Pleugriffet.

Boulaye (La), h. ruiss. affl. de l'Evel et mⁱⁿ sur ce ruiss. c^{ne} de Pluméliau. — Seigneurie.

Boulaye (La), h. c^{ne} de Saint-Brieuc-de-Mauron.

Boulen (Le), éc. c^{ne} de Baden.

Boulène, éc. c^{ne} de Saint-Jean-Brévelay.

Boulevard (Le), h. c^{ne} de Languidic.

Boulherne, mⁱⁿ sur le Naïc, c^{ne} de Guiscriff.

Boulhouach, éc. c^{ne} de Theix.

Boulin (Le), éc. c^{ne} de Limerzel.

Boullé, vill. c^{ne} de Baud.

Boullouet, vill. c^{ne} de Saint-Dolay.

Boulogne, anc. territ. — Voy. Palais (Le).

Bouloin (Le), éc. c^{ne} de Plumelec.

Bouloterie (La), éc. c^{ne} de Béganne.

Bouloterie (Ruisseau de la), affl. de la Vilaine, appelé aussi *Étier-de-Béganne, Mer-des-Marais, Ruisseau* ou *Mer de la Gouacraie* ou *Ruisseau des Trois-Moulins;* il arrose Allaire, Béganne, Caden et Péaule.

Boulouzec, vill. et pont sur la rigole alimentaire de Bara, c^{ne} de Saint-Gérand.

Boulvès, éc. et pont sur le Baron, c^{ne} de Theix.

Bourbon (Place et rue), à Lorient. — Voy. Morbihan (Place et rue du).

Bourboulet, font. c^{ne} de Grand Champ.

Bourboussé, vill. c^{ne} de Carentoir.

Bourcigogne, h. c^{ne} de Pontscorff.

Bourdelais (La), h. c^{ne} de Campénéac. — Seigneurie.

Bourdelet (Le Haut et le Bas), h. c^{ne} de Réminiac.

Bourdello, h. c^{ne} de Crach.

Bourdinais (Rue de la), à Saint-Jean-la-Poterie.

Bourdonen (Le), lande, c^{ne} d'Augan.

Bourdonnaie (La), éc. c^{ne} de Lanouée.

Bourdonnaie (La), vill. c^{ne} de Peillac.

Bourdonnais (La), éc. c^{ne} de Bohal, et mⁱⁿ à vent, c^{ne} de Sérent.

Bourdonnais (Les), éc. c^{ne} de Saint-Martin.

Bourdonnay (Le), h. c^{ne} de Ménéac.

Bourdonnaye (La), chât. f. dite *Basse-Cour de la Bourdonnaye,* parc et forêt, lande de la *Forêt de la Bourdonnaye,* c^{ne} de Carentoir. — Trève de la par. de

Carentoir sous le nom de *Haute-Bourdonnaye* ou *des Hautes-Bouessières.* — Marquisat; manoir.

Bourdonnaye (La), h. et m^in à vent, c^ne de Missiriac. — Seigneurie.

Bourdonnaye (Rue de la), à la Gacilly.

Bourdonnerie (La), h. c^ne de Théhillac.

Bourdonnière (La), h. c^ne de Cruguel.

Bourdoué, éc. c^ne de Radenac.

Bourdoulaouen, éc. c^ne de Guiscriff.

Bourdoulic, h. c^ne de Bangor.

Bourdoulnouse, font. et vallée; ruiss. *de la Vallée-Bourdounouse,* affl. du Mabio, qui arrose les Fougeréts et la Gacilly.

Bourdoux, éc. c^ne d'Ambon.

Bourdoux, m^in sur la Sarre, c^ne de Melrand.

Bourdoux, vill. c^ne de Sarzeau.

Bourec, port sur la baie de Quiberon, côte de Carnac.

Boureseaux (Les), roches sur la baie de Quiberon, côte de Locmariaquer.

Bourg (Lande du), près du bourg de Mendon et distincte de la lande de ce nom, c^ne de Locoal-Mendon.

Bourg (Lande du), c^ne de Missiriac.

Bourg (Lande du), c^ne de Quistinic.

Bourg (Ruisseau de la Fontaine-du-), affl. de l'Aff; il arrose Beignon.

Bourg (Ruisseau de la Fontaine-du-), dit aussi *de la Noë-Saint-Michel,* affl. du Rahun; il arrose Monteneuf.

Bourgais, vill. c^ne de Ruffiac.

Bourg-aux-Moines (Le), vill. partie c^ne de Rohan, partie c^ne de Crédin.

Bourg-Basquet, vill. c^ne de Réminiac.

Bourg-Confort (Le), h. c^ne de Béganne.

Bourgeais (Le), f. c^ne de Carentoir.

Bourgeais (Les), lande, c^ne de Guer.

Bourgéal, vill. partie c^ne de Guiscriff, partie c^ne de Lanvénégen.

Bourgée (Le), vill. c^ne de Saint-Gorgon.

Bourgerel, vill. c^ne d'Arradon. — Seigneurie; manoir.

Bourgerel, vill. c^ne d'Arzal.

Bourgerel, éc. c^ne de Baden. — Seigneurie; manoir.

Bourgerel, vill. c^ne de Carnac.

Bourgerel, vill. et f. c^ne de Noyal-Muzillac. — Prieuré du vocable de Saint-Gildas, membre de l'abb. de Saint-Gildas-de-Rhuis.

Bourgerel, h. c^ne de Noyalo.

Bourgerel, h. c^ne de Pluvigner.

Bourgerel, vill. c^ne de Remungol; moulin en 1306 (D. Morice).

Bourgerel, h. c^ne de Vannes.

Bourg-Grimaud, h. c^ne de Lanouée.

Bourg-l'Étang, h. c^ne de Billiers.

Bourg-Maria, m^in, c^ne de Vannes. — Voy. Évêque (Moulin de l').

Bourg-Maria (Le), vill. c^ne de Caden.

Bourg-Maria (Rue de), à Vannes. — Voy. Amitié (Rue de l').

Bourg-Moric (Le), h. c^ne de Moustoir-Remungol.

Bourg-Neuf, vill. étang, ruiss. affl. de l'Ével, et m^in sur ce ruiss. c^ne de Moréac. — Prieuré du vocable de Saint-Jacques. — Seigneurie; manoir.

Bourg-Neuf, chât. et f^ c^ne de Plœmeur. — Seigneurie.

Bourg-Neuf (Le), vill. c^ne d'Arzon.

Bourg-Neuf (Le), vill. c^ne de Guilliers.

Bourg-Neuf (Le), f. c^ne de Ploërmel.

Bourgneuf (Le), h. c^ne de Rieux. — Seign. manoir.

Bourg-Neuf (Le), h. c^ne de Saint-Nicolas-du-Tertre.

Bourgneuf (Le), éc. c^ne de Tréal.

Bourg-Neuf (Le Haut et le Bas), vill. c^ne de Carentoir.

Bourg-Neuf (Rue du), à Hennebont.

Bourgogne (Rue de), à Lorient. — Voy. Traversière (Rue).

Bourg-Paul-Muzillac, vill. c^ne de Muzillac. — *Parr^a Sancti-Pauli de Musuillac,* 1281 (D. Morice, I, 1061). Par. du doyenné de Péaule, appelée simplement *Messuillac* (voy. Muzillac) aux xive, xve et xvie siècles (chap. de Vannes). — Sénéch. de Vannes; subd. de la Roche-Bernard.

Bourg-Pommier, h. m^in et pont sur le ruiss. de ce nom, c^ne de Limerzel.

Bourg-Pommier (Ruisseau de), dit aussi *du Moulin-de-Pinieux, de Kerpointo* ou *de Coëtbihan,* affl. du Trévelo; il arrose Questembert et Limerzel.

Bourg-Rouge (Le), butte, c^ne de Questembert; passe pour être l'anc. emplacement de ce bourg.

Bourhic, vill. m^in à vent, pointe et île sur l'Océan, c^ne de Locmaria.

Bourhis, h. c^ne d'Allaire.

Bourmec, h. c^ne de Meslan.

Bourien, f. c^ne de Mauron. — Seigneurie.

Bourienne (Rue de), à Carentoir.

Bourigan, m^in à vent, c^ne de Nivillac.

Bourjou, m^in sur le Kerandraon, c^ne de Guiscriff.

Bourlaie (La), éc. c^ne de Pleucadeuc.

Bourlais (La), éc. c^ne de Réminiac.

Bourleguy, vill. c^ne de Plumelin.

Bourlut, h. c^ne de Baden.

Bouron (Le Haut et le Bas), vill. c^ne de Saint-Gorgon.

Bourpier, vill. c^ne de Saint-Congard.

Bourreau, h. c^ne de Noyal-Muzillac; pont sur le Cussé, reliant Noyal-Muzillac et le Guerno.

Bourreau (Porte et rue de la Porte-), à Vannes. — Voy. Nord (Porte et rue du).

Bourrien, vill. c^ne de Saint-Brieuc-de-Mauron.

BOURRON (Le Haut et le Bas), vill. c^ne de Baud.

BOURSAUCE, éc. c^ne de Guern.

BOURZAIE (La), h. c^ne de Caro.

BOURANDAIS (La), vill. c^ne de Carentoir.

BOURINE (La), éc. c^ne de Porcaro.

BOUSSAC, vill. c^ne d'Augan; ruiss. *du Pâtis-de-Boussac:* voy. VILLE-VOISIN (La); ruiss. *des Prés-de-Boussac:* voy. BOIS-GUÉUÉNEUC (Le).

BOUSSARDS (Les), h. c^ne de Carentoir; pont sur le Rahun, reliant Carentoir et la Gacilly.

BOUSSELAIE (La), chât. f^l, m^in sur le Gléré et m^in à vent, c^ne de Rieux. — Seigneurie; manoir.

BOUT-DE-HALT (Rue du), à Saint-Jean-la-Poterie.

BOUT-DE-LÀ (Le), h. c^ne de Montertelot.

BOUT-DE-LA-FORÊT (Le), éc. c^ne de Molac.

BOUT-DE-LA-LANDE (Le), h. c^ne de Napoléonville.

BOUT-DE-LA-LANDE (Le), éc. c^ne de Saint-Samson.

BOUT-DE-LA-NOË (Fontaine du), à la limite de la c^ne de Saint-Samson et du dép^t des Côtes-du-Nord.

BOUT-DE-LA-RABINE (Croix du), à la limite de la c^ne de Bréhan-Loudéac et du dép^t des Côtes-du-Nord.

BOUT-DE-RABINE (Le), éc. c^ne de Vannes.

BOUT-DE-VILLE, éc. c^ne de Saint-Martin.

BOUT-DE-VILLE, vill. c^ne de Théhillac.

BOUT-DE-VILLE (Le), h. c^ne de Crédin.

BOUT-DE-VILLE (Le), vill. c^ne de St-Brieuc-de-Mauron.

BOUT-DU-BÉCHY (Le), vill. c^ne de Saint-Dolay; appelé aussi *la Brèche-du-Béchy.*

BOUT-DU-PONT (Le), éc. c^ne de la Chapelle.

BOUT-DU-PONT (Place du), à Josselin.

BOUT-DU-PRÉ (Le), h. c^ne de Théhillac.

BOUTEL (Bras et Bihan), vill. c^ne de Lanvénégen.

BOUTENDARU, h. c^ne de Caudan.

BOUT-EN-HOCQ, vill. c^ne d'Inguiniel.

BOUT-EN-OS-TY, h. c^ne d'Inguiniel.

BOUTEVEILLAIS (La), f. et m^in à vent, c^ne de Glénac. — Seigneurie.

BOUTHIRY, vill. font. et ruiss. *de la Fontaine-de-Bouthiry,* dit aussi *du Moulin-Morvant* ou *du Moulin-du-Pen,* afll. de l'Inam, c^ne du Saint.

BOUTINAIS (La), vill. c^ne de Carentoir. — Seigneurie.

BOUT-MOUSTOIR, éc. c^ne de Landévant.

BOUTONIO, h. c^ne de Plaudren.

BOUROULOUÉ, éc. c^ne du Faouet. — Seigneurie.

BOUVIERS (Pont aux), sur le ruiss. du Minerai-de-Coëtquidan, c^ne de Guer.

BOUVRAIE (La), vill. c^ne de Concoret.

BOUX (Le), vill. c^ne de Guillac.

BÔVE (Cours de la), promenade à Lorient; appelée à l'origine *place d'Espréménil,* puis *cours de la Bôve,* divisée après 1789 en *cours de la Bôve* et *cours de la Réunion;* elle reprit en 1817, avec sa longueur primitive, le nom de *la Bôve,* et en 1830 celui de *la Réunion,* qu'elle a abandonné de nouveau.

BOVELAN, h. c^ne d'Erdeven.

BOVENANT, vill. c^ne de Nivillac.

BOVREL, chât. c^ne de Saint-Guyomard; m^in sur la Claie, c^ne de Sérent; pont sur la Claie, reliant Saint-Guyomard et Sérent; éc. dit *du Pont-de-Bovrel,* c^ne de Saint-Guyomard. — Seigneurie; anc. château.

BOVY, vill. c^ne de Sérent. — Seigneurie.

BOYAC, vill. c^ne de Ploërmel. — Seigneurie.

BOYEN, port sur l'Océan, c^ne de Port-Philippe:

BOYER (Le), chât. f^l et m^in à vent, c^ne de Mauron. — *Le Bouyer,* 1492 (chât. du Boyer). — Seigneurie; manoir.

BOZERON, éc. bois, lande, étang et marais, c^ne de Nivillac.

BRADEN, h. c^ne de Damgan.

BRAGNOLEC, h. c^ne de Melrand.

BRAGOUD, f. et m^in sur l'Arz, c^ne de Pluherlin. — *Bragour,* 1527 (chât. de Talhouet).

BRAGOUX, m^in sur le Kerbiler, c^ne d'Elven.

BRAI (Croix du), c^ne de Moustoirac.

BRAIGNO, vill. partie c^ne de Kervignac, partie c^ne de Languidic.

BRAMAIN, h. c^ne de Bubry.

BRAMBANEN, éc. c^ne de Plouay.

BRAMBAZO, h. c^ne de Bubry.

BRAMNÉ, vill. c^ne de Carentoir.

BRAMBEC, vill. m^in sur le Rohan et m^in à vent, c^ne de Plescop; pont sur le Rohan, reliant Plescop et Vannes. — Seigneurie; manoir.

BRAMBÉCAS, h. c^ne de Rieux. — Seigneurie.

BRAMBELAY (Le Haut et le Bas), h. c^ne de Campénéac. — Seigneurie.

BRAMBELIEN, f. c^ne de Caden.

BRAMBERT, h. c^ne de Pénestin.

BRAMBIEN (Le Haut et le Bas), h. et lande, c^ne de Pluherlin, forêt à la limite de Pluherlin et de St-Gravé.

BRAMBILLIEC, vill. c^ne de Kervignac.

BRAMBILY, vill. c^ne de Langoëlan.

BRAMBILY, pont sur le Ville-Davy, reliant Mauron et Saint-Léry. — *Brambilly,* où est une pièce de terre dite *le Château,* 1535 (chât. du Boyer).

BRAMBIS, éc. c^ne de Plaudren.

BRAMBIS, vill. c^ne de Pluvigner.

BRAMBIS, h. c^ne de Riantec.

BRAMBIS, h. c^ne de Theix.

BRAMBISTERNE, éc. c^ne de Pluvigner.

BRAMBO, h. c^ne de Caudan.

BRAMBOHAIS (La), h. c^ne de Saint-Perreux.

BRAMBOUET, vill. c^ne de Languidic. — Seigneurie.

BRAMBOUHÉ, éc. c^ne d'Allaire.

Brambouis (Le Grand et le Petit), h. c^ne d'Arradon.

Bramboux, h. c^ne de Guéhenno.

Brambroc, éc. m^in à vent et lande, c^ne d'Augan. — Seigneurie.

Brambuan, vill. et m^in à vent, c^ne de la Croix-Helléan.

Bramby, f. c^ne d'Allaire. — Seigneurie.

Branbily, éc. c^ne de Sérent.

Branceleu, h. c^ne de Cléguérec.

Brancelin, vill. c^te de Pénestin.

Brancelin, h. c^ne de Sérent.

Brandecel, vill. c^ne de Saint-Guyomard.

Brandéha, h. c^ne d'Allaire.

Brandérion, c^on d'Hennebont. — *Pranderyon*, 1363 (abb. de la Joie). — *Prédiryon*, 1385 (*ibid.*). — *Branderyon*, 1386 (*ibid.*). — *Prenderion*, 1415 (*ibid.*). — *Bréderyen*, 1422 (*ibid.*).

Par. du territ. de Vannes; ancienne trève de Languidic. — Sénéch. et subd. d'Hennebont. — Distr. d'Hennebont.

Brandeseul, f. c^ne de Concoret. — Seigneurie.

Brandicouet, vill. c^ne de Saint-Jacut. — Seigneurie.

Brandifnout, h. c^ne de Quistinic.

Brandivy, vill. font. et ruiss. *de la Fontaine-de-Brandivy*, affl. du Loch, c^ne de Grand-Champ (chef-lieu d'une commune récemment érigée). — *Brandevi*, 1447 (abb. de Lanvaux). — Trève de la paroisse de Grand-Champ.

Branduec, h. c^ne de Ploërdut.

Brandumois, vill. c^ne de Béganne.

Branférel, château, f. et m^in à eau, c^ne du Guerno. — Seigneurie; manoir.

Branférel (Ruisseau de), affl. du Goujon; il arrose le Guerno et Péaule.

Branfereux, f. c^ne de Glénac; pass. sur l'Oust, reliant Glénac, Saint-Vincent et Peillac. — Seigneurie.

Brangaison, h. c^ne de Saint-Dolay.

Brangelin, vill. c^ne de Concoret.

Brangil, h. c^ne d'Arradon.

Brango, vill. c^ne de Ploërmel.

Brangoran, vill. c^ne de Guillac.

Brangolo, vill. c^ne de Carentoir.

Brangolo, h. c^ne de Caro.

Brangolo, vill. c^ne de Guidel.

Brangolo, h. c^ne de Landévant.

Brangolo, h. c^ne de Locmalo.

Brangolo, vill. c^ne de Mauron.

Brangolo, h. c^ne de Noyal-Muzillac. — Établissement de chevaliers de Saint-Jean de Jérusalem, autrefois templiers.

Brangolo, éc. c^ne de Saint-Caradec-Trégomel; lande s'étendant en Saint-Caradec et en Lignol.

Brangolo, vill. c^ne de Saint-Samson.

Brangolo, h. c^ne de Theix.

Brangolo (Le Haut et le Bas), h. et m^in sur le Quéleback, c^ne d'Inzinzac. — Seigneurie.

Brangon, h. ruiss. et pont sur ce ruiss. c^ne de Baden. — Seigneurie.

Brangouan, h. c^ne de Kervignac. — *Branscan, villa*, 1279 (abb. de la Joie).

Brangourette, h. c^ne de Limerzel.

Brangournais, vill. c^ne de Saint-Servant.

Brangousenh, vill. c^ne de Moustoirac.

Branguen, h. et ruiss. affl. de la Vilaine, c^te d'Arzal.

Branguérin (Le), f. c^ne de Rieux. — Seigneurie.

Brangueul, h. c^ne d'Inzinzac.

Branguily, forêt et ruiss. *de la Forêt-de-Branguily*, affl. du Buglé, c^ne de Gueltas. — *Brengilli*, 1228 (duché de Rohan-Chabot). — *Branguili*, 1270 (*ibid.*). — *Breguilli*, 1304 (*ibid.*). — *Brenguili*, 1406 (*ibid.*). — Manoir en 1274 (*ibid.*).

Brangurenne, h. c^ne de Muzillac.

Branhoc (Le Grand et le Petit), h. c^ne de Locoal-Mendon. — Seigneurie.

Branily, h. c^ne de Bubry.

Branla, vill. c^ne de Réminiac.

Brannec, pointe sur la baie du Morbihan, c^ne de l'Île-aux-Moines; île entre cette c^ne et celle de Sarzeau.

Branroch (Le Grand et le Petit), vill. c^ne de Riantec.

Branbue, h. c^ne de Nivillac.

Branrun, vill. et bois, c^ne de Surzur. — Seigneurie.

Branseguet, vill. c^ne de Guillac.

Bransquel (Le Haut et le Bas), vill. caserne de douanes et salines, c^ne de Pluneret. — Seigneurie.

Brantonnais, h. c^ne de Pleucadeuc.

Brantry, vill. c^ne de Lanouée. — *Le Brantril*, xive s^e (duché de Rohan-Chabot). — *Brentril (Haut et Bas)*, 1417 (chât. de Talhouet). — Seigneurie.

Branzais (Le), éc. c^ne de Péneslin. — Seigneurie.

Branzan, vill. c^ne de Caden.

Branzar, h. c^ne de Locmalo. — *Brensar (Bras et Bihan)*, 1416 (princip. de Rohan-Guémené).

Branzedy, vill. c^ne de Lizio.

Branzého, vill. c^ne de Landaul.

Braoulec, h. c^ne de Guiscriff.

Bray, h. et lande, c^ne de Berric. — Seigneurie; manoir.

Bréafort, vill. font. et ruiss. *de la Fontaine-de-Bréafort*, se jetant dans l'étang du Moulin-Neuf, c^ne de Baden. — Seigneurie; manoir.

Bréanf, f. c^ne de Crach.

Bréart (Rue), à Lorient. — Voy. Commerce (Rue du).

Brebion, h. c^ne de Guégon.

Brécéan, vill. c^ne de Pénestin.

Brécéand (Le Grand et le Petit), f^ts, c^ne de Béganne. — Seigneurie.

Brécéhan, vill. cⁿᵉ de Saint-Gravé; bois à la limite de Saint-Gravé et de Pluherlin. — Seigneurie.

Brech, cᵉⁿ de Pluvigner; landes; ruiss. *des Landes-de-Brech* : voy. Cochelin (Ruisseau du Moulin-de-); pont sur le Loch, reliant Brech et Plumergat; ruiss. *du Pont-de-Brech*, affl. du Loch, arrose Plumergat; mⁿ *du Pont-de-Brech*, sur le Loch, cⁿᵉ de Brech, et mˡⁿ à vent *du Pont-de-Brech*, même cⁿᵉ. — *Brec*, parrᵉ, 1260 (abb. de Lanvaux).

Par. du doy. de Pont-Belz. — Communauté de chartreux, anc. collégiale : voy. Chartreuse (La). — Seigneurie. — Sénéch. et subd. d'Auray. — Distr. d'Auray.

Brèche (Rue de la), au Port-Louis.

Brèche-du-Béchy (La), vill. — Voy. Bout-du-Béchy (Le).

Bréchelais (Mare des), cⁿᵉ de la Gacilly.

Bréciuan, vill. cⁿᵉ de Saint-Vincent.

Bredan, vill. cⁿᵉ de Béganne.

Bredoux (Rue), au vill. de Quinquisio, cⁿᵉ de Molac.

Brérodo, vill. cⁿᵉ de Sulniac.

Brégadon, vill. cⁿᵉ de Sulniac.

Brécouharne, vill. cⁿᵉ de Brech.

Bréguélo (Ruisseau de la Fontaine-de-), affl. du Loch; il arrose Grand-Champ.

Brécuenan, h. cⁿᵉ de Plougoumelen.

Bréguéro, éc. cⁿᵉ de Plumelin.

Bréguero (Le Haut et le Bas), h. cⁿᵉ de Remungol.

Brénadoux, h. cⁿᵉ de Saint-Jacut.

Bréhais (Pont), sur le ruiss. de la Fontaine-ès-Mézio, reliant Buléon et Lantillac.

Bréhalay, vill. cⁿᵉ de Guégon.

Bréhan-Loudéac, cᵉⁿ de Rohan; lande; pont sur le Lié, reliant Bréhan-Loudéac et le dépᵗ des Côtes-du-Nord. — *Bréhant-Lodoiac*, parrᵉ, 1269 (D. Morice, 1, 1020). — *Bréhant*, 1500 (carmes de Josselin). Par. de l'archid. de Goëllo, dioc. de Saint-Brieuc. — Seigneurie. — Sénéch. de Ploërmel; subd. de Josselin. — Distr. de Josselin; chef-lieu de cᵉⁿ en 1790, supprimé en l'an x.

Bréhardec, h. cⁿᵉ de Noyal-Muzillac.

Brénardec, vill. cⁿᵉ de Questembert.

Brénarec, éc. cⁿᵉ de Plumergat.

Bréuaudaie (La), h. cⁿᵉ de Saint-Gravé.

Bréuauderie (La), éc. cⁿᵉ de Guer.

Bréhaut, mˡⁿ à eau sur le Ninian et éc. dit *la Rivière-Bréhaut*, cⁿᵉ de Taupont.

Bréhé, h. cⁿᵉ de Plumelec. — Seigneurie.

Bréhédigan, h. cⁿᵉ de Bubry.

Bréhégain, h. cⁿᵉ de Merlévenez. — Seigneurie.

Bréhélan, vill. cⁿᵉ de Sérent.

Bréhélin, h. cⁿᵉ de Sérent.

Bréhello, h. cⁿᵉ de Persquen.

Bréhélu, vill. cⁿᵉ de Mohon; pont sur le Ninian, qui relie Mohon et Lanouée.

Brého, mˡⁿ à vent, cⁿᵉ de Caro.

Bréhon, vill. et lande, cⁿᵉ de Saint-Gravé.

Bréhondec, éc. cⁿᵉ de Billiers. — *Brebaudun, villa*, 1252 (D. Morice, 1, 953). — Seigneurie.

Bréhoty, éc. cⁿᵉ de Muzillac.

Bréhuidic, vill. cⁿᵉ de Sarzeau.

Breil (Le), h. cⁿᵉ d'Allaire.

Breil (Le), h. cⁿᵉ de Guer. — Seigneurie.

Breil (Le), éc. cⁿᵉ de Lanouée.

Breil (Le), éc. et ruiss. affl. de l'Oyon, cⁿᵉ de Porcaro.

Breil (Le), h. bois et mⁿ sur le ruiss. de ce nom, cⁿᵉ de Remungol. — Seigneurie.

Breil (Le), h. cⁿᵉ de Saint-Samson.

Breil (Le Haut et le Bas), h. cⁿᵉ de Plaudren. — Seigneurie.

Breil (Ruisseau du Moulin-du-), dit aussi *de Kergrois* ou *Er-Houach-Vras*, affl. de l'Ével; il arrose Plumelin et Remungol.

Breil-d'en-Haut (Le), h. cⁿᵉ de Campénéac.

Breil-Furet (Le), éc. cⁿᵉ de Ménéac. — Seigneurie.

Breil-Oreal (Le), vill. cⁿᵉ de Ménéac.

Breil-Poulain (Le), vill. cⁿᵉ de Bréhan-Loudéac.

Brelan, h. cⁿᵉ de Glénac.

Breland, vill. cⁿᵉ d'Allaire.

Breleau, vill. cⁿᵉ de Ploërmel.

Brélec (Rue), à Sarzeau.

Brelen, vill. cⁿᵉ de Cruguel.

Brelles (Les), ruiss. voy. Mabio (Le); mare et pont sur ce ruiss. cⁿᵉ de la Gacilly.

Brelu (Croix), cⁿᵉ de Grand-Champ.

Brémalavy, vill. cⁿᵉ de Sérent.

Bréman (Le), vill. cⁿᵉ de Bréhan-Loudéac.

Brémaudé (Le Haut et le Bas), vill. et lande, cⁿᵉ de Bréhan-Loudéac; pont sur le Lié, reliant Bréhan et Lanouée.

Bremel (Le Haut et le Bas), vill. cⁿᵉ de Caro.

Brémelin, vill. cⁿᵉ de Guéhenno.

Brémelin, h. cⁿᵉ de Pontscorff.

Brémenic, h. et lande, cⁿᵉ de Plaudren.

Brément, vill. font. et ruiss. *de la Fontaine-de-Brément*, affl. de la Claie, cⁿᵉ de Sérent.

Brémentec, h. cⁿᵉ de Monterblanc.

Brémentec, h. cⁿᵉ de Plœren. — Seigneurie.

Bréna, vill. cⁿᵉ de Saint-Servant.

Brenantec, vill. cⁿᵉ de Plouharnel. — Seigneurie.

Brénében, h. et lande, cⁿᵉ de Roudouallec.

Brénédan, anc. chapelle, cⁿᵉ de Grand-Champ. — *Brannadan*, vill. 1447 (abb. de Lanvaux).

Breneuu, vill. cⁿᵉ de Plumelin.

Bréniel, h. cne du Saint.

Breniguy, pont sur le Trioulin, cne de Saint-Caradec-Trégomel.

Brennès, h. cne de Gourin.

Brenno (Le), h. cne de Carnac.

Brenolo, h. cne de Plescop.

Brénolo (Le Grand et le Petit), vill. cne de Saint-Jean-Brévelay. — Seigneurie; manoir.

Brenudel, h. cne de Sarzeau.

Brenugat, vill. cne de Lizio.

Brenzent, vill. cne de Plœmeur. — Seigneurie.

Brérec, vill. cne de Saint-Gonnery.

Bresehan, h. cne de Priziac.

Brésilliec, h. et taillis, cne de Bignan.

Brespan, h. cne de Limerzel.

Bresselais (La), vill. cne de Monterrein.

Bresselien (Le Haut et le Bas), vill. partie cne de Saint-Tugdual, partie cne de Priziac. — *Brecelien*, manoir en la par. de Priziac, xve siècle (princip. de Rohan-Guémené). — Seigneurie.

Bresséligan, h. lande et ruiss. *de la Lande-de-Bresséligan*, afll. du Kerléguin, cne de Grand-Champ.

Bresselot (Pont), sur le Durbœuf, reliant Lanouée au dépt des Côtes-du-Nord.

Brest (Rue de), à Lorient, au faub. de Kerentrech.

Brestivan, h. cne de Theix.

Bretagne, anc. province qui a formé les dépts de la Loire-Inférieure, d'Ille-et-Vilaine, du Morbihan, des Côtes-du-Nord et du Finistère; dite, aux 1ers siècles, *Péninsule armoricaine* (voy. Armorique). — *Britannia, britannica provincia, britannicum regnum*, ixe s^e (cart. de Redon). — *Comté de Breteigne*, 1248 (duché de Rohan-Chabot). — *Bretaigne*, xvie siècle. — L'Océan Atlantique dit aussi autrefois *Mer de Bretagne, Oceanus Britanniæ*, 1029 (D. Morice, I, 365).

A partir du xiie siècle, division en Haute-Bretagne ou Bretagne-Gallo et Basse-Bretagne ou Bretagne-Bretonnant. — En 1297, la Bretagne fut érigée par Philippe le Bel en duché-pairie de France.

Bretagne (Rue de), à Lorient. — Voy. Port (Rue du).

Bretaudis, h. cne de Pontscorff.

Brété (Ruisseau de la Fontaine-), dit aussi *du Binio*, afll. du ruiss. des Vaux; il arrose Augan.

Bretèche (La), éc. cne de Molac.

Bretier (Le), éc. cne de Séglien.

Brétigné (Ruisseau de la Fontaine-). — Voy. Minerai-de-Coëtquidan.

Brétin (Commun du), lande, cne de Pleucadeuc.

Bretin (Le), min sur le Ninian, cne de Lanouée, et pont sur le même ruiss. reliant Lanouée et Mohon.

Bretin (Le), vill. cne de Saint-Vincent.

Bretinio (Le), h. et min sur le Brulé, cne de Bubry.

Bretino, éc. cne de Baden.

Bretonnière (La), h. cne de Ploërmel.

Bretons (Basse des), sur l'Océan, entre Plœmeur et l'île de Groix.

Bretons (Chemin des), traverse Lantillac en venant de Radenac et se dirigeant sur Guégon ou Pleugriffet.

Bretons (Fontaine des), cne de Beignon.

Breuil (Le Grand et le Petit), partie de la forêt de Quénécan, cne de Sainte-Brigitte.

Breuil (Le Grand et le Petit), vill. cne de Saint-Guyomard.

Breuil-des-Salles (Le), partie de la forêt de Quénécan, cne de Sainte-Brigitte.

Breulis, vill. cne de Noyal-Muzillac; pont, cne de Muzillac. — *Breulis*, 1019 (cart. de Redon). — *Broolis, villa*, 1123 (*ibid.*).

Brevais (La), h. cne de Caden.

Brévantec (Le Grand et le Petit), rochers sur l'Océan, près d'Hœdic.

Brévent, h. et min sur le Rhun, cne de Sérent.

Bréventec, vill. cne de Pluvigner.

Brézéhan, chât. min sur le ruiss. de ce nom, min à vent, bois; ruiss. voy. Saint-Vincent (Le); font. et ruiss. *de la Fontaine-de-Brézéhan*, afll. du Saint-Vincent, cne d'Inguiniel. — Seigneurie.

Brézéhan (Le Grand et le Petit), vill. font. et ruiss. *de la Fontaine-de-Brézéhan*, dit aussi *de Kerivelré*, afll. du ruiss. de la Lande-de-Kerallan, cne de Brech.

Briand (Le), éc. cne de Nivillac.

Briandaie (La), h. cne d'Allaire.

Briands (Les), éc. cne de Ménéac.

Briansais (La), éc. et f. cne de Carentoir.

Briantec, vill. et min à vent, cne de Plœmeur. — Seigneurie.

Brichelaie (La), vill. cne de Peillac. — Seigneurie.

Bridelaie (La), vill. cne de Saint-Nicolas-du-Tertre.

Briel, vill. pont sur le ruiss. de ce nom et ruiss. *du Pont-de-Briel*, afll. du Kernormand, cne de Baden.

Briellec, h. cne de Caudan.

Brient (Loge), éc. cne de Guiscriff.

Brière (La), h. cne de Saint-Gorgon.

Brières (Les), h. cne de Trédion.

Brières (Les Hautes et les Basses), h. cne de Guégon.

Brignac, cen de Mauron. — Par. du doy. de Lanouée; prieuré, membre de l'abb. de Paimpont. — Sénéch. de Ploërmel; subd. de Montauban. — Distr. de Ploërmel.

Brignac, chât. f. et min sur la Claie, cne de Saint-Guyomard. — Seigneurie; anc. château.

Brignolec, vill. cne de Saint-Tugdual.

Bri-l'Aîné, f. cne de Loyat. — Seigneurie.

BRILLAC, vill. c⁰ᵉ de Sarzeau.

BRIMINY, h. cⁿᵉ de Theix.

BRINGA, vill. cⁿᵉ de Peillac.

BRINGUIN, vill. cⁿᵉ de Nivillac.

BRIOVEL, h. bois, font. et ruiss. *de la Fontaine-de-Briovel*, affl. du Ster-er-Vréneguy, cⁿᵉ du Hézo; étang baignant le Hézo et Surzur. — Seigneurie; manoir.

BRIQUETERIE (LA), éc. cⁿᵉ de Vannes.

BRISON, h. cⁿᵉ de Surzur.

BRISSAIS (LA), vill. cⁿᵉ de Saint-Martin.

BRIZAILLE, éc. cⁿᵉ de Saint-Gildas-de-Rhuis.

BROCHARDAIS (LA), vill. cⁿᵉ de Saint-Jean-la-Poterie.

BRODIMON, h. et mⁱⁿ sur le Scorff, cⁿᵉ de Lignol. — *Botdrimon*, 1474 (princip. de Rohan-Guémené).

BROËREC (PAYS DE). — Voy. l'Introduction et la Table des formes anciennes.

BROËREC (PORTE), à Hennebont. — Voy. PRISON (RUE DE LA).

BROHAIS, f. lande et éc. dit *Laun-Brohais*, cᵒᵉ de Kergrist. — Seigneurie; manoir.

BROHAIS (RUISSEAU DE), dit aussi *de Perchennic*, *de Louarc'h* ou *de Saint-Samson*; il a sa source dans le dépᵗ des Côtes-du-Nord, arrose Kergrist et Neulliac et se jette dans le canal de Nantes à Brest.

BROHAN, vill. cⁿᵉ de Caden.

BROHAT, vill. cⁿᵉ de Guiscriff.

BROHÉAC, vill. et lande dite *Grée-de-Brohéac*, cⁿᵉ de Pluherlin. — *Brohoearn*, 1415 (chât. de Talhouet).

BROHÉAS, vill. cⁿᵉ de la Gacilly.

BROHEL (RUISSEAU DE). — Voy. SAINT-ÉLOI (LE).

BROHELLE, éc. cⁿᵉ de Sulniac.

BRONS (LE), éc. cⁿᵉ de Saint-Aignan.

BRONSO, vill. cⁿᵉ de Locmariaquer.

BRONZE (LE), éc. cⁿᵉ de Sainte-Brigitte.

BROSSAIS (LE), vill. cⁿᵉ de Cournon. — Seigneurie.

BROSSAIS (LE), chât. parc et étang *du Petit-Parc*, cⁿᵉ de Saint-Gravé; mⁱⁿ à vent, cⁿᵉ de Peillac. — Seigneurie; manoir.

BROU (LE), lande, éc. dit *Lande-du-Brou* et pont sur le canal de Nantes à Brest, cⁿᵉ de Saint-Gérand.

BROU (RUISSEAU DE LA LANDE-DU), affl. du Ponto; il arrose Saint-Gérand et Gueltas.

BROUAIS (LE HAUT ET LE BAS), vill. cⁿᵉ de Saint-Marcel et pont sur la Claie, reliant Bohal, Saint-Marcel et Pleucadeuc. — Seigneurie.

BROUANERIE (LA), h. cⁿᵉ de Ruffiac.

BROUEL, vill. et salines, cⁿᵉ d'Ambon.

BROUEL, chât. et h. cⁿᵉ d'Arzal. — Seigneurie; manoir.

BROUEL, vill. port, pointes et îles sur la baie du Morbihan, cⁿᵉ de l'Île-aux-Moines.

BROUEL, éc. cⁿᵉ de Sarzeau.

BROUEL, vill. divisé en quatre parties : *Brouel-Kerstanc*, *Brouel-Kerbihan*, *Brouel-le-Goho* et *Brouel-Keraudren*, et salines, cⁿᵉ de Séné.

BROUELIC, pointe sur la baie du Morbihan, cⁿᵉ de l'Île-aux-Moines.

BROUSSAIE (LE), h. cⁿᵉ de Ruffiac.

BROUSSAIS, pont sur le Rahun, reliant Tréal et Carentoir.

BROUSSAIS (LE), lande, cⁿᵉ de Mauron. — Seigneurie.

BROUSSAIS (LE), vill. cⁿᵉ de Saint-Dolay.

BROUSSAY (LE), h. cⁿᵉ de Pleugriffet.

BROUSSE, vill. cⁿᵉ de Lizio.

BROUSSE (LA), h. cⁿᵉ d'Allaire.

BROUSSE (LA), vill. cⁿᵉ de la Croix-Helléan.

BROUSSE (LA), h. cⁿᵉ des Fougerêts.

BROUSSE (LA), éc. cⁿᵉ de Guéhenno.

BROUSSE (LA), h. cⁿᵉ de Lanouée.

BROUSSE (LA), h. cⁿᵉ de Monteneuf.

BROUSSE (LA), f. cⁿᵉ de Ploërmel.

BROUSSE (LA), h. et pont sur le Saint-Malo, cⁿᵉ de Saint-Malo-de-Beignon.

BROUSSE (LA), vill. cⁿᵉ de Saint-Samson.

BROUSSE (LA), h. cⁿᵉ de Sarzeau.

BROUSSE (LA), h. cⁿᵉ de Sérent. — *Brois*, *villa*, 1041 (cart. de Redon).

BROUSSIÈRE (LA), éc. cᵗᵉ de Lanouée.

BROUTAY (LE), h. cⁿᵉ de la Croix-Helléan. — Seigneurie érigée en vicomté en 1656; manoir.

BROUTERIE (LA), éc. cⁿᵉ de Monteneuf.

BRUÈRE (LA), éc. et mⁱⁿ à vent, cⁿᵉ de Carentoir.

BRUGO, h. lande et éc. dit *Lande-Brugo*, cⁿᵉ de Moustoir-Remungol.

BRUGO, h. cⁿᵉ de Réguiny.

BRUGUEC, éc. cⁿᵉ d'Inguiniel.

BRUGUEL, h. cⁿᵉ de Lanvénégen.

BRUGUEN, h. cⁿᵉ de Moréac.

BRUGUEN, h. font. et ruiss. *de la Fontaine-de-Bruguen*, affl. du Croiseau, cⁿᵉ de Plaudren.

BRUGUET (LE), h. bois et mⁱⁿ (auj. détruit) sur le ruiss. de ce nom, cⁿᵉ de Gueltas; ruiss. dit *de l'Ancien-Moulin-du-Bruguet* : voy. VILLE-NEUVE (RUISSEAU DE LA).

BRUHEREL, h. cⁿᵉ de Kervignac.

BRULAIS (CROIX DU), cⁿᵉ de Saint-Gravé.

BRULAIS (LES), éc. cⁿᵉ de Saint-Martin.

BRULÉ, chât. f. bois, pêcherie sur le ruiss. de ce nom, et deux mⁱⁿˢ à eau dits *Brulé-d'en-Haut* et *Brulé-d'en-Bas*, cⁿᵉ de Bubry. — Seigneurie; manoir.

BRULÉ (LE), lande, cⁿᵉ d'Augan.

BRULÉ (RUISSEAU DE), dit aussi *le Bubry* ou *le Coëtano*, affl. du Blavet; il arrose Bubry, Melrand et Quistinic.

BRULERIE (LA), éc. cⁿᵉ de Carentoir.

BRULIS (LES), vill. cⁿᵉ de Saint-Vincent.

Brulonière (La), éc. cⁿᵉ de Vannes.

Brulons (Les), lande, cⁿᵉ de Pleugriffet.

Brune (Pont de la), sur le Tohon, cⁿᵉ de Questembert.

Brunel, éc. cⁿᵉ de Malestroit.

Brunel (Croix), à la limite des cⁿᵉˢ d'Augan et de Porcaro.

Brunel (Grée), lande, cⁿᵉ de Monteneuf.

Brunelaie (Le Haut et le Bas), h. cⁿᵉ de Limerzel.

Brune-Lande, éc. cⁿᵉ de Caden.

Brunénant, vill. cⁿᵉ de Guidel.

Brunet, h. cⁿᵉ de Landévant.

Brunet (Le), h. cⁿᵉ de Priziac.

Brunic, éc. cⁿᵉ de Vannes.

Brunot, h. cⁿᵉ de Gourin.

Brunot, h. cⁿᵉ de Guiscriff.

Bruté, f. mⁱⁿ à vent, bois, vivier et ruiss. se jetant dans l'Océan au port du Palais, cⁿᵉ du Palais.

Bruyère (La), éc. cⁿᵉ de Cournon.

Bruyère (La), vill. cⁿᵉ de Guer.

Bruyère (La), h. et mⁱⁿ sur le ruiss. de ce nom, cⁿᵉ de Plouay; ruiss. du Moulin-de-la-Bruyère : voy. Bois-du-Crocq (Ruisseau de). — Seigneurie.

Bruyères (Fontaine ès), cⁿᵉ de Pluherlin.

Bruyères (Lande des), cⁿᵉ de Guer.

Bruyères (Lande des), cⁿᵉ de Monteneuf.

Bruyères (Les), éc. cⁿᵉ de Saint-Vincent.

Bruyères (Moulin à vent des), cⁿᵉ de Béganne.

Buan (Rue et place), à la Trinité-Porhoët.

Buardais (La), éc. cⁿᵉ de Tréal. — Seigneurie.

Bubry, cⁿ de Plouay; ruiss. voy. Brulé (Ruisseau de); lande et pont de Lann-Bubry, sur le Kerleshouarne, cⁿᵉ de Bubry. — Beubri, 1282 (abb. de la Joie). — Beubry, 1422 (chap. de Vannes). — Buibri, aliàs Buibry, 1454 (canon. de Saint-Vincent-Ferrier).

Par. du doyenné des Bois. — Sénéch. et subd. d'Hennebont. — Distr. d'Hennebont; chef-lieu de cⁿ en 1790, supprimé en l'an x.

Bucas (Les Grands et les Petits), vill. cⁿᵉ d'Allaire.

Buchet, f. cⁿᵉ de Guer.

Bucudo, pointe à l'embouchure du Pénerf, cⁿᵉ de Sarzeau.

Bude, h. cⁿᵉ d'Allaire.

Budo (Fontaine), cⁿᵉ de Vannes.

Budo (Le), vill. cⁿᵉ de Pluneret.

Budo (Rue du), à Plouay.

Budy (Le), h. cⁿᵉ de Larré. — Seigneurie.

Bué (Le), f. cⁿᵉ de Béganne.

Buen (Le), rocher sur l'Océan, près d'Hœdic.

Bugas, h. cⁿᵉ d'Elven.

Bugat, éc. cⁿᵉ de Theix; pont sur le ruiss. de ce nom, reliant Theix, Surzur et la Trinité-Surzur; éc. dit le Pont-Bugat, cⁿᵉ de Surzur. — Seigneurie.

Bugat (Ruisseau du Pont-) ou de Pouluény, qui arrose la Trinité-Surzur, Surzur et Theix et se jette dans la baie du Morbihan en passant par l'étang de Kernicol.

Buglé (Le), vill. lande et ruiss. affluent de l'Oust, cⁿᵉ de Gueltas.

Bugnes (Les), h cⁿᵉ de Meslan.

Bugos (Ihuel et Izel), h. cⁿᵉ d'Inzinzac.

Bugudo, h. cⁿᵉ de Saint-Tugdual.

Buguenel, pointe sur le Pénerf, cⁿᵉ de Damgan.

Buguenen, rocher sur l'Océan, près d'Hœdic.

Buhan, f. cⁿᵉ de la Gacilly.

Buille (Lande et ruisseau de la Lande-), affl. du ruiss. de la Lande-Saint-Cado, cⁿᵉ de Lignol.

Buinaie (La), f. cⁿᵉ de Malansac.

Buisson-Guérin (Le), h. et mⁱⁿ à vent, cⁿᵉ d'Allaire. — Seigneurie; manoir.

Buissons (Les), h. cⁿᵉ d'Allaire.

Bulaouen, h. cⁿᵉ de Silfiac.

Buléon, cⁿ de Saint-Jean-Brévelay. — Buellion, par. 1280 (D. Morice, I, 1052). — Buelion, 1322 (chap. de Vannes). — Bueillon, 1324 (D. Morice, I, 1342). — Bucleon, 1406 (duché de Rohan-Chabot). — Bulion, 1422 (chap. de Vannes).

Par. du doy. de Porhoët, anc. trève de Saint-Allouestre. — Seigneurie. — Sénéch. de Ploermel: subd. de Josselin. — Distr. de Josselin.

Bundo (Le), vill. cⁿᵉ de l'Île-aux-Moines.

Bunze (Le), éc. cⁿᵉ d'Inzinzac.

Bural, éc. cⁿᵉ de Theix.

Burban (Les), h. cⁿᵉ de Saint-Guyomard.

Burbannière (Rue de la), anc. rue de Vannes, au faubourg Saint-Patern, près de la route de Rennes. — Il existe encore une maison de ce nom.

Burbunair (Le), h. cⁿᵉ de Pluvigner. — Brubunais, xviiᵉ siècle (hôpit. d'Auray).

Burellou, h. cⁿᵉ de Guiscriff.

Burenno, h. cⁿᵉ de Noyal-Pontivy.

Burgno (Le), f. cⁿᵉ de Pleucadeuc.

Burgo, éc. cⁿᵉ de Remungol.

Burgo (Le), chapelle isolée, font. et ruiss. de la Fontaine-Burgo, affl. du Loch, cⁿᵉ de Grand-Champ.

Burgo (Le), éc. cⁿᵉ de Guéhenno; lande s'étendant sur les cⁿᵉˢ de Guéhenno et de Bignan; éc. dit Lande-du-Burgo, cⁿᵉ de Bignan.

Burgotais (La), vill. cⁿᵉ de Saint-Martin.

Burguan, vill. pont sur le Clérigo, font. et ruiss. de la Fontaine-Burguan, affl. du Clérigo, cⁿᵉ de Theix.

Burguhennec, h. cⁿᵉ de Theix; pont sur le ruiss. du Pont-Allan, reliant Theix, Saint-Nolff et Trefléan.

Burquin, éc. cne de Saint-Avé.
Burnais (La), vill. cne de Saint-Dolay.
Burno (Le), éc. cne de Trédion.
Busardière (La), h. cre d'Augan.
Busardière (La), h. cne de Péaule.
Busson (Le), éc. cne de Glénac.
Busson (Le), vill. cne de Porcaro.
Bussonnaie (La), éc. cne de Ruffiac.
Bussonnais (La), h. cne de Cournon.
Butte (Fontaine de la), cne de Vannes.
Butte (La), éc. cne d'Allaire.
Butte (La), éc. cne de Lauzach.
Butte (La), éc. cne de Pleugriffet.
Butte (La), éc. cne de Saint-Allouestre.
Butte (La), h. cne de Saint-Samson.

Butte-au-Polotec (La), partie de la forêt de Quénécan, cne de Sainte-Brigitte.
Butte-de-Hingant, partie de la forêt de Quénécan, cne de Sainte-Brigitte.
Butte-de-l'Hôpital (La), quartier de Lorient, à l'une des extrémités de la rue actuelle de l'Hôpital.
Butte-du-Roch (La), h. — Voy. Roch-le-Moyen.
Buttes (Champ des), landes, cne de Guer.
Buttes (Les), lande, cne d'Augan.
Buttes (Les), éc. cne de Questembert.
Buttes-de-Couessoux (Les), vill. cne de Lanouée.
Buzardière (La), vill. et bois, cne de Crédin. — Seign.
Buzick, pointe sur l'Océan, dans l'île de Groix.
Buzo, min sur le Liziec, cne de Vannes. — Min à papier, au xve siècle, appartenant à la seign. de Boismouraut.

C

Cabaret-Brûlé (Le), éc. cne de Saint-Nolff.
Cabaroterie (La), h. cne de Limerzel.
Cabedocerie, éc. cne de Sulniac.
Cabello (Place), à Vannes, dite jadis *de la Croix-Cabello*.
Cabello (Rue de la Croix-), à Vannes. — Voy. Étang (Rue de l').
Cabinet (Le), carrefour de la forêt de la Bourdonnaye, cne de Carentoir.
Cabinet (Le), éc. cne de Saint-Gravé.
Caboche (La), éc. cne de Missiriac.
Cabon, roche, sur l'Océan, entre le Port-Louis et la presqu'île de Gâvre.
Cabrec, min sur le ruiss. de ce nom; ruiss. *du Moulin-Cabrec*, affl. du Hédennec, et pont sur ce ruiss. cne d'Inguiniel.
Cabrenau, éc. cne de Lignol.
Cadaie (La Basse et la Neuve), vill. cne d'Allaire.
Cadalin, éc. cne de Limerzel.
Cadavenne (Pont), sur le ruiss. qui descend de la font. Saint-Roux, cne de Caden.
Cadehoul (La), éc. cne de Monteneuf.
Cadelac, h. cne de Priziac.
Caden, con de Rochefort. — *Catin, plebs*, 835 (cart. de Redon). — *Cadent*, 992 (*ibid.*). — *Caden*, 1037 (*ibid.*).
    Par. du doy. de Péaule. — Sénéch. de Vannes; subd. de Redon. — Distr. de Rochefort.
Caden, h. et f. cne de Sarzeau; min sur le ruiss. de ce nom, dont l'étang baigne Sarzeau et Surzur; pont sur le même ruiss. reliant ces deux cnes; h. *du Pont-Caden*, cne de Sarzeau. — Seigneurie; manoir.

Caden (Étier-du-Pont-) ou Goah-en-Poullenen, ruiss. qui arrose le Hézo, Surzur et Sarzeau, où il se jette dans l'Océan.
Caden (Mer-de-), ruiss. qui prend sa source dans la cne de Saint-Gorgon et arrose ensuite Caden et Béganne, où il se jette dans la Bouloterie.
Caden (Ruisseau du Pont-de-), dit aussi *de Sainte-Suzanne*, *de Saint-Clair* ou *de Trévelo*, affl. de la Bouloterie; il arrose Questembert, Limerzel, Caden et Péaule. — Pont sur ce ruiss. reliant Limerzel et Caden.
Cadic, font. cne de Baden.
Cadic (Pont), sur le Locqueltas, cne d'Arradon.
Cadigué, vill. cne de Guiscriff. — *Cadege*, aliàs *Cadegue* ou *le Vieux-Miniki*, xie siècle (abb. de Sainte-Croix de Quimperlé).
Cadillac (Le Grand et le Petit), h. et min sur le ruiss. de ce nom, cne de Noyal-Muzillac; ruiss. *du Moulin-de-Cadillac* : voy. Saint-Éloi (Le). — Seigneurie; manoir.
Cadillan, f. cne de Noyal-Muzillac.
Cadio, éc. cne de Plaudren.
Cado, vill. cne de Béganne.
Cado, vill. cne de Saint-Abraham.
Cadois (La), vill. cne de Loyat.
Cadoret, h. cne de Pleugriffet; pont sur l'Oust, reliant Pleugriffet et Lanouée; min à eau, cne de Lanouée.
Cadouarn, vill. et min à vent, cne de Séné.
Cadoudal, chât. f. dite *Cour-de-Cadoudal*, vill. bois, min et pont sur la Claie, cne de Plumelec; ruiss. *de Cadoudal* et ruiss. *du Bois-de-Cadoudal*, arrosent Plumelec et Plaudren et se jettent tous deux dans

l'Arz. — Bourg de *Cadoudal*, xvi° siècle (chât. de Callac). — Prieuré du vocable de Saint-Julien, dépendant de la ministrerie des trinitaires de Rieux. — Seigneurie; manoir.

CADOUER (LE), h. c^ne de Séglien; pont sur le ruiss. du Pont-Houarn, reliant Séglien et Langoëlan.

CADOUX, éc. c^ne de Molac.

CADOUZAN, chât. et f^es dites *Cadouzan-d'à-Haut* et *Cadouzan-d'à-Bas*, c^ne de Saint-Dolay. — Seigneurie; manoir.

CADRE (PORTE) et RUE PORTE-CADRE, à Rochefort

CADU, h. c^ne de Damgan.

CADUAL, vill. landes et ruiss. *des Landes-de-Cadual*, affl. du Mencon, c^ne de Grand-Champ.

CADUDAL, vill. c^ne de Questembert.

CAHELLO, h. bois et lande, c^ne de Guer.

CAHÉRANT, vill. c^ne de Guillac.

CAHIRE, vill. c^ne de Plougoumelen.

CAILLEBOUIS, lande, c^ne des Fougerêts.

CAILLIBOTTES (LANDE DES). — Voy. CAMP (LANDE DU).

CAILLO (FONTAINE), c^ne de Plumelin.

CAÏNIN (RUE), à Napoléonville.

CAIRE (RUE DU), à Napoléonville.

CAJAFREDO, vill. et pont sur l'Arz, c^ne de Molac.

CALABRUN (BOIS), c^ne de Plœren.

CALAFRÉ (FONTAINE), c^ne de Séné.

CALAN, c^on de Plouay. — *Cazlan*, 1387 (chapitre de Vannes). — Trève de la par. de Lanvaudan, anc. paroisse. — Distr. d'Hennebont.

CALAN, vill. c^ne de Brech; pont sur le ruiss. du Pont-au-Christ, reliant Brech et Pluvigner.

CALAN, vill. c^ne de Monterblanc; ruiss. dit aussi *le Lohan*, affl. de l'Arz, arrose Monterblanc et Plaudren.

CALABEN, vill. c^ne de Langonnet.

CALASTRÈNE, h. c^ne de Bangor.

CALAVRE, h. c^ne de Saint-Thuriau. — *Calassre*, 1315 (duché de Rohan-Chabot). — *Calame*, 1406 (*ibid.*).

CALAVRET, vill. c^ne de Locoal-Mendon; ruiss. voy. KERJACOB (RUISSEAU DE); pont sur ce ruisseau reliant Locoal-Mendon et Plœmel.

CALAVRET, h. c^ne de Noyal-Pontivy.

CALE BATELIÈRE, cale à Lorient. — Voy. ORY.

CALE NEUVE, cale à Lorient.

CALER (LE HAUT et LE BAS), f^es, ruiss., affl. du Ninian et m^in sur ce ruiss. c^ne de Ménéac. — Seigneurie.

CALENDEN, éc. et bois, c^ne de Saint-Caradec-Trégomel.

CALERNE, h. c^ne d'Inguiniel. — Seigneurie.

CALERNE, vill. c^ne de Lignol.

CALIFORNIE, éc. c^ne de Saint-Guyomard.

CALLAC, chât. f^es, vill. bois, m^in à vent; ruiss. voy. RUUN (LE); étang et trois m^ins (de Haut, de Bas et du Milieu) sur ce ruiss. c^ne de Plumelec. — Bourg de *Callac*, xvii° siècle (chât. de Callac); anc. trève de Plumelec. — Seigneurie; château.

CALLAIRIE (LA), h. c^ne de Peillac.

CALLÉON (LE HAUT et LE BAS), chât. vill. ruiss. voy. VALLÉE (RUISSEAU DE LA); m^in et pont sur ce ruiss. c^ne de Saint-Jacut. — Seigneurie.

CALMET, ruiss. affl. de l'Yvel; il arrose Évriguet, Saint-Brieuc-de-Mauron et Mauron.

CALMONT, nom anc. d'un quartier de Vannes et porte; m^in à vent, c^ne de Vannes.

CALMONT-BAS (RUE DE), à Vannes. — Voy. COMMERCE (RUE DU).

CALMONT-HAUT (RUE DE), à Vannes. — Voy. SÉNÉ (RUE DE).

CALMORA, h. c^ne de Guillac.

CALO, vill. c^ne de Saint-Malo-des-Trois-Fontaines. — Seigneurie.

CALPÉRIC, vill. partie c^ne d'Elven, partie c^ne de Saint-Nolff; ruiss. (voy. GRANNAM).

CALPÉNIT, vill. c^ne de Pluvigner.

CALPINIT, f. c^ne de Bignan.

CALPINIT, h. et pont sur le Pontuel, c^ne de Monstoirac.

CALVACH (RUELLE), à Hennebont, dans la Vieille-Ville.

CALVAIRE (LE), h. c^ne d'Allaire.

CALVAIRE (LE), éc. c^ne de Pleucadeuc.

CALVAIRE (RUE DU), rues à Carentoir et au Palais.

CALVAIRE-DES-ROIS (LE), quartier du bourg de Noyal-Muzillac.

CALVIN, vill. partie c^ne de Lorient, partie c^ne de Plœmeur; croix et hameau dit *Croix-de-Calvin*, c^ne de Plœmeur.

CALVIN (RUE DE), à Lorient, au faubourg de Kerentrech.

CALZAC, vill. et m^in sur le Kerandrun, c^ne de Theix.

CALZAC (LE HAUT et LE BAS), vill. c^ne de Sarzeau. — Seigneurie.

CALZAC-ÉGLISE, vill. c^ne de Theix.

CALZAT (LE), h. c^ne d'Inzinzac.

CAMAILLON (LE), ruiss. voy. GOURDES (RUISSEAU DE). — Seigneurie.

CAMAREC, vill. m^in sur le Kerfla, m^in à vent et éc. dit *Maison-du-Bois-de-la-Chapelle-de-Camarec*, c^ne d'Elven. — Seigneurie; manoir.

CAMARET, anse à l'embouchure de la Vilaine, côte de Pénestin.

CAMBLEN (LE), vill. c^ne de Pluméliau.

CAMBLEN (RUISSEAU DU), DU HOUÉ ou GOAH-STANG-HUIC, affl. du Blavet; il arrose Malguénac, Guern, Melrand et Bieuzy.

CAMBLO, f. c^ne de Ménéac. — Seigneurie.

CAMBLON, vill. c^ne de Saint-Jean-la-Poterie.

CAMBOCAIRE (LE HAUT et LE BAS), vill. c^ne de Noyal-Muzillac.

CAMBON, h. c^{ne} d'Ambon.

CAMBOUDIN (LE), vill. et pont sur le Trolan, c^{ne} de Mohon.

CAMBRIGO, éc. c^{ne} de Monterblanc. — Seigneurie.

CAMERJARD, pont sur le Kergoal, c^{ne} de Plescop.

CAMET, ruiss. affl. de l'Yvel, arrose Campénéac et Loyat.

CAMET, ruiss. affl. de l'Oust, arrose Crédin et Pleugriffet; pont sur ce ruiss. reliant ces deux c^{nes}.

CAMOËL, c^{ne} de la Roche-Bernard et m^{in} à vent dans la c^{ne}. — *Gavele, plebs* (sur la Vilaine, aux environs de la Roche-Bernard), 1031 (cart. de Redon). D'abord paroisse, puis trève d'Assérac (Loire-Inférieure), puis redevenue par. du doyenné de la Roche-Bernard. — Sénéch. de Guérande; subd. de la Roche-Bernard. — Distr. de la Roche-Bernard; chef-lieu de c^{on} en 1790, supprimé en l'an x.

CAMOËLIN, vill. c^{ne} de Camoël.

CAMORS, c^{ne} de Pluvigner; forêt s'étendant en Camors et Baud. — *Kemorz*, 1228 (duché de Rohan-Chabot). — *Camorz*, 1387 (chap. de Vannes). — *Kermorz*, 1439 (abb. de Lanvaux). Par. du doy. de Porhoët. — Baronnie; anc. chât. — Sénéch. de Ploërmel; subd. d'Hennebont. — Distr. d'Auray.

CAMP (CROIX DU), c^{er} de Saint-Thuriau.

CAMP (LANDE DU) ou DES CAILLIBOTTES, c^{ne} de Saint-Guyomard.

CAMP (LE), retranchement romain, c^{ne} de Naizin.

CAMPEN, m^{in} sur le Vincin et m^{in} à vent, c^{ne} de Vannes. — Mis de *Pont-Campen*, 1448 (chap. de Vannes).

CAMPÉNÉAC, c^{ne} de Ploërmel; m^{in} sur l'Oyon et étang dans la commune. — *Kenpeniac, plebs*, 840 (cart. de Redon). — *Kempeniac*, 844 (*ibid.*). — *Quampénéac*, 1398 (chât. de Loyat). Par. du doy. de Beignon. — Sénéch. et subd. de Ploërmel. — Distr. de Ploërmel; chef-lieu de c^{on} en 1790, supprimé en l'an x.

CAMPER, vill. c^{ne} de Naizin.

CAMPER (LE), vill. et m^{in} sur le Lié, c^{ne} de Lanouée; pont sur ce ruiss. reliant Lanouée et Bréhan-Loudéac. — Seigneurie.

CAMPNEN-EN-TORRIGANET, grotte aux fées, c^{ne} de Cléguérec.

CAMP-ROMAIN (LE), retranchement, c^{ne} de Peillac.

CAMSQUEL, éc. c^{ne} d'Arzal.

CAMSQUEL, h. m^{in} à vent et m^{in} à eau dit aussi *de Kermesquel*, sur le Rohan, c^{ne} de Vannes. — Seigneurie; manoir.

CAMUN, h. c^{ne} d'Elven.

CAMZON, chât. f. et m^{in} sur le Loch, c^{ne} de Plaudren. — Seigneurie; manoir.

CAMZON (RUISSEAU DE), affl. du Loch; il arrose Grand-Champ et Plaudren.

CAN (LE), éc. c^{ne} de Plumergat.

CANADA (FONTAINE DU), c^{ne} de Locmaria.

CANARQUIS, port de l'île de Houat, sur l'Océan,

CANCOUET, h. bois, étang et ruiss. *de l'Étang-de-Cancouet*, dit aussi *du Petit-Moulin* ou *du Moulin-à-Gué*, affl. de l'Arz, c^{ne} de Saint-Gravé; m^{in} à vent, c^{ne} de Peillac. — Seigneurie; manoir.

CANDRÉ et HAUT-CANDRÉ (RUES), à Rochefort.

CANÉLET, éc. c^{ne} de Groix.

CANES (MARE AUX), c^{ne} de Lanouée.

CANESOR, h. c^{ne} d'Inguiniel.

CANET (PERCHE DE), pont sur la Garoulaie, reliant Helléan et la Grée-Saint-Laurent.

CANETON (LOGE), éc. c^{ne} de Naizin.

CANFER, éc. c^{ne} de Surzur.

CANFROU, vill. partie c^{ne} de Lantillac, partie c^{ne} de Guégon; pont sur la Ville-Oger, c^{ne} de Guégon.

CANGRENN, ruiss. affl. du Pont-au-Christ; il arrose Pluvigner.

CANGUILLIERS, h. c^{ne} de Lanouée.

CANIAC, vill. c^{ne} de Bubry.

CANIQUET, h. c^{ne} de Kervignac.

CANIVARCH, vill. et étang, c^{ne} de Séné. — Seigneurie.

CANO, vill. lande, éc. dit *Lande-de-Cano*, m^{in} à vent et mare, c^{ne} de Séné. — Seigneurie; manoir.

CANONS (POINTE DES), sur l'Océan, c^{ne} de Locmaria.

CANQUÉMAR, éc. et m^{in} sur l'Arz, c^{ne} de Saint-Gravé; pont sur ce ruiss. reliant Saint-Gravé et Malansac. — Seigneurie.

CANQUI, h. c^{ne} de Monteneuf.

CANQUISABEL, éc. c^{ne} de Bubry.

CANQUISCREN (LE), h. c^{ne} de Langoëlan. — *Quenquiscren*, aliàs *Quenquiscran*, 1436 (princip. de Rohan-Guémené).

CANQUISERNE, vill. et bois, c^{ne} de Lignol. — *Quanquiseren*, 1414 (princip. de Rohan-Guémené). — *Quinquisellen*, 1429 (*ibid.*). — Seigneurie; manoir.

CANQUISOURÉ, vill. c^{ne} de Lignol. — *Quenquis-Gourhezre*, 1411 (princip. de Rohan-Guémené).

CANQUISQUÉLEN, vill. c^{ne} de Saint-Caradec-Trégomel. — *Quenquis-Brient*, 1412 (princip. de Rohan-Guémené).

CANSAC, vill. c^{ne} de Saint-Gravé.

CANTIZAC, éc. m^{in} à eau sur la baie du Morbihan, f. bois et vivier, c^{ne} de Séné. — Seigneurie.

CANTOMHEUC, vill. c^{ne} de Loyat.

CANVÈZE, f. c^{ne} de Naizin. — Seigneurie.

CANZON, f. c^{ne} de Rieux. — Seigneurie.

CAP (LE), vill. c^{ne} de Guidel.

CAPITAINE (RUE), à Hennebont.

CAP KERDUDAL (LE). — Voy. KERDUDAL.

CAROSSEN, h. et m^{in} sur le Camblen, c^{ne} de Melrand. —

Quoet-Bocen, 1296 (duché de Rohan-Chabot). — Seigneurie; manoir.

Capucins (Rue des), à Hennebont.

Carac (Bras et Bihan), vill. c^{ne} de Locmalo. — *Krac,* 1416 (princip. de Rohan-Guémené).

Caradë, f. c^{ne} de Pluherlin.

Caradec, éc. c^{ne} d'Augan.

Caradec, h. partie c^{ne} de Lanouée, partie c^{ne} de Guégon; pont sur l'Oust, reliant Lanouée, Guégon et Josselin.

Caradec, mⁱⁿ sur le ruiss. de ce nom, c^{ne} de Saint-Nolff; ruiss. *du Moulin-de-Caradec :* voy. Liziec (Ruisseau de); mⁱⁿ à vent, c^{ne} de Treffléan.

Caradec (Croix), c^{ne} de Locmaria.

Caradeuc, éc. c^{ne} de Saint-Dolay.

Garado, h. c^{ne} de Baden.

Carado, h. c^{ne} de Molac.

Carado, vill. c^{ne} de Péaule.

Carado, h. c^{ne} de Saint-Jean-Brévelay.

Caraffray, éc. c^{ne} de Plumelec.

Carafort, lande, c^{ne} de Guer.

Carafort (Ruisseau de), dit aussi *de la Coulée-de-Vauniel* ou *de l'Étang,* aff. de l'Oyon; il arrose Monteneuf et Guer. — Deux étangs, l'un en Guer, l'autre en Monteneuf, sont traversés tous deux par ce ruisseau.

Caraffray, vill. c^{ne} de Molac.

Carahais, pont sur la Claie, c^{ne} de Pleucadeuc.

Caraizic, éc. c^{ne} de Lanvénégen.

Caralo, h. c^{ne} de Cruguel.

Caramprat (Le Grand et le Petit), h. c^{ne} de Crédin.

Carancier, h. c^{ne} de Crédin.

Caranloup (Le Haut et le Bas), vill. c^{ne} de Guégon. — Seigneurie.

Caranloup (Ruisseau de) ou du Vieux-Moulin, aff. de la Ville-Oger; il arrose Buléon, Guégon et Lantillac. — Pont sur ce ruiss. reliant Guégon et Buléon.

Caranné, vill. c^{ne} de Molac.

Caranné, éc. c^{ne} de Molac.

Carante-en-Moual, h. c^{ne} de Saint-Tugdual.

Carante-Glas, éc. c^{ne} de Roudouallec.

Caranto, éc. c^{ne} de Guéhenno.

Carapibo, vill. c^{ne} de Péaule.

Caraudran, vill. c^{ne} de Molac.

Carazo, h. c^{ne} de Péaule.

Carbon (Masure), éc. c^{ne} de Campénéac.

Carbouède, vill. c^{ne} de Pluherlin.

Carbouède (Ruisseau de) ou de Clergebel, aff. de l'Arz; il arrose Pluherlin et Molac.

Carboyau, h. c^{ne} de Plumelec.

Carcadio, vill. et ruiss. aff. de l'Arz, c^{ne} de Molac.

Carcado, vill. c^{ne} de Caden.

Carcado, f. c^{ne} de Pluherlin.

Carcado, chât. f. bois et mⁱⁿ sur le ruiss. de ce nom, dit aussi *le Petit-Moulin,* c^{ne} de Saint-Gonnery; mⁱⁿ à vent en ruines, c^{ne} de Gueltas; étang baignant Saint-Gérand, Saint-Gonnery et le dép^t des Côtes-du-Nord. — Seigneurie; manoir.

Carcado (Ruisseau de) ou du Bois-Robert, aff. de l'Oust; il arrose Saint-Gérand et Saint-Gonnery, qu'il sépare du dép^t des Côtes-du-Nord.

Carcassier, ruiss. aff. de l'Arz; il arrose Pluherlin et Molac.

Cardanion, h. c^{ne} de Molac.

Cardavido, h. c^{ne} de Limerzel.

Cardelan, chât. et baie faisant partie de celle du Morbihan, c^{ne} de Baden. — Prieuré-chapellenie. — Seigneurie; manoir.

Cardeno, h. c^{ne} de Guégon.

Cardenoual, f. c^{ne} de Buléon.

Cardinal, mⁱⁿ à vent, c^{ne} de Mauron.

Cardinal, pointe et batterie sur l'Océan, c^{ne} de Port-Philippe.

Cardinaux (Les Grands et les Petits), rochers et basse sur l'Océan, près d'Hœdic.

Cardonnière (La), h. c^{ne} de Plœmeur.

Carec-Beaumer, roche. — Voy. Beaumer.

Carec-Bennard, roche sur la baie de Quiberon, côte de Carnac.

Carec-en-March, rocher sur l'Océan, près d'Hœdic.

Carec-en-Segal, roche sur la baie de Quiberon, côte de Carnac.

Carec-er-Villen, pointe de l'île de Houat, sur l'Océan.

Carec-Houat, rocher sur l'Océan, près de l'île de Houat.

Carec-Lagalas, roche sur l'Océan, côte de Saint-Pierre.

Carec-Pollan, roche sur la baie de Quiberon, côte de Carnac.

Carec-Rousse, roche sur la baie de Quiberon, côte de Locmariaquer.

Carenan, vill. c^{ne} de la Trinité-Porhoët.

Carentoir, c^{on} de la Gacilly. — *Carantoer, plebs condita,* 826 (cart. de Redon). — *Karantoer,* 864 (*ibid.*). — *Carentor,* 1179 (prieuré de Saint-Martin de Josselin). — *Karantoir,* 1430 (chât. de Kerfily). Doy. du dioc. de Vannes; par. siége de ce doyenné. — Sénéch. de Ploërmel; subd. de Malestroit. — Distr. de Rochefort; chef-lieu de c^{on} en 1790, transféré à la Gacilly en 1837.

Caresteville, éc. c^{ne} de Plumelec. — Seigneurie.

Carévin, h. c^{ne} de Pluherlin.

Carga (Le Haut et le Bas), h. c^{ne} de Porcaro.

Cargallé, vill. c^{ne} de Caden.

CARGIBON, vill. et ruiss. dit aussi *des Perrières*, affl. de celui du Moulin-Neuf, c^ne de Pluherlin.

CARGLIO, h. c^ne de Malansac.

CARGOUET, h. c^ne de Malguénac.

CARGOUET, h. c^ne de Ménéac.

CARGUET, pont sur le Léverin, reliant Loyat et Saint-Malo-des-Trois-Fontaines.

CARGUILLET, vill. c^ne de Malansac.

CARGUILLOTIN, h. c^ne de Pluherlin.

CARHAILLAN, vill. m^in et pont sur l'Yvel, c^ne de Mauron.

CARHAIX, vill. c^ne de Bréhan-Loudéac.

CARHAIX, f. c^ne de Trédion. — *Carahais*, manoir en la forêt de Brohun, 1533 (chât. du Brossais). — Seigneurie.

CARHAIX (PORTE DE), à Napoléonville. — Voy. HÔPITAL (PORTE DE L').

CARHEL, h. c^ne de Nivillac.

CARHON, vill. c^ne de Saint-Congard.

CARIAIS (LA), éc. c^ne de Carentoir.

CARIEL, vill. c^ne de Séné.

CARIGNON (CHEMIN DE), c^ne de Peillac.

CARINGA, h. c^ne de Malansac.

CARINGUÉ, vill. c^ne de Pluherlin. — *Kerenguel*, 1463 (chât. de Talhouet).

CARIO (LE), f. c^ne de Pleucadeuc.

CARISÉ, vill. c^ne de Guéhenno.

CARJAVEL, h. c^ne de Pluherlin.

CARLAHOUX, vill. c^ne de Caden.

CARLEVEAU, vill. c^ne de Pluherlin.

CARLEZ, chaussée sur la baie du Morbihan, côte de l'Île-aux-Moines.

CARMADILIO, vill. c^ne de Molac.

CARMAHÉ, éc. c^ne de Pluherlin.

CARMAISE, h. et m^in sur le Goarch-Moul, c^ne de Persquen.

CARMENAIS, h. et m^in sur l'Oust, c^ne de Saint-Servant. — Seigneurie.

CARMÈS, vill. et ponceau, c^ne de Neulliac.

CARMÈS, vill. c^ne de Saint-Tugdual. — *Kermaes*, 1430 (princip. de Rohan-Guémené).

CARMOIS, h. c^ne de Pluherlin. — Seigneurie.

CARMOISAN, h. c^ne de Pluherlin.

CARNABEC, vill. et lande dite *Noé-de-Carnabec*, c^ne de Guilliers.

CARNAC, c^on de Quiberon. — Par. du doy. de Pont-Belz. — Sénéch. et subd. d'Auray. — Distr. d'Auray.

CARNAILLÉ, h. c^ne de Molac.

CARNAL-LE-GOFF ou CARNAL-BRAS, vill. c^ne de Priziac.

CARNALO, m^in sur l'Aff et pont, c^ne de Carentoir.

CARNAL-UERVOI ou CARNAL-BIHAN, éc. c^ne de Priziac. — Seigneurie; manoir.

CARNÉ, vill. et f. c^ne de Noyal-Muzillac; m^in sur le Tohon, c^ne de Questembert. — Seigneurie; manoir.

CARNEL, vill. c^ne de Lorient.

CARNEL, f. c^ne de Plouay.

CARNEL (RUE DE), à Merville, c^ne de Lorient.

CARNÉ-LA-CHAPELLE, h. c^ne de Noyal-Muzillac. — Prieuré-chapellenie.

CARNÉLY, vill. c^ne de Questembert.

CARNISAN, h. c^ne de Molac.

CARNOËT, h. c^ne de Guidel. — Seigneurie.

CARNOGUIN, f. et pont sur le ruiss. du Pont-au-Roux, c^ne de Pluherlin. — *Quernoguent*, 1368 (chât. de Talhouet).

CARO, c^on de Malestroit. — *Caroth*, *plebs*, 833 (cart. de Redon). — *Charoht*, 1131 (prieuré de Saint-Martin de Josselin).

   Par. du doy. de Beignon. — Seigneurie. — Sénéch. et subd. de Ploërmel. — On attribue à Caro un *triens* du VIIe siècle qui porte la légende CARONTE (M. Bigot, *Ess. sur les monn. de Bret.*). — Distr. de Ploërmel; chef-lieu de c^on en 1790, supprimé en l'an X.

CARO (PONT), sur le Herbon, c^ne de Réguiny.

CAROILIN, h. c^ne de Limerzel.

CARORO, éc. c^ne de Pluherlin.

CAROUAL, éc. c^ne de Napoléonville.

CAROUGE, quartier du bourg de Guillac.

CAROUGE, vill. c^ne de Lizio.

CAROUGE (LE), h. c^ne de la Chapelle.

CAROUGE (LE), h. c^ne de Crédin.

CAROUGE (LE), h. c^ne de Saint-Guyomard.

CAROUGE (LE), vill. c^ne de Saint-Perreux.

CAROUGES (LES), h. c^ne de Josselin.

CAROUGET (LE), éc. c^ne de Loyat.

CARPALIÉE, basse sur l'Océan, près de l'île de Houat.

CARPEHAIE, vill. c^ne de Malansac.

CARPON (LE), h. c^ne de Saint-Gonnery.

CARRÉE (LA), lande, c^ne de Pleugriffet.

CARREFOUR (LE), b. c^ne de Saint-Nicolas-du-Tertre.

CARRIAUD, vill. c^ne de Nivillac.

CARRIÈRE (LA), éc. c^ne de Guémené.

CARRIÈRE (LA), éc. c^ne de Guer.

CARRIÈRE (LA), éc. c^ne de Josselin.

CARRIÈRE (RUE DE LA), à Guémené.

CARRIÈRE-DE-BOTLANN (LA), h. c^ne de Saint-Aignan.

CARRIÈRE-DE-SAINT-MÉLÉAN (LA), h. et éc. c^ne de Porcaro.

CARROUIS, vill. c^ne de Béganne.

CARROUX (CROIX DU), c^ne de la Trinité-Porhoët.

CANSALOUX, éc. c^ne de Caden.

CARTAGEO, éc. c^ne de Muzillac. — Seigneurie.

CARTALAY, éc. c^ne de Billio.

CARTUDO, vill. c^ne de Pluherlin.

CARUHEL, vill. c^{ce} de Guillac.

CARVARCH, vill. lande, éc. dit *Ty-lann-Carvarch* et ruiss. affl. de celui de Botmars, c^{ne} de Cléguérec.

CARVASIO, vill. c^{ne} de Molac.

CARVAZO, h. c^{ne} de Malguénac.

CARVEN, éc. c^{ne} de Langonnet.

CARVIN, h. c^{ne} du Palais.

CARVO, h. c^{ne} du Palais.

CAS (LE), éc. c^{ne} de Saint-Vincent.

CAS (RUISSEAU DU), affl. de l'Ysaugouet; il arrose Concoret, qu'il sépare du dép^t d'Ille-et-Vilaine.

CASCADE (LA), éc. c^{ne} de Napoléonville, et écluse sur le canal de Nantes à Brest.

CAS-DE-LA-FONTENELLE (LE), lande, c^{ne} de Porcaro.

CAS-DE-L'ÉPINE (LE), éc. c^{ne} de Pleugriffet.

CAS-DES-BOIS (LE), lande, c^{ne} de Guer.

CAS-DES-TÉNÉES (LE), lande, c^{ne} de Monteneuf.

CAS-DE-ZANGRAS (LE), lande, c^{ne} de Monteneuf.

CASERNE (PONT DE LA), sur le Blavet, à Napoléonville.

CASERNE (RUE DE LA), à Guémené.

CASPENBOIH, f. c^{ne} de Bignan. — *Garzpenboez,* 1461 (duché de Rohan-Chabot).

CASPERN, vill. c^{ne} du Palais.

CASPIÉRAQUIS, pointe de l'île d'Hœdic, sur l'Océan.

CASPRAIS, h. c^{ne} de Marzan.

CASSAC, h. c^{ne} de Néant.

CASSAG, vill. et pont sur le ruiss. de ce nom, c^{ne} de Radenac; ruiss. *du Pont-de-Cassac :* voy. SIVIAC (RUISSEAU DU PONT-DE-). — *Caczac,* 1414 (duché de Rohan-Chabot).

CASSANT, vill. c^{ne} de Nivillac.

CASSEREUX (LE), h. c^{ne} d'Allaire.

CASSEREUX (LE), éc. c^{ne} de Saint-Jacut.

CASSIÈRE (LA), h. et ruiss. affl. de la Vilaine, c^{ne} de Marzan.

CASSIÈRE (LA), lande, c^{ne} de Radenac.

CASTEILLON (LOGE), éc. c^{ne} de Guénin.

CASTEL (LE), éc. c^{ne} de Plumergat.

CASTEL (LE), chât. étang et mⁱⁿ sur le ruiss. de ce nom, c^{ne} de Saint-Servant; ruiss. *du Moulin-de-Castel :* voy. POUDLAN (RUISSEAU DE), et pont sur ce ruiss. reliant Saint-Servant et Quily. — Seigneurie; manoir.

CASTEL-BELAIR, éc. c^{ne} de Priziac. — Seigneurie.

CASTEL-COËT-EVEN, retranchement romain, c^{ne} de Ploerdut.

CASTELDEUC, vill. hauteur et éc. dit *Butte-de-Casteldeuc,* c^{ne} de Mohon.

CASTEL-EN-GUIVRE, pointe sur la baie du Morbihan, c^{ne} de l'Île-aux-Moines.

CASTEL-FINANS, bois et promontoire sur le Blavet, c^{ne} de Saint-Aignan.

CASTEL-GAL, vill. et pêcherie, c^{ne} de Lignol; pass. sur le Scorff, reliant Lignol et Inguiniel.

CASTELGUEN, éc. c^{ne} de Grand-Champ.

CASTEL-KERSEAUX, fort. — Voy. KERSEAUX.

CASTELLAN, chât. et f. c^{ne} de Saint-Martin. — Seign. manoir.

CASTELLIC, h. c^{ne} de Carnac.

CASTELLIN, mⁱⁿ sur le ruiss. de ce nom, lande et mⁱⁿ à vent, c^{ne} de Pluvigner; ruiss. *du Moulin-de-Castellin* (voy. GUILLEMIN).

CASTELLO, vill. c^{ne} de Kervignac.

CASTELLO, vill. et ruiss. affl. de l'Evel, c^{ne} de Moréac.

CASTELLO, éc. c^{ne} de Remungol.

CASTELLOU, h. c^{ne} de Lanvénégen.

CASTELLY, mⁱⁿ sur le ruiss. de ce nom, c^{ne} de Noyal-Muzillac; ruiss. *du Moulin-de-Castelly :* voy. SAINT-ÉLOI (LE), et pont sur ce ruiss. reliant Noyal-Muzillac et Muzillac.

CASTEL-MANÉ-ER-HOUED, retranchement romain, c^{ne} de Nostang.

CASTEL-MOHON, vill. partie c^{ne} de Bubry, partie c^{ne} de Persquen.

CASTEL-NÉHUÉ, vill. — Voy. CHÂTEAUNEUF.

CASTEL-PIQUET, h. partie c^{ne} de Napoléonville, partie c^{ne} de Cléguérec.

CASTEL-PÔ, éc. c^{ne} de Guénin.

CASTELRA, f. c^{ne} de Crach.

CASTEL-VOUDEN, retranchement ruiné, c^{ne} de Roudouallec.

CASTENNEC, vill. c^{ne} de Bieuzy; pointe formée par une sinuosité du Blavet; ruines d'un château fort. — *Sulim,* IIIe siècle (carte de Peutinger). — *Castellum Noëc,* 1066 (D. Morice, I, 430). — *Castrum Noïcum,* 1125 (cart. de Redon). — *Castrum Noyec,* 1387 (chap. de Vannes). — *Châtel-Noyec,* 1390 (duché de Rohan-Chabot).

Trève de Bieuzy au XVe siècle; figure même comme paroisse au XIVe siècle. — Seigneurie; anc. chât. siége primitif de la vicomté de Rohan.

CASTÉNOËT, h. c^{ne} de Camors.

CASTILY (LE), roche à l'embouchure de la Vilaine, côte de Pénestin.

CATAFRAIE, éc. c^{ne} de Grand-Champ. — Seigneurie.

CATAHA, vill. c^{ne} de Mauron.

CATANDE, éc. c^{ne} de Nivillac.

CATELO, vill. c^{ne} de Guégon.

CATELO, éc. c^{ne} de Saint-Gouvry. — *Catellou,* 1406 (duché de Rohan-Chabot).

CATENEUF, vill. c^{ne} de Carentoir. — *Katheneuc,* 1448 (seign. du Boisbrassu).

CATEQUÉ, éc. c^{ne} de Moréac.

CATHERINE (CROIX), c^{ne} de Saint-Marcel.

CatiguÉré, h. c^{ne} de Ménéac.

Catillez, vill. c^{ne} de Lizio. — Seigneurie.

Catillo, éc. c^{ne} de Lanouée.

Catravoy, h. c^{ne} de Guilliers.

Catredaie (La), vill. c^{ne} de Ménéac.

Catrevaux, f. et pont sur le Trévelo, c^{ne} de Limerzel.

Catric, m^{in} sur le Parc-Carré et m^{in} à vent, c^{ne} de Saint-Avé.

Catula (Le Grand et le Petit), vill. c^{ne} d'Ambon.

Catulat, éc. c^{ne} de Saint-Nolff.

Caudal, h. font. et ruiss. *de la Fontaine-de-Caudal*, affl. du Hédennec, c^{ne} d'Inguiniel.

Caudan, c^{ne} de Pontscorff; bois, batterie, chantier de construction pour la marine, et anse du *Chantier-de-Caudan*, sur le Scorff. — *Cauden*, 1411 (abb. de la Joie).

 Par. du doy. des Bois. — Sénéch. d'Hennebont; subd. de Lorient. — Distr. d'Hennebont.

Caudan, vill. c^{ne} de Noyal-Pontivy.

Caudrec, h. c^{ne} de Surzur.

Caudric, h. c^{ne} de Plœmeur.

Caulne, vill. c^{ne} de Loyat.

Caumonhic (Rue), à Vannes. — Voy. Ursulines (Rue des).

Caumont, vill. c^{ne} de Saint-Dolay.

Caunay (La), éc. c^{ne} de Caden.

Caunéden, vill. c^{ne} de Langoëlan.

Caurel, lieu-dit et bois dans le dép^t des Côtes-du-Nord; deux écluses sur le canal de Nantes à Brest, entre Saint-Aignan et le dép^t des Côtes-du-Nord.

Caussac, vill. et m^{in} sur le Ninian, c^{ne} de la Trinité-Porhoët. — *Causat*, métairie et m^{ies}, 1248 (duché de Rohan-Chabot).

Cavalon, vill. c^{ne} de Carentoir.

Cavalonnière (La), vill. c^{ne} de Saint-Vincent.

Cavan, h. c^{ne} de Neulliac. — Seigneurie.

Cave (La), éc. c^{ne} d'Allaire.

Cave (La), ruiss. affl. du Rodoir; descend de la Loire-Inférieure et arrose Nivillac dans le Morbihan.

Cavran, vill. c^{ne} de Saint-Malo-des-Trois-Fontaines. — Seigneurie.

Cavrangui, font. c^{ne} de Groix. — *Kerbranken*, lieu-dit, xiie siècle (abb. de Sainte-Croix de Quimperlé).

Cefprou, éc. c^{ne} de Guégon.

Célac (Le Grand et le Petit), vill. m^{in} sur le Keralvy et m^{in} à vent, c^{ne} de Questembert.

Célédio, h. c^{ne} de Noyal-Muzillac.

Célibert, h. c^{ne} de Noyal-Muzillac.

Cellier (Le), m^{in} sur le Doift, c^{ne} de Mauron.

Cendre (Rue de la), à Napoléonville.

Cendres (Rue des), au Faouet.

Céni (Île), sur l'Océan, près de Houat.

Centaine, éc. c^{ne} de Plumergat. — *Saintain*, manoir, xive siècle (chartreuse d'Auray). — Seigneurie.

Centre (Le), éc. et redoute sur l'Océan, c^{ne} de Groix.

Cerf (Bois du) et vill. *du Bois-du-Cerf*, c^{ne} de Moustoirac.

Cerf (Fontaine du), c^{ne} de Locoal-Mendon.

Cérillac, vill. c^{ne} de Questembert.

Centenais (La), vill. c^{ne} de Carentoir. — *La Sertenaye*, 1476 (seign. du Boisbrassu).

César (Butte de), tumulus. — Voy. Tumiac.

César (Camp de), ruines romaines, c^{ne} de Bangor.

César (Camp de), terrain, c^{ne} d'Erdeven.

César (Camp de), camp romain, c^{ne} de Saint-Avé.

César (Mont de), tumulus. — Voy. Mané-en-Il'noëk.

César (Pont de) ou des Espagnols, en ruines, dans la riv. d'Auray, près de cette ville.

Cevelin, lande et vill. dit *Lann-Cevelin*, c^{ne} de Caudan.

Cézel, f. c^{ne} de Bréhan-Loudéac.

Chabrol (Rue), à Napoléonville.

Chaffaud (Le), f. c^{ne} de Béganne.

Chaino (Croix), c^{ne} de Pleugriffet.

Chaise (Pont de la), sur les Guinets, reliant Josselin et la Croix-Helléan.

Chalandières (Les), marais, c^{ne} des Fougerêts.

Chalonges (Les), h. c^{ne} de Ménéac.

Chambelonne (La), lande, c^{ne} de Monteneuf.

Chambre-du-Large (La), b. c^{ne} de Crédin.

Chambres (Les), roches sur l'Océan, côte de Port-Philippe.

Champ (Maison du), éc. c^{ne} de Plœmeur.

Champ-Caulié (Le), lande, c^{ne} de Guer.

Champ-Chef (Le), h. c^{ne} de Pleugriffet.

Champ-Clos (Le), éc. c^{ne} de Béganne.

Champ-Collet (Le), h. c^{ne} de Monteneuf; ruiss. affl. de l'Oyon, qui arrose Monteneuf et Porcaro.

Champ-Court (Le), h. c^{ne} de Saint-Congard.

Champ-de-Bignan, h. c^{ne} de Bignan.

Champ-de-Foire (Le), à Josselin. — Voy. Fraiche (Le).

Champ-de-Foire (Place du), à Grand-Champ.

Champ-de-Foire (Place du), à Guer.

Champ-de-Foire (Place du), à Hennebont.

Champ-de-Foire (Place du), à Langoëlan.

Champ-de-Foire (Place du), à Malestroit.

Champ-de-Foire (Place du), à Napoléonville.

Champ-de-Foire (Place du), à Noyal-Pontivy.

Champ-de-Foire (Place du), à Rohan.

Champ-de-Foire (Place du), à Vannes.

Champ-de-Foire (Place et rue du), à Auray; la rue dite autref. *des Cordelières*, puis *du Loc*.

Champ-de-Foire (Place et rue du), à Guémené.

Champ-de-Hay (Le), éc. c^{ne} de Pleugriffet.

Champ-Énaud (Le), éc. c^{ne} de Guer.

Champ-Fablet (Le), éc. c⁰ᵉ de Saint-Samson.
Champ-Gauchard, vill. c⁰ᵉ de Vannes. — Seigneurie.
Champ-Gémi (Le), lande, c⁰ᵉ de Beignon.
Champ-Grionai (Le), éc. c⁰ᵉ des Fougeréts.
Champ-Guy (Le), vill. c⁰ᵉ de Béganne.
Championnais (La), f. c⁰ᵉ de Saint-Gorgon.
Championnais (Les), éc. c⁰ᵉ d'Allaire.
Champ-Loué (Croix du), c⁰ᵉ de Loyat.
Champ-Mahé, chât. dit aussi *Kermahé* et ruiss. affl. de la Bouloterie, c⁰ᵉ de Saint-Gorgon. — Seigneurie.
Champ-Pihal (Le), h. c⁰ᵉ des Fougeréts.
Champ-Rohan (Le), vill. c⁰ᵉ de Crédin.
Champs (Les), éc. mᶦⁿ et pont sur le ruiss. de ce nom, c⁰ᵉ de Languidic.
Champs (Les), h. c⁰ᵉ de Ménéac.
Champs (Ruisseau des), affl. du Sainte-Brigitte; il arrose Languidic, Nostang et Landévant.
Champs-Blancs (Les), h. et f. c⁰ᵉ de Campénéac.
Champs-Blancs (Les), lande, c⁰ᵉ de Pleugriffet.
Champ-Seule, éc. c⁰ᵉ d'Erdeven.
Champ-Thébaut (Le), éc. c⁰ᵉ de Ménéac.
Chanoines (Rue des), à Vannes; appelée successivement rue *des Prêtres*, *des Chanoines* ou *des Chants*, *de l'Égalité*, elle a repris le nom qu'elle portait en 1789.
Chanso, éc. c⁰ᵉ de Pluméliau.
Chantepie, vill. c⁰ᵉ de Lanouée.
Chanticoq, éc. et lande, c⁰ᵉ de Pluvigner.
Chants (Rue des), à Vannes. — Voy. Chanoines (Rue des).
Chapeau-de-Paille (Le), vill. c⁰ᵉ de Naizin.
Chapeau-de-Roche (Le), groupe de pierres, c⁰ᵉ de Pleucadeuc.
Chapeau-Rouge (Le), éc. c⁰ᵉ de Pluméliau.
Chapeau-Rouge (Le), éc. c⁰ᵉ de Vannes.
Chapelain (Ruisseau du), affl. du Scorff; il arrose Locmalo et Persquen. — Mⁱⁿ (auj. ruiné) sur ce ruiss. c⁰ᵉ de Locmalo.
Chapelainerie (La), éc. c⁰ᵉ de Théhillac.
Chapelle (Anse de la), sur l'Océan, côte de Sarzeau.
Chapelle (La), c⁰ⁿ de Malestroit; f. dite *la Basse-Chapelle*, dans la commune.

Trève de Ploërmel, sous le nom de *la Chapelle-sous-Ploërmel;* établissement d'instruction et de charité des sœurs du Saint-Esprit. — Comté; manoir dit *Basse-Chapelle.* — Cette seign. avait deux siéges de juridiction, l'un à Sérent, l'autre au quartier de Quintin à Malestroit. — Distr. de Ploërmel.
Chapelle (La), éc. c⁰ᵉ d'Allaire.
Chapelle (La), éc. c⁰ᵉ de Béganne.
Chapelle (La), éc. c⁰ᵉ de Camoël.
Chapelle (La), éc. c⁰ᵉ de Lanvénégen.
Chapelle (La), f. c⁰ᵉ de Molac.

Chapelle (La), éc. et deux mⁱⁿˢ à vent, c⁰ᵉ de Ploërmel. — Seigneurie.
Chapelle (Moulin à vent de la) et mⁱⁿ à eau sur le Veauvouan, c⁰ᵉ de Mauron.
Chapelle (Rue de la), rues à la Roche-Bernard et à Saint-Jean-la-Poterie.
Chapelle-des-Landes (La), h. c⁰ᵉ d'Allaire.
Chapelle-ès-Brières (La), vill. c⁰ᵉ de Guégon. — *Capella*, par. 1387 (chap. de Vannes). — *La Chapelle*, 1422 (*ibid.*). — Trève de la par. de Guéhenno, ancᵗ paroisse.
Chapelle-Gaceline (La), vill. c⁰ᵉ de Carentoir. — Trève de la par. de Carentoir.
Chapelle-Neuve (La), vill. c⁰ⁿ de Locminé. — Détaché de la c⁰ᵉ de Plumelin, il a été récemment érigé en commune.
Chapelle-Neuve (La), éc. c⁰ᵉ d'Inguiniel.
Chapelle-Neuve (La), éc. c⁰ᵉ de Langonnet.
Chapelle-Neuve (Ruisseau de la), de Tellené ou de Pont-Naizin, affl. du Tarun; il arrose Plumelin et Guénin.
Chapitre (Croix du), c⁰ᵉ d'Augan.
Charbon (Le) ou Charbon-Blanc, f. c⁰ᵉ d'Augan.
Charbonnerais (La), éc. c⁰ᵉ de Ploërmel.
Charbonnerie (La), h. c⁰ᵉ de Bignan.
Charbonnerie (Rue de la), à Guer.
Charbonnière (La), f. c⁰ᵉ de Carentoir.
Charbonniers (Chemin des), c⁰ᵉ de Grand-Champ.
Chardronnet, éc. c⁰ᵉ de Ploërmel.
Chariot (Le), basses et rochers sur l'Océan, près d'Hœdic.
Charles (Île), dans la baie du Morbihan, c⁰ᵉ de l'Île-d'Arz.
Charlic (Ruisseau de la Fontaine-), affl. du Locmaria, c⁰ᵉ de Ploëren.
Charlotte (Loge), éc. c⁰ᵉ de Camors.
Charrier, pont sur le ruiss. de ce nom, reliant Monteneuf et Augan; h. *du Pont-Charrier*, c⁰ⁿ d'Augan; ruiss. *du Pont-Charrier :* voy. Vaux (Ruisseau des); autre pont dit aussi *de la Grée-du-Pont*, sur l'Oyon, c⁰ᵉ d'Augan.
Chartour (Pont), sur le ruiss. de Saint-Niel, c⁰ᵉ de Saint-Gérand.
Chartres (Rue de), à Lorient; appelée, avant 1830, rue *d'Enghien.*
Chartreuse (La), anc. collégiale fondée au xivᵉ siècle en la par. de Brech par Jean IV, duc de Bretagne, en mémoire de la victoire qu'il avait remportée en ce lieu sur Charles de Blois, sous le nom de *Saint-Michel-du-Champ* ou *du Camp*, ou *d'Auray*, à cause du voisinage de cette ville; le duc François II remplaça, en 1480, la collégiale par un couvent de

chartreux.—Éc. dit *Moulin-de-la-Chartreuse*, bois et étang, c^ne de Brech.

Les bâtiments de la Chartreuse sont occupés auj. par un établissement de sourdes-muettes, sous la direction des sœurs de la Sagesse; on y a accolé en 1843 une chapelle sépulcrale destinée à recouvrir les restes des émigrés exécutés à la suite de l'expédition de Quiberon, en 1795.

CHARTREUSE (LA), chât. c^ne de Plœmeur.

CHASSONVILLE, lande, c^ne de Saint-Marcel.

CHASTELAIN (LE), éc. c^ne de Saint-Jean-Brévelay.

CHASTELIER (LE), éc. c^ne de Sulniac. — Seigneurie.

CHAT (LOGES), h. c^ne de Sainte-Brigitte.

CHAT (PONT AU), sur le ruiss. de ce nom, et ruiss. *du Pont-au-Chat*, affl. de l'Oust, c^ne de Saint-Gravé.

CHÂTAIGNERAIE (LA), f. c^ne de Campénéac.— Seigneurie.

CHÂTAIGNERAIE (LA), vill. c^ne de Guégon.

CHÂTAIGNERAIE (LA), éc. c^ne de Quistinic. —Seigneurie.

CHÂTAIGNERAIE (LA), vill. c^ne de Sainte-Brigitte.

CHÂTAIGNERAIE (LA), vill. c^ne de Saint-Nicolas-du-Tertre. — Seigneurie.

CHÂTAIGNERAIS, vill. c^ne de Réguiny.

CHÂTAIGNEREAU (LA), h. c^ne de Saint-Dolay.

CHÂTAIGNIÈRE (LA), vill. et m^in à vent, c^ne de Férel.

CHÂTAIGNIERS (LES), éc. c^ne de Rieux.

CHÂTAIGNIERS (RUE DES), rues à Pontscorff et à Saint-Jean-Brévelay.

CHÂTEAU (LE), éc. et lande, c^ne d'Augan.

CHÂTEAU (LE), vill. c^ne de Caden.

CHÂTEAU (LE), éc. c^ne de Caro.

CHÂTEAU (LE), éc. c^ne de Grand-Champ.

CHÂTEAU (LE), éc. c^ne de Kervignac.

CHÂTEAU (LE), éc. c^ne de Languidic.

CHÂTEAU (LE), h. c^ne de Larré.

CHÂTEAU (LE), éc. c^ne de Locmaria.

CHÂTEAU (LE), éc. c^ne de Moréac.

CHÂTEAU (LE), éc. c^ne de Nivillac.

CHÂTEAU (LE), vill. c^ne de Péaule.

CHÂTEAU (LE), roche sur l'Océan, côte de Plœmeur.

CHÂTEAU (LE), éc. c^ne de Plouharnel.

CHÂTEAU (LE), éc. c^ne de Pluméliau.

CHÂTEAU (LE), éc. c^ne de Quistinic.

CHÂTEAU (LE), éc. c^ne de Rochefort.

CHÂTEAU (LE), éc. c^ne de Saint-Jean-Brévelay.

CHÂTEAU (LE), vill. c^ne de Sulniac.

CHÂTEAU (LE), éc. c^ne de Theix.

CHÂTEAU (RUE DU), rues à Auray, au Faouet, à Guémené et à Pluvigner.

CHÂTEAU (RUE DU), à Josselin; m^in sur le Talva, dit aussi *Moulin-sous-le-Château*, même commune.

CHÂTEAU (RUE DU), dite aussi *des Douves-du-Château*, à Rochefort.

CHÂTEAU (RUISSEAU DU) et m^in sur ce ruiss. c^ne de Rohan. — Voy. PRÉ-AUX-FOUDRES (RUISSEAU DU).

CHÂTEAU-AU-LOUP (LE), éc. c^ne de Caden.

CHÂTEAU-BIGOT, lande, c^ne d'Augan.

CHÂTEAU-BINET, f. — Voy. BINET.

CHÂTEAU-BLANC (LE), vill. c^ne de Gourin.

CHÂTEAU-BLANC (LE), éc. et camp romain, c^ne de Plumelec.

CHÂTEAUBRIAND, éc. c^ne de Napoléonville.

CHÂTEAU-BRIANT (LE), éc. c^ne de Grand-Champ.

CHÂTEAU-BRILLANT, éc. c^ne de Plaudren.

CHÂTEAU-BRILLANT, éc. c^ne de Saint-Allouestre.

CHÂTEAU-COURTAUD, éc. c^ne d'Elven.

CHÂTEAU-D'EBECU, éc. c^ne de Questembert.—Seigneurie; ancien château, aujourd'hui détruit.

CHÂTEAU-DE-ROCHE, éc. c^ne de Vannes.

CHÂTEAU-DU-BOURG, éc. et bois, c^ne de Ploërdut.

CHÂTEAU-FOUQUET, éc. c^ne du Palais.

CHÂTEAU-GAILLARD, chât. c^ne de Napoléonville.

CHÂTEAU-GAILLARD, vill. c^ne de Pluneret.

CHÂTEAU-GAILLARD, éc. c^ne de Saint-Gonnery.

CHÂTEAU-GAILLARD (LE), éc. c^ne de Limerzel.

CHÂTEAU-MERLET, éc. c^ne de Billio; m^in sur le Sédon, c^ne de Cruguel. — Seigneurie; manoir.

CHÂTEAU-MERLET (RUISSEAU DU), affl. du Sédon; il arrose Billio et Cruguel.

CHÂTEAUNEUF, éc. c^ne de Bignan.

CHÂTEAUNEUF ou CASTEL-NÉHUÉ, vill. c^ne de Cléguer.

CHÂTEAUNEUF, vill. étang et m^in sur la Ville-Sotte, c^ne de Guéhenno. — Chât. auj. détruit; seigneurie unie à celle de Coëslo (duché de Rohan-Chabot).

CHÂTEAUNEUF, h. c^ne d'Hennebont.

CHÂTEAU-NEUF (LE), h. c^ne de Plouray.

CHÂTEAU-RIÉ, f. et ruiss. affl. du Lézudan, c^ne de Réguiny. — Seigneurie.

CHÂTEAU-TRÔ, m^in au confl. du Léverin et de l'Évriguet et m^in à vent, c^ne de Guilliers; ruiss. voy. LÉVERIN (LE). — *Castellum-Thro*, 1026 (cart. de Redon). Seigneurie; chât. auj. détruit, siége primitif de la seign. de Porhoët.

CHÂTEAU-VESSIER, h. c^ne de Bignan.

CHÂTELÈS, rue à Lorient. — Voy. ESNOUL-DES-CHÂTELETS (RUE).

CHÂTELET, pont et éc. dit *le Pont-Châtelet*, c^ne de Pleugriffet.

CHÂTELETS (LES), vill. partie c^ne de Lizio, partie c^ne de Quily.

CHÂTELIER (LE), m^in sur l'Aff, c^ne de Guer, et pont sur la même riv. reliant Guer au dép^t d'Ille-et-Vilaine.

CHÂTELLIER (LE), vill. c^ne de la Gacilly.

CHÂTELLIER (LE), h. c^ne de Saint-Gravé.

CHÂTIEUX (LES), h. c^ne de Lanouée.

Cuats (Les), basses et rochers, pointe et fort sur l'Océan, cⁿᵉ de Groix.

Chats (Les), basse sur l'Océan, côte de Plœmeur.

Chat-Troussé (Le), éc. cⁿᵉ de Saint-Dolay.

Chaubusson, vill. cⁿᵉ de Ménéac.

Chauchix (Le), chât. et fᵃ, cⁿᵉ de Ménéac. — Seigneurie; manoir.

Chauchix (Le), vill. cⁿᵉ de la Trinité-Porhoët.

Chaud-Bouillon (Le), éc. cⁿᵉ d'Elven.

Chaude-Ville, f. cⁿᵉ de Caro.

Chaudron (Ruelle du), à Josselin.

Chaudron-du-Diable (Le), cromle'ch, cⁿᵉ de Plouhinec.

Chaudronnier (Le), roche sur l'Océan, côte de Plouhinec.

Chaud-Village (Le), f. cⁿᵉ de Pleucadeuc.

Chauffaux (Le), vill. cⁿᵉ de Carentoir.

Chaumière (La), éc. cⁿᵉ de Guidel.

Chaumière (La), éc. cⁿᵉ de Plouay.

Chaumière (La), éc. cⁿᵉ de Saint-Martin.

Chaumissel, f. cⁿᵉ de Pleucadeuc.

Chaupas, chapelle isolée et lande, cⁿᵉ de Plaudren.

Chaussée, ruiss. affl. du Trévelo et lande, cⁿᵉ de Limerzel; un autre ruiss. sans nom particulier, descend de la même lande et se jette dans la Garenne.

Chaussée (La), vill. partie cⁿᵉ de Carentoir, partie cⁿᵉ de Guer.

Chaussée (La), éc. cⁿᵉ de Cléguérec.

Chaussée (La), grotte naturelle, île de Groix.

Chaussée (La), f. et ruiss. affl. de celui du Pont-au-Moine, cⁿᵉ de Loyat. — Seigneurie.

Chaussée (La), h. cⁿᵉ de Malansac. — Seigneurie.

Chaussée (La), h. cⁿᵉ de Saint-Vincent.

Chaussée (La Haute et la Basse), vill. cⁿᵉ de Glénac.

Chaussée (Lande de la), cⁿᵉ de Pluherlin.

Chaussée (Lande de la), cⁿᵉ de Questembert.

Chaussée (Pont de la), cⁿᵉ de Cruguel.

Chaussée (Pont de la), sur le ruisseau de la Lande-du-Minerai-de-Coëtquidan, cⁿᵉ de Guer.

Chaussée (Pont de la), sur la Foliette, reliant Guer au dépᵗ d'Ille-et-Vilaine.

Chaussée (Pont de la), sur le ruiss. du Pont-ès-Marchands, cⁿᵉ de Monteneuf.

Chaussée (Vieux Chemin de la) : il sort de Campénéac et traverse la cⁿᵉ de Beignon.

Chaussepot, lande, cⁿᵉ de Saint-Congard.

Chausses-Rouges (Chemin des), cⁿᵉ de Beignon.

Chauvaille (La), bois, cⁿᵉ de Peillac. — Seigneurie.

Chauvelaie (La), vill. cⁿᵉ de Carentoir. — Seigneurie.

Chauvelaie (La), vill. cⁿᵉ de Concoret.

Chauzel, mⁱⁿ sur le ruiss. de ce nom, cⁿᵉ de Quistinic.

Chauzel (Ruisseau du Moulin-de-). — Voy. Poblaye-le-Neds (Ruisseau de).

Chazelles (Cours), promenade à Lorient, en dehors des murs, sur la route de Kerentrech.

Chazelles (Place et rue), à Pluvigner.

Cué (Pont), sur un petit ruiss. sans nom particulier, affl. de l'Oust, cⁿᵉ de Saint-Samson.

Crédanne, éc. cⁿᵉ de Sérent.

Chédeville, h. cⁿᵉ de Ménéac.

Chef-Bédée, h. cⁿᵉ de Saint-Brieuc-de-Mauron.

Chefdeville, éc. et bois, cⁿᵉ de Napoléonville. — Seigneurie; manoir en la par. de Noyal-Pontivy.

Chefdeville, h. cⁿᵉ de Saint-Guyomard.

Chefrouan, vill. cⁿᵉ de Pleugriffet.

Chélais (Ruisseau de la Noë-), affl. de la Claye; arrose Saint-Marcel, Bohal et Sérent.

Chelleraies (Les), bois, cⁿᵉ d'Augan.

Chemau, h. cⁿᵉ d'Allaire.

Chemaudières (Les), lande, cⁿᵉ de Saint-Malo-de-Beignon.

Chemin (Le), éc. cⁿᵉ de Peillac.

Chemin-Abandonné (Fontaine du), cⁿᵉ d'Inguiniel; ruisseau de la Fontaine-du-Chemin-Abandonné, affl. du ruiss. de Langle, arrose Inguiniel et Lanvaudan.

Chemin Creux, chemin, cⁿᵉ de Missiriac.

Cheminerie (La), éc. cⁿᵉ d'Allaire.

Chemin-Herbu (Le), h. cⁿᵉ de Ruffiac.

Chemin Mortuaire, chemin, cⁿᵉ de Saint-Dolay.

Chemin Neuf, chemin qui traverse les cⁿᵉˢ de Peillac, Saint-Jacut et Allaire.

Chemins Redonais, fragments de chemins, cⁿᵉ de Peillac, se dirigeant vers Redon, dans l'Ille-et-Vilaine.

Chênaie (La), vill. cⁿᵉ d'Allaire.

Chênaie (La), éc. f. étang, bois et ruiss. affl. de celui du Vincin, cⁿᵉ d'Arradon. — Seigneurie; manoir.

Chênaie (La), vill. cⁿᵉ de Carentoir.

Chênaie (La), f. cⁿᵉ de Campénéac.

Chênaie (La), f. cⁿᵉ de la Chapelle.

Chênaie (La), ruiss. affl. du Sédon, arrose Cruguel et Guégon; mⁱⁿ sur ce ruiss. cⁿᵉ de Cruguel.

Chênaie (La), mⁱⁿ sur le Loch, cⁿᵉ de Grand-Champ. — Prieuré du vocable de Sᵗᵉ-Catherine. — Seign.

Chênaie (La), éc. cⁿᵉ de Lanouée.

Chênaie (La), h. cⁿᵉ de Peillac.

Chênaie (La), h. cⁿᵉ de Saint-Gorgon.

Chênaie (La), vill. cⁿᵉ de Saint-Malo-des-Trois-Fontaines.

Chênaie-aux-Vêques (La), éc. cⁿᵉ de Sérent. — Seign.

Chênaie-du-Vieux-Four (La), bois, cⁿᵉ de Guer.

Chênais (La), vill. cⁿᵉ de Tréal.

Chênais-Morio (La), éc. cⁿᵉ de Lizio. — Seigneurie.

Chenal (Basse du), sur l'Océan, entre Plœmeur et la presqu'île de Gâvre.

Chenal (Basse du), sur l'Océan, entre Quiberon et Houat.

CHENAY, min à vent, cne de Caro.
CHÊNE (LE), f. cne de Béganne.
CHÊNE (LE), éc. cne de la Chapelle.
CHÊNE (LE), vill. cne de la Gacilly.
CHÊNE (LE), h. cne de Guer. — Seigneurie.
CHÊNE (LE), vill. cne de Lizio.
CHÊNE (LE), h. cne de Malansac.
CHÊNE (LE), h. cne de Molion.
CHÊNE (LE), h. cne de Ploërmel.
CHÊNE (LE), h. cne de Saint-Gorgon.
CHÊNE (LE GRAND et LE PETIT), h. partie cne de Porcaro, partie cne de Monteneuf.
CHÊNE (RUE DU), rues à Napoléonville et à Saint-Abraham.
CHÊNE-AU-LEU (LANDE DU), cne de Crédin.
CHÊNE-AU-TERTRE (LE), f', cne de Caden.
CHÊNE-AU-VENT (LE), éc. cne de Malansac.
CHÊNE-AUX-LOUVETEAUX (LE), h. cne d'Allaire.
CHÊNE-DAVID (LE), h. cne de Ruffiac.
CHÊNE-DE-LA-BRUYÈRE (LANDE DU), cne de Guer.
CHÊNE-DOMINÉ (LANDE DU), cne de Guer.
CHÊNE-DRÉAN (LE), f. cne de Caden.
CHÊNE-DRÉAN (LE), h. cne des Fougerêts.
CHÊNE-DU-FRÊNE (LE), éc. cne de Ploërmel.
CHÊNE-GUILLÉ (CROIX DU), cne de Malansac.
CHÊNE-HÉLEUC (LE), h. cne de Carentoir.
CHÊNE-JULES (LE), vill. cne de Saint-Gorgon.
CHÊNE-LAINÉ (LE), h. cne de Glénac.
CHÊNE-MINIER (LE), h. cne de Missiriac.
CHÊNE-ORAN (LE), f. cne de Ploërmel. — Seigneurie.
CHÊNE-PITEL, éc. cne de Guégon.
CHÊNE-RENAUD (LE), vill. cne d'Allaire.
CHÊNES (LES), vill. cne d'Allaire.
CHÊNES (LES), vill. cne d'Allaire (dist. du précédent).
CHÊNE-TORT (LE), f. cne de Carentoir.
CHÊNE-TRESSELEUC (LE), vill. cne de Carentoir.
CHÊNE-VERT (LE), f. cne de Ploërmel. — Seigneurie.
CHÊNE-VERT (LE), f. cne de Rieux.
CHÊNO (LE), éc. cne de Peillac.
CHÊNO (LE), éc. cne de Saint-Jacut.
CHÊNOS (LE), f. cne de Saint-Jean-la-Poterie.
CHÉNOT (FONTAINE DU), cne de Beignon.
CHÉNOT (LE), éc. cne des Fougerêts.
CHÊNOT (LE), ruiss. affl. du Pébusson; il arrose Monteneuf.
CHÉNOT (LE), h. cne de Porcaro.
CHÉNOT (LE), éc. cne de Saint-Martin.
CHENOT (NOË DU), lande, cne de Pleugriffet.
CHENOTERIE (LA), éc. cne d'Allaire.
CHERBONNAIE (LA), h. cne de Peillac.
CHERBONNET (LE), h. cne d'Allaire.
CHESNAIE (LA), vill. cne de Guilliers. — Seigneurie.

CHESNAIE (LA), vill. cne de Ménéac.
CHESNAIE (LA), vill. cne de Saint-Gravé. — Seigneurie.
CHESNAIS (LA), vill. cne des Fougerêts.
CHESNOT (LE HAUT et LE BAS), h. cne de Ménéac; le Bas-Chesnot est aussi appelé le Chesnot-Brûlé.
CHEUVERT (LE), vill. cne de Pluméliau.
CHEVAL (LE), rocher sur l'Océan, entre Groix et le Port-Louis.
CHEVAL-BLANC (LE), éc. cne de Plumelin.
CHEVAL-BLANC (LE), h. partie cne de Pluneret, partie cne de Plumergat.
CHEVALERIE (LA), vill. cne de Béganne.
CHEVAL-NOIR (LE), éc. cne de Vannes.
CHEVAUX (ÎLE AUX) et chaussée sur l'Océan. — Voy. MALEVANT.
CHEVELAYE (LA), vill. cne de Carentoir. — Seigneurie.
CHEVILLARDIÈRE (LA), éc. cne de Béganne.
CHEVILLÈGE (LA) ou LA MAISON-DU-DIABLE, éc. cne de Vannes.
CHÈVRE (LA), rocher sur l'Océan, près d'Hœdic.
CHEVREAU (LE), roche à l'entrée de la baie du Morbihan, côte d'Arzon.
CHÈVRES (RUE DES), à Landévant.
CHEZ-BARBIER, éc. cne de Malansac.
CHEZ-BENOIST, éc. cne de Malansac.
CHEZ-BERTUE (CROIX DE), cne de Malansac.
CHEZ-BOISSEL, h. et f. cne de Pluherlin.
CHEZ-BOIXEL, vill. cne de Questembert.
CHEZ-BRIAND, éc. cne de Malansac.
CHEZ-CAUDARD, vill. cne de Peillac.
CHEZ-CHARLES, h. cne de Malansac.
CHEZ-DANILET, h. cne de Saint-Gravé.
CHEZ-DANILO, éc. cne de Malansac.
CHEZ-DANTO, h. — Voy. VILLAGE-DANTO (LE).
CHEZ-DRÉAN, h. cne de Malansac.
CHEZ-DUBOIS, h. cne de Saint-Gravé.
CHÈZE (LA), lieu-dit du départ. des Côtes-du-Nord; ruiss. voy. LIÉ (LE).
CHEZ-FILLEUL ou LA VILLE-FILLEUL, éc. cne de St-Gravé.
CHEZ-FILLEUL, h. cne de Saint-Gravé (dist. du précédent).
CHEZ-GAUDIN, h. cne de Pluherlin.
CHEZ-GOMBEAUD, h. cne de Caden.
CHEZ-GRATIEN, éc. cne de Caden.
CHEZ-GUIDOUX, éc. cne de Saint-Gravé.
CHEZ-GUILLOUCHE, éc. cne de Caden.
CHEZ-GUYOT (PONT DE), sur le ruiss. du Val-au-Moulin, cne de Caden.
CHEZ-HANLAY, éc. cne de Caden.
CHEZ-HÉLARD, éc. cne de Caden.
CHEZ-HERVY, h. cne de Caden.
CHEZ-JÉGO, éc. cne de Caden; pont sur le Trévelo, qui relie Caden et Limerzel.

Chez-Labouro, vill. c⁻ᵉ de Molac.
Chez-Launay, h. cⁿᵉ de Caden.
Chez-le-Brée, éc. cⁿᵉ de Malansac.
Chez-le-Court, h. cᵉᵉ de Peillac.
Chez-le-Méhat, éc. cⁿᵉ de Caden.
Chez-les-Corre, éc. cᵇˢ de Pluherlin.
Chez-les-Dubois, h. cⁿᵉ de Pluherlin.
Chez-les-Duval, éc. cⁿᵉ de Pluherlin.
Chez-les-Évain, f. cⁿᵉ de Pluherlin.
Chez-les-Glais, éc. cᵇᵉ de Pluherlin.
Chez-les-Glomeaux, vill. cⁿᵉ de Pluherlin.
Chez-les-Grimaud, h. cⁿᵉ de Pluherlin.
Chez-les-Maderan, vill. cᵇᵉ de Pluherlin.
Chez-les-Ménézo, vill. cⁿᵉ de Saint-Jean-Brévelay.
Chez-les-Moines, h. cⁿᵉ de Saint-Gravé.
Chez-les-Quello, éc. cⁿᵉ de Questembert.
Chez-les-Simon, h. cⁿᵉ de Molac.
Chez-le-Tailleur, éc. cⁿᵉ de Saint-Gravé.
Chez-Louer, vill. cⁿᵉ de Malansac.
Chez-Loyl, h. cᵇᵉ de Limerzel.
Chez-Marie-Peaut, f. cⁿᵉ de Trédion.
Chez-Marot, f. cⁿᵉ de Trédion.
Chez-Menaud, vill. cⁿᵉ d'Allaire.
Chez-Miaude, éc. cⁿᵉ de Malansac.
Chez-Moricet, h. cⁿᵉ de Malansac.
Chez-Morin, éc. cⁿᵉ de Malansac.
Chez-Morin, éc. cⁿᵉ de Saint-Jacut.
Chez-Naba, éc. cⁿᵉ de Plumelec.
Chez-Nicot, h. cⁿᵉ de Caden.
Chez-Noury, h. cⁿᵉ de Caden.
Chez-Pételaud, éc. cⁿᵉ de Malansac.
Chez-Philippo, h. cⁿᵉ de Saint-Gravé.
Chez-Pinaud, vill. et mⁱⁿ à vent, cⁿᵉ de Caden.
Chez-Pissot, éc. cⁿᵉ de Malansac.
Chez-Potier, éc. cⁿᵉ de Pluherlin.
Chez-Ridel, vill. cⁿᵉ de Caden.
Chez-Rio (Pont de), sur le ruiss. du Val-au-Moulin, cⁿᵉ de Caden.
Chez-Riochon, vill. et éc. cⁿᵉ de Caden.
Chez-Rivalain, h. cⁿᵉ de Peillac.
Chez-Rousseau, h. cⁿᵉ d'Allaire.
Chez-Roussel, h. et ruiss. affl. de celui du Moulin-Neuf, cⁿᵉ de Malansac.
Chez-Thébeaud, vill. cⁿᵉ de Trédion.
Chez-Thorel, éc. cᵇᵉ de Caden.
Chez-Vony, éc. cⁿᵉ de Caden.
Chicane (La), h. cⁿᵉ de Lantillac.
Chicanette (Sente), chemin, cⁿᵉ de Porcaro.
Chicanette (Sente de la), chemin qui sort de Campénéac, traverse Augan et se dirige vers Guer.
Chiens (Les) ou le Comte, mⁱⁿ sur le ruiss. de Kerihuel, cⁿᵉ de Guidel.

Chiens (Maison-des-), éc. — Voy. Ville-Boulart (La).
Chistro (Le Grand et le Petit), h. cⁿᵉ de Camors.
Chivello, h. cⁿᵉ de Plougoumelen.
Choisel, h. cⁿᵉ de Glénac.
Choiseul, ruiss. dit aussi de la Fontaine-de-Notre-Dame-de-la-Grâce ou Goarch-Moul, affl. de celui du Chapelain; il arrose Bubry, Locmalo et Persquen. — Mⁱⁿ sur ce ruiss. et mⁱⁿ à vent, cⁿᵉ de Bubry.
Choiseul (Le Haut et le Bas), fⁿ* et ruiss. voy. Saint-Nicolas (Ruisseau de), pont sur ce ruiss. et bois, cⁿᵉ de Guer.
Cholec (Le), éc. et ruiss. affl. du Kerdréan-Brandivy, cⁿᵉ de Grand-Champ.
Cholo, h. cⁿᵉ de Pluvigner.
Chouan (Bois), cⁿᵉ de Grand-Champ.
Chouanaie (La), éc. cⁿᵉ de Mauron.
Chouanière (La), éc. cⁿᵉ de Péaule.
Chouanière (La), vill. et lande, cⁿᵉ de Pleugriffet.
Chouanère (La), éc. cⁿᵉ de Plumelin.
Chouannière (La), f. cⁿᵉ de Carentoir. — Seigneurie.
Chouannière (La), f. cⁿᵉ de Glénac. — Seigneurie.
Chouannière (La), éc. cⁿᵉ de Limerzel.
Choulais (La), vill. cⁿᵉ de Tréal.
Choudigner, vill. cⁿᵉ du Palais.
Chuquen (Le), mⁱⁿ sur le Saint-Jean, cⁿᵉ de Cléguérec.
Cilio, éc. et bois, cⁿᵉ de Monteneuf.
Cince, h. cⁿᵉ de Pleudren.
Cinq-Chemins (Croix des) et éc. cⁿᵉ de Brech.
Cinq-Chemins (Lande des), cⁿᵉ de Monteneuf.
Cinq-Chemins (Les), vill. cⁿᵉ de Guidel.
Cirry, h. cⁿᵉ de Marzan.
Citadelle (Pont de la), au Palais, sur le port.
Citadelle (Rue de la), au Port-Louis.
Citerne (Ruelle de la), au Blanc, cⁿᵉ de Lorient.
Cladeux, vill. cⁿᵉ de Réminiac; ruiss. (voy. Gardeux).
Claie (Fontaine et mare de la), cⁿᵉ de Monteneuf.
Claie (La), riv. — Voy. Claye (La).
Claie (La) ou le Glute, mⁱⁿ sur le Hédennec, cⁿᵉ d'Inguiniel. — Ancienne seigneurie.
Claie (Pont de), sur le Raimond, reliant Caro et Saint-Abraham.
Claie (Pont de la), à Radenac. — Voy. Pont-Neuf (Le).
Claie (Pont de la), sur le ruiss. de la Ville-Oger, reliant Radenac et Lantillac.
Claie (Pont de la), sur le ru des Arches, cⁿᵉ de Ruffiac.
Claies (Les), éc. cⁿᵉ de Carentoir.
Claies (Les), h. cⁿᵉ de Radenac.
Claies (Les), vill. cⁿᵉ de Sulniac.
Claire-Fontaine (Rue de la), à Guer.
Clan, éc. cⁿᵉ de Guillac.
Clandy, vill. et ruiss. affl. du Guernic, cⁿᵉ de Noyal-Pontivy.

CLANDY (Le), vill. et m^in sur le Tarun, c^ne de Loc-miné.

CLANDY (Le), éc. c^ne de Meslan.

CLANDY (Le), éc. c^ne de Moréac.

CLANDY (Le), h. c^ne de Plumelin.

CLANDY (Le), h. c^ne de Séglien.

CLARAY (Butte de), lande, c^ne de Saint-Congard.

CLARTÉ (Fontaine de la), c^ne de Baud.

CLARTÉ (La), vill. c^ne de Lauzach, et font. c^ne de Surzur.

CLAUSE (La), éc. c^ne de Nivillac. — Seigneurie.

CLAVELAIE (La), vill. c^ne de la Chapelle.

CLAVERIE (Rue de la), à Hennebont.

CLAYARIC, éc. c^ne de Plaudren.

CLAYE (La) ou CLAIE, riv. affl. de l'Oust; arrose Saint-Allouestre, Bignan, Saint-Jean-Brévelay, Plaudren, Plumelec, Trédion, Saint-Guyomard, Sérent, Bohal, Saint-Marcel, Pleucadeuc et Saint-Congard; m^in sur cette riv. c^ne de Bohal, et pont c^ne de Saint-Jean-Brévelay; autre m^in et autre pont sur la même riv. c^ne de Plumelec. — *Cles, fluvius*, 826 (cart. de Redon). — *Cleffs*, 1433 (chât. de Kerfily). — *Cleiffs*, 1445 (*ibid.*). — *Cleix*, 1452 (*ibid.*). — *Cleys*, 1461 (duché de Rohan-Chabot).

CLAYES (Ruisseau du Douet-des-) : voy. GRANDES-NOËS (Les); lande dite *Commun-de-la-Butte-du-Douet-des-Clayes*, c^ne de Pleucadeuc.

CLAYO, h. c^ne de Baud.

CLAYO, éc. c^ne de Brech.

CLAYO, éc. c^ne de Guénin.

CLAYO, f. c^ne de Noyal-Muzillac.

CLAYO (Le), éc. c^ne d'Arradon.

CLAYO (Le), ou LE FAUX, ruiss. qui prend sa source dans le dép^t des Côtes-du-Nord, arrose Croixanvec et Saint-Gérand et se jette dans l'étang de Carcado.

CLAZEUL, éc. et f. c^ne de Carentoir. — Seigneurie.

CLÉ (Le), éc. c^ne de Saint-Jean-Brévelay.

CLÉACU, h. et deux m^ins à vent, c^ne de Guidel.

CLÉBRAN, h. c^ne de Moréac.

CLÉBRIS, h. c^ne de Noyal-Pontivy.

CLÉBUZUR, vill. c^ne de Gueltas.

CLECH (Le), h. et éc. c^ne de Guidel.

CLÉCHAN, éc. c^ne de Baud. — Seigneurie.

CLÉCUNERH, éc. c^ne de Baud. — Seigneurie.

CLÉDAN, éc. c^ne de Sulniac.

CLÉDAN (Ruisseau de) ou DE RODULBODEN, affl. de l'Arz; il arrose Trédion, Plaudren et Elven. — M^in sur ce ruiss. et h. c^ne de Plaudren.

CLEF (Le), h. c^ne de Locoal-Mendon.

CLÉGAN, éc. c^ne de Crédin.

CLÉGRIO, h. c^ne de Guéhenno. — Seigneurie.

CLÉGUENNEC, f. c^ne de Naizin. — Seigneurie; manoir.

CLÉGUER, c^ne de Pontscorff. — *Cleker, eleemosina*, 1160 (D. Morice, I, 638). — *Clecguer*, XIIe siècle (abb. de Sainte-Croix de Quimperlé). — *Clequer, parr^e*, 1280 (D. Morice, I, 1051).

Par. du doy. des Bois; établissement de chevaliers de Saint-Jean de Jérusalem. — Sénéch. et subd. d'Hennebont. — Distr. d'Hennebont.

CLÉGUER, h. c^ne de Noyalo.

CLÉGUER, ruiss. voy. ÉLOI (Saint-); m^in sur ce ruiss. et h. c^ne de Sulniac. — Seigneurie.

CLÉGUÉREC, arrond^t de Napoléonville.— *Clegeruc, plebs*, 871 (cart. de Redon). — *Cleguereuc*, 1314 (duché de Rohan-Chabot).

Par. du doy. de Guémené. — Sénéch. de Ploërmel; subd. de Pontivy. — Distr. de Pontivy; ch.-l. de c^on en 1790.

CLÉGUÉREC, f. c^ne de Plougoumelen.

CLÉGUÉREUX, h. c^ne d'Allaire; ruiss. affl. de la Gouacraie, arrose Allaire et Béganne.

CLÉGUREN, h. c^ne de Pluméliau.

CLÉHABOIS, f. c^ne de Réguiny.

CLÉUERLAN, h. c^ne de Questembert.

CLÉHERN, vill. c^ne d'Inzinzac.

CLÉHERSE, h. c^ne de Calan; pont sur le ruiss. de ce nom, reliant Calan et Lanvaudan; ruiss. *du Pont-de-Cléherne* : voy. TROIS-RECTEURS (Ruisseau des); éc. *du Pont-de-Cléherne*, c^ne de Lanvaudan.

CLÉHINET, éc. c^ne de Guégon.

CLÉHURY, éc. c^ne de Bignan. — *Cloezengoueli*, aliàs *Clezoeli* et *Clezoeri*, 1461 (duché de Rohan-Chabot).

CLEISSE (Le), h. marais, pont sur le ruiss. de ce nom et autre pont sur le Plessis, c^ne de Theix; ruiss. voy. GOUVELLO (Le). — Seigneurie.

CLÉMENÇAIS, vill. c^ne de Réminiac.

CLÉQUIN, éc. c^ne de Plumelin.

CLÉREVEN, h. c^ne de Locoal-Mendon.

CLERGAN, vill. c^ne de Crédin.

CLERGEREL, ruiss. (voy. CARBOUÈDE); m^in sur ce ruiss. f. dite *Cour-de-Clergerel*, lande, m^in à vent et étang, c^ne de Pluherlin. — *Kergleret*, 1547 (chât. de Talhouet). — *Kerglerec*, 1558 (*ibid.*). — Seigneurie; manoir.

CLÉRIGO (Le), m^in sur le ruiss. du Parc-Carré, c^ne de Saint-Avé.

CLÉRIGO (Le), h. et ruiss. affluent de celui des Prés-Lobréan, c^ne de Surzur.

CLÉRIGO (Le), ruiss. dit aussi *de Trégat* ou *de Tréduday*, affluent de celui du Moulin-du-Baron; il arrose Treffléan et Theix. — M^in sur ce ruisseau.

CLÉRIGO (Le), h. et m^in à vent, c^ne de Theix. — Seigneurie; manoir.

CLERVÉGAN, vill. partie c^ne de Saint-Gouvry, partie c^ne de Crédin.

CLÉSIO, h. c^ne de Moréac.

Clésio (Le), h. cne de Guchenno.

Clésio (Le), h. et ruiss. affl. du Tarun, cne de Plumelin.

Clésio (Le Grand et le Petit), h. cno de Bignan.

Clestivant, h. cne de Plumelin. — Prieuré-chapellenie.

Clestro (Le), h. cne d'Elven.

Clestro (Le), éc. cne de Trefléan.

Cleu (Le), vill. cne de Tréal.

Cleuduron, h. cne de Gourin.

Cleustrou, vill. cne de Lanvénégen.

Cleutiou, chât. et h. cne de Priziac.

Cleuziou, vill. cne de Langonnet.

Cleuziou, vill. cno de Lanvénégen.

Clévaleuc, vill. cne de Pleugriffet.

Cleyeu (Croix), cne de Porcaro.

Clézio, min à vent, cne de Caden.

Clézio, h. et bois, cne de Kerfourn.

Clézio (Le), vill. cne de Neulliac. — Seign. manoir.

Clibéran, éc. cne de Crédin.

Clidu (Le), éc. et min à vent, cne de Pénestin.

Clibin (Rue du), à Plœmeur.

Climoël, h. cne de Plumelin.

Clinchap, h. et min sur le Breil, cne de Plumelin. — Seigneurie.

Clinceo, h. cne d'Inguiniel.

Clio (Le), vill. cne de Campénéac. — Seigneurie.

Clio (Le), chât. fie, étang et min à vent, cne de Caro.— *Le Cleyo*, 1534 (chât. de Kerfily). — *Le Clyo*, 1550 (*ibid.*). — Deux seign. (Haut et Bas Clio); manoirs.

Clio (Le), vill. cne de Mauron. — Seigneurie.

Clio (Le), h. cne de Plaudren.

Clio (Le), éc. cne de Saint-Dolay. — Seigneurie.

Cliscoët, h. cne de Plœren.

Cliscouet, h. cne de Surzur; pont sur le ruiss. du Pont-Bugat, reliant Surzur et Theix.

Cliscouet (Le Grand et le Petit), vill. et ruiss. qui se jette dans la baie du Morbihan, cne de Vannes.

Clissia, h. cne de Mauron.

Clisson (Rue), à Lorient.

Clit (Le), h. cne de Peillac.

Clitoret, h. cne de Cléguérec.

Cliviny, h. cne de Crédin; pont sur le Camet, reliant Crédin et Pleugriffet.

Cloc (Le), vill. cne de Lizio.

Cloc (Le), vill. cne de Mauron.

Clodic (Pont du), sur le ruiss. de Ravaguen, reliant Saint-Gérand et Croixanvec.

Cloedeneo, pointe sur l'Océan, cne de Pénestin.

Cloistre (Le), ruines d'un chât. cne de Lorient.

Cloître (Chapelle du). — Voy. Sainte-Anne, cne de Plumélian.

Cloître (Le), chapelle et bois dit *Coët-er-Cloître*, cne de Grand-Champ.

Cloître (Le), chapelle isolée et bois, cne de Quistinic.

Cloître (Le), h. cne de Saint-Aignan.

Clos (Le), f. cne d'Allaire.

Clos (Le), h. cne de Guer.

Clos (Le), éc. cne de Malansac.

Clos (Le Grand et le Petit), fie, cne de Saint-Gorgon.

Clos (Les), h. cne de Saint-Guyomard. — Seigneurie.

Clos (Moulin à vent du), cne de Rieux.

Clos (Rue du), à Pluvigner.

Clos-Arraud (Le), vill. cne de Guer.

Clos-Barré (Le), éc. cne de Saint-Jacut.

Clos-Bidaut (Le), éc. cne de Rieux.

Clos-Blaye (Le), h. cne de Monterrein.

Clos-Boschet (Le), h. et pont sur le ruiss. du Pont-ès-Marchands, cne de Monteneuf. — Seigneurie.

Clos-Bras (Puits du), cne de Séné.

Clos-Calvé, h. cne de Riantec.

Clos-Caro (Le), éc. cne de Caro.

Clos-Chapel (Le), vill. cne de Monteneuf.

Clos-Chenel (Le), f. cne d'Augan.

Clos-de-Noche (Le), f. cne de Saint-Jean-la-Poterie.

Clos-des-Bouillons (Fontaine du), cne d'Augan.

Clos-du-Pou (Fontaine du), cne d'Augan.

Clos-du-Tertre (Le), vill. cne de Molion.

Clos-du-Val (Le), vill. cne de Saint-Malo-des-Trois-Fontaines.

Closeau (Le), éc. cne de Plumelin.

Closel (Le), éc. cne de Peillac.

Clos-Fenal (Le), éc. cne de Riantec. — *Le Clez-Fin*, 1387 (abb. de la Joie).

Clos-Gerguy (Le), h. cne d'Augan.

Clos-Goudal (Le), h. cne de Ménéac.

Clos-Havard (Le), h. cne de Ploërmel. — Seigneurie.

Clos-Hazel (Le), h. cne de Ploërmel. — Seigneurie.

Closiaux (Fontaine des), cne d'Augan.

Closiaux (Les), h. cne de Concoret.

Clos-Kerbrehouet, éc. cne de Quistinic; ruiss. (voy. Kerbrehouet).

Clos-Laurent (Le), éc. cne de Gourhel.

Clos-Marqué (Le), h. cne d'Augan. — Seigneurie.

Clos-Moizan (Le), vill. cne de Taupont.

Clos-Moren (Pont), sur le Ruah-Vras, cne de Theix.

Closmoureaux, éc. cne d'Elven.

Closne (Le), vill. cne de Saint-Jacut.

Closne (Le Grand et le Petit), fie, éc. et min à vent, cne de Noyal-Muzillac. — Seigneurie.

Clos-Neuf (Le), éc. cne de Ménéac.

Clos-Neuf (Le), éc. cne de Pleucadeuc. — Seigneurie.

Clos-OEillard (Le), éc. cne de Ploërmel.

Clos-Poirier (Le), fie, cne de Guer. — Seigneurie.

Clos-Rio (Étien du), ruiss. affl. de la Vilaine; il arrose Saint-Dolay.

CLOS-ROUAU (LE), lande, c^ne de Pleugriffet.
CLOS-ROUX (LE), éc. c^ne de Saint-Martin.
CLOS-TATARD (LE), éc. c^ne de Cournon.
CLOSTERGU, pointe sur l'Océan, c^ne de Pénestin.
CLOTE, éc. et pont sur l'Er-Roah, c^ne de Plaudren.
CLOTORIO (LE), vill. c^ne de Caden.
CLÔTURE (LA), éc. c^ne de Caro.
CLÔTURE (LA), h. c^ne de Gueltas.
CLÔTURE-DE-L'ÉPINE (CHEMIN DE LA), c^ne de Peillac.
CLÔTURE-NORMANDE (LA), éc. c^ne de Saint-Jean-la-Poterie.
CLÔTURE-PICHON (CHEMIN DE LA), c^ne de Saint-Jacut.
CLÔTURES (LES), h. c^ne de Glénac.
CLÔTURES-MACÉ (CHEMIN DES), c^ne de Peillac.
CLOUCARNAC, vill. c^ne de Carnac.
CLOUESTRO (LE), vill. c^ne de Kervignac.
CLOCTERIE (LA), éc. c^ne de Lanouée.
CLOUZE (LE), éc. c^ne de Berné.
CLOZO (LE), f. c^ne de Larré.
CLOZO (LE), h. et pont sur le ruiss. du Moulin-de-Cochelin, c^ne de Locoal-Mendon.
CLUD, éc. et pont sur le ruiss. du Pont-Normand, c^ne de Plumergat. — Seigneurie.
CLUNBRAS, éc. c^ne de Gourin.
CLUNDÉROFF, h. c^ne de Roudouallec.
CLUNYOU-GUÉNEN, éc. c^ne de Guiscriff.
COACREN, vill. c^ne de Ploërdut. — *Quoetcren*, 1391 (princip. de Rohan-Guémené).
COACREN (RUISSEAU DE), aff. du Pont-Rouge; il arrose Ploërdut et Saint-Tugdual.
COAT-AN-HAIE, vill. c^ne du Faouët.
COAT-AN-VERN, vill. c^ne de Gourin. — Seigneurie.
COAT-ABAN, h. c^ne de Langonnet.
COAT-AUDREN, h. c^ne de Langonnet.
COAT-CADO, vill. c^ne de Berné.
COATCANT, h. c^ne de Guidel.
COAT-COFF, vill. c^ne de Guidel.
COAT-CONAL, h. c^ne du Saint.
COAT-CUNEC, h. c^ne de Plumergat. — *Coetguéfenec*, 1633 (séuéch. d'Auray).
COAT-DIGO, vill. c^ne de Plumergat. — *Quoetigou*, 1414 (carmes de Sainte-Anne).
COATDOR, chât. et f. c^ne de Guidel. — Seign. manoir.
COAT-DUET, vill. c^ne de Priziac.
COAT-EN-MALO, vill. c^ne de Guidel.
COAT HARPE, h. c^ne de Gourin.
COAT-LEN, h. c^ne de Langonnet.
COAT-LORET, h. c^ne du Faouët.
COAT-MEN, vill. c^ne du Saint.
COAT-MONACH, vill. c^ne de Plouray.
COAT-NAON, h. c^ne du Saint.
COAT-NOC, éc. c^ne de Plumergat.

COATOLÉ, h. c^ne de Guidel.
COAT-QUENVEN, éc. c^ne du Faouët. — Seigneurie.
COAT-QUEVRAN, m^in sur le Langonnet, c^ne de Langonnet.
COAT-QUILVERN, éc. et bois, c^ne de Roudouallec.
COAT-ROUHAL, vill. c^ne de Guidel.
COAT-VITRÉ, h. c^ne de Guiscriff.
COAT-VOD (BRAS et BIHAN), vill. c^ne du Saint.
COCARY, éc. c^ne de Nivillac.
COCASTEL, éc. c^ne de Monterblanc.
COCASTEL, h. c^ne de Priziac.
COCUARD (PONT), sur le ruisseau du Bourg-Pommier, reliant Limerzel et Questembert.
COCHARDAIS (LA), éc. c^ne de Ruffiac.
COCHARDERIE (LA), h. c^ne de Molac.
COCHE (PONT), sur le ruiss. de ce nom, et ruiss. *du Pont-Coche*, aff. de celui de la Fontaine-de-Saint-Guénaël, c^ne de Pluvigner.
COCHELIN, vill. m^in sur le ruiss. de ce nom et m^in à vent, c^ne de Locoal-Mendon.
COCHELIN (RUISSEAU DU MOULIN-DE-), dit aussi *des Landes-de-Brech*, *de Roze* ou *Étier-du-Pont-de-Lesdours*, aff. de l'Étel; il arrose Brech et Locoal-Mendon.
COCHON (LE), rocher sur l'Océan, près d'Hœdic.
COCHON (LE), roche sur l'Océan, côte de Plœmeur.
COCHON (LE), roche sur l'Océan, côte de Port-Philippe.
COCHON (LE GRAND et LE PETIT), roches sur l'Océan, côte de Plœmeur.
COCHONS (PLACE AUX), places au Faouët, à Gourin et à Napoléonville.
COCODIÈRE (LA), h. c^ne de Saint-Dolay.
COCONEC, h. et ponceau, c^ne de Saint-Thuriau. — *Couetconec*, 1249 (abb. de Bon-Repos).
COCRIS (LE), h. c^ne de Saint-Dolay.
CODENET, h. c^ne de la Chapelle. — Seigneurie.
CODEVENT, vill. c^ne de Radenac. — *Coeteven*, 1454 (duché de Rohan-Chabot).
CODUANT, f. c^ne d'Augan.
COËBIS, bois s'étendant en Trédion et Saint-Guyomard; f. dite *la forêt de Coëbis*, c^ne de Trédion.
COËDEL, basse sur l'Océan, c^ne de Saint-Gildas-de-Rhuis.
COËDIC (LE), éc. c^ne de Belz.
COËDIC (LE), chât. c^ne de Réminiac.
COËDIGO, vill. m^in et pont sur le Sédon, c^ne de Guégon.
COËDIGO, h. c^ne de Guégon (distinct du lieu précédent).
COËDIGO (LE), h. c^ne de Larré.
COËDIGO (LE), h. c^ne de Lauzach.
COËDIGO (LE), h. c^ne de Plœren.
COËDIGO-KERILIS, vill. c^ne de Saint-Avé.
COËDIGO-KERPORH, h. c^ne de Saint-Avé.
COËDIGO-MALENFANT, vill. c^ne de Saint-Avé. — Seigneurie; manoir.
COËDINIO, h. c^ne de Muzillac.

Coëdo (Le), h. c^{ne} de Bieuzy.

Coëlannec, éc. c^{ne} de Cléguérec.

Coëllo, vill. c^{ne} de Guégon. — Seigneurie.

Coëlo, mⁱⁿ à vent. — Voy. Colledo (Le Haut et le Bas).

Coëlot (Le Haut et le Bas), vill. c^{ne} de Pleugriffet. — — Quoillou, xive siècle (duché de Rohan-Chabot).

Coëqui, vill. c^{ne} de Caden.

Coëtanfao, chât. f^{re} et bois, c^{ne} de Séglien. — Seigneurie; anc. château.

Coëtano, landes et vill. dit *Loges-des-Landes-Coëtano*, c^{ne} de Bubry; ruiss. voy. Brulé (Ruisseau de).

Coët-a-Touse, vill. et pont sur le ruiss. de ce nom, c^{ne} de Carnac; ruiss. voy. Gouyandeur (Le).

Coët-Auquer, h. c^{ne} de Baud. — *Quoitoquer*, 1312 (duché de Rohan-Chabot).

Coët-Auquer-Nénèse, éc. c^{ne} de Baud.

Coët-Bedivy, éc. c^{ne} de Guénin.

Coët-Belve, éc. c^{ne} de Pluvigner.

Coët-Bihan, éc. c^{ne} de Monterblanc.

Coët-Bihan, vill. mⁱⁿ sur le ruiss. de ce nom et mⁱⁿ à vent, c^{ne} de Questembert. — Ruines d'un chât. féodal qui a succédé à un retranchement romain.

Coët-Bihan (Ruisseau de). — Voy. Bourg-Pommier (Ruisseau du).

Coët-Bilec, bois, c^{ue} de Grand-Champ.

Coët-Bily, h. c^{ne} de Languidic.

Coët-Blavet, h. c^{ne} de Quistinic.

Coëtbo, chât. et bois, c^{ne} de Guer. — Siége de la seigneurie de Guer; manoir.

Coët-Bodélio, bois, c^{ne} de Grand-Champ.

Coët-Bourbon, vill. c^{ne} de Baud. — Seigneurie.

Coët-Boveneu, éc. c^{ne} de Pluvigner; ruiss. affl. du Loch, qui arrose Grand-Champ et Pluvigner.

Coët-Bugat, vill. c^{ne} de Guégon. — D'abord par. puis trève de Guégon; prieuré du vocable de Notre-Dame, membre de l'abb. de Saint-Jean-des-Prés.

Coëtbuman, éc. c^{ne} de Melrand.

Coëtby, éc. c^{ne} de Grand-Champ.

Coëtcandec, chât. et f. c^{ue} de Grand-Champ. — Seigneurie; manoir.

Coët-Castel, h. c^{ne} de Férel.

Coëtciec, h. c^{ne} de Naizin.

Coëtcodu, h. bois, vivier, font. et ruiss. *de la Fontaine-de-Coët-Codu*, affl. du Kerlann, c^{ne} de Langoëlan. — Seigneurie; manoir.

Coëtcoët, vill. c^{ne} de Guénin.

Coët-Colay, vill. c^{ne} de Languidic.

Coëtcon, h. c^{ne} de Guénin.

Coët-Cougam, vill. et ruiss. affl. du Gouyandeur, c^{ne} de Carnac.

Coët-Cougan, h. c^{ne} de Plougoumelen.

Coët-Courio, éc. c^{ne} d'Inzinzac.

Coët-Couron, chât. et f. c^{ne} de Férel. — Seigneurie; manoir.

Coët-Courzo, h. et mⁱⁿ sur la riv. d'Auray, c^{ne} de Locmariaquer. — Seigneurie.

Coët-Courzo, éc. c^{ne} de Pluvigner.

Coëtcranne, vill. c^{ne} de Landévant.

Coët-Creiz, éc. c^{ne} de Lignol.

Coët-Cuhan, h. c^{ne} de Grand-Champ.

Coët-Cuic, h. et bois, c^{ne} de Locmalo. — Seigneurie.

Coët-d'Amour, h. — Voy. Bois-d'Amour.

Coëtdan, mⁱⁿ sur le ruiss. de ce nom, lande, h. dit *Lande-de-Coëtdan* et mⁱⁿ à vent, c^{ne} de Naizin; ruiss. (voy. Stimoës) et pont sur ce ruiss. reliant Naizin et Réguiny.

Coëtdec, vill. c^{ne} de la Croix-Helléan.

Coëtdenan, éc. c^{ne} de Pleugriffet; autre éc. dit *Loge-de-Coëtdenan*, c^{ne} de Réguiny; lande s'étendant en Pleugriffet et Réguiny; ruiss. *de la Lande-de-Coëtdenan :* voy. Perche (La).

Coët-Dihuel, ruiss. dit aussi *de Sensec*, affl. du Pontoir; il arrose Priziac et Berné.

Coëtdiquel, éc. mⁱⁿ sur le ruiss. de Brulé et bois, c^{ne} de Bubry. — Seigneurie.

Coëtdo, vill. c^{ne} de Naizin.

Coëtdo (Bras et Bihan), h. partie c^{ne} de Saint-Tugdual, partie c^{ne} de Plouray.

Coët-Drian, éc. c^{ne} de Landévant.

Coëtec, f. et bois, c^{ne} de Vannes. — Seigneurie.

Coëtel, h. c^{ne} de Landévant.

Coët-en-Ars, éc. c^{ne} de Plouray.

Coët-en-Olichon, éc. c^{ne} d'Inzinzac.

Coët-en-Ours (Bras et Bihan), h. c^{ne} de Lignol. — *Quoetennours*, 1414 (princip. de Rohan-Guémené).

Coët-er-Bigot, h. c^{ne} de Saint-Tugdual.

Coët-en-Boper, vill. c^{ne} de Napoléonville.

Coët-en-Bouruis, vill. c^{ne} de Cléguérec.

Coët-er-Breder, bois, c^{ne} de Napoléonville.

Coët-er-Crocq, ruiss. dit aussi *du Moulin-de-Coëter-Crocq* (voy. Bois-du-Crocq); mⁱⁿ sur ce ruiss. c^{ne} de Plouay.

Coët-er-Garf, f^{re}, dont une dite *Cour-de-Coët-er-Garf*, c^{ne} d'Elven. — Seigneurie; manoir.

Coët-er-Garff, éc. et lande, c^{ue} de Grand-Champ. — Seigneurie; manoir.

Coët-er-Glas, vill. c^{ne} de Moréac.

Coët-er-Gon, h. c^{ne} de Grand-Champ.

Coët-en-Houarne, vill. c^{ne} de Baud. — Seign. manoir.

Coët-er-Hour, h. c^{ne} de Carnac.

Coët-er-Lann, h. et bois, c^{ne} de Locoal-Mendon. — Seigneurie.

Coët-er-Man, éc. c^{ne} de Kervignac. — Seigneurie.

Coët-en-Marc, éc. c^ne de Quistinic.

Coët-en-Martyr, bois, c^ne de Grand-Champ.

Coët-en-Pagne, éc. c^ne de Languidic. — *Quoet-en-Paign, villa*, 1282 (abb. de la Joie).

Coët-en-Roué, h. c^ne de Locmariaquer.

Coët-en-Sal, h. c^ne de Bignan.

Coët-en-Samedy, h. c^ne de Plouray.

Coëtervec, h. c^ne de Landévant. — Seigneurie.

Coët-en-Ven, h. c^ne de Languidic.

Coët-eur-Verger, éc. c^ne de Caudan.

Coët-Even, vill. éc. dit *Loge-Coët-Even*, m^in sur le Restihuilio et anc. chât. en ruines, c^ne de Ploërdut. — Seigneurie.

Coët-Evenec, vill. partie c^ne de Languidic, partie c^ne de Landévant, et pont sur le ruiss. de Sainte-Brigitte, reliant ces deux communes.

Coëtpao, vill. c^ne de Neulliac.

Coët-Faix, éc. c^ne de Cléguérec. — Seigneurie.

Coëtfave, f. c^ne de Plouay.

Coëtforn (Bras et Bihan), vill. c^ne de Caudan.

Coët-Ganquis, vill. c^ne de Camors.

Coët-Garrec (Loge de), éc. c^ne de Quistinic.

Coëtinuel, éc. c^ne de Sarzeau. — Seign. manoir.

Coëtillec, éc. c^ne de Persquen.

Coëtinec, éc. c^ne de Cléguérec.

Coët-Izec, vill. et h. dit *Loges-Coët-Izec*, c^ne d'Inguiniel. — Seigneurie.

Coët-Jéou, vill. c^ne de Plumergat. — *Coetjagu*, 1457 (carmes de Sainte-Anne).

Coët-Kerven, h. c^ur de Melrand.

Coëtlagat, h. c^ne de Vannes. — Seigneurie.

Coëtlardic, éc. c^ne de Ploërdut.

Coëtleu (Le Haut et le Bas), vill. et lande, c^ne de Saint-Conjard. — *Coitlouh, aula*, 848 (cart. de Redon). — Anc. résidence des comtes de Vannes.

Coëtlézo, éc. c^ur de Baud.

Coëtligné, h. et m^in sur le Saint-Maudé, c^ne de Baud. — Seigneurie; manoir.

Coëtloch, h. c^ne d'Inzinzac.

Coët-Lous, éc. c^ne de Ploërdut. — *Coetlouch*, 1393 (princip. de Rohan-Guémené).

Coëtlctume, éc. c^ne de Cléguer.

Coëtmado, bois, c^ne de Kervignac. — Seigneurie connue sous le nom de *Coetmadeuc*.

Coët-Magouer, chât. vill. et ruiss. affl. du Kerdoutel, c^ne de Pluvigner. — Seigneurie; manoir.

Coëtmagouet, vill. c^ne de Pleugriffet. — *Quoitmeguer*, aliàs *Quoitmogar*, et bois, xive s^e (duché de Rohan-Chabot).

Coët-Marguerite, éc. c^ne de Plouray.

Coëtméan (Le Haut et le Bas), vill. c^ne de Guégon. — Seigneurie.

Coëtmec, h. font. et ruiss. *de la Fontaine-de-Coëtmec*, qui se jette dans l'étang de Kerollin, c^ne de Lanvaudan. — Seigneurie.

Coët-Mégan, vill. m^in sur le ruiss. du Pont-du-Roch et deux m^ins à vent, c^ne de Languidic.

Coëtmel, éc. c^ne de Moustoirac.

Coëtmélec, h. c^ne de Ploërdut.

Coëtmenan, vill. c^ne de Bieuzy.

Coëtmeur, h. c^ne de Malguénac.

Coëtmeur, vill. c^ne de Mohon.

Coëtmeur, h. c^ne de Réguiny. — Seigneurie.

Coët-Milix, vill. et m^in sur le Pont-Rouge, c^ne de Saint-Tugdual.

Coët-Monternet, bois c^ne de Grand-Champ.

Coët-Morel, vill. c^ne de Carentoir.

Coëtmorin, éc. c^ne de Plumelin.

Coët-Moru, vill. m^in sur l'Oust et bois, c^ne de Crédin.

Coët-Moustoir, vill. c^ne de Cléguérec.

Coëtnan, vill. c^ne de Malguénac. — Seign. manoir.

Coët-Neblech, f. c^ne de Plouay. — Seigneurie.

Coëtniel, h. bois et éc. dit *Coët-Coëtniel*, c^ne de Guern. — Seigneurie; manoir.

Coët-Nohennec, vill. c^ne de Cléguérec.

Coët-Nouzic, h. c^ne de Locmalo; pont sur le ruiss. du Pont-Douar, reliant Locmalo et Guémené.

Coët-Novent, h. et font. c^ne de Plaudren; ruiss. *de la Fontaine-de-Coët-Novent*, affl. de celui du Pont-de-Ténériou, qui arrose Plaudren et Plumelec.

Coëtny, h. c^ne de Plumelec.

Coëtorgant, vill. c^ne de Quistinic.

Coët-Panner, h. c^ne de Saint-Tugdual.

Coët-Per, h. c^ne d'Inzinzac.

Coët-Piaric, éc. c^ne de Languidic.

Coëtpidan, éc. c^ne de Moréac.

Coëtpidan, éc. c^ne de Naizin. — Seigneurie.

Coëtplat, h. c^ne de Bignan.

Coët-Pocher, éc. c^ne de Saint-Tugdual.

Coëtprat, vill. et bois, c^ne de Gueltas; écluse à la jonction de l'Oust et du canal de Nantes à Brest. — *Coetpras*, 1264 (duché de Rohan-Chabot). — *Quoetbras*, 1270 (*ibid.*).

Coët-Prégen, f. et bois, c^ne de Langoëlan. — Seign.

Coëtpren, h. c^ne de Quistinic.

Coëtquelan, vill. c^ne de Saint-Samson; pont dit *le Pas-de-Coëtquelan*, sur le Beauval, reliant Saint-Samson et Bréhan-Loudéac.

Coët-Quenach, vill. c^ne de Grand-Champ.

Coëtquenau, f. c^ne de Sarzeau. — Seigneurie.

Coët-Quennec, h. c^ne de Camors.

Coëtquidan, lande s'étendant en Augan, Guer, Beignon et Porcaro; minière, c^ne de Guer; m^in à vent, c^ne d'Augan.

Coët-Quintin, h. et bois, cne de Plœmel. — *Coetquerintin*, autrement dit *Tymat*, xviiie siècle (sénéch. d'Auray). — Seigneurie; manoir.

Coët-Quistenic, éc. cne de Plouray.

Coët-Rialan, vill. cne de Languidic. — Seigneurie.

Coëtrin, éc. cne de Berric.

Coëtriolet, éc. cne de Berric.

Coëtrival, h. cne de Landévant. — Seigneurie.

Coët-Rivalain, vill. cne de Séglien.

Coët-Rivas, f. min sur le ruiss. de ce nom, bois et min à vent, cne de Kervignac; ruiss. *du Moulin-de-Coët-Rivas* : voy. Kerlivio (Ruisseau de). — Seigneurie érigée en baronnie en 1636; manoir.

Coëtno, éc. cne de Plumergat; anc. manoir en ruines. — Seigneurie.

Coët-Roch, vill. et min à vent, cne de Silfiac.

Coët-Rohan, bois, cne de Grand-Champ.

Coët-Runello, éc. cne de Plouray.

Coët-Sacu, vill. et bois, cne de Camors.

Coët-Sal, chât. f. bois et min sur la Sale, cne de Plumergat; éc. dit *Vieux-Coët-Sal* ou *Coh-Coët-Sal*, cne de Pluneret. — Seigneurie; manoir.

Coët-Sapins, h. — Voy. Bot-Sapins.

Coët-Sarre (Bras et Bihan), h. cne de Bubry.

Coëtservy, vill. cne de Mohon.

Coët-Sulan (Bras et Bihan), vill. cne de Melrand. — Seigneurie.

Coëtsurho, vill. cne de Muzillac.

Coët-Treulann, bois, cne de Grand-Champ.

Coët-Trévrat, h. — Voy. Trévrat.

Coëtuhan, chât. f. et bois, cne de Bréhan-Loudéac. — Seigneurie; manoir.

Coëtuhan, chât. f. et bois, cne de Saint-Thuriau. — Prieuré. — Seigneurie; manoir.

Coëtuhan (Ruisseau de) ou de Pont-eur-Ler, affl. de l'Ével; il arrose Saint-Thuriau, Moustoir-Rémungol et Rémungol.

Coët-Ulaire (Ihuel, Izel et Creize), villages, cne de Plouay. — *Coet-Guiler, villa*, 1281 (abb. de la Joie). — *Quoetgouler*, 1308 (*ibid.*). — *Coeteuler*, 1503 (*ibid.*). — Seigneurie.

Coët-Ulaire-en-Hoët, h. cne de Plouay.

Coëtvin, vill. cne de Baud.

Coëtzo, bois, cne de Pluherlin.

Coffournic, éc. cre de Sarzeau. — Seigneurie.

Coffourno, éc. cne de Saint-Allouestre.

Cognel (Le), éc. cne de Bignan.

Cognet (Croix du), cne de Pleugriffet.

Cogniais (Butte des), lande, cne de Porcaro.

Coguen, font. cre de Noyal-Pontivy; ruiss. *de la Fontaine-Coguen* : voy. Guernic.

Coh (Croix), cne de Ploërdut.

Coualan, éc. cne de Mohon.

Couan, éc. cne de Peillac.

Cohan (Pont), sur le ruiss. de ce nom, reliant Bignan et Moustoirac; ruiss. *du Pont-Cohan* : voy. Ilizen.

Couanno, h. bois, étang et pont sur le ruiss. de la Lande-de-Borne, cne de Surzur. — Seign. manoir.

Couazé (Le), vill. et pont sur le ruiss. de ce nom, cne de Saint-Thuriau; ruiss. voy. Saint-Thuriau (Ruisseau de).

Coh-Cabec, roche sur l'Océan, entre Houat et Hœdic.

Coucanvès, vill. cne de Neulliac.

Coh-Castel, h. cne de Bignan.

Coh-Castel (Butte de) et retranchement romain sur cette butte, cne de Trefléan.

Coucazec, éc. cne de Guern.

Cou-Couédo, éc. cne de Pluméliau.

Cohéno (Le), h. cne de Belz.

Coheu, éc. cne de Naizin.

Cou-Fetan, h. cue de Pluméliau.

Coh-Fournic, rocher sur l'Océan, près d'Hœdic.

Coh-Fourno, f. cue de Crach.

Couic (Le), min sur le Kerpont et min à vent, cne de Caudan.

Couic (Rue), à Napoléonville. — Voy. Malguénac (Rue de).

Cohignac, vill. min à eau et bois, cne de Berric; ruiss. voy. Saint-Éloi (Le). — Seigneurie; manoir.

Cohignac, h. et min sur le Stanven, cne de Plouray. — Seigneurie; manoir.

Cou-Panc (Le), h. cne de Saint-Samson.

Cou-Parco, éc. cne de Plaudren. — Seigneurie.

Cou-Pont, pont sur le Bellec, cne de Grand-Champ.

Cou-Pont, pont sur le Beuval, reliant Saint-Samson et Bréhan-Loudéac.

Cou-Poru (Le), éc. cne de Sarzeau.

Cou-Quen, éc. cne de Baden.

Couquer, éc. cne de Monterblanc.

Cou-Quer, h. cne de Priziac.

Coutier, f. cne de Bignan.

Cou-Ty, éc. cne de Belz.

Cou-Ty (Le), f. cne de Bignan.

Cou-Vélin ou le Vieux-Moulin, éc. cne de Plaudren.

Couvot (Le), éc. cne de Bignan.

Coïcaly, h. cne de Nivillac.

Coïcrel, f. cne de Caden. — Seigneurie.

Coïcrello (Le), vill. et bois, cne de Nivillac.

Coïdelo (Le Haut et le Bas), fes et étang, cne de Pleucadeuc. — *Coethaéloc, villa*, 848 (cart. de Redon).

Coïdelo (Ruisseau de). — Voy. Grandes-Noës (Ruisseau des).

Coïffaux, h. cne de Limerzel.

Coïgnel, éc. cne de Locminé.

Morbihan.

Coignet (Rue du), à Mauron.

Coigno (Le), éc. cne de Pluméliau; pont sur l'Ével, reliant Pluméliau et Rémungol.

Coilan, h. cne de Saint-Dolay.

Coillic, vill. cne de Nivillac.

Coillis, ruiss. qui arrose Théhillac et Saint-Dolay.

Coïmena, vill. et ruiss. affl. du Trévelo, cne de Caden. — *Coet-Menach*, 1690 (présid. de Vannes). — Seign.

Coin (Le), éc. cne du Guerno.

Coin (Le), éc. cne de Theix.

Coin-de-l'Or (Le), f. cne de Saint-Abraham. — *Le Couendelor*, 1444 (hôpit. de Malestroit). — *Le Coigndelor*, 1460 (chât. de Kerfily). — Seigneurie.

Coin-du-Bois (Le), h. cne de Saint-Nolff.

Coin-du-Parc (Le), h. — Voy. Parc (Le).

Coingarh (Bras et Bihan), h. cne de Pluméliau.

Coipion (Ruisseau du Marais de), affl. du ruiss. du Moulin-du-Rocher; il arrose Théhillac, d'où il entre dans le dép' de la Loire-Inférieure.

Coiplan, f. et bois, cne de Guer. — Seigneurie.

Coiqueneuc, vill. cne de Tréal.

Coiquéneux, éc. cne de Saint-Jacut.

Coiquel, vill. cne de Nivillac.

Coiscalin, f. cne de Caro.

Cojan (Maison), éc. cne de Napoléonville.

Col (Le), vill. cne d'Augan.

Côlais, h. cne de Limerzel.

Colany, h. cne de Réguiny; ruiss. voy. Herbon (Le).

Colaret, vill. cne de Caden; bois s'étendant en Caden et Malansac.

Colbert (Rue), à Lorient. — Voy. Hôpital (Rue de l').

Coldan, h. cne de Férel.

Colé, éc. cne de Billio. — Seigneurie.

Colédic (Le), Bras et Bihan, vill. cne de Langoëlan. — Le Colédic-Bihan est dit aussi *Stang-le-Moulin*.

Colénan, vill. cne de Melrand; ruiss. affl. du Camblen, qui arrose Guern et Melrand.

Colenno (Le Grand et le Petit), vill. cne de Muzillac; pont sur le ruiss. de ce nom, reliant Muzillac et Noyal-Muzillac; ruiss. *du Pont-Colenno*, affl. du Saint-Éloi, arrose Muzillac, Ambon et Noyal-Muzillac.

Coléo (Le), éc. cne de Saint-Jean-Brévelay.

Colet (Loge), éc. cne de Sainte-Brigitte.

Coletty (Le), vill. cne de Locmaria.

Coleu, riv. — Voy. Yvel.

Colézac, éc. et lande, cne de Plaudren. — Seigneurie.

Colher, f. cne de Surzur.

Colidoué (Bras et Bihan), h. cne de Plouay.

Colin, ruiss. dit aussi *du Pont-Gamen*, affl. du Chapelain; il arrose Guern et Locmalo.

Colin, éc. cne de Limerzel.

Colin (Pont), sur le Croiseau, cne de Plaudren.

Colin (Rue), à Lorient. — Voy. Neuve (Rue).

Colins (Les), h. cne de Bréhan-Loudéac.

Coliorch (Le), place et rue à Auray.

Collec, h. et pont, cne de Grand-Champ.

Collédo (Le Haut et le Bas), h. cne de Guéhenno. — *Colledon*, 1454 (canon. de Saint-Vincent-Ferrier). — *Bois du Colledo*, anc' appelés *les bois de Coëslo*, 1642 (duché de Rohan-Chabot). — Seign.

Collédo (Moulin du) ou de Coëlo, min à vent, cne de Billio.

Collédo (Ruisseau du). — Voy. Lay (Le).

Collége (Rue du), à Gourin.

Collége (Rue du), à Lorient; appelée, avant 1789, rue *Perreine-de-Moras* ou rue *du Port*, et de 1789 à 1830, rue *de la Petite-Porte*.

Collesternic, vill. cne de Noyal-Pontivy.

Collet, rochers, cne d'Augan.

Colléty, vill. et lande, cne de Langonnet.

Collivin, f. cne de Noyal-Muzillac

Collo, croix et éc. dit *Croix-Collo*, cne de St-Thurian.

Collocodec, h. cne de Cléguer.

Colmario, vill. cne de Cléguérec.

Colmentec, h. cne de Plouay.

Colombien (Le), rocher sur l'Océan, près l'île de Houat.

Colombier (Le) ou la Fuie, éc. cne de Malansac.

Colombier (Le), f. cne de Molac.

Colombier (Le), éc. cne de Saint-Dolay.

Colombière (Pas de la), pont sur le Beauval, reliant Saint-Samson et Bréhan-Loudéac.

Colon, vill. cne d'Arzal.

Colonies (Rue des), à Lorient.

Coloret, éc. cne de Plœren.

Coloten (Rue du), à Languidic.

Colpo, vill. forêt et écarts dans la forêt, cne de Bignan. — Chef-lieu d'une cne récemment érigée et annexée au cn de Grand-Champ. — Seigneurie de *Colpou*, 1450 (abb. de Lanvaux); manoir, 1482 (*ibid.*).

Combe (La), f. cne de Pleucadeuc. — Seigneurie.

Combes (Les), éc. cne de Josselin.

Comédie (Rue de la), à Lorient; connue sous ce nom en 1789, elle fut réunie, à cette époque, à la rue de Condé sous le même nom de *rue de la Comédie*, qu'elle perdit en 1817 et reprit en partie en 1830. — Voy. Neuve-de-la-Comédie (Rue).

Comédie (Rue de la), à Vannes. — Voy. Saint-Pierre (Rue).

Comesle, min à vent, cne de Guégon.

Commenant, f. cne de Saint-Jean-la-Poterie. — Seign.

Commerce (Rue du), à Lorient; appelée, avant 1789, rue *Bréart*.

Commerce (Rue du), à Vannes; formée des anc. quais dits de *Calmont-Bas* et *Molé*.

Commerie (La), éc. c^ne de Malansac.

Commuinon, éc. c^ne de Rieux.

Commun (Butte du), lande, c^ne d'Augan.

Commun (Le), vill. et f. c^ne de Caden.

Commun (Le), éc. c^ne de Péaule.

Commun (Le), h. — Voy. Lann-Guémenen.

Communan, éc. c^ne d'Allaire.

Commun-Brunel (Le), vill. c^ne de Marzan.

Commune (Rue), à Camoël.

Communeaux (Les), h. c^ne de Saint-Nolff.

Communes (Ruisseau des). — Voy. Ysaugouet.

Commun-Futinio (Le), éc. c^ne de Marzan.

Communo (Le), h. c^ne de Berric.

Communs (Les) ou Tuy-Cumun, éc. c^ne de Vannes.

Comper, chât. vill. étang et m^in dit *moulin Bas*, sur le ruiss. de ce nom, c^ne de Concoret. — Seigneurie; anc. château.

Comper (Ruisseau du Moulin-Bas-de-); il arrose la c^ne de Concoret, qu'il sépare du dép^t d'Ille-et-Vilaine.

Comte (Le), m^in à eau. — Voy. Chiens (Les).

Conan, m^in sur le ruiss. de ce nom, c^ne de Caudan. — Ruiss. *du Moulin-Conan* : voy. Quéleback.

Conan, m^in sur le ruiss. de ce nom, c^ne de Gourin. — Ruiss. *du Moulin-Conan* : voy. Inam.

Conan, m^in à vent et m^in à eau sur la Sale, c^ne de Pluneret. — La voie romaine de Vannes à Hennebont porte, dans cette c^ne, le nom de *Hent-Conan*.

Conan (Chemin), traverse Guidel et entre dans le dép^t du Finistère.

Conan (Cnoix), c^ve de Saint-Samson.

Conan (Vieux chemin) ou Hent-Conan, traverse Pluvigner, Meucon, Grand-Champ et Plumergat.

Conatus, éc. c^ne de Plœmeur.

Concise (La), f. et bois, c^ne de Mauron. — Seigneurie.

Concorde (Rue de la), à Lorient.

Concorde (Rue de la), à Vannes; dite autref. *du Four-au-Duc.*

Concoret, c^ne de Mauron. — Par. du doy. de Montfort, dioc. de Saint-Malo. — Sénéch. de Ploërmel; subd. de Plélan. — Distr. de Ploërmel.

Concotterie (La), éc. c^ne du Guerno.

Condat, ruisseau. — Voy. Liziec (Ruisseau de).

Condé (Le Grand et le Petit), h. et m^in à vent, c^ne de Nivillac. — *Condest*, xviiie s^e (Largouet). — Seign.

Condé (Rue de), à Guémené.

Condé (Rue de), à Lorient; comprise, après 1789, dans la rue de la Comédie; reprit son premier nom de 1817 à 1830, et, à cette dernière date, celui *de la Comédie.*

Condinian, h. c^ne de Muzillac.

Confiance (Rue de la), à Vannes; dite autref. *du Pont-de-la-Tannerie.*

Confort, vill. c^ne de Saint-Thuriau. — *Comforch*, 1315 (duché de Rohan-Chabot). — *Conforch*, 1406 (*ibid.*).

Confreno (Le), pointe sur l'Océan, c^ne de Pénestin.

Congo (Le), éc. c^ne de Questembert. — Seigneurie.

Congrégation (Îlot de la), quartier au Faouët.

Congrégation (Rue de la), à Hennebont. — Voy. Mauricette (Rue).

Congrégation (Ruelle et rue de la), à Lorient. — Voy. Patrie (Rue de la).

Conguel, pointe et fort sur l'Océan, c^ne de Quiberon; anse sur la baie de Quiberon.

Conifec, h. c^ne de Rémungol.

Conlo (Le Grand et le Petit), vill. bois, pointe et île sur la baie du Morbihan, c^ne de Vannes; chaussée reliant l'île au Petit-Conlo; pass. reliant l'île d'un côté au Petit-Conlo, de l'autre à Moréac en Arradon et à Langle en Séné; goulet entre les pointes de Langle et de Moréac. — Deux seigneuries; deux manoirs, l'un au village, l'autre au Petit-Conlo.

Connely, h. c^ne de Saint-Guyomard.

Constitution (Rue de la), à Vannes. — Voy. Tribunaux (Rue des).

Conti (Rue de), à Lorient. — Voy. Quais (Rue des).

Conveau, vill. et m^in sur le ruiss. de ce nom, éc. dit *Loge Conveau*, lande dite *Minez-Conveau*, pont sur le Ty-Oulin, c^ne de Gourin; forêt s'étendant en Gourin et Langonnet; riv. à la limite des dép^ts du Morbihan et du Finistère, arrose dans le premier Langonnet et Gourin. — Seigneurie; manoir.

Convention (Rue de la), à Lorient. — Composée, après 1789, de la réunion des rues *Godheu* et *Duvelaër*, elle forma en 1817 les rues *des Trois-Violons* et *de Berry*, qui, réunies de nouveau en 1830, devinrent la rue *d'Orléans.*

Copénit, vill. c^ne de Grand-Champ. — Seigneurie.

Copénit (Bras et Bihan), vill. c^ne de Plumergat. — *Cautpirit*, 1413 (duché de Rohan-Chabot).

Coronu, éc. c^ne de Grand-Champ.

Coq, vill. et lande, c^ne de Caden.

Coq-Hardi (Le), éc. c^ne de Rufliac.

Coquant, f. c^ne de Noyal-Muzillac.

Coquéno, éc. c^ne de Crédin.

Coquénant, h. c^ne de Malansac.

Coquerel, éc. c^ne de Camors.

Coquénic, h. c^ne de Grand-Champ.

Coquéno, éc. c^ne de Moustoirac.

Coquéno (Le), vill. et pont sur le Govello, c^ne de Lauzach.

Coquéno (Le), h. c^ne de Noyal-Muzillac.

Coquillé, éc. c^ne de Caudan.

Coquilly, vill. c^ne de Molac.

Coquinerie (La), éc. c^ne de Beignon.

CORAN, f. cne de Languidic.

CORBAIS (LA), vill. cne des Fougerêts.

CORBAN (LE), éc. cne de Plouray.

CORDEL (LOGE), éc. cne de Baud.

CORBELAY (LE), éc. cne de Saint-Gonnery.

CORBINAIE (LA), vill. cnr de Brignac et min à vent cne de Ménéac.

CORBINAIS (LA), vill. cne de Monteneuf.

CORBINERIE (LA), maison du bourg de Carentoir.

CORBLAIE (LA), vill. cne de la Gacilly.

CORBOUIN, vill. lande et h. dit *Lande-de-Corbouin*, cne d'Ambon.

CORBOULO, vill. cne de Saint-Aignan; ruiss. dit aussi *de Saint-Marc*, affl. du canal de Nantes à Brest, arrose Sainte-Brigitte et Saint-Aignan.

CORCLAISE, h. cne de Kerfourn.

CORCONET, h. cne de Moréac.

CORDELIÈRES (RUE DES), à Auray. — Voy. CHAMP-DE-FOIRE (RUE DU).

CORDERIE (LA), éc. cne d'Ambon.

CORDERIE (LA), h. cre de Muzillac.

CORDERIE (LA), vill. cnr de Péaule.

CORDERIE (LA), vill. cne de Peillac.

CORDERIE (LA), h. cne de Rohan.

CORDERIE (LA), h. cne de Sarzeau.

CORDERIE (RUE DE LA), à Lorient; composée, à l'origine, de la rue actuelle *de la Corderie* et de celle *de la Cale-Ory*.

CORDERIE (RUE DE LA), à Mauron.

CORDIER (CROIX), cne d'Erdeven.

CORDIER (LE), h. cne de Grand-Champ. — *Cordiez, villa*, 1288 (abb. de Lanvaux).

CORDIER (RUISSEAU DE LA FONTAINE-DU-), affl. du Loch; il arrose Plumergat et Grand-Champ.

CORDONNAIS (LA), vill. cue des Fougerêts.

CORFMAUT, éc. cne de Persquen.

CORGAN (LE), vill. cne de Caden.

CORN-GUEN, éc. cne de Berné.—*Cozcaer*, 1404 (princip. de Rohan-Guémené).

CORMANAIE (LA), éc. cne d'Allaire.

CORMARDERIE (LA), f. cne d'Elven.

CORMELET, h. cne de Réminiac.

CORMIER (LANDE DU), cne de Pleugriffet.

CORMIER (LE), h. cne de Caro.

CORMIER (LE), éc. cne de Monteneuf.

CORMIER (LE), min à vent, cne de Peillac.

CORMIER (LE), vill. cne de Pluherlin.

CORMIER (LE), h. cne de Saint-Guyomard.

CORMIER (LE), h. et min à vent, cne de Saint-Vincent.

CORMIERS (LES), vill. cne de Guer.

CORMIERS (LES), h. cne de Saint-Martin.

CORNAIS (LA), h. cne de Guer.

CORN-ALIGUEN, lande, cne de Noyalo.

CORNAN, éc. cne de Plouray.

CORNAUD, vill. et anse sur l'Océan, cne de Saint-Gildas-de-Rhuis.

CORN-BIHAN, roche sur la baie du Morbihan, côte de Saint-Armel.

CORN-BRONS, éc. cne de Saint-Aignan.

CORN-COUTELLUAN, pointe sur la rive d'Étel, cne de Locoal-Mendon.

CORNE, vill. cne de Pluneret.

CORNEDO, h. cne d'Elven.

CORNE-DU-CERF (LA) ou LA CROIX-DU-CERF, vill. cne d'Arzal.

CORNE-GARU-EN-DU, h. partie cne de Lanvaudan, partie cne d'Inguiniel.

CORNEGUI, éc. et min à vent, cne de Crach.

CORNEHOUET, éc. cne de Plumelin.

CORNELAN, éc. cne de Cléguérec.

CORNELLAN, éc. cne de Moustoirac.

CORN-EL-LAN, vill. cne de Saint-Aignan.

CORN-EN-BARIS, éc. cne de Josselin.

CORNEPONT, vill. cne de Sarzeau.

CORNEPONT, h. cne de Sarzeau (distinct du lieu précédent).

CORN-ER-BRACEL, éc. cne de Naizin.

CORN-ER-COËT, éc. cne de Noyal-Pontivy.

CORN-ER-HOËT, h. cne de Berné.

CORN-ER-HOËT, chât. et vill. cne de Bignan.

CORN-ER-HOËT, h. cne de Moustoirac.

CORN-ER-HOËT, éc. cne de Noyal-Pontivy.

CORN-ER-HOËT, éc. cne de Plescop.

CORN-ER-HOËT, éc. cne de Ploërdut.

CORN-ER-HOËT, f. cne de Plœren.

CORN-ER-HOËT-DER, éc. cne de Sainte-Brigitte.

CORN-ER-HOUET, éc. cne d'Erdeven.

CORN-ER-LANN, f. cne de Bignan.

CORN-ER-LANN, f. cne de Bignan (distincte de la précédente).

CORN-ER-LANN, éc. cne de Guern.

CORN-ER-LANN, éc. cne de Kerfourn.

CORN-ER-LANN, éc. cne de Plumelin.

CORN-ER-LIONEUX, éc. cne de Cléguérec.

CORN-ER-PONT (LOGE DE), éc. cne de Rémungol.

CORN-ER-VÉCHEN, pointe sur la baie du Morbihan, cne du Hézo.

CORN-ER-VERGER, éc. cne de Vannes.

CORNET (LE), min sur le Ninian, cne de Ploërmel.

CORNET (MARAIS DU), cne de Billio.

CORNET (PONT), sur le Scave, rel. Pontscorff et Gestel.

CORNEVEC (CHEMIN DE). — Voy. POTIERS (CHEMIN AUX).

CORNGARHO, éc. cne de Rémungol.

CORNIC (LOGE), éc. cne du Saint.

Cornillais (La), vill. c^ne de Saint-Congard.

Corno (Le), f. c^ne de Saint-Dolay.

Cornospital, vill. bois et lande, c^ne de Saint-Tugdual.

Cornouaille (Chemin de). — Voy. Potiers (Chemin aux).

Coroday (La), éc. c^ne de Saint-Dolay.

Corohan, h. c^ne de Brech.

Corolet (Le Grand et le Petit), h. c^ne de Camoël. — Seigneurie

Corpon (Pont) et ruisseau *du Pont-Corpon*, affl. du Moulin-du-Duc, qui arrose Langonnet et le Faouët.

Corps (Croix le), c^ne de Noyal-Pontivy.

Corps-Gras, h. c^ne de Plaudren.

Corre (Le), m^in sur le Madame, c^ne de Gourin.

Corrio, f. c^ne de Monteneuf.

Corrois, vill. c^ne de Buléon.

Corronc, f. ruiss. affl. du Kerloas et m^in sur ce ruiss. c^ne de Berné.

Corronc (Le), h. c^ne de Pluméliau.

Corrorgant, chât. bois et m^in sur le ruiss. de ce nom, c^ne de Saint-Tugdual. — Seigneurie; manoir.

Corrorgant (Ruisseau du Moulin-de-), affl. du Pont-Rouge; il arrose Saint-Tugdual et Priziac.

Corset (Croix), c^ne de Beignon.

Corson (Le Haut et le Bas), vill. c^ne de Carentoir.

Corvec, basse sur l'Océan, côte de Saint-Pierre.

Corvées (Moulin à vent des), c^ne de Néant.

Corvoisier (Croix) et lande dite *Pâture-Corvoisier*, c^ne d'Augan.

Cosno (Le), h. c^ne de Cruguel.

Coscamors, vill. c^ne de Camors.

Coscas, h. éc. pont et m^in à vent, c^ne d'Arzal. — Seign.

Coscleuf, vill. et ruiss. affl. de l'Ellée, c^ne de Langonnet.

Coscodo (Ihuel et Izel), lande et vill. dit *Lande-de-Coscodo*, c^ne de Bubry; h. c^ne d'Inguiniel.

Coscro (Le), chât. f^e, bois et m^in sur le Scorff, c^ne de Lignol. — *Le Cozcroff*, 1449 (princip. de Rohan-Guémené). — Seigneurie; manoir.

Cosmur (Le), h. c^ne de Guiscriff.

Cosprenec (Bras et Bihan), vill. c^ne de Langonnet.

Cos-Plat, îlot sur l'Océan, près d'Hœdic.

Cosporu, h. c^ne de Baud.

Cosporu, éc. c^ne de Camors.

Cosporuo, h. c^ne de Camors.

Cosquer, h. c^ne de Calan.

Cosquer, h. c^ne de Malguénac.

Cosquer, f. c^ne de Marzan (distincte du Cosquer, vill. situé à la limite d'Arzal). — Seigneurie.

Cosquer, vill. c^ne de Naizin.

Cosquer (Le), h. c^ne d'Ambon.

Cosquer (Le), vill. partie c^ne d'Arzal, partie c^ne de Marzan, dit aussi *le Cosquer-Arzal*.

Cosquer (Le), f. c^ne de Bieuzy.

Cosquer (Le), h. c^ne de Bignan.

Cosquer (Le), vill. c^ne de Brech.

Cosquer (Le), éc. c^ne de Bubry.

Cosquer (Le), vill. c^ne de Cléguérec.

Cosquer (Le), h. c^ne de Damgan.

Cosquer (Le), h. c^ne d'Elven.

Cosquer (Le), éc. marais et ruiss. *du Marais-du-Cosquer* se jetant dans l'Océan, c^ne d'Erdeven.

Cosquer (Le), éc. et bois dit *Coët-Cosquer*, c^ne de Grand-Champ. — Seigneurie.

Cosquer (Le), h. c^ne de Landévant.

Cosquer (Le), h. c^ne de Langoëlan.

Cosquer (Le), h. c^ne de Langonnet.

Cosquer (Le), éc. c^ne de Languidic. — Seigneurie.

Cosquer (Le), h. bois, ruiss. affl. du Dourdu et m^in sur ce ruiss. c^ne de Lignol. — Seigneurie; manoir.

Cosquer (Le), h. c^ne de Locoal-Mendon.

Cosquer (Le), vill. c^ne de Meslan.

Cosquer (Le), h. c^ne de Moréac.

Cosquer (Le), vill. lande et h. dit *Lande-du-Cosquer*, c^ne de Moustoirac.

Cosquer (Le), h. c^ne de Nostang. — Seigneurie.

Cosquer (Le), h. c^ne de Noyal-Muzillac; ruiss. voy. Kervin.

Cosquer (Le), h. c^ne de Noyal-Muzillac (distinct du précédent).

Cosquer (Le), éc. c^ne de Plaudren.

Cosquer (Le), h. c^ne de Plaudren (dist. du précédent).

Cosquer (Le), vill. et ruiss. dit aussi *du Runasquer*, affl. du Pont-Rouge, c^ne de Ploërdut.

Cosquer (Le), éc. c^ne de Pluméliau.

Cosquer (Le), éc. c^ne de Pluneret.

Cosquer (Le), h. c^ne de Pluvigner.

Cosquer (Le), h. c^ne de Pluvigner (dist. du précéd.).

Cosquer (Le), h. c^ne de Pontscorff.

Cosquer (Le), h. c^ne de Quistinic.

Cosquer (Le), éc. c^ne de Radenac.

Cosquer (Le), h. c^ne de Saint-Caradec-Trégomel.

Cosquer (Le), éc. c^ne de Saint-Jean-Brévelay.

Cosquer (Le), h. c^ne de Séglien; pont sur le Frétu, reliant Séglien et Malguénac.

Cosquer (Le), éc. c^ne de Silfiac.

Cosquer (Le), vill. c^ne de Sulniac.

Cosquer (Le), h. et salines, c^ne de Surzur.

Cosquer (Le), éc. c^ne de Treffléan.

Cosquer (Le Grand et le Petit), h. c^ne de Camors.

Cosquer (Le Grand-), h. c^ne de Crach.

Cosquer (Le Petit-), h. c^ne de Crach (éloigné du préc.).

Cosquer-Arzal (Le), vill. — Voy. Cosquer (Le).

Cosquer-de-la-Lande (Le), vill. c^ne de Langonnet; ruiss. voy. Saint-Brandan.

Cosquerhouent, éc. c^ce de Plouay.

Cosquéric, vill. c^ne de Calan.

Cosquéric, h. c^ne de Pluméliau.

Cosquéric, éc. c^ne de Pluvigner.

Cosquéric, éc. c^ne de Priziac.

Cosquéric, h. c^ne de Rémungol.

Cosquéric, vill. c^ne de Saint-Nolff.

Cosquéric (Le), vill. c^ne du Faouët.

Cosquéric (Le), éc. c^ne de Languidic.

Cosquéric (Le), h. c^re de Plœmeur.

Cosquéric (Le), h. c^ne de Surzur.

Cosquer-Keradely, h. c^ne de Caudan.

Cosquer-Keragan, vill. c^ne de Guidel.

Cosquer-Kercaradec (Le), h. c^ne de Plaudren.

Cosquer-Kergal, h. c^ne de Guidel.

Cosquer-Kermamenic, éc. c^ne de Caudan.

Cosquer-le-Guével, éc. c^ne de Pluméliau.

Cosquer-Locmaria, h. c^ne de Cléguérec.

Cosquer-Lojean, vill. c^ne de Moréac.

Cosquer-Nonène, éc. c^ne de Plouay.

Cosquéno, vill. c^ne de Plouray.

Cosquéno, h. c^ne de Pluméliau; m^in sur l'Ével, c^ne de Rémungol; éc. c^ne de Saint-Tugdual.

Cosquer-Parique (Le), h. c^ne de Grand-Champ.

Cosquer-Penhoret (Le), vill. c^ne de Caudan.

Cosquer-Quélen, vill. c^ne de Cléguer. — Seigneurie.

Cosquer-Saint-Antoine (Le), vill. c^ne de Guiscriff.

Cosquer-Saint-Évêque, éc. c^ne de Guidel.

Cosquer-Saint-Guénaël, h. c^ne de Guiscriff.

Cosquet, h. c^ne de Bangor; vill. dit *Grand-Cosquet*, c^ne de Locmaria.

Cosquet (Le), éc. c^ne de Péaule.

Cossais (La), f. c^ne de Carentoir. — Seigneurie.

Cossal, éc. c^ne de Gourin.

Cossal (Le), éc. c^ne de Guiscriff.

Cossay (Le), h. c^ne de Saint-Gildas-de-Rhuis.

Cossiale (Rue), à Vannes: voy. Vérité (Rue de la). — Ancien manoir aujourd'hui détruit.

Cossigan (Loge de), éc. c^ne de Berné.

Costi (Le), h. c^ne de Concoret.

Cota (Le), vill. c^ne de Caden.

Côta (Le), vill. c^ne de Malansac.

Côta (Le), h. et pont sur le ruiss. du Pont-au-Chat, c^ne de Saint-Gravé.

Côta (Le Grand et le Petit), vill. c^ne d'Allaire.

Coteau (Le), bois et lande, c^ne de Porcaro.

Coteaux (Grand chemin des), c^ne de Peillac.

Coteaux (Les), bois et lande, c^ne d'Augan.

Coteaux (Les), lande, c^ne de Guer.

Coteaux (Les), éc. c^ne de Molac.

Côte-d'Alger, quartier ou ruelle au faubourg de Kerentrech, à Lorient.

Cotéron (Le), rocher sur l'Océan, côte de Plœmeur.

Coti (Le), roche sur la baie du Morbihan, côte de Saint-Armel.

Cotiène (La), m^in à vent, c^ne de Tréhorenteuc.

Côtière (La Haute et la Basse), h. c^ne de Porcaro.

Cotiuir, vill. c^ne de Muzillac.

Cotinaie (La), vill. lande et ruiss. affl. de l'Yvel, c^ne de Ménéac.

Cotio, lande et m^in à vent, c^ne d'Augan.

Coton, m^in sur le Goujon, c^ne de Limerzel.

Coton (Pont) et ruiss. *du Port-Coton*, qui se jette dans l'Océan, c^ne de Bangor.

Cottier (Le), vill. c^ne de Plumelec.

Cotty (Le), éc. c^ne de Saint-Jean-Brévelay.

Cotu, éc. c^ne de Guidel.

Cotu (Pont), sur l'Océan, c^ne de Port-Philippe.

Cotuais (La), vill. c^ne de Saint-Brieuc-de-Mauron.

Coty (Le), m^in à eau et pont, c^ne de Cruguel.

Coty (Le), vill. c^ne de Locmaria.

Cottsalo, h. c^ne de Crach.

Couacren, m^in sur le Scorff, c^ne de Plouay, et pont sur la même riv. reliant Plouay et Berné.

Couaille (La), h. c^ne de la Grée-Saint-Laurent, et pont sur la Garoulaie, reliant la Grée-Saint-Laurent, la Croix-Helléan et Lanouée.

Coualders (Les), rochers sur l'Océan, près de l'île de Houat.

Couarde (La), f. c^ne de Bieuzy, à l'emplacement d'un poste romain. — *Coarda, prædium*, 1125 (cart. de Redon). Prieuré du vocable de Notre-Dame, annexe de celui de Saint-Nicolas de Carhaix, membre de l'abb. de Saint-Sauveur de Redon. — Seigneurie.

Couarde (La), chât. h. lande et ruines d'un autre chât. c^ne de Saint-Dolay.

Couarder (Le), éc. c^ne de Surzur.

Couardière (La), vill. c^ne de Ploërmel.

Couchais (La), vill. c^ne de Saint-Brieuc-de-Mauron.

Couchant-Kerfonge, éc. c^ne de Plœmeur.

Coude (La), éc. c^ne de Néant.

Coudraie (La), h. c^ne de Guillac.

Coudraie (La), h. c^ne de Peillac. — Seigneurie.

Coudraies (Les), h. c^ne de Malansac.

Coudrais (Croix et lande de la), c^ne de Monteneuf.

Coudrais (La), vill. et lande, c^ne d'Augan.

Coudrais (La), éc. pont sur le Belléo et lande, c^ne de Saint-Congard.

Coudrais (La), éc. c^ne de Saint-Dolay. — Seigneurie.

Coudrais (La), vill. c^ne de Saint-Jacut.

Coudrais (Le), vill. c^ne de la Chapelle, et marais à la limite de la Chapelle et de Saint-Abraham; ruiss. voy. Olivet (Ruisseau d').

Coudrais (Ruisseau de la), dit aussi *de la Lande-des-Gardes*, affl. de l'Oust; il arrose Saint-Congard et Saint-Gravé.

Coudrais-Baillet (Le), vill. pont et mⁱⁿ à eau *du Pont-du-Coudrais-Baillet*, cⁿᵉ de Mauron. — Seigneurie.

Coudrais-Mathuan (Le), vill. cⁿᵉ de Mauron.

Coudray (Le), vill. cⁿᵉ de Carentoir.

Coudray (Le), vill. cⁿᵉ de Lanouée.

Coudray (Le), vill. cⁿᵉ de Sérent.

Coudraye (La), h. partie cⁿᵉ de Josselin, partie cⁿᵉ de Guégon.

Coudraye (La), mⁱⁿ sur le Ninian et ruiss. affluent du Ninian, cⁿᵉ de Ménéac.

Coudraye (La), vill. cⁿᵉ de Ploërmel.

Coudre (Fontaine de la), cⁿᵉ de Beignon.

Coudre (La), vill. cⁿᵉ de Malansac.

Coué (Croix), h. *de la Croix-Coué* et lande *de la Croix-Coué*, cⁿᵉ d'Augan.

Couébous, éc. cⁿᵉ de Lizio.

Couébout, mⁱⁿ sur le Ninian, cⁿᵉ de la Grée-St-Laurent.

Couédaly, h. cⁿᵉ de Pluherlin.

Couédan (Le), vill. cⁿᵉ de Pleugriffet.

Couédel, h. et f. cⁿᵉ de Pluherlin.

Couédelé, vill. cⁿᵉ de Réguiny.

Couédelin, éc. et pont sur le Goujon, cⁿᵉ de Limerzel.

Couédic (Le), éc. cⁿᵉ de Baden.

Couédic (Le), vill. cⁿᵉ de Crédin.

Couédic (Le), Iuuel et Izel, vill. cⁿᵉ d'Inzinzac; pont sur le ruiss. de ce nom, reliant Inzinzac et Lanvaudan.

Couédic (Le), vill. cⁿᵉ de Lanouée.

Couédic (Le), vill. cⁿᵉ de Locmalo.

Couédic (Le), éc. et deux mⁱⁿˢ à vent, cⁿᵉ de Nivillac. — Seigneurie.

Couédic (Le), vill. et pont sur le ruiss. du Pont-Cauni-nan, cⁿᵉ de Noyal-Pontivy.

Couédic (Le), h. cⁿᵉ de Plescop. — Seign. manoir.

Couédic (Le), vill. éc. dit *Loge-du-Couëdic* et bois, cⁿᵉ de Saint-Gérand.

Couédic (Le), éc. cⁿᵉ de Tréal. — Seigneurie.

Couédic (Le Haut et le Bas), vill. et mⁱⁿ sur le ruiss. de ce nom, cⁿᵉ de Missiriac; ruiss. *du Moulin-du-Couëdic* : voy. Fontaine-du-Bourg (Ruisseau de la). — Seigneurie dite aussi *Couëdic-au-Voyer*.

Couédic (Moulin à vent du), cⁿᵉ de Saint-Jacut.

Couédic (Rue du), à Lorient; augmentée, depuis 1830, de la rue Duguay-Trouin. — Voy. Hôpital (Rue de l').

Couédic (Ruisseau du Pont-du-), affl. du Blavet; il arrose Lanvaudan et Inzinzac.

Couédigo (Le), h. cⁿᵉ de Molac.

Couédigo (Le Grand et le Petit), h. cⁿᵉ de Surzur.

Couédo (Le), h. cⁿᵉ de Locoal-Mendon.

Couédor, chât. cⁿᵉ de Guer; éc. dit *Haut-Couëdor*, cⁿᵉ de Porcaro. — *Coedor*, 1396 (chât. des Touches). — *Coetdor*, 1478 (*ibid.*). — Seigneurie; manoir.

Couédrien, vill. et bois, cⁿᵉ de Réguiny; ruiss. voy. Lézudan. — Seigneurie.

Couédro (Le), h. cⁿᵉ de Questembert. — Seigneurie.

Couédru, vill. cⁿᵉ de Sérent.

Coueffaud, vill. cⁿᵉ de Péaule.

Coueffero, vill. cⁿᵉ de Brignac.

Couéguel, vill. dit aussi *Cour-de-Couëguel*, f. ruiss. affl. du Goujon et mⁱⁿ sur ce ruiss. cⁿᵉ de Péaule; pont sur le Goujon, reliant Péaule et Limerzel. — Seigneurie; manoir.

Couéguelo, h. cⁿᵉ de Péaule.

Couénanton, éc. cᵘᵉ de Saint-Vincent.

Couénuel, vill. mⁱⁿ à vent et lande *du Moulin-à-vent-de-Couénuel*, cⁿᵉ de Guer.

Couépion, vill. cⁿᵉ de Péaule. — Seigneurie.

Couéplet, h. cⁿᵉ de Saint-Guyomard.

Couerne, vill. cⁿᵉ de Pénestin.

Couesbily, f. cⁿᵉ de Ménéac. — Seigneurie.

Couesby (Le Haut et le Bas), h. anc. chât. et étang, cⁿᵉ de Guégon. — Seigneurie.

Couesland, vill. cⁿᵉ de la Trinité-Porhoët. — Seign.

Coueslée, f. cⁿᵉ d'Allaire. — Seigneurie.

Couesmé, lande, cⁿᵉ des Fougerêts.

Couesmelan, vill. cⁿᵉ de Ménéac. — Seigneurie.

Coueskeban, h. cⁿᵉ de Ménéac. — Seigneurie.

Couesnongle, vill. et bois, cⁿᵉ de Saint-Jacut. — Chât. anc. appelé *les Salles-de-Couesnongle*, 1531 (chât. du Vaudequip). — Seigneurie.

Couesnuan (Butte de), lande, cⁿᵉ d'Augan.

Couesquelan, vill. cⁿᵉ de Ménéac. — Seigneurie.

Couessou, h. cⁿᵉ de Josselin.

Couessoux, f. cⁿᵉ de Lanouée. — Seigneurie.

Couetbou, h. cⁿᵉ de Sérent.

Couetiugel, f. cⁿᵉ de Surzur.

Couétino, vill. cⁿᵉ de Ménéac.

Couétion (Le Haut et le Bas), chât. et h. cⁿᵉ de Ruffiac. — Vicomté; manoir.

Couétionnaie (La), h. cⁿᵉ de Caro.

Couet-Navalène, vill. cⁿᵉ de Sulniac.

Couëts (Les), h. cⁿᵉ de Guégon.

Couette (Grée de la), lande, cⁿᵉ de Pleucadeuc.

Couétu, chât. et f. cⁿᵉ de Carentoir; lande, cⁿᵉ de Monteneuf. — *Coctus*, pont, 1435 (chât. de Kerfily). — Seigneurie.

Coulac, vill. et ruiss. affl. du Gouézac, cⁿᵉ de Grand-Champ.

Coulac-Lomenec, éc. cⁿᵉ de Grand-Champ.

Coulée-des-Vaux (La), lande, cⁿᵉ d'Augan.

Coulée-Laurent (La), quartier à la Roche-Bernard.

COULOGOT, h. cne de Melrand.

COUNIFEC, h. cne de Moustoir-Rémungol.

COUR (LA), maison du bourg de Loyat.

COUR (LA), f. et bois, cne de Monteneuf.

COUR (LA), h. cne de Sarzeau. — Seigneurie.

COUR (LA), chât. f. et bois, cne de Théhillac.

COURAIES (LES), h. cne de Mohon.

COURALAIS, ruiss. qui arrose Monteneuf et se jette dans l'étang de Carafort.

COURANS (LES) ou LA VILLE-ÈS-COURANS, vill. cre de Mohon; ruiss. voy. LÉVENIN (LE).

COURBERIE (LA), éc. et f. cre de Rieux.

COURCHAUVEL (LES), éc. cne de Tréal.

COUR-DES-GUILLOTS (LA), éc. cne de Sérent.

COURDIEC, éc. et mln à vent, cne de Carnac.

COUREAUX (LES), nom donné au bras de mer qui sépare l'île de Groix du continent.

COURÉGAN, vill. et éc. (presse à sardines), cne de Plœmeur.

COURGAN (LE), vill. cne de Quily.

COURGASSES (LES), lande, cne de Monteneuf.

COURGAUDRIE (LA), éc. cne de Molac.

COURIAUT (PONT), sur le Kerlivio, reliant Kervignac et Nostang.

COURNON, con de la Gacilly; mln à vent et deux fermes, dont l'une dite *Cour-de-Cournon* et l'autre *Bois-de-Cournon*, dans la commune. — *Cornou*, 869 (cart. de Redon). — *Cornon, monasterium*, en la par. de Bains, 870 (*ibid.*).

Primitivement en la par. de Bains, puis par. et enfin trève de Glénac. — Deux seigneuries. — Distr. de Rochefort.

COUROUÉ, vill. cre de Tréal.

COUROUSSAINE, vill. cne de Guilliers.

COURS-CARRÉ (LOGE DU), éc. cne du Faouët.

COURS-DE-MOLAC (LE), vill. cne de Molac.

COURS-DU-BOIS-GUILMEAU, h. cne de Pluherlin.

COURSES (LES), éc. cne d'Augan.

COURS-HELLO, éc. cre de Guillac.

COURTAUDERIE (LA), f. cne de Caden.

COURTE-BRANCHE (LA), éc. cne de Lanouée.

COURTIL (LE), h. cre de Lignol.

COUSQUERISSE, éc. cne d'Elven.

COUTANDAIS (LA), h. cne de Saint-Perreux.

COUTUME (CROIX DE LA), à la limite des cnes d'Augan et de Campénéac.

COUTUME (LA), pass. sur le Blavet, reliant Kervignac et Caudan.

COUTUME (LA), mln sur l'Inam, cne de Lanvénégen; pont sur le même ruiss. reliant Lanvénégen et le Faouët.

COUTUME (LA), éc. cne de Questembert.

COUTUME (LANDE DE LA), cne de Pleugriffet.

COUTUME (RUE DE LA), à Vannes. — Voy. AMITIÉ (RUE DE L').

COUTURE (LA), vill. cre d'Allaire.

COUTURIERS (BUTTE AUX), lande, cne de Guer.

COUVENT (RUE DU), à Gourin.

COUVENT (RUE et PETITE RUE DU), à Napoléonville; la première est dite aussi *de la Fédération*.

COVÉZO, vill. cne de Plumelin.

COVREDEL, éc. cne de Molac; ruiss. affl. de l'Arz, arrose Molac et Pluherlin.

COYAC, vill. cne de Saint-Vincent.

COZ, mln sur le Pont-Briand, cne de Guiscriff.

COZ, mln sur le ruiss. de ce nom et ruisseau *du Moulin-Coz*, affl. de celui du Moulin-du-Duc, cne du Saint.

COZLEN (LE), h. et bois, cne de Locmalo. — *Le Veill-Estanc*, 1416 (princip. de Rohan-Guémené).

COZ-TRÉOGAN, lieu-dit dans le dépt des Côtes-du-Nord et pont sur le ruiss. du Moulin-de-Conveau, reliant Langonnet à ce département.

COZVOALET, vill. cne de Gourin; pont sur le ruiss. du Moulin-du-Duc, reliant Gourin et Langonnet. — Seigneurie.

CRABIAL, h. cne de Pluneret.

CRACH, con d'Auray; banc sur la baie de Quiberon. — *Craz*, 1233 (abb. de Lanvaux).

Par. du doy. de Pont-Belz. — Sénéch. et subd. d'Auray. — Distr. d'Auray.

CRACH (RIVIÈRE DE), dite aussi *de la Trinité* ou *du Pont-eur-Ruis;* elle arrose Crach, Plœmel, Carnac et Locmariaquer, où elle se jette dans l'Océan.

CRACH-COAT (BRAS et BIHAN), h. cne de Gourin; pont sur le ruiss. du Moulin-du-Duc, reliant Gourin et Langonnet.

CRACH-GOUILLEN, éc. cne de Gourin.

CRACH-GUEN, éc. et autre éc. dit *Loge Crach-Guen*, cne de Gourin.

CRAFEL, h. cne de Baden. — Seigneurie; manoir.

CRAFORT, h. cne de Port-Philippe; ce nom est une corruption de celui de Crawford, général anglais qui lors de l'occupation de Belle-Île, en 1761, avait fait construire à son usage une maison en ce lieu, dit aupar. *Bordeloh* (arch. comm. de Port-Philippe).

CRAIE (CHEMIN DE LA), cne de Saint-Dolay.

CRAN, vill. cne de Baud.

CRAN, h. cne de Quistinic.

CRAN, vill. et pont sur le Saint-Drédeno, cne de Saint-Gérand.

CRAN, vill. cne de Trefféan; ruiss. *de la Fontaine-de-Cran*, affl. du Kerandrun, arrose Trefféan, Sulniac et Theix.

CRAN (LE), éc. cne de Pluherlin.

CRAN (LE HAUT et LE BAS), vill. et port sur la Vilaine, c^ne de Saint-Dolay; pont, autref. pass. sur l'Étier-des-Prés, reliant Saint-Dolay et Théhillac; autre pass. sur la Vilaine, reliant Saint-Dolay et Rieux. — *Crahn*, 1099 (D. Morice, I, 494).

CRANCASTEL, vill. c^ne de Ploërmel.

CRANCELIN, vill. c^ne de Guilliers; ruiss. voy. GABAT.

CRÂNE, f. et lande, c^ne de Mauron.

CRANEGUY, éc. c^ne de Sulniac.

CRANEGUY (LE GRAND et LE PETIT), h. bois et ruiss. *du Bois-de-Craneguy*, afll. du Kerfaguet, c^ne de Surzur. — Seigneurie.

CRANET, vill. c^ne de Cournon.

CRANGOUET, vill. c^ne de Saint-Gonnery. — *Gurengoet*, 1265 (D. Morice, I, 996).

CRAN-GOURMELIN, h. et éc. dit *Loge Cran-Gourmelin*, c^ne de Gourin.

CRANHAC, h. et ruiss. afll. de l'Oust, c^ne de Peillac. — Seigneurie; manoir.

CRANHOUET, éc. c^ne de Cruguel. — Seigneurie.

CRANHOUET, vill. c^ne de la Grée-Saint-Laurent.

CRANHOUET, h. c^ne de Larré.

CRANHOUET, bois, c^ne de Théhillac.

CRANHOUET-RUE-GAIS, h. c^ne de la Grée-Saint-Laurent.

CRANHOUET-VILLE-NEUVE, vill. c^ne de la Grée-St-Laurent.

CRANIC (LE), vill. partie c^ne de Brech, partie c^ne de Locoal-Mendon; étang baignant ces deux c^nes. — Seigneurie; manoir en la par. de Brech.

CRANIC (RUISSEAU DE L'ÉTANG-DU-), afll. de celui du Moulin-de-Cochelin; il arrose Brech et Locoal-Mendon. — Pont sur ce ruiss. reliant ces deux c^nes.

CRANIHUEL, h. c^ne de Nostang.

CRANINEN, h. c^ne de Languidic.

CRANO, h. c^ne de Cléguer; ruiss. voy. QUÉLEBACK.

CRANO, éc. c^ne de Kervignac.

CRANO, h. c^ne de Lignol. — Seigneurie; manoir.

CRANO, h. c^ne de Naizin.

CRANO, éc. c^ne de Pluneret.

CRANO (LE), m^in à vent et lande, c^ne de Guéhenno.

CRANO (LE), éc. c^ne de Languidic.

CRANO (LE), vill. c^ne de Moréac.

CRANO (LE), chât. f^r, bois et h. dit *Maison-Neuve-du-Crano*, c^ne de Plouay; ruiss. voy. TRONCHÂTEAU (RUISSEAU DE).

CRANO (LE), h. c^ne de Questembert.

CRANO (LE GRAND et LE PETIT), vill. et lande, c^ne de Bieuzy.

CRANO (LE HAUT et LE BAS), vill. c^ne de Croixanvec.

CRANPIPIDIC, vill. c^ne de Gourin.

CRANUACH, h. c^ne de Grand-Champ; ruiss. *de la Fontaine-de-Cranuach*, afll. du Meucon, arrose Meucon et Grand-Champ.

Morbihan.

CRANVERN, vill. c^ne de Guern.

CRAO (BRAS et BIHAN), h. c^ne de Langonnet.

CRAOUMORCH, éc. c^ne de Roudouallec.

CRASLON, vill. c^ne de Caden.

CRASLON (LE HAUT et LE BAS), h. dont une partie dite *Cour-de-Craslon*; m^in sur le ruiss. de ce nom et m^in à vent, c^ne de Marzan; ruiss. *du Moulin-de-Craslon:* voy. MARZAN (RUISSEAU DE). — Seigneurie; manoir.

CRASSEUX (LE), ruiss. voy. BÉNIERS (RUISSEAU DU PONT-ÈS-); pont et m^in *du Pont-Crasseux* sur ce ruiss. c^ne de Josselin.

CRAVIAL, chât. f. et bois, c^ne de Lignol.

CRAVIC, vill. c^ne du Faouët.

CRAZO, éc. c^ne de Limerzel.

CRÉCRAN, éc. c^ne de Noyal-Pontivy. — Seigneurie.

CRÉDIN, c^on de Rohan; m^in à vent et lande dans la c^ne. — *Cherdin*, 1116 (prieuré de Saint-Martin de Josselin). — *Querdin, parr^d*, 1128 (*ibid.*). — *Guerdin*, 1205 (D. Morice, I, 800). — *Querzin*, 1387 (chap. de Vannes).
Par. du doy. de Porhoët. — Sénéch. de Ploërmel; subd. de Pontivy. — Distr. de Josselin.

CRÉE-GUAIS (LA), h. c^ne d'Augan. — *Crechaye*, 1529 (chât. de Beaurepaire).

CRÉFEL, vill. c^ne de Theix.

CRÉHAL, vill. c^ne de Groix.

CRÉHANDO, éc. et m^in à vent, c^ne du Guerno.

CREIS, basse sur l'Océan, près de l'île de Houat.

CREISQUER, h. c^ne de Grand-Champ.

CREIZIC, île et roche sur la baie du Morbihan, c^ne de l'Île-aux-Moines; banc entre l'île aux Moines et Baden.

CRELAIE (LA HAUTE et LA BASSE), vill. c^ne d'Allaire.

CRELAN, vill. c^ne de la Chapelle.

CRELIER, vill. c^ne de Saint-Martin.

CRÉLIN, h. c^ne de Brech.

CRÉLIN, h. c^ne de Noyal-Muzillac.

CRÉLON, m^in sur le Léverin, c^ne de Taupont.

CRÉNÉ, h. c^ne de Porcaro.

CRÉMÉNAND, vill. c^ne de Taupont. — Seigneurie.

CRÉMENEC, chât. bois, éc. dit *Coat-Crémenec*, et deux m^ins sur le ru de l'Étang-de-Priziac, c^ne de Priziac. — *Crennaenec*, manoir, 1491 (princip. de Rohan-Guémené). — *Kermaenec*, 1431 (*ibid.*). — Seign.

CRÉMIAC, h. c^ne de Saint-Martin.

CRÉMILLET, h. c^ne de Guiscriff.

CREN, île sur l'Océan, c^ne de Damgan.

CRÉNARD, ruiss. qui arrose Silfiac et entre dans le dép^t des Côtes-du-Nord, où se trouve le lieu-dit de ce nom. — *Crenarth*, 871 (cart. de Redon). — Seigneurie.

CRÉNELET, vill. c^ne de Quily.

CRÉNÉNAN, vill. et bois, c^ne de Ploërdut. — Établissement de chevaliers de Saint-Jean-de-Jérusalem, autref. templiers.

CRENET (LE), c^{ne} de Caden.

CRÉNEU (LE), éc. c^{ne} de Saint-Vincent.

CRÉNIHUEL, h. partie c^{ne} de Napoléonville, partie c^{ne} de Noyal-Pontivy; lande et éc. dit *Lande-de-Crénihuel*, c^{ne} de Noyal-Pontivy.

CRÉNIHUEL, h. c^{ne} de Silfiac. — *Crenhuel*, 1412 (princip. de Rohan-Guémené). — *Crenuhel*, manoir, 1421 (*ibid.*). — *Crenhuhel*, 1427 (*ibid.*). — Seigneurie.

CRÉNION, éc. et f. c^{ne} de Loyat.

CRÉNO (LE), lande, c^{ne} de Réguiny.

CRÉNOU (VRAS et VIHAN), h. c^{ne} de Guiscriff.

CRÉNY : deux ponts, l'un dit *le Nouveau Pont*, l'autre *le Grand Pont de Crény*, sur le Bonvallon, reliant Radenac et Réguiny; le Grand Pont est dit aussi *pont de Saint-Fiacre*.

CRÉOZO, vill. c^{ne} de Radenac.

CRÉQUINEC, éc. c^{ne} de Bignan.

CRESQUEL, f. c^{ne} de Plougoumelen.

CRESQUER, h. c^{ne} de Plumelin.

CRESSIN (LE), vill. c^{ne} de Nivillac.

CRESTÉ (RUE DES), à Malansac.

CRÉTARD, éc. c^{ne} de Pleugriffet.

CRÉTUDEL, vill. c^{ne} de Loyat.

CREUX (LE), vill. c^{ne} de Plumelec.

CREUX-CHEMIN (LE), éc. c^{ne} de Bréhan-Loudéac.

CREUX-CHEMIN (LE), éc. c^{ne} de Glénac.

CREUX-CHEMIN (LE), h. c^{ne} de Malansac; ruiss. voy. VALLÉE (RUISSEAU DE LA).

CRÉVÉAC, h. c^{ne} de Limerzel.

CRÉVY (LE), chât. f. pont et h. *du Pont-du-Crévy*, c^{ne} de la Chapelle. — *Le Creveist*, 1561 (chât. de Loyat). — Comté; anc. château.

CRÉZADIO, vill. et ruiss. affl. du Runio, c^{ne} de Crédin.

CRÉZELO (LE), vill. c^{ne} de Saint-Dolay.

CROACIMORU, quartier à Gourin.

CROAS-EN-CHOADIC, h. c^{ne} de Guiscriff.

CROAS-LOAS (LOGES DE), h. c^{ne} de Langonnet.

CROC (LE), f. c^{ne} de Trédion.

CROCALAN, éc. c^{ne} de Carnac. — Seigneurie.

CROCHEBEC, h. c^{ne} d'Elven.

CROËS-MEN (RUE), à Pluvigner.

CROËS-SALVER-EN-BED, croix, c^{ne} de Groix.

CROËX-HENT (LA), h. c^{ne} de Langoëlan. — *Le Croeshen*, 1446 (princip. de Rohan-Guémené).

CROËZ-ANESSE, croix, c^{ne} de Langoëlan.

CROËZ-EN-AVELAN, croix, c^{ne} de Guern.

CROËZ-EN-LISS, éc. c^{ne} de Moréac.

CROËZ-EN-MINEZ, croix, c^{ne} de Langonnet.

CROËZ-HENT-EN-OEN, éc. c^{ne} de Guern.

CROËZO (LE), éc. c^{ne} de Moréac.

CROEZ-UEN, éc. c^{ne} de Moréac.

CROUENNEUC, éc. c^{ne} de Missiriac.

CROIS-COËT, h. — Voy. CROIX-DU-BOIS (LA).

CROISEAU, vill. ruiss. affl. de l'Arz et pont sur ce ruiss. c^{ne} de Plaudren.

CROISÉE (LA), éc. c^{ne} de Saint-Jean-la-Poterie.

CROISETIÈRE (LA), h. c^{ne} de Riantec.

CROISIÈRE (LA), h. c^{ne} de la Grée-Saint-Laurent.

CROISO (LE), h. c^{ne} de Sérent.

CROISSANT, éc. c^{ne} de Moustoir-Rémungol.

CROISSANT (LE), éc. c^{ne} de Caudan.

CROISSANT (LE), éc. c^{ne} de Guégon. — Seigneurie.

CROISSANT (LE), h. c^{ne} de Guiscriff.

CROISSANT (LE), éc. c^{ne} de Pluméliau.

CROISTY (LE), h. c^{ne} de Languidic.

CROISTY (LE), vill. et ruiss. dit aussi *de la Fontaine-de-Saint-Patern*, affl. du Pont-Rouge, c^{ne} de Saint-Tugdual. — *Croasti*, XIIe siècle (abb. de Sainte-Croix de Quimperlé. — *Croesti*, 1387 (chap. de Vannes).

Chef-lieu de la par. aux XIVe, XVe et XVIe siècles, puis trève de Saint-Tugdual; siége d'une comm^{rie} de chevaliers de Saint-Jean-de-Jérusalem.

CROIX (GRANDE LANDE DE LA), c^{ne} de Crédin.

CROIX (LA), éc. c^{ne} de Baden.

CROIX (LA), vill. c^{ne} de Cournon.

CROIX (LA), port, pointe, fanal et fort sur l'Océan, côte de l'île de Groix.

CROIX (LA), éc. c^{ne} de Guer.

CROIX (LA), chapelle isolée, c^{ne} de Locmalo.

CROIX (LA), f. c^{ne} de Plougoumelen.

CROIX (LA), h. c^{ne} de Saint-Martin.

CROIX (LA GRANDE), croix, c^{ne} de Theix.

CROIX (LA PETITE), croix, c^{ne} de Theix.

CROIX (LANDE DE LA), c^{ne} de Kervignac.

CROIX (LES), vill. c^{ne} de Lanouée.

CROIX (LES), f. c^{ne} de la Trinité-Porhoët. — Seigneurie.

CROIX (PONT DE), sur le ruiss. de ce nom, c^{ne} d'Ambon; ruiss. du Pont-de-Croix : voy. LOC (LE), c^{ne} d'Ambon.

CROIX-ADELINE (LA), éc. c^{ne} de Ploërmel.

CROIX-ANCIENNE (LA), éc. c^{ne} de Berné.

CROIXANVEC, c^{ne} de Napoléonville. — *Croshavec*, 1387 (chap. de Vannes). — *Quoessanvec*, 1422 (*ibid.*).

Par. du doy. de Porhoët. — Sénéch. de Ploërmel; subd. de Pontivy. — Distr. de Pontivy.

CROIX-AU-MOINE (LA), f. c^{ne} de Rochefort.

CROIX-AUX-LOUPS (LA), f. c^{ne} de Ploërmel.

CROIX-BAHON (LA), f. c^{ne} de Pleucadeuc.

CROIX-BILLY (LES), f. c^{ne} de Guilliers.

CROIX-BLANCHE, éc. c^{ne} de Guégon.

CROIX BLANCHE (LA), croix à la limite des c^{nes} de Pluvigner, de Camors et de Plumelin.

Croix Blanche (La), croix, c^{ne} de Radenac.
Croix-Blanche (La), éc. c^{ne} de Sarzeau.
Croix-Blanche (Rue de la), rues au Faouët et à Plouay.
Croix-Brebis (La), éc. c^{ne} de Caden.
Croix-Brillant (La), éc. c^{ne} de Saint-Dolay.
Croix-Cabello (Place de la), à Vannes. — Voy. Ca-
 bello (Place).
Croix-Cabello (Rue de la), nom ancien de la rue de
 l'Étang, à Vannes, faubourg Saint-Patern.
Croix Carrée (La), croix, c^{ne} de Peillac.
Croix Cassée (La), croix, c^{ne} de Plœren.
Croix Courte (La), croix, c^{ne} de Baden.
Croix-Daniel (La), vill. c^{ne} de Saint-Gildas-de-Rhuis.
Croix de Haut (La), croix, c^{ne} de Caro.
Croix-de-l'Ane (La), éc. et lande, c^{ne} de Theix.
Croix-de-la-Ville-Briend (La), éc. c^{ne} de la Croix-Hel-
 léan.
Croix de Pierre (La), croix, c^{ne} d'Augan.
Croix-de-Pierre (La), h. c^{ne} de Ménéac.
Croix-des-Marais (Chemin de la), c^{ne} de Peillac.
Croix-du-Bois (La) ou Crois-Coër, h. partie c^{ne} de Bi-
 gnan, partie c^{ne} de Grand-Champ.
Croix-du-Cours (La), éc. c^{ne} de Molac.
Croix-du-Roi (La), h. c^{ne} d'Ambon.
Croix-du-Serf (La), vill. — Voy. Corne-du-Cerf (La).
Croixen, f. c^{ne} de Plœren.
Croix-Even (Bras et Bihan), h. partie c^{ne} de Cléguérec,
 partie c^{ne} de Saint-Aignan.
Croixevet, vill. c^{ne} de Kergrist.
Croix-Fourché, vill. c^{ne} des Fougerêts.
Croix-Goat, éc. c^{ne} de Guidel.
Croix-Guenne, h. c^{ne} de Guidel. — Seigneurie.
Croix Haute, croix, c^{ne} de Malguénac.
Croix-Helléan (La), c^{ne} de Josselin. — Par. du doy. de
 Lanouée, anciennem^t en Guillac; prieuré, membre
 de l'abbaye de Saint-Jean-des-Prés. — Sénéch. de
 Ploërmel; subd. de Josselin. — Distr. de Josselin.
Croix-Hent, h. c^{ne} de Guidel.
Croix-Jean, éc. c^{ne} de Belz.
Croix-Julien (La), h. c^{ne} de Pleucadeuc.
Croix-la-Grue (La), éc. c^{ne} de Missiriac.
Croix-Landry (La), éc. c^{ne} de Peillac.
Croix Légère, croix, c^{ne} de Guer.
Croix-Lucas (La), riv. — Voy. Oyon (L').
Croix-Maué (La), vill. c^{ne} de Molac.
Croix-Marguerite, h. c^{ne} de Guern.
Croix-Marie (La), h. c^{ne} de Cléguérec.
Croix-Marie (La), chapelle, c^{ne} de Ploërmel.
Croix-Mariée (La), h. c^{ne} de Saint-Gravé.
Croix-Martin (Moulin à vent de la), c^{ne} de Lizio.
Croix-Mayet (La), h. c^{ne} de Sérent.
Croix-Méen, h. c^{ne} de Plœmel.

Croix-Mopra, h. c^{ne} de Moréac.
Croix Néreé, croix, c^{ne} de Theix.
Croix Neuve, croix, c^{ne} de Malansac.
Croix Neuve, croix, c^{ne} de Noyal-Pontivy.
Croix Neuve, croix, c^{ne} de Plaudren.
Croix Neuve, croix, c^{ne} de Pleugriffet.
Croix-Neuve (La), éc. c^{ne} de Questembert.
Croix-Neuve (La), h. et lande, c^{ne} de Séné.
Croix-Percée (La) ou Groës-Toul, croix, h. et mⁱⁿ à
 vent, c^{ne} de Pluneret.
Croix-Pichot (La), h. c^{ne} de Ménéac.
Croix Pierre (La), croix, c^{ne} de Guer.
Croix-Piguel (La), vill. c^{ne} de Saint-Martin.
Croix-Pins (La), éc. c^{ne} de Plaudren. — La Croix-
 Painte, 1506 (chât. de Kerfily).
Croix Plate (La), croix, c^{ne} de Plumelec.
Croix-Robic (La), éc. c^{ne} de Melrand.
Croix Rochue, croix, c^{ne} de Questembert.
Croix-Rompue (Chemin de la), c^{ne} d'Augan.
Croix-Ronsin (La), éc. c^{ne} de Ploërmel.
Croix Rouge, croix, c^{ne} d'Augan.
Croix Rouge, croix, c^{ne} de Crédin.
Croix Rouge, croix, c^{ne} de Guer.
Croix Rouge, croix, c^{ne} de Saint-Congard.
Croix Rouge, croix, c^{ne} de Saint-Samson.
Croix Rouge, croix, c^{ne} de Surzur.
Croix-Rouge (La), éc. c^{ne} de Melrand.
Croix-Rouge (Maison de la), éc. c^{ne} de Moréac.
Croix-Rousse (Pont de la), sur le ruisseau de Bruté,
 reliant Bubry et Melrand.
Croix sans Tête, croix, c^{ne} d'Erdeven.
Croix Travaillée, croix, c^{ne} de Bréhan-Loudéac.
Croix-Trel (La), h. c^{ne} de Sulniac.
Croix-ty-Ben (Loge), éc. c^{ne} de Gourin.
Croix-Verrz (La), éc. c^{ne} du Faouët.
Croix-Verte (La), éc. c^{ne} d'Hennebont.
Croix-Verte (La), éc. c^{ne} de Lanouée.
Croix-Verte (La), éc. c^{ne} de Plaudren.
Croix-Zacharie (La), h. c^{ne} de la Gacilly.
Croizic, éc. c^{ne} de Monterblanc.
Croizic (Le), éc. c^{ne} de Baud.
Croizo, h. c^{ne} de Sulniac.
Crolaie (La), h. c^{ne} de Rieux.
Crolais (Les), f. c^{ne} des Fougerêts. — Seigneurie.
Crôle (La), f. c^{ne} de Mohon.
Crolée (La), vill. c^{ne} de Sérent.
Crolle (La), h. c^{ne} de Saint-Dolay.
Cromenach, h. et pointe à l'embouchure de la Vilaine
 c^{ne} d'Ambon.
Cromenou, éc. c^{ne} du Saint.
Crondal, vill. c^{ne} de Gourin. — Seigneurie.
Crossaie (La), f. c^{ne} de Ruffiac. — Seigneurie.

CROTA, f. cne de Campénéac.

CROUËSTY (LE), chapelle isolée et marais, cne d'Arzon.

CROUGUER, min sur le Plessis, cne de Langonnet.

CROUGUES, rocher sur l'Océan, près d'Hœdic.

CROZON, h. cne de Concoret.

CRUBELZ, vill. et min à vent, cne de Belz. — *Kerbelz* ou *Gouehennau*, xviiie siècle (sénéch. d'Auray).

CRUCUNO, vill. partie cne d'Erdeven, partie cne de Plouharnel.

CRUCUNY, vill. cne de Carnac.

CRUÈNE (LA), vill. cne de Saint-Gorgon.

CRUGAN, h. cne de Naizin.

CRUGUEL, con de Josselin. — *Kreugel, parr*, 1258 (abb. de Lanvaux). — *Creuguell*, 1387 (chap. de Vannes). D'abord par. puis trève de Billio, puis redevenue par. du doy. de Porhoët. — Sénéch. de Ploërmel; subd. de Malestroit. — Distr. de Josselin.

CRUGUEL, h. cne de Guidel.

CRUGUELLIC, vill. cne de Plœmeur.

CRUSSEN, éc. cne de Naizin.

CRUYÈRE (LA HAUTE et LA BASSE), h. cne de Guer; pont sur la Foliette, reliant Guer au dépt d'Ille-et-Vilaine.

CRUYÈRES (LES), f. cne de Ménéac.

CRUZ-MOTTEN, dolmen, cne de Carnac.

CUCHIER (LE), rocher sur l'Océan, côte de Damgan.

CUIRS (PLACE AUX), à Napoléonville, dite autrefois *rue de l'Hôpital*.

CUIRS (RUE DES), à Questembert.

CUIR-VERT (RUE DU), à Rohan.

CULÉAC, éc. et min sur le Poul-Prinse, cne d'Arradon; pont sur le ruiss. de la Fontaine-de-Ménaty, reliant Arradon et Plœren. — Seigneurie; manoir.

CULOTTE (LOGE), éc. cne de Guiscriff.

CUL-VILLE (RUE DU), à Saint-Jean-la-Poterie.

CUNE, pointe sur l'Océan, côte de Plœmeur.

CUNFIO, chât. et bois, cne de Plouay; deux mins sur le Bois-du-Crocq, l'un en Plouay, l'autre en Inguiniel. — Seigneurie; manoir.

CUPIDON (CHEMIN DE), à Josselin.

CURÉ (CROIX DU), cne de Saint-Thuriau.

CURETTE (PONT DE LA), sur le ruisseau de la Fontaine-du-Bois-du-Loup, cne d'Augan. — *Quilerette*, 1520 (chât. de Beaurepaire). — *Cueillerette*, 1578 (*ibid.*).

CUSSÉ (LE GRAND et LE PETIT), h. cne de Noyal-Muzillac; ruiss. dit aussi *du Vieux-Moulin-de-Lestreborgne*, affl. de celui du Pont-Madame, arrose le Guerno et Noyal-Muzillac.

CUSSONNAIS (LA), éc. cne de Malansac.

D

DAËR ou D'AËR (RIVIÈRE) : voy. PONT-ROUGE (LE); min sur cette riv. cne de Saint-Tugdual.

DAGO (MAISON), éc. cne de Bubry.

DAGORNE, pont sur le ruiss. de la Fontaine-de-Saint-Bieuzy et lande *du Pont-Dagorne*, cne de Pluvigner.

DALU (LE), roche dans la riv. de Crach, entre Crach et Carnac.

DAME (LA), chât. en ruines et min sur le Rodoir, cne de Nivillac.

DAMES (PONT AUX), sur le ruiss. de ce nom, cne de Pluherlin; ruisseau *du Pont-aux-Dames* : voy. ROUX (RUISSEAU DU PONT-AUX-).

DAMES (RUE DES), à Malestroit. — Voy. MADAME (RUE).

DAMES (RUE DES), au Port-Louis.

DAMGAN, con de Muzillac; ruiss. dit *Étier-de-Damgan* ou *du Bourg*, affl. de la Drague, arrose la commune. — Cette cne est formée d'une grande partie du territoire de l'ancienne par. d'Ambon:

DANAYE (LA), vill. cne de Carentoir. — Seigneurie.

DAN-EN-ROCH, h. cne de Plumelin.

DANET (CROIX), cne de Beignon.

DANETERIE (LA), éc. cne de Saint-Jacut.

DANIEC, éc. cne de Baden.

DANIEL (PONT), sur le ruisseau de Caranloup, reliant Guégon et Lantillac.

DANIEL (ROCHE DE), sur l'Océan, côte de Riantec.

DANIEL (RUE), à Guillac.

DANILAIS (LA), vill. cne de Malansac.

DANILAIS-HAUDRAIE (LA) ou LA HAUDRAIE, h. cne de Malansac.

DANION (CROIX) et lande dite *Pâtis de la Croix-Danion*, cne de Guer.

DANTEN, île sur la baie du Morbihan, côte d'Arzon.

DANTIN (CLOS DE), lande, cne d'Augan; ruiss. *de la Grée-Dantin* : voy. TRÉNAULAN.

DANTOLLERIE (LA), h. cne d'Allaire.

DAPCY, min à eau, cne de Sérent.

DARON, éc. et ponceau, cne de Nivillac. — Seigneurie.

DAUL-EN-GROAH ou BENGOUS, dolmen, cne de Locmariaquer.

DAULE-VER-VEING (FONTAINE), cne de Theix.

DAUPHINE (PLACE), à Lorient. — Voy. BISSON (PLACE).

DAVAT, min sur le Ninian, cte d'Helléan.

DAVID, rocher, cne d'Augan.

DAVID (PONT), sur la Chênaie, reliant Guégon et Cruguel.

Débat (Lande), c⁰ᵉ de Grand-Champ.

Débat (Le), lande, cⁿᵉ de Guer.

Découverte (Tour de la) ou du Port, servant aux signaux de la marine, et éc. à Lorient.

Defais (Les), f. cⁿᵉ de Carentoir.

Défay (Le), h. cⁿᵉ de Campénéac. — Seigneurie.

Dégouta (Le), éc. cⁿᵉ de Saint-Martin.

Déhanaie (La), vill. cⁿᵒ de Carentoir.

Deil, chât. et vill. cⁿᵉ d'Allaire. — Seigneurie; manoir.

Délélé, éc. cⁿᵉ du Palais.

Deliac, vill. cⁿᵉ de Saint-Guyomard.

Delorme (Croix), cⁿᵉ de Guer.

Démanchère (La), f. cⁿᵉ de Guer. — Seigneurie.

Demerion, pointe de l'île d'Hœdic, sur l'Océan.

Demi-Lune (La), éc. cⁿᵉ de Napoléonville.

Demi-Ville (La Grande et la Petite), h. et mᵗⁿ sur le ruiss. de ce nom, cⁿᵃ de Landévant; ruiss. (voy. Guillemin). — Seigneurie.

Demoiselles (Les), rocher sur l'Océan, cⁿᵉ de Sarzeau.

Deneu (Le), h. cⁿᵉ de Campénéac.

Dénizaie (La), éc. cⁿᵉ de Béganne. — Seigneurie.

Département (Place du), à Vannes. — Voy. Napoléon-le-Grand (Place).

Dérant (Le), éc. cⁿᵉ de Persquen. — Seigneurie.

Derhant, vill. cⁿᵒ de Saint-Tugdual.

Derlué, lande, cⁿᵉ de Grand-Champ.

Dernan (Fontaine), cⁿᵉ de Meucon.

Dernier-Sou (Le), h. cⁿᵉ de Baud.

Derval (Bois), h. et étang du Bois-Derval, cⁿᵉ de Lantillac.

Derven-en-Sauce, éc. cⁿᵉ de Napoléonville.

Dervenne (La), roche sur la baie du Morbihan, côte de Saint-Armel.

Désert (Le), vill. cⁿᵉ de Bignan.

Désert (Le), vill. cⁿᵉ de Landévant.

Désert (Le), vill. cⁿᵉ de Mauron. — Seigneurie.

Désert (Le), h. cⁿᵉ de Saint-Gravé.

Désert (Le), éc. cⁿᵉ de Tréal.

Déserts (Les), h. cⁿᵉ de Lizio.

Déserts (Les), h. cⁿᵉ de Ménéac.

Desmardais (La), vill. cⁿᵉ de Porcaro.

Deuborch, vill. port, batterie et corps de garde sur l'Océan, cⁿᵉ de Port-Philippe. — Douportz, xvᵉ siècle (abb. de Sainte-Croix de Quimperlé).

Deur-Charlicq, ruiss. dit aussi de l'Étang-de-Toul-Sallo, affl. de celui du Moulin-du-Bois; il arrose Plouray et Ploërdut.

Deux-Chemins (Les), h. cⁿᵉ de Brech.

Deux-Fontaines (Ruisseau des), affl. du Trolan, arrose Mohon.

Deux-Moulins (Les), h. cⁿᵉ de Plœren.

Deux-Sœurs (Les), rochers sur l'Océan, entre les îles de Houat et d'Hœdic.

Deux-Sœurs (Les) ou les Rats, roche sur l'Océan, côte de Plœmeur.

Devallière (La), éc. cⁿᵉ de Saint-Vincent.

Devins (Rue des), à Josselin.

Devison (La), vill. cⁿᵉ de Saint-Brieuc-de-Mauron. — Voy. Pendreff.

Diable (Château du), ruines. — Voy. Pendreff.

Diable (La Maison-du-), éc. — Voy. Chevillère (La).

Diable (La Maison-du-), éc. cⁿᵒ de Sarzeau.

Diable (Le), roche sur la baie du Morbihan, côte de Saint-Armel.

Diable (Pertuis du), pass. entre les îles du Bil et de Belair, sur l'Océan, côte de Pénestin.

Diable (Roche du), cⁿᵉ de Plouay.

Diarnelez, chât. et mⁿ sur le ruiss. du Moulin-du-Duc, cⁿᵉ du Faouët; pont sur ce ruiss. reliant le Faouët et le Saint. — Seigneurie; manoir.

Diben (Le), éc. cⁿᵉ de Baden.

Diète (Pont de la), sur le ruiss. de Bourg-Pommier, cⁿᵉ de Limerzel.

Digabel (Fort). — Voy. Kerfloch.

Digoët, éc. et lande, cⁿᵉ de la Croix-Helléan; ruiss. affl. du Ninian, arrose la Croix-Helléan et Helléan.

Digoit, vill. cⁿᵉ de Ruffiac.

Diguédon (Loge), éc. cⁿᵉ de Gourin.

Diliec, vill. cⁿᵉ de Saint-Nolff.

Diliec (Le Haut et le Bas), h. cⁿᵉ de Napoléonville.

Dilliex, vill. cⁿᵉ de Cléguérec.

Dilostenne, quartier du bourg de Naizin.

Dinan (Porte de), à Napoléonville. — Voy. Saint-Malo (Porte de).

Disméon (Bras et Bihan), h. cⁿᵒ de Langonnet.

Diston, vill. cⁿᵉ d'Arzal; ruiss. dit la Noé-de-Diston, qui arrose Marzan et Arzal. — Seigneurie.

District, éc. cⁿᵉ de Guidel.

Distro (Le), Iuuel et Izel, h. cⁿᵉ de Riantec.

Divelane, éc. cⁿᵉ de Melrand. — Diffez-en-Lan, 1296 (duché de Rohan-Chabot). — Le Diffez, 1390 (ibid.).

Diverlas (Le), rocher sur l'Océan, cⁿᵉ de Pénestin.

Divit, h. cⁿᵉ de Plœmeur. — Seigneurie.

Divit (Le), vill. lande et éc. dit Lande-du-Divit, cⁿᵉ de Bieuzy; autre éc. cⁿᵉ de Pluméliau; écluse sur le Blavet.

Dizinio, vill. cⁿᵉ de Languidic.

Doar-Tampl, nom donné à une certaine étendue de pays qui aurait appartenu à l'ordre des templiers, cⁿᵉ de Saint-Tugdual.

Dodiéraie (La), vill. cⁿᵉ de Mauron.

Doganet, éc. cⁿᵉ de Moustoir-Rémungol.

Doift, ruiss. affl. de l'Yvel, sort du dépᵗ des Côtes-du-

Nord et arrose dans celui du Morbihan Saint-Léry et Mauron. — *Doueff*, 1535 (chât. du Boyer).

DOIGTERIE (LA), h. c^ne de Saint-Jean-la-Poterie.

DOLAN (LE GRAND et LE PETIT), h. et salines, c^ne de Séné.

DOMAINE (LE), vill. c^ne de Guilliers.

DOMAINE (LE), éc. c^ne de Mauron.

DOM-GUILLAUME (CROIX), c^ne de Beignon.

DOM-LOUIS (CROIX), c^ne de Crédin.

DOM-MITENNE (CROIX), c^ne de Crédin.

DOMOIS, vill. île, port et fort sur l'Océan, vallon et ruiss. *du Vallon-du-Port-Domois*, se jetant dans l'Océan, c^ne de Bangor.

DON (LE), éc. c^ne de Peillac.

DONANT, vill. port et batteries sur l'Océan, c^ne de Bangor; ruisseau *de Port-Donant*, dit aussi *de Stang-Donant*, arrose Port-Philippe et Bangor et se jette dans l'Océan.

DONDELAIS (LE), vill. c^ne de Saint-Martin.

DONFOS (IUUELLOFF et IZELLOFF), villages, c^ne de Roudouallec.

DONNAN, h. et bois, c^ne de Plumelec.

DORANLO (LE), f. c^ne de Carentoir. — Seigneurie.

DORBELAIE (LA), vill. c^ne de Concoret.

DORDU (LE), ruisseau. — Voy. DOURDU (LE).

DORDU, étang et m^in sur le ruiss. de ce nom, c^ne de Langoëlan; ruiss. *de l'Étang-du-Dordu* : voy. KERLANN. — Seigneurie.

DORIDAINE, éc. c^ne de Montertelot.

DORSON (PONT), sur la Sarre, c^ne de Melrand.

DOUANES (PONT DES), sur le ruiss. de l'Étang-de-Kergrosse, c^ne d'Erdeven.

DOUANGO, h. c^ne de Moustoirac.

DOUARIN, éc. c^ne de Guénin.

DOUARO, éc. c^ne de Sulniac.

DOUARO (LE), éc. c^ne de Lauzach.

DOUAR-VALZ, h. c^ne de Kergrist.

DOUAR-ZANS, éc. c^ne de Plouay.

DOUBLIC (CROIX DU), c^ne de Grand-Champ.

DOUCET (LE), h. c^ne de Carentoir.

DOUE (LA), éc. c^ne de Guer.

DOUÉ-DE-ROCHE (RUISSEAU DU) et pont sur ce ruiss. c^ne d'Augan. — Voy. BOIS-DU-LOUP (LE).

DOUET (CROIX DU), c^ne d'Augan.

DOUET (RUISSEAU DE LA NOË-DU-), affl. de la Graë; il arrose Saint-Jacut.

DOUETS (FONTAINE DES), c^ne de Grand-Champ.

DOUET-SEC (RUISSEAU DU), arrose Mauron, qu'il sépare du dép^t des Côtes-du-Nord.

DOURDU (LE) ou DORDU, ruiss. affl. du Scorff; il arrose Ploërdut, Lignol, Saint-Caradec-Trégomel et Berné, où il traverse l'étang de Pontcallec. — On l'appelle aussi ruisseau *de l'Étang-de-Pontcallec, du Moulin-de-Penderff, du Pont-Robin, du Pont-Alluin* ou *de Guern-Adran*.

DOURGUEN (LOGES), h. c^ne de Gourin.

DOUTTE (LA), vill. c^ne de Beignon.

DOUTZAUGES (LES), lande, c^ne de Guer.

DOUVE (LA), éc. c^ne de Ménéac.

DOUVE (LA), éc. c^ne de Monteneuf.

DOUVE (LA), vill. c^ne de Peillac.

DOUVE (RUE DE LA), à Josselin.

DOUVE-DES-NOYERS (CHEMIN DE LA), à Josselin.

DOUVE-DU-LION (CHEMIN DE LA), à Josselin.

DOUVE-LAREN (CROIX DE), c^ne de Grand-Champ.

DOUVES (CHEMIN DES), à Malestroit; dit autrefois rue *Nouel*, allant du faubourg Sainte-Anne aux douves de Saint-Julien.

DOUVES (CHEMIN DES), à Rochefort, conduisant aux douves du château.

DOUVES-DE-LA-GARENNE (RUE DES), à Vannes; dite autref. *du Bas-de-la-Garenne*. — Voy. GARENNE (LA).

DOUVES-DU-MENÉ (RUE DES), à Vannes. — Voy. MENÉ (RUE DU).

DOUVES-DU-PORT (RUE DES), à Vannes. — Voy. PORT (RUE DU).

DOUVES-DU-ROX (RUISSEAU DES), affl. de l'Ysaugouet; il prend sa source dans le dép^t d'Ille-et-Vilaine et arrose Concoret dans celui du Morbihan.

DOUX-AMI (LE), f. c^ne de Pluherlin.

DOYEN (CROIX AU), c^ne de Porcaro.

DOYENNÉ (LE), h. étang et ruiss. affl. de celui de la Bouloterie, c^ne de Péaule.

DRAGUE (LA), éc. c^ne de Noyal-Muzillac; m^in à vent, c^ne de Lauzach.

DRAGUE (LA), riv. dite aussi *de Pénerf, Larcan, Sulé* ou *Guernec;* elle arrose Berric, Lauzach, Surzur, Damgan, Sarzeau et Ambon, où elle se jette dans l'Océan.

DRAGUIO (RUISSEAU DU) et pont sur ce ruiss. c^ne de Guer. — Voy. PONT-DE-BAS (RUISSEAU DU).

DRAINAY (LE), h. c^ne de Larré.

DRAMEL, h. c^ne de la Gacilly.

DRAN (LE), m^in à vent et lande, c^ne de Guer.

DREFF (LE), vill. et marais salant, c^ne de Riantec. — *Le Treuff*, 1441 (seign. de Saint-Georges). — *Le Treff*, 1443 (ibid.).

DRÉHEN (BAIE DE), dans le Morbihan, c^ne de l'Île-aux-Moines.

DRÉNEC, île sur le Morbihan, c^ne de l'Île-d'Arz.

DRÉNEC (LE), éc. c^ne de Meslan. — Seigneurie.

DRÉNEC (LE), éc. c^ne de Pluvigner.

DRÉNEGUY, h. c^ne de Berric.

DRÉNIDAN (LE GRAND et LE PETIT), vill. et lande, c^ne de Radenac.

DRÉST, h. cne de Béganne. — Seigneurie.

DRÉSY (LE HAUT et LE BAS), vill. cne de Saint-Servant.

DRÉONS, château, bois et min sur le ru de l'Étang-de-Priziac, cne de Priziac. — *Le Dreortz*, 1466 (princip. de Rohan-Guémené). — Seigneurie; manoir.

DRÉSIL (LE), h. cne de Peillac.

DRESSAY (RUISSEAU DE). — Voy. FONTAINE-ÈS-MÉZIO (RUISSEAU DE LA).

DRESSÈVE, h. cne de Baud.

DREVALLAIS (LA), h. cne de Pleucadeuc.

DRÉZEN (RUE DE), à Vannes. — Voy. VERTE (RUE DE LA).

DRÉZEN (RUISSEAU DE), afll. du Loc, arrose Brech et Auray; rue et font. à Auray.

DRÉZERS (LE), éc. cne du Faouët.

DRÉZET, vill. cne de Férel.

DREZEUL, vill. cne de Saint-Dolay.

DRIASQUER, éc. cne de Riantec.

DRIASQUER (LE), vill. et anse sur la rade de Lorient, cne du Port-Louis.

DROAL (LOGE), éc. cne de Guiscriff.

DROCHERIE (LA), vill. cne de Carentoir.

DRÔLAIE (LA), h. cne d'Allaire.

DROLO, vill. cne de Gourin.

DROLORÉ, h. cne de Gourin.

DROUILLAIS (LA), h. et min à vent, cne de Saint-Vincent. — Seigneurie.

DROULÉ, vill. cne de Langonnet.

DROYÈRES (LES), éc. cne d'Allaire.

DRUGR (LA), h. cne de Larré.

DÛ (LE), lande, cne de Guer.

DUC (BOIS DU), à Hennebont.

DUC (LE), éc. et min sur le ruiss. de Brulé, cne de Bubry.

DUC (MOULIN DU) ou MOULIN PAILLE, min à eau sur la Sale, cne de Plescop.

DUC (MOULIN DU), min à eau, cne du Saint, et pont sur le ruiss. de ce nom, reliant le Saint et le Faouët; h. du *Pont-du-Duc*, cne du Saint.

DUC (MOULINS DU), mins à eau sur le ruiss. de Liziec; étang et min à vent, cne de Vannes.

DUC (MOR AU), clôture, cne de Saint-Caradec-Tré-gomel, entre les vill. de la Lande-du-Parc, de la Lande-du-Maréchal, de Kerven-er-Lann et de Kerven-er-Cleuzio, à la limite de la cne de Berné.

DUC (PONT AU), sur le ruiss. du Runio, reliant Réguiny et Crédin.

DUC (RIVIÈRE DU): voy. YVEL; étang baignant Ploërmel, Taupont et Loyat.

DUC (RUISSEAU DU MOULIN-DU-): il porte aussi le nom de *Bothallec* depuis sa source jusqu'au min de Poulhériguen, et celui du *Moulin-Neuf* entre les deux mins de Poulhériguen et du Duc, et afllue à l'Inam, après avoir arrosé Gourin, Langonnet, le Saint et le Faouët.

DUC (VOIE LE), rue à la Roche-Bernard. — Voy. NOTRE-DAME (RUES HAUTE et BASSE).

DUCHÉ (LE), nom d'une section de la cne de Saint-Jean-Brévelay.

DUCHÉE (LA), vill. cne de Glénac.

DUCHESSE (FONTAINE DE LA), cne de Sarzeau.

DUCHESSE (RUE DE LA) ou DES DUCHESSES, à Vannes. — Voy. BIENFAISANCE (RUE DE LA).

DUCREST (PLACIS), à la Gacilly.

DUER, vill. et pointe sur le Morbihan, cne de Sarzeau.

DUGUAY-TROUIN (RUE), à Lorient: voy. PATRIE (RUE DE LA); autre rue de la même ville, réunie depuis 1830 à la rue du Couëdic: voy. HÔPITAL (RUE DE L').

DUPE (CHEMIN DE LA), cne d'Augan.

DURANDAIS (LA), vill. cne de Saint-Vincent.

DERBOEUF, éc. cne de Lanouée; ruisseau dit aussi *de Blaye*, afll. du Lié: il passe par l'étang des Forges et arrose Lanouée, qu'il sépare du dép des Côtes-du-Nord.

DURIC (ÎLE), sur l'Océan, près de Houat.

DUTIÈRE (LA), éc. cne de Peillac.

DUTIÈRE (LA), ruiss. afll. de l'Oust, arrose Sérent et Saint-Marcel.

DUVAL (RUE), à Ploërmel, dite, au XVIIIe siècle, rue *du Val*, et plus anc quartier *du Val et du Thabor*.

DUVAUDS (LES), h. cne de Théhillac.

DUVELAËR (RUE), à Lorient. — Voy. CONVENTION (RUE DE LA).

E

EAU-COURANTE (L'), vill. cne de Lorient.

ÉCAMBÉ (L'), éc. cne de Caden.

ÉCHANGE (L'), min sur l'Arz, cne de Molac.

ÉCHANGE (L'), vill. et pont sur le Vobulo, cne de Porcaro.

ÉCHANTILLON (L'), éc. et carrières, cne de Napoléonville.

ÉCHELLE (L'), vill. — Voy. ER-SQUEUL.

ECLÈCHE (L'), vill. cne de Mohon.

ÉCLEICHES (LES), f. cte de Ruffiac.

ÉCLOPAS (L'), ruiss. et min sur ce ruiss. cne de Saint-Jacut. — Voy. GRAÑ (LA).

ÉCLUSE (PONT DE L'), sur le Kerollin, reliant Lanvaudan, Inzinzac et Calan.

Écly (L'), f. c^ne de Rieux.

Écobus (Les), lande et deux éc. dits *Lande-des-Écobus*, c^ne de Saint-Samson.

Écotais (Les), éc. c^ne de Caro.

Écotais (Les), bois et lande, c^ne de Guer.

Écotais (Les), éc. c^ne de Peillac.

Écrans (Commun de la Butte des), lande, c^ne de Pleucadeuc.

Écrevisse (L'), roche sur l'Océan, côte de Ploemeur.

Écu (L'), h. c^ve de Crédin.

Écu (L'), lande et autre lande dite *Pâtis de l'Écu*, c^ne de Porcaro.

Écusson (L'), f. c^ve de Guer.

Effoux (L'), vill. c^ne de Beignon.

Égalité (Place et Rue), à Napoléonville. — Voy. Marché (Place du).

Égalité (Rue de l'), à Lorient. — Voy. Saint-Pierre (Rue).

Égalité (Rue de l'), à Vannes. — Voy. Chanoines (Rue des).

Église (Place de l'), à Grand-Champ.

Église (Pont de l'), c^ne de Cruguel.

Église (Pont de l'), sur l'Arz, et h. *du Pont-de-l'Église*, c^ne de Pluherlin.

Église (Port de l'), sur l'Océan, à l'île d'Hœdic.

Église (Rue de l'), à Auray; autre rue dans le faub. de Saint-Goustan, même ville, xviiie siècle.

Église (Rue de l'), rues à Camoël, Carentoir, au Faouët, à Gourin, Landevant, Mauron, au Palais, à Plœmeur, Pluvigner, Pontscorff, Rochefort et à Saint-Jean-Brévelay.

Église (Rue et Place de l'), à Guémené.

Église (Rue et Place de l'), à Napoléonville; la place dite, au xviie siècle, *Marché au Blé* et *Marché du Cuir-à-Poils* ou *du Cuir-Vert*.

Égout (Rue de l'), à Lorient. — Voy. Enclos-du-Port (Rue de l').

Élevin (Croix), c^ne de la Gacilly.

Ellée (L') ou Ellé, riv. qui prend sa source dans le dép^t des Côtes-du-Nord et se jette dans l'Océan après avoir arrosé ceux du Finistère et du Morbihan à deux reprises. Depuis Quimperlé (Finistère) jusqu'à la mer, elle porte le nom de *Laïta* ou de *rivière de Quimperlé*; en ce qui concerne le Morbihan, elle traverse, dans l'arrond. de Napoléonville, les c^nes de Plouray, Langonnet, Priziac, le Faouët, Meslan, Lanvénégen, et dans l'arrond. de Lorient, la c^ne de Guidel, où elle se jette dans l'Océan en formant bras de mer et en servant de limite aux deux dép^ts du Morbihan et du Finistère. — *Eligius, fluvius*, 818 (D. Morice, I, 228). — *Elegium, flumen*, 1029 (ibid. I, 365). — *Heleia*, xie siècle (abb. de Sainte-Croix de Quimperlé). — *Ele*, 1259 (D. Morice, I, 664). — *Hélé*, 1271 (abb. de Sainte-Croix de Quimperlé).

Elven, arrond. de Vannes; tour et ruines d'un chât. dit aussi *de Largouet*, parc, éc. m^io sur le Kerbiler; vill. dit *Bois-d'Elven*, le tout dans la commune. — *Elven, plebs*, 910 (cart. de Redon). — *Elleven*, 1433 (sénéch. de Ploërmel). — *Esleven*, 1471 (chât. de Kerfily).

Par. du territ. de Vannes. — Chef-lieu de la seign. de Largouet. — Sénéch. et subd. de Vannes. — Distr. de Vannes; chef-lieu de c^on en 1790.

Elvéno (L'), h. c^ne de Noyal-Muzillac.

Ély (Fontaine d'), c^ne de l'Île-d'Arz.

Émigrés (Pointe des), sur la baie du Morbihan, c^ne de Vannes.

Émoi (Pont d'), sur le Guidecourt, c^ne de Ruffiac. — *Imhoir*, pont (voy. Lodineux) sur le ruiss. de ce nom, 821 (cart. de Redon). — *Humhoir*, aliàs *Hemhoir*, 830 (ibid.). — *Himhoir*, 834 (ibid.). — *Imwor, fluvius*, 834 (ibid.). — *Etwal, villa super rivam quæ dicitur Piscatura*, 840 (ibid.). — *Eval*, aliàs *Ewal*, ruiss. (dit aussi *Piscatura*, et plus tard, *Guidecourt*), 846 (ibid.).

En-Ar-Létic, éc. c^ve d'Erdeven.

Enclos (Lande de l'), c^ne de Guer.

Enclos (Rue de l'), à Lorient, conduisant à la porte de l'enclos de la Cie des Indes. — Voy. Port (Rue du).

Enclos-du-Port (Rue de l'), à Lorient; appelée avant 1789 rue *de l'Égout*, et de 1789 à 1830, rue *des Vases*.

Enclos-Thomas (L'), lande, c^ve de Pleugriffet.

En-Dihué-Stang, ruisseau. — Voy. Tréorzan.

En-Divin-Groës, croix, c^ne de Grand-Champ.

En-Douez, retranchement romain, c^ne de Baud.

En-Douez, retranchement romain, c^ve de Quistinic.

En-Dounel, motte féodale, c^ne de Pluvigner.

En-Duchen-Glas, éc. c^ne de Guern.

Enfer (Anse d'), dans l'île de Houat, sur l'Océan.

Enfer (Chemin de l'), c^ne de Guer.

Enfer (Fontaine de l'), c^ne de Theix.

Enfer (L'), éc. c^ve de Josselin.

Enfer (L'), ruisseau dit aussi *de la Ville-Aubert*, affl. du Moulin-Neuf; il arrose Pluherlin et Malansac.

Enfer (L'), ruisseau dit aussi *des Étangs* ou *du Pont-ès-Mio*; il a sa source en Saint-Gravé, limite cette c^ne et celle de Peillac et se jette dans la riv. d'Arz.

Enfer (L'), éc. c^ne de Vannes.

Enfer (Pointe d') ou de Hent-Terrible, corps de garde et grotte dite *Treu-de-l'Enfer*, sur l'Océan, côte de Groix.

Enfray (L'), ruisseau, affl. de l'Oust, c^ve de Peillac.

Enghien (Rue d'), à Lorient.—Voy. Chartres (Rue de).

En-Halein, basse sur l'Océan, côte de Sarzeau.

En-Hent-Bihan, éc. c^{ne} d'Arradon.

En-Hoh, roches sur l'Océan, côte de Saint-Pierre.

En-Non, roche sur l'Océan, côte d'Hœdic.

En-Oulme, île sur l'Océan, côte de Port-Philippe.

En-tri-Men, dolmen, c^{ne} de Bieuzy.

En-tri-Men, roches sur l'Océan, près de l'île de Houat.

En-tri-Person, ruisseau.—Voy. Trois-Recteurs (Ruisseau des).

En-ty-Corh, éc. c^{ne} de Plouray.

En-ty-Guen, éc. c^{ne} de Locoal-Mendon.

En-ty-Hénanf, éc. c^{ne} de Plumelin.

En-ty-Lamour, éc. c^{ne} de Plumelin.

En-ty-Néhué, mⁱⁿ sur le Kerbrehouet, c^{ne} de Quistinic.

En-ty-Nuhuy, éc. c^{ne} de Pluneret.

Éon, mⁱⁿ sur le ruiss. de ce nom et f. *du Moulin-Éon*, c^{ne} de Saint-Jacut; ruiss. *du Moulin-Éon* : voy. Vallée (Ruisseau de la).

Épinay (L'), vill. c^{ne} de Beignon.

Épinay (L'), h. étang auj. desséché et mⁱⁿ sur le ruiss. de ce nom, c^{ne} de Surzur. — Seigneurie.

Épinay (Ruisseau de l'). — Voy. Prés-Lobréan (Ruisseau des).

Épine (Lande de l'), c^{ne} de Monteneuf.

Épine (Rue de l'), à Questembert.

Épine-Ferrée (L'), éc. c^{ne} d'Augan.

Épine-Forte (L'), f. c^{ne} de Ménéac.

Épinette (L'), f. c^{ne} de Guer.

Épinettes (Les), f. c^{ne} de Caro.

Équi, vill. c^{ne} de Guillac.

Er-Bec, pointe sur l'Océan, côte de Houat.

Er-Bellec, pointe sur l'Océan, côte de Locmariaquer.

Er-Biluaut, rocher sur l'Océan, près de l'île de Houat.

Er-Blayo (Loge), éc. c^{ne} de Languidic.

Er-Brune, étang et éc. dit *Stang-er-Brune*, c^{ne} de Plœmeur.

Er-Castel, motte féodale dans le bois de Coëtmado, c^{ne} de Kervignac.

Er-Castel, ruines romaines, c^{ne} de Locmariaquer.

Er-Coët, éc. c^{ne} de Kergrist.

Er-coh-Castel, retranchement romain, c^{ne} de Locmalo.

En-Communo, bois, c^{ne} de Grand-Champ.

En-Cos, port de l'île d'Hœdic, sur l'Océan.

Er-dar-Groës, croix, c^{ne} de Grand-Champ.

Endeven, c^{ne} de Belz; pointe sur l'Océan. — Par. du doy. de Pont-Belz. — Sénéch. et subd. d'Auray. — Distr. d'Auray.

Er-Flammen, pointe sur la baie du Morbihan, côte de l'île aux Moines.

Er-Fordeu, retranchement romain, c^{ne} de Saint-Nolff.

Er-Forest, h. c^{ne} de Gourin.

En-Fos, éc. c^{ne} de Neulliac.

Er-Gadorec-a-Vèz, roche sur l'Océan, côte de Houat.

Er-Gallic (Loge), éc. c^{ne} de Pluméliau.

Er-Gludec, ruiss. afll. de celui de Tronchâteau; il arrose Cléguer.

Er-Goahient, ruiss. afll. de celui des Trois-Recteurs; il arrose Plouay et Calan. — Font. dite *Fetan-er-Goahient*, c^{ne} de Plouay.

Er-Goch-Lenn, marais, c^{ne} de Brech; ruiss. *de la Marc-er-Goch-Lenn*, qui arrose Brech et se jette dans l'étang du Cranic.

Eb-Goh, font. c^{ne} de Theix.

Er-Goh-Castel, ruines de fortifications, c^{ne} de Grand-Champ.

En-Goh-Castel, anc. camp, c^{ne} de Plœren.

Er-Goh-Feten, font. c^{ne} de Séné.

Er-Goh-Forn, éc. c^{ne} de Meslan.

Er-Goh-Hourch, pont sur le Bonaval, reliant Belz et Locoal-Mendon.

Er-Goh-Ilis ou la Vieille-Église, éc. c^{ne} de Treffléan.

Er-Goh-Lenn, éc. c^{ne} de Plescop; ruiss. voy. Moustoir (Ruisseau de); pont sur ce ruiss. reliant Plescop et Plœren.

Er-Goh-Velin, ruiss. afll. de l'Ouédeux, et mⁱⁿ sur ce ruiss. c^{ne} de Bubry.

En-Gou-Velin, éc. c^{ne} de Guern.

Er-Gorette, pointe sur la baie du Morbihan, c^{ne} de Séné.

Er-Goualennec, rocher sur l'Océan, près d'Hœdic.

Er-Gouëzeman, font. c^{ne} de Ploërdut; ruiss. *de la Fontaine-er-Gouëzeman*. — Voy. Maçon-en-Deur.

Er-Groës-Ru (Lann), lande, c^{ne} de Bubry.

Er-Guer-Nehué, éc. c^{ne} de Plœmel.

Er-Guillevin, éc. c^{ne} de Locmariaquer.

Er-Hastel, motte féodale, c^{ne} de Baud.

Er-Hastel, ruines d'un camp, c^{ne} de Langoëlan.

Er-Hastel, lande, c^{ne} de Noyalo.

Er-Hastellic, pointe de l'île de Houat, sur l'Océan.

Er-Hastellic, île sur l'Océan, côte de Port-Philippe.

Er-Hoah-en-Tri-Deur ou Ster-eur-Tri-Deur, ruiss. — Voy. Pont (Ruisseau du Moulin-du-).

Er-Hoah-Val, ruiss. — Voy. Pont-Fau (Ruisseau du).

Er-Hoch-Coët, lande, c^{ne} de Plœren.

Er-Hoch-Coh, ruiss. afll. de celui de Tronchâteau et pont sur ce ruiss. c^{ne} de Calan.

Er-Hoch-Vihan, ruiss. — Voy. Grazo (Ruisseau de la Lande-du-).

Er-Hoët, bois, c^{ne} de Malguénac.

Er-Hoët-Bihan, éc. c^{ne} de Plouray.

Er-Hoh-Castel, retranchement romain, c^{ne} de Langoëlan.

En-Hou-Castel, retranchement romain et lande, c^ne de Plouray.

En-Hou-Poul, pont, c^ne de Brech.

En-Houa, éc. c^ne de Theix.

En-Houach-Vras, ruiss. — Voy. Breil (Ruisseau du Moulin-du-).

En-Houalherès, roche sur l'Océan, près de l'île Valhuec.

En-Houech-Kerret, ruiss. affl. du Loc; il arrose Grand-Champ.

En-Houêt, éc. c^ne de Neulliac.

En-Huenne, lande, c^ne de Plaudren.

En-Huiguenne, pointe sur la baie du Morbihan, c^ne de Séné.

En-Lanic, îlot de la baie du Morbihan, entre Arzon et Baden, c^ne d'Arzon.

En-Lazen, éc. c^ne de Baden.

En-Lennic, éc. c^ne de Locmariaquer.

En-Liss, h. c^ne de Moréac.

En-Lozeu, éc. c^ne de Croixanvec.

En-Maros, h. c^ne de Plumelin.

En-Men-Sthène (Rue), à Pluvigner.

Ermitage (L'), chapelle en ruines, c^ne de Crach.

Ermitage (Rocher de l'), c^ne de Monteneuf.

En-Oué-Vas, roche sur l'Océan, côte d'Hœdic.

En-Palès, font. et ruiss. de la Fontaine-er-Palès, affl. du Kerdrého, c^ne de Plouay.

En-Paluden, éc. c^ne de Plougoumelen.

En-Parc-Bras (Loges), h. c^ne de Baud.

En-Pondeu, roche sur l'Océan, entre Houat et Quiberon.

En-Pont-Deur-Ir, éc. c^ne de Cléguer; pont sur le Quéleback, reliant Caudan, Cléguer et Inzinzac.

En-Poul, marais, c^ne d'Erdeven.

En-Poulleuc, marais, c^ne du Hézo.

En-Pré-de-l'Eau, éc. c^ne de Plœmeur.

Enrants (Les), rochers sur l'Océan, entre Groix et le Port-Louis. — Herran, 1479 (arch. de la Loire-Inférieure; trésor des chartes des ducs de Bretagne).

En-Ruum (Croix), c^ne de Plouay.

En-Roau, ruiss. affl. du Loc; il arrose Plaudren.

En-Roch, dolmen, c^ne d'Arradon.

En-Roch (Ruelle), à Hennebont, quartier de la Vieille-Ville.

En-Rou, h. c^ne de Moréac.

En-Spernec (La Grande et la Petite), roches sur l'Océan, entre Houat et Hœdic.

En-Squeul ou l'Échelle, vill. et pointe sur l'Océan, c^ne de Locmaria.

En-Ster-Vihan, ruisseau. — Voy. Tronchâteau (Ruisseau de).

En-Tétoux (Loge), éc. c^ne de Languidic.

En-Toul (La Grande et la Petite), îles sur l'Océan, côte de Quiberon.

En-Torc, rocher sur l'Océan, près d'Hœdic.

En-Vah-Guen, éc. c^ne de Persquen.

En-Varquer ou Gouah-Varquer, étang, c^ne de Grand-Champ.

En-Vas-Plat-ar-Vor, rocher sur l'Océan, près d'Hœdic.

En-Vas-Plat-ar-Zoare, rocher sur l'Océan, près d'Hœdic.

En-Veinneg, éc. c^ne de Guern.

En-Velin-Huen, m^in sur le Manéantoux, c^ne de Bubry.

En-Vélionec, h. c^ne de Belz. — Mellionnac, vi^e siècle (abb. de Sainte-Croix de Quimperlé).

En-Viel (Ruisseau de la Fontaine-). — Voy. Kernoumand.

En-Voten, éc. c^ne de Plumergat.

En-Vruguec, éc. c^ne de Rémungol.

En-Yoch (Le Grand et le Petit), rochers sur l'Océan, près d'Hœdic.

En-Yoc'h, rocher sur l'Océan, près de Houat.

Erzéac, vill. c^ne d'Elven.

Escalier (Rue de l'), au Palais.

Esclassiers (Les), rochers sur l'Océan, près de Houat.

Escobes (L'), rocher sur la baie du Morbihan, entre l'île d'Arz et Séné.

Esnoul-des-Chatelêts (Rue), à Lorient. — Voy. Française (Rue).

Espadron (Rue de l'), à Mauron.

Espagnols (Pont des). — Voy. César (Pont de).

Espernet (L'), pointe sur l'Océan, c^ne de Pénestin.

Espréménil (Place d'), à Lorient. — Voy. Bôve (Cours de la).

Est (Rue de l'), à Vannes; dite autref. de la Poterne ou de la Porte-Poterne.

Esteing, m^in sur le Loc, c^ne de Brech.

Esterneguy (Château d'), éc. dans l'île de Houat, c^ne du Palais.

Estuer (Pont d'), sur le ruiss. de la Fontaine-au-Beurre, c^ne de Férel.

Estuer, f. et bois, c^ne de Bréhan-Loudéac. — Seigneurie; manoir.

Estuer (Ruisseau d') ou de Pennée, affl. du Lié; il sort du dép^t des Côtes-du-Nord et arrose, dans celui du Morbihan, Saint-Samson et Bréhan-Loudéac.

Étang (Croix de l'), c^ne de Caro.

Étang (L'), h. et m^in sur le ruiss. de la Bouloterie, c^ne de Béganne.

Étang (L'), h. c^ne de Campénéac.

Étang (L'), f. c^ne de Glénac.

Étang (L'), éc. c^ne de Peillac.

Étang (Moulin à eau de l'), sur le ruiss. de ce nom, c^ne de Meslan; ruiss. du Moulin-de-l'Étang : voy. Moulin-Blanc (Le), c^ne de Meslan.

Étang (Pont de l'), sur le Sédon, reliant Guégon et Cruguel.

Étang (Pont de l'), sur le Tohon, reliant Questembert et Noyal-Muzillac.

Étang (Rue de l'), à Vannes, dite autref. rue *Gislard* ou *de la Croix-Cabello*.

Étang (Ruisseau de l'), affl. du Lanvel, arrose Pluvigner.

Étang (Ruisseau de l'). — Voy. Carafort (Ruisseau de).

Étang (Ruisseau de l'). — Voy. Grée-de-Callac (Ruisseau du Pré-de-la-).

Étang-Neuf (L'), vill. partie cne de Rochefort, partie cne de Malansac; porte et font. à Rochefort; ruiss. voy. Moulin-Neuf (Le), et pont sur ce ruiss. reliant Rochefort et Malansac.

Étang-Neuf (Moulin à eau de l') et ruiss. dit aussi *du Moulin-Neuf*, affl. de l'Oust, qui arrose Saint-Martin.

Étangs (Ruisseau des). — Voy. Enfer (Ruisseau de l').

Étel, cne de Belz. — *Ectell*, vie siècle (abb. de Sainte-Croix de Quimperlé).

Étel ou Intel, riv. qui arrose Landévant, Nostang, Landaul, Sainte-Hélène, Locoal-Mendon, Merlévenez, Plouhinec, Belz, Erdeven et Étel, où elle se jette dans l'Océan, après avoir formé un bras de mer; port, chantier sur cette riv. et barre à l'embouchure; pass. reliant Étel et Plouhinec; vill. dit *Passage-d'Étel*, cne de Plouhinec; falaise et anse de la falaise d'Étel, sur les côtes d'Étel et d'Erdeven.

Étier (L'), château. — Voy. Létier (Le).

Étier (L'), min sur l'Arz, cne de Saint-Gravé, et pont sur la même riv. reliant Saint-Gravé et Malansac.

Étier (L'), éc. cne de Saint-Martin.

Étier-Français, ruiss. affl. de la Vilaine, qui arrose Saint-Dolay et Nivillac.

Étier-Neuf, ruiss. affl. de la Vilaine, qui arrose Allaire.

Étier-Neuf, ruiss. affl. de la Vilaine, qui arrose Saint-Dolay.

Étranglette (L'), éc. cne de Saint-Samson.

Étrépées (Les), landes, cne de Guer.

Euhe (Pont), sur le ruiss. du Pont-de-Siviac, reliant Moréac et Radenac.

Eun-Tâle, pointe de l'île de Houat, sur l'Océan.

Eun-Goch-Velin (Ruisseau). — Voy. Gouach-Viquel.

Eur-Goh-Fetan, font. à la limite des cnes de Camors et de Pluvigner.

Eur-Gouach-Ven, éc. cne de Naizin.

Eur-Houach-Vras, ruiss. affl. de celui de la Chapelle-Neuve; il arrose Plumelin.

Eur-Stanqueux, vallon à la limite des cnes de Bangor et de Locmaria.

Évas, vill. cne de Saint-Laurent; pass. sur l'Oust, reliant Saint-Congard, Saint-Laurent et Missiriac.

Évêché (Place de l'), à Vannes.

Ével, riv. affl. du Blavet; elle arrose Radenac, Réguiny, Moréac, Naizin, Rémungol, Pluméliau, Guénin, Camors, Baud et Languidic. — *Evel, nemus*, par. de Rémungol (?), 1273 (duché de Rohan-Chabot).

Évêque (Moulin à eau de l'), sur la Sale, min à vent et pont dit *Pont-en-Iscop* (*Pont de l'Évêque*) sur le Goah-Kerubé, cne de Plescop.

Évêque (Moulin à eau de l'), sur le ruiss. de ce nom, et étang *du Moulin-de-l'Évêque*, cne de Vannes; ruiss. *du Moulin-de-l'Évêque*: voy. Rohan. — Le moulin portait aussi, dans le xviie siècle, le nom de *Bourg-Maria*.

Évêque (Rue de l'), rues à Guer et à Pontscorff.

Évêque (Rue l'), à Auray.

Évriguet, cne de la Trinité-Porhoët; min sur le ruiss. de ce nom, dans la cne. — Trève de la par. de Ménéac. — Distr. de Josselin.

Évriguet (Ruisseau d'), du Verger ou du Guérand, affl. du Léverin; il arrose Ménéac, Évriguet et Guilliers.

Ezan, font. cne de Brech.

Ezelle (L'), vill. cne de Carentoir.

F

Fagoterie (La), éc. cne de Saint-Jacut.

Fahonnac, vill. cne de Plumelec. — *Fahonnas*, 1431 (chât. de Callac). — *Fahonnat*, 1495 (*ibid.*).

Fahouet, h. cne de Plumergat. — *Le Fauouet*, 1398 (carmes de Sainte-Anne).

Fahuran, h. cne de Guégon.

Faillis-Bois (Lande des), cne d'Augan.

Falaise (La), éc. cne de Péaule.

Falaise (La), éc. cne de Plouharnel.

Falguérec, vill. et salines, cne de Séné. — Seigneurie.

Fanc, vill. cne de Noyal-Pontivy.

Fandora, vill. cne de Saint-Jacut.

Fandouillec, île sur la riv. d'Étel, cne de Plouhinec.

Fano (Le), éc. cne de Nivillac.

Faonic, éc. cne de Kerfourn.

Faou, ruiss. — Voy. Villeneuve (La), cne de Missiriac.

Faouëdic, h. cne de Guern.

Faouëdic (Le), étang, anse et ruiss. qui se jette dans

la rade de Lorient par le port de commerce; m^in sur ce ruiss. (auj. détruit) et rue à Lorient: voy. Hôpital (Rue de l'). — *Le Fauoet*, 1448 (réform. de la noblesse de Bretagne). — *Le Fauoet-Lisivy* et *le Fauoëdic-Lisivy*, xvie et xviie siècles. — Seigneurie; manoir (n'existe plus).

Faouëdic (Le), éc. et ruiss. dit aussi *de Largouet*, affl. de l'Arz, c^ne de Monterblanc. — Seigneurie.

Faouëdic (Le), h. c^ne de Ploërdut.

Faouëdo, h. c^ne de Moréac.

Faouët (Le), arrond. de Napoléonville. — *Fou, eleemosina*, 1160 (D. Morice, I, 638). — *Fagetum*, xive siècle (cart. de Redon, pouillé du dioc. de Cornouaille).

Par. du doy. de Gourin, renfermant une communauté d'ursulines et une comm^rie de chevaliers de Saint-Jean de Jérusalem, annexe de celle du Croisty en Saint-Tugdual. — Seigneurie; chât. dans le bourg, auj. détruit. — Sénéch. et subd. de Gourin. — Chef-lieu de distr. et de canton en 1790.

Faouët (Le), éc. c^ne de Grand-Champ.

Faouët (Le), vill. c^ne de Plumelec.

Faouët (Le), f. c^ne de Saint-Thuriau.

Faouët (Le Grand et le Petit), h. c^ne de Pluméliau.

Faouët (Le Grand et le Petit), vill. ruiss. affl. du Tarun et pont sur ce ruiss. c^ne de Plumelin.

Faouët (Le Haut et le Bas), vill. c^ne de Moréac.

Faouët (Loge du), éc. c^ne de Guénin.

Faouët-Bodony (Le), vill. c^ne de Languidic; pont sur le ruiss. du Pont-Pala, reliant Languidic et Baud.

Faouët-la-Forêt ou Faouët-le-Lait, h. c^ne de Languidic.

Faouïdo (Le), h. c^ne de Saint-Thuriau.

Faraudais (La), vill. c^ne de Caro.

Fardière (La), vill. c^ne de Ménéac.

Farlen (Le), éc. c^ne de Bignan.

Faucheur (Le), roche à l'entrée de la baie du Morbihan, côte d'Arzon.

Faucheux (Maison), éc. c^ne de Baud.

Faudemuy (Puits de), c^ne de la Gacilly.

Faudo, h. c^ne de Bubry. — Seigneurie.

Fauhouet, vill. c^ne de Tréal. — *Fauhoal*, aliàs *Fauhoual*, 1433 (chât. de Kerfily). — Seigneurie.

Fauny, vill. c^ne de Crédin.

Fauscuil, éc. c^ne de Sulniac.

Faut (Le), éc. c^ne de Quily.

Faut (Le Haut et le Bas), vill. c^ne de la Chapelle.

Faute, vill. et lande, c^ne de Langonnet.

Fauteuil (Le), roche sur l'Océan, côte d'Erdeven.

Fauvant (Le), m^in sur le ruiss. de Bourg-Pommier, c^ne de Questembert.

Faux (Fontaine du), c^ne de Beignon.

Faux (Le), vill. c^ne de Croixanvec; ruiss. voy. Clayo (Le).

Faux (Le), vill. c^ne de Guilliers.

Faux (Le), h. c^ne de Saint-Dolay.

Faux (Le), vill. c^ne de Saint-Jean-Brévelay.

Favant (Le), vill. c^ne de Questembert.

Favariac, f. c^ne de Théhillac.

Faven (Le), h. c^ne de Saint-Thuriau.

Faven (Rue), à Napoléonville. — Voy. Malguénac (Rue de) et Noyers (Rue des).

Favison, h. c^ne de Grand-Champ.

Favre (Le), vill. pont sur l'Arz et éc. dit *Pont-du-Favre*, c^ne de Molac.

Favrol (Pont), sur le Ninian, reliant la Trinité-Porhoët au dép^t des Côtes-du-Nord.

Favry (Le), h. c^ne de Caden.

Fédération (Rue de la), à Napoléonville. — Voy. Couvent (Rue du).

Féléhan, h. c^ne de Baud.

Feliaie (La), éc. c^ne de Rieux.

Felin-Bihan, éc. c^ne de Bignan.

Felouais (Lande des) et autre lande dite *Du-des-Felouais*, c^ne de Guer; ruiss. dit aussi *des Gassilaux*, affl. de celui de Saint-Malo-de-Beignon, qui arrose Guer et Saint-Malo-de-Beignon; pont sur ce ruiss. reliant ces deux communes.

Fénelon (Rue), à Lorient.

Fenêtre (Chemin de la), c^ne de Théhillac.

Féquet, éc. c^ne de Béganne.

Ferdonnant, vill. c^ne de Campénéac.

Férel, c^ne de la Roche-Bernard. — *Ferrel*, 1429 (seign. de la Roche-Bernard).

Anc. trève d'Herbignac (Loire-Inférieure), puis par. du doy. de la Roche-Bernard. — Sénéch. de Guérande; subdél. de la Roche-Bernard. — Distr. de la Roche-Bernard.

Ferloguen, m^in sur le ruiss. du Pont-Guillemin, c^ne de Landévant; lande, c^ne de Landaul.

Ferme-du-Bourg (Ruisseau de la), affl. du Kergué, qui arrose Plœren.

Ferrand, m^in sur l'Ével, c^ne de Réguiny; pont sur la même riv. reliant Réguiny et Moréac; m^in à vent, c^ne de Moréac. — *Férant*, xve et xvie siècles (duché de Rohan-Chabot).

Ferrand (Rue), à Lorient. — Voy. Bons-Enfants (Rue des).

Ferrière (La), h. c^ne de Bignan. — Seigneurie.

Ferrière (La), chât. f. dite *de la Porte*; étang, m^in sur le ruiss. de ce nom et m^in à vent, c^ne de Buléon; ruiss. affl. de celui de la Fontaine-ès-Mézio, qui arrose Radenac et Buléon; bois s'étendant sur ces deux communes. — Seigneurie; manoir.

Ferrière (La), forts sur l'Océan, c^ne de Locmaria.

Ferrière (La), vill. c^{ne} de Pluméliau; ruiss. voy. Ruun (Le).

Ferrière (La), vill. lande et autre vill. dit *Lande-de-la-Ferrière*, c^{ne} de Plumelin.

Ferrières (Les), m^{in} à eau et hameau dit *Cour-des-Ferrières*, c^{ne} de Sulniac; ruiss. voy. Saint-Éloi (Le). — Seigneurie; manoir.

Ferron (Le), chât. bois et vill. c^{ne} de Mauron. — Le chât. dit *de la Vigne*, jusqu'à la fin du XVIIIᵉ siècle (chât. du Ferron). — Seigneurie.

Ferté (La), ruiss. voy. Saint-Jean; m^{in} à eau sur ce ruiss. et h. c^{ne} de Cléguérec. — Seigneurie; manoir.

Ferté (La), h. c^{ne} de Pluméliau.

Fescal, chât. f. et m^{in} sur le ruiss. de ce nom, c^{ne} de Péaule; ruiss. affl. du Marzan, qui arrose Péaule et Marzan. — Seigneurie; manoir.

Fescal-Yoff, vill. c^{ne} de Péaule.

Fesquel-Pel, éc. c^{ne} de Plaudren.

Fesquel-Toste, h. c^{ne} de Plaudren.

Fetan-Alan, h. c^{ne} de Pluneret.

Fetan-Amonen, font. c^{ne} de Vannes.

Fetan-er-Blaye, éc. c^{ne} de Lignol.

Fetan-er-Blei, ruiss. affluent de celui du Vincin, qui arrose Vannes.

Fetan-er-Braden, font. c^{ne} de Locoal-Mendon.

Fetan-er-Gouic, éc. c^{ne} de Lignol.

Fetan-er-Guin, h. c^{ne} d'Inzinzac.

Fetan-er-Hoc, font. c^{ne} de Plouay.

Fetan-er-Ronze, font. c^{ne} de Lanvaudan.

Fetan-er-Spernen, font. à la limite des c^{nes} de Bubry et de Quistinic.

Fetan-er-Veinec, font. c^{ne} de Locoal-Mendon; ruiss. voy. Kervidon.

Fetan-er-Zan, font. et ruisseau, affl. de l'Étel, c^{ne} de Locoal-Mendon.

Fetan-Faene, éc. c^{ne} de Malguénac.

Fetan-Faven, éc. c^{ne} de Guern.

Fetan-Gaër, ruiss. affl. du Scorff, c^{ne} de Lignol.

Fetan-Gazec, font. c^{ne} de Locoal-Mendon.

Fetan-Guen, ruiss. affl. de celui des Trois-Recteurs, qui arrose Lanvaudan et Inguiniel.

Fetan-Guen-er-Roch, font. c^{ne} de Ploërdut.

Fétanio, éc. c^{ne} de Bubry.

Fétanio, vill. c^{ne} de Carnac.

Fetan-Len, font. c^{ne} de Locoal-Mendon.

Fetan-Lérès, roche sur l'Océan, côte d'Erdeven.

Fetan-Loppicq, fontaine à la limite des c^{nes} de Pluvigner et de Languidic.

Fetan-Maria, font. c^{ne} de Locmariaquer.

Fetannegu, font. c^{ne} de Brech.

Fetan-Nent-en-Nillis, font. c^{ne} de Locoal-Mendon.

Fetan-Nerven, vill. c^{ne} de Guénin.

Fetan-Niniec, ruiss. affl. de celui de l'Étang-du-Rozo, qui arrose Locoal-Mendon.

Fetan-Paul, éc. c^{ne} de Brech.

Fetan-Person, font. du bourg de Locoal, en la c^{ne} de Locoal-Mendon.

Fetan-Rose, font. c^{ne} de Locoal-Mendon.

Fetan-Stangroëz, ruiss. affl. du Scorff, c^{ne} de Lignol.

Fetan-Stanquien, ruiss. affl. du Fetan-Stangroëz, qui arrose Lignol.

Fetan-Stirecu, éc. c^{ne} de Locmariaquer.

Fetan-Vail, font. c^{ne} de Locoal-Mendon.

Fetan-Varric, font. c^{ne} de Locoal-Mendon.

Fetan-Vat, font. c^{ne} de Calan.

Fetan-Vat, font. et ruiss. affl. de celui de la Fontaine-de-Kermandu, c^{ne} de Plouay.

Fetan-Vériès, font. lande et ruiss. affl. de celui de la Fontaine-Saint-Maurice, c^{ne} de Lanvaudan.

Fetan-Vihan, font. c^{ne} d'Erdeven.

Fetan-Vorlen, font. et ruiss. affl. du Stang-eur-Valh, c^{ne} de Lanvaudan.

Fétéliau, h. c^{ne} de Pluméliau.

Féténéguiau, h. c^{ne} de Port-Philippe.

Feten-en-Naud, font. c^{ne} de l'Île-aux-Moines.

Feten-er-Marh, font. c^{ne} de Theix.

Feten-er-Prat, font. c^{ne} de Séné.

Feten-er-Puns, font. c^{ne} de l'Île-d'Arz.

Feten-er-Salzen, font. c^{ne} de l'Île-aux-Moines.

Feten-Guen, font. c^{ne} de Theix.

Feten-Haliguen, font. c^{ne} de Séné.

Feten-Hécuen, font. c^{ne} de l'Île-aux-Moines.

Feten-Hont, vill. c^{ne} de Saint-Avé. — Seigneurie.

Féténion, éc. et ruiss. affl. du Scorff, c^{ne} d'Inguiniel.

Feten-Néhué, font. c^{ne} de l'Île-d'Arz.

Feten-Vihan, font. c^{ne} de Theix.

Fétinio (Le), h. c^{ne} de Grand-Champ. — Seigneurie.

Féty (Rue et place du), à Vannes.

Feuges (Les), vill. c^{ne} de Carentoir.

Feuilgué (Le), éc. c^{ne} de St-Jean-Brévelay. — Seign.

Feuillardais (La), éc. c^{ne} de Missiriac.

Feuvraie (La), h. c^{ne} de Concoret.

Feuvy (Le Grand et le Petit), h. c^{ne} d'Elven.

Feux (Le), vill. c^{ne} de Saint-Guyomard.

Fèves (Rue des), partie à Auray, partie dans la c^{ne} de Brech. — Rue *des Febvres*, 1464 (seign. de Spinefort). — Rue *des Febves*, 1506 (*ibid.*). — Rue *aux Feuvres*, XVIIᵉ siècle (arch. comm. d'Auray).

Fichoux (Ruelle), à Lorient.

Fil (Le), vill. c^{ne} de Campénéac.

Fil (Rue du), à Locminé.

Fil (Rue et place du), à Napoléonville.

Filérit (Le), h. c^{ne} de Pluvigner. — Seigneurie.

Filles (Pont des), c^{ne} de Landaul.

Finfont, h. cne de Kergrist; ruiss. affl. du canal de
Nantes à Brest, qui arrose Kergrist et Neulliac.

Finistère (Rue du), à Lorient; appelée, avant 1789,
rue *de Fulvy*.

Fionnaie, landes et ruiss. *des Landes-de-Fionnaie*,
affl. du canal de Nantes à Brest, qui arrose Gueltas.

Flacher (Le), h. cne de Berric, et ruiss. affl. de la
Drague, qui arrose Berric et Lauzach.

Flaharn (La Grande et la Petite), roches sur l'Océan,
côte de Port-Philippe.

Flamec (Pont), sur le ruisseau du Pont-de-la-Vallée,
reliant Ploërmel et Monterrein.

Fléchaie (La), éc. étang et ruiss. dit aussi *du Pont-de-
Rhune* ou *de la Fontaine-de-l'Étang-de-la-Fléchaie*,
affl. de celui du Pont-de-Bas, cne de Guer. — Seigneurie.

Flesselle (Rue), à Lorient. — Voy. Révolution (Rue
de la).

Fleuriac, h. pont, lande et autre h. dit *Lande-de-
Fleuriac*, cne d'Ambon.

Fleurs (Chapelle des), font. et éc. dit *Loge-des-Fleurs*,
cne de Plouay; ruiss. *de la Fontaine-des-Fleurs :* voy.
Bois-du-Cnocq (Ruisseau de).

Fleurs (Rue des), à Languidic, aboutissant à la chapelle de Notre-Dame-des-Fleurs.

Fleurs (Ruelle des), au faubourg de Kerentrech, à
Lorient.

Floch (Le), croix et éc. dit *Maison-de-la-Croix-le-
Floch*, cne de Noyalo.

Flonanges (Parc ou Garderie de), bois s'étendant en
Camors, Plumelin et Pluvigner.

Flumer (Le), éc. cne de Plescop.

Foi (La), h. cne de Nivillac.

Foie (La), éc. cne de Saint-Gravé.

Foix (Butte du), lande, cne de Monteneuf.

Foix (La), h. cne de Pluherlin.

Fol (Le), éc. cne de Pluherlin.

Foleux, vill. cne de Béganne; passage sur la Vilaine,
reliant Béganne, Nivillac et Péaule.

Folie (La), f. cne de Mauron. — Baill. *de la Folie*,
autrement appelé *Trécesson*, 1622 (chât. de la Ville-
Davy). — Seigneurie.

Folie (La Grande et la Petite), h. cne de Monteneuf.

Folie-Lourme (La), f. — Voy. Lourme.

Foliette (La), ruiss. dit aussi *de la Fontaine-de-la-
Sourdoire*, affl. de l'Aff; il arrose Guer, qu'il sépare
du dépt d'Ille-et-Vilaine. — Pont sur ce ruiss. reliant
Guer à ce département.

Foliette (La), vill. cne de Sérent.

Foliorh, éc. cne de Brech.

Foliorh, vill. cne de Grand-Champ.

Folivet, vill. cne de Pleucadeuc.

Folle-Pensée, éc. cne de Plumelec.

Folle-Pensée, h. cne de Saint-Jean-Brévelay.

Folle-Perdrix, vill. cne de Sarzeau.

Folles-Pensées (Croix des), cne de Bréhan-Loudéac.

Follets (Butte aux), tumulus, cne de Malansac.

Folleville, h. et bois, cne de Bréhan-Loudéac.

Folleville, vill. cne de Brignac.

Folle-Ville, h. cne de Lanouée.

Folleville, f. cne de Saint-Malo-des-Trois-Fontaines.

Folleville, vill. cne de Taupont.

Folperdrix, éc. cne de Plaudren.

Folperday, f. cne de Surzur.

Fomexan, h. et éc. dit *le Petit-Fomexan*, cne de Grand-
Champ. — Seigneurie.

Fonce, h. cne de Caudan.

Fondeliane, chapelle et ruiss. affluent du Rahun, cne de
Carentoir.

Fondremant, vill. et écart dit *Noë-de-Fondremant*, cne
de Saint-Congard.

Fondren, éc. cne de Bignan.

Fondrière (La), lande, cne d'Augan.

Fondrieux (Ruisseau des). — Voy. Ponto (Le).

Fondrio ou Pérouse, ruiss. affl. de l'Évriguet; il arrose
Brignac et Évriguet.

Fonjeo (Le), h. cne de Ploërdut.

Fons (Le), éc. cne de Plœmeur.

Fonse (Le), vill. cne de Lignol.

Fonssian (La), lande, cne de Porcaro.

Fontaine (La), vill. et bois, cne d'Augan.

Fontaine (La), h. cne de Carentoir.

Fontaine (La), f. cne de Plouay.

Fontaine (La), éc. cne de Saint-Gravé.

Fontaine (La), h. cne de Saint-Vincent. — Seigneurie.

Fontaine (La Grande), font. cne de Monteneuf.

Fontaine (Pont de la), sur le Gouarch, cne de Surzur.

Fontaine (Rue de la), rues à Guémené, Mauron, Napoléonville, Pluvigner, Saint-Jean-Brévelay et Sarzeau.

Fontaine (Rue de la), à Lorient. — Voy. Vierge (Fontaine de la).

Fontaine (Rue de la), à Vannes. — Voy. Pontivy (Rue
de).

Fontaine-au-Beurre (La), éc. et ruiss. dit aussi *Étier-
de-Rosquet*, affl. de la Vilaine, cne de Férel.

Fontaine-au-Beurre (La), h. et ruiss. affl. de la Vilaine,
cne de Marzan.

Fontaine-au-Beurre (La), éc. cne de Plescop.

Fontaine-au-Normand (La), h. cne de Sainte-Brigitte.

Fontaine-au-Roisiou (La), éc. cne de Pleugriffet.

Fontaine-Blanche (Lande de la), cne d'Augan.

Fontaine-Bourse, h. cne de Concoret.

FONTAINE-DE-LA-VIERGE (RUISSEAU DE LA), affl. de celui du Moulin-de-Cochelin; il arrose Locoal-Mendon.

FONTAINE-DU-BOURG (RUISSEAU DE LA), qui arrose Baden et se jette dans la baie du Morbihan.

FONTAINE-DU-BOURG (RUISSEAU DE LA), DU PONT-DE-BODEL ou DU MOULIN-DU-COUÉDIC, affl. de l'Oust; il arrose Missiriac.

FONTAINE-DU-BOURG (RUISSEAU DE LA), affl. de celui de la Fontaine-de-Guernic; il arrose Noyal-Pontivy.

FONTAINE-DU-BOURG (RUISSEAU DE LA), affl. du Kergolher; il arrose Plaudren.

FONTAINE-DU-BOURG (RUISSEAU DE LA), affl. du Kerqué; il arrose Plœren.

FONTAINE-DU-BOURG (RUISSEAU DE LA), qui arrose Port-Philippe et se jette dans l'Océan.

FONTAINE-ÈS-MÉZIO (RUISSEAU DE LA) ou DE DRESSAY, affl. de celui de la Ville-Oger; il arrose Buléon et Lantillac.

FONTAINE-LE-BRITON, h. cne de Pluherlin.

FONTAINE-LÉVEN, f. cne de Naizin.

FONTAINE MAIGRE (LA), font. cne de Monteneuf.

FONTAINE-MALO, vill. cne de Locmalo.

FONTAINE-MARIA, vill. et bois, cne de Calan; pont sur le Quéleback, reliant Calan, Cléguer et Inzinzac.

FONTAINE-MOISAN (RUISSEAU DE LA). — Voy. BELETTE (RUISSEAU DE LA).

FONTAINE-NEUVE (LA), éc. cne d'Arzal.

FONTAINE NEUVE (LA), font. cne de Baden.

FONTAINE NEUVE (LA), font. cne de Moustoirac.

FONTAINE-NEUVE (LA), éc. cne de Saint-Thuriau; ruiss. voy. SAINT-THURIAU (RUISSEAU DE).

FONTAINE-NEUVE (RUISSEAU DE LA), affluent de l'Oust; il arrose Saint-Vincent.

FONTAINES (LES), vill. cne de Bignan. — *Maria de Fontibus*, 1396 (inscr. d'un reliquaire de la chapelle de Notre-Dame-des-Trois-Fontaines).

FONTAINES (LES PETITES), fontes, cne de Monteneuf.

FONTAINES (RUE AUX), à la Villeneuve, cne de Lorient.

FONTAINES (RUE DES), à Baud.

FONTAINES (RUE DES), à Lorient. — Formée après 1789 de la réunion des rues Vernay et de Pontcarré-de-Viarmes, réduite en 1817 à l'ancienne rue Vernay, elle reprit sa longueur primitive en 1830; elle fut réduite de nouveau en 1858, mais cette fois pour occuper la place de l'ancienne rue de Pontcarré.

FONTAINES (RUE DES), à Vannes. — Voy. PONTIVY (RUE DE).

FONTAINES D'À-HAUT, D'À-BAS et DU MILIEU (LES), vill. partie cne de Saint-Jacut, partie cne d'Allaire.

FONTAINES-GOLE, h. cne de Bignan.

FONTAINES-GRÊLES (RUISSEAU DES), qui arrose Campénéac et Loyat.

FONTAINES-JAUNES (ROCHER DES), à la limite des ctés de Saint-Gravé et de Peillac.

FONTAINES-MAURY (LES), éc. et ruiss. dit aussi *de Penbœuf*, affl. de l'Oust, cne de Pleugriffet.

FONTAINE-VERTIN (LA), éc. cne de Marzan.

FONTAINIO, éc. cne de Noyal-Pontivy.

FONTAINUÉ, éc. cne de Noyal-Pontivy. — Seign. manoir.

FONTAMBERT, h. cne de Languidic.

FONTENELLES (BOIS DES), cne d'Augan.

FONTENELLES (COMMUN DES), lande, cne de Pleucadeuc.

FONTENELLES (LANDE et RUISSEAU DES), affl. de celui de la Fontaine-du-Bourg, cne de Monteneuf.

FONTENELLES (LES), éc. cne de Ménéac.

FONTENELLES (LES), h. cne de Saint-Malo-des-Trois-Fontaines.

FONTENELLES (LES), h. cne de Taupont.

FONTENELLES (RUELLE et QUARTIER DES), à la Roche-Bernard.

FONTENIO, éc. cne d'Elven.

FONTENIO, éc. cne de Questembert.

FONTENAY, pont sur le ruiss. de la Ville-Oger, reliant Lantillac et Pleugriffet.

FONTENAYS (RUISSEAU DES), affl. du Carafort; il arrose Monteneuf.

FORDOS (CROIX), cne de Kergrist.

FORESTO (VENELLE), à Auray.

FORÊT (LA), éc. cne d'Auray.

FORÊT (LA), éc. cne d'Elven.

FORÊT (LA), vill. mln à eau sur le Loc, mln à vent et lande, cne de Grand-Champ.

FORÊT (LA), chât. h. dit *Vieille-Forêt*, bois, f. et h. du Bois-de-la-Forêt, mln à vent, ruiss. affl. du Blavet et deux mlns à eau sur ce ruiss. dont l'un dit *Vieux Moulin de la Forêt*, le tout cne de Languidic. — Seigneurie; anc. château.

FORÊT (LA), h. cne de Locoal-Mendon.

FORÊT (LA), h. cne de Molac.

FORÊT (LA GRANDE et LA PETITE), h. et trois mlns à eau sur la Claye, cne de Saint-Jean-Brévelay. — Seign.

FORÊT-DE-KERLAURENT (LA), chât. et vill. cne d'Allaire. — Seigneurie.

FORÊT-DU-JOUR (RUISSEAU DE LA), affl. de l'Ével, cne de Baud.

FORÊT-NEUVE (LA), chât. cne de Glénac; forêt s'étendant sur les cnes de Glénac et des Fougerêts. — Seign.

FORÊTS (LES), vill. cne de Glénac.

FORGE (LOGE DE LA), éc. cne de Naizin.

FORGE (RUE DE LA), à Malansac.

FORGE-DE-LA-LANDE (LA), h. cne d'Arzal.

FORGE-DE-LA-LANDE (LA), éc. cne de Péaule.

FORGES (LES), vill. cne de Campénéac.

FORGES (LES), f. cne de Réminiac.

Forges (Rue des), rues à Montertelot et à Ploërmel.

Forges (Rue des), à Napoléonville, dite autrefois *des Bouchers*.

Forges (Ruisseau des), affl. du Larhou; il arrose Saint-Samson, qu'il sépare du dép.t des Côtes-du-Nord.

Forges (Ruisseau des), affl. de la Claye; il arrose Trédion.

Forges de Lanouée (Les), forges, vill. étang et pont sur cet étang ; m.in à eau sur le Lié et ruiss. dit *Canal des Forges de Lanouée*, le tout c.be de Lanouée.

Forges-de-Lanvaux (Les), m.in à eau sur le Loc, c.ne de Pluvigner.

Forget (Fontaine), c.ne de Baden.

Forguennac, vill. c.ne de Plumelec.

Forhan (Croix), c.ne de Guégon.

Forlosquet, éc. c.ne du Saint.

Fornévé, vill. c.ne de Sarzeau.

Fort (Lande du), c.ne de Port-Philippe.

Fort (Le Grand), fort, c.ar d'Arzon, à l'entrée de la baie du Morbihan, avec un poste de douanes dit aussi *de la Pointe-de-Port-Navalo*.

Fort (Le Petit), fort, c.ne d'Arzon, sur le bord de l'Océan.

Fort-Bois (Lande du), c.ne de Saint-Congard.

Fort-Espagnol (Le), éc. et ruines de fortifications, c.ne de Crach; pass. sur la riv. d'Auray reliant Crach et Baden.

Fort Neuf (Le), fort sur la baie de Quiberon, c.ne de Quiberon.

Fort-Royal, éc. c.ne de Pluvigner, sur le bord de l'étang de Quéronic.

Foso (Le), vill. c.ne de Saint-Guyomard.

Foso (Le), h. c.ne de Sulniac.

Foso (Le), f. c.ne de Vannes. — Seigneurie.

Fossac, vill. c.ne de Lanouée. — *Fossat, villa*, 1082 (cart. de Redon).

Fossards (Les), lande, c.ne d'Augan.

Fosse, h. c.ne de Melrand. — Seigneurie.

Fosse (La), éc. c.ne d'Allaire. — Seigneurie.

Fosse (La), m.in à eau sur le Lié, c.ne de Bréhan-Loudéac.

Fosse (La), m.in à eau sur l'Aff, c.ne de Carentoir, et pont sur la même riv. reliant Carentoir au dép.t d'Ille-et-Vilaine.

Fosse (La), éc. c.ne de la Chapelle.

Fosse (La), h. c.ne de Lizio.

Fosse (La), éc. c.ne de Malestroit; pont sur le ruiss. des Noës, reliant Malestroit et Pleucadeuc.

Fosse (La), éc. c.ne de Pluvigner.

Fosse (La), h. c.ne de Rieux.

Fosse (La), éc. c.ne de Sérent.

Fosse (Le), vill. c.ne de Malguénac.

Fosse-au-Loup (La), h. c.ne de Monteneuf.

Fosse-aux-Rainettes (La), éc. c.ne de Rieux.

Fossé-Blanc (Le), vill. c.ne de Malansac.

Fosse-Guélan (La), éc. c.ne de Guer.

Fosse-Noire (La), vill. et m.in à eau sur l'Aff, c.ne de Beignon; f. c.ne de Saint-Malo-de-Beignon; lande, c.ne de Guer.

Fosse-Renaud (La), h. c.ne de Saint-Jean-la-Poterie.

Fosse-Rouhan (La) ou Rouhan, vill. c.ne de Sarzeau.

Fossés (Les), vill. c.ne de Guilliers.

Fossés (Les), vill. c.ne de Mauron.

Fosses-à-Pots (Lande des), c.ne de Malansac.

Fossette (La), lande, c.ne de Guer.

Fosse-Tudout (La), h. c.ne de Pleucadeuc.

Fou (Moulin à eau du), sur le ruiss. de ce nom, et m.in à vent, c.ne de Moréac; ruiss. *du Moulin-du-Fou*, affl. de celui du Moulin-du-Breil, qui arrose Plumelin, Moréac et Rémungol. — Seigneurie.

Foucherel, vill. partie c.ne de Saint-Laurent, partie c.ne de Ruffiac, et pont sur le ruiss. de Guidecourt, reliant ces deux communes.

Foué (Bois de la), c.ne de Guer.

Foué (La), h. c.ne de Saint-Dolay.

Fouesnardière (La), éc. c.ne de Riantec.

Fougerais (Les), f. c.ne de Guilliers.

Fougerais (Les), vill. c.ne de Plougriffet.

Fougeréts (Les), c.on de la Gacilly; ruiss. dit *Ru des Fougeréts*, affl. de l'Oust, qui arrose la commune. — *Fougeray*, 1387 (chap. de Vannes). — *Les Foulgerets*, 1476 (chât. de Castellan).

Par. du territ. de Rieux. — Sénéch. de Ploërmel; subd. de Redon. — Distr. de Rochefort.

Fougeréts (Les), vill. c.ne de Brignac.

Fouguet (Le), éc. c.ne de Saint-Dolay.

Fouillé (Le), vill. c.ne de Silfiac.

Fouiller (Pont), sur le ruiss. du Moulin-du-Duc, qui relie le Saint et le Faouët.

Fouillets (Moulin à vent des), c.ne de Lanouée.

Fouilletterie (La), éc. c.ne d'Elven.

Fouis (Les), lande, c.ne d'Augan.

Fouleurs (Les), rocher sur l'Océan, côte de Damgan.

Fouquet, port et fort sur l'Océan, c.ne du Palais.

Four (Le), h. c.ne de Caudan.

Four (Le), roche sur l'Océan, côte de Quiberon.

Four (Quartier du), à Ploërmel. — Voy. Roulleau (Rue).

Four (Rue du), rues à Baud, à Guer et à Theix.

Four (Rue du), à Hennebont; autre rue à Hennebont, dans la Vieille-Ville (dist. de la précédente).

Four (Rue du), au Palais. — Voy. Willaumez (Rue).

Four (Ruelle du), à la Roche-Bernard.

Four-à-Chaux (Le), éc. c.ne de Napoléonville.

Four-au-Duc (Rue du), à Vannes. — Voy. Concorde (Rue de la).

Four-Banal (Quartier du), à Pluvigner.

Four-Blanc (Rue du), à Rochefort.

Fourbouchic, vill. c^ne du Saint.

Fourbourdin (Le), vill. c^ne de Caden; ruisseau, affluent de la Chaussée, qui arrose Caden, Limerzel, Péaule et Béganne.

Fourche-Goué (Pont), sur le Galzan, reliant Plœmel et Carnac.

Fourchêne, h. c^ne de Vannes.

Fourchet (Rochers du), lande, c^ne de Guer.

Four-Colas (Le), éc. c^ne de Réminiac.

Fourdan, vill. c^ne de Guern.

Four-des-Buttes (Le), lande, c^e de Guer.

Four-du-Chapitre (Rue du), à Vannes. — Voy. Tribunaux (Rue des).

Four-Gautier, éc. c^ne de Limerzel et pont sur la Garenne, reliant Limerzel et Caden.

Four-Lucas (Le), lande, c^ne d'Augan.

Fourmy (Grée), lande, c^ne de Porcaro.

Fournan (Haut et Bas), vill. c^ne de Cléguérec et m^in à eau sur le Poulglass. — Fornam, aliàs Fournam, 1456 (duché de Rohan-Chabot). — Seign. manoir.

Fournebouille, éc. c^ne de Malguénac.

Fournello, f. c^ne de Naizin. — Seigneurie.

Fournier, basse sur l'Océan, entre Hœdic et le Croisic (Loire-Inférieure).

Fournigon, éc. c^ne de Guiscriff.

Four-Nouvel (Le), éc. c^ne d'Augan.

Four-Pinaud (Le), éc. c^ne de Béganne.

Fourville (Fontaine de), c^ne de Malansac.

Foutay (Le), f. c^ne de Pleucadeuc.

Foveno, vill. et lande, c^ne de Saint-Congard. — Fohenno, 1476 (hôpital de Malestroit). — Seigneurie.

Foveno (Le), lande, c^ne de Sérent.

Foy (La), f. c^ne de Ploërmel. — Seigneurie.

Foy (Le), vill. et m^in à vent, c^ne de Pénestin.

Foye (La), h. et bois, c^ne de Saint-Jacut.

Foye (Les Haute et Basse), vill. bois et pont sur le ruiss. de ce nom, c^ne de Beignon; ruiss. voy. Saint-Malo-de-Beignon. — Seigneurie.

Fozo (Le), h. c^ne de Questembert.

Fraboulet (Croix), c^ne de Kergrist.

Frahaut (Grand et Petit), vill. c^ne de Sulniac.

Fraiche (Fontaine de la) et ruiss. de la Fontaine-de-la-Fraiche, dit aussi de l'Étang-de-Launay, affl. du Kerfandol, c^ne de Ploërdut.

Fraigue (Le), place dite aussi le Champ-de-Foire, à Josselin.

Fraîche (Le), f. c^ne de Saint-Servant.

Fraiche-Couédro (Le), h. c^ne de Saint-Jacut.

Fraiches (Les), f. c^ne de Monteneuf.

Fraichotins (Les), lande, c^ne de Guer.

Fraih (Le), éc. c^ne de Baud.

Frainais (La), f. c^ne de Saint-Dolay.

Fraique (Le), vill. c^ne de Loyat.

Franches (Les), éc. c^ne de Béganne.

Francheville, h. c^ne de Lantillac. — Seigneurie.

Francs-Bourgeois (Rue des), à Ploërmel.

Fraternité (Rue de la), à Lorient. — Voy. Tourville (Rue).

Fraudeurs (Sentier des), chemin qui traverse les c^nes de Pleugriffet et de Radenac.

Frêche (Le), éc. c^ne d'Allaire.

Frêches (Les), éc. c^ne de Sérent.

Frédic, éc. c^ne de Trefléan.

Frégonais (Lande de la), c^ne de Monteneuf.

Frégonnais (La), vill. c^ne de Pleucadeuc.

Frémeur, ruiss. affl. de l'Ével, qui arrose Guénin et Pluméliau; m^in à eau sur ce ruiss. c^ne de Guénin.

Frémeur, m^in à eau sur le Scave, c^ne de Pontscorff, et pont sur le même ruiss. reliant Pontscorff et Quéven.

Frémicourt (Impasse et Ruelle), à Lorient; celle-ci appelée, avant 1771, ruelle de Montigny.

Frênaie (Chemin de la), c^ne de Peillac.

Frênaie (La), f. c^ne de Béganne.

Frênais (La), chât. c^ne de Réminiac. — Seigneurie; manoir.

Frêne (Le), éc. c^ne d'Allaire.

Frêne (Le), chât. et h. c^ne de Caro. — Seigneurie.

Frêne (Le), h. c^ne de Peillac.

Frêne (Le), vill. c^ne de Saint-Gorgon.

Frêne (Le), éc. c^ne de Trédion.

Frênier, h. c^ne du Guerno.

Fresche (La), f. c^ne de Rieux. — Seigneurie.

Fresnaie (Rue de la), à Mauron.

Fresne (Le), f. c^ne de Mohon.

Fresne (Le), chât. et f. c^ne de Néant. — Seigneurie connue sous le nom du Fresne-Daniel.

Fresno (Le), f. c^ne de Ploërmel.

Fresser (Loge), éc. c^ne de Plouay.

Frétanzach, h. c^ne de Gourin.

Frétu (Le), ruiss. affluent de la Sarre; il arrose Malguénac, Séglien et Guern.

Friches (Les), éc. c^ne de Ruffiac.

Friches (Les), h. c^ne de Saint-Nicolas-du-Tertre.

Friches (Les Haute et Basse), vill. c^ne de Saint-Martin.

Friedland (Rue de), à Napoléonville.

Frilaie, h. c^ne d'Allaire.

Froch (Le), h. c^ne d'Allaire.

Froment (Rue au), rues à Josselin et à Malestroit.

Fromentinais (Les), h. c^ne des Fougerêts.

Froquin, h. c^ne de Saint-Jacut.
Fros (Le), vill. c^ne de Saint-Samson.
Frostou, éc. c^ne de Roudouallec.
Frotages (Les), f. c^ne de Pluherlin.
Froulais (La), vill. c^ne de Carentoir.
Froumirais (La), h. c^ne de Saint-Jacut.
Frumère, h. c^ne de Moustoir-Remungol.
Fuie (La), f. c^ne d'Allaire.
Fuie (La), f. dite aussi *Séréac*, c^ne de Muzillac. — Seigneurie.
Fuie (La), éc. — Voy. Colombier (Le).

Fulvy (Rue de), à Lorient. — Voy. Finistère (Rue du).
Fumarts (Les), vill. c^ne de Mauron. — *Le Femars*, 1432 (chât. du Boyer).
Fumée (La), éc. c^ne de Saint-Samson.
Furgan, éc. c^ne de Sulniac.
Furgon (Le), h. c^ne de Lanouée.
Fuseau (Le), roche sur la baie du Morbihan, entre Séné, l'île d'Arz et Saint-Armel.
Fuzellerie (La), partie de la forêt de Quénécan, s'étendant sur les c^nes de Saint-Aignan et de Sainte-Brigitte.

G

Gabriel (Maison de), éc. c^ne de Plumergat.
Gacco (Le), éc. c^ne de Pluméliau.
Gacho (Le), vill. c^ne de Pluherlin.
Gagnotte (Ruelle), à Auray.
Gacilly (La), arrond. de Vannes; m^in à eau sur l'Aff, dans la commune, et pont sur la même riv. reliant la Gacilly, Cournon et le dép^t d'Ille-et-Vilaine. — Trève de Carentoir; prieuré (hôpital et aumônerie, xvie siècle) du vocable de Saint-Jean. — Seigneurie; chât. voy. Houx (Le). — Distr. de Rochefort; chef-lieu de c^on en 1790, supprimé en l'an x, puis substitué en 1837 à celui de Carentoir.
Gadebois (Pont de), sur le Lié, reliant Bréhan-Loudéac au dép^t des Côtes-du-Nord. — *Gastebouays*, pont, xvie siècle (duché de Rohan-Chabot).
Gadonais (La), éc. c^ne de Saint-Jacut.
Gaduric (Étang de), c^ne de Plouhinec.
Gaël (Pont), sur le Ville-Davy, c^ne de Mauron.
Gaffe (La), éc. c^ne de Crédin. — Seigneurie.
Gaffre (La), h. c^ne de Bréhan-Loudéac.
Gaffre (Le), m^in à eau, c^ne de Saint-Jean-la-Poterie; ruiss. qui arrose Allaire et Saint-Jean-la-Poterie et se jette dans la riv. d'Oust.
Gage (Le), h. c^ne de Carentoir.
Gage (Les Haut et Bas), h. c^ne de Bohal.
Gagotière, ruiss. affluent de l'Oust; il arrose le Roc-Saint-André et Sérent.
Gahouat (Le), éc. c^ne de Saint-Tugdual. — *Le Gauoet*, 1431 (princip. de Rohan-Guémené).
Gaillard, m^in à eau sur le ruiss. du Pont-du-Roch, c^ne de Languidic.
Gaillard (Le), vill. c^ne de Marzan.
Gaillec, éc. c^ne de Brech.
Gaillec, vill. et m^in à eau sur le Ter, c^ne de Plœmeur.
Gaillon, f. c^ne de Ruffiac.
Gaincru, vill. c^ne de Ruffiac. — Seigneurie.

Gainquis, éc. croix et h. dit *Croix-de-Gainquis*, c^ne de Noyal-Pontivy.
Gains (Chemin des), c^ne de Missiriac.
Gaîté (Rue de la), à Saint-Jean-Brévelay.
Gajal (Les Grande et Petite), vill. c^ne de Caro.
Gajécan (Le), h. c^ne de Kergrist.
Gal (Le), font. c^ne du Hézo.
Galères (Les), roches sur l'Océan, côte de Locmaria.
Galhaut, h. c^ne de Bubry.
Galibourdière (La), h. c^ne de Ménéac.
Galivier, h. c^ne de Saint-Martin. — Seigneurie.
Gallos (Croix des), c^ne de Noyal-Pontivy.
Gallouzo, éc. c^ne de Noyal-Pontivy.
Galnais (La), h. c^ne de Ploërmel.
Galny, vill. et m^in à eau sur le Rahun, c^ne de Carentoir. — *Gallnis*, 1459 (seign. du Bois-Brassu).
Galon (Croix), c^ne de Guer.
Galoppée (La), h. c^ne de Guéhenno.
Galproué, éc. c^ne de Plumelec. — Seigneurie.
Galuhaye, éc. c^ne de Baud.
Galvrout, h. et bois, c^ne de Remungol. — *Galfrot, nemus*, 1273 (duché de Rohan-Chabot).
Galza (Pont), sur le ruiss. de Bourg-Pommier, c^ne de Limerzel.
Galzan (Ruisseau), affl. du Gouyandeur; il arrose Plœmel et Carnac.
Gamé, m^in à eau sur le Haut-Bois, c^ne de Guidel.
Gamerf, h. et bois, c^ne de Camors.
Ganier (Pont), sur l'Oyon; vill. m^in à vent et étang *du Pont-Ganier*, c^ne de Campénéac.
Ganquis, éc. c^ne de Belz.
Ganquis, vill. c^ne de Kervignac.
Ganquis, h. c^ne de Theix.
Ganquis (Le), éc. c^ne de Persquen.
Ganquis-Plessis, vill. c^ne de Languidic.
Ganquis-Vréhan, h. c^ne de Languidic.

Gaptière (La), chât. f. dite *Métairie de la Porte* et m^{in} à vent, c^{ne} de St-Brieuc-de-Mauron. — Seign. manoir.

Garat, ruisseau dit aussi *le Crancelin*, *la Rosaie* ou *le Rézo*, affl. de l'Yvel; il arrose Guilliers et Mauron.

Garat (Haut et Bas), vill. c^{ne} de Saint-Jean-la-Poterie.

Garaudière (La), vill. c^{ne} de Crédin.

Garaudière (La), h. c^{ne} de la Trinité-Porhoët. — Seigneurie.

Garcellemont, vill. c^{ce} de Mohon; pont sur le Trolan, reliant Mohon et la Trinité-Porhoët.

Gard (Le), m^{in} à eau sur le Kerbiler, c^{ne} d'Elven.

Gardavier, éc. c^{ce} de Lanouée.

Garde (La), lande, c^{ne} de Guer.

Garde (Les Grande et Petite), vill. c^{ne} de Malansac.

Garde-Loup (La), éc. c^{ne} d'Hennebont.

Gardenau, h. c^{ne} de Guidel.

Gardenve, éc. de Camors.

Gardes (Fontaine des), c^{ne} de Saint-Gravé.

Gardeux (Les), m^{in} à eau, c^{ne} de Réminiac; ruiss. dit aussi *de Cladeux*, affl. du Bodel, qui arrose Réminiac et Caro.

Garel (Promenade et Ponte), à la Roche-Bernard.

Garenne (La) f. c^{ne} d'Augan.

Garenne (La), éc. c^{ne} de Béganne.

Garenne (La), éc. c^{ne} de Berné.

Garenne (La), f. c^{ne} de Glénac.

Garenne (La), éc. c^{ne} de Gourin.

Garenne (La), f. c^{ne} de Guer.

Garenne (La), pointe sur la baie du Morbihan, c^{ne} du Hézo.

Garenne (La), éc. c^{ne} de Langonnet.

Garenne (La), éc. c^{ne} de Languidic.

Garenne (La), vill. et f. c^{ne} de Limerzel; avenue, c^{ne} de Caden; ruiss. affl. du Trévelo, qui arrose Limerzel et Caden.

Garenne (La), éc. c^{ne} de Malestroit; pont sur le ruiss. des Noës, reliant Malestroit et Pleucadeuc.

Garenne (La), h. c^{ne} de Mohon.

Garenne (La), éc. c^{ne} de Nivillac.

Garenne (La), f. c^{ne} de Rieux.

Garenne (La), vill. et m^{ie} à vent, c^{ne} du Roc-Saint-André.

Garenne (La), h. c^{ne} de Roudouallec.

Garenne (La), h. c^{ne} de Saint-Congard. — Seigneurie.

Garenne (La), éc. c^{ne} de Saint-Dolay.

Garenne (La), h. c^{ne} de Saint-Jacut.

Garenne (La), éc. c^{ne} de Saint-Jacut (dist. du préc.).

Garenne (La), éc. c^{ne} de Saint-Jean-Brévelay.

Garenne (La), éc. c^{ne} de Saint-Tugdual.

Garenne (La), île sur le Morbihan renfermant un éc. c^{ne} de Séné.

Garenne (La), h. c^{ce} de Théhillac.

Garenne (La), promenade et place à Vannes; la place dite autrefois *place d'Armes*; rue *des Douves-de-la-Garenne*, appelée autref. *du Bas-de-la-Garenne*; il y avait alors une rue *du Haut-de-la-Garenne* et une autre *de la Petite-Garenne*; pont : voy. Hôpital (Pont de l'). — Hospice.

Garenne (Les Grande et Petite) ou Gouahrem, h. c^{ne} de Cléguer.

Garenne (Rue de la), à Guémené.

Garenne-de-l'Isle (La), éc. c^{ne} de Plouray.

Garenne-du-Pont (La), h. et m^{in} à vent, c^{ne} de Nivillac; promenade et rue à la Roche-Bernard et autre m^{in} à vent dans cette commune.

Garenne-Kerlan, éc. c^{ne} de Plouray.

Garff (Le), h. c^{ne} de Quistinic.

Gargasson (Croix du), c^{ne} de Gueltas.

Garhenec, éc. c^{ne} de Saint-Tugdual.

Garhirine, éc. c^{ne} de Saint-Tugdual.

Garinais (La), h. c^{ne} de Saint-Jacut.

Ganitais, h. c^{ce} d'Augan.

Garlaie (La), vill. c^{ne} de Peillac.

Garlaie (La), h. c^{ne} de Peillac (dist. du précédent).

Garly (Le), h. c^{ne} de Sainte-Brigitte.

Garmanière (La), éc. c^{ne} de Malestroit.

Garnier (Fontaine de), c^{ne} de Vannes.

Garnier (Le), ruiss. affl. de la Claye; il arrose Malestroit, Pleucadeuc et Saint-Marcel.

Garniguel, vill. c^{ne} de Lanouée. — *Huerniguel*, 1132 (prieuré de Saint-Martin-de-Josselin). — *Guerniguel*, 1153 (*ibid.*). — *Guernigel*, 1225 (*ibid.*) — Seigneurie.

Garnocé, chât. et f. c^{ne} de Mohon.

Garo, basse sur l'Océan, côte de Plœmeur.

Garo (Les Grand et Petit), chât. en ruines, vill. bois, m^{ie} à eau sur le Locmaria et pont sur le Bocohant, c^{ne} de Plœren. — *Le Guarau*, 1332 (duché de Rohan-Chabot). — *Le Garu* ou *Garv*, 1457 (carmes de Sainte-Anne). — *Le Garff*, 1478 (duché de Rohan-Chabot). — Seigneurie; ancienne prévôté féodée de la sénéch. de Vannes.

Garoulaie (La), ruiss. dit aussi *des Aulnais*, *de la Grée-Saint-Laurent*, *du Gué-au-Voyer* ou *la Bouillante*, affl. du Ninian; il arrose Lanouée, la Croix-Helléan et la Grée-Saint-Laurent.

Garoulais (La), f. c^{ne} de Ploërmel. — Seigneurie.

Garrec (Loge), éc. c^{ne} de Roudouallec.

Garstavid (Haut et Bas), vill. c^{ne} de Gourin.

Garvanic (Le), éc. et pont sur le ruiss. de ce nom, dit aussi *le Pont-Neuf*, c^{ne} de Noyal-Pontivy; ruiss. *du Pont-du-Garvanic* : voy. Mengouet (Le).

Garvic (Le), vill. c^{ce} de Meslan.

GARZANLEURIOU, éc. c^ne du Saint.

GASCARADEG, h. c^ne de Gourin.

GASCOGNE (GOLFE DE), dans l'océan Atlantique, baigne le dép^t du Morbihan. — *Aquitanicus oceanus*, IIe s^e après J. C. (Géogr. de Ptolémée).

GASCOUET, éc. c^ne de Noyal-Pontivy.

GASSAIS (LA), f. c^ne de Réminiac.

GASSILAUX (LES), ruisseau. — Voy. FELOUAIS.

GAST (LE), vill. c^ne de Ménéac.

GASTENOUÉ (LE), h. c^ne de Plumelec.

GASTÉNOUET (LE), éc. c^ne de Radenac.

GASTONET, vill. c^ne d'Inguiniel.

GASTONET (LE), h. font. et ruiss. *de la Fontaine-du-Gastonet*, affluent du ruiss. du Pont-du-Couëdic, c^ne de Lanvaudan.

GASTONNET, éc. c^ne de Kerfourn. — Seigneurie.

GASTRE (LE), vill. et ruiss. affl. de la Vilaine, c^ne de Férel.

GAT (PONT DU), sur le ruiss. de ce nom, reliant Saint-Gouvry et Gueltas ; ruiss. *du Pont-du-Gat* : voy. VILLENEUVE (RUISSEAU DE LA).

GATHIA (FONTAINE DE LA), c^ne de l'Île-d'Arz.

GATICUET (LE), f. c^ne de la Trinité-Porhoët.

GATINAIS (LA), lande, c^ne de Guer.

GATISSELLES (PUITS DES), c^ne d'Augan.

GAUBUNS (LANDE DES), c^ne de Saint-Congard.

GAUBUS (LES), éc. c^ne d'Helléan.

GAUCHERIE (LA), éc. c^ne de Béganne.

GAUCHERIE (LA), h. c^ne de Cadon.

GAUDIN, vill. c^ne de Pluherlin.

GAUDINAIE (LA), vill. c^ne de Peillac.

GAUDINAIS (LA), f. c^ne de Glénac. — Seigneurie.

GAUDINAIS (LA), vill. c^ne de Missiriac.

GAUDINAIS (LA), h. et deux m^ins à vent, c^ne de Ploërmel. — Seigneurie.

GAUDINAYE (LA), h. c^ne de Saint-Congard.

GAUDINES (LES HAUTE et BASSE), vill. c^ne de Saint-Martin.

GAUFFERIÈRE (LA), ruiss. affl. du Kerguigno, qui arrose Buléon.

GAUFFNO, lande, c^ne de Guer ; ruiss. voy. SAINT-NICOLAS.

GAUFFROT (RUE), à Mauron.

GAUTIER (MAISON), f. c^ne de Trédion.

GAUTIER (PONT), reliant Guillac et Helléan.

GAUTIER (RUE), dans le vill. de Quinquisio, c^ne de Molac.

GAUTIER (RUISSEAU DE LA NOË-), affl. de la Graë, qui arrose Allaire et Saint-Jacut.

GAUTRAIE (LA), h. c^ne de Mauron.

GAUTRO (LE), anc. manoir, c^ne de Tréhorenteuc. — Seigneurie.

GAUVIN (LE), éc. c^ne de Peillac.

GAVE (LA), éc. et ruiss. affl. de la Ville-Oger, c^ne de Radenac.

GAVERGOUET, vill. c^ne de Crédin.

GÂVRE, presqu'île, pointe et basse sur l'Océan, vill. presses à sardines, corps de garde et batteries, c^ne de Riantec ; falaise (lieu des expériences de l'artillerie de marine), partie c^ne de Riantec, partie c^ne de Ploubinec ; marais salant de la falaise, détroit et pass. entre la presqu'île et le Port-Louis ; anse : voy. MORBIHAN. — Chef-lieu d'une commune récemment érigée. — *Le Gauffre*, xve siècle (prieuré de Gâvre). — Prieuré du vocable de Saint-Gildas, membre de l'abbaye de Saint-Gildas-de-Rhuis ; la chapelle seule du prieuré était dans la presqu'île de Gâvre en Riantec ; le prieuré lui-même était en Ploubinec.

GAVRINNIS, île de la baie du Morbihan, contenant une f. c^ne de Baden.

GAZAIE (HAUTE et BASSE), vill. c^ne de la Gacilly.

GAZEC-MEIN, éc. et autre éc. en ruines dit *Gazec-Mein-Coh (Vieux)*, c^ne de Cléguérec.

GAZON (LE), vill. c^ne de Mohon.

GÉANT, m^in à eau, c^ne de Plumelec.

GÉGO (PONT), sur le Kerdrain, reliant Ploërdut et Langoëlan.

GÉLARDS (RUISSEAU DES). — Voy. TRIEUX.

GÉLINAIE (LA), f. c^ne de Carentoir. — Seigneurie.

GENARDIÈRE (LA), vill. c^ne de la Trinité-Porhoët.

GENÊTS (RUE DES), à Saint-Jean-Brévelay.

GENTILS-HOMMES (RUE DES), à Hennebont.

GEÔLE (LA), éc. c^ne de Rohan.

GEORGET, m^in à eau sur le Larhou, c^ne de Saint-Samson, et pont sur le même ruiss. reliant Saint-Samson au dép^t des Côtes-du-Nord.

GERBAUDAYS (LA), vill. c^ne de Caro.

GENGUY (LE), vill. c^ne d'Augan, et font. dite aussi *de Saint-Méen* ; ruisseau : voy. PATOUILLET. — *Jarguy*, aliàs *Jargui*, 1417 (chât. de Kerfily). — *Jerguy*, 1445 (chât. de Beaurepaire). — *Guerguy*, 1478 (chât. de Kerfily). — Paroisse, 1481 et 1505 (*ibid.*), et bourg auquel conduisait peut-être le chemin connu à Ploërmel sous le nom de *chemin de Guibourg* : voy. GUIBOURG. — Seigneurie.

GÉNILLAIE (LA), vill. c^ne de Saint-Gravé.

GÉROSSAIS (LA), vill. c^ne de Carentoir.

GESTEL, c^ne de Pontscorff. — *Jestell*, 1387 (chap. de Vannes). — *Yestell*, 1416 (princip. de Rohan-Guémené). — Trève de la par. de Lesbins-Pontscorff, anc^t par. — Distr. d'Hennebont.

GÉTINAIS (LA), h. c^ne de Saint-Dolay.

GIBON, m^in à eau sur le Faouët, c^ne de Plumelin. — Seigneurie.

GICQUELAIS (LA), h. partie c^ne^ de Tréal, partie c^ne^ de Ruffiac. — Seigneurie.

GIFFLAIE (LA), h. c^ne^ de Ménéac.

GIGOIS (LE), h. c^ne^ de Pleucadeuc.

GIGUAIE (LA), éc. c^ne^ de Béganne.

GILBERT, nom d'une section de la c^ne^ de Pleugriffet.

GILET, m^in^ à eau sur l'Ével, c^ne^ de Réguiny, et pont sur la même riv. reliant Réguiny et Moréac.

GILLARDAIS (LA), vill. c^ne^ de Carentoir.

GILLARDAIS (LA), vill. c^ne^ de Réminiac.

GILLAS (Noës), étang, c^ne^ des Fougeréts.

GIOLAIS (LA), h. c^ne^ de Carentoir.

GIQUEL (PONT), sur l'Oust, reliant Saint-Gonnery et le dép^t^ des Côtes-du-Nord.

GIQUELAIS (LA), f. c^ne^ de Saint-Guyomard.

GIRAUDAIE (LA), h. c^ne^ d'Allaire.

GIROSSAIE (LES HAUTE et BASSE), h. c^ne^ de Malansac.

GISLARD (RUE), à Vannes. — Voy. ÉTANG (RUE DE L').

GLACIS (PLACE DES), à Vannes; rue : voy. RENNES.

GLAHARIC (RUE), à Pluvigner.

GLAHÉ (PONT DU), dit aussi *pont Ahès*, sur le ruiss. du Vieil-Étang, reliant Carentoir et Monteneuf.

GLAINVIL, h. c^ne^ de Réminiac.

GLAISCOUÉ, vill. c^ne^ du Guerno.

GLAIVIN, h. c^ne^ de Baud.

GLAND, m^in^ à eau sur le Keralvy et m^in^ à vent, c^ne^ de Questembert.

GLAND (PÀTIS DU), lande, c^ne^ d'Augan.

GLANNEC (PONT AU), sur le Goujon, c^ne^ de Limerzel.

GLANNERIE (LA), éc. c^ne^ d'Allaire.

GLAS, m^in^ à eau sur le Pont-au-Christ, c^ne^ de Pluvigner.

GLAS (FONTAINE DU) et rue *de la Fontaine-du-Glas*, à Lorient.

GLAS (LE), ruiss. affl. du Blavet, qui arrose Kervignac et Hennebont; m^in^ à eau sur ce ruiss. c^ne^ d'Hennebont; m^in^ à vent, c^ne^ de Kervignac.

GLASCOUET, h. c^ne^ de Moréac.

GLATE (PONT), sur le Runio, reliant Réguiny et Naizin.

GLATINIER (RUE), à Josselin; anc. faubourg.

GLAVARDAIS (LA), vill. c^ne^ de Caden.

GLAVIGNAC, éc. c^ne^ d'Ambon. — Seigneurie.

GLAYO (LE), vill. lande, m^in^ à vent; ruiss. affl. du Blavet et m^in^ à eau sur ce ruiss. c^ne^ de Quistinic.

GLAZIC, îlot sur l'Océan, près de Houat.

GLÉ, bois et f^es^ *du Bois-Glé* (Haute et Basse), c^ne^ de Guer. — Seigneurie du Bois-Glé.

GLÉCOUET, vill. f^es^ (Haute et Basse) et bois, c^ne^ de Bréhan-Loudéac. — Seigneurie.

GLÉHEL (CROIX), c^ne^ de Guer.

GLÉHENNAYE (LA), vill. c^ne^ de Saint-Congard.

GLÉNAC, c^on^ de la Gacilly. — *Glennac*, 1387 (chap. de Vannes). — D'abord par. puis trève de Cournon, ensuite redevenue par. du territ. de Rieux; faisait partie, au xve siècle, du doyenné de Carentoir. — Sénéch. de Ploërmel; subd. de Redon. — Distr. de Rochefort.

GLEN-STRÉVÉLEC, ruiss. affluent du Hédennec; il arrose Inguiniel.

GLÉRÉ, h. et m^in^ à eau, c^ne^ de Rieux; ruiss. dit aussi *le Vaubio*, affl. de la Vilaine, qui arrose Allaire, Saint-Jean-la-Poterie et Rieux. — Seigneurie.

GLESCOUET, h. c^ne^ de Plaudren.

GLETIN (LE), vill. c^ne^ de Séreut.

GLEUBY, ruiss. affl. de la Claye; il arrose Saint-Guyomard.

GLÉVENAIE, vill. c^ne^ de Plouharnel.

GLÉVERI, éc. c^ne^ de Guern.

GLÉVILY, f. bois et m^in^ à vent, c^ne^ de Campénéac. — Seigneurie.

GLÉYÉVEC, vill. c^ne^ de Guern.

GLIÉVEC (LE), h. c^ne^ de Languidic. — *Kergleizrec*, 1398 (abb. de la Joie). — *Kergleizec*, 1415 (*ibid.*). — *Cleziovec*, 1420 (*ibid.*). — Faisait alors partie de la par. Saint-Gilles-Hennebont.

GLIÉVEC (LE), h. c^ne^ de Lanvaudan.

GLOM-NIVET, lande, c^ne^ de Plaudren.

GLORET, h. c^ne^ de Guégon.

GLOUZIC (LA), vill. c^ne^ de la Gacilly.

GLUBERDER, éc. c^ne^ de Noyal-Pontivy; ruiss. voy. KERVIGY.

GLUCHER, lande, c^ne^ de Ploërdut.

GLOITON, m^in^ à eau sur le Kerfily et m^in^ à vent, c^ne^ d'Elven.

GLUON, éc. c^ne^ de Malestroit.

GLUTE (LE), m^in^ à eau : voy. CLAIE (LA); ruiss. *du Moulin-du-Glute* : voy. HÉDENNEC (LE) et pont sur ce ruiss. reliant Inguiniel et Bubry. — Seigneurie.

GOAFFION (LOGE), éc. c^ne^ de Gourin.

GOAFFRE (LE), éc. c^ne^ de Gueltas.

GOAH-BETTELEC, ruisseau. — Voy. GOUECH-KERFRANC.

GOAH-DOLVEN, ruiss. affl. de la Sarre, c^ne^ de Guern.

GOAH-EN-IGEON, vill. c^ne^ de Languidic.

GOAH-EN-OÉLÉ, ruiss. affl. du Pont-Caden; il arrose Surzur.

GOAH-ER-HOIGNELEUX, ruiss. affl. de celui des Trois-Recteurs; il arrose Plouay et Calan.

GOAH-ER-LICENNEU, ruiss. dit aussi *de Kergrois*, affl. du Pont-Guillemin; il arrose Pluvigner et Landaul.

GOAH-ER-POULLENEN, ruiss. — V. CADEN (ÉTIER-DU-PONT-)

GOAH-ER-VRAN, éc. c^ne^ de Plescop.

GOAH-HÉRIC, ruiss. affl. du Coléhan; il arrose Guern et Melrand.

GOAHIC, éc. c^ne^ de Naizin.

GOAH-MELDAN, ruiss. affl. de la Sarre et pont sur ce ruiss. cne de Guern.

GOAH-PLACELLE-ER-GOH-FETEN, ruiss. affl. du Kerguzangor; il arrose Noyal-Pontivy.

GOAH-PRADAN-RIDE, ruisseau. — Voy. KERLANN.

GOAHQUIO, éc. cne de Languidic.

GOAU-RANET, éc. cne de Plescop.

GOAU-RONELLEC, ruiss. voy. SAINT-GEORGES, et pont sur ce ruiss. cne de Guern.

GOAH-SAINT-LUGAS, éc. — Voy. KERUBÉ.

GOAH-STANG-HUIC, ruiss. — Voy. CAMBERN (RUISS. DU).

GOAHVRAS, éc. cne de Camors.

GOALERÈS, ruiss. affl. du Vincin; il arrose Vannes.

GOA-LESCUIT, éc. cne de Saint-Avé.

GOARCH-MOUL, ruisseau. — Voy. CHOISEUL.

GOAREM-GREIS, éc. cne de Roudouallec.

GOAREN-GLEUL, h. cne de Gourin.

GOARIGUEN, éc. et ruiss. affl. du Pontuel, cne de Moustoirac.

GOAROME-TOUL-EN-HENT, ruiss. affl. du Dourdu, qui arrose Lignol.

GOASLINE, éc. cne de Gourin.

GOAS-QUÉDENNEC (RUE), à Noyal-Pontivy.

GOASQUELLEC, h. cne du Saint.

GOAS-QUELLIC, ruiss. affl. de celui du Moulin-de-Corrorgant; il arrose Saint-Tugdual.

GOASSICOUX, ruiss. dit aussi *de Roze-Mélite* ou *de Rozo*, affl. de l'Ellée; il prend sa source dans le dépt des Côtes-du-Nord et arrose Langonnet.

GOASTON, vill. cne de Gourin.

GOASVEN, h. cne de Gourin.

GOAVEN (LE), éc. cne de Melrand.

GOAYHIO (LE), éc. cne de Silfiac.

GOAYOU-GUEN, éc. cne de Gourin.

GOAYOU-LOUET, éc. cne de Gourin.

GOAZIC, éc. cne de Gourin.

GOBANT-DOAR, éc. cne de Plumelin.

GOBÉDAN (PETIT PONT), sur le ruiss. des Trois-Recteurs, reliant Plouay et Lanvaudan.

GOBERT (COUR), quartier à Lorient, vers la rue de la Concorde.

GOBUN (LE), éc. cne de Saint-Gorgon.

GOBUN (LE), éc. cne de Sérent.

GOBUS (LES), lande, cne de Monteneuf.

GOBUTS-DANIEL (LES), lande, cne de Guer.

GOCH-LANNEC, éc. cne d'Erdeven.

GODA (CROIX), cne de Malansac.

GODAL (FONTAINE DU), cne de Séné.

GODEC, île de la baie du Morbihan contenant un éc. cne de Sarzeau.

GODERAIE (LA), h. cne de Saint-Gravé.

GODHEU (RUE), à Lorient. — Voy. CONVENTION (RUE DE LA).

GODREHO, vill. cne de Questembert.

GOËH-ER-BOT, éc. cne de Moustoir-Remungol. — Seigneurie.

GOËH-LAMBALLE, éc. cne de Moustoir-Remungol.

GOËJEAN, vill. cne de Melrand. — *Coz-Jahan*, 1296 (duché de Rohan-Chabot).

GOËLAN (RUISSEAU DE LA NOË-DE-), affl. du Ténérion; il arrose Plumelec et Plaudren.

GOËLAND (LE), roche sur l'Océan, côte de Gâvre, en Riantec.

GOËLLO (LE), h. cne de Plouay.

GOËLO, éc. cne de Landaul.

GOËLO (LE), ruiss. voy. KERIMAUX-EN-BOIS; pont sur ce ruisseau et hameau, cne de Noyal-Pontivy. — *Laz-en-Goëllau*, 1406 (duché de Rohan-Chabot).

GOËMORE (LE), roche à l'entrée de la baie du Morbihan, côte de Locmariaquer.

GOËNOGUE (LE), lande, cne de Pleugriffet.

GOËNEM, anse sur l'Océan, côte de Gâvre, en Riantec.

GOËSERFETANVAT, h. cne de Séglien.

GOËS-ER-GAVE, h. et ruiss. affl. du Scanff, cne de Ploërdut. — *Goezangavre*, 1411 (princip. de Rohan-Guémené). — *Goezanavre*, 1433 (*ibid.*). — *Goezangaffre*, 1463 (*ibid.*).

GOËSEROUZE, éc. et ruiss. affl. du Scorff, cne de Ploërdut.

GOËSEVANT, h. cne de Séglien.

GOËSFROMENT, h. cne de Langoëlan. — *Quoezformant*, manoir, 1431 (princip. de Rohan-Guémené). — Seigneurie.

GOËSMARIA, éc. et ruiss. affl. du Scorff, cne de Ploërdut.

GOËSMEUR, vill. cne de Kergrist.

GOËZELEGAN (BRAS et BIHAN), h. cne de Langoëlan.

GOFF (LE), chantier sur le Scorff, à Lorient.

GOFORNIC, lande, cne de Theix.

GOGAL, h. et bois, cne de Gueltas.

GOHAHIC, éc. cne de Plumelin.

GOHAN (LE), h. cne de Questembert.

GOHANNEC (LE), vill. cne de Languidic.

GOHARNEC, vill. cne de Moréac.

GOH-CANQUIS, vill. cne de Bubry.

GOHÉLAS, éc. cne de Plumergat.

GOHELLO (RUISSEAU DU), affl. du Pont-Rouge; il arrose Ploërdut.

GOHEN (RUISSEAU DE LA LANDE-DU-). — Voy. TRÉBLAVET.

GOHERNÉ, ruiss. affluent de la Ville-Sotte; il arrose Buléon et Guéhenno.

GOH-FOUR (LE), éc. cne de Radenac.

GOH-FOURNIC, éc. cne de Sainte-Brigitte.

GOH-GUERNEVÉ, éc. cne de Plouhinec.

GOHIAR, éc. cne de Saint-Nolff.

GOHIC, h. et bois, cne de Quistinic.

GOHIEC (LE), éc. cne de Plumelin.

GOUIEU-ER-STANG, vill. c^ne de Plumelin.

GOHIGNEUX (LES), h. c^ne de Radenac.

GOH-ILIS, éc. c^ne de Plaudren.

GOHIS, f. c^ne de Réguiny.

GOHLAIRE (LE), h. c^ne de Melrand.

GOH-LEN, ruiss. affl. de la Sarre; il arrose Langoëlan, qu'il sépare du dép^t des Côtes-du-Nord.

GOH-LÈNE, vill. c^ne de Sulniac.

GOH-LER (LE), éc. c^ne de Pluvigner.

GOHLEN (VRAS et VIHAN), h. c^ne de Plumelin.

GOHLUDIC, h. c^ne de Baud. — *Cozlouédic*, 1583 (abb. de la Joie).

GOHO (LE), font. c^ne de Séné.

GOHOARNE, h. c^ne de Guénin.

GOHPÉNIT, pont sur le Bocohant, c^ne de Plœren.

GOHQUER, vill. c^ne de Plouharnel.

GOH-QUER, éc. c^ne de Plumergat.

GOH-RESTE, éc. c^ne de Grand-Champ.

GOH-RESTE, h. et ruiss. dit aussi *de Trongoff*, affl. de celui du Pont-Normand, c^ne de Plumergat.

GOH-VARIN, f. c^ne de Bignan.

GOH-VARREC, h. c^ne de Baud.

GOU-VERNE, vill. c^ne de Kerfourn. — Seigneurie.

GOH-VILINE, éc. c^ne de Plœmeur.

GOIGUEL, lande, c^ne de Grand-Champ.

GOILAN, vill. c^ne de Bangor.

GOILO, éc. c^ne d'Inguiniel.

GOIRBRAS, h. c^ne de Gueltas.

GOIRMAS, vill. c^ne de Gueltas.

GOISTIN, vill. c^ne de Bangor.

GOIVEN, éc. c^ne de Languidic.

GOLERÈS, éc. c^ne de Brech.

GOLÈS (LE), h. pont sur le Quilliou et éc. dit *Pont-er-Golès*, c^ne de Gourin.

GOLEZEC (PONT), au confluent des ruiss. de la Lande-Maréguy et du Pont-Mein, reliant Saint-Thuriau et Moustoir-Remungol.

GOLIDEC, h. c^ne de Plumelin.

GOLIVARD, éc. c^ne de Sulniac. — *Kergoulavat*, 1423 (duché de Rohan-Chabot).

GOLMENIC, éc. c^ne de Cléguer.

GOLO, éc. c^ne de Plouray. — Seigneurie; manoir.

GOLOUER (CROIX DU), c^ne de Saint-Gouvry.

GOLUDIC, vill. c^ne de Moréac.

GOLUT, h. c^ne de Camors.

GOLUT, h. c^ne de Cléguérec.

GOLUT, éc. c^ne de Moréac.

GOLUT, h. c^ne de Remungol.

GOLUT (LE), h. c^ne de Naizin.

GOLUT (LE), vill. c^ne de Neulliac.

GOLUT (LE), vill. et pont sur le Signan, c^ne de Saint-Thuriau.

GOLUT-LOCQUELTAS, vill. c^ne de Plaudren.

GOLUT-PENDERF, h. et bois, c^ne de Plaudren.

GOLVEN, éc. c^ne de Malguénac.

GOLVEN (LE), éc. c^ne de Languidic.

GOLVERN (PONT), sur le Talin, reliant Napoléonville et Malguénac; éc. *du Pont-de-Golvern*, c^ne de Napoléonville.

GOMMENANTE (LE), éc. c^ne de Pontscorff.

GOND (LE), vill. c^ne de Questembert.

GONNEC (LE), vill. c^ne de Languidic.

GONNEHAUT (COMMUN DU), lande, c^ne de Pleucadeuc.

GOQUER, éc. c^ne de Plumergat (dist. du Goh-Quer de la même commune).

GORANNE, éc. c^ne de Plumergat.

GORAY (LE), vill. et f. c^ne de Pleucadeuc. — *Gorrey*, 1433 (chât. de Kerfily). — *Gorray*, 1460 (*ibid.*). — Seigneurie.

GORDEL, ruiss. affl. du Blavet et m^to à eau sur ce ruiss. c^ne de Languidic.

GONÉ (LE), vill. c^ne d'Inzinzac et écluse sur le Blavet.

GORÈSE (LE), h. c^ne de Langoëlan.

GORET, m^in à vent, pont et m^in à eau sur le ruiss. de ce nom, c^ne de Saint-Gérand; ruiss. *du Moulin-de-Goret :* voy. SAINT-NIEL (RUISSEAU DE).

GORET (CROIX), c^ne de Séné.

GORET (LE), h. c^ne de Saint-Thuriau.

GORET (PONT), sur la baie du Morbihan, c^ne de l'Île-aux-Moines.

GORETS-DE-MESLIEN, éc. c^ne de Cléguer, et pass. sur le Scorff, reliant Cléguer au dép^t du Finistère.

GORETS-DE-PRADIGO, pass. sur le Scorff, reliant Cléguer au dép^t du Finistère.

GOREZ (LE), éc. c^ne du Faouët.

GORH-FETEN, font. et éc. c^ne de Séné.

GORHLÈZE, vill. c^ne de Caudan.—*Le Coylès* ou *la Vueille-Court*, 1499 (abb. de la Joie).

GORH-VOUILLEN (FONTAINE), c^ne de Plouay.

GORNAY, h. et ruiss. affl. du Liziec, c^ne de Monterblanc; bois, c^ne de Saint-Avé; étang baignant Saint-Avé, Saint-Nolff et Monterblanc; ruiss. *de l'Étang-de-Gornay :* voy. LIZIEC.

GORNEVEC, h. c^ne de Plumergat.

GORNEVEZ, vill. c^ne de Séné. — Seigneurie.

GORNOËC, éc. et lande, c^ne de Plouray. — Seigneurie.

GORSEC (LE), éc. c^ne de Vannes.

GORVELLO, éc. c^ne de Grand-Champ.

GORVELLO (LE), vill. partie c^ne de Theix, partie c^ne de Sulniac; ruiss. affl. du Plessis, qui arrose Sulniac et Theix, et pont sur ce ruiss. reliant ces deux communes; éc. dit *Noë-du-Gorvello*, c^ne de Sulniac. — *Corvellou, eleemosina*, 1160 (D. Morice, I, 638).

— Trève de Sulniac; établissement de chevaliers de Saint-Jean de Jérusalem.

Gorzec (Le), h. cne de Melrand.

Gorzic (Le), h. cne de Langonnet.

Gosquer (Le), h. cne de Plumelin.

Gosquer-Fanic (Le), b. cne de Melrand.

Gosquer-le-Roux (Le), h. cne de Melrand.

Gossal, éc. cne de Lanvénégen.

Gostan, ruiss. affl. de l'Arz; il arrose Elven.

Gostin, éc. cne de Plougoumelen. — Seigneurie.

Gostnevel, h. cne de Plumelin.

Gouach-eur-Hol-Vino ou Gouach-eur-Hoch-Lenne, ruiss. affl. du Pont-Coët; il arrose Ploërdut, Saint-Caradec-Trégomel et Lignol.

Gouach-eur-Vihan, ruiss. affl. de celui du Moulin-des-Champs; il arrose Languidic et Landévant.

Gouach-Feten, éc. cne de Moustoirac.

Gouach-Huenn-Glas, ruiss. — Voy. Toul-er-Brohet.

Gouach-Lino, ruiss. affl. du Kerusten, qui arrose Saint-Tugdual et Saint-Caradec-Trégomel; pont sur ce ruiss. reliant ces deux communes.

Gouach-Viquel ou Eur-Goch-Velin, ruiss. affl. du Pont-Guillemin; il arrose Languidic et Pluvigner.

Gouach-Vras, éc. cne de Moustoirac.

Gouach-Vras-Kernéno, éc. cne de Moustoirac.

Gouacraie (La), f. cne de Béganne; ruiss. dit aussi *Mer de la Gouacraie* : voy. Bouloterie (Ruisseau de la).

Gouah (Le), h. cne de Grand-Champ.

Gouah (Le), h. cne de Guénin.

Gouah-Caden, landes et ruiss. *des Landes-de-Gouah-Caden*, affl. du Loch, cne de Grand-Champ.

Gouahel, éc. cne de Lanvénégen.

Gouah-Glas, vill. partie cne de Grand-Champ, partie cne de Plaudren.

Gouahic, éc. cne de Naizin (dist. du *Goahic* de la même commune).

Gouahic, h. cne de Pluneret.

Gouah-Ivas, ruisseau. — Voy. Maule (La).

Gouah-Lann, ruiss. affl. de la Sarre; il arrose Silfiac et Séglien.

Gouahlaze, h. cne de Naizin.

Gouah-Pérenne, h. et ruiss. *de la Fontaine-de-Gouah-Pérenne*, affl. du Guersach, cne de Grand-Champ.

Gouahnem, h. — Voy. Garenne (Les Grande et Petite).

Gouah-Rouzon, éc. cne de Plouhinec.

Gouah-Varquer, étang. — Voy. Er-Varquer.

Goualhic, éc. cne de Priziac.

Gouanégonc, h. cne de Saint-Aignan.

Gouarch-en-Tri-Paresses, ruisseau. — Voy. Sainte-Brigitte.

Gouarch-er-Guel, ruiss. voy. Pierre-Fendue; pont sur ce ruiss. reliant Guern et Bieuzy.

Gouarde (La), vill. cne de Nostang. — *Le Guart*, aliàs *Gart*, 1410 (abb. de la Joie). — *Le Goart*, 1423 (*ibid.*). — Seigneurie.

Gouarem-en-Oglen, ruiss. affl. de celui du Moulin-de-Kermérien; il arrose Saint-Tugdual et Saint-Caradec-Trégomel.

Gouarem-Grom, éc. cne du Saint.

Gouar-er-Palud, ruisseau. — Voy. Robu (Le).

Gouanh (Le), h. et ruiss. affl. de celui des Prés-Lobréau, cne de Surzur.

Gouarh-Huern, éc. cve de Baden.

Gouarh-Lubern, éc. cne de Plœren.

Gouascoin, h. cne de Grand-Champ; ruiss. voy. Meucon (Le), et pont sur ce ruiss. reliant Meucon, Grand-Champ et Saint-Avé.

Gouasven, h. cne de Saint-Tugdual.

Gouave (Le), ruiss. min à eau sur ce ruiss. et min à vent, cne de Pluméliau.

Godavert (Le), vill. cne de Séné. — Seigneurie.

Gouavro, h. cne de Plaudren.

Gouche, éc. et min à vent, cne de Bangor.

Goudois (La), f. cne de Saint-Jacut.

Goudrel (Le), éc. cne de Pénestin.

Gouech-en-Sueill, éc. cne de Moréac.

Gouech-Kerfranc ou Goah-Bettelec, ruiss. affl. du Loch; il arrose Plaudren.

Gouëdremeu, éc. cne de Guégon.

Gouée, vill. cne de la Grée-Saint-Laurent.

Goueh-en-Golen, h. cne de Pluméliau.

Goueu-er-Verne, h. cne de Saint-Thuriau.

Gouehlève, h. et lande, cne de Noyal-Pontivy.

Goueh-Maliguenne, éc. cne de Noyal-Pontivy.

Gouého (Le), h. cne de Pluvigner.

Goueh-Vras, éc. cne de Baud.

Gouello (Le), f. cne de Surzur.

Gouélo, h. cne de Caudan.

Gouemery (La), h. cne de Saint-Jacut.

Gouéno, éc. cne de Peillac.

Gouerch (Le), vill. et ruiss. qui se jette dans l'Océan, cne du Palais.

Gouernuer (Le), éc. cne de Pontscorff.

Gouénic (Le), h. cne de Guidel.

Gouès-Bihan, h. cne de Persquen.

Gouë-Vas, rocher sur l'Océan, entre l'île de Houat et Quiberon.

Gouëzac, h. min à eau sur le Bodéan; min à vent et ruiss. affl. de celui du Moulin-de-Bodéan, cne de Grand-Champ. — Seigneurie; manoir.

Gouézan, vill. cne de Saint-Gildas-de-Rhuis.

Gouézilio, éc. cne de Silfiac.

GOUÉZILLIO, éc. cne de Sainte-Brigitte.

GOUGEONNIÈRE (LA), f. cne de Guer.

GOUGUE (LE), h. cne de Pluméliau; pont sur l'Ével, qui relie Pluméliau et Remungol.

GOUHEL (LE), éc. cne de Landaul.

GOUHIER, éc. cne de Ploërdut.

GOUHINÉ (LE), rocher sur l'Océan, côte de Pénestin.

GOUILENCÉ (LE), rocher sur l'Océan, près d'Hœdic.

GOUJON, min à eau, cne de Limerzel; ruiss. affluent du Trévélo, qui arrose Questembert, Noyal-Muzillac, Limerzel et Péaule.

GOUJON (CROIX), cne de la Trinité-Porhoët.

GOUJONNIÈRE (LA), vill. cne de Lanouée.

GOULAIS (LE), éc. cne d'Elven.

GOULES (LE), h. et ruiss. affl. de celui du Pont-Blanc, cne de Langonnet.

GOULET (LE), éc. cne d'Allaire.

GOULET (LE), éc. cne de Bréhan-Loudéac.

GOULET (LE), f. cne de Caden.

GOULOUEN, basse sur l'Océan, côte de Sarzeau.

GOULIADEC, éc. cne de Saint-Aignan.

GOULIEC, vill. cne de Bignan.

GOULIÈRE (LA), h. cne de Saint-Nicolas-du-Tertre.

GOULINEC, éc. cne de Plumelin.

GOULLE-DES-VAUX (LA), f. cne de Béganne.

GOULLE-DU-VAL (LA), éc. cne de Béganne.

GOULLIOQUE (LE), éc. cne de Meslan.

GOULPHARE, port sur l'Océan, vallon du Port-Goulphare et ruiss. du Vallon-du-Port-Goulphare, qui se jette dans l'Océan, cne de Bangor.

GOULTRELX, vill. et bois, cne de Saint-Gérand; pont sur le Clayo, reliant Saint-Gérand, Saint-Gonnery et le dép' des Côtes-du-Nord. — Seigneurie.

GOUPIL (CROIX), cne de Beignon.

GOURAIE (LES HAUTE et BASSE), h. partie cne de Guer, partie cne de Monteneuf.—Seigneurie.

GOURANTON (PONT), cne de Ploërmel.

GOURDELAYE (LA), vill. cne de Carentoir. — Seigneurie.

GOURDELAYE (LA), vill. cne de Carentoir (dist. du précédent).

GOURDELAYE (LA), vill. et pont sur le ruiss. des Landes-du-Loup, cne de Cournon.

GOURDES (RUISSEAU DE) ou CAMAILLON, affl. du Ninian, min à eau et pont sur ce ruiss. cne de Ploërmel.

GOURDIE (LE), éc. cne de Bignan.

GOURGANDAIE (LA), f. cne de la Gacilly. — Seigneurie.

GOURHAN (LA), h. cne de Saint-Samson.

GOURHEL, cne de Ploërmel; deux mins à vent, cne de Ploërmel. — Gurhel, monasterium, 1131 (prieuré de la Magdeleine de Malestroit). — Trève de la par. de Loyat; prieuré. — Distr. de Ploërmel.

GOURHERT, f. cne de Ploërmel. — Seigneurie.

GOURHET-BREHET, pierre levée, cne de Locoal-Mendon.

GOURHET-JANETT, menhir, cne de Saint-Gildas-de-Rhuis.

GOURICHAIE (LES HAUTE et BASSE), vill. cne de Concoret.

GOURIN, arrond. de Napoléonville. — *Gorwrein*, 1108 (D. Morice, I, 514). — *Gourrein*, 1218 (abb. de Sainte-Croix de Quimperlé).

Doyenné de l'archidiaconé de Cornouaille, dioc. de Cornouaille; par. siége de ce doyenné. — Siége d'une sénéch. royale unie en 1564 à celle de Carhaix (Finistère), puis rétablie, et d'une subdélégation de l'intendance de Bretagne. — Distr. du Faouët; chef-lieu de canton en 1790.

GOURIN (LANDE), cne de Port-Philippe.

GOURIO, nom d'une section de la cne de Pleugriffet.

GOURIONNAIE (LA), vill. cne d'Allaire.

GOURLAIS (LA), h. cne de Saint-Jean-la-Poterie.

GOURLAND, éc. cne de Plouharnel.

GOURMELON (PÂTURES DE), lande, cne de Porcaro.

GOURMIL, font. cne de Bréhan-Loudéac.

GOURNAVA, ruiss. et min à eau sur ce ruiss. cne de Pleucadeuc.

GOURNOIS, h. cne de Guiscriff. — Seigneurie; manoir.

GOURO, étang et min à eau sur l'Aff, cne de Carentoir; pont reliant cette cne au dép' d'Ille-et-Vilaine.

GOURO, min à eau sur le Ninian et min à vent, cne d'Helléan.

GOURPLÉ, h. cne de Saint-Congard. — *Gouleplouc*, 1473 (chât. de Kerfily). — *Goulplouc*, 1482 (*ibid.*).

GOURSOHO, h. cne de Surzur.

GOURVINEC, min à eau sur le Liziec, cne de Saint-Nolff. — Seigneurie.

GOURVINET (LE), éc. cne de Pénestin.

GOUSLEN, vill. cne de Quistinic.

GOUSSELAIE (LA), h. cne d'Allaire.

GOUSTIÈRE (LA), éc. cne de Saint-Vincent.

GOUTA (LE), lande, cne de Guer.

GOUTAS (LE), éc. cne de Carentoir.

GOUTIÈRE (RUISSEAU DE LA). — Voy. VAUX (RUISSEAU DES).

GOUVAL, lande et vill. dit *Loges-de-la-Lande-Gouval*, cne de Moustoir-Remungol.

GOUVELLO (LE), éc. cne de Lauzach; ruiss. dit aussi *le Cleisse*, affl. du Plessis, qui arrose Lauzach, Sulniac et Theix.

GOUVELLO (LE), vill. lande et autre vill. dit *Lande-du-Gouvello*, cne de Sainte-Brigitte.

GOUVENAN, éc. cne de Crach.

GOUVIAS, lande et pont sur le ruiss. du Pont-ès-Marchands, cne de Monteneuf.

GOUVIER, vill. cne de Campénéac; ruiss. dit *Gué-de-la-Vallée-de-Gouvier*, affl. de l'Aff, qui arrose Beignon et Campénéac.

GOUVIER (LE), h. cne d'Allaire.

GOUVIHAN, île de la baie du Morbihan contenant un éc. c^{ne} de Sarzeau.

GOUVRAN, ruiss. affl. du Trescoët; il arrose Séglien.

GOUVRAY, éc. c^{re} de Saint-Jean-Brévelay.

GOUVANDEUR, ruiss. dit aussi *du Pont-Motadec* ou *de Coët-à-Touse*, affl. du Crach, qui arrose Plœmel et Carnac; mⁱⁿ à eau et pont sur ce ruiss. c^{ne} de Carnac.

GOUVAVE (BATTERIE DE), sur l'Océan, côte de Groix.

GOVEAU, île de la baie du Morbihan, c^{ne} de l'Île-aux-Moines.

GOVEL-DE-LA-FORÊT (PONT DU), sur l'Ilizen; il relie Bignan et Moustoirac.

GOVELIN, ruiss. affl. du Keravy; il arrose Vannes.

GOVELLO, vill. c^{ne} de Plumelec.

GOVERDROCH (LE), anse sur la baie de Quiberon, côte de Saint-Pierre.

GOVERIC, vill. c^{ne} de Monterblanc.

GOVÉNO, vill. c^{ne} de Baud.

GOVERO (HAUT, GRAND et PETIT), vill. c^{ne} de Saint-Jean-Brévelay.

GOVERO (LE), h. et bois, c^{ne} de Bignan.

GOVERY, éc. c^{ne} de Lizio.

GOVERY, ruiss. affl. du Bonvallon, et pont sur ce ruiss. c^{ne} de Réguiny.

GOVET (LE), h. c^{ne} de Damgan.

GOVRAN, vill. c^{ne} de Séglien.

GOVRAY, éc. c^{ne} de Berric.

GOYEDON (RUISSEAU DE). — Voy. BOTERF (LE).

GRA (LANDE DU), c^{ne} de Monteneuf.

GRABETO, h. c^{ne} de Berric.

GRÂCE, h. c^{ne} de Noyal-Muzillac.

GRADAVAD, mⁱⁿ à vent, c^{ne} de Sarzeau.

GRADUREL (LE), h. c^{ne} de Billio.

GRAÉ (LA), éc. et ruiss. dit aussi *de l'Éclopas* ou *des Vaux-de-la-Graé*, affl. de l'Arz, c^{ne} de Saint-Jacut.

GRAËT (LE), éc. c^{ne} de Lauzach.

GRAFETAN, h. c^{ne} d'Arradon.

GRAFOL, roche sur la baie du Morbihan, côte de Séné.

GRAGOUHÉ, f. et lande, c^{ne} de Surzur; ruiss. *de la Fontaine-de-Gragouhé*, qui arrose Noyalo et le Hézo et se jette dans le Morbihan.

GRAIN (LE), vill. c^{ne} de Campénéac.

GRALIN (FONTAINE), c^{ne} de Rochefort.

GRALON (FONTAINE), c^{ne} de Monteneuf.

GRAMILLARD, éc. c^{ne} d'Arradon.

GRAMINPLAT, h. c^{ne} de Noyal-Muzillac.

GRAMMEIN, mⁱⁿ à vent, c^{ne} de Sarzeau.

GRANALY, h. c^{ne} de Noyal-Muzillac.

GRAND-BARRAGE (LE), éc. c^{ne} d'Hennebont; écluse et mⁱⁿ à eau sur le Blavet, c^{ne} d'Inzinzac.

GRAND-BODÉRIA, vill. c^{ne} de Limerzel.

GRAND-BOIS, bois, c^{ne} de Lantillac.

GRAND-BUISSON (LE), h. c^{ne} d'Allaire.

GRAND-BUISSON (LE), roche de la baie de Quiberon, côte de Locmariaquer.

GRAND-CHAMP, arrond. de Vannes; mⁱⁿ à vent dans la commune. — *Grandicampus*, 1261 (abb. de Lanvaux). — *Grantchamp*, par. 1370 (chât. de Callac). Par. du territ. de Vannes. — Sénéch. et subd. de Vannes. — Distr. de Vannes; chef-lieu de c^{on} en 1790.

GRAND-CHAMP, h. c^{ne} de Caudan.

GRAND-CHÂTEAU (LE), h. et bois, c^{ne} de Noyal-Pontivy.

GRAND-CHEMIN (LE), h. c^{ne} de Cléguérec.

GRAND-CHEMIN (LE), h. c^{ne} de Molac.

GRAND CHEMIN (LE), chemin, c^{ne} de Peillac.

GRAND-CHEMIN (LE), h. c^{ne} de Saint-Aignan.

GRAND-CHEMIN (LE), éc. c^{ne} de Saint-Avé.

GRAND-CHEMIN (MAISON DU), éc. c^{ne} de Plumelin.

GRAND-CHEMIN (MAISON DU), éc. c^{ne} de Questembert.

GRAND-CHEMIN (MAISONS DU), h. c^{ne} de Guer.

GRAND-CHEMIN (RUE DU), à Saint-Jean-la-Poterie.

GRAND-CLOS (CROIX DU), c^{ne} de Pleugriffet.

GRAND-CLOS (LE), chât. c^{ne} de Glénac. — Seigneurie.

GRAND-CLOS (LE), éc. c^{ne} de Trefléan.

GRAND-COIN (LE), rocher sur l'Océan, près de l'île de Houat.

GRAND-DOUÉ (PONT DU), sur l'Oyon, c^{ne} d'Augan.

GRANDE-ACCROCHE (LA), île sur l'Océan, côte de Pénestin.

GRANDE-ALLÉE (LA), h. c^{ne} de Plouray.

GRANDE-BANDE (LA), éc. c^{ne} de Sérent.

GRANDE-BANDE (LA), nom d'une section de la c^{ne} de Taupont.

GRANDE-BROUSSE (LA), éc. c^{ne} de Molac.

GRANDE-COUR (LA), quartier à Lorient, vers la rue Neuve-de-la-Comédie.

GRANDE-CROIX (LA), éc. c^{ne} de Molac.

GRANDE CROIX (LA), croix, c^{ne} de Séné.

GRANDE-EAU (LA), f. c^{ne} de Théhillac.

GRANDE-LANDE (LA), éc. c^{ne} du Guerno.

GRANDE-LANDE (LA), vill. c^{ne} de Priziac.

GRANDE-LANDE (LA), lande, c^{ne} de Réguiny.

GRANDE-LOUISE (RUE DE LA), à Saint-Jean-la-Poterie.

GRANDE-MARGOTE, roches sur l'Océan, côte de Quiberon.

GRANDE-MÉTAIRIE (LA), f. c^{ne} de Béganne.

GRANDE-MÉTAIRIE (LA), f. c^{ne} de Carnac.

GRANDE-MÉTAIRIE (LA), f. c^{ne} de Pluherlin.

GRANDE-NOË (RUISSEAU DE LA), affl. du Moulin-Neuf; il arrose Saint-Dolay.

GRANDE-PIERRE (LA), roche, c^{ne} de Gourin.

GRANDE-PLACE (LA), places à Pontscorff et à Rohan.

GRANDE-PLACE (RUE DE LA), au Faouët.

GRANDE PORTE (LA), porte à Lorient (voy. KERENTRECH). — Autre porte de la même ville, dite particulièrement *Grande Porte du Port*, parce qu'elle donne accès dans le port militaire.

GRANDE-PORTE (LA), porte et rue au Port-Louis.

GRANDE-RUE, à Napoléonville. — Voy. RUE IMPÉRIALE.

GRANDE-RUE, à Vannes. — Voy. HÔPITAL (RUE DE L').

GRANDE-RUE (LA), rue à Grand-Champ.

GRANDE-RUE (LA), rue à Guémené.

GRANDE-RUE (LA), rue à Hennebont.

GRANDE-RUE (LA), rue à Malestroit; dite autref. *rue de Baudet*.

GRANDE-RUE (LA), rue à Mauron.

GRANDE-RUE (LA), rue à Ploërmel, dite autrefois *Grande-Rue Saint-Nicolas*.

GRANDE-RUE (LA), rue à Pluvigner.

GRANDE-RUE (LA), rue au Port-Louis.

GRANDE-RUE (LA), rue à la Roche-Bernard.

GRANDE-RUE (LA), rue à Rohan.

GRANDE-RUE (LA), rue à Sarzeau.

GRANDES-LANDES (LES), landes, c^ne d'Augan.

GRANDES-LANDES (LES), lande, c^ne de Malansac.

GRANDES-LANDES (LES), éc. c^ne de Missiriac.

GRANDES-NOËS (ROCHER DES), c^ne de Saint-Gorgon.

GRANDES-NOËS (RUISSEAU DES), dit aussi *de Coidelo* ou *du Douet-des-Clayes*, aff. de la Claye; il arrose Pluherlin, Molac et Pleucadeuc.

GRANDES-RUES (LES), vill. c^ne de Pluherlin.

GRAND-ÉTIER (LE), ruisseau. — Voy. MAHÉ.

GRANDE-TOUCHE (LA), vill. c^ne de Guilliers.

GRANDE-VILLE (LA), vill. c^ne de la Chapelle.

GRAND-FOS, vill. m^in à eau et pont sur la Claye, c^ne de Pleucadeuc.

GRAND-FOUR (RUE DU), à Napoléonville, dite autrefois *du Vieux-Four*.

GRAND-FOURNEAU (LE), partie de la forêt de Branguily, c^ne de Gueltas.

GRAND-GILLARD (LE), vill. c^ne de Monterblanc.

GRAND-GUÉNAND (LE), vill. c^ne de Ménéac.

GRAND-GUET (LE), pointe sur l'Océan, c^ne de Bangor.

GRAND-KERBIGUET (LE), f. et bois, c^ne de Guer.—Seign.

GRAND-MARAIS (PONT DU), sur le Cleisse, c^ne de Theix.

GRAND-MARCHÉ (PLACE DU), à Vannes. — Voy. NAPOLÉON-LE-GRAND (PLACE).

GRAND-MARCHÉ (RUE DU), à Saint-Jean-Brévelay.

GRAND-MARJO (LE), h. c^ne de Carnac.

GRAND-MARTRAY (LE), place à Napoléonville. — Voy. MARCHÉ (PLACE DU).

GRAND-MORIN (LE), éc. c^ne de Questembert.

GRAND-MOULIN (RUE DU), à Guémené; deux m^ins à eau sur le Scorff, même commune.

GRAND-MOYET (LE), éc. c^ne de Plumelec.

GRAND-NID (LE), h. c^ne d'Elven.

GRAND-PARC (LE), éc. c^ne de Napoléonville.

GRAND-PÂTIS-OLIVIER (LE), h. c^ne de Molac.

GRAND-PONT (LANDE DU), c^ne de Pleugriffet.

GRAND PONT (LE), à Napoléonville. — Voy. HÔPITAL (PONT DE L').

GRAND PONT (LE), pont sur le Scorff, reliant Guémené et Ploërdut.

GRAND-PONT (LE), vill. partie c^ne du Faouët, partie c^ne de Priziac; pont sur l'Ellée, reliant ces deux communes; trois m^ins à eau sur la même riv. c^ne du Faouët; h. dit *les Trois-Chaumières-du-Grand-Pont*, c^ne de Priziac.

GRAND PONT (LE), pont sur l'Ével, reliant Réguiny et Moréac.

GRAND PONT (LE), pont sur l'Oust, reliant Saint-Perreux au dép^t d'Ille-et-Vilaine.

GRAND-PONT (LE), éc. c^ne de Séné.

GRAND PONT (LE), pont sur le Ninian, reliant la Trinité-Porhoët au dép^t des Côtes-du-Nord.

GRAND-PONT (LE), à Auray. — Voy. SAINT-GOUSTAN.

GRAND-PRÉ (FONTAINE DU), c^ne de Séné.

GRAND-PRÉ (FONTAINE DU), c^ne de Séné (dist. de la précédente).

GRAND-PRÉ (LE), h. c^ne de Ploërmel.

GRAND-ROCHER (LE), rocher sur l'Océan, côte de Damgan.

GRAND-SABLE (LE), éc. et plateau sur l'Océan, c^ne de Locmaria.

GRANDS-FOSSÉS (LES), éc. c^ne de Pleugriffet.

GRANDS-JANS (LES), lande, c^ne de Saint-Samson.

GRANDS-MOULINS (LES), trois m^ins à eau sur l'Yvel, c^ne de Ploërmel.

GRAND-VILLAGE (LE), vill. pointe et batterie sur l'Océan, ruiss. *de la Fontaine-du-Grand-Village*, se jetant dans l'Océan, c^ne de Bangor.

GRAND-VILLAGE (LE), vill. c^ne de Caro.

GRAND-VILLE (LA), vill. c^ne de Carentoir.

GRANDVILLE (LA), chât. f^e et m^in à eau sur le Loch, c^ne de Grand-Champ; m^in à vent, c^ne de Pluvigner. — Seigneurie; manoir.

GRANDVILLE (LA), vill. c^ne de Pleucadeuc.

GRANEC, h. et pont au confl. du Gouvello et du Plessis, c^ne de Theix.

GRANGE (LA), h. c^ne de Baud.

GRANGE (LA), vill. et bois, c^ne d'Hennebont.

GRANGE (LA), quartier à Landévant.

GRANGES (LES), h. et port à l'embouchure de la Vilaine, c^ne de Billiers. — Seigneurie.

GRANGES (LES), vill. c^ne de Grand-Champ.

GRANGES (LES), lieu-dit dans les Côtes-du-Nord; écluse sur le canal de Nantes à Brest, entre ce dép^t et la c^ne de Saint-Aignan.

GRANIC (RUISSEAU DE LA FONTAINE DU), aff. du Guersach; il arrose Grand-Champ.

Granil (Le), éc. cⁿᵉ de Theix; étang : voy. Kernicol. — *Graneill*, 1494 (chât. de Kerfily). — *Grazaneill*, 1497 (*ibid.*). — Seigneurie; manoir.

Grannam, éc. cⁿᵉ d'Elven; ruiss. dit aussi *de Calpéric*, affl. du Kerfla, qui arrose Saint-Nolff, Monterblanc et Elven.

Grannec, éc. cⁿᵉ de Crach.

Grann-er-Villen, pointe dans l'île de Houat, sur l'Océan.

Gras (Butte des), lande et ruiss. *de la Fontaine-des-Gras*, affl. de l'Oust, cⁿᵉ de Saint-Congard.

Gras (La), h. cⁿᵉ d'Allaire.

Gras (La), éc. f. et bois, cⁿᵉ de Bohal. — Seigneurie.

Gras (La), chât. bois et mⁱⁿ à vent, cⁿᵉ de Peillac. — Seigneurie; manoir.

Gras (La), éc. cⁿᵉ de Ruffiac (dist. du Gras, f. de la même cⁿᵉ). — Seigneurie.

Gras (La), f. et moulin à vent, cⁿᵉ de Saint-Jean-la-Poterie.

Gras (La), vill. cⁿᵉ de Saint-Perreux.

Gras (La), vill. cⁿᵉ de Saint-Vincent.

Gras (Le), f. cⁿᵉ de Ruffiac.

Gras (Le), h. cⁿᵉ de Saint-Servant. — Seigneurie.

Gras (Loge de), éc. cⁿᵉ de Gourin.

Gras-Boulge (La), mⁱⁿ à vent, cⁿᵉ d'Allaire.

Gras-d'Or (Le), ferme, cⁿᵉ de Vannes, et maison de retraite (devenue récemment le séminaire). — *Le Grado*, métairie, xviiᵉ siècle (présidial de Vannes). — *Le Grador*, xviiiᵉ siècle (*ibid.*). — Seigneurie.

Gras-er-Velin, éc. cⁿᵉ d'Arradon.

Gras-Ilis (Croix), cⁿᵉ de Theix.

Gras-Noblet, h. cⁿᵉ de Pleucadeuc.

Graso (Les Grand et Petit), vill. cⁿᵉ de Theix.

Gras-Rubade (La), éc. cⁿᵉ de Pleucadeuc.

Grassais (Haute et Basse), vill. cⁿᵉ de Pleucadeuc.

Gras-Tubout (La), f. cⁿᵉ de Pleucadeuc.

Grasu, roche sur l'Océan, côte de Plœmeur.

Gras-Visage (Le), f. cⁿᵉ de Noyal-Muzillac.

Gratenoche, vill. cⁿᵉ de Trédion.

Gratinière (Rue), à Carentoir.

Grationnais (La), chât. f. bois, mⁱⁿ à vent et ruiss. affl. de l'Étang-Neuf, cⁿᵉ de Malansac. — Seigneurie; manoir.

Grats (La), vill. cⁿᵉ de Saint-Abraham.

Grau (Le), rocher sur l'Océan, près de l'île de Houat.

Gravé, vill. cⁿᵉ de Theix.

Graveïou (Le), ruisseau. — Voy. Pébusson (Le).

Gravellic (Le), h. cⁿᵉ d'Arradon.

Gravier (Le), éc. cⁿᵉ de Malansac.

Gravillas, éc. cⁿᵉ de Plaudren.

Gravins (Les Grand et Petit), fˢ, cⁿᵉ de Noyal-Muzillac.

Gravo, f. cⁿᵉ de Carentoir. — Seigneurie.

Gravo, éc. cⁿᵉ de Quistinic.

Gravoro, éc. cⁿᵉ de Saint-Nolff.

Gray (Le), mⁱⁿ à eau sur le Rahun, cⁿᵉ de Carentoir.

Grayé (Le), éc. cⁿᵉ de Péaule.

Grayo, vill. cⁿᵉ de Saint-Nolff.

Grayo (Pont de), sur le Scorff, reliant Berné et Plouay.

Grazeau, vill. cⁿᵉ de Camoël.

Grazo (Le), vill. cⁿᵉ de Cruguel.

Grazo (Le), vill. cⁿᵉ d'Elven.

Grazo (Le), lande s'étendant sur les cⁿᵉˢ de Surzur et du Hézo; ruiss. *de la Lande-du-Grazo*, dit aussi *Er-Hoch-Vihan* ou *Ster-er-Vréneguy*, qui arrose Surzur et le Hézo, où il se jette dans la baie du Morbihan, après avoir traversé les étangs de Brionel, du Lézuis et du Hézo.

Gréallet, mⁱⁿ à vent, cⁿᵉ de Saint-Abraham.

Gréandais (Les), mⁱⁿ à vent, cⁿᵉ de Réminiac.

Gréau (Le), rocher sur l'Océan, côte du Palais.

Gréavo, vill. cⁿᵉ de l'Île-d'Arz.

Grée (La), f. cⁿᵉ de Béganne. — Seigneurie.

Grée (La), vill. cⁿᵉ de Caden.

Grée (La), vill. cⁿᵉ de Camoël.

Grée (La), vill. cⁿᵉ de la Chapelle. — Seigneurie.

Grée (La), h. cⁿᵉ de Concoret.

Grée (La), vill. cⁿᵉ de Férel.

Grée (La), éc. cⁿᵉ de Guillac.

Grée (La), vill. cⁿᵉ de Mauron.

Grée (La), h. cⁿᵉ de Molac.

Grée (La), vill. cⁿᵉ de Peillac.

Grée (La), h. cⁿᵉ de Peillac (dist. du précédent).

Grée (La), éc. cⁿᵉ de Plaudren. — Seigneurie.

Grée (La), h. cⁿᵉ de Pleucadeuc.

Grée (La), mⁱⁿ à eau sur le Saint-Éloi et ruiss. affl. du Saint-Éloi, cⁿᵉ de Questembert.

Grée (La), éc. cⁿᵉ de Rieux. — Seigneurie.

Grée (La), éc. cⁿᵉ de Ruffiac, en ruines.

Grée (La), h. cⁿᵉ de Saint-Jean-Brévelay.

Grée (La), f. cⁿᵉ de Saint-Jean-la-Poterie.

Grée (La), éc. cⁿᵉ de Saint-Nolff.

Grée (La), mⁱⁿ à vent, cⁿᵉ de Saint-Perreux.

Grée (Les Haute et Basse), vill. cⁿᵉˢ d'Allaire. — Seigneurie.

Grée (Les Haute et Basse), h. cⁿᵉ d'Augan. — Seigneurie.

Grée (Les Haute et Basse), fˢ, cⁿᵉ de Carentoir.

Grée (Les Haute et Basse), fˢ, cⁿᵉ de Marzan.

Grée (Les Haute et Basse), vill. cⁿᵉ de Saint-Avé.

Grée-Aubin, vill. cⁿᵉ de Saint-Servant.

Grée-au-Feuve (La), éc. cⁿᵉ de Lizio.

Grée-au-Gal (La), h. et mⁱⁿ à vent, cⁿᵉ de Plumelec.

Grée-aux-Moines, vill. cⁿᵉ de Lizio.

Grée-Barbot (La), h. c⁰ᵉ de Saint-Jacut.

Grée-Basse (La), vill. cⁿᵉ de Monteneuf.

Grée-Bernard (La), h. cⁿᵉ de Ploërmel.

Grée-Blanche (La), h. c⁰ᵉ de Marzan.

Gnée-Blanche (La), quartier à la Roche-Bernard.

Grée-Bourgerel (La), mᶦⁿ à eau et pont *du Moulin-de-la-Grée-Bourgerol*, sur le ruiss. de ce nom; h. cⁿᵉ de Noyal-Muzillac; ruiss. *du Moulin-de-la-Grée-Bourgerel* : voy. Saint-Éloi (Le).

Gnée-Boury (La), h. c⁰ᵉ de Sérent.

Grée-Chagnard (La), h. cⁿᵉ de Malansac.

Gnée-Cocherel, f. et mᶦⁿ à eau sur le Ville-Clément, c⁰ᵉ de Saint-Servant.

Grée-Daniel, éc. cⁿᵉ de Guégon.

Grée-de-Callac (La), chât. f. dite *la Porte-de-la-Grée-de-Callac*, éc. lande et mᶦⁿ à vent, cⁿᵉ de Monteneuf; bois s'étendant en Monteneuf et Augan; dans ce bois, éc. dit *le Pavillon-de-la-Grée-de-Callac*, c⁰ᵉ d'Augan; ruiss. *du Pré-de-la-Grée-de-Callac*, dit aussi *de l'Étang*, affl. de celui du Pont-Charrier, qui arrose Augan et Monteneuf. — Seigneurie; manoir.

Grée-de-Cassant (La), h. cⁿᵉ de Nivillac.

Grée-de-Kertuy, h. c⁰ᵉ de Marzan.

Grée-de-Sarzeau, quartier de la ville de Sarzeau.

Grée-du-Lièvre (La), f. cⁿᵉ de Béganne.

Grée-du-Pont (Pont de la). — Voy. Charrier.

Grée-du-Prado (La). — Voy. Prado (Le), c⁰ᵉ de Guer.

Grée-Durand (La), f. cⁿᵉ de Carentoir.

Grée-du-Rhé (La), éc. cⁿᵉ de Questembert.

Grée-Fichet (La), vill. c⁰ᵉ de Carentoir.

Grée-Grâce (La), vill. cⁿᵉ de Noyal-Muzillac.

Grée-Guéhard (La), éc. cᵘᵉ de Guer.

Grée-Guéno, h. cⁿᵉ de Lizio.

Grée-Hamon (La), f. cⁿᵉ de Malansac.

Grée-Horlay (La), éc. et f. cⁿᵉ de Carentoir. — Seigneurie.

Grée-Janvier (La), h. cⁿᵉ de Billio.

Grée-Kertexier (La), h. cⁿᵉ de Questembert.

Grée-Mahé (La), f. cⁿᵉ de Pluherlin.

Grée-Mainouet (La), f. cⁿᵉ de Pluherlin.

Grée-Maréchal (La), vill. et mᶦⁿ à vent, cⁿᵉ de Billio.

Grée-Mareuc (Bois de la), cⁿᵉ de Monteneuf.—Seign.

Grée-Meno, f. cⁿᵉ de Saint-Servant. — Seigneurie; manoir.

Grée-Michel (La), f. cⁿᵉ de Carentoir. — Seigneurie.

Grée-Michel (La), éc. cⁿᵉ de Questembert.

Grée-Morice (La), éc. cⁿᵉ de Peillac.

Grée-Morin (La), f. cⁿᵉ de Billio.

Grée-Nevet (La), éc. c⁰ᵉ de Nivillac. — Seigneurie.

Grée-Pelée (La), f. cⁿᵉ de Béganne.

Grée-Pennevinz (La), vill. et anse sur l'Océan, cᵘᵉ de Sarzeau.

Grée-Pontivy (La), éc. et pont sur la Chênaie, cⁿᵉ de Cruguel.

Grée-Poutée (La), éc. cⁿᵉ de Pluherlin.

Grée-Rouaud (La), vill. cⁿᵉ de Nivillac.

Grée-Rouault (La), mᶦⁿ à vent, cⁿᵉ de Malansac.

Grée-Rouxel (La), h. c⁰ᵉ de Caden.

Grées (Les), lande, cⁿᵉ d'Augan.

Grées (Les), éc. cⁿᵉ de Caden.

Gnées (Les), f. cⁿᵉ de Campénéac.

Grées (Les), lande, cⁿᵉ de Guer.

Grées (Les), h. c⁰ᵉ de Ploërmel.

Grées (Les), lande, cⁿᵉ de Saint-Congard.

Grées (Moulin à vent des), cⁿᵉ de Loyat.

Grées (Moulin à vent des), cⁿᵉ de Monteneuf.

Grée-Saint-Jacques (La), vill. — Voy. Saint-Jacques.

Grée-Saint-Jean (La), éc. cⁿᵉ de Saint-Jean-la-Poterie.

Grée-Saint-Laurent (La), c⁰ⁿ de Josselin; ruiss. voy. Garoulaie (La). — Anc. trève de Mohon devenue par. du doy. de Lanouée. — Seigneurie. — Sénéch. de Ploërmel; subd. de Josselin. — Distr. de Josselin.

Grée-Saint-Michel (La), h. c⁰ᵉ de Rochefort. — Voy. Saint-Michel.

Grées-Couédno (Les), éc. cⁿᵉ de Caden.

Grées-de-Bas (Croix des), c⁰ᵉ de Pluherlin.

Grées-Macé (Les), éc. cⁿᵉ de Campénéac.

Grée-Tréhulo (La), h. c⁰ᵉ de Questembert.

Grée-Valy (La), éc. cⁿᵉ de Plumelec.

Greffins (Les), éc. c⁰ᵉ de Ruffiac. — Seigneurie; manoir.

Grégan (Le), rocher sur la baie du Morbihan, côte de Baden.

Grégaulé, vill. c⁰ᵉ de Saint-Samson.

Grégo (Le), chât. f. mᶦⁿ à vent et deux étangs, c⁰ᵉ de Surzur; pont sur le ruiss. du Pont-Bugat, reliant Surzur et Theix; bois s'étendant sur ces deux communes. — Seigneurie; manoir.

Gréguinic, ancienne porte de Vannes, voisine de celle de Kaer; elle n'existe plus. — *Grignery*, xvııᵉ siècle (présidial de Vannes).

Gréhandière (La), h. c⁰ᵉ de Béganne.

Grébibaud, vill. cⁿᵉ de Caden.

Gréhinais (La), vill. et mᶦⁿ à vent, cⁿᵉ de Malansac.

Grého (Le), éc. c⁰ᵉ de Landaul.

Greignon (Le), éc. et pointe sur la baie du Morbihan, cⁿᵉ de l'Ile-aux-Moines.

Greland, éc. c⁰ᵉ de Plumelin.

Grêle (La), vill. cⁿᵉ de Rochefort; pont sur le ruiss. de l'Étang, reliant Rochefort et Malansac. — *La Greille*, bois, 1413 (fabr. de Malansac).

Prieuré du vocable de Saint-Michel, en la par. de Pluherlin, près Rochefort, d'abord membre de l'abb.

de Saint-Sauveur de Redon, puis annexé au prieuré de la Magdeleine de Malestroit.

GRÊLES (LES), éc. cne d'Allaire.

GRÊLES (LES), éc. cne d'Allaire (dist. du précédent).

GRELLE, h. cne de Plouray.

GRELLEC, vill. et ruiss. affl. du Beloste, cne de Ploërdut. — *Groellec,* 1426 (princip. de Rohan-Guémené).

GRELLEN, éc. cne de Grand-Champ.

GRELLO (LE), vill. partie cne de Grand-Champ, partie cne de Plumergat.

GRÊLO (LE), vill. cne de Questembert.

GRÊLOS (LES), min à vent, cne de Mauron.

GRENADIÈRE (LA), vill. cne de Saint-Gravé.

GRENADIER-FRANÇAIS (LE), éc. cne de Nivillac.

GRÉNALVESTE, éc. cne d'Arzal.

GRENASOUPE, h. cne de Muzillac.

GRÉNAUDAIE (LA), éc. cne de Saint-Gravé. — Seigneurie.

GRENAUDAIS (LA), éc. cne de Saint-Martin.

GRÉNETIER (CANAL DE), ruiss. affl. du Ninian; il arrose Lanouée.

GRENIT (HAUT et BAS), vill. et bois, cne de Plumelin. — *Grenic,* 1482 (abb. de Lanvaux).

GRENIT (LE), f. cne de Rieux.

GRENOUILLÈRE (FONTAINE DE LA), cne d'Augan.

GRENOUILLÈRE (LA), vill. et lande, cne de Bréhan-Loudéac.

GRENOUILLÈRE (LA), éc. cne de Campénéac.

GRENOUILLÈRE (LA), éc. cne de Lanouée.

GRENOUILLÈRE (LA), éc. cne de Pleucadeuc.

GRENOUILLÈRE (LA), éc. cne de Saint-Gouvry.

GRENOUILLÈRE (LA), h. cne de Séné.

GRENOUILLERIC (LA), éc. cne de Muzillac.

GRENOUILLERIE (LA), éc. cne de Noyal-Muzillac.

GRENOUILLES (PONT DES), sur le ruiss. du Moulin-de-Cochelin, cne de Locoal-Mendon.

GRÉNY (COMMUN DES NOËS-DE-), lande, cne de Pleucadeuc.

GNÉO, h. cne de Plumergat.

GRÉO (LE), vill. cne d'Arradon.

GRÉOTTERIE (LA), éc. cne de Rieux.

GRÉSILLONS (LES), lande, cne de Monteneuf.

GRESSETS (LES), hameau, cne de Saint-Gravé; étang à la limite des cnes de Saint-Gravé et de Peillac.

GRESSIGNAN, vill. cne de Séné.

GNÉTAY (LE), vill. cne de Mauron.

GRÈTE (LA), f. cne de Bohal.

GRÈTE (LA), h. cne de Saint-Guyomard.

GRÉVARTEN, éc. cne d'Arradon.

GNÉVEL (LE), vill. cne de Neulliac.

GRÉVIN, vill. cne de l'Île-d'Arz.

GNÉZIT (LE), vill. cne d'Arradon.

GRIBÉRÈS (LE), roche sur la riv. de Crach, entre Crach et Carnac.

GRIFFET (LE), vill. min à eau sur l'Oust et min à vent, cno de Pleugriffet; éc. cne de Bréhan-Loudéac, et pont sur l'Oust reliant Bréhan-Loudéac et Pleugriffet. — Château auj. détruit qui a donné son nom à la paroisse.

GRIFFONS (LES), lande, cne de Guer.

GRIGNONNAIE (LA), éc. cne de Saint-Marcel.

GRIGNONNAIS (LA), vill. cne de Saint-Dolay.

GRILLEC, éc. cne de Landaul.

GRILLETTE (FONTAINE et RUISSEAU DE LA), cne d'Augan.

GRIMAUD (FAUBOURG), à Ploërmel, dit, au XVIIe siècle, *Bourg-Grimaud.*

GRIMAUD-PEL, roche sur l'Océan, près de l'île aux Chevaux.

GRIMAUD-TOST, roche sur l'Océan, près de l'île aux Chevaux.

GRINAUD, lande, cne de Nivillac.

GRINFAY, h. cne de Pluméliau.

GRINSEN (LANDE DU), cne de Plœren.

GRINSO, éc. cne de Guénin.

GRIONNAIS (LA), f. cne des Fougerêts; min à vent, cne de Glénac. — Seigneurie.

GRIOTS (LES), h. cne de Concoret.

GRIPPAIS, éc. cne de Guillac.

GRIPPÉ (FONT DU), sur l'Océan, côte de Groix.

GRIPPE (LA), vill. et marais, cne de Caden.

GRIPPEZ (LE), vill. cne de Saint-Dolay.

GRISAN, forêt, cue de Saint-Nicolas-du-Tertre.

GRISODEN, éc. cne de Saint-Gorgon.

GRIS-POILS (LES), h. cne de Josselin.

GRISSO-LANN, h. cne de Grand-Champ.

GRISSO-MANOIR, h. min à eau sur le ruiss. de ce nom et bois, cne de Grand-Champ; min à vent, cne de Plescop; ruiss. voy. SALE (LA). — Seigneurie; manoir.

GRISSO-PARFIN, h. cne de Grand-Champ.

GRIVELAIS (LA), f. cne de Guer.

GROACARNEC, vill. cne de Riantec.

GROËS-EN-BLEUT, croix, cne de Locoal-Mendon.

GROËS-EN-HOËT, croix, cne de Theix.

GROËS-EN-RABIN, croix, cne de Landaul.

GROËS-EN-VELIN, croix, cne de Brech.

GROËS-HIR, croix, cne de Theix.

GROËS-HOËT-BIHAN, croix, cne de Locoal-Mendon.

GROËS-ROËNVRAN, croix, cne de Locoal-Mendon.

GROËS-TOUL. — Voy. CROIX-PERCÉE (LA).

GROHAC-LANNEC, éc. cne de Baud.

GROHO, éc. cne de Camors.

GROIX, cne du Port-Louis; île et basse sur l'Océan; un phare et un fanal; le bourg est aussi appelé *Saint-Tudy.* — *Groë, insula,* 1037 (D. Morice, I, 373). — *Groy,* 1327 (*ibid.* I, 1348). — *Groye,* 1356 (*ibid.* I, 1512). — *Groys,* 1370 (*ibid.* I, 1641).—

Groya, 1387 (chap. de Vannes). — *Groay*, 1448 (duché de Rohan-Chabot).

Par. du doy. des Bois, dite aussi *de l'Ile-de-Groix*; au vi⁰ siècle, saint Gunthiern ou Gouzierne s'établit dans l'île de Groix: ce fut l'origine du prieuré de ce nom, membre de l'abb. de Sainte-Croix de Quimperlé. — Sénéch. d'Hennebont; subd. de Lorient. — Distr. d'Hennebont.

GROIZIC (LE), éc. c^ne de Guern.

GROLARD, h. c^ne de Surzur.

GROLIÈRE (LES HAUTE et BASSE), vill. c^ne de Malansac.

GRONDIN, éc. c^ne de Plumelec.

GROONIC, lande, c^ne de Port-Philippe.

GROO-VINTÈS (REMPART DE), sur l'Océan, côte de Port-Philippe.

GROSBOS (LE), f. c^ne de Caro. — Seigneurie.

GROS-CHÊNE (LE), h. c^ne d'Allaire.

GROS-CHÊNE (LE), vill. c^ne de la Chapelle. — *Grossa-Quercus*, 1259 (prieuré de la Magdeleine de Malestroit).

GROS-CHÊNE (LE), h. c^ne de Pleugriffet.

GROS-CHÊNE (PONT DU), sur le Val-au-Moulin, c^ne de Caden.

GROS-DÉSERT (LE), f. c^ne de Guer.

GROS-FOUR (RUISSEAU DE LA NOË-DU-), affl. de l'Arz; il arrose Trédion et Elven.

GROS-ROCHER (LE), pointe et redoute sur l'Océan, côte du Palais.

GROSSE-NÉE (LA), vill. c^ne de Saint-Martin.

GROSSÉNO (LE), éc. c^ne de Sarzeau.

GROSSE-NOË (LA), h. c^ne de Pleucadeuc.

GROSSES-NÉES (LES), éc. c^ne de Ruffiac.

GROTTE-DE-LA-LANDE-BONY (LA), éc. c^ne de Questembert.

GROTTERIE (LA), h. c^ne de Pluherlin.

GROUAIS (LA), f. c^ne de Pleucadeuc.

GROUASCOËT, h. c^ne de Persquen.

GRODHAN, h. et m^in à vent, c^ne de Lanouée.

GROUHIASEC, éc. c^ne de Bignan.

GROUISETECH, éc. c^ne de Pluméliau.

GROUTEL, ruiss. affl. de l'Yvel et m^in à eau au confl. de ce ruiss. et du Billchaut, c^ne de Ménéac.

GROUTEL, m^in à eau, c^ne de Saint-Martin; étang, c^ne des Fougerêts; ruiss. affl. de l'Oust, qui arrose Saint-Martin et les Fougerêts.

GROUTEL (RUE), à Vannes : voy. NANTES (RUE DE). — *Groetel*, étang (le même que celui du Duc), 1421 (prieuré de Saint-Guen).

GROVAIE (LA), h. c^ne de Malansac.

GRUGARAIE (LA), vill. c^ne de Saint-Perreux.

GRUGUEN, h. c^ne de Moustoirac.

GRUTEL, éc. c^ne d'Allaire.

GRUTERIE (LA), éc. c^ne de Saint-Congard.

GUÉ (LE), h. c^ne de Crédin.

GUÉ (LE), h. c^ne des Fougerêts.

GUÉ (LE), éc. c^ne de Sérent.

GUÉ (PONT DU), sur le ruiss. de la Vallée, reliant Saint-Jacut et Malansac.

GUÉ-AU-VOYER (LE), ruiss. voy. GAROULAIE (LA); pont sur ce ruiss. reliant la Grée-Saint-Laurent, la Croix-Helléan et Helléan.

GUÉ-BLANDIN (LE), éc. et pont sur la Graë, c^ne de Saint-Jacut.

GUÉDAIS (LE), h. c^ne de Larré.

GUÉDAS, éc. et f. c^ne de Marzan; pass. sur la Vilaine : voy. ROCHE-BERNARD (LA). — Seigneurie.

GUÉ-DE-L'ÉPINE, h. c^ne de Malansac; m^in à eau sur l'Arz, c^ne de Peillac.

GUÉ-DE-L'ÎLE (PONT DU), sur le Lié, reliant Bréhan-Loudéac au dép^t des Côtes-du-Nord. — Seigneurie connue sous le nom de *Gué-de-l'Île-la-Rivière*.

GUÉDEMAIS (LA), vill. et f. c^ne de Saint-Jacut. — Seign.

GUÉ-DE-PIERRE (PONT DU), sur l'Yvel, c^ne de Néant.

GUÉ-DE-RIEUX (LE), éc. c^ne de Pleugriffet.

GUÉ-DES-CHEVAUX (RUISSEAU DU). — Voy. SAINT-MALO-DE-BEIGNON (RUISSEAU DE).

GUÉ-D'YVEL (PONT DU), sur l'Yvel, c^ne de Mauron.

GUÉ-ÈS-BICHES (LE), h. c^ne de Lanouée.

GUEFFRO, vill. c^ne de Caro.

GUÉGADIC, partie de la forêt de Quénécan, c^ne de Saint-Aignan.

GUÉGAN (PONT), sur le Goujon, reliant Péaule et Limerzel.

GUÉGANE, vill. c^ne de Saint-Aignan.

GUÉGO, h. c^ne de Saint-Gérand.

GUÉGON, c^on de Josselin. — *Guezgon*, 1283 (abb. de la Joie).

Par. du doy. de Porhoët. — Sénéch. de Ploermel; subd. de Josselin. — Distr. de Josselin; chef-lieu de c^on en 1790, supprimé en l'an x.

GUÉGON (FONTAINE), c^ne de Quiberon.

GUÉHALEUC (LE), m^in à eau sur le Groutel, c^ne de Ménéac.

GUÉHELET (LE), éc. c^ne de Pleugriffet.

GUÉHÉNAC (PONT), sur la Claye, c^ne de Plumelec.

GUÉHENNO, c^on de Saint-Jean-Brévelay. — *Monster-Guezenou*, 1260 (abb. de Lanvaux). — *Monster-Guehenou*, 1387 (chap. de Vannes). — *Monster-Gueheneuc*, 1422 (*ibid.*). — *Moustoir-Guéhenno*, 1429 (chât. de Talhouet). — *Gueheno, parr^a*, 1501 (chap. de Vannes).

Par. du doy. de Porhoët. — Sénéch. de Ploermel; subd. de Malestroit. — Distr. de Josselin.

GUÉHER (LE), éc. c^ne de Baud.

GUÉHEU, éc. c^ne de Noyalo.

Guého, m^{in} à eau sur le Loc et m^{in} à vent, c^{ne} de Plumergat.

Guého (La), h. c^{ne} de Saint-Samson.

Guého (Le), h. c^{ne} d'Elven.

Guéhuel, h. c^{ne} d'Arradon.

Guel (Le), m^{in} à eau sur le ruiss. du Moulin-du-Duc, c^{ne} du Faouët.

Guélan, éc. c^{ne} de Theix.

Guélaneg, ruiss. affl. du Tarun et m^{in} à eau sur ce ruiss. c^{ne} de Plumelin.

Guélard, h. c^{ne} de Saint-Allouestre.

Guélaud (Le), éc. c^{ne} de Sérent.

Gueldo (Le), h. c^{ne} de Guégon. — Le Guilledo, 1413 (chât. de Callac).

Gueldro-Hilio, vill. c^{ne} de Plouhinec.

Gueldro-Marec, éc. c^{ne} de Plouhinec. — Seigneurie.

Guélen, éc. c^{ne} de Plouray.

Guélenec, éc. c^{ne} de Plaudren.

Guélenec (Le), h. c^{ne} de Pluvigner. — Le Guylenec, 1384 (abb. de Lanvaux). — Le Quellenec, 1399 (ibid.).

Guélesquen (Le), h. c^{ne} de Damgan.

Guelhais (La), m^{in} à vent, c^{ne} de Monteneuf.

Guélin (Les Haut et Bas), vill. c^{ne} de Saint-Martin; éc. c^{ne} de Saint-Gravé; pont sur l'Oust (autrefois pass.) reliant ces deux communes.

Guélingan, éc. c^{ne} de Pontscorff. — Quiligan, 1550 (seign. du Coatdor). — Quelligan, 1558 (ibid.). — Quillincamp, 1561 (ibid.). — Quélingamp, 1565 (ibid.). — Guillingant, 1570 (ibid.). — Quillingan, 1588 (ibid.). — Seigneurie.

Guélin-rue-Breton (Le), h. c^{ne} de Saint-Martin.

Guelle (La), éc. c^{ne} de Peillac.

Guellec (Le), vill. c^{ne} de Meslan.

Guelledic, vill. c^{ne} de Melrand. — Guileric, villa, 1125 (cart. de Redon).

Gueltas, c^{on} de Napoléonville. — Sanctus-Gildasius, 1264 (duché de Rohan-Chabot). — Sant-Gueltas, villa, 1270 (ibid.).

Trève de la paroisse de Noyal-Pontivy. — Distr. de Josselin.

Gueltas, vill. c^{ne} de Malguénac.

Gueltas, vill. c^{ne} de Pluméliau; écluse sur le Blavet.

Guémené, arrond. de Napoléonville; chât. dans le bourg, en grande partie ruiné. — Kemenet-Guégant, 1160 (D. Morice, I, 638). — Quemenet-Guégant, seign. 1283 (duché de Rohan-Chabot). — Kemenet-Guingant, 1294 (D. Morice, I, 1113). — Kemenet-Guégamp, 1304 (ibid. 1192). — Kemenet-Guengant, castrum, 1354 (ibid. 1493). — Kémené-Guingant, 1390 (duché de Rohan-Chabot). — Kermené-Guingamp, 1449 (princip. de Rohan-Guémené).

Doyenné, 1277 (abb. de Bon-Repos), dioc. de Vannes. — Collégiale du vocable de Notre-Dame-de-la-Fosse, fondée en 1529, par Marie de Rohan, dame de Guémené, dans la paroisse de Locmalo; communauté d'hospitalières; établissement de chevaliers de Saint-Jean de Jérusalem; hôpital. — Seigneurie très-ancienne agrandie par des acquisitions successives; siége de cette seigneurie; elle fut érigée en principauté en 1570; et se composa, depuis cette époque, de quatre seigneuries particulières : Guémené, Corlay, la Roche-Moisan et les Fiefs-de-Léon (voy. l'Introduction); gruerie. — Siége d'une sub-délégation de l'intendance de Bretagne. — Distr. de Pontivy; chef-lieu de c^{on} en 1790.

Guen (Le), chât. et f. c^{ne} de Missiriac.

Guenbenh, h. c^{ne} de Moréac; ruiss. voy. Kerlauendenne.

Guéneau (Le), roche sur la baie de Quiberon, côte de Locmariaquer.

Guénéguy, éc. c^{ne} de Plaudren.

Guenelle (La), h. c^{ne} de Saint-Gravé.

Guéneste, h. c^{ne} de Saint-Allouestre. — Seigneurie.

Guenevin (Grand et Petit), h. c^{ne} de Moréac.

Guenfronte, vill. et ruiss. dit de la Fontaine-de-Guenfronte, affl. du Guersach, c^{ne} de Grand-Champ.

Guénic (Le), f. c^{ne} de Surzur; pont sur le ruiss. du Pont-Bugat, reliant Surzur et Theix.

Guénin, c^{on} de Baud; pont sur l'Évcl, dans la commune. — Guinin, 1387 (chap. de Vannes). — Guignin, 1422 (ibid.). — Guynin, 1482 (abb. de Lanvaux).

Par. du doy. de Porhoët. — Sénéch. de Ploërmel; subd. de Guémené. — Distr. de Pontivy.

Guénion, bois, c^{ne} de Guer.

Guennaneg, h. c^{ne} de Plumelin. — Seigneurie.

Guenne (Croix), c^{ne} de Pleugriffet.

Guennec, éc. c^{ne} de Pluméliau.

Guennec (Loge du), éc. c^{ne} de Saint-Jean-Brévelay.

Guennefol, éc. c^{ne} de Malansac.

Guennic (Les Grand et Petit), villages, c^{ne} de Riantec.

Guéno, m^{in} à eau sur le Haut-Bois, c^{ne} de Guidel.

Guéno, anc. rue à Malestroit. — Voy. Quéno.

Guénogel, h. c^{ne} de Surzur.

Guénolay, h. c^{ne} de Naizin. — Seigneurie; manoir.

Guenolay, vill. et pont sur le Kerguzangor, c^{ne} de Noyal-Pontivy.

Guénou (Le), h. c^{ne} de Guiscriff.

Gué-Oger (Pont du), sur le ruiss. de la Ville-Oger, reliant Lantillac et Pleugriffet.

Guer, arrond. de Ploërmel; pont sur l'Oyon, dans la commune. — Wern, plebs condita, 836 (cart. de

Redon). — *Guer*, 1137. — *Guern*, xii° s° (prieuré de Saint-Martin de Josselin).

Par. du doy. de Beignon. — Seigneurie, érigée en marquisat, dont le siége était à Coëtbo. — Sénéch. de Ploërmel; subd. de Plélan. — Distr. de Ploërmel; chef-lieu de c°° en 1790.

Guer (Haut et Bas), h. c°° de Plumelec. — *Le Guern*, 1414 (chât. de Callac).

Guer (Le), vill. c°° de Croixanvec; ruiss. aff. du Saint-Drédeno, qui arrose Croixanvec et Saint-Gérand.

Guer (Le), vill. c°° de Guéhenno. — Seigneurie.

Guer (Le), vill. c°° de Noyal-Muzillac.

Guer (Le), vill. partie c°° de Saint-Gouvry, partie c°° de Guéltas; écluse sur l'Oust.

Guéran (Ruisseau de). — Voy. Pont-Sec (Le).

Guérand (Le), ruisseau. — Voy. Évriguet (Ruisseau d').

Guérande, h. c°° de Ménéac.

Guerbernèze, vill. et bois, c°° de Ploërdut. — *Guern-pereines*, 1433 (princip. de Rohan-Guémené).

Guerbrigeant, éc. c°° de Lanvénégen.

Guercaër, h. et landes, c°° d'Erdeven; ruiss. *des Landes-de-Guercaër* : voy. Poulmen (Le).

Guerche (La), h. c°° de Béganne.

Guerdaner, vill. c°° de Kerfourn.

Guerdel-Las, éc. c°° de Cléguérec.

Guerdiner, h. c°° de Plumergat. — *Kerdister*, xiv° s° (chartreuse d'Auray). — Seigneurie; manoir.

Guerdreux (Le), h. c°° de Sainte-Brigitte.

Guerdualic, h. c°° de Baud; ruiss. voy. Saint-Adrien.

Guerduel, éc. c°° de Cléguérec.

Guerduzet, vill. c°° de Moréac.

Guénexic (Le), rocher sur l'Ocean, prés d'Hœdic.

Guéret (Le), f. c°° de Trédion.

Guerfro (Le), ruiss. aff. du Ninian; il arrose la c°° de la Trinité-Porhoët, qu'il sépare des Côtes-du-Nord.

Guergair (Le), éc. bois, font. et ruiss. *de la Fontaine-du-Guergair*, aff. de celui de la Fontaine-Saint-Maurice, c°° d'Inguiniel.

Guergaire (Le), h. c°° de Ploërdut.

Guergano, éc. c°° de Languidic.

Guergazec, h. c°° de Guénin.

Guergelin, h. ruiss. aff. de celui du Pont-du-Roch et m°° à eau sur le ruiss. c°° de Languidic; m°° à vent, c°° de Pluvigner; métairie: voy. Kerfeloch. — Seign.

Guergelot, éc. c°° de Plescop. — Seigneurie; manoir.

Guerglomel, vill. c°° de Séglien.

Guergoan, éc. c°° de Guénin.

Guergoat, h. c°° de Berné.

Guergou, vill. c°° de Nostang.

Guergoric, h. c°° de Guénin.

Guergrom, h. c°° de Lignol. — *Guerngrom*, manoir, 1411 (princip. de Rohan-Guémené). — Seigneurie.

Guerule, étang baignant Ambon et Damgan.

Guerucette, h. c°° de Sulniac.

Guénic, h. c°° de Crach.

Guéric, vill. c°° de Marzan.

Guéric (Le), chât. et f. c°° de l'Île-aux-Moines. — Seigneurie; manoir.

Guéric (Le), h. c°° de Kerfourn.

Guéric (Pont du), sur le ruiss. du Pont-Éhuello, c°° de Merlévenez.

Guériellec, h. c°° de Melrand.

Guerignan, vill. c°° de Bignan. — *Goergnan*, 1461 (duché de Rohan-Chabot).

Guébihuel, h. c°° de Cléguérec.

Gueriuel, h. et bois, c°° de Grand-Champ.

Guerihuel (Le), h. c°° de Pluvigner.

Guerihuel (Le), vill. c°° de Saint-Jean-Brévelay.

Guérisoët, f. c°° de Bignan.

Guérivaud, éc. c°° de Grand-Champ.

Guérizec, h. et m°° à eau sur le ruiss. du Mont, c°° de Berric. — Seigneurie; manoir.

Guérizec (Le), h. c°° de Melrand.

Guérizec-Coëtano, h. c°° de Bubry.

Guérizec-Glazel, h. c°° de Bubry.

Guérizouet, éc. c°° de Gourin.

Guérizouet, f. c°° de Naizin.

Guérizout (Le), h. c°° de Guiscriff.

Guerlacu (Loge), éc. c°° du Saint.

Guerland, vill. c°° de Saint-Allouestre.

Guerlasquen, éc. c°° de Bubry. — Seigneurie.

Guer-Launay, f. c°° de Neulliac. — Seigneurie; manoir.

Guerledan, éc. c°° de Priziac.

Guerledan, éc. c°° de Saint-Aignan.

Guer-le-Moing, f. c°° de Neulliac. — Seigneurie; manoir.

Guerlevic, h. c°° de Kerfourn.

Guerlis, éc. c°° de Guénin.

Guerlogoden, h. c°° de Kergrist: ruiss. voy. Liez (Le). — Seigneurie; manoir.

Guerlosquet, h. c°° de Berné.

Guerlosquet, vill. c°° de Noyal-Pontivy.

Guerlosquet, h. c°° de Saint-Caradec-Trégomel. — Seigneurie; manoir.

Guermahias, f. c°° de Saint-Servant. — Seigneurie.

Guermanière (Gué de la), passage sur l'Oust, reliant Saint-Congard, Malestroit et Missiriac.

Guermat, fontaine, lande dite *Lann-Guermat* et salines de *Lann-Guermat*, c°° de Séné.

Guermat (Le), vill. c°° d'Elven.

Guermazéas, vill. et éc. dit *Loge-Guermazéas*, c°° du Saint.

Guermelin, h. et bois, c°° de Ploërdut. — Seigneurie; manoir.

GUERMÈNE (RUISSEAU DE), affl. du Saint-Yves, c^ne de Lignol.

GUERMEUR (LE), vill. c^ne de Plœmeur.

GUERMORIN, vill. c^ne de Priziac. — *Guernmorin*, 1437 (princip. de Rohan-Guémené).

GUERN, c^on de Napoléonville; pont sur le Kerdisson, reliant Napoléonville et Guern. — *Guern, ecclesia*, 1125 (cart. de Redon). — *Guaeir*, 1314 (duché de Rohan-Chabot).

Par. du doy. de Guémené. — Sénéch. de Ploërmel; subd. de Pontivy. — Distr. de Pontivy.

GUERN, éc. c^ne de Lignol.

GUERN, vill. c^ne de Moréac.

GUERN, h. c^ne de Plaudren.

GUERN, h. c^ne de Remungol.

GUERN, éc. c^ne de Saint-Nolff.

GUERN (LE), h. c^ne de Baud.

GUERN (LE), h. c^ne de Calan; pont sur le ruiss. de Tronchâteau, reliant Calan et Plouay.

GUERN (LE), h. c^ne de Cléguer.

GUERN (LE), vill. c^ne de Cléguérec; ruiss. voy. STANG-EN-IHUERN (LE).

GUERN (LE), éc. et m^in à eau sur le ruisseau du Pont-Guillemin, c^ne de Landaul.

GUERN (LE), chât. et f^re dont une dite *de la Lande-du-Guern*, c^ne de Meucon; ruiss. voy. MEUCON (LE); pont sur ce ruiss. reliant Meucon et Grand-Champ; m^in à eau sur le même ruiss. et m^in à vent, c^ne de Saint-Avé. — Seigneurie; manoir.

GUERN (LE), f. et h. dit *Vieux-Guern*, c^ne de Naizin; ruiss. voy. KERLATO.

GUERN (LE), vill. c^ne de Plœren.

GUERN (LE), vill. c^ne de Plouay.

GUERN (LE), h. c^ne de Pluméliau; écluse sur le Blavet.

GUERN (LE), éc. servant auj. de presbytère et h. c^ne de Pluvigner. — Seigneurie; manoir.

GUERN (LES GRAND et PETIT), vill. c^ne de Berric.

GUERN (PONT DU), sur le ruiss. du Pont-Caminan, croix et h. de la *Croix-du-Guern*, c^ne de Noyal-Pontivy.

GUERNACH, vill. c^ne de Gourin.

GUERN-ADRAN, ruiss. voy. DOUDU (LE); m^in à eau sur ce ruiss. c^ne de Lignol.

GUERNAGE, h. c^ne de Pluméliau.

GUERNAGUEL, h. c^ne de Plumergat.

GUERNAGUEL, h. c^ne de Pluneret.

GUERNALAIN, h. c^ne de Baud.

GUERNALAIN, h. c^ne de Plumelin.

GUERNALAN, h. et bois, c^ne de Calan.

GUERNALGOUT, vill. c^ne de Berné. — *Guernalegoet*, 1404 (princip. de Rohan-Guémené).

GUERNALU, h. partie c^ne de Napoléonville, partie c^ne de Neulliac; écluse sur le canal de Nantes à Brest. — *M^ine de Guernenhal*, 1323 (duché de Rohan-Chabot).

GUERNALO, vill. c^ne de Cléguérec.

GUERNAN, vill. c^ne d'Elven.

GUERNANBIGOT, vill. c^ne du Saint.

GUERNANDERF, h. c^ne de Grand-Champ.

GUERNANGOUÉ, vill. et lande, c^ne de Roudouallec.

GUERNANIC, h. c^ne de Gourin.

GUERNANROUÉ, h. c^ne de Gourin.

GUERNANT, h. c^ne de Cléguérec.

GUERNARLEZ, vill. c^ne du Faouët. — Seigneurie.

GUERNARPIN, h. c^ne de Ploërdut. — *Guernharpin*, et bois, 1412 (princip. de Rohan-Guémené). — Seigneurie; manoir.

GUERNAUDE, ruisseau. — Voy. KERDANET.

GUERNAULT, ruisseau. — Voy. VAUX (LES).

GUERNAUTER, h. partie c^ne de Silfiac, partie c^ne de Sainte-Brigitte.

GUERNAZIC, vill. et bois, c^ne de Ploërdut. — Seigneurie. manoir.

GUERNE, vill. éc. dit *Vieux-Guerne* et pointe sur la riv. d'Auray, c^ne de Baden.

GUERNÉ, h. pont et éc. dit *Pont-Guerné*, c^ne de Baud.

GUERNE, h. c^ne de Sulniac.

GUERNE (LA), éc. c^ne de Lanvaudan. — Seigneurie.

GUERNE (LE), h. c^ne de Camoël.

GUERNE (LE), h. et pont sur le Kerbiler, c^ne d'Elven.

GUERNE (LE), h. c^ne de Grand-Champ. — Seigneurie.

GUERNE (LE), h. et ruiss. qui se jette dans celui de la Fontaine-Morgahèze, c^ne d'Inguiniel.

GUERNE (LE), éc. c^ne de Saint-Jean-Brévelay.

GUERNÉAS, lande s'étendant en Ambon et Damgan; éc. dit *Lande-Guernéas*, c^ne d'Ambon; autre éc. du même nom, c^ne de Damgan.

GUERNEBOSE, h. c^ne de Saint-Caradec-Trégomel.

GUERNEBOULARD, vill. c^ne de Pluneret. — *Querboulard*, xviie siècle (Hôtel-Dieu d'Auray).

GUERNEBREST, éc. c^ne de Meslan.

GUERNEBRUN, h. c^ne de Baud.

GUERNEC, rivière. — Voy. DRAGUE (LA).

GUERNECAY, vill. c^ne de Moustoir-Remungol.

GUERNEFELH, h. c^ne de Séglien.

GUERNEGAL, vill. c^ne de Berné.

GUERNEGAL, h. c^ne de Langonnet.

GUERNEGAL-CASTEL, éc. c^ne de Langonnet.

GUERNEGAL-CREISQUER, h. c^ne de Langonnet.

GUERNEGOARD, vill. c^ne de Baud.

GUERNEGUINEC, vill. c^ne de Pluneret.

GUERNE-HIR (RUISSEAU DU), affluent du Prat-Gouach; il arrose Surzur.

GUERNEHORS, h. c^ne de Meslan.

GUERNENUÉ, h. c^ne de Caudan.

GUERNÉHUÉ, éc. c^ne de Pluvigner.

GUERNÉHUÉ, h. c^ne de Sulniac.

GUERNEHUÉ (LE), h. c^ne de Muzillac.

GUERNEHUÉ (LE), vill. c^ne de Plumergat (dist. du lieu suivant). — *Guernou*, 1408 (carmes de Sainte-Anne).

GUERNEHUÉ (PONT), sur le Guersach, reliant Plumergat et Grand-Champ. — Voy. VILLENEUVE.

GUERNÉHUÉ-DU-GORVELLO, vill. c^ne de Sulniac.

GUERNÉHUÉ-LANVAUX, h. c^ne de Grand-Champ.

GUERNEHUÉ-LE-CLOÎTRE, éc. c^ne de Grand-Champ.

GUERNEHUÉ-LES-BOIS, vill. c^ne de Grand-Champ.

GUERNEHUÉ-LES-SAINTS, h. et ruiss. afl. de celui de la Fontaine-Burgo, c^ne de Grand-Champ.

GUERNEHUI-TRÉVIL, éc. c^ne de Guénin.

GUERNEHY, h. c^ne de Camors.

GUERNELÉORET, vill. c^ne de Lanvénégen.

GUERNÉLY, h. c^ne de Naizin.

GUERNENDALEN, vill. bois et pont sur le Kerlann, c^ne de Langoëlan. — *Guernoudalen*, 1432 (princ. de Rohan-Guémené).

GUERNENTAREN, vill. c^ne de Langoëlan.

GUERNER, éc. c^ne de Plaudren.

GUERNEROCH, h. c^ne de Saint-Caradec-Trégomel.

GUERN-ER-PORHIEL, h. c^ne de Lignol. — *Guernanporhel*, 1414 (princ. de Rohan-Guémené).

GUERN-ER-VILIN (IHUELLAN et IZELLAN), h. c^ne de Berné.

GUERNET (LE), vill. c^ne de Férel.

GUERNET (LE), h. et ruiss. afl. de l'Arz, c^ne de Molac.

GUERNEVÉ, éc. c^ne d'Ambon.

GUERNEVÉ ou VILLENEUVE, vill. c^ne de Saint-Allouestre.

GUERNEVÉ (LE), h. c^ne de Larré.

GUERNEVÉ (LE), éc. c^ne de la Trinité-Surzur.

GUERNEVÉ, h. c^ne de Brandérion.

GUERNEVÉ, h. c^ne d'Elven.

GUERNEVÉ, h. c^ne de Grand-Champ.

GUERNEVÉ, h. c^ne de Monterblanc.

GUERNEVÉ, h. c^ne de Noyalo.

GUERNEVÉ ou VILLENEUVE, f. c^ne de Plouhinec. — Seigneurie.

GUERNEVÉ, éc. c^ne de Riantec.

GUERNEVÉ, f. et retranchement romain dit *Castel-Guernevé*, c^ne de Saint-Avé.

GUERNEVÉ, éc. c^ne de Saint-Nolff.

GUERNEVÉ, éc. c^ne de Theix.

GUERNEVÉ, village. — Voy. VILLENEUVE (LA).

GUERNEVÉ, écart. — Voy. VILLENEUVE-KERRORLAY.

GUERNEVÉ (GRAND et PETIT), vill. c^ne de Meucon.

GUERNEVÉ (LE) ou LA VILLENEUVE, h. c^ne de Plescop.

GUERNEVÉ-COËTNIEL, h. c^ne de Guern.

GUERNEVEL, vill. partie c^ne de Séglien. partie c^ne de Langoëlan.

GUERNÉVÉLIEN, h. et bois, c^ne de Ploërdut. — *Guernanvalleyen*, manoir, 1450 (princ. de Rohan-Guémené). — Seigneurie.

GUERNEVÉ-LOCHE, étang baignant Plouay et Inguiniel; pont sur le ruiss. de la Chapelle-des-Fleurs, reliant ces deux communes.

GUERNEVÉ-LOMELTRO, h. c^ne de Guern.

GUERNEVÉ-MONFORT (LE), éc. (en ruines), c^ne de Saint-Tugdual.

GUERNEVÉ-POULBRIENT, éc. c^ne de Guidel.

GUERNEVÉ-POULFANC, h. partie c^ne de Plaudren, partie c^ne de Meucon.

GUERNEVIN, éc. c^ne de Moréac.

GUERNEVIN, h. et ruiss. afl. du Kerguzangor, c^ne de Naizin.

GUERN-GLAS, m^in à eau sur le Goassigoux, c^ne de Langonnet.

GUERN-HIR, vill. et m^in à eau sur le Kerjean, c^ne de Langonnet.

GUERNIC, h. c^ne de Moréac.

GUERNIC, font. et ruiss. *de la Fontaine-de-Guernic*, dit aussi *de la Fontaine-Coguen*, afl. du Saint-Niel, c^ne de Noyal-Pontivy.

GUERNIC, h. et ruiss. afl. du Rohan, c^ne de Plescop. — Seigneurie; manoir.

GUERNIC, éc. c^ne de Quistinic.

GUERNIC (HAUT et BAS), vill. c^ne de Noyal-Pontivy. — Seigneurie.

GUERNIC (LE), éc. c^ne de Cléguer.

GUERNIC (LE), éc. c^ne de Plaudren.

GUERNIC (LE), éc. c^ne de Plumelin.

GUERNIC (LES GRAND et PETIT), villages, c^ne de Pluvigner.

GUERNIC (VRAS et VIHAN), ruiss. voy. SAINT-JEAN; pont sur ce ruiss. et h. c^ne de Cléguérec.

GUERNIC-JUGON (LE), éc. c^ne de Baud.

GUERNIC-SAINT-BARTHÉLEMY, h. c^ne de Baud.

GUERNIC-SAINT-FIACRE, h. c^ne de Baud.

GUERNIE, éc. c^ne de Malguénac.

GUERNIGO, éc. c^ne de Guégon.

GUERNIHUEL, vill. c^ne de Lignol.

GUERNIL, h. c^ne de Langonnet.

GUERNIO, h. c^ne de Plumergat. — *Guernuyo*, xive siècle (chartreuse d'Auray).

GUERNIO (LE), éc. c^ne de Ploërdut.

GUERNION, h. c^ne de Saint-Servant.

GUERNIQUELLO (LE), éc. c^ne de Plumelin.

GUERN-LIVEN, lande, c^ne de Languidic.

GUERNLOCHIC, h. c^ne de Langonnet.

GUERNO, éc. c^ne de Guénin.

GUERNO, éc. c^ne de Plaudren.

GUERNO (LE), f. c^ne de Bignan; ruiss. voy. TRÉBISMOËL.

GUERNO (LE), cne de Muzillac; lande et éc. dit *Lande-du-Guerno*, dans la commune. — *Guernou, eleemosina*, 1160 (D. Morice, I, 638).
    Trève de la par. de Noyal-Muzillac; établissement de chevaliers de Saint-Jean de Jérusalem. — Distr. de la Roche Bernard.
GUERNO (LE), vill. cne de Ploubinec.
GUERNO (LE), h. et lande, cne de Sérent.
GUERNO (PONT DU), sur le Saint-Drédeno, cne de Saint-Gérand.
GUERNODIC, vill. cne de Saint-Tugdual.
GUERNOGAS, vill. cne de Gueltas.
GUERNOGROACH, h. cne de Langoëlan. — *Quenengrouach*, 1436 (princip. de Rohan-Guémené).
GUERNO-KERBANU, éc. cne de Grand-Champ.
GUERNONÈZE, h. et pont au confluent du Botcuon et du Pont-Rouge, cne de Ploërdut.
GUERNONIC, h. cne de Langoëlan.
GUERNO-TALOUR, h. cne de Grand-Champ.
GUERNOY, éc. cne de Plaudren. — *Gournoy*, mr, xvie se (chât. de Kerleau).
GUERN-SAINT-COLOMBAN (LE), éc. cne de Pluvigner.
GUERNUÉ, éc. cne de Billiers. — Seigneurie.
GUERNUÉ, vill. cne de Muzillac (dist. du Guernehué).
GUERNUÉ (LE), h. cne de Marzan.
GUERNY, h. cne du Guerno.
GUERNOUÉ, vill. lande, font. ruiss. *de la Fontaine-de-Guernoué*, affl. du Pont-Caminan, cne de Noyal-Pontivy.
GUERPÉRONO, h. cne de Quistinic. — Seigneurie.
GUERRIGNEC, h. cne de Naizin.
GUERRODIC, h. cne de Pluméliau.
GUERSACH, vill. cne de Grand-Champ; ruiss. dit aussi *du Grand-Chemin-de-Baud*, affl. de celui du Pont-Normand, qui arrose Grand-Champ et Plumergat. — *Guernensach*, 1407 (carmes de Sainte-Anne).
GUERSAL, h. cne de Plescop.
GUERSALLIC, éc. cne de Locmalo. — *Guernsalic*, 1416 (princip. de Rohan-Guémené).
GUERTANGUY, h. cne de Melrand. — *Villa-Tanguy*, 1296 (duché de Rohan-Chabot).
GUERVALEAU, h. cne de Berric.
GUERVAUD (LE), h. et min à eau sur le ruiss. de ce nom, cne de Pluméliau; ruiss. *du Moulin-du-Guervaud*: voy. TRÉBLAVET.
GUERVEC (LE), h. cne de Brech.
GUERVELAN, h. cne de Languidic.
GUERVELO, h. cne de Saint-Tugdual.
GUERVERT (LE), h. cne de Damgan.
GUERVEUR, vill. et min à eau, cne de Guern.
GUERVEUR (GRAND et PETIT), h. et bois, cne de Persquen. — *Kermeur*, manoir, 1437 (princip. de Rohan-Guémené). — Seigneurie.

GUERVEUR (LE), vill. font. et ruiss. *de la Fontaine-du-Guervour*, affl. du Scorff, cne de Plouay.
GUERVEZO (LE), vill. cne de Silfiac. — *Guerguezou*, 1394 (princip. de Rohan-Guémené). — *Guernhuezou*, 1427 (*ibid.*).
GUERVIEN, éc. cne du Faouët.
GUERVIHAN, vill. cne de Kergrist.
GUERVINANT, h. et ruiss. affluent de la Vilaine, cne de Nivillac.
GUESCLIN (RUE DU), à Lorient: nom donné en 1817 à la rue *de l'Assemblée-Nationale*, laquelle reprit celui-ci en 1830, et enfin celui de Du Guesclin en 1858.
GUESLAN (LE), f. cne de Carentoir.
GUESPAL (GRAND et PETIT), vill. cne de Molac.
GUESSY (LE), h. cne de Ménéac.
GUÉTAVET (PONT DU), sur l'Estuer, cne de Bréhan-Loudéac.
GUÊTRES (CHEMIN DES), cne de Saint-Dolay.
GUETTE (LA), h. cne de Molac.
GUETTE (LA), h. cne de Pluherlin.
GUETTE (PONTS DE LA), sur le Rahun, reliant Carentoir et la Gacilly.
GUETLE-DES-OIES, h. cne de Poillac.
GUECLE-DU-VAL (LA), h. cne de Campénéac.
GUEUX-LAN, éc. cne de Languidic.
GUEUZOU, min à eau sur le ruiss. du Moulin-Neuf, cne de Pluherlin.
GUÉVEL (LE), h. cne de Pluméliau.
GUÉVENEUX, vill. et min à eau sur l'Arz, cne de Peillac.
GUÉVILY, éc. et ruiss. affl. du Tohon, cne de Noyal-Muzillac.
GUGNAIE (LA), vill. cne de Béganne.
GUHERMAIN, h. cne du Guerno.
GUIBARDS (CHEMIN DES), cne de Bohal.
GUIBARRÉ (LE), h. cne de Monteneuf.
GUIBEN (LE), h. partie cne de Pluvigner, partie cne de Camors.
GUIBOURDAIS (LA), h. cne de Carentoir.
GUIBOURG (CHEMIN DE), qui passait à côté de la ville close de Ploërmel, en se dirigeant vers Augan; devait conduire par la Villenard à Gerguy en Augan, d'où le nom de *Gui-Bourg* (*Guy-Ker* ou *Guer-Guy*). — Voy. GERGUY (LE).
GUICHARD (MARAIS DES), cne de la Gacilly.
GUICHARDAIE (LA), vill. cne de Béganne.
GUICHARDAIS (LA), h. cne de Tréal. — Seigneurie.
GUICHARDAYE (LA), chât. f. et moulin à vent, cne de Carentoir. — Seigneurie; manoir.
GUICHARDAYE-DE-SAINT-JULIEN (LA), vill. cne de Carentoir.
GUIDECOURT, ruiss. affl. de l'Oust, qui arrose Ruffiac et

Saint-Laurent; m^in à eau sur ce ruiss. c^ne de Rufliac. — Voy. Émoi (Pont d').

GUIDEL, c^on de Pontscorff; bois; fort sur l'Océan. — *Guidal*, xiie siècle (abb. de Sainte-Croix de Quimperlé). — *Guydel*, 1453 (abb. de Saint-Maurice de Carnoët).

Par. siége du doy. des Bois ou de Guidel; anc. hôpital dépendant de celui de Quimperlé. — Sénéch. d'Hennebont; subd. de Quimperlé. — Distr. d'Hennebont; chef-lieu de c^on en 1790, supprimé en l'an x.

GUIDFOSSE, chât. éc. bois et m^in à eau sur le Stanven, c^ne de Plouray. — Seigneurie; manoir.

GUIGNÉ (CROIX), c^ne de Guern.

GUIGNEUL, vill. c^ne de Ménéac.

GUIGNOLAY, h. c^ne de Plœren.

GUIGO (IHUEL et IZEL), vill. c^ne de Languidic.

GUIGUEN (CROIX), c^ne de Questembert; pont sur le Bourg-Pommier, reliant Questembert et Limerzel.

GUIGUENN-AMONENN, menhir, c^ne de Saint-Gildas-de-Rhuis.

GUIMA (LA), éc. c^ne de Saint-Dolay.

GUIHAIS (LA), h. c^ne de Saint-Martin.

GUIHARDIÈRE (LA), h. c^ne de Saint-Dolay.

GUIHEL (LE), basse sur l'Océan, entre Groix et Plouhinec.

GUIHOTERIE (LA), vill. c^ne de Béganne.

GUIHUR, pont sur le ruiss. de ce nom et ruiss. du Pont-Guihur, affl. du Sédon, c^ne de Cruguel.

GUILÉRIAN, vill. c^ne de Radenac.

GUILÉRIEN, vill. c^ne de Campénéac.

GUILERON, h. c^ne de Guégon.

GUILIN, h. c^ne de Guégon. — Seigneurie connue sous le nom de *Fontenay-Guilin*.

GUILLAC, c^on de Josselin; éc. et bois dans la commune; m^in à eau sur l'Oust, c^te de Saint-Servant. — *Giliac, plebs*, 834 (cart. de Redon). — *Gilliac*, 851 (*ibid.*). — *Gillac*, 870 (*ibid.*). — *Gilac*, 895 (*ibid.*). — *Guillac*, 1118 (prieuré de Saint-Martin de Josselin). — *Glac*, xviie et xviiie siècles.

Par. du doy. de Lanouée; prieuré, membre de l'abb. de Saint-Jean-des-Prés. — On désignait, aux deux siècles derniers, sous le nom de *Glac* une étendue de pays comprenant le Bas-Glac, composé de la par. de Guillac, et le Haut-Glac, qui renfermait les par. de la Croix-Helléan et d'Helléan. — Seigneurie. — Sénéch. de Ploërmel; subd. de Josselin. — Distr. de Ploërmel.

GUILLARD, éc. c^ne de Moustoirac.

GUILLAUME (CROIX), c^ne d'Erdeven.

GUILLEMET (PONT), sur l'Arz, et h. du Pont-Guillemet, c^ne d'Elven.

GUILLEMIN, deux ponts sur le ruiss. de ce nom, dont un relie Landévant et Landaul; deux m^ins à eau sur le même ruiss. c^ne de Landaul; ruiss. *du Pont-Guillemin*, dit aussi *de Landévant, de la Demi-Ville, de Kergrois, du Moulin-de-Castellin, du Moulin-de-Poulrant, de Saint-Varicq, de Bodéze, du Moulin-du-Jaquel* ou *Gouach-Boduhuern*, affluent de l'Étel, qui arrose Camors, Pluvigner, Landévant et Landaul.

GUILLERIEN, vill. c^ne de Lanouée.

GUILLIEC (LE), h. c^ne d'Inguiniel.

GUILLIER, h. c^ne de Saint-Vincent.

GUILLIERS, c^on de la Trinité-Porhoët. — *Guillier*, 1515 (inscr. d'une cloche de l'église paroissiale).

Par. du doy. de Lanouée; prieuré, membre de l'abb. de Saint-Jean-des-Prés. — Sénéch. de Ploërmel; subd. de Josselin. — Distr. de Ploërmel.

GUILLOIS (RUE), à Lorient. — Voy. RUE LITTÉRAIRE.

GUILLOIS (RUISSEAU DES), affl. de l'Oust, arrose Missiriac.

GUILLOTIÈRE (LA), éc. c^ne de Saint Jean-Brévelay.

GUILLOTIN (CROIX), c^ne de Loyat.

GUILLOTIN (PONT), sur le ruiss. des Perrières, c^ne de Pluherlin.

GUILLOUX (MAISONS), h. c^ne de Trédion.

GUILLY, vill. et ruiss. affl. de celui de la Pierre-Fendue, c^ne de Malguénac.

GUILORI (CROIX DU), c^ne de Pleugriffet.

GUILY (LE), vill. c^ne de Kergrist.

GUILY (LE), h. c^ne de Noyal-Pontivy.

GUILY (LE), éc. c^ne de Plumelec.

GUIMARAY (CROIX), c^ne de Saint-Gravé.

GUIMARD (RUE), à Guillac.

GUINAIS (LA), éc. c^ne de Peillac.

GUINARD, f. c^ne de Campénéac.

GUINDEAU (LE), m^in à eau sur le Senebret, c^ne de Caudan.

GUINETS (RUISSEAU DES) ou DU TALVA, affl. de l'Oust; il arrose Lanouée, la Croix-Helléan et Josselin.

GUINI (BOIS DE), s'étendant en Néant et Guilliers.

GUINY (LE), vill. éc. et pont sur le ruiss. de ce nom, c^ne de Porcaro; ruiss. *du Pont-du-Guiny* : voy. VAL-LORIENT (LE). — Seigneurie.

GUIONGUYON (CROIX), c^ne de Malansac.

GUIORNAIE (LA), éc. c^ne de Béganne.

GUIP (FONTAINE), c^ne de Locoal-Mendon.

GUIP (LE), ruiss. affluent de la Claye; il arrose Saint-Allouestre.

GUIRIEL (LE), quartier à Hennebont, dans la Vieille-Ville. — *Le terrouer dou Kerriel en la veille ville de Henbont*, 1371 (abb. de la Joie).

GUIRIZEC, éc. c^ne de Plumelin.

GUIRLEN (LE), éc. c^ne de Kergrist.

GUISCRIFF, c^on du Faouët; riv. voy. INAM. — *Guiscri, plebs*, 1099 (D. Morice, 1, 495). — *Guiscrist*,

1292 (abb. de Sainte-Croix de Quimperlé). — *Guis-guri*, 1508 (inscr. de l'église paroissiale de Lanvé-négen).

Par. du doy. de Gourin. — Sénéch. et subd. de Gourin. — Distr. du Faouët.

GUISPERDÉ, h. c^{ne} de Marzan.

GUITEN (FONTAINE), c^{ne} de Grand-Champ.

GUITERNE (LA), deux éc. et pont sur le Préron, c^{bo} de Saint-Samson.

GUITONNAIS (LA), h. c^{ne} de Caden. — Seigneurie.

GUITUAL, f. c^{ne} de Malansac.

GUIVNEL, h. c^{bo} de Pluméliau.

GULÉ, vill. c^{ne} de Sarzeau.

GUMENEN, éc. et pont dit *Pont-er-Gumenen*, sur le Re-clus, c^{ne} de Brech.

GUMENEN, éc. c^{ne} de Plougoumelen.

GUMENÈNE (LE), éc. c^{ne} de Carnac.

GUSQUEL, vill. c^{ne} de Plescop.

GUYAUDE, éc. m^{in} à vent et pont sur le Loch, c^{ne} de Grand-Champ.

GUYÈRES (LES), h. c^{ne} de Josselin.

GUYODEC, vill. c^{ne} de Saint-Avé.

GUYON, m^{in} à vent, c^{ne} de Béganne.

GUYON (CROIX), c^{ne} de Questembert.

GUYONDAYE (LA), h. c^{ne} de Caro. — *La Guyaudeye*, 1438 (chât. de Kerfily). — Seigneurie.

H

HADEN, h. c^{ne} de Bubry.

HAUA (RUE), à Guémené.

HAIE (LA), éc. c^{ne} de Billio. — Seigneurie connue sous le nom de *la Haie-Pargo*.

HAIE (LA), vill. c^{ne} de Concoret.

HAIE (LA), h. c^{ne} de Langonnet.

HAIE (LA), chât. f. dite *Cour-de-la-Haie*, m^{in} à vent et m^{in} à eau sur le ruiss. de ce nom, c^{ne} de Larré; ruiss. affluent de l'Arz, qui arrose Sulniac et Larré. — Seigneurie; manoir.

HAIE (LA), h. c^{ne} de Mauron. — Seigneurie.

HAIE (LA), h. bois, m^{in} à eau et écluse sur le canal de Nantes à Brest, c^{ne} de Napoléonville. — Seigneurie; manoir en la par. de Neulliac.

HAIE (LA), h. et m^{in} à eau sur le Doyenné, c^{ne} de Péaule.

HAIE (LA), éc. c^{ne} de Persquen.

HAIE (LA), vill. c^{ne} de Plumelin.

HAIE (LA), vill. et lande, c^{ne} de Pluvigner. — Seigneurie.

HAIE (LA), éc. bois, m^{in} à vent, ruiss. affl. de celui du Moulin-Neuf et ponceau *du Bois-de-la-Haie*, c^{ne} de Saint-Dolay.

HAIE (LA), f. c^{ne} de Saint-Gravé. — Seigneurie.

HAIE (LA), vill. et marais, c^{ne} de Théhillac.

HAIE (LES GRANDE et PETITE), vill. c^{ne} de Sérent. — Seigneurie.

HAIE (LES HAUTE et BASSE), vill. c^{ne} de Guénin.

HAIE (MOTTE), lande, c^{ne} de Guer.

HAIE (PAS DE LA), pont sur l'Yvel, c^{ne} de Néant.

HAIE-BELLE-FONTAINE (LA), vill. c^{ne} d'Elven.

HAIE-DRÉAN (LA), éc. et m^{in} à vent, c^{ne} d'Elven. — Seigneurie; manoir.

HAIES (LANDE DES), c^{ne} de Pleugriffet.

HAIES (LES), vill. c^{ne} de Concoret.

HAIES-GOHIC (LES), éc. c^{ne} de Questembert.

HALAIS (LA), h. c^{ne} de la Chapelle.

HALEC (LOGE), éc. c^{ne} de Guiscriff.

HALEGOIS (CROIX DU), c^{ne} de Radenac.

HALÉGUEN (FONTAINE), c^{ne} de l'Île-aux-Moines.

HALÉNÉGUI, pointe de l'île d'Hœdic, sur l'Océan.

HALGOUET (LE), f. c^{ne} de Caden.

HALIGAN, vill. c^{ne} de Concoret.

HALIGUEN, éc. c^{ne} d'Arradon.

HALIGUEN, village. — Voy. KERHALIGUEN.

HALIGUEN (FORT DU) et pointe sur l'Océan, à l'embouchure de la Vilaine, c^{ne} de Pénestin.

HALIGUEN (LE), vill. c^{ne} de Plumelec.

HALIGUEN (LE), éc. c^{ne} de Saint-Nolff. — Seigneurie.

HALIGUIAN, lande, c^{ne} de Malansac.

HALINIEN (LE), h. c^{ne} d'Elven; ruisseau: voy. VRAIE-CROIX (LA).

HALLAIS (LA), vill. c^{ne} des Fougerêts.

HALLATE, vill. c^{ne} de Plougoumelen.

HALLE (PLACE DE LA), à Noyal-Pontivy.

HALLE (RUE DE LA), à Carentoir.

HALLE-AUX-GRAINS (RUE DE LA), à Rohan.

HALLES (PLACE DES), à Questembert.

HALLES (RUE DES), à Guémené.

HALLES (RUE DES), à Hennebont.

HALLES (RUE DES), à Mauron.

HALLES (RUE DES), à Vannes, formée des deux anc. rues *Saint-Jacques* et *Latine*.

HALNAUDAIS (LA), éc. c^{ne} de Ploërmel.

HALOUAIS (LA), vill. c^{ne} d'Augan.

HAMBORD (LE), f. c^{ne} de Caro.

HAMBORET, bois, c^{ne} d'Augan.

HAMBORT, vill. c^{ne} de Ploërmel.

Hambrais (La), h. c^{ce} d'Augan.

Hamon, pont sur le Scanff, c^{ne} de Ploërdut.

Hamon (Croix), c^{ne} de Porcaro.

Hamon (Pont), sur le ruiss. de ce nom, et éc. *du Pont-Hamon*, c^{ne} de Réguiny; ruiss. *du Pont-Hamon* : voy. Lézudan.

Hamonerie (La), éc. c^{ne} de Péaule.

Hangouet, vill. c^{ne} de Lizio.

Hanhon, vill. c^{ne} de Carnac.

Hanlée (Le), vill. et bois, c^{ne} de Guer. — Seigneurie.

Hanleix (Grand et Petit), vill. c^{ue} de Carentoir; pont sur le Sigré, reliant Carentoir et la Gacilly.

Hantel, éc. c^{ne} de Guer.

Hanvaux, bois, c^{ne} de Trédion.

Hanvot (Les Grand et Petit), vill. c^{ne} de Plœmeur. — Seigneurie.

Haquelo, vill. c^{ne} de Languidic.

Haras (Moulin à eau du), sur l'Ellée, c^{ne} de Langonnet.

Harbon (Croix du), c^{ne} de la Trinité-Surzur.

Harbont (Le), éc. et pont sur la Sarre, c^{ne} de Melrand.

Harda (Le), h. c^{ne} d'Augan.

Harda (Le), h. c^{ue} de Ploërmel.

Hardillas (Les), vill. c^{ne} de Questembert.

Hardionnais (La), h. c^{ue} de Saint-Gorgon.

Hardis (Les Grand et Petit), f^{es}, c^{ne} de Saint-Marcel. — Seigneurie.

Hardouin, éc. pont sur l'Oyon et étang, c^{ne} d'Augan. — Seigneurie.

Hardouinaye (La), h. c^{ne} de Carentoir.

Harguenaie (La), vill. c^{ne} d'Allaire.

Harlanton (Le), éc. c^{ne} de Priziac. — *Kerharnanton*, 1430 (princip. de Rohan-Guémené).

Harlay, éc. c^{ne} de Langonnet.

Harlenton (Le), h. c^{ne} de Meslan.

Harnécherie (La), éc. c^{ne} de Peillac.

Harnic (Grande et Petite), roches de la baie du Morbihan, entre Locmariaquer et Baden.

Hâtaie (La), chât. f^e dite *Métairie-Neuve-de-la-Hâtaie*, bois, m^{in} à eau et pont dit *Planche-de-la-Hâtaie*, sur l'Oyon, c^{ne} de Guer. — Seigneurie.

Hataie (La), h. c^{ne} de Ruffiac.

Hataye (La), éc. c^{ne} de Malestroit.

Hâte, pont sur le Vau-Lorient, c^{ne} de Porcaro.

Haudiard, vill. c^{ne} de la Gacilly.

Haudouin, h. c^{ne} de Missiriac.

Haudraie (La), h. — Voy. Danilais-Haudraie (La).

Haupoult (Cours d'), promenade à Napoléonville.

Haut-Blan (Le), éc. c^{ne} de Bréhan-Loudéac.

Haut-Bois (Le), ruiss. qui se jette dans l'étang du Loc et m^{in} à eau sur ce ruiss. c^{ne} de Guidel.

Haut-Bois (Le), vill. c^{ne} de Taupont.

Haut-David (Le), vill. c^{ne} d'Allaire.

Haut-de-la-Vérie (Le), lande, c^{ne} de Guer.

Haut-du-Bois (Le), éc. c^{ne} de Bréhan-Loudéac.

Haut-du-Bourg (Le), place à Carentoir et vill. dans la même commune.

Haut-du-Bourg (Le), quartier du bourg de Malansac.

Haute-Berdaie (La), vill. c^{ne} de la Gacilly.

Haute-Brousse (La), éc. c^{ne} de Saint-Jacut.

Haute-Cruyère, m^{in} à vent, c^{ne} d'Augan.

Haute-Folie, h. c^{ne} de Peillac.

Haute-Folie (La), éc. c^{ne} de Saint-Samson.

Haute-Folie (La), éc. à Vannes. — Voy. Bellevue.

Haute-Lande (La), vill. c^{ne} de Caden.

Haute-Rencontre (Rue), à Guer.

Hautes-Mottes (Les), lande, c^{ne} de Guer.

Haute-Touche, chât. f. et deux m^{ins} à vent, c^{ne} de Monterrein. — Seigneurie; manoir.

Haute-Ville, éc. c^{ne} de Plumelec.

Haute-Ville (La), h. c^{ne} de Saint-Samson.

Haute-Voix (La), h. c^{ne} de Caro.

Haut-Polo (Le), éc. c^{ne} de Taupont.

Haut-Four (Le), h. c^{ne} d'Allaire.

Haut-Laurent (Le), corps de garde et batterie sur l'Océan, c^{ne} de Locmaria.

Haut-Perché, h. c^{ne} de Saint-Gravé.

Haut-Pinel (Le), f. c^{ne} de Caro.

Haut-Provost (Le), f. c^{ne} de Caden.

Hautrox, vill. c^{ne} de Bréhan-Loudéac.

Haut-Savigne (Le), h. c^{ne} de Caro.

Haut-Verger (Le), h. c^{ne} de Nivillac.

Haut-Village (Le), h. c^{ne} de Campénéac.

Haut-Village (Le), vill. c^{ne} de Ménéac.

Hay (Le), lande et marais dit *Poul-Lann-en-Hé*, c^{ne} du Hézo.

Haye, vill. c^{ne} de Plumelec.

Haye (La), vill. c^{ne} de Cléguérec.

Haye (La), vill. c^{ne} de Crédin; rue à Rohan.

Haye (La), éc. c^{ne} de Guidel.

Haye (La), éc. c^{ne} de Lauzach.

Haye (La), h. c^{ue} de Moustoir-Remungol.

Haye (La), f. bois et lande *du Bois-de-la-Haye*, c^{ne} de Pleugriffet.

Haye (La), éc. c^{ne} de Saint-Nolff.

Hayette (La), f. c^{ne} de Guer.

Hayo, vill. c^{ne} de Malguénac.

Hayo (Le), vill. c^{ne} d'Elven.

Hayo (Le), éc. et ruiss. se jetant dans le vivier de Kergolher, c^{ne} de Plaudren. — Seigneurie.

Hayo (Le), h. lande et m^{in} à vent, c^{ne} de Pluvigner.

Hayo (Le), vill. et pont sur le Saint-Thuriau, c^{ne} de Saint-Thuriau.

Hazay (Le), vill. c^{ne} de Bréhan-Loudéac.

Hazé, m¹ⁿ à eau sur le Runio et m¹ⁿ à vent, c^(en) de Réguiny.

Hazé (Le), font. bois et lande *du Bois-du-Hazé*, c^(ne) de Monteneuf.

Hazeno, m¹ⁿ à vent, c^(ne) de Merlévenez. — *M¹ⁿ du Hédan*, xvii° siècle (abb. de la Joie).

Hécuay (La), h. c^(ne) de Marzan. — Seigneurie.

Hédennec (Le), m¹ⁿ à eau sur le ruiss. de ce nom, c^(ne) d'Inguiniel; ruiss. dit aussi *de la Fontaine-de-Lochrist*, *du Moulin-du-Glute*, *du Moulin-de-Kerbastard* ou *du Moulin-de-Botconan*, affl. du Poblaye, qui arrose Inguiniel, Bubry et Lanvaudan.

Hégan (Moulin à vent du), c^(ne) de Ménéac.

Hélène, font. c^(ne) de l'Île-d'Arz.

Hélène, vill. c^(ne) de Monterblanc.

Hélestrec (Le), b. c^(ne) de Séglien; pont sur le Frétu, reliant Séglien et Malguénac. — Seign. manoir.

Helfaut (Le), m¹ⁿ à eau sur l'Arz et h. dont un anc. manoir dit *Cour-du-Helfaut* et une f. dite *Porte-du-Helfaut*, c^(ne) d'Elven. — *Huelfau*, 1477 (seign. du Helfaut). — Seigneurie; manoir.

Héligué (La), vill. c^(ne) de Caden. — Seigneurie.

Hellay (La), vill. c^(ne) de Sulniac; pont sur le Saint-Éloi, reliant Berric et Questembert. — Seigneurie.

Helléan, c^(ne) de Josselin; pont sur le Ninian, reliant Helléan et Taupont. — *Héléan*, 1468 (carmélites des Trois-Marie du Bondon). — *Helien*, 1599 (inscr. d'une cloche de l'église paroissiale).

    Par. du doy. de Lanouée, anc^t en Guillac. — Sénéch. de Ploërmel; subd. de Josselin. — Distr. de Josselin.

Helleguy, éc. c^(ne) de Bubry.

Helleguy, h. c^(ne) de Melrand.

Helleguy (Le), h. c^(ne) de Quistinic.

Hellès, vill. c^(ne) de Gourin.

Hellez, vill. c^(ne) du Faouët.

Helliac, font. c^(ne) de Porcaro.

Hello, pont sur le Rahun, reliant Monteneuf et Réminiac.

Hémon (Croix), c^(ne) de Baden.

Henbodan, h. et pont sur le Passoué, c^(ne) de Réguiny. — *Senbodan*, xv° et xvi° siècles (duché de Rohan-Chabot).

Henbord (de Haut, de Bas et du Milieu), vill. c^(ne) de Naizin.

Hencouet (Le), h. c^(ne) de Monterblanc. — Seigneurie; manoir.

Hendebourg, vill. c^(ne) de Ménéac.

Hengray (Le), vill. c^(ne) de Ménéac. — Seigneurie.

Henlay (Le), h. c^(ne) de Questembert.

Henlée, vill. c^(ne) de Taupont. — *Henlois*, 1389 (fabr. de Taupont). — *Henleys*, 1398 (*ibid.*).

Henlée (Le), vill. c^(ne) de Ménéac.

Henlée (Moulin à vent du), auj. ruiné, c^(ne) de Mohon.

Henlez, h. c^(ne) de Saint-Jacut.

Henlis, vill. c^(ne) de Languidic. — *Hentles*, 1385 (abb. de la Joie). — *Henles*, 1392 (*ibid.*).

Henlis, vill. c^(ne) de Ploubarnel.

Hennebont, arrond. de Lorient; divisé en trois parties, la Vieille-Ville, la Ville-Close et la Nouvelle-Ville; port, pont et viaduc du chemin de fer sur le Blavet; ruines de l'anc. chât. dans la Vieille-Ville. — *Henbont*, 1037 (cart. de Redon). — *Henbont, burgus*, 1200 (D. Morice, I, 783). — *Haenbont*, 1264 (duché de Rohan-Chabot). — *Hembont*, 1272 (D. Morice, I, 1027). — *Hainbont*, 1310 (abb. de la Joie). — *La veille ville à Henbont en Saint-Caradec*, 1371 (*ibid.*). — *Honbon*, 1371 (D. Morice, I, 1674). — *Henbontus*, 1455 (abb. de la Joie).

    Hennebont renfermait deux paroisses: voy. Saint-Gilles-Hennebont et Saint-Caradec-Hennebont; une abbaye: voy. Joie (La); un prieuré: voy. Kerguélen à la Table des formes anciennes; des communautés de capucins, carmes, filles de Notre-Dame-de-la-Charité, ursulines; un établissement de chevaliers de Saint-Jean de Jérusalem: voy. Saint-Jean à la Table des formes anciennes; un hôpital; une maladrerie. — Très-ancienne seign. dite aussi *Kemenet-Heboé*, possédée en partie par les ducs de Bretagne au xiii° siècle, et chef-lieu de cette seign. voy. l'Introduction; ville close. — Siége d'une sénéch. royale appelée, au xvi° siècle, *Cour d'Hennebont et Nostang*, et au xviii° siècle, *Cour d'Hennebont, Port-Louis et le Port-de-Lorient*. — Gouvernement de place; communauté de ville avec droit de députer aux États de la province et des armoiries: *un arbre arraché, chargé sur le tronc d'un aigle à deux têtes* (armes anciennes); *d'azur au vaisseau équipé d'or, ses voiles d'argent semées d'hermines de sable* (armes modernes). — Siége d'une subdélégation de l'intendance de Bretagne. — Chef-lieu de distr. et de c^(on) en 1790.

Hennebont (Porte d'), à Lorient. — Voy. Kerentrech.

Hennebont (Rue d'), rues à Baud et à Landévant.

Hennelaye (La), vill. c^(ne) de Missiriac.

Hénoix, h. c^(ne) de Guer.

Henri IV (Place), à Vannes; dite autrefois *Carroir Main-Liève* (et par corruption: *Lièvre*), puis place *de la Liberté*.

Henry (Bois d'), c^(ne) de Plœren.

Hent-Ahès, anc. voie romaine. — Voy. Ahès.

Hent-Conan, anc. voie romaine. — Voy. Conan.

Hent-Contuler, chemin limitant les c^(nes) du Hézo, de Sarzeau et de Surzur.

Hent-Croez-er-Vel, chemin, c⁰ᵉ de Surzur.

Hent-er-Bé, chemin conduisant à une grotte-aux-fées, cᵘᵉ de Cléguérec.

Hent-er-Rordeau, chemin, cⁿᵉ d'Arzon.

Hent-Guinet (Croix de), cᵘᵉ de Theix.

Hent-Lann-Marec, chemin, cⁿᵉ de Surzur.

Hento (Le), éc. cⁿᵉ de Plumelin.

Hent-Person, chemin, cⁿᵛ de Grand-Champ.

Hent-Tenn, île de la baie du Morbihan, cⁿᵉ d'Arzon.

Hent-Terrible, corps de garde. — Voy. Enfer (Pointe d').

Henven, mⁱⁿ à eau sur la Sarre, bois et éc. dit Coët-Henven, cᵃᵉ de Guern. — Seigneurie.

Henven (Le), h. cⁿʳ de Baud.

Heonleix, f. cⁿᵉ d'Allaire. — Seigneurie.

Hérault (L'), vill. partie cⁿᵉ de Guégon, partie cⁿʳ de Cruguel; deux ponts sur la Chênaie, reliant ces deux communes.

Herbinais (L'), f. cⁿᵉ de Quily; pass. sur l'Oust.

Herbinais (Les), f. cⁿᵉ de Pluherlin.

Herblinaye (La), chât. et fⁱᵉ dont une dite Petite-Herblinaye, cⁿᵉ de Carentoir. — Seigneurie.

Herbon (Le), h. lande et pont sur le ruiss. de ce nom, cⁿᵉ d'Arradon; ruiss. voy. Lignol.

Herbon (Le), h. et mⁱⁿ à eau sur le Keralvy, cⁿᵉ de Questembert.

Herbon (Ruisseau du) ou de Colant, affl. de l'Ével; il arrose Réguiny.

Herda (Le), vill. cⁿᵉ de Ménéac.

Héric (Le), éc. et mⁱⁱ à vent, cⁿᵉ de Plougoumelen.

Héritage (L'), éc. cⁿʳ de Pluneret.

Herlevins (Les), éc. cⁿᵉ de Questembert.

Herlin, vill. et port sur l'Océan, cⁿᵉ de Bangor.

Hermain (L'), vill. cⁿᵉ de Molac. — Lernen, 1516 (chap. de Vannes). — Prieuré.

Hermelin (Étang d'), cⁿᵉ de Glénac.

Hermitage (L'), éc. cⁿᵉ de Bignan.

Hermitage (L'), éc. cⁿᵉ d'Hennebont.

Hermitage (L'), f. et bois, cⁿᵉ de Ménéac. — Seigneurie.

Hermitage (L'), éc. mⁱⁿ à vent et lande du Moulin-de-l'Hermitage, cⁿᵉ de Plaudren.

Hermitage (L'), f. cⁿᵉ de Plouhinec.

Hermitage (L'), éc. cⁿᵉ de Saint-Gérand.

Hermitage (L'), éc. cⁿᵉ de Vannes.

Hermite (L'), éc. cⁿᵉ de Saint-Martin.

Hermite (Les Grand et Petit), h. cⁿᵉ de Brech. — Lelmit, 1439 (sénéch. d'Auray).

Hermiton (L'), h. cⁿʳ de Plaudren.

Héroder (Le), éc. cⁿᵉ de Plescop.

Héroisme (Rue de l'), au faubourg de Kerentrech, à Lorient; dite auparavant rue de la Reconnaissance.

Hérotte (La), éc. cⁿᵉ d'Allaire.

Herses (Rue des), à Ploërmel.

Hervaie (La), f. cⁿᵉ de Ruffiac. — Seigneurie.

Hervaie-Saint-André (La), vill. cⁿᵉ de Ruffiac.

Hervaux, h. cⁿᵉ de Glénac.

Hervé, croix, cⁿᵉ de Brech.

Herveno, vill. et ruiss. affl. du Scorff, cⁿᵉ d'Inguiniel; mⁱⁿ à eau sur le Scorff, cⁿᵉ de Lignol.

Hervéno (Le), h. cⁿᵉ de Saint-Caradec-Trégomel.

Herviaie (La), h. cⁿᵉ d'Allaire.

Herviais (La), h. cⁿᵉ de Béganne.

Herviais (La), f. cⁿᵉ de Carentoir. — Seigneurie.

Hervolay, mⁱⁿ à vent (en ruines), cⁿᵉ de Pleucadeuc.

Heschéno (Le), f. cⁿʳ de Vannes. — Seigneurie.

Hesdon (Le), ruisseau. — Voy. Sédon (Le).

Heudiare (La), h. cⁿᵉ de Ménéac.

Heugaie (La), vill. cⁿᵉ de Peillac. — Seigneurie.

Heurie (L'), croix, lande de la Croix-l'Heurie et ruiss. de la Lande-de-l'Heurie, affl. de celui de la Lande-des-Blémeux, cⁿᵉ de Pleugriffet.

Hévedic, vill. cⁿᵉ de Quistinic.

Hevo (Le), vill. cⁿᵉ du Hézo.

Héyo (Le), h. cⁿʳ de Larré.

Hézo (Le), cⁿᵉ de Vannes-Est; mⁱⁿ à vent, mⁱⁿ à eau et étang dans la commune. — Le Héso, 1475 (abb. de Saint-Gildas-de-Rhuis).

Trève de la par. de Surzur; prieuré du vocable de Saint-Vincent, d'abord membre de l'abb. de Saint-Gildas-de-Rhuis, devient, à la fin du xviiᵉ sᵉ la propriété du séminaire de Vannes. — Distr. de Vannes.

Hidouse (La), f. cⁿᵉ de Guer. — Seigneurie.

Hiernaie (La), vill. cⁿᵉ de Ruffiac.

Hignell (Le), h. cⁿᵉ de Ménéac.

Hilary, mⁱⁿ à eau sur la Claye, cⁿᵉ de Bignan.

Hilliaie (La), h. cⁿᵉ d'Allaire.

Hilvern, vill. et vallée, cⁿᵉ de Gueltas; ruiss. de la Vallée-d'Hilvern : voy. Saint-Niel (Ruisseau de); écluse sur le canal de Nantes à Brest. — Ulfer, villa, 1270 (duché de Rohan-Chabot).

Hindreof (Le), vill. et mⁱⁿ à vent, cⁿᵉ de Caden. — Seigneurie; manoir.

Hinga, h. cⁿᵉ de Saint-Martin.

Hingair (Le), h. cⁿᵉ de Ploërdut.

Hingleup (Le), vill. cⁿᵉ de la Chapelle. — Seigneurie.

Hingneul (Pont), sur l'Yvel, cⁿᵉ de Mauron.

Hinguair (Le), f. et mⁱⁿ à eau, au confl. du ruiss. de ce nom et du Blavet, cⁿᵉ d'Hennebont; ruiss. affl. du Blavet, arrose Caudan et Hennebont. — Le Hanker, 1497 (abb. de la Joie). — Le Hengaer, 1499 (ibid.).

Hinguer (Le), vill. cⁿᵉ de Lignol. — Le Hengaer, 1434 (princip. de Rohan-Guémené).

Hinguet, vill. cⁿᵉ de la Croix-Helléan.

Hinguet (Le), h. c^{ne} de Ménéac.
Hinguet (Les Haut et Bas), vill. partie c^{ne} de Ploërmel, partie c^{ne} de Gourhel. — Seigneurie.
Hinjac, vill. c^{ne} de Mohon.
Hinlé, vill. c^{ne} de Péaule.
Hinlis, f. c^{ne} de Pénestin.
Hino (Le), vill. c^{ne} de Ploërmel.
Hint, chemin, c^{ne} de Saint-Dolay.
Hinzal, h. c^{ne} de Muzillac. — Seigneurie.
Hinel (Le), f. et mⁱⁿ à vent, c^{ne} de Saint-Dolay; pont reliant Saint-Dolay et Nivillac. — Seigneurie.
Hinello (Le), vill. c^{ne} de Pluvigner.
Hinóair, vill. c^{ne} de Kervignac.
Hirgoat, vill. c^{ne} de Guidel.
Hirgoat, f. c^{ne} de Guiscriff.
Hinouet, éc. c^{ne} de Guern.
Hivard-Monter-Clos-er-Manès (Chemin), c^{ne} de Theix.
Hivet (Chemin du), c^{ne} de Saint-Dolay.
Hoan-Du, h. c^{ne} de Plumelin.
Hoan-Huen, h. c^{ne} de Plumelin.
Hodio (Le), mⁱⁿ à eau sur l'Ellée, c^{ne} de Langounet.
Hœdic, île sur l'Océan, c^{ne} du Palais, avec vill. forts, port et rade, étang, fanal et écart. — Trève de la par. de Saint-Gildas-de-Rhuis. — Donne son nom à un c^{on} en 1790 : voy. Belle-Île-en-Mer.
Hoguec (Le), f. c^{ne} de Naizin.
Hon-Castel (Pont de), sur le Loch, reliant Grand-Champ et Pluvigner.
Hou-Vania, font. c^{ne} de Theix.
Hoideu, éc. c^{ne} de Naizin.
Hokia, éc. c^{ne} de Grand-Champ.
Holàvre, île de la baie du Morbihan, c^{ne} de l'Île-aux-Moines.
Honcnée (La), lande, c^{ne} de Guer.
Hôpital (L'), h. c^{ne} de Larré.
Hôpital (L'), h. c^{ne} de Loyat.
Hôpital (L'), h. c^{ne} de Malansac.
Hôpital (L'), h. c^{ne} de Moustoirac.
Hôpital (L'), h. c^{ne} de Muzillac.
Hôpital (L'), vill. c^{ne} de Néant.
Hôpital (L'), h. et bois, c^{ne} de Plaudren.
Hôpital (L'), éc. c^{ne} de Surzur.
Hôpital (Pont de l') ou Grand Pont, sur le Blavet, à Napoléonville; anc. passage; porte dite aussi de Carhaix, 1682 (duché de Rohan-Chabot).
Hôpital (Pont de l') ou de la Garenne, à Vannes, dans la rue des Douves-de-la-Garenne, sur le Liziec.
Hôpital (Rue de l'), à Auray.
Hôpital (Rue de l'), à Hennebont.
Hôpital (Rue de l'), à Lorient; appelée avant 1789 rue du Faouëdic; une petite partie, détachée depuis quelques années, a reçu le nom de rue de Kerdrel.

— Une autre rue de l'Hôpital, plus ancienne que la précédente, a formé en 1817 la ruelle de l'Hôpital, la rue Colbert, la rue Duguay-Trouin et la rue du Couëdic. — Ruelle (voy. ci-dessus).
Hôpital (Rue de l'), à Napoléonville. — Voy. Cuins (Place aux).
Hôpital (Rue de l'), au Palais.
Hôpital (Rue de l'), à Ploërmel.
Hôpital (Rue de l'), à Pluvigner.
Hôpital (Rue de l'), au Port-Louis.
Hôpital (Rue de l'), à la Roche-Bernard. — Terrain appelé Dôme-de-l'Hôpital, où était autref. la chapelle de l'Hôpital, dont les protestants avaient fait leur temple de 1561 à 1568.
Hôpital (Rue de l'), à Vannes, formée des anciennes rues Grande-Rue, de Sainte-Catherine et de Boismoreau.
Hôpital-aux-Robins (L'), vill. c^{ne} de Saint-Servant.
Hôpital-Bézon (L'), vill. c^{ne} de Ploërmel.
Hôpital-Saint-Jean (L'), éc. c^{ne} de Cournon. — Anc. hôpital.
Horiva (Le), éc. c^{ne} de Quistinic.
Horn (Le), ruiss. affl. de l'Oust, c^{ne} de Peillac.
Hors-Porte-Noyale (Rue), à Napoléonville. — Voy. Noyal (Rue de).
Hôtelaie (L'), h. c^{ne} de Carentoir.
Hôtel-Béridel (L'), vill. c^{ne} de Carentoir.
Hôtel-Bernard (L'), vill. c^{ne} de Saint-Dolay.
Hôtel-Charuel, h. c^{ne} des Fougeréts.
Hôtel-Chesnais, h. c^{ne} des Fougeréts.
Hôtel-des-Bois (L'), vill. c^{ne} de Saint-Dolay.
Hôtel-Fleury, éc. c^{ne} de Carentoir.
Hôtel-Forget (L'), h. c^{ne} de Cruguel.
Hôtel-Fournier (L'), éc. c^{ne} de Carentoir.
Hôtel-Garel, h. c^{ne} des Fougeréts.
Hôtel-Gourjé (L'), éc. c^{ne} d'Augan.
Hôtel-Gros (L'), h. c^{ne} de Plumelec.
Hôtel-Guyot (L'), éc. c^{ne} de Nivillac.
Hôtel-Hérault (L'), vill. c^{ne} de Saint-Jean-la-Poterie.
Hôtel-Huet (L'), éc. c^{ne} de Monteneuf.
Hôtel-Jubaud (L'), h. c^{ne} de Saint-Dolay.
Hôtellerie (L'), éc. c^{ne} de Carentoir.
Hôtellerie (L'), vill. et pont sur le Vau-Lorient, c^{ne} de Porcaro.
Hôtel-Macé (L'), h. c^{ne} de Caden.
Hôtel-Micuelot (L'), éc. c^{ne} de Carentoir.
Hôtel-Moricet (L'), h. c^{ne} de Nivillac.
Hôtel-Moyon (L'), vill. c^{ne} de Saint-Dolay.
Hôtel-Neuf (L'), éc. c^{ne} de Guillac.
Hôtel-Neuf (L'), h. c^{ne} de Monteneuf.
Hôtel-Neuf (L'), éc. c^{ne} de Ploërmel.
Hôtel-Neuf (L'), éc. c^{ne} de Pluherlin.

Hôtel-Neuf (L'), h. c^ne de Saint-Guyomard.
Hôtel-Névoux, h. c^ne des Fougerêts.
Hôtel-Noblet (L'), éc. c^ne de Ruffiac.
Hôtel-Orhand (L'), h. c^nr de Carentoir.
Hôtel-Orio (L'), vill. c^ne de Carentoir.
Hôtel-Pataud, vill. c^ne des Fougerêts.
Hôtel-Paux (L'), éc. c^ne de Saint-Martin.
Hôtel-Périgué, h. c^ne des Fougerêts.
Hôtel-Portier (L'), vill. c^ne de Carentoir.
Hôtel-Roho (L'), h. c^ne de Saint-Dolay.
Hôtel-Roux (L'), vill. c^ne de Saint-Dolay.
Hôtel-Séro (L'), vill. c^ne de la Gacilly.
Hôtel-Simon (L'), vill. c^ne de Cruguel.
Hôtel-Texier (L'), h. c^ne de Pleucadeuc.
Hôtel-Thobie (L'), h. c^ne de Saint-Dolay.
Hôtel-Thomas (L'), vill. c^ne de Saint-Dolay.
Hôtel-Tuault (L'), vill. c^ne de Saint-Dolay.
Hôtel-Tuault (L'), vill. c^ne de Théhillac.
Houalichen, pont sur le ruiss. du Pont-Rouge, reliant Saint-Tugdual et Ploërdut.
Houariva (Le), vill. c^ne de Persquen. — Seigneurie.
Houat, île sur l'Océan, c^ne du Palais, avec port, vill. m^in à vent, forts; banc et basses (grande et petite), près de l'île. — *Hoat*, 1454 (canonisation de saint Vincent-Ferrier).

    Anc. trève de Saint-Goustan-de-Rhuis, devenue paroisse du territ. de Vannes. — Sénéch. et subd. de Rhuis. — Elle donna son nom à un c^on en 1790 : voy. Belle-Île-en-Mer.
Houé (Le), ruisseau. — *Oia, flumen*, 1125 (cart. de Redon). — Voy. Camblen (Ruisseau du).
Houer-Vbur, ruisseau. — Voy. Béchenel.
Hougaud, éc. c^ne de Béganne.
Houssa (Le), f. c^ne de Caden.
Houssa (Le), h. c^ne de Noyal-Muzillac.
Houssa (Le), m^in à vent, c^ne de Saint-Martin; lande s'étendant en Saint-Martin et Ruffiac; f. *de la Lande-du-Houssa*, c^ne de Ruffiac.
Houssac (Le), vill. c^ne de Saint-Vincent.
Houssaie (La), f. c^ne de Caden.
Houssaie (La), h. autre h. dit *Pâtis-de-la-Houssaie*, m^in à eau sur le ruiss. de ce nom, et ruiss. *du Moulin-de-la-Houssaie*, affl. de l'Aff, c^ne de Guer. — Seigneurie.
Houssaie (La), éc. c^ne de Monteneuf.
Houssaie (La), vill. c^ne de Napoléonville; pont sur le Saint-Niel, reliant Napoléonville et Saint-Thuriau; h. dit *Vieille-Houssaie* et pont *de la Vieille-Houssaie*, sur le ruiss. du Pont-de-Signan, c^ne de Saint-Thuriau.

Houssaie (La), f. c^ne de Ruffiac. — Seigneurie.
Houssaie (La), h. c^ne de Saint-Martin; pass. sur l'Oust, reliant Peillac, Saint-Martin et les Fougerêts. — Seigneurie; manoir.
Houssaie (Les Haute et Basse), h. c^ne de Guer.
Houssay (La), éc. c^ne de Nivillac.
Houssaye (La), vill. c^ne de Beignon.
Houssayr (La), f. c^ne de Glénac. — Seigneurie.
Houssaye (Les Haute et Basse), vill. partie c^ne de Guillac, partie c^ne d'Helléan.
Houssées (Les), lande, c^ne de Monteneuf.
Houx (Le), chât. auj. détruit, près du bourg de la Gacilly.
Huais (Les Haute et Basse), vill. c^ne de Guer.
Huberdière (Rue), à Malestroit; mentionnée en 1497 (fabr. de Malestroit); dite aussi autref. rue *Saint-Cul*.
Hubly (Le), vill. c^ne de Pleugriffet.
Huclor (Le), f. c^ne de Guer. — Seigneurie.
Huélen, port sur l'Océan, c^ne de Locmaria.
Huélozen, éc. c^ne de Cléguérec.
Huen (Le), m^in à eau sur la Pierre-Fendue, c^ne de Malguénac.
Huern, font. c^ne de Theix.
Huetterie (La), éc. c^ne de Campénéac.
Hugo, m^in à eau, sur le Ninian, c^ne de Taupont.
Huhet (Le), vill. c^ne de Caden.
Huidaniel (Le), éc. c^ne de Noyal-Muzillac. — Seigneurie.
Huisdehelon (L'), h. c^ne de Ménéac.
Huit (Le), h. c^ne de Plouray.
Huîtres (Pointe des). — Voy. Plech (Le).
Hulo, h. c^ne de Questembert.
Hunaud, f. c^ne d'Allaire.
Hunelaie (La), f. c^ne de Ruffiac. — Seigneurie.
Huno, vill. éc. et m^in à eau sur le Rahun, c^ne de Carentoir.
Huren (Loges), h. c^ne de Gourin.
Hureul, m^in à eau sur la Ville-Sotte, c^ne de Guéhenno.
Hurpé (Le), lande, c^ne de Guer.
Hurpel, h. c^ne de Bignan.
Hurtaud (Le), m^in à eau sur le Loch, c^ne de Pluneret.
Hurtebis, h. c^ne de Billio.
Hutte (La), éc. c^ne de Caro.
Hutte (La), éc. c^ne de Questembert.
Huyer (Le), vill. c^ne de Mauron.
Hye (Les Haute et Basse), vill. c^ne du Roc-Saint-André.
Hyptaie (La), vill. c^ne de Mauron.

I

Iéna (Rue d'), à Napoléonville.

If (L'), h. et lande, c^{ne} d'Augan.

Inuelgoët, vill. c^{ne} de Bignan.

Île (L'), éc. et mⁱⁿ à eau sur l'Oust, c^{ne} de Bréhan-Loudéac; pont *du Moulin-de-l'Île*, sur l'Oust, qui relie Bréhan-Loudéac et Crédin.

Île (L') [de Haut et de Bas], h. c^{ne} de Guiscriff.

Île (L'), h. c^{ne} de Lanvénégen.

Île-Arcoët (L'), h. c^{ne} d'Ambon.

Île-aux-Moines (L'), c^{ne}. — Voy. Moines (Île aux).

Île-d'Arz (L'), c^{ne}. — Voy. Arz.

Île Longue, île de la baie du Morbihan contenant un éc. c^{ne} de Baden.

Île Plate, île de la baie du Morbihan, c^{ne} de Saint-Armel.

Ilette (Marais d'), c^{ne} de Saint-Dolay.

Ilizen, vill. partie c^{ne} de Bignan, partie c^{ne} de Moustoirac; ruiss. dit aussi *du Pont-Grouien* ou *du Pont-Cohan*, affl. du Tréhimoël, et qui arrose Bignan et Moustoirac.

Ille-Bausson (L'), vill. c^{ne} de Ménéac. — Seigneurie.

Illières (Moulin à vent des), c^{ne} de Saint-Dolay.

Ilun, île de la baie du Morbihan, contenant un vill. c^{ne} de l'Île-d'Arz. — *Isleur*, 1516 (chap. de Vannes); figure à cette époque, et encore au xviie siècle, comme paroisse ou plutôt comme trève annexée au vicariat d'Arz.

Ilunic, île de la baie du Morbihan, contenant un h. c^{ne} de l'Île-d'Arz; faisait autref. partie de la par. de Sarzeau.

Impasses (Les), deux impasses à Vannes, dites 1re et 2e *impasse*, donnant sur la rue de la Préfecture; la plus grande appelée autref. rue *de la Vieille-Psalette*, puis impasse *Notre-Dame*.

Inam, riv. affl. de l'Ellée, qui arrose Gourin, le Saint, Guiscriff, le Faouët et Lanvénégen; elle porte aussi les noms de *Ster-Laër*, de *Kernaon*, de *Tronjoly*, de *Kerstang*, de *Guiscriff*, du *Moulin-Conan*, de *Meler-Prat* et de *Rosmelec*.

Inézic, île de la baie du Morbihan, c^{ne} du Hézo.

Inguiniel, c^{on} de Plouay. — *Yguynyel*, parr^e, 1280 (abb. de la Joie). — *Yguinel*, 1387 (chap. de Vannes).

Par. du doy. des Bois. — Sénéch. et subd. d'Hennebont. — Distr. d'Hennebont.

Intel, rivière. — Voy. Étel.

Interderhuen, éc. c^{ne} de Plaudren.

Inzinzac, c^{on} d'Hennebont. — *Disinsac*, 1387 (chap. de Vannes). — *Dinsinsac*, 1493 (abb. de la Joie). Par. du doy. des Bois; renfermait un établissement de chevaliers de Saint-Jean de Jérusalem : voy. Temple (Le). — Sénéch. et subd. d'Hennebont. — Distr. d'Hennebont.

Irus (Île d'), dans la baie du Morbihan, contenant un éc. c^{ne} d'Arradon. — *Ydreux*, 1546 (chât. d'Arradon). — *Esdruc*, 1631 (*ibid.*).

Isac (L'), riv. qui prend sa source dans le dép^t de la Loire-Inférieure et se jette dans la Vilaine après avoir limité la c^{ne} de Théhillac.

Isan, croix et vill. dit *Croix-Isan* et aussi *Kerprat*, c^{ne} d'Erdeven.

Isargouet, ruisseau. — Voy. Ysaugouët.

Isle (L'), vill. c^{ne} de Damgan.

Isle (L'), vill. c^{ne} de Férel; h. mⁱⁿ à vent et mⁱⁿ à eau sur le ruiss. de ce nom, c^{ne} de Marzan; pass. sur la Vilaine, reliant Férel et Marzan; ruiss. dit aussi *du Pont-de-Queldan*, affl. de la Vilaine, arrose Arzal et Marzan. — Anc. chât. ducal en ruines sur un rocher formant presqu'île dans la Vilaine, c^{ne} de Marzan. — *Insula*, 1286 (D. Morice, I, 41). — Seign. connue sous le nom de l'*Isle-de-Guédas*.

Isle (L'), ruiss. dit aussi *du Pont-de-l'Écluse*, affl. de l'Oust, c^{ne} de Peillac; marais, c^{ne} des Fougerêts.

Isle (L'), îlot de maisons qui occupe le centre de la Roche-Bernard; l'ensemble des rues qui bordent cet îlot s'appelle *le Tour-de-l'Isle*, et l'une d'elles est dite particulièrement rue *de l'Isle*.

Isle (Pointe de l'), sur l'Océan, c^{ne} de Pénestin.

Isole (L'), riv. qui arrose Roudouallec et Guiscriff et se réunit à l'Ellée dans le dép^t du Finistère. — *Idol, flumen*, 1029 (D. Morice, I, 365). — *Idola*, xie siècle (abb. de Sainte-Croix de Quimperlé).

Ivel (L'), rivière. — Voy. Yvel.

Izaignon, f. c^{ne} de Malansac. — Seigneurie.

Izenau. — Voy. Moines (Île-aux-).

Izernac, vill. c^{ne} de Nivillac.

J

JACOBINS (ANCIENNE PLACE OU CARROIR DES) et RUE DES Jacobins, à Vannes. — Voy. ROULAGE (RUE DU).

JACOBSEN, pont sur l'étang de l'Épinay, cne de Surzur.

JADIC-BONNE-CHÈRE, éc. cne de Malguénac.

JAGOTIÈRE (RUE), à Ploërmel.

JAGOUDEL, croix, cne de Bréhan-Loudéac.

JAGU, pont sur la Foliette, cne de Guer.

JALOUSIE (MOULIN À VENT DE LA), cne de Baden.

JALU, croix, cne de Monteneuf.

JAMET, croix, cne de Vannes.

JANIGUEN, h. cne de Ménéac.

JANVIER (RUE), à Questembert.

JAQUEL (LE), min à vent et min à eau sur le ruiss. de ce nom, cne de Camors; ruiss. *du Moulin-du-Jaquel* : voy. GUILLEMIN.

JARDIN-DES-MOINES, terrain où se trouvent plusieurs menhirs et une chaussée, cne de Néant.

JARDIN-DES-TOMBES, terrain élevé marqué par des pierres, cne de Tréhorenteuc.

JARDINS (LES), lande, cne de Pleugriffet.

JARIE (LA), vill. cne de Peillac. — Seigneurie.

JARNIGON, pont sur le Durbœuf, reliant Lanouée au dépt des Côtes-du-Nord.

JARRE-À-BREBIS (LA), h. cne de Radenac.

JAUGE, h. cne de Concoret.

JAUGE (LA), éc. cne de Rieux.

JAUNIOU, h. cne de Pluherlin.

JEAN, pont sur le Château-Tro, reliant Loyat, Guilliers et Saint-Malo-des-Trois-Fontaines.

JEAN, pont sur le ruiss. de ce nom, cne de Monteneuf : ruiss. *du Pont-Jean* : voy. PÉBISSON (LE).

JEAN, fort et port sur l'Océan, cne du Palais.

JEAN, pont sur le Locmaria, cne de Plœren.

JEAN, menhir, cne de Port-Philippe.

JEAN, pont sur l'Inam, qui relie les cnes du Saint et de Guiscriff.

JEAN II (GROTTE DE), sorte de grotte naturelle, cne de Séné.

JEAN-BABOUIN, pierre levée dans le bois de Hanvaux, cne de Trédion.

JEAN-DE-RUNELLO, menhir, cne de Bangor.

JEAN-LE-BIHAN, partie de la forêt de Quénécan, cne de Sainte-Brigitte.

JEANNAIS (LA), h. cne de Concoret.

JEANNE, menhir, cne de Port-Philippe.

JEANNE-BABOUINE, pierre levée dans le bois de Hanvaux, cne de Trédion.

JEANNE-DE-RUNELLO, menhir, cne de Bangor.

JEANNETTE, croix, cne de Grand-Champ.

JEANNETTE-DES-SOLDATS, anc. retranchements, cne de Bréhan-Loudéac.

JÉGAN, pont sur le Runio, reliant Kerfourn et Crédin.

JÉGO, croix, cne de Crédin.

JÉGO, pont sur le Kerniol, cne de Vannes.

JÉGOU, croix et écart dit *Croix-Jégou*, cne de Saint-Gouvry.

JÉGU, min à eau sur le Lié et lande dite *Noë-de-Jégu*, cne de Bréhan-Loudéac. — Voy. VILLE-JÉGU (PONT DE LA).

JÉRÔME (LOGES), h. cne de Lanvaudan.

JEU-DE-PAUME (PLACE DU), à Ploërmel. — Voy. ARMES (PLACE D').

JEU-DE-PAUME (RUE DU), à Auray; dite, au xviie siècle, rue *du Tripot*.

JEUNE-BOIS (LE), bois, cne de Pluvigner.

JEUX (CUL-DE-SAC DES), à Lorient. — Voy. BONS-ENFANTS (RUE DES).

JIGLAIS (LA), h. cne d'Allaire.

JOË (LA), h. cne de Nivillac; min à eau, cne de Saint-Dolay; ruiss. affluent du Moulin-Neuf, qui arrose Saint-Dolay et Nivillac. — Seigneurie.

JOUANE, étang, cne de Saint-Gravé.

JOGRLAIE (LA), h. cne de Béganne.

JOGRLAIS (LA), vill. cne de Saint-Marcel.

JOIE, pont sur le Beauché, cne de Carentoir.

JOIE (LA), deux mins à eau sur le Blavet, cne d'Hennebont; ruines d'une abb. servant auj. de baras. — *Monasterium Beatæ Mariæ de Gaudio*, 1279 (abb. de la Joie). — Les mins dits primitivement *moulins au Duc* ou *moulins de la Mer*; le grand moulin dit aussi *du Parc* ou *des Bois*. — Abbaye de femmes, ordre de Cîteaux, fondée en 1252 par Blanche de Champagne, femme de Jean Ier, duc de Bretagne.

JOINTO (RUELLE DU), à Vannes, et éc. voy. BELLEVUE.

JOLI-CŒUR, h. cne de Noyal-Pontivy.

JOLLIVET, min à eau sur le Trévelo, cne de Péaule.

JOLY (MÉTAIRIE AUX), f. cne de Carentoir.

JONCHERAY (LE), h. cne d'Allaire.

JOSÉPHINE (COURS), promenade à Napoléonville.

JOSSELIN, arrond. de Ploërmel; pont sur l'Oust : voy. SAINTE-CROIX (RUE ET FAUBOURG), et chât. avec un éc. dit *l'Écluse-du-Château*, dans la cne. — *Castellum et castrum Goscelini*, 1080 (cart. de Redon). — *Castellum Joscelini*, 1108 (prieuré de Saint-Martin de Josselin). — *Castrum Guoscelini*, 1139 (ibid.) : voy. PORHOËT, à la Table des formes anciennes —

Castrum Jocolini, xii° siècle (*ibid.*). — *Chastel-Jocelin*, 1283 (abb. de la Joie). — Cette ville portait aussi le nom du comté de Porhoët, dont elle était la capitale.

Josselin renfermait quatre paroisses : voy. Notre-Dame, Sainte-Croix, Saint-Martin et Saint-Nicolas; une abbaye : voy. Mont-Cassin (Le); cinq prieurés : voy. Sainte-Croix, Saint-Jacques, Saint-Martin, Saint-Michel, Saint-Nicolas; des communautés de carmes et d'ursulines; un hôpital du vocable de Saint-Jean, transféré en 1729 au prieuré de Saint-Jacques de la même ville, qui avait été lui-même hôpital à l'origine; une maladrerie. — Châtellenie formant, au xvii° siècle, tout le comté de Porhoët (voy. l'Introduction); ancienne ville close. — Gouvernement de place; communauté de ville, avec droit de députer aux États de la province et des armoiries : *d'azur au coq d'or*. — Siége d'une subd. de l'intendance de Bretagne. — Chef-lieu de distr. et de c^en en 1790.

Josselin, pont, c^ne de Guégon.

Josso, pont sur la Ville-Oger, reliant Pleugriffet, Guégon et Lantillac.

Joua, f. c^ne de Campénéac.

Jouardais (La), f. et m^in à vent, c^ne des Fougerêts. — Seigneurie.

Joundu (Le), h. et m^in à eau sur l'Inam, c^ne du Saint.

Jubrdr (La), vill. c^ne de Cournon.

Jubin, pont sur le Kerbiscon, reliant Surzur et Noyalo.

Jubin (Loge), éc. c^ne de Réguiny.

Jugevan, deux m^ins à vent, c^ne d'Évriguet.

Jugon, vill. c^ne de Baud.

Julaudery, f. c^ne de Pluherlin.

Juleau, h. c^ne d'Elven.

Julien, m^in à eau sur le ruiss. de ce nom et ruiss. *du Moulin-Julien*, affl. de l'Ellée, c^ne de Meslan.

Jullien (Rue), à Napoléonville.

Jument (La), île de la baie du Morbihan, contenant un éc. c^ne d'Arzon.

Jument (La), roche sur l'Océan, côte de Plœmeur.

Justice (Croix de), c^ne de Glénac.

Justice (Croix de la), c^ne de Bréhan-Loudéac.

Justice (Fontaine de la), c^ne de Guémené.

Justice (Lande de la) et h. dit *Lande-de-la-Justice*, c^ne de Bubry.

Justice (Lande de la), c^ne de Crach.

Justice (Lande de la), c^ne de Malansac.

Justice (Lande de la), croix et éc. c^ne de Marzan.

Justice (Lande de la) et f. dite *Lande-de-la-Justice*, c^ne de Plouay.

Justice (Lande de la), c^ne de Trefléan.

Justice (Lande et moulin à vent de la), c^ne d'Augan.

Justice (Lande et moulin à vent de la), c^ne de Saint-Allouestre.

Justice (Rue de la), à Vannes, dite autrefois *rue Blanche*, puis rue *du Petit-Couvent*.

Justices (Lande des), c^ne de Missiriac.

K

Kaën, dit aussi *Ker* ou *Keraer*, ancien faubourg de Vannes et ancienne grande rue du même nom : voy. Pont (Rue du); porte qui n'existe plus. — Baronnie (voy. l'Introduction), avec deux siéges de juridiction : Vannes et Auray (sans doute, à l'origine, Locmariaquer, où étaient le château de Kaër, près du bourg, et le m^in à vent du même nom); prévôté féodée de la sénéch. de Vannes.

Kerabellec, h. c^ne de Baud; pont sur le Tarun, reliant Baud et Plumelin.

Kerabellec, éc. c^ne de Languidic. — *Kerancabellec*, 1426 (abb. de la Joie).

Kerabellec, h. c^ne de Pluvigner.

Keradin, h. c^ne de Férel.

Keradonnet, éc. c^ne de Bubry.

Kerabraham, éc. c^ne de Baden.

Kerabraham, h. c^ne de Questembert. — Seigneurie; manoir.

Kerabus, éc. c^ne de Kervignac.

Kerabus, éc. c^ne de Moréac. — Seigneurie.

Kerabus, éc. c^ne de Napoléonville.

Kerabus, vill. c^ne de Plœmeur.

Kerabus, éc. c^ne de Ploubinec.

Kerabus, éc. c^ne de Theix.

Kerabuse, h. c^ne de Caudan.

Kerabuse, h. c^ne de Monterblanc.

Kerachen, éc. c^ne de Plaudren; pont : voy. Pont Bihan.

Keradehuen, vill. c^ne de Plœmeur.

Keradely, h. c^ne de Caudan.

Keraden, éc. c^ne de Gourin.

Keradenec, éc. c^ne de Silfiac.

Kéradenec-le-Bourg, vill. c^ne de Cléguer.

Keradenec-les-Moulins, h. et m^in à eau sur le ruiss. de ce nom, c^ne de Cléguer; ruiss. *du Moulin-de-Keradenec* : voy. Quéleback.

Keradenen, éc. c^ne de Gourin.

Keradic, vill. c^ne de Pluvigner.

Keradinen, éc. c^ne de Berric.

KERADIO, h. et bois, c^er de Plœren.

KERADO, h. c^ne d'Elven.

KERADO, éc. c^ue de Sulniac.

KERAET, éc. c^ne de Landévant.

KERAFFRAY, vill. c^ne de Moustoir-Remungol.

KERAGANT, h. et fort sur l'Océan, c^ne de Plœmeur.

KERAGRÉ, f. c^ne de Bignan.

KERAHUIT, éc. c^ne de Plaudren. — Seigneurie.

KERAHUN, éc. c^ne de Persquen. — Seigneurie.

KERAISE, vill. font. et ruiss. *de la Fontaine-de-Keraise*, aff. de celui du Moulin-Cabrec, c^ne d'Inguiniel.

KERAL, éc. c^ne de Grand-Champ. — Seigneurie; manoir.

KERAL, h. c^ne de Péaule.

KERALAIN, lieu-dit dans le dép^t des Côtes-du-Nord; pont sur le Conveau, reliant ce dép^t à Gourin et à Langonnet.

KERALAN, éc. c^ne de Grand-Champ.

KERALAN, h. c^ue de Merlévenez.

KERALEAUD, vill. c^ne de Guénin.

KERALBO, h. c^ne de Plœren. — Seigneurie.

KERALBRY, f. c^ne de Crach.

KERALÈS, h. c^ne de Berné.

KERALET, f. c^ne de Férel.

KERALIGUEN, éc. c^ne de Caudan.

KERALIO, chât. f. étang, m^in à vent et éc. c^ne de Noyal-Muzillac. — Seigneurie; anc. château.

KERALLAIN, vill. c^ne de Baud.

KERALLAIN, vill. c^ne de Neulliac.

KERALLAIN, h. c^ne de Ploërdut.

KERALLAIN, h. m^in à vent, pont et m^in à eau sur le Tarun, c^ne de Plumelin. — Seigneurie.

KERALLAN, h. lande et ruiss. *de la Lande-de-Kerallan*, aff. du Loc, c^ne de Brech.

KERALLAN, vill. c^ne de Budry.

KERALLAN, h. c^ne de Carnac.

KERALLAN, h. et bois, c^er de Languidic. — *Manoir de Kerrouallan*, 1415 (abb. de la Joie). — Seigneurie.

KERALLAN, éc. c^ne de Ploëmel.

KERALLAN, éc. c^ne de Pluneret.

KERALLANT, h. c^ne de Saint-Jean-Brévelay.

KERALLÉ, h. c^ne de Landévant.

KERALLIC, éc. c^ne de Pluvigner.

KERALLIER, chât. c^ne de Sarzeau. — Seigneurie.

KERALLIO, f. c^ne de Saint-Allouestre.

KERALLOCH, h. et bois, c^ne de Calan.

KERALMONT, éc. c^ne de Radenac. — Seigneurie.

KERALLÉ-GUENNEC, éc. c^ne de Pluméliau.

KERALLÉ-SAINT-CLAUDE, vill. c^ne de Pluméliau.

KERALVÉ, éc. c^ne d'Arzal.

KERALVÉ, h. c^ne d'Elven.

KERALVÉ, h. c^ne de Gourin.

KERALVÉ, h. c^ne d'Inzinzac. — *Keralcou*, 1478 (abb. de la Joie). — Seigneurie.

KERALVY, vill. c^ne de Sulniac; ruiss. dit aussi *le Plesquer*, aff. du Tohon, qui arrose Sulniac et Questembert.

KERALY, chât. bois, lande et éc. dit *Lande-de-Keraly*. c^ne de Bubry; ruiss. aff. de la Sarre, qui arrose Bubry et Guern; m^in à eau sur la Sarre, c^er de Guern. — Seigneurie; anc. manoir.

KERALY, h. c^ne de Cléguer.

KERAMANT, m^in à vent, c^ne de Saint-Gildas-de-Rhuis.

KERAMBART, vill. c^ne de Grand-Champ.

KERAMBART, éc. c^ne de Muzillac. — Seigneurie.

KERAMBARTZ, éc. c^ne d'Hennebont. — Seigneurie.

KERAMBARTZ, chât. f. et bois, c^ne de Landaul. — Seigneurie; château.

KERAMBEL (GRAND et PETIT), h. c^ne de Locmariaquer.

KERAMBOURG, chât. f. bois, étang, m^in à vent et m^in à eau sur le Pont-Guillemin, c^ne de Landaul. — Vicomté: anc. château.

KERAMBUSE, éc. c^ne de Noyalo.

KERAMEZEC, vill. c^ue de Plœmeur.

KERAMOUEZ, vill. c^ne de Cléguérec.

KERAMOUR, h. c^ne de Moréac.

KERAMOUN, éc. c^ue de Quistinic.

KERAMPIF, h. c^ne de Pluherlin.

KERAMPOULO, vill. c^ne de Groix.

KERAMSTU (QUARTIER DE), au Faouët.

KERAN (GRAND et PETIT), h. c^ne de Bignan.

KERANDAL, vill. et ruiss. aff. du Lann-Billo, c^ne d'Inguiniel.

KERANDALLIC, éc. c^ne de Meslan.

KERANDERF, h. c^ne d'Elven.

KERANDEUR, h. c^ne d'Erdeven; pont, dit aussi *de la Madeleine*, sur le Poumen, reliant Erdeven et Belz.

KERANDEVILLE, h. c^ne de Muzillac.

KERANDIN, vill. c^ne de Kervignac.

KERANDIRE, h. c^ne de Saint-Tugdual.

KERANDISERCH, h. c^ne de Landévant.

KERANDOUAREN, h. c^ne de Meslan.

KERANDRAON, h. m^in à eau sur le ruiss. de ce nom et ruiss. *du Moulin-de-Kerandraon*, aff. du Launay, c^ne de Gourin.

KERANDRAON, chât. f^es ruiss. aff. de l'Inam et m^in à eau sur ce ruiss. c^ne de Guiscriff.

KERANDRÉ, h. c^ne d'Hennebont. — *Villa André*. 1300 (D. Morice, I, 783). — Seigneurie.

KERANDRÉ, vill. c^ne de Pénestin.

KERANDRÉ, éc. c^ne de Pluméliau.

KERANDRECH, h. c^ne du Saint.

KERANDRU, h. c^ne de Plumelin.

KERANDRUN, éc. f^es et m^in à vent, c^ne de Theix; ruiss. dit aussi *du Lino* ou *du Moustoir*, affl. du Plessis, qui arrose Sulniac et Theix. — Seigneurie ; manoir.

KERANDU, h. c^ne d'Elven.

KERANDUIC, vill. c^ne de Noyal-Pontivy.

KERANDUO, éc. c^ne do Plœmeur.

KERANDY, éc. c^ne de Kergrist.

KERANÉSY, h. c^ne d'Elven.

KERANÉZO, h. c^ne d'Elven. — Seigneurie.

KERANÉZO, h. c^ue de Marzan.

KERANÉZO, h. c^ne de Plumelec; dit aussi, au XVIIe siècle, *Luert-do-Bas* (chât. de Callac).

KERANGAR, h. c^ne de Bieuzy.

KERANGAT, vill. c^ne de Questembert.

KERANGAT, chât. f. h. et m^in à vent, c^ne de Saint-Jean-Brévelay. — Seigneurie ; manoir.

KERANGO, h. c^ne de Locmariaquer. — Seigneurie.

KERANGO, vill. c^ne de Plescop; chât. en ruines, ancienne résidence d'été des évêques de Vannes.

KERANGRE, vill. c^ne d'Erdeven.

KERANGUEN, f. c^ne de Vannes.

KERANGUIN, éc. c^ne d'Inzinzac.

KERANHOUARNE, éc. c^ne de Kervignac.

KERANISE, h. c^ne de Treffléan.

KERANLAY, h. c^ne de Locmariaquer.

KERANNA, éc. c^br de Pluneret; nom donné autref. à tout le vill. de Sainte-Anne, même commune.

KERANOUÉ, vill. c^ne de Kervignac.

KERANROUÉ, éc. c^ne de Bubry.

KERANROUÉ, vill. c^ne de Cléguérec.

KERANROUÉ, vill. c^ne d'Erdeven.

KERANROUÉ, vill. c^ne du Faouët.

KERANRUE, éc. c^ne de Péaule.

KERANSQUEL, éc. c^ne de Guénin.

KERANSQUEL, h. c^ne de Moréac.

KERANSQUEL, h. c^ns de Moréac (dist. du précédent).

KERANSQUEL, h. c^ne de Plumelin.

KERANSQUER, h. c^ne d'Inguiniel.

KERANSQUER, éc. et m^in à eau sur le ruiss. de ce nom, c^ne de Roudouallec; ruiss. voy. YUN-AR-MINEN.

KERANSQUIDIC, h. c^ne de Cléguer.

KERANSTUMO, h. c^ne de Cléguer. — Seigneurie.

KERANTAL, h. et pont sur le Keralvy, c^ne de Questembert.

KERANTALLEC, éc. c^ne de Baud.

KERANTALLEC, éc. c^ne de Quistinic.

KERANTALUD (Bras et Bihan), h. c^ne de Pluvigner.

KERANTAR, éc. c^ne de Muzillac.

KERANTE, h. c^ne de Plaudren.

KERANTERRE, h. c^ne de Noyal-Muzillac.

KERANTEUME, h. c^ne de Saint-Thuriau.

KERANTILY, h. c^ne de Saint-Jean-Brévelay.

KERANTOC, h. c^ne de Meslan.

KERANTONEL, vill. et m^in à vent, c^ne de Plœmeur.

KERANTORNÈRE, h. c^ne de Landévant.

KERANTOURNER, h. c^ne de Cléguérec.

KERANTOURZ, vill. et m^in à eau, c^ne de Langonnet.

KERANTRÉ, chât. f. dite *Basse-Cour-de-Kerantré*, bois et étang, c^ne de Crach. — Seigneurie; manoir.

KERANTRÉ, éc. c^ne de Moréac.

KERANTRÉ, h. c^ne de Muzillac.

KERANTRÉ, h. c^ne de Sulniac.

KERANTRECH (QUARTIER DE), à Gourin.

KERANTRO, vill. c^ne de Caudan.

KERANVAL, éc. c^ne de Guiscriff.

KERAPDIO, vill. c^ne de Naizin.

KERAPEIS, éc. c^ue de Plumelin.

KERAQUÉ, h. c^ue de Languidic.

KERARA, vill. c^ne de Monstoirac.

KERARA, f. c^ne de Naizin.

KERARAY, h. c^ne de Plaudren.

KERARDENNE, vill. c^ne de Séné.

KERARET, éc. c^ne de Grand-Champ. — Seigneurie.

KERARFF, vill. c^ne de Kervignac.

KERARIG, f. c^ne de Crach.

KERARNAUD, h. c^ne de Plouharnel.

KERARNAY, f. c^ne de Saint-Gonnery. — *Kernec*, 1265 (D. Morice, I, 996).

KERARNEVET, h. c^ne de Pluméliau.

KERARNIO, h. c^ne de Noyal-Muzillac.

KERARNIO, vill. c^ne de Noyal-Pontivy; pont sur le Kerguzangor, reliant Noyal-Pontivy et Naizin.

KERARNO, vill. c^ne de Camoël.

KERARNO, vill. c^ne de Locmariaquer.

KERAROCHE, vill. c^br de Sarzeau.

KERARON, h. c^ne de Plouhinec.

KERARON, vill. c^ne de Pluméliau.

KERARON, éc. et m^in à vent, c^ne de Plumelin. — Seigneurie.

KERARREC, h. c^ne de Languidic.

KERARREC, éc. c^ne de Quistinic.

KERARVET, h. c^ne de Languidic.

KERARVET, h. c^ne de Quistinic. — *Kerbervet*, XVIIe siècle (seign. de la Forêt). — Seigneurie.

KERAS, f. c^ne de Férel.

KERASCOËT, vill. c^ne d'Erdeven.

KERASCOËT, vill. c^ne de Languidic.

KERASCOUET, vill. c^ne de Buléon. — Seigneurie.

KERASCOUET, vill. éc. dit *Loge-Kerascouet*, font. et ruiss. *de la Fontaine-de-Kerascouet*, affl. de celui du Moulin-Cabrec, c^ne d'Inguiniel.

KERASCOUET, h. c^ne de Pénestin.

KERASCOUET, éc. c^ne de Remungol.

KERASCOUET, éc. c^ne de Saint-Jean-Brévelay.

KERASCOUET (Bras et Bihan), h. et m^in à eau, c^ne de Pluméliau. — Seigneurie; manoir.

Kerassel, vill. cⁿᵉ de Sarzeau.

Kerassio, éc. cⁿᵉ de Languidic.

Kebastel, h. et bois, cⁿᵉ de Riantec.

Kerat, éc. cⁿᵉ d'Erdeven.

Kerat, éc. cⁿᵉ d'Hennebont.

Kerat (Grand et Petit), h. cⁿᵉ d'Arradon. — *Kergat*, xvᵉ siècle (chât. d'Arradon). — Seigneurie; manoir.

Kerator, h. cⁿᵉ de Saint-Allouestre.

Keratbape, h. cⁿᵉ de Saint-Avé.

Keraud, h. cⁿᵉ de Caudan.

Keraud, vill. cⁿᵉ de Saint-Pierre.

Keraude, éc. cⁿᵉ d'Ambon.

Keraude, éc. cⁿᵉ de Grand-Champ.

Keraude, h. cⁿᵉ de Languidic. — Seigneurie.

Keraude, éc. bois et mⁱⁿ à eau sur le Ter, cⁿᵉ de Plœmeur. — Seigneurie.

Keraude, éc. cⁿᵉ de Plumergat. — *Kerrouzault*, xivᵉ sᵉ (chartreuse d'Auray).

Kerauder, vill. cⁿᵉ de Langonnet.

Keraudic, éc. cⁿᵉ de Guern.

Keraudierne, h. cⁿᵉ de Grand-Champ.

Keraudrain, vill. cⁿᵉ de Férel.

Keraudrain, h. cⁿᵉ de Guénin.

Keraudrain, h. et bois, cⁿᵉ de Ploërdut. — *Guernaudren*, 1391 (princip. de Rohan-Guémené). — *Keraudren*, manoir, 1433 (*ibid.*). — Seigneurie.

Keraudrain, vill. cⁿᵉ de Pluméliau.

Keraudrain, vill. cⁿᵉ de Saint-Gérand.

Keraudrain, vill. cⁿᵉ de Saint-Gildas-de-Rhuis.

Keraudrain-Guenevin, h. cⁿˢ de Moréac.

Keraudrain-Millero, h. cⁿᵉ de Moréac.

Keraudran, h. et ruiss. qui se jette dans le Morbihan, cⁿᵉ d'Arradon.

Keraudran, h. cⁿᵉ de Carnac.

Keraudran, éc. cⁿˢ de Cléguer.

Keraudran, vill. cⁿᵉ de Crédin.

Keraudran, éc. cⁿᵉ d'Inzinzac.

Keraudran, h. cⁿᵉ de Locmariaquer.

Keraudran, vill. cⁿᵉ de Ploemel.

Keraudran, chât. f. bois et mⁱⁿ à eau sur le Pont-Guillemin, cⁿᵉ de Pluvigner. — Seigneurie.

Keraudren, vill. cⁿᵉ de Kergrist.

Keraudren, éc. cⁿᵉ de Monterblanc.

Keraudren, h. cⁿᵉ de Plumelin.

Keraudrenic, éc. et bois, cⁿᵉ de Langonnet. — Seigneurie.

Keraudreno, h. et ruiss. affl. de l'Ével,·cⁿᵉ de Baud. — Seigneurie.

Keraudréxo, h. cⁿᵉ de Saint-Jean-Brévelay.

Keraudrin-le-Bourg, vill. cⁿᵉ de Saint-Jean-Brévelay.

Keraudrin-Trégorlo, h. cⁿᵉ de Saint-Jean-Brévelay.

Kerauffrédic, h. cⁿᵉ du Faouët.

Kerauffret, h. et mⁱⁿ à eau sur la Claye, cⁿᵉ de Bignan. — Seigneurie.

Kerauffret, vill. cⁿᵉ de Camors; pont sur le Quéronic, reliant Camors et Pluvigner.

Kerauffret, vill. cⁿᵉ de Guiscriff.

Kerauffret, éc. cⁿᵉ de Radenac.

Kerauffret, h. cⁿᵉ de Roudouallec.

Kerauffret, h. cⁿᵉ de Surzur.

Keraulay, h. cⁿᵉ de Marzan.

Keraulay, vill. cⁿᵉ de Saint-Jean-Brévelay.

Keraulet, vill. cⁿᵉ de Sarzeau.

Kerault, h. cⁿᵉ de Marzan.

Kerauter, h. cⁿᵉ de Bubry.

Kerauter, vill. cⁿᵉ de Cléguérec.

Kerauville (Haut et Bas), h. cⁿᵉ de Saint-Jean-Brévelay.

Keravant, vill. cⁿᵉ de Guern.

Keravel, h. cⁿᵉ de Saint-Nolff. — Seigneurie.

Keravelle, éc. cⁿᵉ d'Arzon.

Keravellec, h. cⁿᵉ de Naizin.

Keravello, h. cⁿᵉ de Languidic.

Keravelo, éc. cⁿᵉ d'Arradon.

Keravélo, h. cⁿᵉ d'Arzon.

Keravelo, éc. cⁿᵉ de Baden.

Keravélo, h. cⁿᵉ de Grand-Champ.

Keravelo, éc. cⁿᵉ de Lauzach.

Keravélo, éc. cⁿᵉ de Marzan. — Seigneurie.

Keravelo, h. cⁿᵉ de Melrand.

Keravélo, éc. cⁿᵉ de Muzillac.

Keravélo, éc. cⁿᵉ de Muzillac (dist. du précédent).

Keravélo, f. cⁿᵉ de Pénestin.

Keravélo, éc. cⁿᵉ de Séné. — Seigneurie.

Keravélo, h. cⁿᵉ de Theix.

Keravelo, h. et pont sur le Morbihan, dit aussi *pont Vert*, cⁿᵉ de Vannes.

Keravenant, chât. et h. cⁿᵉ de Questembert.

Keratéon, chât. bois, étang et mⁱⁿ à vent, cⁿᵉ d'Erdeven. — Seigneurie; anc. château.

Keravillo, h. cⁿᵉ de Sulniac.

Keravilo, éc. cⁿᵉ de Plœren.

Keravilo-Lanvaux, vill. cⁿᵉ de Grand-Champ.

Keravilo-Locmaria, h. cⁿᵉ de Grand-Champ.

Keravilot, éc. cⁿᵉ d'Elven.

Keravné, h. cⁿᵉ de Surzur.

Keravy, h. cⁿᵉ d'Elven.

Keravy (Grand et Petit), vill. cⁿᵉ de Vannes; ruiss. voy. Rohan.

Keravzo, éc. cⁿᵉ de Lorient.

Kerbacu, h. cⁿᵉ de Languidic.

Kerbacbelier, h. cⁿᵉ de Plaudren.

Kerbacbic, éc. cⁿᵉ de Languidic.

Kerbachic, éc. cⁿᵉ de Locoal-Mendon.

Kerbachic, h. cne de Plouharnel.

Kerbaclé, éc. cve de Questembert.

Kerbadel, f. cne de Kervignac.

Kerbail, vill. cne de Bubry.

Kerbail, vill. cne de Languidic.

Kerbainon, vill. cve de Priziac.

Kerbalan, vill. cne de Férel.

Kerbale, éc. cne de Guidel.

Kerballay, chât. min à eau, fⁱ, bois, étang et lande, cne de Kervignac. — Seigneurie; manoir.

Kerballec, vill. cne du Faouët.

Kerbalo, h. cne de Noyal-Muzillac.

Kerbaloff-le-Bourg, h. cne de Plouay.

Kerbaloff-le-Lage, vill. cne de Plouay.

Kerbalun, éc. cne de Moréac.

Kerbant, f. cne de Larré.

Kerban, h. cne de Marzan.

Kerbarbier, h. cne d'Elven.

Kerbarch, vill. cne de Croixanvec. — Seigneurie; manoir.

Kerbarch, vill. cne de Ploemel.

Kerbarh, éc. cne de Malguénac.

Kerbaru, h. cne de Neulliac.

Kerbaru, éc. et ruiss. affl. du Tarun, cne de Plumelin.

Kerbarillen, h. cne de Ploërdut. — Seigneurie; manoir.

Kerbaris, h. cne de Grand-Champ.

Kerbarnec, h. cne de Plaudren.

Kerbarvec, vill. cne de Lanvaudan.

Kerbarveg, éc. cne de Pluvigner.

Kerbasco, éc. cne de Landaul.

Kerbasco, vill. cne de Moréac.

Kerbasco, éc. cne de Radenac. — Seigneurie.

Kerbascuin, vill. cne de Plouhinec.

Kerbascuin, h. cne de Pluvigner.

Kerbasque, h. cne de Bignan.

Kerbasque, éc. cne de Plumelin.

Kerbasqueden, éc. cne d'Arzal.

Kerbastard, éc. et min à eau sur le ruiss. de ce nom, cne de Bubry; ruiss. *du Moulin-de-Kerbastard* : voy. Hédennec (Le); pont sur ce ruiss. reliant Bubry et Inguiniel. — Seigneurie; manoir.

Kerbastard, h. cne de Moréac.

Kerbastard, éc. cre de Moustoirac.

Kerbastard-Moulin-Glas, h. cne de Pluvigner.

Kerbastard-Saint-Guy, h. et min à eau sur le Pont-Guillemin, cne de Pluvigner. — Seigneurie.

Kerbastic, chât. et fⁱ, cne de Guidel. — Seigneurie.

Kerbataille, éc. cne de Caudan.

Kerbataille, vill. cne de Marzan.

Kerbaudrec, h. cne de Caudan.

Kerbaul, h. cne de Pluvigner. — Seigneurie.

Kerbaul, h. cne de Pontscorff.

Kerbavec, h. cne de Plouhinec.

Kerbéban, vill. cne de Caudan.

Kerbéchenec, éc. cne d'Elven.

Kerbédic, h. cne de Baud.

Kerbédic, vill. et ruiss. affl. du Saint-Jean, cte de Cléguérec.

Kerbedic, vill. cne de Moustoirac.

Kerbédic, éc. cne de Plumelin. — Seigneurie.

Kerbedo, vill. cne de Molac.

Kerbedoch, éc. cne de Languidic...

Kerbeguot, vill. cne de Sarzeau.

Kerbel, vill. min à vent et fanal, cte de Riantec.

Kerbélan, vill. cne de Péaule.

Kerbelay, éc. cne de Murzan.

Kerbélay, h. cne de Questembert.

Kerbelec, éc. bois et min à vent, cne d'Arradon. — Seigneurie.

Kerbelec, éc. cne de la Croix-Helléan.

Kerbéléouic, h. cne de Silfiac.

Kerbeleine, h. cne de Monterblanc.

Kerbelfin, éc. cne de Malguénac. — Seigneurie; manoir.

Kerbellec, h. cne de Brech.

Kerbellec, h. cne de Caudan.

Kerbellec, vill. cne de Guénin.

Kerbellec, vill. cne de Locmalo. — *Keranbaelec*, 1416 (princip. de Rohan-Guémené).

Kerbellec, vill. cne de Noyal-Pontivy; pont sur le Saint-Niel, reliant Noyal-Pontivy et Napoléonville. — *Kaer-en-Baellec*, 1406 (duché de Rohan-Chabot). — Seigneurie; manoir.

Kerbellec, vill. et pointe sur l'Océan, cne du Palais.

Kerbellec, h. cne de Pluneret.

Kerbellec, h. cne de Pluvigner.

Kerbellec, éc. et min à vent, cne de Réguiny. — Seigneurie.

Kerbellec, h. et min à eau sur le Breil, cne de Remungol.

Kerbellec, h. cne de Saint-Aignan.

Kerbellec (Bras et Bihan), vill. et min à eau sur le ruiss. de ce nom, cne de Pluméliau; ruiss. *du Moulin-de-Kerbellec* : voy. Ruon (Le).

Kerbelu, éc. et bois, cne de Noyal-Pontivy.

Kerbelzic, h. cne de Plouay.

Kerbelzic, éc. cne de Quistinic. — Seigneurie.

Kerbénalo, h. cne de Plumelec.

Kerbénévent, vill. cne de Malguénac.

Kerbénio, éc. cne de Guern.

Kerbéqué, vill. cre de Ménéac. — Seigneurie.

Kerberdery, éc. cne de Brech.

Kerberdery, h. cne de Brech (dist. du précédent).

KERBERDERY, h. cne de Carnac.

KERBERDERY, h. cne d'Erdeven.

KERRÉGEL, h. cne de Plœmeur.

KERBÉREX, h. cne de Crach.

KERBÉRENNE, h. cre de Plouharnel.

KERBERENNE, vill. min à eau sur le Kergamenant, min à vent et pont sur la baie de Riantec, cne de Riantec.

KERBERGEN, b. cne de Remungol.

KERBERH, h. cne de Melrand.

KERBERHUET, éc. et pont sur le ruiss. de la Lande-de-Kerallan, cne de Brech. — Seigneurie.

KERBERLAY, éc. cne de Questembert.

KERBERN (HAUT et BAS), h. cne de Gourin; pont sur le Min-Guionet, reliant Gourin et le Saint.

KERBERNARD, h. cne de Molac.

KERBERNARD, h. cne de Moustoirac.

KERBERNARD, h. cne de Pluméliau.

KERBERNARD, h. cne de Pluvigner.

KERBERNARD, h. cne du Saint.

KERBERNARD, vill. cne de Saint-Jean-Brévelay.

KERBERNARD (GRAND et PETIT), ham. cne de Saint-Allouestre.

KERBERNÉ, h. cne d'Arzal.

KERBERNÈS, h. cne d'Erdeven.

KERBERNÈS, h. cne de Landévant.

KERBERNÈS, h. étang, ruiss. *de l'Étang-de-Kerbernès*, affl. du Kerjacob, et min à eau sur ce ruiss. cne de Plœmel. — Seigneurie.

KERBERNÈS, h. et bois, cne de Plœmeur. — Seigneurie.

KERBERNÈS, vill. cre de Séglien.

KERBERON, h. cne de Plœren. — *Kerberont*, 1404 (duché de Rohan-Chabot).

KERBERON, éc. cne de Plumergat. — *Kerpezron*, 1363 (carmes de Sainte-Anne). — *Kerbezron*, 1391 (*ibid.*).

KERBÉRON, h. cne de Quistinic.

KERBERT, éc. et min à vent, cne de Férel.

KERBERT, h. cne de Marzan.

KERBERT, éc. cue de Plumelec. — *Kerberre*, 1431 (chât. de Callac).

KERBERT, vill. cne de Saint-Allouestre.

KERBERTHO, éc. cne de Saint-Jean-Brévelay. — Seigneurie.

KERBERTHO, éc. cne de Sulniac. — Seigneurie.

KERBERTIN, éc. cne de Napoléonville.

KERBERVET, h. cne de Bignan.

KERBERVET, h. et min à eau sur le Loc, cne de Grand-Champ. — Seigneurie.

KERBESCONTÈS, vill. cne de Langonnet.

KERBESQUER, h. cne de Plouray.

KERBESQUER, h. cne de Pluméliau; écluse sur le Blavet.

KERBESTOUX, h. cne d'Elven.

KERBÉTÉRIEN, h. et bois, cne de Lignol. — *Kerenpelete-rien*, 1413 (princip. de Rohan-Guémené). — *Keranbeleterian*, 1432 (*ibid.*). — Seigneurie.

KERBÉZEC, vill. cne de Bignan.

KERBIAIS, h. cne de Péaule.

KERBIBOUL, vill. cne de Sarzeau.

KERBIC, h. et bois, cne du Faouët.

KERBIC, éc. cne de Moustoir-Remungol.

KERBIC-ER-BAIL, h. cne de Saint-Tugdual.

KERBIC-ER-MOTTENEC, éc. cne de Saint-Tugdual.

KERBIDIC, h. cne de Saint-Tugdual.

KERBIGNON, éc. cne de Grand-Champ.

KERBICODO, h. cne de Languidic.

KERBIGORNE, éc. cne de Vannes.

KERBIGOT, éc. cne de Bignan.

KERBIGOT, vill. cne de Sarzeau.

KERBIGOT (GRAND et PETIT), vill. cne de Guilliers.

KERBIGUET, vill. cne de Berné.

KERBIGUET, vill. cne de Bignan. — Seigneurie.

KERBIGUET, château en partie ruiné, h. pont et min à eau sur le Yun-ar-Miner, cne de Gourin. — Seigneurie.

KERBIGUET, vill. cne de Guiscriff.

KERBIGUET, h. cne de Plaudren.

KERBIGUET, h. et pont sur le Cleisse, cne de Theix. — Seigneurie; ancien manoir.

KERBIGUET (IHUEL et IZEL), vill. cne de Brech.

KERBIGUETLAN, éc. cne de Gourin; ruiss. dit aussi *du Pont-Neuf*, affl. de l'Inam, qui arrose Gourin et Guiscriff; pont sur ce ruiss. reliant ces deux communes.

KERBIGUET-OUIX (HAUT et BAS), f., cne de Guer. — Seigneurie.

KERBIGUETTE, h. min à vent et ruiss. affl. du Rohan, cne de Vannes.

KERBIGUIDIC, vill. cne de Roudouallec.

KERBIHAN, h. cne de Baud.

KERBIHAN, éc. cne de Bignan.

KERBIHAN, vill. corps de garde et pointe à l'embouchure de la riv. de Crach, cne de Carnac.

KERBIHAN, h. cne de Caudan.

KERBIHAN, vill. cne de Grand-Champ.

KERBIHAN, h. cne d'Hennebont.

KERBIHAN, h. cne d'Inguiniel.

KERBIHAN, h. et ruiss. affl. de la Sarre, cne de Melrand.

KERBIHAN, h. cne de Plouhinec.

KERBIHAN, h. cne de Pluméliau.

KERBIHAN, h. cne de Saint-Jean-Brévelay.

KERBIHAN, h. cne de Treffléan; pont sur le Rodoué reliant Treffléan et Saint-Nolff.

KERBIHAN, f. cne de Vannes.

KERBIHOUARDE, éc. cne d'Erdeven.

KERBIHOURS, éc. cne de Plumelin.

KERBILEC, éc. cne de Plœren.

KERBILER, éc. et ruiss. affl. de l'Arz, cne d'Elven.

KERBILECH, h. cne de Nostang. — Seigneurie.

KERBILEVET, éc. cne d'Arradon. — Seigneurie.

KERBILIO, vill. cne de l'Île-aux-Moines.

KERBILLEC, éc. cne de Theix.

KERBILLIO, h. et ruiss. affl. de l'Inam, cne de Gourin.

KERBILLY, chât. cne de Camoël.

KERBIREN, h. cne de Berric.

KERBIREN, h. cne de Surzur.

KERBIRIO, h. cne de Baud. — Seigneurie.

KERBIRIO, vill. cne de Crach.

KERBIRIO, vill. cne de Sarzeau.

KERBIRIOU, éc. cne de Gourin.

KERBIRON, f. cne de Calan.

KERBISCAN, h. cne de Crach.

KERBISCON, h. et salines, cne de Séné. — Seigneurie.

KERBISCON, h. cne de Surzur; ruiss. dit aussi *du Pont-Grandic*, qui arrose Surzur, Theix et Noyalo, où il se jette dans l'étang de Noyalo et de là dans la baie du Morbihan.

KERBISQUEN, f. cne de Sarzeau. — Seigneurie.

KERBISSAC, éc. cne de Questembert.

KERBISSAC-DE-MOUNOUFF, éc. cne de Questembert.

KERBISTONET, h. cne de Plœmeur.

KERBISTOUL, éc. cne de Saint-Gildas-de-Rhuis. — Seigneurie.

KERBIZIEN, f. cne de Noyal-Muzillac; ruiss. qui arrose le Guerno et Noyal-Muzillac.

KERBLAIE, éc. cne de Limerzel.

KERBLAIZO, h. cne de Péaule.

KERBLAIZO, h. cne de Plumelec.

KERBLAIZY, vill. cne de Plœmeur.

KERBLANQUET, f. cne de Sarzeau.

KERBLAY, h. cne de Locoal-Mendon; mln à vent, cne de Landaul.

KERBLAY, f. cne de Marzan.

KERBLAY, h. cne de Sarzeau. — Seigneurie.

KERBLAY, f. cne de Vannes.

KERBLAYE, h. et pont sur l'Arz, cne d'Elven. — Seign.

KERBLAYE, h. cne d'Inzinzac.

KERBLAYE, h. cne de Sarzeau (dist. de Kerblay).

KERBLAYO, vill. cne de Languidic.

KERBLÉ, éc. cne de Caudan. — Seigneurie.

KERBLÉGO, h. cne de Péaule.

KERBLÉUAN, vill. cne de Languidic.

KERBLÉHIR (GRAND et PETIT), h. mln à vent et ruiss. affl. de la Drague, cne de Lauzach.

KERBLESTENNE, vill. cne de Guidel.

KERBLEZEC (BRAS et BIHAN), h. et bois, cne de Gourin. — Seigneurie; manoir.

KERBLOCH, éc. cne du Faouët.

KERBLOCH, h. cne de Grand-Champ.

KERBLOQUIN, vill. cne de Monterblanc.

KERBLOUACH, vill. cne de Sarzeau.

KERBLOUNCH, h. cne de Pontscorff.

KERBLOUSSE, h. cne de Pluneret.

KERBLOUX, h. cne de Plumelin.

KERBOCUÉ, vill. cne de Plaudren.

KERBOCUER, h. cne d'Elven.

KERBOCLION, h. cne de Loyat. — *Kerbocquelion*, partagé entre les par. de Taupont et de Loyat, 1520 (fabr. de Taupont). — Seigneurie.

KERBODIC, h. cne de Saint-Thuriau.

KERBODIN, h. cne de Saint-Jean-Brévelay.

KERBODO, h. cne de Landévant. — Seigneurie.

KERBODO, éc. cne de Limerzel; pont sur le Goujon, reliant Limerzel et Péaule.

KERBODO, h. cne de Sarzeau.

KERBODY, h. cne d'Elven.

KERBOËDEC, vill. cne de Sarzeau.

KERBOUANNE, vill. cne de Bubry.

KERBOHEC, h. cne de Baud. — Seigneurie.

KERBOIS, h. cne de Carnac.

KERBOIS, vill. partie cne de Crach, partie cne de Brech. — Seigneurie.

KERBOIS, vill. cne de la Croix-Helléan.

KERBOIS, vill. cne de Loyat. — Seigneurie.

KERBOLVENNE, h. cne d'Elven. — Seigneurie.

KERBON, vill. cne de Guéhenno.

KERBON, h. cne de Limerzel.

KERBONAIRE, éc. et ruiss. affluent de la Vilaine, cne de Rieux. — Seigneurie.

KERBONALEC, vill. cne d'Inzinzac.

KERBONALEN, vill. cne de Plouay.

KERBOQUET, h. cne de Noyal-Pontivy.

KERBORGNE, h. et lande, cne de Bubry.

KERBORGNE, h. cne de Ploërdut.

KERBORIGNET, h. cne de Pluméliau.

KERBONNE, f. cne de Calan.

KERBOS, h. cne de Gourin.

KERBOSPERN, éc. cne de Carnac.

KERBOSPERNE, éc. cne de Locoal-Mendon.

KERBOSSE, h. cne d'Erdeven.

KERBOSSENNE, h. cne de Surzur.

KERBOSSEN, h. et pont sur le Luscanen, cne de Ploeren.

KERBOT, éc. cne de Landaul.

KERBOT, h. cne de Priziac.

KERBOT, f. cne de Sarzeau. — Seigneurie.

KERBOTEN, vill. cne de Saint-Avé; ruiss. voy. PARC-CANRÉ. — *Kaerpotin*, 1398 (duché de Rohan-Chabot). — *Kerbotin*, 1460 (*ibid.*). — Seigneurie.

KERBOTOZEC, éc. cne de Persquen.

KERBOUAR, vill. et lande, cne de Moustoirac. — *Kerenbouzar*, 1461 (duché de Rohan-Chabot).

KERBOUDET, h. c^ne de Ménéac. — Seigneurie.

KERBOUËDEC, h. c^ne de Quistinic.

KERBOUER, h. c^ne de Lanvénégen.

KERBOUILEN, éc. c^ne de Theix.

KERBOUILLEN, éc. c^ne de Napoléonville.

KERBOUIN, f. c^ne de Noyal-Muzillac.

KERBOUL, h. c^ne de Nostang; pont sur le ruiss. du Moulin-des-Champs, reliant Nostang et Languidic.

KERBOULARD, vill. c^ne de Férel.

KERBOULARD, vill. c^ne de Saint-Nolff; pont sur le Condal, reliant Saint-Nolff et Elven. — Seigneurie.

KERBOULGENT, h. c^ne de Plaudren.

KERBOULH, éc. c^ne de Melrand.

KERBOULHO, h. c^ne de Treffléan.

KERBOULLIARD, éc. c^ne de Remungol.

KERBOULICAUT, h. et étier se déversant dans l'Océan, c^ne de Sarzeau.

KERBOULOT (GRAND et PETIT), h. c^ne de Moréac.

KERBOURBON, h. et salines au bord du Morbihan, c^ne de Vannes. — Seigneurie.

KERBOURDAL, h. c^ne de Plumelin.

KERBOURDEN, vill. c^ne de Quistinic.

KERBOURDIN, éc. c^ne de Questembert. — Seigneurie.

KERBOURDONNET, h. c^ne de Locmalo.

KERBOURG, h. c^ne de Meslan. — *Terre Borri*, 1282 (abb. de la Joie).

KERBOURG, h. et pont sur le Kerusten, c^ne de Saint-Caradec-Trégomel.

KERBOURGNEC, village, c^ne de Saint-Pierre; roche dite *l'Ours-de-Kerbourgnec*, sur la baie de Quiberon. — Seigneurie.

KERBOURHIS, vill. et bois, c^ne de Guellas. — Seigneurie; manoir.

KERBOURHIS, vill. c^ne de Réguiny.

KERBOURHIS, vill. c^ne de Sulniac.

KERBOURIEC, h. c^ne de Meslan.

KERBOURLEVEN, vill. c^ne de Baden.

KERBOURLEVEN, h. c^ne de Grand-Champ.

KERBOURLEVIN, vill. et m^in à vent, c^ne de Saint-Pierre.

KERBOURNO, f. c^ne de Réguiny.

KERBOURVELEC, h. c^ne de Plumelin. — Seigneurie.

KERBOUSE, éc. c^ne de Grand-Champ.

KERBOUT, vill. c^ne de Ménéac. — Seigneurie.

KERBOUTEILLE, f. c^ne de Férel.

KERBOUTIER, éc. bois et pont sur le ruiss. de ce nom, c^ne de Noyal-Pontivy; ruiss. *du Pont-de-Kerboutier* : voy. KEROUZARGON. — Seigneurie; manoir.

KERBOUX, éc. c^ne de Radenac.

KERBOUZO, h. c^ne de Crédin.

KERBOYANT, h. c^ne d'Arzal.

KERBOYEN, h. c^ne de Plumelec.

KERBOZEC, h. c^ne de l'Île-aux-Moines.

KERBRANQUET, éc. c^ne de Molac.

KERBRAS, vill. c^ne de Baud.

KERBRAS, h. c^ne de Camors.

KERBRAS, vill. c^ne de Langoëlan.

KERBRAS, château, f. et étang, c^ne de Ménéac. — Seigneurie.

KERBRAS, h. c^ne de Noyal-Pontivy.

KERBRAS, vill. et étang, c^ne de Taupont. — *Guerbrat*. 1506 (fabr. de Taupont).

KERBRAZIC, h. c^ne de Sulniac.

KERBRECH, vill. c^ne de Pluneret.

KERBUÉDEVA, éc. c^ne de Plœmel.

KERBREGEN, h. c^ne de Plumelin.

KERBRÉGENT, vill. lande et autre vill. dit *Lande-Kerbrégent*, c^ne de Pluméliau.

KERBRÉGU, h. c^ne de Remungol.

KERBRÉHAN, h. c^ne de Limerzel; ruiss. voy. PÉNLR.

KERBRÉHAN, éc. c^ne de Questembert.

KERBREHET, éc. c^ne de Noyal-Muzillac.

KERBREHOUET, éc. m^in à vent, ruiss. afll. du Blavet et m^in à eau sur ce ruiss. c^ne de Quistinic. — Seigneurie.

KERBRÉHUESTE, h. c^ne de Plœmeur.

KERBREN (BRAS et BIHAN), h. c^ne d'Inzinzac.

KERBREOLEST, h. c^ne de Guidel.

KERBRESQUE, vill. c^ne de Baud. — *Villa Bresqle*. 1290 (duché de Rohan-Chabot).

KERBRESQUE, h. c^ne de Remungol.

KERBREST, vill. c^ne de Berné.

KERBREST, vill. c^ne de Guidel.

KERBRESTOU, éc. c^ne de Lanvénégen.

KERBRET, h. c^ne de Remungol.

KERBRETON, éc. c^ne de Meslan.

KERBRETUS, h. c^ne de Muzillac.

KERBREVAIS, h. c^ne de Limerzel.

KERBREVEST, h. et pont sur le Nistoire, c^ne de Bubry.

KERBREZEL, vill. c^ne de Plœmel. — Seigneurie.

KERBREZEL, h. c^ne de Plouhinec.

KERBRIC, h. c^ne d'Inzinzac; passage sur le ruiss. de Langle, reliant Inzinzac et Lanvaudan.

KERBRICON, h. c^ne de Molac.

KERBRIEN, h. c^ne de Grand-Champ.

KERBRIENT, h. c^ne de Bubry. — *Kaer-Bryent, cilla*. 1282 (abb. de la Joie).

KERBRIENT, h. c^ne de Languidic.

KERBRIENT, h. c^ne de Plœmeur.

KERBRIN, h. partie c^ne du Guerno, partie c^ne de Péaule.

KERBRIS, vill. c^ne de Bubry.

KERBRIS, éc. c^ne de Gourin. — Seigneurie.

KERBRIS, éc. c^ne de Guiscriff.

KERBROCHAN, éc. c^ne de Marzan.

KERBROÏC, vill. c^ne de Melrand.

KERBROUSTEC, éc. c^ne d'Elven.

Kerbrug, éc. c^ne de Langonnet.

Kerbrumot, h. c^ne de Calan.

Kerbrun, h. c^ne de Monterblanc.

Kerbaunec, vill. c^ne de Guiscriff.

Kerbugant, vill. c^ne de Brignac.

Kerburel, vill. c^ne de Pleugriffet. — *Kerbuoret*, xive s^e (duché de Rohan-Chabot).

Kerburon, h. c^ne de Locminé.

Kercabel, vill. c^ne de Ploërdut. — *Quengabel*, 1436 (princip. de Rohan-Guémené).

Kercabinet, h. c^ne de Guiscriff.

Kercabiron, éc. c^ne de Molac.

Kercabon, éc. c^ne de Questembert.

Kercadec, h. c^ne de Baud.

Kercadic, éc. c^ne de Baud.

Kercadic, vill. mét^ie et m^in à eau sur le ruiss. de ce nom, c^ne de Languidic; ruiss. *du Moulin-de-Kercadic* : voy. Roch (Le). — Seigneurie.

Kercadic, éc. c^ne de Pluneret.

Kercadic, étang et m^in à eau sur l'Étel, c^ne de Sainte-Hélène — Seigneurie.

Kercadillo, h. c^ne de Saint-Jean-Brévelay.

Kercadio, h. c^ne de Baden. — Seigneurie.

Kercadio, vill. c^ne de Baud.

Kercadio, h. c^ne d'Erdeven. — Seigneurie; manoir.

Kercadio, h. c^ne de Péaule.

Kercadio, h. c^ne de Plaudren.

Kercado, f. c^ne de Bieuzy.

Kercado, vill. c^ne de Bignan; ruiss. affl. du Sainte-Anne, qui arrose Buléon et Bignan.

Kercado, vill. c^ne de Carnac. — Seigneurie; manoir.

Kercado, h. c^ne de Caudan.

Kercado, vill. c^ne de Crach.

Kercado, vill. et éc. c^ne de Férel; ruiss. dit *Étier-de-Kercado*, affl. de la Vilaine, qui arrose Camoël et Férel, qu'il sépare du dép^t de la Loire-Inférieure.

Kercado, h. c^ne de Locoal-Mendon. — Seigneurie.

Kercado, éc. c^ne de Malestroit.

Kercado, éc. dit aussi *Hutte-de-Kercado*, c^ne de Marzan; pont *de la Hutte-de-Kercado*, sur le ruiss. de ce nom, reliant Marzan et le Guerno; ruiss. *du Pont-de-la-Hutte-de-Kercado*, affl. du Kerhouarn, qui arrose le Guerno et Marzan.

Kercado, h. c^ne de Plouhinec.

Kercado, vill. c^ne de Saint-Caradec-Trégomel.

Kercado, éc. c^ne de Saint-Jean-Brévelay. — Seigneurie.

Kercado, éc. et f^e, c^ne de Vannes. — Seigneurie; manoir.

Kercadoret, h. et m^in à vent, c^ne de Belz.

Kercadoret, vill. c^ne de Bieuzy. — *Villa Cadoret*, 1195 (cart. de Redon).

Kercadoret, f. c^ne de Kervignac.

Kercadoret, h. c^ne de Pluméliau.

Kercadoret, h. c^ne de Quéven.

Kercadoret, éc. c^ne de Saint-Jean-Brévelay.

Kercadoret (Croix), c^ne de Groix.

Kercadoret-Langle, vill. c^ne de Locmariaquer.

Kercadoret-Legal, h. c^ne de Locmariaquer.

Kercadoret-Pennaut, vill. c^ne de Pluméliau.

Kercaër, h. c^ne de Pluvigner.

Kercaillo, éc. c^ne d'Elven.

Kercain, éc. c^ne de Bieuzy.

Kercaire, éc. c^ne de Melrand.

Kercalan, h. c^ne de Grand-Champ.

Kercamarec, h. c^ne de Larré.

Kercambre, h. c^ne de Brech. — Seigneurie.

Kercambre, vill. c^ne de Saint-Gildas-de-Rhuis. — *Kergambre*, 1466 (abb. de Saint-Gildas-de-Rhuis). — Seigneurie.

Kercanard, éc. c^ne de Guern.

Kercant, éc. c^ne de Caudan.

Kercaradec, h. c^ne de Kervignac.

Kercaradec, h. c^ne de Melrand.

Kercaradec, h. c^ne de Pluvigner.

Kercavès, vill. c^ne de Plœmeur.

Kercayo, éc. et lande, c^ne de Grand-Champ.

Kercuarte, h. et pont, c^ne de Plouhinec.

Kerchassic, vill. pont sur l'Ével et ruiss. affl. de l'Ével, c^ne de Guénin.

Kerchat, éc. c^ne d'Erdeven.

Kercherbo, éc. c^ne de Questembert.

Kerchéro, éc. c^ne de Pluvigner.

Kercheval, h. c^ne de Plumelec.

Kerchevalier, f. c^ne de Noyal-Muzillac. — Seigneurie.

Kerchevet, h. c^ne de Guéhenno. — *Villa Chevet in Bothencrech*, 1260 (abb. de Lanvaux).

Kerchican, h. c^ne de Buléon.

Kerchican, éc. c^ne de Moréac.

Kerchuir, vill. c^ne de Locoal-Mendon; ruiss. voy. Kerjacob.

Kerchin, h. c^ne de Nostang.

Kerchin (Haut et Bas), vill. c^ne de Guern.

Kerchoadic, vill. c^ne de Guiscriff.

Kerchopine, h. c^ne de Cléguer.

Kerchopine, h. c^ne de Vannes.

Kerchoux, éc. c^ne d'Elven.

Kerclavezic, vill. m^in à vent et pont, c^ne de Groix.

Kerclément, vill. c^ne de Belz.

Kerclévin, éc. c^ne de Locoal-Mendon.

Kerclobée, h. c^ne de Larré.

Kercloine, vill. c^ne de Carnac.

Kercloirec, vill. c^ne de Melrand.

Kercloirec, éc. c^ne de Plumelin.

Kercocu, h. c^ne de Saint-Avé.

KERCOUAN, vill. cne de Berric; ruiss. voy. ROHELLO (LE).
KERCOINTE, h. et pont, cne d'Elven. — Seigneurie.
KERCOMMEN, éc. cne de Theix.
KERCOMMEN, h. et mln à eau sur le Clérigo, cne de Treffléan.
KERCONANO, éc. cne de Treffléan.
KERCONEC, h. cne de Guiscriff.
KERCOQUEN, vill. cne de Sarzeau.
KERCOQUIN, éc. cne d'Auray.
KERCOQUIN, éc. cne de Moréac.
KERCOQUIN, h. cne de Plumergat.
KERCORDS, h. cne de Saint-Allouestre.
KERCOUEDO, vill. cne d'Arzon.
KERCOUHARNE, éc. cne de Baden.
KERCOULINE, éc. cne de Surzur.
KERCRET (IHUEL et IZEL), vill. cne de Ploemel.
KERCROC, vill. partie cne de Caudan, partie cne d'Hennebont.
KERCROIHENNEC, h. cne de Calan.
KERCROIX, éc. cne de Caudan.
KERCROQ, vill. cne de Plouharnel.
KERCY, h. cne de Marzan.
KERDADEC, h. cne de Plaudren.
KERDALHUÉ, vill. cne de Guidel.
KERDALIBOT, éc. cne de Plumergat.
KERDALIDEC, vill. cno de Locmaria.
KERDALVAS, éc. cne de Plouhinec.
KERDALVÉ, village et lande, cne de Plouay; ruiss. *de la Lande-de-Kerdalvé* : voy. KERVÉGANT-SAINT-VINCENT.
KERDANEGUY, h. cne de Monterblanc; pont sur l'Arz, reliant Monterblanc et Plaudren.
KERDANEHUÉ, h. cne d'Inzinzac.
KERDANEN, vill. cne de Plumelin.
KERDANET, ruiss. dit aussi *de Guernande*, affl. du Blavet, qui arrose Malguénac, Guern et Bieuzy; pont sur ce ruiss. h. éc. *du Pont-de-Kerdanet*, lande et f. *de la Lande-de-Kerdanet*, cne de Bieuzy.
KERDANET, vill. cne de Plumelin.
KERDANIEL, h. cne de Bignan.
KERDANIEL (dist. du précédent), chât. f. mln à vent, ruiss. affl. de la Claye et mln à eau sur ce ruiss. cne de Bignan. — Seigneurie connue sous le nom de *la Haye-Kerdaniel*; manoir.
KERDANIEL, vill. cne de Languidic.
KERDANIEL, vill. cne de Locmariaquer.
KERDANIEL, vill. partie cne de Merlévenez, partie cne de Plouhinec.
KERDANIEL, h. cne de Moustoirac.
KERDANIEL, h. cne de Pluméliau.
KERDANIEL, h. cne de Pluneret.
KERDANIEL, éc. cne de Pluvigner.

KERDANIEL, vill. et ruiss. dit aussi *de la Fontaine-de-Saint-Samuel*, affl. de l'Inam, cne du Saint.
KERDANIEL, h. cne de Saint-Jean-Brévelay.
KERDANIEL, h. cne de Saint-Jean-Brévelay (dist. du précédent).
KERDANIEL (GRAND et PETIT), vill. cne de Lauzach. — Seigneurie.
KERDANIEL (PONT), sur le ruiss. de Bourg-Pommier, reliant Limerzel et Questembert.
KERDANIEL-LANDILLÈRE, éc. cne de Saint-Jean-Brévelay.
KERDANIÉLO, h. cne de Guénin.
KERDANIO, h. cre de Pluméliau.
KERDANIOU, h. cne de Péaule.
KERDANNEVEUX, éc. cne de Plumelec.
KERDANO, éc. cne de Molac.
KERDANO, h. cne de Questembert.
KERDANUÉ, vill. cne de Languidic.
KERDANVÉ, éc. cne de Locoal-Mendon.
KERDANVÉ, h. cne de Plouhinec. — Seigneurie.
KERDAOUSCOUET, éc. cne du Faouët.
KERDASTUME, h. et bois, cne de Ploërdut.
KERDAUDIC, éc. cne de Saint-Caradec-Trégomel.
KERDAVENAY, éc. cne de Péaule.
KERDAVID, vill. et ruiss. dit *Étier-de-Kerdavid*, affl. de la Vilaine, cne d'Arzal. — Seigneurie.
KERDAVID, vill. cne de Bignan.
KERDAVID, vill. cne de Crach.
KERDAVID, h. cne d'Erdeven.
KERDAVID, éc. cne de Grand-Champ.
KERDAVID, éc. cne de Lignol.
KERDAVID, éc. cne de Molac.
KERDAVID, vill. cce de Pluméliau.
KERDAVID, hameau, cne de Remungol; ruiss. voy. SAINT-CLAUDE.
KERDAVID, vill. cne de Sainte-Hélène.
KERDAVID, vill. cne de Saint-Pierre.
KERDAVID, vill. et jetée sur le Morbihan, cne de Séné.
KERDAVID, h. cne de Suluiac.
KERDAVID (HAUT et BAS), vill. et forts sur l'Océan, cne de Locmaria.
KERDAVID-DUCRESTIL, vill. mln à vent et mln à eau sur le Loc, cne de Pluvigner; ruiss. affluent du Loc, qui arrose Grand-Champ. — Seigneurie.
KERDAVIDO, h. cne de Plumelec.
KERDAVID-TALHOUET, h. cne de Pluvigner.
KERDAYO, h. cne de Caudan.
KERDEAL, vill. cne de Saint-Caradec-Trégomel.
KERDEBET (PONT), sur l'Ével, reliant Baud et Guénin.
KERDEC, h. cne de Baud. — *Villa Dehc*, 1296 (duché de Rohan-Chabot).
KERDEC, vill. et mln à eau sur le Hédennec, cne de Lanvaudan.

Kerdec, vill. bois et éc. dit *Coët-Kerdec*, cne de Naizin.

Kerdéoo, vill. cne de Larré.

Kerdénel, vill. et min à eau sur l'Ével, cne de Baud. — *Kerdezael*, 1406 (duché de Rohan-Chabot).

Kerdenel, ruiss. voy. Radenac; pont sur ce ruiss. et h. cne de Radenac.

Kerdémonet, vill. cne de Quéven.

Kerdeil, f. cne de Plouay.

Kerdel, h. partie cne de Buléon, partie cne de Bignan.

Kerdelam, h. cne d'Erdeven. — Seigneurie.

Kerdelam, h. cne de Locoal-Mendon.

Kerdelam, éc. cne de Quéven.

Kerdelann, h. cne de Moréac.

Kerdelann, éc. cne de Pluméliau.

Kerdelann-des-Eaux ou Kerdelann-en-Deur, h. cne de Grand-Champ.

Kerdelann-Lopernet, h. cne de Grand-Champ.

Kerdelavant, vill. cne de Pluméliau.

Kerdéliaud, éc. cne de Pluneret.

Kerdélin, h. cne de Questembert; pont sur le Keralvy, reliant Questembert et Sulniac.

Kerdelise, vill. partie cne de Guénin, partie cne de Baud; pont sur l'Ével, reliant ces deux communes. — *Kerdiles*, 1406 (duché de Rohan-Chabot).

Kerdellec, h. cne de Lanvénégen.

Kerdenennis, éc. et ruiss. affl. du Loch, cne de Grand-Champ.

Kerdénet, vill. f. min à vent, éc. et basse sur l'Océan, cne du Palais.

Kerdeneven, éc. et min à vent, cne de Carnac.

Kerdenot, h. cne de Locoal-Mendon.

Kerderf, h. cne de Carnac.

Kerderf, h. cne de Plongoumelen.

Kerderff, vill. et étang, cne de Plœmeur.

Kerderff, vill. cne de Riantec.

Kerdéaien, h. cne de Guidel.

Kerdésin, éc. cne de Belz.

Kerdestan, vill. cne d'Inzinzac.

Kerdeuzet (Inuel et Izel), vill. cne de Guidel.

Kerdézanoué, h. et bois, cne de Pluvigner. — Seign.

Kerdilenne, éc. cne de Baden.

Kerdilhuit, h. cne de Ploërdut.

Kerdillé, f. cne de Péaule.

Kerdin, vill. cne de Questembert.

Kerdinas, f. cne de Plouay.

Kerdiken, éc. cne de Plaudren.

Kerdiret, vill. cne de Plœmeur.

Kerdiret, éc. cne de Pluneret.

Kerdisserh, h. cne de Camors.

Kerdisson, chât. f. bois et h. dit *Taille-de-Kerdisson*, cne de Napoléonville; ruiss. affluent du Blavet, qui arrose Napoléonville et Guern; min à eau sur ce ruiss.

et min à vent, cne de Guern. — Seigneurie; manoir en la par. de Guern.

Kerdistac, h. cne de Guern.

Kerdivet, h. cne de Férel.

Kerdivio, vill. et bois, cne de Lignol.

Kerdivio, h. cne de Ploërdut.

Kerdivio, h. cne de Priziac.

Kerdo, vill. cne de Crédin. — *Korredou*, 1406 (duché de Rohan-Chabot).

Kerdo, vill. partie cne de la Croix-Helléan, partie cne de Guillac.

Kerdonaval, éc. cne de Moustoir-Remungol; deux ponts, l'un sur le Coëtuhan, reliant Moustoir-Remungol et Saint-Thuriau, l'autre au confl. du Coëtuhan et du Pont-Mein, reliant les mêmes communes.

Kerdonerh, éc. cne de Baud.

Kerdonxio (Bras et Bihan), h. cne de Camors.

Kerdonxis, village, pointe : voy. Locmaria, et fort sur l'Océan, cne de Locmaria.

Kerdonnach, h. cne de Plouray.

Kerdonnal, h. cne de Saint-Thuriau.

Kerdonnen, vill. cne de Roudouallec.

Kerdonnerch (Fontaine), cne de l'Île-d'Arz.

Kerdonnerh, vill. cne de Belz.

Kerdonno, h. cne de Remungol.

Kerdoré, vill. cne de Péaule.

Kerdorec, éc. cne de Plouray.

Kerdoret, vill. cne de Languidic.

Kerdoret, vill. cne de Limerzel.

Kerdoret, h. cne de Locoal-Mendon. — Seigneurie.

Kerdoret, h. cne de Pluvigner.

Kerdonnio, éc. cne de Bubry.

Kerdossan, vill. cne de Trédion; pont sur le Clédan, reliant Trédion et Plaudren.

Kerdossec, éc. cne de Cléguer.

Kerdossec, h. cne de Guidel.

Kerdossen, éc. cne de Plaudren.

Kerdosso, h. cne de Pluvigner.

Kerdosten, éc. cne de Moustoirac.

Kerdouan, h. cne de Kerfourn.

Kerdouario, h. cne de Moréac.

Kerdouarin, vill. cne de Plumelin.

Kerdouin, vill. cne de Saint-Gildas-de-Rhuis.

Kerdoupin, vill. cne de Langonnet.

Kerdouret, vill. cne de Muzillac.

Kerdouret, éc. cne de Ploërdut.

Kerdouriou, h. cne du Faouët.

Kerdoustien (Haut et Bas), h. cne de Marzan.

Kerdoutel, vill. ruiss. affl. du Pont-au-Christ et pont sur ce ruiss. cne de Pluvigner.

Kerdraix, chât. et h. cne de Brech. — Seigneurie; anc. manoir.

Kerdrain, h. et min à vent, cne de Carnac.—Seigneurie.

Kerdrain, h. cne de Guern.

Kerdrain, vill. cne de Langoëlan; ruiss. affl. du Scorff, qui arrose Ploërdut et Langoëlan.

Kerdrain, h. cne de Melrand.

Kerdrauguen, éc. cne de Grand-Champ.

Kerdré, f. cne de Sarzeau.

Kerdréan, h. cne de Camoël.

Kerdréan, h. cne de Caudan.

Kerdréan, vill. et pont sur le Stang-en-Ihuern, cne de Cléguérec.

Kerdréan, h. cne d'Inzinzac.

Kerdréan, h. cne de Locmariaquer. — Seigneurie.

Kerdréan, vill. cne de Moustoirac.

Kerdréan, f. cne de Naizin. — Seigneurie; manoir connu sous le nom de *Kerdréan-les-Bois*.

Kerdréan, fe et min à eau sur le ruiss. de ce nom, cne de Noyal-Muzillac; ruiss. *du Moulin-de-Kerdréan*: voy. Touon. — Seigneurie.

Kerdréan, ruiss. affl. du Kerguzangor; il arrose Noyal-Pontivy.

Kerdréan, h. cne de Plougoumelen; ruiss. affl. de la riv. d'Auray, qui arrose Baden et Plougoumelen; pont sur ce ruiss. reliant ces deux cnes. — Seign. manoir.

Kerdréan, h. cne de Plumelin. — Seigneurie.

Kerdréan, éc. cne de Plumergat.

Kerdréan, h. cne de Réguiny.

Kerdréan, h. cne de Trefléan.

Kerdréan-Boyer, h. et min à eau sur l'Ével, cne de Moréac; ruiss. affl. de l'Ével, qui arrose Naizin; pont au confl. de l'Ével et du Kerdréan, reliant Moréac et Naizin. — Seigneurie; manoir.

Kerdréan-Brandivy, éc. et ruiss. affl. du Loch, cne de Grand-Champ.

Kerdréan-la-Forêt, ham. et pont sur le Lanvaux, cne de Grand-Champ.

Kerdréano, éc. cne de Saint-Jean-Brévelay.

Kerdréavrec, h. cne de Pluvigner.

Kerdrécan, h. cne de Brech.

Kerdrécan, h. cne de Sulniac.

Kerdrech, h. cne de Plougoumelen. — Seigneurie.

Kerdréhan, h. cne de Locoal-Mendon.

Kerdréhan, éc. cne de Plaudren.

Kerdréhan, h. cne de Plaudren (dist. du précédent).

Kerdréhen, éc. cne de Priziac.

Kerdrého, h. cne de Brech.

Kerdrého, chât. bois, étang, deux fes, dont l'une dite *Kerdrého-Bihan* et l'autre *Métairie Neuve de Kerdrého*, ruiss. affl. du Bécherel et min à eau sur ce ruiss. cne de Plouay.—Seigneurie; manoir.

Kerdréboucarne, h. cne de Gourin.

Kerdréboucarne, h. cne de Pluméliau.

Kerdrehuen, éc. cne de Gourin.

Kerdrein, éc. cne de Landévant.

Kerdrein, h. cne de Sainte-Hélène.

Kerdrel, éc. cne du Guerno.

Kerdrel (Rue de), à Lorient. — Voy. Hôpital (Rue de L').

Kerdren, éc. cne de Locoal-Mendon; pont sur le Kerjacob, reliant Locoal-Mendon et Plœmel.

Kerdrenne, h. cne de Marzan.

Kerdréoucarne, h. cne de Kervignac.

Kerdreu (Bras et Bihan), vill. cne de Carnac.

Kerdreux, éc. cne de Ménéac. — Seigneurie.

Kerdreven, vill. cne de Crach.

Kerdreven, vill. cne de Locoal-Mendon.

Kerdrezal-la-Forêt, h. cne de Grand-Champ.

Kerdrézec, f. cne de Kervignac.

Kerdrien, h. cne de Pontscorff.

Kerdrillaud, éc. cne de Locoal-Mendon.

Kerdrillo, éc. cne de Plouharnel.

Kerdrimay, h. cne d'Arzal.

Kerdrizaine, h. cne de Saint-Jean-Brévelay.

Kerdrizen, f. cne de Bignan.

Kerdro, h. cne de Locoal-Mendon.

Kerdroellan, vill. font. et ruiss. *de la Fontaine-de-Kerdroellan*, affl. de l'Étel, cne de Belz.

Kerdroguen, chât. et fes, cne de Pluneret. — Seigneurie.

Kerdroguen, village, cne de Saint-Jean-Brévelay. — Prieuré-chapellenie.

Kerdroidec, h. cne de Languidic.

Kerdrolan, h. cne de Bieuzy.

Kerdrolo, vill. cne de Baud.

Kerdronette, éc. cne de Plumergat.

Kerdronquis, h. cne de Caudan. — Seigneurie.

Kerdross, h. cne de Marzan.

Kerdroual, h. cne de Plœmeur.—Seigneurie.

Kerdrumel, h. cne de Baden.

Kerdruzion, vill. cne de Péaule.

Kerdual, vill. marais et anse sur la baie de Quiberon, cne de Carnac.

Kerdual, h. cne de Pluvigner.

Kerdual, vill. cne de Quéven.

Kerddalic, éc. cne d'Arradon. — Seigneurie.

Kerdualic, éc. et pont, dit aussi *pont Lann*, sur le Kergoal, cne de Plescop. — Seigneurie.

Kerdual-Loperhet, h. cne de Grand-Champ.

Kerdual-Saint-Laurent, h. cne de Grand-Champ.

Kerduchat, h. cne de Guidel.

Kerdichat, éc. cne de Napoléonville.

Kerdudal ou Cap-Kerdudal, vill. cne de Guidel.

Kerdudal, h. cne de Péaule. — Seigneurie.

Kerdudal-Breniel, éc. cne de Gourin.

Kerdudal-Conaour, h. cne de Gourin.

KERDUDAVAL, éc. cne de Napoléonville.

KERDUDO, chât. et f. cne de Guidel. — Seigneurie; manoir.

KERDUDOU, h. cne du Faouët. — Seigneurie.

KERDUEL, chât. f. bois et min à eau dit *Moulin à Papier*, sur le Scorff, cne de Lignol; ruiss. voy. BELOSTE, et min à eau sur ce ruiss. cne de Ploërdut. — *Kerzuell*, 1424 (princip. de Rohan-Guémené). — Seigneurie; manoir.

KERDUEL, vill. et éc. dit *Loge-Kerduel*, cne de Plouay.

KERDUELLIC (RUE DE), à Plœmeur; vill. et min à vent dans cette commune.

KERDUIC, vill. et pont sur la Sarre, cne de Melrand.

KERDUPERH, h. cne de Monterblanc.

KERDURAND, h. cne d'Arzal.

KERDURAND, h. cne de Cléguer.

KERDURAND, vill. cne de Groix.

KERDURAND, h. cne de Riantec.

KERDURÉ, h. cne d'Elven.

KERDUROD (IHUEL et IZEL), h. cne de Guidel.

KERDY, vill. cne de Gestel.

KERÉCHELAND, éc. cne de Plumelin.

KEREDAN, vill. cne de Pluméliau.

KERÉDEN, h. cne de Baden.

KEREDERN, h. cne de Gourin.

KERÉDO, h. cne d'Erdeven. — Seigneurie.

KERÉDO, vill. cne de Nostang.

KEREDREN, écart et min à eau sur le Saint-Éloi, cne de Questembert. — *Keredrein*, xviie se (présid. de Vannes). — Seigneurie; anc. manoir en ruines.

KEREDRO, vill. cne de Pluméliau.

KEREGUNET, vill. cne de Sarzeau.

KEREL, h. cne de Crédin. — Seigneurie.

KERÉLISA, éc. cne de Vannes.

KEREMBARZ, h. cne de Guidel.

KEREMBERT, vill. cne de Plumelec.

KEREMBRAS, h. cne de Guéhenno. — Seigneurie.

KEREMPENAY, h. cne de Questembert.

KERENBON, éc. cne de Berric.

KERENCARGOUR, vill. cne de Lanvénégen.

KERENDAUR, h. et pont sur le Bécherel, cne de Plouay.

KERENDIAUST, éc. cne de Moréac.

KERENDILY, éc. et ruiss. affl. du Madame, cne de Gourin.

KERENDIOT, vill. cne de Cálan.

KERENDOUÉRÉ, h. cne de Caudan.

KERENDRENT, h. cne de Lanvénégen.

KERENDRUN, éc. cne de Sainte-Hélène; faisait autrefois partie de la par. de Plouhinec.

KERENDU, vill. et h. dit *Loges-Kerendu*, cne d'Inguiniel.

KERENDU, f. cne de Plouay; ruiss. voy. PENTERFF. — Seigneurie.

KERENDUEC, vill. cne de Moréac.

KERENDUIC, h. cne de Languidic.

KERENDUN, vill. cne de Plumelin.

KERÉNOR, h. cne de Gourin.

KERENQUIN, h. cne de Riantec.

KERENROUÉ, éc. cne de Cléguer.

KERENROUÉ, h. cne de Lanvaudan.

KERENROUX, vill. cne de Roudouallec. — Seigneurie.

KERENTALME (IHUEL et IZEL), vill. cne de Bubry.

KERENTARFF, éc. cne d'Inzinzac.

KERENTARFF, h. cne de Languidic.

KERENTESTEC, éc. cne de Languidic.

KERENTICHER, éc. cne de Bubry.

KERENTORCH, éc. cne de Languidic.

KERENTOURNER, vill. lande, font. et ruiss. *de la Fontaine-de-Kerentourner*, affl. de celui du Moulin-de-Langle, cne de Lanvaudan.

KERENTRÉ, éc. cne de Bignan.

KERENTRÉ, éc. cne de Réguiny.

KERENTRÉ, éc. cne de Theix.

KERENTRÉ, éc. cne de Trédion.

KERENTRECH, vill. cne de Belz. — *Larmor*, xviiie siècle (sénéch. d'Auray).

KERENTRECH, faub. de Lorient; pont suspendu, autrefois passage, dit aussi *de Saint-Christophe*, et viaduc du chemin de fer sur le Scorff, reliant Lorient et Caudan; porte à Lorient, appelée avant 1789 *Grande Porte*, et après 1789, *porte d'Hennebont* et *porte du Morbihan*; rue *du Pont-de-Kerentrech*, à Kerentrech, dite autrefois rue *du Morbihan*. — *Kerantreiz*, «aultrement *Kerrönner*,» 1572 (fabr. de Plœmeur).

KERENTRECU, éc. cne de Sainte-Hélène.

KERENTRECH (LE PETIT-), vill. cne de Caudan.

KERENTRECH (RUE DE), à Napoléonville, et vill. dans cette commune.

KERENTRECH-CAUDAN, vill. cne de Caudan (distinct du *Petit-Kerentrech*).

KERÉON, h. cne de Guiscriff.

KERÉON, vill. cne de Roudouallec.

KERÉRÉ, vill. cne de Locmariaquer. — *Kerhéré*, aliàs *Kerhervé*, xviie siècle (hôtel-Dieu d'Auray). — Seigneurie.

KERERU, h. cne de Noyal-Pontivy. — Seign. manoir.

KERÈSE, vill. cne de Saint-Gérand.

KERESMAN, éc. cne de Quistinic.

KERET, vill. cne de Sarzeau. — *Korreth*, 1449 (trinitaires de Sarzeau).

KERÉTAUX, h. et min à vent, cne de Loyat.

KEREUGÈNE, éc. cne d'Ambon.

KERÉVAIN, h. cne de Sulniac.

KERÉVAST, éc. cne de Questembert.

Kernéven, vill. c^ne de Plœmeur.

Kereven, éc. c^ne de Plumelin.

Keréven, h. c^ne de Pontscorff.

Kernéven, vill. c^ne du Saint.

Kerkvin, vill. partie c^ne d'Erdeven, partie c^ne d'Étel.

Kenévin, vill. c^ne de Plœmel.

Kerézan, h. c^ne de Plœmel.

Kerézan, vill. c^ne de Pluneret.

Kerézan-Allanic, h. c^ne de Pluvigner; pont sur le ruiss. du Pont-au-Christ, reliant Pluvigner et Brech.

Kerézan-Coët-Kerisac, h. et ruiss. afll. du Gouach-Viquel, c^ne de Pluvigner.

Kerézan-Leau, vill. c^ne de Pluvigner.

Kerézano, h. c^ne de Pluvigner.

Kerézan-Sainte-Brigitte, éc. c^ne de Pluvigner. — Seigneurie.

Kerézo, éc. c^ne de Locoal-Mendon.

Kerface, f. c^ne de Limerzel. — Seigneurie; manoir.

Kerfacile, h. c^ne de Crach.

Kerfagot, vill. c^ne de Saint-Gildas-de-Rhuis. — *Kererfagon*, 1436 (abb. de Saint-Gildas-de-Rhuis).

Kerfaguet, f. et ruiss. *de la Fontaine-de-Kerfaguet*, afll. du Belhorno, c^ne de Surzur.

Kerfalher, éc. c^ne d'Elven.

Kerfalher, vill. c^ne de Pénestin.

Kerfalhen, vill. c^ne de Languidic; ruiss. voy. Rocu (Le).

Kerfanc, éc. c^ne de Baden.

Kerfandol, f. bois, ruiss. dit aussi *de Prad-Vanetun*, afll. du Pont-Rouge, et m^in à eau sur ce ruiss. c^ne de Ploërdut. — Seigneurie; manoir.

Kerfanto, h. partie c^ne de Noyal-Pontivy, partie c^ne de Saint-Thuriau; pont sur le ruiss. du Pont-Caninan, c^ne de Saint-Thuriau.

Kerfacte, vill. c^ne de Plouhinec.

Kerfaux, éc. c^ne de Pluvigner.

Kerfaven, éc. c^ne d'Inguiniel.

Kerfaven, éc. c^ne de Plouay.

Kerfec, h. c^ne de Quistinic.

Kerfeloch ou Guergelin, f. c^ne de Languidic.

Kerfentel, h. c^ne d'Elven.

Kerferioux, h. c^ne de Plumelec.

Kerfernand, h. c^ne de Berné.

Kerfetan, vill. c^ne de Guénin.

Kerfetan, éc. c^ne de Landaul.

Kerfetan, éc. c^ne de Moréac.

Kerfetan, éc. c^ne de Pluméliau.

Kerfica, éc. c^ne de Limerzel.

Kerficelle, éc. c^ne de Caudan.

Kerficelle, h. c^ne de Napoléonville.

Kerfichant, vill. c^ne de Plœmeur.

Kerfiguian, f. c^ne de Surzur.

Kerfilouet, vill. c^ne de Plumelec.

Kerfily, h. lande et ruiss. afll. du Runio, c^ne de Crédin.

Kerfily, chât. dit *Cour-de-Kerfily* et f. dite *Porte-de-Kerfily*, ruiss. afll. de l'Arz et m^in à eau au confl. de l'Arz et du Kerfily, c^ne d'Elven; bois et f. dite *Forêt-de-Kerfily*, c^ne de Trédion. — Seigneurie; ancien château.

Kerfinec, éc. c^te de Languidic.

Kerfla, h. c^ne de Saint-Nolff, étang baignant Saint-Nolff et Monterblanc; ruiss. dit aussi *de Saint-Amand*, afll. de l'Arz, qui arrose Saint-Nolff, Monterblanc et Elven.

Kerflauer, h. c^ne d'Arzal.

Kerflahouet, f. c^ne de Naizin.

Kerflao, vill. c^ne du Saint.

Kerfléan, h. c^ne de Caudan.

Kerfléau, vill. c^ne de Caudan.

Kerflech, vill. c^ne de Kerfourn. — Seigneurie.

Kerflémic, h. c^ne de Meslan. — Seigneurie.

Kerfleury, h. c^ne de Noyal-Muzillac.

Kerfleux, vill. c^ne de Limerzel.

Kerfloch, h. c^ne de Baud.

Kerfloch, vill. c^ne de Bignan; ruiss. voy. Trébimoël.

Kerfloch, éc. c^ne de Landévant.

Kerfloch, vill. c^ne de Languidic.

Kerflocn, h. et ancien camp dit aussi *Fort Digabel*, c^ne de Plaudren.

Kerflocn, vill. c^ne de Ploërdut.

Kerfloch, vill. c^ne de Pluméliau.

Kerfloch, éc. et m^in à eau sur l'Ellée, c^ne de Priziac; pont sur l'Ellée, reliant Priziac et Langonnet. — Seigneurie; manoir.

Kerflochet, éc. c^ne de Moréac.

Kerfloho, éc. c^ne de Moustoir-Remungol.

Kerflous, vill. et éc. dit *Loge-Kerflous*, c^ne de Gourin.

Kerfol, f. c^ne de Bignan.

Kerfol, h. c^ne de Saint-Allouestre.

Kerfol (Bras et Biban), h. c^ne de Cléguer.

Kerfollic, h. c^ne de Pluvigner.

Kerfonse, vill. c^ne d'Inguiniel.

Kerfontaine, h. c^ne du Hézo; lande dite *Lann-Kerfontaine*, c^ne de Noyalo.

Kerfontaine, vill. c^ne de Sarzeau.

Kerfontaine, h. c^ne de Séné.

Kerfontaine, éc. c^ne de Vannes.

Kerfontaniou, vill. partie c^ne de Lorient, partie c^ne de Plœmeur; rue et ruelle au village de Merville, c^ne de Lorient.

Kerforch, vill. c^ne du Faouët.

Kerforêt, éc. c^ne de Saint-Caradec-Trégomel.

Kerforho, f. c^ne de Bignan.

Kerfonne, h. c^ne de Crach.

Kerforne, vill. c^ne de Plœmeur.

Kerfosse, h. et lande, c^ne de Bubry.

Kerfosse, h. c^ne de Plœren.

Kerfosse-Saint-Adrien, vill. c^ne de Baud. — *Kerfos*, 1583 (abb. de la Joie).

Kerfougeo, éc. c^ne de Saint-Caradec-Trégomel.

Kerfoulen, h. c^ne de Bieuzy. — Seigneurie.

Kerfouquet, h. c^ne de Pleugriffet. — *Kerfourcar*, xive siècle (duché de Rohan-Chabot).

Kerfourchard, h. c^ne de Crach.

Kerfourchelle, h. c^ne de Plouharnel.

Kerfourcher, vill. c^ne de Plouhinec.

Kerfourn, c^ne de Napoléonville; landes dans la c^ne, et ruiss. *des Landes-de-Kerfourn* : voy. Kerniquello. — *Kerforn*, 1461 (duché de Rohan-Chabot). Trève de la par. de Noyal-Pontivy.— Seigneurie. — Distr. de Pontivy.

Kerfourne, h. c^ne de Pluvigner.

Kerfozo, éc. c^ne de Guern.

Kerfraisine (Loge), éc. c^ne du Saint.

Kerfral, éc. c^te de Languidic. — *Kerfraval*, 1399 (abb. de la Joie).

Kerfran, éc. c^ne de Marzan.

Kerfranc, h. c^ne de Berric.

Kerfranc, anc. maison à Vannes : voy. Palestine (La). — Seigneurie.

Kerfrapic, b. c^ne de Moréac.

Kerfrappe, h. c^ne de Guern.

Kerfratel, h. c^re de Plouay.

Kerfraval, h. c^ne de Bignan.— *Kermauguen*, xvie s^e (duché de Rohan-Chabot). — Seigneurie.

Kerfraval, h. m^in à vent et éc. c^ne de Carnac.

Kerfraval (Bras et Bihan), vill. c^ne de Guénin.

Kerfraval, vill. et m^in à eau sur le Pont-Guillemin, c^ne de Landévant. — Seigneurie.

Kerfraval, vill. c^ne de Langonnet.

Kerfraval, vill. c^ne de Saint-Thuriau.

Kerfraval, h. c^ne de Sarzeau. — Seigneurie plus connue sous le nom de *Keryaval*; manoir.

Kerfrec, h. c^ne d'Inzinzac; passage sur le ruiss. de Langle, reliant Inzinzac et Lanvaudan.

Kerfrécan, éc. c^ne de Pluneret. — Seigneurie.

Kerfrédenic, éc. c^ne de Sarzeau.

Kerfrédo, h. c^ne de Saint-Jean-Brévelay.

Kerfredoux, h. c^ne de Plumelec.

Kerfréhoun, vill. c^ne de Caudan.

Kerfreliton, h. c^ne de Plaudren.

Kerfréour, h. c^ne de Languidic.

Kerfréssec, chât. et f^re, c^ne de Sainte-Hélène. — Seigneurie; manoir, autref. en la par. de Plouhinec, ainsi que toute la section du même nom.

Kerfretin, h. c^ne de Molac.

Kerfréval, éc. c^ne de Camors.

Kerfréval, éc. c^ne de Plaudren.

Kerfrézour, h. c^re de Ploërdut.

Kerfriçon, h. c^ne de Bignan.

Kerfriçon, h. c^ne de Moréac. — *Kerfrichon*, 1406 (duché de Rohan-Chabot).

Kerfulus, vill. c^ne de Cléguérec.

Kerfunse, vill. c^ne de Grand-Champ.

Kerfur, h. c^ne de Grand-Champ.

Kergac, éc. c^ne de Camors; ruiss. voy. Pont-Fau (Ruisseau du).

Kergac, éc. c^ne de Sulniac.

Kergadic, éc. c^ne de Brech.

Kergadic, bois, c^ne de Plouay.

Kergadio, h. font. et ruiss. *de la Fontaine-de-Kergadio*, affl. du Kerollin, c^ne de Lanvaudan.

Kergadiou, éc. c^ne de Gourin.

Kergadoret, h. c^ne de Berné.

Kergadou, éc. c^ne de Langonnet.

Kergaduret, éc. c^ne de Moréac.

Kergaën, h. c^ne de Saint-Tugdual.

Kergaës, h. et bois, c^ne de Lanvaudan.

Kergaher, vill. c^te de Guidel.

Kergaho, éc. c^ne de Camors.

Kergal, éc. c^ne d'Arzal.

Kergal, h. c^ne de Béganne.

Kergal, éc. c^ne de Berné.

Kergal, h. c^ne de Bignan.

Kergal, vill. c^ne de Bubry.

Kergal, h. c^ne de Camors.

Kergal, h. c^ne de Crach. — Seigneurie.

Kergal, h. c^ne de Férel.

Kergal, vill. et lande, c^ne de Grand-Champ. — Seigneurie; manoir.

Kergal, éc. c^ne de Guidel.

Kergal, h. c^ne de Guiscriff.

Kergal, vill. et m^in à eau sur le ruiss. de ce nom, c^ne de Kergrist; ruiss. voy. Liez (Le). — Seign. manoir.

Kergal, h. c^ne de Lanvaudan.

Kergal, vill. c^ne de Moréac.

Kergal, f. c^ne de Noyal-Muzillac.

Kergal, vill. c^ne de Plœmel.

Kergal, h. c^ne de Plumelec, dit aussi (celui qui est près de Keranézo) *Luert-de-Haut*, xviie siècle (chât. de Callac).

Kergal, h. c^ne de Plumelec (dist. du précédent).

Kergal, h. c^ne de Pontscorff.

Kergal, h. c^ne de Radenac.

Kergal, h. et ruiss. affl. de l'Ével, c^ne de Remungol.

Kergal, vill. c^ne de Saint-Jean-Brévelay.

Kergal, vill. c^ne de Sarzeau.

Kergal, h. c^ne de Sarzeau (dist. du précédent).

Kergal, vill. et autre vill. dit *Noë-de-Kergal*, c⁰ᵉ de Surzur; ruiss. *de la Fontaine-de-Kergal*, dit aussi *de la Noë-de-Kergal*, affl. du ruiss. des Prés-Lobréan, et ayant lui-même pour affl. le ruiss. *de la Ferme-de-Kergal*, qui arrosent tous deux la cⁿᵉ de Surzur.

Kergal (Bras et Bihan), h. et éc. dit *Loge-Kergal*, cⁿᵉ de Gourin.

Kergal (Bras et Bihan), vill. cⁿᵉ d'Inguiniel.

Kergalant, h. cⁿᵉ de Malguénac.

Kergalant, vill. cⁿᵉ de Plœmeur. — *Kerrigualon*, xiiᵉ sᵉ (abb. de Sainte-Croix de Quimperlé).

Kergalant (Bras et Bihan), vill. cⁿᵉ de Quéven.

Kergalavant, vill. cⁿᵉ de Quéven.

Kergal-Bodo, vill. cⁿᵉ de Languidic.

Kergaldan, h. cⁿᵉ de Crach.

Kergalen, h. cⁿᵉ de Marzan.

Kergal-Fontaincé, éc. cⁿᵉ de Noyal-Pontivy. — Seigneurie; manoir.

Kergalhern, éc. cⁿᵉ de Moréac.

Kergalic, vill. cⁿᵉ de Bangor.

Kergallan, h. cⁿᵉ de Belz.

Kergal-la-Vigne, vill. cⁿᵉ de Languidic.

Kergallo, h. cⁿᵉ de Languidic.

Kergallo, h. cⁿᵉ de Monterblanc.

Kergalonic, h. cⁿᵉ de Languidic.

Kergal-Pasco, h. cⁿᵉ de Languidic.

Kergalper, h. cⁿᵉ de Silfiac.

Kergal-Saint-Gilles, h. cⁿᵉ de Languidic.

Kergam, h. cⁿᵉ de Guidel.

Kergamenant, vill. cⁿᵉ de Kervignac; ruiss. qui arrose Kervignac, Merlévenez et Riantec, où il se jette dans l'Océan.

Kergamet, vill. cⁿᵉ de Férel.

Kergan, h. cⁿᵉ de Bignan.

Kergan, éc. cⁿᵉ de Billio. — Seigneurie.

Kerganaouene, vill. cⁿᵉ de Pontscorff.

Kergandal, f. cⁿᵉ de Naizin. — Seigneurie; manoir.

Kergandehuen, h. cⁿᵉ de Plœmeur. — *Kerconhouarn*, xiiᵉ siècle (abb. de Sainte-Croix de Quimperlé).

Kergandeur, h. cⁿᵉ de Plumelin.

Kerganéhuen, éc. cⁿᵉ d'Inzinzac.

Kerganemeur, vill. cⁿᵉ de Locmalo. — *Kerguegan-anmez*, 1416 (princip. de Rohan-Guémené). — *Kerguegan-an-Meur*, 1452 (*ibid.*).

Kerganet, h. cⁿᵉ de Plougoumelen.

Kerganeven, b. cⁿᵉ d'Inguiniel.

Kerganiet, h. cⁿᵉ de Plœmel.

Kerganiet-Saint-Claude, h. cⁿᵉ d'Inguiniel.

Kerganiet-Saint-Lalle, h. cⁿᵉ d'Inguiniel.

Kerganivet, f. cⁿᵉ de Bignan.

Kerganivet, éc. cⁿᵉ de Persquen.

Kergannec, éc. cⁿᵉ de Plœmel.

Kerganno, h. cⁿᵉ de Landaul. — *Kergaznou*, 1440 (sénéch. d'Auray).

Kergano, h. bois, pont et mⁱⁿ à eau sur le ruiss. du Chapelain, cⁿᵉ de Persquen. — Seigneurie; manoir.

Kerganquis, éc. cⁿᵉ de Locoal-Mendon. — Seigneurie.

Kerganquis, h. cⁿᵉ de Nostang. — Seigneurie.

Kerganquis, éc. cⁿᵉ de Sarzeau.

Kergant, éc. cⁿᵉ de Landévant.

Kergant, h. et pont sur le Kerguiris, cⁿᵉ de Plouay.

Kergantelec, vill. cⁿᵉ de l'Île-aux-Moines.

Kerganric, h. cⁿᵉ de Plœmeur.

Kergaouidal, h. cⁿᵉ de Lanvénégen.

Kergaradec, h. cⁿᵉ de Gourin.

Kergaradec, h. cⁿᵉ de Langonnet.

Kergaradec, h. cⁿᵉ de Roudouallec.

Kergard, h. et colline, cⁿᵉ d'Hennebont. — Seign.

Kergard, vill. mⁱⁿ à vent et mⁱⁿ à eau sur le Runio, cⁿᵉ de Réguiny. — Seigneurie.

Kergarec, vill. cⁿᵉ de Carnac.

Kergarenne, h. et bois, cⁿᵉ de Calan.

Kergarff, éc. cⁿᵉ de Melrand.

Kergarr, h. cⁿᵉ de Plumelin.

Kergario, vill. cⁿᵉ d'Inzinzac.

Kergario, h. cⁿᵉ de Radenac.

Kergario (Huellan, Izellan et Bihan), vill. cⁿˢ de Lignol. — Seigneurie; manoir.

Kergariou, éc. cⁿᵉ de Lanvénégen.

Kergarnec, éc. cⁿᵉ d'Elven.

Kergarnec, h. cⁿᵉ de Locoal-Mendon. — *Kergannec*, xviiᵉ siècle (sénéch. d'Auray).

Kergarnec, éc. cⁿᵉ de Questembert.

Kergarnic, h. cⁿᵉ de Plouay.

Kergaro, h. cⁿᵉ de Melrand. — Seigneurie.

Kergas, éc. cⁿᵉ de Molac.

Kergascogne, éc. cⁿᵉ de Baud.

Kergat, f. cⁿᵉ de Larré.

Kergat, vill. cⁿᵉ de Moréac.

Kergat, vill. lande et h. *de la Lande-de-Kergat*, cⁿᵉ de Noyal-Pontivy.

Kergatamignan, h. cⁿᵉ de Kervignac.

Kergaté, h. cⁿᵉ de Pluvigner.

Kergatorn, vill. cⁿᵉ de Merlévenez. — Seigneurie.

Kergatouharne, mⁱⁿ à vent, cⁿᵉ de Groix. — Seigneurie; manoir.

Kergatté, éc. cⁿᵉ de Sulniac.

Kergause, vill. cⁿᵉ de Languidic.

Kergautier, éc. cⁿᵉ de Plumelin.

Kergaval, f. cⁿᵉ de Férel.

Kergavat, b. cⁿᵉ d'Erdeven.

Kergavat, f. et ruiss. *de la Fontaine-de-Kergavat*, affl. du Kergué, cⁿᵉ de Plœren.

Kergavat, h. cⁿᵉ de Plouharnel.

Kergavay, f. cne de Saint-Avé; ruiss. affl. du Meucon, qui arrose Meucon et Saint-Avé.

Kergavidel, h. cne de Pluvigner.

Kergazec, vill. cne de Plouharnel.

Kergeaugie, vill. cne de Naizin.

Kergelin, vill. font. et ruiss. *de la Fontaine-de-Kergelin*, affl. du Scorff, cne d'Inguiniel.

Kergelin, h. cne de Saint-Caradec-Trégomel.

Kergenot, éc. cne d'Elven.

Kergentil, éc. et min à vent, cne de Marzan. — Seigneurie.

Kergentil, h. cne de Questembert.

Kergentin, éc. cne d'Elven.

Kergerbé, h. cne de Péaule.

Kergervaize, éc. cne de Baud.

Kergestin, h. cne de Landaul.

Kergestin, vill. ruiss. affl. du Pont-Rouge et pont au confl. du Pont-Rouge et du Kersallic, cne de Saint-Tugdual.

Kergibon, h. cne de Larré.

Kergicquel, h. cne de Neulliac. — Seigneurie; manoir.

Kergigousse, éc. cne de Plumelin.

Kergilet, vill. cne de Sarzeau.

Kergillet, vill. cne de Bignan.

Kergillet, éc. cne de Saint-Allouestre.

Kergio, f. cne de Pluherlin.

Kergiquel, vill. cne de Moustoir-Remungol. — Seigneurie; manoir.

Kerglaino, h. cne de Péaule.

Kerglan, h. cne de Plumelec.

Kerglas, f. cne de Molac.

Kerglas, h. cne de Saint-Nolff. — Seigneurie; manoir connu aussi sous le nom de *la Ville-Verte* (traduction).

Kerglasier, vill. cne de Questembert.

Kerglazen (Bras et Bihan), h. cne de Langonnet.

Kergléan, éc. cne de Plouharnel.

Kerglémès, vill. cne de Guiscriff.

Kerglémesso (Grand et Petit), ham. cne de Saint-Allouestre.

Kergléréc, h. cne de Languidic.

Kerglerec, h. cne de Lauzach.

Kerglève, h. cne de Guern.

Kergléverit, vill. cne de Crach. — Seigneurie; manoir.

Kerglien, éc. cne de Gourin.

Kerglinec, h. cne d'Inzinzac.

Kergloire, h. cne de Caudan.

Kergloire, éc. cne de Plouay.

Kerglouanec, h. cne de Plaudren.

Kerglouéro, éc. cne de Pluvigner.

Kerglouzo, éc. cne de Questembert.

Kerglove, h. cne d'Inzinzac. — *Manoir de Kerangleau*, 1462 (abb. de la Joie).

Kergludan, h. cne de Camors.

Kergluren, éc. cne de Berric.

Kergo, éc. cne de Béganne. — Seigneurie.

Kergo, vill. cne de Belz.

Kergo, h. cne de Bignan.

Kergo, h. et min à vent, cne de Carnac.

Kergo, h. et ruiss. affl. du Crach, cne de Crach.

Kergo, éc. cne de Kervignac.

Kergo, vill. cne de Languidic.

Kergo, éc. cne de Marzan.

Kergo, éc. cne de Monterblanc. — Seigneurie.

Kergo, éc. cne de Moustoirac.

Kergo, éc. cne de Napoléonville.

Kergo, vill. cne de Péaule.

Kergo, vill. cne de Plœmel. — Seigneurie.

Kergo, h. cne de Plouay.

Kergo, éc. cne de Pluvigner. — Seigneurie.

Kergo, h. cne de Questembert; pont sur le ruiss. de Bourg-Pommier, reliant Questembert et Limerzel.

Kergo, h. cne de Sainte-Hélène, autref. en la paroisse de Plouhinec. — Seigneurie.

Kergo, h. cne de Sulniac.

Kergo, f. cne de Surzur.

Kergo, éc. cne de Theix; ruiss. voy. Baron (Le).

Kergo, éc. cne de Treffléan. — Seigneurie.

Kergo (Haut, Bas et du Levant), h. cne de Pleucadeuc.

Kergo (Vras et Vihan), h. cne de Camors; bois, cne de Plumelin.

Kergoal, éc. cne de Caudan.

Kergoal, h. cne de Locoal-Mendon.

Kergoal, h. et ruiss. dit aussi *du Pont-Cauhal*, affl. du Vincin, cne de Plescop. — *Kaergoubal*, 1427 (duché de Rohan-Chabot).

Kergoal, vill. lande, éc. *de la Lande-de-Kergoal*, ruiss. *de la Lande-de-Kergoal*, affl. du Gorvello, et pont sur le Gorvello, cne de Theix. — Seigneurie.

Kergoarch, vill. cne de Plouray.

Kergoat, vill. cne de Plœmeur.

Kergoat, vill. et min sur l'Ellée, cne de Priziac. — Seigneurie; manoir.

Kergoat (Iruellauff et Izellauff), vill. et autre vill. dit *Loges-de-Kergoat*, cne de Guiscriff.

Kérgo-Bihan, éc. cne de Moustoirac (séparé de Kergo).

Kergoën, éc. cne de Gourin.

Kergo-er-Hoët, h. cne d'Inzinzac.

Kergoët, h. cne d'Inzinzac (dist. du précédent).

Kergoët, h. et bois, cne de Langoëlan.

Kergoff, vill. cne de Bieuzy.

Kergoff, vill. cne de Bubry.

Kergoff, chât. et f. c^{ne} de Caudan. — Seigneurie; manoir.

Kergoff, vill. c^{re} du Faouët.

Kergoff, éc. c^{ue} de Gourin.

Kergoff, h. et pont sur la Sarre, c^{ue} de Guern.

Kergoff, f. et m^{in} sur le ruiss. de ce nom, c^{ue} de Naizin; ruiss. voy. Kerguzangor; m^{in} à vent, c^{ne} de Saint-Thuriau.

Kergoff, vill. c^{ne} de Neulliac.

Kergoff, vill. et pont sur le Kermapino, c^{ne} de Noyal-Pontivy.

Kergoff, h. c^{ue} de Plumelec.

Kergoff, h. c^{ne} de Plumelec (dist. du précédent).

Kergoff, éc. c^{te} de Pluméliau.

Kergoff, h. c^{ne} de Quistinic.

Kergoff, h. c^{ne} de Radenac.

Kergoff, h. c^{ne} de Saint-Gildas-de-Rhuis.

Kergoff, vill. c^{ue} de Saint-Tugdual.

Kergoff (Haut et Bas), h. c^{ne} de Lanvénégen.

Kergoff-Picardie, éc. c^{ne} de Ploërdut.

Kergooan, éc. c^{ne} de Gourin.

Kergonal, éc. c^{ue} de Plœmeur.

Kergouan, h. c^{ne} de Crédin.

Kergouan, vill. c^{ue} de Languidic.

Kergouan, éc. c^{ue} de Pluneret. — Seigneurie.

Kergodan, vill. c^{ue} de Séglien.

Kergohel, h. c^{ne} de Plœmeur. — Seigneurie.

Kergohic, h. c^{ue} d'Hennebont.

Kergoulay, éc. c^{ue} de Moréac. — Seigneurie.

Kergoho, éc. c^{ne} de Pluneret.

Kergolay, vill. c^{ne} de Locmaria.

Kergoledec, vill. c^{ne} de Guidel.

Kergolen, h. c^{ne} de Ploërdut.

Kergoler, éc. c^{ue} de Caudan.

Kergolher, chât. bois, m^{in} à vent, ruiss. afl. de l'Arz, m^{in} à eau et pont sur ce ruiss., c^{ue} de Plaudren. — Seigneurie; manoir.

Kergolher, h. c^{ne} de Plumelec.

Kergolin, h. c^{ne} de Péaule.

Kergollaire, vill. c^{ne} de Languidic. — *Kerguelhezre*, 1408 (abb. de la Joie). — *Kaerguallezre*, 1416 (*ibid.*). — *Kergoaledre*, 1417 (*ibid.*). — *Kerhaledre*, 1437 (*ibid.*).

Kergoleden, vill. c^{ne} de Priziac. — *Kergouleden*, 1431 (princip. de Rohan-Guémené).

Kergolumer, poste au bord de l'Océan, c^{ne} de Pénestin.

Kergolvé, h. c^{ne} de Landaul.

Kergolvé, éc. c^{ue} de Saint-Nolff.

Kergolvé (Ihuel et Izel), vill. c^{ne} de Languidic.

Kergolven, h. c^{ne} de Landaul.

Kergolven, f. c^{ne} de Vannes.

Kergomaho, éc. c^{te} de Plumergat.

Kergoman, h. c^{ne} de Bignan.

Kergomo (Grand et Petit), h. c^{ne} d'Hennebont. — Seigneurie.

Kergonadan, éc. c^{ne} de Questembert.

Kergonale, éc. c^{ue} d'Inzinzac.

Kergonan, éc. c^{ue} de Baud. — *Villa Connan*, 1296 (duché de Rohan-Chabot).

Kergonan, f. c^{ne} d'Elven.

Kergonan, éc. c^{ne} de Gouria.

Kergonan, vill. c^{ne} de Guiscriff.

Kergonan, vill. c^{ne} de l'Île-aux-Moines.

Kergonan, h. c^{ne} de Landaul.

Kergonan, vill. c^{ue} de Languidic.

Kergonan, vill. c^{ue} de Plaudren.

Kergonan, h. et m^{in} à vent, c^{ne} de Plouharnel. — *Villegonan*, xviiie s^e (sénéch. d'Auray). — Seigneurie; manoir.

Kergonan, vill. c^{ne} de Plumelec.

Kergonan, h. c^{ne} de Pluneret.

Kergonan, éc. c^{ne} de Saint-Allouestre.

Kergonanic, h. c^{ne} d'Inzinzac.

Kergonano, chât. et bois, c^{re} de Baden. — *Kerconennou*, manoir, 1367 (chap. de Vannes). — Seign.

Kergonano, ruisseau. — Voy. Quélédack.

Kergonan-Solo, éc. c^{re} de Languidic.

Kergonant, h. et bois, c^{ne} de Remungol.

Kergonfaiz, h. c^{ne} de Bignan.

Kergonnan, éc. c^{re} de Saint-Jean-Brévelay.

Kergonno, f. c^{ne} de Plouay; pont sur le Tronchâteau, reliant Plouay et Calan.

Kergoso, vill. et lande, c^{ne} de Kervignac.

Kergosvo, h. c^{re} de Plœmel.

Kergo-Pel, h. c^{ne} d'Inzinzac.

Kergorange, h. c^{ne} de Sarzeau.

Kergordenne, éc. c^{ne} de Marzan.

Kergorec, vill. c^{ne} de Moréac.

Kergor-Hent, h. c^{re} de Guern.

Kergorhin, h. c^{ne} de Melrand.

Kergoric, éc. c^{ne} d'Inzinzac.

Kergorne, éc. c^{ne} de Camors.

Kergornet, vill. c^{re} de Gestel.

Kergornic, éc. c^{ne} de Brech.

Kergornic, éc. c^{ne} de Lignol.

Kergoste, h. c^{ne} de Melrand.

Kergosten, vill. c^{ne} de Languidic.

Kergostet, éc. c^{ne} d'Hennebont. — *Villa Costet*, et m^{in}, 1200 (D. Morice, I, 783).

Kergostiau, vill. et ruiss. *de la Fontaine-de-Kergostiau*, qui se jette dans l'Océan, c^{ne} de Port-Philippe.

Kergouach, éc. c^{ne} de Saint-Nolff. — Seigneurie.

Kergouaix, pont sur le ruiss. de Brulé, reliant Bubry et Melrand.

KERGOUAL, h. c^{ne} de Pluméliau.

KERGOUAL, h. c^{ne} de Saint-Jean-Brévelay.—Seigneurie.

KERGOUARD, éc. c^{ne} du Guerno.

KERGOUAREC, h. c^{ne} de Brech.

KERGOUAREC, éc. c^{ne} de Locoal-Mendon.

KERGOUARD, vill. c^{ne} de Moréac.

KERGOUAVE, vill. c^{ne} de Baud.

KERGOUDELEN, h. c^{ne} de Pluvigner; pont sur le ruiss. du Pont-au-Christ, reliant Pluvigner et Brech.

KERGOUÉLEC, vill. c^{ne} de Carnac.

KERGOUÉT, h. c^{ne} de Baud. — Seigneurie.

KERGOUET, vill. c^{ne} de Crach.

KERGOUET, vill. c^{ne} de Crédin.

KERGOUET, vill. c^{ne} d'Erdeven.

KERGOUET, éc. c^{ne} de Guern.

KERGOUET, vill. et m^{in} sur le ruiss. de ce nom, c^{ne} de Pluméliau; ruiss. *du Moulin-de-Kergouet* : voy. RUEN (LE).

KERGOUET, vill. c^{ne} de Saint-Gérand.

KERGOUGUEC, éc. c^{ne} de Moustoir-Remungol.

KERGOUHIER, vill. c^{ne} de Pluméliau.

KERGOUIC, éc. c^{ne} de Cléguer. — *Kerangoffic*, 1535 (seign. du Coatdor). — Seigneurie; manoir.

KERGOULAS, h. c^{ne} de Persquen.

KERGOULEDEC, vill. et m^{in} à vent, c^{ne} de Plœmeur.

KERGOULIARD, vill. c^{ne} de Carnac. — Seigneurie.

KERGOULIARD, h. c^{ne} de Pluvigner.

KERGOULLEC, h. c^{ne} de Landaul.

KERGOUMIRET, vill. c^{ne} de Sarzeau.

KERGOUNIO, éc. c^{ne} de Plœmel.

KERGOUNIOU, vill. c^{ne} de Theix.

KERGOUNIOUX (GRAND et PETIT), h. c^{ne} de Sulniac.— Seigneurie.

KERGOUR, vill. c^{ne} d'Arzal.

KERGOURET, h. c^{ne} de Carnac.

KERGOURGANT (RUE), à Plœmeur, et h. dans cette c^{ne}.

KERGOURIEC, h. c^{ne} de Saint-Jean-Brévelay.

KERGOURIEL, h. c^{ne} de Languidic.

KERGOURIENNE, h. c^{ne} de Languidic.

KERGOURIO, vill. c^{ne} de Crédin.

KERGOURIO, h. c^{ne} d'Inzinzac.

KERGOURIO, vill. c^{ne} de Péaule.

KERGOURIO, vill. c^{ne} de Sainte-Hélène, autrefois en la par. de Plouhinec.

KERGOURIO (GRAND et PETIT), vill. c^{ne} de Plaudren.

KERGOURIO-LE-GROUEL, éc. c^{ne} de Languidic.

KERGOUSSE, vill. c^{ne} d'Elven.

KERGOUSSEL, chât. et f. c^{ne} de Caudan. — *Kergousal*, 1497 (abb. de la Joie).

KERGOUSTARD, h. c^{ne} de Napoléonville; pont sur le Saint-Niel, reliant Napoléonville et Saint-Thuriau. — Seigneurie; manoir en la par. de Noyal-Pontivy.

KERGOUSTARD, h. c^{ne} de Plumelin.

KERGOUSTASE, h. et bois, c^{ne} de Quistinic.

KERGOUVA, h. c^{ne} de Pluméliau.

KERGOUYAN, éc. et ruiss. affl. du Luscanen, c^{ne} d'Arradon.

KERGOYETTE, vill. c^{ne} du Palais.

KERGOZ, vill. c^{ne} de Langonnet.

KERGRAHOUANIC, f. c^{ne} de Langoëlan.

KERGRAIN, éc. f. étang, bois et ruiss. voy. PARCO (LE), c^{ne} de Vannes. — Seigneurie; manoir en la par. de Plœren.

KERGRAIN-KERVRÉHAN, vill. et pont sur le Guergelin, c^{ne} de Languidic.

KERGRAIN-MORLO, vill. et ruiss. dit aussi *de la Bouillonnière*, affl. de celui des Trois-Recteurs, c^{ne} d'Inguiniel.

KERGRAIN-SAINT-CLAUDE, h. et pont sur le ruiss. du Moulin-de-Cabrec, c^{ne} d'Inguiniel.

KERGRAIN-SAINT-NICOLAS, vill. c^{ne} de Languidic.

KERGRALAN, vill. c^{ne} de Questembert.

KERGRAND, éc. et bois, c^{ne} de Lanvaudan.

KERGRAS, éc. et ruiss. affl. du Tréblavet, c^{ne} de Baud.

KERGRAS, h. c^{ne} d'Elven.

KERGRAVAKO, éc. c^{ne} de Pluvigner.

KERGRÉACH, h. c^{ne} de Langonnet.

KERGRÉHEN, h. c^{ne} de Langonnet.

KERGREIS, h. et autre h. dit *Loges-Kergreis*, c^{ne} de Gourin.

KERGREIZE, h. lande et vill. dit *Lann-er-Kergreize*, c^{ne} de Caudan.

KERGREIZE, vill. c^{ne} de Quistinic.

KERGRÈNE, vill. c^{ne} de Quéven.

KERGRENEC, h. c^{ne} de Muzillac.

KERGRENOUILLE, éc. c^{ne} de Sulniac.

KERGRÉSIL, h. c^{ne} de Naizin.

KERGRÉSIL, vill. c^{ne} de Napoléonville. — Seigneurie; manoir en la par. de Noyal-Pontivy.

KERGRESTIEN, h. c^{ne} de Plœren.

KERGRIGNON, h. et m^{in} sur le ruiss. de Branférel, c^{ne} de Péaule.

KERGRIME, vill. c^{ne} de Carnac.

KERGRIPPE, h. c^{ne} de Séné.

KERGRISAI, h. c^{ne} de Péaule.

KERGRISAY, h. c^{ne} de Marzan.

KERGRISOL, f. c^{ne} de Vannes.

KERGRIST, c^{ne} de Cléguérec. — *Guercrist*, 1205 (D. Morice, I, 800). — *Villa Christi*, 1255 (ibid. I, 962).

Trève de la par. de Neulliac. — Distr. de Pontivy.

KERGRIST, vill. c^{ne} de Gourin.

KERGRISTIEN, éc. c^{ne} de Péaule. — Seigneurie.

KERGRISTIEN, vill. c^{ne} de Pluméliau.

KERGROAGUÉ, éc. c^{ne} de Saint-Caradec-Trégomel.

Kergroës, éc. c^ne d'Inguiniel; ruiss. *de la Fontaine-de-Kergroës*, afll. du Saint-Vincent, qui arrose Inguiniel et Persquen.

Kergroës, éc. c^ne de Kervignac. — Seigneurie.

Kergroës, h. c^ne de Noyal-Muzillac.

Kergroëx, vill. c^ne de Lignol.

Kergrogno, fort, pointe et basse sur l'Océan, c^ne de Groix.

Kergrohenne, f. c^te de Bignan. — *Kergrohan*, 1486 (duché de Rohan-Chabot).

Kergrois, vill. partie c^ne de Landaul, partie c^ne de Pluvigner; m^in à vent, c^ne de Landaul; m^in à eau, c^ne de Landévant; ruiss. voy. Guillemin et autre ruiss. voy. Goah-er-Licenneu. — Seigneurie; manoir en Pluvigner.

Kergrois, chât. f. bois, m^in sur le ruiss. de ce nom et pont sur l'Ével, c^ne de Remungol; ruiss. voy. Breil (Ruisseau du Moulin-de-). — Seigneurie; manoir.

Kergrois, h. c^ne de Sarzeau.

Kergruise, vill. c^ne de Lorient.

Kergroisec, h. c^ne de Saint-Jean-Brévelay.

Kergroix, vill. c^ne de Carnac.

Kergroix, h. c^ne de Guidel.

Kergroix, vill. c^ne d'Hennebont.

Kergroix, h. c^ne de Languidic.

Kergroix, h. c^ne de Noyal-Pontivy.

Kergroix, éc. en ruines, c^ne de Sainte-Hélène.

Kergroix, vill. c^ne de Saint-Pierre.

Kergroix, f. c^ne de Surzur.

Kergroix-Lanénec, h. c^ne de Guidel.

Kergrosse, vill. anc. étang et autre étang dit *Gouarh-Kergrosse*, c^ne d'Erdeven; ruiss. *de l'Étang-de-Kergrosse*, qui arrose Erdeven et se jette dans l'Océan après avoir traversé le Vieil-Étang.

Kergrun, éc. c^ne de Langonnet.

Kergouacu, vill. c^ne de Carnac.

Kerouche, h. c^ne de Sulniac.

Kerouchoux, h. c^ne de Marzan.

Kergué, ruisseau. — Voy. Kerqué.

Kerguec, h. c^ne de Plumergat.

Kerguech, vill. c^ne de Port-Philippe.

Kerguedalan, h. c^ne de Ploërdut. — Seign. manoir.

Kerguedalan, vill. c^ne de Saint-Caradec-Trégomel; ruiss. dit *Gouah-Kerguedalan* : voy. Plessis.

Kerguéen, font. c^ne de l'Île-aux-Moines.

Kerguéhat, vill. c^ne d'Inguiniel.

Kerguéhennec, ch. f^st et bois, c^ne de Bignan. — *Kerguézenec*, 1502 (carmes de Sainte-Anne). — Seigneurie; ancien château.

Kerguéhennec, f. c^ne de Buléon.

Kerguéhette, h. c^ne de Sulniac; pont sur le Plat-d'Or, reliant Sulniac et Berric.

Kerguelavant, chât. f. et m^in sur le Saint-Truchau, c^ne de Pontscorff. — Seigneurie; manoir.

Kerguélen, h. c^ne de Camors; ruisseau : voy. Kervergant.

Kerguélen, h. c^ne de Merlévenez.

Kerguelen, vill. et anse sur l'Océan, c^te de Plœmeur. — *Kercuelen*, XIIe siècle (abb. de Sainte-Croix de Quimperlé). — Seigneurie.

Kerguélen (Grand et Petit), vill. c^ne de Melrand.

Kerguelène, vill. c^ne de Bangor.

Kerguelrouant, h. m^in à vent et m^in sur le ruiss. de ce nom, c^ne de Merlévenez; ruiss. afll. du Kergamenant, qui arrose Kervignac et Merlévenez; marais, c^ne de Kervignac. — Seigneurie.

Kerguelion, vill. c^ne d'Elven.

Kerguellan, h. c^ne de Sainte-Hélène.

Kerguellec, h. c^ne de Kervignac.

Kerguellec, h. c^ne de Langonnet.

Kerguellevant, h. c^ne de Pluneret.

Kerguélo, h. c^ne de Bignan.

Kerguélo, vill. c^ne de Molac.

Kerguélo, h. c^ne de Plaudren. — Seigneurie.

Kerguélo, h. c^ne de Questembert.

Kerguelvan (Grand et Petit), vill. c^ne de Locmariaquer.

Kerguen, h. c^ne d'Arradon. — Seigneurie.

Kerguen, h. c^ne de Baud.

Kerguen, h. et bois, c^ne de Belz. — Seigneurie; manoir.

Kerguen, f. c^ne de Bieuzy.

Kerguen, chât. f^st et ruiss. dit *Étier-de-Kerguen*, afll. de la Vilaine, c^ne de Camoël.

Kerguen, h. c^ne de Caudan. — Seigneurie; manoir en la par. de Saint-Caradec-Hennebont.

Kerguen, f. c^ne de Kervignac.

Kerguen, h. c^ne de Landaul.

Kerguen, vill. c^ne de Languidic. — *Kerorguen*, aliàs *Kerougguen*, 1415 (abb. de la Joie).

Kerguen, vill. c^ne de Plœmeur.

Kerguen, h. c^ne de Pluméliau.

Kerguen, h. c^ne de Pontscorff.

Kerguen, vill. c^ne de Remungol.

Kerguen, éc. c^ne de Saint-Jean-Brévelay.

Kerguen, éc. c^ne de Saint-Jean-Brévelay (dist. du précédent).

Kerguénal (Bras et Bihan), h. c^ne de Quistinic.

Kerguénan, h. salines et ruiss. *de la Fontaine-de-Kerguénan*, afll. de la Drague, c^ne de Surzur. — Seigneurie.

Kerguénaudic, h. c^ne de Languidic. — *Kerguennodic*, manoir, 1403 (abb. de la Joie). — *Kerguodic*, 1415 (*ibid.*). — Seigneurie.

KERGUENDO, vill. font. et ruiss. *de la Fontaine-de-Kerguendo*, affl. du Kerhouarné, c^ne d'Inguiniel.

KERGUÉNÉ, h. c^ne de Kervignac.

KERGUENEVEN, éc. c^ne de Baud. — Seigneurie.

KERGUENGOU, h. c^ne de Brech.

KERGUEN-KERVELAOUEN, h. c^ue de Guiscriff.

KERGUEN-MORRET, éc. c^ne de Pluméliau.

KERGUEN-MOUEL, h. c^ne de Guiscriff.

KERGUENNO, h. font. et ruiss. *de la Fontaine-de-Kerguenno*, affl. de celui des Trois-Recteurs, c^ne d'Inguiniel. — Seigneurie.

KERGUÉNO, vill. c^ne de Bubry.

KERGUÉNO, éc. c^ne de Carnac.

KERGUÉNO, h. c^ne de Plouay. — Seigneurie.

KERGUEN-PENNÉDÓC, h. c^ne de Guiscriff.

KERGUER, h. c^ne de Caudan. — Seigneurie.

KERGUER, vill. c^ne d'Inzinzac.

KERGUEREC, vill. c^ne de Locmariaquer.

KERGUÉNÉZEN, h. c^ne de Meslan.

KERGUEREZEN, éc. et ruiss. affl. du ru de l'Étang-de-Priziac, c^ne de Priziac.

KERGUERUAN, vill. c^ne de Belz.

KERGUÉRIS, h. c^ne de Brech.

KERGUÉRIS, h. et bois, c^ne de Culan; m^in à eau : voy. KERUAULT. — Seigneurie.

KERGUÉRIS, h. et lande, c^ne de Plaudren.

KERGUÉRIS, h. c^ne de Pontscorff.

KERGUÉNO, vill. c^ne de Brech.

KERGUÉRO, h. c^ne de Guidel.

KERGUÉNO, h. c^ne d'Inzinzac.

KERGUÉRO, vill. c^ne de Languidic.

KERGUÉRO, h. c^ne de Plumelin.

KERGUÉRO, h. c^ne de Pluvigner.

KERGUÉRO, h. c^ne de Sainte-Hélène.

KERGUESCANFF, vill. éc. dit *Maison-Neuve-Kerguescanff*, font. et ruiss. *de la Fontaine-de-Kerguescanff*, affl. du Kersily, c^ne de Plouay.

KERGUESTE, éc. et pont sur le Saint-Vincent, c^ne de Muzillac.

KERGUESTENEN, vill. c^ne de Camors.

KERGUESTENEN, h. c^ne de Gestel.

KERGUESTENEN, éc. c^ne de Guénin.

KERGUESTENEN, vill. c^ne de Plouay.

KERGUESTINEN, h. c^ne de Berric.

KERGUET, éc. c^ne de Marzan.

KERGUET, vill. c^ne de Sarzeau.

KERGUEUR, vill. c^ne de Bignan.

KERGUÉVEL, vill. c^ne de Bignan.

KERGUÉVELEC, h. bois, font. et ruiss. *de la Fontaine-de-Kerguévelec*, affl. du Stang-eur-Valh, c^ne de Lanvaudan.

KERGUÉVEN, vill. c^ne de Languidic.

KERGUÉVIN, éc. c^ue d'Erdeven.

KERGUFFLET, éc. c^ne de Saint-Caradec-Trégomel.

KERGUH, h. c^ne de Pluméliau. — Seigneurie.

KERGUIAUBIC, éc. c^ne de Limerzel.

KERGUIAUVEL, éc. c^ne de Limerzel.

KERGUIBRAN (INUEL et IZEL), vill. c^ne de Brech.

KERGUIC, h. c^ne de Languidic.

KERGUICHER, h. c^ne de Gourin.

KERGUIPIO, h. c^ne de Ploërdut. — *Kerguffyel*, 1391 (princip. de Rohan-Guémené). — *Kerguessiou*, 1430 (*ibid.*).

KERGUIGNAS (LOGE), éc. c^ne de Baud.

KERGUIGNO, vill. et ruiss. affl. de celui de Caranloup, c^ue de Buléon.

KERGUILAIS, h. c^ne de Péaule.

KERGUILLAUME, éc. c^ne de Kergrist.

KERGUILLAUME, h. c^ne de Locminé.

KERGUILLAUME, vill. c^ne de Marzan. — Seigneurie.

KERGUILLÉ, vill. c^ne de Carnac.

KERGUILLÉ, vill. c^ne de Caudan.

KERGUILLERME, h. c^ne de Melrand.

KERGUILLERME, éc. c^ne de Monterblanc.

KERGUILLERME, éc. c^ne de Plaudren. — Seigneurie.

KERGUILLERME, h. c^ne de Saint-Jean-Brévelay.

KERGUILLET, h. c^ne de Plœmeur.

KERGUILLIENS, éc. c^ne de Gourin.

KERGUILLOTIN, éc. c^ne de Noyal-Pontivy.

KERGUILLOUX, éc. c^ne de Meslan.

KERGUILLOUZO, éc. c^ne de Baud.

KERGUILVIC, h, c^ne de Sarzeau.

KERGUILY, h. c^ne de Mauron.

KERGUIMAREC, vill. et lande, c^ne de Noyal-Pontivy.

KERGUINDO, h. c^ne de Belz.

KERGUINDO, éc. c^ne de Cléguer. — Seigneurie.

KERGUINEL, h. c^ne de Languidic.

KERGUINEVET, h. c^ne de Baud.

KERGUINIO, éc. c^ne de Nostang. — Seigneurie.

KERGUINIO, vill. ruiss. *des Prés-de-Kerguinio*, affl. du Kervinigant, et autre ruiss. du même nom, affl. du Kerusten, c^ne de Ploërdut.

KERGUINIO, h. c^ne de Questembert.

KERGUINO, h. c^ne de Noyal-Muzillac.

KERGUINOLÉ, vill. c^ne de Bangor.

KERGUINOURET, h. c^ne de Crach.

KERGUIONET, éc. c^ne de Gourin.

KERGUIOUR, h. c^ne de Muzillac.

KERGUIRIS, éc. c^ne de Moustoirac.

KERGUIRIS, éc. c^ne de Muzillac.

KERGUIRIS (BRAS et BIHAN), h. c^ne de Plumelin.

KERGUISEC, h. c^ne de Plouhinec.

KERGUISEC, h. f. bois et m^in à vent, c^ne de Surzur. — Seigneurie; manoir.

KERGUISQUET, h. cne de Meslan.

KERGUISTEL, marais, cne de Cruguel. — Seigneurie.

KERGUISTENEN, éc. cne d'Inguiniel.

KERGUISTENEN, h. cne de Landévant.

KERGUISTIN, h. cne de Cléguérec. —Seigneurie; manoir.

KERGUISTIN, vill. et pont sur le Saint-Drédeno, cne de Noyal-Pontivy. —Seigneurie; manoir.

KERGUNODO, h. cne de Baud.

KERGUNU, h. cne de Bignan.

KERGUO, b. cne de Lignol.

KERGOURCH, h. cne de Cléguer.

KERGURIEC, vill. cne de Bubry.

KERGURIN, h. cne de Moréac.

KERGURION, chât. f. et lande, cne de Plaudren.—Seigneurie; manoir.

KERGURIONÉ, chât. et f. cne de Crach. — Seigneurie; anc. manoir.

KERGURUNE, vill. cne de Languidic.

KERGURZET, h. cne de Crach.

KERGUS, h. et autre b. dit *Loges-Kergus*, cne de Gourin. — Seigneurie.

KERGUS, f. cne de Ménéac.

KERGUSERH, h. cne de Brandérion. — *Kerguyserch*, 1399 (abb. de la Joie).—*Kerguserch*, 1415 (*ibid.*). — *Kergouserch*, 1417 (*ibid.*).

KERGUSSEC, h. cne de Plouay.

KERGUSTANC, h. cne de Locmalo. — *Kergustant*, 1416 (princip. de Rohan-Guémené).

KERGUSTIOU, h. cne du Saint.

KERGUTON, h. et lande, cne d'Inguiniel.

KERGUY, h. cne de Pluvigner.

KERGUYAULE, éc. cne de Brech.

KERGUYONVARECH, éc. cne de Pluvigner.

KERGUYOT, vill. cne de Sarzeau.

KERGUZANGOR, chât. min à vent et min sur le ruiss. de ce nom, cne de Naizin; ruiss. dit aussi *de Kergoff, de Kersimon, de Belle-Chère, du Pont-de-Kerboutier* et *de la Fontaine-de-Bodervin*, affl. de l'Ével, qui arrose Gueltas, Kerfourn, Noyal-Pontivy et Naizin. — Seigneurie; manoir.

KERGUZUL, vill. cne de Plouray.

KERHA, h. et pont sur le Doyenné, cne de Péaule.

KERHABONNET, éc. cne de Riantec.

KERHABONO, éc. cne de Languidic.

KERHAH, vill. cne de Sainte-Hélène.

KERHAÏC, h. cne de Sarzeau.

KERHAILLARD, h. cne d'Elven.

KERHAIVE, h. cne de Baud.

KERHAL, vill. cne de Bignan.—Seigneurie.

KERHAL, vill. cne de Ruffiac.

KERHALIGUEN, vill. cne de Monterblanc.

KERHALIGUEN ou HALIGUEN, vill. cne de Noyal-Muzillac.

KERHALIGUEN, éc. cne de Plaudren.

KERHALIGUEN-TRESCOCET, éc. cne de Plaudren.

KERHALLEC, h. cne de Treffléan.

KERHALLON, f. cne de Noyal-Muzillac.

KERHALVÉ, vill. cne de Séglien.

KERHAM, f. cne de Berné.

KERHAM, h. cne de Plouay.

KERHANDON, f. cne de Noyal-Muzillac. — Seigneurie.

KERHANDOUARIN, h. cne de Noyal-Muzillac.

KERHANDY, h. cne de Noyal-Muzillac.

KERHANE, éc. cne de Languidic.

KERHANGRE, éc. cne de Plouharnel.

KERHANTO, h. cne de Pluméliau.

KERHAR, h. cne de Guidel.

KERHARDY, f. cne d'Elven.

KERHARDY, éc. cne de Questembert.

KERHARFF, f. cne de Berné.

KERHARFF, h. cne de Saint-Tugdual.

KERHARGUET, h. cne de Priziac.— *Kerancarguet*, 1459 (princip. de Rohan-Guémené).

KERHARLAY, h. cne de Plouay.

KERHARNIO, h. cne de Belz.

KERHARNIO, h. cne de Gestel.

KERHARTE, éc. cne de Languidic.

KERHAS, h. cne de Priziac.

KERHASTELLOU (BRAS et BIHAN), h. cne de Langonnet.

KERHAT, éc. cne de Quistinic.

KERHAUDE, f. cne de Férel.

KERHAULT, h. cne de Cléguer; bois et min à eau dit aussi *de Kerguéris*, sur le Tronchâteau, cne de Calan; pont sur le Tronchâteau, reliant Plouay, Calan et Cléguer.

KERHAUT, h. bois et min à eau sur la Sainte-Brigitte. cne de Landévant. — Seigneurie.

KERHAUT, vill. cne de Saint-Brieuc-de-Mauron.

KERHAUT, éc. cne de Saint-Jean-Brévelay.

KERHEGUET, h. cne de Péaule.

KERHEL, vill. cne de Baud. — *Kerenheull*, 1386 (abb. de Lanvaux).

KERHEL, h. cne de Bubry.

KERHEL, éc. cne de Languidic.

KERHEL, vill. cne de Locmariaquer.

KERHEL, éc. et bois, cne de Locoal-Mendon. —Seigneurie.

KERHEL, h. cne de Melrand.

KERHEL, éc. cne de Plaudren.

KERHEL, h. cne de Pluneret.

KERHÉLEC, vill. cne de Plouharnel.

KERHÉLÉGAN, h. cne de Baud. — Seigneurie.

KERHÉLÉGAN, éc. cne de Langoëlan.

KERHÉLÉGANT, vill. cne de Plouharnel.

Kerhélégui, roche sur la baie de Quiberon, côte de Locmariaquer.

Kerhellec, vill. cne de Damgan.

Kerhellec, éc. cne de Languidic.

Kerhellec, h. cne de Melrand.

Kerhello, vill. cne de Billio.

Kerhellou, h. cne de Lanvénégen.

Kerhelo, h. cne de Bignan.

Kerhendait, vill. cne de Molac.

Kerhéno, éc. cne de Naizin.

Kerheno, f. cne de Saint-Thuriau.

Kerhenrio (Grand et Petit), h. cne de Moréac.

Kerhenny, h. cne de Berné.

Kerhenry, h. cne de Guern.

Kerhenny, h. cne de Melrand.

Kerhen, vill. cne de Locminé.

Kerhéné (Iudel et Izel), vill. ruiss. *de la Fontaine-de-Kerhéré-Izel*, aff. du Loc, et autre ruiss. *de Kerhéré-Izel*, aff. du Pont-au-Christ, cne de Brech.

Kerhéné, h. cne de Plumelec.

Kerhénec, h. cne de Baud.

Kerhéné-Keroal, éc. cne de Remungol.

Kerhéné-Pont-Mein, éc. cne de Remungol.

Kerhério, vill. cne de Berné.

Kerhern, vill. et mia à vent dit *Luz-Kerhern*, cne de Crach.

Kerherne, éc. cne d'Arradon. — Seigneurie.

Kerherne, éc. cne de Locmariaquer.

Kerherne, h. cne de Monterblanc.

Kerherne, h. cne de Pluvigner.

Kerherne-Bodunan, h. cne de Saint-Jean-Brévelay.

Kerherne-Brénolo, h. et ruiss. aff. du Lay, cne de Saint-Jean-Brévelay.

Kerhernegan, h. cne de Crach.

Kerhern-la-Forêt, h. cne de Languidic.

Kerhern-Liven, vill. cne de Languidic.

Kerherno, f. cne de Crach.

Kerhéro, h. cne de Baud.

Kerhéro, vill. cne de Moustoirac.

Kerheno, h. cne de Plescop.

Kerhéno, vill. cne de Priziac.

Kerhervé, h. cne de Baden. — Seigneurie.

Kerhervé, f. cne de Bieuzy.

Kerhervé, vill. et min sur le ruiss. de la Fontaine-Burgo, cne de Grand-Champ. — Seigneurie.

Kerhervé, h. et ruiss. *de la Fontaine-de-Kerhervé*, cne de Guern.

Kerhervé, vill. lande et h. dit *Loges de la Lande-de-Kerhervé*, cne de Guiscriff.

Kerhervé, h. cne de Malguénac; pont sur le Frétu, reliant Malguénac et Séglien.

Kerhervé, éc. cne de Plaudren.

Kerhervé, h. cne de Pluméliau.

Kerhervé, éc. cne de Séglien.

Kerhenvy, h. cne de Caudan. — Seigneurie.

Kerhenvy, éc. cne de Limerzel.

Kerhenvy, éc. cne de Saint-Jean-Brévelay. — Seigneurie.

Kerheny, f. cne de Plougoumelen.

Kerhéso, h. et ruiss. aff. du Kersourde, cne de Grand-Champ.

Kerhey, vill. cne de Caudan. — Seigneurie.

Kerhet (Haut et Bas), vill. cne de Pluméliau.

Kerhézic, h. cne de Bubry.

Kerhuec, vill. et bois, cne de Lanvaudan.

Kerhiennic, vill. cne d'Erdeven.

Kerhiéné, vill. cne de Quistinic.

Kerhiéré, éc. et pont sur le Ninivenou, cne de Saint-Tugdual.

Kerhienne, vill. cne de Gestel.

Kerhilias, éc. cne de Pluvigner; sur le Goah-er-Licenneu, reliant Pluvigner et Landaul.

Kerhilio, h. cne de Baud.

Kerhilio, h. lande et autre h. dit *Lande-de-Kerhilio*, cne de Pluméliau.

Kerhillio, vill. et roches sur l'Océan, cne d'Erdeven.

Kerhillio, éc. cne de Landaul.

Kerhingant, vill. cne de Guénin.

Kerhino, vill. cne de Carnac.

Kerhioué, vill. et pont sur le ruiss. de la Lande-de-Kerallan, cne de Brech. — Seigneurie.

Kerho, h. cne de Péaule.

Kerho, h. cne de Questembert.

Kerhoann, h. cne de Brech.

Kerhoas, vill. cne de Plœmeur.

Kerhoat, vill. cne de Berné.

Kerhoat, vill. cne de Plœmeur.

Kerhoat-Benoual, h. et min sur le Benoual, cne de Guidel.

Kerhoat-Ellée, vill. cne de Guidel.

Kerhoc, h. cne de Marzan.

Kerhoc, vill. cne de Quistinic.

Kerhoou, éc. cne de Camors.

Kerhoch, h. cne de Carnac.

Kerhoon, vill. cne de Languidic.

Kerhoguic, vill. cne de Baud.

Kerhoh, h. cne de Baud.

Kerhoh, h. cne de Melrand.

Kerhoh, éc. cne de Plaudren; pont sur l'Arz, reliant Plaudren et Monterblanc. — Seigneurie.

Kerholayo, éc. cne de Camors.

Kerhollo, vill. cne de Languidic.

Kerhom, vill. cne de Plœmeur.

Kerhon, éc. cne d'Elven. — Seigneurie.

Kerhon, vill. cne de Roudouallec.
Kerhonic, éc. et ruiss. afll. de celui de la Fontaine-de-Kergelin, cne d'Inguiniel.
Kerhoxo, vill. cne de Caudan.
Kerhope, chât. et vill. cne de Guidel.
Kerhor, éc. cce de Monterblanc.
Kerhoret, éc. cne de Bieuzy.
Kerhoret, éc. cne de Moréac.
Kerhoret, h. cne de Plumelin.
Kerhorlay, chât. h. mln à vent, ruiss. afll. du Scave et mln sur ce ruiss. cne de Guidel. — Seign. manoir.
Kerhorno, vill. cce de Brandérion.
Kerhorno, vill. cne de Guern.
Kerhorno, éc. cne de Plaudren.
Kerhorno, h. cne de Pluméliau.
Kerhorre, cte de Bignan.
Kerhors, h. cne d'Arradon.
Kerhostin, vill. et pointe sur la baie de Quiberon, cne de Saint-Pierre.
Kerhoten, vill. cne de Langoëlan.
Kerhouais, h. cne de Crédin.
Kerhouant, h. cne de Carnac.
Kerhouant, f. cne de Nostang. — Seigneurie.
Kerhouant, h. cne de Plouay. — Seigneurie.
Kerhouant (Vras et Vihan), vill. cne de Languidic. — *Kerouhant*, aliàs *Kerenhouant*, manoir, 1437 (abb. de la Joie). — Seigneurie.
Kerhouarin, vill. cne de Brech. — Seigneurie.
Kerhouarn, vill. cne de Marzan; ruisseau dit aussi *de Kerthomazo*, afll. du Marzan, qui arrose Péaule et Marzan.
Kerhouarne, h. cne de Bubry.
Kerhouarne, h. et ruiss. afll. du Loch, cne de Grand-Champ.
Kerhouarné, vill. et ruiss. dit aussi *de Pont-ar-len*, afll. de celui de la Fontaine-des-Fleurs, cne d'Inguiniel.
Kerhouarne, h. cne de Lanvénégen.
Kerhouarne, vill. cne de Locoal-Mendon.
Kerhouarne, h. cne de Pluméliau.
Kerhouarne, éc. cne de Sulniac.
Kerhouarne (Bras et Bihan), vill. partie cne de Pluneret, partie cne de Plumergat.
Kerhouarno, h. cne de Bignan.
Kerhouarnoë, h. cne de Saint-Tugdual.
Kerhouat, h. et pont sur le Pontoir, cne de Meslan. — Seigneurie.
Kerhoudaille, vill. cce de Gourin.
Kerhouec, h. cne de Languidic.
Kerhouel, h. cne de Cléguer.
Kerhouelic, éc. cne de Languidic.
Kerhouente, h. cne de Remungol.
Kerhouet, h. cne d'Erdeven.

Kerhouet, vill. cne de Sarzeau.
Kerhouet, vill. cne de Sarzeau (dist. du précédent).
Kerhouet, vill. cne de Sarzeau (dist. des deux précédents).
Kerhouic, h. cne de Baud.
Kerhouic, h. cne de Plougoumelen.
Kerhouidex, h. cne de Baud.
Kerhouil, vill. cne d'Elven.
Kerhouile, vill. partie cne de Pluneret, partie cne de Plumergat.
Kerhouin, h. cne de Crédin. — Seigneurie.
Kerhouise, vill. cce de Guern.
Kerhouiste, h. cne de Remungol.
Kerhounio, h. cne de Réguiny.
Kerhouriette, vill. cne de Languidic.
Kerhouriou, vill. cne de Guiscriff.
Kerhoyard, vill. cne de Réguiny.
Kerhoz, h. cne de Guiscriff.
Kerhoz, h. cne de Saint-Tugdual.
Kerhuchard, vill. cne de Plumelin.
Kerhudé, éc. cne de Pluméliau.
Kerhué, vill. cne de Crédin. — *Kerruez*, 1406 (duché de Rohan-Chabot).
Kerhuel, vill. cne de Péaule.
Kerhuel, vill. port et dune sur l'Océan, cne de Port-Philippe.
Kerhuel, h. et ruiss. afll. de la Claye, cne de Saint-Jean-Brévelay.
Kerhuel-Conaoen, h. cne de Gourin.
Kerhuel-Goastel, h. cne de Gourin.
Kerhuen, vill. cne de Belz.
Kerhuévec, vill. et pêcherie sur le Scorff, cne de Plouay.
Kerhuévic, h. cne de Riantec.
Kerhuennec, h. cne de Pontscorff.
Kerhuenno, éc. et lande, cne de Grand-Champ.
Kerhuéno, éc. cne de Plouharnel.
Kerhuer, h. et pont sur le Tarun, cne de Plumelin.
Kerhuern, h. cne de Languidic.
Kerhuet, f. cne de Noyal-Muzillac.
Kerhuic (Iuel et Izel), vill. cne de Pontscorff.
Kerhuidel, f. cne de Bignan.
Kerhuiden, éc. et lande, cne de Plaudren.
Kerhuidir, éc. cne de Trefléan.
Kerhuil (Grand et Petit), h. cne de Saint-Nolff. — Seigneurie.
Kerhuilic, éc. ruiss. afll. du Blavet et mln sur ce ruiss. cne de Baud. — *Kerhuellic*, 1583 (abb. de la Joie). — Seigneurie.
Kerhuilio, vill. cne de Ploërdut; pont sur le Scanff, reliant Ploërdut et Lignol.
Kerhuilir, éc. cne de Saint-Avé.
Kerhuillarm, h. cne de Moréac.

Kerhuillerme, éc. c^es d'Elven.

Kerhuillieu, h. c^ne de Séné.

Kerhuillio, éc. c^es de Persquen.

Kerhuio, éc. c^no de Plouay.

Kerhuipe, éc. c^ne de Plaudren.

Kerhuitel, éc. c^no d'Inzinzac.

Kerhuitel, éc. c^ne de Languidic.

Kerhuitel, h. c^ne de Quistinic.

Kerhuitouse, h. c^ne de Melrand.

Kerhullo, h. c^ne de Pluméliau.

Kerhulné, h. c^ne de Malguénac. — Seigneurie; manoir.

Kerhulo, éc. c^ne de Larré.

Kerhulu (Bras et Bihan), vill. c^ne de Guern.

Kerhun, h. c^ne d'Arzal, dans la section dite *du Rhun.*

Kerhune, h. c^ne de Pluvigner.

Kerhuré, éc. c^ne de Baud.

Kerhure, éc. c^no de Pluvigner.

Keriaguin, h. c^ne de Plouay; pont sur le ruiss. de Bois-du-Crocq, reliant Plouay et Inguiniel.

Keriagun, vill. c^ne de Crach.

Kerian, éc. c^ne de Plougoumelen.

Kerian, h. c^ne de Saint-Thuriau.

Keriaquen, h. c^no de Pluneret.

Keriar, h. et bois, c^ne de Lignol.

Keriar, h. c^ne de Plouray.

Keriart, vill. c^ne de Cléguer.

Keriau, h. c^ne de Caudan.

Keriaval, vill. c^ne de Locmariaquer.

Keriaval, h. c^ne de Radenac.

Keribat, éc. c^ne de Sarzeau.

Keribeaux, h. c^no de Lauzach.

Keribert, éc. c^es de Saint-Jean-Brévelay.

Keribeud, h. c^re de Saint-Nolff.

Keribio, h. bois dit *Coët-Keribio* et lande dite *Motten-Keribio*, c^no de Grand-Champ.

Keribler, ruiss. affl. de la Drague, qui arrose Surzur.

Keribo, h. c^be de Surzur.

Keribot, éc. c^ne de Bignan.

Keriboul, éc. c^no de Baden.

Keriboulo, f. c^ne de Crach. — Seigneurie.

Kerican, h. c^ne de Grand-Champ. — *Keriezcant,* 1447 (abb. de Lanvaux).

Kericar, h. c^ne de Crach.

Kerichard, éc. c^no de Landaul.

Kerichard, f. c^ne de Surzur.

Kerichaud, h. c^es de Baud.

Kerichin, h. c^ne de Bignan.

Kericu, m^in sur le Reclus et m^in à vent, c^ne de Brech.

Kericu, h. c^no de Guénin.

Kericu, h. c^ne de Nostang. — Seigneurie.

Kericune, vill. font. et ruiss. *de la Fontaine-de-Kericune,* affl. de l'Étel, c^ne de Belz.

Kericune, h. c^ne de Locóal-Mendon.

Kericunff, h. c^na de Cléguérec.

Kericunff, vill. c^ne de Noyal-Pontivy. — *Kerercunff,* 1406 (duché de Rohan-Chabot).

Kericus, éc. en ruines, c^es de Plouray.

Keridan, éc. et pont sur le Kerivalain, c^ne de Grand-Champ.

Keridano, h. c^ne de Pluvigner.

Kerideau, f. c^no de Plumergat.

Keridenvel, vill. c^ne de Saint-Pierre.

Keridon, vill. et ruiss. dit aussi *de Kernous,* affl. de la Chapelle-Neuve, c^ne de Plumelin.

Keridoret, vill. c^ne de Saint-Avé. — *Kerdudoret,* 1484 (chât. de Kerleau).

Keriec, h. et éc. dit *Loge-Keriec,* c^ne de Gourin.

Keriec, vill. bois et m^in sur la Sarre, c^ne de Guern. — Seigneurie; manoir.

Keriec, f. lande et éc. dit *Lande-de-Keriec,* c^ne de Remungol.

Keriec-er-Poru, éc. et pont sur la Sarre, c^no de Guern.

Keriec-er-Salle, h. c^no de Guern.

Keriel, éc. c^ne de Guiscriff.

Keriel, h. c^ne d'Inzinzac.

Keriel, h. c^ne de Kervignac.

Keriel, vill. c^ne de Lanvénégen.

Keriel, f. c^no de Larré.

Keriel, h. c^ne de Naizin.

Keriel, vill. c^ne de Plœmeur.

Keriel, vill. c^no de Pluvigner.

Keriellou (Bras et Bihan), vill. c^ne du Faouët.

Kerien, vill. c^no de Kervignac.

Keriéro (Grand et Petit), vill. c^ne de Bangor.

Keriffé, vill. c^ne de Gueltas.

Kerigand, vill. c^no de Groix.

Kerignan, h. c^no de Locmariaquer.

Kerignant (Ihuel et Izel), vill. c^no de Quéven.

Kerignard, vill. c^ne de Sarzeau.

Kerignas, h. c^ne de Bignan. — *Kerguinnas,* 1421 (duché de Rohan-Chabot).

Kerignen, éc. c^ne de Pontscorff.

Kerignon, éc. c^ne de Bignan.

Kerigo, vill. c^no de Baud.

Kerigo, éc. c^no de Plouay; ruiss. voy. Kermarrec.

Kerigo (Grand et Petit), h. c^ne de Moustoirac.

Keriguel, h. c^ne de Guénin.

Kerigues, h. c^ne de Langonnet.

Kerihan, f. c^ne de Surzur.

Kerinouarch, f. c^no de Surzur.

Kerihoué, h. c^no de Noyal-Pontivy.

Kerihoué, h. c^ne de Saint-Gérand.

Kerihoué-Moyen, h. c^ne de Noyal-Pontivy.

Kerihouet, vill. c^no d'Inguiniel.

Kerihuec, éc. c^ne de Moréac.

Kerihuel, vill. c^ne de Baden.

Kerihuel, vill. c^ne de Berné.

Kerihuel, éc. c^ne de Brech.

Kerihuel, h. c^ne de Bubry.

Kerihuel, vill. et bois, c^ne de Calan.

Kerihuel, h. c^ne d'Erdeven.

Kerihuel, éc. bois et m^in sur l'Inam, c^ne du Faouët.

Kerihuel, éc. c^ne de Guern.

Kerihuel, vill. et ruiss. affl. de l'Ellée, c^ne de Guidel.

Kerihuel, vill. c^ne d'Inguiniel. — Seigneurie.

Kerihuel, h. c^ne de Langonnet.

Kerihuel, h. c^ne de Lanvénégen.

Kerihuel, vill. c^ne de Locoal-Mendon. — Seigneurie; manoir.

Kerihuel, f. c^ne de Naizin.

Kerihuel, h. c^ne de Plumelec.

Kerihuel, vill. c^ne de Pluvigner.

Kerihuel, vill. et pont sur le ruiss. de ce nom, c^ne de Saint-Thuriau; ruiss. voy. *Signan*.

Kerihuel-er-Lann, vill. c^ne de Saint-Caradec-Trégomel.

Kerihuel-er-Morch, vill. c^ne de Lanvaudan.

Kerihuello, éc. c^ne de Pluvigner.

Kerihuélo, h. c^ne de Landaul.

Kerihuern, chât. f. ruiss. affl. du Ter et m^in sur ce ruiss. c^ne de Plœmeur. — Seigneurie; manoir.

Kerihui, éc. c^ne de Caudan. — Seigneurie.

Kerijan, h. c^ne de Plouay.

Keriliou, éc. c^ne de Baden.

Kerillias, éc. c^ne de Plœmeur.

Kerilo, éc. c^ne de Monterblanc.

Kerimalaire, éc. c^ne de Remungol.

Kerimar, h. c^ne de Bignan.

Kerimar (Grand et Petit), vill. c^ne de Moréac.

Kerimard, h. c^ne de Saint-Jean-Brévelay.

Kerimarh, h. c^ne de Bubry.

Kerimaux, h. c^ne de Napoléonville.

Kerimaux-le-Bois, h. partie c^ne de Gueltas, partie c^ne de Noyal-Pontivy; ruiss. dit aussi *du Goëlo*, affl. du Kervezo, qui arrose Noyal-Pontivy. — Seigneurie.

Kerimbert, h. partie c^ne de Baden, partie c^ne de Plougoumelen; lande, c^ne de Baden.

Kerimel, h. c^ne de Plœmel.

Kerimelin, h. c^ne de Pluméliau. — *Kaerhuelin*. 1286 (duché de Rohan-Chabot).

Kerimen, vill. c^ne de Ploërdut.

Kerimer, vill. et pont sur le Dourdu, c^ne de Lignol.

Kerinaven, h. c^ne de Kervignac.

Kerindevin, éc. c^ne de Pluneret.

Kerinis, vill. c^ne de Locmariaquer.

Kerino, h. c^ne de Crach.

Kerino, h. c^ne de l'Île-d'Arz.

Kerino, vill. aujourd'hui traversé par le port, colline et éc. dit *Butte-de-Kerino*, c^ne de Vannes. — Seigneurie.

Kerinochette, h. c^ne de Pluneret.

Kerinse, h. et f. c^ne de Questembert. — Seigneurie.

Kerinvart, h. c^ne de Muzillac.

Kerio, f. c^ne de Bignan.

Kerio, h. c^ne de Caudan.

Kerio, h. c^ne de Guidel.

Kerio, h. c^ne de Kervignac. — *Kerriou-an-Hay*, 1505 (abb. de la Joie).

Kerio, h. c^ne de Noyal-Muzillac.

Kerio, vill. c^ne de Saint-Samson.

Kerio (Grand, Petit et Haut), h. et lande, c^ne de Plaudren.

Kerioche, h. c^ne de Férel.

Kerioguen-Coëtano, vill. c^ne de Bubry.

Keriol, éc. c^ne de Berric.

Keriolar, h. c^ne de Nostang.

Keriolas (Grand et Petit), h. c^ne de Saint-Allouestre; étang qui baigne Saint-Allouestre et Bignan; ruiss. dit aussi *de Kermeno*, affl. de la Claye, qui arrose Moréac, Saint-Allouestre et Bignan; m^in à eau sur ce ruiss. c^ne de Bignan. — *Kerivalast*, xvie siècle (duché de Rohan-Chabot). — Seigneurie.

Keriolet, vill. c^ne de Priziac.

Keriollet, venelle à Auray.

Kerion, h. c^ne d'Arradon.

Kerionvarh, h. c^ne de Crach.

Keriot, éc. c^ne de Nostang.

Keriou, éc. c^ne de Gourin.

Keriouais, h. et colline, c^ne d'Hennebont.

Keriouay, vill. c^ne de Guidel.

Kerioué, h. c^ne de Bignan.

Kerioué, éc. c^ne de Pluvigner.

Kerioulin, h. c^ne de Plœmel.

Kerio-Vieux-Rimaison, h. c^ne de Pluméliau.

Keriquel, h. c^ne de Berné. — Seigneurie.

Keriquel, h. et pont sur le Pontoir, c^ne de Meslan.

Keriquel (Bras et Bihan), h. c^ne de Plouay.

Keriquellan, h. c^ne de Brech.

Keriquello, h. c^ne de Quistinic. — Seigneurie.

Keriré, h. c^ne de Muzillac.

Kerisac, bois, c^ne de Pluvigner.

Kerisac, f. c^ne de Vannes.

Kerisannic, éc. c^ne de Landévant. — Seigneurie.

Keriscouharn, éc. c^ne de Plœmel.

Kerise, h. c^ne de Plouhinec.

Kerisel, h. c^ne de Questembert.

Kerisel, h. c^ne de Vannes.

Kerisocet, h. c^ne de Malguénac.

Kerisouet, vill. c^ne de Plescop. — Seigneurie; manoir.

Kerisouet, h. c^ne de Theix.

Kerisper, éc. c^ne de Baden.

Kerisper, vill. et autre vill. dit *Passage-de-Kerisper*, c^ne de Carnac; pass. sur la riv. de la Trinité, reliant Carnac et Locmariaquer.

Kerisper, chât. et h. c^ne de Pluneret; pointe sur la riv. d'Auray. — Seigneurie; manoir.

Kerisperne, h. c^ne de Belz.

Kerissac, h. c^ne de Crach.

Keristaine, vill. c^ne de Quistinic.

Keristèse, h. c^ne de Plœmel. — Seigneurie.

Keristin, éc. c^ne de Marzan.

Keristin, h. c^ne de Sulniac.

Keristinic, roche sur le Morbihan, côte de Saint-Armel.

Kerival, vill. c^ne de Guénin.

Kerival, h. c^ne de Surzur.

Kerivaladre, vill. c^ne de Plumelec.

Kerivalain, h. et ruiss. dit aussi *de l'Étang-de-Kermainguy*, affl. du Loch, c^ne de Grand-Champ.

Kerivalain, h. c^ne de Guénin.

Kerivalan, éc. bois et pont sur le ruiss. de la Lande-de-Kerallan, c^ne de Brech. — Seigneurie; manoir.

Kerivalan, éc. et ruiss. affl. du Kerleshouarne, c^ne de Bubry.

Kerivalan, h. c^ne d'Erdeven.

Kerivalan, h. et m^in à vent, c^ne de Malguénac. — *Kaerrigvallen*, aliàs *Kerrualen* et *Coetrivalen*, et bois, 1315 (duché de Rohan-Chabot).

Kerivalan, vill. et ruiss. affl. du Camblen, c^ne de Melrand.

Kerivalan, vill. c^ne de Plœmel.

Kerivalin, vill. c^ne de Locminé.

Kerivalin, vill. c^ne de Plumelec.

Kerivalin, éc. c^ne de Pluméliau.

Kerivalin, éc. c^ne de Saint-Allouestre. — Seigneurie.

Kerivalno, f. c^ne de Férel.

Kerivan, vill. c^ne de Berric.

Kerivarch, vill. c^ne de Guiscriff; m^in à eau sur le Naïc, c^ne de Lanvénégen.

Kerivarch, h. c^ne de Guiscriff (dist. du précédent).

Kerivarhan, éc. c^ne de Landaul.

Kerivarho, h. c^ne du Hézo.

Kerivarho, h. ruiss. affl. de celui du Moulin-de-Cochelin et pont sur ce ruiss. c^ne de Locoal-Mendon.

Kerivarho, h. c^ne de Vannes.

Kerivaud, vill. et ruiss. affl. du Crach, c^ne de Crach.

Kerivaud, éc. c^ne de Grand-Champ.

Kerivaud, vill. c^ne de Guéhenno.

Kerivaud, h. c^ne de Locmariaquer.

Kerivaut-er-Rolé, h. — Voy. Kerivaut-Saint-Guy.

Kerivaut-le-Guennec, h. c^ne de Pluvigner; pont sur le Goah-er-Licenneu, reliant Pluvigner et Landaul.

Kerivaut-Saint-Guy ou Kerivaut-er-Rolé, h. c^ne de Pluvigner.

Kerivaux, éc. c^ne de Billio.

Kerivaux, vill. c^ne de Plumelec.

Keriveau, éc. c^ne de Saint-Jean-Brévelay.

Keriveau-Largouet, h. c^ne de Saint-Jean-Brévelay.

Kerivelvé, h. ruiss. voy. Bnézéhan, et pont sur ce ruiss. c^ne de Brech.

Keriven, h. c^ne de Saint-Caradec-Trégomel. — *Kerriven*, 1397 (princip. de Rohan-Guémené). — *Kerriguen*, 1445 (*ibid.*).

Kerivenne, vill. c^ne d'Elven.

Kerivès, f. c^ne de Muzillac. — Seigneurie.

Kerivilaine, vill. c^ne de Plœmel.

Kerivily, éc. c^ne de Plœmeur. — Seigneurie.

Kerivin, h. c^ne de Marzan.

Kerivin, h. c^ne de Moréac.

Kerivin, vill. c^ne de Noyal-Muzillac.

Kerivin-Brigitte, vill. c^ne de Crach. — Seigneurie.

Kerivin-LocquELTAS, h. c^ne de Crach.

Kerivoal, vill. et lande, c^ne de Langonnet.

Kerivran, éc. c^ne de Berric.

Kerivy, h. c^ne de Noyal-Pontivy.

Kerivy, vill. c^ne de Saint-Gérand.

Kerizac, éc. et bois, c^ne de Lauvénégen.

Kerizac, h. ruiss. affl. du Loch et m^in à eau sur ce ruiss. c^ne de Plaudren.

Kerizac-des-Eaux, h. c^ne de Plumelin.

Kerizalan-Kergohan, h. c^ne de Languidic.

Kerizalan-Kerveno, éc. c^ne de Languidic.

Kerizan, h. c^ne de Péaule.

Kerizan, éc. c^ne de Plumergat.

Kerizel, vill. c^ne de Plumelin.

Kerizel, éc. c^ne de Saint-Allouestre.

Kerizouet, éc. c^ne de Guidel. — Seigneurie.

Kerizouet, éc. c^ne de Pontscorff.

Kerizno, vill. c^ne de Plouhinec.

Kerjabin, h. c^ne de Limerzel.

Kerjacob, vill. c^ne de Bubry.

Kerjacob, h. c^ne de Languidic. — Seigneurie.

Kerjacob, vill. c^ne de Locoal-Mendon. — *Villa-Jacob*, xiie siècle (cart. de Redon).

Kerjacob, vill. c^ne de Sarzeau.

Kerjacob (Ruisseau de), dit aussi *de Calavret, de Kervernic et de Kerchir*, affl. de l'Étel; il arrose Plœmel et Locoal-Mendon.

Kerjacquet, h. c^ne de Saint-Allouestre.

Kerjaffray, éc. c^ne de Questembert.

Kerjaffray, h. c^ne de Saint-Jean-Brévelay.

Kerjaffré, éc. c^ne d'Arradon.

KERJAFFRÉ, h. cᵗ de Guern.

KERJAFFRÉ, h. et pont sur le Plessis, cⁿᵉ de Saint-Caradec-Trégomel.

KERJAGU, h. cⁿᵉ de Saint-Jean-Brévelay. — Seigneurie; manoir.

KERJALOT, éc. cⁿᵉ de Napoléonville.

KERJALOUX, vill. cⁿᵉ de Caudan.

KERJAMBET, village. — Voy. BANASTER-KERJAMBET.

KERJAN, vill. cⁿᵉ de Moréac, et deux ponts sur l'Évet, reliant Moréac et Réguiny.

KERJAN, h. et pont sur le Kervezo, cⁿᵉ de Noyal-Pontivy. — Villa-Johannis, 1278 (duché de Rohan-Chabot). — Seigneurie.

KERJAN, h. cⁿᵉ de Saint-Thuriau.

KERJANCOURT, h. cⁿᵉ de Sainte-Brigitte.

KERJANIC, éc. cⁿᵉ de Guern.

KERJANIC, h. cⁿᵉ de Marzan. — Seigneurie.

KERJANO, f. cⁿᵉ de Surzur.

KERJEAN, h. cⁿᵉ de Berné.

KERJEAN, vill. cⁿᵉ de Crach.

KERJEAN, vill. et pont sur le Touleupry, cⁿᵉ d'Erdeven.

KERJEAN, vill. cⁿᵉ de Guiscriff.

KERJEAN, lieu-dit dans le dépᵗ des Côtes-du-Nord; ruiss. affl. du Goassigoux, qui sort du dépᵗ des Côtes-du-Nord et arrose Langonnet dans celui du Morbihan.

KERJEAN, h. cⁿᵉ de Languidic.

KERJEAN, h. cⁿᵉ de Locmariaquer.

KERJEAN, h. cⁿᵉ de Locminé. — Seigneurie.

KERJEAN, f. cⁿᵉ de Marzan. — Seigneurie.

KERJEAN, éc. cⁿᵉ de Monterblanc. — Seigneurie.

KERJEAN, h. cⁿᵉ de Plouhinec. — Seigneurie.

KERJEAN, h. cⁿᵉ de Pluméliau.

KERJEAN, h. cⁿᵉ de Pluvigner. — Seigneurie.

KERJEAN, h. cⁿᵉ de Pontscorff. — Seigneurie.

KERJEAN, vill. cⁿᵉ de Priziac. — Keryahan, 1421 (princip. de Rohan-Guémené).

KERJEANNO, éc. cⁿᵉ de Belz.

KERJÉFREDIC, f. cⁿᵉ de Bignan.

KERJÉGO, f. lande dite Motten-Kerjégo et autre f. de ce nom, cⁿᵉ de Plœren.

KERJÉGO. éc. cⁿᵉ de Plumelin. — Seigneurie.

KERJÉGO, h. cⁿᵉ de Questembert.

KERJÉGOU, h. cⁿᵉ de Guiscriff.

KERJÉGU, vill. et mᶦⁿ sur le Gouave, cⁿᵉ de Pluméliau. — Seigneurie; manoir.

KERJÉGU, éc. cⁿᵉ de Plumergat. — Kercucu, xivᵉ siècle (chartreuse d'Auray).

KERJÉHANNO, h. cⁿᵉ de Saint-Allouestre.

KERJÉLY, éc. cⁿᵉ d'Inguiniel.

KERJOLIS, éc. cⁿᵉ de Melrand. — Seigneurie.

KERJOLIS, f. cⁿᵉ de Sarzeau.

KERJOLY, éc. cᵒᶜ de Saint-Thuriau; ruiss. du Pont-de-Kerjoly : voy. MENGOUET ; pont sur ce ruiss. dit aussi du Rest-er-Bouer, reliant Saint-Thuriau et Noyal-Pontivy.

KERJOLY-QUELLOUÉ, h. cⁿᵉ de Noyal-Pontivy.

KERJONC, h. cⁿᵉ de Ménéac. — Seigneurie.

KERJOSSE, h. cⁿᵉ de Baud.

KERJOSSE, vill. cⁿᵉ de Férel.

KERJOSSE, h. et bois, cⁿᵉ de Kerfourn.

KERJOSSE, h. et mⁿ à eau sur le ruiss. de la Chapelle-Neuve, cⁿᵉ de Plumelin. — Seigneurie.

KERJOSSE, éc. et bois, cⁿᵉ de Plumelin (dist. du précédent). — Seigneurie.

KERJOSSE, éc. cⁿᵉ de Pluneret.

KERJOSSE, h. cⁿᵉ de Saint-Jean-Brévelay.

KERJOSSELIN, vill. cⁿᵉ d'Erdeven.

KERJOUAN, vill. cⁿᵉ de Bubry.. — Villa Jouan, 1282 (abb. de la Joie).

KERJOUAN-LANRAN, éc. cⁿᵉ de Languidic.

KERJOUANNIC, h. cⁿᵉ de Languidic.

KERJOUANNIC, h. cⁿᵉ de Noyal-Pontivy; pont sur le Saint-Niel, reliant Noyal-Pontivy et Napoléonville.

KERJOUAN-NINETTE, éc. cⁿᵉ de Languidic.

KERJOUANNO, vill. et basse sur l'Océan, cⁿᵉ d'Arzon.

KERJOUDOUIN, h. cⁿᵉ de Guéhenno.

KERJOUET, éc. cⁿᵉ de Sarzeau.

KERJOUNO, h. cⁿᵉ de Buléon.

KERJOUNOT, éc. cⁿᵉ de Saint-Allouestre.

KERJUBAULT, f. cⁿᵉ de Férel.

KERJUDEL, éc. cⁿᵉ de Theix.

KERJUHEL, éc. et mᶦⁿ à vent, cⁿᵉ de Questembert. — Seigneurie.

KERJULAUDE, h. cⁿᵉ de Plœmeur.

KERJULIEN, vill. cⁿᵉ de Guiscriff.

KERJULIEN, h. cⁿᵉ de Marzan.

KERJUMAIS, vill. cⁿᵉ de Questembert.

KERJUSTIC, h. cⁿᵉ de Kervignac.

KERJUSTIC, h. et lande, cⁿᵉ de Languidic.

KERJUSTO, h. cⁿᵉ de Marzan.

KERJUTEL, h. cⁿᵉ de Billio.

KERLABOUR, h. cⁿᵉ de Guiscriff.

KERLAEN, vill. et mⁿ à eau sur le ruiss. de ce nom, cⁿᵉ de Quéven; ruiss. dit aussi du Moulin-de-Sach-Quéven, affl. du Scorff, qui limite Quéven et Plœmeur.

KERLAGADE, éc. cⁿᵉ de Carnac.

KERLAGADEC, h. cⁿᵉ de Larré.

KERLAGADEC, h. cⁿᵉ de Monstoir-Remungol.

KERLAGADEC, h. et bois, cⁿᵉ de Noyal-Pontivy. — Seign.

KERLAGADEC, éc. et bois, cⁿᵉ de Ploërdut. — Seigneurie; manoir.

KERLAGADEC, h. et pont sur le ruiss. de la Fontaine-de-Kermandu, cⁿᵉ de Plouay.

Kerlagadec (Bras et Bihan), h. c^{ne} de Pluvigner.

Kerlagat, h. c^{ne} de Plescop. — Seigneurie.

Kerlahedenne, h. et ruiss. dit aussi *du Guenberh*, affl. de l'Évei, c^{ne} de Moréac.

Kerlaire, h. c^{ne} de Napoléonville.

Kerlairine, éc. c^{ue} de Landaul.

Kerlairon, éc. c^{ne} d'Hennebont.

Kerlambert, vill. c^{ne} de Muzillac.

Kerlambert, éc. c^{ne} de Plumergat.

Kerlambilly, éc. c^{ne} de Moréac.

Kerlamio, h. et lande, c^{ne} de Surzur. — Seigneurie.

Kerlamoury, h. c^{ne} d'Elven.

Kerlan, éc. c^{ne} d'Ambon.

Kerlan, h. c^{ne} de Bangor.

Kerlan, h. c^{ne} de Camors.

Kerlan, vill. c^{ne} de Carnac.

Kerlan, éc. c^{ne} de Cléguérec.

Kerlan, éc. c^{ne} d'Elven.

Kerlan, éc. c^{ne} de Nostang. — Seigneurie.

Kerlan, h. c^{ne} de Plouray.

Kerlan, f. éc. dit *Vieux-Kerlan*, m^{in} à vent, ruiss. affl. du Goh-Reste et m^{in} à eau sur le Goh-Reste, c^{ne} de Plumergat. — Seigneurie.

Kerlan, éc. c^{ne} de Saint-Aignan.

Kerlan, vill. c^{ne} de Surzur.

Kerlan, f. c^{ne} de Trédion.

Kerlane, éc. c^{ne} de Lauzach.

Kerlane, vill. c^{ne} de Quéven.

Kerlanic, h. c^{ne} de Saint-Nolff.

Kerlann, h. c^{ne} de Bubry. — *Kaer-en-Lan, villa*, 1282 (abb. de la Joie).

Kerlann, éc. et ruiss. affl. du Loch, c^{ne} de Grand-Champ.

Kerlann, vill. c^{ne} de Kervignac.

Kerlann, éc. c^{ne} de Landaul.

Kerlann, ruiss. dit aussi *de l'Étang-du-Dordu* et *Goah-Pradan-Ride*, affl. du Scorff; il prend sa source dans le dép' des Côtes-du-Nord et va arroser Langoëlan dans celui du Morbihan.

Kerlann, h. c^{ne} de Moréac.

Kerlann, éc. c^{ne} de Naizin.

Kerlann, h. c^{ne} de Plougoumelen.

Kerlann, h. c^{ne} de Priziac.

Kerlann, vill. c^{ne} de Séglien.

Kerlann, h. c^{ne} de Sulniac.

Kerlann, h. c^{ue} de Vannes.

Kerlann (Bras et Bihan), vill. c^{ne} de Langonnet.

Kerlann (Grand et Petit), h. c^{ne} de Noyal-Pontivy.

Kerlanne, éc. c^{ne} de Muzillac.

Kerlannic, h. c^{ne} d'Arzon.

Kerlannic, éc. c^{ne} d'Inguiniel.

Kerlanno, éc. c^{ne} d'Hennebont. — Seigneurie.

Kerlano, h. c^{ne} de Plumelec.

Kerlaouen, h. et m^{in} à eau sur le ruiss. de ce nom, c^{ne} de Roudouallec; ruiss. *du Moulin-de-Kerlaouen* : voy. Yun-ar-Miner.

Kerlapin, éc. c^{ne} de Berric.

Kerlar, éc. c^{ne} de Guidel.

Kerlaran, vill. c^{ne} de Guidel.

Kerlarant, vill. c^{ne} de Quéven.

Kerlard, vill. marais et pont sur ce marais, c^{ne} de Groix.

Kerlarmet, h. c^{ne} de Gestel.

Kerlarno, h. c^{ne} d'Arzal.

Kerlarno, vill. c^{ne} de Marzan.

Kerlas, h. c^{ne} de Guiscriff.

Kerlaste, h. c^{ne} de Bieuzy.

Kerlasy, f. c^{ne} de Noyal-Muzillac.

Kerlato, éc. c^{ne} de Naizin; ruiss. dit aussi *du Guern*, affl. du Kerguzangor, qui arrose Naizin, Kerfourn et Noyal-Pontivy.

Kerlatouche, éc. c^{ne} de Pluméliau.

Kerlau, éc. c^{ne} de Caudan.

Kerlautre, vill. lande et m^{in} à eau sur le Dourdu, c^{ne} de Lignol.

Kerlavarec, h. c^{ne} de Languidic. — Seigneurie.

Kerlavart, vill. c^{ne} d'Erdeven.

Kerlavrec, h. c^{ne} de Kervignac.

Kerlavret, vill. c^{ne} de Plœmeur.

Kerlay, vill. c^{ne} de Melrand.

Kerlay, vill. c^{ne} de Pénestin.

Kerlayec, h. c^{ne} de Bignan.

Kerlaziou (Loge), éc. c^{ne} du Saint.

Kerléadec, h. c^{ne} de Berné.

Kerléano, chât. vill. bois et m^{in} à vent, c^{ne} de Brech. — *Kereliano*, 1502 (prieuré de Kerléano). Prieuré de femmes, du vocable de Notre-Dame, membre de l'abb. de Saint-Sulpice de Rennes.

Kerléano, h. c^{ne} de Caudan.

Kerléano, éc. c^{ne} de Pluvigner.

Kerléar, h. c^{ne} de Carnac.

Kerléarec, h. c^{ne} de Carnac.

Kerleau, h. c^{ne} de Bignan.

Kerleau, h. et bois, c^{ne} de Calan.

Kerleau, h. c^{ne} de Crach.

Kerleau, h. et château en ruines, c^{ne} d'Elven. — Seigneurie qui a appartenu à la famille de Descartes.

Kerleau, lieu-dit dans le dép' des Côtes-du-Nord; pont sur le Brohais, reliant Kergrist à ce département.

Kerleau, éc. c^{ne} de Lanvaudan. — Seigneurie.

Kerleau, h. c^{ne} de Marzan.

Kerleau, vill. et ruiss. dit aussi *de Kermocard*, affl. de celui du Pont-de-Siviac, c^{ne} de Moréac.

Kerleau, h. c^{ne} de Persquen.

Kerleau, f. c^ne de Plougoumelen.

Kerleau, h. et m^in à vent, c^ne de Pluneret. — Seign.

Kerleau, éc. c^ne de Pluvigner.

Kerleau, vill. c^ne de Pontscorff.

Kerleau (Grand et Petit), h. c^ors de Brech.

Kerleau (Haut et Bas), vill. c^ne de Napoléonville.

Kerlebaut, vill. lande et éc. dit *Lande-de-Kerlebaut*, c^ne de Noyal-Pontivy.

Kerleberch, h. c^ne de Cléguer.

Kerlébert, h. c^ne de Quéven. — Seigneurie.

Kerlé-Bihan, h. c^ne de Langonnet.

Kerlebost, h. c^ne de Saint-Thuriau. — *Kaer-Rombost*, 1315 (duché de Rohan-Chabot). — *Kevenbost*, 1406 (*ibid.*).

Kerlébot, chât. et f^re, c^ne de Quéven. — Seigneurie; manoir.

Kerlec, h. c^ne de Gestel.

Kerlec, h. c^ne de Guidel.

Kerlech, h. c^ne de Languidic.

Kerlech, éc. c^ne de Lignol.

Kerlédan, vill. c^ne de Gestel.

Kerlédan, vill. port sur l'Océan, corps de garde et m^in à vent, c^ne de Port-Philippe.

Kerlédan, h. c^ne de Saint-Avé.

Kerlédanet, éc. c^ne de Quéven.

Kerléderne, vill. c^ne de Plœmeur.

Kerlégan, h. et ruiss. affl. de la Vilaine, c^ne de Férel.

Kerlégan, h. c^ne d'Hennebont.

Kerlégan, éc. c^ne de Pluvigner.

Kerlégand, éc. c^ne de Muzillac. — Seigneurie.

Kerlégano, h. c^ne de Pluvigner.

Kerlégant, éc. c^ne de Lanvénégen.

Kerlégant, chât. et f^re, c^ne de Plœmeur.

Kerlégantine, éc. c^ne d'Inzinzac.

Kerlégenec, vill. c^ne de Quistinic.

Kerléger, h. c^ne d'Elven. — *Kerliger*, 1447 (chât. de Kerfily).

Kerlégo, h. c^ne de Moréac.

Kerlégo, éc. c^ne de Plumergat.

Kerlegonan, vill. c^ne de Locmariaquer.

Kerléguen, vill. c^ne de Séné. — Seigneurie.

Kerléguénic, éc. c^ne de Lignol. — *Kergloeguenic*, 1449 (princip. de Rohan-Guémené).

Kerleguin (Rue de), à Grand-Champ; vill. et ruiss. *de la Fontaine-de-Kerleguin*, affl. du Gouézac, dans la commune. — Seigneurie : voy. Motte-Kerleguin.

Kerléhau, vill. c^ne de Guidel. — *Kerloho*, 1659 (seign. du Coatdor).

Kerlehevam, éc. c^ne de Landévant. — Seigneurie.

Kerlého, h. c^ne de Questembert.

Kerlehorarn, éc. c^ne de Gourin.

Kerléien, éc. et autre éc. dit *Loge-Kerléien*, c^ne de Gourin. — Seigneurie.

Kerléjean, h. c^ne de Plouharnel.

Kerléjean, h. c^ne de Pluvigner.

Kerlembert, vill. c^ne de Kervignac.

Kerlen, vill. c^ne de Bignan.

Kerlen, h. c^ne d'Inzinzac.

Kerlen, h. c^ne de Lanvénégen.

Kerlen, vill. c^ne de Ploërdut.

Kerlen (Vras et Vihan), h. c^ne de Roudouallec.

Kerlénat, vill. partie c^ne de Bubry, partie c^ne de Locmalo. — *Kerlenhat*, 1416 (princip. de Rohan-Guémené).

Kerlenne, vill. c^ne de Guidel.

Kerléou, h. c^ne de Lanvénégen.

Kerleran, h. c^ne d'Arradon.

Kerlérien, vill. c^ne de Bubry.

Kerlérien, vill. c^ne d'Inguiniel.

Kerlérien, h. c^ne de Plouay.

Kerlerne, h. c^ne de Lanvénégen.

Kerlernio (Pont), sur le Tréfévan, reliant Questembert et Noyal-Muzillac.

Kerlerno, h. c^ne de Limerzel.

Kerlerose, vill. c^ne de Plouhinec.

Kerlescan, vill. c^ne de Carnac.

Kerleshouarne, h. m^in à eau sur le ruiss. de ce nom; ruiss. *du Moulin-de-Kerleshouarne*, affl. du Poblaye; pont sur ce ruiss. et éc. *du Pont-de-Kerleshouarne*, c^ne de Bubry. — Seigneurie.

Kerlevarec, éc. c^ne d'Arradon.

Kerlevarec, vill. c^ne de Locmariaquer.

Kerleveben, h. c^ne de Cléguérec.

Kerlévénan, h. c^ne de Plescop. — *Kerlouénan*, 1388 (duché de Rohan-Chabot.) — Seigneurie; manoir.

Kerlévénan, éc. c^ne de Plouharnel.

Kerlevenant, chât. c^ne de Sarzeau. — Seigneurie.

Kerlévéné, h. c^ne de Languidic.

Kerlévéné, f. c^ne de Plouay.

Kerlévent, vill. c^ne de Neulliac.

Kerlévic, éc. c^ne de Bubry.

Kerlevic, f. c^ne de Naizin.

Kerlévido, h. c^ne de Bubry. — Seigneurie.

Kerlévihan, éc. c^ne de Plœmel.

Kerléviné, h. et m^in à eau au confl. du Tarun et du Kernentec, c^ne de Locminé. — Seigneurie.

Kerlévinec, h. c^ne de Moustoirac.

Kerlevis, vill. c^ne de Moustoir-Remungol.

Kerlézan, vill. partie c^ne de Noyal-Pontivy, partie c^ne de Gueltas.

Kerlézan (Ruisseau du Commun-de-) ou de l'Abreuvoir, affl. du Runio; il arrose Noyal-Pontivy, Gueltas et Kerfourn. — Lande du même nom.

Kerlézo, éc. c^ne de Belz.

Kerliard, h. c^ne de Moustoirac.

Kerliàs, éc. c^ne de Plescop.

Kerlias, h. c^ne de Questembert.

Kerliasse, éc. c^ne de Malguénac.

Kerliboux, éc. c^ne de Trédion.

Kerlicy, f. c^ne de Plumergat.

Kerlidec, h. c^ne de Kervignac.

Kerlidec, h. c^ne de Plouay.

Kerlidec, éc. c^ne de Pluvigner.

Kerlierne, h. c^ne de Noyal-Pontivy. — Seigneurie.

Kerlierno, h. c^ne de Cléguérec.

Kerliès, éc. c^he de Saint-Jean-Brévelay.

Kerliet, vill. c^ne de Groix.

Kerlieu, éc. c^ne de Nivillac.

Kerlieux, vill. c^ue de Pénestin.

Kerliff, h. c^ne de Pontscorff.

Kerligo, vill. c^ne de Péaule.

Kerliguen, h. c^ne de Brech.

Kerliguen, vill. c^ne de Molac.

Kerliguin, vill. c^ne de Questembert.

Kerliuerne, éc. c^ne de Moréac.

Kerlihouarn (Bras et Bihan), h. c^ne de Plumergat.

Kerlimoto, éc. et m^in à eau sur le Clérigo, c^ne de Treffléan; le moulin est dit aussi *Kerlimoto-Saint-Mathieu*.

Kerlin, vill. fortif. auj. détruites et rue à Merville, c^ne de Lorient.

Kerlin, f. bois, vill. dit *Coat-Kerlin* et m^in à eau sur l'Ellée dit *Er-Velin-Kerlin*, c^ne de Priziac.— *Kerlen*, manoir, 1411 (princip. de Rohan-Guémené).—Seigneurie.

Kerlin, éc. c^ne de Sarzeau.—Seigneurie; manoir.

Kerlin-Bastard, h. c^ne de Plœmeur.

Kerlino, ruiss. dit aussi *de Tréavrec*, affl. de celui du Moulin-de-Cochelin; il arrose Brech, Landaul et Locoal-Mendon. — Seigneurie en Landaul.

Kerlino (Inuel, Izel et Creis), h. c^ne d'Inzinzac.

Kerlinou, h. c^ne de Guiscriff.

Kerlinou, vill. c^ne de Langonnet.

Kerlin-Sachoy, h. c^ne de Plœmeur.

Kerlion, vill. c^ne de Bubry. — *Kaer-Livon, villa*, 1282 (abb. de la Joie).

Kerlioret, vill. c^ne de Locmariaquer.

Kerlir, vill. c^ne de Plœmeur.

Kerlis, h. c^ne de Surzur.

Kerliscouet, vill. c^ne de Plouhinec.

Kerliven, éc. c^ne d'Hennebont.

Kerliven, éc. c^ne de Pluvigner.

Kerlividic, vill. c^ne de Ploërdut. — *Kerlevezric*, 1422 (princip. de Rohan-Guémené). — *Kerguelvezic*, 1429 (*ibid.*).

Kerlivio, éc. c^ne de Belz; ruiss. *de la Fontaine-de-Kerlivio* : voy. Bonaval.

Kerlivio, vill. c^ne de Berné.

Kerlivio, chât. bois, m^in à vent et m^in à eau sur le ruiss. de ce nom, c^ne de Brandérion. — *Kerleviou*, 1385 (abb. de la Joie). — Seigneurie; manoir.

Kerlivio, éc. c^ne de Cléguer.

Kerlivio, vill. c^ne de Groix. — Seigneurie; manoir.

Kerlivio, éc. c^ne d'Hennebont. — Seigneurie.

Kerlivio, h. c^ne d'Inzinzac, et passage sur le ruiss. de Langle, reliant Inzinzac et Lanvaudan.

Kerlivio, h. c^ne de Plœmel.

Kerlivio, vill. c^ne de Plœmeur.

Kerlivio, h. et ruiss. *de la Fontaine-de-Kerlivio*, affl. du Kermarrec, c^ne de Plouay.

Kerlivio (Ruisseau de), dit aussi *du Moulin-de-Coët-Rivas* et *du Moulin-de-Saint-Georges*, affl. de l'Étel; il arrose Hennebont, Brandérion, Kervignac, Nostang et Merlévenez.

Kerlivio-Bernard, h. c^ne de Languidic.

Kerlivio-Méledo, h. c^ne de Languidic.

Kerlizé, vill. c^ne de Naizin; pont sur le Runio, reliant Naizin et Kerfourn.

Kerlo, vill. c^ne de Cléguer.—Seigneurie.

Kerlo, h. c^ne de Plouay.

Kerlo (Bras et Bihan), vill. c^ne de Groix.

Kerlo (Pont de), sur le Scorff, reliant Plouay au dép^t du Finistère.

Kerloas, chât. et m^in à eau sur le ruiss. de ce nom, c^ne de Berné; ruiss. affl. du Scorff, qui limite Berné, Meslan et le dép^t du Finistère. — Seigneurie; manoir.

Kerloc, vill. c^ne de Saint-Nolff.

Kerloc, h. et pont sur le Kerandrun, c^ne de Theix.

Kerlocazo, vill. c^ne de Priziac. — *Locgasou*, 1419 (princip. de Rohan-Guémené). — *Kerlocgouaso*, 1456 (*ibid.*).

Kerloch, vill. c^ne de Berné.

Kerloch, f. c^ne de Crach.

Kerlocuet, h. c^ne de Crach.

Kerlochet, vill. c^ne de Pénestin.

Kerlodet, f. c^de de Saint-Thuriau.

Kerloës, h. c^ne de Lorient.

Kerloës, h. c^ne de Plœmeur. — Seigneurie.

Kerlogonenne, h. c^ne d'Elven.

Kerlogot, f. c^ne de Neulliac. — Seigneurie; manoir.

Kerlogot (Haut et Bas), vill. c^ne de Cléguérec.

Kerloguen, h. et deux m^ins à eau sur le ruiss. du Pont-du-Couédic, c^ne d'Inzinzac; pass. sur le même ruiss. reliant Inzinzac et Lanvaudan.

Kerloguen, h. c^ne de Plouay.

Kerloguen, h. c^ne de Plouharnel. — Seigneurie.

KERLOHAN, h. c^{ce} de Moustoirac.

KERLOHAN, éc. c^{ne} de Pluméliau.

KERLOHARNE, f. c^{ne} de Naizin.

KERLOHÉ, éc. c^{ne} de Plaudren.

KERLOHO, h. c^{ne} de Monterblanc. — Seigneurie.

KERLOHO, éc. c^{ne} de Noyal-Muzillac.

KERLOHOU, éc. c^{ne} de Gourin; pont sur le Quilliou, reliant Gourin et le Saint.

KERLOI, h. c^{ne} de Guéhenno.

KERLOILLE, vill. c^{ne} de Molac.

KERLOIR, éc. c^{ne} d'Arzal.

KERLOIS, éc. et bois, c^{ne} de Brech.

KERLOIS, vill. c^{ne} de Carnac.

KERLOIS, chât. f. et étang, c^{ne} d'Hennebont. — Seigneurie; manoir.

KERLOIS, chât. f. bois, étang et ruiss. *de l'Étang-de-Kerlois*, affl. du Lanvel, c^{ne} de Pluvigner. — Seigneurie; manoir.

KERLOIS, h. et bois, c^{ne} de Saint-Gérand.

KERLOIX, m^{in} à eau, c^{ne} de Guénin.

KERLOIX, h. c^{ne} de Lignol. — *Kaergloaes*, 1420 (principauté de Rohan-Guémené). — *Kerloes*, 1433 (*ibid.*).

KERLOIX, vill. c^{ne} de Malguénac; pont sur le Camblen, reliant Malguénac et Guern. — Seigneurie.

KERLOIX, h. c^{ne} de Pluméliau.

KERLO-LE-CROM, h. c^{ue} de Languidic.

KERLO-LES-CHAMPS, h. c^{ne} de Languidic.

KERLOMÈNE, h. c^{ne} de Lauzach. — Seigneurie.

KERLOMÈNE, vill. c^{ne} de Sulniac.

KERLOMBOUARNE, h. c^{ne} d'Hennebont. — *Mons-en-Cron* (aliàs *Crom*), 1279 (abb. de la Joie). — *Kerancrom*, 1413 (*ibid.*).

KERLONG, h. c^{ne} de Plouhinec.

KERLONNET, h. c^{ne} de Pluvigner.

KERLORANS, vill. c^{ne} de Moustoirac.

KERLORANS, h. c^{ne} de Quistinic.

KERLORÉ, éc. c^{ne} d'Elven.

KERLORÉAL, h. c^{ne} du Palais.

KERLOREC, h. c^{ne} de Noyal-Muzillac.

KERLOREC, éc. c^{ne} de Theix.

KERLORET, h. c^{ne} de Caudan.

KERLORET, vill. c^{ne} de Groix.

KERLORET, vill. c^{ne} de Plœmeur. — Seigneurie.

KERLOROIS, éc. c^{ne} de Plouray.

KERLOSCOU, h. c^{ne} de Guiscriff.

KERLOSQUET, éc. c^{ne} d'Erdeveu.

KERLOSQUET, f. c^{ne} de Vannes. — Voy. MENIMUR.

KERLO-TUARZE, h. c^{ue} de Languidic.

KERLOUANO, h. c^{ne} de Plœmeur.

KERLOUARNY, éc. c^{ne} de Saint-Caradec-Trégomel; pont sur le Kermérien, reliant Saint-Caradec et Berné.

KERLOUART, vill. c^{ne} de Marzan.

KERLOUAY, h. c^{ne} de Gueltas. — *Querloys*, 1259 (D. Morice, I, 974).

KERLOUDAN, h. c^{ne} de Plœmeur.

KERLOUEC, h. c^{ne} de Gueltas.

KERLOUET, éc. c^{ne} de Caudan.

KERLOUET, h. c^{ne} de Locminé.

KERLOUIC, h. c^{ne} de Gestel.

KERLOUIS, h. c^{ne} de Caudan.

KERLOUIS, éc. c^{ne} de Marzan.

KERLOUIS, h. c^{ne} de Quéven.

KERLOURDE, h. c^{ne} de Belz.

KERLOURY, vill. c^{ne} de Pluneret.

KERLOYO, h. c^{ne} de Pluvigner.

KERLU, h. c^{ne} de Melrand.

KERLUCAS, éc. et ruiss. *de la Fontaine-de-Kerlucas*, affl. du Kersily, c^{ne} de Plouay.

KERLUCUNE, éc. c^{ne} de Plouay.

KERLUD, vill. c^{ne} de Bignan.

KERLUD, h. c^{ne} de Landaul.

KERLUD, vill. c^{ne} de Locmariaquer. — *Caër-Luuet*, xie siècle (abb. de Sainte-Croix de Quimperlé).

KERLUDAN, éc. c^{ne} de Radenac.

KERLUDEN, éc. et ruiss. affl. du Saint-Laurent, c^{ne} de Grand-Champ.

KERLUÉ, h. c^{ne} de Billio.

KERLUÉ, éc. c^{ne} de Questembert.

KERLUESSE, h. c^{ne} de Locmariaquer.

KERLUGARD, éc. c^{ne} d'Inzinzac.

KERLUGERIE, éc. c^{ne} de Riantec.

KERLUHERN, éc. c^{ne} de Plescop.

KERLUHERNE, éc. c^{ne} de Moustoirac.

KERLUHERNE, éc. c^{ne} de Plumelin.

KERLUHERNE, éc. c^{ne} de Vannes.

KERLUHUINAN, éc. c^{ne} d'Elven.

KERLUIDAN, h. c^{ne} de Limerzel.

KERLUISE, h. c^{ne} de Plumelin.

KERLUREC, h. c^{ne} de Noyal-Muzillac.

KERLUTU, éc. c^{ne} de Belz. — Seigneurie.

KERLUTU, chât. et f^{e}, c^{ne} de Plœmeur. — Seigneurie; manoir.

KERLUTUNE, ruiss. affl. du Blavet et m^{in} à eau sur ce ruiss. c^{ne} d'Inzinzac.

KERLY, vill. c^{ne} du Faouet.

KERMABALAN, éc. c^{ne} de Buléon; pont sur le ruiss. de la Fontaine-ès-Mézio, reliant Buléon et Lantillac. — Seigneurie.

KERMABALAN, h. c^{ne} de Noyal-Muzillac.

KERMABALAN, éc. c^{ne} de Pluvigner; pont sur le Loc, reliant Pluvigner et Grand-Champ.

KERMABAUDREN, h. c^{ne} de Guiscriff.

KERMABELOCH, éc. c^{ne} de Pluvigner.

KERMABENARZE, éc. c^ne de Baud. — *Kermapenhars*, 1583 (abb. de la Joie).

KERMABERGAL, h. c^ne de Landaul.

KERMABEUVIN, h. c^ne de Naizin.

KERMADINAN, éc. c^ne de Monterblanc.

KERMABO, éc. c^ne de Carnac.

KERMABO, h. c^ne de Guidel.—*Kermabon*, 1479 (seign. du Coatdor).

KERMABO, h. c^ne de Ploërdut ; ruiss. voy. SAINT-MARTIN.

KERMABO, h. et m^in à eau sur le ruiss. de ce nom, c^ne de Saint-Gérand ; ruiss. *du Moulin-de-Kermabo :* voy. SAINT-DRÉDENO. — Seigneurie ; manoir.

KERMABO, h. c^ne de Saint-Jean-Brévelay.

KERMADOLIVIER, h. c^ne de Monterblanc.

KERMABON, calé sur la riv. d'Auray, à Auray (XVIIIe s^e).

KERMADON, h. c^ne de Bieuzy.

KERMABON, h. c^ne de Meslan.

KERMABON, h. c^ne de Quéven.

KERMABONEN, éc. c^ne de Ploërdut.

KERMADREC, éc. c^ne de Melrand.

KERMACHELOT, h. c^ne de Séglien.

KERMACONAN, h. et bois, c^ne de Baud.

KERMADEC, h. c^ne d'Ambon. — Seigneurie.

KERMADEC, éc. c^ne d'Inguiniel.

KERMADEC, h. c^ne d'Inzinzac.

KERMADEC, vill. et bois, c^ne de Kervignac.

KERMADEC, vill. c^ne de Pluméliau.

KERMADEC, vill. c^ne de Questembert.

KERMADEC, éc. c^ne. de Quistinic.

KERMADENOY, chât. f^t et bois, c^ne de Plœmeur. — Seigneurie ; manoir.

KERMADET, éc. c^ne de Camoël.

KERMADIO, h. bois, lande et ruiss. aff. du Kergamenant, c^ne de Kervignac.—Seigneurie.

KERMADIO, vill. c^ne de Liguol.

KERMADIO, h. c^ne de Pluméliau.

KERMADIO, chât. et bois, c^ne de Pluneret. — Seigneurie ; manoir.

KERMADIO (IHUEL et IZEL), h. c^ne de Pluvigner.

KERMADIO (IHUELLAN et IZELLAN), vill. c^ne de Séglien.— Seigneurie.

KERMADO, vill. c^ne de Plumelec.

KERMADOU, vill. et lande, c^ne de Langonnet. — Seigneurie.

KERMAGADURE, éc. c^ne de Priziac.

KERMAGARO, vill. c^ne de Néant. — Seigneurie.

KERMAGRÉ, éc. c^ne de Theix.

KERMAGUER, h. c^ne du Faouët.

KERMAHÉ, vill. c^ne de Férel.

KERMAHÉ, h. c^ne de Limerzel ; pont sur la Garenne, reliant Limerzel et Caden.

KERMAHÉ, vill. et pont sur le Niel, c^ne de Saint-Gérand.

KERMAHÉ, château dit aussi de *Champ-Mahé*, c^ne de Saint-Gorgon.

KERMAHÉ, vill. c^ne de Saint-Pierre.

KERMAHÉO, h. c^ne d'Elven.

KERMAHO, éc. c^ne de Grand-Champ.

KERMAILLARD, vill. c^ne de Sarzeau.

KERMAIN, vill. c^ne de Bubry.

KERMAIN, h. c^ne de Langonnet.—Seigneurie.

KERMAIN, h. c^ne de Vannes. — Seigneurie.

KERMAINGUER, h. c^ne de Kervignac.

KERMAINGUY, vill. c^ne de Brech.

KERMAINGUY, chât. m^in à vent et m^in à eau sur le ruiss. de ce nom, éc. dit *Motten-Kermainguy* et lande dite *Motten-Velen-Kermainguy*, c^ne de Grand-Champ ; ruiss. *de l'Étang-de-Kermainguy :* voy. KERIVALAIN. — Seigneurie ; manoir.

KERMAINGUY, f. c^ne de Kervignac.

KERMAINGUY, éc. c^ne de Molac.

KERMAINGUY, h. et pont sur le Pontuel, c^ne de Moustoirac.

KERMAINGUY, h. c^ne de Moustoir-Remungol.

KERMAINGUY, éc. c^ne de Plaudren. — Seigneurie.

KERMAINGUY, h. c^ne de Pl   hinec.

KERMAINGUY, vill. c^ne de Pluméliau.

KERMAINGUY, éc. c^ne de Priziac. — Seigneurie.

KERMAINGUY, h. c^ne de Questembert.

KERMAINGUY, h. c^ne de Quéven.

KERMAINGUY, éc. c^ne de Saint-Jean-Brévelay.

KERMALÉDICTION, éc. c^ne de Baud.

KERMALVEZIN, h. c^ne de Carnac.—Seigneurie ; manoir.

KERMAMENIC, h. c^ne de Candan.

KERMAMIGNON, éc. c^ne d'Inguiniel.

KERMAN, h. c^ne de Saint-Jean-Brévelay.

KERMANACH, éc. bois, font. et ruiss. *de la Fontaine-de-Kermanach*, aff. du Hédennec, c^ne d'Inguiniel. — Seigneurie.

KERMANDIO, h. c^ne de Melrand.

KERMANDU, h. bois, font. et ruiss. *de la Fontaine-de-Kermandu*, aff. du Bécherel, c^ne de Plouay.

KERMANÉ, h. c^ne de Brech.

KERMANET, f. c^ne de Bieuzy.

KERMANIEC, h. c^ne de Pluméliau.

KERMANIO, h. c^ne de Quistinic.

KERMANNÉ, h. c^ne de Locmariaquer.

KERMANSER, h. c^ne de Malguénac.

KERMAPAUDRIN, h. c^ne de Locminé.

KERMAPILI, éc. c^ne de Saint-Jean-Brévelay.

KERMAPINO, h. et pont sur le ruiss. de ce nom, c^ne de Noyal-Pontivy ; ruiss. voy. KERVÉZO.

KERMAPOUSSEUH, h. et ruiss. aff. de celui du Pont-

Fau, c^ne de Camors. — *Kermaboussat*, xviie siècle (présidial de Vannes). — Seigneurie; manoir.

Kermapreno, vill. et h. dit *Loges-Kermapreno*, c^ne de Gourin.

Kermaprio, h. c^ne de Saint-Caradec-Trégomel.

Kermaprizo, h. c^ne de Gueltas. — *Kermaupezron*, 1406 (duché de Rohan-Chabot).

Kermapucano, h. c^ne de Ploërdut. — *Kermabgueganou*, 1431 (princip. de Rohan-Guémené). — Seigneurie; manoir.

Kermaquer, éc. c^ne de Guern. — Seigneurie; manoir.

Kermaquer, h. c^ne de Saint-Jean-Brévelay.

Kermaquit, h. c^ne de Radenac.

Kermarais, h. c^ne de Péaule.

Kermarc (Loge), éc. c^ne de Gourin.

Kermarc-an-Goff, h. c^ne de Gourin.

Kermarch, h. c^ne de Langonnet.

Kermarchal, h. c^ne de Plumergat. — *Kermaréchal*, xive siècle (chartreuse d'Auray).

Kermarc-Toulanhay, éc. c^ne de Groix.

Kermabec, éc. c^ne de Baud.

Kermarec, h. c^ne de Berné.

Kermarec, vill. c^ne de Groix.

Kermarec, éc. et ruiss. affl. de la Sarre, c^ne de Guern.

Kermarec, éc. c^ne de Napoléonville. — Seigneurie; manoir en la par. de Malguénac.

Kermarec, éc. c^ne de Plaudren.

Kermarec, vill. et ruiss. affl. de celui du Pont-de-Saint-Martin, c^ne de Ploërdut.

Kermarec, lieu-dit dans le dép^t des Côtes-du-Nord; ruiss. *des Prés-de-Kermarec*, affluent de l'Ellée, qui arrose Plouray, qu'il sépare de ce département.

Kermarec, h. c^ne de Plumelin; ruiss. qui arrose Plumelin et Remungol.

Kermaréchal, éc. c^ne de Grand-Champ. — Seigneurie.

Kermargan, vill. c^ne de Languidic.

Kermargot, éc. c^ne de Napoléonville.

Kermarh, éc. c^ne du Hézo.

Kermarhan, h. c^ne de Nostang.

Kermarhic, h. c^ne de Languidic. — *Kermarchic*, 1426 (abb. de la Joie).

Kermarhic, vill. c^ne de Plouhinec.

Kermarhin, h. c^ne de Languidic.

Kermarh-Patern, h. c^ne de Malguénac.

Kermarie, éc. c^ne de Nivillac.

Kermarien, éc. bois et m^in à eau sur le ruiss. de ce nom, c^ne de Ploërdut; ruiss. voy. Scanff (Le). — Seigneurie; manoir.

Kermarin, éc. c^ne de Camoël. — Seigneurie.

Kermario, h. c^ne de Carnac.

Kermario, vill. c^ne de Groix.

Kermario, b. c^ne d'Hennebont. — *Kermarhyou*, 1474 (abb. de la Joie).

Kermario, f. c^ne de Trédion.

Kermarquer, vill. c^ne de Carnac.

Kermarquer, h. et m^in à vent, c^ne de Crach.

Kermarquer, h. c^ne de Gourin.

Kermarquer, vill. c^ne d'Inguiniel.

Kermarquer, vill. c^ne de Melrand.

Kermarquer, h. c^ne de Moustoirac.

Kermarquer, h. c^ne de Noyal-Pontivy.

Kermarquer, vill. c^ne de Plœmel.

Kermarquer, vill. bois et éc. dit *Hutte-Kermarquer*, c^ne de Ploërdut. — Seigneurie; manoir.

Kermarquer, vill. c^ne de Plougoumelen. — Seigneurie.

Kermarquer, h. c^ne de Saint-Caradec-Trégomel; pont sur le Gouarem-en-Oglen, reliant Saint-Caradec et Saint-Tugdual.

Kermarquer-la-Lande, éc. c^ne de Moustoirac.

Kermarrec, vill. et ruiss. dit aussi *de Kerigo*, affl. du Scorff, c^ne de Plouay.

Kermarrec, h. c^ne de Pluméliau.

Kermarseven, h. c^ne de Pontscorff.

Kermarthe, h. c^ne de Saint-Jean-Brévelay.

Kermartin, h. c^ne de Guénin.

Kermartin, éc. et m^in à vent, c^ne de Guidel. — Seigneurie.

Kermartin, éc. c^ne de Saint-Nolff.

Kermartin, éc. bois, ruiss. affl. du Pont-Rouge et m^in à eau sur ce ruiss. c^ne de Saint-Tugdual. — Seigneurie; manoir.

Kermartret, h. c^ne de Guidel.

Kermary, h. c^ne de Limerzel.

Kermary, éc. c^ne de Questembert.

Kermasson, éc. c^ne d'Arzal. — Seigneurie.

Kermasson, éc. c^ne de Plaudren.

Kermassonnet, h. c^ne de Kervignac. — Seigneurie.

Kermat, h. c^ne d'Inzinzac. — Seigneurie.

Kermat, vill. et lande, c^ne de Langonnet.

Kermatanguy, éc. c^ne de Baud.

Kermaté, vill. c^ne de Questembert.

Kermativan, éc. c^ne de Theix.

Kermativant, f. c^ne de Surzur.

Kermatret, h. c^ne de Roudouallec. — Seigneurie.

Kermaute, éc. lande et ruiss. *de la Lande-de-Kermaute*, affl. du Saint-Vincent, c^ne d'Inguiniel.

Kermaux, h. et m^in à vent, c^ne de Carnac. — Seigneurie; manoir.

Kermaux, vill. c^ne de Moustoir-Remungol.

Kermaux, h. c^ne de Pluméliau.

Kermaux, f. c^ne de Saint-Thuriau. — *Kaer-un-Mau*, 1315 (duché de Rohan-Chabot). — *Ville-Mau*, 1406 (*ibid.*).

Kermavic, vill. c^{ne} de Languidic. — *Kaer-Mavyc, villa,* 1282 (abb. de la Joie).

Kermavio-Croix-er-Grein, vill. c^{ne} de Cléguérec.

Kermec, vill. c^{ne} de Langoëlan.

Kermec, h. c^{ne} de Pluvigner.

Kermedec, h. c^{ne} de Remungol.

Kerméhin, h. c^{ne} de Grand-Champ.

Kermeillon, éc. c^{ne} de Locminé.

Kermeilloun, éc. c^{ne} de Bignan.

Kermeilloux, éc. c^{ne} de Questembert. — Seigneurie.

Kermel, vill. c^{ne} de Guéhenno.

Kermel, éc. c^{ne} de Kervignac.

Kermel, h. c^{ne} de Moréac.

Kermelec, h. c^{ne} d'Elven.

Kermelen, éc. c^{ne} de Brech. — Seigneurie.

Kermelgant, vill. et mⁱⁿ à vent, c^{ne} de Plœmel.

Kermelin, vill. c^{ne} de Bignan.

Kermelin, vill. et lande, c^{ne} de Grand-Champ.

Kermelin, éc. c^{ne} de Gueltas. — Seigneurie; manoir.

Kermelin, h. c^{ne} de Kervignac.

Kermelin, h. c^{ne} de Lanouée.

Kermelin, f. et ruiss. affl. de l'Arz, c^{ne} de Larré.

Kermelin, h. c^{ne} de Malguénac.

Kermelin, h. c^{ne} de Molac.

Kermelin, éc. c^{ne} de Plumelec.

Kermelin, h. c^{ne} de Quistinic.

Kermelin, h. c^{ne} de Remungol.

Kermelin, h. c^{ne} de Saint-Allouestre.

Kermelin, h. c^{ne} de Saint-Avé. — Seigneurie; manoir.

Kermélinaine, éc. et bois, c^{ne} de Guern.

Kermellan, h. c^{ne} de Languidic.

Kermelo, f. c^{ne} de Molac.

Kermélo, h. pont suspendu, autref. pass. sur le Ter et autre h. *du Pont-de-Kermélo*, c^{ne} de Plœmeur.— Seigneurie.

Kermeloch, éc. c^{ne} de Lanvaudan; pont sur le ruiss. du Pont-du-Couédic, reliant Lanvaudan et Inzinzac.

Kermen, chât. h. et mⁱⁿ à vent, c^{ne} de Caudan. — Seigneurie.

Kermenaven, vill. c^{ne} de Cléguérec.

Kermené, éc. c^{ne} de Guidel.

Kerménec, éc. c^{ne} de Kervignac.

Kerménézy, vill. c^{ne} de Grand-Champ. — Seigneurie.

Kerméno, h. bois dit *Coët-Kerméno* et lande dite *Lann-Kerméno*, c^{ne} de Grand-Champ. — Seigneurie.

Kermeno (Grand et Petit), h. partie c^{ne} de Moréac, partie c^{ne} de Bignan; ruiss. voy. Kerolas; deux ponts sur ce ruiss. reliant Bignan et Saint-Allouestre; bois, c^{ne} de Bignan. — Seigneurie.

Kermen-Pontscorff, h. c^{ne} de Caudan.

Kermer, vill. c^{ne} de Melrand.

Kermer, h. c^{ne} de Pluvigner.

Kermercier, h. c^{ne} de Bignan.

Kermérian, h. c^{ne} de Plaudren.

Kermérian, h. c^{ne} de Remungol.

Kermérien, h. c^{ne} de Guidel.

Kermérien, h. c^{ne} de Pluméliau.

Kermérien, h. c^{ne} de Quéven.

Kermérien, chât. f^{me}, bois et mⁱⁿ à eau sur le ruiss. de ce nom, c^{ne} de Saint-Caradec-Trégomel; ruiss. dit aussi *de Pontcallec*, affl. du Dourdu, qui arrose Saint-Caradec et Berné. — *Kermeryan*, 1398 (princip. de Rohan-Guémené). — Seigneurie; manoir.

Kermérien-le-Verger, éc. c^{ne} de Pontscorff. — Seigneurie.

Kermesquel, moulin. — Voy. Camsquel.

Kermestre, h. c^{ne} de Baud. — *Kermaes,* 1406 (duché de Rohan-Chabot).

Kermestre, h. c^{ne} de Marzan.

Kermeunier, éc. c^{ne} de Locmariaquer.

Kermeur, f. c^{ne} de Plouay; ruiss. *de la Fontaine-de-Kermeur:* voy. Pontivine.

Kermèze, h. c^{ne} de Quistinic. — Seigneurie.

Kermezec, éc. c^{ne} de Pluméliau.

Kermezec, h. c^{ne} de Saint-Thuriau.

Kermézué, éc. c^{ne} de Plumelec.

Kermiant, h. c^{ne} de Quistinic. — Seigneurie.

Kermiché, h. c^{ne} de Limerzel.

Kermignan, vill. et ruiss. affl. du Scorff, c^{ne} d'Inguiniel.

Kermignan, vill. c^{ne} de Plouay.

Kermillard (Le Grand-), h. et lande, c^{ne} de Grand-Champ.

Kermillard-des-Bois, éc. c^{ne} de Grand-Champ.

Kerminé, h. c^{ne} du Faouët.

Kerminihy, vill. et marais, c^{ne} d'Erdeven.

Kerminizy, chât. f. et bois, c^{ne} de Saint-Tugdual; ruiss. *du Bois-de-Kerminizy :* voy. Ninivenou. — Seigneurie; manoir.

Kerminot, vill. c^{ne} de Guiscriff.

Kerminy, vill. c^{ne} d'Évriguet.

Kermiriet, h. c^{ne} de Languidic.

Kermoal, h. c^{ne} de Gourin.

Kermoban, éc. c^{ne} de Sulniac.

Kermocard, vill. c^{ne} de Moréac; ruiss. voy. Kerleau.

Kermoch, h. c^{ne} de Grand-Champ.

Kermodeste, h. c^{ne} de Plœmel.

Kermoël, vill. c^{ne} de Bignan.

Kermoël, h. c^{ne} de Groix.

Kermoël, h. c^{ne} d'Inzinzac.

Kermoël, éc. c^{ne} de Sulniac.

Kermoël (Bras et Bihan), h. et mⁱⁿ à eau sur le Glayo, c^{ne} de Quistinic. — Seigneurie.

Kermoëlo, éc. c^{ne} de Brech. — Seigneurie.

Kermoing, éc. cne de Bubry.
Kermoing, h. cne de Pluméliau.
Kermois, h. cne de Férel.
Kermois, éc. cne de Guéhenno.
Kermoisan, éc. cne d'Arzal.—Seigneurie.
Kermoisan, vill. cne de Bignan.
Kermoisan, h. cne de Caudan.
Kermoisan, h. cne de Languidic.
Kermoisan, h. cne de Malguénac.
Kermoisan, vill. cne de Moréac.
Kermoisan, éc. cne de Péaule.
Kermoisan, h. cne de Pluméliau.
Kermoisan, h. cne de Pluvigner.
Kermoizan, vill. cne de Kerfourn; ruiss. voy. Kerniquello.
Kermoizan, vill. cne de Quistinic.
Kermoizan, vill. cne de Saint-Thurian.
Kermoizan, vill. cne de Sarzeau.
Kermonach, h. éc. dit *Petit Château de Kermonach*, ruiss. *du Château-de-Kermonach*, affl. du Scanff, et bois, cne de Ploërdut.
Kermonach, éc. cne de Saint-Caradec-Trégomel.
Kermonseru, vill. cne de Pluméliau.
Kermonten-Cuotec, éc. cne du Saint.
Kermonten-Grénic, h. cne du Saint.
Kermon, éc. cne de Séglien; min à eau sur le Frétu, cne de Malguénac.
Kermoran, éc. cne de Bubry.
Kermorch, h. cne de Lanvaudan; ruiss. affl. de celui des Trois-Recteurs, qui arrose Calan et Lanvaudan. — Seigneurie.
Kermorduel, h. cne de Baud. — *Kermorzuel*, 1583 (abb. de la Joie).
Kermoreau, éc. cne d'Hennebont.—Seigneurie.
Kermorgant, f. cne de Plouay. —- Seigneurie.
Kermorgant, h. cne de Pluméliau.
Kermorhen, h. cne de Kervignac.
Kermorhueven, vill. cne de Pluméliau.
Kermorio, éc. cne de Marzan.
Kermoric, h. cne du Saint.
Kermorice, éc. cne de Bignan.
Kermorin, h. cne de Plouhinec.
Kermorin, vill. cne de Questembert.
Kermorin, vill. cne de Saint-Jean-Brévelay.
Kermorio, h. cne de Languidic.
Kermorio, h. cne de Plœren.
Kermoro, min à eau sur le ruiss. du Pont-du-Roch, cne de Languidic.
Kermorval, f. cne de Naizin. — Seigneurie; manoir.
Kermorvan, h. cne de Crédin.
Kermorvan, f. cne d'Elven.
Kermorvan, éc. cne de Langonnet.

Kermorvan, vill. cne de Quiberon.
Kermorvan, h. cne de Saint-Jean-Brévelay.
Kermorvan, éc. cne de Saint-Jean-Brévelay (dist. du précédent).
Kermorvano, h. cne de Pluvigner.
Kermorvant, chât. fne, bois et min à eau sur le ruiss. de ce nom, cne de Baud; ruiss. *du Moulin-de-Kermorvant :* voy. Saint-Adrien. — Seigneurie; manoir.
Kermorvant, vill. cne de Merlévenez.
Kermorvant, h. cne de Moustoirac.
Kermorvant, chât. et f. cne de Pontscorff.—Seigneurie: manoir.
Kermorvant, vill. cne du Saint.
Kermorzéven, h. cne de Plœmeur. — Seigneurie.
Kermotten, h. cne de Ploërdut.
Kermouchoize, h. cne de Languidic.
Kermoué, vill. cne de Péaule.
Kermouel, h. cne de Brandérion; pont sur le ruiss. du Pont-du-Roch, reliant Brandérion et Languidic.
Kermouel, h. cne d'Erdeven.
Kermouel, h. et ruiss. affl. du Scorff, cne d'Inguiniel.
Kermouel, éc. cne de Languidic.
Kermouel, h. cne de Monterblanc.
Kermouel, h. bois et ruiss. affl. de celui de Bois-du-Crocq, cne de Plouay.
Kermouel, h. cne de Pluméliau.
Kermouel, h. cne de Saint-Caradec-Trégomel; ruiss. *de la Fontaine-de-Kermouel*, dit aussi *du Pont-Douar*, affl. du Dourdu, qui arrose Saint-Caradec et Lignol : pont sur ce ruiss. reliant ces deux communes.
Kermouello, h. cne de Kervignac.
Kermouenne, vill. cne de Bubry.
Kermouraud, vill. cne de Pénestin. — Seigneurie.
Kermourio, h. cne de Marzan.
Kermouroux, vill. cne de Locmariaquer.
Kermouyal, h. cne de Pluvigner.
Kermouzouët, vill. cne de Groix.
Kermoy, éc. et bois, cne de Moréac. — Seigneurie.
Kermultrer, h. cne de Languidic.
Kermuniec-Pont-Augan, h. cne de Quistinic.
Kermunition, vill. cne de Groix.
Kermurier, chât. f. et étang, cne de Plœren.
Kernabat, h. cne de Pluneret. — Seigneurie.
Kernabessec, vill. et éc. cne de Grand-Champ.
Kernadio, h. cne d'Elven.
Kernaën, vill. cne de Guiscriff.
Kernafféach, éc. cne d'Elven.
Kernafiour, éc. cne de Monterblanc.
Kernaillet, h. cne de Guiscriff.
Kernain, h. cne de Guern.
Kernal, h. cne de Langounet.
Kernalain, éc. cne de Bieuzy.

Kernalan, vill. cne de Merlévenez.

Kernaleguen, éc. cne de Pluméliau.

Kernaléguen, h. cne de Remungol. — *Kaeranhalegen*, 1264 (abb. de Lanvaux).

Kernalien, éc. cne de Remungol.

Kernaliguen, h. cne de Moréac.

Kernalo, f. cne de Marzan. — Seigneurie.

Kernan, h. cne de la Croix-Helléan.

Kernaneg, vill. et pont sur le ruiss. de la Lande-de-Kerallan, cne de Brech.

Kernanette, éc. cne de Pluméliau.

Kernannec, éc. cne de Pluneret.

Kernanoüt, éc. cne d'Inzinzac.

Kernante, h. cne de Guidel; ruiss. voy. Scave.

Kernantec, vill. cne de Baud.

Kernantelin, éc. cne d'Elven.

Kernaon, vill. cne de Gourin; riv. voy. Isan.

Kernars, éc. et min à eau sur le ruiss. de ce nom, cne de Baud; ruiss. voy. Saint-Adrien. — Seigneurie.

Kernascléden, vill. cne de Saint-Caradec-Trégomel; étang : voy. Pontcallec. — Trève de Saint-Caradec. — Chef-lieu de cen en 1790 : voy. Saint-Caradec-Trégomel.

Kernasquellec, h. cne de Camors.

Kernastellec, h. cne de Plœmeur.

Kernau, vill. cne de Theix.

Kernaud, h. min à vent et min à eau sur le Saint-Maudé, cne de Baud. — Seigneurie.

Kernaud, h. cne de Crach.

Kernaud, vill. croix et h. dit *Croix-de-Kernaud*, cne de l'Île-aux-Moines.

Kernaud, h. cne de Napoléonville.

Kernaude, vill. cne de Locmalo.

Kernaut, vill. cne de Cléguer.

Kernalt, vill. cne de Guidel.

Kernaval, h. cne de Vannes.

Kernavaleg, éc. cne de Saint-Jean-Brévelay.

Kernavellec, h. cne de Plaudren.

Kernavélo, h. cne de Sarzeau. — Seigneurie.

Kernaven, h. cne de Kervignac.

Kernavest, vill. cne de Quiberon.

Kernaveste, h. presses à sardines (en ruines), deux fanaux et deux forts à l'embouchure de la riv. de Crach, cne de Locmariaquer.

Kernazel, éc. et bois, cne de Radenac. — Seigneurie; manoir.

Kerné, vill. port sur l'Océan dit *Portz-Kerné* et corps de garde, cne de Quiberon.

Kernéac, h. cne de Locoal-Mendon.

Kernéant, vill. cne de Néant.

Kernéant (Rue), à Loyat.

Kernec, vill. cne de Languidic.

Kernécal, h. cne de Languidic.

Kernéoan, h. cne d'Inzinzac.

Kernéoan, h. croix et vill. *de la Croix-de-Kernégan*, cne de Moustoir-Remungol.

Kernéoant, vill. et pont sur l'Ével, cne de Baud. — Seigneurie.

Kernéoeon, vill. cne de Locmaria.

Kernéuué, h. cne de Cruguel.

Kernéuué ou la Villeneuve, h. cne de Locoal-Mendon.

Kernéjeune, vill. cne d'Arzal.

Kernel, éc. cne de Moréac.

Kernel, h. cne de Sulniac.

Kernélo, vill. cne de Férel.

Kernen, h. cne de Languidic. — *Kerannezne*, 1415 (abb. de la Joie).

Kernenec, h. et min à vent en ruines, cne de Berné.

Kernentec, éc. cne de Moustoirac; ruiss. affl. du Tarun, qui arrose Moustoirac et Locminé.

Kernéooant, vill. cne de Lanvénégen.

Kernen, vill. île sur l'Océan dans l'anse de Gàvre et pont sur la baie de Riantec, cne de Riantec.

Kerners, vill. éc. servant de caserne de douanes, min à vent et pointe sur le Morbihan, cne d'Arzon.

Kernès, h. cne de Sulniac.

Kernest, h. cne de Bangor.

Kernestic, h. cne de Camors.

Kernestic (Haut et Bas), vill. partie cne de Plumelin, partie cne de Locminé.

Kernètre, h. cne de Questembert; pont sur le Tréfévan, reliant Questembert et Noyal-Muzillac.

Kerneuf, h. cre de Lanouée.

Kerneur (Ihuel et Izel), h. et deux ponts sur le Cangrenn, cne de Pluvigner.

Kernevé, vill. cne de Locmariaquer.

Kernévé, vill. cne de Plouharnel.

Kernevé-Bellan, h. et lande, cne d'Inguiniel.

Kernévé-Gou, éc. cne de Plouharnel.

Kernével, vill. roche sur l'Océan et fort en ruines, cne de Plœmeur; pass. sur la rade de Lorient.

Kernévélan, h. cne de Plœmeur.

Kernevenin, éc. cne de Moréac.

Kernevé-Rouzen ou Villeneuve-Rouzen, éc. cne du Faouët.

Kernévic, h. et pont sur le ruisseau de ce nom, cne de Cléguérec; ruiss. voy. Stang-en-Ihuern.

Kernévilit, h. et pointe sur la riv. de Crach, cne de Locmariaquer.

Kernevy, vill. et étang, cne de Saint-Dolay.

Kernèze, h. cne de Muzillac.

Kernic, éc. et lande, cne de Baden.

Kernicol, éc. cne de Languidic.

Kernicol, f. cne de Noyal-Muzillac.

KERNICOL, éc. et étang dit aussi *du Granil*, c^ne de Theix. — Seigneurie; manoir.

KERNICOLLE, chât. f. et éc. dit *Petit-Kernicolle*, c^ne de Saint-Jean-Brévelay. — Seigneurie; manoir.

KERNICOLLE-LANVAUX, éc. c^ne de Saint-Jean-Brévelay.

KERNICOLO, éc. c^ne de Noyal-Muzillac.

KERNIEL, vill. c^ne de Camors.

KERNIGEL, vill. et landes, c^ne de Séglien; ruiss. *des Landes-de-Kernigel*, affl. du Botmars, qui arrose Séglien et Cléguérec.

KERNIGUÈZE, vill. c^ne de Plouray.

KERNIOCYOT, h. c^ne de Férel.

KERNIHEL (GRAND et PETIT), vill. c^ne de Plumelec.

KERNILIEN (BRAS et BIHAN), h. c^ne de Baud.

KERNILLIENNE, h. c^ne de Saint-Gérand.

KERNIN, h. c^ne de Pluvigner.

KERNINE, vill. c^ne du Saint.

KERNINEN, éc. c^ne de Moustoirac.

KERNINO, h. c^ne de Pluméliau.

KERNIOL, h. et ruiss. affl. du Rohan, c^ne de Vannes.

KERNION, h. c^ne de Saint-Nolff.

KERNIOULEN, h. c^ne de Pluneret.

KERNIPITUR (GRAND et PETIT), h. et bois, c^ne de Séné. — Seigneurie.

KERNIQUEL, h. c^ne d'Elven.

KERNIQUELLO, h. bois, m^in à vent et m^in à eau sur le ruiss. de ce nom, c^ne de Kerfourn; ruiss. dit aussi *de Kermoizan*, *des Landes-de-Kerfourn* et *de Lann-Corn-er-Prad*, affl. du Runio, qui arrose Naizin et Kerfourn. — Seigneurie; manoir.

KERNISCOB, vill. c^ne de Quiberon.

KERNISCOP, h. c^ne de Marzan.

KERNISQUEN, vill. c^ne de Pluméliau.

KERNISSO, éc. c^ne de Marzan.

KERNITHA, vill. c^ne de Plœmeur.

KERNIVILEN, éc. c^ne de Pluvigner.

KERNIVINEN, éc. et étang, c^ne de Bubry. — Seigneurie; manoir.

KERNIVINEN, h. c^ne de Caudan. — Seigneurie en la par. de Saint-Caradec-Hennebont.

KERNIVINEN, éc. c^ne de Melrand.

KERNIVINEN, h. c^ne de Noyal-Pontivy.

KERNIZAN, h. c^ne de Buléon.

KERNIZAN, h. c^ne de Melrand.

KERNIZAN-SAINT-RIVALAIN, h. c^ne de Melrand.

KERNO, vill. c^ne de Ploërdut. — *Kerronnau*, 1391 (princip. de Rohan-Guémené).

KERNO, vill. et ruiss. *de la Fontaine-de-Kerno*, affl. de la Drague, c^ne de Surzur.

KERNO, h. c^ne de Surzur (dist. du précédent).

KERNO, vill. c^ne de Treffléan.

KERNOCHER, vill. c^ne de Plumelec.

KERNOËL, h. c^ne de l'Île-d'Arz. — Seigneurie.

KERNOËL, h. c^ne de Pluvigner.

KERNOIL, vill. c^ne de Férel.

KERNOIX, éc. c^ne de Marzan.

KERNOLIVÈS, éc. c^ne de Saint-Gildas-de-Rhuis.

KERNOLO, h. c^ne de Plouray.

KERNON, éc. c^ne de Langonnet.

KERNONEN, h. c^ne de Bubry.

KERNONEN, h. c^ne de Moustoirac.

KERNONÈNE, vill. éc. dit *Loge-Kernonène*, et ruiss. affl. du Scorff, c^ne de Plouay.

KERNONENNE, éc. c^ne de Marzan. — Seigneurie.

KERNONVIDON, f. c^ne de Noyal-Muzillac.

KERNORMAND, h. et ruiss. *de la Fontaine-de-Kernormand*, dit aussi *de la Fontaine-er-Viel*, qui se jette dans l'étang de Pomper, c^ne de Baden.

KERNORMAND, éc. c^ne de Brech.

KERNORMAND, éc. c^ne de Pluneret. — Seigneurie.

KERNOT, h. c^ne du Faouët.

KERNOU, h. c^ne du Faouët.

KERNOUL, éc. c^ne de Camors.

KERNOUL, vill. c^ne de Loyat.

KERNOURS, vill. m^in à vent et lande, c^ne de Kervignac.

KERNOURS, vill. c^ne de Merlévenez.

KERNOURS, vill. c^ne de Plougoumelen.

KERNOURSE, h. c^ne de Belz. — Seigneurie.

KERNOUS, h. c^ne de Plumelin; ruiss. voy. KERIDON.

KERNOUSSE, éc. c^ne de Guern.

KERNOUZIC, éc. c^ne de Bubry.

KERNOUZIC, éc. c^ne de Guern.

KERNUN, h. c^ne de Languidic.

KEROALET, éc. et m^in à eau sur le Liziec, c^ne de Saint-Avé. — Seigneurie.

KEROALZÉ, h. c^ne de Roudouallec.

KEROAZIC, h. c^ne de Roudouallec.

KEROBEL, h. c^ne de Pluvigner.

KEROBO, h. c^ne de Buléon.

KEROC, éc. c^ne d'Inguiniel.

KEROCAUD, h. c^ne de Saint-Avé.

KERODER, vill. c^ne de Plœmeur.

KERODET, éc. c^ne de Marzan.

KERODIC, éc. c^ne de Plumelin.

KERODIC, h. c^ne de Quistinic.

KERODO, h. c^ne de Péaule.

KERODO, h. c^ne de Surzur.

KERODU, vill. c^ne de Noyal-Pontivy.

KEROÉ, h. c^ne de Sainte-Hélène.

KEROFFRET, h. c^ne de Guénin.

KEROFFRET, éc. c^ne de Languidic.

KEROGAN, vill. c^ne de Guiscriff.

KEROGARD, vill. c^ne de Remungol.

KEROGÉ, éc. c^ne de Péaule.

Kenocé, h. cne de Questembert.
Kérogel, vill. cne de Carnac.
Kerogeon, vill. cne de Questembert. — Seigneurie; manoir.
Kenou, vill. cne de Bieuzy.
Kenohel, éc. et bois, cne de Persquen. — Seigneurie.
Kenohène, vill. cne de Bangor.
Kenohet, vill. et min à vent, cne de Groix.
Kerouic, éc. cne de Nostang.
Kenony, éc. cne de Buléon.
Kenoillet, éc. cne de Marzan.
Kenoillo, h. cne de Sulniac.
Kenolaire, h. cne de Languidic.
Kenolait, éc. cne d'Arzal.
Kenolet, f. cne de Férel.
Keroliand, h. cne de Grand-Champ.
Kenolic, éc. cne d'Hennebont.
Kerolier, h. cne de Questembert.
Kenolivier, h. cne de Grand-Champ.
Kenolivier, éc. cne de Molac.
Kenolivier, vill. cne de Monterblanc.
Kenolland, h. cne de Naizin.
Kenollé, vill. cne de Ploemeur.
Kenollec, vill. cne de Naizin.
Kenollière, vill. cne de Sarzeau. — Seigneurie.
Kenollieux, éc. cne de Larré.
Kenollin, chât. f. bois, étang et min à eau, cne de Lanvauden; ruiss. *du Moulin-de-Kerollin* : voy. Trois-Recteurs (Ruisseau des); pont sur ce ruiss. reliant Lanvaudan et Inzinzac. — Seigneurie; manoir.
Kenollivier, f. cne de Bignan.
Kerolo, vill. cne d'Elven.
Kerolo, éc. cne de Moustoir-Remungol.
Keroman, h. cne de Baud.
Keroman, h. cne de Kervignac.
Keroman, h. cne de Lanvénégen.
Keroman, h. pointe sur la rade de Lorient, autre h. dit *Pointe-de-Keroman*, et rue à Merville, cne de Lorient. — Seigneurie.
Kenoman, vill. cne de Plouay.
Keroman, h. et min à eau sur le ruiss. de ce nom, cne de Pluméliau; ruiss. voy. Tréblavet.
Keroman, vill. cne de Remungol.
Keroman-Inzinzac, h. cne d'Inzinzac.
Keroman-Penquesten, h. cne d'Inzinzac.
Kerompoul, f. cne de Sarzeau.
Keron, vill. cne de Saint-Nolff.
Kenonech, h. cne de Cléguérec.
Kenonès, h. cne de Pluméliau.
Kenonnès, éc. cne de Gourin.
Keronnès, vill. cne de Ploërdut.
Kenonno, éc. cne de Languidic.

Kerono, éc. cne d'Inguiniel.
Kenop, h. cne de Remungol.
Keropen, h. cne de Languidic.
Keropenh, vill. cne de Guénin.
Keropenn, h. cne de Melrand; pont sur le Brulé, reliant Melrand et Bubry.
Keropert, h. cne de Brech.
Keropert, éc. cne de Cléguérec. — Seigneurie; manoir.
Keropert, éc. et pont sur le Loch, cne de Grand-Champ. — Seigneurie.
Keropert, éc. cne de Napoléonville. — Seigneurie; manoir dans la par. de Noyal-Pontivy.
Keropert, h. cne de Radenac.
Kenorben, h. et bois, cne d'Hennebont.
Kenorch, h. cne d'Erdeven.
Kenorch, vill. min à vent et éc. cne d'Hennebont.
Kerordevin, h. cne de Plouhinec.
Kenordic (Haut et Bas), h. cne de Cléguérec.
Kenondo, h. cne de Buléon.
Keroret, vill. et min à eau sur le ruiss. de ce nom, cne d'Erdeven; ruiss. *du Moulin-de-Keroret* : voy. Poumen. — Seigneurie.
Kenonet, vill. cne de Moréac. — Seigneurie.
Keronet, vill. cne de Persquen.
Keronet, h. cne de Pluméliau.
Keronet, h. pont et écluse sur le canal de Nantes à Brest, cne de Saint-Gérand. — Seigneurie; manoir.
Kenonet, h. cne de Saint-Gouvry.
Keronguen, vill. cne de Bubry.
Keronguen, éc. cne de Caudan. — *Kerauguen*, en la par. de Saint-Caradec-Hennebont, 1480 (seign. du Coatdor). — Seigneurie.
Kenonu, h. cne de Locmariaquer. — *Kerenroch*, 1411 (chartr. d'Auray).
Kenorh, éc. cne de Plœren.
Keroniais, b. cne de Péaule.
Keronien, vill. cne de Crédin.
Kenonno, h. cne d'Inguiniel.
Kenonno, h. cne de Remungol.
Kenono, h. cne de Landévant.
Kenose, vill. cne de Plouhinec.
Keroset, chât. f., bois, étang et min à vent, cne de Saint-Avé. — *Kaer-Rozerch*, 1397 (duché de Rohan-Chabot). — Seigneurie; manoir.
Kerospic, vill. cne de Pluneret.
Kerosten, f. et ruiss. affl. de la Vilaine, cne de Férel.
Kenostien, vill. cne de Questembert.
Kenostin, vill. cne de Napoléonville. — Seigneurie; manoir en la par. de Neulliac.
Kenostin, vill. cne de Plescop.
Kenostin, vill. cne de Riantec.

Kerotebern, éc. c^ne de Moréac. — Seigneurie.
Keroter, h. c^ne de Guidel.
Keroter, h. et pont sur le Trienn-er-Verh, c^ne de Pont-scorff.
Kerothuem, vill. c^ne de Bieuzy. — Seigneurie.
Kerottonnec, h. c^ne de Bubry.
Kerouan, h. c^ne de Naizin.
Keroual, h. c^ne de Caudan.
Keroual, h. c^ne de Guidel.
Keroual, h. c^ne de Kervignac. — Seigneurie.
Keroual, vill. c^ne de Lanouée. — Quarual, xive siècle (duché de Rohan-Chabot).
Keroual, h. et pont sur le ruiss. du Pont-de-Restavy, c^ne de Plouay. — Seigneurie.
Keroual, éc. c^ne de Pluvigner.
Keroual, éc. c^ne de Priziac. — Kerual, manoir, 1434 (princip. de Rohan-Guémené) — Seigneurie.
Keroual (Haut et Bas), vill. c^ne de Lanvénégen.
Keroualan, h. c^ne de Kervignac. — Seigneurie.
Keroualan, h. c^ne de Quéven.
Keroualch, chât. h. f. dite Grande Métairie de Keroualch et h. c^ne de Meslan. — Ville-Moalc, 1282 (abb. de la Joie). — Seigneurie; manoir.
Kerouallan, h. c^ne de Lignol. — Kergoallen, 1402 (princip. de Rohan-Guémené). — Kergoallan, 1405 (ibid.). — Seigneurie; manoir.
Kerouallic, h. et éc. dit Loge-de-Kerouallic, c^ne de Languidic.
Keroualo, h. c^ne de Crach.
Kerouan, éc. c^ne de Cléguer.
Kerouan, éc. de Saint-Caradec-Trégomel.
Kerouannec, h. c^ne de Quéven.
Kerouarch, vill. c^ne de Guidel; ruiss. voy. Saudraye (La). — Seigneurie.
Kerouarch, vill. c^ne de Locmariaquer.
Kerouarch (Inuel et Izel), h. c^ne de Languidic.
Kerouard, h. c^ne du Guerno.
Kerouarh, vill. et fort sur l'Océan, c^ne de Locmaria.
Kerouarh, h. c^ne du Saint.
Kerouarh-Mané, h. c^ne de Bubry.
Kerouarh-Trionnec, vill. c^ne de Bubry.
Kerouarin, h. c^ne de Riantec. — Kergoarin, 1473 (seign. de Saint-Georges).
Kerouault, vill. et deux m^ins à vent, c^ne de Férel.
Kerouault, éc. c^ne de Questembert. — Seigneurie.
Kerouazic, f. c^ne de Plouay.
Kerouden, vill. c^ne de Guiscriff.
Keroudo, h. et ruiss. de la Fontaine-de-Keroudo. affl. du Kerguzangor, c^ne de Noyal-Pontivy.
Keroué, h. c^ne d'Elven.
Keroué, h. c^ne de Péaule.
Keroué, vill. c^ne de Plouhinec.

Keroué (Haut et Bas), vill. c^ne de Lanvénégen.
Kerolent (Grand et Petit), h. c^ne de Moréac.
Kerolen, vill. c^ne de Langonnet.
Kerouet, h. et ruiss. de la Fontaine-de-Kerouet, affl. du Saint-Vincent, c^ne d'Inguiniel.
Kerouiden, h. c^ne de Plumelin.
Kerouillet, éc. c^ne de Camors.
Keroulard, h. c^ne d'Erdeven.
Keroulé, vill. c^ne de Saint-Tugdual.
Keroulep, vill. c^ne de Locmaria.
Kerourang, vill. c^ne de Crach.
Kerouray, vill. et ruiss. de la Fontaine-de-Kerouray, affl. du Goah-Meldan, c^ne de Guern.
Kerourdé, vill. c^ne de Bangor.
Kerourden, vill. c^ne d'Inguiniel.
Kerourden, vill. c^ne de Persquen.
Kerourgant, vill. c^ne de Plouray.
Kerourhec, vill. et anc. sémaphore en ruines, c^ne d'Erdeven.
Kerourhec, h. c^ne de Plœmeur.
Kerourin, h. c^ne d'Erdeven.
Kerourin, vill. éc. dit Hutte-de-Kerourin, bois et m^in à eau sur le ruiss. de ce nom, c^ne de Ploërdut; ruiss. voy. Scanff (Le). — Kerourchin, 1526 (princip. de Rohan-Guémené). — Kerourhin, 1570 (ibid.). — Seigneurie; manoir.
Kerourio, h. c^ne de Brech.
Kerourio, h. c^ne de Caudan.
Kerourio, vill. c^ne de Crach.
Kerourio, h. c^ne d'Inguiniel.
Kerourio, éc. c^ne d'Inzinzac.
Kerourio (Bras et Bihan), h. c^ne de Bubry.
Kerourio-Saint-Maur, h. c^ne de Languidic. — Seign.
Kerous (Petit), éc. c^ne de Bieuzy.
Keroussec, vill. c^ne de Saint-Jean-Brévelay.
Kerousse, h. c^ne de Carnac.
Kerousse, vill. et éc. c^ne de Cléguer.
Kerousse, vill. pont et h. dit Pont-de-Kerousse, c^ne de Quéven.
Keroussert, vill. c^ne de Bignan.
Keroltès, h. c^ne de Langonnet.
Keroux, éc. c^ne d'Arzal.
Keroux, f. c^ne de Noyal-Muzillac.
Kerouzerh, h. c^ne de Pluvigner.
Kerouzerh-Brigitte, h. c^ne de Crach.
Kerouzerh-Locqueltas, h. c^ne de Crach.
Kerouzern, h. c^ne de Locoal-Mendon. — Kergonsearch, métairie, 1451 (chât. d'Arradon). — Seigneurie.
Kerouzine, h. et m^ins à vent, c^ne de Plouhinec.
Kerovel, h. c^ne de Grand-Champ.
Kerovran, h. c^ne de Péaule.
Keroyal, h. c^ne de Plougoumelen.

KEROYAN, h. c^{ne} de Berric; f. dite *Petit-Keroyan*, c^{ne} de Noyal-Muzillac. — Seigneurie.

KEROYGNET, h. et pont sur le ruiss. de la Fontaine-de-Guernic, c^{ne} de Noyal-Pontivy.

KEROZEC, h. c^{ne} du Faouët.

KEROZEN, h. c^{ne} de Meslan.

KEROZET, h. c^{ne} de Moréac.

KERPACHR, éc. c^{ne} de Languidic.

KERPAGE, éc. c^{ne} de Plumelec.

KERPAGE, h. c^{ne} de Questembert.

KERPAILLARD, h. c^{ne} de Questembert.

KERPAIS, vill. c^{ne} de Péaule.

KERPALUD, éc. et pont sur le ruiss. de la Lande-de-Kerallan, c^{ne} de Brech.

. KERPAPE, éc. c^{ne} de Marzan.

KERPAPE, h. presse à sardines et plateau sur l'Océan, c^{ne} de Plœmeur.

KERPAVEC, vill. c^{ne} de Bubry.

KERPAYEN, vill. c^{ne} de Vannes. — Seigneurie.

KERPÉDRÈS, h. c^{ne} de Pluvigner.

KERPELLEC, h. c^{ne} d'Elven.

KERPELTER, f. c^{ne} de Crach.

KERPELTIER (GRAND et PETIT), vill. c^{ne} de Sulniac.

KERPENDU, h. c^{ne} de Cléguer.

KERPENHER, vill. pointe et batterie sur la baie de Quiberon, c^{ne} de Locmariaquer. — *Caër-an-Pennir*, xie siècle (abb. de Sainte-Croix de Quimperlé).

KERPENHUEL, h. c^{ne} de Pluvigner.

KERPENNA, vill. et ruiss. afll. de celui des Perrières, c^{ne} de Pluherlin.

KERPENNEC, éc. c^{ne} de Plaudren.

KERPENNEC, h. c^{ne} de Pluméliau.

KERPENNU, vill. et ruiss. afll. du Langroëz, c^{ne} de Camors.

KERPENDRIX, f. c^{ne} d'Elven.

KERPENDRIX, éc. c^{ne} de Locminé.

KERPERH, h. c^{ne} de Melrand.

KERPERHEL, h. c^{ne} de Riantec.

KERPERHUEL, h. c^{ne} de Grand-Champ.

KERPÉTIR, h. c^{ne} de Vannes.

KERPEU, h. c^{ne} d'Elven.

KERPHILIPPE, h. c^{ne} de Guern.

KERPICARD, éc. c^{ne} de Moustoirac.

KERPICARD, éc. c^{ne} de Saint-Allouestre.

KERPICHON, éc. c^{ne} de Plumelin.

KERPIÈCHE, éc. c^{ne} de Locminé.

KERPINET, éc. c^{ne} de Carnac.

KERPITON, vill. c^{ne} de Loyat.

KERPLAT, h. c^{ne} de Larré. — Seigneurie.

KERPLAT, vill. c^{ne} de Plœmel.

KERPLAT, éc. c^{ne} de Questembert.

KERPLEVERT, vill. c^{ne} de Merlévenez.

KERPLOMELEC, éc. c^{ne} de Langonnet.

KERPLOUSE, éc. c^{ne} de Baden. — Seigneurie.

KERPLOUSE, h. et ruiss. *des Prés-de-Kerplouse*, afll. de celui du Pont-au-Christ, c^{ne} de Brech.

KERPOCHARD, éc. c^{ne} de Bignan.

KERPOCHE, h. c^{ne} de Larré.

KERPOUÉ, h. c^{ne} de Questembert.

KERPOINTO, h. c^{ne} de Questember ; ruiss. voy. BOURG-POMMIER (RUISSEAU DE).

KERPOLICAN, vill. c^{ne} de Baud.

KERPOLICAN, h. c^{ne} de Remungol.

KERPOMELEN, éc. c^{ne} de Bubry.

KERPONDIC, éc. c^{ne} de Plouharnel.

KERPONDO (HAUT et BAS), h. c^{ne} de Locminé. — Seigneurie.

KERPONHER, h. c^{ne} de Moréac.

KERPONNER, vill. c^{ne} de Noyal-Pontivy; écluse sur le canal de Nantes à Brest; ruiss. qui se jette dans ce canal, après avoir arrosé Neulliac et Noyal. — Seigneurie; manoir.

KERPONNER, h. c^{ne} de Saint-Jean-Brévelay.

KERPONSAL, vill. c^{ne} de Plœren.

KERPONT, éc. c^{ne} de Plouay.

KERPONT, vill. et étang, c^{ne} de Saint-Gildas-de-Rhuis.

KERPONT (BRAS et BIHAN), vill. ruiss. dit aussi *du Moulin-du-Plessis* et *des Moulins-du-Manéguen*, afll. du Blavet, et pont sur ce ruiss. c^{ne} de Caudan.

KERPONT-FETAN-LÉDAN, éc. c^{ne} de Plouay.

KERPONT-LAY, vill. c^{ne} de Groix.

KERPONT-TUDY, h. c^{ne} de Groix.

KERPORZO, vill. c^{ne} de Pluvigner.

KERPOT, éc. c^{ne} de Nostang.

KERPOURHANT, vill. c^{ne} de Saint-Tugdual.

KERPRAD, vill. c^{ne} de Bangor.

KERPRAD, vill. c^{ne} de Sainte-Hélène.

KERPRADO, éc. c^{ne} d'Elven. — Seigneurie.

KERPRAT, éc. c^{ne} de Bubry; ruiss. voy. RESTENHOUEL.

KERPRAT, éc. c^{ne} de Kervignac.

KERPRAT, vill. c^{ne} de Melrand.

KERPRAT, h. c^{ne} de Plouay.

KERPRAT, h. c^{ne} de Plouhinec.

KERPRAT, h. c^{ne} de Theix.

KERPRAT, croix et village. — Voy. ISAN.

KERPRAT-LA-FORÊT, éc. c^{ne} de Languidic.

KERPRAT-SAINT-MAUR, h. c^{ne} de Languidic.

KERPRÉSÉ, h. c^{ne} d'Elven.

KERPROVOST, vill. c^{ne} de Boiz. — Seigneurie.

KERPROVOST, h. c^{ne} de Questembert.

KERPROVÔT, éc. c^{ne} d'Ambon.

KERPUNCE, éc. c^{ne} de Crach.

KERPUNCE, éc. c^{ne} de Groix. — Seigneurie; manoir.

KERPUNCE, h. c^{ne} d'Inzinzac. — Seigneurie.

KERPUNCE, vill. et ruiss, dit *Étier-de-Kerpunce*, affl. de l'Étel, cne de Locoal-Mendon.

KERPUYS, éc. cne de Pontscorff.

KERPLYSE, h. cne de Riantec. —Seigneurie.

KERQUÉ ou KERGUÉ, éc. cce de Baden; ruiss. dit aussi *du Pont-de-Lohac*, qui arrose Baden, Plœren, Arradon, et se jette dans l'étang de Pomper; pont sur ce ruiss. reliant Plœren et Baden.

KERQUEMAUDET, vill. cne de Lizio.

KERQLER (GRAND et PETIT), h. cne de Vannes. — Seigneurie; manoir.

KERRA, h. cne de Bignan.

KERRA, h. cne de Péaule.

KERRACH (BRAS et BIHAN), h. et lande, cne de Lignol.

KERRACH (HAUT et BAS), vill. cne de Séglien; pont au confl. de la Sarre et du Trescoët, reliant Séglien et Locmalo.

KERRAM, h. cne de Moréac.

KERRAN, chât. dit aussi *d'Arradon*; l'un dont une dite *la Cour* et l'autre *l'Allée-de-Kerran*; pont dit *de la Chaussée-du-Château*, sur le Locquellas, et bois, cne d'Arradon. — *Kerdrean*, xve et xvie siècles (chât. d'Arradon). — Le manoir *de Kerran* prend au xviie se le nom de château d'Arradon. — Seigneurie.

KERRAN, h. cne de Berric.

KERRAN, h. et pont sur le ruiss. du Pont-du-Roch, cne de Languidic.

KERRAN, vill. cne de Locmariaquer.—*Kerran-le-Maux*, xviiie siècle (sénéch. d'Auray).

KERRAN, vill. cne de Plœmel.

KERRARD, f. cne de Sarzeau. — Seigneurie.

KERRAS, h. cne de Saint-Jean-Brévelay.

KERRAT, h. et mln à eau au confl. de la Marle et du Liziec, cne de Saint-Avé.

KERRAUD, éc. et pont sur le ruiss. du Pont-Payen, cne de Muzillac.

KERRAUDE, éc. cne de Malguénac.

KERRAULE, f. cne de Pluneret.

KERRAULT, h. cne de Bieuzy.

KERRAULT, h. cne de Cléguérec.

KERRAUT, éc. cne de Guern.

KERRAUX, h. et pont sur le Mané-Cumun, cne de Pluvigner.

KERRÉAN, éc. cne de Sulniac.

KERREC, éc. cne de Theix.

KERRECH, h. cne de Malguénac. —Seigneurie.

KERRECH, vill. cne de Neulliac.

KERRECH, h. cne de Remungol.

KERRECORDE, vill. cne de Baud. — *Kerrecort*, 1583 (abb. de la Joie).

KERRÉGUINEN, h. cne de Locoal-Mendon.

KERREL, vill. port et pointe sur l'Océan. cne de Bangor.

KERRÈS, h. lande dite *Lann-Kerrès*, et ruiss. de *Lann-Kerrès*, affl. de celui du Pont-du-Moustoir, cne de Pluvigner. — Seigneurie.

KERRET, vill. et bois dit *Coët-Kerret*, cne de Grand-Champ. — Seigneurie.

KERRIAHO, éc. cne de Nivillac.

KERRICHARD, h. cne de Péaule.

KERRIN, vill. et mln à vent, cne de Plumergat.

KERRIO, éc. cne de Baud.

KERRIO, vill. cne de Belz.

KERRIO, éc. cne de Brech.

KERRIO, vill. cne de Grand-Champ. — Seigneurie.

KERRIO, éc. et bois, cne d'Inzinzac. —Seigneurie.

KERRIO, éc. cne de Locoal-Mendon. — Seigneurie.

KERRIO, h. cne de Marzan.

KERRIO, vill. cne de Moustoirac.

KERRIO, h. cne de Nivillac.

KERRIO, vill. cne de Noyal-Pontivy.

KERRIO, h. cne de Ploërdut.

KERRIO, f. font. et ruiss. *de la Fontaine-de-Kerrio*, affl. de celui de Tronchâteau, cne de Plouay.

KERRIO, h. cne de Pluméliau.

KERRIO, h. cne de Plumergat.

KERRIO (GRAND et PETIT), h. et ruiss. affl. du Rohello, cne de Berric. — Seigneurie.

KERRIO-LA-LANDE, éc. cne de Pluvigner.

KERRIO-LE-MOUSTOIR, h. cne de Pluvigner.

KERRIOLET, h. cne de Carnac.

KERRIOLET, h. cne de Locoal-Mendon.

KERRIO-LOCOAL, vill. lande, font. et ruiss. *de la Fontaine-de-Kerrio-Locoal*, affl. de l'Étel, cne de Locoal-Mendon.

KERRIOT, éc. cne de Moustoir-Remungol.

KERRIOU, vill. cne de Guiscriff.

KERRIOU, h. cne de Langonnet.

KERRISSE, h. cne de Pluneret.

KERRIVALAIN, vill. cne de Pluméliau.

KERROB, vill. cne de Moréac.

KERROBIN, éc. cne de Plaudren.

KERROBIO, vill. cne de Pluméliau.

KERROBO, h. cne de Moustoirac.

KERROCH, h. cne du Faouët.

KERROCH, h. cne de Guidel.

KERROCH, vill. cne de Langonnet.

KERROCH, vill. cne de Plœmeur.

KERROCU, éc. cne de Plumergat.

KERROCU, h. cne de Quéven.

KERROCU (BRAS et BIHAN), vill. cne de Caudan.

KERROCU (HAUT et BAS), vill. cne de Plouray. — Seigneurie; manoir.

KERROU, vill. cne de Guern.

KERROU, vill. cne de Plouharnel.

Kerrouan, h. et ruiss. *de la Fontaine-de-Kerrohan*, affl. de celui du Moulin-de-Cochelin, c^ne de Locoal-Mendon.

Kerroland, h. c^ne de Plumelin. — Seigneurie.

Kerrolet, m^in à eau sur le Liziec, c^ne de Saint-Avé.

Kerroman, h. c^ne de Languidic. — Seigneurie.

Kerroperru, h. c^ne de Pluméliau.

Kerrouec, vill. c^ne de Gourin. — *Kerguezec*, xiie siècle (abb. de Sainte-Croix de Quimperlé).

Kerrous, vill. et ruiss. dit aussi *du Moustoir-Kerbras*, affl. de celui de Saint-Niel, c^ne de Noyal-Pontivy.

Kerrous, h. c^ne de Pluvigner. — Seigneurie.

Kerrous (Bras et Bihan), h. c^nes de Caudan.

Kerroussain, éc. c^ne de Languidic.

Kerrousse, h. c^ne de Pluneret.

Kerrousseau, éc. c^ne du Faouët.

Kerroussel, f. c^ne de Plumergat.

Kerrousset, vill. c^ne de Nivillac.

Kerroussin, h. c^ne de Pluneret.

Kerroux, h. et ruiss. affl. de celui du Camblen, c^ne de Melrand.

Kerroux, h. c^ne de Moustoir-Remungol.

Kerroux, vill. c^ne de Saint-Gildas-de-Rhuis.

Kerroux (Haut et Bas), h. c^nes de Saint-Jean-Brévelay.

Kerroux-Bois-Martin, vill. c^ne de Nivillac.

Kerroux-des-Bois, h. et ruiss. affl. du Rodoir, c^ne de Nivillac.

Kerroux-Pont-ès-Genées, h. c^ne de Nivillac.

Kerroux-Saint-Jean, h. c^ne de Languidic.

Kerroux-Saint-Maur, vill. et écluse sur le Blavet, c^ne de Languidic.

Kerrouzic, h. c^ne de Plouray.

Kerroyan, vill. et port sur l'Océan, c^ne de Port-Philippe.

Kerru, h. c^ne de Baud.

Kerruau, éc. c^ne de Gourin.

Kerruy, éc. c^ne de Grand-Champ.

Kerruy, h. c^ne de Naizin.

Kersadiec, vill. c^ne de Plœmeur.

Kersadiec, éc. c^ne de Riantec. — Seigneurie.

Kersablen, vill. c^ne du Palais.

Kersach, h. c^ne de Merlévenez; pont sur le Lézevry, reliant Merlévenez et Ploubinec. — Seigneurie.

Kersager, h. c^ne de Quistinic.

Kersauu, île sur l'Océan et h. dans l'île, c^ne de Riantec.

Kersal, f. c^ne de Plougoumelen.

Kersalaün, h. c^ne de Gourin.

Kersalio, éc. c^ne de Moréac. — Seigneurie.

Kersalio, h. c^ne de Moustoir-Remungol.

Kersalio, éc. et m^in à vent, c^ne du Palais.

Kersalio-Coëtcuan, h. c^ne de Pluméliau.

Kersalio-le-Bourg, éc. c^ne de Pluméliau.

Kersaliou, h. c^ne de Gourin.

Kersallé, vill. c^ne de Pluneret.

Kersallic, chât. f^n, bois, étang et m^in à eau sur le ruiss. de ce nom, c^ne de Saint-Tugdual; ruiss. affl. du Pont-Rouge, qui arrose Plouray et Saint-Tugdual. — Seigneurie; manoir.

Kersalmon, vill. c^ne de Saint-Allouestre.

Kersalo, éc. et m^in à eau sur le ruiss. de ce nom, c^ne de Cléguer; ruiss. *du Moulin-de-Kersalo :* voy. Senerret. — Seigneurie appelée anc^t Château-Briand.

Kersalo, éc. et lande, c^ne de Plaudren.

Kersalo-Pont-er-Scor, m^in à eau sur le ruiss. du Pont-du-Couédic, c^ne d'Inzinzac.

Kersalous, vill. c^ne de Bignan.

Kersalous, h. c^ne de Guern.

Kersaludes, vill. lande et ruiss. affl. du Ster-pont-bras-Bosquédaouen, c^ne de Roudouallec.

Kersampé, h. c^ne de Marzan.

Kersamson, vill. c^ne de Loyat. — Seigneurie.

Kersan, f. c^ne de Noyal-Muzillac.

Kersantel, h. c^ne de Port-Philippe.

Kersapé, éc. et ruiss. de la' *Fontaine-de-Kersapé*, dit aussi *de Lavredon*, affl. du Kerandrun, c^ne de Theix. — Seigneurie; manoir.

Kersapha, éc. c^ne de Pluvigner. — Seigneurie.

Kersassin, vill. c^ne de Landaul; pont sur le Tréavrec, reliant Landaul et Brech; marais dit *Poul-Kersassin*, baignant ces deux communes. — *Kersacin*, 1440 (sénéch. d'Auray). — *Kersachin*, 1442 (*ibid.*).

Kersau, h. c^ne de Caudan.

Kersau, h. corps de garde et batterie sur l'Océan, c^ne de Port-Philippe.

Kersau, vill. c^ne de Saint-Gildas-de-Rhuis. — *Kerouzan*, 1436 (abb. de Saint-Gildas-de-Rhuis).

Kersaucb, h. c^ne de Moréac.

Kersaude, h. c^ne de Brignac.

Kersaudy, éc. c^ne de Brandérion; pont sur le Kerlivio, reliant Brandérion et Kervignac. — Seigneurie.

Kersauss, éc. c^ne de Groix.

Kersausse, h. c^ne de Pluméliau.

Kersauvage, vill. c^ne de Férel.

Kersauze, éc. c^ne de Landévant. — Seigneurie.

Kerscahouet, vill. c^ne de Guénin.

Kerscamp, chât. éc. et m^in à eau sur le Saint-Nudec, c^ne d'Hennebont.

Kerscan, vill. c^ne de Quéven.

Kerscant, éc. c^ne de Monterblanc.

Kerscant, h. c^ne de Plumelin.

Kerscao, éc. et m^in à eau sur le Langonnet, c^ne de Langonnet.

Kerscap, h. et lande, c^ne de Plescop.

Kerscasser, éc. c^ne de Caudan. — Seigneurie.

Kerscaven, vill. c^ne de Bubry.

KERSCOMARD, h. cne de Moustoir-Remungol.

KERSCOMARD, vill. cne de Noyal-Pontivy. — Seigneurie; manoir.

KERSCOT, vill. cne de l'Île-aux-Moines.

KERSCOUARD, vill. cne de Pluméliau.

KERSCOUDO, h. cne de Noyal-Pontivy.

KERSGOUÉDET, h. cne de Plœmeur.

KERSCOUET, vill. cne de Plœmeur.

KERSCOUET, éc. cne de Quéven.

KERSCOUHARNEC, h. cne de Pluméliau.

KERSCOUL, vill. cne de Languidic.

KERSCOULAN, f. et vill. dit *Loges-Kerscoulan*, cne de Plouay.

KERSCOULIC, vill. et ruiss. *de la Fontaine-de-Kerscoulic*, dit aussi *de Stang-Philippe*, affl. du Kersily, cne de Plouay.

KERSCOUP, chât. fie, lande, min à vent et autre lande du *Moulin-de-Kerscoup*, cne de Plaudren. — *Kerscouble*, 1559 (chap. de Vannes).—Seigneurie; manoir.

KERSCUBER, h. cne du Faouët.

KERSCUIDAL, vill. cne de Gourin.

KERSEAUX, vill. pointe sur l'Océan et fort dit *Castel-Kerseaux*, cne de Locmaria; ruiss. du *Pont-de-Kerseaux:* voy. PORT-MARIA.

KERSEGALEC, vill. cne de Lignol.

KERSEGUIN, vill. et marais, cue de Pénestin.

KERSÉHO, h. cne de Guégon; pont sur le Pâtis-de-Bodégan, reliant Guégon et Guéhenno.

KERSÉHO, éc. cne de Noyal-Muzillac.

KERSÉHO, éc. cne de Persquen.

KERSÉHO, h. cne de Surzur.

KERSÉBUN, vill. cne du Guerno.

KERSEILLEC (DE HAUT, DE BAS et DU MILIEU), h. cne de Guénin.

KERSELAVEN, h. cne de Plumelin.

KERSELLEC, éc. cne de Pluneret.

KERSEMEIL, vill. cne de Plumelin.

KERSEUPRÉ, éc. cne de Limerzel.

KERSERFF, vill. cne de Silfiac. — Seigneurie.

KERSERH, vill. cne de Sainte-Hélène.

KERSERVANT, h. bois et min à eau sur le ruiss. de ce nom, cne de Ploërdut; ruiss. dit aussi *de la Fontaine-Verrie*, affl. du Scorff, qui prend sa source dans le dépt des Côtes-du-Nord et arrose dans celui du Morbihan Ploërdut et Langoëlan. — *Kerserffan*, manoir en la par. de Langoëlan, 1419 (princip. de Rohan-Guémené). — Seigneurie.

KERSÉVER, éc. cne de Caudan. — Seigneurie.

KERSIAL, h. cne de Sarzeau.

KERSIGALAIS, h. cne de Plumelec.

KERSIGALIENNE, h. cne d'Arzal.

KERSIL, h. cne de Guiscriff.

KERSILY, h. éc. dit *Loge-Kersily*, bois, ruiss. affl. du Scorff et min à eau sur ce ruiss. cne de Plouay.—Seigneurie.

KERSILY, éc. cne de Plouharnel.

KERSIMON, éc. cne de Berric.

KERSIMON, h. cne de Monterblanc.

KERSIMON, h. et min à vent, cne de Naizin; ruiss. voy. KERGUZANGOR. — Seigneurie.

KERSIMON, h. cne de Plumelec.

KERSIMON, h. cne de Questembert.

KERSIMONO, f. cne de Noyal-Muzillac.

KERSINÉ, h. cne de Sulniac.

KERSINGE, vill. et ruiss. affl. du Crach, cne de Crach.

KERSO, pointe, fort, anse et banc sur l'Océan, cne du Port-Louis. — Kerhezrou, 1368 (abb. de la Joie). —*Kerhezou*, 1385 (*ibid.*).—*Kerheizou*, 1403 (*ibid.*).

KERSOL, f. et min à eau sur le Pont-du-Roch, cne de Languidic. — *Kervercol*, 1291 (abb. de la Joie). — *Kerbosol*, 1472 (*ibid.*).—*Kerorsol*, 1520 (*ibid.*).

KERSOLAN, h. cne de Languidic.

KERSOLO, éc. cne de Plouray. — Seigneurie; manoir.

KERSOMMER, éc. cne de Baud.

KERSOUARNE, h. cne de Nostang.

KERSOUCHARD, h. cne de Marzan.

KERSOUET, port sur l'Océan, cne de Port-Philippe.

KERSOUFFLET, h. cne du Faouët.

KERSOULARD, vill. cne de Crach.

KERSOURDE, éc. cne de Plumergat; ruiss. voy. PONT-NORMAND.

KERSPARLEC, éc. cne de Pluméliau. — Seigneurie.

KERSPEC, f. et min à eau sur le Tarun, cne de Moustoirac. — Seigneurie.

KERSPERN, vill. et éc. dit *Loge-Kerspern*, cne de Plouay.

KERSPERNEC, éc. cne de Moustoirac.

KERSPLANE, éc. et lande, cne de Plaudren.

KERSPLANN, éc. cne de Saint-Avé.

KERSQUER, h. cne de Cléguérec.

KERSQUER, h. cne de Languidic,

KERSQUER, vill. cne de Persquen.

KERSTABLE, vill. cne de Melrand.

KERSTANG, moulin. — Voy. KERTANGUY.

KERSTANG, h. cne de Gourin.

KERSTANG, éc. (dist. du précédent), min à vent et min à eau sur le ruiss. de ce nom, cne de Gourin; ruiss. voy. INAM. — Seigneurie; manoir.

KERSTÉPHANY, h. cne de Sarzeau.—Seigneurie; manoir.

KERSTRAN, h. cne de Brech. — Seigneurie.

KERSTRAQUET, h. cne de Melrand.

KERSTRAT, éc. cne de Languidic.

KERSTRAT, vill. cne de Séglien.

KERSCHO, f. cne de Naizin.

KERSUHO, éc. cne de Plumelin.
KERSUHO, h. cne de Remungol.
KERSUHO, h. cte de Saint-Gérand.
KERSUHUNE, f. cne de Plouay.
KERSUILLET, h. cne de Remungol.
KERSULAN, vill. cne de Bieuzy.
KERSUREC, éc. cne de Plumergat.
KERSUZAN, éc. cne de Bignan.
KERTADY, éc. cne de Noyal-Muzillac.
KERTALET, h. cne de Férel.
KERTALLY, éc. cne de Camoël.
KERTAMIC, h. cne de Marzan.
KERTANGUY, vill. cne de Bieuzy. — Seigneurie.
KERTANGUY, éc. bois et min à eau dit aussi *de Kerstang*, sur le ruiss. du Moulin-du-Duc, cne de Langonnet.
KERTANGUY, h. cne de Locoal-Mendon.
KERTANGUY, éc. cne de Pluméliau.
KERTANGUY, ruiss. affl. du Brulé, qui arrose Quistinic. — Voy. TY-NÉVÉ-KERTANGUY.
KERTANGUY, h. cne de Séglien.
KERTANGUY-LE-ROUX, h. cne de Melrand.
KERTANGUY-TANGUY, h. cne de Melrand.
KERTAUX, h. cne de Plumelin.
KERTESSIER, h. cne de Sarzeau.
KERTEXIER, éc. cne d'Elven.
KERTEXIER, vill. cne de Questembert.
KERTHOMAS, éc. cne de Péaule. — Seigneurie.
KERTHOMAS, éc. et lande, cne de Plœren.
KERTHOMAS, éc. cne de Plumergat.
KERTHOMAS, éc. cne de Pluvigner.
KERTHOMAS, éc. cne de Saint-Jean-Brévelay.
KERTHOMAS, chât. cne de Sarzeau. — Seigneurie; anc. manoir.
KERTHOMAZO, h. cne de Péaule; ruiss. voy. KERHOUARN.
KERTHOPINET, vill. cne de Sarzeau.
KERTILLY, h. cne de Marzan.
KERTOUART, h. et min à vent, cne de Marzan. — Seign.
KERTOUSSAINT, éc. cne de Noyal-Muzillac.
KERTRÉPÉ, vill. et bois, cne de Guénin.
KERTRETON, vill. cne de Péaule.
KERTREVARUN, h. cne de Noyal-Muzillac.
KERTRIONNAIRE, h. cne de Monterblanc.
KERTRUEL, h. f. dite *Cour-de-Kertruel*, et min à eau sur le Saint-Éloi, cne de Sulniac. — *Coetrozerh*, 1416 (chap. de Vannes). — *Coetrozelen*, 1469 (*ibid.*). — *Coetrozelech*, 1485 (*ibid.*). — *Coethrouel*, 1544 (*ibid.*). — *Coetruel*, 1641 (*ibid.*). — Seigneurie.
KERTUETTE, éc. cne de Saint-Jean-Brévelay.
KERTUGARE, éc. cne de Plaudren.
KERTURNIER, éc. cne de Saint-Jean-Brévelay.
KERTUY, vill. cne de Marzan.
KERUBAN, éc. cne de Grand-Champ.

KERUBAN, éc. cne de Monterblanc.
KERUBAN, h. lande et ruiss. dit *Gouech-Keruban*, affl. du Loch, cne de Plaudren.
KERUBAUD, h. cne de Péaule.
KERUBÉ, vill. ruiss. dit *Goah-Kerubé*, affl. de la Sale, et éc. de *Goah-Kerubé* ou *Goah-Saint-Lucas*, cne de Plescop.
KERUCHON, éc. cne d'Inzinzac.
KERUCHOUX, f. cne de Marzan.
KERUDO, h. et pont sur le Reclus, cne de Brech.
KERUDO, éc. cne de Lauzach.
KERUDO, vill. et lande, cne de Theix.
KERUGAN, éc. cne de Moréac.
KERUGANT-POCARD, éc. cne de Pluméliau.
KERUGANT-SAINT-NICODÈME, h. cne de Pluméliau.
KERUICHARD, h. cne de Camors.
KERUILLERME, h. cne de Larré.
KERUILLOU, éc. cne de Marzan.
KERULAU, h. cne de Guidel; pass. sur la riv. de Quimperlé, reliant Guidel au Finistère.
KERULCOQ, vill. cne de Sarzeau.
KERULVÉ, h. cne de Caudan.
KERULVÉ, vill. cne de Plœmeur.
KERUXON, vill. cne de Guidel.
KERURGANT, vill. cne de Malguénac. — *Kaerfelganc*, 1315 (duché de Rohan-Chabot).
KERUSAN, h. cne de Saint-Jean-Brévelay. — Seigneurie.
KERUSCAT, h. cne de Lanvaudan.
KERUSSEAU, chât. et vill. cne de Quéven; min à eau sur le Scave, cne de Pontscorff, et ruiss. *du Moulin-de-Kerusseau*, affl. du Scave, qui arrose Quéven et Gestel. — *Kerousseau*, xviiie siècle (jurid. de Lorient). — Seigneurie; manoir.
KERUSTANTIN (.BRAS et BIHAN), h. et min à eau sur le Kerpont, cne de Caudan. — Seigneurie.
KERUSTEN, h. cne de Ploërdut; ruiss. dit aussi *du Moustoir-Podo*, *de Trioulin* et *du Moulin-du-Ruchec*, qui arrose Ploërdut, Saint-Tugdual et Saint-Caradec-Trégomel, où il se jette dans l'étang de Pontcallec; pont sur ce ruiss. reliant Ploërdut et Saint-Tugdual. — *Keroustun*, 1456 (princip. de Rohan-Guémené). — Seigneurie.
KERUY, vill. cne de Saint-Jean-Brévelay.
KERUYO, h. cne de Lauzach. — Seigneurie.
KERUZEAU, éc. cne de Billio. — Seigneurie.
KERUZEC, éc. cne de Pluméliau.
KERUZERN, éc. cne de Crach.
KERUZO, f. cne de Marzan.
KERVAC, vill. cne de Bubry.
KERVACHÉ, vill. cne de Surzur.
KERVADAIL, vill. cne de Baden.
KERVADAIL, éc. cne de Brech.

KERVADAIL, h. cⁿᵉ de Grand-Champ.

KERVADEC, vill. cⁿᵉ d'Arradon.

KERVADEC, h. cᵗᵉ de Guiscriff.

KERVADEC, vill. cⁿᵉ de Landaul.

KERVADEC, h. cⁿᵉ de Plouay.

KERVADEC, h. cⁿᵉ de Pluvigner.

KERVADIO, éc. cⁿᵉ de Cléguer. — *Villa-Madiou*, XIIᵉ siècle (abb. de Sainte-Croix de Quimperlé).

KERVADIO, vill. cⁿᵉ de Melrand.

KERVADIO, éc. cⁿᵉ de Priziac.

KERVADORET, h. cⁿᵉ de Locoal-Mendon.

KERVAHUET, vill. ancienⁿ cⁿᵉ de Sarzeau; devenu le chef-lieu de la commune récemment érigée du Tour-du-Parc).

KERVAIL, h. cⁿᵉ de Billiers; mⁱⁿ à vent, cⁿᵉ de Muzillac. — Seigneurie.

KERVAIL, éc. cⁿᵉ de Guern.

KERVAIL, h. cˡᵉ de Locmariaquer.

KERVAIL, vill. cⁿᵉ de Noyal-Muzillac.

KERVAILLE, éc. cⁿᵉ de Sarzeau.

KERVAILLET, vill. cⁿᵉ de Groix.

KERVAILLON, éc. cⁿᵉ de Noyal-Muzillac.

KERVAILLORÉ, h. cⁿᵉ de Calan.

KERVAINE, vill. cⁿᵉ de Saint-Avé.

KERVAIR, vill. cⁿᵉ de Ploërdut.

KERVAIRE (LE), h. cⁿᵉ de Ploërdut (dist. du précédent).

KERVAISE, éc. cⁿᵉ de Baud.

KERVAISE, vill. cⁿᵉ de Pontscorff.

KERVALH, f. cⁿᵉ de Crach.

KERVALLAN, vill. cⁿᵉ de Melrand.

KERVALLAN, h. cⁿᵉ de Pluvigner.

KERVALLÉ, h. cⁿᵉ de Plumergat.

KERVALLON, vill. cⁿᵉ de Billio.

KERVALLY, vill. cⁿᵉ de Plumergat.

KERVALO, vill. partie cⁿᵉ de Radenac, partie cⁿᵉ de Moréac; lande et autre vill. dit *Lande-de-Kervalo*, cⁿᵉ de Moréac.

KERVAM (RUE DE), à Plœmeur; vill. dans cette cⁿᵉ.

KERVAMENTADE, h. cⁿᵉ de Pluneret.

KERVAN, vill. cⁿᵉ de Pluneret.

KERVANÈZE, éc. cⁿᵉ de Muzillac.

KERVANGUEN, h. cⁿᵉ de Caudan.

KERVANNIC, éc. cⁿᵉ de Pluvigner.

KERVARCH, h. cⁿᵉ de Brandérion.

KERVARCH, vill. cⁿᵉ d'Erdeven.

KERVARCH, h. cⁿᵉ d'Inzinzac. — Seigneurie.

KERVARDEL, éc. cⁿᵉ de Guidel.

KERVAREC, h. cⁿᵉ de Quistinic.

KERVARU, vill. cⁿᵉ de Brech.

KERVARU, h. cⁿᵉ de Pluvigner.

KERVARHIC, vill. cⁿᵉ de Plœmeur.

KERVARIGEON, vill. cⁿᵉ de Bangor.

KERVARIN, vill. cⁿᵉ de Billio. — Seigneurie.

KERVARIN, h. cⁿᵉ de Languidic.

KERVARIN, f. cⁿᵉ de Sarzeau.

KERVARLAY, vill. cⁿᵉ de Plouhinec.

KERVARNEL (BRAS et BIHAN), vill. cⁿᵉ d'Inzinzac.

KERVARNEN, éc. cⁿᵉ de Landévant.

KERVARQUEN, h. cⁿᵉ de Noyal-Muzillac.

KERVANTIN, éc. cⁿᵉ de Plaudren.

KERVARY, éc. cⁿᵉ de Persquen. — Seigneurie.

KERVASOÊN, éc. et lande, cⁿᵉ de Roudouallec. — *Kervazouen*, XIIᵉ siècle (abb. de Sainte-Croix de Quimperlé).

KERVASQUIR, vill. cⁿᵉ de Languidic.

KERVASSAL, vill. cⁿᵉ de Riantec. — *Kervasal*, 1387 (abb. de la Joie).

KERVASSELOUR, h. cⁿᵉ de Pluméliau.

KERVAT, éc. cⁿᵉ de Carnac.

KERVAT, h. cⁿᵉ de Locmariaquer.

KERVATINAS, h. cⁿᵉ de Pluvigner.

KERVAYEC, h. cⁿᵉ de Plumelin.

KERVAZEN, éc. cⁿᵉ de Plumelin.

KERVAZIC, ruiss. affl. de l'Étel, qui arrose Belz.

KERVAZIC, vill. étang et ruiss. *de l'Étang-de-Kervazic*, affl. du Touleupry, cⁿᵉ d'Erdeven.

KERVAZIO, éc. et ruiss. affl. du Tohon, cⁿᵉ de Questembert.

KERVAZIO, h. cⁿᵉ de Quistinic.

KERVAZO, vill. cⁿᵉ de Brech.

KERVAZO, h. partie cⁿᵉ d'Erdeven, partie cⁿᵉ de Locoal-Mendon; bois dans cette dernière commune. — Seigneurie; manoir en la par. de Mendon.

KERVAZO, vill. cⁿᵉ de Limerzel.

KERVAZO, vill. cⁿᵉ de Priziac.

KERVAZY, éc. et bois, cⁿᵉ de Plaudren. — *Guervasy*, XVIIᵉ siècle (chât. du Brossais). — Seign. manoir.

KERVÉ, h. cⁿᵉ de Sulniac.

KERVÉAN, h. cⁿᵉ de Carnac.

KERVÉDAN, vill. et pointe sur l'Océan, dite *du Château-de-Kervédan*, cⁿᵉ de Groix; retranchement romain dit *Fort de Kervédan* ou *Camp des Romains*.

KERVÉGAIN, vill. cⁿᵉ de Bignan.

KERVÉGAN, vill. cⁿᵉ d'Arzon.

KERVÉGAN, vill. cⁿᵉ de Carnac.

KERVÉGAN, h. cⁿᵉ de Guémené.

KERVÉGAN, pointe sur la baie du Morbihan, cⁿᵉ de l'Île-aux-Moines.

KERVÉGAN, h. cⁿᵉ de Languidic.

KERVÉGAN, vill. cⁿᵉ de Neulliac.

KERVÉGAN, f. cⁿᵉ de Vannes.

KERVÉGAN (HAUT et BAS), fˢ, cⁿᵉ de Noyal-Muzillac.

KERVÉGANIC, éc. cⁿᵉ de Languidic. — *Kerguéganic*, 1476 (abb. de la Joie).

Kervéganic, h. c^ne de Plœmeur.
Kervégant, vill. c^ne de Gourin.
Kervégant, vill. c^ne de Guern.
Kervégant, vill. c^ne de Plouhinec.
Kervégant, vill. c^ne de Quéven.
Kervégant, h. c^ne de Quistinic.
Kervégant, h. c^ne de Sainte-Hélène.
Kervégant-Pont-du-Roch, h. et ruiss. *de la Fontaine-de-Kervégant-Pont-du-Roch*, affl. du Scorff, c^ne de Plouay.
Kervégant-Saint-Vincent, h. éc. dit *Loge-Kervégant-Saint-Vincent* et ruiss. dit aussi *de la Lande-de-Kerdalvé*, affl. de celui du Pont-Niveno, c^ne de Plouay.
Kervégo, h. c^ne de Guénin.
Kervégo, vill. c^ne de Saint-Tugdual.
Kervéguen, h. c^ne de Guiscriff.
Kervéguen, vill. c^ne de Priziac.
Kervéuaut, h. partie c^ne de Napoléonville, partie c^ne de Cléguérec.
Kervehel, vill. c^ne de Moustoirac.
Kerveuen, h. c^ne de Lignol.
Kervéuénec, h. c^ne de Plœmeur. — *Kerguenmunuc*, xiie siècle (abb. de Sainte-Croix de Quimperlé).
Kervéhénec, vill. c^ne de Plougoumelen.
Kervéhenec, h. c^ne de Plouhinec.— *Kaer-Kerveneac*, *villa*, 1037 (cart. de Redon).
Kervéhénec, h. c^ne de Quistinic.
Kervéhennec, vill. c^ne d'Erdeven.
Kervéhennec, h. c^ne de Kervignac.—*Kerguezenec*, 1505 (abb. de la Joie).
Kervéhennec, éc. c^ne de Languidic. — *Kerenmelenec*, 1406 (abb. de la Joie).
Kervéhennec, h. c^ne de Locmariaquer.
Kervelin, vill. c^ne de Moustoirac.
Kerveillec, éc. c^ne de Guénin.
Kerveilleu, éc. c^ne de Plumelin.
Kerveillo, éc. c^ne de Remungol.—Seigneurie.
Kervelaouen, éc. bois et m^in à eau sur le Penvern, c^ne de Guiscriff. — Seigneurie; manoir.
Kervéléan, h. c^ne de Muzillac.
Kervélégan, éc. c^ne de Meslan.
Kervélégant, h. c^ne de Guiscriff.
Kervélen, vill. c^ne de Meslan.
Kervélène, h. c^ne de Meslan (dist. du précédent).
Kervelenec, éc. c^ne de Baden.
Kervélenec, éc. c^ne de Quéven.
Kervélénin, vill. c^ne de Cléguer.
Kervéleun, vill. c^ne de Caudan.
Kervelgant, éc. c^ne de Guénin.
Kerveluué, vill. c^ne de Plouhinec.
Kervéliguet, vill. c^ne de Sarzeau.
Kervelin, éc. c^ne de Treffléan.

Kervellan, vill. c^ne de Pluvigner.
Kervellan, vill. c^ne de Port-Philippe.
Kervellec, vill. et ruiss. affl. du Reste-Mainguy, c^ne de Kerfourn.
Kervelvé, h. c^ne de Plescop.
Kervelzo, éc. c^ne de Plaudren.
Kerven, h. c^ne de Lignol. — *Kerguen*, 1424 (princip. de Rohan-Guémené).
Kerven, m^in à eau sur le Camblen, c^ne de Melrand; pont sur le même ruiss. reliant Melrand et Bieuzy; ruines d'un château féodal et de fortifications romaines, c^ne de Bieuzy. — Seigneurie.
Kerven, éc. c^ne de Pluméliau. — Seigneurie.
Kerven, vill. c^ne de Treffléan.
Kervéna, éc. c^ne de Saint-Jean-Brévelay.
Kervénah, h. c^ne de Priziac.
Kervénal, h. c^ne de Gourin.
Kervenalay, vill. c^ne de Radenac. — Seigneurie.
Kervénanec, vill. c^ne de Plœmeur.
Kervenant, vill. c^ne de Merlévenez.
Kervenanton, h. c^ne de Pluméliau.
Kervendras, éc. c^ne de Sulniac.
Kervenen, h. c^ne de Surzur.
Kervénen, h. c^ne de Plouhinec.
Kerven-er-Cleuzio, h. c^ne de Saint-Caradec-Trégomel.
Kerven-er-Lann, vill. c^ne de Saint-Caradec-Trégomel.
Kervenès, vill. et ruiss. *de la Fontaine-de-Kervenès*, affl. de celui du Pont-du-Corpon, c^ne de Langonnet.
Kervengu, vill. c^ne de Pluneret.
Kervenic, h. partie c^ne de Guern, partie c^ne de Locmalo.—*Kerguenic*, 1423 (princip. de Rohan-Guémené).—*Kerguennic*, 1426 (*ibid.*).
Kervenic, h. et bois, c^ne de Lignol. — *Kerevenic*, 1416 (princip. de Rohan-Guémené).
Kervénic, vill. c^ne de Pluvigner.
Kervénic, éc. c^ne de Saint-Jean-Brévelay.
Kervénic, h. c^ne de Vannes. — *Kaerennyc*, 1448 (chap. de Vannes).—Seigneurie.
Kervenic (Ihuel et Izel), vill. c^ne de Lanvaudan.
Kerven-Lapaul, h. c^ne de Melrand.
Kerven-le-Parco, éc. c^ne de Melrand.
Kerven-le-Poulain, h. c^ne de Melrand.
Kerven-le-Roux, h. c^ne de Quistinic.
Kerven-le-Strat, h. c^ne de Melrand.
Kerven-Miséricorde, h. et ruiss. *de la Fontaine-de-Kerven-Miséricorde*, affl. de celui du Pont-er-Golin, c^ne de Pluvigner.
Kervenne, éc. c^ne de Caudan.
Kervenne, vill. c^ne de Riantec.
Kervennec, éc. c^ne de Bubry.
Kervéno, h. c^ne de Berné.
Kervéno, h. c^ne de Brandérion.

KERVÉNO, h. c⁰ᵉ de Carnac.
KERVENO, h. c⁰ᵉ de Caudan.
KERVENO, h. cᵘᵉ de Cléguérec.
KERVÉNO, h. et ruiss. affl. du Lanvaux, c⁰ᵉ de Grand-Champ.
KERVÉNO, h. cⁿᵉ de Landaul; pont sur le Goah-er-Licenneu, reliant Landaul et Pluvigner.
KERVÉNO, chât. fᵉˢ, mⁱⁿ à vent et mⁱⁿ à eau sur le ruiss. du Pont-Divin, c⁰ᵉ de Languidic; ruiss. *du Moulin-de-Kervéno* : voy. ROCH. — *Kerguenou*, 1415 (abb. de la Joie). — Seigneurie; manoir.
KERVENO, éc. cᵘᵉ de Lanvaudan.
KERVÉNO, vill. et lande, c⁰ᵉ de Neulliac.
KERVÉNO, h. cⁿᵉ de Ploërdut.
KERVENO, éc. cⁿᵉ de Plougoumelen.
KERVENO, éc. et mⁱ⁰ à eau sur le ruiss. de ce nom, cᵘᵉ de Plouray; ruiss. voy. SAINT-NOÉ. — Seigneurie; manoir.
KERVÉNO, chât. et éc. cⁿᵉ de Pluméliau. — Seigneurie; manoir.
KERVÉNO, vill. lande et éc. dit *Lande-de-Kerveno*, c⁰ᵉ de Plumelin. — *Kereveno*, xvıᵉ siècle (duché de Rohan-Chabot).
KERVÉNO, vill. cⁿᵉ de Priziac.
KERVENO, vill. c⁰ᵉ de Réguiny.
KERVÉNO, éc. cⁿᵉ de Saint-Jean-Brévelay.
KERVÉNO-BODAVEL, vill. c⁰ᵉ de Landévant.
KERVÉNO-KERGADIC, chât. cᵇᵉ de Languidic.
KERVÉNO-LANROUEN, h. cᵘᵉ de Landévant.
KERVÉNO-LE-VAL, h. c⁰ᵉ de Landévant.
KERVÉNOU, vill. c⁰ᵉ de Gourin.
KERVENOZAËL, éc. et mⁱⁿ à eau sur le Kerandraon, cᵗᵉ de Guiscriff. — Seigneurie.
KERVEN-ROSNUERH, h. cⁿᵉ de Baud.
KERVEN-SAINT-CORENTIN, h. c⁰ᵉ de Baud.
KERVEN-SAINT-GUY, h. c⁰ᵉ de Pluvigner.
KERVEN-SAINT-LALOE, h. cⁿᵉ d'Inguiniel. — Seigneurie.
KERVENT, h. cᵘᵉ de Radenac.
KERVEN-TEIGNOUSE, éc. c⁰ᵉ d'Inguiniel.
KERVENTÈS, h. cⁿᵉ de Cléguer.
KERVER, vill. cᵇᵉ de Gueltas.
KERVER, h. cⁿᵉ de Languidic.
KERVÉRANTON, h. et lande, cⁿ⁰ de Locoal-Mendon.
KERVERCH, h. et mⁱⁿ à vent, cⁿᵉ de Crach.
KERVERCH, vill. cᵘᵉ de Landévant.
KERVERDUS, h. cⁿᵉ du Saint.
KERVEREC, f. cⁿᵉ de Plœren. — Seigneurie; manoir.
KERVERGANT, h. et ruiss. dit aussi *de Kerguelen*, affl. du Tarun, cⁿᵉ de Camors. — Seigneurie.
KERVERGANT, chât. f. et mⁱⁿ à vent, cⁿᵉ de Plœmeur.
KERVERGER, vill. cᵘᵉ de Guénin.
KERVERHAUT, éc. cⁿᵉ de Landaul.

KERVERHAUT, h. cⁿᵉ de Locoal-Mendon.
KERVERHET; éc. c⁰ᵉ de Berric.
KERVÉRIEL, ruisseau. — Voy. RESTINOIS.
KERVÉRIEN, vill. c⁰ᵉ de Ploërdut.
KERVÉRIEN, h. cⁿᵉ de Pluvigner.
KERVERLAN, éc. c⁰ᵉ de Plaudren.
KERVERLIN, éc. c⁰ᵉ de Marzan. — Seigneurie.
KERVERLUET, éc. c⁰ᵉ de Brech.
KERVERN, h. pont et ruiss. *du Pont-de-Kervern*, affl. du Restal, c⁰ᵉ de Gourin.
KERVERN, éc. cⁿᵉ de Langonnet.
KERVERNARD, h. cⁿᵉ de Guiscriff.
KERVERNARD, f. cⁿᵉ de Plougoumelen.
KERVERNÉ, h. bois et pont sur le Scorff, cⁿᵉ de Lignol. — *Kaervernhezre*, manoir, 1418 (princip. de Rohan-Guémené). — *Kervergnezre*, 1499 (*ibid.*). — Seigneurie.
KERVERNE, vill. cⁿᵉ de Riantec. — *Kaerguerne*, 1334 (abb. de la Joie).
KERVERNEL, vill. cᵘᵉ de Plumelin.
KERVERNEN, éc. cⁿᵉ de Guénin.
KERVERNEN, vill. c⁰ᵉ de Pluméliau.
KERVERNER, vill. cⁿᵉ de Baden. — Seigneurie.
KERVERNIC, éc. c⁰ᵉ de Locmariaquer.
KERVERNIC, vill. et mⁱⁿ à vent, c⁰ᵉ de Plœmel; ruiss. voy. KERJACOB (RUISSEAU DE).
KERVERNIC, h. cⁿᵉ de Plouhinec.
KERVERNOIS, vill. c⁰ᵉ de Plœmeur.
KERVERO, éc. cⁿᵉ d'Arradon. — Seigneurie; manoir.
KERVERO, vill. cⁿᵉ d'Arzal.
KERVEROT, nom d'un quartier de la ville de Lorient, encore en 1789.
KERVERREC, éc. mⁱⁿ à vent et pont sur le Gouyandeur, cⁿᵉ de Plœmel. — Seigneurie.
KERVERS, vill. cⁿᵉ de Cléguérec.
KERVERS, vill. et mⁱⁿ à eau sur le canal de Nantes à Brest, cⁿᵉ de Napoléonville. — *Kairorez*, aliàs *Kairrafreiz*, 1274 (duché de Rohan-Chabot). — Seigneurie; manoir en la par. de Noyal-Pontivy.
KERVERSOIGNE, h. cᵗᵉ de Guénin.
KERVERT, éc. cⁿᵉ de Saint-Gildas-de-Rhuis.
KERVERTE, h. cⁿᵉ de Férel.
KERVERTIN, h. cⁿᵉ de Baud.
KERVENZET, h. cⁿᵉ de Malguénac. — *Kaerberzec*, 1315 (duché de Rohan-Chabot). — Seigneurie; manoir.
KERVESQUEL, vill. cⁿᵉ de Ploërdut. — *Quilvesquell*, 1413 (princip. de Rohan-Guémené).
KERVET, h. cⁿᵉ de Languidic.
KERVET, éc. cⁿᵉ de Plescop.
KERVEUR, h. cⁿᵉ de Brech.
KERVEUR, éc. cⁿᵉ de Caudan. — Seigneurie.
KERVEUR, h. cᵘᵉ de Guidel.

Kerveur-Bloas, vill. et pont sur le ruiss. du Pont-de-Kervern, cᵐᵉ de Gourin.

Kerveur-Christ, éc. cᵐᵉ de Gourin.

Kerveux, éc. cⁿᵉ de Saint-Nolff.

Kervévic, h. cⁿᵉ de Guern.

Kervèze, h. cⁿᵉ de Moustoirac.

Kervèze, h. cⁿᵉ de Quéven. — Seigneurie.

Kervézo, h. cⁿᵉ de Férel.

Kervezo, vill. cⁿᵉ de Gueltas; ruiss. dit aussi *du Ranton* et *de Kermapino*, affl. du Kerguzangor, qui arrose Gueltas et Noyal-Pontivy. — *Kerguezou*, 1406 (duché de Rohan-Chabot).

Kervézo, chât. et fᵐᵉ dont une dite *le Pourpris-de-Kervézo*, cⁿᵉ de Muzillac; pont sur le Saint-Éloi, reliant Muzillac et Ambon. — Seigneurie; manoir.

Kervic, vill. cⁿᵉ de Langonnet. — Seigneurie.

Kervic, h. cⁿᵉ de Locmaria.

Kervic, vill. cⁿᵉ de Pluvigner.

Kervichelet, h. cⁿᵗ de Riantec.

Kervichen, éc. cⁿᵉ de Pluvigner.

Kervida, vill. cⁿᵉ de Limerzel.

Kervidais, vill. cⁿᵉ de Péaule.

Kervidal, éc. cᵐᵉ de Guern.

Kervidel, vill. cⁿᵉ de Languidic.

Kerviden, f. bois et mⁱⁿ à eau sur le Tronchâteau, cⁿᵉ de Plouay. — Seigneurie; manoir.

Kervidienne, h. cⁿᵉ du Saint.

Kervido, vill. cⁿᵉ de Caudan.

Kervido, éc. cⁿᵉ de Languidic.

Kervidon, h. pont : voy. Pont Neuf, font. et ruiss. *de la Fontaine-de-Kervidon*, dit aussi *Fetan-er-Veinec*, affl. du Langlo, cⁿᵉ de Locoal-Mendon; autre ruiss. voy. Prado.

Kervidonnic, éc. cⁿᵉ du Faouët.

Kervidoret, éc. cⁿᵉ de Bubry.

Kerviec, h. cⁿᵉ de Caudan.

Kervierre, h. cⁿᵉ de Merlévenez.

Kervignac, cⁿ du Port-Louis. — *Plebs veneaca*, viᵉ sᵉ (abb. de Sainte-Croix de Quimperlé). — *Kerveniac*, parrᵈ, 1279 (abb. de la Joie). — *Kaervinyac*, 1387 (chap. de Vannes). — *Querviniac*, 1413 (abb. de la Joie). — *Querveniac*, 1422 (*ibid.*). — *Quirvinyac*, 1505 (*ibid.*).

Par. du doy. de Pont-Belz. — Juridiction unie à celle de Nostang. — Sénéch. et subd. d'Hennebont. — Distr. d'Hennebont; ch.-lieu de cⁿ en 1790, supprimé en l'an x.

Kervigné, h. cⁿᵉ de Férel.

Kervignieg, h. cⁿᵉ du Palais.

Kervignio, vill. cⁿᵉ de Guidel.

Kervignio, h. cⁿᵉ de Pontscorff.

Kervigo, vill. cⁿᵉ de Plumelec.

Kervigo, h. cⁿᵉ de Saint-Jean-Brévelay.

Kervigot, h. et mⁱⁿ à vent, cⁿᵉ de Guidel.

Kervigot, h. cⁿᵉ de Moréac.

Kervigot, vill. cⁿᵉ de Pluvigner. — Seigneurie.

Kervigué, h. cⁿᵉ de Sainte-Hélène.

Kerviguel, h. et ruiss. *de la Fontaine-de-Kerviguel*, affl. du Lamblat, cⁿᵉ de Surzur.

Kerviguen, vill. cⁿᵉ de Guénin.

Kerviguen, éc. et lande, cⁿᵉ de Plaudren.

Kerviguen, éc. lande et ruiss. *de la Lande-de-Kerviguen*, se jetant dans le Morbihan, cⁿᵉ de Theix.

Kerviguénic, lieu-dit dans le Finistère; pont sur le Naïc, reliant Lanvénégen à ce département.

Kerviguenne, vill. et moulin à eau sur le Caradec, cⁿᵉ d'Elven.

Kerviguenno, vill. cⁿᵉ de Naizin; pont dit *Vieille-Chaussée de Kerviguenno*, sur le ruiss. de Coëtdan, reliant Naizin et Réguiny.

Kerviguenno, h. cⁿᵉ de Plumelin.

Kerviguenno, h. cⁿᵉ de Plumelin (dist. du précédent).

Kerviguéno, h. cⁿᵉ de Bignan.

Kervigoy, ruiss. dit aussi *de Gluberder*, affl. du Kerguzangor; il arrose Saint-Thuriau et Noyal-Pontivy.

Kervihan, h. cⁿᵉ de Brech.

Kervihan, vill. cⁿᵉ de Camors.

Kervihan, vill. cⁿᵉ de Guénin.

Kervihan, vill. cⁿᵉ de Guern.

Kervihan, vill. cⁿᵉ de Locoal-Mendon.

Kerviban, vill. cⁿᵉ de Plumergat.

Kervihan, vill. cⁿᵉ de Riantec.

Kervihan, vill. cⁿᵉ de Saint-Pierre.

Kerviherne, vill. cⁿᵉ de Locoal-Mendon; ruiss. voy. Rozo.

Kervilard, h. cⁿᵉ de Plumelec. — Seigneurie; manoir.

Kervilenne, vill. cⁿᵉ de Carnac.

Kervili, vill. cⁿᵉ de Péaule.

Kervilien (Bras et Bihan), h. cⁿᵉ de Quéven.

Kervilio, h. cⁿᵉ de Landévant.

Kervillien, h. cⁿᵉ de Limerzel.

Kervillio, h. cⁿᵉ de Guénin.

Kervillio, chât. fⁱᵉ, étang, mⁱⁿ à eau sur la Sale et ruiss. affl. de la Sale, cⁿᵉ de Plougoumelen. — Seigneurie; manoir.

Kervillio, mⁱⁿ à vent et mⁱⁿ à eau sur la Sale, cⁿᵉ de Pluneret.

Kervilloène, vill. cⁿᵉ de Bangor.

Kervilor, vill. cⁿᵉ de Carnac. — Seigneurie; manoir en ruines.

Kervily, h. et mⁱⁿ à eau sur le ruiss. de ce nom, cⁿᵉ de Berric; ruiss. voy. Saint-Éloi. — Seigneurie.

Kervily, vill. cⁿᵉ de Languidic.

Kervily, h. cⁿᵉ de Locoal-Mendon.

Kervily, vill. cⁿᵉ de Ploërdut.

Kervily, h. c^ne de Ploubinec.

Kervily, h. c^ne de Pluvigner. — Seigneurie.

Kervily, h. c^te de Quistinic.

Kervin, h. partie c^ue de Muzillac, partie c^ue de Noyal-Muzillac; pont sur le ruiss. de ce nom et ruiss. dit aussi *du Cosquer*, affl. de celui du Pont-ès-Marchands, qui arrose Muzillac et Noyal-Muzillac.—Seigneurie.

Kervin, éc. c^ne de Nostang.

Kervin, m^in à eau sur le Kerguzangor et m^in à vent, c^ne de Noyal-Pontivy. — *Querreven*, 1304 (duché de Rohan-Chabot).

Kervin, h. c^ne de Sainte-Hélène.

Kervinduc, vill. c^ne de Pluneret.

Kervin-Hubert, h. c^ne de Gueltas.—*Kareven-Hubert*, 1235 (D. Morice, I, 891).

Kerviniec, éc. c^ne de Camors.

Kerviniec, vill. c^ne de Riantec.

Kervinien, éc. c^ne du Faouët.

Kervinigant, vill. et ruiss. affl. du Kersten, c^ne de Ploërdut. — *Kerguenican*, 1391 (princip. de Rohan-Guémené).

Kervinio, vill. c^ne de Carnac.

Kervinio, éc. c^ne de Lanvaudan.

Kervinio, vill. deux m^ins à vent et m^in à eau sur le ruiss. de ce nom, c^ne de Plœmeur; ruiss. qui arrose Plœmeur et se jette dans l'étang de Lanénec.

Kerviniou, vill. c^ne de Guiscriff.

Kervin-le-Bois, h. c^ne de Noyal-Pontivy.

Kervin-le-Moulin, h. c^ne de Noyal-Pontivy.

Kerviny, h. c^te de Questembert. — Seigneurie.

Kervio, vill. c^ne de l'Île-d'Arz.

Kervio, éc. c^te de Noyal-Pontivy.

Kervio, h. c^ne de Péaule.

Kervio, h. m^in à vent et m^in à eau sur la Claye, c^ne de Plumelec. — Seigneurie.

Kervio, h. c^ne de Questembert.

Kervir, h. c^ne de Landévant.

Kervirginie, éc. c^ne de Saint-Dolay.

Kervito, éc. c^ne de Brech.

Kervitod, h. c^ue du Saint.

Kerviton, éc. c^ne de Muzillac.

Kerviton, éc. c^ne de Quéven.

Kervitré, b. c^ne de Theix.

Kervive, h. c^ne de Crach.

Kervizen, f. c^ne de Kervignac.

Kervlaire, h. c^ne de Moréac.

Kervlaye, éc. c^ne de Carnac. — Seigneurie.

Kervo, éc. c^ne de Moustoir-Remungol.

Kervocarnic, éc. c^ne de Camors.

Kervocen, vill. c^ne de Sarzeau.

Kervoden, h. c^ne de Plumergat.

Kervodigan, f. c^ne de Bignan.

Kervodin, éc. c^ne de Pluvigner.

Kervogam, vill. c^ne de Plœmeur.

Kervoine, vill. et lande, c^ne de Belz; ruiss. *de la Fontaine-de-Kervoine* : voy. Kervrazic; ruiss. *de la Lande-de-Kervoine* : voy. Prado.

Kervoisan, éc. c^ne de Sulniac.

Kervoise, éc. c^ne d'Elven.

Kervoise, éc. c^ne de Lanvaudan.

Kervoise, h. c^ne de Plaudren.

Kervolbin, éc. c^ne de Plescop.

Kervolivot, éc. c^ne de Moustoirac.

Kervonalec, éc. c^ne de Camors.

Kervonalec, vill. c^ne de Plumelin.

Kervor, b. m^in à vent et ruiss. affl. de la Vilaine, c^ne d'Arzal.

Kervorchant, éc. c^ne de Pontscorff.

Kervorel, vill. c^ne de Berric.

Kervorgant, éc. c^ne de Pontscorff.

Kervorin, h. c^ne de Surzur.

Kervorin, h. c^ne de Theix.

Kervossic, h. c^ne de Pluvigner.

Kervoter, vill. c^ne de Caudan.

Kervoual, h. c^ne d'Elven.

Kervoudouse, h. c^ne de Guénin.

Kervourden, h. c^ne de Carnac.

Kervocreau, h. et pont sur le Restal, c^ne de Gouriu.

Kervouren, éc. c^ne de Baden.—Seigneurie.

Kervoyal, vill. m^in à vent, port, pointe dite aussi *Pointe Noire* et basse sur l'Océan, c^ne de Damgan.

Kervoter, éc. et f. c^ne d'Arradon. — *Kervoier, manoir*, 1498 (chât. d'Arradon). — Seigneurie.

Kervoyer, éc. c^ne de Trefléan.

Kervozès, vill. c^ne de Quiberon.

Kervran, h. c^ne de Melrand.

Kervran, h. c^ne de Meslan.

Kervran, éc. c^ne de Persquen.

Kervran, vill. et ruiss. *de la Fontaine-de-Kervran*, affl. du Kergolher, c^ne de Plaudren.

Kervran, vill. et étang, c^ve de Plouhinec.

Kervran, h. et lande, c^ne de Pluvigner.

Kervran, éc. c^ne de Questembert.

Kervranec, h. c^ne de Plumelin.

Kervranic, éc. c^ue de Moustoirac.

Kervranic, h. et ruiss. *de la Fontaine-de-Kervranic*, affl. du Bécherel, c^ue de Plouay.

Kervranic, éc. c^ne de Sainte-Brigitte.

Kervranton, h. c^ne de Pluvigner.

Kervraud, vill. c^ne de Pénestin.

Kervraye, vill. c^ve de Plumelin.

Kervrazic, ruiss. dit aussi *de la Fontaine-de-Kervoine*, affluent de l'Étel; il arrose Belz.

Kervrazo, h. c^ne de Priziac.

KERVRECH, vill. cne de Cléguérec.

KERVRECH (Cou et Nehué), h. cnes de Meslan.

KERVRECH-MANÉ, éc. cne de Meslan.

KERVRÉGAN, h. cne de Quistinic.

KERVRÉHAN, vill. cne de Languidic. — Seigneurie.

KERVRÉHAN, h. cne de Plouay.

KURVREHAUT, vill. cne de Pluméliau.

KERVREHEN, h. et ruiss. qui se jette dans l'étang de Priziac, cne de Priziac.

KERVRÉHO, h. cne d'Inzinzac.

KERVRENNE, vill. cne de Plumelin.

KERVRÈS, h. cne de Locmariaquer.

KERVRET, éc. cne de Saint-Gouvry.

KERVRIANT, h. cne de Guidel.

KERVRIEN, éc. cne de Naizin.

KERVRIENT, h. cne de Remungol.

KERVRIGUET, h. cne de Pluvigner.

KERVRIL, h. cne d'Helléan.

KERVNO, vill. bois, pont et min à eau sur le ruiss. du Pont-Rouge, cne de Ploërdut.

KERVY, vill. cne de Noyal-Muzillac.

KERYAGUNFF, vill. cne de Bubry.

KERYADO, vill. cne de Plœmeur.

KERYAFUÉO, vill. cne de Molac.

KERYAGUNE, h. cne de Landaul.

KERYAGUNE, h. cne de Pluvigner.

KERYAGUNE-SAINT-GUY, éc. cne de Pluvigner. — Seigneurie.

KERYAHANNIC, h. cne de Languidic.

KERYALLAN, h. cne de Languidic.

KERYAN, h. cne de Noyal-Muzillac.

KERYAN, éc. en ruines, cne de Plœmeur.

KERYAN, vill. cne de Plœmeur (dist. du précédent).

KERYANIGO, vill. cne de Caudan. — Seigneurie.

KERYANNEC, pont sur le Coëtano, reliant Melrand et Quistinic.

KERYAQUEL, vill. cne de Pontscorff.

KERYAQUER, h. cne de Brech.

KERYAREC, vill. cne d'Inzinzac.

KERYARGON, chât. f. bois et étang, cnt de Belz. — Seigneurie; manoir.

KERYARNIC, éc. cne d'Inzinzac.

KERYAVAL, h. cne de Carnac.

KERYAVEC (Ihuel et Izel), h. cne de Locoal-Mendon.

KERYDÈCHE, vill. cne de Marzan.

KERYDET, vill. cne de Plouray.

KERYCU, h. cne de Languidic. — *Kerancucuhet*, 1417 (abb. de la Joie). — *Kerancuquet*, 1428 (*ibid.*). — *Kerancucuet*, 1433 (*ibid.*). — *Kerencuqu*, 1578 (*ibid.*).

KERYDORET, éc. cne de Languidic.

KERYEN, éc. cne de Locoal-Mendon; pont sur le Bonaval, reliant Locoal-Mendon et Belz.

KERYGEARD, vill. cne de Quéven.

KERYHUEL, h. cne de Muzillac. — Seigneurie.

KERYHUEN, éc. cne de Baden.

KERYO, vill. cne de Péaule.

KERYONVARCH, vill. cne de Baden.

KERYONVARCH, h. cne de Languidic.

KERYOUA, vill. cne de Meslan.

KERYPAUD, h. cne de Plaudren.

KERYSAC, éc. cne de Locmalo.

KERYSAN, h. cne de Crach.

KERYSELLE, éc. cne d'Ambon.

KERYVALLAN, h. cne de Languidic.

KERYVALLANT, vill. cne de Plœmeur.

KERYVARCH, h. cne de Gourin. — *Chenvarec*, xiie siècle (abb. de Sainte-Croix de Quimperlé).

KERYVARHO, h. cne de Plaudren.

KERYVON, h. cne d'Inzinzac.

KERYVON, h. cne de Languidic.

KERYVON, éc. cne de Persquen.

KERYVON, vill. cne de Plouhinec.

KERYVONNETTE, h. cne de Caudan.

KERYZEL, h. cne d'Arzal.

KERZABIANCE, h. cne de Kervignac.

KERZARDE (Ihuel et Izel), vill. cne de Landévant. — *Kerouzard*, xviiie siècle (sénéch. d'Auray).

KERZEC (Ihuel et Izel), vill. cne de Quéven.

KERZÉHO, vill. cne de Languidic. — *Kerserchou*, 1451 (abb. de la Joie). — *Kerserhou*, 1470 (*ibid.*).

KERZELLEC, vill. et lande, cne de Roudouallec.

KERZENANT, h. cne d'Erdeven.

KERZERHO, vill. cne d'Erdeven.

KERZÉVIENNE, h. cne de Plouharnel.

KERZINE, vill. et étang, cne de Plouhinec.

KERZIO, h. et ruiss. affl. de l'Arz, cne d'Elven.

KERZO, h. cne de Kervignac.

KERZO, h. cne de Plouhinec.

KERZO, h. cne de Plumelin.

KERZO, éc. f. et marais, cne de Pluneret. — *Koriézo*, aliàs *Kerezo*, xvie siècle (chap. de Vannes). — Seigneurie; manoir.

KERZRIN, h. cne de Languidic.

KERZU, f. cne de Crach.

KERZU, h. et ruiss. *de la Fontaine-de-Kerzu*, affl. du Kergoal, cne de Plescop. — Seigneurie.

KERZUAN, éc. cne de Pluneret. — Seigneurie.

KERZUC, éc. cne de Locmariaquer.

KERZUHENNE, h. cne de Pluneret.

L

LABATIE, éc. c⁰ᵉ de Moustoir-Remnngol.

LABERT, vill. cⁿᵉ d'Arzon.

LAC (LE), chât. f. h. bois, mⁱⁿ à eau sur le Crach et éc. dit *Passage-du-Lac*, cⁿᵉ de Carnac; pass. sur le Crach, reliant Crach et Carnac. — *Laz* (*Le*), xvıɪᵉ sᵉ (sénéch. d'Auray). — Seigneurie; manoir.

LACTOYSAIS, éc. cⁿᵉ d'Augan.

LADRON, port de l'île d'Ilur sur la baie du Morbihan.

LAÊR-FAVEN (RUE), à Napoléonville. — Voy. MALGUÉNAC (RUE DES) et NOYERS (RUE DE).

LAFAIETTE (RUE), à la Gacilly.

LAGASSES (LES), éc. cⁿᵉ de Saint-Jacut.

LAGAYO, font. cⁿᵉ de l'Île-d'Arz.

LAHERGLOAN, vill. cⁿᵉ de Saint-Gérand.

LAIDO, f. cⁿᵉ de Saint-Servant.

LAIGNENANT, vill. cⁿᵉ de Landévant.

LAIGUEMAT, h. cⁿᵉ de Caudan.

LAIMER, vill. cⁿᵉ de Plumergat. — *Leymer*, métairie, xɪvᵉ siècle (chartr. d'Auray). — Seigneurie.

LAIN (LE), éc. cⁿᵉ de Melrand. — Seigneurie.

LAIN (LE), h. cⁿᵉ de Plœren.

LAINBLOC, h. cⁿᵉ de Grand-Champ.

LAINDRAIN, h. cⁿᵉ de Languidic.

LAINÉ, mⁱⁿ à eau sur la Claye, mⁱⁿ à vent et éc. dit *Haut-Lainé*, cⁿᵉ de Pleucadeuc; pont sur la Claye, reliant Pleucadeuc et Saint-Congard.

LAINE (RUE DE LA), rues à Guémené et à Questembert.

LAINIOU, éc. cⁿᵉ de Plaudren.

LAIRENNE (HAUT et BAS), h. cⁿᵉ de Moréac. — *Lezren*, xvɪɪᵉ siècle. — Seigneurie.

LAIRIO, vill. cⁿᵉ de Grand-Champ.

LAIRIO (LE GRAND et LE PETIT), vill. cⁿᵉ de Sérent.

LAIRMARCH, éc. cⁿᵉ de Baden.

LAIT (RUE DU), à Auray, dite autref. rue *Notre-Dame*.

LAITA, rivière. — Voy. ELLÉE.

LAITERIE (RUE DE LA), anc. rue de Vannes, par. de Sainte-Croix.

LAITY, h. cⁿᵉ de Berné.

LALLEMAN, h. cⁿᵉ de Réguiny.

LALLIER, éc. cⁿᵉ de Saint-Abraham.

LALLUMEC, h. cⁿᵉ d'Hennebont. — *Lalumec*, 1419 (abb. de la Joie).

LALUSSO, éc. cⁿᵉ de Muzillac.

LAMADO (GRAND et PETIT), h. cⁿᵉ de Theix.

LAMBEL (BRAS et BIHAN), vill. partie cⁿᵉ de Camors, partie cⁿᵉ de Baud.

LAMBELLEGUIC, vill. cⁿᵉ du Faouët.

LAMBÉVÉNO, éc. cⁿᵉ de Camors.

LAMBÉZÉGAN, vill. et éc. dit *Loge-de-Lambézégan*, cⁿᵉ de Languidic.

LAMBILY, f. cⁿᵉ de Néant.

LAMBILY, chât. f. et bois, cⁿᵉ de Taupont. — *Lembilly*, 1413 (fabr. de Taupont). — *Lenbili*, xvᵉ siècle (*ibid.*). — Seigneurie; manoir.

LAMBLAT, vill. et ruiss. affl. de la Drague, cⁿᵉ de Surzur.

LAMBOUISSE, h. cⁿᵉ de Saint-Nolff.

LAMBOUX, h. cⁿᵉ d'Elven.

LAMBRADOU (LOGE), éc. et ruiss. affl. de celui du Moulin-du-Duc, cⁿᵉ du Saint.

LAMBRÉ, vill. et ruiss. dit *Étier-de-Lambré*, affl. de celui du Pont-Caden, cⁿᵉ de Surzur.

LAMOUUIC, chât. et vill. cⁿᵉ de Caudan. — Seign. manoir.

LAMPIAUX (LES), lande, cⁿᵉ de Monteneuf.

LAN (LE), vill. cⁿᵉ de l'Île-d'Arz.

LANARHAN, f. cⁿᵉ de Noyal-Muzillac.

LANÇAIS (LE), ruiss. affl. de l'Arz, qui arrose Questembert, Molac et Larré; mⁱⁿ à eau sur ce ruiss. cⁿᵉ de Questembert.

LANCHERBAUD, h. cⁿᵉ de Bignan.

LANCIONNAIE (LA), h. cⁿᵉ de Guer.

LANDA (LE), éc. cⁿᵉ de Peillac.

LANDAISES (LES), f. cⁿᵉ de Pluherlin.

LANDAT (LE), vill. cⁿᵉ de Saint-Gorgon.

LANDAUL, cⁿ de Pluvigner; lande dans la commune. — *Landaule*, 1389 (duché de Rohan-Chabot). Par. du territ. de Vannes. — Sénéch. et subd. d'Auray. — Distr. d'Auray.

LANDE, éc. et f. cⁿᵉ d'Elven.

LANDE (BUTTE DE LA), lande, cⁿᵉ de Monteneuf.

LANDE (CROIX DE LA), cⁿᵉ de Séné.

LANDE (LA), éc. et mⁱⁿ à vent, cⁿᵉ de Bangor.

LANDE (LA), mⁱⁿ à vent, cⁿᵉ de Béganne.

LANDE (LA), vill. cⁿᵉ de Boignon.

LANDE (LA), f. cⁿᵉ de Bignan. — Seigneurie.

LANDE (LA), éc. cⁿᵉ de Guer.

LANDE (LA), mⁱⁿ à eau sur l'Oyon, cⁿᵉ de Guer (dist. du précédent).

LANDE (LA), éc. cⁿᵉ de Guidel.

LANDE (LA), mⁱⁿ à vent, cⁿᵉ de Locoal-Mendon.

LANDE (LA), f. cⁿᵉ de Meucon. — Voy. GUERN (LE).

LANDE (LA), éc. ruiss. affl. de celui des Guillois, et pont sur ce ruiss. cⁿᵉ de Missiriac. — Seigneurie.

LANDE (LA), éc. et f. cⁿᵉ de Noyal-Muzillac (dist. de la métairie du même nom).

Lande (La), éc. c^{ne} de Pénestin.

Lande (La), vill. c^{ne} de Plescop.

Lande (La), mⁱⁿ à vent, ruiss. dit aussi *de Toulbaha-dau*, affl. de celui du Pont-Rouge, et mⁱⁿ à eau sur ce ruiss. c^{ne} de Ploërdut.

Lande (La), vill. c^{ne} de Plœren.

Lande (La), h. c^{ne} de Plouhinec.

Lande (La), éc. c^{ne} de Questembert.

Lande (La), f. c^{ne} de Rieux. — Seigneurie.

Lande (La), h. c^{ne} de Ruffiac.

Lande (La), f. c^{ne} de Saint-Avé.

Lande (La), vill. c^{ne} de Saint-Marcel.

Lande (La), vill. c^{ne} de Saint-Servant.

Lande (La), salines, c^{ne} de Séné.

Lande (La), éc. c^{ne} de la Trinité-Surzur.

Lande (La), éc. c^{ne} de Vannes.

Lande (Loge de la), éc. c^{ne} de Plumelin.

Lande (Maison de la), éc. c^{ne} de Carnac.

Lande (Maison de la), éc. c^{ne} de Moréac.—Seigneurie.

Lande (Maisons de la), h. c^{ne} de Larré.

Lande (Maisons de la), h. — Voy. Maison-Neuve.

Lande (Métairie de la), f. c^{ne} de Noyal-Muzillac.

Lande (Métairie de la), f. c^{ne} de Péaule.

Lande (Métairie de la), h. c^{ne} de Saint-Jean-Brévelay.

Lande (Moulin à eau de la), sur le ru de l'Étang-de-Priziac, c^{ne} de Priziac.

Lande-Battue (La), h. c^{ne} de Berric.

Lande-Baule, éc. c^{ne} de Muzillac. — Seigneurie.

Lande-Béhoy, h. c^{ne} de Plœmeur.

Lande-Bihan (La), h. c^{ne} de Plaudren.

Lande-Clamarec, h. c^{ne} de Naizin.

Lande-Conan (La), éc. c^{ne} de Saint-Nolff.

Lande-David, vill. c^{ne} de Carentoir.

Lande-de-Boulouan, vill. c^{ne} de Péaule.

Lande-de-Cambocaire (La), éc. c^{ne} de Noyal-Muzillac.

Lande-de-Justice, éc. c^{ne} de Pluméliau.

Lande-de-la-Boule (La), h. c^{ne} de Berric.

Lande-de-la-Mère, éc. c^{ne} de Saint-Gérand.

Lande-de-Rennes (Ruisseau de la), affl. du Gouyandeur; il arrose Carnac.

Lande-des-Bois (La), h. c^{ne} de Saint-Guyomard.

Lande-des-Gardes (Ruisseau de la). — Voy. Coudrais (Ruisseau de la).

Lande-de-Stangren, h. c^{ne} de Moréac.

Lande-du-Cerf, vill. c^{ne} de Saint-Aignan.

Lande-du-Cerf (La), vill. c^{ne} de Cléguérec.

Lande-du-Cnano, h. c^{ne} de Moustoir-Remungol.

Lande-du-Main, h. c^{ne} de Marzan.

Lande-du-Normand, h. c^{ne} d'Elven.

Lande-du-Prince, bois, c^{ne} de Plouay.

Lande-du-Roi (Ruisseau de la), affl. du Keriolas; il arrose Moréac et Saint-Allouestre.

Lande-du-Sclaupp (La), éc. c^{ne} d'Ambon.

Lande-du-Temple, éc. c^{ne} de Lauzach; vill. et pont sur le Guernec, c^{ne} de Berric.

Lande-Fia (La), h. c^{ne} d'Augan.

Lande-Fleurie (La), éc. c^{ne} de Lanouée.

Lande-Grosse (La), lande et ruiss. affl. du Pébusson, c^{ne} de Monteneuf.

Landelle (La), h. c^{ne} de Carentoir.

Landelle (La), h. c^{ne} d'Évriguet.

Landelle (La), h. c^{ne} de Pleucadeuc.

Landelle (La), éc. c^{ne} de Porcaro. — Seigneurie; manoir.

Landelles (Croix des), c^{ne} de Saint-Gravé.

Landelles (Les), h. c^{ne} de Lanouée.

Landelles (Pont des), sur l'Yvel, reliant Mauron et Saint-Brieuc-de-Mauron.

Landelles (Ruisseau des), affluent de la Tannerie; il arrose Beignon.

Landériaux, h. c^{ne} de Molac; ruiss. *des Noës-de-Landériaux*, affl. de l'Arz, qui arrose Molac et Elven.

Lande-Roulin, h. c^{ne} de Ruffiac.

Landes (Chapelle des), c^{ne} de Malansac.

Landes (Fontaine des), c^{ne} d'Augan.

Landes (Les), h. c^{ne} d'Allaire.

Landes (Les), h. c^{ne} de Caden. — Seigneurie.

Landes (Les), vill. c^{ne} de Carentoir.

Landes (Les), vill. c^{ne} de Cruguel.

Landes (Les), f. c^{ne} de Saint-Brieuc-de-Mauron.

Landes (Les), vill. c^{ne} de Saint-Samson.

Landes (Moulin à eau des), sur le ruiss. de ce nom, c^{ne} de Meslan; ruiss. *du Moulin-des-Landes:* voy. Pontoir.

Landes (Moulin à vent et chemin des), c^{ne} de Peillac.

Landes-Brien (Les), h. c^{ne} de Ploërmel.

Landes d'Adas, landes, c^{ne} de Guer.

Landes de Derrière, landes, c^{ne} d'Augan.

Landes de Devant, landes, c^{ne} d'Augan.

Landes-de-la-Ruée (Les), f. c^{ne} de Ruffiac.

Landes-du-Loup (Ruisseau des), affl. de l'Aff; il sort du dép^t d'Ille-et-Vilaine et arrose Cournon dans celui du Morbihan.

Lande-Travel, éc. c^{ne} de Pluméliau.

Landévant, c^{on} de Pluvigner; ruiss. voy. Guillemin. — *Lendévant*, 1437 (abb. de la Joie).
Par. du territoire de Vannes.— Sénéch. et subd. d'Auray.—Distr. d'Auray; chef-lieu de c^{on} en 1790, supprimé en l'an x.

Landévant (Croix de), c^{ne} de Grand-Champ.

Landevec, vill. c^{ne} de Gourin.

Landier-Rochu (Le), éc. c^{ne} de Pleugriffet.

Landouan (Le Grand et le Petit), lande, c^{ne} de Guer.

Landray (Le), vill. c^{ne} de Concoret.

LANDRÉAUX (LES), éc. c^bre de Rieux.

LANDRÉHAN, f. c^ne de Vannes.

LANDRELLES (LES), éc. c^ne de Lantillac.

LANDRETTES (BOIS DES), c^ne de Guer.

LANDREZAC, vill. c^ne de Damgan.

LANDREZAC, vill. c^ne de Sarzeau.

LANDRIAIE (LA), h. c^ne de Ruffiac.

LANDRIAIS (LA), vill. c^ne de Carentoir; m^in à eau, c^ne de Guer.

LANDRIAUX (LES), lande, c^ne d'Augan.

LANDRIAUX (LES), lande et bois, c^ne de Beignon.

LANDRIEUX (LES), h. c^ne de Saint-Jacut.

LANDRIN, vill. c^ne de Plumelec.

LANDRIO (LE), h. c^ne de Saint-Servant.

LANDUAL, vill. c^ne de Ménéac. — Seigneurie.

LANDY, éc. c^ne de Muzillac.

LANÉGO, éc. c^ne de Brech.

LANÉGOT, h. c^ne de Plumelin.

LANÉNEC, chât. et vill. c^ne de Plœmeur: étang baignant Plœmeur et Guidel. — *Lan-Ninnoc*, xiie siècle (D. Morice, I, 182).

Au vi^e siècle, sainte Ninnoch établit en ce lieu un monastère de femmes, transformé au xie siècle, sous le même vocable de Sainte-Ninnoch, en un prieuré d'hommes dépendant de l'abb. de Sainte-Croix de Quimperlé.

LANERGUIAS, éc. c^ne de Plumergat.

LAN-ER-STÈRE, vill. c^ne de Caudan.

LANESTERRE, éc. c^ne de Baden.

LANEVIN, vill. c^ne de Plumergat.

LANFALZIC, éc. c^ne de Camors.

LANFLOY, vill. et ruiss. qui se jette dans le Morbihan, c^ne de Theix.

LANGANNEC, h. c^ne de Camors.

LANGARAIS, h. c^ne de Plumelec.

LANGARGOËT, h. c^ne de Cléguérec.

LANGARIO, h. c^ne de Baden. — Seigneurie.

LANGARIO (RUISSEAU DES PRÉS-DE-), affl. du Saint-Jean; il arrose Cléguérec.

LANGAT, chât. f. et ruiss. affl. de celui de la Lande-de-Lignol, c^ne d'Arradon. — Seigneurie; manoir.

LANGAVE, vill. c^ne de Carentoir.

LANGLE, h. c^ne de Buléon.

LANGLE, vill. c^ne de Cruguel.

LANGLE, h. et m^in à eau sur le ruiss. du même nom, c^ne d'Inzinzac; ruiss. dit aussi *Stang-eur-Valh*, affl. du Blavet, qui arrose Lanvaudan et Inzinzac; pont sur ce ruiss. reliant ces deux communes.

LANGLE, h. et m^in à vent, c^ne de Moustoirac; m^in à eau sur le Tarun, à la limite de Moustoirac et de Plumelin. — Seigneurie.

LANGLE, vill. c^ne de Rieux.

LANGLE, m^in à eau sur le ruiss. du Pont-Grignard, c^ne de Saint-Nicolas-du-Tertre.

LANGLE, vill. éc. servant de caserne de douanes, lande et pointe sur le Morbihan, dite aussi *de Bararach*, c^ne de Séné; pass. voy. CONLO (LE GRAND et LE PETIT).

LANGLIRON, h. et ruiss. dit aussi *de Ninise*, affl. du Vincin, c^ne de Plœren.

LANGLO, vill. c^ne de Cléguérec.

LANGLO, h. c^ne d'Elven.

LANGLO, pont sur le ruiss. de ce nom, reliant Plœmel et Locoal-Mendon; ruiss. dit aussi *de Prat-Cria-quer*, affl. de celui de Kerjacob, qui arrose Erdeven, Plœmel et Locoal-Mendon.

LANGE, éc. c^ne d'Erdeven.

LANGOASTALLOU (LOGE), éc. c^ne de Gourin.

LANGOËLAN, c^on de Guémené. — *Langoelan, par.* 1268 (abb. de Bon-Repos).

Par. du doyenné de Guémené. — Seigneurie. — Sénéch. d'Hennebont; subd. de Guémené. — Distr. du Faouët.

LANGONAN, vill. c^ne de Pleugriffet.

LANGONBRAC'H, vill. c^ne de Landaul; ruiss. affluent de l'Étel, qui arrose Landaul et Locoal-Mendon. — *Langombras*, xviie siècle (sénéch. d'Auray).

LANGONNET, c^on de Gourin; m^in à eau sur le ruiss. de ce nom et étang dans la c^ne, outre un ancien étang auj. desséché; ruiss. *de l'Étang-de-Langonnet:* voy. PONT-BLANC; forêt, c^ne de Plouray. — Ruines d'une abb. qui ont servi longtemps au dépôt d'étalons transféré auj. à la Joie, près Hennebont, et sont actuellement occupées par une institution de plein exercice. — *Abbatia de Langonio*, 1161 (D. Morice, I, 644). — *Lenguenet*, 1301 (*ibid.* I, 1173).

Par. du doy. de Gourin, renfermant une abb. du vocable de Notre-Dame, ordre de Cîteaux, fondée en 1136 par Conan le Gros, duc de Bretagne. — Sénéch. et subd. de Gourin. — Distr. du Faouët; chef-lieu de c^on en 1790, supprimé en l'an x.

LANGOUET (LE), f. et bois, c^ne de Guer. — Seigneurie.

LANGOURHERNE, vill. c^ne de Bignan.

LANGROËZ, vill. et ruiss. affl. de celui du Pont-Fau, c^ne de Camors.

LANGROIS, vill. c^ne de Plumergat.

LANGUEDORET, vill. et m^in à eau au confluent du ruiss. de ce nom et de l'Isole, c^ne de Guiscriff; ruiss. affl. de l'Isole, qui arrose Guiscriff, qu'il sépare du dép^t du Finistère.

LANGUENNEC, h. c^ne de Bubry.

LANGUIDIC, c^on d'Hennebont; forêt dans la commune. — *Lankintic, eleemosina*, 1160 (D. Morice, I, 638). *Languindic*, 1291 (abb. de la Joie). — *Languendic*, 1399 (*ibid.*).

Par. du territ. de Vannes; établissement de chevaliers de Saint-Jean de Jérusalem. — Sénéch. et subd. d'Hennebont. — Distr. d'Hennebont; chef-lieu de c^{on} en 1790, supprimé en l'an x.

Lanhoëlic, h. c^{ne} de Locmalo; ruiss. voy. Pont-en-Ostieg. — *Lezmoelic*, 1448 (princip. de Rohan-Guémené).

Lannonet, éc. c^{ne} de Pluvigner. — Seigneurie.

Lanhoty, éc. c^{ne} de Saint-Allouestre.

Lanhouabn, éc. c^{ne} d'Erdeven.

Lanic, éc. c^{ne} d'Arradon.

Lanic, éc. c^{ne} de Plœren.

Lanic (Le), éc. c^{ne} de Pluvigner. — Seigneurie.

Lanigo, h. c^{ne} de Berric.

Lanigo, h. c^{ne} de Plumergat. — *Le Banigou*, 1413 (duché de Rohan-Chabot). — Seigneurie.

Laniguen, éc. c^{ne} d'Arradon.

Lanitré, h. et ruiss. affl. de celui de la Fontaine-de-la-Vierge, c^{ne} de Locoal-Mendon.

Lannzur, vill. c^{ne} de Saint-Aignan.

Lannach, h. partie c^{ne} de Muzillac, partie c^{ne} de Noyal-Muzillac, celle-ci dite *Petit-Lannach*.

Lann-Becdu, ruiss. affl. de celui du Pont-du-Moustoir, c^{ne} de Pluvigner.

Lann-Bell, h. c^{ne} de Moréac.

Lann-Besquen, éc. c^{ne} de Roudouallec.

Lann-Bihan, éc. c^{ne} de Pluméliau.

Lann-Bihan, h. c^{ne} de Saint-Caradec-Trégomel.

Lann-Billo, ruiss. affluent du Kerhouarné, qui arrose Inguiniel.

Lann-Bireue, lande, c^{ne} du Hézo.

Lann-Blein, lande, c^{ne} de Grand-Champ.

Lann-Blein, h. c^{ne} de Moustoirac.

Lann-Blesen, lande, c^{ne} de Plœren; ruiss. voy. Boco-hant.

Lann-Borenneu, lande, c^{ne} de Noyalo.

Lann-Bric, éc. c^{ne} de Locmariaquer.

Lann-Brudio, vill. c^{ne} de Locmalo.

Lann-Corn-er-Prad, ruisseau. — Voy. Kerniquello.

Lann-Croizest, éc. c^{ne} de Pluméliau.

Lann-Doar-Jeannette, lande, c^{ne} de Bangor.

Lann-Donel, éc. c^{ne} de Theix.

Lanne, h. c^{ne} de Lauzach.

Lannec, pont sur le ruiss. de ce nom et éc. *du Pont-Lannec*, c^{ne} de Radenac; ruisseau *du Pont-Lannec*: voy. Radenac.

Lannec-Izel, landes et marais, c^{ne} de Theix.

Lannée, vill. c^{ne} de Saint-Gorgon.

Lannée, éc. c^{ne} de Saint-Guyomard.

Lannée (Commun de), lande, c^{ne} de Pleucadeuc.

Lanneguic, h. c^{ne} de Berné.

Lanneguil, éc. c^{ne} de Plumelin.

Lann-en-Touze, éc. c^{ne} de Guern.

Lann-er-Bonne, f. c^{ne} de Bignan.

Lann-en-Bot-Spenn, h. c^{ne} de Grand-Champ.

Lann-er-Briguen, h. c^{ne} de Guern.

Lann-en-Fantannio, éc. c^{ne} de Ploërdut.

Lann-er-Faven, h. c^{ne} de Bignan.

Lann-en-Forest, h. c^{ne} de Moustoirac.

Lann-en-Gal, éc. c^{ne} de Guern; ruiss. voy. Spinic (Le).

Lann-er-Gou-Forne, lande, c^{ne} de Grand-Champ.

Lann-en-Gouguy, lande, c^{ne} de Grand-Champ.

Lann-er-Gnoës, h. c^{ne} de Caudan.

Lann-en-Heué, éc. c^{ne} de Brech.

Lann-er-Locu, lande, c^{ne} de Malguénac.

Lann-en-Marh, h. c^{ne} de Plumergat.

Lann-en-Minguen (Loges), h. c^{ne} de Saint-Caradec-Trégomel.

Lann-en-Motennou, lande, c^{ne} de Plouray.

Lann-en-Muisuble, éc. c^{ne} de Bignan.

Lann-er-Ougu-Uen, vill. c^{ne} de Moréac.

Lann-er-Scot, éc. c^{ne} de Pluvigner.

Lann-er-Velin, lande, c^{ne} de Riantec.

Lann-eur-Fetan, h. c^{ne} de Guern.

Lann-Fetan, h. c^{ne} de Guénin.

Lann-Fetex, lande, c^{ne} de Theix.

Lann-Fournan, h. c^{ne} de Kergrist.

Lann-Ganiarel, lande, c^{ne} de Noyalo.

Lann-Glavi, lande, c^{ne} de Noyalo.

Lann-Glazen, ruiss. affluent du Hédennec, qui arrose Inguiniel.

Lann-Granan, lande, c^{ne} de Theix.

Lann-Guélin, pont sur le Lézevarch, reliant Plouhinec et Merlévenez.

Lann-Guémenen ou le Commun, h. c^{ne} de Languidic.

Lann-Guérer-Clandy, h. c^{ne} de Locminé.

Lann-Guillemot, éc. c^{ne} de Camors.

Lann-Guilloux, vill. c^{ne} de Saint-Aignan.

Lann-Guip, h. c^{ne} de Riantec.

Lann-Hérès, ruiss. affl. du Pont-er-Golen, qui arrose Pluvigner.

Lann-Hir, éc. c^{ne} de Pontscorff; ruiss. voy. Suave (Le) et pont sur ce ruiss. reliant Pontscorff et Guidel.

Lannic, lande et ruiss. *de la Lande-de-Lannic*, affl. du Kerlann, c^{ne} de Langoëlan.

Lannic, éc. c^{ne} de Plescop.

Lannic (Le), éc. c^{ne} de Baden.

Lannic (Le), h. c^{ne} de Ploërdut.

Lannic (Vras et Vihan), h. c^{ne} de Riantec.

Lannic-Gorée, vill. c^{ne} de Plouhinec.

Lannic-Larmor, vill. c^{ne} de Plouhinec.

Lanniec (Le), vill. et pont sur le ruiss. de ce nom, c^{ne} de Ploërdut; ruiss. voy. Pont-Rouge (Le).

Lanniguel, éc. c^{ne} de Sainte-Brigitte.

LANN-IRUEL, lande et font. cne de Locoal-Mendon.

LANNIO, éc. cne de Caudan.

LANNION, vill. cne de Trédion.

LANNIVON, vill. cne de Sainte-Brigitte.

LANN-LOSQUE, éc. cne de Pontscorff.

LANN-MANÉ, h. cne de Camors.

LANN-NAUT, lande, cne de Port-Philippe.

LANN-NOYAL, éc. cne de Kerfourn.

LANNO, éc. cne de Grand-Champ.

LANNO, éc. cne de Port-Philippe.

LANNOUAN, chât. et bois, cne de Landévant.—Seign. manoir.

LANNOUAN, h. cne de Silfiac.

LANN-PALE, éc. cne de Sainte-Brigitte.

LANN-PEN-ER-PRAT, éc. cne de Moustoir-Remungol.

LANN-PRADEUE, lande, cne du Hézo.

LANN-RESTO, ruiss. afll. du Scave, qui arrose Pontscorff.

LANN-RUAUD, lande, cne de Locoal-Mendon.

LANN-STÉRIG, éc. cne de Plumergat.

LANN-TORRIC, lande, cne de Theix.

LANN-TOUL-RADEN, ruiss. afll. de l'Er-Houech-Kerret, qui arrose Grand-Champ.

LANNUON, vill. cne de Gourin. — *Lanuzon*, xiie siècle (abb. de Sainte-Croix de Quimperlé).

LANN-VIHAN, éc. cne de Baud.—*Len-Bihan*, 1583 (abb. de la Joie).

LANN-VIHAN, h. cne de Lignol.

LANN-VOTEN, éc. cne de Sainte-Brigitte.

LANN-VRAINE, croix, cne de Bangor.

LANN-VRAS, vill. cne de Caudan.

LANN-VRAS, lande, cne de Noyalo.

LANN-VRAS, éc. cne de Plumelin.

LANN-VRAS, éc. cne de Roudouallec.

LANN-VRAS, lande, cne de Theix.

LANN-VRIAN, lande, cne du Hézo.

LANNY (LE), éc. cne de Larré.

LANOUÉE, cne de Josselin; forêt dans la commune; forges: voy. FORGES DE LANOUÉE (LES). — *Lanoes, plebs*, 820 (cart. de Redon). — *Lannois*, 1082 (*ibid.*). — *Lannoix*, 1132 (prieuré de Saint-Martin de Josselin). — *Launois*, xiie siècle (*ibid.*). — *Lannoie*, 1221 (duché de Rohan-Chabot). — *Lannoez*, 1239 (D. Morice, I, 912). — *Lannoys*, 1248 (duché de Rohan-Chabot).

Doy. de l'archid. de Porhoët, dioc. de Saint-Malo, paroisse siége de ce doyenné; prieuré. — Sénéch. de Ploermel; subd. de Josselin. — Distr. de Josselin; chef-lieu de con en 1790, supprimé en l'an x.

LANOUET, vill. cne d'Ambon.

LANOVEINE, éc. cne de Camors.

LANQUEVELLEC, vill. cne de Berné.

LANQUO, mlin à eau sur le ruiss. de ce nom et étang, cne de Saint-Avé; ruiss. voy. PARC-CARRÉ.

LANRIAC, h. cne de Pleucadeuc.

LANRIAQ, éc. cne de Pluneret.

LANSOIFF, h. cne de Cléguérec; landes s'étendant sur Cléguérec et Séglien; ruiss. des *Landes-de-Lansoiff*, afll. du Botmars, qui arrose ces deux communes.

LANSOIFF-BELAIR, h. cne de Séglien.

LANSOIFF-GLAIVE, h. cne de Séglien.

LANTIERN, vill. cne d'Arzal. — Trève de la par. d'Arzal; établissement de chevaliers de Saint-Jean de Jérusalem, autrefois Templiers; au xviiie siècle, la chapelle est appelée encore *le Temple* de la bourgade de Lantiern. — Seigneurie.

LANTILLAC, cne de Rohan. — *Lentillac*, 1378 (chap. de Vannes).

Par. du doy. de Porhoët. — Seign. — Sénéch. de Ploërmel; subd. de Josselin. — Distr. de Josselin.

LANVAUDAN, cne de Plouay. — Par. du doyenné des Bois. — Sénéch. et subd. d'Hennebont. — Distr. d'Hennebont.

LANVAUX, éc. cne de Baud.

LANVAUX, lande s'étendant en Pluvigner, Plumelin, Moustoirac, Bignan, Grand-Champ, Saint-Jean-Brévelay, Plaudren, Molac, Pleucadeuc, Pluherlin, Saint-Gravé, Saint-Congard; éc. cne de Moustoirac; autre éc. cne de Pluherlin; autres éc. cne de Grand-Champ; forges dites aussi *de Banalec-Lanvaux*, cne de Pluvigner: voy. FORGES DE LANVAUX (LES); ruiss. afll. du Loch, qui arrose Grand-Champ; pont sur le Loch, reliant Grand-Champ et Pluvigner; forêt s'étendant en Grand-Champ et Plumelin. — Ruines d'une abbaye, cne de Grand-Champ.—*Lanvas*, 1177 (D. Morice, I, 6).— *Lanvas, saltus*, xiie se (prieuré de Trédion). — *Lanvaos*, 1264 (duché de Rohan-Chabot). — *Lanvax*, 1270 (*ibid.*). — *Lanvaus*, 1273 (*ibid.*). — *Landavallense monasterium*, 1682 (abb. de Lanvaux).

Abbaye du vocable de Notre-Dame, ordre de Cîteaux, fondée en 1138 par Alain, seigneur de Lanvaux. — Baronnie dont la juridiction s'exerçait à Pluvigner et à Grand-Champ.

LANVÉDIC, f. cne de Surzur.

LANVEL (GOTACH), ruiss. afll. du Loch, et pont sur ce ruiss. cne de Pluvigner.

LANVEN, lande et ruiss. afll. de celui de Lanvaux, cne de Grand-Champ.

LANVEN, vill. cne d'Inguiniel.

LANVÉNÉGEN, cne du Faouët. — Trève de la par. de Guiscriff. — Distr. du Faouët; chef-lieu de con en 1790, supprimé en l'an x.

LANVERN, éc. cne de Languidic.

LANVEUR, vill. cne de Languidic.

LANVEUR, vill. cne de Plœmeur.

Lanviel, éc. en ruines, lande et min à vent, cne de Beignon.

Lan-Vihan, vill. partie cne de Kerfourn, partie cne de Noyal-Pontivy; ruiss. voy. Relevén.

Lanvihan, h. cne de Saint-Aignan.

Lanville, f. cne de Saint-Thuriau.

Lanvio, h. cne de Baden.

Lanvoch, h. cne de Ploërdut.

Lanvoëlan, h. et bois, cne de Gourin. — Seigneurie.

Lanvoro, h. cne de Berric.

Lanvréhan, h. cne de Baud.

Lanvréhan, vill. cne de Languidic.

Lany (Le), h. cne de Plumelec.

Lanzent (Inuellauff et Izellauff), vill. cne de Gourin.

Lanzonnet, vill. cne de Lanvénégen.

Lapaul, vill. cne de Locoal-Mendon.

Lapaul, vill. cne de Melrand. — *Loch-Paull*, 1296 (duché de Rohan-Chabot).

Larcan, vill. cne de Berric; riv. voy. Drague (La).

Larcue, éc. cne de Sérent.

Larcuste, vill. cne de Grand-Champ.

Larderie (La), vill. cne de Saint-Jacut.

Lardran (Le), h. cne de Malansac.

Larean, h. et ruiss. affl. de celui du Pont-Madame, cne de Noyal-Muzillac.

Laredo, h. cne de Guidel.

Laren, port sur l'Océan, cne du Palais.

Largouet, chât. voy. Elven. — *L'Argoët*, xviie et xviiie siècles.

   Comté (voy. l'Introduction) avec deux siéges de juridiction: Vannes (sans doute Elven à l'origine) et Auray; et une maîtrise particulière des eaux, bois et forêts s'exerçant à Trédion.

Largouet, ruiss. voy. Faouëdic (Le); min à eau sur ce ruiss. cne de Monterblanc.

Largouet, éc. cne de Porcaro.

Largouet-Kervézo, font. et ruiss. *de la Fontaine-de-Largouet-Kervézo*, se jetant dans le canal de Nantes à Brest, cne de Gueltas.

Largrand, vill. cne de Molac.

Largudon, éc. cne de Marzan.

Largueven, h. cne de Saint-Gildas-de-Rhuis.

Larhény, h. cne de Noyal-Muzillac.

Larhou (Le), ruiss. affl. de l'Oust, qui arrose Saint-Samson, qu'il sépare du dépt des Côtes-du-Nord.

Larhuellec, h. cne de Grand-Champ.

Lariais, étang, cne de Carentoir.

Larlan, vill. cne de Saint-Gonnery.

Larmelais, vill. cne de Guer.

Larmor, vill. et min à vent, cne de Damgan.

Larmor, vill. et lande, cne de Landaul.

Larmor, nom d'une section de la cne de Landévant.

Larmor, vill. cne de Locmariaquer. — *Larmor-Langle*, xviiie siècle (sénéch. d'Auray).

Larmon, nom d'une section de la cne de Muzillac.

Larmon, nom d'une section de la cne de Péaule.

Larmon, vill. et moulin à vent, cne de Plœmeur; rue au bourg. — *Locmaria-Annarvor*, 1430 (seign. du Coatdor). — *Locmaria-Larmor*, 1477 (*ibid.*). — Anc. trève de Plœmeur.

Larmor, éc. cne de Pluneret.

Larmor, f. cne de Saint-Dolay. — Seigneurie.

Larmon, nom d'une section de la cne de Theix.

Larmon, éc. et bois, cne de Vannes. — Seign. manoir.

Larmon-Baden, vill. port et marais, cne de Baden.

Larnière, f. cne du Roc-Saint-André.

Laroiseau, h. cne de Vannes. — *Rouézo (La)*, 1612 (chap. de Vannes). — Seigneurie.

Laronesse, roche sur l'Océan, côte de Pénestin.

Larré, con de Questembert; ruiss. affluent de l'Arz, qui arrose la cne; min à eau au confluent de l'Arz et du Larré. — *Alurit, pons*, sur l'Arz, 849 (cart. de Redon). — *Laré*, 1387 (chap. de Vannes).

   Par. du doyenné de Péaule. — Seigneurie. — Sénéch. et subd. de Vannes. — Distr. de Rochefort.

Larré, h. cne de Tréal.

Lasconen, h. cne de Plumergat. — *Lazcoumer*, 1503 (carmes de Sainte-Anne). — *Lascouver*, 1572 (*ibid.*).

Lascouit, h. cne de Saint-Nolff.

Lasné, vill. cne de Saint-Armel. — *La Noë de Spissac*, 1496 (abb. de Saint-Gildas-de-Rhuis). — *Lannez*, 1500 (*ibid.*).

Latte-Faux, éc. cne d'Augan.

Lattes (Chemin des), cne de Bohal.

Lauban, vill. et ruiss. affl. du Kerguzangor, cne de Kerfourn; pont sur le Kerguzangor, reliant Kerfourn et Noyal-Pontivy. — *Lennaban*, 1249 (abb. de Bon-Repos).

Laubrière, vill. cne de Riantec.

Laudé, vill. cne de Plœmeur.

Laudran, éc. cne d'Inzinzac.

Laudren (Ruisseau de la Fontaine-), affl. de la Sale, qui arrose Plumergat et Grand-Champ.

Laugenay, vill. cne d'Allaire.

Lauloyer, vill. cne de la Gacilly.

Launay, vill. et pont sur la Foye, cne de Beignon.

Launay, f. cne de Caden. — Seigneurie.

Launay, chât. f. et min à vt, cne de Carentoir. — Seign.

Launay, ruiss. affl. de l'Ysaugouet, qui arrose Concoret.

Launay, vill. et f. dite *Cour-de-Launay*, cne des Fougerêts. — Seigneurie.

Launay, vill. cne de Glénac.

Launay, h. et ruiss. affl. du Madame, cne de Gourin.

Launay, éc. cne de Guer. — Seigneurie.

Launay, font. c^ne de Limerzel.

Launay, vill. et m^in à eau, c^ne de Mauron. — Seigneurie.

Launay, f. et ruiss. affl. de la Claye, c^ne de Pleucadeuc. — Seigneurie.

Launay, vill. c^ne de Pleugriffet.

Launay, h. bois, étang et deux m^ins à eau sur le Ker-fandol, c^ne de Ploërdut; ruiss. *de l'Étang-de-Launay:* voy. Fraiche (Fontaine de la). — Seign. manoir.

Launay, h. c^ne de Rieux. — Seigneurie.

Launay, éc. c^ne de Saint-Dolay.

Launay, f. c^ne de Saint-Jean-la-Poterie.

Launay, f. c^ne de Saint-Marcel.

Launay, h. c^ne de Saint-Samson.

Launay, vill. c^ne de Saint-Servant. — Seigneurie.

Launay, f. c^ne de Saint-Vincent. — Seigneurie.

Launay, h. c^ne de Silfiac.

Launay, vill. c^ne de Tréal.

Launay (Grand et Petit), vill. et m^in à eau sur le Pont-Briand, c^ne de Guiscriff

Launay (Haut et Bas), vill. c^ne de Bréhan-Loudéac.

Launay (Rue), à Hennebont.

Launay (Ruisseau de la Fontaine-du-la-Noë-de-), affl. de l'Oust, qui arrose Saint-Congard.

Launay-Belrroux, h. c^ne de Guer.

Launay-Caro, vill. c^ne de Mohon.

Launay-Couëdor, f. c^ne de Porcaro.

Launay-Fily, vill. c^ne de Ménéac.

Launay-Geffray, vill. c^ne de Mohon.

Launay-Gland, vill. c^ne de la Trinité-Porhoët.

Launay-Grippon, vill. c^ne de Sérent.

Launay-Guinho, h. c^ne de Sérent.

Launay-Maréchaux, vill. c^ne de Sérent.

Launay-Pestier, vill. c^ne de Lizio.

Launay-Pixel, vill. ruiss. affl. du Ninian et m^in à eau sur ce ruiss. c^ne de Ménéac.

Launay-Quélot, h. c^ne de Ménéac.

Launay-Robert (Ruisseau du Pâtis-de-) — Voy. Tannerie (La).

Launay-Salmon, vill. c^ne de Beignon; ruisseau: voy. Sainte-Reine.

Launay-Texoux, h. c^ne de Ménéac.

Laupo, vill. c^ne d'Allaire.

Laurenec, h. c^ne de Plaudren.

Lauriers (Ruelle des), à Josselin.

Laurier-Vert (Le), h. c^ne de la Gacilly.

Lauto, vill. c^ne de Ménéac; étang baignant Ménéac et Mohon.

Lautour, éc. et lande, c^ne de Riantec.

Lautran, h. c^ne de Baden.

Lautréan, vill. c^ne de Plumelec.

Lautreville, h. c^ne de Guégon.

Lauzach, c^on de Questembert; pont sur la rivière de Guernec dans la commune. — *Lauza*, 1387 (chap. de Vannes).

    Par. du doyenné de Péaule. — Sénéch. et subd. de Vannes. — Distr. de la Roche-Bernard.

Lauzanne, h. c^ne de Saint-Martin.

Lauzier (Haut et Bas), vill. et bois, c^ne d'Allaire.

Lavadec, h. c^ne de Pluvigner.

Lavallac, h. éc. et m^in à vent, c^ne de Muzillac; pont reliant Muzillac et Billiers. — *Avalac*, 1281 (D. Morice, I, 1061).

Lavalled, h. c^ne de Grand-Champ.

Lavalouet, éc. bois et pont sur le Saint-Georges, c^ne de Guern.

Lavarion, éc. c^ne de Plougoumelen.

Lavello (Rue), à Auray, par. de Saint-Goustan, xviiie s^c.

Lavenant (Loge), éc. c^ne de Baud.

Lavocat, éc. c^ne d'Allaire.

Lavoir (Pont du), sur le ruiss. du Pont-du-Moulin, c^ne d'Augan.

Lavredon, vill. et lande, c^ne de Theix; ruiss. voy. Kersapé.

Lay (Le), ruiss. dit aussi *du Collédo*, affl. de la Claye, qui arrose Guéhenno, Billio et Saint-Jean-Brévelay; m^in à eau sur ce ruiss. c^ne de Saint-Jean-Brévelay.

Lazan, h. c^ne de Langoëlan; pont sur le Kerdrain, reliant Langoëlan et Ploërdut.

Leannec, vill. c^ne de Berné.

Léanno, ruisseau. — Voy. Péros.

Léano, h. c^ne de Bignan.

Léaulet, vill. c^ne de Brech. — Seigneurie.

Léaulet, vill. c^ne d'Elven.

Lécades, vill. et marais dit *Chalandière-de-Lécaden*, c^ne de Caden, ruiss. voy. Val-au-Moulin (Le).

Lécadeuc, vill. m^in à vent et m^in à eau sur le ruiss. de ce nom, c^ne de Guilliers; ruiss. affl. de l'Évriguet, qui arrose Ménéac, Saint-Malo-des-Trois-Fontaines et Guilliers. — Seigneurie.

Lécahoué, éc. c^ne de Péaule. — *Lescahoët*, xviie siècle (présidial de Vannes). — Seigneurie.

Lécaté, bois, c^ne de Guer. — Seigneurie.

Léchégatte, éc. c^ne de Saint-Jean-Brévelay.

Lécheno, h. c^ne de Lignol. — *Lisianau*, 1413 (princip. de Rohan-Guémené). — *Lissienau*, 1430 (*ibid.*).

Léchouet, h. c^ne de Priziac.

Lécotay, éc. c^ne de Sérent.

Lécran, h. c^ne de Guéhenno.

Lédan, basse sur l'Océan, côte de Plouharnel.

Lédréan, h. c^ne d'Allaire.

Ledremeuc (Le), vill. c^ne de Mauron.

Leffaut, éc. c^ne de Plumelec. — Seigneurie.

Légénesse, vill. c^ne de Carnac.

Légevin, vill. c^ne de Nostang. — *Lesguyvin*, 1505 (abb. de la Joie). — Seigneurie.

Legret, éc. c^ne d'Allaire.

Léguikais (La), éc. c^ne de Saint-Dolay.

Légumes et au Poisson (Place aux), à Lorient. — Voy. Saint-Louis (Place).

Lénard (Le), h. c^ne de Quistinic.

Léné (Le), vill. c^ne de Saint-Servant.

Lénélec, chât. vill. et m^in à vent, c^ne de Béganne. — *Lezhellec*, 1559 (abb. de Saint-Gildas-de-Rhuis). — Seigneurie; manoir.

Lénélec (Rue), à Vannes.

Lenéleuc, vill. c^ne d'Helléan.

Léuenvaut, h. c^ne de Guénin.

Léhergatte, éc. c^ne de Saint-Jean-Brévelay.

Leigne-Lan, éc. c^ne de Crach.

Leignou (Le), h. c^ne du Saint. — Seigneurie.

Leignoua (Loges), vill. et h. c^ne du Saint.

Lein-en-Hoët-Bihan, bois, c^ne de Ploemel.

Lelan, vill. c^ne de Campénéac.

Lelfaux, vill. c^ne de Bieuzy.

Lemay (Grand et Petit), vill. et m^in à eau sur la Ville-Sotte, c^ne de Guéhenno. — Seigneurie; manoir.

Lemé (Haut et Bas), h. c^ne de Néant.

Lémeur, m^in à eau sur le Lié, c^er de Bréhan-Loudéac.

Lémo, chât. f. bois et m^in à eau sur l'Oyon, c^ne d'Augan. — Seigneurie; manoir.

Lémo, lande, c^ne de Guer.

Lenpdy, h. et pont sur le ruiss. de ce nom, c^ne de Réguiny; ruiss. voy. Lézudan.

Len, pont sur le Béquerel, c^ne de Plougoumelen.

Len (Le), vill. c^ne d'Elven.

Len (Le), éc. c^ne de Plumergat.

Len-Bihan, vill. c^ne de Sainte-Brigitte.

Lenclos, h. c^ne de Theix.

Lendel, éc. c^ne de Monteneuf.

Lenée, vill. c^ne de Guéhenno.

Len-en-Hou, éc. et pont sur le Camblen, c^ne de Guern.

Len-er-Gaulec, étang, c^ne d'Erdeven.

Len-er-Houau, éc. c^ne de Pluvigner.

Len-Hervy, h. c^ne de Kervignac.

Lenloguet, éc. c^ne de Crach.

Lern (Le), vill. c^ne de Damgan.

Lenne (Le Grand et le Petit), h. c^ne d'Ambon. — Seigneurie.

Lennic (Le), éc. c^ne de Landévant.

Lénohan, vill. c^ne de Plumelec. — Seigneurie.

Lenraul, éc. c^ne de Melrand.

Lenruis, vill. c^ne de Questembert.

Lente, h. c^ne de Monéac.

Lenvihan, vill. c^ne d'Arzon.

Lenvogé, h. c^ne de Guémené.

Lenvos, éc. c^ne de Cléguérec; écluse sur le canal de Nantes à Brest. — Seigneurie; manoir.

Len-Vras, étang, c^ne de Noyalo.

Len-Vras, étang, c^ne de Plouhinec.

Léox, m^in à eau et ruiss. affl. du Kerlutune, c^ne d'Inzinzac.

Léon, m^in à eau et m^in à vent, c^ne de Languidic.

Léon, m^in à eau sur le Trioulin, c^ne de Saint-Caradec-Trégomel.

Léonas, vill. c^ne de Lanvénégen.

Léonéguet, roché sur l'Océan, côte de Port-Philippe.

Lépiardaie, h. c^ne de Peillac.

Lépinay, ferme. — Voy. Saint-Joseph.

Lépinette, vill. c^ne de Peillac.

Lépont (Le), pont sur le Doift, c^ne de Mauron. — Seign.

Lepoulepée, f. c^ne de Pénestin.

Léquinio, éc. c^ne de Grand-Champ.

Lequoi (Le), vill. c^ne de Sérent.

Ler-Cam, font. c^ne de Noyalo.

Lerdomay (Haut et Bas), vill. et lande, c^ne de Pleugriffet.

Léné, h. c^ne d'Erdeven.

Léné, h. c^ne de Merlévenez.

Lerevorn, h. c^ne de Caudan.

Lerga, h. c^ne de Péaule.

Léhieux, vill. c^ne de Plumelin.

Lérigoët, h. c^ne de Sarzeau.

Lénio (Le), vill. c^ne de l'Île-aux-Moines.

Lérion, vill. c^ne de Plougoumelen.

Lerne, île de la baie du Morbihan, contenant un éc. c^ne de l'Île-d'Arz.

Lerran, vill. c^ne de Pluneret.

Lerré, h. c^ne de Crach.

Lernéo, h. c^ne de Crach.

Lervenic, h. c^ne de Saint-Allouestre.

Lervéno, h. c^ne de Quistinic.

Lesbin, h. et bois, c^ne de Plaudren.

Lesbins, vill. c^ne de Pontscorff. — *Levin*, 1167 (abb. de Sainte-Croix de Quimperlé). — *Lebin*, 1387 (chap. de Vannes).
Par. du doy. des Bois, appelée vulgairement *Lesbins-Pontscorff*. — Sénéch. d'Hennebont; subd. de Lorient.

Lescadiguenne, h. c^ne d'Elven. — Seigneurie.

Lescaduret, h. c^ne de Guidel.

Lescastel, vill. c^ne d'Elven.

Lescbebé, h. c^ne de Pluneret. — Seigneurie.

Leschue, vill. c^ne de Saint-Gérand.

Lescodec, vill. c^ne de Saint-Avé.

Lescoëdec, h. et bois, c^ne de Ploeren.

Lescoët, h. c^ne d'Elven. — Seigneurie.

Lescouet, vill. c^ne de Bieuzy.

Lescouet, vill. et bois, c^{ne} de Ménéac.

Lescouet, éc. c^{ne} de Saint-Jean-Brévelay.

Lescouet, éc. bois et étang, c^{ne} de Saint-Tugdual.

Lescouet (Haut et Bas), h. c^{ne} de Caro. — *Liscoët*, dans l'anc. Poutrecoët, 833 (cart. de Redon).— Seigneurie.

Lescourtay (Rue), à Rochefort.

Lescran, chât. f. et mⁱⁿ à eau sur le Naïc, c^{ne} de Lanvénégen. — Seigneurie; manoir.

Lescran, h. c^{ne} de Plœren.

Lescran, vill. c^{ne} de Saint-Avé. — Seigneurie.

Lescran, vill. c^{ne} de Saint-Nolff. — Seigneurie.

Lescrezan, h. c^{ne} de Pluneret.

Lescu (Le), vill. c^{ne} de Mauron.

Lescuillo, éc. c^{ne} de Questembert.

Lescuit, h. et mⁱⁿ à eau sur le Doyenné, c^{ne} de Péaule. — Seigneurie.

Lesdanic, vill. c^{ne} de Kerfourn; ruisseau : voy. Runio (Ruisseau du). — *Lescheda*, 1249 (abb. de Bon-Repos). — *Laidanic*, 1274 (duché de Rohan-Chabot). — *Ledanic*, 1406 (*ibid.*).

Lesdours, h. et deux ponts, l'un sur le ruiss. du Moulin-de-Cochelin, l'autre sur le Kerlino, c^{ne} de Locoal-Mendon; ruiss. dit *Étier-du-Pont-de-Lesdours* : voy. Cochelin (Ruisseau du Moulin-de-). — *Lodor, locus*, xiie siècle (cart. de Redon).

Leslé, vill. c^{ne} de Locoal-Mendon.

Leslé, h. et bois, c^{ne} de Plumelin.

Leslé, éc. deux f^{es} et deux m^{ins} à eau sur le Scorff, c^{ne} de Pontscorff. — Seigneurie.

Leslé (Le), vill. et ruiss. *de la Fontaine-du-Leslé*, affl. du Hédennec, c^{ne} d'Inguiniel.

Leslé (Le), h. c^{ne} de Ploërdut.

Leslé (Le), h. c^{ne} de Pluvigner.

Leslegot, vill. c^{ne} de Plescop.

Lesléhé, éc. c^{ne} de Meslan.

Lesmadienne, h. c^{ne} de Pluvigner.

Lesmaëc (Bras et Bihan), vill. c^{ne} de Locmalo. — *Lesmayec*, 1416 (princip. de Rohan-Guémené).

Lesmeuly, h. c^{ne} de Grand-Champ.

Lesnaré, f. c^{ne} de Larré. — Seigneurie.

Lesné, h. c^{ne} de Molac. — Seigneurie.

Lesnevé, h. et deux m^{ins} à eau sur le ruiss. de ce nom, dont un dit *moulin Foulon-de-Lesnevé*, c^{ne} de Saint-Avé; ruiss. du *Moulin-de-Lesnevé* : voy. Liziec (Ruisseau de). — Seigneurie; manoir.

Lesno (Le), vill. c^{ne} de la Chapelle.

Lesnoyal, vill. c^{ne} de Questembert.

Lesperan, vill. c^{ne} de Saint-Malo-des-Trois-Fontaines. — Seigneurie.

Lespont, vill. c^{ne} de Péaule; pass. sur le ruiss. de la Bouloterie, reliant Péaule et Caden.

Lesquegué, vill. c^{ne} de Grand-Champ. — *Lesgagay* 1482 (abb. de Lanvaux).

Lesquidy, vill. c^{ne} de Sérent.

Lesquiniac, vill. c^{ne} de Guilliers.

Lesranigo, éc. c^{ne} de Grand-Champ.

Lesserie-du-Prado (La), h. — Voy. Prado (Le).

Lestano, vill. c^{ne} de Merlévenez.

Lesté (Le), chât. c^{ne} de Pénestin.

Lesté (Le Haut et le Bas), h. et mⁱⁿ à vent, c^{ne} d'Ambon. — Seigneurie; manoir.

Lesteno (Haut et Bas), h. c^{ne} de Saint-Nolff. — *Lestruno*, xviie s^e (présid. de Vannes). — Deux seign.

Lesterhoé, h. c^{ne} de Sulniac.

Lesterlué, h. et ruiss. affl. de l'Ével, c^{ne} de Remungol.

Lestiernan, vill. et pont sur la Claye, c^{ne} de Plumelec.

Lestin (Le), éc. c^{ne} de Camoël.

Lestitu, vill. c^{ne} de Napoléonville; écluse sur le Blavet. — *Lesquetu*, 1406 (duché de Rohan-Chabot).

Lestraduué, éc. c^{ne} de Radenac.

Lestrat, éc. c^{ne} de Tréal. — *Le vieil Estract*, 1507 (chât. de Kerfily). — Seigneurie.

Lestreborgne, f. et ancien mⁱⁿ à eau sur le ruiss. de ce nom, c^{ne} de Noyal-Muzillac; ruiss. *du Vieux-Moulin-de-Lestreborgne* : voy. Cussé; pont *du Vieux-Moulin-de-Lestreborgne*, sur ce ruisseau, reliant Noyal-Muzillac et le Guerno.

Lestreha, vill. c^{ne} de Billio.

Lestrehan, h. c^{ne} de Nostang.

Lestréhan, h. c^{ne} de Plœren.

Lestrihan, vill. c^{ne} de Saint-Nicolas-du-Tertre.

Lestrévédan, vill. c^{ne} de Ploërdut.

Lestréviau, vill. c^{ne} de Plougoumelen.

Lestume, éc. c^{ne} de Lignol.

Lesturgant, chât. f. bois, mⁱⁿ à vent, ruiss. affluent du Stival et trois m^{ins} à eau sur ce ruiss. c^{ne} de Malguénac. — Seigneurie; manoir.

Lesvariel, h. c^{ne} de Guidel.

Lesvel, vill. c^{ne} d'Elven.

Lesvellec, vill. mⁱⁿ à vent et mⁱⁿ à eau sur le ruiss. de ce nom, c^{ne} de Saint-Avé; ruiss. *du Moulin-de-Lesvellec* : voy. Parc-Carré. — *Lesaelec*, 1399 (duché de Rohan-Chabot). — Seigneurie; manoir.

Lesvern, vill. et ruiss *des Douets-de-Lesvern*, affl. de l'Ével, c^{ne} de Réguiny.— Seigneurie.

Lesvran, vill. c^{ne} de Loyat.

Lesvy, h. c^{ne} d'Elven.

Létaxo, h. bois et pêcherie sur le Scorff, c^{ne} de Plouay.

Létard, pont sur le Raimond, reliant Caro et Saint-Abraham.

Léteneuc, vill. c^{ne} de Guer.

Leterich, éc. c^{ne} de Plumelin.

Létensaie, vill. c^{ne} de Malansac.

Létennet, vill. et lande; cⁿᵉ de Pleugriffet.

Lethéan, vill. cⁿᵉ de Loyat. — Seigneurie.

Letier (Le) ou l'Étier, chât. cⁿᵉ de Béganne; vill. cⁿᵉ de Péaule; ruiss. voy. Bouloterie (Ruisseau de la) et pont sur ce ruisseau reliant Béganne et Péaule. — Seigneurie; manoir.

Létoulent, vill. cⁿᵉ d'Augan.

Letouse, croix, cⁿᵉ d'Augan.

Letuhon, h. cⁿᵉ de Mohon.

Létun, vill. cⁿᵉ de Cournon. — Seigneurie.

Léry, vill. cⁿᵉ de Trédion.

Léty (Le), h. cⁿᵉ de Pluneret. — Seigneurie.

Léty (Le), pont sur le Kermérien, reliant Saint-Caradec-Trégomel et Berné.

Leueyr, h. cⁿᵉ de Plougoumelen.

Leuléac, vill. cⁿᵉ de Loyat.

Leurch (Le), éc. cᵛᵉ d'Auray.

Leurien-en-Croajou, éc. cⁿᵉ de Guiscriff.

Leuriou (Le), vill. et mⁱⁿ à eau sur le ruiss. du Moulin-du-Duc, cⁿᵉ de Langonnet.

Leurven, h. cⁿᵉ de Berné.

Leurven, vill. et lande, cⁿᵉ de Langonnet. — Seigneurie.

Leurven, éc. cⁿᵉ de Persquen.

Levé (Le), h. cⁿᵉ de Bignan.

Lévéan, h. cⁿᵉ de Saint-Guyomard.

Levée (Pont de la), sur le Sédon, reliant Guégon et Cruguel.

Levée (Rue de la), à Hennebont.

Lévéhout, h. cⁿᵉ de Priziac.

Lévénan, f. cⁿᵉ de Sarzeau.

Levenant. h. et pont sur le Kerjacob, cⁿᵉ de Locoal-Mendon. — Seigneurie.

Léverin (Le), ruiss. dit aussi du Château-Tró et des Courants, affl. du Ninian; il arrose Guilliers, Saint-Malo-des-Trois-Fontaines, Loyat et Taupont.

Levi (Le), éc. cⁿᵉ de Sérent. — Seigneurie.

Levréca, h. cⁿᵉ de Ménéac.

Lézadan, éc. cⁿᵉ de Questembert.

Lézal, h. cⁿᵉ de Noyal-Muzillac.

Lézalain, h. cⁿᵉ de Carentoir.

Lezalay, f. cⁿᵉ de Rieux.

Lézaluoué, h. cⁿᵉ de Nostang. — Leselvoez, 1385 (abb. de la Joie). — Leselgoez, 1423 (ibid.). — Lesalvoez, 1505 (ibid.).

Lézanbué, h. et bois, cⁿᵉ de Ploërdut.

Lézarnan (Grand et Petit), vill. cⁿᵉ de Saint-Servant.

Lezay (Le), bois, cⁿᵉ de Théhillac.

Lezcouet (Camp de), fortif. gallo-rom. cⁿᵉ de Guégon.

Lézégard (Inuel et Izel), h. cⁿᵉ de Plumergat.

Lézélanneg, vill. cⁿᵉ de Saint-Avé. — Lezvenallec, XVIᵉ siècle (chât. de Kerleau).

Lézenanneg, h. cⁿᵉ de Plumergat.

Lézeran, h. cⁿᵉ de Saint-Laurent.

Lézerny, vill. cⁿᵉ de Bieuzy.

Lézevarch, vill. cⁿᵉ de Merlévenez; ruiss. dit aussi de Lézevry, affl. du Kerlivio, qui arrose Merlévenez et Plouhinec. — Lesmoualh, 1367 (abb. de la Joie). — Lescuvalch, 1385 (ibid.). — Lesouffalch, 1411 (ibid.). — Lesmoalch, 1432 (ibid.).

Lézevry, h. cⁿᵉ de Plouhinec; ruiss. voy. Lézevarch, et pont sur ce ruiss. reliant Plouhinec et Merlévenez. — Leseuvri, aliàs Lesgneuvri, 1283 (abb. de la Joie). — Lisevry, 1385 (ibid.). — Lesivry, 1470 (ibid.).

Lézevy, h. cⁿᵉ de Plumergat.

Lezillac, vill. cⁿᵉ de Taupont. — Seigneurie.

Lezille, éc. cⁿᵉ de Malansac.

Lézonais, vill. cⁿᵉ de Saint-Guyomard.

Lézonnet, vill. et mⁱⁿ à vent, cⁿᵉ de Loyat; chât. ruiné. — Lessonnet, 1575 (chât. de Loyat). — Seigneurie.

Lézorou, vill. cⁿᵉ de Languidic.

Lézot, vill. cⁿᵉ de Plouay. — Lesvot, 1503 (abb. de la Joie).

Lézourdan, vill. et pont sur la Claye, cⁿᵉ de Plumeler.

Lézouriet, vill. cⁿᵉ de Langoëlan.

Lézudan, ruiss. dit aussi de Lemphy, du Pont-Hamon, de Couédrien et de Roscoet-Fily, affl. de celui du Runio; il arrose Crédin et Réguiny.

Lezuis, vill. cⁿᵉ du Hézo; étang baignant le Hézo et Surzur.

Lézulit, h. et ruiss. affluent de la Sale, cⁿᵉ de Grand-Champ.

Lézuneheg, vill. cⁿᵉ de Grand-Champ.

Lézurgan, chapelle isolée, dite aussi de Saint-Jean, cⁿᵉ de Plescop.

Lézurlo, vill. cⁿᵉ de Peillac.

Luermon, éc. cⁿᵉ d'Elven.

Lianerie (La), vill. cⁿᵉ d'Allaire.

Liavène, vill. cⁿᵉ de Priziac; pont sur l'Ellée, reliant Priziac et Langonnet.

Liberté (Place de la), à Vannes. — Voy. Henri IV (Place).

Liberté (Rue de la), à Lorient. — Voy. Saint-Pierre (Rue).

Libihan, vill. cⁿᵉ de Baud.

Libunin, h. cⁿᵉ de Noyal-Muzillac; pont sur le Tohon, reliant Noyal-Muzillac et Questembert.

Lic (Le), vill. cⁿᵉ de Damgan; ruiss. dit Étier-du-Lic ou ruiss. de Rose, affluent de la riv. de Pénerf, qui arrose Ambon et Damgan. — Seigneurie.

Lices (Les), éc. cⁿᵉ de Marzan.

Lices (Les), place et moulin à eau sur le Liziec, à Vannes; la place s'est appelée, pendant la Révolution, place de la Réunion. — Lices des combatanz en la ville de Vennes, 1384 (duché de Rohan-Chabot).

LICHARRON, éc. cne de Cléguérec.

LIDERIO, vill. cne de Mohon.

LIDRIO (LE), vill. cne de Campénéac.

LIÉ (LE), ruiss. dit aussi *de la Chèze*, affl. de l'Oust, qui prend sa source dans le dépt des Côtes-du-Nord et arrose, dans celui du Morbihan, Bréban-Loudéac et Lanouée. — *Eler*, 1269 (D. Morice, I, 1020).

LIENNE, h. cne d'Ambon. — Seigneurie.

LIENNE, pont, cne de Pénestin.

LIÉROUX, vill. cne de Guilliers.

LIEUVÉE, éc. cne de Béganne.

LIEUVY (HAUT et BAS), vill. cne de la Gacilly.

LIEUVY (LE), vill. cne de Caden.

LIEUVY (LE), vill. cne de Missiriac.

LIEUVY (LE), vill. cne de Peillac.

LIEUZEL (HAUT et BAS), château, fie, pont et moulin à eau sur la Claye, cne de Pleucadeuc. — Seigneurie; manoir.

LIEZ (LE), vill. pont sur le ruiss. de ce nom et h. *du Pont-du-Liez*, cne de Kergrist; ruiss. dit aussi *de Kergal*, *de Spernoët* et *de Guerlogoden* : il arrose Kergrist et Neulliac et se jette dans le canal de jonction qui unit l'Oust au Blavet. — Seigneurie; manoir.

LIGNEUX (LE), font. cne de Séné.

LIGNOL, con de Guémené; lande, h. dit *Lande-de-Lignol* et ruiss. *de la Lande-de-Lignol*, affl. du Dourdu, dans la commune. — *Lingnol*, 1327 (D. Morice, I, 1348). — *Lignoll*, 1387 (chap. de Vannes). — *Lignoll*, 1418 (princip. de Rohan-Guémené).

    Par. du doy. de Guémené. — Sénéch. d'Hennebont; subd. de Guémené. — Distr. du Faouët.

LIGNOL, chât. bois, ruiss. affl. du Menaty, lande, h. dit *Lande-de-Lignol*, et ruiss. *de la Lande-de-Lignol*, dit aussi *du Herbon*, affluent du Locqueltas, le tout cne d'Arradon.

LIGNOL, vill. cne de Plœren.

LIHALLIAIRE, h. cne de Rieux. — Seigneurie.

LIHUANTEN, ruisseau. — Voy. MARLE (LA).

LIJOU, vill. cne de Lanvénégen.

LILE, vill. salines et bois, cne de Noyalo.

LILÉHO, f. bois et min à eau sur le Deur-Charlicq, cne de Ploërdut. — Seigneurie; manoir.

LILIO, éc. cne de Caden.

LILLE, éc. cne de Plumergat.

LILLÉRANT, vill. cne de Guéhenno.

LIMBOEUF, éc. cne de Buléon.

LIMBUHAN, nom d'une section de la cne de Mohon.

LIMEL, h. cne de Ploërmel.

LIMELUC, vill. cne de Brech. — Seigneurie.

LIMERNO, éc. cne de Plouray. — Seigneurie; manoir.

LIMERZEL, con de Rochefort; min à vent dans la cne. — *Ecclesia martirum*, 1387 (chap. de Vannes). — *Les-

merzel*, 1422 (*ibid.*). — *Lizmerzel*, 1454 (canonisation de saint Vincent-Ferrier). — *Illimerzel*, 1464 (seign. du Helfaut).

    Par. du doy. de Péaule. — Sénéch. de Vannes; subd. de Redon. — Distr. de Rochefort.

LIMERZEL (RUE DE), à Questembert.

LIMIET, h. cne de Saint-Allouestre.

LIMOGES, chât. f. et bois, cne de Vannes. — Seign. manoir.

LIMORAL, anc. maison noble située au haut de la rue de la Vieille-Boucherie, à Vannes, xviie et xviiie ses (chap. de Vannes).

LIMOUÉLAN, vill. cne de Malguénac. — *Lymelan*, 1315 (duché de Rohan-Chabot).

LIMOUSTOIR, vill. ruiss. affl. du Kerusten, et pont sur ce ruiss. cne de Ploërdut.

LIMUR, chât. f. bois et étang, cne de Séné. — Seigneurie; manoir.

LIMUR (HAUT et BAS), vill. cne de Peillac. — Seigneurie.

LIN (LE), h. cne de Gestel. — Seigneurie.

LIN (LE), vill. cne de Malansac; ruiss. affl. du Matz, qui arrose Malansac et Caden.

LIN (LE), vill. cne de Nivillac.

LIN (MARE AU), cne de Questembert.

LINRUEN, vill. cne de Peillac.

LINDERF, h. cne de Plougoumelen.

LINDEUL, vill. cne de Molac.

LINDIX, mln à eau sur la baie du Morbihan, cne de Sarzeau. — *Lenden*, 1453 (trinitaires de Sarzeau). — Seigneurie.

LINDOROM, vill. cne du Faouët.

LINDREUX, vill. partie cne de Kerfourn, partie cne de Crédin; h. dit *Vieux-Lindreux*, cne de Kerfourn; ruiss. voy. RUNIO (RUISSEAU DU); min à eau sur ce ruiss. et bois, cne de Crédin; vill. dit *Bois-de-Lindreux*, partie cne de Kerfourn, partie cne de Crédin. — *Linderec*, manoir, 1274 (duché de Rohan-Chabot). — Seigneurie.

LINDUEL, h. et lande, cne de Pluvigner.

LINENEU, port sur l'Océan et pointe *du Port-Lineneu*, côte d'Erdeven.

LINÈS, vill. corps de garde et batterie sur l'Océan, cne de Plouhinec; golfe dit *Petite Mer de Linès* : voy. MORBIHAN.

LINESTREC, h. cne de Carnac.

LINEZURE, h. cne de Belz. — *Linesveur*, xviiie se (sénéch. d'Auray).

LINGARAOU (LOGE), éc. cne du Faouët.

LINGOUROUX, éc. cne de Plumelin.

LINGUEN, vill. cne de Pluméliau.

LINGUÉNEC, vill. cne de Malguénac.

LINGLERGON, h. cne de Cléguérec. — *Languergon*, 1406 (duché de Rohan-Chabot).

LINGUET (CROIX DU), cne de Saint-Gravé.

LINHO, vill. partie cne de Mohon, partie cne de Saint-Malo-des-Trois-Fontaines.

LINHOPER, h. cne de Plumergat. — *Leincautper*, 1412 (carmes de Sainte-Anne). — *Leinhautper*, 1417 (*ibid.*). — *Cautper*, 1458 (*ibid.*).

LINHOUÉDEC, vill. cne de Kergrist.

LINIA, bois et pont sur le ruiss. de Bourg-Pommier, cne de Limerzel.

LINIAC, éc. f. et min à vent, cne de Noyal-Muzillac. — Seigneurie.

LINIER, vill. cne de Plumelec.

LANIGUIOUR, h. cne du Palais.

LINIO (LE HAUT et LE BAS), h. cne de Pleucadeuc. — Deux seigneuries.

LINLOSTEN, vill. cne du Faouët.

LINMER, éc. cne de Grand-Champ.

LINMEUR, h. cne du Faouët.

LINO (LE), ruisseau. — Voy. KERANDRUN.

LINONÈS, vill. cne de Plumergat.

LIN-PINGLO, vill. cne de Guénin.

LINSART, vill. cne de Taupont.

LINTAN, h. ruiss. affl. de l'Oust et pont sur ce ruiss. cne de Bréhan-Loudéac.

LINTÉGANT, vill. et h. dit *Logos-Lintégant*, cne de Gourin.

LINTEVER, vill. cne de Cléguérec.

LINTIVIC, vill. cne de Baud.

LINVO, vill. cne de Campénéac.

LINY (LE), h. cne de Ruffiac.

LION-D'OR (RUE DU), à Vannes. — Voy. MENÉ (RUE DU).

LIONNE (LA), éc. cne de Peillac.

LIORDAIS (LE), éc. cne de Concoret.

LION-HÉGON, rochers sur l'Océan, près de l'île de Houat.

LIORNO, vill. cne de Baden.

LIONHO (RUE DU), à Baud.

LIONZO, h. cne de Lanvaudan.

LIOUSE, pointe sur le Morbihan, cne de l'Île-d'Arz.

LIREY, vill. et marais dit *Palus de Lirey*, cne de Theix.

LIRIGO (COMMUN DE), lande, cne de Pleucadeuc.

LIRIO (LE), éc. cne de Porcaro.

LISCORNO (LE GRAND et LE PETIT), h. cne de Surzur; traces d'une station romaine.

LISCOUET (BRAS et BIHAN), vill. cne de Pluvigner. — Seign.

LISCRAIN, h. cne de Plescop.

LISCUEU, éc. cne de Plescop.

LISCUICH, h. et pont sur le Lisqueller, cne de Saint-Caradec-Trégomel; autre pont sur le Kerusten, reliant Saint-Caradec-Trégomel et Ploërdut.

LISCUIT, vill. cne de Saint-Avé. — *Lescuiz*, xvie siècle (chât. de Kerleau).

LISHERBIGNAC, vill. et marais, cne de Férel.

LISLE, vill. cne de Questembert.

LISLOCQ, vill. cne de Muzillac.

LISON, vill. et lande, cne de Grand-Champ.

LISPERT, vill. et pont sur le Lézudan, cne de Réguiny.

LISQUELLER, h. cne de Ploërdut; ruiss. dit aussi *de Moustoir-Rialan*, affluent du Kerusten, qui arrose Ploërdut et Saint-Caradec-Trégomel.

LISQUER, éc. cne de Noyal-Muzillac.

LISSADEN, vill. cne de Pluneret. — *Lessaden*, xviie siècle (hôtel-Dieu d'Auray). — Seigneurie.

LISSAUCE, h. cne de Saint-Avé.

LISSIGUET, vill. cne de Saint-Caradec-Trégomel. — *Leshiguet*, 1429 (princip. de Rohan-Guémené).

LISTOIR, éc. cne de Languidic. — *Le Mostoer*, 1407 (abb. de la Joie). — *Lestoer*, 1434 (*ibid.*).

LISTOIR (LE GRAND et LE PETIT), h. cne de Landévant.

LISTRIEC, h. cne de Guiscriff.

LISVEUR, vill. cne d'Erdeven.

LIVARDIÈRE (LA), éc. cne de Saint-Dolay.

LIVEN, h. cne de Languidic.

LIVEBZEL, h. cne de Malansac; pont sur le ruiss. du Moulin-Neuf, reliant Malansac et Rochefort.

LIVONNAIS (LA), h. cne de Saint-Jean-la-Poterie.

LIVOUDRAIE (LE HAUT-DE-), f. autre f. dite *la Retenue-de-Livoudraie*, bois et min à eau sur l'Aff, cne de Guer. — Seigneurie.

LIVOUEC, h. cne de Guern; ruiss. voy. ARDOISES (RUISSEAU D'). — Seigneurie; manoir.

LIVRET, pont sur le Kerbiscon, reliant Theix et Noyalo.

LIZAN, lande et deux min à vent, cne d'Augan. — *Lisvisonn*, aula, 834 (cart. de Redon).

LIZEU, roches sur la baie de Quiberon, côte de Saint-Pierre. — Seigneurie.

LIZIEC, éc. et bois, cne de Vannes; h. partie cne de Vannes, partie cne de Saint-Avé; pont sur le ruiss. du même nom, reliant ces deux communes. — Seigneurie; manoir en Saint-Patern de Vannes.

LIZIEC (RUISSEAU DE), dit aussi *du Moulin-de-Lesnevé*, *de l'Étang-de-Gornay*, *du Moulin-de-Caradec*, *du Vieux-Moulin*, *de Condat* ou *de Tréhulan*; il arrose Elven, Treffléan, Saint-Nolff, Monterblanc, Saint-Avé et Vannes, où il traverse l'étang du Duc, et va se jeter dans le port de cette ville.

LIZIO, cne de Malestroit; ruiss. voy. TROMEUR. Trève de la par. de Sérent. — Distr. de Ploërmel.

LIZIT, éc. cne de Sarzeau.

LIZO, h. cne de Carnac.

LIZOLVAN, vill. cne de Grand-Champ.

LIZOURDEN, h. cne de Sainte-Hélène; faisait autrefois partie de la par. de Plouhinec.

LOBIGO, éc. cne de Muzillac.

LOBO, vill. cne de Kervignac.

LOBO (LE), h. cne de Caro. — Seigneurie.

Lobou (Le), h. c^ne de Guiscriff.

Loc (Le), éc. et ruiss. dit aussi du Pont-de-Croix, c^ne d'Ambon.

Loc (Le), ruiss. qui se jette dans l'Océan et pont sur ce ruiss. c^ne de Damgan.

Loc (Le), étang et forts sur l'Océan, c^ne de Guidel.

Loc (Le), pont sur le Kerbizien, reliant le Guerno et Noyal-Muzillac.

Loc (Le) ou Locu, riv. dite aussi d'Auray ou de Tréauray, qui arrose Plaudren, Grand-Champ, Pluvigner, Plumergat, Brech, Pluneret et Auray, se jette dans le port de cette ville, puis forme un bras de mer entre les c^nes de Crach, Baden et Locmariaquer et se perd dans la baie du Morbihan; promenade et rue à Auray : voy. Champ-de-Foire (Place du); pont sur le Loc, vill. du Pont-du-Loc, éc. dit Hutte-du-Pont-du-Loc, et bois dit Coët-Pont-er-Loc, c^ne de Grand-Champ; ruiss. du Pont-du-Loc, affl. du Loc, qui arrose Plaudren. — Seign. du Pont-du-Loc.

Locadour, vill. c^ne de Kervignac.

Locgréhel, vill. c^ne de Melrand.

Loch (Le), h. c^ne de Noyalo.

Loch (Le), h. c^ne de Plouhinec. — Le Louch, 1505 (abb. de la Joie). — Seigneurie.

Loch (Le), éc. c^ne de Riantec.

Loch (Le), rivière. — Voy. Loc (Le).

Lochaie, h. c^ne de Guiscriff.

Lochet (Le), éc. c^ne de Rieux.

Lochrist, vill. partie c^ne d'Hennebont, partie c^ne d'Inzinzac, partie c^ne de Languidic; écluse et pont sur le Blavet, reliant ces trois communes. — Locus Christi, 1277 (abb. de la Joie). — Sainct-Crist, 1385 (ibid.). — Prioratus Sanctæ-Crucis de Loco Christi, 1455 (ibid.).

Prieuré dépendant primitivement de l'abbaye de Saint-Gildas-de-Rhuis, puis uni, en 1455, à celle de la Joie.

Lochrist, vill. c^ne d'Inguiniel; ruiss. de la Fontaine-de-Lochrist : voy. Hédennec (Le).

Lochrist, font. et ruiss. de la Fontaine-de-Lochrist, affl. du Kerlann, c^ne de Langoëlan.

Lochrist, h. lande et vill. dit Loges-de-la-Lande-de-Lochrist, c^ne de Ploërdut; ruiss. de la Lande-de-Lochrist, affl. du Pont-Rouge, qui arrose Ploërdut et Saint-Tugdual; autre ruiss. du Bas-de-la-Lande-de-Lochrist, affl. du Kermonach, arrose Ploërdut.

Locjean, h. c^ne de Kervignac.

Locjean, h. m^in à vent, pont et m^in à eau sur le Kergamenant, c^ne de Riantec.

Locmalo, h. c^ne de Languidic.

Locmalo, vill. c^ne de Réguiny.

Locmalo ou Penrun-Locmalo, vill. et port sur l'Océan,

c^ne du Port-Louis. — Locmalou, 1391 (abb. de la Joie).

Locmalo (Bras et Bihan), c^on de Guémené. — Locus Sancti-Maclovii, hospitale, 1160 (D. Morice, I, 638). — Locmalou, 1411 (princip. de Rohan-Guémené).

Par. siége du doyenné de Guémené, appelée vulgairement Locmalo-Guémené; établissement de chevaliers de Saint-Jean de Jérusalem. — Sénéch. d'Hennebont; subd. de Guémené. — Distr. de Pontivy.

Locmaria, c^on de Belle-Île-en-Mer, et pointe sur l'Océan, dite aussi de Kerdonis.

Par. du terr. de Belle-Île; anc. prieuré dépendant de l'abb. de Sainte-Croix de Quimperlé. — Sénéch. de Belle-Île (anc^t Auray); subd. de Belle-Île. — Distr. d'Auray.

Locmaria, vill. c^ne d'Arzon, formant une partie du bourg.

Locmaria, vill. c^ne de Caudan.

Locmaria, vill. c^ne de Cléguérec.

Locmaria, vill. c^ne de Grand-Champ.

Trève de la par. de Grand-Champ. — Seigneurie.

Locmaria ou le Prieuré, village, port et batterie sur l'Océan, c^ne de Groix. — Locmariaker, aliàs Locguthiern, xiie siècle (abb. de Sainte Croix de Quimperlé). C'est en ce lieu que s'établit saint Gunthiern. — Voy. Groix.

Locmaria, ruiss. affl. de l'Ellé, qui a sa source dans le dép^t du Finistère et arrose Guidel dans le Morbihan : vill. et deux m^ins à eau sur ce ruiss. c^ne de Guidel.

Anc. trève de la par. de Guidel.

Locmaria, vill. c^ne de Guiscriff.

Locmaria, vill. et ruiss. de la Fontaine-de-Locmaria, affl. de celui de la Fontaine-du-Leslé, c^ne d'Inguiniel.

Locmaria, vill. c^ne de Kervignac.

Locmaria, vill. c^ne de Landévant.

Locmaria, h. et pont sur le Kerlann, c^ne de Langoëlan.

Locmaria, vill. c^ne de Melrand.

Locmaria, vill. c^ne de Nostang.

Locmaria, vill. m^in à vent et bois, c^ne de Plœmel.

Prieuré du vocable de Notre-Dame-de-Pitié. — Seigneurie; manoir.

Locmaria, vill. c^ne de Plougoumelen; ruiss. affluent du Bocohant, qui arrose Plougoumelen et Plœren; pont sur ce ruiss. reliant ces deux communes.

Locmaria, chapelle isolée et lande, c^ne de Plouray.

Locmaria, h. c^ne de Plumelec.

Prieuré de femmes, auj. détruit, membre de l'abb. de Saint-Sulpice de Rennes.

Locmaria, vill. et bois, c^ne de Plumelin; ruiss. du Bois-de-Locmaria, dit aussi de la Fontaine-de-Locmaria,

affl. du Tarun, qui arrose Camors et Plumelin. —
Seigneurie.

Locmaria, vill. cⁿᵉ de Plumergat. — *Locmaria-en-Fanc*,
xivᵉ siècle (chartr. d'Auray).

Locmaria, vill. cⁿᵉ de Quistinic.

Locmaria, vill. cⁿᵉ de Séglien. — Seigneurie; manoir.

Locmaria-Grace, h. cⁿᵉ de Plouay.

Locmaria-Hoat, h. cⁿᵉ de Plœmeur.

Locmaria-Pracelin, h. — Voy. Pracelin.

Locmariaquer, cᵒⁿ d'Auray; port et basse sur la baie
du Morbihan.—*Chaer, plebs*, 856 (cart. de Redon).
— *Caer*, 859 (*ibid.*). — *Loc-Maria-Kaer*, 1082
(abb. de Sainte-Croix de Quimperlé).—*Par. de Kaer*,
1470 (sénéch. d'Auray).—*Locmaria-en-Ker*, 1572
(chartr. d'Auray).

Par. du doy. de Pont-Belz; prieuré du vocable
de Notre-Dame, dépendant, à l'origine, de l'abb. de
Sainte-Croix de Quimperlé, puis membre de Saint-
Sauveur de Redon. — Près du bourg s'élevait anciennement le chât. de Kaer, siége primitif de la
seign. de ce nom. — Sénéch. et subd. d'Auray.—
Distr. d'Auray; chef-lieu de cᵒⁿ en 1790, supprimé
en l'an x.

Locmariaquer, roche sur le plateau de la Recherche,
dans l'Océan.

Locmener, vill. cⁿᵉ de Groix. — *Locmelaer*, xiiᵉ siècle
(abb. de Sainte-Croix de Quimperlé).

Locmer, pointe sur l'Océan, cⁿᵉ de Pénestin.

Locmeur-des-Bois, vill. cⁿᵉ de Grand-Champ.

Locmeuen-des-Pnés, vill. cⁿᵉ de Grand-Champ. — *Locquemeren-en-Prat*, 1476 (duché de Rohan-Chabot).

Locminé, arrond. de Napoléonville. — *Loch-Menech in
Moriaco*, 1008 (D. Morice, I, 150). — *Locmené*,
1273 (duché de Rohan-Chabot).—*Locus-Monachorum*, 1387 (chap. de Vannes). — *Lomenech*, 1406
(duché de Rohan-Chabot).

Par. du doy. de Porhoët, ancᵗ dans la par. de
Moréac, dite aussi *Saint-Sauveur de Locminé;* au
viiiᵉ siècle, avait été établi en ce lieu un monastère
appelé aussi *Moréac*, du nom de la par. dans laquelle
se trouvait alors Locminé; ruiné par les Normands,
il fut rétabli, au commencement du xiᵉ siècle, par
saint Félix, sous les auspices du duc de Bretagne
Geoffroy Iᵉʳ, comme prieuré du vocable de Saint-
Sauveur, dépendant de l'abb. de Saint-Gildas-de-
Rhuis. — Communauté de Sœurs de la Sagesse à
la fin du xviiiᵉ siècle. — Sénéch. de Ploërmel; subd.
de Vannes. — Distr. de Pontivy; chef-lieu de cᵒⁿ
en 1790.

Locmiquel, commune. — Voy. Moines (Île aux). —
Seigneurie.

Locmiquel, vill. mⁱⁿ à vent, anse et pointe sur le Morbihan, lande, et vill. *de la Lande-de-Locmiquel*, cⁿᵉ de
Baden.

Locmiquel, vill. cⁿᵉ de Grand-Champ; pont sur le ruiss.
du même nom, reliant Grand-Champ et Plumergat;
autre pont sur le Guersach, reliant les mêmes communes; ruiss. du *Pont-de-Locmiquel :* voy. Pont-
Normand. — Seigneurie.

Locmiquel, vill. cⁿˢ de Guénin.

Locmiquel, éc. cⁿᵉ de Locoal-Mendon.

Locmiquélic, vill. bois et anse dans la rade de Lorient,
cⁿᵉ de Riantec. —*Loc-Michaellic*, 1385 (abb. de la
Joie).

Locmiquel-le-Mené, vill. cⁿᵉ de Guidel.

Locoal, vill. cⁿᵉ de Camors, dont une partie dite *Vieux-
Locoal.*—Seigneurie; manoir.

Locoal, presqu'île (autref. île), bourg, étang et pass.
sur l'Étel, cⁿᵉ de Locoal-Mendon. —*Locus Sancti-
Guituali, insula*, 1037 (cart. de Redon).—*Sanctus-
Gudualus*, 1387 (chap. de Vannes).

Par. du doy. de Pont-Belz; prieuré du vocable
de Saint-Goal, membre de l'abb. de Saint-Sauveur de
Redon; établissement de chevaliers de Saint-Jean
de Jérusalem, autref. templiers. — Sénéch. et subd.
d'Auray; le territoire et trève de Sainte-Hélène,
séparé de Locoal, sa paroisse, par un bras de mer,
dépendait, à la fin du xviiiᵉ siècle, de la sénéch. et de
la subd. d'Hennebont, sous le nom de Locoal-Hennebont, tandis que la paroisse proprement dite prenait celui de Locoal-Auray. — Distr. d'Auray.

Locoal-Mendon, cᵒⁿ de Belz; cette cⁿᵉ a été formée de
la réunion des deux paroisses de Locoal-Auray et
de Mendon : voy. ces noms.

Locohiarne-le-Donze, h. cⁿᵉ de Caudan. —Seigneurie.

Locohiarne-Verger, h. cⁿᵉ de Caudan. — Seigneurie.

Locouin, vill. cⁿᵉ de Kervignac.

Locolven, vill. et ruiss. affluent du Choiseul, cⁿᵉ de
Bubry.

Locolven, vill. cⁿᵉ d'Inguiniel. — Seigneurie.

Locorion, éc. cᵒⁿ d'Inguiniel; pont sur le Scorff, reliant
Inguiniel et Saint-Caradec-Trégomel.

Locorvé, lieu-dit dans le dépᵗ des Côtes-du-Nord;
mⁱⁿ à eau sur le Kermarec, cⁿᵉ de Plouray.

Locouvierne, vill. cⁿᵉ de Séglien.

Locoyarne, chât. bois, vill. divisé en *Haut* et *Bas Locoyarne*, et mⁱⁿ à eau sur le Blavet, cⁿᵉ d'Hennebont.—*Locgouziern*, 1490, en la par. de Kervignac
(abb. de la Joie).—Seigneurie; manoir.

Locpéheun, h. cⁿᵉ de Plœmeur.

Loco (Le), h. cⁿᵉ de Muzillac. — *Louc, villa*, 1252
(D. Morice, I, 953).—Seigneurie.

Locqueltas, chât. h. et ruiss. qui se jette dans la baie du Morbihan, c^{ne} d'Arradon.—Seigneurie; manoir.

Locqueltas, h. c^{ne} de Baden.—Seigneurie.

Locqueltas, h. c^{ne} de Baud.

Locqueltas, ruiss. affl. du Brulé, qui arrose Bubry. — Voy. Saint-Gildas.

Locqueltas, h. c^{ne} de Crach. — Seigneurie.

Locqueltas ou Saint-Gildas, vill. et marais dit *Palus de Locqueltas*, c^{ne} de Groix.

Locqueltas, vill. c^{ne} de Locoal-Mendon.

Locqueltas, vill. c^{ne} de Plaudren et pont sur le ruiss. de Canizon, reliant Plaudren et Grand-Champ; chef-lieu d'une commune récemment érigée.
Trève de la par. de Plaudren.—Seigneurie.

Locqueltas, vill. et fort sur l'Océan, c^{ne} de Plœmeur.

Locqueltas, vill. c^{ne} de Port-Philippe.

Locrio, vill. et pont sur la Sarre, c^{ne} de Guern.—Seigneurie; manoir.

Locsamsun, vill. c^{ne} de Melrand.

Loctudy, vill. c^{ne} du Palais.

Loctuen, vill. c^{ne} de Kervignac. — *Loctudguenne, villa,* 1282 (abb. de la Joie).

Locunel, h. c^{ne} de Caudan.

Locunel, vill. et deux ruiss. *de la Fontaine-de-Locunel,* affl. du Glen-Strévélec, c^{ne} d'Inguiniel. — Seign.

Locunel, h. et éc. dit *Loge-Locunel,* c^{ne} de Plouay.

Locunélien, vill. c^{ne} de Quistinic.

Locunolay, chât. h. et m^{in} à eau sur le Blavet, c^{ne} de Kervignac.—Seigneurie; manoir.

Locunolé, vill. c^{ne} de Cléguer.

Locunolé, éc. c^{ne} d'Inzinzac.

Locunolé, vill. c^{ne} de Pontscorff.

Locunolé, vill. c^{ne} de Quistinic.—Seigneurie.

Locuon, vill. c^{ne} de Ploërdut.—*Locuan,* 1423 (princip. de Rohan-Guémené). — Trève de la par. de Ploërdut.

Lodigo (Le), h. c^{ne} de Questembert.

Lodineux, vill. c^{ne} de Ruffiac. — *Loutinoc, villa et pons* (qui paraît être le même que celui d'Émoi) *in loco Lerniaco,* sur l'Himhoir, 830 (cart. de Redon). — *Loudinoc,* 834 (*ibid.*).

Lodo (Le), éc. c^{ne} d'Arradon.

Loeren, lande, c^{ne} de Réguiny.

Logarel, h. c^{ne} de Saint-Jacut.

Loge (La), h. c^{ne} de Melrand.

Loge (La), vill. c^{ne} de Noyal-Pontivy.

Loge (La), éc. c^{ne} de Plumelec.

Loge (La), éc. c^{ne} de Pluméliau

Loge (La), éc. c^{ne} de Saint-Gérand.

Logeo, h. c^{ne} de Langonnet.

Logeo, h. c^{ne} de Malguénac.

Logeo (Le), anse sur l'Océan, c^{ne} d'Arzon.

Logeo (Le), vill. c^{ne} de Sarzeau.

Logeo (Le), vill. c^{ne} de Séglien; pont sur le Frétu, reliant Séglien et Malguénac; h. *du Pont-du-Logeo.* c^{ne} de Séglien.

Logo (Le), h. c^{ne} de Berric.

Logodec, h. et bois, c^{ne} d'Elven. — Seigneurie.

Logodec, h. c^{ne} de Pluvigner.

Logoden, îles de la baie du Morbihan, dites aussi *des Souris,* c^{ne} d'Arradon.

Logonet, vill. c^{ne} de Port-Philippe.

Logorenne, vill. c^{ne} de Noyal-Muzillac.— *Logarel,* 1441 (chât. du Vaudequip).

Loguel (Le), vill. c^{ne} de Taupont.

Loguénerch, h. c^{ne} de Cléguer.

Loguiviec, vill. c^{n} de Pluvigner.—Seigneurie; manoir.

Lohac, chât. c^{ne} de Baden; pont sur le ruiss. de ce nom, dit aussi *de Treu-er-Velin,* reliant Baden et Arradon; ruiss. du *Pont-de-Lohac :* voy. Kerqué. — Seigneurie; manoir.

Lohan (Le), font. c^{ne} de Monteneuf.

Lohan, chât. vill. dit *Vieux-Lohan* et m^{in} à eau sur l'Arz, c^{ne} de Plaudren; pont sur l'Arz reliant Plaudren et Monterblanc; ruiss. voy. Calan. — Seigneurie; manoir.

Lohanven, vill. c^{ne} de Plougoumelen. - *Luhanven,* 1518 (princip. de Rohan-Guémené).—*Luhanguen,* 1540 (chap. de Vannes).—Seigneurie.

Loharec, éc. c^{ne} de Bignan.

Lohéac, éc. c^{ne} de Malestroit.

Lohéro, éc. c^{ne} de Billiers. — Seigneurie; manoir.

Lohinga, f^{es} dont une dite *Métairie Neuve de Lohinga,* et m^{in} à eau sur l'Aff, c^{ne} de Guer.—Seigneurie.

Loi (Rue de la), à Vannes, dite autref. *de la Vieille-Boucherie* et antérieurement *des Bouchiers,* xive et xve siècles (chap. de Vannes).

Loiro (Le), h. c^{ne} d'Hennebont.

Loiset, roche, c^{ne} d'Augan.

Lolmouet, éc. c^{ne} de Monterblanc.

Lomarec, h. c^{ne} de Crach.

Lombards (Rue des), à Hennebont.

Lomeldan, éc. c^{ne} de Baud.

Lomelec, vill. et ruiss. *de la Fontaine-de-Lomelec,* affl. de celui du Moulin-de-Langle, c^{ne} de Lanvaudan.
Anc. trève de la par. de Lanvaudan.

Lomelec, h. c^{ne} de Pluneret.

Lomeltro, vill. c^{ne} de Guern. — *Locmeltuou,* 1435 (seign. de Ménoray). -- Désigné au xviiie siècle sous le nom de bourg.

Lomener, vill. et presse à sardines, c^{ne} de Plœmeur.

Lomener, h. c^{ne} de Pontscorff.

Longe (Le), éc. c^{ne} de Pontscorff.

Longeau (Induel et Izel), vill. c^{ne} de Plouay.

Longo-Parc (Chemin au), c^{ne} de Saint-Dolay.

Longueville, vill. c^{ne} de Locmalo. — Renfermait une chapelle de Saint-Symphorien qui, désignée quelquefois sous le titre de prieuré, appartenait au doyen de Guémené, recteur de Locmalo. — Seigneurie *de Locmaria-Longueville*, 1651 (princip. de Rohan-Guémené).

Lopabu, vill. c^{ne} de Grand-Champ.

Lopénech, village. — Voy. Saint-Pierre.

Loperhet, vill. c^{ne} d'Erdeven; étang baignant Erdeven et Plouharnel; ruiss. qui arrose ces deux c^{nes} et se jette dans l'Océan.

Loperhet, vill. mⁱⁿ à vent, lande, bois et ruiss. affl. du Toulnay, c^{ne} de Grand-Champ.

Loperhet, h. c^{ne} de Plougoumelen.

Loperhet-Bois-Brûlé, bois, c^{ne} de Grand-Champ.

Loperhet-Maréchal, bois, c^{ne} de Grand-Champ.

Loposcoual, vill. c^{ne} de Baud.

Lorhiac, h. c^{ne} de Kervignac. — Seigneurie.

Lorhiac, mⁱⁿ à eau sur l'Ellée, c^{ne} de Langonnet.

Loquelltas, vill. c^{ne} de Cléguérec.

Loquelltas, vill. c^{ne} d'Inzinzac. — Seigneurie.

Loquelltas, h. c^{ne} de Noslang.

Loquelltas, vill. c^{ne} de Sulniac. — Seigneurie.

Loquestin, h. c^{ne} de Theix.

Loquets (Les), h. c^{ne} de Saint-Marcel

Loquidy, vill. c^{ne} de Locmariaquer.

Loquilvan, vill. c^{ne} de Grand-Champ.

Loquinin, vill. c^{ne} de Plouhinec.

Loquion, vill. c^{ne} de Gestel.

Loné (Maison), éc. c^{ne} de Meucon.

Lorette, chapelle isolée, c^{ne} de Plumelec.

Lorette, chapelle isolée, c^{ne} de Saint-Gongard.

Lorgerais, vill. c^{ne} de Béganne.

Lorgerais, éc. c^{ne} de Ploërmel.

Lorgerais, f. et bois, c^{ne} de Tréal. — Seigneurie.

Loric, f. c^{ne} de Naizin.

Lorido, anc. nom d'une ruelle de Vannes, au quartier de Poulho.

Lorient, chef-lieu d'arrond^t et chef-lieu de préfecture maritime (3e arrond^t); rade, port militaire et port de commerce; phare dans la tour de l'église paroissiale, fortifications. — *L'Orient*, xviie et xviiie siècles.

Par. du doy. des Bois depuis 1709, anc^t en Plœmeur, appelée aussi *Saint-Louis de Lorient;* hôtel-Dieu.

Juridiction roy. du Port-de-Lorient : voy. Hennebont; siége d'un établissement de la compagnie des Indes de 1664 à 1770, d'une intendance maritime depuis 1771, d'une amirauté démembrée de celle de Vannes en 1782, d'un consulat, d'une gruerie.

Communauté de ville depuis 1738, avec droit de députer aux États de la province et des armoiries : *de gueules au vaisseau équipé d'argent voguant sur une mer de sinople, accompagné d'un soleil d'or se levant derrière des montagnes d'argent à dextre de l'écu, au franc-canton d'hermines, et au chef d'azur semé de besants d'or.*

Lorient avait une juridiction seigneuriale, à laquelle furent annexées, à la fin du xviiie siècle, celles de la Rochemoisan, Pontscorff, les Fiefs-de-Léon, la vicomté de Plouhinec, Querrien, Tréfaven et la Sauldraye, et qui ressortissait à la sénéch. d'Hennebont; mais elle était siége d'une subdélégation de l'intendance de Bretagne. — Distr. d'Hennebont; chef-lieu de c^{on} en 1790. En l'an x on créa deux c^{ons} de Lorient, savoir : le premier c^{on} de Lorient ne renfermant que la c^{ne} de ce nom, et le deuxième c^{on} de Lorient composé de la c^{ne} de Plœmeur. En l'an viii, Lorient était devenu chef-lieu d'un arrond^t formé de la réunion des distr. d'Auray et d'Hennebont.

Lorient (Rue de), rues à Hennebont, à Plœmeur et à Pontscorff.

Lorilais, vill. c^{ne} de Caro.

Lormouet, vill. lande et éc. dit *Lande-de-Lormouet*, c^{ne} d'Arradon. — Seigneurie; manoir.

Lorois, pont suspendu sur l'Étel, reliant Belz et Plouhinec; éc. *du Pont-Lorois*, c^{ne} de Belz.

Lorois, digue sur le Morbihan, c^{ne} de Séné.

Lorois (Rue), à Napoléonville.

Lorrec (Croix), c^{ne} de Theix.

Lorvais, éc. c^{ne} de Monterblanc. — Seigneurie.

Loscah, port sur l'Océan, c^{ne} de Locmaria.

Loscolo, corps de garde, pointe et basse sur l'Océan, c^{ne} de Pénestin.

Lostancoët, éc. c^{ne} de Langonnet.

Lost-ar-Hoat, éc. c^{ne} de Priziac.

Losté, h. c^{ne} de Saint-Tugdual.

Loste-ar-Roz, éc. c^{ne} de Roudouallec.

Lostebrout, h. c^{ne} de Saint-Allouestre.

Lost-er-Len, éc. et pont sur le Kerivalain, c^{ne} de Grand-Champ.

Losterlin, éc. c^{ne} de Riantec.

Losterverne, h. c^{ne} de Naizin.

Losti-er-Lenne, éc. c^{ne} de Pluméliau.

Lostiouen, h. et port sur la baie de Quiberon, c^{re} de Plouharnel.

Lostinbuel, vill. et mⁱⁿ à vent, c^{ne} de Sulniac; ruiss. affluent de celui de la Fontaine-de-Cran, qui arrose Sulniac et Theix.

Lot (Le), éc. c^{ne} d'Allaire; ruiss. dit aussi *de la Noé-Voisin*, affl. de la Vilaine, arrose Allaire et Rieux.

Lot (Le), vill. c^{ne} de Caden.

Lot (Le), f. c^{ne} de Rieux.

Lou (Le), chât. mⁱⁿ à eau sur le Ville-Davy et mⁱⁿ à vent, cne de Saint-Léry; étang baignant Saint-Léry et Mauron. — Seigneurie; anc. château.

Louancou, lieu-dit dans le dép' des Côtes-du-Nord; ruiss. voy. Brohais.

Louarnic, f. — Voy. Métairie-Neuve (La).

Louennais (La), vill. cne de Peillac.

Louffaud, h. cne de Noyal-Muzillac; ruiss. affl. du Tohon, qui arrose Questembert et Noyal-Muzillac; pont sur ce ruiss. reliant ces deux communes.

Louff-Kerlucas, f. cne de Plouay.

Louff-Penterff, h. cne de Plouay.

Longour, h. cne de Plumelec.

Lochic (Le). — Voy. Port-Louis (Le).

Louis, pont sur le Bocohant, cne de Plœren.

Louis, bois, cne de Saint-Gonnery.

Louis XVIII (Place), à Vannes. — Voy. Napoléon-le-Grand (Place).

Louclais (La), h. cne de Malansac.

Louclais (Les), f. cne des Fougerêts. — Seigneurie.

Loup (Bois du), cne de Brech.

Loup (Fontaine du), cne de Lignol.

Loup (Fontaine du), cne de Saint-Gérand; ruiss. de la Fontaine-du-Loup, qui arrose Saint-Gérand et se jette dans le Saint-Niel après avoir traversé le canal de Nantes à Brest.

Loup (Maison du), éc. cne de Séné.

Loups (Grée aux), lande, cne de Porcaro.

Loups (Les), rochers sur l'Océan, côte de Plœmeur.

Lourmais, éc. cne de Saint-Dolay.

Lourme, f. dite aussi la Folie-Lourme, cne de Mauron. — Seigneurie; manoir.

Lourme, éc. cne de Missiriac. — Seigneurie.

Lourmel, f. cne de Carentoir.

Lournel, h. cne de Saint-Jacut.

Lourmel (Rue de), à Napoléonville; dite autrefois du Château.

Loursmois, h. cne de Nivillac. — Seigneurie; manoir.

Loussec, croix, cne de Lignol.

Louzédan, h. et bois, cne de Saint-Caradec-Trégomel; pont sur le Gouach-eur-hol-Vino, qui relie Saint-Caradec-Trégomel et Lignol.

Loyan, village, partie cle de Plœmeur, partie cne de Guidel.

Loyat, cne de Ploërmel; chât. bois et étang dans la cne; font. minérale près du bourg. — Loiat, plebs, 1082 (cart. de Redon). — Loueat, 1408 (chât. de Loyat). — Louyeat, 1439 (fabr. de Taupont). — Loeat, 1446 (chât. de Loyat).

Par. du doy. de Lanouée; au bourg, prieuré du vocable de Saint-Thomas, membre de l'abbaye de Saint-Jean-des-Prés. — Vicomté déjà au xive siècle; chât. voy. Pandonnet à la table des formes anciennes.

— Sénéch. et subd. de Ploërmel. — Distr. de Ploërmel; chef-lieu de cn en 1790. supprimé en l'an x.

Loyat, croix, cne d'Augan.

Loyaux (Les), éc. cne de Guéhenno.

Loyer, font. cne de Limerzel.

Loyon, fme, bois, min à eau sur le Luscanen et min à vent, cne de Plœren. — Loeon, 1396 (duché de Rohan-Chabot). — Vicomté.

Lozerec, h. cne de Carnac.

Lozel-Bihan, éc. cne de Plumelin.

Lozillen, éc. cne d'Arradon.

Luardais (La), vill. et min à vent, cne de Saint-Martin. — Seigneurie.

Lubert, anc. étang, ruiss. de l'Étang-Lubert, affl. du Beauval, et pont de l'Étang-Lubert sur ce ruiss. cne de Saint-Samson.

Luc, éc. et min à vent, cne du Palais.

Lucas, croix, cne de Campénéac, à la limite du dép' d'Ille-et-Vilaine.

Lucas (Loge), éc. cne de Guiscriff.

Lucia, éc. cne de Grand-Champ.

Ludré, salines, étang et min à eau sur le Morbihan, cne de Saint-Armel. — Luzré, 1474 (trinit. de Sarzeau).

Luffan, h. cne de Crach.

Luhaie (La), vill. cne d'Allaire.

Luhan (Le Grand et le Petit), vill. et min à eau sur le Liziec, cne de Saint-Nolff.

Luhé (Le), h. cne de Damgan.

Luhudec, lieu-dit dans le dép' du Finistère; min à eau sur le Naïc, cne de Lanvénégen.

Luminan, éc. cne de Plumelin.

Lunéville (Rue de), à Napoléonville.

Lurgodais, h. cne de Saint-Dolay.

Luscado, éc. cne de Surzur; a servi de caserne de douane.

Luscanen, vill. cne de Plœren; ruisseau : voy. Vincin; pont sur ce ruiss. reliant Plœren et Vannes; éc. du Pont-de-Luscanen, cne de Vannes; ruiss. du Pont-de-Luscanen : voy. Bocohant.

Luyhen, éc. cne de Pluméliau.

Luzançay (Rue), à Lorient. — Voy. Mairie (Rue de la).

Luzenin, vill. cne de Naizin.

Luzerne, vill. cne de Grand-Champ.

Luzerne, vill. cne de Merlévenez. — Lesguern, 1415 (abb. de la Joie).

Luzerne, éc. de Plumergat.

Luz-Kerhern, min à vent. — Voy. Kerhern.

Luzullec, h. cne de Plœren.

Luzuxan, h. cne de Plescop. — Seigneurie de Lezunan, 1601 (chap. de Vannes).

Lycée (Rue du), à Napoléonville.

Lyonnais, vill. cne d'Allaire.

Lys (Le), vill. cne d'Erdeven. — Seigneurie.

M

Madille, h. c^ne de Ménéac.

Mabio, vill. dont une partie dite *Petit-Mabio* ou *Mabio-Saint-André*, c^ne de la Gacilly.

Mabio (Le), ruiss. dit aussi *de la Mare-des-Brelles*, affl. de l'Aff; il arrose les Fougeréts, Glénac et la Gacilly.

Mabré (Pont), c^ve de Guégon.

Macé (Croix), c^ne de Saint-Gérand.

Macé (Quai), au Palais.

Macéat (Maison), éc. c^ne de Porcaro.

Maçon-en-Deur, éc. c^ne de Ploërdut; ruiss. dit aussi *de la Fontaine-er-Gouëzeman*, affl. du Scorff, qui arrose Ploërdut et Langoëlan.

Maçonnaie (La), vill. c^ne de Pleucadeuc.

Maçonnerie (La), h. c^ne de Béganne.

Maçonneries (Les), éc. auj. ruiné, c^ne de Porcaro.

Madame, m^in à eau sur le ruiss. de ce nom, et ruiss. *du Moulin-Madame*, affl. de l'Inam, c^ne de Gourin.

Madame, pont sur le ruiss. de ce nom et ruiss. *du Pont-Madame*, dit aussi *du Pont-de-Noyal*, affl. du Tohon, qui arrose Noyal-Muzillac et Muzillac.

Madame, pont sur l'Étel, reliant Plouhinec et Merlévenez.

Madame (Butte à), tumulus, c^ne de Plœmeur.

Madame (Les Fontaines), source, c^ne de Rochefort.

Madame (Loge à), éc. auj. ruiné, c^ne de Campénéac.

Madame (Rue), à Malestroit, dite autref. *des Dames.*

Madame-Barisy, grotte naturelle, dans l'île de Groix.

Madavoar, rocher sur l'Océan, près d'Hœdic.

Madeleine (La), vill. c^ve de Belz; pont: voy. Kerandeur.

Madeleine (La), vill. c^ne de Carentoir.

Madeleine (La), chapelle isolée, c^ne de Carnac.

Madeleine (La), chapelle isolée, c^ne de Cléguérec.

Madeleine (La), éc. c^ve de Josselin.

Madeleine (La), vill. c^ne de Langonnet; roche dans la forêt de Conveau, c^ne de Gourin.

Madeleine (La), chapelle isolée, c^ne de Locoal-Mendon.

Madeleine (La), chapelle isolée, c^ne de Priziac.

Madeleine (La), éc. c^ne de Remungol. — Seigneurie; manoir.

Madeleine (La), vill. c^ne de Riantec.

Madeleine (La), h. c^ne de Saint-Nolff.

Madeleine (La), h. c^ne de Sérent.

Madiguan, pont sur le Château-Trô, reliant Guilliers et Saint-Malo-des-Trois-Fontaines.

Mado (Loge), éc. c^ne de Lanvaudan.

Madon (Le Grand et le Petit), h. c^ne de Muzillac.

Madrieux (Les), f. c^ne de Campénéac. — Seigneurie.

Madry, éc. c^ne de Monteneuf.

Madry (Camp du), retranchement romain, c^ne de Sérent.

Madry (Le), retranchement romain, c^ne de Tréal.

Magasins (Rue des), au Palais.

Magdeleine (La), éc. et chapelle, c^ne de Béganne.

Magdeleine (La), h. c^ne de Brech.

Magdeleine (La), éc. c^ne de Bubry.

Magdeleine (La), font. c^ne de Calan.

Magdeleine (La), h. c^ne d'Elven.

Magdeleine (La), vill. c^ne de Grand-Champ.

Magdeleine (La), h. c^ne de Guidel.

Magdeleine (La), éc. c^ne de Malansac.

Prieuré vulgairement appelé *la Magdeleine-de-la-Montjoie* ou *prieuré de Rochefort*, en la paroisse de Malansac, près de Rochefort, membre de l'abbaye de Marmoûtiers de Tours, uni dans le xviiie siècle au prieuré de la Grêle, et tous deux à celui de la Magdeleine de Malestroit. — *La Mongée*, xve siècle (prieuré de la Magdeleine de Malestroit).

Magdeleine (La), faubourg de Malestroit et anc. rue principale de ce faubourg; pont: voy. Ponts (Les). — *Moulins neufs du prieuré de la Magdeleine*, 1220 (prieuré de la Magdeleine de Malestroit).

Prieuré membre de l'abb. de Marmoûtiers de Tours; établissement de chevaliers de Saint-Jean de Jérusalem, autref. Templiers.

Mentionnée au xiie siècle comme faisant partie de la paroisse de Missiriac, la Magdeleine figure elle-même comme paroisse du doy. de Carentoir, au xve et au xvie siècle. et postérieurement comme simple prieuré.

Magdeleine (La), m^in à eau et pont sur la Sarre, c^ne de Melrand.

Magdeleine (La), éc. c^ne de Merlévenez.

Magdeleine (La), h. c^ne de Mohon.

Magdeleine (La), croix, c^ne de Noyal-Pontivy.

Magdeleine (La), vill. c^ne de Péaule.

Magdeleine (La), h. et ruiss. *de la Fontaine-de-la-Magdeleine*, affl. du Morio, c^ne de Plaudren.

Magdeleine (La), éc. c^ve de Plœmel.

Magdeleine (La), h. et pont sur le Deur-Charlicq, c^ne de Ploërdut.

Magdeleine (La), éc. c^ne de Plumelec.

Magdeleine (La), h. c^ne de Pluméliau.

Magdeleine (La), vill. c^ne de Pluvigner.

MAGDELEINE (LA), vill. c^ne de Theix; ruiss. dit aussi *Vanzeur*, qui arrose Theix et se jette dans la baie du Morbihan, après avoir traversé les étangs de Kernicol et de Noyalo.

MAGDELEINE (LA), hameau, c^ne de Vannes. — *La Maladerie de Vennes*, 1428 (prieuré de Saint-Martin de Josselin).
　　　　Prieuré-chapellenie.

MAGDELEINE (LA VIEILLE), éc. c^ne de Guidel.

MAGDELEINE (RUE DE LA), à Baud.

MAGOIREC (LE), vill. c^ne de Séglien.

MAGOIS, éc. c^ne de Lizio.

MAGOR, vill. c^ne de Guiscriff.

MAGONIC, vill. c^ue de Locmaria.

MAGORLEC, vill. et corps de garde, c^ne de Port-Philippe.

MAGORO, vill. c^ne de Priziac. — *Le Magoaerou*, 1416 (princip. de Rohan-Guémené). — Seigneurie.

MAGOUER, vill. c^ne de Saint-Avé; ruiss. *de la Fontaine-de-Magouer*: voy. SILLIO (LE).

MAGOUER (LE), vill. et étang, c^ne de Plouhinec.

MAGOUÉREC (LE), h. c^ue de Sainte-Hélène; il faisait autref. partie de la par. de Plouhinec.

MAGOUÉRO, éc. c^ne de Brech.

MAGOUÉRO, h. c^ue de Locmariaquer.

MAGOUÉRO, vill. c^ne de Nostang.

MAGOUÉRO, vill. c^ne de Plumergat.

MAGOUÉRO (LE), village, étang, batterie et roche sur l'Océan, c^ue de Plouhinec.

MAGOUÉRO-LA-LANDE, éc. c^ne de Brech.

MAGOUET (LE), h. c^ne de Malansac.

MAGOURIN, vill. c^ue de Belz.

MAGUÉRO, éc. c^ne d'Ambon.

MAGUÉRO, village et ruiss. affluent du Lécaden, c^ue de Caden.

MAGUÉRO, h. c^ue de Muzillac.

MAGUÉRO (LE), h. c^ue d'Elven.

MAGUÉRO (LE), vill. c^ue de Guégon.

MAGUÉRO (LE), h. c^ne du Guerno.

MAGUÉRO (LE), vill. c^ne de Molac.

MAGUÉRO (LE), vill. c^ne de Noyal-Muzillac.

MAGUÉRO (LE), éc. c^ue de Questembert.

MAGUÉRO (LE), h. c^ne de Questembert (distinct du précédent).

MAGUERS (LES), vill. c^ue d'Arzal.

MAHÉ, rocher, c^ue de Guer.

MAHÉ, pont sur l'Yvel, reliant Mauron et Néant.

MAHÉ, m^in à vent, c^ue de Pénestin; pont sur le ruiss. du même nom, reliant Pénestin et Assérac (Loire-Inférieure); ruiss. dit *Étier-du-Pont-Mahé* ou *Grand-Étier*, qui arrose Pénestin et Assérac et se jette dans l'Océan.

MAHEU, pont sur le Rohan, c^ue de Vannes.

MAHEZ, pont sur le ruiss. de l'Étang-de-Langonnet, c^ue de Langonnet.

MAIGNIS, éc. c^ne de Buléon.

MAIL (LE), place à Guillac.

MAILLAIS (LA), h. c^ne de Saint-Dolay.

MAILLARDIÈRE (LA), f. c^ne de Pluherlin.

MAILLAYE (LA), éc. c^ne de Saint-Perreux.

MAINDY (LE), vill. c^ne de Séglien.

MAINGLEYO (LE), éc. c^ne d'Arradon.

MAINGORLAY, f. c^ne de Meucon.

MAINGUY, pont sur le Kerivalain, c^ne de Grand-Champ.

MAIX-LIÈVE, place à Pluvigner.

MAIX-LIÈVE (CARNOIR), et par corruption *Main-Lièvre*, place à Vannes : voy. HENRI IV (PLACE). — *Mainegnevre*, 1478 (duché de Rohan-Chabot).

MAIRIE (LA), éc. à Rochefort, formant avec Saint-Roch un quartier de la ville.

MAIRIE (PLACE DE LA), à Auray, dite autref. *le Martray* (xviie siècle), puis *le Placitre*, ensuite *la Place*.

MAIRIE (PLACE DE LA), à Vannes, sur l'emplacement d'une anc. rue dite *de la Mairie* et de quelques maisons abattues depuis plusieurs années.

MAIRIE (RUE DE LA), à la Gacilly.

MAIRIE (RUE DE LA), à Guémené.

MAIRIE (RUE DE LA), à Lorient, composée à l'origine des rues *Pérault* et *Luzançay*, qui réunies formèrent la rue *de la Maison-Commune*, même avant 1789; elle conserva ce nom jusqu'en 1817, où elle prit son nom actuel.

MAIRIE (RUE DE LA), à Noyal-Pontivy.

MAIRIE (RUE DE LA), à Saint-Jean-Brévelay.

MAIRIE (RUELLE DE LA), à Sarzeau.

MAISON-BLANCHE (LA), éc. c^ne de Guémené.

MAISON-BLANCHE (LA), éc. c^ne d'Hennebont. — *Villa Guen*, 1273 (abb. de la Joie).

MAISON-BLANCHE (LA), éc. c^ne d'Hennebont (distinct du précédent).

MAISON-BLANCHE (LA), éc. c^ne de Moréac.

MAISON-BLANCHE (LA), éc. c^ne de Muzillac.

MAISON-BLANCHE (LA), éc. c^ne de Ploëren.

MAISON-BLANCHE (LA), h. c^ne de Saint-Caradec-Trégomel.

MAISON-BLANCHE (LA), h. — Voy. BOBIN (LE GRAND-)

MAISON-BRÛLÉE (LA), éc. en ruines et roches sur l'Océan, c^ne d'Erdeven.

MAISON-BRÛLÉE (LA), éc. c^ne de Lanvaudan.

MAISON-BRÛLÉE (LA), éc. c^ne de Moréac.

MAISON-COMMUNE (RUE DE LA), à Lorient. — Voy. MAIRIE (RUE DE LA).

MAISON-DES-FOLLETS (LA), dolmen, c^ne de Saint-Gravé.

MAISON-DES-POULPIQUETS, dolmen ruiné, c^ne de l'Île-d'Arz.

Maison-de-Terre (La), éc. c^ne de Baud.

Maisonnettes (Les), h. c^ne de Lanouée.

Maison-Neuve (La), h. — Voy. Roche-Plate (La).

Maison-Neuve (La), éc. — Voy. Ty-Tessin.

Maison-Neuve (La), éc. c^ne de Baud.

Maison-Neuve (La), éc. c^ne de Béganne.

Maison-Neuve (La), éc. c^ne de Billio.

Maison-Neuve (La), éc. c^ne de Bubry.

Maison-Neuve (La), f. c^ne de Caden.

Maison-Neuve (La), éc. c^ne de Caden (dist. de la f. précédente).

Maison-Neuve (La), éc. c^ne de Cruguel.

Maison-Neuve (La) ou Maison-de-la-Lande, h. c^ne de Guégon.

Maison-Neuve (La), éc. c^ne de Guéhenno.

Maison-Neuve (La), éc. c^ne d'Inzinzac.

Maison-Neuve (La), éc. c^ne de Landaul.

Maison-Neuve (La), éc. et ruiss. affl. de la Pierre-Fendue, c^ne de Malguénac.

Maison-Neuve (La), éc. c^ne de Ménéac.

Maison-Neuve (La), éc. c^ne de Napoléonville.

Maison-Neuve (La), éc. c^ne de Nivillac.

Maison-Neuve (La), éc. c^ne de Noyal-Pontivy.

Maison-Neuve (La), éc. c^ne du Palais.

Maison-Neuve (La), éc. c^ne de Plescop.

Maison-Neuve (La), f. c^ne de Pluherlin.

Maison-Neuve (La), f. c^ne de Pluherlin (dist. de la précédente).

Maison-Neuve (La), éc. c^ne de Plumelec.

Maison-Neuve (La), h. c^ne de Pluméliau.

Maison-Neuve (La), éc. c^ne de Pluméliau (dist. du h. précédent).

Maison-Neuve (La), éc. c^ne de Plumelin.

Maison-Neuve (La), éc. c^ne de Plumelin (dist. du précédent).

Maison-Neuve (La) ou Ty-Néhué, h. c^ne de Pont-scorff.

Maison-Neuve (La), h. c^ne de Questembert.

Maison-Neuve (La), éc. c^ne de Réguiny.

Maison-Neuve (La), éc. c^ne de Riantec.

Maison-Neuve (La), éc. c^ne de Saint-Congard.

Maison-Neuve (La), éc. c^ne de Saint-Dolay.

Maison-Neuve (La), éc. c^ne de Saint-Garvé.

Maison-Neuve (La), f. c^ne de Saint-Nicolas-du-Tertre.

Maison-Neuve (La), h. c^ne de Sarzeau.

Maison-Neuve (La), éc. c^ne de Sérent.

Maison-Neuve (La), éc. c^ne de Vannes.

Maison-Neuve-de-Châteauneuf, éc. c^ne de Cléguer.

Maison-Neuve-de-la-Grande-Lande, éc. c^ne de Guénin.

Maison-Neuve-de-Pont-Daul, éc. c^ne de Cléguer.

Maison-Neuve-du-Salut, éc. c^ne de Languidic.

Maison-Neuve-Kerentourner, éc. c^ne de Lanvaudan.

Maison-Neuve-Saint-Gilles, éc. c^ne de Languidic.

Maison-Neuve-Saint-Quio, éc. c^ne de Cléguer.

Maison-Rouge (La), éc. c^ne d'Allaire.

Maison-Rouge (La), h. c^ne d'Hennebont.

Maison-Rouge (La), f. c^ne de Vannes.

Maison-Trouée (La), dolmen, c^ne de la Chapelle.

Maître (Fontaine au), c^ne de la Croix-Helléan.

Major (Le), pointe sur la baie du Morbihan, c^ne de Baden.

Malaboeuf, éc. c^ne d'Augan.

Malabri, h. c^ne de Pluvigner.

Malabry, éc. c^ne de Monteneuf.

Malabry, h. partie c^ne de Locminé, partie c^ne de Moréac; ruiss. affluent du Tarun, qui arrose ces deux communes.

Malabry, f. c^ne de Noyal-Muzillac.

Malabry, éc. c^ne de Questembert.

Mal-Achape, h. c^ne de Plouay.

Malacuappe, éc. c^ne de Baud.

Malachappe, h. c^ne de Guern.

Malacquet, font. c^ne de Josselin.

Maladrie (La), éc. c^ne d'Allaire.

Maladrie (La), ruiss. affl. de l'Oust, qui arrose Crédin.

Maladrie (Rue de la), à Mauron.

Malansac, c^on de Rochefort. — *Malansac, plebs*, 847 (cart. de Redon). — *Malanzac*, 857 (*ibid.*). — *Malenzac*, 1051 (*ibid.*). — *Mallechac, eleemosina*, 1160 (D. Morice, I, 638). — *Malenzahc*, xiie siècle (cart. de Redon): — *Malonchac*, 1272 (prieuré de la Magdeleine de Malestroit). — *Malenczac*, 1387 (chap. de Vannes).

Par. du doy. de Péaule, renfermant une communauté de cordeliers (à Bodélio); établissement de Saint-Jean de Jérusalem. — Sénéch. de Vannes; subd. de Redon. — Distr. de Rochefort.

Malaqué, h. c^ne des Fougeréts.

Malastrait, éc. c^ne de Bignan. — *Malastret*, 1309 (duché de Rohan-Chabot).

Malbréa, éc. et pont au confl. du Keralvy et du Tohon, c^ne de Questembert. — Seigneurie.

Malestroit, arrond. de Ploërmel; anc. m^ins à eau sur l'Oust. — *Malestrictum*, 1131 (prieuré de Saint-Martin de Josselin). — *Malestret*, 1131 (cart. de Redon). — *Malestricti burgus*, 1204 (D. Morice, I, 800). — *Castellum Malestricti*, 1259 (prieuré de la Magdeleine de Malestroit). — *Malastritum*, 1316 (abb. de Lanvaux).

D'abord paroisse, puis trève de Missiriac, ensuite redevenue paroisse du doy. de Carentoir; faisait partie du territ. de Rieux au xvie siècle; appelée aussi *Saint-Gilles de-Malestroit*.

Communautés d'augustins et d'ursulines; prieuré et établissement de chevaliers de Saint-Jean de Jérusalem : voy. Magdeleine (La); prieuré-chapellenie du vocable de Saint-Mathurin, dans la ville; hôpital; maladrerie. — Seign. érigée en baronnie en 1451 : voy. l'Introduction; anc. chât. voy. Saudraye à la table des formes anciennes; ville close.

Gouvernement de place; communauté de ville, avec droit de députer aux États de la province, et des armoiries : *de gueules à neuf besants d'or, 3. 3. 3,* anciennement *sans nombre.* — Ressort de la sénéch. de Ploërmel. — Siége d'une subdélégation de l'intendance de Bretagne. — Distr. de Ploërmel; chef-lieu de cⁿ en 1790.

Malevant, île sur l'Océan, entre Houat et Hœdic, dite aussi *île aux Chevaux.*

Malcogne (La), h. cne de Nivillac.

Malgois, pont sur le ruiss. du Moulin-du-Baron et éc. du *Pont-Malgoin*, cne de Theix.

Malguénac, cⁿ de Cléguérec. — *Malgenac,* 1221 (D. Morice, I, 848). — *Melgennac,* 1228 (duché de Rohan-Chabot). — *Maelgannac,* 1274 (*ibid.*). — *Melguennec,* 1301 (abb. de Bon-Repos). — *Meoulguenac,* 1314 (duché de Rohan-Chabot). — *Melguegnac,* 1315 (*ibid.*). — *Melguengnac,* 1482 (abb. de Lanvaux).

Par. du doy. de Guémené. — Seign. — Sénéch. de Ploërmel; subd. de Pontivy. — Distr. de Pontivy.

Malguénac (Rue de), à Napoléonville, ainsi appelée déjà au xvᵉ siècle, dite au xviiᵉ siècle *rue Faven* et au xviiiᵉ siècle *Laër-Faven,* et *Cohic* en partie.

Malné, rue au vill. de Quinquisio, cne de Molac.

Malingeais, h. cne de Monteneuf.

Malleville, vill. partie cne de Carentoir, partie cne de Tréal.

Malleville, chât. vill. et mⁱⁿ à vent, cne de Ploërmel. — Prieuré-chapellenie. — Seigneurie; anc. chât.

Malono, mⁱⁿ à eau sur le Kerollin, cne de Lanvaudan.

Malpaudrie (La), h. cne de Napoléonville. — *L'Hermitage,* xviiiᵉ sᵉ (arch. comm. de Napoléonville).

Malsahac, h. cne de Muzillac.

Malvoisin, vill. cne de Ploërdut. — *Malvegin,* 1391 (princip. de Rohan-Guémené). — *Malveisin,* 1431 (*ibid.*).

Malvran, vill. et portion de la forêt de Quénécan dite *Butte-de-Malvran,* cne de Saint-Aignan; trois écluses sur le canal de Nantes à Brest.

Mandin, h. cne de Béganne.

Mandraie (La), h. cne de la Gacilly.

Mandu (Le), éc. cne de Ménéac.

Mané, éc. cne de Baud.

Mané, vill. cne de Plougoumelen.

Mané (Bras et Bihan), vill. cne de Lignol.

Mané (Ihuel et Izel), h. cnes de Camors.

Mané (Le), h. cne de Bubry.

Mané (Le), chât. cne de Caudan. — Seigneurie.

Mané (Le), éc. cne de Melrand.

Mané-Alatte, éc. et lande, cne de Baden.

Manéandol, vill. cne de Bubry.

Mané-Andc, vill. cne de Plouay; pont sur le ruiss. des Trois-Recteurs, reliant Plouay et Lanvaudan.

Manéantoux, h. ruiss. affl. de la Sarre et mⁱⁿ à eau sur ce ruiss. cne de Bubry. — Seigneurie.

Mané-Assénac, éc. cne de Plœren.

Mané-Audran, h. cne de Pluvigner.

Mané-Avello (Ihuel et Izel), éc. cne d'Hennebont.

Manébail, vill. bois et pont sur le Bécherel, cne de Plouay.

Manében, h. cne de Melrand.

Manébéren, h. cne de Languidic. — *Banenberen,* 1398 (abb. de la Joie).

Mané-Berzellec, éc. cne de Languidic.

Mané-Bihan, h. cne de Berné.

Mané-Bihan, h. cne de Caradec-Trégomel.

Manéblaye, éc. cne de Bubry.

Mané-Bolanne, ruisseau. — Voy. Bolanne.

Mané-Bosse, h. cne de Caudan.

Mané-Botlan, éc. et pont, cne de Lignol.

Mané-Bourgerel, éc. cne d'Arradon.

Mané-Bras, h. cne de Belz.

Mané-Bras, chât. cne de Caudan.

Mané-Bras, h. cne de Locmalo.

Mané-Brazo, vill. et bois, cne d'Inzinzac.

Mané-Buten, h. et lande, cne de Bubry.

Mané-Castel, éc. cne de Landaul.

Mané-Chapelin, éc. cne de Baden.

Manéchelaude, éc. cne de Languidic.

Mané-Coëdigo, éc. cne de Plœren.

Mané-Coual, vill. cne de Guidel.

Mané-cou-Quer, éc. cne de Baden.

Mané-Costy, h. cne de Plouay.

Mané-Crèze (Le), ruisseau. — Voy. Samuel.

Mané-Cumly, h. bois et ruiss. affl. du Gouach-Viquel, cne de Pluvigner.

Mané-Dervé, éc. cne de Séglien.

Mané-Diernen, f. cne de Kervignac.

Mané-Dol, éc. cne de Locmalo.

Mané-Droual, h. cne de Lanvaudan.

Manéduel, h. cne de Calan.

Mané-el-Lann, éc. cne de Belz.

Mané-er-Gohion, éc. cne de Carnac.

Mané-er-Groës, h. cne de Baden.

Mané-er-Groës, éc. cne de Carnac.

Mané-er-Guen, lande, cne de Brech.

MANÉ-ER-H'ROËK, tumulus, dit aussi *Mont-de-César*, cne de Locmariaquer.
MANÉ-ER-MEN, h. cne de Pluvigner.
MANÉ-ER-VENNE, h. et écluse sur le Blavet, cne de Languidic.
MANÉ-FORSE, h. cne de Caudan.
MANÉ-FROMENT, h. cne de Plouay.
MANÉ-GAZEC, h. cne de Séglien.
MANÉGLAU, h. cne de Saint-Caradec-Trégomel.
MANÉOLEUYAU, éc. cne de Persquen.
MANÉ-GOFF, f. cne d'Inguiniel.
MANÉGOLERNE, h. cne de Kervignac.
MANÉ-GOUARCH, h. cne de Ploërdut.
MANÉ-GOUIFF, éc. et ruiss. affl. du Quéronic, cne de Pluvigner.
MANÉGOLLANEC, éc. cne de Calan.
MANÉGOURIO, éc. cne de Pluneret.
MANÉGRA, éc. cne de Landévant.
MANÉGROUAU, vill. cne de Melrand.
MANÉ-GUÉGAN, h. cne de Belz. — Seigneurie.
MANÉ-GUÉGAN, f. cne de Plouay.
MANÉ-GUÉGAN, vill. lande et min à vent, cne de Séglien.
MANÉGUEN, h. et colline, cne de Guénin; ruiss. affluent de l'Ével, qui arrose Pluméliau et Guénin; pont sur l'Ével, reliant ces deux communes.
MANÉGUEN, h. et min à eau sur le Cambien, cne de Meirand. — *Beaumont, manoir et moulin*, 1296 (duché de Rohan-Chabot). — Seigneurie.
MANÉGUEN, h. cne de Merlévenez.
MANÉGUEN, f. cne de Plougoumelen.
MANÉGUEN, vill. cne de Plouhinec. — Seigneurie.
MANÉGUEN (LE), éc. cne d'Auray.
MANÉGUEN (LE), h. et deux mins à eau sur le ruiss. de ce nom, cne de Caudan; ruiss. *des Moulins-du-Manéguen* : voy. KERPONT. — Seigneurie.
MANÉ-GUENNEC, éc. cne de Pontscorff.
MANÉGOUILLO, éc. cne de Caudan.
MANÉ-GUMENT, croix, cte de Sainte-Hélène.
MANÉ-HABAT, h. cne de Quistinic.
MANÉ-HABUS, h. cne d'Arradon.
MANÉ-HASTEL, ancien retranchement romain, cne de Nostang.
MANÉ-HELLEC, h. cne de Sainte-Hélène.
MANÉHELLO, éc. cne de Langoëlan.
MANÉHUNO, h. cve de Cléguer.
MANÉ-HENRI, h. éc. dit *Loge-Mané-Henri* et ruiss. *de la Fontaine-de-Mané-Henri*, affl. du Houer-Veur, cne de Plouay.
MANÉ-HENRY, h. cne d'Inguiniel.
MANÉHÈSE, vill. cne de Lignol.
MANÉ-HINGAN, vill. cne d'Inguiniel.
MANÉ-HIR, éc. cne de Brandérion.

MANÉHO, h. cne de Belz.
MANÉ-HUEL, h. cne de Plouhinec.
MANÉHUILLEC, éc. cne de Caudan.
MANÉHUIRY, h. cne d'Arradon.
MANÉ-HUIRY, h. cne de Pluneret.
MANÉIC, h. cne de Caudan.
MANÉ-JEAN, éc. cne de Languidic.
MANÉ-JOUANNIC (LOGE), éc. cne de Lanvaudan.
MANÉ-KERCADIO, éc. cne de Baden.
MANÉ-KERPLOUSE, vill. cne de Baden.
MANÉ-KERVERREC, éc. cne de Plœmel.
MANÉ-KERVRÉHAN, éc. cne de Languidic.
MANÉLEM, éc. cne de Ploërdut.
MANÉ-LESCOUET, h. cne de Locoal-Mendon.
MANÉLIO, h. cne de Plougoumelen.
MANÉ-LOUAC, éc. cne de Baden.
MANÉ-MABO, éc. cne de Quistinic.
MANÉ-MEUAN, vill. et ruiss. *de la Fontaine-de-Mané-Mehan*, affl. de l'Étel, cne de Locoal-Mendon.
MANÉ-MÉLIAN, éc. cne d'Inzinzac.
MANÉ-MÉNÉGO, h. cne de Locoal-Mendon.
MANÉMENO, f. et bois, cne de Calan.
MANÉMEUR, h. cne d'Erdeven.
MANÉMEUR, éc. cne de Languidic.
MANÉMEUR (LE), vill. cne de Quiberon.
MANÉ-MEVAT, éc. cne de Plumergat.
MANÉ-MORVAN, éc. cne de Lignol. — Seigneurie.
MANÉNAIN (IHUEL, IZEL et CREIZE), vill. cne de Bubry.
MANÉ-NAVELENNE, éc. cne de Noyal-Pontivy.
MANÉ-NESTRAN, h. cne de Languidic.
MANÉ-NINESSE, éc. cne de Guern.
MANÉ-NORMAND, éc. cne de Baden.
MANÉPIL, h. cne de Berné.
MANÉ-PONT, éc. cne de Quistinic.
MANÉRBEC, h. ruiss. affl. du Scorff et min à eau sur ce ruiss. cne de Persquen. — *Menezanbec*, aliàs *Menezorbec*, xvie siècle (princip. de Rohan-Guémené). — Seigneurie.
MANÉ-RÉDO, h. et ruiss. *de la Fontaine-de-Mané-Rédo*, affl. du Saint-Vincent, cne d'Inguiniel.
MANÉNIO, h. et bois, cne de Locmalo.
MANÉRIO, h. cne de Saint-Caradec-Trégomel.
MANÉ-RIVALAIN, h. cne de Quéven.
MANÉRMAIR, vill. et bois, cne de Locmalo. — *Manez-an-Maer*, 1416 (princip. de Rohan-Guémené).
MANÉRMAIRE, h. et bois, cne de Ploërdut. — *Menezamael*, 1391 (princip. de Rohan-Guémené).
MANÉ-ROCH, éc. cne de Locmariaquer.
MANÉ-ROCH, éc. cne de Ploërdut.
MANÉ-ROC-TEN, colline sur laquelle existent des débris de dolmens, cne de Crach.
MANÉRU, éc. et lande, cne de Ploërdut.

Mané-Saint-Julien, h. c^{ne} de Baden.
Mané-Scoharne, vill. c^{ne} de Locoal-Mendon.
Mané-Talguenne, h. c^{ne} de Baden.
Mané-Tanet, vill. c^{ne} de Plouay.
Mané-Tanguy, éc. c^{ne} de Guern. — Seigneurie; manoir.
Mané-Tanguy, éc. c^{ne} de Plouay.
Manételan, h. c^{ne} de Baud.
Mané-Tiret, éc. c^{ne} de Brandérion. — *Menez-Tirec*, 1403 (abb. de la Joie).
Mané-Trévebec, éc. c^{ne} de Languidic.
Manétro, h. c^{ne} de Kervignac.
Manévan, éc. c^{ne} de Melrand.
Maneven, vill. c^{ne} de Malguénac.
Manéviline, h. c^{ne} de Ploërdut.
Mané-Yéhan, éc. c^{ne} de Nostang.
Mangois (Les), h. c^{ne} de Pleucadeuc.
Mangolérian, vill. c^{ne} de Monterblanc. — *Macoer-Aurilian, villa*, 852 (cart. de Redon). — *Marc-Aurélien*, 1772 (présidial de Vannes).
Mangoro, éc. c^{ne} de Baden.
Mangoro, éc. c^{ne} de Grand-Champ. — Seigneurie.
Mangoro, h. c^{ne} de Monterblanc.
Mangoro-de-la-Magdeleine, éc. c^{ne} de Monterblanc.
Mangorvennec, h. c^{ne} de Saint-Avé.
Mangouer, vill. c^{ne} de Cléguérec.
Mangouério, éc. c^{ne} de Saint-Avé.
Mangouéro, vill. c^{ne} de Cléguérec.
Manguéro (Le), h. c^{ne} de Saint-Jean-Brévelay.
Maniuily, vill. c^{ne} de Pontscorff.
Manic (Le), h. c^{te} d'Hennebont.
Manthel, vill. c^{ne} de Melrand.
Manilen, éc. c^{ne} de Melrand.
Manio, vill. et m^{in} à vent, c^{ne} de Carnac.
Manio, éc. et bois, c^{ne} de Persquen.
Manio, vill. c^{ne} de Ploemeur.
Manio (Le), éc. c^{ne} de Languidic.
Manoir (Le), vill. c^{ne} de Loyat.
Marad-Lann, éc. c^{ne} de Pluvigner.
Marado (Lande des), c^{ne} de Guer.
Marais (Lande du), c^{ne} de Pluherlin.
Marais (Le), éc. c^{ne} de Muzillac.
Marais (Le), f. c^{ne} de Théhillac.
Marais (Le), éc. c^{ne} de Theix.
Marais (Le Haut et le Bas), vill. c^{ne} de Péaule; pass. *du Haut-Marais*, sur le ruiss. de la Bouloterie, qui relie Péaule et Caden.
Marais (Mer des), ruisseau. — Voy. Bouloterie (Ruisseau de la).
Marais (Ruisseau du). — Voy. Pont-Rohellec.
Marçais (La), h. c^{ne} de Saint-Guyomard. — Seign.
Marchands (Pont ès-), sur le ruiss. de ce nom, c^{ne} de Monteneuf: ruiss. *du Pont-ès-Marchands*, dit aussi *du Vieil-Étang* et *du Poïlo*, affl. du Rahun, qui arrose Monteneuf et Carentoir.
Marchands (Pont ès-), sur le ruiss. de ce nom et h. *du Pont-ès-Marchands*, c^{ne} de Noyal-Muzillac; ruisseau *du Pont-ès-Marchands*, affl. du Saint-Éloi, qui arrose Noyal-Muzillac et Muzillac.
Marché (Place du), à Guer, Plœmeur, Pluvigner et Rochefort.
Marché (Place du), à Napoléonville, dite autref. *Grand-Martray*, puis *place Égalité*.
Marché (Rue du), à Lorient; appelée, avant 1789, rue *de Toulouse*.
Marché (Rue du), à Sarzeau.
Marché (Rue et Place du), au Port-Louis; la place a été appelée autref. *place Royale*.
Marché-au-Blé (Place du), à Napoléonville. — Voy. Église (Place de l').
Marché-au-Bois (Place du), à Josselin.
Marché-au-Chanvre (Rue du), à Saint-Jean-Brévelay.
Marché-au-Froment (Grande Rue du), à Saint-Jean-Brévelay.
Marché-au-Froment (Place du), à Auray.
Marché-au-Froment (Place du), à Vannes.
Marché-au-Seigle (Grande Rue du), à Saint-Jean-Brévelay.
Marché-au-Seigle (Place du), à Auray.
Marché-au-Seigle (Place du), à Vannes.
Marché-aux-Chèvres (Place du), à Noyal-Pontivy.
Marché-aux-Cochons (Place du), à Pluvigner.
Marché-aux-Cochons (Rue du), à Rohan.
Marché-aux-Cochons (Rue et place du), à Guémené.
Marché-aux-Moutons (Place du), à Grand-Champ.
Marché-aux-Vaches (Rue du), à Noyal-Pontivy.
Marché-aux-Veaux (Place du), à Josselin.
Marché-du-Bois, place à Auray. — Voy. Bois (Place du).
Marché-du-Cuir-à-Poils ou du Cuir-Vert (Place du), à Napoléonville. — Voy. Pont (Place du).
Marchis (Place du), à Questembert.
Marchix (Le), h. c^{ne} de Campénéac. — Seigneurie.
Marchix (Le), vill. c^{ne} de Carentoir; pont qui relie Carentoir et Guer.
Marchix (Place du), à la Roche-Bernard.
Maré, vill. composé de *la Cour de Maré* et de *la Rue de Maré*, c^{ne} de Bréhan-Loudéac. — Seigneurie.
Mare (Gué de la), sur le ruiss. des Landelles, c^{ne} de Beignon.
Mare (La), éc. c^{ne} d'Allaire.
Mare (La), vill. c^{ne} de Crach.
Mare (La), éc. c^{ne} de Crédin.
Mare (La), h. c^{ne} de Jacut.
Mare (La), vill. c^{ne} de Peillac.
Mare (La), f. c^{ne} de Rochefort. — Seigneurie.

Mare (La), vill. c^ne de Saint-Perreux.

Mare (La), h. c^ne de Vannes.

Mare-ar-Gallic (Loge), éc. c^ne de Gourin.

Mare-au-Sel (Ruisseau de la), dit aussi *du Rodoué*, affl. du Loch, qui arrose Saint-Jean-Brévelay, Plaudren et Grand-Champ; pont sur ce ruiss. reliant ces trois communes.

Marecanne (Le), h. c^ne de Moréac.

Maréchal (Bois du), c^ne de Saint-Aignan.

Maréchal (Lande du) et vill. *de la Lande-du-Maréchal*, dont quelques maisons isolées dites *Loges*, c^ne de Saint-Caradec-Trégomel.

Maréchalaie (La), h. c^ne d'Allaire.

Mare-de-Caradeu (Ruisseau de la). — Voy. Sainte-Reine.

Mare-Farault (La), éc. c^ne de Ploërmel.

Maréguy, lande et ruiss. *de la Lande-Maréguy*, affl. du Pont-Mein, c^ne de Saint-Thuriau.

Mare-Josso (Ruisseau de la), affl. du Ninian; il arrose Mohon et Saint-Malo-des-Trois-Fontaines.

Marendais (La), f. c^ne des Fougerêts. — *La Morandais*, 1626 (chap. de Vannes). — Seigneurie.

Marengo (Rue et Place de), à Napoléonville.

Mare-Rouaud (La), quartier du bourg de Loyat.

Mares (Les), éc. c^ne de Nivillac.

Mares (Les), f^ts, c^ne de Saint-Dolay. — Seigneurie.

Mares-Liens (Les), lande, c^ne de Monteneuf.

Mare-Uscrière (La), vill. c^ne de Campénéac.

Mareux, f. c^ne de Monteneuf. — Seigneurie.

Margandais (La), vill. c^ne de Carentoir.

Marglas (La), h. c^ne de Brignac.

Marouérico, éc. c^ne de Marzan.

Marh (Le), vill. c^ne de Sarzeau.

Marhala (Le), h. c^ne de Meslan.

Maria, m^in à eau sur le Scorff, c^ne de Cléguer.

Maria, font. dite aussi *de la Vierge*, c^ne de l'Île-d'Arz.

Maria, font. c^ne de Merlévenez.

Mariaie (La), vill. c^ne de Mauron.

Maric (Le), h. c^ne de Melrand.

Mariet, croix, c^ne de Saint-Samson.

Marine (Rue de la), à Lorient.

Marine (Rue de la), au Port-Louis.

Mariolle, anc. porte à Vannes : voy. Saint-François; rue *de la Porte-Mariolle*, à Vannes : voy. Noé (La).

Marionnais (La), vill. c^ne de Missiriac.

Marizain, éc. c^ne de Camoël.

Marle (La), ruiss. dit aussi *de Lihuanten*, *de Rulliac* et *Gouah-Ivas*, affl. du Liziec; il arrose Monterblanc et Saint-Avé.

Marmater (Le), f. c^ne de Bignan.

Marmouillettes-du-Commun-de-la-Ruézie (Les), lande, c^ne de Guer.

Maro (Le), éc. en ruines et lande, c^ne de Surzur.

Marquer (Ruisseau des Noës-), dit aussi *de Saint-Méen*, affl. du Carafort; il arrose Guer et Monteneuf.

Marqueraie (La), h. c^ne de Peillac.

Marquise (La), éc. c^ne d'Elven.

Marquise (Pont de la), sur le ruiss. du Chapelain, c^ne de Persquen.

Marre (La), f. c^ne de Mauron, et rue au bourg.

Marrette, m^in à vent, c^ne de la Gacilly.

Marsac, m^in à eau sur le Tromeur, c^ne de Sérent.

Marsac (Le Haut et le Bas), vill. c^ne de Carentoir. — *Marczat*, 1419 (chât. de Castellan).

Marta, h. c^ne de Berné.

Marthá, h. et éc. c^ne de Bangor.

Martin, quai à Auray.

Martin (Pont), sur le Millet, reliant Ploërmel et Gourhel.

Martin (Pont), sur la Claye, reliant Trédion et Plumelec.

Martinaie (La), vill. c^ne de Peillac.

Martinais (La), vill. c^ne de Saint-Dolay.

Martray (Le), à Auray. — Voy. Mairie (Place de la).

Martray (Le), à Ploërmel. — Voy. Place Impériale.

Martray (Place du) ou aux Plantes, à Gourin.

Martray (Rue du), à la Trinité-Porhoët.

Martyre (La), éc. c^ne de Noyal-Pontivy.

Martyrs (Champ et Chapelle isolés des), c^ne de Brech, au lieu où furent exécutés les émigrés faits prisonniers à Quiberon en 1795.

Marvicq, ruiss. affl. du Quéronic; il arrose Camors.

Marvicq, ruiss. affl. du Pont-Guillemin; il arrose Pluvigner.

Marville, éc. c^ne de Plescop; m^in à eau sur la Sale, c^ne de Plumergat, et pont sur la Sale, reliant Plescop, Plumergat, Plougoumelen et Pluneret. — Seign.

Marzan, c^on de la Roche-Bernard; chât. et f. dits *Cour de Marzan*, m^in à vent et m^in à eau sur le ruiss. du même nom, dans la c^ne. — *Marsin*, *plebs*, 895 (cart. de Redon). — *Marsen*, 1387 (chap. de Vannes).

Par. du doy. de Péaule; établissement de sœurs Blanches ou de la Charité. — Seign. anc. chât. — Sénéch. de Vannes; subd. de la Roche-Bernard. — Distr. de la Roche-Bernard.

Marzan, m^in à eau sur le Trévelo, c^ne de Caden; pont sur le même ruiss. reliant Caden et Limerzel.

Marzan, h. c^ne des Fougerêts.

Marzan (Ruisseau de), dit aussi *du Moulin-de-Craslon* et *Étier-de-Marzan*, affl. de la Vilaine; il arrose Péaule et Marzan.

Maserettes (Chemin des), c^ne de Peillac.

Masse (Pont de la), sur le Veau-Marqué, reliant Guer et Porcaro.

Masses-Longues (Les), lande, c^ne de Monteneuf.

Massézel, baie sur le Morbihan, c^ne de l'Île-aux-Moines.

Masson (Le), croix, c^ue de Saint-Gonnery.

Mathélitte, h. c^ue de Locoal-Mendon.

Mathias, m^in à vent, c^ne de Port-Philippe.

Mâts (Les), basse et banc de sable dit *Plateau des Mâts*, rochers sur ce plateau, et autres rochers dits *Batteurs des Mâts*, sur l'Océan, côte de Damgan.

Matz (Le), f^es, dont une dite *Bas-Matz*; ruiss. affl. du Caden et m^in à eau sur ce ruiss. c^ne de Caden. — Deux seigneuries.

Matz (Le), f. c^ne de Sarzeau.

Maubran, vill. c^ne de Peillac.

Maubuisson, éc. c^ue de Lanouée. — *Maubuson*, xive s^e (duché de Rohan-Chabot).

Maublsson, h. c^ne de Guégon.

Maucelais (La), éc. c^ne de Carentoir.

Maumont, vill. c^ue de Saint-Dolay.

Mauny, h. c^ne de Campénéac.

Mauny, vill. c^ue de Mauron.

Maunys (Les), lande, c^ue de Béganne.

Maupas (Le Haut et le Bas), vill. c^ne de Carentoir.

Malpertuis-de-la-Touche-Buis (Le), éc. c^ue de Guer.

Mauricette (Rue), à Hennebont; dite autrefois *de la Congrégation*.

Mauron, arrond. de Ploërmel; m^in à vent dans la c^ne. — *Ecclesia de Mauronio*, 1477 (chât. du Boyer). Par. du doy. de Beignon; prieuré; hôpital. — Seign. érigée en vicomté en 1658; chât. qui n'existe plus. La baronnie de Gaël avait un siége de juridiction à Mauron. — Sénéch. et subd. de Ploërmel. — Distr. de Ploërmel; chef-lieu de c^on en 1790.

Maucvolet, f. c^ne de Carentoir.

May (La), f. c^ne de Pluherlin.

Maybu (Croix), c^ue de Pleugriffet.

Mazeries (Les), h. c^ne des Fougerêts.

Mazeries (Les), ruines romaines, c^ne de Tréhorenteuc.

Méaban, île, basse, roches dites *Buissons-de-Méaban* et basses *des Buissons-de-Méaban*, dans la baie de Quiberon, entre Locmariaquer, Arzon et Saint-Gildas-de-Rhuis.

Méaudaie (La), vill. c^ne de Peillac.

Mée (Le Haut et le Bas), vill. c^ne de Béganne.

Mégoët (Le Grand et le Petit), h. c^ue de Bignan. — Seigneurie.

Ména (Maison), éc. c^ue de Pleucadeuc.

Méhaudaie (La), éc. c^ue d'Allaire.

Méhaudais (La), h. c^ne de Guer.

Meignas (Étier-de-), ruiss. affl. de la Vilaine; il arrose Nivillac.

Mein-d'Aguel, pierre, c^ne de Plaudren.

Mein-Feulet, m^in. — Voy. Pierre-Fendue (La).

Morbihan.

Mein-Goarec, dolmen, c^ue de Plaudren.

Mein-Guen (Le), h. c^ne de Saint-Jean-Brévelay.

Mein-Guen-Lanvaux, éc. c^ne de Saint-Jean-Brévelay; ruiss. *de la Fontaine-de-Mein-Guen-Lanvaux* : voy. Quittay.

Mein-Lein-Mondel, rocher, c^on de Theix.

Mein-Scoul, pierre, c^ue de Grand-Champ.

Melan, éc. de Caro.

Mêlé, m^in à vent, c^ne de Caro.

Mélégan, pont, sur le ruiss. de ce nom, reliant Ploërdut et Lignol; ruiss. *du Pont-Mélégan*, affl. du Scanff, qui arrose ces deux communes.

Mélené, vill. c^ne de Meslan.

Mélénec, h. c^ue d'Elven.

Melen-en-Douaren, m^in à vent, c^ne de Crach.

Mel-er-Prat, m^in à eau, dit aussi *du Pré*, sur le Yun-ar-Miner, c^ue de Gourin; ruiss. voy. Inam.

Melet, lande, c^ne de Missiriac.

Mélezevenne, h. et m^in à vent, c^ne de Guidel.

Mélianic, f. c^ne de Plouay.

Mello, éc. c^ue de Grand-Champ.

Melrand, c^ne de Baud. — *Melran, parr^a*, 1125 (cart. de Redon). — *Melrant*, 1273 (duché de Rohan-Chabot). — *Merlerant*, 1467 (*ibid.*). Par. du doy. de Guémené. — Sénéch. de Ploërmel; subd. de Pontivy. — Distr. de Pontivy; chef-lieu de c^on en 1790, supprimé en l'an x.

Membrer, éc. c^ne de Plumelin.

Membro (Le), éc. et ruiss. *de la Fontaine-du-Membro*, affl. du Loch, c^ne de Grand-Champ.

Menaliguen, rocher sur l'Océan, près d'Hœdic.

Men-al-Lestre, roche sur l'Océan, près de l'île aux Chevaux.

Men-ar-Bellec, roche sur la baie de Quiberon. entre Carnac et Locmariaquer.

Men-ar-Ster, roche sur la baie de Quiberon, côte de Plouharnel.

Menaru, éc. c^ne d'Elven. — Seigneurie.

Men-Arzbin, roche-aux-fées en ruines, c^ne de Pénestin.

Ménaty, h. et lande, c^ov de Plescop. — *Le Manachty*, 1475 (abb. de Lanvaux). — Seigneurie.

Menaty, f. et lande, c^ne de Plœren; ruiss. *de la Fontaine-Menaty*, affl. du Langliron, qui arrose Plœren et Arradon.

Menay, chât. c^ne de Saint-Allouestre.

Ménay (Le), f. c^ne de Saint-Gonnery.

Men-Beniguett, dolmen ruiné, c^ne de Sarzeau.

Men-Bihan, roches sur l'Océan, côte de Saint-Pierre.

Men-Corban, roche sur l'Océan, côte de Houat.

Mendilis, h. c^ne de Priziac. — *Menezdilez*, 1459 (princ. de Rohan-Guémené).

Mendon, bourg, lande et h. *de la Lande-de-Mendon*, c^{ne} de Locoal-Mendon.

> Par. siége du doy. de Pont-Belz. — Sénéch. et subd. d'Auray. — Distr. d'Auray; chef-lieu de c^{on} en 1790, supprimé en l'an x.

Men-Dréan, roche sur l'Océan, entre Ambon et Sarzeau.

Mendu, vill. c^{ne} d'Arzon.

Mendu, rocher sur l'Océan, près de Houat.

Mené (Le), h. c^{ne} de Bignan. — Seigneurie.

Mené (Le), vill. et ruiss. affl. du Runio, c^{ne} de Crédin.

Mené (Le), h. c^{ne} de Damgan.

Mené (Le), vill. c^{ne} de Groix.

Mené (Le), h. c^{ne} de Guéhenno. — Seigneurie.

Mené (Le), éc. c^{ne} de Guidel.

Mené (Le), vill. et lande, c^{ne} de Moustoirac.

Mené (Le), h. c^{ne} de Noyal-Pontivy.

Mené (Le), éc. c^{ne} de Plaudren.

Mené (Le), éc. et ruiss. affl. du Keridon, c^{ne} de Plumelin.

Mené (Le), h. c^{ne} de Saint-Jean-Brévelay.

Mené (Rue du), à Vannes, divisée autref. en rue *du Mené*, rue *des Douves-du-Mené*, rue *du Lion-d'Or* et rue *Saint-Nicolas*.

> Anc. par. de Vannes. — Voy. Notre-Dame-du-Mené.

Ménéac, c^{on} de la Trinité-Porhoët. — *Miniac, plebs,* 1082 (cart. de Redon). — *Miniac, vicaria,* xie siècle (D. Morice, I, 362). — *Miniacum,* 1130 (prieuré de Saint-Martin de Josselin). — *Miniachum,* 1153 (*ibid.*).

> Par. du doy. de Lanouée. — Sénéch. de Ploërmel; subd. de Josselin. — Distr. de Josselin.

Ménec, vill. c^{ne} de Carnac.

Ménec, vill. c^{ne} de Locoal-Mendon.

Menec (Le Grand et le Petit), vill. c^{ne} de Noyal-Pontivy.

Mené-Cointel (Le), h. c^{ne} de Billio.

Mené-Draizo, éc. c^{ne} de Plœmel.

Ménéglas, éc. et bois, c^{ne} de Plumergat. — *Cozmenez-glas,* xve siècle (carmes de Sainte-Anne).

Ménégoff, h. c^{ne} de Priziac.

Ménéguen, b. c^{ne} de Quéven.

Ménéguen, h. c^{ne} de Surzur. — Seigneurie.

Ménéhouarn, chât. bois, étang et pont sur le Kerscoulic, c^{ne} de Plouay. — Seigneurie; manoir.

Ménéhy, h. et bois, c^{ne} de Locoal-Mendon. — *Minihi, terra,* 1037 (cart. de Redon). — Seigneurie.

Ménéhy (Le), vill. et mⁱⁿ à eau, dit aussi *moulin Simon,* sur le Guérand, c^{ne} de Ménéac.

Ménéhy (Le), vill. partie c^{ne} de Néant, partie c^{ne} de Mauron.

Ménéhy (Le), éc. c^{ne} de Saint-Gérand. — Seigneurie, manoir.

Ménéhy (Le), h. c^{te} de Saint-Vincent.

Ménélan, vill. c^{ne} de Priziac.

Mené-Legot, éc. c^{ne} de Saint-Allouestre.

Méneleh, h. c^{ne} de Moustoirac.

Ménéleuff, éc. c^{ne} d'Hennebont.

Men-el-Linnen, roches sur l'Océan, côte d'Hœdic.

Mené-Loret, h. c^{ne} de Bignan.

Ménémadé, éc. c^{ne} de Priziac. — *Menez-Madezou,* 1430 (princip. de Rohan-Guémené). — *Menez-Madezoy,* 1434 (*ibid.*).

Méné-Mélégan, h. c^{ne} de Meslan.

Ménémeur, vill. c^{ne} du Faouët.

Ménémeur, vill. c^{ne} de Priziac.

Méné-Morgant, vill. c^{ne} de Meslan.

Mené-Moustoir, éc. c^{ne} de Plœmel.

Mené-Pargo, éc. c^{ne} de Bignan.

Mené-Penderf, f. c^{ne} de Bignan.

Mené-Penmeur, h. c^{ne} de Priziac.

Men-er-Broc, rocher sur l'Océan, près de Houat.

Men-er-Gal, rocher sur l'Océan, près d'Hœdic.

Men-er-Keréau, rocher sur l'Océan, près d'Hœdic.

Men-er-Menach, lec'h, c^{ne} de Locoal-Mendon.

Men-er-Mor (Étier de), ruiss. affluent de la Vilaine et pont sur ce ruiss. c^{ne} de Pénestin.

Men-er-Roué, roches sur la baie de Quiberon, côte de Saint-Pierre.

Men-er-Vag, roche sur l'Océan, entre Houat et Hœdic.

Ménési (Le), éc. c^{ne} de Crédin.

Menessal, pont sur la Sale, reliant Grand-Champ et Plescop.

Ménétavy, h. c^{ne} de Grand-Champ.

Mené-Toulhouet, h. c^{ne} de Plœmel.

Menez, vill. c^{ne} de Plœmeur.

Menez (Izuellauff et Izellauff), vill. c^{ne} de Guiscriff.

Ménézic, pointe sur le Morbihan, c^{ne} de l'Île-d'Arz.

Men-Fourchec, roches sur l'Océan, côte d'Hœdic.

Men-Fourchet, basse sur l'Océan, près d'Hœdic (dist. des roches précédentes).

Men-Fourchet, rocher sur l'Océan, près de Houat (dist. des précédents).

Mengleio, h. c^{ne} de Sarzeau.

Men-Gornoët, dolmen, c^{ne} de Pluneret.

Men-Gouarec, dolmen, c^{ne} de Plaudren.

Mengouet (Le Grand et le Petit), h. et bois, c^{ne} de Saint-Thuriau; ruiss. dit aussi *du Pont-de-Kerjoly* et *du Pont-de-Garvanic,* affl. du Kerguzangor, qui arrose Saint-Thuriau et Noyal-Pontivy.

Men-Groise, roches sur l'Océan, entre Houat et Hœdic.

Menguen, h. c^{ne} de Berné.

Menguen, pierre, c^{ne} d'Erdeven.

Menguen, h. cᵗᵉ de Questembert.

Menguen (Le), éc. cⁿᵉ de Noyal-Muzillac.

Men-Hiol, dolmen, cⁿᵉ de Sarzeau.

Menhir, h. cⁿᵉ de Crach.

Menhir, éc. cⁿᵉ de Muzillac.

Menhir (Loge du), éc. cⁿᵉ de Saint-Jean-Brévelay.

Menhir - Bihan et Menhir - Bras, deux pierres levées dans la forêt de Camors, cᵗᵉ de Camors.

Meniech (Le), éc. cⁿᵉ de Séné.

Menieu (Puits du), cⁿᵉ de Séné.

Mévieux (Les), éc. cⁿᵉ de Campénéac.

Menimur (Le), éc. et f. cⁿᵉ de Vannes, appelés *Kerlos-quet* au xviiiᵉ siècle (chap. de Vannes). — Seign. manoir.

Mévio, éc. cⁿᵉ de Moustoirac.

Menis (Chemin des), cⁿᵉ de Théhillac.

Men-Melein, menhir, cⁿᵉ de Locmariaquer.

Men-Melein, roches sur l'Océan, côte de Saint-Pierre.

Mévonay, chât. fᵗᵉ, bois et étang, cⁿᵉ de Locmalo. — *Manaoures-Cozic*, 1416 (princip. de Rohan-Gué-mené). — *Menaores*, 1423 (*ibid.*). — Seign. manoir.

Mésonval (Le Grand et le Petit), h. cⁿᵉ de Guern. — Seigneurie; manoir.

Mévorven, vill. cⁿᵉ de Priziac. — Seigneurie; manoir.

Men-Platt, dolmen, cⁿᵉ de Locmariaquer.

Men-Platt, dolmen, cⁿᵉ de Saint-Gildas-de-Rhuis.

Men-Portz-Plous, roches sur l'Océan, côte de Houat.

Men-Rond, rocher sur l'Océan, côte d'Hœdic.

Mentec (Rue), à Plouay.

Menter, h. cⁿᵉ de Plumergat.

Menton (Le), éc. cⁿᵉ de Plumelec.

Men-Toul ou Roc-Toul, rocher à l'embouchure de la Vilaine, côte de Billiers.

Men-Toul, basse et roche sur l'Océan, côte de Plou-harnel.

Menue-Lande (La), éc. cⁿᵉ de Billio.

Meni-Merle (Le), portion de la forêt de Branguily, cⁿᵉ de Gueltas.

Menut, éc. cⁿᵉ de Cléguérec.

Mévy (Le), h. cⁿᵉ d'Augan.

Mercerio, éc. cⁿᵉ de Bignan.

Merch, h. cⁿᵉ de Cléguérec.

Merci, f. cᵗᵉ de Naizin.

Mercier (Croix du), cⁿᵉ de Crédin.

Mercière (Rue), au Port-Louis.

Merdy, h. cⁿᵉ de Moustoir-Remungol.

Merdy (Le), éc. cⁿᵉ de Brech. — Seigneurie.

Merdy (Le), h. cⁿᵉ de Guiscriff. — *Maerdi*, xiiᵉ siècle (abb. de Sainte-Croix de Quimperlé).

Merdy (Le), éc. cⁿᵉ d'Hennebont. — Seigneurie en Saint-Caradec-Hennebont.

Merdy (Le), h. cⁿᵉ de Lignol.

Mérézelle, vill. éc. et mⁱⁿ à vent, cⁿᵉ du Palais. — *Mezrezel*, xvᵉ siècle (abb. de Sainte-Croix de Quim-perlé).

Mériadec, vill. et lande, cⁿᵉ de Baden.

Mériadec, vill. partie cⁿᵉ de Plumergat et partie cⁿᵉ de Pluneret; mⁱⁿ à vent, cⁿᵉ de Plumergat. Trève de la par. de Plumergat, sous le nom de *Mériadec-Coëtsal*. — Seigneurie.

Méridan, vill. cⁿᵉ de Caden.

Mérionnec, h. cⁿᵉ d'Elven.

Merlande (La), éc. cⁿᵉ de Saint-Gravé.

Merle (Fontaine du), cⁿᵉ de Monteneuf.

Merlévenez, cⁿᵉ du Port-Louis. — *Breullevenez*. 1367 (abb. de la Joie). — *Brellevenez*, 1372 (*ibid.*). — *Brélevenez*, 1385 (*ibid.*). — *Meurlevenez*, 1498 (*ibid.*). Par. du doy. de Pont-Belz : voy. Trévelzun; anc. établissement de templiers. — Sénéch. et subdél. d'Hennebont. — Distr. d'Hennebont.

Merlin, vill. cⁿᵉ de Plumergat.

Merlo, éc. cⁿᵉ de Berné.

Merlus (Pont du), sur le ruiss. de ce nom, reliant Inzinzac et Lanvaudan; ruiss. *du Pont-du-Merlus*, affl. de celui du Moulin-de-Kerollin, qui arrose ces deux communes.

Mermellan, vill. cⁿᵉ de Bignan.

Mernais (La), vill. cⁿᵉ de Saint-Martin.

Méno, éc. cⁿᵉ de Nivillac.

Méron (Métairie), vill. cⁿᵉ de Carentoir.

Mer Sauvage, nom donné à la partie de l'Océan qui baigne le sud et l'ouest de Belle-Île.

Merville, vill. cⁿᵉ de Lorient, et rue dans le village.

Merzer (Le), vill. et pont sur le Scorff, cⁿᵉ de Lan-goëlan. Trève de la par. de Langoëlan, ancᵗ paroisse, dont on trouve le nom, encore à la fin du xviiiᵉ siècle, accolé à celui de Langoëlan.

Mes-Écus, vill. cⁿᵉ de Belz.

Mesergolen, h. cⁿᵉ de Séglien.

Meslan, cⁿᵉ du Faouët. — *Mezlan*, aliàs *Metlan*, 1282 (abb. de la Joie). Par. du doy. des Bois. — Seigneurie. — Sénéch. et subd. d'Hennebont. — Distr. du Faouët.

Mesle, vill. cⁿᵉ de Guégon.

Meslien, chât. h. et mⁱⁿ à eau sur le Tronchâteau, cⁿᵉ de Cléguer. — Seigneurie; manoir.

Meslin, h. cⁿᵉ de Plengriffet.

Meslouan, h. cⁿᵉ de Saint-Caradec-Trégomel.

Mesny, bois, cⁿᵉ de Pluherlin.

Mesomeur, h. cⁿᵉ de Meslan.

Messe (Chemin de la), cⁿᵉ de Bignan.

Messine, roche, cⁿᵉ d'Augan.

Messulec (Le Grand et le Petit), h. cⁿᵉ de Malguénac.

MESTENOS, éc. c^{ne} de Saint-Nolff.

MÉTAIRIE (LA), éc. c^{ne} de Caro.

MÉTAIRIE (LA), f. c^{ne} de Kervignac.

MÉTAIRIE (LA), vill. c^{ne} de Locmaria.

MÉTAIRIE (LA), h. c^{ne} de Malansac.

MÉTAIRIE (LA), éc. et pont sur le ruiss. du Pont-de-la-Villeneuve, c^{ne} de Missiriac. — Seigneurie.

MÉTAIRIE (LA), éc. c^{ne} de Muzillac.

MÉTAIRIE (LA), f. c^{ne} de Plaudren.

MÉTAIRIE (LA), éc. c^{ne} de Saint-Jean-Brévelay.

MÉTAIRIE (LA), vill. c^{ne} de Théhillac.

MÉTAIRIE (LA HAUTE et LA BASSE), f^{es}, c^{ne} de Carentoir.

MÉTAIRIE (LA HAUTE et LA BASSE), vill. c^{ne} de Férel.

MÉTAIRIE-BRÛLÉE (LA), éc. c^{ne} de Baud.

MÉTAIRIE-DE-BAS (LA), éc. c^{ne} de Carentoir (dist. des f^{es} de la Haute et de la Basse Métairie).

MÉTAIRIE-DE-BAS (LA), h. c^{ne} de Limerzel.

MÉTAIRIE-DE-BAS (LA), éc. c^{ne} de Nivillac.

MÉTAIRIE-DE-HAUT (LA), h. c^{ne} de Gourhel.

MÉTAIRIE-DE-HAUT (LA), f. c^{ne} de Sérent.

MÉTAIRIE-D'EN-HAUT (LA), f. c^{ne} de la Chapelle.

MÉTAIRIE-NEUVE (LA), f. c^{ne} d'Augan.

MÉTAIRIE-NEUVE (LA), f. c^{ne} de Bréhan-Loudéac.

MÉTAIRIE-NEUVE (LA), éc. c^{ne} de Carentoir.

MÉTAIRIE-NEUVE (LA), f. c^{ne} de Caro.

MÉTAIRIE-NEUVE (LA) ou LOUARNIC, f. c^{ne} du Faouët.

MÉTAIRIE-NEUVE (LA), h. c^{ne} de Grand-Champ.

MÉTAIRIE-NEUVE (LA), f. c^{ne} de Guer.

MÉTAIRIE-NEUVE (LA), f. c^{ne} de Guer (dist. de la précédente).

MÉTAIRIE-NEUVE (LA), f. c^{ne} de Guiscriff.

MÉTAIRIE-NEUVE (LA), h. c^{ne} de Limerzel.

MÉTAIRIE-NEUVE (LA), éc. c^{ne} de Mauron.

MÉTAIRIE-NEUVE (LA), éc. c^{ne} de Monteneuf.

MÉTAIRIE-NEUVE (LA), f. c^{ne} de Noyal-Muzillac.

MÉTAIRIE-NEUVE (LA), f. dite aussi le Blévec, c^{ne} de Plœren.

MÉTAIRIE-NEUVE (LA), f. c^{ne} de Plouay.

MÉTAIRIE-NEUVE (LA), h. c^{ne} de Plougoumelen.

MÉTAIRIE-NEUVE (LA), éc. c^{ne} de Pontscorff.

MÉTAIRIE-NEUVE (LA), f. c^{ne} de Questembert.

MÉTAIRIE-NEUVE (LA), f. c^{ne} de Questembert (dist. de la précédente).

MÉTAIRIE-NEUVE (LA), h. c^{ne} de Saint-Gravé.

MÉTAIRIES (LES), éc. et m^{in} à vent, c^{ne} de Nivillac. — Seigneurie.

MÉTÉ, croix, c^{ne} de Malansac.

MÉTÉNIO (LE), h. c^{ne} de Napoléonville.

METTE (LA), éc. c^{ne} de Peillac.

MEUCELLE, île de la baie du Morbihan, c^{ne} de Séné; elle a été réunie à la terre ferme.

MEUCON, c^{ne} de Grand-Champ; font. dont les eaux alimentent la ville de Vannes. — Montgonne, parr^{e}, 1275 (abb. de Lanvaux). — Moncon, 1387 (chap. de Vannes). — Montcon, 1454 (canonisat. de saint Vincent-Ferrier).

Par. du terr. de Vannes. — Sénéch. et subd. de Vannes. — Distr. de Vannes.

MEUCON (LE), ruiss. dit aussi de la Fontaine-de-Meucon, du Guern, du Gouascoin et Vieux-Ruisseau de Botlann, afll. du Rohan; il arrose Meucon, Grand-Champ, Plescop et Saint-Avé.

MEUDON, chât. et vill. c^{ne} de Saint-Nolff. — Seigneurie.

MEULAC (LE), vill. c^{ne} de Carentoir. — Mellac, 833 (cart. de Redon).

MEULE, m^{in} à eau sur le Poblaye, c^{ne} de Quistinic.

MEULE (LA), f. c^{ne} de Carentoir. — Seigneurie.

MEULE (LA), éc. c^{ne} de Caro.

MEULE (LA), h. c^{ne} de Peillac.

MEULE (PONT DE LA), sur le ruiss. de ce nom, c^{ne} de Pleugriffet; ruiss. du Pont-de-la-Meule : voy. MONT-DE-FROID.

MEUNIAIE (LA), éc. c^{ne} de Peillac.

MEUR (LE), vill. c^{ne} de Ménéac.

MEURAIS (LA), vill. c^{ne} de Malansac.

MÉZENTRÉ. salines, c^{ne} de Séné.

MEZ-ER-HOAT, section de la c^{ne} de Groix.

MÉZO (LE), chât. f^{e} et landes, c^{ne} de Plœren; ruiss. des Landes-du-Mézo : voy. BOCOUANT. — Seigneurie; manoir.

MIAUDRIE (LA), éc. c^{ne} de Questembert.

MICHAUD (LES), h. c^{ne} de Molac.

MICHAUX, m^{in} à eau sur le Scorff, c^{ne} de Cléguer.

MICHEL, m^{in} à vent, c^{ne} de Groix.

MICHELAIS (LA), h. c^{ne} de Théhillac.

MICHÈS (LES), éc. c^{ne} d'Elven.

MICHOT, vill. et salines, c^{ne} de Séné.

MILEN (LE), éc. c^{ne} de Grand-Champ.

MILEU, font. c^{ne} de Séné.

MILHUERNE, vill. c^{ne} de Noyal-Muzillac.

MILIEU (BASSE DU), sur l'Océan, entre les Esclassiers et Goué-Vas.

MILIT, presses à sardines, port, fort du Port-Milit et basses sur l'Océan, c^{ne} de Groix.

MILITAIRE (RUE), au Palais.

MILLAS, h. c^{ne} de Guillac.

MILLEDEC (LE), vill. c^{ne} de Brandérion. — Le Miledec, 1402 (abb. de la Joie). — Le Milhedec, 1405 (ibid.).

MILLET, ruiss. affluent de l'Yvel, qui arrose Gourhel et Ploërmel; m^{in} à eau sur ce ruiss. c^{ne} de Ploërmel.

MILLIARO (RUE), à Pluvigner. — Rue du Milarou, dans la partie du bourg dite Bourg-des-Moines, 1429 (abb. de Lanvaux).

Mily, h. cne de Marzan.

Minardais (La), vill. cne de Carentoir.

Minazen, éc. cne de Languidic; écluse sur le Blavet.

Miné (Le), h. cne du Faouët.

Miné-ar-Justice (Loge), éc. cne de Guiscriff.

Miné-Bert, pont sur le Restal, reliant Gourin et Roudouallec.

Minéblocu, vill. cne de Langonnet.

Miné-Buonnec, éc. cne de Langonnet.

Miné-Cospérec, ruiss. affl. de celui du Pont-Blanc; il arrose Langonnet.

Miné-Choas-Loas, éc. cne de Langonnet.

Minedroh, éc. cne de Priziac. — Seigneurie; manoir.

Minédu, h. cne de Langonnet.

Miné-Glas, h. cne du Saint.

Minégouen, vill. cne de Saint-Tugdual.

Miné-Lan (Loges), h. partie cne du Saint, partie cne de Gourin.

Minélescréach, vill. et min à eau sur l'Ellée, cne de Langonnet.

Miné-Lévenez, vill. cne de Langonnet. — Seigneurie.

Miné-Morvant, vill. cne de Langonnet. — Seigneurie.

Miné-Penpen, h. cne du Saint. — Seigneurie.

Miné-Penquer, éc. cne de Lanvénégen.

Minerai-de-Coëtquidan, lande et ruiss. *de la Lande-du-Minerai-de-Coëtquidan*, dit aussi *de la Fontaine-de-Brétigné*, affl. de l'Aff, cne de Guer.

Mineray (La), f. cne de Carentoir. — Seigneurie.

Minéaiou, h. cne de Lanvénégen.

Minénoau, éc. cne de Priziac.

Miné-Roudou, éc. cne de Roudouallec; ruiss. affl. du Yun-ar-Miner, qui arrose Roudouallec et Gourin.

Minez-Bene, lande, cne de Gourin.

Minez-Glas, h. cne de Guiscriff.

Minez-Guyon, croix, cne de Langonnet.

Minez-Nooléniou, lande, cne de Gourin.

Minez-Robin, éc. et ruiss. affluent de l'Inam, cne de Gourin.

Minglelx, h. cne de Berné.

Minglio, f. cne de Surzur.

Minglillo (Le), h. cne de Grand-Champ.

Min-Guionet, h. et min à eau sur le ruiss. de ce nom, cne de Gourin; ruiss. affl. de l'Inam, qui arrose le Saint et Gourin. — *Mengueffnet*, 1561 (seign. de Kergus, chez M. Stenfort, à Gourin). — Seigneurie; manoir.

Minier, pont sur le ruisseau de ce nom, cne de Guer; ruiss. *du Pont-Minier*: voy. Saint-Gonval.

Minière (La), chât. f. et min à vent, cne de Réminiac. — Seigneurie.

Minière (La), f. cne de Saint-Jean-la-Poterie.

Minino, vill. cne de Pluvigner.

Minihy, h. cne de Plougoumelen.

Minio (Le), éc. cne de Napoléonville.

Miniou, vill. éc. dit *Grand-Miniou*, et ruiss. affluent de l'Ellée, cne de Langonnet.

Miniou, éc. cne de Plouray.

Miquel, h. cne de Marzan.

Miquel (Le), section de la cne de Radenac.

Mir (Le), h. cne de Plœmeur.

Mirenguenne (La), éc. cne de Pleucadeuc.

Miséricorde (Chapelle isolée et Lande de la), cne de Pluvigner.

Misny, bois, cne de Saint-Gongard.

Missiriac, cne de Malestroit; autrefois annexée au cne de Rochefort. — *Miceriac, parr*, vers 1130 (prieuré de la Magdeleine de Malestroit. — *Misseriac*, 1432 (chât. de Kerfily). — *Miseriac*, 1446 (*ibid.*).

D'abord paroisse, puis trève de Malestroit, redevenue par. du doy. de Carentoir; faisait partie du territ. de Rieux au xvie siècle. — Sénéch. de Ploërmel; subd. de Malestroit. — Distr. de Rochefort.

Mitan (Le), f. cne de Ménéac.

Mitray (Le), h. cne de Guer.

Mi-Voie, h. cne de Carnac.

Mivoie, h. cne de la Chapelle.

Mi-Voie, min à vent, cne de Guillac; pyramide dressée en 1823 en commémoration du combat des Trente dont ce lieu fut le théâtre en 1351.

Mi-Voie (La), vill. cne de Réguiny.

Mocpaye, min à eau sur la Claye, cne de Pleucadeuc.— — *Moquepays*, 1444 (hôpital de Malestroit).

Mohon, cne de la Trinité-Porhoët; min à eau sur le Ninian, cne de Lanouée, et pont sur ce ruiss. reliant Lanouée et Mohon. — *Mochon, vicaria*, xie siècle (D. Morice, I, 362). — *Mohum*, 1131 (prieuré de Saint-Martin de Josselin). — *Mohon. parr*, 1221 (duché de Rohan-Chabot). — *Mehon*, 1251 (*ibid.*). — *Mouhon*, 1491 (*ibid.*). — *Monhon*, 1513 (fabr. de Taupont).

Par. du doy. de Lanouée; prieuré, membre de l'abb. de Saint-Jean-des-Prés; hôpital. — Sénéch. de Ploërmel; subd. de Josselin. — Distr. de Josselin.

Moine (Clos au), lande, cne d'Augan.

Moine (Pont), sur le Kergoal, cne de Plescop.

Moine (Pont au), sur le Camel, reliant Loyat et Campénéac; vill. *du Pont-au-Moine*, partie cne de Campénéac, partie cne de Loyat; ruiss. *du Pont-au-Moine*. affl. du Camet, qui arrose Loyat.

Moineaux (Rue des), à Auray. — *Rue Mouenno*, xviie siècle (arch. comm. d'Auray).

Moines (Ancien Chemin des), qui limite les cnes de Remungol et de Moréac.

Moines (Bois aux), cne de Grand-Champ.

Moines (Bois aux), c^ne de Guer. — Seigneurie *du Bois-aux-Moines;* manoir.

Moines (Bois des), c^ne de Marzan.

Moines (Chemin des), c^ne de Guer.

Moines (Croix aux), c^ne d'Augan.

Moines (Croix aux), c^ne de Monteneuf.

Moines (Île aux), dans la baie du Morbihan, et port; *Île-aux-Moines,* c^ne du c^on de Vannes-Ouest, dite aussi *Locmiquel;* pass. voy. Arradon. — *Crialeis, id est Enes-Manac ad fabas,* 856 (cart. de Redon). — Le nom breton actuel est *Izenah,* contraction de la forme *Enes-Manac* ou *Inis-Manach, insula monachorum.*

Trève de la par. d'Arradon.— Distr. de Vannes.

Moines (Île des), sur la riv. d'Étel, c^ne de Belz.

Moinet (Le), terrain, c^ne de Concoret.

Moisan, pont, c^ne de Guégon.

Moisonnaie (La), vill. c^ne de Poillac.

Moivran, vill. et m^in à eau sur le Ninian, c^ne de Saint-Malo-des-Trois-Fontaines; m^in à vent, c^ne de la Grée-Saint-Laurent.

Moizanne, lande, c^ne de Missiriac.

Moizonnaie (La), h. et f. dite *Basse-Moizonnaie,* c^ne de Malansac.

Molac, c^ne, c^on de Questembert; pont sur l'Arz, reliant Molac et Larré; h. *du Pont-de-Molac* et m^in à eau sur l'Arz, c^ne de Molac; forêt s'étendant en Molac et en Bohal. — *Mullacum, plebs condita,* 820 (cart. de Redon).—*Mulacum,* 849 (*ibid.*).— *Mullac,* 850 (*ibid.*).—*Mollach,* 1116 (prieuré de la Magdeleine de Malestroit).—*Molac, eleemosina,* 1160 (D. Morice, I, 638).—*Mollac,* xiie s^e (prieuré de Saint-Martin de Josselin). — *Moullac,* 1387 (chap. de Vannes).—*Moulac,* 1460 (duché de Rohan-Chabot).

Par. du doy. de Péaule, faisait partie du territ. de Rieux au xve et au xvie siècle; prieuré : voy. Héraain (L'); établissement de chevaliers de Saint-Jean de Jérusalem. — Baronnie, gage du sénéchal féodé de la seign. de Rohan, dont les fonctions subsistèrent jusqu'à 1641; appelée aussi, du nom de son chât. seign. *de Trégouet :* voy. ce mot. — Sénéch. et subd. de Vannes. — Distr. de Rochefort.

Molais (La), f. c^ne de Réminiac. — Seigneurie.

Molé (Quai), à Vannes. — Voy. Commerce (Rue du).

Molière (Rue), à Lorient; appelée également, depuis quelques années, rue *Voltaire.*

Molland (Bois du), c^ne de Beignon.

Molpertus, vill. c^ne de Sarzeau.

Moncan, éc. c^ne d'Auray. — Seigneurie; manoir en la par. de Brech.

Moncello (Le), éc. c^re de Damgan.

Moncello (Le), h. c^ne de Pluvigner.

Monciot, f. c^ne de Sarzeau.

Moncouard, éc. c^ne de Plaudren.—*Montcozart,* 1399 (duché de Rohan-Chabot). — *Montcouzart,* 1407 (*ibid.*).

Monpelon, h. c^ne de Pluméliau.

Mongrenier, éc. c^ne de Guégon. —*Maugremien,* 1658 (présid. de Vannes). —Seigneurie.

Monoué, h. c^ne d'Allaire.

Monhénie, f. c^ne de Trédion.

Monnaie (La), vill. c^ne de Caden.

Monnaie (Rue de la), à Vannes; elle conduisait à l'hôtel des monnaies, dont l'emplacement s'est appelé longtemps *la Monnoierie.*

Monneraie (La), h. c^ne de Saint-Perreux.

Mon-Plaisir, chât. et étang, c^ne de Plœmeur.

Monplaisir, h. c^ne de Pontscorff. —Seigneurie.

Monsel (Le), h. c^ne de Pluméliau.

Monsieur (Bois de), c^ne de Saint-Gonnery.

Monsieur (Croix de), c^ne de Kergrist.

Monsonolais, h. c^ne de Questembert.

Mont (Grand-), fort, corps de garde, plateau, pointe et basse sur l'Océan, c^ne de Saint-Gildas-de-Rhuis.

Mont (Le), vill. et colline, c^ne de Guéhenno. —Bourg du *Monti-Guéhenno,* xviie siècle (duché de Rohan-Chabot). — Seigneurie.

Mont (Le), vill. c^ne de Sulniac; ruiss. affl. du Saint-Éloi, qui arrose Sulniac, Berric et Noyal-Muzillac.

Mont (Petit-), tumulus, fort, corps de garde, pointe et basse sur l'Océan, c^ne d'Arzon.

Montagne (La), éc. c^ne de Languidic.

Montagne (La), f. c^ne de Plougoumelen.

Montagne (La), éc. c^ne de Rieux.

Montagne (La), h. — Voy. Moten. (Le).

Montagnes (Les), h. et m^in à vent, c^ne de Plœmeur.

Prieuré vulgairement appelé *Saint-Michel-des-Montagnes,* d'abord membre de l'abbaye de Sainte-Croix de Quimperlé, transporté au xviie siècle aux oratoriens de Nantes.

Montagnes Noires, chaîne de montagnes qui traverse, dans le Morbihan, les c^nes de Langonnet, de Gourin et de Roudouallec; lande, c^ne de Langonnet.

Montague, éc. c^ne de Limerzel.

Montaigu, f. c^ne de Loyat.

Montauban, vill. c^ne de Ménéac.

Montauban, font. c^ne de Rochefort; nom d'une maison du bourg où fut installé, au xviiie siècle, l'hôpital de Rochefort.

Montauban (Grande rue), à la Gacilly.

Mont-Cassin (Le), éc. c^ne de Josselin. — Abbaye de femmes, ordre de Saint-Benoît, en la par. de Saint-Nicolas de Josselin; ancien prieuré dépendant de Saint-Sulpice de Rennes, érigé en abb. en 1682.

Mont-Chagrin, éc. —Voy. Mont-Réveil.

Montégu, h. c^ne de Treffléan.

Monteneuf, c^on de Guer; m^in à vent et lande, dans la commune.

Trève de la par. de Guer. — Distr. de Ploërmel.

Montenvert, éc. c^ne de Lanouée.

Monterblanc, c^on d'Elven; m^in à vent dans la c^ne. — *Monsterblanc*, 1455 (abb. de Lanvaux). — *Moustoerblanc*, xvie siècle (chât. de Kerleau).

Trève de la par. de Plaudren. — Distr. de Vannes.

Monterblot, vill. c^ne de Mauron.

Monterno, éc. c^ne de Lauzach. — Seigneurie.

Monterrein, c^ue, c^on de Malestroit. — *Monterrin*, 1439 (fabr. de Taupont).

Trève de Saint-Abraham, anc^t paroisse. — Distr. de Ploërmel.

Montertelot, c^on de Ploërmel. — *Montertelo*, 1481 (chât. de Kerfily).

Trève de la par. de Guillac, anc^t paroisse. — Seigneurie. — Distr. de Ploërmel.

Montervily, vill. c^ne de Beignon.

Montguern, vill. c^ne de Guern.

Montigny (Ruelle de), à Lorient. — Voy. Frémicourt.

Montjoie, h. c^ne de Séglien.

Mont-Pertu, quartier du bourg de Camoël.

Montrel (Le Haut et le Bas), vill. c^ne de Saint-Gravé. — Deux seigneuries.

Mont-Réveil ou Mont-Chagrin, éc. c^ne de Pontscorff.

Montro (Le), éc. c^ne de Guidel.

Montsarac, vill. c^ne de Séné. — *Monserrec*, aliàs *Montserre*, xvie siècle (chât. de Kerleau).

Monty (Le), h. c^ne de Carentoir.

Moquette (La), éc. c^ne d'Allaire.

Moraie (La), vill. c^ne de Carentoir.

Moraie (La), vill. et ruiss. affl. de celui de la Ville-aux-Feuves, c^ne de Malansac.

Moraie (La), vill. c^ne de Taupont; m^in à eau sur le Léverin, c^ne de Loyat.

Moras (Rue de), à Lorient. — Voy. Perreine-de-Moras.

Morbihan, éc. c^ne de Sulniac.

Morbihan (Le), golfe ou baie, dit en partie *Rivière de Vannes*, communiquant par un étroit goulet avec l'Océan Atlantique et baignant, à droite, les c^nes d'Arradon, Baden, Locmariaquer, à gauche, celles de Séné, Theix, Noyalo, le Hézo, Saint-Armel, Sarzeau, Saint-Gildas-de-Rhuis et Arzon, outre les c^nes de l'Ile-d'Arz et de l'Ile-aux-Moines, plus celle de Vannes sur ces deux rives.

Ce golfe a donné son nom à l'un des cinq départements formés de l'ancienne province de Bretagne. — Jusqu'au xviie siècle, la baie du Morbihan s'est appelée *le port* ou *havre de Morbihan* : voy. aussi Port-Navalo.

Morbihan (Le), golfe sur l'Océan, entre la presqu'île de Gâvre, Plouhinec et Riantec; dit aussi *anse de Gâvre* ou *Petite Mer de Linès*.

Morbihan (Le), barre dans la baie de Quiberon, entre Arzon, Saint-Gildas-de-Rhuis et Locmariaquer.

Morbihan (Le), basse sur l'Océan, entre Saint-Gildas-de-Rhuis, Arzon et Quiberon.

Morbihan (Rue du), à Gourin, dite aussi *des Sans-Culottes*, à la Révolution.

Morbihan (Rue et Pont du), à Vannes : voy. Saint-Vincent; place dans la même ville.

Morbihan (Rue, Place et Porte du), à Lorient. — La rue appelée successivement : avant 1789 rue *de Rohan* ou *du Prince*, après 1789 rue *du Morbihan*, en 1817 rue *de Bourbon*, et de nouveau rue *du Morbihan* depuis 1830. — Porte et autre rue du même nom au faubourg de Kerentrech, dans la même c^ne : voy. Kerentrech. — La place, dite place *Bourbon* de 1817 à 1830.

Morbout (Le), lande et salines, c^ne de Séné.

Morbouleau, pont sur le Kerizac et m^in à vent, c^ne de Plaudren.

Morbulo, éc. c^ne de Plœren.

Morciauderie (La), éc. c^ne d'Allaire.

Mordan, éc. c^ne du Guerno.

Mordovic, m^in à eau sur le Quéleback. c^ne d'Hennebont.

Moréac, c^on de Locminé; lande s'étendant sur les c^nes de Moréac et de Bignan; h. *de la Lande-de-Moréac*. c^ne de Bignan. — *Moriacum*, 1008 (D. Morice, I, 150). — *Moreyac, parr^a*, 1273 (*ibid.* I, 1030). — *Moreiac*, 1280 (*ibid.* I, 1052). — *Moréac*, 1280 (abb. de Lanvaux).

Par. du doy. de Porhoël; ancien monastère : voy. Locminé. — Seign. deux manoirs, l'un dit *Moréac-Molac* et l'autre *Moréac-Bois-du-Lié*. — Sénéch. de Ploërmel; subd. de Pontivy. — Distr. de Pontivy.

Moréac, éc. f. et pointe sur le Morbihan, c^ne d'Arradon. — Seigneurie; manoir.

Monégec, éc. c^ne de Treffléan.

Morfouesse, h. c^ne de Ploërmel. — *Morfoas*, métairie. 1280 (D. Morice, I, 1065). — *Morfouoce*, 1308 (abb. de la Joie). — Seigneurie.

Morgahèze, h. et ruiss. *de la Fontaine-Morgahèze*, affl. de celui du Moulin-de-Cabrec, c^ne d'Inguiniel.

Morgant, h. c^ne de Taupont. — Seigneurie.

Morgant (Le), f. bois et éc. *du Bois-Morgant*, c^ne de Priziac.

Morgabenne, h. c^ne de Marzan.

Morgat, éc. c^ne de Plumergat.

Morhan, h. m^in à eau et pont sur le Sédon, c^ne de Guégon.

Morhannais (La), vill. c^ue de Monterrein.
Morian, ruisseau. — Voy. Ville-Oger (La).
Morillon, éc. c^ne de Quéven.
Morillon (Le), éc. c^ne d'Arzal.
Morinaie (La), h. partie c^ne de Mauron, partie c^ne de Saint-Brieuc-de-Mauron.
Morinaie (La), chât. et f. c^ne de Pleucadeuc. — Seign.
Morinnerie (La), éc. c^ne d'Elven.
Morio, m^lu à eau sur le ruiss. de ce nom, c^ne de Plaudren; ruiss. *du Moulin-Morio* : voy. Arz.
Morissais (La), h. c^ne des Fougeréts.
Morissais (La), f. c^ne de Ploërmel.
Morlais (La), chât. et f. c^ne de Missiriac. — *La Morelaye*, 1435 (chât. de Kerfily). — Seign. manoir.
Morlen, h. c^ne de Malguénac.
Mormazière (La), vill. c^ne de Guilliers.
Mornaie (La), h. c^ne d'Allaire.
Mornaye (La), h. c^ne de Béganne.
Mort-de-froid, pont sur le ruiss. de ce nom, et ruiss. *du Pont-Mort-de-froid*, dit aussi *de la Noë-Bernard* et *du Pont-de-la-Meule*, affl. de celui de la Ville-Oger, c^ne de Pleugriffet.
Mortier (Le), chât. f. m^in à vent et ruiss. *du Douet-du-Mortier*, affl. de l'Arz, c^ne de Plaudren. — Seign. manoir.
Mortier (Le), h. c^ne de Saint-Jacut. — Seigneurie.
Morts (Pont des), sur la rigole alimentaire de Bara, c^ne de Saint-Gérand.
Morvan, éc. c^ne de Séné.
Morvant, m^in à eau sur le ruiss. de ce nom, c^ne du Saint; ruiss. *du Moulin-Morvant* : voy. Bouthiry.
Motai (Le), f. c^te d'Allaire. — Seigneurie.
Moten, f. c^ne de Bignan.
Moten, éc. c^ne de Pluvigner.
Moten (Le) ou la Montagne, h. c^ne de Pluneret.
Motenay, éc. c^ne de Marzan. — Seigneurie.
Moten-Coustic, lande, c^ue de Meucon.
Moten-Cras, éc. c^ne de Plumelin.
Moten-Grahivy, lande, c^ne de Theix.
Moten-Kerabellec (Le), éc. c^ne de Pluvigner.
Moten-Marren, lande, c^ne de Theix.
Motenneu, éc. c^ne de Bignan.
Motenno, vill. butte et pointe sur le Morbihan, c^ne d'Arzon. — Seigneurie.
Motenno, vill. c^ne de Nostang.
Motenno, h. c^ne de Sarzeau.
Moténo (Le), h. et batterie sur l'Océan, c^ne de Plouhinec.
Moten-Saint-Colomban, éc. c^ne de Pluvigner.
Moten-Vras, éc. c^ne de Pluvigner.
Motte (Bois de la) et lande dite *Butte de la Motte*, c^ne de Guer.

Motte (La), vill. c^ne d'Arzal.
Motte (La), h. c^ne de Bignan.
Motte (La), vill. c^ne de Bréhan-Loudéac.
Motte (La), deux m^in à eau sur le ruiss. de ce nom et m^in à vent, c^ne de Camors; ruiss. *du Moulin-de-la-Motte*, affl. de l'Ével, qui arrose Camors et Baud.
Motte (La), vill. c^ne de Campénéac.
Motte (La), lande, c^ne de Crédin.
Motte (La), f. c^ne des Fougeréts.
Motte (La), vill. c^ne de Gourin. — Seigneurie; manoir.
Motte (La), h. c^ne de Lanouée.
Motte (La), h. c^ne de Marzan.
Motte (La), h. c^ne de Peillac.
Motte (La), f. c^ne de Ploërmel. — Seigneurie.
Motte (La), éc. c^ne de Pluherlin.
Motte (La), vill. c^ne de Pluméliau.
Motte (La), lande, c^ne de Porcaro.
Motte (La Haute et la Basse), vill. c^ne de Bieuzy.
Motte (Rue de la), à Napoléonville.
Motte-à-Madame (La), h. c^ne de Guémené.
Motte-Blanche (La), f. c^ne de Pleucadeuc.
Motte-Brandivy (La), éc. c^ne de Grand-Champ.
Motte-Kerleguin (La), éc. c^ne de Grand-Champ. — Seigneurie; manoir.
Motte-Kerliard (La), éc. c^ne de Moustoirac.
Motten, h. et ruiss. affl. du Loch, c^ne de Grand-Champ.
Motten-Botségalo, éc. c^ne de Grand-Champ.
Motten-Derhuen, ruiss. affl. de celui de la Mare-au-Sel, c^ne de Grand-Champ.
Mottenen (Croix), c^ne de Grand-Champ.
Motten-en-Nizeu, lande, c^ne de Grand-Champ.
Motten-en-Puren, lande, c^ne de Grand-Champ.
Motten-en-Vadeleine, lande, c^ne de Plœren.
Motten-Losquet, lande, c^ne de Grand-Champ.
Motte-Rivault (La), h. c^ne de Sarzéau. — Seigneurie.
Motte-Rousse (La), port et vill. — Voy. Port-Pinon.
Mouchiouse, île de la baie du Morbihan, c^ne de l'Île-d'Arz.
Mouel (Croix du) ou de Boderneren, c^ne de Saint-Thuriau.
Mouenno (Rue), à Auray. — Voy. Moineaux (Rue des).
Mouisserie (La), f. c^ne de Carentoir.
Moulac (Le Haut et le Bas), vill. c^ne de Saint-Jean-Brévelay. — Seigneurie.
Moulière (La), vill. c^ne de Caro.
Moulin (Lande du), c^ne de Radenac.
Moulin (Maison du), éc. c^ne de Malansac.
Moulin (Pont du), sur le ruisseau de ce nom, et ruiss. *du Pont-du-Moulin*, dit aussi *de Baraton*, *de la Vallée-de-Saint-Couturier*, *des Vaux* et *du Pont-de-Pierre*, affl. de l'Oyon, c^ne d'Augan.
Moulin (Pont du), sur le Touleupry, c^ne d'Erdeven.

Moulin (Pont du), sur le ruiss. de ce nom, c^ne de Merlévenez; ruiss. *du Pont-du-Moulin:* voy. Pont-Éhuello.

Moulin (Rce du), à Vannes; a porté aussi autrefois le nom de rue *Saint-Martin.*

Moulin à foulon, m^in à eau sur le Saint-Éloi, c^ne de Questembert.

Moulin-à-Gué (Ruisseau du). — Voy. Cancouet.

Moulin à papier, m^in à eau sur le Lié, c^ne de Bréhan-Loudéac.

Moulin à papier, éc. et m^in à eau sur le Scorff, c^ne de Plouay.

Moulin à papier, m^in à eau sur la Claye, c^ne de Plumelec; pont *du Moulin-à-Papier* sur le même ruiss. reliant Plumelec et Trédion.

Moulin à tan, m^in à eau sur le Scorff, c^ne de Locmalo.

Moulin à tan, m^in à eau sur le Tarun, c^ne de Locminé.

Moulin-à-Vent (Lande du) et h. *de la Lande-du-Moulin-à-Vent,* c^ne de Remungol.

Moulin-à-Vent (Lande du), s'étendant sur les c^nes de Saint-Gonnery et de Gueltas.

Moulin-à-Vent (Le), f. c^ne de Pluherlin.

Moulin-à-Vent (Le), éc. c^ne de Plumergat.

Moulin Blanc (Le), m^in à eau sur le ruiss. de ce nom et ruiss. dit aussi *du Moulin-de-l'Étang,* affl. du Pontoir, c^ne de Meslan.

Moulin Blanc (Le), m^in à eau sur le ruiss. de ce nom, c^ne de Saint-Caradec-Trégomel, et ruiss. dit aussi *du Pont-Marhat,* affluent du Coëtdihuel, qui arrose Priziac, Saint-Caradec-Trégomel et Berné.

Moulin Brun (Le), m^in à eau sur le Pont-Augan, c^ne de Languidic.

Moulin d'En-Haut (Le), m^in à eau sur le Ter, c^ce de Plœmeur.

Moulin d'Ex-Haut (Le) ou du Prieuré, m^in à eau sur le Ninian, à la Trinité-Porhoët.

Moulinet, h. et pont sur le ruiss. de ce nom, c^ne de Beignon; ruiss. voy. Saint-Malo-de-Beignon.

Moulin Foulon (Le), m^in à eau. — Voy. Lesnevé.

Moulin Foulon (Le), m^in à vent, c^ne de Vannes.

Moulin Gauche (Le), éc. et m^in à vent, c^ne de Plœmel.

Moulin Neuf (Le), éc. et m^in à vent, c^ne d'Arzal.

Moulin Neuf (Le), m^in à eau sur le Morbihan et m^in à vent, dits aussi *du Pont-Neuf,* c^ne de Baden.

Moulin Neuf (Le), éc. et m^in à vent, c^ne de Caro.

Moulin Neuf (Le), m^in à eau sur le Botmars, c^ne de Cléguérec.

Moulin Neuf (Le), m^in à eau sur le ruiss. de ce nom, c^ne de Gestel; ruiss. voy. Scave.

Moulin Neuf (Le), m^in à vent, c^ne de Glénac.

Moulin Neuf (Le), m^in à eau sur le Conveau, c^ne de Gourin.

Moulin Neuf (Le), m^in à eau sur le Pont-Briand, c^ne de Guiscriff.

Moulin Neuf (Le), m^in à vent, c^ne de l'Île-aux-Moines.

Moulin-Neuf (Le), éc. et écluse sur le Blavet, c^ne d'Inzinzac.

Moulin Neuf (Le), m^in à eau sur le Plessis, c^ne de Langonnet.

Moulin Neuf (Le), deux m^ins à eau sur le Goassigoux, c^ne de Langonnet.

Moulin Neuf (Le), m^in à eau sur l'Oust, c^ne de Lanouée.

Moulin-Neuf (Le), h. m^in à eau sur le Pont-Caminan, lande et m^in à vent, c^ne de Noyal-Pontivy; ruisseau affl. du Signan, qui arrose Noyal-Pontivy et Saint-Thuriau.

Moulin-Neuf (Le), éc. et m^in à vent, c^ne de Péaule.

Moulin Neuf (Le), m^in à vent, c^ne de Pénestin.

Moulin Neuf (Le), éc. et m^in, c^ne de Plaudren.

Moulin Neuf (Le), m^in à vent, c^ne de Plouhinec.

Moulin Neuf (Le), m^in à eau et font. c^ne de Malansac; étang baignant Malansac et Pluherlin.

Moulin-Neuf (Le), éc. c^ne de Pluméliau; écluse sur le Blavet.

Moulin Neuf (Le), m^in à eau sur l'Ellée, c^ne de Priziac.

Moulin Neuf (Le), m^in à eau et écluse sur le canal de Nantes à Brest, c^ne de Saint-Aignan.

Moulin Neuf (Le), m^in à eau sur le Liziec, c^ne de Saint-Avé.

Moulin Neuf (Le), m^in à eau sur le Scorff, c^ne de Saint-Caradec-Trégomel.

Moulin Neuf (Le), m^in à vent, c^ne de Saint-Dolay.

Moulin Neuf (Le), m^in à eau sur le ruiss. de ce nom, et ruiss. affl. du Roho, c^ne de Saint-Dolay (dist. du précédent).

Moulin Neuf (Le), m^in à eau, c^ne de Saint-Nicolas-du-Tertre.

Moulin Neuf (Le), m^in à vent, c^ne de Saint-Perreux.

Moulin Neuf (Le), m^in à eau sur le Pont-Rouge, c^ne de Saint-Tugdual.

Moulin Neuf (Le), m^in à eau sur le Léverin, c^ne de Taupont.

Moulin Neuf (Le), m^in à eau sur le Ninian, c^ne de la Trinité-Porhoët.

Moulin Neuf (Le), m^in à eau. — Voy. Rulliac.

Moulin-Neuf (Ruisseau du) ou Ruisseau de l'Étang-Neuf, affl. de l'Arz; il arrose Pluherlin, Rochefort et Malansac.

Moulin-Neuf (Ruisseau du), c^ne de Saint-Martin. — Voy. Étang-Neuf.

Moulin-Neuf (Ruisseau du). — Voy. Duc (Ruisseau du Moulin-du-).

MOULINS (LES), éc. et f. c^ne de Rieux.

MOULINS (RUE DES), à Napoléonville; dite au xve siècle rue des *Vieux-Moulins*.

MOULINS NEUFS (LES), m^in à eau sur le Loc, c^ne de Brech; m^in à vent, c^ne de Pluneret.

MOUNOUFF (LE HAUT et LE BAS), vill. c^re de Questembert.

MOURAINE, éc. c^ne de Concoret.

MOUSKEN, h. c^te de Campénéac.

MOUSKER, roche de la baie de Quiberon; côte de Crach.

MOUSTARLAY, vill. et bois, c^ne de Ploërdut; ruiss. voy. SCANFF.

MOUSTÉRIAN, vill. et marais, c^ne de Séné.—Seigneurie.

MOUSTÉRIEN, h. et éc. dit *Logo-Moustérien*, c^ne de Gourin. — Seigneurie.

MOUSTÉRIEN, h. c^ne de Saint-Tugdual; pont sur le ruiss. du Moulin-de-Corrorgant, qui relie Saint-Tugdual et Priziac.

MOUSTÉRO, vill. c^ne de Groix.

MOUSTÉRO, chapelle isolée et pont sur le Tohon, c^te de Muzillac.

MOUSTÉRO, vill. c^ne de Plouray.

MOUSTERVAT, h. et ruiss. affl. de celui de la Lande-de-Kerdalvé, c^ne de Plouay.

MOUSTIERS (LES), vill. c^ne de Guer. — Prieuré-chapellenie du voc. de Saint-Michel. dépendant de l'abb. de Saint-Melaine de Rennes.

MOUSTOIR (LE), vill. c^ne d'Arradon. —Seigneurie.

MOUSTOIR (LE), vill. c^ne d'Arzal; pointe sur la Vilaine, c^te de Muzillac.—Seigneurie.

MOUSTOIR (LE), vill. c^ne de Carnac.

MOUSTOIR (LE), h. c^re de Caudan. — Seigneurie.

MOUSTOIR (LE), h. bois et m^in à vent, c^ne de Crach; autre m^in à vent à la limite de Brech et de Plœmel. — Seigneurie.

MOUSTOIR (LE), vill. c^ne d'Inguiniel.

MOUSTOIR (LE), f. m^in à eau sur le Loch et m^in à vent, c^te de Locmariaquer; ruiss. affl. du Loc, qui arrose Crach. — Seigneurie.

MOUSTOIR (LE), ville et lande, c^ne de Locoal-Mendon. — Seigneurie.

MOUSTOIR (LE), vill. et rue à Merville, c^ne de Lorient.

MOUSTOIR (LE), h. c^ne de Malguénac.—*Moustaer-Ryaval*, 1315 (duché de Rohan-Chabot). — Seigneurie.

MOUSTOIR (LE), vill. c^ne de Neulliac.

MOUSTOIR (LE), h. et m^in à eau sur le Tronchâteau, c^ne de Plouay; pont sur le même ruiss. reliant Plouay et Cléguer.

MOUSTOIR (LE), h. c^ne de Plouhinec. — *Kaer-en-Mostoer, villa*, 1037 (cart. de Redon). — *Le Monster-Landesquiont*, 1385 (abb. de la Joie). — *Moustoer-an-Grill*, 1453 (*ibid.*).

MOUSTOIR (LE), vill. pont sur le ruiss. de ce nom, et ruiss. du *Pont-du-Moustoir*, dit aussi *du Pont-er-Golen, du Pont-Nerlesquin* et *du Pont-Plat*, affl. du Loc, c^ne de Pluvigner.

MOUSTOIR (LE), vill. et lande, c^ne de Roudouallec.

MOUSTOIR (LE), vill. c^ne de Sainte-Hélène.

MOUSTOIR (LE), vill. c^ne de Saint-Jean-Brévelay.

MOUSTOIR (LE), vill. c^ne de Silfiac.

MOUSTOIR (LE), trève.—Voy. THÉHILLAC.

MOUSTOIR (LE GRAND et LE PETIT), h. et bois, c^ne de Meslan.

MOUSTOIR (LE GRAND et LE PETIT), vill. lande et h. dit *Goah-du-Moustoir*, c^ne de Plescop. —Seigneurie.

MOUSTOIR (LE GRAND et LE PETIT), vill. et pont sur le Plessis, c^ne de Theix; ruiss. voy. KERANDRUN.

MOUSTOIR (LE HAUT et LE BAS), vill. c^ne d'Elven.—*Mouster Sanct-Alban*, 1536 (chât. de Kerfily).

MOUSTOIR (RUISSEAU DE LA LANDE-DU-GRAND-) ou ER-GOH-LENN, affluent du Luscanen; il arrose Plescop et Plœren.

MOUSTOIR (RUISSEAU DU). — Voy. VINCIN (RUISSEAU DU).

MOUSTOIRAC, c^ne de Locminé; deux m^ins à vent dans la commune. — *Monster-en-Radenec*, fin du xiie siècle (abb. de Lanvaux). — *Mouster-Radennac*, 1387 (chap. de Vannes).—*Moustocr-Radunac*, 1407 (insc. de la chapelle Notre-Dame-de-Béléan, en Plœren). — *Moustoir-Radenac* et par corruption *Moustoirac*, aliàs *Moustoir-Locminé*, xviie et xviiie siècles (chap. de Vannes).

D'abord paroisse, puis trève de Locminé, redevenue par. du doy. de Porhoët. — Sénéch. de Ploërmel; subd. de Vannes. — Distr. de Pontivy.

MOUSTOIR-BABU (LE), h. c^ne de Ploërdut. — *Moustoer-Babae*, 1426 (princip. de Rohan-Guémené).

MOUSTOIR-BERHIET (LE), vill. c^ne de Plœmeur.

MOUSTOIR-BODREUC (LE) ou BODRECC, éc. c^ne de Grand-Champ.

MOUSTOIR-DES-FLEURS (LE), vill. c^ne de Grand-Champ.

MOUSTOIR-FLAMB, éc. c^ne de Quéven.

MOUSTOIR-HOUET (BRAS et BIHAN), vill. c^ne de Caudan. — *Monster-en-Coët, villa in Trescoët*, par. de Saint-Caradec-Hennebont, 1280 (abb. de la Joie).

MOUSTOINIC, h. c^ne de Caudan.

MOUSTOINIC, vill. et ruiss. affl. du Morio, c^ne de Plaudren. — Seigneurie.

MOUSTOINIC (LE), vill. c^ne de Gestel.

MOUSTOIRIC (LE), chapelle isolée, c^ne de Plumergat.

MOUSTOIR-KERBRAS, vill. c^ne de Noyal-Pontivy; ruiss. voy. KERROUS.

MOUSTOIRLAN, chât. et f^s, c^ne de Malguénac. — Seigneurie; manoir.

Moustoir-Lorho, vill. et lande, c⁰ᵉ de Theix. — *Moustertoho*, xviᵉ siècle (chât. de Kerleau).

Moustoir-Maria (Le), vill. cⁿᵉ de Larré.

Moustoir-Podo, vill. cⁿᵉ de Saint-Tugdual; ruiss. voy. Kerusten, et pont sur ce ruiss. reliant Saint-Tugdual et Ploërdut.

Moustoir-Remungol, cᵒⁿ de Locminé. — Trève de la par. de Remungol, ancⁿ paroisse. — Distr. de Pontivy.

Moustoir-Rialan, vill. cⁿᵉ de Ploërdut; ruiss. dit aussi *des Douëts-de-Moustoir-Rialan* : voy. Lisquellen. — *Moustaer-Rirallen*, 1391 (princip. de Rohan-Guémené).

Moustran, éc. cⁿᵉ de Baden.

Moustraiziac, h. cⁿᵉ de Langonnet.

Moutonnac, h. cⁿᵉ de Nivillac.

Prieuré du voc. de Sainte-Marie, membre de l'abb. de Toussaints d'Angers. — Seigneurie.

Moutons (Grotte aux), grotte naturelle, île de Groix.

Moutons (Le Grand et les Petits), pointe et trois rochers à l'entrée de la baie du Morbihan, côte d'Arzon.

Moutons (Place aux), à Questembert.

Moutons (Pont aux), sur le Ninian, reliant Saint-Malo-des-Trois-Fontaines et la Grée-Saint-Laurent.

Moutons (Rue des), à Ploërmel.

Moutons (Rue des), à Plouay.

Mouzinais (La), vill. cⁿᵉ de Nivillac.

Moyeux, deux mⁱⁿˢ à vent, cⁿᵉ de Saint-Servant.

Muletiers (Chemin des), reliant deux points du dépⁿ de la Loire-Inférieure et traversant dans celui du Morbihan la cⁿᵉ de Saint-Dolay, où il prend aussi le nom de *chemin des Saulniers*.

Muloterie (La), éc. cⁿᵉ de Bréhan-Loudéac.

Mulotière (La), lande, cⁿᵉ de Beignon.

Mulotière (La), vill. cⁿᵉ de Mohon.

Mulotière (La), h. cⁿᵉ de Porcaro. — Seigneurie.

Munéguen (Croix du), cⁿᵉ du Hézo.

Mur (Le), éc. et f. cⁿᵉ de Carentoir. — Seigneurie; manoir.

Mur (Le), mⁱⁿ à eau sur l'Inam, cⁿᵉ du Faouet.

Murcel, éc. cⁿᵉ de Saint-Tugdual.

Murex, vill. et pont sur le Tohon, cⁿᵉ de Noyal-Muzillac. — Seigneurie.

Muse (La), promenade au Port-Louis.

Musse (La), f. cⁿᵉ de Ménéac. — Seigneurie.

Muterne (La), croix, cⁿᵉ de Saint-Gravé.

Mutte (La), h. cⁿᵉ de Pluherlin.

Muzillac, ch.-l. de cⁿ, arrond. de Vannes. — *Musuliacum*, 1120 (cart. de Redon). — *Musullac*, 1123 (*ibid.*). — *Musilac*, 1250 (D. Morice, I, 947). — *Musuillac*, 1252 (*ibid.* 953). — *Mesuillac*, 1281 (*ibid.* 1061). — *Museillac*, 1298 (duché de Rohan-Chabot). — *Mezillac*, xvⁱᵉ siècle (arch. comm. de Vannes).

Muzillac a donné longtemps son nom à la paroisse de Bourg-Paul-Muzillac : voy. ce mot; il renfermait une communauté d'ursulines et un hôpital du vocable de Saint-Yves et de Saint-Éloi, au xviᵉ et au xviiᵉ siècle. — Ancienne seigneurie. — Ancien siège de juridiction royale unie au présidial de Vannes en 1564; de la chambre des comptes de Bretagne à plusieurs reprises, du xiiiᵉ au xvᵉ siècle. — Distr. de la Roche-Bernard; chef-lieu de cⁿ en 1790.

Muzillac, éc. cⁿᵉ de Kervignac.

N

Nabat, anc. rue au Palais, qui n'existe plus; elle était située dans la Haute-Boulogne.

Nabus, éc. cⁿᵉ de Guern.

Nahélec, h. cⁿᵉ de Berné.

Naïc (Le), ruisseau dit aussi *du Pont-Ledan*, affluent de l'Ellée; il arrose Guiscriff et Lanvénégen, qu'il sépare du dépⁿ du Finistère.

Naizin, cᵒⁿ de Locminé. — *Neidin*, 1253 (abb. de Lanvaux). — *Neizin*, 1254 (*ibid.*). — *Neyzin*, par. 1296 (duché de Rohan-Chabot).

Par. du doyenné de Porhoët. — Seigneurie. — Sénéch. de Ploërmel; subd. de Pontivy. — Distr. de Pontivy.

Najeot (Le), éc. cⁿᵉ de Plumelec.

Najo (Le Grand et le Petit), h. cⁿᵉ de Treffléan; ruiss. affl. du Saint-Éloi, qui arrose Treffléan et Sulniac.

Nalan, éc. et lande, cⁿᵉ de Plaudren.

Nalh (Le), éc. cⁿᵉ de Napoléonville.

Naliodo, éc. cⁿᵉ de Saint-Aignan.

Namouic, vill. cⁿᵉ de Berné.

Nancq (Le), éc. cⁿᵉ de Guiscriff.

Nangle (Le), h. cⁿᵉ de Ploërdut.

Nano, mⁱⁿ à vent, cⁿᵉ de Saint-Perreux.

Nanscol, vill. cⁿᵉ du Palais.

Nantes (Rue de), à Vannes; appelée autrefois rue *Groutel*.

Nantes à Brest (Canal de), qui traverse les cinq départements de la Bretagne dans l'ordre suivant : Loire-

Inférieure, Ille-et-Vilaine, Morbihan, Côtes-du-Nord et Finistère. Il relie, dans le Morbihan, le bassin de la Vilaine à celui du Blavet à l'aide de la riv. d'Oust, qu'il remonte jusqu'à *Gueltas* [voy. Oust]; de là le canal de jonction traverse les cⁿᵉˢ de Gueltas, Saint-Gonnery, Saint-Gérand, Neulliac, Noyal-Pontivy et Napoléonville, où il rencontre le Blavet, qu'il remonte pour se diriger vers Brest, en conservant son nom ou prenant celui de *Blavet Supérieur* [voy. Blavet], et entre dans le dép' des Côtes-du-Nord.

Napoléon (Place), à Napoléonville.

Napoléon-le-Grand (Place), à Vannes, appelée autref. successivement place *du Grand-Marché, du Département, Napoléon, Louis XVIII.*

Napoléon III (Place), à Lorient, appelée autrefois avant 1789, et de 1817 à 1830, *place Royale;* après 1789, et de 1830 à 1858, *la Plaine.*

Napoléonville ou Pontivy, chef-lieu d'arrond. et de cᵒⁿ. Le nom de Napoléonville a été donné à Pontivy par décret impérial du 20 floréal an xiii, à l'époque où Napoléon Iᵉʳ y faisait exécuter de grands travaux et projetait d'y établir une ville nouvelle. Ce nom, abandonné à la Restauration, a été rendu à la ville en 1852.—Voy. Pontivy pour les détails topographiques.

Narbont, éc. mⁱⁿ à eau sur le Touleupry et mⁱⁿ à vent, cⁿᵉ d'Erdeven.

Narhuillec, vill. cⁿᵉ de Grand-Champ.

Nation (Moulin à vent de la), cⁿᵉ de Mauron.

Naud (Le), h. cⁿᵉ de Bignan.

Naude (Rue), à Guémené.

Navios (Le), h. cⁿᵉ de Pluvigner.

Nay (Le), vill. partie cⁿᵉ de Bohal, partie cⁿᵉ de Saint-Guyomard.

Nazareth, éc. cⁿᵉ de Saint-Congard.

Nazareth (Place), à Vannes. — Communauté de carmélites.

Néant, cᵒⁿ de Mauron. — Par. du doy. de Beignon. — —Sénéch. et subd. de Ploërmel.—Distr. de Ploërmel; chef-lieu de cᵒⁿ en 1790, supprimé en l'an x.

Néant (Le Grand et le Petit), h. cⁿᵉ de Muzillac. — Prieuré-chapellenie du vocable de Saint-Maudé. — Seigneurie.

Nébédouille, font. cⁿᵉ de Lanvaudan, et ruiss. *de la Fontaine-Nébédouille :* voy. Recteur (Fontaine du).

Nécancouët (La), éc. et f. cⁿᵉ de Béganne. — *Launay-Cancouet,* xviiᵉ sᵉ (seign. de la Villegonan).—Seign.

Néchsique, font. cⁿᵉ de Saint-Thuriau.

Necker (Rue), à Lorient. — Voy. Révolution (Rue de la).

Nédo (Le), chât. fⁱᵉˢ, bois, lande, mⁱⁿ à vent et mⁱⁿ à eau sur le ruiss. de ce nom, cⁿᵉ de Plaudren; ruiss. voy. Arz (L').—Seigneurie; manoir.

Née (La), éc. cⁿᵉ de Saint-Martin.—Seigneurie.

Née (La), h. cⁿᵉ de Saint-Vincent.

Née (La Haute et la Basse), vill. et f. cⁿᵉ de Saint-Marcel.—Seigneurie.

Nées (Les), éc. cⁿᵉ de Saint-Martin.

Negayo, bois et éc. *du Bois-de-Negayo,* cⁿᵉ de Noyal-Pontivy.

Néhégau, éc. cⁿᵉ de Guidel.

Neillo, éc. cⁿᵉ de Moustoirac.

Néis-ar-Yard, vill. cⁿᵉ de Gourin.

Nelhouet (Le), chât. et h. cⁿᵉ de Caudan.

Nélioten (Le), éc. cⁿᵉ de Quistinic. — Seigneurie.

Nélut (Le), h. cⁿᵉ de Locmariaquer.

Nénec (Le), vill. cⁿᵉ de Melrand.—Seigneurie.

Nénenno, éc. cⁿᵉ de Pluherlin.

Nénèse, vill. cⁿᵉ de Baud.

Néneslan, h. cⁿᵉ de Calan.

Nénesse (Le), h. et pont sur le Saint-Truchau, cⁿᵉ de Pontscorff.

Nénévé, vill. cⁿᵉ de Berné.

Nénévé (Le Grand et le Petit), h. cⁿᵉ de Meslan. — Seigneurie.

Nénez (Le), éc. cⁿᵉ de Roudouallec.

Nenuuet, éc. cⁿᵉ de Moréac.

Nerbondic, vill. cⁿᵉ d'Arzon.

Nenec, lande, cⁿᵉ de Port-Philippe.

Néret (Le), éc. cⁿᵉ de Sarzeau.

Nerhelanne, vill. cⁿᵉ de Grand-Champ.

Nerhouet, éc. cⁿᵉ de Plumergat. — *Le Larvoyt,* 1390 (carmes de Sainte-Anne). — *Lerhoetdic,* 1391 *(ibid.).* — *Neeroidic,* 1418 *(ibid.).* — *Coitannervoet,* vill. et bois, 1456 *(ibid.).* — Seigneurie.

Nernoüidic, vill. cⁿᵉ de Plougoumelon.

Nerhuen, font. cⁿᵉ de Séné.

Nerhuinec, éc. cⁿᵉ de Naizin.

Nérondic, h. cⁿᵉ de Bignan.

Nervenic (Le), h. cⁿᵉ de Neulliac.

Nervido, h. cⁿᵉ de Caudan.

Neuvouëdic, éc. cⁿᵉ de Berné.

Nespy, vill. cⁿᵉ de Radenac.

Nessé (Le), vill. et ponceau, cⁿᵉ de Neulliac. — Seigneurie; manoir.

Nestadio, vill. cⁿᵉ de Plouhinec. — *Enestadiou,* xiᵉ sᵉ (abb. de Sainte-Croix de Quimperlé).

Net (Le), h. cⁿᵉ de Naizin.

Net (Le), vill. et h. dit *Loges-du-Net,* cⁿᵉ de Noyal-Pontivy; ruiss. voy. Pont Caminan.

Net (Le), vill. et mⁱⁿ à vent, cⁿᵉ de Saint-Gildas-de-Rhuis. — Seigneurie.

Net (Le), h. pont sur le Plessis, et autre pont sur le Cleisse, cⁿᵉ de Theix.

Net (Le Grand et le Petit), vill. cⁿᵉ de Sarzeau.

Neulliac, c^on de Cléguérec. — *Nuiliac, plebs*, 1082 (cart. de Redon). — *Neveliac*, 1245 (abb. de Bon-Repos). — *Neuilliac*, aliàs *Neuiliac*, 1406 (duché de Rohan-Chabot).—*Nevilliac*, aliàs *Nevyliac*, 1453 (*ibid.*).

Par. du doy. de Poher dans l'archid. du même nom, dioc. de Cornouaille. — Sénéch. de Ploërmel; subd. de Pontivy. — Distr. de Pontivy; chef-lieu de c^on en 1790, supprimé en l'an x.

Neulliac (Rue de), à Napoléonville, et porte, 1406 (duché de Rohan-Chabot), dite aussi *de Saint-Brieuc*, 1682 (*ibid.*); cette porte n'existe plus.

Névedic, éc. c^ne de Grand-Champ.

Névédic, éc. c^ne de Plumergat.

Névéit (Le), h. c^ne de Bieuzy. — *Nevezic*, 1406 (duché de Rohan-Chabot).

Nevers (Le), rocher sur l'Océan, côte d'Ambon.

Névra (Le), éc. c^ne de Molac.

Névran, éc. c^ne de Langonnet.

Névran (Le), vill. c^ne de Silfiac. — *Neyzbran, villa*, 1283 (D. Morice, I, 1069).

Nézarch, h. c^ne d'Inguiniel.

Nézarh, h. c^ne de Bubry.

Nézart, éc. et bois, c^ne de Quistinic.

Nézexel, vill. et anse sur la rade de Lorient, c^ne de Riantec.

Nézerch, h. c^ne de Plouay.

Nézy (Le), h. c^ne de Saint-Gonnery; passerelle sur l'Oust, reliant cette c^ne au dép^t des Côtes-du-Nord.

Nic (La), éc. c^ne de Saint-Nolff.

Nicol, m^in à eau sur le Scorff, c^ne de Ploërdut.

Nicolaie (La), h. c^ne de Malansac.

Nicoulec (Le), h. c^ne de Langoëlan.

Nid-à-la-Pie (Le), lande, c^ne de Saint-Samson.

Niémen (Quai du), à Napoléonville.

Niette (La), h. et bois, c^ne de Peillac.

Nignol, vill. c^ne de Carnac.

Niheu, deux îles sur la riv. d'Étel, c^ne de Belz.

Nilio, vill. c^ne de Bubry.

Nilizien (Le), vill. c^ne de Silfiac. — *Insula frigida, villa*, 1283 (D. Morice, I, 1069).

Ninèse (Le), vill. c^ne de Pluméliau.

Ninesse (Le), vill. c^ne de Guern.

Ninez (Loges), h. c^ne de Gourin.

Ninèze, vill. c^ne de Lanvénégen.

Ninèze (Le), éc. c^ne de Ploërdut.

Ninguer, vill. c^ne de Gourin.

Ninian (Le), riv. affl. de l'Oust; elle arrose Ménéac, la Trinité-Porhoët, Mohon, Lanouée, Saint-Malo-des-Trois-Fontaines, la Grée-Saint-Laurent, Helléan, Taupont, Ploërmel et Guillac.—*Nenian*, 1164 (D. Morice, I, 654).

Ninigeau (Le), éc. c^ne de Pontscorff.

Ninijou, vill. c^ne de Langonnet.

Ninilo (Le), lande, c^ne de Noyalo.

Ninis (Le), éc. c^ne de Plescop.

Ninise, f. c^ne de Plœren; ruiss. voy. Langliron.

Ninivenou, vill. et ruiss. dit aussi *du Bois-de-Kerminizy*, affl. du Pont-Rouge, c^ne de Saint-Tugdual.

Ninobet (Le), h. c^ne de Pluvigner. — Seigneurie.

Niou, île et bois sur l'Aff, c^ne de Carentoir.

Niouec (Bras et Bihan), h. c^ne de Gourin.

Nioul, pointe sur le Morbihan, c^ne de l'Île-aux-Moines.

Nirenec (Le), vill. c^ne de Ploërdut.

Nistoir (Le), vill. c^ne de Quistinic.

Nistoire (Le Grand et le Petit), vill. c^nes de Lanvaudan.

Nistoire-Coëtano, vill. marais et ruiss. affl. du Kerlestouarne, c^ne de Bubry.

Nistoire-Glazel, h. c^ne de Bubry.

Nivarho, éc. c^ne de Plumergat.—*Linmerou*, 1413 (duché de Rohan-Chabot).

Nivillac, c^on de la Roche-Bernard. — *Nuilac, plebs*, 1063 (cart. de Redon). — *Niviliac*, 1395 (seign. de la Roche-Bernard). — *Nivilliac*, 1429 (*ibid.*).

Par. du doy. de la Roche-Bernard; siége de ce doy. —Sénéch. de Nantes; subd. de la Roche-Bernard. — Distr. de la Roche-Bernard.

Nizel, éc. c^ne de Kervignac.

Nizelec, vill. et lande, c^ne de Grand-Champ.

Niziave (Le Haut et le Bas), vill. et m^in à eau sur le Saint-Salomon, c^ne de Guern. — Seigneurie; manoir.

Nodelard, éc. c^ne de Kervignac.

Noblet (Croix), c^ne de Saint-Laurent.

Nod-Bras, pointe sur le Morbihan, c^ne du Hézo.

Nodréhan, éc. c^ne de Lanvénégen.

Noë (La), éc. c^ne de Béganne; pont sur la Gouacraie. — Seigneurie.

Noë (La), éc. c^ne de Billio.

Noë (La), h. c^ne de Brignac.

Noë (La), vill. c^ne de Carentoir.

Noë (La), f. c^ne de la Chapelle.

Noë (La), éc. c^ne de Cléguérec.

Noë (La), éc. c^ne de Lauzach.

Noë (La), éc. c^ne de Marzan.

Noë (La), éc. c^ne de Mauron.

Noë (La), h. c^ne de Mohon.

Noë (La), f. c^ne de Monteneuf.

Noë (La), h. c^ne de Néant.

Noë (La), h. c^ne de Pleugriffet.

Noë (La), h. c^ne de Saint-Congard.

Noë (La), vill. c^ne de Saint-Dolay.

Noë (La), vill. c^ne de Saint-Gonnery; ruiss. voy. Ville-Pain (La).

Noë (La), h. cⁿᵉ de Saint-Nicolas-du-Tertre.

Noë (La), vill. cⁿᵉ de Saint-Vincent.

Noë (La), h. cⁿᵉ de Taupont.

Noë (La), fⁱᵉ dont une dite *le Pourpris*, cⁿᵉ de Vannes. — Seigneurie.

Noë (La Grande et la Petite), h. cⁿᵉ de Théhillac.

Noë (Rue), à Vannes, dite autref. *Saint-François*, puis *des Bons-Pères*; s'est aussi appelée rue *de la Porte-Mariolle.*

Noë (Ruisseau de la Fontaine-de-la-), affl. du Rahun; il arrose Monteneuf.

Noë-Bernard (Ruisseau de la). — Voy. Mort-de-Froid.

Noë-Besnard (La), f. cⁿᵉ de Brignac.

Noë-Blanche (Croix de la), cⁿᵉ de Férel.

Noë-Blanche (La), éc. cⁿᵉ d'Allaire.

Noë-Blanche (La), h. cⁿᵉ de Caden.

Noë-Blanche (La), éc. cⁿᵉ de Sulniac.

Noëdo (Fontaine de la), cⁿᵉ de Saint-Gravé.

Noë-Cado (La), f. cⁿᵉˢ des Fougerêts. — Seigneurie.

Noë-Camillon (La), lande, cⁿᵉ de Guer.

Noë-de-Haut (Ruisseau de la), affluent de la Claye; il arrose Saint-Marcel.

Noë-de-Saint-Méléan (La), h. cⁿᵉ de Porcaro.

Noë-des-Blancs (La), h. cⁿᵉ de Crédin.

Noë-des-Poucereaux (Ruisseau de la). — Voy. Poudlan (Ruisseau de).

Noëdic (La), vill. port sur l'Océan et éc. *du Port-Noëdic*, cⁿᵉ de Sarzeau. — Seigneurie.

Noë-du-Guy (La), éc. cⁿᵉ de Radenac.

Noë-du-Loup (Pont de la), sur le Caranloup, reliant Lantillac et Guégon.

Noë-du-Resto (Ruisseau de la). — Voy. Sainte-Anne.

Noë-du-Rocu (La), h. cⁿᵉ de Plumelin.

Noë-Hervo (La), éc. cⁿᵉ de Sérent. — Seigneurie.

Noëllerie (La), h. cⁿᵉ de Saint-Gravé.

Noë-Morgant (La), éc. cⁿᵉ de Missiriac.

Noë-Pilet (La), vill. cⁿᵉ de Carentoir.

Noë-Regulard (La), h. cⁿᵉ de Concoret.

Noë-Rouault (La), éc. cⁿᵉ de Lanouée.

Noës (Les), éc. cⁿᵉ de Béganne.

Noës (Les), h. cⁿᵉ de la Chapelle.

Noës (Les), f. cⁿᵉ de Glénac. — Seigneurie.

Noës (Les), f. cⁿᵉ de Guer. — Seigneurie.

Noës (Les), éc. cⁿᵉ de Pleugriffet.

Noës (Les), h. cⁿᵉ de Saint-Servant.

Noës (Pont des), sur le Préron, cⁿᵉ de Saint-Samson.

Noës (Rocher des), cⁿᵉ de Saint-Congard, à la limite de Saint-Gravé.

Noës (Ruisseau des), affl. de la Claye, qui arrose Malestroit, Saint-Marcel et Pleucadeuc; pont sur ce ruiss. reliant Pleucadeuc et Malestroit.

Noës (Ruisseau des), affl. de l'Oust; il arrose Saint-Congard.

Noë-Sèche (La), éc. cⁿᵉ de Josselin.

Noëte (Croix de la), cⁿᵉ de Porcaro.

Noë-Vallio (La), vill. cⁿᵉ de Saint-Dolay.

Noë-Verman (La), h. cⁿᵉ de Néant.

Noë-Verte (La), éc. cⁿᵉ de Loyat.

Noë-Verte (La), h. cⁿᵉ de Ploërmel.

Noëvranche, éc. cⁿᵉ de Plœren.

Noëzo (La), éc. cⁿᵉ de Bignan. — *Lengroezou*, manoir sous la seigneurie de Kermeno, xvᵉ siècle (duché de Rohan-Chabot). — Seigneurie.

Noguel, vill. cⁿᵉ de Berné.

Noguel (Le), éc. cⁿᵉ de Séglien.

Noguello, h. cⁿᵉ de Berné.

Noguello, h. cⁿᵉ de Kervignac. — *Loguellou*, 1282 (abb. de la Joie).

Noguello, h. cⁿᵉ de Melrand.

Noguello (Le), h. cⁿᵉ d'Inguiniel.

Nogues (Croix), cⁿᵉ de Guilliers.

Noguet (Ruisseau de). — Voy. Borlay (Ruisseau de).

Nolf (Le), h. cⁿᵉ de Ploërmel.

Nolmen (Le), h. cⁿᵉ de Cléguer.

Nomelec, h. cⁿᵉ de Surzur. — *Locmellec*, 1455 (abb. de Lanvaux).

Nonénou, vill. cⁿᵉ de Guiscriff.

Nonnéno, h. cⁿᵉ de Cléguer.

Non-Parent (La), lande, cⁿᵉ de Guer.

Nonys (Les), lande, cⁿᵉ d'Augan.

Norbrat, vill. cⁿᵉ de Meucon.

Nord (Marais du), cⁿᵉ de Saint-Perreux.

Nord (Porte et rue du), à Vannes; appelés autrefois successivement *de Saint-Jean* et *du Bourreau*.

Nord (Ruelle du), à Hennebont.

Norgaxe (La), éc. et ruiss. affl. de l'Arz. cᵖᵉ de Saint-Jacut.

Norglay (Le), éc. cⁿᵉ de Melrand.

Normand (Pont), sur le ruiss. du Pont-Madame, cⁿᵉ de Noyal-Muzillac.

Nort, port, à l'embouchure de la Vilaine, cⁿᵉ de Billiers.

Norvrange, h. cⁿᵉ de Grandchamp.

Nostang, cⁿᵉ du Port-Louis; une portion du bourg est appelée *le Vieux-Bourg*. — *Laustanc, eleemosina*, 1160 (D. Morice, 1, 638). — *Laustenc*, 1308 (abb. de la Joie). — *Laustainc*, aliàs *Lausteinc*, 1310 (ibid.). — *La vieille ville de Laustenc*, 1505 (ibid.). — *Naustenc*, 1520 (ibid.).

Par. du doy. de Pont-Belz; établissement de chevaliers de Saint-Jean-de-Jérusalem. — Juridiction royale : voy. Hennebont. — Sénéch. et subd. d'Hennebont. — Distr. d'Hennebont.

Notéric, h. c^{ne} de Priziac. — *Lauteric*, 1459 (princip. de Rohan-Guémené).

Notéric (Izellan, Izellan et Creis), h. c^{ne} de Quistinic.

Noterio, h. c^{ne} de Carnac.

Notre-Dame ou Notre-Dame-de-Toute-Joie, îlot sur l'Oust, entre la ville close de Malestroit et le faub. de la Magdeleine, 1586 (fabr. de Malestroit); ponts : voy. Ponts (Les).

Notre-Dame (Place et Rue), à Auray. — Voy. Lait (Rue du).

Notre-Dame (Place), à Josselin. Par. du doy. de Lanouée, dite aussi *Notre-Dame-du Roncier*, à Josselin. — Sénéch. de Ploërmel; subd. de Josselin.

Notre-Dame (Rue), rues à Gourin et à Locminé.

Notre-Dame (Rues Haute et Basse) et place, au Port-Louis.

Notre-Dame (Rues Haute et Basse), à la Roche-Bernard; la rue Basse-Notre-Dame dite autrefois *Voie le Duc.*

Notre-Dame (Ruisseau de la Fontaine-), affl. de celui de la Fontaine-de-la-Magdeleine; il arrose Theix.

Notre-Dame-de-Bonne-Encontre, chapelle isolée, c^{ne} de Saint-Samson; pont sur l'Oust, reliant Saint-Samson et Rohan; rue *du Pont-Notre-Dame*, à Rohan. — Prieuré connu aussi sous le nom de *Notre-Dame de Rohan*, à cause du voisinage de cette dernière ville, membre de l'abb. de Saint-Jean-des-Prés.

Notre-Dame-de-Bon-Secours, font. c^{ne} de Rohan.

Notre-Dame-de-la-Grâce, chapelle au vill. de Kerlénas en Locmalo; font. c^{ne} de Bubry, et ruiss. *de la Fontaine-Notre-Dame-de-la-Grâce :* voy. Choiseul.

Notre-Dame-de-Pitié, chapelle isolée, c^{ne} de Sainte-Hélène.

Notre-Dame-de-Plasquer, chapelle isolée, auj. détruite, c^{ne} de Crach. — *Sancta-Maria de Plateâ pulchrâ*, 1428 (inscr. d'une cloche de l'église de Crach).

Notre-Dame-de-Plasquer, chap. isolée, c^{ne} de Plouharnel.

Notre-Dame-des-Forces, font. c^{oo} de Pluvigner.

Notre-Dame-de-Toute-Joie, îlot sur l'Oust. — Voy. Notre-Dame.

Notre-Dame-du-Calme, chapelle isolée, c^{ne} de Groix.

Notre-Dame-du-Mené ou le Mené, anc. porte à Vannes, n'existe plus; autre porte du même nom : voy. Porte Neuve; rues *Notre-Dame* et *de la Porte-Notre-Dame :* voy. Préfecture (Rue de la); impasse *Notre-Dame :* voy. Impasses (Les); anc. boulevard et pont. — *Beata Maria de Monte*, XVIe s^e (chap. de Vannes). Par. du territ. de Vannes, dans la ville de ce nom. — Sénéch. et subd. de Vannes.

Nouan (La), f. c^{ne} de Carentoir. — Seigneurie.

Nouardent (La), vill. c^{ne} de Saint-Dolay.

Nouel (Rue), mentionnée en 1441 (arch. hospit. de Malestroit). — Voy. Douves (Chemin des).

Nouelledic, h. c^{ne} de Bubry.

Nouette (La), h. c^{ne} de Caro.

Nouette (La), h. c^{ne} d'Elven.

Nouette (La), f. c^{ne} de Ruffiac.

Nouette (La), éc. c^{ne} de Sérent.

Nouette (La), h. c^{ne} de Theix.

Nouettes (Les), m^{in} à eau sur le ruiss. du Veauvouan, c^{ne} de Mauron.

Nouxène, h. c^{ne} de Sulniac.

Nouy (Le), éc. c^{ne} de Rieux.

Nor, éc. c^{ne} d'Arzal. — Seigneurie.

Noyal (Porte de), à Napoléonville, 1406 (duché de Rohan-Chabot), ou *porte Noyale*, qui n'existe plus; appelée aussi *de Saint-Joly* et *de Rennes*, 1682 (*ibid.*).

Noyal (Rue de), à Napoléonville, dite autrefois rue *Hors-Porte-Noyale*.

Noyal-Muzillac, c^{ne} de Muzillac; pont sur le ruiss. de ce nom, et ruiss. *du Pont-de-Noyal-Muzillac :* voy. Madame. — *Noial*, aliàs *Nuial, plebs*, XIIe s^e (cart. de Redon). — *Noyal propè Musuillac*, 1287 (chap. de Vannes). Par. du doy. de Péaule. — Sénéch. de Vannes; subd. de la Roche-Bernard. — Distr. de la Roche-Bernard.

Noyalo, c^{on} de Vannes-Est; m^{in} à eau sur le Morbihan et salines dans la commune; étang baignant Noyalo et Theix; pont sur cet étang reliant ces deux communes; vill. *du Pont-de-Noyalo*, partie c^{ne} de Noyalo, partie c^{ne} de Theix; lande s'étendant en Noyalo et Surzur. — *Manoir du Pont-Noyallo*, 1464 (cordeliers de Vannes). — *Noealo*, 1497 (chât. de Kerfily). Par. du territ. de Vannes. — Seigneurie; manoir en Theix. — Sénéch. et subd. de Vannes. — Distr. de Vannes.

Noyal-Pontivy, c^{on} de Napoléonville. — *Nuial, plebs*, 1082 (cart. de Redon). — *Noal*, 1204 (abb. de Bon-Repos). — *Noyal*, 1219 (D. Morice, I, 843). — *Noeul*, 1251 (duché de Rohan-Chabot). — *Noual*, 1274 (*ibid.*). — *Noial, manerium*, 1283 (D. Morice, I, 1069). — *Noycal*, 1433 (sénéch. de Ploermel). — *Noyal-Pontivi*, 1461 (duché de Rohan-Chabot). — Le manoir, auj. détruit, était situé au bourg de Noyal et s'appelait aussi *Château de la Motte*, 1682 (*ibid.*). Par. du doy. de Porhoët, très-étendue, puisqu'elle renfermait quatre trèves et la partie de la ville de Pontivy dans laquelle était le château de ce nom : voy. Sainte-Noyale; hôpital au XIIIe siècle; mala-

drerie. — Sénéch. de Ploërmel; subd. de Pontivy.
— Distr. de Pontivy; chef-lieu de c⁰ⁿ en 1790, supprimé en l'an x.

Noyange, vill. cⁿᵉ de Theix.

Noyer (Le), vill. cⁿᵉ de Saint-Dolay.

Noyers (Place des), à Pluvigner.

Noyers (Rue des), à Napoléonville, formée d'une partie de l'anc. rue *Faven* ou *Laër-Faven*.

Nozilienne, éc. cⁿᵉ de Baden.

Nuais (La), f. cⁿᵉ de Pluherlin.

O

Océan Atlantique, mer qui baigne les côtes du dépᵗ du Morbihan. — Voy. Bretagne.

Odoir (L'), éc. cⁿᵉ de Séglien.

Œil-du-Coq (Ruisseau de l'), affl. de celui de la Bonne-Fontaine; il arrose Beignon.

Œuf (Île de l'), dans la baie du Morbihan, entre l'Île-aux-Moines et Sarzeau.

Œufs (Île des), dans la baie du Morbihan, côte de Sarzeau (dist. de la précédente).

Ogier, mⁱⁿ à eau sur le Rahun, cⁿᵉ de Carentoir; pont sur le même ruiss. reliant Monteneuf, Carentoir, Tréal et Réminiac.

Oies (Moulin à eau des), sur l'Étel, et étang, cᵉˢ de Belz.

Oiseaux (Île aux), sur le Morbihan, entre Saint-Armel et Sarzeau.

Olibarte, basse sur la baie de Quiberon, côte de Quiberon.

Olienne, pont sur le ruiss. du Pont-Guillemin, reliant Camors et Pluvigner.

Olivet, vill. cⁿᵉ de Saint-Abraham; mⁱⁿ à eau sur le Raimond, cⁿᵉ de Caro; pont sur le même ruiss. reliant Caro et Saint-Abraham. — *Le Livet*, aliàs *Olivet* et *Dolivet*, 1460 (chât. de Kerfily).

Olivet (Ruisseau d') ou du Coudrais, affl. du Raimond; il arrose la Chapelle et Saint-Abraham.

Olivier, croix, cⁿᵉ d'Augan.

Olivier, carrefour à la Gacilly.

Oliviéro, chaussée sur le ruiss. des Trois-Recteurs, qui relie Plouay et Lanvaudan.

Oran, pont et h. *du Pont-Oran*, cⁿᵉ de Pleucadeuc.

Oran (Huite à), éc. cⁿᵉ de Ploermel.

Orange (Pont d'), sur la baie de Quiberon, côte de Saint-Pierre.

Orangerie (L'), éc. cⁿᵉ de Plumelec.

Ordran (Landes d') et autres landes dites *le Bec-des-Landes-d'Ordran*, cⁿᵉ d'Augan.

Orfévres (Rue des), à Vannes.

Organ, bois, cⁿᵉ d'Inguiniel.

Orge (Pointe de l') et roche dite *Pierre-de-l'Orge*, sur l'Océan, côte de Plœmeur.

Orgons (Les), vill. cⁿᵉ de Guilliers; ruiss. affl. du Léverin, qui arrose Guilliers et Loyat.

Orien, pont sur le ruiss. du Pont-de-Ténérion, cⁿᵉ de Plumelec.

Orléans (Rue d'), à Lorient, formée en 1830 de la réunion des rues *des Trois-Violons* et *de Berry*. — Voy. Convention (Rue de la).

Orme (Le Haut et le Bas), vill. cⁿᵉ de Limerzel.

Ormeaux (Rue des), au Palais. — Voy. Trochu (Rue).

Orven, ruiss. affl. du Haut-Bois et mⁱⁿ à eau sur ce ruiss. cⁿᵉ de Guidel.

Ory, cale du port de commerce appelée primitivement *cale Batelière*, et rue *de la Cale-Ory*, à Lorient, formée d'une partie de l'anc. rue *de la Corderie*; a reçu après 1789 le nom de *rue Batelière* et repris son premier nom depuis quelques années.

Ouadec (Bras et Bihan), villages, cⁿᵉ de Berné. — *Boedec*, 1435 (seigneurie du Coatdor). — *Boaedec*, 1437 (*ibid.*).

Ouarec, fontaine, cⁿᵉ de Theix.

Ouarioa, vill. cⁿᵉ du Faouët.

Ouédeux, ruiss. affl. de la Sarre, qui arrose Guern et Bubry.

Ouennec (Le), vill. cⁿᵉ de Méslan.

Ouest (Rue de l'), à Vannes; dite autrefois *de Saint-Salomon*.

Oulmeneuh, h. cⁿᵉ d'Arradon.

Ours-de-Kerabi (L'), roche sur la baie de Quiberon, côte de Saint-Pierre.

Oust (L'), riv. canalisée, affl. de la Vilaine. Elle prend sa source dans le dépᵗ des Côtes-du-Nord et arrose dans celui du Morbihan Saint-Gonnery, Gueltas, Saint-Gouvry, Saint-Samson, Rohan, Crédin, Bréhan-Loudéac, Pleugriffet, Lanouée, Guégon, Josselin, Guillac, Saint-Servant, Quily, le Roc-Saint-André, Sérent, Ploërmel, Montertelot, la Chapelle, Saint-Abraham, Caro, Saint-Marcel, Malestroit, Missiriac, Saint-Congard, Saint-Laurent, Saint-Martin, Saint-Gravé, les Fougerêts, Peillac, Glénac, Saint-Vincent, Saint-Perreux, Saint-Jean-la-Poterie, Rieux; sépare ces quatre dernières cⁿᵉˢ du dépᵗ d'Ille-et-Vilaine; a servi à l'établissement du canal de Nantes à Brest depuis Gueltas jusqu'à son confluent avec la Vilaine; h. *du Pont-d'Oust*, divisé entre les cⁿᵉˢ de Peillac et des

Fougerêts, et pass. *du Pont-d'Oust*, sur l'Oust, qui les relie; pont sur le même riv. reliant Rohan et Saint-Samson; rue *du Pont-d'Oust*, à Rohan; bois et vill. *du Bois-d'Oust*, c^ne de Pleugriffet. — *Ult*, aliàs *Ulto, fluvius*, 834 (cart. de Redon). — *Ultum*, 859 (*ibid.*). — *Ultü fluvius*, 1127 (D. Morice, I, 554). — *Halt*, xiie s^e (cart. de Redon). — *Ost*, 1205 (D. Morice, I, 800). — *Out*, 1255 (*ibid.* 962). — *Aougst*, 1417 (chât. de Kerfily). — *Aoust*, 1433 (*ibid.*). — *Augusta ripparia*, 1454 (canonisation de saint Vincent-Ferrier). — Seigneurie du *Pont-d'Oust*, aux Fougerêts. — Établissement de chevaliers de Saint-Jean-de-Jérusalem, au *Pont-d'Oust*, en la par. des Fougerêts.

Outage (L'), éc. c^ne de Ruffiac.

Oyon (L'), riv. dite aussi *de la Croix-Lucas*, affl. de l'Aff; elle arrose Campénéac, Augan, Monteneuf, Porcaro et Guer. — *Auam*, 866 (cart. de Redon). — *Auum, flumen*, vers 1000 (*ibid.*). — *Ovon*, 1422 (chât. des Touches). — *Oueon*, 1461 (*ibid.*). — *Oyeon*, 1472 (*ibid.*).

Ozon, h. et étang, c^ne de Séné. — Seigneurie.

P

Pabole (Rue), à Montertelot.

Pabouille (La), h. c^n de Guégon.

Padan (Loge), éc. c^ne de Plouay.

Pagdolaye (La), vill. c^ne de Missiriac. — *La Pacondolaye*, 1480 (chât. de Kerfily).

Paillardaie (La), vill. c^ne de Peillac.

Paille, m^in à eau. — Voy. Duc (Moulin du).

Paille (La), basse sur l'Océan, côte de Plœmeur.

Pain-de-Vin (Pont du), sur le ruiss. de la Lande, c^ne de Missiriac.

Painfaut, lande, c^ne de Guer.

Painfaut, vill. c^ne de Saint-Vincent.

Painfaux, vill. et m^in à vent, c^ne de Mauron.

Paingant, f. c^ne de Saint-Dolay.

Paingrain, h. ruiss. *de la Fontaine-de-Paingrain* ou *de la Touche-Michelot*, affl. de l'Aff; bois, lande et autre lande dite *les Adoutes-de-Paingrain*, c^ne de Guer.

Pairio, vill. c^ne de Sérent.

Paix (La), roche sur l'Océan, entre Riantec et Plœmeur.

Paix (Rue de la), à Vannes. — Voy. Saint-Guénaël (Rue).

Palaire, rocher sur l'Océan, près d'Hœdic.

Palais (Le), c^ne, chef-lieu du c^on de Belle-Île-en-Mer, arrond. de Lorient; rade, port, basse et fanal sur l'Océan; fortifications, citadelle et pont de la citadelle sur le port; m^in à vent dans la c^ne. — Le terrain occupé auj. par la ville s'appelait, au xviie siècle, *la Basse-Boulogne*, et l'on désignait sous le nom de *Haute-Boulogne* le quartier où s'élèvent actuellement la citadelle et la maison centrale. — *Pallay*, 1579 (arch. comm. du Palais). — *Le Pallais*, xviie s^e (*ibid.*).

Par. du territ. de Belle-Île, dite aussi *Saint-Gérand-du-Palais*, ou, en breton, *Saint-Direc*; anc. prieuré dép. de l'abb. de Sainte-Croix de Quimperlé; hôpital militaire. — Sénéch. de Belle-Île (anc^t Auray); subd. de Belle-Île. — Distr. d'Auray; chef-lieu de c^on en 1790 [voy. Belle-Île], qui a porté pendant quelque temps le nom de *la Montagne*.

Palais (Le), m^in à vent et deux m^ins à eau sur le ruiss. de ce nom, c^ne de Nostang; ruiss. *du Moulin-du-Palais:* voy. Sainte-Brigitte; pont au confluent de ce ruiss. et de l'Étel, reliant Nostang et Landévant.

Palais (Le), h. c^ne de Sarzeau.

Palais (Les), lande, c^ne de Monteneuf.

Palais (Rue du), à Guémené.

Palastre (Le), vill. c^ne de Plescop. — Seigneurie.

Palem, éc. c^ne de Cléguérec.

Palestine (La), nom d'une maison de la rue des Bons-Enfants, à Vannes, dite *Kerfranc* jusqu'au xviiie s^e.

Palevart (Le), chât. f. bois et éc. dit *Petite-Maison-du-Palevart*, c^ne de Ploerdut. — Seigneurie; manoir.

Palhouerne, h. c^ne de Monterblanc.

Palis-Percé, vill. c^ne de la Gacilly.

Palivar (Le), f. c^ne de Nostang. — Seigneurie.

Palivarch, h. c^ne de Plœmel.

Palméro, éc. c^ne de Guidel.

Palud, h. c^ne de Locmariaquer.

Palud (Le), vill. c^ne d'Arradon.

Paluden, h. et m^in à eau à l'embouchure du Locqueltas dans le Morbihan, c^ne d'Arradon. — Seigneurie.

Paluden, vill. et étang dans l'île d'Hœdic, c^ne du Palais.

Palus (Étier du), ruiss. affl. de la Vilaine; il arrose Camoël, qu'il sépare du dép^t de la Loire-Inférieure.

Palus-Codoar, lande, c^ne de Port-Philippe.

Palus-Izel, marais, c^ne de Theix.

Palus-Meinen, lande, c^ne de Port-Philippe.

Palus-Viligam, lande, c^ne de Port-Philippe.

Pamara, vill. c^ne de Guilliers.

Panages (Chemin des), c^ne de Saint-Dolay.

Paner (Le), éc. c^ne d'Inguiniel.

Paner-en-Douaren, f. c^ne de Plouay.

Panhaleux, h. cne de Peillac; pont sur l'Arz, reliant Peillac et Saint-Jacut. — Seigneurie.

Panistrel, éc. cne d'Elven. — Seigneurie.

Pannen, éc. et bois, cne de Saint-Tugdual. — Le Penhair, manoir, 1460 (princip. de Rohan-Guémené). — Seigneurie.

Panse (Loge), éc. cne de Langoëlan.

Paradis (Le), éc. cne de Josselin.

Paradis (Le), éc. et min à eau sur le Scorff, cne de Langoëlan. — Seigneurie et manoir de *Barazoes* (traduction), 1464 (princip. de Rohan-Guémené).

Paradis (Le), chât. cne de Plœmeur.

Paradis (Le), éc. cne de Sulniac.

Paradis (Le Grand et le Petit), h. et bois, cne de Langonnet.

Paradis (Rue du), à Napoléonville.

Parc (Lande du) et vill. de *la Lande-du-Parc*, composé de plusieurs éc. dits *Loges*, cne de Saint-Caradec-Trégomel.

Parc (Le), éc. cne de Baden.

Parc (Le), éc. cne de Crédin.

Parc (Le) ou le Coin-du-Parc, h. cne d'Elven.

Parc (Le), h. cre d'Hennebont.

Parc (Le), éc. cne de Kergrist.

Parc (Le), f. cne de Kervignac. — Seigneurie.

Parc (Le), f. et ruiss. affl. du Blavet, cne de Languidic.

Parc (Le), éc. cne de Limerzel.

Parc (Le), h. cne de Marzan.

Parc (Le), f. cne de Marzan (dist. du précédent).

Parc (Le), ruiss. affl. du Pébusson; arrose Monteneuf.

Parc (Le), éc. cne de Muzillac, et autre éc. dit *Pont-du-Parc*, cne d'Ambon. — Seigneurie.

Parc (Le), f. cne de Naizin.

Parc (Le), h. cne de Nostang. — Seigneurie.

Parc (Le), éc. cne de Plaudren.

Parc (Le), éc. cne de Pluneret.

Parc (Le), f. cne de Pluvigner. — Seigneurie.

Parc (Le) ou Hutte-du-Parc, éc. cne de Trédion.

Parc (Le), f. cne de Vannes.

Parc (Ruelle du), à Auray.

Parc-Aguon, h. cne de Lanvénégen.

Parcalis, éc. cne de Langonnet. — Seigneurie.

Parc-an-Chaor (Loge), éc. cne de Gourin.

Parc-ar-Harneg, h. cne de Gourin.

Parc-au-Bois (Le), éc. cne de Lorient.

Parc-Belane (Ruisseau du), affluent de la Drague; il arrose Surzur.

Parc-Béren, éc. cne de Caudan.

Parc-Bihan (Fontaine du), cne d'Erdeven.

Parc-Bonne (Le), éc. cne d'Arradon.

Parc-Bras (Fontaine du), cne de Baden.

Parc-Bras (Le), h. cne de Guern.

Parc-Brune, éc. cne de Bangor.

Parc-Carné, vill. partie cne de Saint-Avé, partie cne de Monterblanc, partie cne de Plaudren; lande s'étendant en Plaudren et Meucon; ruiss. dit aussi *de Kerboten*, *du Moulin-de-Lesvelloc* et *de Lanquo*, affl. du Bilaire, qui arrose Monterblanc et Saint-Avé, où il traverse l'étang de Lanquo.

Parc-Cascain, h. cne de Guern.

Parc-Charles, éc. cne du Faouët.

Parc-en-Angle, éc. cne de Moustoirac.

Parc-en-Ano, éc. cne de Locmariaquer.

Parc-en-Duc, f. cne de Crach.

Parc-en-Nénès, h. cne de Caudan.

Parc-en-Fonn, éc. cne de Guern.

Parc-en-Groëz, éc. et lande, cne de Surzur.

Parc-en-Hont, h. cne de Plœren. — Seigneurie.

Parc-en-Lac, éc. cne de Saint-Thuriau.

Parc-en-Len, éc. cne de Plaudren.

Parc-er-Menhouarne, éc. cne de Locoal-Mendon.

Parc-er-Meno-Guen, lande, cne de Surzur.

Parc-er-Merser, éc. cne de Moustoirac.

Parc-er-Moino, éc. cne de Cléguérec.

Parc-Fetein, éc. cne du Saint.

Parc-Fosec (Le), éc. cne de Plœren.

Parc-Fun, éc. cne de Lanvénégen.

Parc-Gelan (Le), éc. cne de Radenac.

Parc-Gouach (Ruisseau du), affluent de la Drague; il arrose Surzur.

Parc-Guénin, éc. cne de Baud.

Parc-Hégheioueino (Ruisseau du), affluent de celui des Prés-Lobréan; il arrose Surzur.

Parc-Hémon (Le), éc. cne de Questembert.

Parchet (Le), h. cne de Mauron.

Parc-Hoët, éc. cne de Moustoirac.

Parc-Jagu, éc. cne de Plaudren.

Parc-Janet, éc. cne de Brech.

Parc-Lann, éc. cne d'Inguiniel.

Parc-Lann, éc. cne de Saint-Allouestre.

Parc-Lann, h. cne de Vannes.

Parc-Lann (Le), éc. cne de Sainte-Brigitte.

Parc-Lann-en-Deur (Pont du), sur le Stang-Derluy, cne de Grand-Champ.

Parc-Lann-en-Ty (Ruisseau du), affl. du Pont-Fau; il arrose Pluvigner et Camors.

Parc-Lann-er-Gorgniel (Fontaine du), cne de Plouay.

Parc-Lann-Locmaria, éc. cne de Grand-Champ.

Parc-Lann-Vras (Ruisseau du). — Voy. Reste-Mainouy.

Parc-Len-Norhouit, lande, cne de Surzur.

Parc-Marion, f. cne de Plougoumelen.

Parc-Menach, éc. cne de Grand-Champ.

Parc-Moten-Gretal, lande, cne de Surzur.

Parc-Neuf (Le), éc. cne d'Arradon.

Parc-Névé, éc. c⁹ᵉ de Cléguérec.
Parco (Le), éc. cⁿᵉ de Camors.
Parco (Le), éc. cⁿᵉ d'Hennebont.
Parco (Le), éc. cⁿᵉ d'Hennebont (dist. du précédent).
Parco (Le), éc. cⁿᵉ de Locmalo.
Parco (Le), h. cⁿᵉ de Locminé. — Seigneurie.
Parco (Le), éc. cⁿᵉ de Moréac.
Parco (Le), éc. cⁿᵉ de Pluméliau.
Parco (Le Grand et le Petit), h. cⁿᵉ de Lorient.
Parco-Dévéhat, éc. cⁿᵉ de Brech.
Parcou-en-Ty, éc. cⁿᵉ de Ploërdut.
Parcoët, h. cⁿᵉ de Camors.
Parco-Glas, éc. cⁿᵉ de Brech.
Parco-la-Ferrière, h. cⁿᵉ de Pluméliau.
Parco-le-Bourg, éc. cⁿᵉ de Pluméliau.
Parco-Malio, éc. cⁿᵉ de Brech.
Parco-Pointer, éc. cⁿᵉ de Brech.
Parco-ty-Guen, éc. cⁿᵉ de Brech.
Parcouët, éc. cⁿᵉ de Baud.
Parcou-Lan (Loge), éc. cⁿᵉ de Guiscriff.
Parc-Pen, éc. cⁿᵉ de Saint-Caradec-Trégomel.
Parc-Pin, éc. et bois, cⁿᵉ de Baud.
Parc-Piniec, éc. cⁿᵉ de Sulniac.
Parc-Plaudren, éc. cⁿᵉ de Plaudren.
Parc-Porho, éc. cⁿᵉ de Baden.
Parc-Priol (Le), f. cⁿᵉ de Bieuzy. — Seigneurie.
Parc-Samzun, éc. cⁿᵉ de Bieuzy.
Parc-Seul, éc. cⁿᵉ de Guern.
Parc-Sulan, éc. cⁿᵉ de Baud.
Pargo (Le), h. cⁿᵉ de Noyal-Muzillac.
Pargo (Le), chât. fᵉ¹ et éc. étang, font. d'eau minérale
    et ruiss. dit aussi de Kergrain, affl. du Vincin, cⁿᵉ de
    Vannes. — Seigneurie; manoir en la par. de Plœren.
Pargo (Ruisseau du), affl. de celui des Prés-Lobréan;
    il arrose Surzur.
Pariaie (La), h. cⁿᵉ de Rieux.
Paris (Rue ou aire), à Pluvigner.
Parlan, h. cⁿᵉ de Saint-Avé.
Parlavant, vill. cⁿᵉ de Bangor. — Parlafan, xvᵉ sᵉ (abb.
    de Sainte-Croix de Quimperlé).
Parlégat (Le), éc. cⁿᵉ de Larré.
Parlement (Le), éc. cⁿᵉ de Noyal-Pontivy.
Par-Mar (Loges), h. cⁿᵉ de Gourin.
Parqueu-Flache (Chemin des), cⁿᵉ de Theix.
Parun, vill. cⁿᵉ de Baden. — Seigneurie.
Pas (Pont du), sur la Ville-Oger, reliant Lantillac et
    Pleugriffet.
Pas-aux-Biches (Le), h. cⁿᵉ de Campénéac.
Pas-aux-Biches (Le), vill. cⁿᵉ de Lanouée. — Sei-
    gneurie.
Pascal (Loge), éc. cⁿᵉ de Plouay.
Pasco, éc. cⁿᵉ de Malestroit.

Pasco, pont sur le Runio, reliant Réguiny et Crédin;
    éc. du Pont-Pasco, cⁿᵉ de Réguiny.
Pasdrun (Le), h. cⁿᵉ de Saint-Jean-Brévelay.
Passage (Le), pass. sur la Vilaine, reliant Camoël et
    Arzal; h. divisé entre ces deux communes.
Passage (Le) ou passage de Saint-Armel, pass. sur la
    baie du Morbihan, reliant Séné à Saint-Armel; éc.
    et pointe, cⁿᵉ de Séné; éc. h. pointe et île, cⁿᵉ de
    Saint-Armel. — Le Passage de Questeneen en Saint-
    Armel, 1367 (abb. de Saint-Gildas-de-Rhuis). —
    Le Passage de Questenen, 1475 (ibid.).
Passage (Rue du), à la Roche-Bernard.
Passage de Saint-Armel. — Voy. Passage (Le).
Passage des Romains, point de la riv. d'Oust, cⁿᵉ de
    Peillac.
Passage Neuf (Le), anc. pass. sur l'Étel, reliant Plou-
    hinec et Belz, remplacé auj. par le pont Lorois; vill.
    cⁿᵉ de Plouhinec.
Passage Neuf (Le), pass. sur la Vilaine, reliant Rieux
    et Saint-Dolay; chemin dit Chaussée du Passage-
    Neuf, cⁿᵉ de Saint-Dolay; éc. cⁿᵉ de Rieux.
Passes (Plateau des), sur l'Océan, côte d'Ambon.
Passoi (Croix du), cⁿᵉ de Pleucadeuc.
Passoir (Le), h. cⁿᵉ de Pluherlin.
Passoir (Le), ruiss. affl. du Ninian; il arrose Taupont
    et Saint-Malo-des-Trois-Fontaines.
Passoué (Le), ruisseau. — Voy. Ville-Oger (La).
Passoué (Le), étang, ruiss. de l'Étang-du-Passoué,
    affl. du Vobulo, et lande, cⁿᵉ d'Augan. — Passouer,
    1442 (chât. de Beaurepaire).
Passoué (Le), h. cⁿᵉ de Guer. — Seigneurie.
Passoué (Le), éc. cⁿᵉ de Tréal.
Passoué (Pont du), sur le ruiss. de la Fontaine-de-
    Quentelin, reliant Guégon et Saint-Servant.
Passoué (Ruisseau du), affluent de l'Ével, qui arrose
    Réguiny.
Passouer (Le), éc. cⁿᵉ d'Allaire.
Passouer (Le), h. cⁿᵉ de Carentoir.
Pasty (Pont du), sur le Gouech-Talnaye, cⁿᵉ de Grand-
    Champ.
Patagrée (Le), lande, cⁿᵉ d'Augan.
Patarins (Rue des), à Ploërmel.
Patieux (Les), h. cⁿᵉ de Ploërmel.
Pâtis (Croix du) et pont sur la Foye, cⁿᵉ de Beignon.
Pâtis (Le), éc. cⁿᵉ de Béganne.
Pâtis (Le), vill. cⁿᵉ de Caden.
Pâtis (Le), f. cⁿᵉ de Glénac.
Pâtis (Le), éc. cⁿᵉ de Guer.
Pâtis (Le), maison du bourg de Loyat.
Pâtis (Le), lande, cⁿᵉ de Pluherlin.
Pâtis (Le), éc. cⁿᵉ de Saint-Perreux.
Pâtis (Le), h. cⁿᵉ de Saint-Vincent.

Pâtis (Le Haut et le Bas), éc. f. et h. c^{re} de Sarzeau. — Deux seigneuries.

Pâtis (Les), h. c^{ne} de Caro.

Pâtis (Les), éc. c^{ne} de Monteneuf.

Pâtis (Les), h. c^{ne} de Peillac.

Pâtis-Abel (Le), h. c^{re} de Monteneuf. — Seigneurie.

Pâtis-Berruyer (Le), vill. c^{ne} de Ploërmel.

Pâtis-Blanc (Le), h. c^{ne} de Marzan.

Pâtis-Cado (Ruisseau du), affl. de la Bilinie; il arrose Guer.

Pâtis-des-Roches (Le), éc. c^{ne} de Peillac.

Pâtis-Guéran, lande, c^{ne} de Saint-Gravé.

Pâtis-Huno (Le), éc. c^{re} de Carentoir.

Pâtis-Jano (Le), éc. c^{ne} de Monteneuf.

Pâtis-Méhaud (Le), éc. c^{ne} d'Augan.

Pâtis-Mellouan (Le), éc. c^{ne} de Réminiac.

Pâtis-Séguillet, h. c^{ne} des Fougerêts.

Patouillés (Ruisseau de la Mare des), affl. de la Claye, qui arrose Bohal; pont sur ce ruiss. reliant Bohal et Saint-Guyomard.

Patouillet, ruiss. dit aussi de Gerguy et de la Fontaine-des-Trois-Chaillos, affl. du Bodel, qui arrose Augan et Caro; m^{in} à eau sur ce ruiss. c^{ne} de Caro.

Patrie (Rue de la), à Lorient; appelée avant 1789 rue de Beaumont ou de la Congrégation, de la Patrie en 1789, elle prit en 1817 le nom de rue d'Angoulême, reprit en 1830 celui de la Patrie, et reçut en 1858 celui de Duguay-Trouin.

Patte-d'Oie (La), carrefour de la forêt de la Bourdonnaye, c^{ne} de Carentoir.

Pâtures (Les), éc. c^{ne} de Caro.

Pâturettes (Pont des), sur l'Aff, reliant Guer au dép^t d'Ille-et-Vilaine.

Pâty (Le), vill. c^{ne} de la Gacilly.

Pâty (Le), éc. c^{ne} de Pleucadeuc.

Pâty (Le), éc. c^{ne} de Saint-Congard. — Seigneurie.

Pâty (Le), éc. et h. dit Haut-Pâty, c^{ne} de Saint-Gravé.

Paucuinais (La), vill. c^{ne} de Peillac.

Paulay, h. c^{ne} de Questembert.

Pavé (Chemin du), au bourg de Radenac.

Pavé (Le), h. c^{ne} de Monterblanc.

Pavé (Rue du), à Auray.

Pavé (Rue du), à Pluvigner.

Pavement (Rue du), à Josselin; dite aussi des Sorciers.

Pavic, h. c^{ne} de Plœmeur.

Pavillon (Le), éc. — Voy. Grée-de-Callac (La).

Pavillon (Le), éc. c^{ne} d'Étel.

Pavillon (Le), h. c^{ne} de Languidic.

Pavillon (Le), vill. et m^{in} à vent, c^{re} du Palais.

Pavillon (Le), éc. c^{ne} de Saint-Dolay.

Pavillon (Le), éc. c^{ne} de Saint-Gorgon.

Pavillon (Rue du), à la Trinité-Porhoët.

Pavillon-Branhoc, éc. c^{ne} de Pluneret.

Paviotais (La), f. c^{ne} de Saint-Marcel.

Payen, pont sur le Bodel, c^{ne} de Caro.

Payen, m^{in} à eau sur l'Aff, c^{ne} de Guer, et pont sur le même ruiss. reliant Guer au dép^t d'Ille-et-Vilaine.

Payen, pont sur le ruiss. de ce nom, et ruiss. du Pont-Payen, affl. du Saint-Éloi, c^{ne} de Muzillac. — Seigneurie du Pont-Péan, xviie s^e (présid. de Vannes).

Pays-Bas (Le), quartier à Malansac.

Péaule, c^{on} de Questembert. — Pleaule, 1387 (chap. de Vannes). — Plœaule, aliàs Plaule, 1454 (canonis. de saint Vincent-Ferrier).

Doy. du dioc. de Vannes; par. siége de ce doy. — Seign. — Sénéch. de Vannes; subd. de la Roche-Bernard. — Distr. de la Roche-Bernard; chef-lieu de c^{on} en 1790, supprimé en l'an x.

Pébryec, vill. c^{ne} de Sulniac; pont sur le Plessis, reliant Sulniac et Theix.

Pénusson (Le), ruiss. dit aussi de Trézon, du Pont-Jean et du Graveiou, affl. de l'Oyon; il arrose Monteneuf. — Seigneurie.

Peccaduc, chât. et f. c^{ne} de Carentoir. — Seigu. manoir.

Peccanne, h. c^{ne} de Bréhan-Loudéac.

Pech (Le), vill. partie c^{ne} d'Elven, partie c^{ne} de Saint-Nolff; ruiss. affl. du Condat, qui arrose ces deux c^{ne}. — Seigneurie; manoir en Elven.

Péchardaye (La), vill. et f. c^{ne} de Glénac. — Seigneurie.

Pécherie (La), éc. c^{ne} de Saint-Dolay.

Pécherie (Pont de la), sur le Stang-en-Ihuern, c^{ne} de Cléguérec.

Pécherie (Rue de la), au Port-Louis.

Pechit (Le), îlot de la baie du Morbihan, c^{re} de Séné.

Péer (Le), vill. c^{ne} de Lanouée.

Péers, h. c^{ne} de la Grée-Saint-Laurent. — Seigneurie.

Pées (Rue des), à Mauron.

Pégé, cour, quartier à Lorient, vers la ruelle Frémicourt.

Pénavé, nom d'une section de la c^{ne} de Saint-Samson.

Peignardais (La), vill. et bois, c^{re} de Guer; pont sur l'Aff, reliant Guer au dép^t d'Ille-et-Vilaine.

Peignie (La), h. c^{ne} de Ménéac.

Peillac, c^{on} d'Allaire. — Poliac, plebs, 849 (cart. de Redon). — Puliac, 860 (ibid.). — Poilac, 867 (ibid.). — Peilac, 1494 (inscr. de la chapelle du Bourg-d'en-Bas en Saint-Avé).

Par. du territ. de Rieux. — Siége de juridiction du comté de Rieux. — Sénéch. de Ploërmel; subd. de Redon. — Distr. de Rochefort; chef-lieu de c^{on} en 1790, supprimé en l'an x.

Peillac, f. bois, pont sur l'Oyon, ruiss. affl. de l'Oyon et m^{in} à eau en ruines sur ce ruiss. c^{ne} de Guer. — Seigneurie.

Peiraie (La), h. et m^in à eau sur l'Aff, c^ce de Carentoir.

Pel, basse sur l'Océan, près de Houat.

Pelan, vill. c^ne de Caden.

Pelhué, éc. et lande, c^ce de Noyal-Pontivy.

Pelhué (Le), éc. c^ne de Plumelec.

Pellach, h. c^ne de Priziac.

Pellan, h. lande et éc. dit *Lann-Pellan*, c^le de Berné.

Pellan-Glinec, h. c^ne de Priziac.

Pellan-Jossic, h. c^ne de Priziac.

Pellé, ruiss. affl. du Pont-Briand; il arrose Guiscriff.

Pellé, h. c^ne de Kerfourn.

Pellé-Morvan, h. c^ne de Guiscriff.

Pellen, éc. c^ne de Guern.

Pellé-Singuen, h. c^ne de Guiscriff.

Pelletière (Croix de la), c^ne de Beignon.

Pelletière (La), h. c^ne de Monteneuf.

Pellé-Viguen, h. c^ne de Guiscriff.

Pellouan, vill. c^ne de Béganne. — Seigneurie; manoir.

Pellouan, f. c^ne de Ménéac. — Seigneurie.

Pelven, éc. c^ne d'Arradon. — Seigneurie connue sous le nom de *Botpleven*.

Pelven, éc. c^ne de Treffléan.

Pembert, vill. et pointe sur le Morbihan, c^ne d'Arzon.

Pembois, vill. partie c^ne de Naizin, partie c^ne de Kerfourn; ruiss. voy. Runio (Ruisseau du).

Pembulzo, h. étang et ruiss. dit aussi *de l'Étang-de-Pembulzo*, affl. de la Drague, c^ne de Surzur. — Seigneurie.

Pémur, h. et ruiss. dit aussi *de Kerbréhan*, affl. de celui de Bourg-Pommier, c^ne de Limerzel.

Pen (Le), m^in à eau sur le ruiss. de ce nom, c^ne du Saint; ruiss. *du Moulin-du-Pen* : voy. Bouthiry.

Pénach, h. c^ne d'Elven.

Pénan, h. c^ne de Pluherlin.

Pen-an-Dréo, h. c^ne de Guiscriff.

Penanros, éc. c^ne de Guiscriff.

Penanvern, éc. c^ne de Gourin. — Seigneurie.

Pen-ar-Guen, vill. c^ne de Guiscriff.

Pen-ar-Sten, éc. c^ne de Guiscriff.

Penautais, h. c^ne de Plumelec. — *Pennauter*, 1431 (chât. de Callac).

Penaval, salines, c^ne de Séné.

Penbaie, anse dite *Trait de Penbaie*, pointe et roche sur l'Océan, c^ne de Pénestin.

Penberp, h. c^ne de Baden.

Penbo, vill. c^ne de Remungol.

Penboch, éc. et pointe sur le Morbihan, c^ne d'Arradon. — Seigneurie.

Penbodo, h. et pont sur le Cadoudal, c^ne de Plaudren.

Penbosse (Le), vill. et pont sur la Sarre, c^ne de Séglien. — *Penbocze*, 1452 (princip. de Rohan-Guémené).

Pencadenic, vill. et m^in à vent, c^ne de Sarzeau.

Pencastel, éc. et m^in à eau sur le Morbihan, c^ne d'Arzon. — Établissement de chevaliers de Saint-Jean de Jérusalem, autref. Templiers.

Penchel, h. c^ne de Roudouallec.

Pencleu, vill. c^ne de Meslan.

Pencoëlo, vill. c^ne de Guéhenno.

Pendavat, h. c^ne de Séglien; lande s'étendant en Séglien et Cléguérec; h. de *la Lande-de-Pendavat*, c^ne de Cléguérec.

Pendenas, h. c^ne de Melrand; pont sur le Brûlé, reliant Melrand et Bubry.

Penderf, h. c^ne de Bignan.

Penderff, éc. bois et m^in à eau sur le ruiss. de ce nom, c^ne de Lignol; ruiss. *du Moulin-de-Penderff* : voy. Dourdu (Le). — Seigneurie; manoir.

Pen-Devet, éc. c^ne de Baud.

Pendreff, vill. et m^in à vent, c^ne de Caudan; ruines dites aussi *Château du Diable*. — Seigneurie.

Pendreff, vill. c^ne de Saint-Gérand.

Pénel, vill. c^ne de Lanouée. — *Penet*, xive siècle (duché de Rohan-Chabot).

Pen-en-Allé, éc. c^ne de Pluméliau.

Pen-en-Allée, éc. c^ue de Plougoumelen.

Pen-en-Lin, f. c^ne de Plougoumelen.

Pen-en-Nece, éc. c^ne de Napoléonville. — Seigneurie; manoir en la par. de Malguénac.

Pen-en-Nivès, h. c^ne de Locoal-Mendon.

Pen-en-Taillau, éc. c^ne de Séglien.

Pener, éc. c^ne de Guénin.

Pener, f. c^ne de Surzur.

Péner (Le), h. c^ne de l'Île-d'Arz.

Pen-er-Boutier, h. c^ne de Guidel.

Pen-er-Camsquel, éc. c^ne de Vannes.

Pen-er-Endrez, h. c^ne de Meucon.

Pénerf (Le), vill. riv. voy. Drague (La) et port sur cette rivière, rade, basse et fort sur l'Océan, c^ne de Damgan.

Penergal, éc. c^ne de Plumelin.

Pen-er-Ham, f. c^ne de Bignan.

Pen-er-Hoët, éc. c^ne de Brech.

Pen-er-Houet (Bras et Bihan), h. c^ne de Locoal-Mendon.

Penerhuen, h. c^ne de Plumergat.

Pen-er-Lan, vill. c^ne de Saint-Tugdual.

Penerlay, h. c^ne de Baud.

Pen-er-Lé, h. c^ne de Plaudren.

Pen-er-Lé, pointe sur la baie de Quiberon, c^ne de Plouharnel.

Pen-er-Lennevé, h. c^ne de Séglien.

Pen-er-Locurist, h. et bois, c^ne d'Inzinzac.

Pen-er-Losquet, éc. c^ne de Plumelin.

Pen-er-Malo, h. c^ne de Guidel.

Pen-er-Men, vill. cne d'Arradon.

Pen-er-Morio, éc. cne de Plaudren.

Pen-er-Parc, éc. cne de Remungol.

Pen-er-Pont, f. cne de Crach.

Pen-er-Pont, h. cne de Locoal-Mendon.

Pen-er-Pont, éc. cne de Plaudren.

Pen-er-Poste-en-Keddec, éc. cne de Lanvaudan.

Pen-er-Prat, éc. cne d'Inzinzac.

Pen-er-Prat, h. cne de Noizin.

Pen-er-Prat, éc. cne de Pluneret.

Pen-er-Rabine, éc. cne d'Arradon.

Pen-en-Stang, éc. — Voy. Stang (Le).

Pen-en-Stang, éc. cne de Grand-Champ.

Peneusteile, h. cne de Camors.

Pen-en-Ster, h. cne de Locmariaquer.

Pen-er-Toual, éc. cne de Plaudren.

Pen-er-Toulic, éc. cne de Camors.

Pen-er-Voyedec, éc. cne de Kerfourn.

Pénesclus, vill. et min à vent, cne de Muzillac; ruiss. voy. Saint-Éloi (Le), et pont sur ce ruiss. La section de Pénesclus a passé, en 1840, de la cne d'Ambon dans celle de Muzillac. — Etablissement de chevaliers de Saint-Jean de Jérusalem, autref. Templiers. — Seign.

Pénesclus, chât. et fre, cne de Plœmeur. — Seign. manoir.

Pénester, vill. cne d'Erdeven.

Pénestin (Le Haut et le Bas), cne de la Roche-Bernard. Anc. trêve d'Assérac, devenue par. du doy. de la Roche-Bernard; prieuré, membre de l'abb. de Saint-Gildas-des-Bois. — Sénéch. de Guérande; subd. de la Roche-Bernard. — Distr. de la Roche-Bernard.

Penety, h. cne de Persquen.

Penfao, éc. cne de Langoëlan.

Penfao, h. cne du Saint.

Penfaux, h. cne de Noyal-Pontivy.

Pen-Faven, h. cne de Neulliac.

Penfel, h. cne du Faouët.

Penfrat, h. et bois, cne de Gestel. — Seigneurie.

Penfrat, vill. et éc. dit *Loge-Penfrat*, cne du Saint.

Penfrat, vill. cne de Saint-Malo-des-Trois-Fontaines.

Penfraval, éc. cne de Plaudren.

Pengal, éc. cne de Brech. — Seigneurie.

Pengan, vill. cne de Bréhan-Loudéac.

Pen-Ganquis, h. cne de Camors.

Pengarne, roche dans la rade de Lorient, entre Lorient et Riantec.

Pengarzo, f. cne de Buléon.

Pen-Goc'h, roches sur l'Océan, côte de Saint-Pierre.

Pengoveno, h. cne de Guénin.

Pengriel, éc. cne de Sainte-Hélène.

Pengrin, pointe sur la Vilaine, cne de Pénestin.

Penguily, vill. cne de Cournon, et pont sur le ruiss. des Landes-du-Loup.

Penguily, h. cne de Guiscriff.

Penguily, vill. cne de Mohon. — Seigneurie.

Penguily, h. cne de Moréac. — Seigneurie; manoir.

Penguily, éc. min à eau sur l'Ellée et ruiss. affl. de l'Ellée, cne de Plouray; pont sur l'Ellée, reliant Plouray au dépt des Côtes-du-Nord. — Seigneurie; manoir.

Penguily (Bras et Bihan), h. cne de Gourin.

Penhair (Bras et Bihan), h. bois et lande, cne de Locmalo. — Seigneurie; manoir.

Penhais, éc. cne de Guéhenno. — Seigneurie.

Penhap, vill. et pointe sur le Morbihan, cne de l'Ile-aux-Moines.

Penhap, vill. cne de Marzan.

Penharas, vill. cne de Trédion.

Penhaudan, h. cne de Pontscorff.

Pen-Hayo, éc. cne de Baud.

Penbellec, h. cne de Saint-Caradec-Trégomel.

Penbelléc, h. cne de Saint-Thuriau.

Penher, éc. cne de Carnac.

Penher, h. et bois, cne de Kervignac.

Penher, éc. cne de Landévant.

Penher, éc. cne de Marzan.

Penher, h. cne de Moréac.

Penher, h. cne de Moustoirac.

Penher, h. cne de Plumelin.

Penher, h. cne de Pluneret. — Seigneurie.

Penher, h. cne de Questembert.

Penher (Le), h. cne de Plœmeur.

Penher (Le), vill. cne de Plumelec.

Penher (Rue du), à Auray.

Penher-Alan, éc. cne de Grand-Champ.

Penher-Daniélo, h. cne de Grand-Champ.

Penher-en-Gô, éc. cne de Langonnet.

Penher-en-Lonce, éc. cne de Langonnet.

Penher-le-Goff (Rue), à Baud.

Penher-Losquet, éc. cne de Pluvigner. — *Penkaer-Lesquoet*, 1429 (abb. de Lanvaux).

Penher-Margot, éc. cne de Moustoirac.

Penher-Pichon, h. cne de Saint-Jean-Brévelay.

Penhibet, h. cne de Melrand.

Penhiellen, vill. cne de Ploërdut; ruiss. *de la Fontaine-de-Penhiellen*, affluent de celui du Pont-Mélégan, qui arrose Ploërdut et Langoëlan.

Penhoas, h. cne de Roudouallec.

Penhoat, vill. cne de Gourin.

Penhoat, h. cne de Guiscriff.

Penhoat-Aubray, h. cne de Gourin.

Penhoat-Chef-du-Bois, chât. cne de Plœmeur. — Seigneurie vulgairement appelée *Chef-du-Bois*; manoir.

Penhoat-Conveau, h. cne de Gourin.

PENHOAT-QUINIO, h. cⁿᵉ de Plœmeur.

PENHOAT-QUINIO, h. cⁿᵉ de Plœmeur (distinct du précédent).

PENHOAT-SAINT-NICOLAS, éc. cⁿᵉ de Gourin. — Seign.

PENHOËT, f. cⁿᵉ de Bignan.

PENHOËT, vill. cⁿᵉ de Loyat. — Seigneurie.

PENHOËT, h. cⁿˢ de Moréac.

PENHOËT, h. et lande, cⁿᵉ de Moustoirac.

PENHOËT (BRAS et BIHAN), h. cⁿˢ de Crach.

PENHOËT (BRAS et BIHAN), vill. et bois, cⁿᵉ de Ploërdut.

PENHOËT-COËTCODU, éc. cⁿᵉ de Langoëlan.

PENHOGÉ, h. partie cⁿᵉ de Limerzel, partie cⁿᵉ de Péaule.

PENHORO, éc. cᵃʳ de Plougoumelen.

PENHOUAH, h. cⁿᵉ de Plumelin.

PENHOUÈDO, éc. cᵈᵉ de Cléguérec.

PENHOUET, vill. et lande, cⁿᵉ de Bréhan-Loudéac; pont sur l'Oust, reliant Bréhan-Loudéac et Pleugriffet.

PENHOUET, h. cⁿᵉ de Bubry.

PENHOUET, vill. cⁿᵉ de Carnac.

PENHOUET, vill. cⁿᵉ de Caudan.

PENHOUET, chât. et f. cⁿᵉ de la Croix-Helléan. — Seigneurie; manoir.

PENHOUET, h. cⁿᵉ d'Erdeven.

PENHOUET, chât. et fⁱ, cⁿᵉ de Grand-Champ. — Seigneurie; manoir.

PENHOUET, vill. et ruiss. de la Fontaine-de-Penhouet, affl. du Scorff, cⁿᵉ d'Inguiniel.

PENHOUET, h. et bois, cⁿᵉ de Kerfourn.

PENHOUET, vill. cⁿᵉ de Kervignac. — Seigneurie.

PENHOUET, vill. cⁿᵉ de Languidic.

PENHOUET, h. cⁿᵉ de Merlévenez.

PENHOUET, vill. cⁿᵒ de Néant.

PENHOUET, h. cⁿᵉ de Noyal-Pontivy.

PENHOUET, h. cⁿᵉ de Plœren; ruines d'un château fort.

PENHOUET, vill. cⁿᵉ de Radenac.

PENHOUET, lande, cⁿᵉ de Réguiny.

PENHOUET, h. cⁿᵉ de Saint-Thuriau.

PENHOUET, h. cⁿᵉ de Sulniac.

PENHOUET (LE HAUT et LE BAS), vill. cⁿᵉ de Pleucadeuc.

PENHOUET (LE HAUT et LE BAS), vill. cⁿᵉ de Pleugriffet.

PENHOUET-KERILIO (LE HAUT et LE BAS), vill. cⁿᵉ de Neulliac.

PENHOUET-MARO, vill. cⁿᵉ de Neulliac.

PENHOUET-ORGAN, h. cⁿᵉ d'Inguiniel.

PENHOUET-SAL, éc. et bois, cⁿᵉ de Pluneret. — Seign.

PENHUEL (BRAS et BIHAN), vill. et ruiss. affl. de celui du Moulin-du-Duc, cⁿᵉ de Langonnet.

PENHUERN, éc. cⁿᵉ de Plumergat.

PENHUERN, vill. cⁿᵒ de Saint-Nolff. — *Penengouern*, 1471 (chât. de Kerfily).

PENHUET, vill. cⁿᵉ d'Elven.

PENHY (LE GRAND et LE PETIT), h. cⁿᵉ de Malguénac.

PENLAN, h. pointe, fanal, caserne et fort à l'embouchure de la Vilaine, cⁿᵉ de Billiers.

PENLAN (LE GRAND et LE PETIT), vill. cⁿᵉ d'Helléan.

PENLANN (RUISSEAU DU MOULIN-DE-), dit aussi *Roich-er-Vilin-Meell*, affl. du Scorff; il arrose Pontscorff, qu'il sépare du dépᵗ du Finistère. — Seigneurie; manoir.

PENLEUC, vill. cⁿᵉ de la Trinité-Porhoët.

PENMAIL (LE GRAND et LE PETIT), h. cⁿᵉ d'Arradon.

PENMANÉ, h. mⁱⁿ à vent, bois et ruiss. *du Bois-de-Penmané*, affl. du Kerhuilic, cⁿᵒ de Baud. — Seigneurie; manoir.

PEN-MANÉ, vill. cⁿᵉ de Caudan.

PEN-MANÉ, éc. cⁿᵉ d'Inzinzac.

PEN-MANÉ, h. cⁿᵉ de Pluvigner.

PEN-MANÉ, h. cⁿᵉ de Pontscorff. — Seigneurie.

PENMANÉ, caserne et fort à l'embouchure du Blavet, cⁿᵉ de Riantec.

PENMARK, presqu'île. — Voy. VIEUX-CHÂTEAU (LE).

PEN-MELEN (CROIX), cⁿᵉ de Guern.

PEN-MEN, pointe de l'île de Groix, sur l'Océan.

PEN-MENÉ, éc. cⁿᵉ de Guidel.

PEN-MENÉ, vill. cⁿᵉ de Moustoirac.

PENMERN, vill. cⁿᵉ de Baden.

PENMEUR, éc. anc. chât. ruiné, mⁱⁿ à vent et mⁱⁿ à eau sur le Saint-Éloi, cⁿᵉ de Muzillac. — *Penmur*, 1252 (D. Morice, I, 953). — *Pemur*, château, 1298 (duché de Rohan-Chabot). — Seigneurie.

PENMONCEL, f. cⁿᵉ de Pénestin.

PEN-MOZEU, croix, cᵗᵉ de Sainte-Hélène.

PENNALAY, éc. cⁿᵉ de Remungol.

PENNANÉACH, éc. cⁿᵉ de Guiscriff.

PENNANÉACH, h. cⁿᵉ du Saint.

PENNANGUÉ, éc. cⁿᵉ de Guiscriff.

PENNANJUN, h. cⁿᵉ de Roudouallec.

PENNANRUN, éc. cⁿᵉ du Faouët.

PENNAUT, vill. cⁿᵉ de Pluméliau.

PENN-BLEIT, rocher de la baie du Morbihan, côte de Saint-Armel.

PENNEDELC, h. cⁿᵉ de Brignac.

PENNÉUOC, h. cⁿᵒ de Guiscriff. — Seigneurie.

PENNER, h. cⁿᵉ de Caudan.

PENNER, h. cⁿᵉ de Noyalo.

PENNER, h. partie cⁿᵉ de Noyal-Pontivy, partie cⁿᵉ de Gueltas.

PENNER, h. cⁿᵉ du Saint.

PENNER (LE), éc. cⁿᵉ de Plœmeur.

PENNEREST, vill. cⁿᵉ de Noyal-Pontivy.

PENNERO, vill. cⁿᵉ de l'Île-d'Arz.

PENNÉVEN, h. cⁿᵉ de Lanvénégen.

PENNEVINZ, vill. et pointe sur l'Océan, cⁿᵉ de Sarzeau.

PENNEVINZ-KERGALDO, h. cⁿᵉ de Sarzeau.

PENNOËN, h. et autre h. dit *Loges-Pennoën*, cⁿᵉ du Saint;

pont sur le ruiss. du Moulin-de-Quilliou, reliant le Saint et Gourin.

PENPALUT, vill. c⁰ᵉ de Plœmeur.

PENPONT, vill. c⁰ᵉ de Berric.

PEN-PONT, éc. c⁰ᵉ de Guidel.

PENPONT, vill. c⁰ᵉ de Molac.

PEN-PONT, h. c⁰ᵉ de Ploubinec.

PEN-PONT-TRÉVRAT, éc. — Voy. TRÉVRAT.

PENPOUL, h. c⁰ᵉ de Baud.

PENPOUL, vill. c⁰ᵉ de Bieuzy.

PENPOUL, éc. c⁰ᵉ de Cléguérec.

PEN-POLL, éc. c⁰ᵉ de Locoal-Mendon.

PENPOUL, h. c⁰ᵉ de Ploërdut.

PENPOUL, éc. c⁰ᵉ de Pluvigner.

PENPOUL, h. c⁰ᵉ de Quistinic.

PEN-POUL, vill. c⁰ᵉ de Saint-Caradec-Trégomel.

PENPOULIC, éc. c⁰ᵉ de Plumelin.

PENPOULO, éc. c⁰ᵉ de Melrand.

PENPOULO, h. c⁰ᵉ de Neulliac.

PENPOULQUIO, h. c⁰ᵉ de Langoëlan. — *Penpoulqueau*, 1433 (princip. de Rohan-Guémené).

PEN-PRADEU, vill. c⁰ᵉ de Plumelin.

PENPRAT, h. c⁰ᵉ de Baud.

PENPRAT, éc. c⁰ᵉ de Bieuzy.

PENPRAT, chât. c⁰ᵉ de Caudan. — Seigneurie; manoir.

PENPRAT, éc. c⁰ᵉ de Grand-Champ.

PEN-PRAT, éc. lande et ruiss. *de la Fontaine-de-Pen-Prat*, affl. de celui du Moulin-de-Langle, c⁰ᵉ de Lanvaudan.

PENPRAT, h. c⁰ᵉ de Noyal-Pontivy.

PEN-PRAT, f. c⁰ᵉ de Plouay.

PENPRAT, vill. c⁰ᵉ de Planeret.

PEN-PRAT, h. c⁰ᵉ de Quistinic.

PEN-PRAT, portion de la forêt de Quénécan, c⁰ᵉ de Sainte-Brigitte.

PENQUÉLEN, h. c⁰ᵉ de Meslan.

PENQUELEN, h. dit aussi *Cour de Penquelen*, c⁰ᵉ de Plumelec. — Seigneurie; manoir.

PENQUELIN, vill. c⁰ᵉ de Quéven.

PENQUER (LOGE), éc. c⁰ᵉ de Langonnet.

PENQUER-ALLAIN, vill. c⁰ᵉ de Lanvénégen.

PENQUEDDREIGN, quartier à Gourin.

PENQUER-GAL, éc. c⁰ᵉ du Saint.

PENQUER-HIR, h. c⁰ᵉ de Langonnet.

PENQUERUOËT, vill. c⁰ᵉ de Gourin.

PENQUERNAËN, vill. c⁰ᵉ de Guiscriff.

PENQUESTEN, vill. c⁰ᵉ d'Inzinzac.

   Trève de la paroisse d'Inzinzac.

PENQUESTEN, h. c⁰ᵉ de Kervignac.

PENQUESTEN, vill. et m⁰ⁱⁿ à eau sur le Pont-Rouge, c⁰ᵉ de Priziac. — Seigneurie; manoir.

PENQUESTEN (BRAS et BIHAN), h. c⁰ᵉ de Langonnet.

PENQUIRIS, éc. c⁰ᵉ de Pluvigner.

PENRANE, éc. c⁰ᵉ de Camors. — Seigneurie.

PENRÉE, vill. c⁰ᵉ de Bréhan-Loudéac; ruisseau : voy. ESTUER (RUISSEAU D').

PENROS, vill. et m⁰ⁱⁿ à eau sur le Ninian, c⁰ᵉ de la Grée-Saint-Laurent.

PENROS, vill. et m⁰ⁱⁿ à eau sur le Sédon, c⁰ᵉ de Guégon.

PENRUN-LOCMALO, vill. et port. — Voy. LOCMALO.

PENSAL, h. c⁰ᵉ de Saint-Jean-Brévelay.

PENTENO, h. et lande, c⁰ᵉ de Theix.

PENTERFF, vill. et ruiss. dit aussi *de Kerendu*, affl. de celui des Trois-Recteurs, c⁰ᵉ de Plouay.

PENTÈS, h. salines et lande, c⁰ᵉ de Surzur.

PENTHIÈVRE, fort, c⁰ᵉ de Saint-Pierre, à l'entrée de la presqu'île de Quiberon.

PENTOUL, éc. marais et chaussée, c⁰ᵉ de Baden.

PENTRIFONSE, éc. c⁰ᵉ de Lignol. — *Pentrifos*, 1394 (princip. de Rohan-Guémené). — Seign. manoir.

PENTURBAN, vill. c⁰ᵉ de Naizin.

PENVERN, vill. et lande, c⁰ᵉ de Bubry.

PENVERN, h. et ruiss. affl. du Loch, c⁰ᵉ de Grand-Champ.

PENVERN, éc. c⁰ᵉ de Guern. — *Talguern*, 1550 (chap. de Vannes). — Seigneurie.

PENVERN, éc. et ruiss. affl. de l'Inam, c⁰ᵉ de Guiscriff.

PENVERN, h. c⁰ᵉ de Langonnet.

PENVERN, h. c⁰ᵉ de Meslan.

PENVERN, vill. partie c⁰ᵉ de Naizin, partie c⁰ᵉ de Kerfourn.

PENVERN, chât. bois et m⁰ⁱⁿ à eau sur le Scorff, c⁰ᵉ de Persquen. — Seigneurie; manoir.

PENVERN, h. c⁰ᵉ de Plougoumelen. — Seigneurie.

PENVERN, h. c⁰ᵉ de Plumelin.

PENVERN, vill. et bois, c⁰ᵉ de Quistinic. — Seigneurie.

PENVERN, h. c⁰ᵉ de Saint-Caradec-Trégomel.

PENVERN, h. c⁰ᵉ de Saint-Tugdual. — *Penguern*, 1414 (princip. de Rohan-Guémené).

PENVERN (LE HAUT et LE BAS), h. c⁰ᵉ de Plaudren. — Seigneurie.

PEN-YUN, h. c⁰ᵉ du Saint.

PÉRAULT (RUE), à Lorient. — Voy. MAIRIE (RUE DE LA).

PERCHE (LA), éc. ruiss. dit aussi *de la Lande-de-Coëtdenan*, affl. de l'Oust, et pont sur ce ruiss. c⁰ᵉ de Pleugriffet.

PERCHE (PONT DE LA), sur l'Arz, c⁰ᵉ d'Elven.

PERCHE (PONT DE LA), sur l'Aff, reliant Guer au dépᵗ d'Ille-et-Vilaine.

PERCHE-DE-L'ÉPINE (PONT DE LA), sur le Larhou, reliant Saint-Samson et le dépᵗ des Côtes-du-Nord.

PERCHENNIC, vill. m⁰ⁱⁿ à eau sur le ruiss. de ce nom et m⁰ⁱⁿ à vent, c⁰ᵉ de Kergrist; ruiss. voy. BROHAIS. — Seigneurie; manoir.

Perches (Les), ruiss. affl. du Garat; il arrose Guilliers.

Perchettes (Les), lande, c⁰ᵉ de Guer.

Perdit (Rue le), à Napoléonville.

Perdrillard, h. c⁰ᵉ de Réminiac.

Péreix, vill. c⁰ᵉ de Férel.

Peren-Borègne, éc. c⁰ᵉ de Cléguérec.

Per-en-Hoüet, éc. c⁰ᵉ d'Inzinzac.

Pérenno, éc. et bois, c⁰ᵉ de Theix. — Seign. manoir.

Pérenno (Iudel et Izel), h. et mⁱⁿ à eau sur le ruiss. des Trois-Recteurs, c⁰ᵉ de Lanvaudan.

Perhann, vill. c⁰ᵉ de Saint-Thuriau.

Perhuec, éc. c⁰ᵉ de Berné.

Perlands (Les), vill. c⁰ᵉ de Saint-Jacut.

Pernès, h. éc. et mⁱⁿ à vent, c⁰ᵉ de Surzur. — Seign.

Perno (Le), éc. c⁰ᵉ de Guéhenno.

Pérohan, éc. lande et anc. mⁱⁿ à vent, c⁰ᵉ de Porcaro.

Péros, h. c⁰ᵉ de Berné.

Péros, h. c⁰ᵉ d'Inzinzac. — Seigneurie.

Péros (Bras et Bihan), vill. c⁰ᵉ de Langonnet.

Péros (Le Haut et le Bas), vill. c⁰ᵉ de Malguénac; ruiss. dit aussi de Léanno, affluent du Saint-Salomon, qui arrose Malguénac et Guern.

Pérose, vill. c⁰ᵉ de Caudan. — Seigneurie.

Pérosse, chât. f. bois et mⁱⁿ à eau sur le ruiss. de Brulé, c⁰ᵉ de Bubry. — Seigneurie; manoir.

Pérouse, ruisseau. — Voy. Fondrio.

Perqué, vill. partie c⁰ᵉ de Brignac, partie c⁰ᵉ de Ménéac.

Perrais (Les), rocher, c⁰ᵉ de Monteneuf.

Perray, h. c⁰ᵉ d'Allaire.

Perray (Le), h. c⁰ᵉ de Guer.

Perreine-de-Moras (Rue), à Lorient. — Voy. Collége (Rue du).

Perrière (La), h. et mⁱᵃ à vent, c⁰ᵉ d'Allaire.

Perrière (La), éc. c⁰ᵉ de Guillac, et rue au bourg.

Perrière (La), éc. c⁰ᵉ d'Hennebont.

Perrière (La), b. et bois, c⁰ᵉ de Lanvaudan.

Perrière-à-Colin (La), vill. et fanal, c⁰ᵉ de Lorient.

Perrière-Holan (La), éc. c⁰ᵉ de Saint-Aignan.

Perrières (Les), éc. c⁰ᵉ de Saint-Jacut.

Perrières (Pont des), sur le Passoué, c⁰ᵉ de Réguiny.

Perrières (Ruisseau des) ou Cargidon, et pont sur ce ruiss. c⁰ᵉ de Pluherlin. — Voy. Cargidon.

Perrières-Morinais (Grotte des), c⁰ᵉ de Monteneuf.

Perrin (Pont), sur l'Oust, reliant Pleugriffet et Bréhan-Loudéac.

Perrinière (La), h. c⁰ᵉ de Plœmeur.

Perrinière (La), h. c⁰ᵉ de Rieux.

Perron (Le), éc. c⁰ᵉ de Caro.

Perroquet (Rue du), à Napoléonville.

Perros, vill. et bois, c⁰ᵉ de Locmalo.

Perruchet (Le), éc. c⁰ᵉ de Pleucadeuc.

Perry, éc. c⁰ᵉ de Saint-Jean-Brévelay.

Person, croix et éc. de la Croix-Person, c⁰ᵉ de Noyal-Pontivy.

Persquen, c⁰ᵉ de Guémené. — Perzquen, 1387 (chap. de Vannes).
   Par. du doy. de Guémené. — Seign. — Sénéch. d'Hennebont; subd. de Guémené. — Distr. de Pontivy.

Persuel, h. et pont sur le Lézevry, c⁰ᵉ de Merlévenez. — Perseuel, 1459 (princip. de Rohan-Guémené).

Pertuchaud (Le), éc. c⁰ᵉ de Noyal-Muzillac.

Pertuis-du-Faut (Le), vill. c⁰ᵉ de Concoret.

Pérué, vill. et pont, c⁰ᵉ de Saint-Abraham.

Pérué (Le Haut et le Bas), vill. c⁰ᵉ de Ruffiac. — Piroit, villa, 837 (cart. de Redon). — Peruet, 1438 (chât. de Kerfily).

Pervrie (La), ruiss. affl. du Trévelo; il arrose Limerzel.

Penzo, h. c⁰ᵉ de Naizin; ruiss. des Noës-Perzo, affl. du Runio, qui arrose Réguiny et Naizin.

Penzo, vill. lande et autre vill. dit Lande-Perzo, c⁰ᵉ de Neulliac.

Pèse (Chemin de la), c⁰ᵉ de Saint-Dolay.

Pesle (Le), vill. et mⁱᵉ à eau sur le Goujon, c⁰ᵉ de Limerzel; pont sur le même ruiss. reliant Limerzel et Péaule.

Pessu (Rue du), à Vannes. — Voy. Ursulines (Rue des).

Pessin (Le), vill. c⁰ᵉ de Sulniac; ruiss. affl. de la Cleisse, qui arrose Sulniac et Theix.

Petelaudière (La), h. c⁰ᵉ de Saint-Vincent.

Petit-Bézo, village. — Voy. Bézo (Le).

Petit-Bézy (Le), h. c⁰ᵉ de Treffléan.

Petit-Bil, écart. — Voy. Bil-Lorois.

Petit-Bilio, écart. — Voy. Pont Bilio.

Petit-Bois (Le), éc. c⁰ᵉ d'Allaire. — Seigneurie.

Petit-Bois (Le), h. c⁰ᵉ de Camors.

Petit-Bois (Le), éc. c⁰ᵉ de Caro.

Petit-Bouillon (Le), f. c⁰ᵉ de Rieux.

Petit-Château (Le), pointe sur l'Océan, dans l'île de Groix.

Petit-Château (Le), éc. c⁰ᵉ de Locmalo.

Petit-Chemin (Le), f. c⁰ᵉ de Ploërmel.

Petit-Chemin (Rue du), à Hennebont.

Petit-Chêne (Le), h. c⁰ᵉ de Saint-Nicolas-du-Tertre.

Petit-Couvent (Rue du), à Vannes. — Voy. Justice (Rue de la).

Petite-Fontaine (La), font. c⁰ᵉ de Moustoirac.

Petite-Métairie (La), éc. c⁰ᵉ de Camors.

Petite-Métairie (La), f. c⁰ᵉ de Carnac.

Petite-Métairie (La), h. c⁰ᵉ de Plaudren.

Petite-Noë (La), éc. c⁰ᵉ de Crédin.

Petite-Porte (La), éc. c⁰ᵉ de Lizio.

Petite Porte (La), porte à Lorient [voy. Plœmeur], et autre porte, aussi à Lorient, qu'on distingue de la précédente en l'appelant, à cause de son usage, *Petite Porte du Port;* la rue qui aboutit à cette dernière est dite *Rue de la Petite-Porte :* voy. Collége (Rue du).

Petite-Rivière (Penche de la), pont sur la Garoulaie, reliant Helléan et la Grée-Saint-Laurent.

Petite-Rose (Rue de la), à Vannes. — Voy. Rose (Rue de la).

Petite Rue (La), rue à Josselin.

Petite Rue (La), rue à Ploërmel, dite autrefois *Petite Rue Saint-Nicolas.*

Petite Rue (La), rue au Port-Louis.

Petite Rue (La), rue à Rohan.

Petite Rue du Milieu (La), rue à Rohan.

Petites-Douves (Rue des), à Napoléonville.

Petites-Forêts (Les), h. ruiss. affl. du Bled et m^in à eau sur ce ruiss. c^ne d'Allaire.

Petites-Noës (Pont des), sur la Chênaie, reliant Guégon et Cruguel.

Petites-Rues (Les), h. c^ne d'Augan.

Petit-Gué (Le), vill. c^ne de Caden.

Petit-Madou (Le), h. c^ne de Ruffiac.

Petit Marché (Le), place à Josselin.

Petit-Martray (Le), place à Napoléonville. — Voy. Pont (Place et rue du).

Petit-Molac (Le), h. c^ne d'Arradon.

Petit-Molac (Le), éc. et f. c^ne de Questembert. — Seigneurie.

Petit-Moulin (Le), m^in à vent et lande, c^ne de Monteneuf.

Petit-Moulin (Le), m^in à eau, c^ne de Peillac.

Petit-Moulin (Le), m^in à eau sur le Vau-Laurent, c^ne de Saint-Martin.

Petit-Moulin (Ruisseau du). — Voy. Cancouet.

Petit-Paris (Le), éc. c^ne de Peillac.

Petit-Paris (Le), vill. c^ne de Saint-Aignan.

Petit-Pavillon (Le), éc. c^ne d'Hennebont.

Petit-Port (Rue du), à Auray.

Petit-Rocher (Le), éc. c^ne de Molac.

Petit-Rocher (Le), éc. c^ne de Questembert.

Petit-Rocher (Le), h. c^ne de Sérent.

Petits-Prés (Fontaine des), c^ne d'Augan.

Petits-Prés (Pont des), sur la Chênaie, reliant Guégon et Cruguel.

Petit-Trianneau (Le), éc. c^ne d'Hennebont.

Petit-Vallon (Le), h. c^ne de Carentoir.

Petit-Village (Le), vill. c^ne de Malansac.

Petit-Vivier (Ruisseau du). — Voy. Vaux.

Petluate (La), vill. c^ne de Carentoir.

Peu (Le), éc. c^ne de Caro.

Peu (Le), éc. c^ne de Melrand.

Peu (Le), vill. c^ne de Plumelec.

Peudreu, éc. c^ne de Crach.

Peudreu (Le), éc. c^ne de Brech.

Peudu, vill. c^ne d'Allaire.

Peuh (Le Grand et le Petit), h. c^ne de Sulniac.

Peulen, éc. c^ne de Languidic.

Peyrouse (La), f. c^ne de Ploërmel.

Phare (Le), éc. et fanal [voy. Port-Navalo], c^ne d'Arzon.

Pharman, font. c^ne de Grand-Champ.

Philippe, pont sur le Stang-en-Ihuern, et éc. *du Pont-Philippe,* c^ne de Cléguérec.

Philippoterie (La), h. c^ne de Saint-Jacut.

Piadaux (Pont des), sur le Goujon, reliant Péaule et Limerzel.

Piardais (Les), h. c^ne de Peillac.

Piatais (Le), lande, c^ne de Guer.

Piaud (Loges), vill. c^ne de Sainte-Brigitte.

Piaudais (La), h. c^ne de Carentoir.

Piboulaie (La), éc. c^ne de Saint-Nicolas-du-Tertre.

Picaud (Le), vill. c^ne de Saint-Perreux.

Pichon, m^in à vent, c^ne de Saint-Congard.

Pichon, font. c^ne de Séné.

Pichonnerie (La), éc. c^ne de Molac.

Pichonnerie (La), h. c^ne de Pluherlin.

Pichoret, h. c^ne de Saint-Gravé.

Pie (Fontaine de la) et ruelle *de la Fontaine-de-la-Pie,* à Vannes.

Pie (Rue de la), à Auray.

Pièce-a-Louise (La), éc. c^ne de Porcaro.

Pierny (Le), éc. c^ne de Saint-Samson. — Seigneurie.

Pierre (La), h. c^ne de Béganne.

Pierre (La), vill. c^ne de Porcaro.

Pierre-Blanche (La), éc. c^ne d'Allaire.

Pierre Blanche (La), menhir, c^ne de Pénestin.

Pierre-d'Allaire, croix, c^ne de Férel.

Pierre des Bassins, pierre à cuvettes, c^ne de Pleucadeuc.

Pierre Droite (La), menhir, c^ne de Saint-Guyomard.

Pierre-Fendue (La), éc. m^in à eau dit aussi *de Mein-Feulet,* et pont sur le ruisseau de ce nom, c^ne de Guern; ruiss. dit aussi *du Ponteu et Gouarch-er-Guel,* affl. du Blavet, qui arrose Malguénac, Guern et Bieuzy.

Pierre-Longue (La), vill. c^ne de Languidic.

Pierre-Rousse (La), vill. c^ne de Saint-Gorgon.

Pierres Gouffier (Les), dolmen ruiné, c^ne de Mauron.

Pierres-Noblet (Chemin des), c^ne de Saint-Dolay.

Pierres Noires (Les), roches sur l'Océan, côte d'Erdeven.

Pierres Noires (Les), roches sur la baie de Quiberon, côte de Quiberon.

Pifosset (Rue), à la Trinité-Porhoët.

Pigeon-Blanc (Le), éc. c⁰ᵉ de Crédin.

Pigeon-Blanc (Le), h. cⁿᵉ de Guégon.

Pigeon-Blanc (Le), éc. cᵉᵉ de Locminé; ruiss. affl. du Tarun, qui arrose Bignan et Locminé.

Pigeon-Blanc (Le), h. cᵐᵉ de Napoléonville. ·

Pignon (Le), roche sur l'Océan, côte d'Ambon.

Pignoneau, éc. cᵉᵉ d'Inzinzac.

Pignonneau (Le), éc. cᵘᵉ de Belz.

Pignonneau (Le), restes de l'ancienne Chambre des Comptes, cⁿᵉ de Muzillac.

Pigrée, h. cⁿᵉ de Monteneuf.   .

Pihan (Pont), au confl. du Sédon et du ruiss. du Château-Merlet, reliant Billio et Cruguel.

Pihaudaie (La), éc. cⁿᵉ de Peillac.

Pihiny (Pont), sur le Brohais, reliant Kergrist au dépᵗ des Côtes-du-Nord.

Pijouche (La), h. cⁿᵉ de Saint-Perreux.

Pilai (Le), rocher sur l'Océan, dit aussi *la Grande-Côte-du-Pilai*, cⁿᵉ de Pénestin.

Pilaire, vill. et pont sur le Tohon, cⁿᵉ de Questembert.

Pilais (Le), roche servant de limite entre Saint-Gravé et Peillac.

Pillemy (Pont), sur le ruiss. des Perrières, cⁿᵉ de Pluherlin.

Pilletaie (La), éc. cⁿᵉ d'Allaire.

Pillornec, vill. pont et éc. *du Pont-Pillornec*, cⁿᵉ de Cléguer.

Pilory (Place du), à Questembert.

Pilory (Place du), à la Roche-Bernard.

Pimpoulo, éc. cⁿᵉ de Saint-Allouestre.

Pin (Le), h. cⁿᵉ de Pluherlin.

Pin (Le), éc. cⁿᵉ de Saint-Vincent.

Pinard (Croix), cⁿᵉ de Locmalo.

Pince (Pont), sur l'Océan, cⁿᵉ de Port-Philippe.

Pinguily, vill. cⁿᵉ de Pleugriffet. — *Penguilli*, xivᵉ sᵉ (duché de Rohan-Chabot).

Pinieux, chât. f. et mⁱⁿ à eau sur le ruiss. de ce nom, cⁿᵉ de Limerzel; ruiss. *du Moulin-de-Pinieux :* voy. Bourg-Pommier (Ruisseau du). — Seigneurie; manoir.

Pinieux, mⁱⁿ à vent, cⁿᵉ de Sérent.

Pinnaire, h. cⁿᵉ de Plaudren.

Pino, h. mⁱⁿ à vent, mⁱⁿ à eau et pont sur le Coulac, cⁿᵉ de Grand-Champ.

Pinochet, venelle à Ploërmel.

Pinro, h. cⁿᵉ d'Elven.

Pinvidigage, h. cⁿᵉ de Plouray.

Pipray (Le), h. cⁿᵉ de Monterrein.

Pique-Boeufs, éc. cⁿᵉ de Plaudren.

Piquet, éc. cⁿᵉ de Béganne.

Piquio, marais, cⁿᵉ de Saint-Jean-la-Poterie.

Piraudrie (La), h. cⁿᵉ de Péaule.

Pirenau (Le), éc. cⁿᵉ de Séné.

Piriac, h. mⁱⁿ à vent et mⁱⁿ à eau sur le ruiss. de la Fontaine-Burgo, cⁿᵉ de Grand-Champ. — *Pihiriac*, 1482 (abb. de Lanvaux). — Seigneurie.

Pirouaie (La), vill. cⁿᵉ de Ménéac; ruiss. affluent de l'Yvel, qui arrose Ménéac et Brignac.

Piry, f. cⁿᵉ de Bréhan-Loudéac. — *Pirit, nemus*, 1269 (D. Morice, I, 1020).

Piry-Cézel, vill. cⁿᵉ de Bréhan-Loudéac. — *Piry-Ezel*, xviᵉ siècle (duché de Rohan-Chabot).

Piry-Morel, vill. cⁿᵉ de Bréhan-Loudéac.

Pissac, vill. et bois, cⁿᵉ de Béganne.

Pisse-Pnès, font. cⁿᵉ de Rohan.

Pisse-Rouel, lande, cⁿᵉ de Porcaro.

Pissot (Le), h. cⁿᵉ de Ruffiac.

Pissot (Le), f. cⁿᵉ de Saint-Marcel.

Pissouse (Ruisseau de la), affl. de la Claye, qui arrose Trédion.

Pistiagon, h. cⁿᵉ de Meslan. — *Ploesdiagon*, 1432 (princip. de Rohan-Guémené).

Pistigo (Le), h. cⁿᵉ de Quistinic.

Piverlènz, h. cⁿᵉ de Saint-Jean-Brévelay.

Pivière (La), éc. cⁿᵉ de Guidel.

Pivinière (La), h. cⁿᵉ de Nivillac.

Pivizy, mⁱⁿ à vent, cⁿᵉ de Groix.

Place (La), à Auray. — Voy. Mairie (Place de la).

Place (La), place à Baud.

Place (La), place à Hennebont.

Place (La), place à Locminé.

Place (La Grande), place à Muzillac.

Place (La Grande), place à Sarzeau.

Place (La Petite), place à Muzillac.

Place (La Petite), place à Sarzeau.

Place Impériale, place dite autref. *Royale*, à Ploërmel, et plus anciennement *le Martray*.

Placelles (Moulin à vent des), cⁿᵉ de Saint-Servant.

Placello, éc. cⁿᵉ de Guénin.

Placello, h. cⁿᵉ de Quistinic; pont sur le ruiss. du Pont-de-Rohellec, reliant Quistinic et Bubry.

Place Municipale, place à la Gacilly.

Placen, éc. cⁿᵉ de Plaudren.

Placen-Azon, h. cⁿᵉ de Plouhinec.

Place Neuve, place à Ploërmel. — Voy. Armes (Place d').

Place-Neuve (La), f. cⁿᵉ de Carentoir.

Placéno, f. cⁿᵉ de Muzillac.

Placer-Guen, h. cⁿᵉ de Kergrist.

Place Royale, à Ploërmel. — Voy. Place Impériale.

Place Royale, place à Lorient. — Voy. Napoléon III (Place).

Place Royale, place au Port-Louis. — Voy. Marché (Rue et place du).

Places (Les), éc. cⁿᵉ de Ruffiac.

Placieux (Les), vill. cⁿᵉ d'Augan.

PLACIS (LE), f. c^ne de Guer. — Seigneurie.

PLACIS (LE), h. c^ne de Monteneuf.

PLACIS (LES), éc. c^ne de Mauron.

PLACIS-DE-BRIGNAC (LE), éc. c^ne de Saint-Guyomard.

PLACITRE (LE), à Auray.— Voy. MAIRIE (PLACE DE LA).

PLACY (CROIX DU), c^ne de Pleugriffet.

PLAINE (LA), place à Hennebont.

PLAINE (LA), place à Lorient. — Voy. NAPOLÉON III (PLACE).

PLAISANCE, f. c^ne de Caden.

PLAISANCE, éc. c^ne de Marzan.

PLAISANCE, vill. et marais, c^ne de Saint-Avé; pont sur le Liziec, reliant Saint-Avé et Vannes. — Château auj. ruiné, dit autref. *le Gars* ou *Gare*, en la par. de Saint-Patern de Vannes, sous le comté de Largouet, xvie siècle (chât. du Brossais); ancienne résidence ducale, abandonnée par le duc François II à l'abb. de Prières.

PLAISANCE, éc. c^ne de Sérent.

PLAISSE (LA), vill. c^ne de Saint-Gonnery.

PLAN (LE), éc. c^ne de Questembert.

PLANCHE (LA), f. et lande, c^ne d'Augan. — Seigneurie.

PLANCHE (LA), h. c^ne de Caro.

PLANCHE (PONT À LA), sur le Bodégan, reliant Guégon et Guéhenno.

PLANCHETTE (LA), f. c^ne de Glénac.

PLANCHETTE (LA), m^in à eau, c^ne de Saint-Dolay; ruiss. affl. du Roho, qui arrose Théhillac et Saint-Dolay.

PLANÉAN, pont sur le Larhou, reliant Saint-Samson au dép^t des Côtes-du-Nord.

PLANTÉ, f. c^ne de Ploërmel.

PLANTE (LA), vill. c^ne d'Augan.

PLANTE (LA), vill. c^ne de Saint-Gorgon.

PLANTES (PLACE AUX), à Gourin. — Voy. MARTRAY (PLACE DU).

PLASCAËR (LE), éc. et m^in à eau sur le Pont-Rouge, c^ne de Priziac.—*Placecazre*, 1474 (princip. de Rohan-Guémené).—Seigneurie; manoir.

PLATAINE (LA GRANDE et LA PETITE), f^es, c^ne de Porcaro.

PLAT-D'OR (LE), h. c^ne de Sulniac; ruiss. voy. RONELLO (LE).

PLAUDREN, c^on de Grand-Champ. — *Plœaudran*, 1391 (duché de Rohan-Chabot).

Par. du territoire de Vannes. — Sénéch. et subd. de Vannes. — Distr. de Vannes.

PLÉCAN (LE), croix, c^ne de Peillac.

PLECH (LE), presqu'île, vill. pass. sur l'Étel, et pointe *du Passage-du-Plech*, dite aussi *des Huîtres*, c^ne de Locoal-Mendon. — *Plec, terra*, 1037 (cart. de Redon).

PLED, vill. c^ne de Carentoir.

PLÉGUÉ, m^in à eau sur l'Yvel, c^ne de Mauron.

PLEGUELEN, h. c^ne de Saint-Aignan.

PLÉNAS, port de l'île de Houat, sur l'Océan.

PLÉNO, éc. et pont sur le Pont-Rouge, c^ne de Priziac.

PLESCOP, c^on de Grand-Champ; une partie du bourg est dans la c^ne même de Grand-Champ; bois. — *Plœscob*, 1365 (chap. de Vannes). — *Plœscob*, 1427 (duché de Rohan-Chabot).

Par. du terr. de Vannes. — Sénéch. et subd. de Vannes. — Distr. de Vannes.

PLESQUE (LE), vill. c^ne de Questembert; ruiss. voy. KERALVY.

PLESQUE (LE), h. c^ne de Sulniac.

PLESSIS (LE), h. c^ne de Brignac.

PLESSIS (LE), chât. h. et m^in à eau sur le ruiss. de ce nom, c^ne de Caudan; ruiss. *du Moulin-du-Plessis*: voy. KERPONT (BRAS ET BIHAN). — Seign. connue sous le nom *du Plessis-Riou*; manoir.

PLESSIS (LE), éc. c^ne de Grand-Champ.

PLESSIS (LE), vill. c^ne de Guégon. — Deux seigneuries connues sous les noms du *Plessis-Monteville* et du *Plessis-Geoffroy*.

PLESSIS (LE), h. c^ne de Langoëlan. — Seign. manoir.

PLESSIS (LE), ruiss. affl. de celui du Moulin-du-Duc et m^in à eau sur ce ruiss. c^ne de Langonnet.

PLESSIS (LE), chât. en ruines, c^ne de Nivillac.

PLESSIS (LE), h. c^ne de Saint-Gravé.

PLESSIS (LE), h. bois, m^in à vent et m^in à eau sur le ruiss. de ce nom, c^ne de Theix; ruiss. dit aussi *de Tréhuégan*, qui arrose Sulniac, Theix et Noyalo, où il se jette dans la baie du Morbihan après avoir traversé les étangs de Kernicol et de Noyalo. — Deux seigneuries : *le Plessis-Rosmadec* et *le Plessis-Josso*, xvie siècle (chap. de Vannes); manoirs.

PLESSIS (LE), vill. et f^es, c^ne de Tréal. — Seigneurie.

PLESSIS (LE GRAND et LE PETIT), h. bois et m^in à eau sur le ruiss. de ce nom, c^ne de Saint-Caradec-Trégomel; ruiss. dit aussi *de Saint-Cado* et *Gouah-Kerguedalan*, affluent du Kermérien, qui arrose Saint-Caradec-Trégomel et Berné. — Deux seigneuries : *le Plessis Briend* et *le Plessis-Poulhazre*, xive siècle (princip. de Rohan-Guémené); manoirs.

PLESSIS (LE HAUT et LE BAS), chât. et vill. c^ne de Peillac. — Seigneurie.

PLESSIS (LE HAUT et LE BAS), h. c^ne de Pleugriffet.

PLESSIS-ARNAUD (LE), vill. c^ne de Porcaro. — Seigneurie.

PLESSIS-AU-REBOURS (LE), chât. et f^es, c^ne de Ménéac.— Seigneurie.

PLESSIS-BRÛLÉ (LE), f. c^ne de Ménéac. — Seigneurie.

PLESSIS-GLOUET (LE), h. c^ne de Ménéac.

PLESSIS-GRIMAUD (LE), vill. c^ne de Carentoir.

PLESSIS-JAULME (LE), vill. c^ne de Lanouée.

PLESSIS-KER (LE), chât. f. bois, étang et m^in à vent en ruines, c^ne de Crach. — Seigneurie; château.

Plessis-Morio (Le), vill. c⁣ⁿᵉ de Cournon.

Plessis-Payen (Le), vill. cⁿᵒ de Carentoir.

Plessix (Le), h. cⁿᵉ d'Allaire.

Plessix (Le), vill. cⁿᶜ d'Augan.

Plessix (Le), vill. cⁿᵉ de Beignon.

Plessix (Le), éc. et ruiss. *de la Fontaine-du-Plessix*, affl. du Hédennec, cⁿᵉ d'Inguiniel.

Plessix (Le), chât. vill. bois, mⁱⁿ à vent et mⁱⁿ à eau sur le Doift, cᵛᵉ de Mauron. — Seigneurie; manoir.

Plessix (Le), h. cⁿᵉ de Rieux. — Seign. connue sous le nom *du Plessix-Renac*.

Plessix-Rivaux (Le), chât. et f. cⁿᵉ d'Allaire. — Seigneurie.

Plessy (Le), h. cⁿᵉ de Caro.

Plessy (Le), chât. et mⁱⁿ à vent, cⁿᵉ de Saint-Dolay. — Seigneurie.

Plesterven, vill. cⁿᵉ de Plœren; pont sur le ruiss. de la Fontaine-de-Ménaty, reliant Plœren et Arradon. — Seigneurie.

Plestregouet, vill. cⁿᵉ de Questembert.

Pleu, lande, cⁿᵉ de Pleugriffet. — Voy. Pleugriffet.

Pleucadecc, cⁿᵉ de Questembert. — *Plebs condita Cadoc*, 826 (cart. de Redon). — *Plebs Catoc*, 837 (*ibid.*). — *Pluiucatoch*, 848 (*ibid.*). — *Ploicaduc*, xiiᵉ sᵉ (*ibid.*). — *Ploigodec*, 1387 (chap. de Vannes).

Par. du terr. de Rieux. — Sénéch. de Ploërmel; subd. de Malestroit. — Distr. de Rochefort; chef-lieu de cᵒⁿ en 1790, supprimé en l'an x.

Pleugriffet, cᵒⁿ de Rohan; lande dans la cⁿᵉ. — Manoir du *Griffet* en la par. de *Pleouc*, aliàs *Plooc*, 1298 (duché de Rohan-Chabot). — *Pleouc Griffet*, 1308 (abb. de la Joie). — *Ploiec*, 1387 (chap. de Vannes). — *Griffet*, vill. xivᵉ siècle (duché de Rohan-Chabot). — *Ployeucgriffet*, 1454 (canonis. de saint Vincent-Ferrier).

Par. du doy. de Porhoët. — Baronnie. — Sénéch. de Ploërmel; subd. de Josselin. — Distr. de Josselin.

Pliant, vill. bois et lande, cⁿᵉ de Plœren. — *Pelan*, aliàs *Pelian*, 1402 (duché de Rohan-Chabot). — *Pellien*, 1404 (*ibid.*).

Pliguais (La), éc. cⁿᵉ de Saint-Martin.

Plinet, vill. cⁿᵉ du Roc-Saint-André.

Plissonnais (La), h. cⁿᵉ de Saint-Martin. — Seigneurie.

Ploemel, cⁿᵉ de Belz. — *Plœymer*, 1572 (chartreuse d'Auray).

Par. du doy. de Pont-Belz. — Sénéch. et subd. d'Auray. — Distr. d'Auray; chef-lieu de cⁿᵉ en 1790, supprimé en l'an x.

Ploemeur, deuxième cᵒⁿ de Lorient, qui ne comprend que cette cⁿᵉ; place, à Lorient, dite aussi *de la Porte-de-Plœmeur*, et porte appelée, avant 1789, *Petite*

Porte. — *Pluemur*, *plebs*, xiiᵉ siècle (D. Morice, I, 181). — *Plœmer*, *ecclesia apud Kemenetheboy*, 1287 (chap. de Vannes). — *Pleumour*, 1370 (D. Morice, I, 1641).

Par. du doy. des Bois; maladrerie. — Sénéch. d'Hennebont; subd. de Lorient. — Distr. d'Hennebont.

Ploërdut, cᵒⁿ de Guémené; lande et croix *de la Lande-de-Ploërdut*, dans la cⁿᵉ. — *Ploerdut*, paroisse, 1285 (abb. de Bon-Repos). — *Ploiredut*, 1387 (chap. de Vannes). — *Plœretut*, 1454 (canonis. de saint Vincent-Ferrier).

Par. du doy. de Guémené. — Sénéch. d'Hennebont; subd. de Guémené. — Distr. du Faouët; chef-lieu de cᵒⁿ en 1790, supprimé en l'an x.

Ploeren, cᵒⁿ de Vannes-Ouest; éc. et mⁱⁿ à vent dans la cⁿᵉ; lande s'étendant en Plœren et Plougoumelen; h. dit *Lande-de-Plœren*, cⁿᵉ de Plougoumelen. — *Plœrren*, 1387 (chap. de Vannes). — *Plœueren*, 1402 (duché de Rohan-Chabot).

Par. du territ. de Vannes. — Sénéch. d'Auray; subd. de Vannes. — Distr. de Vannes.

Ploërmel, chef-lieu d'arrond. — *Plebs Arthmael*, 835 (cart. de Redon). — *Ploiarmel*, 1082 (*ibid.*). — *Ploismel*, vers 1130 (prieuré de la Magdeleine de Malestroit). — *Plouearthmael*, *eleemosina*, 1160 (D. Morice, I, 638). — *Ploasmel*, *castellum*, 1173 (*ibid.* I, 133). — *Plormer*, *castellum*, xiiᵉ siècle (prieuré de Saint-Martin de Josselin). — *Plormel*, 1251 (duché de Rohan-Chabot). — *Ploarmel*, 1259 (prieuré de la Magdeleine de Malestroit). — *Ploynarzmail*, 1267 (duché de Rohan-Chabot). — *Ploermail*, 1273 (*ibid.*). — *Plermel*, 1310 (D. Morice, I, 1233). — *Plaremel*, 1439 (fabr. de Taupont). — Terre de *Ploermeloys*, 1464 (*ibid.*).

Par. du doy. de Beignon, dite aussi *Saint-Armel de Ploërmel*, renfermant un prieuré : voy. Saint-Nicolas; des communautés de carmes, de carmélites et d'ursulines; un hôpital général et un Hôtel-Dieu, appelé aussi *Prieuré de Molac* ou *de la Chapelle*, réuni en 1685 à l'hôpital général; une maladrerie: voy. Saint-Denis.

Anc. château ducal; ancienne ville close. — Siége d'une sénéch. royale, et aussi d'un présidial créé en même temps que ceux de Rennes, Nantes, Vannes et Quimper, mais qui ne subsista que quelques mois et fut uni à celui de Vannes; d'une maîtrise des eaux, bois et forêts substituée à celle de Vannes en 1555 et postérieurement rétablie à Vannes.

Gouvernement de place; communauté de ville, avec droit de députer aux États de la province, et des armoiries : *d'hermines au léopard lionné de sable*

et couronné d'azur, tenant de la patte sénestre un dra-
peau de même, chargé de 5 mouchetures d'hermines
d'argent. — Siége d'une subdélégation de l'intendance de Bretagne. — Chef-lieu de distr. et de c⁰ⁿ
en 1790; devint, en l'an VIII, chef-lieu d'un arrond.
formé de la réunion des districts de Ploërmel et de
Josselin.

Plogais (Les), h. cᵇᵉ de Glénac.

Plohair, h. cⁿᵉ de Saint-Tugdual.

Plomedec, vill. cᵗᵉ de Bubry.

Plouay, arrond. de Lorient. — *Ploezoe, parᵗ*, 1281
(abb. de la Joie). — *Plozoe,* 1308 (*ibid.*). — *Plou-*
zay, 1387 (chap. de Vannes).
    Par. du doy. des Bois. — Sénéch. et subd. d'Hen-
nebont. — Distr. d'Hennebont; chef-lieu de c⁰ⁿ en
1790.

Plougoumelen, c⁰ⁿ d'Auray.— *Plœgomelen,* 1387 (chap.
de Vannes).
    Par. du terr. de Vannes. — Sénéch. et subd.
d'Auray. — Distr. d'Auray.

Plouharnel, c⁰ⁿ de Quiberon.—*Ploiarnel,* 1387 (chap.
de Vannes). — *Ploeznael,* 1442 (sénéch. d'Auray).
    Par. du doy. de Pont-Belz. — Sénéch. et subd.
d'Auray. — Distr. d'Auray.

Plouharno, vill. cⁿᵉ de Damgan.

Plourineo, c⁰ⁿ du Port-Louis. — *Plebs Ithinuc,* VI° s°
(abb. de Sainte-Croix de Quimperlé). — *Ploihinoc,*
aliàs *Ploehidinuc,* 1037 (cart. de Redon). — *Ploezi-*
nec, 1283 (abb. de la Joie). — *Ploeyzneuc,* 1320
(D. Morice, I, 1297).
    Par. du doy. de Pont-Belz. — Vicomté dont la
juridiction était unie à celle des Fiefs-de-Léon : voir
la Table des formes anciennes. — Sénéch. d'Hennebont; subd. de Lorient. — Distr. d'Hennebont.

Plouray, c⁰ⁿ de Gourin; lande dans la cᵘᵉ.
    Par. du doy. de Guémené. — Seigneurie.— Sé-
néch. d'Hennebont; subd. de Guémené.—Distr. du
Faouët.

Plous, mⁱⁿ à vent et mⁱⁿ à eau sur le Pont-au-Christ,
cⁿᵉ de Pluvigner.

Plousquen, h. et bois, c⁰ᵉ de Persquen. — Seigneurie.

Pludérien, h. cⁿᵉ de Séglien.

Pluhadec, éc. cⁿᵉ de Brandérion.

Pluherlin, c⁰ⁿ de Rochefort. — *Plebs Huiernim,* 833
(cart. de Redon). — *Plebs Huernim,* 836 (*ibid.*). —
Plebs Hoiernim, 866 (*ibid.*). — *Plœherlin,* 1387
(chap. de Vannes). — *Ploerlin,* 1422 (*ibid.*).
    Par du doy. de Péaule. — Sénéch. de Vannes
(autref. Ploërmel); subd. de Redon. — Distr. de
Rochefort.

Plumelec, c⁰ⁿ de Saint-Jean-Brévelay.
    Par. du doy. de Porhoët. — Sénéch. de Ploërmel;

subd. de Josselin. — Distr. de Josselin; chef-lieu de
c⁰ⁿ en 1790, supprimé en l'an x.

Plumelen, vill. cⁿᵉ de Kervignac.

Pluméliau, c⁰ⁿ de Baud. — *Plemeliat,* paroisse, 1286
(duché de Rohan-Chabot). — *Plumelliau,* 1583
(abb. de la Joie).
    Par. du doy. de Porhoët. — Sénéch. de Ploërmel;
subd. de Pontivy. — Distr. de Pontivy; chef-lieu de
c⁰ⁿ en 1790, supprimé en l'an x.

Plumelin, c⁰ⁿ de Locminé; bois, lande et éc. dit *Lande-*
de-Plumelin, dans la cⁿᵉ. — *Plœmelen,* 1422 (chap.
de Vannes).
    Par. du doy. de Porhoët. — Sénéch. de Ploër-
mel; subd. de Pontivy. — Distr. de Pontivy.

Plumergat, c⁰ⁿ d'Auray. — *Ploimargat,* 1205 (abb. de
Lanvaux).
    Par. du terr. de Vannes. — Sénéch. et subd.
d'Auray. — Distr. d'Auray.

Pluneret, c⁰ⁿ d'Auray. — *Plœnerec,* 1422 (chap. de
Vannes).
    Par. du terr. de Vannes. — Sénéch. et subd.
d'Auray. — Distr. d'Auray; chef-lieu de c⁰ⁿ en 1790,
supprimé en l'an x.

Plunian, h. cᵇᵉ de Grand-Champ. — *Pulunyan,* 1447
(abb. de Lanvaux).

Plurit, h. c⁰ⁿ de Napoléonville.

Plusquen, mⁱⁿ à eau sur le Pont-Guillemin et mⁱⁿ à
vent, cⁿᵉ de Landévant.

Pluvigner, arrond. de Lorient; lande dans la cⁿᵉ. —
Pleguinner, 1259 (abb. de Lanvaux).— *Pleuvingner,*
1327 (D. Morice, I, 1347).
    Par. du terr. de Vannes; maladrerie au XV° et au
XVI° siècle; hôpital. — Seign. — Sénéch. et subd.
d'Auray. — Distr. d'Auray; chef-lieu de c⁰ⁿ en 1790.

Pluvigner (Rue de), à Grand-Champ.

Pô (Le), vill. et anse sur la baie de Quiberon, cⁿᵉ de
Carnac.

Poblaye-Ardran, h. cᵇᵉ de Quistinic.

Poblaye-le-Ners, h. et mⁱⁿ à eau sur le ruiss. de ce
nom, cⁿᵉ de Quistinic; ruiss. dit aussi *du Moulin-de-*
Tallené, du Moulin-de-Sébrevet et *du Moulin-de-Chau-*
zel, affl. du Blavet, qui arrose Bubry, Quistinic et
Lanvaudan.

Poèle (Pont à la), sur le Tohon, cⁿᵉ de Questembert.

Poénaie (La), h. et mⁱⁿ, cⁿᵉ d'Allairé. — Seigneurie.

Poénaie (La), vill. cⁿᵉ de Saint-Gorgon.

Porelais (Le), éc. cⁿᵉ de Lizio.

Poher (Rue), au Faouët.—Voy. Victoire (Rue de la).

Poids-du-Roi (Place du), à Vannes. — Voy. Poids-
Public (Place du).

Poids-Public (Place du), à Vannes, dite autrefois *du*
Poids-du-Roi.

Poignan, f. et m^{in} à eau sur le Liziec, c^{ne} de Vannes; restes d'une anc. route empierrée allant de Poignan au Pavé en Monterblanc. — Seigneurie; manoir.

Poignan (Le), h. c^{ne} de Questembert.

Poïlo (Le), f. et pont sur le ruiss. de ce nom, c^{ne} de Moneneuf; ruiss. voy. Marchands (Pont-ès-).

Point-du-Jour (Le), h. c^{ne} de Saint-Samson.

Point-du-Jour (Rue du), à Mauron.

Pointe (La), h. c^{ne} d'Arzon.

Pointe (La), éc. c^{ne} de Baden.

Pointe (La), éc. c^{ne} de Guégon.

Pointe (La), maison du bourg de Loyat.

Pointe (La), éc. c^{ne} de Ploërmel.

Pointe (La), île sur le Morbihan, côte de Saint-Armel.

Pointe (La), h. c^{ne} de Saint-Nolff.

Pointe (Porte et Rue de la), au Port-Louis; la rue formée en partie de l'anc. rue *du Four*.

Pointe (Rue de la), à Mauron.

Pointe Noire (La), pointe. — Voy. Kervoyal.

Poirier (Le), h. c^{ne} de Lizio.

Poirier (Le), f. c^{ne} de Rieux.

Poisson (Place au), à Lorient. — Voy. Saint-Louis (Place).

Poissonnerie (Place de la), à Plœmeur.

Poissonnerie (Place et ruelle de la), à Vannes.

Poissonniers (Chemin des), c^{ne} de Muzillac.

Polène, h. c^{ne} de Theix.

Pôlès, éc. c^{ne} de Plaudren.

Polostren, lande, c^{ne} de Port-Philippe.

Polvern, h. m^{in} à eau sur le Quéléback et écluse sur le Blavet, c^{ne} d'Inzinzac; éc. c^{ne} d'Hennebont. — *Porz-anguern*, manoir, 1478 (abb. de la Joie). — Seign.

Polygone (Le), terrain consacré aux exercices de tir de l'artillerie, s'étendant en Lorient et Plœmeur; éc. c^{ne} de Lorient et rue à Merville, même c^{ne}.

Pomard, m^{in} à eau sur le Saint-Éloi, c^{ne} de Sulniac.

Pomenard (Le), f. c^{ne} de Saint-Brieuc-de-Mauron. — Seigneurie.

Pomin, m^{in} à eau sur le Pont-Augan, c^{ne} de Languidic.

Pomin (Le Grand et le Petit), vill. lande et m^{in} à eau sur le ruiss. de ce nom, c^{ne} de Noyal-Muzillac; ruiss. *du Moulin-du-Pomin* : voy. Tohon.

Pommard, h. c^{ne} de Nivillac.

Pommeleuc, vill. éc. pont et m^{in} à eau sur l'Oust, c^{ne} de Lanouée. — *Pomelleuc*, 1478 (chât. de Talhouet). — *Pommelleuc*, bourg et par. xve siècle (*ibid.*). — *Pontmelleuc*, 1502 (*ibid.*).

Anc. trève de Lanouée, puis par. du doy. de Lanouée; prieuré, membre de l'abb. de Saint-Jean-des-Prés; établissement de chevaliers de Saint-Jean de Jérusalem. — Sénéch. de Ploërmel; subd. de Josselin.

Pommemort (Le), f. c^{ne} de Caden.

Pommenard, m^{in} à eau sur le Rodoir, c^{ne} de Nivillac. — *Pomena, molendinum*, 1099 (D. Morice, I, 494).

Pommeraie (La), h. c^{ne} d'Allaire. — Seigneurie.

Pommeraie (La), vill. c^{ne} de Peillac.

Pommerais (La), vill. c^{ne} de Réminiac.

Pommerais (La Grande et la Petite), vill. c^{ne} de Caro. — Seigneurie.

Pommeray, pont sur le Rahun, reliant Monteneuf et Réminiac.

Pommereau, éc. et m^{in} à vent, c^{ne} d'Augan; pont sur l'Oyon, reliant Augan et Campénéac.

Pommeret (Le), h. c^{ne} de Glénac. — Seigneurie.

Pommeret (Le), éc. c^{ne} de Saint-Dolay.

Pommiers-de-Bô (Les), h. c^{ne} de Lanouée.

Pommin (Le), vill. c^{ne} de Caden; pont sur le Matz.

Pommin (Le), h. c^{ne} de Guéhenno; ruiss. voy. Sédon; m^{in} à eau sur ce ruiss. c^{ne} de Billio.

Pompe (Fontaine de la), c^{ne} du Faouët.

Pompe (Fontaine de la), c^{ne} de Josselin.

Pompénet (Le), f. c^{ne} de Caden.

Pomper, m^{in} à eau sur le Morbihan, c^{ne} de Baden.

Pompoho, h. c^{ne} de Plouray.

Poncereaux (Les), f. c^{ne} de Saint-Servant; ruiss. voy. Pouuan (Ruisseau de).

Pondic (Rue du), à Pluvigner.

Pondigo, éc. c^{ne} de Questembert.

Pondigo (Le), éc. c^{ne} de Bignan.

Ponforiec, vill. c^{ne} de Meslan.

Ponsard, éc. c^{ne} de Monterblanc.

Pont (Le), h. c^{ne} de Lanvaudan.

Pont (Le), pont sur le ruiss. de la Vallée et éc. c^{ne} de Saint-Jacut.

Pont (Le), vill. c^{ne} de Saint-Vincent.

Pont (Le Grand et le Petit), vill. et jetées, c^{ne} de l'Île-aux-Moines.

Pont (Moulin à eau du), sur le Camblen, c^{ne} de Guern.

Pont (Moulin à eau du), sur le ruiss. de ce nom, et m^{in} à vent, c^{ne} de Pluvigner; ruiss. *du Moulin-du-Pont*, dit aussi *Ster-eur-tri-deur*, affl. de celui du Pont-Fau, qui arrose Camors et Pluvigner.

Pont (Noé du), marais, c^{ne} des Fougerêts.

Pont (Place et rue du), à Napoléonville : voy. aussi Ancien Pont (Rue de l'); la place dite autref. *Petit-Martray* et *Marché du Cuir-à-Poils* ou *du Cuir-Vert*.

Pont (Rue du), au Palais.

Pont Alhuidan, pont sur le Camblen, c^{ne} de Guern.

Pont-an-hir, éc. c^{ne} du Saint; pont sur le ruiss. du Moulin-du-Duc, reliant le Saint et Langonnet.

Pont Annet (Le), pont et m^{in} à eau sur le ruiss. du Pont-Rouge, c^{ne} de Priziac. — *Pontenet*, 1431 (princip. de Rohan-Guémené).

Pontarff, éc. c^{ne} de Plumergat.

Pont-ar-Guer (Loge), éc. c^{ne} de Gourin.

Pont-ar-Len, pont sur le Madame, c^{ne} de Gourin.

Pont-ar-Len, pont sur le ruiss. de ce nom, c^{ne} d'Inguiniel; ruiss. voy. Kerhouarné.

Pont-ar-Vil-Uen, pont et mⁱⁿ à eau sur le Kerandraon, c^{ne} de Guiscriff.

Pont-au-Coq, h. c^{ne} de Saint-Martin.

Pont Augan, pont au confl. du Blavet, de l'Ével et du Pont-Augan, reliant Languidic, Baud et Quistinic; ruiss. affl. du Blavet, qui arrose Languidic; h. c^{ne} de Quistinic; rue à Baud.

Pont Avy, pont sur le ruiss. de Brulé, c^{ne} de Bubry.

Pont Azen, pont sur le Keralvy, reliant Questembert et Sulniac; éc. c^{ne} de Sulniac.

Pont Baillé, pont sur le ruiss. de la Fontaine-du-Bourg, c^{ne} de Beignon.

Pont Baba, pont sur le Fréta, reliant Séglien et Malguénac.

Pont Belec, pont au confluent de la Sarre et du Pont-Samuel, et croix, c^{ne} de Séglien.

Pont Beleg, pont sur le Saint-Pierre, c^{ne} de Guern.

Pont Bellec, pont sur le ruiss. de ce nom, et ruiss. affl. du Pont-du-Roch, c^{ne} de Languidic.

Pont Bellec, pont sur le ruiss. de ce nom, reliant Plescop et Grand-Champ; ruiss. affl. du Meucou, qui arrose ces deux c^{nes}.

Pont Bigueu, pont sur le Coët-Rodu, et lande, c^{ne} de Grand-Champ.

Pont Biuan, pont sur le Poumen, reliant Belz et Erdeven.

Pont Bihan, pont sur le Quilliou, c^{ne} de Gourin.

Pont Bihan, pont sur le Madame, c^{ne} de Gourin.

Pont Bihan, pont sur le Kerléguin, c^{ne} de Grand-Champ.

Pont Bihan, pont sur le Prad-Créhal, c^{ne} de Groix.

Pont Bihan, pont sur le Scorff, reliant Guémené et Ploërdut; mⁱⁿ à eau sur le même ruiss. c^{ne} de Guémené; rue à Guémené.

Pont Bihan, pont sur le Camblen, c^{ne} de Guern.

Pont Bihan, pont sur le Scorff, reliant Lignol et Persquen.

Pont Bihan, pont sur le Kergolher, c^{ne} de Plaudren.

Pont Bihan, pont dit aussi de Keracher, au confl. du Loc, du Kerizac et du Vouillen-Vras, c^{ne} de Plaudren.

Pont Bihan, pont sur le Kergamenant, reliant Riantec et Merlévenez.

Pont Bihan, pont sur le ruiss. de ce nom et ruiss. affl. de la Marle, c^{ne} de Saint-Avé.

Pont Bihan, pont sur le ruiss. du Pont-Bugat, reliant Theix et Surzur.

Pont Bilio, pont sur l'Arz, et éc. dit aussi Petit-Bilio, c^{ne} d'Elven.

Pont-Billy (Le), vill. c^{ne} de Saint-Nicolas-du-Tertre. — Seigneurie.

Pont-Bily, éc. c^{ne} de Malestroit. — Seigneurie.

Pont Blanc, pont sur le ruiss. de l'Étang-du-Cranic, reliant Brech et Locoal-Mendon.

Pont Blanc, pont sur l'Ellée, reliant Langonnet et le Faouët; ruiss. dit aussi de l'Étang-de-Langonnet, affl. de l'Ellée, qui sort du dép^t des Côtes-du-Nord et arrose, dans celui du Morbihan, Langonnet et le Faouët; mⁱⁿ à eau sur l'Ellée, c^{ne} du Faouët.

Pont-Boire (Le), éc. c^{ne} de Guer.

Pont Bras, pont sur l'Inam, c^{ne} de Gourin.

Pont Bras, pont sur le Kerléguin, c^{ne} de Grand-Champ.

Pont Bras, pont sur l'Arz, c^{ne} de Plaudren.

Pont Bras, pont sur le Kergamenant, reliant Riantec et Merlévenez.

Pont Bras, pont sur le ruiss. du Pont-Bugat, reliant Theix et Surzur.

Pont-Brian, ruiss. affl. de l'Évriguet, qui arrose Évriguet et Guilliers.

Pont Briand, pont au confl. de l'Inam et du Moulin-du-Duc, reliant Guiscriff, le Faouët et le Saint; ruiss. affl. de l'Inam, et mⁱⁿ à eau au confl. de l'Inam et du Pont-Briand; c^{ne} de Guiscriff; vill. partie c^{ne} de Guiscriff, partie c^{ne} du Saint. — Prieuré : voy. Saint-Gilles. — Seigneurie.

Pont Bubry, pont sur le ruiss. de Langle, qui relie Inzinzac et Lanvaudan.

Pont Bugalé, pont sur le Pargo et f. c^{ne} de Vannes.

Pont-Bussard (Le), vill. c^{ne} de Péaule.

Pont Cahuel, pont sur le ruiss. de ce nom et ruiss. affl. de la Sale, c^{ne} de Pluneret.

Pontcallec, chât. forêt et forges, c^{ne} de Berné; ruiss. voy. Kerménien; étang divisé en haut et bas, baignant Berné et Saint-Caradec-Trégomel; ruiss. de l'Étang-de-Pontcallec: voy. Dourdu, et mⁱⁿ à eau sur ce ruiss. c^{ne} de Berné. — Pontchaellec, 1291 (D. Morice, I, 1096). — Pontquellec, 1422 (abb. de la Joie). — Pontkellec, 1427 (ibid.). — Pontguellec, 1427 (princip. de Rohan-Guémené). — L'étang de Pontcallec dit aussi autrefois de Kernascléden, 1332 (D. Morice, I, 1360). — Seigneurie démembrée, au xiiie siècle, de celle d'Hennebont, et siége de cette seigneurie; faisait partie du domaine ducal au xiiie et au xve siècle; érigée en marquisat en 1667; a donné son nom à la conspiration des gentilshommes bretons de 1717-1720; gruerie.

Pont-Calo (Fontaine du), à la limite de Plouay et de Cléguer.

Pont Cam, pont au confluent de l'Inam et du Madame, c^{ne} de Gourin.

Pont Caminan, pont sur le ruiss. de ce nom, c^{ne} de Noyal-Pontivy.

Pont-Caminan (Ruisseau du) ou du Net, affl. du Saint-Niel, qui arrose Noyal-Pontivy et Saint-Thurian.

Pont Can, pont sur le Loc, c^{ne} de Plaudren.

Pont Can, pont sur le Keralvy, c^{ne} de Questembert.

Pont Cabou-eur-Ster, pont sur le Ster-en-Dreuchen, reliant Roudouallec au dép^t du Finistère.

Pontcarré-de-Viarmes (Rue de), à Lorient, avant 1789. — Unie en 1789 à la rue Vernay pour former celle des Fontaines, elle reprend son premier nom et son premier emplacement en 1817 et est absorbée de nouveau en 1830 par la rue des Fontaines. Son nom, rétabli en 1858, a été assigné cette fois à la portion de la rue des Fontaines occupée primitivement par la rue Vernay.

Pont Cathal, pont sur le ruiss. de ce nom, c^{ne} de Plescop; ruiss. voy. Kergoal.

Pont Cham-Por, pont sur l'Eliée, reliant Priziac et Langonnet; éc. c^{ne} de Priziac.

Pont Christ, pont sur le ruiss. de ce nom, reliant Brech et Pluvigner; ruiss. affl. du Loc, qui arrose ces deux communes.

Pont Cimeterre, pont sur le Stang-en-Ihuern, et h. c^{ne} de Cléguérec.

Pont Claou, pont sur le ruiss. du Moulin-de-Baden, c^{ne} de Baden.

Pont Glaze (Rue du), à Baud.

Pont Coat, pont sur l'Inam, c^{ne} de Gourin.

Pont Coët, pont sur le Langonbrach, c^{ne} de Landaul.

Pont Coët, pont sur le ruiss. de ce nom, c^{ne} de Merlévenez; ruiss. affl. du Lézevry, qui arrose Kervignac et Merlévenez.

Pont Coët, pont sur le ruiss. de ce nom, et éc. c^{ne} de Lignol; ruiss. affl. du Dourdu, qui arrose Saint-Caradec-Trégomel et Lignol.

Pont Coët, pont sur le ruiss. de ce nom, et h. c^{ne} de Locminé; ruiss. voy. Tarun.

Pont Coët, pont sur le Tarun, c^{ne} de Plumelin.

Pont Coët, pont sur le Quéronic, reliant Pluvigner et Camors.

Pont-Coët (Rue du), rues à Grand-Champ et à Locminé.

Pont-Coh, éc. c^{ne} de Ploemel.

Pont Collé, pont sur l'Yvel, reliant Ménéac au dép^t des Côtes-du-Nord.

Pont Conan, pont sur le Kerivarho, c^{ne} de Locoal-Mendon.

Pont Corbèle, pont sur le Tarun, c^{ne} de Plumelin.

Pont Creux, pont sur le ruiss. de la Forêt-de-Branguily, et éc. c^{ne} de Gueltas.

Pont-Criec (Ruisseau du), affl. du Brohais; il arrose Kergrist.

Pont Croëze, pont au confl. du Saint-Laurent et du Pont-Guillemin, reliant Pluvigner et Landévant.

Pont Croizant, pont sur le Guernec, c^{ne} de Berric.

Pont Damis, pont sur le Quilliou, c^{ne} de Gourin.

Pont d'Argent, pont sur le ruiss. de ce nom, c^{ne} de Billio; ruiss. affl. du Pommin, qui arrose Plumelec et Billio.

Pont d'Argent, pont sur l'étang de Cantizac, c^{ne} de Séné.

Pont d'Argent, pont sur le Rohan, c^{ne} de Vannes.

Pont-Dauté, h. c^{ne} de Saint-Jean-la-Poterie.

Pont d'Eau, pont sur le Saint-Christophe, qui relie Elven et Larré.

Pont d'Eau, pont sur le Rhun, reliant Sérent et Plumelec.

Pont-d'Eau (Moulin du), c^{ne} d'Hennebont, et mⁱⁿ à vent, c^{ne} de Kervignac.

Pont de Bas, pont sur le ruiss. de ce nom, reliant Guer et Porcaro; lande, c^{ne} de Guer.

Pont-de-Bas (Ruisseau du) ou du Dragtio, affl. de l'Oyon; il arrose Guer et Porcaro.

Pont de Bois, pont sur le Kerguzangor, reliant Kerfourn et Noyal-Pontivy.

Pont de Bois, pont sur le ruiss. de la Chapelle-Neuve, reliant Plumelin et Guénin.

Pont-de-Fer, éc. c^{ne} de Camoël; ruiss. dit *Étier-du-Pont-de-Fer*, affl. du Grand-Étier, qui arrose Camoël-Assérac (Loire-Inférieure) et Pénestin.

Pont de Jonc, pont sur la Claye, reliant Plumelec et Trédion; vill. c^{ne} de Plumelec.

Pont-de-Kerboeuf (Ruisseau du), affl. du Tohon; il arrose Noyal-Muzillac.

Pont de l'Écluse, pont, c^{ne} de Peillac; ruiss. voy. Isle (L').

Pont-de-l'Église (Le), éc. c^{ne} de Pleugriffet.

Pont d'en-Bas, pont sur le Lézudan, c^{ne} de Réguiny.

Pont d'en-Haut, pont sur le Lézudan, c^{ne} de Réguiny.

Pont de Pierre, pont sur le ruisseau de la Vallée-de-Saint-Couturier, c^{ne} d'Augan; ruiss. voy. Moulin (Pont du).

Pont de Pierre, pont sur le ruiss. de Sainte-Reine, c^{ne} de Beignon.

Pont de Pierre, pont sur le Vobulo, c^{ne} de Porcaro.

Pont de Planche, pont sur le Trévelo, reliant Caden et Limerzel.

Pont de Planche, pont sur le Scave, reliant Guidel et Pontscorff.

Pont-de-Planche (Ruisseau du). — Voy. Vobulo.

Pont Derhant, pont sur le Nistoire, c^{ne} de Bubry.

Pont-de-Rhun (Le), vill. c^{ne} de Ploemeur.

Pont de Roche, pont sur la Fléchaie, c^{ne} de Guer.

Pont de Roche, pont sur le Préron, c^ne de Saint-Samson.

Pont-de-Roche (Le), h. c^ne de Trédion.

Pont-des-Chuyères (Ruisseau du), affluent du Val-au-Moulin; il arrose Caden.

Pont Diaize, pont sur le ruiss. de la Fontaine-de-Kerlucas, c^ne de Plouay.

Pont Dico, pont sur le Trévelo, reliant Caden et Limerzel.

Pont Dico, pont sur le ruiss. de la Chapelle-Neuve, reliant Plumelin et Guénin.

Pont-Dinan, éc. c^ne d'Arradon. — Seigneurie.

Pont Discar, pont sur le ruiss. de ce nom, et ruiss. affl. du Langlo, c^ne de Locoal-Mendon.

Pont Divin, pont sur le ruiss. de ce nom, c^ne de Languidic; ruiss. voy. Roch (Le).

Pont Dizench, pont sur le Lézevarch, reliant Plouhinec et Merlévenez.

Pont d'Or, pont sur le Pommin, reliant Guéhenno et Billio.

Pont Doragh, pont, c^ne de Groix.

Pont Dorguer, pont sur le Kermartin, c^ne de Saint-Tugdual.

Pont Douan, pont, c^ne de Brech.

Pont Douan, pont sur le ruiss. de ce nom, reliant Locmalo et Guémené; ruiss. affl. du Scorff, qui arrose ces deux communes.

Pont Douar, pont sur le ruisseau de ce nom, reliant Saint-Caradec-Trégomel et Lignol; ruiss. voy. Kernoubl.

Pont Douan, pont au confl. de la Sarre et du Gouah-Laun, reliant Séglien et Silfiac.

Pont-Dréan (Le), f. c^ne de Molac.

Pont Dréuo, pont, c^ne de Molac.

Pont-du-Chat (Le), h. c^ne de Locminé.

Pont-du-Moulin (Le), h. c^ne de Lorient.

Pont-du-Parc (Le), écart. — Voy. Parc (Le).

Pont-du-Recteur (Ruisseau du), affluent du Scorff; il arrose Cléguer.

Pont du Roch, pont sur le Scorff, reliant Plouay au dép^t du Finistère.

Pont-du-Val (Ruisseau du). — Voy. Val (Le).

Ponteau (Le), éc. et pont, c^ne de Napoléonville; écluse sur le canal de Nantes à Brest.

Pont Éucello, pont sur le ruiss. de ce nom, reliant Merlévenez et Kervignac; ruiss. dit aussi du Pont-du-Moulin, affl. du Lézevarch, qui arrose ces deux c^nes.

Pontélo (Ruisseau du) ou du Pontouard, affl. de celui du Pont-Blanc; il arrose Langonnet.

Pont-Émery, éc. c^ne de Sérent. — Seigneurie.

Pont-Emplar, h. c^ne de Ploemeur. — Pont-an-Empalazro, 1541 (fabr. de Ploemeur).

Pont en-Amonen, pont sur l'Étel, c^ne de Locoal-Mendon.

Pont en-Azen, pont au confl. du Langliron et du Luscanen, reliant Plœren, Vannes et Arradon.

Pont en-D'aul, pont sur le ruiss. de ce nom, reliant Plouay et Cléguer; ruiss. voy. Tronchâteau; m^in à eau sur ce ruiss. c^ne de Plouay. .

Pont en-Daur-du, pont sur le Kermérien, c^ne de Berné.

Pont en-Debuite, pont sur le ruiss. du Moulin-Julien, c^ne de Meslan.

Pont en-Denilas, pont sur le ruiss. du Moulin-Julien, c^ne de Meslan.

Pont en-Devet, pont sur le ruiss. du Pont-Rohellec, reliant Bubry et Quistinic.

Pont en-Devet, pont sur le Min-Guionet, reliant Gourin et le Saint.

Pont en-Devet, pont sur le ruiss. de la Fontaine-Burguan, c^ne de Theix.

Pont en-Druel, pont sur le Gouvello, reliant Sulniac et Theix.

Pont en-Du ou Pouldu, pont sur le Hédennec, reliant Inguiniel et Bubry; h. c^ne de Bubry.

Pont en-Hedach, pont sur le Kermartin, c^ne de Saint-Tugdual.

Pont en-Hern, pont sur le ruiss. du Pont-de-Corpon, reliant Langonnet et le Faouët.

Pont en-Hiverheu, pont sur le Saint-Quidy, reliant Moustoirac et Plumelin.

Pont en-Ilis, pont, c^ne de Brech.

Pont en-Ilis, pont sur le Coëtahan, c^ne de Moustoir-Remungol.

Pont en-Ilis, pont sur le Chapelain, c^ne de Persquen.

Pont-en-Ilis (Ruisseau du). — Voy. Reste (Le).

Pont en-Iscop, pont. — Voy. Évêque (Moulin à eau de l').

Pont en-Nilis, pont, c^ne de Locmaria.

Pont enn-Yass, pont sur le Gouyandeur, c^ne de Plœmel.

Pont en-Ostieg, pont sur le ruiss. de ce nom, reliant Locmalo et Langoëlan; ruiss. dit aussi de Lanhoëlic, affl. du Scorff, arrose Locmalo, Séglien et Langoëlan.

Pont en-Tri-Men, pont sur le ruiss. du Pont-au-Christ, reliant Pluvigner et Brech.

Pont en-Ulloec, pont sur le ruiss. de la Lande-de-Borne, c^ne de Surzur.

Pont-Enfain (Le), vill. c^ne de Saint-Jacut.

Pont er-Bagueux, pont sur le Rodu, reliant Riantec et Plouhinec.

Pont er-Barch, pont sur le Brohais, reliant Kergrist au dép^t des Côtes-du-Nord.

Pont er-Belec, pont sur le Mont, c^ne de Berric.

Pont er-Bellec, pont sur le ruiss. de ce nom, reliant Plouay et Inguiniel; ruiss. voy. Bois-du-Crocq (Ruisseau de).

Pont er-Ben, pont sur le ruiss. de ce nom, reliant Guidel et Gestel; ruiss. voy. Scave (Le).

Pont er-Beugalès, pont sur le ruiss. du Moulin-de-Cochelin, reliant Brech et Locoal-Mendon.

Pont er-Bic, pont, cne de Calan.

Pont er-Bic, pont sur le Langlo, cne de Locoal-Mendon.

Pont er-Bilec, section de la cne de Damgan.

Pont er-Blaye, pont sur le Fetan-Vat, cno de Plouay.

Pont er-Gélénec, pont, cne de Pluneret.

Pont er-Cloche, pont sur le ruiss. du Pont-de-Corpon, reliant Langonnet et le Faouët.

Pont er-Gadic, pont sur le Péros, reliant Guern et Malguénac.

Pont er-Gaud, pont sur le ruiss. de la Lande, cne de Ploërdut.

Pont er-Gave, pont sur le Kerguzangor, cne de Naizin.

Pont er-Go, pont sur le Bécherel, cne de Plouay.

Pont er-Gor-Liez, pont sur le ruiss. de ce nom reliant Pluméliau et Saint-Thuriau; ruiss. dit aussi *de Poul-fang*, afl. du Blavet, qui arrose ces deux communes.

Pont er-Golen, pont sur le ruiss. de ce nom, cne de Malguénac; ruiss. voy. Talin.

Pont er-Golen, pont sur le ruiss. de ce nom, cne de Pluvigner; ruiss. voy. Moustoir (Le).

Pont er-Gouyon, pont sur le Kersourde, reliant Grand-Champ et Plumergat.

Pont er-Gradec, pont sur le Poumen, reliant Erdeven et Belz.

Pont-er-Groau, vill. cne de Plumergat.

Pont er-Guénin, pont sur le ruiss. de ce nom, et ruiss. afl. de la Sale, cne de Pluneret.

Pont er-Hanhec, pont sur le ruiss. de ce nom, reliant Merlévenez et Kervignac; ruiss. afl. du Pont-Coët, qui arrose ces deux communes.

Pont er-Hiour, pont sur le Saint-Hervé, cne de Bubry.

Pont er-Houah-Vras, pont sur le Talin, cne de Napoléonville.

Pont er-Houech-Glas, pont sur le Coët-Rodu, cne de Grand-Champ.

Pont er-Huern, pont sur le Kerdrain, reliant Ploërdut et Langoëlan.

Pontériaux (Lande des) et autre lande dite *les Perchettes-des-Pontériaux*, cne de Guer.

Pont er-Labaud, pont sur le ruiss. du Pont-Madame, cne de Noyal-Muzillac.

Pont er-Landy, pont sur le Kerhouarné, cne d'Inguiniel.

Pont er-Lann, pont sur le Brûlé, cne de Bubry.

Pont er-Lann, deux ponts sur le Kerusten, dont l'un dit *Pont er-Lann-izel*, cne de Saint-Caradec-Trégomel.

Pont er-Lann-Bras, pont sur le Poumen, reliant Belz et Erdeven.

Pont-er-Lannic, éc. cne de Bubry.

Pont er-Laten, pont sur le Scanff, cne de Ploërdut.

Pont-er-Len, éc. cne de Locmariaquer.

Pont er-Lenn, pont au confl. du Grellec et du Beloste, cne de Ploërdut.

Pont er-Maret, pont sur la Sarre, reliant Séglien et Locmalo.

Pont er-Marhat, pont sur le Hédennec, reliant Inguiniel et Bubry.

Pont er-Maruat, pont sur le Maçon-en-Deur, reliant Langoëlan et Ploërdut.

Pont er-Menach, pont sur le Baron et b. cne de Theix.

Pont er-Mou, pont sur le Saint-Niel, reliant Noyal-Pontivy et Napoléonville.

Pont er-Monic, pont sur le Kerdoutel, cne de Pluvigner.

Pont er-Mor, pont sur le Kerlivio, reliant Nostang et Merlévenez.

Pont er-Nazen, pont sur le ruiss. de ce nom, reliant Saint-Thurian et Pluméliau; ruiss. afl. du Coëtuhan, qui arrose Pluméliau, Saint-Thuriau et Moustoir-Remungol; éc. cne de Pluméliau.

Pont er-Pape, pont sur le ruiss. de ce nom, reliant Kervignac et Merlévenez; ruiss. afl. du Kerlivio, qui arrose ces deux communes.

Pont er-Pichon, pont sur le ruisseau de ce nom, et ruiss. afl. du Loc, cne de Brech.

Pont er-Prat, pont sur le Plessis, cne de Theix.

Pont er-Rodouan, pont sur le Kerusten, cne de Saint-Caradec-Trégomel.

Pont er-Rose, pont sur le Poumen, reliant Erdeven et Belz.

Pont er-Scot, pont et mle à eau sur le ruiss. du Pont-du-Couëdic, cne d'Inzinzac.

Pont er-Seurne, pont au confl. de l'Inam et du Yunar-Miner, et éc. dit *Loge-Pont-er-Seurne*, cne de Gourin.

Pont er-Sten, pont sur le ruiss. de l'Étang-de-Langonnet, cne de Langonnet.

Pont er-Sten, pont sur le Plessis, cne de Saint-Caradec-Trégomel.

Pont er-Vais, pont sur le Guernec, reliant Lauzach, Ambon et Surzur.

Pont er-Vais, pont sur le Guernec, reliant Lauzach et Berric (dist. du précédent).

Pont er-Veneu, pont sur le Langonbrach, cne de Landaul.

Pont er-Vil, pont au confl. du Botvern et du Pont-Blanc, reliant Langonnet et le Faouët.

Pont er-Votiau, pont sur le Locmaria, reliant Plœren et Plougoumelen.

Pont er-Zos (Ruisseau du); il arrose Bangor et se jette dans l'Océan.

Pont Escouit, pont sur le Talhouet, c^{ne} de Brech.

Pont ès-Mio (Grand), pont sur le ruiss. de ce nom, c^{ne} de Saint-Gravé; ruiss. voy. Enfer (L').

Pont ès-Mio (Petit), pont reliant Saint-Gravé et Peillac; étang c^{ne} de Peillac; ruiss. voy. Enfer (L').

Pont-ès-Noës (Le), h. c^{ne} de Brignac.

Pont-ès-Ouilles (Le), éc. c^{ne} d'Allaire.

Pont ès-Plain, pont sur le ruiss. du Moulin-Neuf, reliant Rochefort et Malansac.

Ponteu (Le), ruiss. voy. Pierre-Fendue (La); mⁱⁿ à eau sur ce ruiss. c^{ne} de Guern.

Pont eur-Bail, pont sur le ruiss. du Moulin-du-Fou, reliant Moréac et Plumelin.

Pont eur-Gô, pont sur le Kerusten, reliant Saint-Tugdual et Ploërdut.

Pont-eur-Groas, ruisseau. — Voy. Yun-ar-Miner.

Pont eur-Guel, pont sur l'Arz, reliant Elven, Monterblanc et Plaudren; h. c^{ne} de Plaudren.

Pont eur-Guiquel, pont sur le ruiss. du Moulin-du-Duc, reliant le Saint et Langonnet.

Pont eur-Hiode, pont sur le ruiss. du Pont-Pala, qui relie Baud et Languidic.

Pont eur-Leyne, pont, c^{ne} de Riantec.

Pont-eur-Ler (Ruisseau du). — Voy. Coëtuhan (Ruisseau de).

Pont eur-Maure, pont sur le Ster-en-Dreuchen, qui relie Roudouallec au dép^t du Finistère.

Pont eur-Moch, pont sur le Dourdu, c^{ne} de Saint-Caradec-Trégomel.

Pont eur-Pape, pont sur le Kervigy, reliant Saint-Thuriau et Noyal-Pontivy.

Pont eur-Pollen, pont sur le ruiss. du Moulin-de-Botconan, reliant Lanvaudan, Bubry et Inguiniel.

Pont eur-Prédel, pont sur le ruiss. de Brûlé, reliant Bubry et Melrand.

Pont eur-Roux, pont sur le ruiss. de ce nom, reliant Calan et Inzinzac; ruiss. voy. Trois-Recteurs (Ruisseau des).

Pont-eur-Rui (Ruisseau du). — Voy. Crach (Rivière de).

Pont-eur-Sausse (Ruisseau du), affl. de celui du Pont-du-Merlus; il arrose Calan et Lanvaudan.

Pont-Éven, éc. c^{ne} de Pluméliau.

Pont-Farault, h. c^{ne} de Caro.

Pont-Fau (Ruisseau du), dit aussi *Ruisseau de Kergac* et *Er-Hoah-Val*, affluent du Loc, qui arrose Camors et Pluvigner; mⁱⁿ à eau sur ce ruiss. et éc. c^{ne} de Camors.

Pont-Faven, pont sur le Kerguzangor, reliant Kerfourn et Noyal-Pontivy.

Pont-Févis, pont, c^{ne} de Sarzeau.

Pont-Filé, pont sur le Palus, reliant Camoël au dép^t de la Loire-Inférieure.

Pont-Forne, pont sur le Kerguzangor, reliant Noyal-Pontivy et Kerfourn.

Pont-Fourché (Le), pont sur le ruiss. de ce nom, c^{ne} de Porcaro; ruiss. voy. Vau-Lorient (Le).

Pont-Furguyant, pont sur le ruiss. de la Fontaine-du-Bourg, c^{ne} de Missiriac.

Pont-Gamen, pont sur le ruiss. de ce nom, c^{ne} de Locmalo; ruiss. voy. Colin.

Pont-Gavéno (Le), h. c^{ne} de Péaule.

Pont-Glaze, pont sur le ruiss. du Pont er-Harhue, reliant Kervignac et Merlévenez.

Pont-Glaze, pont, c^{ne} de Riantec.

Pont-Goah-Audren, pont sur le Pont er-Nazen, reliant Pluméliau et Saint-Thuriau.

Pont-Goahieuë, pont, c^{ne} de Brech.

Pont-Goah-Vras, pont. — Voy. Berthois (Pont).

Pont-Goas-Vine, pont sur le Min-Guionet, qui relie Gourin et le Saint.

Pont-Golaine (Le), éc. c^{ne} de Larré.

Pont-Golec, pont sur le Pont-Normand, c^{ne} de Plumergat.

Pont-Golvin, pont sur le Trescoët, c^{ne} de Séglien.

Pont-Grahornec, pont sur le Kerbiscon, reliant Surzur et Noyalo.

Pont-Grandic, pont sur le ruiss. de ce nom, reliant Surzur et Noyalo; ruiss. voy. Kerbiscon; lande dite *Lann-Pont-Grandic*, c^{ne} de Noyalo.

Pont-Granver, pont sur le Fondeliane, c^{ne} de Carentoir.

Pont-Graignard (Ruisseau du) ou de l'Étang-de-Tréal, affl. du Rahun; il arrose Tréal, Saint-Nicolas-du-Tertre et Carentoir.

Pont-Grouien (Ruisseau du). — Voy. Ilizen.

Pont Guéland, pont sur le Kerjacob, c^{ne} de Locoal-Mendon.

Pont Guener, pont sur le ruiss. du Pont-Caminan, et h. c^{ne} de Noyal-Pontivy.

Pont-Guernué, éc. c^{ne} de Muzillac.

Pont Guillouet, pont sur le Kerjacob, c^{ne} de Locoal-Mendon.

Pont Guinestre, pont sur le Pontoir, reliant Berné et Meslan.

Pont Hallec, pont sur le Restal, c^{ne} de Gourin.

Pont Hénic, pont sur le Goah er-Licenneu, reliant Landaul et Pluvigner.

Pont Henvec, pont sur le ruiss. du Moulin-de-Cabrec, c^{ne} d'Inguiniel.

Pont Hillio, pont sur le Saint-Hervé, c^{ne} de Bubry.

Pont Hir, pont sur le Kerouray, c^{ne} de Guern.

Pont Hir, pont sur le Saint-Léonard, c^{ne} de Vannes.

Pont Houarn, pont sur le Scave, reliant Quéven et Guidel.

Pont-Houarn, m^ à eau sur le ruiss. de ce nom, c^e de Séglien; ruiss. affl. du Pont-en-Ostice, qui arrose Séglien et Langoëlan; pont *du Moulin-du-Pont-Houarn*, sur ce ruiss. reliant ces deux communes.

Pont Houarne Sainte-Noyale, pont sur le Saint-Drédeno, reliant Saint-Gérand et Noyal-Pontivy.

Pontic, h. c^ne de Guidel.

Ponticoët, éc. c^ne de Naizin.

Pontière (La), f. c^ne de Ruffiac.

Pontigo, éc. c^ne de Bubry.

Pontigo, h. et ruiss. *de la Fontaine-de-Pontigo*, affl. du Stang-en-Ihuern, c^ne de Cléguérec.

Pontigo, éc. c^ne de Moustoir-Remungol.

Pontigo (Le), éc. c^ne de Langoëlan.

Pontigo (Les), h. c^ne de Silfiac.

Pontigo (Ruisseau du): voy. Val; pont sur ce ruiss. reliant Marzan, Arzal et Muzillac.

Pontigou (Loge), éc. c^ne de Gourin.

Pontil, éc. c^ne de Theix.

Pont Imine, pont sur le Hédennec, c^ne d'Inguiniel.

Pontinas, h. lande et m^in à eau sur le Goassigoux, c^ne de Langonnet.

Pont Inont, pont sur le Beloste, c^ne de Ploërdut.

Pont Ivilen, pont sur le ruiss. de la Fontaine-de-la-Vierge, c^ne de Locoal-Mendon.

Pontivine (Loge), éc. lande et ruiss. *de la Lande-Pontivine*, dit aussi *de la Fontaine-de-Kermeur*, affl. du Pont-de-Restavy, c^ne de Plouay.

Pontivy: voy. Napoléonville. — Ancien château occupé auj. par une communauté religieuse. — *Pontivi, hospitale*, 1160 (D. Morice, I, 638). — *Moulins de Pontivy*, 1184 (*ibid.* 697). — *Passagium de Pontiveio*, 1205 (*ibid.* 801). — *Ponctevy*, 1291 (*ibid.* 1097).

Par. du doy. de Porhoët; communautés de récollets et d'ursulines; établissement de chevaliers de Saint-Jean de Jérusalem; hôpital. — Siége principal de juridiction de la seign. de Rohan et chef-lieu définitif de cette seign.; la juridiction de Pontivy ressortit directement au parlement de Bretagne depuis 1603 (autrefois sénéch. de Ploërmel). — Ville close en partie; communauté de ville, avec droit de députer aux États de la province. — Siége d'une subdélégation de l'intendance de Bretagne. — Chef-lieu de distr. et de canton en 1790; devint, en l'an viii, chef-lieu d'un arrondissement formé de la réunion des distr. de Pontivy et du Faouët.

Pontivy, h. c^ne de Saint-Martin.

Pontivy (Rue de), rues à Baud, à Locminé et à Vannes; celle-ci dite autref. rue *Saint-Symphorien*, puis rue *de la Fontaine* ou *des Fontaines*.

Pont Keruézan-Alanic, pont sur le Pont-au-Christ, reliant Brech et Pluvigner.

Pont-Kerhoc, éc. c^ne de Marzan.

Pont Kerjeannic, pont sur le Coëtano, reliant Melrand et Quistinic.

Pont-Kervio (Ruisseau du), affl. du Trégréhenne, qui arrose Noyal-Muzillac.

Pont Lann, pont. — Voy. Kerdualic.

Pont-Lédan (Ruisseau du): voy. Naïc (Le); m^in à eau sur ce ruiss. c^ne de Lanvénégen.

Pont Lehec, pont sur le Kermartin, c^ne de Saint-Tugdual.

Pont-Lennic, éc. c^ne de Locoal-Mendon.

Pont Limcenne, pont sur le Coëtuhan, c^ne de Moustoir-Remungol.

Pont-Lison (Douet du), font. c^ne de Grand-Champ.

Pont Lohial, pont sur le Kerguéris, c^ne de Plouay.

Pont Luherne, pont sur le Kerlino, reliant Locoal-Mendon et Landaul.

Pont-Maderel, éc. et landes dont une dite *Parc-Maderel* et l'autre *Lann-Maderel*, c^ne de Grand-Champ.

Pont-Mailloux (Le), éc. c^ne de Bignan.

Pont-Main (Le), h. c^ne de Locmalo.

Pont Maldavy, pont sur le Mont, et m^in à eau sur le Saint-Éloi, c^e de Berric.

Pont Mané-Bezec, pont sur le Plessis, c^ne de Saint-Caradec-Trégomel.

Pont-Manéty, éc. c^ne de Guiscriff. — *An-Manacdi*, xiie siècle (abb. de Sainte-Croix de Quimperlé).

Pont Marcheux, pont sur le Saint-Quidy, reliant Moustoirac et Plumelin.

Pont Marecc, pont sur le ruiss. des Guinets, reliant Josselin et la Croix-Helléan; h. divisé entre ces deux communes.

Pont-Marhat (Ruisseau du). — Voy. Moulin Blanc (Le).

Pont-Martay, sur le Kerguzangor, c^ne de Naizin.

Pont Mein, pont sur le ruiss. de ce nom, reliant Noyal-Pontivy, Moustoir-Remungol et Saint-Thuriau; ruiss. affl. du Coëtuhan, qui arrose ces communes.

Pont-Mêlé, h. c^ne de Campénéac.

Pont Melen, pont sur le ruiss. de ce nom, et ruiss. affl. du Kerhouarné, c^ne d'Inguiniel.

Pont Men, pont sur le Quéléback, reliant Caudan et Inzinzac.

Pont Men, pont sur l'Inam, et h. dit *Loges-Pont-Men*, c^ne de Gourin.

Pont Meneing, pont sur le Coëtuhan, reliant Remungol et Moustoir-Remungol.

Pont Mérian, pont sur le Coëtano, reliant Melrand et Quistinic.

Pontmeur (Le), éc. c^ne de Radenac.

Pont Milêve, pont sur le ruiss. de la Fontaine-de-Kerhéré-Izel, c^ne de Brech.

Pont Min (Le), pont sur la Provostaie, c^ne de Malansac.

Pontmin (Le), éc. c^ne de Roudouallec.

Pont Mine, pont sur le ruiss. du Moulin-de-Quilliou, reliant le Saint et Gourin.

Pont Morien, pont sur le Saint-Pierre, c^ne de Guern.

Pont Morvan, pont sur le Lanvel, c^ne de Pluvigner.

Pont-Motadec (Ruisseau du). — Voy. Gouyandeur.

Pont-Mouton (Loge du), éc. c^ne de Gourin.

Pont Moyand, pont, c^ne de Brech.

Pont Naizis, pont sur le ruiss. de ce nom, c^ne de Plumelin; ruiss. voy. Chapelle-Neuve (Ruisseau de la).

Pont Nangolo, pont sur le Tarun, c^ne de Plumelin.

Pont Narbonde, pont, c^ne de Brech.

Pont Nénué, pont sur le Lézevarch, reliant Plouhinec et Merlévenez.

Pont Nénué, pont sur le Loc, reliant Pluvigner et Plumergat.

Pont Nerlesquin, pont sur le ruiss. de ce nom, c^ne de Pluvigner; ruiss. voy. Moustoir (Le).

Pont Neuf, pont. — Voy. Auray.

Pont Neuf, pont. — Voy. Garvanic (Le).

Pont Neuf, pont, dit aussi de Kervidon, sur le Prado, reliant Belz et Locoal-Mendon.

Pont Neuf, pont sur le Scorff, reliant Berné et Plouay, éc. c^ne de Berné.

Pont Neuf, pont sur le Reclus, et éc. c^ne de Brech.

Pont Neuf, pont sur le ruiss. dit Mer-de-Caden, reliant Caden et Béganne; vill. divisé entre ces deux c^nes.

Pont Neuf, pont au confl. du ruiss. de ce nom et de l'Inam, reliant Gourin et Guiscriff; ruiss. voy. Ken-biouetlan.

Pont Neuf, pont sur le Loch, c^ne de Grand-Champ.

Pont Neuf, pont sur l'Aff, reliant Guer au dép^t d'Ille-et-Vilaine; éc. et lande, c^ne de Guer.

Pont Neuf, pont sur le Kerhouarné, c^ne d'Inguiniel.

Pont Neuf, pont sur le Kerlann, c^ne de Langoëlan.

Pont Neuf, pont sur la Ville-Oger, reliant Lantillac et Pleugriffet.

Pont Neuf, pont sur le ruiss. du Moulin-de-Tallené, reliant Lanvaudan et Quistinic.

Pont Neuf, pont sur la Sarre, c^ne de Melrand.

Pont Neuf, pont sur le Bourg-Neuf, et h. c^ne de Moréac.

Pont Neuf, pont sur le ruiss. du Pont-de-Siviac, reliant Moréac et Radenac.

Pont Neuf, pont sur le Saint-Niel, c^ne de Napoléonville.

Pont Neuf, pont sur le Marzan, qui relie Péaule et Marzan.

Pont Neuf, pont sur la Perche, c^ne de Pleugriffet.

Pont Neuf, pont sur l'Yvel, reliant Ploërmel et Taupont; éc. c^ne de Ploërmel.

Pont Neuf, pont sur le Scorff, reliant Plouay et Berné; h. et pêcherie, c^ne de Plouay.

Pont Neuf, pont sur l'Arz, c^ne de Pluherlin.

Pont Neuf, pont sur le Restilic, c^ne de Pluvigner.

Pont Neuf, pont sur le Lézudan, c^ne de Réguiny.

Pont Neuf, pont sur le ruiss. de la Lande-de-Borne, c^ne de Surzur.

Pont-Neuf (Le), éc. et ruiss. affl. du Toul-Baden, c^ne d'Arradon.

Pont-Neuf (Le), vill. c^ne de Plouharnel.

Pont-Neuf (Le), h. c^ne de Questembert.

Pont-Neuf (Le), ruiss. affluent de la Ville-Oger, et pont sur ce ruiss. dit aussi de la Claie, c^ne de Radenac.

Pont-Neuf (Le), vill. c^ne de Sarzeau.

Pont-Neuf (Moulins du). — Voy. Moulin-Neuf (Le).

Pont Névé, pont sur le Felan-Vat, c^ne de Plouay.

Pont Névé, pont sur le ruiss. de ce nom, et ruiss. affl. de celui du Pont-du-Moustoir, c^ne de Pluvigner.

Pont Nioen, pont sur le ruiss. de la Fontaine-de-Ker-lucas, c^ne de Plouay.

Pont Ninès, pont sur le Gouyandeur, c^ne de Plœmel.

Pont Niveno, pont sur le ruiss. de ce nom; ruiss. affl. de celui du Pont-de-Restavy, et éc. c^ne de Plouay.

Pont-Nizen, h. c^ne de Saint-Allouestre.

Pont Normand, pont sur le ruiss. de ce nom, c^ne de Plumergat; ruiss. dit aussi de Kersourde et du Pont-de-Locmiquel, affl. de la Sale, qui arrose Plumergat et Grand-Champ.

Pont Noyal, pont sur le Kerlato, reliant Kerfourn et Naizin.

Ponto, section de la c^ne d'Inguiniel.

Ponto, pont sur le Bécherel, c^ne de Plouay.

Ponto (Le), lande et éc. dit Lande-du-Ponto, c^ne de Saint-Gérand; ruiss. de la Lande-du-Ponto, dit aussi des Fondrieux, affl. du canal de Nantes à Brest, qui arrose Saint-Gérand et Gueltas.

Pontoir (Le), pont sur le ruisseau de ce nom, c^ne de Berné; ruiss. dit aussi des Prés, de Stang-en-Gamp et du Moulin-des-Landes, affl. du Pont-Rouge, qui arrose Berné et Meslan.

Pont Organ, pont sur le ruiss. du Pont-Guillemin, c^ne de Pluvigner.

Pont Orgo, pont sur le port du Palais, et vill. de cette commune.

Pontonson, venelle à Auray.

Pont Orveing, pont sur le Guernec, c^ne de Lauzach.

Pont Ouan, pont sur le ruiss. de la Fontaine-Saint-Claude, c^ne d'Inguiniel.

Pontouard, h. c^ne de Kervignac; pont sur le Kerlivio, reliant Kervignac et Brandérion.

Pontouard (Le), ruiss. voy. Saint-Jean; m^in à eau sur ce ruiss. c^ne de Cléguérec.

Pontouard (Le), éc. c^ne de Pluméliau.

Pontouard (Ruisseau du). — Voy. Pontélo (Ruisseau du).

Pont Pala, pont sur le ruiss. de ce nom, reliant Languidic et Baud; ruiss. affl. de l'Ével, qui arrose ces deux c^{nes}; éc. c^{ne} de Baud.

Pont Parc-en-toul-Draigne, pont sur le ruiss. du Pont-de-Corpon, reliant Langonnet et le Faouët.

Pont-Pénais (Étang du), baignant Guégon et Lantillac.

Pont Pen-Cossen, pont sur le Péros, reliant Guern et Malguénac.

Pont Pen-er-Prajoux, pont sur le Min-Guionet, reliant Gourin et le Saint.

Pont-Percé (Ruisseau du). — Voy. Bois-Guéhéneuc (Le).

Pont Perré, deux ponts sur le ruiss. de ce nom, c^{ne} de Beignon; ruiss. voy. Tannerie (La).

Pont Penson, pont sur le Malabry, c^{re} de Locminé.

Pont Penson, pont sur le Béquerel, c^{ne} de Plougoumelen.

Pont-Pity (Le), éc. c^{re} de Noyal-Muzillac.

Pont Planche, pont sur le Boblaye, reliant Meslan au dép^t du Finistère.

Pont Plant, pont et f. c^{re} de Trédion.

Pont Plantec, pont sur le Langlo, c^{ne} de Locoal-Mendon.

Pont Plantec, pont sur le Gouyandeur, c^{ne} de Plœmel.

Pont Plat, pont sur le ruiss. de ce nom, c^{ne} de Pluvigner; ruiss. voy. Moustoir (Le).

Pont Plat, pont sur le Keraivy, c^{ne} de Questembert.

Pont Poul-en-Hastel, pont sur le Quilliou, reliant Gourin et le Saint.

Pont Prat-er-Lenn, pont sur le ruiss. de la Mare-er-Goch-Lenn, c^{ne} de Brech.

Pont Prense, pont sur le Lézevry, reliant Plouhinec et Merlévenez.

Pont Présent, pont reliant Riantec et Merlévenez.

Pont Priol, pont sur l'Inam, reliant le Faouët et Lanvénégen.

Pont-Quellec (Le), éc. c^{ne} de Bignan.

Pont Quellu, pont, c^{ne} de Limerzel.

Pont Quéma, pont et lande, c^{re} de Guer.

Pont-Queil (Le), éc. c^{ne} de Sulniac.

Pont Radenen, pont sur le ruiss. de la Fontaine-du-Bourg, et f. c^{ne} de Plœren.

Pont Rail, pont sur le Kervezo, c^{ne} de Noyal-Pontivy.

Pontré (Le), f. c^{ne} de Caden.

Pont-Rio (Le), h. c^{ne} de Ménéac.

Pont Rodin, pont sur le Val, reliant Muzillac et Arzal.

Pont Rodu, pont sur le Kersapé, c^{ne} de Theix.

Pont Rodu-Saint-Molvan, pont sur le Poulglass, qui relie Napoléonville, Cléguérec et Malguénac.

Pont Rohellec, pont sur le ruiss. de ce nom, reliant Quistinic et Bubry; ruiss. dit aussi du Marais, affl. du Coëtano, qui arrose ces deux communes.

Pont Rodic, pont sur le Toul-Baden, c^{ne} d'Arradon.

Pont-Rondin (Ruisseau du), affl. de l'Estuer; il arrose Saint-Samson, qu'il sépare du dép^t des Côtes-du-Nord.

Pont-Roquet (Le), h. c^{ne} de Concoret. — Seigneurie.

Pont Rouau-Vras, pont sur le ruiss. de l'Étang-de-Bonervaud, c^{ne} de Theix.

Pont Rouge, pont sur l'Oust, reliant Saint-Gonnery au dép^t des Côtes-du-Nord.

Pont-Rouge (Le), éc. c^{ne} de Saint-Tugdual.

Pont-Rouge (Le), rivière appelée aussi Daër, de la Fontaine-de-Botcuon et du Lanniec, affluent de l'Ellée; elle arrose Ploërdut, Saint-Tugdual, Priziac et Meslan.

Pont-Roussel (Fontaine du), c^{ne} de Guer.

Pont Rotel, pont sur le Salo, c^{ne} de Plaudren.

Pont Ruis, pont sur le Bilaire, c^{ne} de Saint-Avé.

Ponts (Les), deux ponts sur l'Oust, à Malestroit, qui relient l'île Notre-Dame d'un côté à l'ancienne ville close, de l'autre au faubourg de la Magdeleine; rue des Ponts dans la ville, et porte des Ponts, dite aussi porte Borguet, n'existe plus. Les ponts étaient encore appelés Ponts Notre-Dame, et aussi séparément : Grand Pont ou Pont de Saint-Gilles, Petit Pont ou Pont de la Magdeleine.

Pont Saillant, pont sur le Telhoët, h. lande et éc. de la Lande-du-Pont-Saillant, c^{ne} de Péaule.

Pont-Saint-Caradec, éc. c^{ne} de Saint-Gérand.

Pontsal, chât. h. bois et pont sur la rivière de ce nom, c^{ne} de Plougoumelen; rivière : voy. Salu (La). — Seigneurie; manoir.

Pontsal, f. c^{ne} de Surzur.

Pont-Salio (Le), éc. c^{ne} de Molac.

Pont-Saloux (Le), éc. c^{ne} de Plaudren.

Pont-Scluxce, éc. c^{ne} de Bieuzy.

Pontscorff, arrond. de Lorient; vill. dit Bas-Pontscorff, c^{ne} de Cléguer; pont : voy. Saint-Jean. — Pons-Scorvi, 1280 (D. Morice, I, 1051). — Ponscorf, xiiie siècle (ibid. 895). — Hôpital, établissement de chevaliers de Saint-Jean de Jérusalem, annexe de la commanderie du Croisty en Saint-Tugdual. — Juridiction seigneuriale; gruerie. L'évêque de Vannes y avait aussi une juridiction de Régaires s'exerçant dans la rue l'Évêque. — Distr. d'Hennebont; chef-lieu de c^{on} en 1790. — Pontscorff a absorbé Lesbins, son ancienne paroisse.

Pont Sec, pont sur le Fondeliane, c^{ne} de Carentoir.

Pont Sec, pont sur le ruiss. de ce nom, et ruiss. dit aussi de Guéran, affl. de l'Arz, c^{ne} de Saint-Gravé.

Pont Sec-de-l'Étang, pont sur le ruiss. de Carafort, et lande dite Pâtures-du-Pont-Sec-de-l'Étang, c^{ne} de Monteneuf.

Ponts-Gautier (Croix des), c^{ne} de Monteneuf.

Pont Stang-en-Nin, pont sur le Min-Guionet, reliant le Saint et Gourin.

Pont Stang-er-Hi, pont sur le Plessis, c^{ne} de Saint-Caradec-Trégomel.

Pont-Ster, mⁱⁿ à eau sur le Vincin, c^{ne} de Vannes; mⁱⁿ à vent, lande et h. *de la Lande-du-Pont-Ster*, dit aussi *Ty-Bihan-Pont-Ster*, c^{ne} d'Arradon.

Pont Ster-Veur, pont sur le Rostal, c^{ne} de Gourin.

Pont Tallec, pont sur le ruiss. du Moulin-de-Cochelin, c^{ne} de Locoal-Mendon.

Pont-Ténier (Ruisseau du).—Voy. Vallée-des-Anayes.

Pont Tichot, pont au confluent du Scorff et du Pont-Douar, reliant Ploërdut et Guémené.

Pont Touand, pont sur le Lann-Resto, c^{ne} de Pontscorff.

Pont Toul-Doun, pont sur le ruiss. du Moulin-de-Cochelin, reliant Brech et Locoal-Mendon.

Pont-Tournant (Moulin à eau du), sur le Pont-Rouge, c^{ne} de Saint-Tugdual.

Pont Touzic, pont sur le Ninivenou, c^{ne} de St-Tugdual.

Pont Tréan, pont sur le Scorff, c^{ne} de Lignol.

Pont Tréann, pont sur le Gorvello, c^{ne} de Theix.

Pont Tréourl, pont sur le Kerbiler, c^{ne} d'Elven.

Pont Treudec, pont sur le Loc, c^{ne} d'Ambon.

Pont Treulenn, pont, c^{ne} de Brech.

Pont Tual, pont sur le ruiss. du Moulin-de-Cochelin, c^{ne} de Locoal-Mendon.

Pont-Tual (Le), éc. c^{ne} de Radenac.

Pontual, h. c^{ne} de Guénin.

Pontual, b. c^{ne} de Moréac.

Pontuel, h. ruiss. affl. du Tarun, et pont sur ce ruiss. c^{ne} de Moustoirac.

Pont Ulaine, pont sur le Scorff, reliant Plouay et Berné; vill. c^{ne} de Berné.

Pont Vénédo, pont sur le ruiss. de Bourg-Pommier, c^{ne} de Limerzel.

Pont Vert, pont à Vannes. — Voy. Keravelo.

Pont-Vivier (Le), éc. c^{ne} du Guerno.

Poperio, éc. c^{ne} de Billio.

Porcaro, c^{ne} de Guer; chât. f. dite *Porte-de-Porcaro*, bois et pont dit *Petit Pont de Porcaro*, sur le Vobulo, dans la commune. — Seigneurie.

Porch-er-Lann, h. c^{ne} de Saint-Caradec-Trégomel.

Porcues (Rue des), à Mauron.

Porch-Glazs (Le), h. c^{ne} de Ploërdut.

Porch-Igo, h. c^{ne} de Ploërdut.

Porch-Loscant, h. c^{ne} de Ploërdut.—*Porlosquat*, 1391 (princip. de Rohan-Guémené).

Porch-Morvan, vill. c^{ne} de Saint-Caradec-Trégomel.

Porch-Pipec, h. c^{ne} de Saint-Caradec-Trégomel.

Porchuec, éc. c^{ne} de Noyal-Pontivy. — *Porquennec*, 1249 (abb. de Bon-Repos).

Porconian, h. c^{ne} de Réguiny.

Pordic (Rue du), à Rochefort.

Pordinan, h. c^{ne} de Crédin. — *Porzdinam*, 1406 (duché de Rohan-Chabot).

Pordy (Le), h. c^{ne} de Caden.

Porfaux, h. c^{ne} de Plaudren.

Porh (Le), h. c^{ne} d'Inguiniel.

Porh (Le), h. c^{ne} de Moréac.

Porhan, h. c^{ne} de Sainte-Brigitte.

Porh-Antoine, vill. c^{ne} de Saint-Aignan.

Porhat, h. c^{ne} de Bignan.

Porh-Audren, éc. c^{ne} de Napoléonville.

Porh-Bonalo, éc. c^{ne} de Pluméliau.

Porh-Colet, éc. c^{ne} de Saint-Aignan.

Porh-el-Lan, éc. c^{ne} de Saint-Aignan.

Porh-en-Tiron, éc. c^{ne} de Saint-Aignan.

Porh-en-Gal, b. c^{ne} de Silfiac.

Porh-er-Goff, éc. c^{ne} de Saint-Tugdual.

Porh-er-Lann, h. c^{ne} de Séglien.

Porh-Glas, f. c^{ne} de Locmalo.

Porh-Guennec, h. c^{ne} de Grand-Champ.

Porh-Houen, éc. c^{ne} de Moréac.

Porh-Houet-er-Saleu, ruines considérables d'un château fort, c^{ne} de Camors.

Porh-Houlau, h. c^{ne} de Saint-Aignan.

Porhic, salines, c^{ne} de Séné.

Porh-Lann, éc. c^{ne} de Moréac.

Porh-le-Gal, éc. c^{ne} de Moréac.

Porh-le-Goff, h. c^{ne} de Moustoir-Remungol.

Porh-Lucas, h. c^{ne} de Saint-Aignan.

Porh-Lucas, éc. c^{ne} de Sainte-Brigitte.

Porh-Mangot, éc. c^{ne} de Cléguérec.

Porh-Méno, vill. c^{ne} de Kergrist.

Porh-Moguen, éc. c^{ne} de Saint-Aignan.

Porh-Nagard, h. c^{ne} de Sainte-Brigitte.

Porh-Néoué, éc. c^{ne} de Cléguérec.

Porho, h. c^{ne} d'Inzinzac.

Porho, éc. c^{ne} de Plougoumelen. — Seigneurie.

Porho, h. c^{ne} de Pluneret.

Porho, éc. c^{ne} de Saint-Nolff.—*Le Porzo*, manoir, 1476 (duché de Rohan-Chabot). — Seigneurie.

Porho (Le), f. c^{ne} de Vannes.

Porhors, vill. c^{ne} de Cléguérec.

Porh-Pasco, h. c^{ne} de Saint-Tugdual.

Porh-Perzo, h. c^{ne} de Saint-Aignan.

Porh-Pinto, éc. c^{ne} de Cléguérec.

Porh-Pouchot, h. c^{ne} de Saint-Aignan.

Porh-Poul-Couarch, éc. c^{ne} de Plumergat.

Porh-Pruno, h. c^{ne} de Cléguérec.

Porh-Quidu, éc. c^{ne} de Saint-Aignan.

Porh-Robert, éc. c^{ne} de Saint-Aignan.

Porh-Roä, éc. c^{ne} de Napoléonville.

Ponu-Rousse, h. c^ne de Napoléonville.

Ponu-Sordanic, éc. c^ne de Saint-Aignan.

Ponu-Soucard, h. c^ne de Saint-Aignan.

Ponu-Tanguy, f. c^ne de Locmalo.

Porlair, h. c^ne de Saint-Avé.

Porlorino, rue à Napoléonville; dite, au xviiie siècle, *le Port-Lorino.*

Pormain. éc. c^ne de Quistinic.

Porman, chât. vill. bois et pont sur le Runio, c^ne de Réguiny. — Seigneurie; manoir.

Pormorgan, h. c^ue de Sulniac.

Pornas, f. c^ne de Plouay.

Pornelienne, h. c^ne de Bignan.

Porpic, f. c^ne de Saint-Gonnery. — *Porzpis*, 1406 (duché de Rohan-Chabot).

Porridel, f. c^ne de Bignan.

Porrodo, h. c^ne de Moustoirac.

Porsac. éc. c^n de Marzan. — Seigneurie.

Porsalic (Bras et Bihan), h. c^ne de Langonnet.

Pors-an-Haye, vill. c^ne du Faouët.

Pors-d'Endias, h. c^ne du Faouët.

Pors-en-Ilis, vill. c^ne du Faouët.

Pors-er-Galouen, h. c^ne du Faouët.

Pors-er-Huern, vill. c^ne du Faouët.

Pors-er-Minour, h. c^ne du Faouët.

Pors-Pérennaou, vill. c^ne du Faouët.

Porsquel, vill. c^ne de Langonnet.

Ponstilen, h. c^ue de Plouray.

Ponscillec, h. c^ne de Naizin.

Port (Le), vill. c^ne de Molac.

Port (Le), port de l'île de Houat, c^ne du Palais.

Port (Le), vill. c^ne de Saint-Dolay.

Port (Le), vill. c^ne de Sarzeau.

Port (Place du), à Napoléonville.

Port (Rue du), à la Gacilly.

Port (Rue du), à Lorient, autrefois *de l'Enclos et de Bretagne;* autre rue, même ville : voy. Collége (Rue du) : tour *du Port :* voy. Découverte (Tour de la).

Port (Rue du) et autre rue *des Douves-du-Port,* à Vannes; promenade *du Port :* voy. Rabine (La); la rue *du Port* dite autref. *Grande rue de Kaer,* ou « *le port de Vennes en la terre de Kaer,* » 1375 (chap. de Vannes).

Portail (Le), f. c^ne de Ruffiac.

Portal (Le), vill. c^ne de Bohal. — Seigneurie.

Portal (Le), éc. c^ne de Missiriac.

Portal (Le), h. c^ne de Montertelot.

Portal (Le), éc. c^ne de Nivillac.

Portal (Le), éc. c^ne de Pleugriffet.

Portal (Le), f. c^ne de Ruffiac.

Portal (Rue du), à Malansac.

Portanguen, h. c^ne de Merlévenez.

Port-au-Double (Rue du), à Auray, paroisse de Saint-Gildas, xviiie siècle.

Port-Béringue, h. c^ne de Plouhinec.

Port-Bihan (Le), éc. c^ne de Pluherlin.

Port Blanc. — Voy. Port Guen.

Port Blanc (Le), port sur le Morbihan et vill. c^ne de Baden. — Seigneurie.

Port Blanc (Le), port sur l'Océan, c^ne de Locmaria.

Port Blanc (Le), port et fort sur l'Océan, c^ne de Port-Philippe.

Port-Blanche, h. c^ne de Noyal-Pontivy.

Port-Bon, éc. c^ne de Pluméliau.

Port-Bonal, éc. c^ne de Saint-Thurian.

Port-Clut, h. c^ne de Naizin.

Port-Corbun (Le), h. c^ne de Glénac, et pass. sur l'Aff, reliant cette c^ne au dép^t d'Ille-et-Vilaine.

Port-Coterre, h. c^ne de Locmaria.

Port de Fer, port sur l'Océan, c^ne de Port-Philippe.

Port-de-Roche, f^me, c^ne de Glénac.

Port Diahuen, port sur le Morbihan, c^ne de l'Île-aux-Moines.

Pont-d'Oust (Le), éc. c^ne de Congard.

Porte (La), éc. c^ne d'Augan.

Porte (La), f. c^ne de Carentoir.

Porte (La), éc. c^ne de Crédin.

Porte (La), vill. c^ne de Férel.

Porte (La), f. c^ne de Glénac.

Porte (La), h. c^ne de la Grée-Saint-Laurent.

Porte (La), éc. c^ne de Lanouée.

Porte (La), f. c^ne de Péaule.

Porte (La), f. c^ne de Pleucadeuc.

Porte (La), éc. c^ne de Pleugriffet.

Porte (La), f. c^ne de Réminiac. — Seigneurie.

Porte (La), h. et m^in à vent, c^ne de Saint-Nicolas-du-Tertre. — Seigneurie.

Porte (La), f. — Voy. Ferrière (La).

Porte (La), f. — Voy. Timbrieux (Les). — Seigneurie.

Porte (La), f. — Voy. Villeneuve-Jacquelot (La).

Porte (Métairie de la), f. c^ne de Questembert.

Porte (Métairie de la), f. c^ne de Questembert (dist. de la précédente).

Porte (Métairie de la), f. — Voy. Gaptière (La).

Porte (Métairie de la), f. — Voy. Quellenec,

Porte (Métairies de la), f^es, c^ne de Caden. — Voy. Berbaye (La).

Porte-aux-Bastards (La), quartier à Guer.

Porte-Barre (La), éc. c^ne de Pleucadeuc.

Porte-Bellouan (La), f. — Voy. Bellouan.

Porte-Bergaud (La), f. c^ne de Ploërmel. — Seigneurie.

Porte-Bignac (La), f. c^ne de Carentoir.

Porte-Camus (La). chât. f. et m^in à eau sur le Sédon, c^ne de Billio, — Seigneurie; manoir.

Porte-Couédic (La), quartier à Pluvigner. — Seign.

Porte-Couesquelan (La), h. c^ne de Ménéac.

Porte d'en-Bas ou de Saint-Armel, à Ploërmel; elle n'existe plus.

Porte-d'en-Haut, rue à Ploërmel, et deux portes qui n'existent plus.

Porte-du-Bois (La) ou le Bois, éc. c^ne de Molac.

Porte en-Bas, porte, auj. bouchée, située vis-à-vis de l'ancien pont, et rue, à Hennebont.

Porte-ès-Brimaux (La), vill. c^ne d'Helléan.

Porte-Ganel (La), h. c^ne de Nivillac. — Seigneurie.

Porte-Jutel (La), vill. c^ne de Carentoir.

Porte-l'Étang (La), f. c^ne de Guer. — Seigneurie.

Portellec (Le), rue à Auray. — Voy. Port-Hellec (Le).

Port-en-Drou, éc. c^ne de Carnac.

Porte Neuve, à Ploërmel; elle n'existe plus.

Porte Neuve, ancienne porte de Vannes qui n'existe plus, et qui s'est aussi appelée *porte Notre-Dame; rue de la Porte-Neuve:* voy. Préfecture (Rue de la).

Port en-Illis, port sur la baie de Quiberon, c^ne de Plouharnel.

Port-en-Lué, éc. c^ne de Neulliac.

Porte Royale, au Palais.

Portes (Les), vill. c^ne de Mauron.

Port-ès-Gerbes (Le), h. partie c^ne de Nivillac, partie c^ne de Péaule; pass. sur la Vilaine, reliant ces deux communes. — Seigneurie; manoir en Péaule.

Port-Gamllou, pont sur le Scorff, reliant Berné et Inguiniel. — Voy. Bois-du-Crecq.

Port-Groix, h. et ruiss. *de la Fontaine-du-Port-Groix,* affl. de la Drague, c^ne de Surzur.

Port Guen ou port Blanc, port sur l'Océan, c^ne de Bangor.

Port-Guen, h. dit aussi *Vieilles-Presses-de-Port-Guen,* c^ne de Locmariaquer.

Port Guen ou port Blanc, port et redoute sur l'Océan, c^ne du Palais; ruiss. qui arrose Bangor et le Palais et se jette dans l'Océan.

Port Guen, anse sur le Morbihan, c^ne de Séné.

Port Guipe, port sur le Morbihan, c^ne de l'Île-aux-Moines.

Port Haliguen, port sur la baie de Quiberon et vill. c^ne de Quiberon; fanal.

Port-Hallan, vill. c^ne du Palais. — *Porzelan,* xve siècle (abb. de Sainte-Croix de Quimperlé).

Port-Haut (Le), h. c^ne de Saint-Jean-Brévelay.

Port-Higou, éc. c^ne de Moréac.

Port-Hellec (Le), rue à Auray; dite, au xviiie siècle, *la Portellec.*

Portivy, vill. et m^in à vent, c^ne de Saint-Pierre.

Port Lay, sur l'Océan, h. et presses à sardines, c^ne de Groix.

Port Léen, port sur le Morbihan et vill. c^ne d'Arzon.

Port-Lestre, section de la c^ne de Damgan.

Port-Lorino (Le), rue à Napoléonville. — Voy. Pon-lorino.

Port-Louis, éc. c^ne de Bignan.

Port-Louis (Le), arrond. de Lorient; fortifications et citadelle; port et pass. sur la rade de Lorient. — *Locpezran,* village, 1423 (abb. de la Joie). — *Lopéran,* 1446 (récollets du Port-Louis). — *Blavet,* 1486 (*ibid.*). — *Ville et fort* (aliàs *port*) de *Louys,* 1618 (arch. comm. du Port-Louis).

Trève de la par. de Riantec; communauté de récollets; hôpital général établi, en 1712, dans un quartier de la ville appelé *le Louhic.* — Ville close. — Juridiction royale : voy. Hennebont. — Gouvernement de place; communauté de ville, avec droit de députer aux États de la province et des armoiries : *d'azur à l'ancre d'argent surmontée de trois fleurs de lys d'or.*

Annexe de l'établissement de la compagnie des Indes de Lorient. — Siége d'une subdélégation détachée de celle de Lorient de 1775 à 1777, puis réunie de nouveau. — Distr. d'Hennebont; chef-lieu de c^n en 1790; prit vers cette époque le nom de *Port-Liberté.*

Port-Mahon, éc. c^ne d'Arzal.

Port Maria, port et fort sur l'Océan, et ruiss. dit aussi *du Pont-de-Kerseaux,* se jetant dans l'Océan, c^ne de Locmaria.

Port Maria, sur l'Océan, c^ne de Saint-Gildas-de-Rhuis.

Port Melin, port sur l'Océan, c^ne de Groix.

Port-Méticon, éc. c^ne de Remungol.

Port Nal, port sur l'Océan, c^ne de Groix.

Port Nant, anse sur l'Océan, c^ne de Muzillac.

Port Navalo, port, pointe et fanal sur le Morbihan; vill. et corps de garde: voy. Fort (Le Grand), c^ne d'Arzon. — Dit quelquefois *Morbihan* au xviie siècle.

Port Navalo, port de l'île de Houat, sur l'Océan, c^ne du Palais.

Port Neuf, port sur l'Océan, île d'Hœdic.

Port-Névé, h. c^ne de Moréac.

Port Nèze, port sur le Morbihan et vill. c^ne d'Arzon.

Port-Noual, h. c^ne de Saint-Thuriau.

Port-Perneu (Île du), sur le Morbihan, c^ne de Séné; elle a été réunie à la terre ferme.

Port-Philippe ou Sauzon, c^ne de Belle-Île-en-Mer; port sur l'Océan, fanal et m^in à vent dans la c^ne. — Le nom de Port-Philippe a été donné à Sauzon sous le gouvernement de Louis-Philippe.

Port Piron ou la Motte-Rousse, port sur le Runio et vill. c^ne de Kerfourn.

Port-Poissonnier (Le), éc. c^ne de Saint-Jacut.

Port Puce, anse de la presqu'île de Gâvre sur l'Océan et h. cne de Riantec.

Pontrou-du-Pouluors, h. cne de Sarzeau.

Pontruix (Le), vill. cne de Sarzeau.

Port-Salio, vill. min à vent et pont sur le ruiss. du Port-Guen, cne du Palais.

Port-Tramesse, f. cne de Saint-Thuriau.

Port Tudy, port sur l'Océan, h. et presses à sardines, cne de Groix.

Portuec (Le), éc. et ruiss. *de la Fontaine-du-Portuec*, affl. du Kerollin, cne de Lanvaudan.

Portz (Le), h. cne de Ploërdut. — Seigneurie.

Portz-Gren, port et pointe sur l'Océan, cne de Saint-Pierre.

Portz-Kerné, port. — Voy. Kerné.

Portznaye, port sur l'Océan, cne de Plœmeur.

Portz-Plous, port de l'île de Houat, sur l'Océan.

Porz (Le), h. cne de Persquen.

Porz-an-Tallec, quartier au Faouët.

Porz-en-Tallec, vill. cne de Berné.

Porzo (Le), h. cne de Bubry.

Porzo (Le), h. cne de Crédin.

Porzo (Le), éc. cne de Grand-Champ.

Porzo (Le), vill. cne de Kervignac.

Porzo (Le), f. cne de Neulliac, et écluse sur le canal de Nantes à Brest. — Seigneurie; manoir.

Porzo (Le), éc cne de Pluvigner. — Seigneurie.

Porzo (Le), h. cne de Quistinic.

Postang, h. et lande, cne de Theix.

Poste (La), vill. cne de Naizin.

Poste (Rue de la), au Port-Louis.

Post-Glud, éc. cne de Cléguérec.

Postulan, h. cne de Plouray.

Pot (Le), h. cne de Nivillac.

Pôt (Le), h. cne de Saint-Martin.

Pot (Rue du), à Vannes. — Voy. Bonne-Foi (Rue de la).

Potager (Le), vill. cne du Palais.

Pot-de-Fer (Le), roche sur l'Océan, près de l'île aux Chevaux.

Pot-d'Étain (Rue du), à Vannes. — Voy. Bonne-Foi (Rue de la).

Poteau (Le), éc. cne de Beignon.

Poteau (Le), vill. cne d'Elven.

Poteau (Le), éc. cne de Lanouée.

Poteau (Le), h. cne de Sérent.

Poteau-Rouge (Le), éc. cne de Caudan.

Poteau-Rouge (Le), éc. cne de Theix.

Potée-de-Beurre (La), rocher sur le Scorff, côte de Lorient.

Potée-de-Beurre (La), roche entre le Port-Louis et Plœmeur, sur l'Océan.

Poterhicen, éc. cne de l'Île-aux-Moines.

Poterie (Rue de la), à Guer.

Poterie (Rue de la), anc. rue de Malestroit, communiquant par une venelle avec la rue de Saint-Marcel. Mentionnée en 1497 (fabr. de Malestroit).

Poterne, porte à Vannes, et rue *de la Poterne* ou *de la Porte-Poterne* : voy. Est (Rue de l').

Poterne (Rue de la), à Josselin.

Potier, croix, cne de Malansac.

Potiers (Chemin aux), dit aussi *de Cornevec* ou *de Cornouaille*. Il traverse ou limite les cnes de Plaudren, Saint-Jean-Brévelay, Bignan, Grand-Champ, Moustoirac, Plumelin, Pluvigner, Camors et Baud. — *Chemin Cornuays*, passant par la Croix-Painte et près de la forêt de Brohun, en Plaudren, 1506 (chât. de Kerfily).

Potinay (La), h. cne de Saint-Samson.

Pou (Le), chât. et fes, cne de Guidel; ruiss. voy. Scave (Le). — Seigneurie; manoir.

Pou (Le), h. cne de Lignol. — Seigneurie; manoir.

Pou (Le), chât. bois, ruiss. affl. du Scorff et min à eau sur ce ruiss. cne de Plouay; pont sur le Scorff, qui relie Plouay au Finistère. — Seigneurie; manoir.

Pou (Le), h. cne de Plumelec.

Poubai, pont sur le ruiss. de ce nom, cne de Porcaro; ruiss. *du Pont-Poubai* : voy. Vortlo (Le).

Poublay, vill. cne de Bignan. — *Poubleiz*, aliàs *Pobleiz*, *Pontbleiz* et *Pontblaiz*, xve siècle (duché de Rohan-Chabot).

Poubreux (Le Grand et Le Petit), vill. cne de Ruffiac.

Poubroc, h. cne de Saint-Servant.

Poucuecau, h. cne de Berric.

Poudlan, vill. cne de Saint-Servant.

Poudlan (Ruisseau de), dit aussi *des Poncereaux, de la Noë-des-Poncereaux* et *du Moulin-de-Castel*, affl. de l'Oust: il arrose Saint-Servant et Quily.

Poudquantay (Le), rocher sur l'Océan, cne de Pénestin.

Pouhant, éc. et h. cne de Guer.

Pour-Min, éc. cne de Langonnet.

Pouho, vill. cne de Quily.

Pouilhibet, vill. cne de Ploërdut.

Pouillac, h. cne de Damgan.

Pouillas (Croix des), cne de Saint-Laurent.

Potillée (La), place à Josselin.

Poul (Le), min à eau et pont sur la Sarre, cne de Melrand.

Poulains (Les), île, batteries, roches et pointe sur l'Océan, côte de Port-Philippe.

Poulais, éc. cne de Muzillac.

Poulan, éc. cne de Plumelec.

Poularem, éc. cne de Plouharnel.

Poulat, h. cne de Languidic.

Poul-au-Raz, éc. cne de Pontscorff.

Poulbail, éc. cne de Brech.

Poulbé, étang et ruiss. *de l'Étang-de-Poulbé*, dit aussi *de Touleupry*, qui se jette dans l'Océan, cne d'Erdeven.

Poulben, étang et mia sur la riv. d'Auray, cne de Crach.

Poulbignon, éc. cne d'Ambon. — Prieuré-chapellenie. — Seigneurie.

Poulblay, vill. cne de Plœmel.

Poulblent, h. cne de Plouay.

Poulblet, h. et éc. cne de Sulniac.

Poulboudel, h. cne de Guidel. — *Poulbadel*, 1423 (seigneurie du Coatdor).

Poulbout, vill. cne de Guégon.

Poulbren, éc. cne de Plaudren.

Pouldrient, éc. cne de Guidel. — *Poulanbriz*, XVIe siècle (abb. de Saint-Maurice de Carnoët).

Poul-Coguel-er-Goch-Quéric, marais, cne de Locoal-Mendon.

Poulcot, h. cne de Guidel.

Poulderf, vill. cne de Trefléan.

Pouldéro, h. cne de Langonnet.

Pouldeur, h. cne de Plumelin.

Pouldigueu, h. cne de Plumelin.

Pouldon, vill. port et pointe sur l'Océan, cne de Locmaria.

Pouldraino, h. cne de Malguénac.

Pouldruenne, éc. cne de Muzillac.

Pouldu, éc. cne de Landévant.

Pouldu, éc. cne de Pluméliau.

Pouldu, pont et hameau. — Voy. Pont en-Du.

Pouldu (Le), anse sur l'Océan, à l'embouchure de l'Ellée, côte de Guidel.

Pouldu (Le), lieu-dit dans le dép' des Côtes-du-Nord; bois, cne de Saint-Aignan; écluse sur le canal de Nantes à Brest.

Pouldu (Le), chât, fre, mln à eau sur le Lay et min à vent, cne de Saint-Jean-Brévelay; marais baignant Saint-Jean-Brévelay, Gréhenno et Billio. — Seigneurie; manoir.

Pouldu (Le), vill. cne de Sarzeau.

Poulduic, éc. cne de Guern.

Poul-Durand, h. cne de Saint-Jean-Brévelay.

Poule (La), éc. cne de Missiriac.

Poul-en-Hou, éc. cne de Baud.

Poul-en-Nacuio, rue à Plouay.

Pouléno, éc. cne de Baden.

Pouleno (Le), h. cne de Caden.

Poul-er-Groès, h. cne de Berné.

Poul-er-Guetry, h. cne de Saint-Thuriau.

Poul-er-Gumenen, marais, cne d'Erdeven.

Poul-er-Maru, h. cne d'Arradon.

Poul-er-Moing, h. cre de Naizin.

Pouleno, ruiss. afl. du Hédennec, qui arrose Inguiuiel.

Poul-er-Ranet, éc. cne de Langoëlan.

Poul-er-Sant, h. cne de Guidel.

Poul-er-Scoul, f. cne de Kergrist.

Poul-en-Varquez, marais, cne de Locoal-Mendon.

Poul-bur-Quistenen, ruiss. affluent de celui des Trois-Recteurs, qui arrose Lanvaudan.

Poulfan, éc. cne de Landaul.

Poulfanc, éc. cne d'Arradon.

Poulfanc, h. cne de Guiscriff.

Poulfanc, éc. cne de Moustoir-Remungol. — Seign. manoir.

Poulfanc, f. cne de Sarzeau.

Poulfanc, h. et autre h. dit *Grand-Poulfanc* et aussi *la Ville-en-Bois*, cne de Séné.

Poulfanc (Le), éc. cne de Camors.

Poulfanc (Le), h. cne de l'Île-aux-Moines.

Poulfanc (Le), h. cne de Plumelec.

Poulfang (Le Haut et le Bas), h. cne de Pluméliau; ruiss. : voy. Pont er-Gon-Liez.

Poulfetan, h. cne de Camors.

Poulfetan, h. cne de Quistinic.

Poulgat, f. cte de Bignan.

Poulgat, éc. cne de Plaudren.

Poulglas, éc. et lande, cne de Grand-Champ.

Pouglass, Trévelin ou Stival, ruiss. afl. du canal de Nantes à Brest, qui arrose Malguénac, Cléguérec et Napoléonville.

Poulglass (Le Grand et le Petit), h. et deux mln à eau sur le Poulglass, cne de Malguénac.

Poulgodrou, h. cne de Landévant.

Poulgouarin, éc. cne de Plaudren.

Poulgouc, éc. cne de Languidic.

Poulgourio, h. cne de Calan.

Poul-Grellec, h. cne de Ploërdut.

Poul-Guennan, h. cne de Plœmel.

Poulguern, éc. cne de Moustoirac.

Poulguern, éc. cne de Plaudren.

Poulguern (Le Grand et le Petit), h. cne de Plumelin.

Poul-Guillen-Bras, marais, cne du Hézo.

Poulha, éc. cne de Molac.

Poulhalec, éc. cne de Cléguérec.

Poulhallec, éc. cne de Caudan.

Poulhan, vill. cne de Peillac.

Poulhan (Le Grand et le Petit), h. cne de Berric.

Poulharff, h. cne de Malguénac.

Poulhars, h. cne de Cléguérec.

Poulhaut, roche sur l'Océan, côte d'Erdeven.

Poulherhu, éc. cne de Malguénac.

Poulhériguen, h. et bois, cne du Saint; mio à eau sur le ruiss. *du Moulin-du-Duc*, cne de Langonnet. —

Poulizigayn, 1524 (arch. de la seign. de Kergus, chez M. Stenfort, à Gourin). — Seigneurie.

Poulherveno, éc. c⁰ᵉ d'Inzinzac.

Poulhervis, h. c⁰ᵉ de Plaudren.

Poulhéay (Le), éc. c⁰ᵉ de la Trinité-Surzur; ruiss. voy. Bugat'(Ruisseau du Pont-), et pont sur ce ruisseau reliant Theix et la Trinité-Surzur.

Poulhiset, h. et m^{in} à eau sur le Scorff, c⁰ᵉ de Berné. — Seigneurie.

Poulho, quartier du bourg de Noyal-Muzillac.

Poilho,. m^{in} à eau sur l'Oust, c⁰ᵉ du Roc-Saint-André.'

Poulho (Le), éc. et m^{in} à vent, c⁰ᵉ de Péaule.

Poilho (Rue de), à Vannes : voy. Bons-Enfants (Rue des); *Grande ruelle de Poulho*, à Vannes : voy. Tous-sac. — *Poulloho*, xive, xve et xvie siècles (chap. de Vannes). — *Poulhohou*, 1414 (*ibid.*).

Poulhoc, éc. c⁰ᵉ de Plœmel.

Poulhors, vill. et m^{in} à vent, c⁰ᵉ de Sarzeau.

Poilic, éc. c⁰ᵉ de Baden.

Poulic, f. c⁰ᵉ de Plœren. — Seigneurie.

Poulic (Le), éc. c⁰ᵉ de Languidic.

Poulligo, éc. c⁰ᵉ de Landaul.

Pouligo, h. c⁰ᵉ de Plouay.

Poul-Iudern, éc. c⁰ᵉ de Plumelin.

Poulixou, vill. et pont sur le ruiss. de ce nom, c⁰ᵉ d'Arradon; ruiss. voy. Toul-Baden.

Poulivaut, éc. c⁰ᵉ de Guern.

Poullic, éc. c⁰ᵉ de Grand-Champ.

Poulliot, chât. et f^{me}, c⁰ᵉ de Plœmeur.

Poullo, éc. c⁰ᵉ d'Ambon.

Poulmacu, h. c⁰ᵉ de Priziac. — *Poulmarch*, 1391 (princip. de Rohan-Guémené).

Poulmain, éc. c⁰ᵉ de Baud.

Poulmain, vill. c⁰ᵉ de Cléguérec.

Poulmarch, h. et lande, c⁰ᵉ de Grand-Champ.

Poulmarch, éc. c⁰ᵉ de Ploërdut.

Poul-Marcu, éc. c⁰ᵉ de Saint-Aignan.

Poulmarzéven, h. et pont sur le Restihuilio, c⁰ᵉ de Ploërdut. — *Poulmarchguezen*, 1430 (princip. de Rohan-Guémené).

Poul-Maurice, étang, c⁰ᵉ de Noyalo.

Poul-Méchant, éc. c⁰ᵉ de Gourin.

Poul-Mein-Hir, étang et lande où il y a un menhir, c⁰ᵉ de Noyalo.

Poulmenach (Rue), à Sarzeau.

Poulmorvan, éc. c⁰ᵉ de Cléguer.

Poul-Ningrat, ruiss. affluent du Saint-Niel, qui arrose Noyal-Pontivy.

Poulo, f. c⁰ᵉ de Crach.

Poulo, h. c⁰ᵉ de Gestel.

Poulo, vill. c⁰ᵉ de Plœmeur.

Poulo, éc. c⁰ᵉ de Réguiny.

Poulo (Le), h. c⁰ᵉ de Silfiac.

Poulo (Le Grand et le Petit), vill. c⁰ᵉ d'Elven.

Poulonio, h. c⁰ᵉ de Lorient.

Pouloudu, éc. c⁰ᵉ de Langonnet.

Poulpachic, éc. c⁰ᵉ de Nostang.

Poul-Pen-Sach (Rue), à Plœmeur.

Poilpioche, h. c⁰ᵉ de Pluneret.

Poul-Poste, h. c⁰ᵉ de Plouay.

Poul-Pradeu (Fontaine du), c⁰ᵉ de Séné.

Poulprat, éc. c⁰ᵉ de Bignan.

Poulprat, éc. c⁰ᵉ de Questembert.

Poulprat, h. c⁰ᵉ de Sulniac.

Poulprat (Le), f. c⁰ᵉ de Larré.

Poul-Prinse, ruiss. affl. du Ménaty, qui arrose Arradon.

Poulprio, vill. c⁰ᵉ de Bubry.

Poulprio (Le Haut et le Bas), h. c⁰ᵉ de Bieuzy.

Poulpris (Pont de), sur l'Étier-du-Lic, reliant Ambon et Damgan.

Poulprt, éc. c⁰ᵉ du Palais.

Poul-Ranette, éc. c⁰ᵉ de Plouay.

Poulranic, éc. c⁰ᵉ de Plumelin.

Poulrannet, éc. c⁰ᵉ de Naizin.

Poulrannet, f. c⁰ᵉ de Plouay.

Poulrant, m^{in} à eau sur le ruiss. de ce nom, c⁰ᵉ de Camors; ruiss. *du Moulin-de-Poulrant :* voy. Guille-min.

Poulréanet, h. c⁰ᵉ de Treffléan.

Poulrhan (Loge), éc. c⁰ᵉ de Priziac.

Poul-Rû (Le), h. c⁰ᵉ de Roudouallec,

Poul-Tossec, étang baignant Surzur et Noyalo; lande dite *Lann-Poul-Tossec*, c⁰ᵉ de Noyalo.

Poultu, éc. c⁰ᵉ de Nivillac.

Poulven, h. c⁰ᵉ de Bubry.

Poulvern (Bras et Bihan), h. c⁰ᵉ de Languidic. — Seigneurie.

Poulverne, vill. c⁰ᵉ de Noyal-Pontivy.

Poulvernic, h. et bois, c⁰ᵉ de Kervignac. — Seigneurie.

Poulvidan, h. c⁰ᵉ de Béguiny. — *Poulffidan*, xve et xvie siècles (duché de Rohan-Chabot).

Poumen (Le), ruiss. dit aussi *du Moulin-de-Keroret*, *des Landes-de-Guercaër* et *du Moulin-du-Sach*, affl. de l'Étel; il arrose Plœmel, Belz, Erdeven et Étel.

Poupian, h. c⁰ᵉ d'Allaire.

Poupinais (La), éc. et m^{in} à vent, c⁰ᵉ de Carentoir.

Pourbelan, vill. c⁰ᵉ de Lizio.

Pourbily, h. c⁰ᵉ d'Arzal.

Pourcaud (Le), vill. c⁰ᵉ d'Augan.

Pourdommaie (La), h. c⁰ᵉ de Malansac.

Pourhalé, vill. c⁰ᵉ de Péaule.

Pourhaut (Le Grand et le Petit), vill. c⁰ᵉ de Mohon.

Pourhors, h. c^ne de Locmariaquer.

Pourie (Rue), à Camoël.

Pourmabon, vill. c^ne de Guégon. — *Poulmabon*, 1413 (chât. de Callac).

Pourmelan, vill. c^ne de Sérent.

Pourprio (Le), éc. c^ne d'Elven.

Pourprio (Le), h. c^ne de Theix.

Pourpris (Le), f. c^ne de Muzillac. — Voy. Kervézo.

Pourpris (Le), éc. c^ne de Plouhinec.

Pourpris (Le), f. — Voy. Noë (La).

Pourman, h. c^ne de Marzan.

Pourries (Mare des), et ruiss. *de la Mare-des-Pourries*, qui se jette dans l'Oust, c^ne de Peillac.

Pourvelin, vill. c^ne de Séglien.

Pousaleau, éc. c^ne de Plœmeur.

Poussinière (La), éc. et étang, c^ne de Séné.

Pousterne, pont sur le ruiss. du Pont-Bugat, reliant Theix et Surzur.

Poox, vill. c^ne de Caudan.

Pracelin ou Locmaria-Pracelin, h. c^ne de Groix.

Pradat, m^in à eau sur l'Aff, c^ne de Guer.

Prad-Créual, ruiss. se jetant dans l'Océan et pont sur ce ruiss. dit *Er-Prad*, c^ne de Groix.

Pradepno, ruiss. afll. de celui de la Fontaine-du-Leslé, qui arrose Inguiniel.

Pradel (Fontaines), c^ne de Locoal-Mendon.

Pradel (Le), h. c^ne de Neulliac.

Pradel-en-Stang, ruiss. affluent du Scorff, qui arrose Inguiniel et Lignol.

Pradel-Roscoët (Le), éc. c^ne de Neulliac.

Praden-en-Leach, éc. c^ne de Crach; ruiss. afll. du Pont-eur-Rui, qui arrose Brech et Crach.

Prad-en-Houat, h. c^ne de Landévant.

Pradeux, font. c^ne de Baden.

Prad-Huen, ruiss. afll. de celui du Moulin-du-Duc, qui arrose le Saint.

Pradibihan, h. c^ne d'Arradon.

Pradic, h. c^ne de Cléguer.

Pradic, éc. c^ne de Plumergat. — Seigneurie.

Pradic (Le), h. c^ne de Saint-Gouvry.

Pradigo, éc. c^ne de Cléguer.

Pradigo, vill. et ruiss. *de la Fontaine-de-Pradigo*, afll. du Goah-Héric, c^ne de Guern.

Pradigo, h. c^ne de Moustoir-Remungol.

Pradigo (Le), h. c^ne de Bieuzy.

Pradigo (Le), h. c^ne de Melrand.

Pradigo (Le), lande, c^ne de Pluherlin.

Pradigo (Le), éc. c^ne de Radenac.

Prado, éc. c^ne de Camors.

Prado (Le), vill. et lande, c^ne de Guer; pont dit *Planche-du-Prado*, sur l'Aff, reliant Guer au dép^t d'Ille-et-Vilaine. — Le vill. divisé en *Rues du Haut et du Bas Prado, Rue Rigoal-du-Prado, le Badion-du-Prado, la Lesserie-du-Prado et la Grée-du-Prado*.

Prado (Le), ruiss. afll. de l'Ével, qui arrose Languidic.

Prado (Le), ruiss. dit aussi *de Kervidon* et *de la Lande-de-Kervoine*, afll. du Poumen; il arrose Locoal-Mendon et Belz.

Prado (Le), vill. et ruiss. *de la Fontaine-du-Prado*, afll. de celui du Pont-Caden, c^ne de Surzur.

Prado (Le), f. c^ne de Trédion. — Seigneurie.

Pradun, f. c^ne de Pénestin.

Prad-Vanetan, ruisseau. — Voy. Kerfandol.

Prad'Yorf, b. c^ne d'Ambon.

Pranéleu, éc. c^ne d'Arradon.

Pralidec, vill. c^ne de Baud. — *Pré-Lideic*, 1296 (duché de Rohan-Chabot).

Pralivret, h. c^ne de Melrand.

Pramer (Le), vill. c^ne d'Arradon.

Prameux, vill. c^ne de Peillac.

Prameux (Lande des), c^ne de Pluherlin.

Prakène, vill. c^ne de Saint-Pierre.

Prastarff, h. c^ne de Caudan.

Praperec, vill. et ruiss. afll. du Kerguzangor, c^ne de Noyal-Pontivy.

Praquet, vill. c^ne de Lizio.

Praquino, éc. c^ne de Pluméliau.

Prassay, éc. c^ne du Roc-Saint-André. — Seigneurie.

Prassun, h. c^ne de Plumelec.

Prat (Le) ou le Pré, éc. c^ne de Saint-Avé.

Prat (Le), h. f. dite *Butte-du-Prat*, et m^in à eau sur le Pont-Allan, c^ne de Vannes. — Seigneurie; manoir.

Pratanigo, h. c^ne de Billio.

Prat-ar-Goant, b. c^ne de Priziac.

Prat-Bihan, vill. c^ne de Sarzeau.

Prat-Bihan (Puits du), c^ne de Séné.

Prat-Bras (Puits et Fontaine du), c^ne de Séné.

Prat-Caën, vill. c^ne de Guidel.

Prat-Criaquer, ruiss. afll. du Poumen, qui arrose Belz.

Prat-Criaquer, ruisseau. — Voy. Languelo.

Prateau (Le), éc. c^ne de Marzan.

Prateau (Le), éc. c^ne de Vannes.

Prateau (Le), éc. c^ne de Vannes (dist. du précédent).

Prateau-Kerascoët, h. c^ne de Languidic.

Pratel, éc. c^ne d'Auray.

Pratel (Le), h. c^ne de Camors.

Pratel (Le), éc. c^ne de Theix.

Pratel-de-la-Rue (Pont du), sur le Caranloup, reliant Guégon et Lantillac.

Pratel-en-Goah, ruiss. affluent du Saint-Laurent, qui arrose Grand-Champ.

Pratel-Kermapousserh, éc. c^ne de Camors.

Pratelle, h. c^ne de Plumergat. — Seigneurie.

Pratelle (Le), éc. c^ne de Moustoirac.

Pratellen, éc. cne d'Arradon.

Pratello (Le), h. cne de Baden.

Pratello (Le), éc. lande et autre éc. dit *Lande du Pratello*, cne de Moréac.

Pratello (Le), éc. cne de Pluvigner.

Pratelmat, h. cne de Grand-Champ.

Pratenenau, h. cne de Plouay.

Prat-en-Enhern, h. cne de Languidic.

Prat-en-Gazec, vill. cne de Berné.

Prat-en-Houet, éc. cne de Locmalo.

Prat-en-Porn, pont sur le ruiss. du Pont-de-Restavy, cne de Plouay.

Prat-en-Roys, ruiss. affluent du Pont-au-Christ, qui arrose Brech.

Pratézo, vill. cne de Plouharnel.

Prat-Fetan, éc. cne de Camors.

Prat-Folen, h. cne de Guidel.

Prat-Gouach, ruiss. affluent de la Drague, qui arrose Surzur.

Prat-Guen, h. cne de Meslan.

Prat-Huel, éc. cne de Bignan.

Pratlédan, h. cne de Gourin.

Prat-Lédan, h. cne de Quéven.

Pratméno, vill. cne de Meslan.

Prat-Mérien, h. cne de Persquen.

Pratmeur, éc. et min à eau sur le ruiss. de ce nom, cne de Quistinic; ruiss. *du Moulin-de-Pratmeur:* voy. Rodlic (Le). — Seigneurie; manoir.

Prat-Moine (Fontaine du), cne de Plouay.

Prat-Moncelle (Fontaine du), cne de Séné.

Prat-Morgard, éc. cne de Napoléonville.

Prat-Névé, éc. cne de Moréac.

Prat-Paul, h. cne de Moréac.

Prat-Rio, vill. cne de Caudan.

Praty, h. cne de Monteneuf.

Prazai (Le), h. cne de Pleucadeuc.

Pné (Le), h. cne de Billio.

Pré (Le), éc. cne de Missiriac.

Pré (Le), f. cne de Quily.

Pré (Le), h. cne de Saint-Martin.

Pré (Le), écart. — Voy. Prat (Le).

Pré (Moulin à eau du). — Voy. Mel-en-Prat.

Pré-au-Feuvre (Le), vill. cne de Crédin; ruiss. dit aussi *du Château*, affl. de l'Oust, qui arrose Crédin et Rohan.

Préaux (Les), f. cne de Rieux. — Seigneurie.

Pré-aux-Poids (Rue du), à Mauron.

Pré-Bertin (Le), éc. cne de Theix.

Pré-Blanc (Le), éc. cne de Guégon.

Pré-Carré (Le), éc. cne du Roc-Saint-André.

Précasse, h. cne de Guidel.

Pré-Clos (Le), chât. f. et vill. cne de Tréal. — Seigneurie; manoir.

Predel (Le), éc. cne de Melrand.

Prédy (Le), f. min à vent, cne de Marzan. — Seign.

Prée (La), éc. cne de Guégon.

Prée (La), vill. cne de Saint-Gravé.

Prée (Moulin à vent de la), cne de Saint-Jacut.

Prée (Pont de la), sur le Sédon, reliant Guégon et Cruguel (dist. de l'écart du même nom).

Pré-Failli (Le), éc. cne de Saint-Gravé.

Préfecture (Rue de la), à Vannes, formée des deux anc. rues *Notre-Dame* et *de la Porte-Notre-Dame* ou *de la Porte-Neuve*.

Pré-Guihard (Le), h. cne de Guer.

Préhexno (Le), f. cne de Caden.

Préhoré, vill. cne de Théhillac.

Préleo, lande et croix, cne de Guer.

Prélieux, font. cne de Vannes.

Prémohan (Le), h. cne d'Allaire. — Seigneurie.

Pré-Neuf (Le), f. cne de Béganne.

Prénoué (Le), vill. cne de Saint-Martin.

Prensonens (Rue des), anc. rue de Malestroit, mentionnée en 1497 (fabr. de Malestroit).

Pré-Robert (Le), f. cne de la Chapelle.

Préron (Ruisseau du), affl. de l'Oust, qui arrose Saint-Samson.

Pré-Rondel (Le), h. cne de Taupont.

Pré-Ruaut (Le), vill. cne de Caden.

Prés (Étier des), ruiss. affl. de la Vilaine, qui arrose Saint-Dolay et Théhillac.

Prés (Étier des Grands-), ruiss. affl. de la Vilaine, qui arrose Saint-Dolay.

Prés (Les), h. cne de Carentoir.

Prés (Les), éc. cne de Sulniac.

Prés (Rue des), à Ploemeur.

Prés (Ruisseau des). — Voy. Pontoir (Le).

Presbytère (Choix du), cne de Noyal-Pontivy.

Presbytère (Rue du), à Grand-Champ.

Presbytère (Rue du), étang et ruiss. affl. du Kerdoutel, cne de Pluvigner.

Prescles (Les), vill. cne de Sérent.

Prés-Cocus (Ruisseau des), affl. de l'Yvel, qui arrose Brignac et Saint-Brieuc-de-Mauron.

Prés-du-Bourg (Ruisseau des), affl. du Scanff, cne de Ploërdut.

Prés-Janais (Ruisseau des), affl. du Trénédo, qui arrose Lanouée.

Prés-Lonréan (Ruisseau des) ou de l'Épinay; il arrose Surzur et se jette dans la Drague, après avoir traversé l'étang de l'Épinay.

Prés-Menais (Les), éc. et ruiss affl. de la Perche, cne de Pleugriffet.

Pressoir (Le), éc. cne de Carentoir.

Pressoir (Le), éc. cne de Ploeren.

Pressoir (Le), éc. c^ne de Saint-Dolay.

Prestadle (Le), vill. c^ne de Peillac.

Prestevel, éc. c^ne de Pluneret.

Prétanet, vill. c^ne de Câmpénéac.

Prêtre-Seille, croix, c^ne de Pleugriffet.

Prêtres (Rue des), à Vannes. — Voy. Chanoines (Rue des).

Prévas (Le), éc. c^ne de Saint-Dolay.

Prévay (Rue), à Mauron.

Pré-Vert (Le), éc. c^ne de Marzan.

Pré-Vin (Chemin du), c^ne de Peillac.

Priaudais (La), vill. c^ne de Porcaro; pont sur l'Oyon, reliant Guer et Monteneuf.

Prières, chât. (sur l'emplacement d'une anc. abbaye), c^ne de Billiers; basse à l'embouchure de la Vilaine, entre Billiers et Pénestin. — *Precibus* (*Monasterium, abbatia de*), 1252 (D. Morice, I, 952).

Abbaye du vocable de Notre-Dame, ordre de Cîteaux, fondée en 1250 par Jean Ier, duc de Bretagne.

Prières (Pont), sur le ruiss. de ce nom, c^ne de Questembert; ruiss. *du Pont-Prières* : voy. Tohon.

Prieuré (Le), éc. c^ne d'Ambon.

Prieuré (Le), h. c^ne de Baud. — *Le Temple*, 1583 (abb. de la Joie). — Établissement de chevaliers de Saint-Jean de Jérusalem, autref. Templiers.

Prieuré (Le), vill. c^ne de Groix. — Voy. Locmaria.

Prieuré (Le), h. c^ne de Josselin; anc. prieuré de Sainte-Croix : voy. Sainte-Croix.

Prieuré (Le), f. c^ne de Ménéac.

Prieuré (Le), h. c'^e de Plouhinec.

Prieuré (Le), vill. et m^in à vent, c^ne de Ruffiac. — Prieuré : voy. Ruffiac.

Prieuré (Moulin à eau du) ou du Bied, sur le Ninian, c^ne de la Trinité-Porhoët. — La partie du bourg qui avoisine l'église paroissiale s'appelle encore *Champs-du-Prieuré*.

Prieuré (Moulin du). — Voy. Moulin d'en-Haut (Le).

Primaudaie (La), h. c^ne de Lanouée.

Prince (Deux moulins à vent du), c^ne de Plouhinec.

Prince (La), h. c^ne de Sainte-Brigitte.

Prince (La), f. c^ne de Trédion.

Prince (Moulin à eau du), sur le Scorff, c^ne de Pontscorff.

Prince (Moulin à vent du), c^ne de Groix.

Prince (Rue du), à Lorient. — Voy. Monbinan (Rue du).

Prince-de-la-Châtaigneraie (La), h. c^ne de Sainte-Brigitte.

Princes (Les), vill. c^ne d'Elven.

Priol, croix, à la limite des c^nes de Surzur et du Hézo.

Prioldy, f. c^ne de Bieuzy.

Prise-des-Bois (La), lande, c^ne de Pleugriffet.

Prise-des-Chevreuils (Pont de la), sur le Beauval, reliant Saint-Samson et Bréhan-Loudéac.

Prison (Place de la), à Lorient.

Prison (Porte), à Malestroit. — Voy. Sainte-Anne.

Prison (Porte), à Vannes, dite autref. *de Saint-Nicolas* ou *de Saint-Patern*, et, par corruption, *de Saint-Pater*; rue *de la Porte-Prison*, autref. *de la Porte-Saint-Patern*, et place *de la Porte-Prison*.

Prison (Rue de la), à Gourin.

Prison (Rue et ruelle de la), à Hennebont. — *Porte Prison*, dite autrefois-porte *de Broërec*, 1590 (arch. comm. d'Hennebont).

Prissepré, h. c^ne de Molac.

Priziac, c^on du Faouët; étang et ruisseau dit *Ru-de-l'Étang-de-Priziac*, sortant de l'étang et se jetant dans le Pont-Rouge, dans la c^ne. — *Brisiaci sylva*, 818 (D. Morice, I, 228). — *Prisiac, eleemosina*, 1160 (*ibid.* 638). — *Prissiac*, 1430 (princip. de Rohan-Guémené).

Par. du doy. de Guémené; elle renfermait un établissement de chevaliers de Saint-Jean de Jérusalem : voy. Beauvoir à la table des formes anciennes. — Sén. d'Hennebont; subd. de Guémené. — Distr. du Faouët; chef-lieu de c^on en 1790, supprimé en l'an x.

Priziac, vill. c^ne de Molac. — *Parciacum*, 1116 (prieuré de la Magdeleine de Malestroit). — Prieuré de femmes sous le vocable de la Conception, membre de l'abb. de Saint-Sulpice de Rennes.

Priziac (Le Haut et le Bas), vill. c^ne de Pleucadeuc.

Procureur (Maison du), éc. c^ne de Plœren.

Procureur (Moulin à eau du), sur le Faouëdic, c^ne de Monterblanc.

Prodo, h. c^ne de Molac.

Promenade (La), promenade à Josselin.

Promono, éc. c^ne de Plumelec.

Prophètes (Rue des), à Lorient. — Voy. Rue Française.

Propriando, éc. f^re et ruiss. affluent du Luscanen, c^ne de Plœren. — *Portzbriendo*, xviie siècle (présid. de Vannes). — Seigneurie; manoir.

Proutière (Rue), à Lorient. — Voy. Sconff (Le).

Providence (Rue de la), à Napoléonville.

Provostaie (La), h. et ruiss. aff. de celui de l'Étang-Neuf, c^ne de Malansac. — Seigneurie.

Provostais (La), f. c^ne de Guer. — Seigneurie.

Provostais (La), vill. c^ne de Guilliers.

Provostais (La), éc. c^ne de Tréal. — Seigneurie.

Provostaye (La), h. c^ne de Carentoir.

Provostaye (La), éc. c^ne de Missiriac. — Seigneurie.

Provotaie (La), h. c^ne de Saint-Vincent.

Provotaie (La Haute et la Basse), vill. c^ne de la Gacilly.

Provotais (La), vill. c^ne d'Augan.

Provotais (La), f. c^ne de Pleucadeuc. — Seigneurie.

Provotais (La), vill. c[ne] de Théhillac.

Psalette (Rue de la), à Guémené.

Puce, port sur l'Océan, côte de Port-Philippe.

Pud'hy, vill. c[ne] de Naizin.

Puil (Le), h. c[ne] de Guidel.

Puil (Le), éc. et pont sur le Guernec, c[ne] de Lauzach. — Seigneurie.

Puisseguec, éc. c[ne] de Crach.

Puits (Carrefour du), à Hennebont.

Puits (Le), vill. c[ne] de Porcaro. — Seigneurie.

Puits (Rue du), à Questembert.

Puits (Rue du), à Vannes.—Voy. Boucherie (Rue de la).

Puits (Rue et impasse du), à Lorient.

Puits-de-Bas (Le), h. c[ne] de Montertelot.

Puits-Dréan (Le), éc. c[ne] d'Allaire.

Puits-Ferré (Impasse du), à Lorient, faub. de Kerentrech.

Puits-Saint-Martin (Le), éc. c[ne] de Rieux.

Punsic (Fontaine du), c[ne] de Séné.

Purégan, h. c[ne] de Langoëlan.

Puric, éc. c[ve] de Saint-Tugdual.

Purit, vill. c[ne] de Séglien.

Pusmen (Le), vill. c[ne] de Saint-Armel.

Pussic, éc. c[ne] de Belz.

Pusso (Le), éc. c[ne] de Carnac.

Puy (Le), h. c[ne] de Saint-Abraham.

Puy-Chotard (Le), éc. c[ne] du Roc-Saint-André.

Pyramide (La), vill. c[ne] de Guillac.

Pyramides (Rue des), à Napoléonville, dite aussi *du Roi-de-Rome*.

Q

Quai (Le), quai et rue *du Quai*, à Hennebont.

Quai-Neuf (Rue du), partie à Auray, partie c[ne] de Pluneret.

Quais (Cours des), promenade à Lorient, le long du port de commerce, appelée avant 1789 *quai d'Aiguillon*.

Quais (Rue des), à Lorient, dite avant 1789 rue *de Conti*.

Quais (Ruelle des), à Lorient.

Quanahée, h. c[ne] de Larré.

Quatre-Chemins (Les), éc. et ruiss. affl. de l'Yvel, c[ne] de Ploërmel.

Quatre-Évangélistes (Les), chapellenie : voy. Saint-Marc, f. — Seigneurie.

Quatre-Temps (Les), éc. c[ne] de Taupont.

Quatre-Vaux (Pont des), sur le ruisseau dit *Mer-de-Caden*, reliant Saint-Gorgon et Caden.

Quatre-Vents (Les), éc. c[ne] d'Arradon.

Quatre-Vents (Les), éc. c[ne] de Baud.

Quatre-Vents (Les), h. c[ne] de Grand-Champ.

Quatre-Vents (Les), h. c[ne] de Languidic.

Quatre-Vents (Les), h. c[ne] de Naizin.

Quatre-Vents (Les), vill. et lande, c[ne] de Neulliac.

Quatre-Vents (Les), éc. c[ne] de Plœren.

Quatre-Vents (Les), éc. c[ne] de Riantec.

Quatre-Vents (Les), éc. c[ne] de Saint-Marcel.

Quatre-Vents (Les), h. c[ne] de Sarzeau.

Quatre-Vents (Les), vill. et salines, c[ne] de Séné.

Quatre-Vents (Les), éc. c[ne] de Trefléan.

Quatre-Vents (Rue des), à Auray.

Quégans, h. c[ne] de Saint-Nolff. — *Kergars*, xviie siècle (présid. de Vannes). — Seigneurie.

Quéguil-Bréhet, pierre levée, c[ne] de Locoal-Mendon.

Quéguil-en-Diaul, pierre levée, c[ne] de Silfiac.

Quéhan, anse sur la riv. de Crach, c[ne] de Locmariaquer.

Quéhéguené, h. c[ne] de Péaule.

Quéhélec, vill. c[ne] de Sérent. — Seigneurie.

Quéhellec, h. c[ne] de Plœmeur.

Quéhellio-Kergalant, éc. c[ne] de Plœmeur. — *Kerhaeliou*, xiie siècle (abb. de Sainte-Croix de Quimperlé).

Quéhellio-Sachoy, vill. c[ne] de Plœmeur.

Quéhello, vill. et pont sur le Prad-Créhal, c[ne] de Groix.

Quéhello-Congard, vill. c[ne] de Plœmeur.

Quéhello-le-Floch, vill. c[ne] de Plœmeur.

Quéhéon, chât. bois et vill. c[ne] de Ploërmel. — Seigneurie ; manoir.

Quéhéon (Parc de), lande, c[ne] de Monteneuf.

Queidel, vill. c[ne] de Roudouallec.

Quéjeau, f. et m[in] à vent, c[ne] de Campénéac. — Seigneurie.

Quélarderie (La), éc. c[ne] de Limerzel.

Quelarderie (La), éc. c[ne] de Peillac.

Queldan, éc. c[ne] de Marzan ; pont sur le ruiss. du même nom, reliant Arzal et Marzan ; ruiss. *du Pont-de-Queldan* : voy. Isle (L').

Quéleback, ruiss. dit aussi *du Moulin-de-Keradenec, de Crano, de Kergonano, du Moulin-Conan* et *du Moulin-du-Temple*, affl. du Blavet ; il arrose Calan, Cléguer, Caudan, Inzinzac et Hennebont.

Quélen, vill. et m[in] à eau sur le Sédon, c[ne] de Guégon. — Deux seigneuries, dont une dite *le Bas-Quélen*.

Quélen, m^in à eau sur le Scorff, c^ne de Langoëlan.

Quélen, pont sur la Sarre, reliant Séglien et Locmalo.

Quélenec, m^in à eau sur le Caradec, c^ne d'Elven.

Quélenec, vill. et éc. dit *Logo-Quélenec*, c^ne de Gourin.

Quélenec, éc. c^ne de Langonnet.

Quélénec, h. et ruiss. afll. de l'Arz, c^ne de Molac.

Quélenec, vill. bois et h. *du Bois-Quélenec*, c^ne de Moustoirac.

Quélenec, vill. c^ne de Noyalo; pont sur le Kerbiscon, reliant Noyalo et Theix.

Quélenès, vill. c^ne de Cléguérec.

Quélénon, vill. c^ne de l'Île-d'Arz.

Quelescoët, h. c^ne d'Ambon. — Seigneurie.

Quelfenec, vill. c^ne de Lignol; ruiss. voy. Saint-Yves. — *Quilguennec*, 1423 (princip. de Rohan-Guémené). — *Quilvennec*, 1456 (*ibid.*).

Quelhcarne, pont sur le ruiss. du Pont-de-Rohellec, reliant Quistinic et Bubry.

Quelnouarne, vill. c^ne de Malguénac.

Quelhuit, vill. c^ne de Groix. — Il renfermait un prieuré du vocable de Saint-Léonard.

Quéliac, vill. c^ne de Guillac.

Quélian, lande, c^ne de Radenac.

Quellec, vill. et pont sur le Kervor, c^ne d'Arzal.

Quellenec, vill. et bois, c^no de Bubry. — Seigneurie.

Quellenec, chât. bois, m^in à eau sur le Blavet et f^es dites l'une : *Métairie d'en-Haut*, et l'autre : *Métairie de la Porte*, c^ne de Languidic. — Seigneurie; manoir.

Quellenec-Coët-Conan, h. et bois, c^ne de Languidic.

Quellenec-Hervé, vill. c^ne de Quistinic; pont sur le ruisseau du Pont-de-Rohellec, reliant Quistinic et Bubry.

Quellenec-Pont-Augan, h. c^ne de Quistinic.

Quello (Le Grand et le Petit), vill. c^ne de Melrand.

Quelloué, vill. lande et ruiss. afll. du Saint-Niel, c^ne de Noyal-Pontivy. — *Keluaix*, 1274 (duché de Rohan-Chabot). — *Quelvoez*, 1406 (*ibid.*).

Quelnet, vill. c^ne de Férel.

Quelneuc, h. c^ne de Campénéac. — Seigneurie.

Quelneuc, vill. partie c^ne de Loyat, partie c^ne de Néant.

Quelneuc, éc. c^ne de Missiriac.

Quelneuc, vill. c^ne de Taupont.

Quelneuc (Le Haut et le Bas), vill. et pont sur l'Aff, c^ne de Carentoir. — Chef-lieu d'une commune récemment érigée.

Trève de la par. de Carentoir. — Seigneurie.

Quelneuf, vill. c^ne de Lanouée. — *Querneuc*, xive siècle (duché de Rohan-Chabot). — Seigneurie; manoir.

Quélo, éc. c^ne de Monterblanc.

Quélobran, h. c^ne de Péaule.

Quélorio, f. c^ne de Bieuzy.

Queloy, h. c^ne de Lanouée. — Seigneurie.

Quelvaut, éc. c^ne de Bignan.

Quelvéhen, vill. c^ne de Kergrist.

Quelváhin, éc. c^ne de Malguénac. — Seigneurie; manoir.

Quelven, vill. et deux m^ins à eau sur le Camblen, c^ne de Guern. — A porté, au xviiie siècle, la qualification de *bourg*. — Seigneurie.

Quelvern, vill. c^ne de Malguénac.

Quelvezin, vill. c^ne de Carnac. — Seigneurie.

Quelvide, h. et éc. dit *Loge-Quelvide*, c^ne de Gourin.

Quelvignac, h. c^ne de Noyal-Pontivy. — *Quelvinec*, 1304 (duché de Rohan-Chabot). — *Quilivignec*, 1406 (*ibid.*).

Quelvite, m^in à eau sur le ruiss. de ce nom, c^ne de Guiscriff; ruiss. afll. du Naïc, qui arrose Guiscriff, qu'il sépare du dép^t du Finistère.

Quelmel, éc. c^ne de Muzillac.

Quémené, m^in à eau sur la Ville-Sotte, c^ne de Guéhenno.

Quémeno, éc. c^ne de Saint-Nolff.

Quéminion, vill. c^ne de Cléguérec.

Quémpé, h. et lande dite *Garenne-de-Quempé*, c^ne de Saint-Congard. — Seigneurie.

Quen, f. et bois, c^ue de Béganne. — Seigneurie.

Quenah-Guen, éc. c^ne de Grand-Champ.

Quénay, éc. c^ne d'Arzal.

Quénaye (La), vill. c^ne de Guillac.

Quénéac, vill. c^ne de Nivillac.

Quénébarn, vill. c^ne de Pluneret.

Quénécalec, vill. c^ne de Séglien; pont sur le ruiss. du Pont-Houarn, reliant Séglien et Langoëlan.

Quénégan, forêt s'étendant en Cléguérec, Sainte-Brigitte et Saint-Aignan. — *Gnescan*, 871 (cart. de Redon). — *Kenescam, foresta*, 1184 (abb. de Bon-Repos). — *Kenescan*, 1221 (D. Morice, I, 848). — *Kenequan*, 1249 (*ibid.* I, 944). — *Kuenesquan*, 1259 (duché de Rohan-Chabot). — *Quenecham*, 1289 (D. Morice, I, 1092). — *Keneken*, 1357 (*ibid.* I, 1520). — *Quenesquan*, 1429 (duché de Rohan-Chabot).

Quénécan, h. c^ne de Naizin.

Quénécat, h. c^ne de Ploërdut.

Quénécolet, h. c^ne de Ploërdut. — *Quenechgolohet*, 1430 (princip. de Rohan-Guémené).

Quénécouen, vill. c^ne de Ploërdut.

Quénécrédin, h. c^ne de Crédin; pont sur le Runio, qui relie Crédin et Naizin. — Seigneurie.

Quenelec, vill. c^ne de Sérent. — Seigneurie.

Quénelec (Le), éc. c^ne de Guéhenno.

Quénelet, vill. pont et m^in à eau sur l'Arz, c^ne de Pluherlin.

Quenelle (La), font. c^ne de Limerzel.

Quenelle (La), éc. c^ne de Malestroit.

Quenelle (Rue de la), à la Roche-Bernard.

Quenement, h. c^ne de Kergrist. — Seigneurie; manoir.

Quénépeuvant, vill. c^ne de Langoëlan. — *Quenepevan*, 1433 (princip. de Rohan-Guémené).

Quénépozan, vill. c^ne de Ploërdut. — *Quenebeusan*, 1391 (princip. de Rohan-Guémené). — *Quenechpeusan*, 1422 (*ibid.*).

Quénesan, h. c^ne de Baud.

Quénetevec, éc. c^ne de Melrand. — Seigneurie.

Quénévelay, partie de la forêt de Quénécan, en Saint-Aignan et Sainte-Brigitte.

Quénfrous, éc. c^ne de Saint-Guyomard.

Quenco (Le), chât. h. étang, bois, éc. m^in à vent et m^in à eau sur le ruisseau de ce nom, c^ne de Saint-Samson; ruiss. dit aussi *de Beauval*, affl. de l'Oust, qui arrose Saint-Samson et Bréhan-Loudéac; pont sur l'Oust, reliant ces deux communes et celle de Crédin. — Seigneurie; manoir.

Quencobrien, vill. c^ne de Bréhan-Loudéac. — Seigneurie.

Quenhouet (Le), chât. f. et m^in à eau au confl. du ruiss. de ce nom et de la Claye, c^ne de Saint-Jean-Brévelay; ruiss. affl. de la Claye, qui arrose Moustoirac, Bignan et Saint-Jean-Brévelay. — *Kenhoet*, 1272 (duché de Rohan-Chabot). — *Kenquayt*, 1273 (*ibid.*). — Seigneurie; manoir.

Quénicouché, h. c^ne de Surzur.

Quénihouet, h. c^ne de Plaudren.

Quéniver, partie de la forêt de Quénécan, c^nes de Saint-Aignan et de Sainte-Brigitte.

Quéno ou Guéno, anc. rue de Malestroit donnant sur le faubourg Saint-Michel. — Mentionnée en 1497 (fabr. de Malestroit).

Quénogé, vill. c^ne de Mohon.

Quénogot, vill. et m^in à eau sur le Guérand, c^ne de Ménéac.

Quénot, h. c^ne de Saint-Martin.

Quenouille-à-Madame (La), partie de la forêt de Quénécan, c^ne de Sainte-Brigitte.

Quentelin, font. à la limite de Guégon et de Saint-Servant; ruiss. *de la Fontaine-Quentelin*, arrosant ces deux communes.

Quenven, vill. c^ne de Locmalo.

Quenven, h. c^ne de Pluneret. — Seigneurie; manoir.

Quenvré, vill. lande et pont, c^ne de Bréhan-Loudéac.

Quéonanque ou Arche-Quéonanque, h. c^ne de Guilliers.

Quérant (Le Haut et le Bas), vill. c^ne de Pleugriffet. — *Queran*, xive siècle (duché de Rohan-Chabot).

Quergouan, vill. c^ne de Lanouée.

Querhieg, vill. c^ne de Guern.

Quéric-la-Lande, h. c^ne de Carnac.

Quéric-Larmor, vill. et palus, c^ne de Carnac.

Querjean, vill. c^ne de Bubry.

Quermeux, f. c^ne de Malansac.

Quérolan, rocher de la baie du Morbihan, côte de l'Île-d'Arz.

Quéronic, chât. bois, étang et m^in à vent, c^ne de Pluvigner; ruiss. affluent du Pont-Guillemin, qui arrose Camors et Pluvigner. — Seigneurie; manoir.

Quéroux, vill. et pont sur le Trénédo, c^ne de Lanouée.

Querrier, h. c^ne de Taupont.

Quertudo, h. c^ne de Marzan; pont sur le Kerhouarn, reliant Péaule et Marzan.

Quéry, vill. c^ne de Guilliers. — Seigneurie.

Quesbois (La), vill. c^ne de Monterrein.

Quescop (Le), h. c^ne de Questembert.

Quescotte, éc. c^ne de Saint-Jean-Brévelay.

Quesliave, vill. c^ne de Guern.

Quesnois (Ruisseau du), affl. du Vau-Lorient et pont sur le Vau-Lorient, c^ne de Porcaro.

Quesquédan, h. c^ne de Meslan.

Questanet, éc. c^ne de Muzillac.

Questellic, f. c^ne de Plœren.

Questembert, arrond. de Vannes. — *Kaistemberth*, *eleemosina*, 1160 (D. Morice, I, 638). — *Questelberz*, 1387 (chap. de Vannes). — *Quenstelbertz*, 1482 (abb. de Lanvaux). — *Ville de Questembert*, au xve siècle. — *Quintembert*, xviie siècle (présidial de Vannes).

Par. du doy. de Péaule; établissement de chevaliers de Saint-Jean de Jérusalem; hôpital au xvie s^e. — Sénéch. de Vannes; subd. de Redon. — Distr. de Rochefort; chef-lieu de canton en 1790.

Questoubin, h. c^ne de Férel.

Questro (Le), vill. partie c^ne de Limerzel, partie c^ne de Questembert.

Quétel (Le), vill. c^ne de Lanouée.

Quetel (Le Haut et le Bas), vill. c^ne de Pleugriffet.

Quéteny, vill. c^ne de Lanouée.

Queue (La), marais, c^ne des Fougerêts.

Queue-de-l'Isle (La), marais, c^ne des Fougerêts.

Queutais, ruiss. affl. de l'Yvel; il arrose Mauron, qu'il sépare du dép^t des Côtes-du-Nord.

Quévellec, h. c^ne de Bubry; ruiss. voy. Restenmouel.

Quéven, c^on de Pontscorff. — *Quetguen*, 1387 (chap. de Vannes). — *Quecuen*, 1388 (*ibid.*). — *Quezven*, 1466 (seign. du Coatdor). — *Quesven*, xviie et xviiie siècles (chap. de Vannes).

Par. du doy. des Bois. — Sénéch. d'Hennebont; subd. de Lorient. — Distr. d'Hennebont.

Quéverne, vill. c^ne de Guidel. — Seigneurie.

Quézéas (Les), vill. c^ne de Carentoir.

Quiban, m^in et éc. dit *Lande-de-Quiban*, c^ne de Sulniac.

Quiban (Le), h. c^ne de Pluherlin ; m^in à eau sur l'Arz, c^ne de Malansac.

Quibéran, h. c^ne de Surzur.

Quiberon, arrond. de Lorient; baie ouvrant sur l'Océan Atlantique; bancs; presqu'île; falaise s'étendant en Quiberon, Saint-Pierre, Plouharnel et Erdeven; m^in à vent dans la commune. — *Keberoen, insula*, 1037 (cart. de Redon). — *Keperoen*, xie siècle (abb. de Sainte-Croix de Quimperlé). — *Kiberon*, xviie siècle (*ibid.*). — Le bourg a porté jusqu'au xviiie siècle le nom de *Locmaria*. — La presqu'île était encore, au xie siècle, couverte de bois; c'était un domaine particulier des ducs de Bretagne.

Par. du doy. de Pont-Belz, dite aussi *Locmaria-de-Quiberon;* deux prieurés, ceux de Lotivy et de Saint Colomban ou Saint-Clément; établiss^t de chevaliers de Saint-Jean de Jérusalem, autref. Templiers. — Juridiction royale : voy. Aunay. — Sén. et subd. d'Auray. — Distr. d'Auray; chef-lieu de canton en 1790.

Quiniac, vill. c^ne de Mauron. — *Quehuac*, 1469 (chât. du Boyer). — Seigneurie.

Quilderf, éc. c^ne de Cléguérec.

Quilian (Le Haut et le Bas), vill. c^ne de Pleucadeuc.

Quilien, font. c^ne d'Augan.

Quilien (Le Grand et le Petit), vill. c^ne de Bréhan-Loudéac.

Quilimernan, vill. c^ne de Guiscriff. — *Kaer-Killialunan*, 1099 (abb. de Sainte-Croix de Quimperlé).

Quilio, vill. pont et m^in à eau sur la Sarre, c^ne de Guern. — Seigneurie; manoir.

Quilio, chât. et f. c^ne de Saint-Jean-Brévelay. — Seigneurie; manoir.

Quilio (Le), vill. c^ne de Guéhenno.

Quilio (Le Haut et le Bas), vill. c^ne de Pleucadeuc.

Quilivro, h. c^ne de Guern.

Quilizoy, vill. c^ne de Plœmeur. — *Quinsoy*, 1445 (seign. du Coatdor).

Quilleten, éc. c^ne de Neulliac.

Quillian, vill. c^ne de Kergrist.

Quillian, vill. c^ne de Languidic.

Quillièdre (Le Haut et le Bas), h. c^ne de Mauron. — Deux seigneuries.

Quillihuel, vill. c^ne de Langonnet.

Quillio, h. et ruiss. affl. du Kerguzangor, c^ne de Naizin.

Quillio (Le), h. c^ne de Ménéac. — Seigneurie.

Quillio (Le), h. c^ne de Mohon.

Quillio (Le), h. c^ne de Saint-Dolay.

Quilliou (Le), vill. c^ne de Lanvénégen; pont sur l'Inam, reliant Lanvénégen et le Faouët.

Quilliou (Le Haut et le Bas), h. et m^in à eau sur le ruiss. de ce nom, c^ne de Gourin; ruiss. *du Moulin-de-Quil-*

liou, affl. de l'Inam, qui arrose le Saint et Gourin. — Seigneurie; manoir.

Quillivro, h. c^ne de Melrand. — *Quillibrou*, 1296 (duché de Rohan-Chabot).

Quillotin, h. c^ne de Lanvénégen.

Quilvien (Le Haut et le Bas), h. et m^ta à eau sur le Kerguerezen, c^ne de Priziac. — *Quilmezien*, 1459 (princip. de Rohan-Guémené).

Quilvin, h. et f. c^ne de Saint-Nicolas-du-Tertre.

Quily, c^ne de Josselin; deux fermes dans la commune, l'une dite *Haut-Quily*, et l'autre, *Haut-Quily-le-Bois.* — *Quilir, locus*, 1082 (cart. de Redon).

    Anc. trève de Sérent, devenue par. du doyenné de Porhoët. — Seigneurie *du Haut-Quily.* — Sén. de Ploërmel; subd. de Malestroit. — Distr. de Josselin.

Quily, vill. et m^in à vent, c^ne de Questembert.

Quily (Le), vill. c^ne de Campénéac.

Quily (Le), h. c^ne du Guerno.

Quily (Le Vieux et le Jeune), vill. et éc. c^ne de Loyat. — Seigneurie.

Quimperlé, lieu-dit dans le Finistère. — Un faubourg de cette ville, situé dans la trève de Saint-David, par. de Rédoné, faisait partie du dioc. de Vannes.

Quimperlé (Rivière de). — Voy. Ellée.

Quimperlé (Rue de), au Faouët.

Quimpero, éc. c^ne d'Hennebont. — Seigneurie en la par. de Kervignac.

Quimpert, h. c^ne de Saint-Jean-Brévelay.

Quinaie (La), éc. c^ne d'Allaire.

Quinénec, vill. et port sur l'Océan, c^ne du Palais.

Quiniac, éc. et h. c^ne de Saint-Nolff.

Quinipily, h. et m^in à eau sur l'Ével, c^ne de Baud ; château auj. détruit. — *Quenechbili*, 1441 (seign. de Baud et Kerveno). — *Quenepily*, 1488 (duché de Rohan-Chabot). — Seigneurie; manoir.

Quinqui (Le), h. c^ne de Larré.

Quinquis, vill. c^ne de Langonnet.

Quinquis, h. c^ne de Plumergat. — Seigneurie.

Quinquis, h. c^ne de Priziac. — *Quenquis-Menguy*, 1421 (princip. de Rohan-Guémené). — *Quenquis-Audren*, 1447 (*ibid.*).

Quinquis, vill. c^ne de Saint-Aignan.

Quinquis-Glouis, h. c^ne du Saint.

Quinquisio (Le), vill. c^ne de Molac.

Quinquis-Plessis, vill. c^ne de Lanvénégen.

Quinquis-Plessis (Le), h. c^ne de Guiscriff.

Quinquis-Saoter, h. et ruiss. affl. du Bouthiry, c^ne du Saint.

Quintin, démembrement de l'ancienne baronnie de ce nom (du dioc. de Saint-Brieuc), dont la juridiction s'étendait sur les paroisses d'Elven, Saint-Nolff, Sulniac, etc. Pour distinguer cette juridiction de celle de

Quintin de Malestroit, on l'appelait le plus souvent *Quintin-en-Vannes* ou *sous-Vannes*, parce qu'elle relevait prochement du roi sous le domaine de Vannes.

Quintin, anc. quartier de Malestroit, au bout du faub. Saint-Michel.

Siége de juridiction de la seign. de la Chapelle.

Quintin, h. c^{ne} de Sarzeau.

Quintin (Rue et lande de), à Elven.

Quiris, h. et hois, c^{ne} de Surzur.

Quistelio, h. c^{ne} de Péaule.

Quistenic, h. c^{ne} de Péaule. — Seigneurie.

Quistillic (Le), h. c^{ne} de Kergrist.

Quistillic, vill. et pont sur le Stang-en-Ihuern, c^{ne} de Cléguérec.

Quistily (Cour de), f. et mⁱⁿ à vent, c^{ne} de Marzan. — Seigneurie; manoir.

Quistini (Le), éc. en ruines, c^{ne} de Questembert.

Quistinic, c^{en} de Plouay; bois et h. *du Bois-de-Quistinic*, dans la commune. — *Kistinic-Blaguelt* (sur le Blavet), *eleemosina*, 1160 (D. Morice, I, 638). — *Questinic*, 1387 (chap. de Vannes).

Par. du doy. des Bois; établissement de chevaliers de Saint-Jean de Jérusalem. — Sénéch. et subdél. d'Hennebont. — Distr. d'Hennebont.

Quistinic, h. c^{ne} de Langoëlan.

Quistinic, vill. c^{ne} de Moustoirac. — Seigneurie.

Quistinidan, vill. c^{ne} de Noyal-Pontivy. — Seign. manoir.

Quistinit, vill. c^{ne} de Gourin.

Quittay, ruiss. dit aussi *de la Fontaine-de-Mein-Guen-Lanvaux*, affl. de la Claye; il arrose Plaudren et Saint-Jean-Brévelay; mⁱⁿ à eau sur ce ruiss. c^{ne} de Plaudren.

Quivilion, h. c^{ne} de Berric. — *Quyblion*, 1497 (chât. du Vaudequip).

R

Rabe (La), vallée, et ruiss. affl. de l'Aff, qui arrose Glénac et la Gacilly.

Rabine (La), f. c^{ne} d'Augan. — Seigneurie.

Rabine (La), f. c^{ne} de Campénéac.

Rabine (La), h. c^{ne} de Molac.

Rabine (La), éc. c^{ne} de Plumelec.

Rabine (La), promenade à Vannes, dite aussi *le Port*.

Rabine (La Grande et la Petite), vill. c^{ne} de Plaudren.

Racan (Perche de), pont sur la Garoulaie, reliant Helléan et la Grée-Saint-Laurent.

Racine (Rue), à Lorient.

Radenac, c^{en} de Rohan; ruiss. dit aussi *du Pont-Ropert*, *de Kerdehel* et *du Pont-Lannec*, affl. de celui du Pont-de-Bonvallon; mⁱⁿ à eau sur ce ruiss. et mⁱⁿ à vent dans la c^{ne}. — *Redennac*, par. 1280 (D. Morice, I, 1052). — *Radennac*, 1281 (abb. de Lanvaux).

Par. du doy. de Porhoët. — Sénéch. de Ploërmel; subd. de Josselin. — Distr. de Josselin.

Radenec, île de la baie du Morbihan, c^{ne} de Baden.

Radenec, vill. c^{ne} de Bangor.

Radenec, éc. deux m^{ins} à eau sur le ruiss. de ce nom, et ruiss. *des Moulins-de-Radenec*, affl. du Scorff, c^{ne} de Quéven.

Raden, port sur l'Océan, c^{ne} de Bangor.

Radior (Le), f. c^{ne} de Néant.

Radniguel (La), vill. c^{ne} de Saint-Jacut.

Ragasses (Les), lande, c^{ne} de Guer.

Rahic (Croix du), c^{ne} de Séné.

Rahun (Le), riv. affl. de l'Aff; elle arrose Réminiac, Monteneuf, Tréal, la Gacilly et Carentoir.

Raimond (Le) ou la Touche, ruiss. affl. de l'Oust, qui arrose Caro, la Chapelle et Saint-Abraham; mⁱⁿ à eau sur ce ruiss. et mⁱⁿ à vent, c^{ne} de la Chapelle.

Rainsais (La), vill. c^{ne} de Saint-Perreux.

Ramée (Moulin à eau de la), sur l'Yvel, c^{ne} de Ménéac: en ruines.

Ramel, pont sur le ruisseau du Pont-du-Moulin, c^{ne} d'Augan.

Ramonet, éc. port, fort et pointe sur l'Océan, c^{ne} du Palais.

Rampe (Rue de la), à Napoléonville.

Rampono, éc. c^{ne} de la Gacilly.

Randelle (La), f. c^{ne} de Caden. — *La Landelle*, xviie s^e (présid. de Vannes). — Seigneurie.

Randerelle (La), lande, c^{ne} de Pleugriffet.

Randiga, f. c^{ne} de Malansac.

Randrécart, éc. mⁱⁿ à eau sur le Clérigo et mⁱⁿ à vent. c^{ne} de Treffléan. — Seigneurie; manoir.

Rangera, h. c^{ne} de Ruffiac. — Seigneurie.

Rangliac, vill. c^{ne} d'Ambon.

Rangogo, h. c^{ne} de Treffléan.

Rangornan (Le Haut et le Bas), vill. c^{ne} de Noyal-Muzillac.

Rangornet (Le Grand et le Petit), vill. c^{ne} de Marzan. — *Rancornuc, villa*, xiie siècle (cart. de Redon).

Rangouet (Le), éc. et mⁱⁿ à vent, c^{ne} de Molac. — Seigneurie.

Ranguérocé, vill. c^{ne} de Guéhenno.

Ranhalais, h. c^{ne} de Saint-Jacut.

Rano, éc. c^{ne} de Plaudren.

Ranquin (Le), éc. c^ne de Séné. — *Rengun,* 1410 (chap. de Vannes). — Seigneurie; manoir.

Ransquivy, vill. c^ne du Guerno.

Ranton (Le), ruisseau. — Voy. Kervezo.

Ranuec, vill. c^ne de Saint-Nolff.

Raoul, pont sur le ruiss. de ce nom. et ruiss. *du Pont-Raoul,* affl. du Kerguzangor, c^ne de Noyal-Pontivy.

Raoullen (Le), éc. et bois, c^ne de Persquen. — Seign.

Raquel, éc. c^ne de Réguiny.

Raquer (Le), h. c^ne de Plœren.

Raquério, h. c^ne d'Elven.

Raquério (Le), h. c^ne de Saint-Jean-Brévelay.

Raquéno, h. c^ne de Pluvigner.

Raquet (Le), éc. c^ne d'Elven.

Ratiers (Les), lande, c^ne de Saint-Congard.

Rats (Les), roche sur l'Océan. — Voy. Deux-Sœurs (Les).

Ratz (Le), h. c^ne d'Arradon. — Seigneurie; manoir.

Raulo, m^in à vent, c^ne de Campénéac.

Raulo (Le) éc. et m^in à vent, c^ne de Riantec.

Ravaguen, vill. c^ne de Saint-Gérand; ruiss. affluent du Carcado, qui arrose Croixanvec et Saint-Gérand.

Raveraye (La), vill. c^te de Caro.

Ravinet, éc. c^ne de Plumergat.

Ray (Pont de), sur le Radenac, c^ne de Radenac.

Ray-Bouec, h. c^ne de Saint-Allouestre.

Ray-Jéhanno, vill. c^ne de Saint-Allouestre.

Raz (Le), étang et ruiss. *de l'Étang-du-Raz,* se jetant dans l'Océan, c^ne d'Erdeven.

Raz (Le), port sur le Morbihan et éc. dit *Raz-Vihan,* c^ne de l'Île-aux-Moines.

Razeraie (La), vill. c^ne de Guilliers.

Raz-Lagadu, éc. c^ne de Sarzeau.

Ré (Pont du), sur le Herbon, c^ne de Réguiny.

Réaux (Le), vill. c^ne de Caden; pont sur le Trévelo, reliant Caden et Limerzel. — Seigneurie.

Rebestang, h. et lande, c^ne de Theix.

Rebutais (La Grande et la Petite), vill. et m^in à eau sur l'Yvel, c^ne de Saint-Brieuc-de-Mauron.

Réchauds (Les), rochers de la baie du Morbihan, côte de l'Île-aux-Moines.

Recherche (Plateau de la), sur l'Océan, entre Hœdic et la presqu'île de Rhuis.

Reclus (Le), vill. et ruiss. affl. du Loc, c^ne de Brech. — Seigneurie.

Recœur (Le), éc. c^ne de Lanouée.

Récollets (Écluse des), au confl. des deux canaux du Blavet et de Nantes à Brest, à Napoléonville.

Reconnaissance (Quartier de la), faubourg à Malestroit. — Voy. Sainte-Anne.

Reconnaissance (Rue de la), à Lorient. — Voy. Héroïsme (Rue de l').

Recouvrance (Chapelle de), à la limite du bourg de Noyalo.

Recteur (Fontaine du) et ruiss. *de la Fontaine-du-Recteur,* dit aussi *de la Fontaine-Nébédouillo,* affluent du Kerollin, c^ne de Lanvaudan.

Recteur (Venelle du), à Vannes.

Reculée (La), éc. c^ne de Pleucadeuc.

Rède, vill. c^ne de Lanvénégen.

Redevant, éc. c^ne de Monterblanc. — Seigneurie.

Redillac, f. c^ne de Saint-Jacut. — Seigneurie.

Redonic, éc. c^ne de Moustoirac.

Redoute (La), fortifications romaines, c^ne de Guégon.

Réfol (Le), h. c^ne de Languidic. — Seigneurie.

Refoul (Le), éc. c^ne de Saint-Jean-Brévelay.

Regard (Le), promenade au Palais.

Regarden, h. c^ne de Malguénac.

Regaudaie (La), vill. c^ne d'Allaire.

Régiland, pont sur le Lézevarch, reliant Plouhinec et Merlévenez.

Reonard, cale sur la riv. d'Auray, à Auray (xviiie siècle).

Regobe (La), éc. c^ne de Lanouée.

Regobe (La), h. c^ne de Lizio.

Regobe (Pont de la), sur l'Yvel, reliant Ménéac au dép^t des Côtes-du-Nord.

Réguiny, c^ne de Rohan. — *Reginea,* iiie siècle (carte de Peutinger). — *Regueni,* par. 1280 (D. Morice, I, 1052). — *Regueny,* 1432 (cour de Pontivy). Par. du doy. de Porhoët. — Sénéch. de Ploërmel; subd. de Josselin. — Distr. de Josselin, chef-lieu de c^on en 1790, supprimé en l'an x.

Réuel, f. c^ne de Ploërmel.

Reuello, h. c^ne de Lanouée.

Reinaud, h. c^ne de Pleucadeuc. — *Ruyno,* 1460 (chât. de Kerfily). — *Ryno,* 1462 (*ibid.*). — Seigneurie.

Reine (Pont à la), sur le Rahun, reliant la Gacilly et Carentoir.

Réinion, f. c^ne de Pleucadeuc.

Relai (Le), éc. c^ne d'Arzon.

Releven, vill. c^ne de Kerfourn; ruiss. dit aussi *de Lan-Vihan,* affl. du Kerguzangor, qui arrose Kerfourn et Noyal-Pontivy.

Reliques (Fontaine des), c^ne de Saint-Gérand.

Relleguy, h. c^ne de Baud.

Relven, h. c^ne d'Inguiniel.

Relvéno (Le), éc. c^ne de Malguénac. — Seigneurie.

Rembonan, f. c^ne de Caro.

Remette (La), éc. c^ne de Pleugriffet.

Réminiac, c^ne de Malestroit. — *Ruminiac, locus in Caroth,* 856 (cart. de Redon). Par. du doy. de Beignon; était, au ixe siècle, dans la par. de Caro. — Sénéch. de Ploërmel; subd. de Plélan. — Distr. de Rochefort.

RÉMOND (LE), m^{in} à vent, c^{ne} de Béganne.

REMPART (RUE DU), à Vannes. — Voy. BASSE-COUR (RUE DE LA).

REMPARTS (RUE DES), à Lorient; *du Rempart* avant 1789.

REMPONET, f. c^{ne} de Caro. — *Rompenoec*, 1438 (chât. de Kerfily). — *Ramprenouet*, 1482 (*ibid.*). — Seign.

REMUNGOL, c^{on} de Locminé. — *Remuggol*, aliàs *Remungol*, 1264 (abb. de Lanvaux). — *Remungol, parr^a*, 1273 (D. Morice, 1, 1029). — *Remulgot*, 1273 (duché de Rohan-Chabot). — *Remungoll*, 1387 (chap. de Vannes). — *Remulgol*, 1461 (duché de Rohan-Chabot).
Par. du doy. de Porhoët. — Sénéch. de Ploërmel; subd. de Pontivy. — Distr. de Pontivy.

REMUNGOL (LE HAUT ET LE BAS), vill. et m^{in} à vent, c^{ne} de Plumelec. — Seigneurie; manoir.

RENALE (LA), h. c^{ne} de Porcaro.

RÉNAL, h. c^{ne} de Plaudren. — Seigneurie.

RENANGOFF, éc. c^{ne} de Gourin.

RENARDERIE (LA), h. c^{ne} de Concoret.

RENARDIÈRE (LA), éc. c^{ne} de Questembert. — Seigneurie.

RENARDS (CROIX DES), c^{ne} de Bréhan-Loudéac.

RENAUD, f. c^{ne} de Séné.

RENAUD (ÎLE DU), sur le Morbihan; éc. c^{ne} de Baden.

RENAUD (LE), éc. c^{ne} de Muzillac.

RENAUD (PONT), sur le Goah-Kerubé, c^{ne} de Plescop.

RENAUDEBIE (LA), h. c^{ne} de Molac.

RENACDET, h. c^{ne} de Saint-Perreux.

RENAUDIÈRE (LA), f. c^{ne} de Béganne.

RENAUDIN, m^{in} à vent, c^{ne} de Saint-Jacut.

RENAULT (PONT), sur le Laon-Resto, c^{ne} de Pontscorff.

RENAUT, éc. c^{ne} de Cléguer.

RENDOUARD, vill. c^{ne} de Saint-Allouestre.

RENÉ, f. c^{ne} de Férel.

RENELEVIN, h. c^{ne} de Pluherlin.

RENNES, lande, éc. *de la Lande-de-Rennes*, et ruiss. *de la Lande-de-Rennes*, afl. du Gouyandeur, c^{ne} de Plœmel.

RENNES (PORTE DE), à Napoléonville. — Voy. NOYAL (PORTE DE).

RENNES (RUE DE), à Vannes, dite autref. *des Glacis*.

RENNEVEUX, h. c^{ne} de Saint-Nolff.

RENOYAL, h. et m^{in} à vent, c^{ne} d'Ambon. — Seigneurie.

RÉPOUSAIS (LA), h. c^{ne} de Saint-Martin.

REPRAS (COMMUN DES), lande, c^{ne} d'Augan.

RÉQUEMIANT, vill. c^{ne} de Pleugriffet.

RÉROME, h. c^{ne} de Kergrist.

RESCALY, vill. croix et éc. *de la Croix-de-Rescaly*, c^{ne} de Locmalo. — *Rescalli*, 1423 (princip. de Rohan-Guémené).

RESCLEN, h. c^{ne} de Berné. — *Rescren*, aliàs *Restren*, 1513 (abb. de la Joie).

RESCLEN, h. et éc. dit *Resclen-Névé*, c^{ne} de Meslan.

RESCORLAISE, vill. c^{ne} de Grand-Champ.

RESCOURIO, vill. c^{ne} de Noyal-Pontivy.

RESCOURNEC, éc. c^{ne} de Baden.

RESNALIGO, éc. c^{ne} de Grand-Champ.

RESORDOLÉ, vill. c^{ne} de Pluvigner.

RESPÉRIEN, h. c^{ne} de Cléguer.

RESPILAËN, éc. c^{ne} de Guiscriff.

RESQUÉRO, éc. c^{ne} de Meslan. — Seigneurie.

RESTADELIN, f. c^{ne} de Saint-Thuriau. — Seigneurie.

RESTAL, ruiss. afl. de l'Inam, qui arrose Roudouallec et Gourin.

RESTALGON, vill. c^{ne} du Faouët.

RESTALOUÉ, vill. c^{ne} de Lignol. — *Restdezalbsu*, 1422 (princ. de Rohan-Guémené). - *Restaluez*, 1477 (*ibid.*).

RESTAN-BOBLAT, h. c^{ne} de Meslan.

RESTAN-POULMER, éc. c^{ne} de Meslan.

RESTANSCOCÉZEC, vill. c^{ne} de Cléguer.

REST-AR-CORRE, vill. c^{ne} de Guiscriff.

REST-AR-CUSSE-ER-LANN, éc. c^{ne} de Guiscriff.

REST-AR-CUSSE-SAINT-ANTOINE, vill. c^{ne} de Guiscriff.

RESTAVY, h. pont sur le ruiss. de ce nom, et ruiss. *du Pont-de-Restavy*, dit aussi *du Moulin-du-Rohic*, afl. du Tronchâteau, c^{ne} de Plouay.

RESTE (LE), éc. c^{ne} d'Arradon.

RESTE (LE), vill. c^{ne} de Bignan.

RESTE (LE), vill. et lande, c^{ne} de Cléguérec.

RESTE (LE), chât. h. et bois, c^{ne} de Grand-Champ. — Seigneurie; manoir.

RESTE (LE), h. c^{ne} de Guiscriff.

RESTE (LE), h. c^{ne} de l'Île-aux-Moines.

RESTE (LE), vill. c^{ne} d'Inguiniel.

RESTE (LE), h. c^{ne} d'Inzinzac. — Seigneurie.

RESTE (LE), ruiss. dit aussi *du Pont-en-Ilis*, affluent de l'Inam, qui arrose Guiscriff et Lanvénégen; m^{in} à eau sur ce ruiss. c^{ne} de Lanvénégen.

RESTE (LE), vill. c^{ne} de Neulliac.

RESTE (LE), f. c^{ne} de Nostang.

RESTE (LE), vill. c^{ne} de Plaudren.

RESTE (LE), h. c^{ne} de Plaudren (dist. du précédent).

RESTE (LE), éc. c^{ne} de Plumelin.

RESTE (LE), vill. c^{ne} de Plumergat.

RESTE (LE), vill. c^{ne} de Priziac.

RESTE (LE), éc. c^{ne} de Remungol.

RESTE (LE), vill. c^{ne} de Silfiac.

RESTE (LE) (BRAS ET BIHAN), h. et éc. dit *Loge-du-Reste*, c^{ne} du Saint.

RESTEBIRO, h. c^{ne} de Noyal-Pontivy.

RESTEBLAYE, éc. c^{ne} de Pluherlin.

RESTÉDOU, h. c^{ne} de Meslan.

RESTÉLÉGAN, vill. et ponceau, c^{ne} de Priziac.

RESTELIN, pont sur le ruiss. de Langle, reliant Inzinzac et Lanvaudan.

Reste-Locqueltas, éc. cne de Plaudren.

Restelouet, éc. cne de Guiscriff.

Reste-Mainguy, vill. cne de Noyal-Pontivy; ruisseau dit aussi *de Parc-Lann-Vras*, affl. du Kerguzangor, qui arrose Kerfourn et Noyal-Pontivy.

Restemblaye, h. et éc. dit *Loge-de-Restemblaye*, cne du Faouët.

Restenbley-en-Len, vill. cne de Langonnet.

Restenbleyroux, h. cne de Langonnet.

Resten-Drézen, h. cne de Caudan.

Restengoasguen, vill. cne de Langonnet.

Reste-Nicol (Le), h. cne de Moréac.

Restennic, h. cne de Lanvénégen.

Restéoualay, h. et pont sur le ruiss. de ce nom, cne de Ploërdut; ruiss. voy. Scanff (Le).

Resterbézel, h. cne de Locmalo.

Rest-en-Bouen, chât. fs, bois et éc. cne de Saint-Thuriau; éc. cne de Noyal-Pontivy; pont : voy. Kerjoly. — Seigneurie; manoir.

Rest-er-Floch, vill. cne de Guiscriff.

Restergal (Bras et Bihan), vill. et éc. dit *Loge-Restergal*, cne de Plouay.

Restergant, vill. cne de Saint-Tugdual. — *Restargant*, 1433 (princip. de Rohan-Guémené). — *Restorgant*, 1453 (*ibid.*). — Seigneurie; manoir.

Rest-en-Hann, h. et bois, cne de Saint-Thuriau. — Seigneurie.

Resterhierven, h. cne de Séglien.

Restermoleniguy, h. cne de Ploërdut.

Resterhuy, éc. cne de Bubry.

Resteriard, vill. cne de Neulliac.

Restermarch, éc. cne de Plouray. — Seign. manoir.

Restermen, vill. cne de Langoëlan.

Restermoël, éc. cne de Lanvaudan.

Restermouel, vill. cne de Bubry; ruiss. dit aussi *de Kerprat* et *de Quévellec*, affl. de la Sarre, qui arrose Bubry et Melrand.

Rest-er-Mouel (Le Grand et le Petit), vill. cne de Languidic.

Restern, h. et pont sur le Pontoir, cne de Meslan.

Resternnine, vill. cne de Saint-Tugdual; ruiss. affl. du Pont-Rouge, qui arrose Ploërdut.

Restersquiric, vill. cne de Langoëlan. — Seigneurie.

Resterzench, h. cne de Pontscorff.

Reste-Scounelle, vill. cne de Caudan.

Restian, h. cne de Moréac. — Seigneurie.

Restihuilio, éc. et ruiss. affl. de celui du Pont-Mélégan, cne de Ploërdut.

Restilic (Bras et Bihan), h. et ruiss. affl. du Loc, cne de Pluvigner.

Restinois, éc. bois, chât. en ruines et min à eau sur le ruiss. de ce nom, cne de Meslan; ruiss. dit aussi *de Kervériel*, affluent du Pontoir, qui arrose Berne et Meslan. — *Restingois*, 1589 (seign. du Contdor). — Seigneurie.

Resto (Le), éc. cne de Baden.

Resto (Le), h. cne de Bieuzy.

Resto (Le), éc. cne de Bignan.

Resto (Le), h. cne de Caudan. — Seigneurie.

Resto (Le), vill. cne de Grand-Champ.

Resto (Le), vill. cne de Merlévenez. — Seigneurie.

Resto (Le), h. cne de Moréac.

Resto (Le), chât. fs, ruiss. affl. du Pontuel, min à eau sur ce ruiss. min à vent, lande et h. *de la Lande-du-Resto*, cne de Moustoirac. — Seigneurie; manoir.

Resto (Le), h. cne de Naizin. — Seigneurie.

Resto (Le), éc. cne de Plaudren. — Seigneurie.

Resto (Le), vill. cne de Plœmeur.

Resto (Le), h. cne de Questembert.

Resto (Le), h. cne de Réguiny. — Seigneurie vulgairement appelée *Resto-Réguiny*; manoir.

Resto (Le), vill. et deux ponts sur le Saint-Niel, dont un dit *pont Neuf du Resto*, cne de Saint-Gérand.

Resto (Le), éc. cne de Saint-Jean-Brévelay.

Resto (Le Grand et le Petit) h. cne d'Elven.

Resto (Le Grand et le Petit), vill. min à eau sur le ruiss. de ce nom; ruiss. *du Moulin-du-Resto*, affl. de l'Ével, et min à vent, cne de Languidic. — Seigneurie.

Resto (Le Grand et le Petit), vill. et min à eau sur le ruiss. de ce nom, cne de Napoléonville; ruiss. *du Moulin-du-Resto* : voy. Talin. — Seigneurie; manoir en la par. de Maïguénac.

Resto (Le Haut et le Bas), vill. cne de Buléon. — Seigneurie.

Restodrin, vill. cne de Guellas. — *Rest-Audreyn*, 1304 (duché de Rohan-Chabot).

Resto-Gozo, vill. cne de Plumergat.

Resto-Kermorvant, h. cne de Baud.

Resto-Kermouel, éc. cne de Pluméliau.

Resto-Marville, vill. cne de Plumergat.

Resto-Saint-Barthélemy, vill. cne de Baud.

Restou, h. cne de Lanvénégen.

Restrodant, éc. bois et min à eau sur le Tronchâteau, cne de Cléguer. — *Restaudren*, 1526 (D. Morice, III, 969). — Seigneurie.

Resturien, vill. et ruiss. *de la Fontaine-de-Resturien*, affl. du Scorff, cne de Plouay.

Réto (Le), éc. cne de Cruguel.

Reu-er-Strat, éc. cne de Pluméliau.

Reumpol, éc. cne de Ploërmel.

Réunion (Cours de la), à Lorient. — Voy. Bôve (Cours de la).

Réunion (Place de la), à Vannes. — Voy. Lices (Les).

Réunion (Rue de la), à Baud.

Revelen, vill. c^ne de Plouray.

Révolution (Rue de la), à Lorient; composée, après 1789, des rues Flesselle et Necker réunies, elle prit en 1817 le nom de *rue de Sully*, et reprit en 1830 celui *de la Révolution* et en 1858 celui *de Sully*.

Rez (Le), vill. c^ne de Buléon.

Rézel, vill. c^ne de Concoret.

Rézo, ruiss. voy. Garat; pont sur ce ruisseau, c^ne de Guilliers.

Rhé (Le), vill. c^ne de Questembert.

Rhexo (Le), éc. c^ne de Pluneret.

Rhodes, m^in à eau et pont sur le Kerlivio, et deux m^ins à vent, dont un dit *moulin Neuf de Rhodes*, c^ne de Merlévenez.

Rhuis, presqu'île fermant la baie du Morbihan au sud et la séparant de l'Océan Atlantique; autrefois couverte de bois; forêt encore au xviie siècle. — *Reuvisii pagus, mons et castrum in monte*, vi^e siècle (D. Morice, I, 189). — *Rowis*, 836 (cart. de Redon). — *Rewis*, 878 (*ibid.*). — *Ruyense castrum*, 1008 (D. Morice, I, 150). — *Reuis (Abbatia de)*, 1161 (*ibid.* 644). — *Ruys*, aliàs *Ruis*, 1295 (abb. de Saint-Gildas-de-Rhuis). — *Reuys*, 1474 (trinitaires de Sarzeau).

Le *castrum* ci-dessus mentionné au vi^e et au xie siècle indique l'existence, à cette époque, de fortifications importantes dans la presqu'île. — Seigneurie de Rhuis et Sucinio, anc. domaine ducal, puis royal, jusqu'en 1593. — Siége d'une sénéchaussée royale à Sarzeau, unie en 1564 au présidial de Vannes, puis rétablie; d'une maîtrise particulière des eaux, bois et forêts. — Gouvernement de place de Sucinio et Rhuis. — Communauté de l'Île-de-Rhuis comprenant les trois par. de Sarzeau, Arzon et Saint-Gildas-de-Rhuis, avec Sarzeau pour siége, au xviie siècle (arch. comm. de Sarzeau). — Siége d'une subdélégation de l'intendance de Bretagne, à Sarzeau. — Ville de Rhuis : voy. Sarzeau.

Rhun (Le), section de la c^ne d'Arzal. — Voy. Kerhun.

Rhux (Le), vill. c^ne de Plœmeur.

Rhux (Le), vill. m^in à eau sur le ruiss. de ce nom, m^in à vent, lande et vill. *de la Lande-du-Rhun*, c^ne de Pluméliau; ruiss. dit aussi *des Moulins-de-Kerbellec, de Kergouet* et *de la Ferrière*, affl. de l'Ével, qui arrose Pluméliau, Moustoir-Remungol et Remungol.

Rhun (Le), vallée; ruiss. *de la Vallée-du-Rhun*, dit aussi *de Callac*, affl. de la Claye, qui arrose Sérent et Plumelec; m^in à eau *de la Vallée-du-Rhun*, sur ce ruiss. c^ne de Sérent.

Rhune, pont sur le ruiss. de ce nom, c^ne de Guer; ruiss. *du Pont-de-Rhune* : voy. Fléchaie (La).

Rhunio (Le), h. c^ne de Grand-Champ. — *Le Runyou*, 1447 (abb. de Lanvaux).

Riallec (Le), vill. c^ne de Sarzeau. — *Riellec*, 1451 (abb. de Saint-Gildas-de-Rhuis).

Riamay, font. c^ne de Beignon.

Riamo, éc. c^ne de Saint-Martin.

Riantec, c^on du Port-Louis; golfe et baie sur l'Océan, — *Rianthec*, 1387 (chap. de Vannes). — *Rientec*, 1391 (abb. de la Joie). — *Rantec*, 1415 (*ibid.*). — *Rentec*, 1423 (*ibid.*).

Par. du doy. de Pont-Belz, renfermant une communauté de récollets [voy. Sainte-Catherine, île] et une maladrerie. — Sénéch. d'Hennebont; subd. de Lorient. — Distr. d'Hennebont.

Riau (Le), f. c^ne de Béganne. — Seigneurie.

Riaux (Les), éc. c^ne de Saint-Dolay.

Riaye (La), chât. f^st et m^in à eau sur le ruiss. de ce nom, c^ne de Ménéac; bois, c^ne de Brignac; ruiss. *du Moulin-de-la-Riaye*, affl. de l'Yvel, qui arrose Ménéac et Brignac. — Seigneurie; anc. château.

Ribb, éc. c^ne de Saint-Nolff. — *Le Rible*, 1455 (chât. de Kerfily).

Riboto, pont sur le Scave, reliant Guidel au dép^t du Finistère.

Ribotte (La), éc. c^ne de Questembert.

Ricanons (Chemin de), c^ne de Guer.

Ricard (Loge), éc. c^ne du Saint.

Ricardais, f. et m^in à vent, c^ne de Saint-Jean-la-Poterie. — Seigneurie.

Richardaye (Les), h. c^ne de Glénac.

Richelour, h. c^ne de Priziac.

Richuel, h. c^ne de Plumergat. — *Rescuel*, xive siècle (chartreuse d'Auray).

Ricourtel, h. c^ne de Ploërmel.

Rideau (Fontaine de la Noë), c^ne de Guer.

Ridel, pont sur le Rahun, reliant Tréal et Carentoir.

Riech, île sur la riv. d'Étel, c^ne de Belz.

Riégas, h. c^ne de Férel.

Riellu (Commun du), lande, c^ne de Pleucadeuc.

Rieux, c^on d'Allaire; forêt s'étendant en Rieux et en Allaire; chât. en ruines; pont auj. détruit et pass. sur la Vilaine, reliant Rieux au dép^t de la Loire-Inférieure. — *Durecie*, iiie siècle (carte de Peutinger). — *Reus, castellum*, 862 (cart. de Redon). — *Reux*, 1281 (D. Morice, I, 1058). — *Riex*, 1421 (chât. de Castellan). — Le bourg a porté autref. et porte encore en partie la qualification de *ville*; les habitants donnent à l'anc. établissement romain le nom de *Brou*.

Territ. du dioc. de Vannes; par. dans ce territoire; prieuré du vocable de Saint-Melaine, dépendant de l'abb. de Saint-Gildas-de-Rhuis; ministrerie de trinitaires, sous le vocable de Notre-Dame; maladrerie; prieuré-chapellenie de Saint-Antoine, au bourg. — Anc. résidence des comtes de Vannes; comté [voy. l'INTRODUCTION], avec trois siéges de juridiction : Rieux, Peillac et Fégréac (Loire-Inférieure), et une maîtrise particulière des eaux bois et forêts. — Sénéch. de Ploërmel; subd. de Redon. — Distr. de la Roche-Bernard; chef-lieu de c^{on} en 1790, supprimé en l'an x.

RIEUX, m^{lr} à vent, c^{ne} des Fougeréts.

RIEUX, vill. pass. et m^{in} à eau sur l'Oust, c^{ne} de Saint-Martin; éc. et bois, c^{ne} de Saint-Congard.

RIGOET, ruiss. affl. de la Claye, qui arrose Saint-Guyomard.

RIGOURD, m^{in} à eau sur le Ninian, c^{ne} de la Trinité-Porhoët.

RIGUELLO, vill. c^{ne} de Bubry.

RILLAVEC, h. c^{ne} de Plouay.

RILLO (LE), éc. c^{ne} de Ruffiac.

RIMAISON, vill. c^{ne} de Baud.

RIMAISON, chât. en ruines, f. et m^{in} à eau sur le Blavet, c^{ne} de Bieuzy; vill. dit *Vieux-Rimaison*, c^{ne} de Pluméliau; écluse et pont sur le Blavet, reliant Bieuzy et Pluméliau. — *Rimezon*, 1304 (D. Morice, I, 1193). — Seigneurie.

RIMAUDAIS (LA), h. c^{ne} de Carentoir.

RIMGOBLACH, h. c^{ne} de Plumergat. — *Rangablach*, 1458 (carmes de Sainte-Anne).

RINGALOT, h. c^{ne} de Caden.

RINIAC, h. caserne de douanes et salines, c^{ne} de Surzur. — Seigneurie.

RINSELAIR (LA), vill. c^{ne} de Carentoir.

RINVILLE, vill. c^{ne} de l'Île-aux-Moines.

RIO, pont sur le ruiss. du Pont-du-Couëdic, c^{ne} d'Inzinzac.

RIO, font. c^{ne} de Muzillac.

RIO, pont sur le Kerandrun, c^{ne} de Theix.

RIO (MAISON), éc. c^{ne} de Napoléonville.

RIOCHE, h. c^{ne} de Kergrist.

RIOLO, vill. c^{ne} de Guilliers. — Seigneurie.

RIOR, île à l'embouchure de la riv. de Pénerf, c^{ne} de Damgan.

RIOVAL (LE), h. c^{ne} de Languidic.

RIQUÉRIO (LE), ruiss. affluent du Guernec, qui arrose Berric.

RIRIENNE (LE), ruiss. voy. BARON (LE); pont sur ce ruiss. reliant Trefléan et Saint-Nolff.

RISCLOUÈS, vill. c^{ne} de Plumergat.

RISCONVAL, h. c^{ne} de Plumergat. — *Resquovar*, 1557 (carmes de Sainte-Anne).

RISTINEC, vill. c^{ne} de Guidel.

RITORD, h. c^{ne} de Noyal-Pontivy.

RIVAGE (LE), éc. c^{ne} de Lanouée.

RIVALLAIS (LA), éc. c^{ne} de Nivillac.

RIVALO, h. c^{ne} d'Ambon.

RIVARDIÈRES (LES), vill. c^{ne} de Saint-Dolay.

RIVAUDAIS (LA), vill. c^{ne} de Saint-Gorgon.

RIVAUDO, h. c^{ne} de Cruguel.

RIVIAN, éc. et ruiss. affl. du Quéronic, c^{ne} de Pluvigner.

RIVIÈRE (LA), éc. m^{in} à eau sur l'Oyon et m^{in} à vent, c^{ne} de Campénéac. — Seigneurie.

RIVIÈRE (LA), f. c^{ne} de Carentoir.

RIVIÈRE (LA), vill. c^{ne} de Concoret.

RIVIÈRE (LA), f. c^{ne} de Glénac. — Seigneurie.

RIVIÈRE (LA), h. c^{ne} de Pleucadeuc. — Seigneurie.

RIVIÈRE (LA), éc. c^{ne} de Rieux.

RIVIÈRE (LA), h. c^{ne} de Rieux (dist. du précédent).

RIVIÈRE (LA), éc. c^{ne} du Roc-Saint-André.

RIVIÈRE (LA), vill. c^{ne} de Ruffiac.

RIVIÈRE (LA), vill. c^{ne} de Saint-Dolay.

RIVIÈRE (LA), h. c^{ne} de Saint-Gravé. — Seigneurie.

RIVIÈRE (LA), chât. c^{ne} de Sérent. — Seign. manoir.

RIVIÈRE (LA HAUTE et LA BASSE), vill. c^{ne} de Beignon.

RIVIÈRE-BRÉHAUT (LA), éc. — Seign. — Voy. BRÉHAUT.

RIVIÈRE-CORNILLET (LA), h. c^{ne} de Taupont. — Seign.

RIVIÈRE-DE-BAS (LA), f. c^{ne} de Guillac. — Seigneurie.

RIVIÈRE-DE-CRAN (LA), h. c^{ne} de Saint-Dolay.

RIVIÈRES (LES), vill. c^{ne} de Radenac.
    Ce vill. aurait été construit, suivant la tradition, sur l'emplacement d'une anc. ville détruite que les habitants appellent *la Ville-Blanche*.

RIVOLI (RUE DE), à Napoléonville.

ROBERDIÈRE (LA), éc. c^{ne} de Nivillac.

ROBERT, croix et bois, c^{ne} de Saint-Gonnery; ruiss. *du Bois-Robert*: voy. CARCADO (RUISSEAU DE). — *Roberti villa*, 1270 (duché de Rohan-Chabot).

ROBERT, pont sur l'Arz et éc. *du Pont-Robert*, c^{ne} de Saint-Jacut.

ROBIAUX (LES), h. c^{ne} de Rieux.

ROBIN, pont sur le ruiss. de ce nom, c^{ne} de Lignol; ruiss. *du Pont-Robin* : voy. DOURDU (LE).

ROBINET (LE), éc. c^{ne} de Béganne.

ROBINNERIE (LA), éc. c^{ne} d'Elven.

ROBLIN, éc. c^{ne} de Monterrein.

ROBLIN, f. c^{ne} de Ploërmel. — Seigneurie.

ROBLOT, ruiss. — Voy. BERNÉAN (RUISSEAU DES BOIS-DE-).

ROC (LE), vill. c^{ne} de Guéhenno.

ROCALET, vill. c^{ne} de Sérent.

ROCARAN, h. m^{in} à eau et ruiss. affl. de la Claye, c^{ne} de Bohal.

ROC-BIHAN, éc. c^{ne} de Pluneret. — Seigneurie.

ROC-BRIEN (LE), vill. c^{ne} de Ploërmel.

ROC BRIOL, rocher sur l'Océan, près d'Hœdic.

ROC-ER-HARVE, éc. c^{ne} d'Inguiniel.

Roc-Glas (Le Grand et le Petit), h. c^{ne} de Bignan.

Roch (Le), h. et bois, c^{ne} de Berné.

Roch (Le), mⁱⁿ à eau sur le ruiss. de ce nom, c^{ne} de Brandérion; pont sur le même ruiss. reliant Brandérion et Languidic; ruiss. *du Pont-du-Roch*, dit aussi *de Kerfolhun, du Moulin-de-Kercadic, du Pont-Divin* et *du Moulin-de-Kerveno*, affl. de l'Étel, qui arrose Languidic, Brandérion et Nostang.

Roch (Le), h. c^{ne} de Guénin.

Roch (Le), h. mⁱⁿ à vent, ruiss. dit aussi *de Bonne-Chère*, affl. du Saint-Salomon, et mⁱⁿ à eau sur ce ruiss. c^{ne} de Malguénac.

Roch (Le), éc. c^{ne} de Moustoirac; pont sur le Tarun, reliant Moustoirac et Plumelin. — Seigneurie.

Roch (Le), éc. bois, pont sur le ruiss. de ce nom, et ruiss. *du Pont-du-Roch*, affl. du Langliron, c^{ne} de Plœren.

Roch (Le), éc. c^{ne} de Plougoumelen.

Roch (Le), ruiss. affl. du Blavet, qui arrose Pluméliau.

Roch (Le), h. c^{ne} de Quistinic.

Roch (Le), éc. écluse et mⁱⁿ à eau sur le Blavet, c^{ne} de Saint-Thuriau.

Roch (Le Grand et le Petit), h. mⁱⁿ à eau sur la Claye et mⁱⁿ à vent, c^{ne} de Bignan.

Roch-ar-Vran, vill. c^{ne} de Gourin.

Roch-Beniguet, pointe et roche sur l'Océan, côte de Sarzeau.

Roch-Bras, dolmens, c^{ne} de Locmariaquer.

Roch-Du, caserne de douanes, c^{ne} de Crach.

Roche (La), h. et f. dite *Petite-Roche*, c^{ne} d'Augan. — Seigneurie.

Roche (La), h. c^{ne} de Baud.

Roche (La), éc. c^{ne} de Bréhan-Loudéac.

Roche (La), f. et mⁱⁿ à eau sur le Rahun, c^{ne} de Carentoir.

Roche (La), vill. c^{ne} de Concoret.

Roche (La), vill. c^{ne} de Guillac.

Roche (La), f. et mⁱⁿ à eau sur le Groutel, c^{ne} de Ménéac.

Roche (La), vill. et pont sur l'Yvel, c^{ne} de Néant. — Seigneurie.

Roche (La), h. c^{ne} de Pleugriffet.

Roche (La), h. c^{ne} de Ruffiac. — Seigneurie connue sous le nom de *la Rochelando*.

Roche (La), marais, c^{ne} de Saint-Jean-la-Poterie.

Roche (La), h. c^{ne} de Saint-Martin.

Roche (La), éc. c^{ne} de Saint-Vincent.

Roche (La), éc. et mⁱⁿ à vent, c^{ne} de Tréal.

Roche (La Haute et la Basse), vill. c^{ne} de Carentoir.

Roche (Rue de la), à Guer. — Seigneurie.

Roche-au-Vin (La), h. c^{ne} de Saint-Martin.

Roche-aux-Moines (La), éc. c^{ne} d'Augan.

Roche-Bernard (La), arrond. de Vannes; bois s'étendant dans le dép^t de la Loire-Inférieure; port et anc. passage dit aussi *de Guédas*, remplacé auj. par un pont suspendu sur la Vilaine, reliant la Roche-Bernard, Férel et Marzan; rocher dit *de Bernard*, qui s'avance sur la Vilaine et a donné son nom à la ville.— *Rocha Bernardi*, 1026 (D. Morice, I, 363). — *Rupes Bernardi, castellum*, 1063 (cart. de Redon). — *Roca Bernardi*, vers 1160 (*ibid.*).

Doy. de l'archid. de la Mée, dioc. de Nantes, en la par. de Nivillac; maladrerie; siége du protestantisme : voy. Hôpital (Rue de l'). — Anc. baronnie. membre du duché-pairie de Coislin, de 1663 à 1733; chât. auj. détruit. — Communauté de ville, avec droit de députer aux États de la province et des armoiries : *d'or à l'aigle éployée de sable, becquée et membrée de gueules*. — Siége d'une subd. de l'intendance de Bretagne. — Chef-lieu de distr. et de c^{on} en 1790; cette ville prit aussi, vers cette époque, le nom de *Roche-Sauveur*.

Roche Bigot (La), dolmen détruit, c^{ne} de Plumelec.

Roche Binet (La), pierre branlante, c^{ne} d'Elven.

Roche-Blanche (La), éc. c^{ne} d'Allaire.

Roche Blanche (La), rocher, c^{ne} de Monteneuf.

Roche-Blanche (La), f. c^{ne} de Ruffiac.

Roche-Blanche (La), éc. c^{ne} de Saint-Perreux.

Roche-Colin (La), lande, c^{ne} d'Augan.

Roche-Couchante (La), lande, c^{ne} de Porcaro.

Roche des Couées (La), pierre à cuvettes, c^{ne} de Plumelec.

Roche des Fées (La), menhir, c^{ne} d'Augan.

Roche-du-Chemin (La), h. c^{ne} de Pleugriffet.

Roche-Fontaine, h. c^{ne} de Réguiny.

Rochefort, f. et mⁱⁿ à vent, c^{ne} de Pénestin.

Rochefort, f. c^{ne} de Ploërmel.

Rochefort, vill. c^{ne} de Saint-Abraham.

Rochefort-en-Terre, arrond. de Vannes; château en ruines. — *Rupes-Fortis*, 1260 (prieuré de la Magdeleine de Malestroit). — *Rocha-Fortis*, XIIIe siècle (*ibid.*).

Trève de la par. de Pluherlin; collégiale, du vocable de Notre-Dame-de-la-Tronchaie, fondée en 1498 par Jean, sire de Rieux et de Rochefort, maréchal de Bretagne; prieuré : voy. Magdeleine (La), en Malansac; hôpital; maladrerie. — Comté [voy. l'Introduction]; gruerie. — Chef-lieu de distr. et de c^{on} en 1790; prit, vers cette époque, le nom de *Roche-des-Trois*.

Roche-Foucault (La), f. c^{ne} de Vannes.

Rochegestin (La), f. c^{ne} de la Gacilly. — Seigneurie.

Rochel, mⁱⁿ à vent, c^{ne} d'Augan.

Rochelais, lande et mⁱⁿ à vent, c^{ne} de Guer.

Rochelard, éc. c^{ne} de Moustoirac.
Rochelard, h. c^{ne} de Plumelin.
Rochelles (Moulin a vent des), c^{ne} de Carentoir.
Roche-Mêlée (La), lande, c^{ne} de Guer.
Roche Morvan, monument celtique en ruines, c^{ne} de Plumelec.
Rochène (La), h. c^{ne} d'Augan.
Roque-Pèlerin (La), vill. c^{ne} de Carentoir.
Roche Piquée (La), menhir, c^{ne} de la Gacilly.
Roche Piquée (La), menhir, c^{ne} de Ruffiac.
Roche-Pirïou, vill. et mⁱⁿ à eau sur le Pont-Rouge, c^{ne} de Priziac; pont sur l'Ellée, reliant Priziac et Meslan. — Seigneurie.
Roche-Plate (La) ou la Maison-Neuve, h. c^{ne} de Vannes.
Rocher (Le), vill. c^{ne} de Concoret.
Rocher (Le), h. c^{ne} d'Elven.
Rocher (Le), h. c^{ne} de Ménéac.
Rocher (Le), éc. c^{ne} de Peillac.
Rocher (Le), chât. et mⁱⁿ à vent, c^{ne} de Plougoumelen.
Rocher (Le), chât. c^{ne} de Plumelec.
Rocher (Le), éc. c^{ne} de Sainte-Brigitte.
Rocher (Le), éc. c^{ne} de Saint-Servant.
Rocher (Le), éc. dit Petit-Rocher et mⁱⁿ à eau sur le ruiss. de ce nom, c^{ne} de Théhillac; ruiss. affl. de l'Isac, qui arrose Théhillac, qu'il sépare du départ. de la Loire-Inférieure.
Rocher (Le), vill. c^{ne} de Tréal.
Rocher-de-la-Touche (Le), h. c^{ne} de Guer.
Rocher de l'Écluse (Le), rocher sur l'Océan, côte de Damgan.
Roche-Rieux (La), h. c^{ne} de Ménéac.
Roch-en-Louse, font. c^{ne} de Plœren.
Rocher-Marchand (Lande du), c^{ne} de Guer.
Rochers (Lande des), c^{ne} d'Augan.
Rochers-Brûlés (Lande des), c^{ne} de Porcaro.
Rochers-du-Moulin (Les), partie de la forêt de Quénécan, c^{ne} de Sainte-Brigitte.
Roches (Les), vill. c^{ne} de Peillac.
Roches (Moulin à vent des), c^{ne} d'Allaire.
Roches-au-Vent (Moulin à vent des), c^{ne} de Josselin.
Roches-Blanches (Les), éc. c^{ne} de Radenac.
Roche Sèche (La), roche et anse sur l'Océan, côte d'Erdeven.
Rochette (La), vill. c^{ne} de Mauron.
Rochettes (Lande des), c^{ne} d'Augan.
Rochinéan, éc. c^{ne} de Landévant.
Rochinots (Lande des), c^{ne} de Guer.
Roc'hir (Le), lande et menhir, c^{ne} de Plœmel.
Roch-Kerlud, dolmen, c^{ne} de Locmariaquer.
Roch-Lan (Le), h. c^{ne} de Languidic.
Roch-le-Moten ou la Butte-du-Roch, h. partie c^{ne} de Saint-Thuriau, partie c^{ne} de Noyal-Pontivy.

Roch-Len, lande et croix, c^{ne} de Belz.
Roch-Melen, roche sur l'Océan, côte d'Hœdic.
Roch-Mené, éc. c^{ne} de Moustoirac.
Roch-Nuhen, rocher sur l'Océan, c^{ne} de Sarzeau.
Roch-Plat (Le), h. c^{ne} de Languidic.
Roch-Point-er-Vil, dolmen, c^{ne} de Locmariaquer.
Roch-Priol, vill. c^{ne} de Quiberon.
Roch-Velur ou le Bécuro, roche à l'embouchure du Pénerf, côte de Sarzeau.
Roch-Vras, rocher au milieu des terres, c^{ne} d'Erdeven.
Roc-Morgan (Le), éc. c^{ne} de Crédin.
Roc-Quinaut (Le), vill. c^{ne} de Saint-Pierre.
Roc-Saint-André (Le), c^{on} de Malestroit; anc. m^{ins} à eau sur l'Oust, qui n'existent plus, et pont sur la même riv. reliant le Roc-Saint-André et la Chapelle. Trève de la par. de Sérent. — Distr. de Ploërmel.
Roc-Toul, roche. — Voy. Men-Toul.
Rocu, éc. c^{ne} de Péaule.
Roc-Viodec, rocher sur l'Océan, côte de Damgan.
Rodégat, pont sur le Coët-Rodu, c^{ne} de Grand-Champ.
Rodenel, lande et font. de la Lande-Rodenel, c^{ne} de Bubry.
Rodière, chât. c^{ne} de Landaul.
Rodoir (Le), h. et mⁱⁿ à eau sur le ruiss. de ce nom, c^{ne} de Nivillac; étang baignant Nivillac à la limite de la Loire-Inférieure; ruiss. dit aussi Étier-de-la-Voûte, affl. de la Vilaine, qui arrose Nivillac, la Roche-Bernard, Herbignac (Loire-Inférieure) et Férel.
Rodoué, h. c^{ne} de Plaudren.
Rodoué, h. partie c^{ne} de Treffléan, partie c^{ne} de Theix; pont sur le ruiss. de ce nom, reliant ces deux communes; ruiss. voy. Baron (Le).
Rodoué, ruiss. — Voy. Mare-au-Sel (Ruisseau de la).
Rodoué (Le), ruiss. affl. de l'Oust, qui arrose Crédin, Saint-Gouvry et Rohan.
Rodoué (Le), ruiss. affl. de l'Arz, et pont sur ce ruiss. c^{ne} d'Elven.
Rodoué (Le), pass. sur le ruisseau des Salles, reliant Silfiac et Sainte-Brigitte.
Rodoué (Pont du), sur la Drague, reliant Ambon et Surzur.
Rodoué (Pont du), sur le Calpéric, reliant Elven et Saint-Nolff.
Rodoué (Pont du), sur le Saint-Niel, c^{ne} de Saint-Gérand.
Rodoué-de-Kergolen (Ruisseau du), affl. du Scanff, qui arrose Ploërdut et Lignol.
Rodoué-Penderf, éc. c^{ne} de Plaudren.
Rodouen (Le), vill. c^{ne} de Trédion.
Rodouer (Pont du), sur le Cussé, c^{ne} de Noyal-Muzillac.
Rodoué-Saint-Bily, éc. c^{ne} de Plaudren.

Rodu, h. éc. dit *Ty-Rodu*, bois dit *Coët-Rodu*, et ruiss. de *Coët-Rodu*, affl. du Loch, cⁿᵉ de Grand-Champ.

Rodu (Le) ou Gouar-er-Palud, ruiss. qui arrose Riantec et Plouhinec et se jette dans l'Océan; pont sur ce ruiss. reliant ces deux communes.

Rodu (Le), éc. cⁿᵉ de Vannes.

Rodu (Pont du), sur le ruiss. du Moulin-de-Baden, cⁿᵉ de Baden.

Rodu-Charterion, éc. cⁿᵉ de Plumelin.

Rodu-Grenit, éc. cⁿᵉ de Plumelin.

Roduherne, h. cⁿᵉ de Camors; ruisseau dit *Gouarch-Roduherne* [voy. Guillemin], et pont sur ce ruiss. reliant Camors et Pluvigner.

Roduic (Le), vill. et ruiss. dit aussi *du Moulin-de-Pratmeur*, affl. du Blavet, cⁿᵉ de Quistinic.

Roduit (Le), h. cⁿᵉ de Molac.

Rodulboden (Ruisseau de). — Voy. Clédan (Ruisseau de).

Rodu-Noal (Pont du), sur le ruiss. du Moulin-du-Fou, reliant Moréac et Remungol.

Rodu-Pasco (Pont du), sur l'Ilizen, reliant Bignan et Moustoirac.

Roëzo, h. cⁿᵉ de Melrand.

Roffo, f. cⁿᵉ de Bohal.

Roffol, mⁱⁿ à vent et mⁱⁿ à eau sur le ruiss. de ce nom; cⁿᵉ de Baud; ruiss. voy. Saint-Adrien.

Roga, éc. et font. d'eau minérale, cⁿᵉ de Saint-Congard; ruines d'une communauté de camaldules dont les biens furent unis, en 1786, à l'hôpital de Malestroit.

Roger, gué sur le ruiss. de la Vallée, cⁿᵉ de Saint-Jacut.

Rogerie (La), vill. cⁿᵉ de Peillac.

Roglas (Le Vieux et le Neuf), h. cⁿᵉ de Plumelin.

Roguédas, château f. et pointe sur le Morbihan, cⁿᵉ d'Arradon. — Seigneurie; manoir.

Roha (Pointe du), sur l'Océan, cⁿᵉ de Damgan.

Rohabon, vill. cⁿᵉ de Kervignac.

Rohalec, lande s'étendant en Crédin et Réguiny.

Rohaler (Le Haut et le Bas), h. partie cⁿᵉ d'Augan, partie cⁿᵉ de Caro. — *Rohallaire*, 1540 (chambre des comptes de Nantes). — Seigneurie.

Rohaliguen, vill. cⁿᵉ de Sarzeau.

Rohan, arrond. de Ploërmel; éc. et mⁱⁿ à eau sur l'Oust, cⁿᵉ de Saint-Samson. — *Castrum de Rohan*, 1128 (prieuré de Saint-Martin de Josselin). — *Rocan*, 1264 (duché de Rohan-Chabot). — *Rochan*, 1266 (D. Morice, I, 1003).

D'abord par. puis trève de Saint-Gouvry, puis redevenue par. du doy. de Porhoët; prieuré du Clox, membre de l'abb. de Marmoûtier de Tours. — Seigneurie démembrée du comté de Porhoët au xiiᵉ siècle, et chef-lieu de cette seigneurie pendant quelque temps; châtellenie particulière au xvᵉ et au xviᵉ siècle, puis siége de juridiction de cette même seigneurie [voy. l'Introduction]. Le vicomté de Rohan fut érigé en duché en 1603; il avait six siéges de juridiction, dont trois actuellement situés dans le dépᵗ du Morbihan, savoir: Pontivy, Rohan et la Trinité-Porhoët; une maîtrise particulière des eaux, bois et forêts, à Pontivy. — Anc. ville close; chât. auj. détruit. — Sénéch. de Ploërmel; subd. de Pontivy. — Distr. de Josselin; chef-lieu de cⁿ depuis l'an 1 seulement.

Rohan, vill. cⁿᵉ de Sérent.

Rohan, mⁱⁿ à eau sur le ruiss. de ce nom, étang et mⁱⁿ à vent, cⁿᵉ de Vannes; ruiss. dit aussi *de Keravy* et *du Moulin-de-l'Évêque*, affl. du Liziec, qui arrose Saint-Avé, Plescop et Vannes. — Le ruiss. dit *Aqua de Frotmer*, 1280 (chap. de Vannes), et *Riv. de Froutmer*, 1426 (seign. du Couédic). — Le mⁱⁿ ne porte pas de nom en 1280; il est appelé *moulin de Rohan* en 1446 (chap. de Vannes).

Rohan (Cale de), à Lorient.

Rohan (Forges de). — Voy. Salles (Les).

Rohan (Lande de), cⁿᵉ de Guer.

Rohan (Rue de), à Lorient. — Voy. Morbihan (Rue du);

Rohannis, éc. cⁿᵉ d'Ambon.

Roh-Brennic, roche de la baie de Quiberon, côte de Saint-Pierre.

Rohé (Le), éc. cⁿᵉ de Questembert.

Rohéan, ruiss. affl. de la Claye, mⁱⁿ à eau sur ce ruiss. chât. en ruines, cⁿᵉ de Sérent. — *Botguasuc, rivulus*, 1041 (cart. de Redon). — Seigneurie.

Rohec (Le), vill. cⁿᵉ de Ploërdut.

Rohellan, îlot et roche sur l'Océan, côte d'Erdeven.

Rohellec, éc. cⁿᵉ de Bubry.

Rohello, chât. cⁿᵉ de Baden.

Rohello, éc. cⁿᵉ de Grand-Champ.

Rohello, éc. et pont, cⁿᵉ d'Helléan.

Rohello, vill. cⁿᵉ de Mohon.

Rohello (Le), h. mⁱⁿ à vent et mⁱⁿ à eau sur le ruiss. de ce nom, cⁿᵉ de Sulniac; ruiss. dit aussi *de Kercohan* et *du Plat-d'Or*, affl. du Mont, qui arrose Berric et Sulniac; pont sur ce ruiss. reliant ces deux communes.

Rohello (Le), vill. cⁿᵉ de Sainte-Brigitte.

Rohello (Le Grand et le Petit), h. et f. cⁿᵉ de Noyal-Muzillac. — Seigneurie.

Rohello (Pont du), sur le Kerandrun, et lande dite *Moten-Pont-Rohello*, cⁿᵉ de Theix.

Rohéran, h. cⁿᵉ de Malansac.

Rohermian, f. cⁿᵉ d'Augan. — Seigneurie.

Roheu, roche sur l'Océan, côte de Plouhinec.

Roh-Glas, h. c^{ne} de Moustoirac.

Roh-Goulien, roche sur l'Océan, côte de Saint-Pierre.

Rohic (Le), éc. c^{ne} de Baud.

Rohic (Le), h. c^{ne} de Camors.

Rohic (Le), vill. c^{ne} de l'Île-aux-Moines.

Rohic (Le), vill. c^{ne} de Kerfourn.

Rohic (Le), mⁱⁿ à eau sur le ruiss. de ce nom et marais, c^{ne} de Plouay; ruiss. *du Moulin-du-Rohic :* voy. Restavy.

Rohic (Le), h. c^{ne} de Pluméliau.

Rohic (Le), vill. c^{ne} de Vannes.

Rohioo, h. c^{ne} de Plouhinec.

Roho, h. c^{ne} de Moustoirac.

Roho (Le), éc. c^{ne} de Baud. — Seigneurie.

Rouo (Le), h. c^{ne} de Billio.

Roho (Le), éc. c^{ne} de Pluméliau.

Roho (Le), vill. ruiss. affl. de la Vilaine et mⁱⁿ à eau sur ce ruiss. c^{ne} de Saint-Dolay.

Rohohven, vill. c^{ne} de Berné.

Rohouan, mⁱⁿ à vent, c^{ne} de Campénéac.

Rohu (Croix, bois et pont du), sur le ruiss. de la Fontaine-du-Cordier, c^{ne} de Grand-Champ.

Rohu (Le), vill. et rocher dit *Petit-Rohu*, sur l'Océan, c^{ne} d'Arzon; rocher dit *Grand-Rohu*, côte de Saint-Gildas-de-Rhuis.

Rohu (Le), h. c^{ne} de Caudan.

Rohu (Le), éc. c^{ne} de Noyalo.

Rohu (Le Grand et le Petit), vill. pointe dite *Beg-Rohu*, sur la baie de Quiberon, et batterie, c^{ne} de Saint-Pierre. — Seigneurie *du Grand-Rohu*.

Rohu (Le Grand et le Petit), rochers sur le Morbihan, côte de Séné.

Roh-Vidic (Le Grand et le Petit), roches sur l'Océan, côte de Saint-Pierre.

Rohy (Le), dolmen détruit, c^{ne} de Plumelec.

Roi (Chemin du), c^{ne} de Sarzeau.

Roich-er-Vilin-Meell, ruisseau. — Voy. Penlann (Ruisseau du Moulin-du-).

Roi-de-Rome (Rue du), à Napoléonville. — Voy. Pyramides (Rue des).

Roidet (Le), vill. et mⁱⁿ à eau sur le Kerlutune, c^{ne} d'Inzinzac; éc. et écluse sur le Blavet, c^{ne} de Languidic; pass. sur le Blavet, qui relie Languidic et Inzinzac.

Roirie (La), h. c^{ne} des Fougerêts; pont sur le Mabio, reliant les Fougerêts et la Gacilly.

Rois (Ruelle des), à Josselin.

Rojo, éc. c^{ne} de Guern.

Roland (Pont), c^{ne} de Plouhinec.

Rolas (Le), éc. c^{ne} de Languidic.

Rolay (Le), roche sur la baie de Quiberon, côte de Locmariaquer.

Rôle-Dedans, pont sur le Ninian, reliant Saint-Malo-des-Trois-Fontaines et la Grée-Saint-Laurent.

Roliou, roche sur l'Océan, côte de Plœmeur.

Rolland, mⁱⁿ à vent, c^{ne} de Pluneret.

Rollo (Le), éc. c^{ne} de Pluméliau.

Romains (Camp des), anc. retranchement romain, c^{ne} de Carentoir.

Romains (Camp des), anc. retranchement. — Voy. Kervédan.

Romellec, h. c^{ne} de Languidic.

Ronaron, vill. c^{ne} de Saint-Pierre.

Ronceray (Le), f. c^{ne} de Carentoir. — Seigneurie.

Roncevaux, f. c^{ne} d'Allaire; ruiss. affluent de l'Arz, qui limite Allaire et Saint-Jean-la-Poterie.

Rondel, mⁱⁿ à vent et lande dite *Clos-Rondel*, c^{ne} d'Augan.

Ronden (Loge), éc. c^{ne} de Gourin.

Rondenvec, f. c^{ne} de Nostang.

Rondossec, éc. c^{ne} de Plouharnel.

Rondray (Le), h. c^{ne} d'Allaire.

Ronénettes, b. c^{ie} de Saint-Jean-Brévelay. — *Rochenneznet*, 1461 (duché de Rohan-Chabot).

Rongo (Le), éc. c^{ne} d'Inzinzac.

Rongoëdo, h. c^{ne} de Melrand. — *Roazquoedou*, 1296 (duché de Rohan-Chabot).

Rongoët, éc. c^{ne} de Melrand.

Rongoët (Le), éc. c^{ne} de Cléguérec.

Rongoët (Le), vill. lande et bois, c^{ne} de Napoléonville. — *Rosquoet, nemus*, 1270 (duché de Rohan-Chabot). — Seigneurie; manoir en la par. de Malguénac.

Rongoët (Le), éc. c^{ne} de Sarzeau.

Rongouet (Le), chât. et f. c^{ne} de Nostang. — Seigneurie; manoir.

Rongouet (Le), f. c^{ne} de Réguiny. — Seigneurie.

Ronquédo, h. c^{ne} de Quéven.

Rons-en-Lann, éc. c^{ne} de Saint-Tugdual.

Ronsin, mⁱⁿ à eau sur l'Yvel, c^{ne} de Ploërmel, et pont sur le même ruiss. reliant Ploërmel et Taupont.

Ronssouse, f. c^{ne} de Ploërmel. — Seigneurie.

Ronz-Guenourien, éc. c^{ne} de Langonnet.

Ropert, croix, c^{ne} de Noyal-Pontivy.

Ropert, pont sur le ruiss. de ce nom, c^{ne} de Radenac; ruiss. *du Pont-Ropert :* voy. Radenac.

Roquet (Rue), au vill. de Quinquisio, c^{ne} de Molac.

Ros, vill. c^{ne} d'Arzal. — Seigneurie.

Ros, vill. c^{ne} de Béganne.

Ros, vill. c^{ne} de Limerzel; pont sur le Goujon, reliant Limerzel et Péaule.

Ros (Le), vill. c^{ne} de Neulliac; écluse sur le canal de Nantes à Brest.

Ros (Le), h. c^{ne} de Quéven.

Rosagon, h. c^{ne} de Guiscriff.

ROSAIE (LA), vill. cne de Carentoir.

ROSAIE (LA), vill. cne de la Chapelle. — Seigneurie.

ROSAIE (LA), min à eau, cne de Guilliers, sur le ruiss. de ce nom; ruiss. voy. GARAT.

ROSAIE (LA), ruiss. affl. de l'Oust; il arrose Quily et le Roc-Saint-André.

ROSAIE (LA), h. cne de Saint-Abraham.

ROSAIE (LA HAUTE et LA BASSE), h. cne de Peillac.

ROSAIS (LA HAUTE et LA BASSE), vill. cne de Loyat.

ROSAIS (LE), ruiss. affl. du Parc; il arrose Monteneuf.

ROSAIS (LES), h. cne de Missiriac.

ROSAIS-DE-QUELNEUC (LA), vill. cne de Carentoir.

ROSANIÈRE, h. cne de Moréac. — *Rosanguer, bois, xvie s^e* (duché de Rohan-Chabot).

ROSANTEUR, h. cne de Gourin.

ROSANVÉ, vill. et bois, cne de Guiscriff.

ROSAY (LA), éc. cne de Pleugriffet.

ROSAYES (RUISSEAU DES), affluent de la Claye; il arrose Saint-Congard.

ROSAYES (RUISSEAU DES), affl. de l'Oust; il arrose Saint-Marcel.

ROSBOSSER, h. cne du Palais.

ROSCADAY, vill. et pont sur le Trescoët, cne de Séglien.

ROSCALET, éc. cne de Meslan. — Seigneurie.

ROSCANVEC, h. cne de Saint-Nolff. — Seigneurie.

ROSCARADEC, vill. cne de Guiscriff.

ROSCARIO, vill. cne de Saint-Tugdual. — Seigneurie.

ROSCARNAL, éc. cne de Saint-Tugdual.

ROSCATAU, h. cne de Ploërdut.

ROSCLÉDAN, h. cne d'Arradon.

ROSCOAT, vill. cne de Lanvénégen.

ROSCOAT, éc. cne de Roudouallec.

ROSCOAT (LOGE), éc. cne du Saint.

ROSCOËT, h. min sur l'Ével et min à vent, cer de Moréac: pont au confl. de l'Ével, du Runio et du Roscoët, reliant Moréac et Naizin; éc. *du Pont-du-Roscoët* et ruiss. affl. de l'Ével, cne de Naizin. — Seigneurie.

ROSCOËT (BRAS et BIHAN), h. cne de Camors.

ROSCOËT (BRAS et BIHAN), vill. cne de Pluvigner.

ROSCOËT-FILY, vill. lande et pont sur le ruiss. de ce nom, cne de Réguiny; ruiss. voy. LÉZUDAN.

ROSCORBEL, h. et ruiss. affl. du Kerloas, cne de Berné.

ROSCORNEC, h. cne de Bignan.

ROSCOUËDO, vill. et ruiss. *de la Fontaine-de-Roscouëdo*, affl. de celui de la Fontaine-de-Lochrist, cne d'Inguiniel.

ROSCOUET, vill. cne de Baud; pont sur le ruiss. du Pont-Pala, reliant Baud et Languidic.

ROSE, éc. cne d'Ambon; ruiss. voy. LIC (LE).

ROSE, min à eau, cne de Melrand.

ROSE, vill. cne de Plougoumelen. — Seigneurie.

ROSE (HUTTE À LA), éc. cne de Marzan.

ROSE (LE GRAND et LE PETIT), vill. min à eau sur la Sarre, croix et éc. *de la Croix-du-Rose*, cne de Silfiac.

ROSE (RUE DE LA) ou DE LA PETITE-ROSE, anc. rue de Vannes, près de la Basse-Cour, et place *de la Rose*, au même lieu.

ROSEAU (FONTAINE DU), cne de Guer.

ROSÉGANTEN, vill. cne de Ploërdut.

ROSEGAT, h. cne de Silfiac.

ROSEL, h. cer de Muzillac. — *Rozel, villa,* 1281 (D. Morice, I, 1062).

ROS-EN-INNOUER, éc. cne de Plouray.

ROSEQUÉ, h. cne de Lanvénégen.

ROSERÉ, h. cne du Saint.

ROSERIÈRES, vill. cue du Palais. — *Les Rosiers, xviie s^e* (sénéch. de Belle-Île-en-Mer).

ROS-EUR-PONT, vallon à la limite de Bangor et de Locmaria.

ROSGLAZ, h. cue de Meslan.

ROSCUÉNEC, h. cue de Guiscriff.

ROSGUILLERME, h. cne de Saint-Tugdual.

ROSGUILLOUX, h. cne de Meslan.

ROSIOHU, h. cne de Pluméliau.

ROSLAGADEC, h. et min à eau sur le Pont-Rouge, cee de Saint-Tugdual.

ROSNEC, éc. cne de Brech. — *Rosmezec-Alray* (près d'Auray), xviie s^e (arch. comm. d'Auray). — Seign.

ROSMELEC, h. et min à eau sur le ruiss. de ce nom, cne de Gourin; ruiss. voy. INAM. — Seigneurie.

ROSMENIC (BRAS et BIHAN), h. et ruiss. *de la Fontaine-de-Rosmenic*, affl. de celui du Moulin-de-Langle, cne de Lanvaudan.

ROSMÉRIAN, vill. cue de Locoal-Mendon.

ROSMILIGUET, vill. cne du Saint.

ROSNARHO, chât. h. et min à vent en ruines, cne de Crach. — Seigneurie; manoir.

ROSNEV, h. cue de Quistinic.

ROSNOËN (LE HAUT et LE BAS), vill. et éc. dit *Loge-Rosnoën*, cne du Saint.

ROSNUAL, h. cne de Carnac.

ROSOAIC, vill. cne de Priziac.

ROSONEN, h. cue du Saint.

ROSQUÉNIC, h. cue de Remungol.

ROSQUÉRAN (LE HAUT et LE BAS), vill. cne de Marzan.

ROSQUET, vill. cne de Férel; étier : voy. FONTAINE-AU-BEURRE (LA).

ROSSÉE (LANDE DE LA), cne de Monteneuf.

ROSTENH, vill. partie cne de Plouray, partie cne de Langonnet; lande, cne de Plouray.

ROSTERVEL, h. et ruiss. *de la Fontaine-de-Rostervel*, affl. du Bécherel, cne de Plouay.

ROSTEVEL, h. cue de Brech. — Seigneurie.

ROSTRENNE, vill. cne de Priziac.

Rosvellec, vill. et salines, c⁰ᵉ de Vannes. — Seigneurie.
Rotenie (La), vill. cˡᵉ de Saint-Vincent.
Roth (Rue de), à Lorient. — Voy. Colonies (Rue des).
Rotiaie (La), vill. et ruiss. affl. de la Ville-aux-Feuves, cᵐᵉ de Malansac.
Rotiais (La), h. cᵐᵉ de Saint-Martin.
Rotilais, éc. cⁿᵉ de Ploërmel.
Rotileuc, f. et bois, cⁿᵉ de Guer. — Seigneurie.
Rotouen (Le), éc. cⁿᵉ de Ménéac.
Roru, h. cⁿᵉ de Berné.
Rouane, mᶦⁿ à vent, cⁿᵉ de Saint-Servant.
Rouaud, croix, cⁿᵉ de Plouay.
Rouaudais (La), vill. cⁿᵉ de Guilliers. — Seigneurie.
Rouault, vill. cⁿᵉ de Lorient.
Rouault (Le), vill. cⁿᵉ de Guidel.
Rouce (Le), éc. cⁿᵉ de Pontscorff. — Seigneurie.
Roudouallec, cᵒⁿ de Gourin. — *Rodoed-Gallec, elecmosina*, 1160 (D. Morice, 1, 638). — *Roudoezgallec*, 1521 (seign. de Kergus, chez M. Stenfort, à Gourin). — Porte souvent la désignation de *Bourg et Trépas* de Roudouallec, du nom d'un vill. voisin. Trève de la par. de Gourin; établissement de chevaliers de Saint-Jean de Jérusalem, annexe de la commᵗⁱᵉ du Faouët. — Distr. du Faouët.
Rouelle (La), vill. cⁿᵉ de Béganne.
Rouelle (La), h. cⁿᵉ de Guilliers.
Roues (Rue des), à Locminé.
Rouëts (Camp des), fortificat. romaines, cⁿᵉ de Mohon.
Rouézo (Le), h. cⁿᵉ de Pluméliau.
Rouflet (Le), h. cⁿᵉ d'Allaire.
Rouoé, mᶦⁿ à vent, cⁿᵉ de Guilliers.
Rougeais (Chemin des), cⁿᵉ de Peillac.
Rougentin, vill. cⁿᵉ de Saint-Servant.
Rougeraie (La), vill. cⁿᵉ de Lanouée. — *Ville-ès--Rogerains*, xivᵉ siècle (duché de Rohan-Chabot).
Roulage (Rue du), à Vannes, dite autref. *des Jacobins*.
Roulais (La), h. cⁿᵉ de Saint-Martin.
Rouleau (Le), rocher sur l'Océan, près de l'île de Houat.
Roulin, pont sur le Tréfévan, reliant Questembert et Noyal-Muzillac.
Roulleau (Rue), à Ploërmel; dite, au xviiᵉ siècle, quartier *Rouillaud* et *du Four*.
Rouscouet, éc. cⁿᵉ de Saint-Allouestre.
Rouscouriou, éc. cⁿᵉ de Langonnet.
Roussaie (La), vill. cⁿᵉ de Saint-Gorgon.
Rousse, mᶦⁿ à eau sur le ruiss. de Brulé, cⁿᵉ de Bubry.
Rousse (Lande de), cⁿᵉ de Monteneuf.
Rousseau, mᶦⁿ à eau sur le ruiss. des Trois-Recteurs, cⁿᵉ de Plouay.
Roussel, font. cⁿᵉ de Locmaria.
Roussinel (Le Haut et le Bas), vill. cⁿᵉ de Glénac.

Rouvran (Le Grand et le Petit), vill. cⁿᵉ de Guégon.
Rouvray (Le), vill. partie cⁿᵉ de Guégon, partie cⁿᵉ de Lanouée; éc. cⁿᵉ de Lanouée.
Rouvrignon (Le), rocher sur l'Océan, côte de Damgan.
Roux (Moulin à eau du), sur le Kerpont, cⁿᵉ de Caudan.
Roux (Pont), sur l'Inam, cⁿᵉ de Gourin.
Roux (Pont aux), sur le ruiss. de ce nom, reliant Pluherlin et Rochefort; h. *du Pont-aux-Roux*, cⁿᵉ de Pluherlin. — Seigneurie.
Roux (Rue aux), à Guer.
Roux (Ruisseau du Pont-aux-) ou du Pont-aux-Dames, affl. de celui du Moulin-Neuf; il arrose Pluherlin et Rochefort.
Roux-Varine, section de la cⁿᵉ de Groix.
Rouzes, roches sur l'Océan, côte d'Erdeven.
Roveneuc, vill. cⁿᵉ de Mauron.
Rovran, vill. — Voy. Fosse-Rovran (La).
Rox, vill. et h. dit *Cour-de-Rox*, cⁿᵉ de Nivillac. — Seign.
Rox (Le), chât. f. et bois, cⁿᵉ de Concoret. — Seigneurie; manoir.
Rox (Le), vill. et mᶦⁿ sur l'Yvel, cⁿᵉ de Mauron. — Seign.
Roxa, mᶦⁿ à eau sur le Sédon, cⁿᵉ de Guégon.
Roz, éc. cⁿᵉ de Gourin. — Seigneurie.
Roz, vill. et ruiss. *du Pâtis-de-Roz*, affl. de la Drague, cⁿᵉ de Surzur. — *Ros*, 1455 (abb. de Lanvaux). — Seigneurie.
Roz (Le), h. mᶦⁿ à vent, mᶦⁿ à eau sur le Plessis, pont sur le même ruiss. et éc. *du Pont-de-Roz*, cⁿᵉ de Theix. — Seigneurie.
Rozalanic, h. cⁿᵉ de Theix.
Rozan, vill. cⁿᵉ de Saint-Gorgon.
Rozanoat, éc. et mᶦⁿ à eau sur le Reste, cⁿᵉ de Lanvénégen. — Seigneurie; manoir.
Rozanlaën (Le Haut et le Bas), vill. cⁿᵉ du Faouët.
Rozanpouillot, h. cⁿᵉ de Meslan.
Roz-ar-Caro, éc. cⁿᵉ de Guiscriff.
Roz-ar-Floch, h. cⁿᵉ de Guiscriff.
Rozay-de-Marsac (Le), vill. cⁿᵉ de Carentoir.
Rozé (Le), vill. cⁿᵉ de Taupont.
Roze (Ruisseau de). — Voy. Cochelin (Ruisseau du Moulin-de-).
Rozedaie, h. cⁿᵉ de Locmalo.
Rozehouarn, vill. cⁿᵉ de Gourin.
Rozellic, h. cⁿᵉ de Saint-Tugdual.
Roze-Mélite (Ruisseau de). — Voy. Goassigoux.
Roz-en-Since, h. cⁿᵉ de Theix, et salines, cⁿᵉ de Séné.
Roz-Kervenic, éc. cⁿᵉ de Guern. — Seigneurie.
Rozo, ruisseau. — Voy. Goassigoux.
Rozo (Le), éc. et pont sur le ruiss. de la Lande-de-Kerallan, cⁿᵉ de Brech.
Rozo (Le), mᶦⁿ à eau sur le Kerjacob, mᶦⁿ à vent, étang et ruiss. *de l'Étang-du-Rozo*, dit aussi *de la Fontaine-*

du-Petit-Bodeven et *de Kerviherne*, affl. du Kerjacob, c^{ne} de Locoal-Mendon.

Rozulair (Bras et Bihan), vill. c^{ne} de Locmalo. — *Rosu-lehezre*, 1416 (princ. de Rohan-Guémené).

Ruau-Voyne (Le), éc. c^{ne} de Theix.

Ruau-Vras, ruiss. affl. du Poulhéry; il arrose Theix.

Rual-Bizeul (Le), h. c^{ne} de Nivillac.

Rual-de-la-Croix (Le), éc. c^{ne} de Saint-Dolay.

Rualin, pont sur le Raimond, reliant Caro et Saint-Abraham; h. *du Pont-Rualin*, c^{ne} de Saint-Abraham.

Rualdaie (La), vill. c^{ne} de Saint-Nicolas-du-Tertre.

Ruaudais (La), h. c^{ne} de Malansac.

Rub (Le), lande, c^{ne} de Réguiny.

Rublaut, anc. domaine près de Malestroit, mentionné en 1498 (fabr. de Malestroit).

Ruchec (Le Haut et le Bas), h. bois et mⁱⁿ à eau sur le ruiss. de ce nom, c^{ne} de Saint-Caradec-Trégomel; ruiss. *du Moulin-du-Ruchec:* voy. Kerusten. — *Rusquec ihuellan* et *Rusquec izellan*, 1539 (princ. de Rohan-Guémené). — Deux seigneuries; deux manoirs.

Rucherais (La), éc. c^{ne} de Monteneuf.

Rudel (Le), rocher de la baie du Morbihan, côte de l'Île-aux-Moines.

Rudevent, vill. c^{ne} de l'Île-d'Arz.

Rudual, h. c^{ne} de Quéven.

Rudualcu, éc. c^{ne} de Guidel.

Rue (La), éc. c^{ne} de Buléon.

Rue (La), vill. c^{ne} de Caden.

Rue (La), vill. c^{ne} de Rieux.

Rue (La), vill. c^{ne} de Théhillac.

Rue (La), f. c^{ne} de Tréal. — Seigneurie.

Rue-aux-Filles (La), f. c^{ne} de Saint-Nicolas-du-Tertre.

Rue-aux-Renards (La), h. c^{ne} de Guer.

Rue-Barre (La), h. c^{ne} de Carentoir.

Rue-Basse (La), éc. c^{ne} d'Allaire.

Rue Basse, à Saint-Jean-la-Poterie.

Rue Batelière, à Lorient. — Voy. Ory.

Rue Blanche, à Lorient.

Rue Blanche, à Vannes. — Voy. Justice (Rue de la).

Rue-Blandin (La), éc. c^{ne} de Saint-Martin.

Rue Commune, à Camoël.

Rue-Daval (La), h. c^{ne} de Carentoir.

Rue de Bas, à Mouron.

Rue-de-Bas (La), éc. c^{ne} de Gourhel.

Rue-de-Bas (La), h. c^{ne} de Montertelot.

Rue-de-Bas-de-Trémeleuc (La), h. c^{ne} de Carentoir.

Rue-de-Haut (La), vill. c^{ne} de Mohon.

Rue-des-Aubiers, éc. c^{ne} d'Augan.

Rue-des-Fosses (La), h. c^{ne} de Josselin.

Rue-du-Creux-Chemin (La), h. c^{ne} de Montertelot.

Rue-du-Moulin (La), vill. c^{ne} de Nostang.

Rue-du-Pâtis-Gai, h. c^{ne} de Pluherlin.

Rue-Durand (La), h. c^{ne} de Monteneuf.

Ruée (La), h. c^{ne} d'Allaire.

Ruée (La), chât. c^{ne} de Ruffiac, et mⁱⁿ à vent, c^{ne} de Tréal. — Seigneurie; manoir.

Ruéé-Mousson, h. c^{ne} de Réminiac.

Rue-Eon (La), vill. c^{ne} de Concoret.

Rue-ès-Théline (La), vill. c^{ne} de Cournon.

Rue-Flageul (La), h. c^{ne} de Guer.

Rue Française, à Lorient; appelée avant 1789 *rue des Prophètes* et *rue Esnoul-des-Chatelès*.

Rue-Friquet (La), éc. c^{ne} de Guer.

Rue-Gacho, éc. c^{ne} de Pluherlin.

Rue-Garel (La), vill. c^{ne} de Glénac.

Rue-Gauche (Chemin de la), c^{ne} de Saint-Dolay.

Rue Haute, à Loyat.

Rue-Haute (La), quartier du bourg de Noyal-Muzillac.

Rue-Haute (Rue et Place de la), à Guer.

Rue-Henard, h. c^{ne} de Plumelin.

Rue Impériale, à Hennebont; autref. *Royale*, puis *Nationale*.

Rue Impériale, à Napoléonville; dite autref. *Grande Rue*, puis *rue Nationale*, puis *rue Royale*.

Rue Impériale, à Ploërmel; autref. *Royale*.

Rue-Janais (La), vill. c^{ne} de Saint-Nicolas-du-Tertre.

Rue-Joly (La), h. c^{ne} de Porcaro.

Rue-Jouan (La), éc. c^{ne} d'Augan.

Rue-Kerioche, h. c^{ne} de Pluherlin.

Rue Latine, à Vannes. — Voy. Halles (Rue des).

Rue Littéraire, à Lorient; appelée avant 1789 *rue Guillois*.

Ruello (Le), h. c^{ne} de Sainte-Brigitte; pont sur le ruiss. des Salles, reliant Sainte-Brigitte et Silfiac.

Ruelmin (La), vill. c^{ne} de Saint-Dolay.

Rue-Loca, vill. c^{ne} de Pluherlin.

Rue-Louis (La), h. c^{ne} de Porcaro.

Rue-Maillard (La), éc. c^{ne} de Bréhan-Loudéac.

Rue-Maillet (La), éc. c^{ne} de Sérent.

Rue Mercière, au Port-Louis.

Rue Militaire, au Palais.

Rue-Morel (La), h. c^{ne} de Saint-Jean-la-Poterie.

Rue Nationale, rues à Hennebont et à Napoléonville. — Voy. Rue Impériale.

Rue Neuve, à Auray.

Rue Neuve, à Gourin.

Rue Neuve, à Guémené.

Rue Neuve, à Hennebont.

Rue Neuve, à Locminé.

Rue Neuve, à Lorient, faub. de Kerentrech; dite autref. *rue Colin*.

Rue Neuve, à Napoléonville.

Rue Neuve, à Plœmeur.

Morbihan.

Rue Neuve, à Plouay; f. mⁱⁿ à vent et m^{ins} à eau sur le Bécherel, dans la commune. — Seigneurie.

Rue Neuve, vill. de Sainte-Anne, c^{ne} de Pluneret.

Rue Neuve, à la Trinité-Porhoët.

Rue Neuve, à Vannes.

Rue Neuve-de-la-Comédie, à Lorient; appelée autref. *rue de la Comédie*, puis *rue d'Artois* en 1817 et *rue de l'Abattoir* en 1830.

Rue Neuve-du-Bassin, à Lorient.

Rue Noble, à Napoléonville.

Rue Noire, à Carentoir.

Rue Noire, à Josselin.

Rue Noire, à Josselin (dist. de la précédente).

Rue Noire, à Lorient.

Rue Noire, à Ploërmel; dite aussi, au xviiie siècle, *rue de la Beurreric*.

Ruéo-Saint-Gildas, h. c^{ne} de Cléguérec.

Rue Poissonnière, à Lorient; appelée avant 1789 *rue d'Aiguillon*.

Rue Rennaise, à la Trinité-Porhoët.

Rue Rigoal-du-Prado. — Voy. Prado (Le).

Rue Royale, rues à Hennebont, à Napoléonville et à Ploërmel. — Voy. Rue Impériale.

Rue Royale, au Palais.

Rues (Les Hautes et les Basses), h. c^{ne} de Saint-Guyomard.

Rues (Les Hautes et les Basses), vill. c^{ne} de Sérent.

Rues (Ruisseau des), c^{ne} de Beignon.

Rue-Sale-Bique, h. c^{ne} de Pluherlin.

Rues-Allain (Les), h. c^{ne} de Caro.

Rues-Aubray (Les), éc. c^{ne} d'Augan.

Rues-Barré (Les), éc. c^{ne} d'Augan.

Rues Basses, trois rues à Malestroit, mentionnées en 1497 (fabr. de Malestroit).

Rues-Bily (Les), h. c^{ne} d'Augan.

Rues-Boco (Les), h. c^{ne} de Caro.

Rues-Boscher (Les), h. c^{ne} de Guer.

Rues-Boscher (Les), f. c^{ne} de Mauron.

Rues-Bouillé (Les), éc. c^{ne} de Loyat.

Rues-Chat (Les), h. c^{ne} de Saint-Jean-la-Poterie.

Rues-Clodic (Les), éc. c^{ne} de Caden.

Rues-Colliau (Les), éc. et autre éc. dit *Rues-Colliau-de-Bas*, c^{ne} de Guer.

Rues-dé-Bas (Les), h. c^{ne} de Lantillac.

Rues-de-Bas (Les), éc. c^{ne} de Mauron.

Rues-de-Bas (Les), éc. c^{ne} de Saint-Nicolas-du-Tertre.

Rues-d'en-Haut (Les), h. c^{ne} de Caro.

Rues-d'en-Haut (Les), h. c^{ne} de Rieux.

Rues-d'Olive (Les), éc. c^{ne} de Ménéac.

Rues-Doura (Les), éc. c^{ne} de Loyat.

Rues Haute et Basse du Prado. — Voy. Prado (Le).

Rues-Gogaille (Les), h. c^{ne} de Concoret.

Rues-Guido (Les), éc. c^{ue} de Sérent.

Rues-Guillouches (Les), h. c^{ne} de Saint-Martin.

Rues-Guilloux (Les), h. c^{ue} de Caro.

Rues-Hidoux (Les), h. c^{ne} de Saint-Jean-la-Poterie.

Rues-Houeix (Les), éc. c^{ne} de Caro.

Rues-Huet (Les), h. c^{ne} de Concoret.

Rues-Josset (Les), éc. c^{ne} de Concoret.

Rues-Joubin (Les), éc. c^{ne} de Taupont.

Rues-Mancaré (Les), h. c^{ne} de Ménéac.

Rues-Moisan (Les), f. c^{ne} de Glénac.

Rues-Monnier (Les), éc. c^{ne} de Saint-Martin.

Rues-Morfouesse (Les), h. c^{ne} de Concoret.

Rues-Neuves (Les), anc. manoir, c^{ne} de Tréhorenteuc. — Seigneurie.

Rues-Névoux (Les), vill. partie c^{ne} de Glénac, partie c^{ne} des Fougeréts.

Rues-Piguel (Les), éc. c^{ne} de Glénac.

Rues-Ravâches (Les), h. c^{ne} de Carentoir.

Rues-Ruelland (Les), h. c^{ne} de Concoret.

Rues-Taupinel (Les), h. c^{ne} de Taupont.

Rues-Thomas (Les), h. c^{ne} de Saint-Jean-la-Poterie.

Rue Traversière, à Lorient; appelée avant 1789 *rue de Bourgogne*.

Rue-Verte (La), f. c^{ne} de Trédion.

Ruézie (La), vill. c^{ne} de Guer.

Rufaux (Le), h. c^{ne} de Melrand. — *Roezfau*, 1296 (duché de Rohan-Chabot).

Ruffiac, c^{on} de Malestroit. — *Rufiac, plebs condita*, 833 (cart. de Redon). — *Rufiacum* (ou *Rufiacus*), 846 (*ibid.*).

　　Par. du doy. de Carentoir; prieuré du vocable de Notre-Dame-de-Pitié (par corruption : de Piété), situé au vill. du Prieuré, appartenant, au milieu du xviie siècle, à l'hôpital de Ploërmel, puis membre de l'abb. de Saint-Sauveur de Redon. — Sénéch. de Ploërmel; subd. de Malestroit. — Distr. de Ploërmel.

Rufflé (Le), f. c^{ne} d'Augan. — *Le Roufflay*, 1497 (chât. de Beaurepaire). — Seigneurie.

Rugevaux, éc. c^{ne} d'Ambon.

Rugonan, f. c^{ne} de Plouay.

Rugnoise, vill. c^{ne} de Quéven.

Ruhais (La), éc. c^{ne} d'Allaire. — Seigneurie.

Ruicard (Le), quartier, rue et place, à la Roche-Bernard.

Ruigo (Le), éc. c^{ne} de Ploërdut.

Rulan, h. c^{ne} de Locmalo; pont sur le ruiss. du Pont-Douar, reliant Locmalo et Guémené. — *Le Rullan*, 1416 (princip. de Rohan-Guémené).

Rulegant, h. c^{ne} de Saint-Tugdual.

Rullano (Le Grand et le Petit), h. et lande dite *Lann-vras-Rullano*, c^{ne} de Grand-Champ.

Rulliac (Le Grand et le Petit), chât. vill. bois, mⁱⁿ à vent et deux m^{ins} à eau, dont l'un dit *moulin Neuf de Rulliac*, sur le ruiss. de ce nom, c^{ve} de Saint-Avé; ruiss. voy. MARLE (LA). — *Ruellyac*, 1388 (duché de Rohan-Chabot). — *Ruyliac*, aliàs *Ruilliac et Reuiliac*, 1389 (*ibid.*). — *Ruiluiac*, 1398 (*ibid.*). — *Rulyac*, xvi° siècle (chât. de Kerleau).

Deux seign. deux manoirs (le grand et le petit).

RUMEL (PLACE DU), à Gourin.

RUMFORT, h. c^{ne} de Monterrein. — Seigneurie.

RUMON, vill. c^{ne} de Vannes.

RUNANTER, lande, c^{ne} de Bangor.

RUNASQUER (LE), h. c^{ne} de Ploërdut; ruiss. voy. COSQUER (LE).

RUNE (LE), h. c^{ne} de Guidel.

RUNÉDAUL, éc. et m^{in} à vent, c^{ne} de Bangor.

RUNEL (LE), éc. c^{ve} de Plumelin.

RUNELLO, éc. et lande, c^{ne} de Bangor.

RUNELLOU, h. lande et m^{in} à eau sur l'Ellée, c^{ne} de Langonnet; pont sur le même ruiss. reliant Langonnet et Plouray. — Seigneurie; manoir.

RUNESTO, h. c^{re} de Plouharnel.

RUNGLAS, vill. c^{ne} de Guiscriff.

RUNGOAT, éc. c^{ne} de Gourin.

RUNIAC, éc. c^{ne} de Theix.

RUNIO (LE HAUT et LE BAS), vill. lande dite *Grande Lande du Runio*, et m^{in} à eau sur le ruiss. de ce nom, c^{ne} de Crédin.

RUNIO (RUISSEAU DE), dit aussi *Lindreux, Pembois* et *Lesdanic*, aff. de l'Ével; il arrose Kerfourn, Crédin, Réguiny et Naizin. — Ce ruisseau semble avoir été appelé autrefois *Ysus*, par. de Naizin, 1457 (abb. de Lanvaux); ce nom pourrait aussi cependant se rapporter à l'Ével.

RUNO (LE), vill. c^{ne} de Meslan.

RUNHOMME, h. c^{ne} de Malguénac.

RUSANDIS, vill. c^{ne} de l'Île-d'Arz.

RUSCOUAR, éc. c^{ne} de Sérent. — Seigneurie.

RUSEAU, h. c^{ne} de Caudan. — *Rusaux*, 1497 (abb. de la Joie). — Seigneurie.

RUSELIÈRE (LA), h. c^{ne} de Peillac; passage sur l'Arz, reliant Peillac et Saint-Jacut.

RUSTUEL, vill. c^{ue} de Quéven.

RUSTUHUNE, h. c^{ne} de Berné.

RUSTUO (LE), éc. c^{ue} de Lignol. — *Restuzyou*, 1460 (princip. de Rohan-Guémené).

RUYANNO (LE), éc. c^{ne} de Ploërdut.

RUYE, f. c^{ne} de Ruffiac.

RIZELIÈRE (FONTAINE DE LA), c^{ue} de la Gacilly.

S

SABLE, port sur le Morbihan, c^{ne} de l'Île-aux-Moines.

SABLEN (LE), éc. c^{ne} d'Auray, et rue dans la ville.

SABLES (RUE DES), au Palais.

SABLES (RUISSEAU DES), aff. de la Noë-du-Vaugasse; il arrose Saint-Marcel.

SABLONNIÈRES (LES), éc. c^{ne} de Campénéac.

SABLONNIÈRES (LES), lande, c^{ne} de Guer.

SABOT-D'OR (LE), éc. c^{ne} de Peillac.

SABOT-D'OR (LE), h. c^{re} de Pluherlin.

SABREHAN, vill. c^{ne} de Guillac. — Seigneurie.

SACH (LE), vill. partie c^{ne} d'Étel, partie c^{ne} de Belz; m^{in} à vent, c^{ne} d'Étel; m^{in} à eau sur le ruiss. de ce nom, c^{ne} de Belz; ruiss. *du Moulin-du-Sach*: voy. POUMEN (LE). — *Sach-Radul*, vi° siècle (abb. de Sainte-Croix de Quimperlé). — *Sarraoul*, 1490 (chartreuse d'Auray). — *Sachraoul*, 1537 (*ibid.*). Seigneurie.

SACH-QUÉVEN, vill. pass. et m^{in} à eau sur le ruiss. de ce nom, c^{ne} de Quéven; ruiss. *du Moulin-de-Sach-Quéven*: voy. KERLAEN.

SACREMENT (CHEMIN DU), c^{ne} d'Arzon.

SACREMENT (CHEMIN DU), c^{ue} d'Inzinzac, dans le bois de Trémelin.

SAHIAUL, h. c^{ne} de Moréac.

SAIC (LOGE LE), éc. c^{ne} de Plouay.

SAINDO (LE), h. c^{ne} de Theix; pont sur le ruiss. du Pont-Allan, reliant Theix et Vannes.

SAINT (FONTAINE DU), c^{ne} de Surzur.

SAINT (LE), c^{on} de Gourin; chât. et bois dans la commune.

Trève de la par. de Gourin. — Seigneurie; manoir. — Distr. du Faouët.

SAINT-ABRAHAM, c^{on} de Malestroit. — *Saint-Abran*, 1433 (chât. de Kerfily). — *Saint-Abram*, 1460 (*ibid.*). Par. du doy. de Beignon. — Sénéch. et subd. de Ploërmel. — Distr. de Ploërmel.

SAINT-ADRIEN, vill. partie c^{ne} de Baud, partie c^{ne} de Quistinic; écluse et pont sur le Blavet, reliant ces deux communes; ruiss. dit aussi *de Guerdualic, du Moulin-de-Kermorvant, de Kernars* et *de Roffol*, aff. du Blavet, qui arrose Guénin et Baud; m^{in} à eau sur ce ruiss. c^{ne} de Baud.

Établissement de chevaliers de Saint-Jean de Jérusalem, autref. Templiers.

SAINT-ADRIEN, chapelle isolée, c^{ne} de Carentoir.

SAINT-ADRIEN, chapelle isolée, c^{ne} du Faouët.

Saint-Adrien, chapelle isolée, c^{ne} de Kervignac.

Saint-Adrien, vill. c^{ne} de Plœmeur.

Saint-Agnan, section de la c^{ne} de Rieux.

Saint-Aignan, c^{ne} de Cléguérec; lande et vill. *de la Lande-de Saint-Aignan*, dans la commune. — *Ecclesia Sancti Innani* (ou *Inuani*), 1184 (duché de Rohan-Chabot); le titre, qui est une copie du xive s^e, porte par erreur *Juliani*, et D. Morice a imprimé *Junani*.

Trève de la par. de Cléguérec; établissement de chevaliers de Saint-Jean de Jérusalem, autref. Templiers. — Distr. de Pontivy.

Saint-Aldaud, vill. c^{ne} de Berné.

Saint-Albin, section de la c^{ne} de Crach.

Saint-Allouestre, c^{ne} de Saint-Jean-Brévelay. — *Saint-Argoestle*, 1280 (D. Morice, I, 1052). — *Sanctus Arnulphus*, 1387 (chapitre de Vannes). — *Saint-Aloestre*, 1406 (duché de Rohan-Chabot). — *Saint-Anouestre*, 1422 (chap. de Vannes). — *Saint-Arnol, vulgairement appelé Saint-Alouestre*, 1563 (duché de Rohan-Chabot).

Par. du doy. de Porhoët. — Sénéch. de Ploërmel; subd. de Josselin. — Distr. de Josselin.

Saint-Aloué, vill. c^{ne} de Lignol. — *Saint-Alvoez*, 1420 (princip. de Rohan-Guémené). — *Saint-Elvoez*, 1433 (*ibid.*). — *Saint-Algouez*, 1461 (*ibid.*).

Saint-Amand, h. c^{ne} de Quéven.

Saint-Amand, vill. c^{ne} de Saint-Nolff; ruiss. voy. Ker-pla.

Saint-André, pont, c^{ne} de Brech.

Saint-André, chapelle isolée, c^{ne} de Cléguérec.

Saint-André, vill. c^{ne} de la Gacilly.

Saint-André, chapelle isolée, c^{ne} de Lignol.

Saint-André, f. et chapelle en ruines, c^{ne} de Marzan.

Saint-André, vill. c^{ne} de Péaule.

Saint-André, font. c^{ne} de Plœmel.

Saint-André, pont sur l'étang de Lanénec, c^{ne} de Plœmeur.

Saint-Antoine, chapelle isolée, c^{ne} de Guégon.

Saint-Antoine, h. c^{ne} de Guiscriff; ruiss. affl. du Naïc, qui arrose Guiscriff et Lanvénégen.

Saint-Antoine, vill. partie c^{ne} de Kervignac, partie c^{ne} d'Hennebont.

Saint-Antoine, vill. c^{ne} de Ploërmel.

Saint-Antoine, chapelle isolée, c^{ne} de Plouharnet.

Saint-Antoine (Quai), à la Roche-Bernard.

Saint-Antoine-le-Pou, éc. c^{ne} de Guidel.

Saint-Arhel, h. c^{ne} de Guidel.

Saint-Armel, vill. c^{ne} de Bubry.

Saint-Armel, vill. c^{ne} de Caden.

Saint-Armel, chapelle isolée, c^{ne} de Meslan.

Saint-Armel, vill. c^{ne} de Plœmeur.

Saint-Armel, rue et anc. porte à Ploërmel : voy. Porte d'en-Bas. — Paroisse : voy. Ploërmel.

Saint-Armel, c^{ne} de Sarzeau; mⁱⁿ à vent, dans la commune; pass. voy. Passage (Le). — Anc. frairie de Sarzeau sous le nom de *Prosat*, 1367 (abb. de Saint-Gildas-de-Rhuis). — *Provosat*, 1475 (*ibid.*). — *Porozat*, xviie siècle (*ibid.*).

Saint-Arnulph, h. bois et lande, c^{ne} de Noyal-Pontivy.

Saint-Aubin, vill. c^{ne} de Plumelec. — *Sanctus Albinus*, 1387 (chap. de Vannes). — *Bourg et par. de Saint-Aubin*, 1542 (chât. de Callac).

Trève de la par. de Plumelec, anc^t paroisse. — Seigneurie connue sous le nom de *la Porte-Saint-Aubin*.

Saint-Avé, divisé en Bourg-d'en-Haut et Bourg-d'en-Bas, c^{ne} de Vannes-Est; mⁱⁿ à vent dans la commune. — *Senteve*, 1338 (chap. de Vannes). — *Sainteve*, 1397 (duché de Rohan-Chabot). — *Saint-Eve*, 1399 (*ibid.*). — *Saincteve*, 1541 (cour de Largouet-sous-Vannes). — Le Bourg-d'en-Bas dit aussi *bourg de Nostre-Dame-Sainct-Eve*, aliàs *Locmaria-Sainct-Eve*, par opposition au Bourg-d'en-Haut, qui est appelé *bourg paroissial de Sainct-Eve*, xvie siècle (chât. de Kerleau).

Par. du terr. de Vannes. — Sénéch. et subd. de Vannes. — Distr. de Vannes; chef-lieu de c^{on} en 1790, supprimé en l'an x.

Saint-Avé (Le Haut et le Bas), h. c^{ne} de Plouray.

Saint-Barnadé, chapelle isolée, c^{ne} de Saint-Jacut.

Saint-Barthélemy, vill. anc^t c^{ne} de Baud; chef-lieu d'une commune récemment érigée.

Saint-Barthélemy, chapelle isolée en ruines, c^{ne} de Rochefort.

Saint-Bieuzy, vill. c^{ne} de Plœmeur, et rue au bourg.

Saint-Bieuzy, vill. lande et ruiss. *de la Fontaine-de-Saint-Bieuzy*, affl. du Loc, c^{ne} de Pluvigner. — *Beuzi*, 1437 (abb. de Lanvaux). — *Bizuy*, 1480 (*ibid.*). — *Bourg trévial de Bihuy*, xviie et xviiie s^{es} (*ibid.*).

Trève de la par. de Pluvigner.

Saint-Bily, vill. et lande, c^{ne} de Plaudren. — *Bourg de Saint-Bily*, 1549 (chât. de Kerfily).

Ce vill. figure, en 1516, au nombre des par. ou trèves du dioc. de Vannes (chap. de Vannes); prieuré.

Saint-Bleu (Tombe du), indiquée par une croix, c^{ne} de Plescop.

Saint-Brandan, vill. et ruiss. dit aussi *du Cosquer-de-la-Lande*, affl. de l'Ellée, c^{ne} de Langonnet.

Saint-Bribuc (Porte de), anc. porte à Pontivy. — Voy. Neulliac (Rue de).

Saint-Brieuc-de-Mauron, c^{ne} de Mauron.

Par. du doy. de Beignon; prieuré, membre de l'abb. de Paimpont. — La baronnie de Gaël avait un siége de juridiction à Saint-Brieuc-de-Mauron. — Sénéch. de Ploërmel; subd. de Montauban. — Distr. de Ploërmel.

Saint-Brieux, chapelle isolée, c⁰ᵉ de Guern; ruisseau affl. de la Sarre, qui arrose Guern et Melrand. — Seigneurie.

Saint-Cado, vill. île sur l'Étel, pass. sur cette riv. et pont ou plutôt jetée reliant l'île à la terre-ferme, c⁰ᵉ de Belz. — Le vill. dit aussi autrefois *Penpont-Cado*, xvııᵉ sᵉ (sénéch. d'Auray). — Prieuré, membre de l'abb. de Sainte-Croix de Quimperlé.

Saint-Cado, lande et ruiss. *de la Lande-Saint-Cado*, affl. du Scorff, c⁰ᵉ de Lignol.

Saint-Cado, vill. c⁰ᵉ de Plœmel.

Saint-Cado, chapelle isolée et pont sur le ruiss. de ce nom, c⁰ᵉ de Saint-Caradec-Trégomel; ruiss. voy. Plessis (Le Grand et le Petit).

Saint-Caradec, section de la c⁰ᵉ d'Inguiniel.

Saint-Caradec-Hennebont, nom d'une des par. d'Hennebont et de la partie de cette ville dite *Vieille-Ville*, située sur la rive droite du Blavet. Une partie de cette par. est auj. dans la c⁰ᵉ de Caudan. — *Sanctus Caradocus*, 1273 (abb. de la Joie).

Par. du doy. des Bois. — Sénéch. et subd. d'Hennebont.

Saint-Caradec-Trégomel, c⁰ⁿ de Guémené. — *Tregoumel*, paroisse, 1387 (chap. de Vannes). — *Trégomel*, 1422 (*ibid.*). — *Saint-Caradec-à-Trégomael*, 1428 (princip. de Rohan-Guémené). — *Saint-Caradec-en-Trégomel*, 1448 (duché de Rohan-Chabot).

Par. du doy. des Bois. — Sénéch. et subd. d'Hennebont. — Distr. du Faouët; c⁰ⁿ, en 1790, sous le nom de *Kernascléden*, vill. de la municipalité de Saint-Caradec, supprimé en l'an x.

Saint-Christophe, vill. et mⁱⁿ à eau sur le ruiss. de ce nom, c⁰ᵉ d'Elven; ruiss. affl. de l'Arz, qui arrose Elven et Larré.

Saint-Christophe, ruelle, place et impasse à Lorient, faub. de Kerentrech; pont, autref. pass. voy. Kerentrech.

Saint-Clair, chapelle isolée et pont sur le ruiss. de ce nom, c⁰ᵉ de Limerzel; ruiss. voy. Caden (Ruisseau du Pont-de-).

Saint-Claude, chapelle isolée, c⁰ᵉ de Gourin.

Saint-Claude, chapelle isolée, font. et ruiss. *de la Fontaine-Saint-Claude*, affl. du Hédennec, c⁰ᵉ d'Inguiniel.

Saint-Claude, h. partie c⁰ᵉ de Remungol, partie c⁰ᵉ de Pluméliau; pont sur l'Ével, reliant ces deux c⁰ᵉˢ; lande, h. *de la Lande-de-Saint-Claude*, et ruiss. dit aussi *de Kerdavid*, affl. de l'Ével, c⁰ᵉ de Remungol.

Saint-Clément, chapelle isolée, c⁰ᵉ de Brech.

Saint-Clément, vill. c⁰ᵉ de Bubry.

Saint-Clément, éc. c⁰ᵉ d'Elven.

Saint-Clément, écart. — Voy. Saint-Colomban.

Saint-Codennec, h. c⁰ᵉ de Guénin.

Saint-Coff, vill. et pont sur le Kerguéris, c⁰ᵉ de Plouay. — Seigneurie.

Saint-Colomban, vill. et pointe sur la baie de Quiberon, c⁰ᵉ de Carnac; dit aussi autref. *Grand-Légénesse*, du nom d'un village voisin.

Saint-Colomban, font. et ruiss. *de la Fontaine-Saint-Colomban*, affl. du Kerhouarné, c⁰ᵉ d'Inguiniel.

Saint-Colomban, vill. c⁰ᵉ de Pluvigner.

Saint-Colomban ou Saint-Clément, écart en ruines, c⁰ᵉ de Quiberon, et basse sur l'Océan. — Prieuré du vocable de Saint-Clément, dépendant de l'abbaye de Saint-Gildas-de-Rhuis.

Saint-Colombier, h. c⁰ᵉ de Saint-Nolff.

Saint-Colombier, vill. c⁰ᵉ de Sarzeau.

Saint-Congard, c⁰ⁿ de Rochefort; pass. sur l'Oust, qui relie Saint-Congard et Saint-Martin. — *Sanctus Conguarus*, 1387 (chap. de Vannes). — *Saint-Congar*, 1422 (*ibid.*).

Par. du territ. de Rieux, avec une communauté de camaldules : voy. Roca. — Sénéch. de Ploërmel; subd. de Malestroit. — Distr. de Rochefort.

Saint-Conner, h. c⁰ᵉ de Caudan.

Saint-Connet, h. et deux ponts sur le Scorff, c⁰ᵉ de Lignol. — *Saint-Connec*, 1449 (princip. de Rohan-Guémené).

Saint-Conogan (Loges), h. et pont sur l'Inam, c⁰ᵉ de Gourin.

Saint-Corentin, vill. c⁰ᵉ de Baud.

Saint-Cornély, chapelle isolée et lande, c⁰ᵉ de Plouhinec.

Saint-Couturier, grotte et vallée, c⁰ᵉ d'Augan, ruiss. *de la Vallée-de-Saint-Couturier* : voy. Moulin (Pont du).

Saint-Cry, chapelle et éc. c⁰ᵉ de Nivillac.

Saint-Cul (Rue), à Malestroit; mentionnée en 1477 (fabr. de Malestroit). — Voy. Huberdière (Rue).

Saint-Cyr, chapelle isolée, c⁰ᵉ de Saint-Gravé.

Saint-Dec, h. c⁰ᵉ de Plouay.

Saint-Dégan, vill. c⁰ᵉ de Brech. — Seigneurie.

Saint-Delleg, vill. c⁰ᵉ de Plouray.

Saint-Denis, vill. c⁰ᵉ de Ploërmel. — Anc. maladrerie; elle renfermait des lépreux au xıvᵉ siècle.

Saint-Dénon, vill. c⁰ᵉ de Plœmeur, et rue au bourg. — Seigneurie.

Saint-Derven, h. et ruiss. affl. du Loch, c⁰ᵉ de Grand-Champ; mⁱⁿ à eau sur le Loch, c⁰ᵉ de Pluvigner. — Seigneurie.

Saint-Diel, vill. c⁰ᵉ de Riantec. — *Saint-Dial*, aliàs *Saint-Diel et Saint-Diell*, 1385 (abb. de la Joie). — *Saint-Yel*, 1424 (*ibid.*). — *Saint-Iel*, 1428 (*ibid.*).

Saint-Dolay, c^on de la Roche-Bernard. — *Sanctus Aelwodus*, 916 (cart. de Redon).

 Par. du doy. de la Roche-Bernard; prieuré-chapellenie. — Sénéch. de Nantes; subd. de la Roche-Bernard. — Distr. de la Roche-Bernard.

Saint-Don (Le Haut et le Bas), vill. c^ne de Glénac.

Saint-Donat, h. c^ne de Saint-Nicolas-du-Tertre. — Seigneurie.

Saint-Donatien, h. c^ne de Languidic.

Saint-Doué, h. c^ne de Questembert. — Seigneurie.

Saint-Dré, h. c^de de Noyal-Pontivy.

Saint-Drédeno, vill. c^ne de Saint-Gérand; ruiss. dit aussi *du Moulin-de-Kermabo* et *des Sept-Chemins*, qui traverse le canal de Nantes à Brest, arrose Croixanveç, Kergrist, Saint-Gérand et Noyal-Pontivy et se jette dans le ruiss. de Saint-Niel.

Saint-Drénan, h. et bois, c^ne de Persquen.

Saint-Dugast (Le Haut et le Bas), hameaux, c^ne de Plumelec — *Saint-Ugat*, 1542 (chât. de Callac). — Seigneurie.

Sainte (Fontaine de la), c^ne de Néant.

Sainte-Anne, vill. c^ne de Buléon; ruiss. dit aussi *de la Noë-du-Resto* et *du Tréharday*, affl. de la Claye, qui arrose Buléon, Bignan et Saint-Allouestre.

Sainte-Anne, basse sur l'Océan, côte d'Hœdic.

Sainte-Anne, faub. et rue à Malestroit, dite autref. *de Saint-Marcel;* porte dans la même ville, dite aussi *porte Prison* (n'existe plus); le faub. appelé, à la Révolution, quartier *de la Reconnaissance.* — La porte mentionnée en 1497 (fabr. de Malestroit).

Sainte-Anne, chapelle et rue à Plœmeur.

Sainte-Anne, chapelle isolée, font. dite *Vieille Fontaine de Sainte-Anne*, et ruiss. *de la Fontaine-de-Sainte-Anne*, affl. du Scorff, c^ne de Plouay.

Sainte-Anne, chapelle isolée dite aussi *le Cloître*, c^ne de Pluméliau.

Sainte-Anne, vill. et étang, c^ne de Pluneret; centre d'un pèlerinage célèbre connu sous le nom de *Sainte-Anne d'Auray*, à cause du voisinage de cette dernière ville. — *Keranna*, xviie siècle. — *Bourg de Sainte-Anne*, xviiie siècle.

 Communauté de carmes, dont les bâtiments sont occupés auj. par un petit séminaire.

Sainte-Anne, vill. ruiss. affl. du Roho, et m^in à eau sur ce ruiss. c^ne de Saint-Dolay.

Sainte-Anne, éc. salines, m^in à vent; ruiss. *de la Fontaine-Sainte-Anne*, affl. de celui du Pont-de-Caden, et m^in à eau sur ce ruiss. c^ne de Surzur.

Sainte-Anne (Rue), à Hennebont; dite aussi rue *Anne.*

Sainte-Anne (Ruelle), à Lorient, faub. de Kerentrech.

Sainte-Apolline, font. c^ne de Campénéac.

Sainte-Apolline, chapelle isolée, c^ne de Treffléan.

Sainte-Avoie, vill. c^ne de Pluneret; dit aussi autrefois *Lotivy*, xviiie siècle (arch. comm. d'Auray). — Seigneurie.

Sainte-Barbe, vill. c^ne d'Arradon.

Sainte-Barbe, éc. et écluse sur l'Ével, c^ne de Baud.

Sainte-Barbe, h. c^ne du Faouët.

Sainte-Barbe, chapelle isolée, c^ne de Larré.

Sainte-Barbe, vill. c^ne de Plouharnel. — *Penenploe*, 1442 (sénéch. d'Auray). — *Pen-er-Bloué*, xviie siècle (*ibid.*). — *Kernézan*, xviiie siècle (*ibid.*).

Sainte-Barbe, chapelle isolée et écluse sur le Blavet, c^ne de Quistinic.

Sainte-Brigitte, c^ne de Cléguérec.

 Trève de la par. de Cléguérec. — Distr. de Pontivy.

Sainte-Brigitte, chapelle isolée, c^ne de Landévant; ruiss. dit aussi *Gouarch-en-tri-Paresses*, *du Pont-de-Sulierno* et *du Moulin-du-Palais*, affl. de l'Étel, qui arrose Languidic, Nostang et Landévant.

Sainte-Brigitte, chapelle isolée, lande et vill. *de la Lande-de-Sainte-Brigitte*, c^ne de Naizin.

Sainte-Brigitte (Rue), au vill. de Merville, c^ne de Lorient.

Sainte-Catherine, chapelle isolée, c^ne d'Augan.

Sainte-Catherine, rue et chapelle à Hennebont. — Seigneurie.

Sainte-Catherine, éc. c^ne de Lizio. — Établissement de chevaliers de Saint-Jean de Jérusalem, autref. Templiers.

Sainte-Catherine, île dans la rade de Lorient, c^ne de Riantec, auj. réunie à la terre-ferme; pass. de Riantec à Lorient. — *Sainte-Catherine de* (aliàs *sur*) *Blavet*, xve siècle (récollets du Port-Louis). — Communauté de récollets annexée, en 1681, à celle du Port-Louis, qui transforma en hospice à son usage les bâtiments de Sainte-Catherine, auj. détruits.

Sainte-Catherine (Place), à Vannes.

Sainte-Catherine (Ruelle), à Lorient, faub. de Kerentrech.

Sainte-Christine, f. et bois, c^ne de Locmalo. — Prieuré; seigneurie.

Sainte-Croix, vill. c^ne de Béganne.

Sainte-Croix, rue et faub. à Josselin; pont sur l'Oust, dans la ville.

 Par. du doy. de Porhoët, à Josselin; prieuré membre de l'abb. de Saint-Sauveur de Redon. — Sénéch. de Ploërmel; subd. de Josselin.

Sainte-Croix (Lande de), c^ne de Monteneuf.

Sainte-Élisabeth, éc. c^ne de Theix.

Saint-Efflamme, h. c^ne de Kervignac.

Saint-Efflamme, vill. c^ne de Langoëlan.

Sainte-Geneviève, b. c^ne d'Inzinzac. — Seigneurie.

SAINTE-GENEVIÈVE, chapelle isolée, c^{ne} de Saint-Jean-Brévelay.

SAINTE-GENEVIÈVE, h. c^{ne} de Saint-Marcel.—Seigneurie.

SAINTE-HÉLÈNE, c^{on} du Port-Louis; pass. sur l'Étel, qui relie Sainte-Hélène et Locoal-Mendon; pointe *du Passage-de-Sainte-Hélène*, c^{ne} de Locoal-Mendon.

Trève de la par. de Locoal depuis 1781 (arch. comm. de Sainte-Hélène), désignée aussi quelquefois sous le nom de paroisse *de Locoal-Hennebont*, et subd. d'Hennebont : voy. LOCOAL. — Distr. d'Hennebont.

SAINTE-HÉLÈNE, chapelle isolée, c^{he} de Bubry.

SAINTE-HÉLÈNE, chapelle isolée, c^{ne} de Surzur.

SAINTE-HERVEZEN, vill. c^{ae} de Lignol. — *Saint-Terguezen*, 1414 (princip. de Rohan-Guémené). — *Saint-Arvezen*, 1418 (*ibid.*). — *Saint-Arguezen*, 1429 (*ibid.*).

SAINTE-JEANNE, vill. éc. dit *Loge Sainte-Jeanne*, et ruiss. affl. de celui du Moulin-du-Duc, c^{ne} du Saint.

SAINTE-JULIENNE, h. et lande, c^{ae} de Gourin.

SAINTE-JULITTE, h. c^{ne} d'Ambon.

SAINT-ÉLÉRAN, h. c^{he} de Languidic. — *Saint-Elenan*, 1385 (abb. de la Joie). — *Saint-Telenan*, 1415 (*ibid.*). — *Saint-Tellennen*, 1419 (*ibid.*). — *Saint-Enenan*, 1451 (*ibid.*).

SAINT-ÉLIAU, vill. lande et éc. *de la Lande-de-Saint-Éliau*, c^{ue} de Bubry.

SAINT-ÉLOI, vill. c^{ne} de Guiscriff.

SAINT-ÉLOI, h. c^{ae} de Quéven.

SAINT-ÉLOI (LE), ruiss. et pont sur ce ruiss. reliant Napoléonville et Neulliac. — Voy. STANG-EN-LOUARN.

SAINT-ÉLOI (LE), ruiss. dit aussi *de Brohel*, *des Ferrières*, *du Moulin-de-Cadillac*, *de Kervily*, *de Cohignac*, *de Saint-Vincent*, *de Pénesclus*, *du Moulin-de-la-Grée-Bourgerel*, *du Moulin-de-Castelly* et *de Cléguer;* il arrose Sulniac, Berric, Questembert, Noyal-Muzillac, Muzillac, Billiers et Ambon, où il se jette dans l'Océan par l'étier de Billiers.

SAINTE-LUCIE, caserne de douanes, c^{ne} de Muzillac.

SAINTE-MARGUERITE, h. c^{ne} de Locoal-Mendon.

SAINTE-MARGUERITE, croix, c^{ne} de Pleugriffet.

SAINTE-MARGUERITE, vill. c^{ne} de Sulniac; dit aussi autref. *Lesnué*, XVIIIe siècle (présid. de Vannes).

SAINTE-MARGUERITE (RUE), à Lorient, faub. de Kerentrech; dite autref. *des Agriculteurs*, puis *du Blanc*.

SAINTE-MARIE, chapelle isolée, c^{ne} de Caden.

SAINTE-MARIE, éc. c^{ue} d'Hennebont.

SAINTE-NOYALE, vill. pont sur le Saint-Niel, font^{es} et ruiss. *des Fontaines-de-Sainte-Noyale*, affl. du Kerrous, c^{he} de Noyal-Pontivy. — *Saint-Noyalguen*, 1373 (duché de Rohan-Chabot).— *Noyalguen*, *par.* 1387 (chap. de Vannes). — *Sainte-Noyale*, 1478 (duché de Rohan-Chabot). — *Sainte-Noialle*, 1502

(*ibid.*). — Chef-lieu de la par. de Noyal-Pontivy au XIVe et au XVe siècle (chap. de Vannes).

SAINTE-ONENNE, font. c^{ne} de Tréhorenteuc.

SAINTE-PRICE, h. c^{ne} de Melrand.

SAINTE-REINE, chapelle isolée, et ruiss. dit aussi *de Launay-Salmon* et *de la Mare-de-Caradeu*, affl. du Moulinet, c^{ne} de Beignon.

SAINT-ERNAN, vill. c^{ne} de Nostang. — *Saint-Hernan*, 1505 (abb. de la Joie). — Seigneurie.

SAINT-ERVEN, vill. et ruiss. *de la Fontaine-de-Saint-Erven*, affl. du Kerguéris, c^{ne} de Plouay.

SAINT-ESPRIT (RUE DU), à Auray.

SAINTE-SUZANNE, éc. c^{ne} de Bignan.

SAINTE-SUZANNE, vill. et lande, c^{ne} de Questembert; ruiss. voy. CADEN (RUISSEAU DU PONT-DE-).

SAINT-ÉTIENNE, vill. c^{ne} de Cléguer.

SAINT-ÉTIENNE, vill. et h. dit *Prieuré-de-Saint-Étienne*, c^{ne} de Guer.—Prieuré, membre de l'abb. de Paimpont.

SAINT-ÉTIENNE, vill. et ruiss. affl. de celui du Pont-du-Roch, c^{ne} de Languidic.

SAINT-ÉTIENNE, chapelle isolée, c^{ne} de Malguénac.

SAINTE-TRÉPHINE, vill. c^{ne} de Napoléonville; ruiss. voy. TALIN.

SAINT-EUGÈNE ou SANT-SUEHAN, chapelle isolée, c^{ne} de Locmalo.

SAINT-EUTROPE, vill. c^{ue} d'Allaire. — Seigneurie.

SAINTE-ZÉPHIRINE, chapelle isolée, c^{ne} de Réminiac.

SAINT-FELAN, vill. c^{ne} de Silfiac.—*Sainct Felan*, 1251 (D. Morice, I, 950). — *Saint-Fezglan*, 1421 (princip. de Rohan-Guémené). — *Saint-Fezlan*, 1454 (*ibid.*).

SAINT-FIACRE, vill. lande et éc. *de la Lande-de-Saint-Fiacre*, c^{ne} de Baud.

SAINT-FIACRE, vill. c^{ne} du Faouët. — *Bourg de Saint-Fiacre*, XVIIe siècle (sénéch. de Gourin).

SAINT-FIACRE, vill. c^{ne} de Guidel.

SAINT-FIACRE, h. c^{he} de Malansac. — Seigneurie.

SAINT-FIACRE, vill. c^{ne} de Melrand.

SAINT-FIACRE, h. c^{he} de Plunerel. — Appelé aussi, au XVIIIe siècle, *Keralbaud* (sénéch. d'Auray).

SAINT-FIACRE, vill. c^{ne} de Radenac; pont [voy. CRÉNY]. — Chapelle et hôpital *Saint-Fiacre*, à *Châteaumabon-en-Radenac*, 1460 (duché de Rohan-Chabot). — *Bourg de Saint-Fiacre-Châteaumabon*, XVIIIe siècle (chap. de Vannes).

Le nom de la chapelle Saint-Fiacre paraît avoir été substitué à celui du bourg de Châteaumabon, dans lequel elle se trouvait. — Seigneurie et manoir de *Châteaumabon*.

SAINT-FIACRE, chapelle isolée, c^{he} de Tréal.

SAINT-FRANÇOIS (RUE), à Lorient, faub. de Kerentrech.

Saint-François (Rue): voy. Noé (Rue) et anc. porte à Vannes, qui n'existe plus. Cette porte, dite aussi *porte Mariolle*, était pratiquée dans les anciens murs dits *murs sarrasins*, xiv° siècle (cordeliers de Vannes).

Saint-Galles, éc. c^ne d'Arradon.

Saint-Gentien, font. et pont sur le ruiss. des Perrières, c^ne de Pluherlin.

Saint-Georges, font. c^ne de Baden.

Saint-Georges, vill. et ruiss. dit aussi *Goah-Rohellec*, affl. du Camblen, c^ne de Guern.

Saint-Georges, vill. c^ne de Lanvénégen.

Saint-Georges, h. c^ne de Meslan.

Saint-Georges, chât. f^e, m^in à vent et m^in à eau sur le ruiss. de ce nom, c^ne de Nostang; ruiss. *du Moulin-de-Saint-Georges* : voy. Kerlivio. — Seigneurie; manoir.

Saint-Gérand, c^ne de Napoléonville. — *Saint-Gelan*, 1406 (duché de Rohan-Chabot). — *Bois de Saint-Gelan*, 1545 (*ibid.*).
Trève de la par. de Noyal-Pontivy. — Distr. de Pontivy.

Saint-Germain, chapelle isolée, c^ne de Berné.

Saint-Germain, vill. c^ne d'Elven. — *Sanctus Germanus de Pibidan*, xii° siècle (prieuré de Trédion). — *Bourg de Saint-Germain*, 1559 (chât. de Kerfily).

Saint-Germain, vill. et m^in à vent, c^ne d'Erdeven.

Saint-Germain, h. c^ne de Langonnet.

Saint-Germain, chapelle isolée, c^ne de Languidic.

Saint-Germain, vill. c^ne de Séglien. — Siége de la chapelle tréviale de *Lescharlins* (ou *Leshernin; Saint-Germain serait une corruption de Saint-Hernin*).
Trève de *Lesernin*, 1411 (princip. de Rohan-Guémené). — *Treffleshernin*, par. 1436 (*ibid.*). — En résumé, trève de la par. de Séglien, anc^e paroisse.

Saint-Géron (Rue), à Hennebont; appelée aussi, par corruption, *Saint-Jérôme*.

Saint-Gicquel, chapelle isolée, c^ne de Campénéac.

Saint-Gicquel, pont et m^in à eau sur le Ninian, c^ne de la Trinité-Porhoët; rue au bourg.

Saint-Gildas, chapelle isolée, c^ne de Bieuzy. — Prieuré appelé aussi *Saint-Gildas-de-Blavet*, membre de l'abb. de Saint-Gildas-de-Rhuis. — Seigneurie.

Saint-Gildas ou Locqueltas, h. c^ne de Bubry. — *Locus Gyldasii, villa*, 1282 (abb. de la Joie).

Saint-Gildas, vill. bois, f. et m^in à vent, c^ne de Caden. — Seigneurie.

Saint-Gildas, c^ne de Groix. — Voy. Locqueltas.

Saint-Gildas, vill. c^ne de Guégon.

Saint-Gildas, font. c^ne de Gueltas.

Saint-Gildas, font. c^ne de Pénestin.

Saint-Gildas, font. c^ne de Plaudren.

Saint-Gildas, chapelle isolée, c^ne de Rieux.

Saint-Gildas (Rue), à Auray, dans la par. de ce nom (xviii° siècle), allant de l'église paroiss. au Saint-Esprit.
Par. du doy. de Pont-Belz, anciennement en la par. de Brech; prieuré, membre de l'abb. de Saint-Gildas-de-Rhuis. — Sénéch. et subd. d'Auray.

Saint-Gildas-de-Rhuis, c^ne de Sarzeau; presqu'île [voy. Rhuis] et basse sur l'Océan. — *Saint-Guydas*, 1356 (abb. de Saint-Gildas-de-Rhuis). — *Saint-Guedas-de-Ruys*, 1372 (*ibid.*). — La commune a porté pendant quelque temps, à la Révolution, le nom d'*Abeilard*.
Par. du territ. de Vannes, appelée jusque vers 1781 *Saint-Goustan-de-Rhuis*, puis *Saint-Goustan-de-Locqueltas-Rhuis*, et enfin *Saint-Gildas-de-Rhuis* (arch. comm. de Saint-Gildas). Vers 530, saint Gildas fonda en ce lieu un monastère qui, ruiné par les Normands au x° siècle, fut rétabli en 1008 par les soins de saint Félix, sous les auspices du duc de Bretagne Geoffroy Ier; c'était une abbaye de l'ordre de Saint-Benoît, dont la mense fut, en 1772, réunie à l'évêché de Vannes. — Sénéch. et subd. de Rhuis. — Distr. de Vannes.

Saint-Gilles, chapelle du cimetière de Guémené.

Saint-Gilles, vill. partie c^ne d'Hennebont, partie c^ne de Languidic; ruiss. affl. du Blavet, qui arrose ces deux communes; m^in à vent, c^ne d'Hennebont.
Auj. par. dépendant en partie de la c^ne d'Hennebont; autref. trève de Saint-Gilles-Hennebont, sous le nom de *Saint-Gilles-les-Champs; Saint-Gilles-sur-Champs* ou *Saint-Gilles-des-Champs*. On la trouve pendant longtemps désignée elle-même comme paroisse et sous le vocable de *Saint-Gilles-Hennebont*, à l'époque où la paroisse de ce dernier nom portait celui de sa nouvelle église, *Notre-Dame-de-Paradis*; ce n'est que depuis 1782 qu'elle prit définitivement le nom de *Saint-Gilles-des-Champs* (arch. comm. d'Hennebont).

Saint-Gilles, chapelle isolée, c^ne du Saint.
Anc. prieuré, membre de l'abb. de Sainte-Croix de Quimperlé, connu sous le nom de *Saint-Gilles-de-Pont-Briand*, à cause du voisinage du village de Pont-Briand.

Saint-Gilles-de-Malestroit, paroisse: voy. Malestroit; pont: voy. Ponts (Les).

Saint-Gilles-Hennebont, nom d'une des par. d'Hennebont, par opposition à *Saint-Gilles-des-Champs*, sa trève. — L'église paroissiale appelée aussi, de 1553 à 1590, *Saint-Gilles-Trémoec-près-Hennebont* ou *lès-les-Murs-d'Hennebont* (elle était, en effet, en dehors de la ville close); transférée en 1590 à la chapelle Notre-Dame-*de*-Paradis, devenue par corruption, depuis la Révolution, Notre-Dame-*du*-Paradis (arch. comm. d'Hennebont). — *Sanctus Egidius prope Henbont, par.* 1387 (chap. de Vannes). Cette par. était dans le doy. de Pont-Belz au xviiie siècle, et antérieurement dans le terr. de Vannes. — Sénéch. et subd. d'Hennebont.

Saint-Gobrien, chapelle isolée, c^ne de Camors.

Saint-Gobrien, vill. partie c^ne de Saint-Servant, partie c^ne de Guillac; pont sur l'Oust, reliant ces deux communes. — *Bourg de Saint-Gobrien*, xviiie siècle.

Saint-Gobrien (Rue), à Rohan.

Saint-Gonnant, h. c^ne de Caro. — Seigneurie.

Saint-Gonnery, c^on de Napoléonville. — *Sanctus Gonnery*, 1264 (duché de Rohan-Chabot). — *Saent-Goneri*, 1265 (D. Morice, I, 996). — *Sanctus Gonerius*, 1387 (chap. de Vannes).

Par. du doy. de Porhoët. — Sénéch. de Ploërmel; subd. de Pontivy. — Distr. de Pontivy.

Saint-Gorgon, c^on d'Allaire; m^in à vent, dans la commune.

Trève de la par. d'Allaire. — Seigneurie. — Distr. de Rochefort.

Saint-Gourlais, vill. c^ne de Muzillac.

Saint-Goustain, vill. c^ne de Quistinic.

Saint-Goustan, faub. d'Auray; port sur la riv. d'Auray, dit aussi *Grand Port*; pont [voy. Auray]. — *Sanctus Gulstanus de Alrayo*, 1387 (chap. de Vannes). — *Saint-Goustaen*, 1389 (duché de Rohan-Chabot).

Par. du territ. de Vannes, dite quelquefois *Saint-Sauveur*, du vocable de son église. — Sén. et subd. d'Auray.

Saint-Goustan, vill. c^ne de Theix.

Saint-Golvry, c^on de Rohan. — *Sanctus Gobricius*, 1387 (chap. de Vannes). — *Saint-Govri*, 1422 (*ibid.*).

Anc. trève de la par. de Rohan, devenue paroisse du doy. de Porhoët. — Sénéch. de Ploërmel; subd. de Pontivy. — Distr. de Josselin.

Saint-Gouvry (Rue de), à Rohan.

Saint-Gravé, c^on de Rochefort. — *Santa Gravida*, 1387 (chap. de Vannes). — *Sanctus Gravidus*, 1516 (*ibid.*).

Par. du territ. de Rieux. — Sénéch. de Ploërmel; subd. de Redon. — Distr. de Rochefort.

Saint-Gravé, f. c^ne de Trédion. — *Sanctus Gravius*, xiie siècle (prieuré de Trédion).

Saint-Guen, vill. c^ne de Baud.

Saint-Guen, vill. c^ne de Guénin.

Saint-Guen, vill. pont sur le Pont-Rouge, bois et lande, c^ne de Saint-Tugdual. — *Senguen*, 1460 (princip. de Rohan-Guémené).

Anc. trève de la par. de Saint-Tugdual.

Saint-Guen, vill. c^ne de Vannes. — *Sanctis Albis (Prioratus de)*, 1454 (canonisation de saint Vincent-Ferrier).

Prieuré en la par. de Saint-Patern, membre de l'abb. de Saint-Gildas-de-Rhuis. — Seigneurie.

Saint-Guénaël, vill. c^ne de Caudan. — Prieuré, membre de l'abb. de Saint-Gildas-de-Rhuis.

Saint-Guénaël, vill. c^ne de Cléguer. — Seigneurie.

Saint-Guénaël, vill. et port sur la baie de Quiberon, c^ne de Plouharnel.

Saint-Guénaël, chapelle isolée, font. et ruiss. *de la Fontaine-Saint-Guénaël*, affl. de celui du Pont-du-Moustoir, c^ne de Pluvigner.

Saint-Guénael (Rue), à Vannes; dite aussi autrefois rue *de la Paix*.

Saint-Guénin, chapelle isolée, c^ne de Plouray.

Saint-Guénolé, éc. c^ne de Langonnet.

Saint-Guénin, vill. et pont sur le ruiss. de la Lande-de-Kerallan, c^ne de Brech. — Le vill. appelé aussi autrefois *Digantel*, xviiie siècle (sénéch. d'Auray).

Saint-Guénin, vill. et pointe sur l'Océan, c^te de Damgan.

Saint-Guignolet, chapelle isolée, c^ne de Gourin.

Saint-Guignolet, chapelle isolée, c^ne de Priziac.

Saint-Guillaume, font. c^ne de Monteneuf.

Saint-Guillaume, chapelle isolée, c^ne de Plouhinec.

Saint-Guixel, vill. c^ne de Mauron.

Saint-Glivray (Le Grand et le Petit), h. c^ne de la Croix-Helléan. — Seigneurie.

Saint-Gurval, ruiss. dit aussi *du Pont-Minier*, affl. de l'Oyon, et pont sur ce ruiss. c^ne de Guer.

Saint-Gurval (Rue), à Guer.

Saint-Guyomard, c^on de Malestroit. — *Saint-Dyomar*, 1542 (chât. de Kerfily).

Trève de la par. de Sérent, dite aussi *Saint-Maurice*. — Distr. de Ploërmel.

Saint-Guyon, chapelle isolée et lande, c^ne de Pluvigner.

Saint-Hernec, vill. c^ne de Priziac. — *Saint-Lenec*, 1394 (princip. de Rohan-Guémené). — *Saint-Hernec*, 1459 (*ibid.*).

Saint-Hervé, h. et ruiss. *de la Fontaine-Saint-Hervé*, affluent de celui de Brulé, c^ne de Bubry.

Saint-Hervé, vill. c^ne de Gourin.

Saint-Hilaire, vill. c^ne de Pluméliau.

Saint-Houarno, vill. et pont sur le Scorff, c^ne de Langoëlan.

Saint-Huel, chât. bois et chaussée, c^ne de Lorient; f^t, partie c^ne de Lorient, partie c^ne de Plœmeur. — *Saint-Uhel*, xviiie siècle (arch. comm. de Plœmeur). — Seigneurie; manoir.

Saint-Huel (Rue de), à Lorient, faub. de Kerentrech.

Saint-Idult, h. c^ne de Ploërdut. — *Saint-Yllud*, 1449

(princip. de Rohan-Guémené). — *Saint-Dulut*, 1477 (*ibid.*).

SAINT-IGER, vill. c^ne de Ménéac.

SAINT-IGNACE, chapelle isolée et ruiss. affl. du canal de Nantes à Brest, c^ne de Saint-Aignan.

SAINT-ILY, h. c^te de Baud. — Seigneurie.

SAINT-INIPER, h. c^ne de Plouay.

SAINT-ISIDORE, chapelle isolée, lande et ruiss. affl. de celui d'Estuer, c^ne de Bréhan-Loudéac.

SAINT-ISIDORE, h. c^ne de Caudan.

SAINT-ISIDORE, éc. c^ne de Muzillac.

SAINT-ISIDORE (RUE), à Lorient, faub. de Kerentrech.

SAINT-IVY (RUE), à Napoléonville.

SAINT-JACOB, h. c^ne des Fougerêts. — Chapellenie désignée quelquefois sous le titre de prieuré.

SAINT-JACQUES, chapelle isolée, c^ne de Brech.

SAINT-JACQUES, éc. chapelle et m^in à vent, c^ne de Carentoir.

SAINT-JACQUES, section de la c^ne de Plœren.

SAINT-JACQUES ou LA GRÉE-SAINT-JACQUES, vill. pointe et basse sur l'Océan, c^ne de Sarzeau ; plateau s'étendant sur les côtes de Sarzeau et de Saint-Gildas-de-Rhuis. — Prieuré.

SAINT-JACQUES, section de la c^ne de Sérent.

SAINT-JACQUES (RUE), à Josselin ; dite aussi autref. *Bourg de Saint-Jacques*, 1475 (chât. de Talhouet). — Prieuré, anc. hôpital, au dioc. de Saint-Malo.

SAINT-JACQUES (RUE), à Vannes. — Voy. HALLES (RUE DES).

SAINT-JACUT, c^on d'Allaire. — *Sanctus Jacutus*, 1387 (chap. de Vannes). — *Saint-Jagu*, 1424 (chât. de Castellan). — *Saint-Jégu*, 1486 (chât. du Vaudequip).

Par. du territ. de Rieux. — Sénéch. de Ploërmel (anc^t Vannes); subd. de Redon. — Distr. de Rochefort.

SAINT-JAMES, h. et éc. dit *Cour de Saint-James*, c^ne de Nivillac. — Prieuré, membre de l'abb. de Saint-Gildas-des-Bois, dit aussi *Saint-Jacques*. — Seigneurie.

SAINT-JAMES (RUE DE), à la Roche-Bernard.

SAINT-JEAN, chapelle. — Voy. LÉZURGAN.

SAINT-JEAN, chapelle isolée, c^ne de Bieuzy.

SAINT-JEAN, f. et ruiss. c^ne de Campénéac. — Seigneurie.

SAINT-JEAN, chapelle isolée, lande, éc. *de la Lande-de-Saint-Jean ; ruiss. dit aussi de la Ferté, de Votengazec-Mein, du Guernic et de Pontouard*, affl. du canal de Nantes à Brest, et pont sur ce ruisseau, c^ne de Cléguérec.

SAINT-JEAN, chapelle isolée et ruiss. affl. du Crach, c^ne de Crach.

SAINT-JEAN, vill. c^ne du Faouët. — Établissement de chevaliers de Saint-Jean de Jérusalem, annexe de la comm^rie du Faouët.

SAINT-JEAN, font. c^ne de Groix.

SAINT-JEAN, chapelle, bois et lande, c^ne de Guer.

SAINT-JEAN, vill. c^ne de Guern.

SAINT-JEAN, font. et ruiss. *de la Fontaine-Saint-Jean*, affl. de celui du Moulin-de-Cabrec, c^ne d'Inguiniel.

SAINT-JEAN, vill. c^ne de Languidic.

SAINT-JEAN, h. c^ne de Locoal-Mendon.

SAINT-JEAN, vill. c^ne de Ploërmel. — Établissement de chevaliers de Saint-Jean de Jérusalem, connu sous le nom de *Saint-Jean-de-Ville-Nard*, à cause du voisinage du vill. de la Ville-Nard. — Seigneurie.

-SAINT-JEAN, pont sur le Scorff, reliant Pontscorff et Cléguer.

SAINT-JEAN, vill. et pont sur le Tohon, c^ne de Questembert. — Établissement de chevaliers de Saint-Jean de Jérusalem.

SAINT-JEAN, font. et ruiss. *de la Fontaine-Saint-Jean*, affluent du Croisty, c^ne de Saint-Tugdual. — Établissement de chevaliers de Saint-Jean de Jérusalem sous le nom de *Saint-Jean-du-Croisty*, annexe de la comm^rie du Croisty dans la même paroisse.

SAINT-JEAN, chapelle isolée, c^ne de Séglien.

SAINT-JEAN (PORTE et RUE), à Vannes; la rue dite aussi *de la Porte-Saint-Jean*. — Voy. NORD (PORTE et RUE DU).

SAINT-JEAN-BRÉVELAY, arrond. de Ploërmel. — La voie romaine de Vannes à Corseul porte, dans la traversée de Saint-Avé, le nom de *Vieux Grand Chemin de Saint-Jean-Brévelay*. — *Saint-Jean*, bourg et paroisse, 1392 (abb. de la Joie). — *Par. de Saint-Jehan*, 1461 (chap. de Vannes). — *Saint-Jehan-Brévellay*, 1542 (chât. de Callac).

Par. du doy. de Porhoët. — Seigneurie. — Sén. de Ploërmel; subd. de Vannes. — Distr. de Josselin ; chef-lieu de c^on depuis l'an x seulement.

SAINT-JEAN-DE-LA-BANDE, chapelle, c^ne de Pluherlin. — Voy. BANDE (LA).

SAINT-JEAN-DE-LA-BOUCHERIE (RUE), à Vannes. — Voy. VÉRITÉ (RUE DE LA).

SAINT-JEAN-DES-BOIS, vill. c^ne de Ruffiac.

SAINT-JEAN-DES-LANDES, éc. c^ne de Saint-Dolay.

SAINT-JEAN-DES-MARAIS, vill. c^ne de Saint-Jean-la-Poterie. — Trève de la par. de Rieux.

SAINT-JEAN-DES-PRÉS, anc. abbaye et f. c^te de Guillac. — L'abbaye, de l'ordre de Saint-Augustin, passait pour avoir été fondée au xie siècle par les comtes de Porhoët.

SAINT-JEAN-DU-POTEAU, vill. c^ne de Plumelin.

SAINT-JEAN-LA-POTERIE, c^on d'Allaire.

SAINT-JÉRÔME (RUE), à Hennebont. — Voy. SAINT-GÉRON (RUE).

SAINT-JORY (PORTE), à Napoléonville. — Voy. NOYAL (PORTE DE).

SAINT-JORY (RUE), à Napoléonville: dite aussi autref. *de*

la Porte-Saint-Jory, au xviii° siècle *Saint-Joly*. —
— Seigneurie; manoir où s'établirent les ursulines, et dans lequel est auj. le lycée.

Saint-Joseph, h. c^ne de Pleucadeuc.

Saint-Joseph, chapelle isolée, c^ne de Ploërmel.

Saint-Joseph, chapelle isolée, c^ne de Sérent.

Saint-Joseph (Le Haut et le Bas), h. f. dite *Retenue de Saint-Joseph* ou *Lépinay*, et bois, c^ne de Guer.

Saint-Jouan, éc. et m^in à eau sur l'Oust, c^ne de Guillac.

Saint-Jude, vill. c^ne de Plœmeur.

Saint-Jugon, chapelle isolée, c^ne de la Gacilly.

Saint-Julien, éc. et m^in à vent, c^ne de Baden.

Saint-Julien, chapelle isolée, c^ne de Baud.

Saint-Julien, h. et m^in à vent, dit aussi *du Ballon*, c^ne de Brech.

Saint-Julien, h. c^ne de Bréhan-Loudéac.

Saint-Julien, chapelle isolée, c^ne de Carentoir.

Saint-Julien, faub. rue et porte qui n'existe plus, à Malestroit, mentionnés en 1497 (fabr. de Malestroit).

Saint-Julien, fort, c^ne du Palais.

Saint-Julien, chapelle isolée, c^ne de Peillac.

Saint-Julien, h. c^ne de Pluvigner.

Saint-Julien, vill. m^in à vent et basse sur la baie de Quiberon, c^ne de Quiberon.

Saint-Julien, anc. rue et chapelle, à Vannes.

Saint-Just, h. c^ne de Bignan.

Saint-Just, vill. et ruiss. affl. du Saint-Éloi, c^ne de Sulniac.

Saint-Lalue, croix, c^ne d'Inguiniel.

Saint-Laurent ou Saint-Laurent-de-Grée-Neuve, c^on de Rochefort; ruiss. dit *Étier-de-Saint-Laurent*, affl. du Guidecourt; pont sur le Guidecourt, et lande *du Pont-de-Saint-Laurent*, dans la commune. — *Grennec*, 1422 (chap. de Vannes). — *Saint-Lorans-de-Greneuc*, 1433 (chât. de Kerlily).

Par. du territ. de Rieux; faisait partie du doy. de Carentoir au xv° siècle. — Sénéch. de Ploërmel; subd. de Malestroit. — Distr. de Rochefort.

Saint-Laurent, vill. c^ne de Campénéac.

Saint-Laurent, h. lande et ruiss. affl. du Loch. c^ne de Grand-Champ.

Saint-Laurent, chapelle isolée, c^ne de Guidel.

Saint-Laurent, h. c^ne de Josselin.

Saint-Laurent, h. c^ne de Kervignac.

Saint-Laurent, chapelle isolée, c^ne de Landévant; ruiss. affl. du Pont-Guillemin, qui arrose Landévant et Pluvigner; pont sur ce ruiss. reliant ces deux c^nes.

Saint-Laurent, vill. c^ne de Melrand.

Saint-Laurent, éc. c^ne de Muzillac.

Saint-Laurent, vill. et m^in à vent, c^ne de Plœmel.

Saint-Laurent, chapelle isolée, c^ne de Saint-Jacut.

Saint-Laurent, vill. étang, bois et font. *du Bois-de-*

Saint-Laurent, c^ne de Séné. — *Lestrenic*, chât. 1456 (lettres du duc Pierre II). — Seigneurie; manoir.

Saint-Laurent, vill. c^ne de Silfiac.

Saint-Laurent-de-Grée-Neuve ou de Grénelc, c^ne. — Voy. Saint-Laurent.

Saint-Léno, vill. c^ne de Lanouée.

Saint-Léon, vill. c^ne de Languidic.

Saint-Léon, île sur l'Océan, contenant un h. et un marais salant, c^ne de Riantec. — *Saint-Louan*, 1505 (abb. de la Joie).

Saint-Léonard, éc. c^ne de Saint-Martin. — Il y avait autrefois un prieuré de femmes, membre de l'abb. de Saint-Sulpice de Rennes.

Saint-Léonard, vill. partie c^ne de Theix, partie c^ne de Séné; ruiss. qui arrose Vannes, Theix et Séné, où il se jette dans la baie du Morbihan; pont sur ce ruiss. reliant ces trois communes; m^in à vent et lande *du Moulin-à-Vent-de-Saint-Léonard*, c^ne de Theix. — Prieuré, en Theix.

Saint-Léonard, prieuré — Voy. Quelhuit.

Saint-Léry, c^on de Mauron.

Par. du doy. de Montfort, dioc. de Saint-Malo. — Seigneurie; manoir. — Sénéch. de Ploërmel; subd. de Montauban. — Distr. de Ploërmel.

Saint-Leufroy, vill. c^ne de Péaule.

Saint-Lévenec, vill. c^ne de Plouay.

Saint-Lienne, chapelle isolée, font. et m^in à vent, c^ne de Théhillac.

Saint-Louet, éc. c^ne de Monterrein.

Saint-Louis, chapelle isolée, c^ne de Limerzel.

Saint-Louis, place à Lorient, appelée de 1789 à 1817 place *aux Légumes et au Poisson;* impasse et rue dans la même ville, faub. de Kerentrech. — Par. *Saint-Louis de Lorient:* voy. Lorient.

Saint-Louis, h. c^ne de Sulniac.

Saint-Lucas, h. et bois, dit *Grand Bois de Saint-Lucas*, c^ne de Plescop. — *Saint-Ducat*, 1531 (chap. de Vannes). — Seigneurie.

Saint-Macenne, vill. et pont sur le ruiss. de ce nom, c^ne de Saint-Thurian; ruiss. *du Pont-Saint-Macenne:* voy. Signan.

Saint-Mahé, éc. c^ne de Treffléan.

Saint-Malo, chapelle isolée, c^ne d'Augan.

Saint-Malo, font. c^ne d'Augan.

Saint-Malo, éc. c^ne de Guégon.

Saint-Malo, éc. en ruines, c^ne de Lizio.

Saint-Malo, h. c^ne de Loyat.

Saint-Malo, f. c^ne de Ploërmel. — Seigneurie.

Saint-Malo (Porte de), à Napoléonville (n'existe plus): dite aussi *de Dinan*, 1682 (duché de Rohan-Chabot).

Saint-Malo-de-Beignon, c^on de Guer; lande et m^in à eau sur le ruiss. de ce nom, dans la commune. —

Sanctus-Masloo de Biduinono, ecclesia, 1062 (cart. de Redon). — *Sanctus-Maclovius de Bedano*, 1409 (fabr. de Taupont). — Château, résidence d'été de l'évêque de Saint-Malo, qui y avait une cour de régoires; anc. manoir.

Par. du doy. de Beignon. — Sénéch. de Ploërmel; subd. de Plélan. — Distr. de Ploërmel.

SAINT-MALO-DE-BEIGNON (RUISSEAU DE), dit aussi *du Moulinet, de la Foye* et *du Gué-des-Chevaux*, affl. de l'Aff; il arrose Campénéac, Beignon, Guer et Saint-Malo-de-Beignon.

SAINT-MALO-DES-TROIS-FONTAINES, cⁿᵉ de la Trinité-Porhoët; ruiss. affl. du Ninian, dans la commune.

SAINT-MALO-DU-RUISSEAU, éc. cⁿᵉ de Saint-Dolay.

SAINT-MAMERT, vill. cⁿᵉ d'Ambon.

SAINT-MARC, font. cⁿᵉ de Baden.

SAINT-MARC, vill. et lande, cⁿᵉ de Bréhan-Loudéac.

SAINT-MARC, vill. et bois, cⁿᵉ de Guer.

SAINT-MARC, port, pointe et batterie sur l'Océan, cⁿᵉ de Locmaria; corps de garde et grotte, cⁿᵉ de Bangor.

SAINT-MARC, chapelle isolée, cⁿᵉ de Mauron.

SAINT-MARC, chapelle isolée, cⁿᵉ de Mohon.

SAINT-MARC, f. cⁿᵉ de Pleucadeuc; lande, cⁿᵉ de Saint-Congard. — Chapellenie de Saint-Marc, dite aussi *des Quatre-Évangélistes;* cette chapellenie est désignée quelquefois sous le titre de prieuré appartenant au chapitre de Rochefort.

SAINT-MARC, chapelle isolée, cⁿᵉ de Saint-Aignan; ruiss. voy. COUROULO.

SAINT-MARCEL, anc' cⁿ de Questembert; récemment annexé au cⁿᵉ de Malestroit.

Par. du doy. de Porhoët. — Sénéch. de Ploërmel; subd. de Malestroit. — Distr. de Rochefort.

SAINT-MARCEL (RUE DE), à Malestroit; mentionnée en 1497 (fabr. de Malestroit). — Voy. SAINTE-ANNE (RUE).

SAINT-MARTIN, cⁿ de la Gacilly.

Paroisse du terr. de Rieux, appelée vulgairement *Saint-Martin-sur-Oust*. — Seigneurie. — Sénéch. de Ploërmel; subd. de Malestroit. — Distr. de Rochefort.

SAINT-MARTIN, lande, cⁿᵉ d'Augan.

SAINT-MARTIN, croix, pont sur le ruiss. de ce nom et ruiss. *du Pont-de-Saint-Martin*, dit aussi *de Kernabo*, affl. du Pont-Rouge, cⁿᵉ de Ploërdut.

SAINT-MARTIN, chapelle isolée, cⁿᵉ de Rohan.

SAINT-MARTIN, vill. cⁿᵉ de Sarzeau.

SAINT-MARTIN (RUE), à Josselin.

Par. du doy. de Lanouée, dans la même ville; prieuré, membre de l'abb. de Marmoûtiers de Tours, fondé en 1105 par le vicomte de Porhoët. — Sénéch. de Ploërmel; subd. de Josselin.

SAINT-MARTIN (RUE), rues à Loyat et à Questembert.

SAINT-MARTIN (RUE), à Vannes. — Cette rue conduisait à des terrains dont l'ensemble, appelé *Fief de Saint-Martin*, appartenait autref. au prieuré de Saint-Martin de Josselin. — Voy. MOULIN (RUE DU).

SAINT-MATHIEU, vill. cⁿᵉ de Guidel.

SAINT-MATHURIN, chapelle isolée, cⁿᵉ de Beignon.

SAINT-MATHURIN, lande et vill. dit *Loges-de-la-Lande-Saint-Mathurin*, cⁿᵉ de Guiscriff.

SAINT-MATHURIN, h. cⁿᵉ de Plœmeur.

SAINT-MATHURIN, font. cⁿᵉ de Quistinic.

SAINT-MATHURIN, chapelle isolée, cⁿᵉ de Saint-Martin.

SAINT-MAUDAN, chapelle isolée, cⁿᵉ de Crédin.

SAINT-MAUDAN, lieu-dit dans le dép' des Côtes-du-Nord; deux ponts et un gué sur l'Oust, reliant Gueltas à ce département.

SAINT-MAUDÉ, éc. et ruiss. affl. de l'Ével, cⁿᵉ de Baud.

SAINT-MAUDÉ, vill. partie cⁿᵉ de la Croix-Helléan, partie cⁿᵉ d'Helléan.

SAINT-MAUDÉ, vill. lande et h. dit *Loges-de-la-Lande-de-Saint-Maudé*, cⁿᵉ de Guiscriff.

SAINT-MAUDÉ, h. cⁿᵉ de Persquen.

SAINT-MAUDÉ, éc. cⁿᵉ de Plœmeur. — Seigneurie.

SAINT-MAUDÉ, vill. cⁿᵉ de Plouray.

SAINT-MAUDET, chapelle isolée, cⁿᵉ de Peillac.

SAINT-MAUN, vill. cⁿᵉ de Langonnet.

SAINT-MAUN, chapelle isolée, cⁿᵉ de Languidic.

SAINT-MAUN, h. cⁿᵉ de Ploërmel.

SAINT-MAURICE, vill. cⁿᵉ d'Inguiniel; ruiss. *de la Fontaine-Saint-Maurice*, dit aussi *de la Fontaine-Saint-Thomas*, affl. du Hédennec, qui arrose Inguiniel et Lanvaudan.

SAINT-MAURICE, bois et chapelle isolée, cⁿᵉ de Saint-Guyomard. — Voy. SAINT-GUYOMARD.

SAINT-MÉEN, chapelle isolée, cⁿᵉ de Beignon.

SAINT-MÉEN, h. cⁿᵉ de la Chapelle; lande, cⁿᵉ de Montertelot; rocher dit *Grand Rocher de Saint-Méen*, à la limite de ces deux communes.

SAINT-MÉEN, h. pont sur l'Oyon, bois et lande, cⁿᵉ de Guer. — Seigneurie.

SAINT-MÉEN, vill. cⁿᵉ de Monteneuf; ruiss. voy. MARQUER (RUISSEAU DES NOÊS-).

SAINT-MÉEN, éc. cⁿᵉ de Plœmel. — Seigneurie.

SAINT-MÉEN, chapelle isolée, cⁿᵉ du Saint; elle a souvent donné son nom au vill. de Guermozéas, qu'elle avoisine.

SAINT-MÉEN, fontaine. — Voy. GERGUY (LE).

SAINT-MÉLAINE, pont sur l'Aff, reliant Guer au dép' d'Ille-et-Vilaine; h. et lande *du Pont-de-Saint-Mélaine*, cⁿᵉ de Guer.

SAINT-MELAINE, section de la cⁿᵉ de Rieux, renfermant le bourg où se trouvait le prieuré de ce nom.

SAINT-MÉLAN, ruiss. affl. du Kerouray; il arrose Guern.

Saint-Melan, chapelle isolée, c^{ne} de Lignol.

Saint-Mélard, h. c^{ne} de Napoléonville. — Seigneurie; manoir en la par. de Noyal-Pontivy.

Saint-Méléan, vill. c^{ne} de Porcaro.

Saint-Mélen, chapelle isolée, pont et éc. *du Pont-de-Saint-Mélen,* c^{ne} de Lanvénégen.

Saint-Melecc, croix, c^{ne} de Pleugriffet.

Saint-Ménec, vill. c^{ne} de Kergrist.

Saint-Mériadec, h. et lande, c^{ne} de Pluvigner. — Appelé aussi, au xviiie siècle, *Saint-Mériadec-de-la-Lande* (sénéch. d'Auray).

Saint-Michel, anc. rue d'Auray, par. de Saint-Gildas.

Saint-Michel, éc. c^{ne} de Baud.

Saint-Michel, h. c^{ne} de Béganne.

Saint-Michel, chapelle isolée sur un tumulus dit *Mont-Saint-Michel,* c^{ne} de Carnac.

Saint-Michel, chapelle isolée, c^{ne} de Guénin.

Saint-Michel, vill. partie c^{ne} de Guern, partie c^{ne} de Napoléonville; pont sur le Blavet, reliant ces deux communes (aujourd'hui détruit). —Trève de la par. de Guern.

Saint-Michel, vill. c^{ne} de Guidel.

Saint-Michel, port sur le Morbihan, c^{ne} de l'Île-aux-Moines.

Saint-Michel, île, contenant un fort, dans la rade et c^{ne} de Lorient, entre Plœmeur, Lorient et Riantec. — *Tanguethen, insula,* 1037 (D. Morice, I, 373). Chapelle de fondation du prieuré de Saint-Michel-des-Montagnes, situé en la par. de Plœmeur.

Saint-Michel, faub., rue, chemin dit *Douves-Saint-Michel,* et porte qui n'existe plus, à Malestroit.

Saint-Michel, h. c^{ne} de Péaule.

Saint-Michel, vill. c^{ne} de Plœmel.

Saint-Michel, chapelle isolée, c^{ne} de Ploërdut.

Saint-Michel, rue, place et chapelle à Pluvigner.

Saint-Michel, rue et chapelle à Questembert.

Saint-Michel, chapelle (c'était celle du prieuré de la Grée), éc. porte et rue, à Rochefort. — Voy. Grée-Saint-Michel (La).

Saint-Michel, chapelle isolée, c^{ne} de Saint-Avé.

Saint-Michel (Faubourg), à Ploërmel.

Saint-Michel (Place et Rue), à la Roche-Bernard.

Saint-Michel (Rue), à Josselin. — Anc. prieuré-cure, membre de l'abb. de Saint-Jean-des-Prés.

Saint-Michel (Ruisseau de la Noë-). — Voy. Fontaine-du-Bourg (Ruisseau de la).

Saint-Mogon, chât. f. et h. c^{ne} de Pleucadeuc. — Seigneurie; manoir.

Saint-Molvan, chapelle isolée, c^{ne} de Cléguérec.

Saint-Névec, vill. et ruiss. affl. du Hédennec, c^{ne} de Bubry.

Saint-Nénec, vill. c^{ne} de Lignol. — Seigneurie.

Saint-Nicodème, chapelle isolée, c^{ne} de Guénin.

Saint-Nicodème, chapelle isolée, c^{ne} de Ploërmel.

Saint-Nicodème, h. c^{ne} de Pluméliau.

Saint-Nicodème, vill. c^{ne} de Quéven. — *Locmaria-la-Rosée,* xviiie siècle (jurid. de Lorient).

Saint-Nicolas, pointe sur le Morbihan et ruines d'un couvent, c^{ne} d'Arzon.

Saint-Nicolas, vill. c^{ne} de Caden.

Saint-Nicolas, chapelle isolée, c^{ne} de Cléguer.

Saint-Nicolas, chapelle isolée et h. dit *Loges-Saint-Nicolas,* c^{ne} de Gourin.

Saint-Nicolas, font. c^{ne} de Grand-Champ.

Saint-Nicolas, port, pointe, deux corps de garde et ruiss. qui se jette dans l'Océan, c^{ne} de Groix.

Saint-Nicolas, font. c^{ne} de Guémené.

Saint-Nicolas, vill. et pont sur le ruiss. de ce nom, c^{ne} de Guer. — Prieuré, membre de l'abbaye de Marmoûtiers de Tours, annexé à celui de Saint-Nicolas de Ploërmel.

Saint-Nicolas, rue et place dite *Fraiche de Saint-Nicolas,* à Josselin; ponceau dit aussi *d'Aiguillon,* sur le ruiss. des Guinets, dans la ville; porte qui n'existe plus, 1562 (duché de Rohan-Chabot). Par. du doy. de Lanouée, à Josselin; prieuré, membre de l'abbaye de Saint-Gildas-de-Rhuis. — Sénéch. de Ploërmel; subd. de Josselin.

Saint-Nicolas, chapelle isolée, c^{ne} de Landévant.

Saint-Nicolas, vill. c^{ne} de Languidic.

Saint-Nicolas, chapelle isolée, c^{ne} de Malguénac.

Saint-Nicolas, place à Ploërmel. — *Grande Rue Saint-Nicolas :* voy. Grande Rue (La) : *Petite Rue Saint-Nicolas :* voy. Petite Rue (La).

Le quartier de Saint-Nicolas passe pour avoir été autref. le centre de la par. de Ploërmel, qui était, en effet, une ville close. — Prieuré, membre de l'abb. de Marmoûtiers de Tours, auquel furent annexés ceux de Trédion et de Saint-Nicolas de Guer.

Saint-Nicolas, chapelle isolée, pont sur l'Ellée et éc. *du Pont-Saint-Nicolas,* c^{ne} de Priziac.

Saint-Nicolas, f. c^{ne} de Réminiac.

Saint-Nicolas, vill. partie c^{ne} de Rochefort, partie c^{ne} de Pluherlin; ruelle dans le vieux bourg de Rochefort.

Saint-Nicolas, chapelle isolée, c^{ne} de Saint-Jean-Brévelay.

Saint-Nicolas, chapelle isolée, c^{ne} de Trédion.

Saint-Nicolas, anc. faub. de Vannes; rue : voy. Mené (Rue du); place ou carroir à l'une des extrémités de cette rue, pont sur le Rohan dans cette rue, et porte : voy. Prison (Ponts), même ville. — Hôpital.

Saint-Nicolas (Ruisseau de), dit aussi *de Choiseul, de Gauffro* et *de Tellian,* affl. de l'Aff; il arrose Monteneuf et Guer.

Saint-Nicolas-des-Eaux, vill. c^{ne} de Pluméliau; mⁱⁿ à eau sur le Blavet, c^{ne} de Bieuzy, et pont sur le même ruiss. reliant ces deux communes. — *Bourg de Saint-Nicolas*, 1682 (duché de Rohan-Chabot).

Trève de la par. de Pluméliau; prieuré dépendant, à l'origine, de l'abb. de Saint-Florent-le-Vieil sous le nom de *Saint-Nicolas-de-Castennec*, 1203 (abb. de Saint-Florent, arch. de Maine-et-Loire), puis membre de l'abb. de Saint-Sauveur de Redon, sous le nom de *Saint-Nicolas-de-Blavet*, et enfin de celle de Saint-Gildas-de-Rhuis.

Saint-Nicolas-du-Tertre, c^{on} de Malestroit.

Trève de la par. de Ruffiac. — Distr. de Ploërmel.

Saint-Niel, vill. c^{ne} de Napoléonville; pont sur le ruiss. de ce nom, reliant Napoléonville et Noyal-Pontivy. — *Saniel*, 1406 (duché de Rohan-Chabot).

Saint-Niel (Ruisseau de), dit aussi *du Pont-de-Saint-Niel, du Moulin-de-Goret et de la Vallée-d'Hilvern*, affl. du Blavet; il arrose Saint-Gérand, Noyal-Pontivy, Saint-Thuriau et Napoléonville.

Saint-Nio, h. c^{ne} de Caudan. — *Saint-Niziau*, 1497 (abb. de la Joie).

Saint-Nizon, vill. et mⁱⁿ à vent, c^{ne} de Malguénac. — Seigneurie; manoir.

Saint-Noé, chât. h. ruiss. dit aussi *de Kerveno*, affl. de l'Ellée, mⁱⁿ à eau sur ce ruiss. et lande, c^{ne} de Plouray; ruisseau *de la Lande-de-Saint-Noé*, qui arrose Plouray et entre dans le dép^t des Côtes-du-Nord. — *Saint-Noay*, 1540 (princip. de Rohan-Guémené). — Seigneurie; manoir.

Saint-Nolff, c^{on} d'Elven. — *Sanctus Majolus*, 1374 (chap. de Vannes). — *Saint-Molff*, 1421 (*ibid.*).

Par. du territ. de Vannes. — Sénéch. et subd. de Vannes. — Distr. de Vannes.

Saint-Nudec, h. c^{ne} de Caudan; mⁱⁿ à eau sur le ruiss. de ce nom, c^{ne} d'Hennebont; ruiss. affl. du Blavet, qui arrose Caudan et Hennebont, et pont sur ce ruiss. reliant ces deux communes. — Seigneurie.

Saint-Pabut, f. c^{ne} de Pluberlin.

Saint-Pabut-de-Brambien, vill. c^{ne} de Pluherlin.

Saint-Patern, chapelle isolée, c^{ne} de Malguénac.

Saint-Patern, vill. c^{ne} de Meslan.

Saint-Patern, chapelle isolée et font. c^{ne} de Saint-Tugdual; ruiss. *de la Fontaine-de-Saint-Patern* : voy. Croisty (Le).

Saint-Patern, font. c^{ne} de Séné.

Saint-Patern, faub. de Vannes; porte et rue *de la Porte-Saint-Patern*, et, par corruption, *Saint-Pater*, même ville : voy. Prison (Porte); anc. boulevard. — *Saint-Pater*, 1374 (chap. de Vannes).

Par. du territ. de Vannes, dans la ville de ce nom. — Sénéch. et subd. de Vannes.

Saint-Paul (Rue), à Malestroit.

Saint-Péaux, h. c^{ne} d'Hennebont; mⁱⁿ à eau, en 1277 (abb. de la Joie).

Saint-Pénech, chapelle isolée, c^{ne} de Pluneret.

Saint-Perreux, c^{on} d'Allaire; pont suspendu (autrefois pass.) sur l'Oust, reliant la commune au dép^t d'Ille-et-Vilaine. — *Saint-Perreuc*, 1398 (chât. de Castellan).

Trève de la par. de Saint-Vincent-sur-Oust, désignée aussi sous le nom de *Ressac*. — Seigneurie. — Distr. de Rochefort.

Saint-Philibert, vill. et anse sur l'Océan, c^{ne} de Locmariaquer.

Saint-Philibert, chapelle isolée, c^{ne} de Plouay.

Saint-Pierre, c^{on} de Quiberon; mⁱⁿ à vent dans la c^{ne}.

Saint-Pierre, font. c^{ne} de Carentoir.

Saint-Pierre, font. c^{ne} de Grand-Champ.

Saint-Pierre, font. et ruiss. *de la Fontaine-Saint-Pierre*, affl. du Goah-Meldan, c^{ne} de Guern.

Saint-Pierre ou Lopénech, vill. c^{ne} de Locmariaquer.

Saint-Pierre, éc. c^{ne} de Mauron.

Saint-Pierre, font. c^{ne} de Vannes.

Saint-Pierre, ruisseau. — Voy. Scave (Le).

Saint-Pierre (Hutte), éc. c^{ne} de Sulniac.

Saint-Pierre (Place), au Palais.

Saint-Pierre (Place), à Plœmeur.

Saint-Pierre (Rue), à Lorient; ainsi appelée avant 1789, elle prit après 1789 le nom de rue *de l'Égalité*, reprit celui de *Saint-Pierre* en 1817, reçut en 1830 celui *de la Liberté* et reprit de nouveau son premier nom en 1858.

Saint-Pierre (Rue), à Vannes, dite autrefois *Carroir Saint-Pierre*, puis *rue de la Comédie*. — *Saint-Pere*, 1374 (chap. de Vannes).

Par. du territ. de Vannes, dans la ville de ce nom, appelée *Sainte-Croix* jusqu'au milieu du xviiie siècle; vocable de l'église cathédrale du dioc. de Vannes. — Sénéch. et subd. de Vannes.

Saint-Pierre (Rues Haute et Basse) et place, au Port-Louis.

Saint-Pierre et Saint-Paul, chapelle isolée, c^{ne} de Brech.

Saint-Pudic, chapelle isolée, c^{ne} de Malguénac.

Saint-Quidic, vill. c^{ne} de Plouay.

Saint-Quidy, vill. c^{ne} de Plumelin; ruiss. affl. du Tarun, qui arrose Plumelin et Moustoirac.

Saint-Quijeau, chât. bois, f^e et ruiss. affl. de l'Ellée, c^{ne} de Lanvénégen. — Seigneurie; manoir.

Saint-Quio, vill. c^{ne} de Cléguer. — Seigneurie.

Saint-Quion, vill. c^{ne} de Quistinic.

Saint-Raoul, vill. et lande, c^{ne} de Guer.

Saint-René, h. c^{ne} de Locminé; mⁱⁿ à vent, c^{ne} de Bignan.

Saint-René, chapelle isolée, c^{ne} de Plouray.

Saint-Rivalain, vill. c^{ne} de Melrand.

Saint-Roch, vill. c^{ne} de Guémené.

Saint-Roch, chapelle isolée, c^{ne} de Ménéac.

Saint-Roch, chapelle isolée, c^{ne} de Plumergat.

Saint-Roch, chapelle isolée et lande, c^{ne} de Quistinic.

Saint-Roch, font. c^{ne} de Réguiny.

Saint-Roch, chapelle et éc. dit *Maison de Saint-Roch*, c^{ne} de Rochefort, formant avec la mairie un quartier de la ville.

Saint-Roch, f. c^{ne} de Saint-Jean-Brévelay.

Saint-Roux, font. d'où s'écoule un ruiss. qui se jette dans la Gouacraie, c^{ne} de Caden.

Saints (Les), vill. c^{ne} de Grand-Champ. — Prieuré, appelé aussi quelquefois *chapellenie*, d'abord membre de l'abbaye de Saint-Gildas-de-Rhuis, uni ensuite au séminaire de Vannes au commencement du xviiie siècle.

Saint-Salomon, vill. c^{ne} de Guern; ruiss. affluent de la Sarre, qui arrose Malguénac et Guern.

Saint-Salomon, rue à Vannes [voy. Ouest (Rue de l'.)], et porte qui n'existe plus.

Par. du territ. de Vannes, dans la ville de ce nom. — Fief qui appartenait au chapitre de Vannes. — Sénéch. et subd. de Vannes.

Saint-Salvator, vill. c^{ne} de Merlévenez.

Saint-Samson, c^{ne} de Rohan; croix dite *Croix du Bourg* et mⁱⁿ à eau sur l'Oust, dans la commune; éc. c^{ne} de Saint-Gouvry. — *Saint-Sansson*, en la par. de Bréhan-Loudéac, 1285 (D. Morice, I, 1072).

Par. de l'archid. de Goëllo, dioc. de Saint-Brieuc; faisait partie de la paroisse de Bréhan-Loudéac au xiiie siècle; prieuré, membre de l'abb. de Saint-Jean-des-Prés. — Sénéch. de Ploërmel; subd. de Josselin. — Distr. de Josselin.

Saint-Samson, éc. c^{ne} de Bieuzy.

Saint-Samson, h. c^{ne} de Neulliac; ruiss. voy. Brohais (Ruisseau de) et pont sur ce ruiss. reliant Neulliac au dép^t des Côtes-du-Nord.

Saint-Samuel, font. c^{ne} du Saint; ruiss. *de la Fontaine-Saint-Samuel:* voy. Kerdaniel.

Saint-Sané, font. c^{ne} de Camors.

Saint-Sauveur, vill. c^{ne} d'Erdeven; appelé aussi autref. *Loclément*, xviiie siècle (sénéch. d'Auray).

Saint-Sauveur, chapelle, c^{ne} de Groix.— Voy. Trinité (La).

Saint-Sauveur, chapelle isolée, c^{ne} de Plouay; pont sur le Tronchâteau, reliant Plouay et Cléguer.

Saint-Sauveur (Rue), à Auray.

Saint-Sébastien, chapelle isolée, c^{ne} du Faouët.

Saint-Sébastien, éc. c^{ne} de la Grée-Saint-Laurent.

Saint-Sébastien, chapelle isolée, c^{ne} de Malansac.

Saint-Sébastien, h. c^{ne} de Plouay.

Saint-Sébastien (Place), au Palais. — Voy. Bigarré (Place de).

Saint-Servais, vill. c^{ne} de Limerzel.

Saint-Servais, chapelle isolée, c^{ne} de Pontscorff.

Saint-Servant, c^{on} de Josselin. — *Sanctus Servacius.* 1387 (chap. de Vannes).—*Saint-Servan*, 1502 (*ibid.*).

Par. siége du doy. de Porhoët. — Sénéch. de Ploërmel; subd. de Josselin. — Distr. de Josselin.

Saint-Séverin, éc. c^{ne} de Baud.

Saint-Séverin, vill. c^{ne} de Caudan.

Saint-Simon, chapelle isolée. c^{ne} de Plescop.

Saint-Simon et Saint-Judé, basses sur l'Océan, côte de Ploemeur.

Saint-Sterlin, vill. c^{ne} de Kervignac.

Saint-Sulan, h. c^{ne} de Caudan.

Saint-Sylvestre, chapelle et bois, c^{ne} de Langoëlan.

Saint-Symphorien, h. c^{ne} de Bubry.

Saint-Symphorien, vill. c^{ne} d'Inzinzac.

Saint-Symphorien, vill. c^{ne} de Nostang.

Saint-Symphorien, vill. c^{ne} de Vannes, et rue : voy. Pontivy (Rue de). — Prieuré en la par. de Saint-Patern, membre de l'abb. de Saint-Jean-des-Prés.

Saint-Sypeur, h. c^{ne} d'Inzinzac.

Saint-Tano, vill. c^{ne} de Guénin.

Saint-Thébaud, éc. et ruiss. afl. de celui de Bilaire, c^{ne} de Saint-Avé. — Prieuré annexé à celui de Saint-Symphorien de Vannes, membre de l'abbaye de Saint-Jean-des-Prés.

Saint-Trépault, h. c^{ne} de Langonnet.

Saint-Thomas, font. c^{ne} d'Inguiniel; ruiss. *de la Fontaine-Saint-Thomas :* voy. Saint-Maurice.

Saint-Thomas, vill. c^{ne} de Pluméliau. — Seigneurie: manoir servant auj. de presbytère.

Saint-Thomas (Rue), à Guer.

Saint-Thomas (Ruelle), à Lorient, faub. de Kerentrech.

Saint-Thomin, vill. lande et éc. de *la Lande-de-Saint-Thomin*, c^{ne} de Nostang. — Seigneurie.

Saint-Thubiaf, vill. c^{ne} de Saint-Jean-Brévelay. — *Saint-Uzec*, 1545 (duché de Rohan-Chabot).

Saint-Thuriau, c^{on} de Napoléonville.

Trève de la par. de Noyal-Pontivy. — Distr. de Pontivy

Saint-Thuriau, vill. c^{ne} de Baud.

Saint-Thuriau (Ruisseau de), de Cohazé ou de la Fontaine-Neuve, affl. du Blavet, dans la c^{ne} de Saint-Thuriau.

Saint-Tofac, éc. c^{ne} de Languidic. — *Saint-Offac*, 1501 (abb. de la Joie).

Saint-Tréhan, h. c^{ne} de Radenac. — Seigneurie.

Saint-Tréhen, éc. c^{ne} de Meslan. — Seigneurie.

Saint-Trémeur, chapelle isolée, c^{ne} de Bubry.

Saint-Trémeur, vill. c^{ne} de Pluvigner.

Saint-Trémeur, chapelle isolée, c^{ne} du Saint.

Saint-Truchau (Le Grand et le Petit), h. ruiss. aff. du Scorff et mⁱⁿ à eau sur ce ruiss. c^{ne} de Pontscorff. — Seigneurie.

Saint-Tual, vill. c^{ne} de Quistinic.

Saint-Tudy, bourg : voy. Groix. — *Lotudy, bourg*, 1592 (arch. comm. d'Hennebont).

Saint-Tugdual, c^{on} de Guémené; bois et pont sur le ruiss. du Moulin-du-Bois, reliant Saint-Tugdual et Ploërdut. — *Saint-Tudale, par.* 1285 (abb. de Bon-Repos). — *Saint-Tuzual*, 1393 (princip. de Rohan-Guémené). — *Saint-Tutgual*, 1428 (*ibid.*). — *Saint-Tudual*, 1432 (*ibid.*). — *Saint-Tudoal*, 1433 (*ibid.*). — *Saint-Tutgoal*, 1453 (*ibid.*). — *Saint-Tugoal*, 1460 (*ibid.*).

Anc. trève du Croisty, devenue par. du doy. de Guémené; renfermait deux établissements de chevaliers de Saint-Jean de Jérusalem : voy. Croisty (Le) et Saint-Jean. — Sénéch. d'Hennebont; subd. de Guémené. — Distr. du Faouët.

Saint-Tugdual, vill. et mⁱⁿ à eau sur le Pont-Briand, c^{ne} de Guiscriff.

Saint-Tutel, chapelle isolée, c^{ne} de Mauron.

Saint-Urbain, vill. c^{ne} de Saint-Gonnery, et pont sur l'Oust, reliant cette c^{ne} au dép^t des Côtes-du-Nord. — *Sant-Druman, villa*, 1270 (duché de Rohan-Chabot).

Saint-Urlo, vill. c^{ne} de Lanvénégen.

Saint-Varicq, mⁱⁿ à eau sur le ruiss. de ce nom, c^{ne} de Pluvigner; ruiss. voy. Guillemin.

Saint-Viant, éc. c^{ne} de Pleugriffet. — *Saint-Vian*, xive siècle (duché de Rohan-Chabot).

Saint-Victor (Ruelle), au Blanc, c^{ne} de Lorient.

Saint-Vily, h. c^{ne} de Loyat.

Saint-Vincent, c^{on} d'Allaire.

Par. du territ. de Rieux, appelée vulgairement *Saint-Vincent-sur-Oust*. — Sénéch. de Ploërmel; subd. de Redon. — Distr. de Rochefort.

Saint-Vincent, h. et mⁱⁿ à eau sur le ruiss. de ce nom, c^{ne} de Muzillac; ruiss. voy. Saint-Éloi.

Saint-Vincent, vill. et mⁱⁿ à eau sur le ruiss. de ce nom, c^{ne} de Persquen; ruiss. dit aussi *de Brézéhan* aff. du Scorff, qui arrose Bubry, Inguiniel et Persquen.

Anc. trève de Persquen, sous le nom de *Miliziac; bourg de Saint-Vincent-Miliziac*, xviiie siècle.

Saint-Vincent, chapelle isolée, c^{ne} de Plouay.

Saint-Vincent, vill. c^{ne} de Ruffiac.

Saint-Vincent, rue à Vannes, dite aussi autrefois *du Morbihan*; porte qui s'est appelée, pendant la Révolution, *porte des Sans-Culottes*, et pont dit également *du Morbihan*, sur le Liziec, dans la même ville.

Saint-Vincent (Rue), rues à la Gacilly, à Lorient, faub. de Kerentrech, et à Sarzeau.

Saint-Yves, rue, partie à Auray, partie c^{ne} de Brech. — Hôpital, annexe de l'Hôtel-Dieu d'Auray.

Saint-Yves, h. c^{ne} de Baud.

Saint-Yves, chapelle isolée et mⁱⁿ à vent, c^{ne} de Bréhan-Loudéac.

Saint-Yves, vill. lande, éc. dit *Lande-de-Saint-Yves*, autre éc. dit *Vieux-Saint-Yves*, et ruiss. *du Vieux-Saint-Yves*, aff. du Nistoire, c^{ne} de Bubry. — Le vill. est appelé, au xviiie siècle, *bourg de Saint-Yves* ou *de Saint-Nouan*.

Trève de la par. de Bubry.

Saint-Yves, f. c^{ne} de Caro.

Saint-Yves, chapelle isolée, c^{ne} de Crédin.

Saint-Yves, vill. et mⁱⁿ en ruines, c^{ne} de Cruguel.

Saint-Yves, vill. et ruiss. dit aussi *de Quelfenec*, aff. du Scorff, c^{ne} de Lignol. — *Saint-Éon*, 1418 (princip. de Rohan-Guémené). — *Bourg de Saint-Yves*, xviiie siècle.

Trève de la par. de Lignol.

Saint-Yves, pont sur l'Ellée, rel. Plouray et Langonnet.

Saint-Yves, mⁱⁿ à eau sur le Scorff, c^{ne} de Pontscorff.

Saint-Yves, chapelle isolée, c^{ne} de Priziac.

Saint-Yves (Le Vieux), éc. c^{ne} de Guern.

Saint-Yves (Rue), rues à Baud et à Grand-Champ.

Saint-Yves (Rue), à Vannes. — Voy. Auray (Rue d').

Saint-Yves (Rue et Place), à la Trinité-Porhoët.

Saint-Yvinet, éc. et mⁱⁿ à eau, c^{ne} de Guiscriff; pont sur le Pont-Neuf, reliant Guiscriff et Gourin; éc. du Pont-Saint-Yvinet, c^{ne} de Guiscriff. — Seigneurie.

Saint-Yvy, h. c^{ne} de Moréac.

Saint-Yzaoën (Le Haut et le Bas), vill. c^{ne} de Meslan.

Saint-Zenon, vill. c^{ne} de Séglien; pont sur la Sarre, qui relie Séglien et Locmalo.

Saint-Zunan, h. c^{ne} de Riantec. — *Saint-Jugnan*, 1444 (seigneurie de Saint-Georges). — *Saint-Junan*, 1473 (*ibid.*).

Saisies (Batterie des), sur l'Océan, c^{ne} de Groix.

Saisies (Les), rochers sur l'Océan, côte de Plœmeur.

Sal (Le), rivière. — Voy. Sale (La).

Salarin, h. c^{ne} de Béganne.

Salarun, éc. bois et étang, c^{ne} de Theix. — Seigneurie; manoir.

Salaya, h. c^{ne} de Limerzel.

Sale (La) ou le Sal, riv. dite aussi *de Pontsal* et *du Moulin-du-Grisso*; elle arrose Grand-Champ, Plescop, Plumergat, Pluneret et Plougoumelen, où elle forme bras de mer en se jetant dans la riv. d'Auray.

Salèbre, pont, c^{ne} de Plouhinec.

Salette (La), éc. et ruiss. *de la Fontaine-de-la-Salette*, aff. du Menaty, c^{ne} d'Arradon. — Seigneurie.

SALINE (LA), vill. cne de Baden.

SALINE (LA), vill. cne de Saint-Gildas-de-Rhuis.

SALINE (LA), vill. cne de Sarzeau.

SALINES (LES), f. cne de Vannes. — Seigneurie; manoir.

SALLE (BOIS DE LA), cne de Saint-Dolay.

SALLE (LA), h. et f. dite *Cour de la Salle*, cne de Péaule; pass. sur la Bouloterie, reliant Cadon et Péaule.

SALLE (LA), éc. cne de Lanouée. — Seigneurie.

SALLE (LA), f. cne de Ménéac. — Seigneurie.

SALLE (LA), f. cne de Ruffiac. — Seigneurie.

SALLE (LA), château, f. min à vent et min à eau sur le Rohéan, cne de Sérent. — Seigneurie; manoir.

SALLE (LA), h. cne de Sulniac.

SALLE (RUE DE LA), à Lorient.—Voy. UNION (RUE DE L').

SALLE (RUE DE LA), à Questembert.

SALLE-COHIGNAC (LA), h. cne de Plouray.

SALLE-LES-GALLO, éc. cne de Melrand. — Seigneurie.

SALLE-LES-PONTS, éc. cne de Melrand.

SALLES (LES), éc. cne de Billiers. — Seigneurie.

SALLES (LES), enceinte romaine, cne de Plaudren.

SALLES (LES), vill. et pointe sur l'anse de Gâvre, cne de Riantec. — Seigneurie.

SALLES (LES), chât. en ruines, vill. min à eau sur le ruiss. de ce nom et forges dites aussi *de Rohan*, cne de Sainte-Brigitte; deux étangs, dont l'un dit *Grand Étang* et l'autre *Étang du Fourneau*, baignant Sainte-Brigitte, Silfiac et le dépt des Côtes-du-Nord; ruiss. dit aussi *du Pont-Thomas*, affl. du canal de Nantes à Brest, et qui arrose Silfiac et Sainte-Brigitte, qu'il sépare du dépt des Côtes-du-Nord. — *Domus de Sales in Alnisiâ*, 1184 (duché de Rohan-Chabot). — *Les Salles de Penret*, xve siècle (à côté de Perret, trève de Silfiac). — Seigneurie.

SALLES-DE-BOBLAY (LES), h. cne de Meslan. — Seign.

SALMON, pont et éc. *du Pont-Salmon*, cne de Sérent.

SALO (LE), éc. cne de Guern. — Seigneurie; manoir.

SALO (LE), h. et min à eau sur le Liziec, cne de Monterblanc.

SALO (LE), éc. cne de Pluneret. — Anc. seigneurie de *Talhouet-Salo*, dont la juridiction s'exerça d'abord au Salo, puis à Auray.

SALO (RUISSEAU DE LA FONTAINE-DU-), affluent du Croiseau; il arrose Plaudren.

SALO-LA-LANDE, éc. cne de Guern.

SALOUX, éc. cne de Plaudren.

SALUT (ANSE DU), à l'île de Houat, sur l'Océan.

SALUT (CROIX DU), cne de Grand-Champ.

SALUT (LE), h. cne de Caudan.

SALUT (LE), éc. cne de Crédin.

SALUT (LE), éc. cne de Naizin.

SALUT (LOGE DU), éc. cne de Noyal-Pontivy.

SALVÉ, h. cne de Guern.

SAMEDY (LE), h. cne de Plouray.

SAMEDY (LE), vill. cne de Priziac.

SAMEDY (LE), h. cne du Saint.

SAMSON, éc. cne de Pleugriffet.

SAMUEL, pont sur le ruiss. de ce nom, reliant Silfiac et Séglien; ruiss. *du Pont-Samuel*, dit aussi *de Mané-Crèze*, affluent de la Sarre, qui arrose ces deux cnes; vill. *du Pont-Samuel*, min à eau *du Pont-Samuel*, sur le ruiss. de ce nom, étang *du Pont-Samuel* et min à vent *du Pont-Samuel*, cne de Silfiac.

SAMZUN, vill. et fort sur l'Océan, cne de Locmaria.

SANCE (LE), h. cne de Bieuzy.

SANCHO (LE), éc. cne de Pluvigner.

SANCTA-JULIA, pont sur le Lay, rel. Guéhenno et Billio.

SANG (MARE DU), cne de Plumelec.

SANS-CULOTTES (PORTE DES), à Vannes. — Voy. SAINT-VINCENT.

SANS-CULOTTES (RUE DES), à Gourin. — Voy. MORBIHAN (RUE DU).

SANT-ALARIN, vill. cne de Guiscriff. — *Soult-Alarun*, xie siècle (abb. de Sainte-Croix de Quimperlé).

SANTÉ (LA), éc. cne de Ploërmel.

SANTIÈRE (LA), éc. cne de Vannes. — Seign. manoir.

SANT-JALMES (LOGE), éc. cne de Guiscriff.

SANT-SUEHAN, chapelle. — Voy. SAINT-EUGÈNE.

SANT-YOUANN, min à eau sur le Scorff, cne de Pontscorff.

SAPINS (LES), éc. cne de Croixanvec.

SAPINS (LES), éc. cne de Saint-Gérand.

SAR (LE), éc. cne de Guern. — Voy. SARRE (LA).

SARETTE (LA), éc. cne de Saint-Nolff.

SARRE (LA) ou LE SAR, riv. qui prend sa source dans le dépt des Côtes-du-Nord, arrose dans celui du Morbihan Silfiac, Langoëlan, Séglien, Locmalo, Guern, Bubry et Melrand, et se jette dans le Blavet; deux mins à eau sur ce ruiss. cne de Séglien; pont sur ce ruiss. reliant Guern et Melrand; éc. *du Pont-Sarre*, cne de Guern; lande, h. dit *Lann-Sarre*, et éc. dit *Ty-Lann-Sarre*, cne de Locmalo.

SARROUET, vill. cne de Pluméliau.

SARZEAU, arrond. de Vannes; min à vent dans la commune, et roche sur le plateau de la Recherche, dans l'Océan. — *Sarzau*, 1395 (trinitaires de Sarzeau).

Par. du territ. de Vannes, renfermant une communauté de récollets (à Bernon), une ministrerie de trinitaires et un hôpital. — Communauté de ville, avec droit de députer aux États de la province: voy. RHUIS. — Sénéch. et subd. de Rhuis. — Distr. de Vannes; chef-lieu de cne en 1790, sous le nom de *Ville de Rhuis*.

SASCOËT, h. cne de Cléguéret.

SAUDE (PONT DE LA), sur le Trolan, reliant Mohon, Ménéac et la Trinité-Porhoët.

SAUDIENT, h. c^{ue} du Guerno. — *Saint-Saudin*, 1457 (chap. de Vannes). —*Saint-Saudien*, 1471 (*ibid.*). — Seigneurie.

SAUDRAIE (LA), f. c^{ne} d'Allaire. — Seigneurie.

SAUDRAIE (LA), éc. c^{ne} de Béganne. — Seigneurie.

SAUDRAIE (LA), vill. c^{ne} de Caden.

SAUDRAIE (LA), éc. et ponceau, c^{ne} de la Chapelle.

SAUDRAIE (LA), h. c^{ne} de Cruguel.

SAUDRAIE (LA), vill. c^{ne} de la Gacilly.

SAUDRAIE (LA), vill. c^{ne} de Mauron.

SAUDRAIE (LA), h. c^{ne} de Sérent.

SAUDRAIES (LES), h. c^{ne} de Malansac ; ruiss. voy. VALLÉE (RUISSEAU DE LA).

SAUDRAIS (LA), h. c^{ne} de Néant. — Seigneurie.

SAUDRAIS (LE), h. et bois, c^{ne} de Peillac.

SAUDRAIS (RUISSEAU DES), affl. du Vau-Payen ; il arrose Monteneuf.

SAUDRAYE (LA), h. dit *Grande-Saudraye*, autre h. dit *Petite* ou *Vieille Saudraye*, et deux m^{ins} à eau sur le ruiss. de ce nom, c^{ne} de Guidel ; ruiss. dit aussi *de Kerouarch*, affl. du Haut-Bois, qui arrose Quéven et Guidel. — Seigneurie.

SAUDRAYE (LA), éc. et mⁱⁿ à vent, c^{ne} de Plumelec ; chât. en ruines. — Seigneurie.

SAUDRETTE (COMMUN DE LA), lande, c^{ne} de Pleucadeuc.

SAUDRETTE (LA), h. et pont, c^{ne} de Lanouée.

SAUDRETTES (LES), lande, c^{ne} d'Augan.

SAUDRETTES (LES), lande, c^{ne} de Guer.

SAULAIS (LA), h. c^{ne} de Saint-Gravé. — Seigneurie.

SAULE (LA), éc. c^{ne} de Molac.

SAULNIERS (CHEMIN DES), venant de Guer, passant par Beignon et se dirigeant sur le dép^t d'Ille-et-Vilaine ; croise celui des Blatiers, qui va de Ploërmel à Guer.

SAULNIERS (CHEMIN DES), c^{ne} de Berric, se dirigeant vers Sulniac.

SAULNIERS (CHEMIN DES), dit aussi *des Muletiers*, c^{ne} de Saint-Dolay.

SAULNIERS (CHEMIN DES), venant de Béganne et traversant Saint-Gorgon, Saint-Jacut et Peillac.

SAULNIERS (CHEMIN DES), à la limite de Rochefort et de Pluherlin.

SAULNIERS (PETIT CHEMIN DES), qui croise en Rochefort le chemin des Saulniers précédent, en se dirigeant vers Pluherlin.

SAUNERIE (RUE DE LA), rues à Malestroit et à la Roche-Bernard.

SAUNIERS (CHEMIN DES), qui vient de la Trinité-Porhoët, traverse Mohon et se dirige vers Guilliers.

SAUNIERS (CHEMIN DES), c^{ne} de Néant. — Voy. BLATIERS (CHEMIN DES).

SAUNIERS (CHEMIN DES), traversant Vannes, Saint-Nolff et Saint-Avé.

SAUS, port sur l'Océan, côte d'Ambon.

SAUSÉE (CROIX DE), c^{ue} de Gueltas.

SAUT-DU-LOUP (LE), éc. c^{ue} de Sarzeau.

SAUVAGÈRE (LA), éc. c^{ne} de Nivillac. — Seigneurie.

SAUVAIS (LA), vill. c^{ne} de Sérent.

SAUZON, c^{ne} : voy. PORT-PHILIPPE ; basse sur l'Océan, côte de Port-Philippe.

    Par. du territ. de Belle-Île ; ancien prieuré dépendant de l'abb. de Sainte-Croix de Quimperlé. — Sénéch. de Belle-Île (anc^t Auray) ; subd. de Belle-Île. — Distr. d'Auray.

SAVATES (LES), lande, c^{ne} d'Augan.

SAVELLO, éc. c^{ne} de Silfiac.

SCAËN, lieu-dit dans le dép^t du Finistère.

SCAËR (RUE DE), rues au Faouët et à Gourin.

SCAHOËT, éc. c^{ne} de Plougoumelen.

SCAHOËT (LE), vill. c^{ne} de Cléguer.

SCAHOUET (LE), h. c^{ne} de Moustoir-Remungol.

SCAHOUET (LE), vill. c^{ne} de Sulniac.

SCAHUEN (FONTAINE DU), c^{ne} de Baden.

SCAL (LE), pointe sur la Vilaine, c^{ne} de Pénestin.

SCANFF (LE), ruiss. dit aussi *de Kerourin*, *de Restéoualay*, *de Moustarlay* et *de Kermarien*, affl. du Dourdu, qui arrose Ploërdut et Lignol ; mⁱⁿ à eau sur ce ruiss. c^{ne} de Ploërdut.

SCAOUET (LE), vill. c^{ne} de Baud.

SCAOUET (LE), éc. c^{ne} de Bieuzy.

SCAOUET (LE), éc. c^{ne} de Moréac.

SCAVE (LE), riv. dite aussi *de Saint-Pierre*, *de Lann-Hir*, *du Moulin-Neuf*, *du Pont-Stangalène*, *du Pont-er-Ber*, *de Kernante*, *du Pou* et *de Bihoué*, affl. du Scorff, qui sort du dép^t du Finistère et arrose, dans celui du Morbihan, Guidel, Gestel, Pontscorff et Quéven ; pont sur ce ruiss. reliant ces deux dernières communes.

SCHEUL, port sur l'Océan, c^{ne} de Port-Philippe.

SCLAIRE, vill. c^{ne} de Monterblanc.

SCLAUFF, vill. c^{ne} d'Ambon.

SCLUNGE, ruiss. affluent de la Claye, et mⁱⁿ à eau sur ce ruiss. c^{ne} de Saint-Jean-Brévelay.

SCLUSE (LE), h. bois et pont sur le ruiss. de la Mare-er-Goch-Lenn, c^{ne} de Brech.

SCODEGUY, h. c^{ne} de Berric.

SCORFF (LE), riv. qui prend sa source dans le dép^t des Côtes-du-Nord et arrose, dans celui du Morbihan, Langoëlan, Ploërdut, Guémené, Locmalo, Lignol, Persquen, Saint-Caradec-Trégomel, Inguiniel, Berné, Plouay, Cléguer, Pontscorff, Caudan, Quéven, Plœmeur et Lorient, où elle se jette dans la rade.

SCORFF (RUE DU), à Lorient ; appelée, avant 1789, rue *Proutière*.

SCOT-ER-BEREN, éc. c^{ne} de Cléguérec.

Scotu (Le), éc. et bois, c^ne de Saint-Tugdual.

Scotech (Le), m^in à eau sur le Loc, c^ne de Pluvigner, et m^in à vent, c^ne de Grand-Champ; pont sur le Loc, reliant ces deux communes. — *Sclusensouch*, manoir (auj. détruit), en la paroisse de Grand-Champ, 1445 (chap. de Vannes). — Seigneurie.

Scouhelle, h. ruiss. affl. du Scorff, et m^in à eau au confl. du Scorff et du Scouhelle, c^ne de Caudan. — *Sconhael*, 1507 (chambre des comptes de Nantes). — *Sconsael*, 1576 (princip. de Rohan-Guémené). — *Sconhel*, 1589 (seign. du Coatdor). — Seigneurie.

Scourboch, vill. comprenant aussi *Goh-Scourboch* et *Scourboch-Néhué*, et lande, c^ne de Pluvigner.

Scourboh, h. c^ne de Saint-Noiff.

Scubidan, h. c^ne de Guidel.

Scudel, port de l'île de Houat, sur l'Océan.

Sébrevet, éc. bois et m^in à eau sur le ruiss. de ce nom, c^ne de Lanvaudan; ruiss. *du Moulin-de-Sébrevet* [voy. Poblaye-le-Nens], et pont sur ce ruiss. reliant Lanvaudan et Languidic. — *Sébercet*, xviie s^e (seign. de la Forêt). — Seigneurie.

Sécé (Le Grand et le Petit), rochers et pointe sur la Vilaine, côte de Pénestin.

Secouet, vill. et m^in à eau sur le Ninian, c^ne de Saint-Malo-des-Trois-Fontaines; pont sur le même ruiss. reliant Saint-Malo-des-Trois-Fontaines, Lanouée et la Grée-Saint-Laurent.

Secouet (La), éc. c^ne de Missiriac.

Secret (Pont du), sur l'Aff, reliant Beignon au dép^t d'Ille-et-Vilaine.

Sédon (Le), ruiss. dit aussi *du Hesdon*, *du Pommin* et *du Val-aux-Houx*, affl. de l'Oust, qui arrose Billio, Cruguel, Guéhenno, Guégon et Saint-Servant; pont sur ce ruiss. reliant Guégon et Cruguel.

Séglien, c^on de Cléguérec. — *Seglean*, 1387 (chap. de Vannes). — *Seguelien*, 1418 (princip. de Rohan-Guémené). — *Seguelian*, 1422 (chap. de Vannes). — *Sequellian*, 1572 (chartreuse d'Auray). Par. du doy. de Guémené. — Sénéch. de Ploërmel; subd. de Guémené. — Distr. de Pontivy.

Séhélay, éc. c^ne de Saint-Jean-Brévelay.

Seigle, m^in à eau sur l'Ellée, c^ne de Plouray.

Seigle (Rue du), à Baud.

Seil (Le), rocher sur le Pénerf, côte de Damgan.

Seize-Cheminées (Ruelle des), à Lorient, faub. de Kerentrech.

Séjournée, h. c^ne d'Allaire.

Sel (Rue du), à Hennebont.

Sélémoyé, h. c^ne de Saint-Jean-Brévelay.

Sélino, anse sur la baie du Morbihan, vill. pont sur le ruiss. de la Fontaine-du-Bourg, lande et autre vill. *de la Lande-de-Sélino*, c^ne de Baden.

Séludienne, vill. c^ne de Landévant.

Sence (Le), h. c^ne de Malguénac.

Séné, c^on de Vannes-Est. Par. du territ. de Vannes. — Sénéch. et subd. de Vannes. — Distr. de Vannes; donne son nom à un canton en 1790 : voy. Vannes.

Séné (Rue de), à Vannes; dite autref. *de Calmont-Haut*.

Sexebret, vill. partie c^ne de Caudan, partie c^ne de Cléguer; ruiss. dit aussi *du Moulin-de-Kersalo*, affl. du Scorff, qui arrose ces deux communes.

Siniz, île sur le Morbihan, côte de Baden.

Sensec, vill. et pont sur le Pontoir, c^ne de Berné; ruiss. voy. Coët-Dihuel. — *Sensech*, 1404 (princip. de Rohan-Guémené). — *Scenscec*, 1425 (*ibid.*). — *Sencec*, 1439 (seign. du Coatdor).

Sent-Derfen, chemin, c^ne de Damgan.

Sente (La) ou Sente-du-Bourg, f. c^ne de Glénac.

Sentes (Lande des), c^ne de Mohon.

Sept-Chemins (Lande des), s'étendant en Croixanvec et Kergrist; croix à la limite de ces deux c^nes et du dép^t des Côtes-du-Nord; ruiss. voy. Saint-Drédeno.

Sept-Deniers (Lande des). c^ne de Guer.

Sept-Îles (Les), groupe d'îles dans le Morbihan, entre Baden et Locmariaquer.

Sept-Saints (Les), vill. c^ne d'Erdeven.

Sénéac, chât. f. dite aussi *Fuie*, m^in à eau et pont sur le ruiss. de ce nom, c^ne de Muzillac; ruiss. voy. Trégréuenne; éc. et m^in à vent, c^ne d'Arzal. — Seigneurie; manoir.

Sérent, c^on de Malestroit. — *Serent*, *plebs*, 866 (cart. de Redon). Par. du doy. de Porhoët; prieuré-chapellenie, au bourg, du vocable de Saint-Michel, ou *Saint-Michel du Martray*, 1527 (chât. de Kerfily); maladrerie au xve siècle. — Baronnie; siége de juridiction de la seign. de la Chapelle. — Sénéch. de Ploërmel; subd. de Malestroit. — Distr. de Ploërmel: chef-lieu de c^on en 1790, supprimé en l'an x.

Seret, pont sur le ruiss. d'Ardenne, reliant Carentoir et Saint-Nicolas-du-Tertre.

Serguin, vill. c^ne de Questembert.

Sérillac (Ruisseau des Noës-de-), affl. du Kervily; il arrose Questembert et Noyal-Muzillac.

Serpaudais (La), vill. c^ne de Carentoir.

Serre, f. c^ne de Carentoir. — Seigneurie.

Séruginais (La), h. c^ne de Néant.

Servaud, éc. et m^in à vent, c^ne de Maurou.

Signan, vill. c^ne de Napoléonville; écluse et pont sur le Blavet, reliant Saint-Thuriau et Napoléonville; ruiss. *du Pont-de-Signan*, dit aussi *de Kerihuel* et *du Pont-Saint-Macenne*, affl. du Blavet, qui arrose ces deux c^nes; h. *du Pont-de-Signan*, c^ne de Saint-Thuriau.

—Seigneurie; manoir en la paroisse de Noyal-Pontivy.

Signan (Le Grand et le Petit), vill. et pont sur l'Évriguet, c^ne de Guilliers.

Signon, h. c^ne de Péaule. — Seigneurie.

Sioré, lande s'étendant sur les c^es de la Gacilly et de Carentoir; ruiss. affl. du Rahun, qui arrose ces deux communes.—Segré, 1480 (chât. de Castellan).

Sil (Le), m^in à eau sur le ruiss. de la Pierre-Fendue, et étang, c^ne de Malguénac.

Silfiac, c^ne de Cléguérec; lande dans la commune. — Selefiac, ecclesia, 871 (cart. de Redon). — Silifiac, 1251 (D. Morice, I, 950). — Silviac, 1283 (ibid. 1069). — Sylviac, 1324 (ibid. 1342). — Siliphiac, 1387 (chap. de Vannes). — Siliffiac, 1411 (princip. de Rohan-Guémené).
Par. du doy. de Guémené.—Sénéch. d'Hennebont; subd. de Guémené. — Distr. de Pontivy.

Sillet (Le), éc. c^ne d'Allaire.

Sillio (Le), ruiss. dit aussi de la Fontaine-de-Magouer, affl. du Liziec, qui arrose Saint-Nolff et Saint-Avé, et pont sur ce ruiss. reliant ces deux communes.

Sillons (Les), roches sur l'Océan, côte d'Ambon.

Silvestre, m^in à eau sur le Trescoët, c^ne de Séglien.

Silz (Le Haut et le Bas), chât. et vill. c^ne d'Arzal.— Seigneurie; manoir.

Simon, m^in à eau sur les Perches, c^ne de Guilliers.

Simon, pont sur le Bécherel, c^ne de Plouay.

Simon, moulin. — Voy. Ménéuy (Le).

Simon (Loge), éc. c^ne de Baud.

Simonaie (La), h. c^ne de Béganne.

Sinarty (Le), h. c^ne de Quistinic.

Since, vill. bois et marais, c^ne de Theix; ruiss. dit Étier-da-Since : voy. Bonervaud (Ruisseau de l'Étang-de-).

Sinso (Le), f. c^ne de Bignan.

Siviac, vill. partie c^ne de Naizin, partie c^ne de Remungol, partie c^ne de Moréac; pont sur l'Ével, reliant ces trois communes; m^in à eau sur le même ruiss. c^ne de Remungol.

Siviac, pont sur le ruiss. de ce nom, reliant Radenac et Moréac (distinct du précédent).

Siviac (Ruisseau du Pont-de-), dit aussi du Pont-de-Cassac et de Bolan, affl. de l'Ével; il arrose Saint-Allouestre, Moréac et Radenac.

Sixt, lieu-dit dans le dép^t d'Ille-et-Vilaine; m^in à eau sur l'Aff, c^ne de Carentoir; pont sur le même ruiss. reliant cette c^te à l'Ille-et-Vilaine.

Sodnio, vill. c^ne de Sarzeau.

Sœurs (Les), roches sur la rade de Lorient, côte de Lorient.

Sœurs (Les), roches sur l'Océan entre le Port-Louis et Plœmeur.

Sœurs (Passage des), entre les îles de Houat et d'Hœdic, sur l'Océan.

Soie (Moulin à vent de), c^ne de Carentoir. —Soual, 1432 (seign. du Boisbrassu).

Soie (Rue de la), à Ploërmel; dite aussi, au xviiie s^e, rue des Soies ou de la Soierie.

Soldats de Saint-Cornély, menhirs alignés, c^ne de Carnac.

Soldats de Saint-Cornély, menhirs alignés, c^ne d'Erdeven.

Soldats de Saint-Cornély, menhirs alignés, c^ne de Languidic.

Soleil (Le), vill. c^ne de Réminiac. —Le Soulais, 1560 (chât. de Beaurepaire).

Soleil (Rue du), au Faouët.

Soleil-Levant (Le), éc. c^ne de Plescop.

Soliec (Loge), éc. c^ne de Saint-Caradec-Trégomel.

Solo (Le), chapelle isolée et bois, c^ne de Saint-Tugdual.

Sommeil (Le), éc. c^ne de Ploërdut.

Sonnant, h. m^in à eau et pont sur la Claye, c^ne de Saint-Jean-Brévelay. — Seigneurie.

Sonnettes (Port des), sur l'Océan, c^ne de Port-Philippe.

Sorciers (Rue des), à Josselin.—Voy. Pavement (Rue du).

Sordan, vill. c^ne de Saint-Aignan.

Sorinaie (La), h. c^ne de Ruffiac.

Soro, croix, c^ne de Lantillac.

Soscan, pont sur le Tréfévan, reliant Questembert et Noyal-Muzillac.

Sotterie (Croix de la), c^ne de Pleugriffet.

Souallaye (La), chât. et m^in à vent, c^ne de Béganne. — Seigneurie; ancien manoir.

Soucharderie (La), éc. c^ne de Péaule.

Soccho (Le), éc. c^ne de Pluvigner.

Soupirs (Allée des), chemin au Faouët.

Sourd (Le), vill. c^ne de Questembert. — Seigneurie.

Sourd (Le), vill. partie c^ne de Saint-Jacut, partie c^ne d'Allaire.

Sourdéac (Le Haut et le Bas), chât. f. et h. c^ne de Glénac. — Sordéac, 1474 (chât. de Castellan); Seigneurie; manoir.

Sourdoire (Ruisseau de la Fontaine-de-la-). — Voy. Foliette (La).

Souris (Île aux), sur l'Océan, entre le Port-Louis et la presqu'île de Gâvre.

Souris (Îles des). — Voy. Logoden.

Souris (Ruisseau de la Noë-), affluent de la Claye, qui arrose Pleucadeuc et Bohal.

Sourissaie (La), vill. c^ne de Ruffiac.—Seigneurie.

Sourn (Le), vill. c^ne de Guern.

Sournan, section de la c^ne de Saint-Guyomard.

Sourne (Croix du), c^ne de Malguénac.

Sous-la-Haie, h. c^ne de Concoret.

Sous-la-Priolé (Rue), à Guillac.
Sous-la-Ville, éc. c^ne de Bréhan-Loudéac.
Sous-le-Bois, éc. c^ne de Guégon.
Sous-le-Bois, h. c^ne de Malansac.
Sous-le-Bois, f. c^ne de Saint-Brieuc-de-Mauron.
Sous-le-Château, m^in. — Voy. Château (Rue du).
Sous-le-Chêne, vill. c^ne d'Allaire.
Sous-les-Bornes, landes, c^ne d'Augan.
Soussevin, éc. c^ne de Priziac.
Souverain, chât. et m^in à vent, c^ne du Palais.
Soye, chât. vill. et étang, c^ne de Plœmeur.
Sparle, pont sur le Frétu, reliant Séglien, Malguénac et Guern.
Sparlo (Le), vill. et lande, c^ne de Plumelin.
Spernay (Le), éc. c^ne de Péaule.
Spernec (Le), pointe de l'île de Groix, sur l'Océan.
Spernec (Le), vill. c^ne de Sarzeau.
Sperneguy (Le), h. c^ne de Plouray.
Sperneguy (Pointe du), sur le Morbihan, c^ne de l'Île-aux-Moines.
Spernen, h. c^ne de Camors.
Spernen, h. c^ne de Kerfourn.
Spernen, éc. c^ne de Melrand.
Spernen, h. c^ne du Palais.
Spernoët (Le), h. et m^in à eau sur le ruiss. de ce nom, c^ne de Kergrist; ruiss. voy. Liez (Le).—Seigneurie; manoir.
Spinefort (Le), h. c^ne de Languidic.—Spina-Fortis, 1277 (abb. de la Joie). — Seigneurie; manoir.
Spirenn, île sur le Morbihan, contenant un éc. c^ne de l'Île-d'Arz.
Spiric (Le), ruiss. dit aussi de Lann-er-Gal, affl. de la Sarre, et m^in à eau au confluent de la Sarre et du Spiric, c^ne de Guern.
Souel (Le Grand et le Petit), bois s'étendant en Silfiac et Séglien.
Squirio, h. c^ne de Baud. — Seigneurie.
Squivit (Le), h. c^ne de Brandérion.
Stampédel, vallon, dans l'île de Groix.
Stanc (Le), h. c^ne de Roudouallec.
Stanc (Rue du), à Guémené.
Stancdu (Le), éc. c^ne de Bubry; m^in à eau sur la Sarre, c^ne de Guern.
Stanc-Huen, h. c^ne de Guiscriff.
Stanc-Ludu, éc. c^ne de Guiscriff.
Stanco (Vras et Vihan), h. c^ne de Languidic.
Stanco-Kersouen, éc. c^ne de Languidic.
Stanco-le-Bourg, éc. c^ne de Guidel.
Stanco-le-Rouault, h. c^ne de Guidel.
Stanctelleu, éc. c^ne de Guern.
Stanc-Varie, ruisseau. — Voy. Trois-Recteurs (Ruisseau des).

Stané, port sur l'Océan, c^ne de Port-Philippe.
Stang, éc. c^ne de Cléguérec.
Stang (Le), h. et m^in à vent, c^ne de Groix.
Stang (Le), éc. c^ne d'Hennebont.
Stang (Le) ou Pen-er-Stang, éc. c^ne de Napoléonville.
Stang (Le) (Bras et Bihan), vill. partie c^ne de Ploërdut, partie c^ne de Saint-Tugdual; m^in à eau sur le Pont-Rouge, c^ne de Ploërdut. — Seigneurie; manoir en la par. de Ploërdut.
Stang (Le), h. c^ne de Pluméliau.
Stang (Le), h. c^ne de Riantec.
Stang (Le), h. c^ne de Sainte-Brigitte.
Stang (Pont du), sur le ruiss. du Pont-ès-Marchands, c^ne de Noyal-Muzillac.
Stang (Pont du), sur le ruiss. de la Noë-de-Goëlan, reliant Plaudren et Plumelec.
Stang (Ruisseau du), qui arrose Bangor et se jette dans l'Océan.
Stang-Alain, m^in à eau sur le Pont-Rouge, c^ne de Saint-Tugdual.
Stangalène, pont sur le ruiss. de ce nom, reliant Gestel et Guidel; ruiss. du Pont-Stangalène : voy. Scave (Le).
Stang-Dalbu, ruiss. qui arrose Bangor et se jette dans l'Océan.
Stang-Derluy, ruiss. affluent du Grisso-Manoir, qui arrose Grand-Champ.
Stang-Donant, ruisseau. — Voy. Donant.
Stang-en-Douar, batterie sur l'Océan, côte de Port-Philippe.
Stang-en-Gamp, chât. f. m^in à eau et pont sur le ruiss. de ce nom, c^ne de Meslan; ruiss. voy. Pontoir (Le). — Stanghingant, 1576 (princip. de Rohan-Guémené). — Seigneurie; manoir.
Stang-en-Hobal, éc. c^ne de Languidic.
Stang-en-Ihuern, éc. c^ne de Languidic. — Stancaulou, 1398 (abb. de la Joie).
Stang-en-Ihuern (Le), ruiss. dit aussi de Boduic, du Guern et de Kernevic, affl. du canal de Nantes à Brest; il arrose Silfiac et Cléguérec.
Stang-er-Binen, éc. c^ne de Plumelin.
Stang-er-Bonel, h. c^ne de Bubry.
Stang-er-Bot-Sperne, h. c^ne de Saint-Thuriau.
Stang-er-Breil, ruiss. affl. de celui de Gouézac, qui arrose Grand-Champ.
Stang-er-Gad, éc. c^ne de Pluméliau.
Stang-er-Gat, h. c^ne d'Hennebont.
Stang-er-Glouet, éc. c^ne d'Inzinzac.
Stang-er-Groëc, h. c^ne de Saint-Caradec-Trégomel.
Stang-er-Guélen, éc. et bois, c^ne de Plouray.
Stang-er-Guennec, éc. c^ne d'Inzinzac.
Stang-er-Guès, éc. c^ne d'Inguiniel.

STANG-EN-GUIP, lande et ruiss. *de la Lande-de-Stang-er-Guip*, affl. du Kerouray, c^{ne} de Guern.

STANG-EN-HUERN, éc. c^{ne} de Plouay.

STANG-EN-LAYEAU, h. c^{ne} de Lignol.

STANG-EN-LOGE, h. c^{ne} de Plumelin.

STANG-EN-LOUARN, h. c^{ne} de Napoléonville; ruiss. dit aussi *de Saint-Éloi*, affl. du canal de Nantes à Brest, qui arrose Napoléonville et Neulliac.

STANG-EN-PIOUFF, vill. c^{ne} de Saint-Tugdual.

STANG-EN-PUNS, éc. c^{ne} de Languidic.

STANG-EN-VONALEN, éc. c^{ne} de Melrand.

STANG-EUR-GLAS, h. partie c^{ne} de Kervignac, partie c^{ne} d'Hennebont.

STANG-EUR-GOCU-VELIN, ruiss. dit aussi *Stang-Kerroyan* et *Stang-eur-Rheux*, qui arrose Bangor et Port-Philippe et se jette dans l'Océan.

STANG-EUR-VALU, ruisseau. — Voy. LANGLE.

STANG-GARLOT, vallon, à la limite de Bangor et de Locmaria.

STANG-GOUÉNIAU, ruiss. affl. du Kermarrec, qui arrose Plouay.

STANG-GRAUJARD, vallon, à la limite des c^{nes} du Palais et de Bangor.

STANG-KERGALAVANT, éc. c^{ne} de Quéven.

STANG-KERLEAU, éc. c^{ne} de Lanvaudan; pont sur le Kerollin, reliant Lanvaudan et Inzinzac.

STANG-KERROYAN, ruisseau. — Voy. STANG-EUR-GOCU-VELIN.

STANG-LE-MOULIN, h. partie c^{ne} de Langoëlan, partie c^{ne} de Ploërdut : voy. COLÉDIC (LE); ruisseau, affl. du Kerdrain, qui arrose Ploërdut.

STANG-LEN, vill. c^{ne} du Saint.

STANG-NIVINEN, h. et éc. dit *Loge Stang-Nivinen*, c^{ne} de Plouay.

STANG-OURGANT, h. c^{ne} de Persquen. — Seigneurie.

STANG-PALUD, ruiss. qui arrose Port-Philippe et se jette dans l'Océan.

STANG-PHILIPPE, ruisseau. — Voy. KERSCOULIC.

STANG-RAQUÉRO (LE), éc. c^{ne} de Pluvigner.

STANGRELAN (RUE), au Palais. — Voy. TROCEU (RUE).

STANG-STANOC, vallon, c^{ne} de Bangor.

STANG-STARUNEC, ruiss. qui arrose Bangor et se jette dans l'Océan.

STANGUEN, éc. c^{ne} de Langonnet.

STANGUEN (LE), vill. c^{ne} de Séglien; ruiss. affl. de la Sarre, qui arrose Séglien et Locmalo; pont sur ce ruiss. reliant ces deux communes. — Seigneurie.

STANGUIC, h. c^{ne} de Noyal-Pontivy. — Seigneurie.

STANGUIGO (LE), h. c^{ne} de Plouay; pass. sur le Scorff, reliant cette c^{ne} au dépᵗ du Finistère.

STANGUIN, éc. c^{ne} de Languidic.

STANG-VARQUER, h. c^{ne} de Plouay.

STANG-VENAGE, h. c^{ne} de Camors.

STANQUELINE, éc. c^{ne} de Bubry.

STANQUEN, h. c^{ne} de Baud.

STANQUÉNO, vill. c^{ne} de Malguénac.

STANVEN, éc. c^{ne} d'Inzinzac.

STANVEN, éc. ruiss. affl. de l'Ellée et m^{in} à eau sur ce ruiss. c^{ne} de Plouray. — Seigneurie.

STANVÉNO, éc. c^{ne} de Malguénac.

STANVEREC, pointe et fort de l'île de Groix, sur l'Océan. — *Haelrech*, xııᵉ siècle (abb. de Sainte-Croix de Quimperlé).

STANZU, éc. c^{ne} de Langonnet.

STEN (LANDE DU), c^{ne} de Plouhinec.

STENBOUEST, m^{in} à eau sur le Blavet, c^{ne} de Riantec.

STER-EN-DREUCHEN, ruiss. affl. de l'Isole, qui arrose Roudouallec, qu'il sépare du dépᵗ du Finistère.

STER-EN-VNÉNEGUY, ruisseau. — Voy. GRAZO (LE).

STER-EUR-TRI-DEUR ou ER-HOAR-EN-TRI-DEUR, ruisseau. — Voy. PONT (MOULIN À EAU DU).

STER-LAËR, riv. voy. INAM. — *Latdrun*, xııᵉ siècle (abb. de Sainte-Croix de Quimperlé).

STERLANN, éc. c^{ne} de Pluvigner.

STERLÉ, vill. c^{ne} de Lanvénégen.

STÉROU (LE), f. bois et deux m^{ins} à eau, dont un dit *Moulin à papier du Stérou*, sur le Pont-Rouge, c^{ne} de Priziac. — Seigneurie; manoir.

STER-OULIN, h. partie c^{ne} du Faouët, partie c^{ne} de Priziac; pont sur l'Ellée, reliant ces deux c^{nes}; m^{in} sur la même riv. et ruiss. affl. de l'Ellée, c^{ne} de Priziac.

STER-PONT-BRAS-BOSQUÉDAOUEN, ruiss. affl. du Miné-Roudou, qui arrose Roudouallec.

STER-POULDU, ruiss. affluent de l'Isole, qui arrose Roudouallec.

STERVILLE, vill. c^{ne} de Riantec.

STERVINS, vill. deux m^{ins} à vent et m^{in} à eau sur l'anse de Gâvre, c^{ne} de Riantec. — *Staerguyn*, 1495 (chambre des comptes de Nantes). — Seigneurie.

STER-VOIXE, port sur l'Océan, c^{ne} de Port-Philippe.

STER-VRAS : voy. VIEUX-CHÂTEAU (LE); ruiss. *de Port-Ster-Vras*, qui arrose Port-Philippe et se jette dans l'Océan.

STÉRY (LE), f. c^{ne} de Férel.

STIBIDENN, île de la baie du Morbihan, contenant un h. c^{ne} de Sarzeau.

STIFFEL, font. et ruiss. *de la Fontaine-Stiffel*, affl. du Goah-Meldan, c^{ne} de Guern.

STIMOÈS, vill. c^{ne} de Naizin, et ruiss. dit aussi *de Coët-dan*, affl. du Runio, qui arrose Naizin et Réguiny.

STIVAL, vill. bois et autre vill. dit *Coët-Stival*, c^{ne} de Napoléonville; ruiss. voy. POULGLASS. — *Estival*, 1314 (D. Morice, I, 1249). — *Querstival*, xvııᵉ sⁱᵉᶜˡᵉ (arch. comm. de Napoléonville).

Trève de la par. de Malguénac, anc' paroisse. — Municipalité du distr. de Pontivy en 1790, supprimée postérieurement.

Stival (Rue de), à Napoléonville.

Stivel, h. c^ne de Bubry.

Stole, anse sur l'Océan, côte de Plœmeur.

Storlès, vill. c^ne de Pluvigner.

Stoubo, écart, dit aussi *Motten-Stoubo*, et bois, c^ne de Grand-Champ.

Strabon, h. c^ne de Pluvigner.

Strapen, h. c^ne de Priziac. — *Le Strapren*, 1421 (princip. de Rohan-Guémené). — *Stacpren*, 1459 (*ibid.*).

Straquévo, h. c^ne de Baden.

Strat (Le), h. c^ne de Bieuzy.

Strat (Le), h. c^ne de Napoléonville.

Strat (Le), éc. c^ne de Noyal-Pontivy.

Stumo (Le), éc. c^ne de Caudan.

Stumo (Le), vill. c^ne de Neulliac; écluse sur le canal de Nantes à Brest.

Stumultan, vill. c^ne de Malguénac.

Suaie (La), vill. c^ne de Lanouée.

Suais (La), h. c^ne de Guilliers.

Suais (La), vill. c^ne de Sérent. — *La Senaye*, 1476 (hôpital de Malestroit).

Sucheterie, h. c^ne de Baud.

Sucinio, chât. en ruines, éc. et anse sur l'Océan, c^ne de Sarzeau.— *Succenio*, 1238 (D. Morice, I, 111). — *Suceniou abbatia*, XIII° siècle (*ibid.* I, 41). — *Suchunyou*, 1306 (trésor des chartes des ducs de Bretagne, arch. de la Loire-Inférieure). — *Succeniou*, 1309 (abb. de la Joie). — *Succhenio*, 1310 (*ibid.*). — *Sussunio*, 1367 (abb. de Saint-Gildas-de-Rhuis). — *Sucenyo*, aliàs *Succenyo*, 1474 (trinitaires de Sarzeau).

Forêt ou grand parc s'étendant, au XV° siècle, jusque dans la frairie de Saint-Armel, au nord, jusqu'à celle du Tour-du-Parc, à l'est. — Ancienne abb. détruite, au XIII° siècle, par Jean Ier, duc de Bretagne.—Château ducal construit par le même prince. — Gouvernement de place : voy. Rhuis.

Suillerf, vill. c^ne de Saint-Aignan.— Seign. manoir.

Suillo (Le), éc. c^ne de Plumelin.

Suillo (Le), h. c^ne de Saint-Jean-Brévelay.

Sulé, h. c^ne de Surzur; ruiss. voy. Drague (La); pont sur ce ruiss. reliant Surzur et Ambon.—Seigneurie.

Sulierne, pont sur le ruiss. de ce nom, c^ne de Landévant; ruiss. *du Pont-de-Sulierne* : voy. Sainte-Brigitte.

Sulliado, éc. et bois, c^ne de Persquen. — Seigneurie.

Sully (Rue de), à Lorient.—Voy. Révolution (Rue de la).

Sulniac, c^on d'Elven. — *Suluniac* (on a imprimé, par erreur, *Sulumiac*), *hospitale*, 1160 (D. Morice, I, 638). — *Sulunyac*, 1387 (chap. de Vannes). — *Suillinizac*, 1387 (duché de Rohan-Chabot).— *Sulunyac*, 1415 (*ibid.*). — *Susniac*, 1423 (*ibid.*). — *Suligna*, 1608 (inscr. d'une cloche de l'église du Gorvello, en Sulniac).

Par. du territ. de Vannes; établissement de chevaliers de Saint-Jean de Jérusalem. — Sénéch. et subd. de Vannes. — Distr. de Vannes.

Sur (Le), roche de la baie du Morbihan, côte de Séné.

Surche (La), vill. et ruiss. affl. de l'Arz, c^ne de Pluherlin.

Surfau (Fontaine du), c^ne de Monteneuf.

Surel, f. c^ne de Buléon.

Sur-la-Bosse, éc. c^ne de Berné.

Sur-la-Grée, h. c^ne de Malansac.

Sur-la-Grée, h. c^ne de Saint-Jean-la-Poterie.

Sur-la-Grée (Rue), à Sarzeau.

Sur-la-Lande, éc. c^ne de Guer.

Sur-Lande, h. c^ne de Réminiac.

Sur-le-Crénet, vill. c^ne de Caden.

Sur-les-Priaux, lande, c^ne d'Augan.

Sur-le-Val, h. c^ne de Peillac.

Suzur, c^on de Vannes-Est.

Par. du territ. de Vannes. — Sénéch. de Vannes : subd. de Rhuis. — Distr. de Vannes; chef-lieu de c^on en 1790, supprimé en l'an x.

Suzanne, croix, à la limite de Guer et de Beignon.

T

Tabac, pont sur le Tarun, reliant Baud et Camors.

Tabariaie (La), éc. c^ne de Rieux. — Seigneurie.

Tabarin, lande, c^ne d'Augan.

Table de César, dolmen, dit aussi *Table des Marchands*, c^ne de Locmariaquer.

Table des Marchands, dolmen.—Voy. Table de César.

Tablette de Cournon, dolmen, c^ne de Cournon.

Tarot, croix, c^ne de la Trinité-Porhoët.

Tachen-en-Feste, éc. c^ne de Saint-Gérand.

Tachen-Monach, vill. c^ne de Berné.

Tachoglas, h. c^ne de Saint-Tugdual.

Tahinio, éc. c^ne d'Arzon.

Taichen-en-ty-Néhué, éc. c^ne de Priziac.

Taillefer, lande, c^ne de Guer.

Taillefer, éc. fort, pointe et basse sur l'Océan, c^ne du Palais; banc sur l'Océan, entre le Palais et Quiberon.

TAILLIS (LE), vill. c^ne de Pleucadeuc.

TAILLIS (LES.), f. c^ne de Glénac.

TAILS (CROIX DES), c^ne de Pleugriffet.

TALARA (LE HAUT et LE BAS), h. c^ne de Plaudren.

TALBEDIVY, h. c^ne de Guénin.

TALBOT, h. c^ne de Grand-Champ.

TALCOËTMEUR (LE HAUT et LE BAS), h. c^ne de Plumelec. — Seigneurie.

TALCOËT-NOYAL, vill. c^ne de Napoléonville. — *Talenquait*, 1274 (duché de Rohan-Chabot).

TALEN, éc. c^ne de Carnac.

TALENDIAS, h. c^ne de Pluméliau.

TAL-ER-GANQUIS, vill. c^ne de Bubry.

TAL-ER-GANQUIS, vill. c^ne de Persquen.

TALEROANQUIS, h. c^ne de Séglien.

TAL-ER-GUER, éc. c^ne de Noyal-Pontivy. — Seigneurie.

TAL-ER-HAN, pointe de l'île de Houat, sur l'Océan.

TALÉNOS, h. c^ne de Langoëlan.

TAL-ER-OUERN, éc. c^ne de Cléguérec. — Seigneurie; manoir.

TAL-ER-ROCH, éc. c^ne d'Erdeven.

TALFORÊT, h. c^ne de Baud.

TALFORÊT, f. c^ne de Bignan. — Seigneurie.

TALFORÊT, h. c^ne de Plumelin. — Seigneurie.

TALHAYE, h. c^ne de Billio.

TALHER, m^in à eau sur l'Arz, c^ne de Plaudren.

TALHOËT, h. c^ne de Séglien.

TALHOUET, h. bois et écluse sur le Blavet, c^ne de Baud. — Seigneurie.

TALHOUET, h. m^in à vent, m^in à eau sur le Loc, et ruiss. affl. du Loc, c^ne de Brech.

TALHOUET, éc. c^ne de Cléguer. — Seigneurie.

TALHOUET, vill. c^ne de Guéhenno.

TALHOUET, éc. c^ne de Guénin.

TALHOUET, vill. c^ne de Guern.

TALHOUET, chât. f. dite *Basse-Cour de Talhouet*, et h. dit *Vieux-Talhouet*, c^ne de Guidel. — Seigneurie; manoir.

TALHOUET, h. c^ne d'Inzinzac.

TALHOUET, vill. et lande, c^ne de Kervignac.

TALHOUET, h. et bois, c^ne de Lantillac; pont sur le Caranloup, reliant Lantillac et Guégon. — Seigneurie vulgairement appelée *Talhouet-Lantillac*.

TALHOUET, h. c^ne de Lanvaudan; pont sur le Poblaye, reliant Lanvaudan et Quistinic.

TALHOUET, éc. c^ne de Moréac.

TALHOUET, éc. c^ne de Moustoirac.

TALHOUET, h. c^ne de Moustoir-Remungol.

TALHOUET, chât. f. bois et ruiss. affl. du canal de Nantes à Brest, c^ne de Napoléonville. — Seigneurie; manoir en la par. de Malguénac.

TALHOUET, h. c^ne de Nostang. — Seigneurie,

TALHOUET, éc. lande et pout sur le Touldouard, c^ne de Plaudren. — Seigneurie.

TALHOUET, chât. bois et m^in à vent, c^ne de Pluherlin; pont sur le ruiss. de la Noë-des-Bouillons, reliant Pluherlin et Pleucadeuc. — Seigneurie; anc. château.

TALHOUET, h. c^ne de Pluméliau.

TALHOUET, éc. c^ne de Plumelin.

TALHOUET, h. c^ne de Pluvigner.

TALHOUET, éc. bois et lande, c^ne de Questembert. — Seigneurie; manoir.

TALHOUET, éc. et bois, c^ne de Saint-Gouvry. — Seigneurie; manoir.

TALHOUET, éc. et f. c^ne de Saint-Nolff. — Seigneurie; manoir.

TALHOUET, éc. c^ne de Saint-Thuriau.

TALHOUET, h. et bois, c^ne de Surzur.

TALHOUET, vill. c^ne de Theix; ruiss. voy. ALLAN (RUISSEAU DU PONT-).

TALHOUET-AVALLEC, h. c^ne de Pluméliau.

TALHOUET-BODORY, éc. c^ne de Languidic.

TALHOUET-DUCHENTIL, éc. c^ne de Quistinic. — Seign.

TALHOUET-ER-LAUSQUE, h. c^ne de Bignan.

TALHOUET-KERAUFFRET, h. c^ne de Bignan.

TALHOUET-KERDEC, éc. c^ne de Baud.

TALHOUET-KERHIÉRÉ, vill. c^ne de Quistinic.

TALHOUET-LA-MOTTE, h. et m^in à eau sur le ruiss. du Pont-Augan, c^ne de Languidic. — Seigneurie.

TALHOUET-LOCQUELTAS, vill. partie c^ne de Grand-Champ, partie c^ne de Plaudren; m^in à vent, c^ne de Plaudren. — Seigneurie.

TALHOUET-LOJEAN, vill. et ruiss. affluent de l'Ével, c^ne de Moréac.

TALHOUET-PENDERF, h. c^ne de Plaudren.

TALHOUET-PENHÉLEN, vill. c^ne de Bubry.

TALHOUET-POUR, vill. c^ne de Moréac.

TALHOUET-SAINT-JULIEN, h. c^ne de Baud.

TALHOUET-SPINEFORT, vill. c^ne de Languidic.

TALHOUET-TOUL-MANÉ, h. c^ne de Quistinic.

TALHU (LE), vill. c^ne de Caden.

TALUUAR, h. c^ne de la Gacilly.

TALHUERNE, éc. c^ne de Pluvigner.

TALIN, h. bois et m^in à eau sur le ruiss. de ce nom, c^ne de Napoléonville; ruiss. dit aussi *du Moulin-du-Resto*, *du Pont-er-Golen* et *de Sainte-Tréphine*, affl. du Blavet, qui arrose Malguénac et Napoléonville. Seigneurie; manoir en la par. de Malguénac.

TALINÈZE, h. c^ne de Plumelin.

TALIVERNE, éc. c^ne de Pluneret.

TALLAN, h. c^ne de Baud.

TALLAN, h. c^ne de Landévant.

TALLAN, h. c^ne de Plumelin.

TALLANE, h. c^ne de Guénin.

TALLANN, éc. c^ne de Moustoirac.

TALLEN, h. et pont sur le Choiseul, c^ne de Persquen.

TALLEN, h. c^ne de Pluvigner.

TALLEN (VRAS et VIHAN), h. c^ne de Camors. — Seign.

TALLENAY, h. c^ne de Guénin.

TALLEN-CHAN, h. c^ne de Baud.

TALLENÉ, vill. c^ne de Bubry.

TALLENÉ (BRAS et BIHAN), h. et m^in à eau sur le ruiss. de ce nom, c^ne de Quistinic; ruiss. *du Moulin-de-Tallené :* voy. POBLAYE-LE-NERS; pass. sur le Blavet, reliant Quistinic et Languidic. — Seigneurie.

TALLEN-RAUT, h. c^ne de Baud. — Seigneurie.

TALLERAS, éc. c^ne de Saint-Jean-Brévelay.

TALMANÉ, éc. c^ne de Guénin.

TALMENÉ, vill. c^ne de Saint-Allouestre.

TALNAY, vill. c^ne de Baud.

TALNAYE, vill. et ruiss. dit *Gouech-Talnaye,* affluent de celui de la Mare-au-Sel, c^ne de Grand-Champ.

TALNAY-SAINT-ADRIEN, éc. c^ne de Baud.

TALRESTE, vill. c^ne de Melrand.

TALRESTO, vill. c^ne de Bubry.

TALROCH, vill. m^in à eau et pont sur la Sarre, c^ne de Melrand.

TALROSE, éc. c^ne de Brandérion. — Seigneurie.

TALRUN, vill. c^ne de Saint-Jean-Brévelay.

TALUT (LE), éc. pointe, fort et batterie sur l'Océan, c^ne de Plœmeur.

TALUT (POINTE DU), sur l'Océan, c^ne de Bangor.

TALVA (LE), ruisseau. — Voy. GLINETS (RUISSEAU DES).

TALVERN, h. c^ne de Baud.

TALVERN, f. c^ne de Bignan; ruiss. affluent du Tarun, qui arrose Bignan, Locminé et Moustoirac.

TALVERN, h. c^ne de Landévant.

TALVERN, vill. c^ne de Malguénac.

TALVERN, vill. c^ne de Plumelin. — Seigneurie.

TALVERN, éc. c^ne de Saint-Tugdual.

TALVERNE, vill. marais et ruiss. *des Marais-de-Talverne,* affl. du Choiseul, c^ne de Bubry.

TALVERNE, h. c^ne de Melrand.

TALVERNE (LE GRAND et LE PETIT), vill. c^ne de Nostang. — *Talanguern,* 1505 (abb. de la Joie).

TALVERN-KERVENO, h. c^ne de Pluméliau. — Seign. manoir.

TALVERN-MILLERO, vill. c^ne de Moréac.

TALVERN-PENNACT, vill. c^ne de Pluméliau.

TALVERN-SAINT-YVY, vill. c^ne de Moréac.

TAMBÉ, vill. c^ne de Néant. — Seigneurie.

TAN (LE), h. c^ne de Marzan.

TAN (PONT À), sur le Keralvy, c^ne de Questembert.

TANGUY, pont sur l'Ellé, reliant Meslan et le Faouët; éc. *du Pont-Tanguy,* c^ne du Faouët; éc. dit *Nouveau-Pont-Tanguy,* et autre éc. dit *Vieux-Pont-Tanguy,* c^ne de Meslan.

TANIBEUD, h. c^ne de Saint-Nolff.

TANIGUEN (LE), éc. c^ne de Languidic.

TANIN (LE), éc. c^ne de Pluvigner.

TANNAY, h. c^ne de Saint-Nolff; ruiss. affl. du Liziec, qui arrose Monterblanc et Saint-Nolff.

TANNERIE (LA), h. et ruiss. dit aussi *du Pâtis-de-Launay-Robert* et *du Pont-Perré,* affl. du Moulinet, c^ne de Beignon.

TANNERIE (LA), h. c^ne de Guidel.

TANNERIE (LA), éc. c^ne de Malguénac.

TANNERIE (LA), moulin à eau et pont sur le Liziec, à Vannes.

TANNERIE (RUE DE LA), à Vannes.

TANNERIE (RUE DU PONT-DE-LA-), à Vannes. — Voy. CONFIANCE (RUE DE LA).

TANNERIES (LES), quartier de la Roche-Bernard.

TANNIO (LA), vill. c^ne de Saint-Samson.

TAPIN, pont sur le Calmet, reliant Mauron et Saint-Brieuc-de-Mauron.

TARDIVEL, h. c^ne de Saint-Gravé.

TARDIVEL-CHEZ-JOSSET, h. c^ne de Saint-Gravé.

TARDIVEL-LE-GROS-CHÊNE, h. c^ne de Saint-Gravé.

TARNIO, éc. c^ne de Pluméliau.

TARO, pont. — Voy. VILLE-MORIN (LA).

TARTÈNE, éc. c^ne de Bignan.

TARUN (LE), riv. dite aussi *du Pont-Coët,* affl. de l'Évêl, qui arrose Bignan, Locminé, Moustoirac, Plumelin, Camors et Baud.

TASCON, île de la baie du Morbihan, contenant un vill. c^ne de Saint-Armel. — Prieuré-chapellenie dépendant de l'abb. de Saint-Gildas-de-Rhuis.

TAUDE (LA), h. c^ne de Taupont.

TAULO (LE), vill. c^ne de Silfiac.

TAUPE (LA), vill. c^ne de Réminiac.

TAUPONIÈRE (LA), vill. c^ne de Campénéac.

TAUPONT, c^on de Ploërmel. — *Tauppont,* 1399 (fabr. de Taupont). — *Taulpont,* 1476 (*ibid.*).

Par. du doy. de Lanouée; prieuré du vocable de Saint-Nicolas (*alias* Saint-Golven), membre de l'abb. de Saint-Gildas-de-Rhuis. — Siége de juridiction de la seigneurie de Lambily, sous le nom de *Taupont-Lambily.* — Sénéch. et subd. de Ploërmel. — Distr. de Ploërmel.

TAVARDY (LE), h. c^ne de Cléguer.

TAY (LE), f. et m^in, c^ne de Carentoir. — Seigneurie.

TAY (LE), f. et étang, c^ne de Caro. — Seigneurie.

TAYAC (LE), h. c^ne de Saint-Dolay.

TAYAT (LE), h. c^ne de Néant. — Seigneurie.

TAY-AU-PÉRÉ (LE), vill. c^ne de la Gacilly.

TAY-AUX-ÉPAILLARDS (LE), vill. c^ne de la Gacilly.

TÉHEL, f. et m^in à eau sur l'Oyon, c^ne de Porcaro; pont sur l'Oyon, reliant Guer, Porcaro et Monteneuf.

TÉHUEN (BRAS et BIUAN), h. c^ne d'Erdeven.

TÉHUEN-PENESTER, éc. c^te d'Erdeven.

TEIGNOUSE (LA), passage, rocher et fanal sur l'Océan, entre Quiberon et Houat.

TEIL (LE), vill. c^ne de Crédin.

TELETAN, h. c^ne de Guer. — Seigneurie.

TELHAIS (LA), vill. lande et m^in à vent, c^ne de Guer. — Seigneurie.

TELHOET (LE), ruiss. affl. du Goujon, et m^in à eau sur ce ruiss. c^ne de Péaule.

TELIER (PONT DU), sur l'Étier-Français, reliant Péaule et Nivillac.

TÉLIGO, pont sur le ruisseau du Bois-Guéhéneuc, c^ne d'Augan.

TELINIO, h. c^ne de Marzan.

TÉLION-EN-GRY, éc. c^ne de Melrand.

TELLENÉ, vill. partie c^ne de Plumelin, partie c^ne de Guénin; m^in à eau sur le ruisseau de ce nom, c^ne de Guénin; ruiss. voy. CHAPELLE-NEUVE (RUISSEAU DE LA). — Télené, 1406 (duché de Rohan-Chabot). — Seigneurie.

TELLIAN, vill. et pont sur le ruiss. de ce nom, c^ne de Guer; ruiss. voy. SAINT-NICOLAS.

TELOHAN, h. c^ne de Néant. — Seigneurie.

TEMPLE (LE), vill. partie c^ne de Saint-Jean-la-Poterie, partie c^ne d'Allaire.

TEMPLE (LE), vill. et m^in à vent, c^ne de Guillac.

TEMPLE (LE), h. et m^in à eau dit Bas-Temple, sur le ruiss. de ce nom, c^te d'Inzinzac; ruiss. du Moulin-du-Temple [voy. QUÉLEBACK], et pont sur ce ruiss. reliant Hennebont, Inzinzac et Caudan. — Établissement de chevaliers de Saint-Jean de Jérusalem, autref. Templiers.

TEMPLE (LE), vill. c^te de Lizio.

TEMPLE (LE), h. c^ne de Péaule.

TEMPLE (LE), h. c^ne de Pontscorff. — Établissement de chevaliers de Saint-Jean de Jérusalem, annexe de la comm^rie du Croisty en Saint-Tugdual.

TEMPLE (LE), h. c^ne de Quistinic.

TEMPLE (LE), éc. c^ne de Saint-Congard.

TEMPLE (LE), vill. c^ne de Saint-Dolay.

TEMPLE (LE), vill. c^ne de Saint-Jacut.

TEMPLE (LE), vill. c^ne de Saint-Servant.

TEMPLE (LE), vill. c^ne de Sulniac. — Établissement de chevaliers de Saint-Jean de Jérusalem, autref. Templiers.

TEMPLE (LE HAUT et LE BAS), vill. et bois, c^ne de Limerzel. — Établissement de chevaliers de Saint-Jean de Jérusalem, autref. Templiers.

TEMPLE (MOULIN À EAU DU), sur le Pont-Rouge, c^ne de Saint-Tugdual.

TEMPLE (RUE DU), à Pontscorff.

TEMPLE-DE-CARENTOIR (LE), vill. et m^io à vent, c^ne de Carentoir.

D'abord par. puis trève de Carentoir, puis redevenu par. du doy. de Carentoir; comm^rie de chevaliers de Saint-Jean de Jérusalem, autref. Templiers. — Sénéch. de Ploërmel; subd. de Malestroit.

TENAC, vill. c^ne de Theix. — Atenac, 1492 (chât. de Kerleau). — Thenac, 1504 (ibid.). — Seigneurie.

TÉNÉBALIN, éc. c^ne de Crédin.

TENENERHON, éc. c^ne de Monterblanc.

TÉNÉNIDIO, éc. marais, lande et pont sur le Plessis, c^ne de Theix.

TÉNÉRION, pont sur le Coët-Novent, reliant Plaudren et Plumelec; ruiss. du Pont-de-Ténérion, affl. de la Claye, qui arrose ces deux communes.

TENEU-ER-SANT, font. c^ne de Theix.

TENEUX, vill. c^ne de Guillac. — Tonouloscan, villa, 842 (cart. de Redon).

TENEVEL, h. c^ne de Remungol.

TÉNIÈRES (LANDE DES), c^ne de Guer.

TÉNINGOLEC, éc. c^ne d'Arradon.

TENINIO, h. c^ne de Grand-Champ.

TENINIO, h. c^ne de Sulniac.

TÉNINIO, vill. c^ne de Vannes.

TENNIÈRES (LES), f. c^ne de Carentoir.

TENO, h. c^ne de Marzan.

TENO, h. c^ne de Pluneret.

TÉNO, éc. c^ne de Trefléan; m^in à eau sur le Baron, c^ne de Saint-Nolff.

TÉNO (LANDE DU), s'étendant en Gueltas et Saint-Gonnery. — Tenoust, 1406 (duché de Rohan-Chabot).

TENO (LE), h. c^ne de Bignan.

TENO (LE), h. c^ne de Guégon.

TENO (LE), h. c^ne de Guéhenno.

TÉNO (LE), h. c^ne de Plescop. — Seigneurie.

TÉNO (LE GRAND et LE PETIT), h. c^ne de Billiers.

TENUE (LA), f. c^ne d'Augan.

TENUE (LA), f. c^ne de Tréhorenteuc.

TENUE-ANDRÉ, éc. c^ne de Caden.

TENUE-AU-GALI, h. c^ne de Pluherlin.

TENUE-DEMET (LA), h. c^ne de la Grée-Saint-Laurent.

TENUEL, vill. c^ne de Baud. — Tenou-Evel, 1296 (duché de Rohan-Chabot). — Seigneurie.

TENUEL, h. et m^in à eau sur l'Ével, c^ne de Guénin. — Seigneurie.

TENUE-MERLET (LA), h. c^ne de la Grée-Saint-Laurent.

TENUE-TORLAY, h. c^ne de Pluherlin.

TÉNUI (LE), vill. c^ne de Billio.

TÉNULHO, h. c^ne de Questembert; pont sur le Tohon, reliant Questembert et Noyal-Muzillac.

TÉNULHON, vill. c^ne de Questembert.

TENURIEN, vill. c^ne de Marzan.

Teb (Le), h. cne de Baden.

Teb (Le), ruiss. qui se jette dans la rade de Lorient; chât. fet et deux mins dits *Moulin Neuf* et *Moulin Vieux* sur ce ruiss. cne de Plœmeur. — Seign. manoir.

Téric (Lann), lande, et ruiss. *de la Mare-Téric*, affl. du Loch, cne de Grand-Champ.

Térouet, vill. cne de Saint-Malo-des-Trois-Fontaines.

Térouge, pont sur l'Aff, reliant Guer au dépt d'Ille-et-Vilaine.

Terrua (Le), éc. cne de Pleucadeuc.

Terradineuf, f. cne de Ménéac.

Terbiennou, éc. cne de Gourin.

Tertre (Le), vill. cne d'Augan.

Tertre (Le), f. cne de Caro.

Tertre (Le), h. cne de Concoret. — Seigneurie.

Tertre (Le), f. cne de Cournon. — Seigneurie.

Tertre (Le), éc. f. bois et min à eau sur l'Aff, cne de Guer; pont sur le même ruiss. reliant Guer au dépt d'Ille-et-Vilaine. — Seigneurie.

Tertre (Le), h. cne de Guilliers.

Tertre (Le), vill. cne de Lanouée.

Tertre (Le), f. cne de Malansac.

Tertre (Le), vill. cne de Mauron.

Tertre (Le), éc. cne de Ménéac.

Tertre (Le), f. et bois, cne de Monteneuf.

Tertre (Le), h. cne de Monterrein.

Tertre (Le), f. min à vent, ruiss. affl. du Goujon et min à eau sur ce ruiss. cne de Péaule. — Seigneurie.

Tertre (Le), éc. cne de Pleugriffet.

Tertre (Le), éc. cne de Radenac.

Tertre (Le), h. et fet, dont l'une dite *Cour du Tertre* et l'autre *Tertre-de-Bas*, cne de Rieux. — Seigneurie.

Tertre (Le), h. cne de Saint-Congard.

Tertre (Le), h. cne de Saint-Samson.

Tertre (Le), vill. cne de Sérent.

Tertre (Le Haut et le Bas), vill. et min à vent, cne de Carentoir.

Tertre (Place du), au Port-Louis.

Tertre (Rue du), à la Trinité-Porhoët.

Tertre-Béchépy (Le), vill. et lande, cne de Guer.

Tertre-Bocan (Le), f. cne de Pleucadeuc. — Seigneurie.

Tertre-Buis (Le), éc. cne de Guer.

Tertre-des-Meulles (Le), h. cne de Lanouée.

Tertre-du-Lieuvy (Le), éc. cne de Missiriac.

Tertrée (La), f. min à vent et min à eau sur l'Oust, cne de Lanouée; éc. cne de Pleugriffet. — Seign. manoir.

Tertre-en-Canfrou (Le), vill. cne de Guégon.

Tertre-Failli (Le), h. cne de Guégon.

Tertre-Gillet (Lande du), cne de Guer.

Tertre-Payen (Le), éc. cne de Rieux.

Tertres (Lande des), cne de Beignon.

Tertre-Veillard (Le), f. cne de Malansac.

Tervasson, éc. cne de Sulniac.

Tesseraie (La), vill. cne de Mauron.

Tessiac, vill. cne de Guer.

Tête-Noire (La), vill. cne de Saint-Jean-la-Poterie.

Téviec, île sur l'Océan, côte de Plouharnel.

Tey (Le), éc. cne de Saint-Vincent.

Teyat (Le), f. cne de Carentoir.

Tey-au-Mouton (La), éc. cne de Pleucadeuc.

Thabor (Quartier du), à Ploërmel. — Voy. Duval (Rue).

Thay (Le), vill. cne de Ménéac.

Théhillac, con de la Roche-Bernard; chât. en ruines. — *Tehillac*, 1424 (chât. de Castellan).

Trêve de la par. de Missillac (Loire-Inférieure), dans le doy. de la Roche-Bernard, désignée aussi sous le nom *du Moustoir*. — Seigneurie. — Sénéch. de Nantes; subd. de la Roche-Bernard. — Distr. de la Roche-Bernard.

Theix, con de Vannes-Est; éc. lande, croix *de la Lande-de-Theix*, marais, min à vent et pont sur le ruiss. de ce nom, dans la commune; ruiss. *du Pont-de-Theix:* voy. Baron (Le). — *Theis*, 1387 (chap. de Vannes). — *Theys*, 1468 (cordeliers de Vannes).

Par. du territ. de Vannes. — Sénéch. et subd. de Vannes. — Distr. de Vannes.

Thélin, plaine choisie pour quelque temps comme camp de manœuvres en 1843; pont *du Camp-de-Thélin*, sur le ruiss. de Saint-Malo-de-Beignon, reliant Guer et Saint-Malo-de-Beignon; lande *du Pont-du-Camp-de-Thélin*, cne de Guer; autre pont *du Camp-de-Thélin*, sur l'Aff, reliant Beignon au dépt d'Ille-et-Vilaine.

Thenal, vill. cne de Péaule.

Théraudière (La), h. cne de Malestroit.

Thevenou, h. et autre h. dit *Loges-Thevenou*, cne de Gourin. — Seigneurie; manoir.

They (Le), éc. cne de Béganne.

Thimadeuc, couvent de trappistes établi en 1843; éc. bois et ruiss. affl. de l'Oust, cne de Bréhan-Loudéac. — Seigneurie; manoir.

Thiolais (La), h. cne de Saint-Jacut.

Thomas, pont sur le ruiss. de ce nom, cne de Sainte-Brigitte; ruiss. *du Pont-Thomas:* voy. Salles (Les).

Thomas, pont sur le Kersapé, cne de Theix.

Thomasse, éc. cne de Béganne.

Thocan, ruiss. affl. de l'Évriguet, qui arrose Guilliers et Évriguet; pont sur ce ruiss. reliant ces communes.

Thy-Bihan-Kerphilippe, éc. cne de Guern.

Thy-Coutume, éc. cne de Lanvaudan.

Thy-Cumun, écart. — Voy. Communs (Les).

Thy-er-Lann-Kervigan, éc. cne de Guern.

Thy-er-Lann-Quelven, éc. cne de Guern.

Thy-Glazennen, éc. cne de Plouay.

Thy-Jaffré, éc. cne de Lanvaudan.

Thy-Lann, éc. cne de Caudan.

Thy-Losquet, éc. cne de Lanvaudan.

Thy-Maure, éc. cne de Caudan. — Seigneurie.

Thy-Néhué, éc. cne de Baud.

Thy-Nénué, hameau. — Voy. Maison-Neuve (La).

Thy-Néhué-Lann-Losque, h. cne de Pontscorff.

Thy-Nérué-Manéguennec, éc. cne de Pontscorff.

Thy-Névé, éc. cne de Guern.

Thy-Névé-en-Huerne, éc. cne de Lanvaudan.

Thy-Névé-Kergal, éc. cne de Lanvaudan.

Thy-Névé-Lomelec, éc. cne de Lanvaudan.

Thy-Olichon, éc. cne de Guern.

Thy-Sapine, éc. cne de Caudan.

Tibain, vill. cne de Locmaria; pont sur le ruiss. de ce nom, reliant Locmaria et le Palais; ruiss. *du Pont-Tibain*, dit aussi *du Pont-Yorch*, qui arrose Bangor, Locmaria et le Palais et se jette dans l'Océan.

Tiberbel, f. cne de Noyal-Muzillac.

Tibio, croix, cne de Peillac.

Ticons (Rue du), à Auray.

Tieulais (La), f. cne de Campénéac. — Seigneurie.

Tilloué, vill. cne de Nivillac.

Timbrieux (Les), chât. fne, dont une dite *Métairie de la Porte-des-Timbrieux*, étang et mln à vent, cne de Cruguel. — Seigneurie; anc. château.

Tinéué, vill. cne de Bangor.

Tingaleux (Les), éc. cne de Bréhan-Loudéac.

Tinguet (La), vill. cne de Béganne.

Tiolaie (La), vill. cne de Ruffiac. — *La Tiollaye*, 1424 (chât. de Kerfily). — Seigneurie.

Tipasco, éc. cne de Saint-Jean-Brévelay.

Tirepeine, éc. cne de Saint-Dolay.

Tire-qui-Peut, éc. cne de la Grée-Saint-Laurent.

Tiret, pont sur le Rhun, reliant Pluméliau, Remungol et Moustoir-Remungol.

Tirmotte, h. cne de Muzillac.

Tirpenne, éc. cne de Malestroit. — Seigneurie.

Tissac, vill. cne d'Ambon.

Tisserand (Le), île dans la baie du Morbihan, cne d'Arzon.

Tissévéno, vill. cne de Locmaria.

Titro, h. cne de Plumergat.

Tivenousse, vill. cne d'Elven.

Tivilioré, éc. cne de Berric.

Tivoly, éc. cne de Questembert.

Tocquelud, h. cne de Bignan.

Tohannic (Le Grand et le Petit), vill. et bois, cne de Vannes. — Deux seigneuries; deux manoirs (grand et petit).

Tohon, mln à eau sur le ruiss. de ce nom et mln à vent, cne de Questembert; ruiss. dit aussi *du Pont-Prières*, du Moulin-de-Kerdréan et *du Moulin-de-Pomin*, affl. du Saint-Éloi, qui arrose Sulniac, Questembert, Noyal-Muzillac et Muzillac.

Tolgoët, vill. cne de Grand-Champ.

Tombe-aux-Morts (La), lande, cne de Lizio.

Tombes (Butte des), mamelon, cne de Tréhorenteuc.

Tomineo, éc. cne de Grand-Champ.

Toquin (Le), éc. cne de Radenac.

Toras, h. cne de Sulniac.

Tor-en-Cheu, h. cne de Guern.

Torlan, vill. et lande, cne de Bréhan-Loudéac.

Torlan, h. cne de Malguénac.

Torlaye (La), vill. cne de Carentoir.

Torlereo, croix, cne de Camors.

Torloray, vill. et éc. dit *Loge-de-Torloray*, cne de Kergrist.

Tonpie, éc. cne de Saint-Avé.

Torrehouet, éc. cne de Pluneret.

Torremor, éc. cne de Pluneret.

Tortu, vill. cne de Priziac.

Tostal, vill. cne de Saint-Jean-Brévelay.

Tostal, h. cne de Theix.

Tostal (Le) ou Tostal-de-la-Vraie-Croix, vill. cne de Sulniac; mln à eau : voy. Vraie-Croix (La); hauteur dite *Butte du Tostal*, sur laquelle est un retranchement romain.

Tosten, vill. cne de Cléguérec.

Toubadan, éc. cne de Pontscorff.

Touchal, vill. cne de Péaule.

Touchard, éc. cne d'Ambon.

Touche (La), h. cne d'Allaire.

Touche (La), h. cne de Béganne.

Touche (La), f. et bois, cne de Bréhan-Loudéac. — Seigneurie connue sous le nom de *la Touche-Bréhan*; manoir.

Touche (La), f. cne de Caden.

Touche (La), éc. cne de Concoret.

Touche (La), éc. cne des Fougeréts. — Seigneurie.

Touche (La), f. cne de Guer.

Touche (La), vill. cne de Guillac.

Touche (La), éc. cne de Lanouée.

Touche (La), vill. et bois, cne de Malansac.

Touche (La), vill. cne de Mohon.

Touche (La), h. cne de Monteneuf.

Touche (La), h. et bois, cne de Moustoirac. — Seigneurie connue sous le nom *de la Touche-Hilary*.

Touche (La), vill. cne de Nivillac.

Touche (La), h. cne de Péaule.

Touche (La), vill. et mln à eau, cne de Saint-Abraham; ruiss. voy. Raimond (Le); pont sur ce ruiss. reliant Saint-Abraham et Caro.

Touche (La), vill. et pont sur le Calmel, cne de Saint-Brieuc-de-Mauron.

Touche (La), bois, c^ne de Saint-Congard.

Touche (La), vill. c^ne de Saint-Dolay.

Touche (La), vill. c^ne de Saint-Gravé.

Touche (La), vill. c^ne de Saint-Martin. — *La Touche-Piart*, 1554 (D. Morice, III, 1113). — Seigneurie.

Touche (La), h. c^ne de Saint-Vincent.

Touche (La), éc. c^ne de Sérent.

Touche (La), vill. c^ne de Taupont.

Touche (La), vill. c^ne de Tréal. — Seigneurie.

Touche (La Grande et la Petite), vill. c^ne de Néant. — Deux seigneuries.

Touche (La Haute et la Basse), h. c^ne de Ploërmel. — Seigneurie *de la Vieille-Touche*.

Touche (Rue de la), à la Roche-Bernard.

Touche-Aga (La), vill. c^ne de Ruffiac.

Touche-Aguesse (La), vill. et lande, c^ne de Bréhan-Loudéac. — Seigneurie.

Touche-à-l'Eau (La), h. c^ne de Ruffiac.

Touche-Allaire (La), vill. c^ne de Campénéac.

Touche-au-Boulvier (La), vill. et m^in à vent, c^ne de Mauron.

Touche-au-Sourd (La), vill. c^ne de Peillac.

Touche-aux-Angles (La), vill. c^ne de Sérent.

Touche-aux-Roux (La), f. c^ne de Carentoir. — Seign.

Touche-Bernier (La), vill. c^ne de Caden.

Touche-Berthelot (La), f. c^ne de Saint-Malo-des-Trois-Fontaines. — Seigneurie.

Touche-Boulard (La), h. c^ne de Guer, et pont dit *Planche de la Touche-Boulard*, sur l'Aff, reliant Guer au dép^t d'Ille-et-Vilaine.

Touche-Bouadin (La), f. c^ne de Campénéac.

Touche-Buis (La), vill. c^ne de Guer.

Touche-Burel, éc. c^ne de Caro.

Touche-Carné (La), vill. c^ne du Roc-St-André. — Seign.

Touche-Caro (La), éc. c^ne de Saint-Nicolas-du-Tertre.

Touche-Cherouvrier (La Haute et la Basse), vill. c^ne de Ménéac.

Touche-de-Bas (La), vill. c^ne de Carentoir.

Touche-du-Mur (La), f. c^ne de Carentoir.

Touche-du-Nay (La), éc. c^ne de Bohal.

Touche-Enort (La), éc. c^ne de Carentoir.

Touche-Eon (La), éc. c^ne de Tréal. — Seigneurie.

Touche-ès-Chantoux (La), vill. c^ne de Mauron.

Touche-Espé (La), h. c^ne de Caro.

Touche-ès-Rageurs (La), vill. c^ne de Carentoir.

Touche-Étienne (La), vill. c^ne de Porcaro.

Touche-Gourelle (La), éc. c^ne de Ruffiac.

Touche-Guérin (La), ruiss. dit aussi *de Beignon*, qui arrose Beignon et Campénéac, puis entre dans le dép^t d'Ille-et-Vilaine.

Touche-Kervier (La), chât. et f. c^ne de Saint-Marcel. — Seigneurie; manoir.

Touche-Larcher (La), h. étang et ruiss. affluent du Camet, c^ne de Campénéac. — Seigneurie.

Touche-Lescouet (La), éc. c^ne de Sérent.

Touche-Marcadé (La), vill. c^ne de Carentoir.

Touche-Marglas (La), vill. c^ne de Brignac.

Touche-Michelot (La), h. et pont sur le ruiss. de ce nom, c^ne de Guer; ruiss. voy. Paingrain.

Touche-Mirangle (La), h. c^ne de Ménéac.

Touche-Moisan (La), éc. c^ne de Montertelot.

Touche-Morgan (La), vill. c^ne de Sérent.

Touche-Morin (La), vill. c^ne de Peillac.

Touche-Peschard (La), éc. et f. c^ne de Carentoir. — Seigneurie.

Touche-Piro (La), vill. c^ne de Saint-Servant.

Touche-Poupeau, vill. c^ne de Sérent.

Touche-Regaud (La), vill. c^ne de Mauron.

Touche-Robert (La), vill. c^ne de Tréhorenteuc.

Touche-Ronde (La), éc. c^ne de Saint-Martin. — Seign.

Touche-Ruello (La), vill. c^ne de Lizio.

Touches (Les), vill. c^ne de Bréhan-Loudéac.

Touches (Les), vill. c^ne de Caro. — Seigneurie.

Touches (Les), vill. c^ne de Guégon.

Touches (Les), vill. c^ne de Mohon.

Touches (Les), éc. c^ne de Peillac.

Touches (Les), chât. et f^es dites *le Haut* et *le Bas des Touches*, c^ne de Porcaro. — Seigneurie; manoir en la par. de Guer.

Touchette (La), vill. c^ne de Mauron.

Touchettes (Les), vill. c^ne de Carentoir.

Touche-Vieille (La), vill. c^ne de Peillac.

Toulan, éc. c^ne de Plumergat. — *Toulanlan*, manoir, xive siècle (chartreuse d'Auray). — Seigneurie.

Toulan, h. c^ne de Questembert.

Toulan, h. et m^in à vent, c^ne de Riantec; éc. *du Moulin-Toulan*, c^ne de Merlévenez. — Seigneurie.

Toulanchy, quartier à Gourin.

Toulann, h. c^ne d'Arzal.

Toul-ar-Lan, éc. c^ne de Guiscriff.

Toul-Baden, éc. et ruiss. dit aussi *de Poulindu*, affl. du Vincin par l'étang de la Chênaie, c^ne d'Arradon.

Toul-Bahadau, éc. c^ne de Ploërdut; ruiss. voy. Lande (La).

Toul-Bahadeu, éc. c^ne de Caudan.

Toulbahec, h. c^ne de Crach.

Toul-Bedoul, éc. c^ne d'Hennebont.

Toul-Biro, éc. c^ne de Plescop.

Toulblaye, vill. c^ne de Plœmeur.

Toulblaye (Rue de), à Plœmeur.

Toulboëdo, h. c^ne de Locmalo. — Seigneurie.

Toulboubou, éc. c^ne de Napoléonville.

Toulbouro, éc. c^ne de Lorient.

Toulbren, h. c^ne de Séglien.

Toulcaden, vill. c^ne de Sarzeau.

Toulcanard, éc. cne d'Ambon.
Toulcanet (Le), éc. cne de Bignan.
Toulcar, f. et lande, cne de Surzur.
Toul-Carnel, vill. cne de Lorient.
Toul-Chiannet, éc. cne de Languidic.
Toul-Cniganet, éc. cne de Brech.
Toul-Clanche, h. cne de Plouay.
Toulcoquenne, éc. cne de Muzillac.
Touldeur, éc. cne de Remungol.
Toul-Doan, éc. cne de Saint-Avé.
Toul-Dorhent, vill. cne de Guern.
Touldouar, h. cne de Caudan.
Touldouar, h. cne de Napoléonville.
Toul-Douar, éc. cne de Pluneret.
Toul-Douar, éc. cne de Pluvigner.
Touldouard, h. lande et ruiss. affl. du Kergolher, cne
    de Plaudren.
Touldrain, f. cne de Naizin.
Touldrain, h. cne de Saint-Aignan.
Touldrin, éc. cne de Caudan.
Touldu (Le), ruiss. affluent du Quéronic, qui arrose
    Camors; pont sur le Quéronic, reliant Camors et Plu-
    vigner.
Toul-e-Lann, h. cne de Plougoumelen. — Seigneurie.
Toul-er-Bahadaou, éc. cne du Faouët.
Toul-er-Brohet, h. cne de Séglien; ruiss. dit aussi
    Gouach-Huern-Glas, affluent du Stang-en-Ihuern,
    qui arrose Séglien et Cléguérec.
Toul-en-Gleut, h. cne de Bubry.
Toul-en-Hoët, h. cne de Plouray.
Toul-er-Len, h. cne de Langonnet.
Toul-en-Menhir, lande où se trouve un menhir, cne de
    Noyalo.
Toul-er-Roch, h. cne de Languidic.
Toul-eu-Pri, éc. cne de Plonhinec.
Touleuprie, vill. cne de l'Île-d'Arz.
Touleupry, marais, cne d'Erdeven; ruiss. voy. Poulbé.
Toul-eur-Brer, pointe de l'île de Houat, sur l'Océan.
Toulfang, lande et ruiss. affl. du Loch, cne de Grand-
    Champ.
Toul-Fritche (Ruelle), à Auray.
Toulgodo, h. cne de Plouay.
Toulgoët, vill. cne de Séglien.
Toulgouet, vill. cne de Saint-Allouestre.
Toulhar, h. cne de Plœmeur.
Toulhardy, éc. cne de Cléguérec.
Toul-Hars, éc. cne de Caudan.
Toul-Hélène, h. cne de Plouay.
Toul-Hent, éc. cne d'Erdeven.
Toulhoat, vill. cne de Meslan.
Toulhoët, vill. cne de Persquen.
Toul-hoh-Parc, vill. cne de Berné.

Toulhouet, h. cne de Caudan.
Toulhouet, h. cne de Cléguérec.
Toulhouet, vill. et bois, cne de Plœmel.
Toulhouet, éc. cne de Questembert.
Toulhouet, vill. cne de Sulniac. — Seigneurie.
Toulicoët, h. cne de Molac.
Toulindac, vill. cne de Baden; pointe sur le Morbihan,
    cne de l'Île-aux-Moines.
Toulivaud, éc. cne de Moustoirac.
Toul-Josselin, éc. cne de Pluvigner.
Toul-Labio, éc. cne de Guern.
Toul-Lan, éc. cne d'Erdeven.
Toullan, éc. cne de Muzillac.
Toullann, h. cne d'Ambon.
Toulluhern, éc. cne de Bignan.
Toul-mein-Glein, éc. cne de Plœren.
Toulmelen, éc. cne de Noyal-Pontivy.
Toulmelin, vill. cne de Guénin.
Toul-Menaut, h. cne de Moréac.
Toul-Mingleu, marais, cne de Séné.
Toulmouroux, h. cne de Sarzeau.
Toulnay, vill. lande du Vieux-Toulnay, min à eau sur
    le Loc et ruiss. affl. du Loc, cne de Grand-Champ.
Toulnay, h. cne d'Inzinzac.
Touloin, f. cne de Billio.
Toulouse (Rue de), à Lorient.—Voy. Marché (Rue du).
Toul-Piziens, marais, cne du Hézo.
Toulploux, h. cne du Guerno.
Toulprio, h. cne de Plœren.
Toulpris, h. cne de Saint-Nolff.
Toulpry, h. cne de l'Île-aux-Moines.
Toulran, éc. cne de Bignan.
Toulran, h. cne de Locminé.
Toulran, éc. cne de Naizin.
Toulran, éc. cne de Plaudren.
Toul-Ranec, éc. cne de Sainte-Brigitte.
Toul-Reste, vill. cne de Camors.
Toulroch, éc. et bois, cne de Saint-Aignan.
Toul-Sable (Loges), h. cne de Gourin.
Toul-Sallo, étang, cne de Ploërdut; ruiss. de l'Étang-
    de Toul-Sallo : voy. Deur-Charlicq. — Tuousulon,
    et riv. de Sulon, 1412 (princip. de Rohan-Guémené).
Toul-Scarh, éc. cne de Locmalo.
Toultoussec, éc. cne de Priziac.
Toultoussec, éc. cne du Saint.
Toultoussec (Loge), éc. cne de Gourin.
Toulvellionen, éc. cne de Camors.
Toulverdan, ruiss. affl. du Blavet et min à eau sur ce
    ruiss. cne de Pluméliau.
Toulverne, h. et pointe sur le Morbihan, cne de Baden.
    — Seigneurie; manoir.
Toul-y-Doré, éc. cne de Saint-Aignan.

Touraille (La), chât. f. bois et deux ponts sur l'Oyon, dont un dit *pont du Château*, c⁰ᵉ d'Augan. — Seigneurie; manoir.

Tour-Bourgerel (La), éc. c⁰ᵉ de Baden.

Tourc'h (Le), roche sur l'Océan, côte de Sarzeau.

Tour-de-l'Isle (Le), à la Roche-Bernard.—V. Isle (L').

Tour-du-Parc (Le), ancienne frairie de la par. de Sarzeau, érigée tout récemment en commune, dont le centre est à Kervahuet.

Tourel-Kercuereu, retranchement romain, c⁰ᵉ de Pluvigner.

Tourel-Lavadec, retranchement romain, c⁰ᵉ de Pluvigner.

Tourelle (La), h. c⁰ᵉ de Plougoumelen.

Tourello, éc. c⁰ᵉ de Pluméliau.

Tourel-Tallen, motte féodale, c⁰ᵉ de Camors. — Établissement de chevaliers de Saint-Jean de Jérusalem, autref. Templiers.

Tourlaouen, h. c⁰ᵉ de Plouray.

Tourlarec, h. et lande, c⁰ᵉ de Baden.

Tourne-Bride, h. c⁰ᵉ de Berric.

Tourne-Bride, h. c⁰ᵉ de Guer.

Tourne-Bride, éc. c⁰ᵉ de Malansac.

Tourne-Bride, éc. c⁰ᵉ de Pluherlin.

Tournéhoué (Le), éc. c⁰ᵉ de Saint-Samson.

Tournemote, éc. c⁰ᵉ de Péaule.

Tournepas (Le), éc. c⁰ᵉ de Saint-Samson.

Tournonnière (La), vill. c⁰ᵉ de Sérent.

Tourville (Rue de), à Lorient; a porté jusqu'à 1817 le nom de *rue de la Fraternité*.

Touzé, croix, c⁰ᵉ de Moustoirac.

Trainette, f. et h. c⁰ᵉ de Guer.

Tramesse, vill. bois et lande où fut établi un camp sous le premier Empire, c⁰ᵉ de Saint-Thuriau.—*Tresmes*, 1082 (cart. de Redon). — Seigneurie; manoir.

Tranchan, m⁰ à eau sur le ruiss. du Moulin-du-Duc, c⁰ᵉ de Gonrin.

Tranchet (Le), roche sur l'Océan, côte de Plouharnel.

Tranhallecx-la-Vallée, vill. c⁰ᵉ de Rieux.

Tranlé, h. c⁰ᵉ de Noyal-Pontivy.

Traocën, vill. c⁰ᵉ du Saint.

Traourec, vill. c⁰ᵉ de Guidel.

Traourguen, éc. c⁰ᵉ de Lanvénégen.

Traourman (Bras et Bihan), vill. c⁰ᵉ de Lanvénégen.

Trauguer, h. c⁰ᵉ de Plœren. — Seigneurie.

Traverse (Rue de), à Locminé.

Traverse (Rue de), à Napoléonville.

Traverse (Rue de la), à Saint-Jean-Brévelay.

Travoléon (Le Grand et le Petit), vill. c⁰ᵉ de Ploërmel.

Tré, h. c⁰ᵉ de Questembert.

Treach-er-Béniguet, passage près de l'île de Houat, sur l'Océan.

Treach-er-Gouret, passage près de l'île de Houat, sur l'Océan.

Tréal, c⁰ᵉ de la Gacilly; étang et m⁰ à eau sur le ruiss. de ce nom, dans la commune; ruiss. *de l'Étang-de-Tréal* : voy. Pont-Grignard (Ruisseau du). — *Treal, plebs*, 858 (cart. de Redon).
Par. du dov. de Carentoir. — Seigneurie. — Sénéch. de Ploërmel; subd. de Malestroit. — Distr. de Rochefort.

Tréal, vill. c⁰ᵉ de Glénac.

Tréalet, vill. c⁰ᵉ de Sérent.

Tréalvé, vill. c⁰ᵉ de Saint-Avé. — Seigneurie.

Tréano (Le), quartier à Pontscorff.

Tréaulé, vill. c⁰ᵉ de Ménéac.

Tréauray, vill. c⁰ᵉ de Languidic. — *Tregroye*, 1399 (abb. de la Joie). — *Trévoray*, 1403 (*ibid.*). — *Trégoray*, 1418 (*ibid.*).

Tréauray, m⁰ à eau sur la riv. de ce nom, c⁰ᵉ de Plunerct; riv. voy. Loc (Le).

Tréavrec (Le Grand et le Petit), vill. c⁰ᵉ de Brech; ruiss. voy. Kerlivo.

Trébaudet (La), éc. c⁰ᵉ de Saint-Guyomard.

Trébéau, h. c⁰ᵉ de Questembert.

Trébénan, f. c⁰ᵉ de Noyal-Muzillac; ruiss. affl. de la Drague, qui arrose Lauzach. — Seigneurie.

Trébeno, h. c⁰ᵉ de Ploërmel.

Trébérien, vill. et pont sur le Stang-en-Ihuern, c⁰ᵉ de Cléguérec.

Trébestan, vill. c⁰ᵉ de Pénestin.

Trébicart, h. c⁰ᵉ de Noyal-Muzillac. — Seigneurie.

Trébigan, vill. c⁰ᵉ de Noyal-Muzillac.

Trébiguet, h. partie c⁰ᵉ d'Ambon, partie c⁰ᵉ de Muzillac; moulin à vent, c⁰ᵉ de Muzillac. — Seigneurie; manoir en la par. d'Ambon.

Trébiguet, vill. et pont sur la Claye, c⁰ᵉ de Bohal.

Trébihan, vill. et écluse sur le Blavet, c⁰ᵉ de Languidic. — *Tuobizian*, 1398 (abb. de la Joie). — *Tuoubizian*, 1409 (*ibid.*). — *Tuoubizien*, 1429 (*ibid.*).

Trébilair, f. c⁰ᵉ de Surzur. — Seigneurie.

Trébimoël, vill. et bois, c⁰ᵉ de Bignan; m⁰ à vent, c⁰ᵉ de Moustoirac; ruiss. dit aussi *de Kerfloch* et *du Guerno*, affl. de la Claye, qui arrose Moustoirac, Bignan et Saint-Jean-Brévelay. — *Trebrimoel*, forêt, 1407 (inscr. de la chapelle de Béléan en Plœren). — *Trebremel*, aliàs *Trebrimel*, 1421 (duché de Rohan-Chabot). — Seigneurie; manoir.

Tréblan, vill. c⁰ᵉ de Réminiac.

Tréblanc, vill. c⁰ᵉ de Carentoir.—*Treblen*, 1452 (seign. du Bois-Brassu).

Tréblavet, vill. partie c⁰ᵉ de Baud, partie c⁰ᵉ de Melrand; pass. sur le Blavet, reliant ces deux communes; ruiss. dit aussi *de Keroman*, *de la Lande-du-Gohen* et *du Moulin-du-Guervaud*, affl. du Blavet, qui arrose Pluméliau et Baud.

TRÉBLAVET, h. cⁿᵉ de Quistinic.

TRÉBLOUX, vill. cⁿᵉ de Guilliers.

TRÉBONT, vill. cⁿᵉ de Muzillac.

TRÉBONT, h. divisé en *Trébont-le-Luern*, *Trébont-Jalé* et *Trébont-Caleing*, cⁿᵉ de Surzur.

TRÉBOULARD, éc. cⁿᵉ de Plumergat.

TRÉBOUTU, f. cⁿᵉ de Tréhorenteuc.

TRÉBRA, h. cⁿᵉ de Sérent.

TRÉBRAN, vill. cⁿᵉ de Concoret.

TRÉBRAS, h. cⁿᵉ de Lizio.

TRÉBRAT, chât. vill. et bois, cⁿᵉ de Saint-Avé. — Seigneurie; manoir.

TRÉBRIEN, h. cⁿᵉ de Questembert.

TRÉBRIMANT, vill. cⁿᵉ de Péaule.

TRÉBRUN, f. cⁿᵉ de Pluherlin. — Seigneurie.

TRÉBULAN, fᵉˢ dites *Haut-Trébulan*, *Bas-Trébulan* et *Retenue-de-Trébulan*, cⁿᵉ de Guer. — Seigneurie.

TRÉCESSON, chât. servant auj. de ferme-école, bois et étang, cⁿᵉ de Campénéac. — Comté; anc. château.

TRÉCOUET, f. cⁿᵉ de Ruffiac. — Seigneurie.

TRÉDANO, vill. cⁿᵉ de Sérent.

TRÉDAZO, h. cⁿᵉ de Plumergat; ruiss. affl. du Pont-Normand, qui arrose Plumergat et Grand-Champ.

TRÉDEC, h. cⁿᵉ de Plaudren.

TRÉDIEC, h. cⁿᵉ de Plaudren. — *Trazaiec*, 1388 (duché de Rohan-Chabot). — Seigneurie.

TRÉDION, cᵒⁿ d'Elven; chât. éc. parc, bois, forges et mⁱⁿ à eau sur le ruiss. des Forges, dans la commune. — *Treduihon*, xiiᵉ siècle (prieuré de Trédion). — *Tredyon*, 1324 (*ibid.*). — Le bois dit *forêt de Brohun*, et s'étendant en Plaudren, sous la juridiction de Largouet, 1444 (hôpital de Malestroit); 1578 (chât. de Kerfily).

Trève de la par. d'Elven; prieuré du vocable de Saint-Martin, membre de l'abbaye de Marmoûtiers de Tours, annexé à celui de Saint-Nicolas de Ploërmel. — Vicomté; anc. manoir.

TRÉDION, éc. et bois, cⁿᵉ de Camoël.

TRÉDORÉ, h. cⁿᵉ de Saint-Dolay. — Seigneurie.

TRÉDOUÉ, éc. cⁿᵉ de Plumergat. — *Tredeuoez*, 1427 (carmes de Sainte-Anne).

TRÉDUDAY, h. bois et mⁱⁿ sur le ruiss. de ce nom, cⁿᵉ de Theix; ruiss. voy. CLÉRIGO (LE). — Seign. manoir.

TRÉ-EN-DIVE-MELEINS, ruisseau. — Voy. TRONCHÂTEAU (RUISSEAU DE).

TRÉPANOUET, mⁱⁿ à vent, cⁿᵉ de Saint-Servant.

TRÉFAUT, h. cⁿᵉ de Porcaro; pont dit *Planche de Tréfaut*, sur l'Oyon, reliant Porcaro et Monteneuf.

TRÉFAVEN, chât. en partie détruit, qui sert aujourd'hui de poudrière, bois, h. du *Bois-du-Château* et mⁱⁿ à eau sur le Scorff, cⁿᵉ de Plœmeur. — *Treisfaven*, 1218 (D. Morice, I, 709).

Siége primitif de la seign. des Fiefs-de-Léon, devenu, dans le xvᵉ siècle, le chef-lieu de celle de la Roche-Moisan.

TRÉFAVEN (RUE DE), à Lorient, faubourg de Kerentrech.

TRÉFEAU, éc. cⁿᵉ de Saint-Dolay.

TRÉFBMEL, éc. cⁿᵉ de Moustoirac.

TRÉFÉVAN, vill. cⁿᵉ de Questembert; ruiss. affl. du Tohon, qui arrose Noyal-Muzillac et Questembert.

TREFFINS, vill. cⁿᵉ de Rieux.

TREFFLÉAN, cᵒⁿ d'Elven. — *Trevleyan*, 1387 (chap. de Vannes). — *Treveleen*, 1397 (*ibid.*).

Par. du territ. de Vannes. — Sénéch. et subd. de Vannes. — Distr. de Vannes.

TREFFOSSO (LE HAUT et LE BAS), vill. cⁿᵉ du Roc-Saint-André.

TREFFRIN, vill. cⁿᵉ de Campénéac.

TRÉPIGUET, vill. cⁿᵉ de Sérent.

TRÉFLAN, vill. cⁿᵉ de Ploërdut.

TRÉPLÉHER, éc. cⁿᵉ de Theix. — *Trevelker*, 1491 (chap. de Vannes). — Seigneurie.

TRÉFOUAL, h. cⁿᵉ de Lignol. — *Treffraval*, 1422 (princip. de Rohan-Guémené).

TRÉFOUET, vill. cⁿᵉ de Mohon.

TRÉFOUILLÉ (LE HAUT et LE BAS), vill. cⁿᵉ de Mohon. — Seigneurie.

TRÉFURET, éc. cⁿᵉ de Guiscriff. — Seigneurie.

TRÉGADON, vill. lande dite *Grée de Trégadon*, vill. et mⁱⁿ à vent *de la Grée-de-Trégadon*, cⁿᵉ de Néant.

TRÉGADORET, vill. mⁱⁿ à vent, pont et mⁱⁿ à eau sur l'Yvel, cⁿᵉ de Loyat.

TRÉGANIN, h. cⁿᵉ de Baud.

TRÉGAROT, vill. lande et éc. *de la Lande-de-Trégarot*, cⁿᵉ de Sérent.

TRÉGAT, vill. cⁿᵉ de Theix; ruiss. voy. CLÉRIGO (LE). — *Treyergat*, 1468 (chât. de Kerleau).

TRÉGLION, h. cⁿᵉ de Guilliers. — Seigneurie.

TRÉGON, h. cⁿᵉ de Réminiac.

TRÉGONDERF, vill. cⁿᵉ de Grand-Champ.

TRÉGONLO, éc. cⁿᵉ de Saint-Jean-Brévelay. — Seign. manoir connu sous le nom de *la Chênoie-Trégonlo*.

TRÉGORANTIN, vill. cⁿᵉ de Sérent.

TRÉGORF, vill. et lande, cⁿᵉ de Surzur.

TRÉGORVEL, vill. cⁿᵉ de Pénestin.

TRÉGOUET, château et f. dite *Trégouet-de-Bas*, cⁿᵉ de Béganne. — Seigneurie; manoir.

TRÉGOUET, chât. et f. cⁿᵉ de Molac. — Seigneurie; anc. chât. de la baronnie de Molac.

TRÉGOUET, h. cⁿᵉ de Plumelec.

TRÉGOUET, vill. cⁿᵉ de Saint-Allouestre.

TRÉGOUETS (LES), h. cⁿᵉ de Sérent.

Trégout, vill. cne de Pleucadeuc.

Trégrain, chât. f. et min à vent, cne de Férel. — Seigneurie; manoir.

Trégranteur, vill. cre de Guégon. — *Tregaranteuc,* 1474 (chambre des comptes de Nantes).

Trève de la paroisse de Guégon. — Seigneurie; manoir.

Trégréhenne, éc. cne de Muzillac. — *Tregrehen, villa,* 1281 (D. Morice, I, 1061).

Trégréhenne, vill. cne de Muzillac (dist. du précédent); ruiss. dit aussi *de Seréac,* affl. du Saint-Éloi, qui arrose Arzal, Muzillac et Noyal-Muzillac.

Trégu, f. h. dit *Cour-de-Trégu,* min à vent et min à eau sur le Keralvy, cne de Sulniac. — *Tréguz, anc. manoir,* 1475 (chât. du Vaudequip). — Seigneurie.

Tréguen, h. f. min à vent, ruiss. affl. du Kercohan, et min à eau sur ce ruiss. cne de Sulniac.

Tréguenard, h. cne de Trefléan; ruiss. dit aussi *du Vieux-Moulin,* affluent du Kerandrun, qui arrose Trefléan, Sulniac et Theix.

Tréguet, vill. cne de Férel.

Tréguever, vill. cne de Pluneret.

Tréguguet, vill. cne de Quily.

Tréguienne, h. cne de Muzillac.

Tréguier, vill. cne de Loyat. — Seigneurie.

Tréguirizit, vill. cne de Guiscriff.

Trégus, h. et deux mins à vent, cne de Férel. — Seigneurie.

Treh (Le), vill. pointe et roche sur le Morbihan, cne de l'Île-aux-Moines.

Tréhandin, vill. et min à vent, cne de Carentoir.

Tréhardat-Chauvet, h. et bois, cne de Bignan; min à eau, au confl. du ruiss. de ce nom et de la Claye, cne de Saint-Allouestre; ruiss. voy. Sainte-Anne. — *Trohardet,* xve siècle (duché de Rohan-Chabot). — Seigneurie; manoir.

Tréharux, h. cne de Plumelin.

Tréherman, éc. cne de Questembert. — Seigneurie.

Tréhervé, vill. cne de Muzillac.

Tréhiat (Le), éc. cne de Sarzeau.

Tréhidière (La), h. cne de Saint-Dolay.

Tréhiguier, vill. et rade sur la Vilaine, cne de Pénestin; pass. sur la Vilaine, reliant cette cne à celles d'Arzal et de Billiers. — *Treheguer,* 1128 (cart. de Redon). — *Trehegel,* aliàs *Trethilkel,* xiie siècle (*ibid.*). — *Treiselguer,* 1281 (D. Morice, I, 1061).

Tréhinvaux, h. et ruiss. *de la Fontaine-de-Tréhinvaux,* qui se jette dans le Morbihan par l'étang de Noyalo, cne de Theix.

Trého (Le Grand et le Petit), roches sur la baie de Quiberon, côte de Carnac.

Tréhoma, vill. cne de Saint-Gravé.

Tréhonin, vill. cne de Bieuzy.

Tréuonte, h. cne de Saint-Avé.

Tréuorentsuc, cne de Mauron.

Anc. trève de Paimpont, devenue par. du doy. de Beignon; prieuré-cure, membre de l'abb. de Paimpont. — Sénéch. de Ploërmel; subd. de Plélan. — Distr. de Ploërmel.

Tréhoret, vill. cne de Locminé.

Tréhornec (Le Grand et le Petit), h. cne de Trefléan.

Tréhourmay, h. cne de Limerzel.

Tréhuégan ou Trévégan (Le Grand et le Petit), h. cne de Sulniac; ruiss. voy. Plessis (Le).

Tréhuinec, vill. min à vent et min à eau sur le Rohan, cne de Vannes. — *Trevinec,* 1426 (seign. du Couëdic). — *Treffinec,* 1427 (duché de Rohan-Chabot). — Seigneurie.

Tréhulan, h. cne d'Elven; ruiss. voy. Liziec (Ruisseau de). — *Trehelan, manoir,* 1445 (chât. de Kerfily). — Seigneurie.

Tréhunio, éc. cne de Limerzel; pont sur le Goujon, qui relie Limerzel et Péaule.

Tréhulniste, éc. cne de Naizin.

Treincher, éc. cne de Grand-Champ.

Trélan, vill. cne de Beignon.

Trélan, éc. cne de Missiriac. — Seigneurie; manoir.

Trélan, éc. et min à vent, cne de Saint-Martin. — Seigneurie; manoir.

Trélay, vill. cne de Nivillac.

Tréleau, quartier du bourg de Gueltas.

Tréleau, quartier ou faubourg de Napoléonville. — Appelé autref. *Outre-l'Eau* (au delà de la riv. du Blavet, par rapport à la portion principale de la ville).

Trélécan, vill. bois, lande et deux ponts sur le Gouach-Viquel, cne de Pluvigner.

Tréleux, vill. cne de Ruffiac.

Trélidan, h. cne de Férel.

Trélier, éc. cne de Saint-Vincent.

Trélo, vill. cne de Béganne. — *Trefloc in Treihidic, villa,* 1037 (cart. de Redon).

Trélo, éc. cne de Cléguérec.

Trélogot, vill. cne de Nivillac.

Trélohan, vill. cne de Béganne.

Trélot, chât. f. et min à vent, cne de Carentoir. — Seigneurie; manoir.

Trélots (Les), quartier de Malestroit, mentionné en 1497 (fabr. de Malestroit).

Tréluban, vill. cne de Péaule.

Tréluisan, éc. cne de Pluvigner.

Trélusson, vill. cne de Ploemel.

Trélusson, h. cne de Pluvigner.

Trély, éc. cne de Surzur.

Trémadec, éc. cne de Belz.

Trémaillet, vill. cne de Lizio.

Trémaillet, vill. cne de Saint-Servant.

Trémaret, vill. ruiss. affl. de la Drague, et pont sur ce ruiss. cne d'Ambon. — Seigneurie.

Trémaudu, h. cne de Ploërmel.

Tremblaie (La), chât. et f. cnes de Saint-Jacut.

Tremblais (La), vill. cne de Monteneuf.

Tremblais (Les), lande, cne d'Augan.

Tremblay (Le), h. cne de Saint-Brieuc-de-Mauron.

Tremble (Croix du), cne d'Augan.

Tremble (Lande du), cne de Guer.

Trémégan, vill. cne de Larré.

Trémel, vill. et min à eau sur l'Yvel, cne de Néant.

Trémelais (La), f. cne de Guer.

Trémeler, vill. cne de Neulliac.

Trémeleuc, vill. et lande, cne de Carentoir.

Trémelgon, vill. et min à vent, cne d'Ambon; chât. en ruines. — Seigneurie.

Trémélian, vill. cne de Baden.

Trémélian, h. cne de Questembert.

Trémelin, h. et min à eau sur le Tarun, cne de Camors; pont sur le même ruiss. reliant Camors et Baud.— *Tenuennellin*, 1547 (seign. de Camors).— Seigneurie.

Trémelin, bois, cne d'Inzinzac.

Trémelo, chât. et min à eau sur le Saint-Nudec, cne de Caudan. — Seigneurie; manoir.

Trémelo, h. cne de Molac.

Trémen, h. cne de Mohon.

Trémen, vill. cne du Saint. — Seigneurie; manoir.

Trémenan, ruisseau. — Voy. Beaumont (Ruisseau de).

Trémeneuc, h. cne de Théhillac; ruiss. *de la Noë-de-Trémeneuc*, affl. de la Vilaine, qui arrose Théhillac et Saint-Dolay.

Trémeno, h. cne de Grand-Champ.

Trémer, h. et ruiss. affl. de celui de la Fontaine-du-Cordier, cne de Grand-Champ. — Seigneurie.

Trémer, vill. cne de Saint-Aignan.

Trémen, vill. cne de Séglien. — *Tremeur*, 1433 (princip. de Rohan-Guémené).— *Tramer*, 1436 (*ibid.*). — Seigneurie.

Trémeruan, vill. cne d'Elven.

Trémerian, éc. cne de Plaudren.

Trémert, h. cne de Marzan.

Trémeut, chât. cne de Pénestin.

Trémerzin, vill. cne de Quéven.

Trémessay, h. cne de Saint-Allouestre.

Trémingoy, h. et ruiss. affl. de l'Arz, cne d'Elven.

Tremmehan, éc. cne d'Allaire. — Seigneurie.

Trémoar, chât. et f. cne de Berric. — *Tremehouarn*, 1426 (seign. de Bavalan). — *Tremehoern*, 1470 (seign. de la Roche-Bernard). Seigneurie; ancien château.

Trémodec, vill. cne de Plougoumelen.

Trémondec, f. et min à vent, cne de Noyal-Muzillac. — Seigneurie; manoir.

Trémondet, éc. cne d'Elven. — Seigneurie.

Trémorel, vill. cne de Férel. — *Tremihoret*, 1427 (seign. de la Roche-Bernard). — *Tremehoret*, 1429 (*ibid.*).

Trémorin, h. et écluse sur le Blavet, cne de Baud.

Trémouart, h. cne de Muzillac.

Trémoureux, vill. cne de Saint-Jacut.

Trémourio, min à eau sur l'Aff, cne de Beignon.

Trémoyec, vill. et ruiss. *de la Fontaine-de-Trémoyec*, affl. de celui des Prés-Lobréan, cne de Surzur.

Trémuzon, lieu-dit dans le dépt des Côtes-du-Nord; pont sur l'Oust, reliant Saint-Gonnery à ce département.

Trémy, f. cne de Ploërmel.

Trénais (La), vill. cne des Fougerêts.

Trénal, h. cne d'Elven.

Trénardière (La), vill. cne de Saint-Samson.

Trénaulan, h. et ruiss. *de la Fontaine-de-Trénaulan*, dit aussi *de la Grée-Dantin*, affl. de l'Oyon, cne d'Augan. — *Trenenaulen*, 1525 (chât. de Beaurepaire). — *Trenenaullan*, 1540 (*ibid.*).

Trenay, h. cne de Saint-Nolff.

Tren-Deur-er-Ros, f. cne de Neulliac.

Trénédo, éc. min à vent et min à eau sur le ruiss. de ce nom, cne de Lanouée; ruiss. voy. Béniers (Ruisseau du-Pont-ès-).

Trénéhué, éc. cne de Trefflean.

Trénéué, vill. et min à vent, cne d'Arzal. — Seigneurie.

Trénevé, éc. bois et pont sur le ruiss. de Cadoudal, cne de Plaudren. — Seigneurie.

Trénido, f. cne de Saint-Gravé.

Tréno, f. cne de Saint-Gravé.

Trénoual, h. cne de Lanouée.

Trente-Chênes (Les), éc. cne de Cruguel.

Tréodalan, min à eau sur le Quelvite, cne de Guiscriff.

Tréogat, f. et pont sur le ruiss. de la Vallée-Sainte-Anne, cne d'Augan.

Tréonleau, f. bois, ruiss. affl. du Choiseul, et min à eau sur ce ruiss. cne de Persquen. — Seigneurie.

Tréonnec, h. cne de Guiscriff. — Seigneurie.

Tréoret, éc. cne de Plumergat. — Seigneurie.

Tréorgan, h. cne d'Inguiniel.

Tréorzan, h. et ruiss. dit aussi *En-Dihué-Stang*, affl. de celui du Rodoué-de-Kergolen, cne de Ploërdut.

Tréouric, roche sur l'Océan, côte d'Erdeven.

Trépas (Le), vill. cne de Roudouallec.

Trépied (Le), roches sur l'Océan, côte de Quiberon.

Trépointel, h. cne de Belz.

Trescat (Le), min à eau sur la Sarre, cne de Séglien; pont sur le même ruiss. reliant Séglien et Locmalo.

Trescaut (Le Grand et le Petit), h. cne de Sulniac.

TRESCLEF, h. partie cne de Cléguérec, partie cne de Neulliac; écluse sur le canal de Nantes à Brest. — Seigneurie; manoir en la par. de Cléguérec.

TRESCOUËT, vill. bois, min à vent, ruiss. affl. de la Sarre, min à eau et pont sur ce ruiss. cne de Séglien.

TRESCOUÉDIC, éc. cne de Caudan. — Seigneurie.

TRESCOUET, chapelle isolée, cne de Caudan. — Étendue de pays faisant partie, dès 1280, de la par. de Saint-Caradec-Hennebont (abb. de la Joie).

TRESCOUET, éc. cne de Plaudren.

TRESCOUET, h. et bois, cne de Plumelin. — Seigneurie.

TRESCOUET, h. cne de Priziac.

TRESCOUET (LE GRAND et LE PETIT), h. cne de Languidic.

TRESLAN, éc. cne de Béganne.

TRÉSOL, vill. cne de Montertelot.

TRESPAID, h. cne de Noyal-Muzillac.

TRESSANT, vill. cne de la Trinité-Porhoët. — Seigneurie.

TRESSAY (LE), min à eau sur le Kergolher, min à vent, lande et h. dit le Vieux-Tressay, cne de Plaudren. — Seigneurie.

TRESSEL, vill. et f. cne de Saint-Jacut.

TRESSELEN, vill. cne de Plumergat.

TRESSENAND, vill. cne d'Allaire.

TRESSENAY, éc. cne de Questembert — Seigneurie.

TRESSET (LE), éc. cne d'Elven.

TRESTE (LE), éc. et min à vent, cne de Sarzeau. — Seigneurie.

TRÉSCERNE, h. cne de Saint-Allouestre.

TRÉCRER, h. cne de Brech.

TRECCHE (LE), éc. cer de Ploemeur.

TREU-EN-VELIN, vill. cne d'Arradon; pont : voy. LOHAC.

TREUGUY, vill. cne de Malguénac.

TREULAN, vill. cne de Damgan.

TREULLAN, chât. fe et bois, cne de Pluneret. — Seigneurie; manoir.

TREULÉ, vill. cne de Guéhenno.

TREULEN, éc. cne de Brech.

TREULIEC, h. cne de Bignan.

TREULIN, chât. et bois, cne d'Arradon. — Tréhuellen, 1572 (chap. de Vannes). — Tréhuélin, xviie siècle (présid. de Vannes). — Seigneurie; manoir.

TREULIS, éc. cne de Grand-Champ.

TREUMER, h. cne de Bignan.

TREUMER, éc. cne de Brech. — Le Taermer, 1423 (abb. de la Joie).

TREUROUX, min à eau sur le Loc, cne de Brech.

TREUSACH, vill. et min à eau sur l'Evel, cne de Guénin.

TREUSAL, éc. cne de Plougoumelen. — Thuonsal, 1480 (abb. de Saint-Gildas-de-Rhuis). — Seign. manoir.

TREUSAR (BRAS et BIHAN), vill. et pont de Treusar-Bihan sur la Sarre, cne de Séglien.

TREUSARRE, vill. cne de Guern.

TREUZEL, vill. cne de Plumelec.

TREUZ-EN-LANN (IHUELLAN et IZELLAN), h. cne de Lignol. — Seigneurie.

TREUZÉVA, h. cne de Guiscriff.

TRÉVADORET, vill. cne de Cruguel.

TRÉVALVY, h. cne de Marzan. — Seigneurie.

TRÉVANEC, vill. cne de Cléguérec.

TRÉVANT, vill. bois et éc. dit Coët-Trévant, cne de Guern.

TRÉVARNOU, vill. cne du Saint.

TRÉVAY, vill. cne de Mauron.

TRÉVÉOAN, hameau. — Voy. TRÉHUÉGAN.

TRÉVEGAT, vill. et f. cne de Caro. — Seigneurie.

TRÈVE-GLAS, section de la cne de Bubry.

TRÉVELIN, vill. et min à eau sur le ruiss. de ce nom, cne de Cléguérec; ruiss. voy. POULGLASS.

TRÉVELIN, h. cne de Pluméliau.

TRÉVELO, vill. cne de Limerzel; ruiss. voy. CADEN (RUISSEAU DU PONT-DE-); min à eau sur ce ruiss. cne de Caden.

TRÉVELO, h. cne de Muzillac.

TRÉVELO, vill. cne de Péaule.

TRÉVELOT (LE HAUT et LE BAS), vill. cne de Saint-Servant.

TRÉVELZUN, vill. cne de Merlévenez. — Trevalsur, 1387 (chap. de Vannes). — Trevalsun, 1505 (abb. de la Joie). Chef-lieu de la par. de Merlévenez au xive et au xve siècle (chap. de Vannes).

TRÉVENALET, vill. et f. cne de Guégon. — Trévenalleuc, 1468 (carmélites des Trois-Marie du Bondon). — Seigneurie.

TRÉVÉNAN, h. cne de Muzillac.

TRÉVENASTE, vill. cne de Sarzeau.

TRÉVENEN, h. cne de Plouay.

TRÉVENEUC, vill. cne de Guer.

TRÉVENGARD, vill. lande et éc. dit Lann-Trévengard, cne de Bubry.

TRÉVENIAN, vill. cne de Guéhenno.

TRÉVENO, f. cne de Plougoumelen.

TRÉVEN, vill. cne de Saint-Jacut.

TRÉVERAND, éc. cne de Bréhan-Loudéac.

TRÉVEREND, vill. cne de Lanouée. — Trevran, 1445 (prieuré de Saint-Martin de Josselin). — Seigneurie.

TRÉVERHER, h. cne de Surzur.

TRÉVERMEL, vill. cne de Saint-Guyomard. — Seigneurie.

TRÉVERNIC, éc. et ruiss. affl. de celui de la Fontaine-de-Kernormand, cne de Baden.

TRÉVÉRO, h. cne de Sérent. — Trewort, villa, 1120 (cart. de Redon).

TRÉVERT, h. cne de Baden.

TRÉVERT, éc. cne de Péaule.

TRÉVESTER, h. cne de Trefféan.

TRÉVIANTEC, h. c de Saint-Avé. — Seign. manoir.

TRÉVIDEL, vill. et pont, c de Kervignac.

TRÉVIEN, vill. lande et éc. dit *Maison de la Lande-de-Trévien*, c de Theix. — Seigneurie; manoir.

TRÉVIENT, vill. et m à vent, c de Plougoumelen. — Seigneurie; manoir.

TRÉVIÈRE, h. c d'Arradon.

TRÉVIET, vill. c de Sérent.

TRÉVIÉVEN, vill. c de Pluneret.

TRÉVIGON, f. c de Caro.

TRÉVIGUET, vill. c de la Chapelle. — Seigneurie.

TRÉVIL, pont sur l'Ével, c de Guénin.

TRÉVILLANT, vill. c de Lizio.

TRÉVILLEUX, h. c d'Allaire.

TRÉVILLY (LE HAUT et LE BAS), vill. c de Pleucadeuc.

TRÉVINEC, éc. c de Muzillac.

TRÉVINEC (LE GRAND et LE PETIT), h. c de Surzur. — Seigneurie.

TRÉVINEUC, vill. c de Nivillac.

TRÉVINGAT, h. c de Rieux.

TRÉVINIO, vill. c d'Augan. — *Trevigno*, 1442 (chât. de Beaurepaire).

TRÉVIOL, vill. c de Cléguérec.

TRÉVION, éc. c de Bubry.

TRÉVIQUET, vill. c de Lizio.

TRÉVISAI, vill. c de Péaule.

TRÉVLIS, vill. c de Monterblanc.

TREVLIS, vill. c de Saint-Nolff.

TRÉVOLO, vill. c de Rieux. — Seigneurie.

TRÉVOSAN, vill. c de Plumelec.

TRÉVOUK (LE HAUT et LE BAS), h. c de Langonnet.

TRÉVOYANT, f. c de Caden.

TRÉVRAS, h. c de Billio. — Seigneurie; manoir.

TRÉVRAT, h. lande, vill. *de la Lande-de-Trévrat*, h. dit *Bois-de-Trévrat* ou *Coët-Trévrat*, et éc. dit *Pont-de-Trévrat* ou *Pen-Pont-Trévrat*, c de Baden. — Seign.

TRÉVRÉ, éc. c de Queslembert.

TRÉVRÉE, vill. c de Lizio.

TRÉZÉDY, vill. c de Landaul.

TRÉZÉLÉGUIN, vill. c de Guidel.

TRÉZÉLO, h. c de Grand-Champ.

TRÉZON (LE HAUT et LE BAS), vill. bois et lande, c de Monteneuf; ruiss. voy. PÉRUSSON (LE). — Seigneurie.

TRIBUNAL (RUE DU), à Napoléonville.

TRIBUNAUX (RUE et PLACE DES), à Vannes; la rue dite autref. *du Four-du-Chapitre*, puis *de la Constitution*.

TRICANDAIS (LA), h. c de Béganne.

TRICORNE, f. c de Pluneret.

TRICOTERIE (LA), éc. c de Noyal-Muzillac.

TRIÈGUE, éc. c de Guidel.

TRIENN-EN-VERH, ruiss. affl. du Lann-Resto, qui arrose Pontscorff.

TRIEULÉ (LE GRAND et LE PETIT), ponts sur l'Oyon, c d'Augan.

TRIEUX, vill. et ruiss. dit aussi *des Gélards*, qui se jette dans l'étang de la Ville-Fief, d'où il ressort sous ce dernier nom, c d'Augan. — Seigneurie.

TRIGNAC, vill. c de Carentoir.

TRIGUÉHO, vill. c de Tréal.

TRIHORET, vill. c de Cruguel.

TRIHORNEC, h. c d'Arradon.

TRIHORNEC, h. c de Vannes. — Seigneurie.

TRIHUEN, éc. et pont sur le Riquério, c de Berric. — *Trehuen*, 1471 (chap. de Vannes). — Seigneurie.

TRINITÉ (CROIX DE LA), c de Saint-Gravé.

TRINITÉ (FONTAINE DE LA), c de Calan.

TRINITÉ (LA), chapelle isolée, c de Bieuzy. — Anc. prieuré.

TRINITÉ (LA), chapelle, éc. et ruiss. *de la Fontaine-de-la-Trinité*, affl. du Saint-Jean, c de Cléguérec.

TRINITÉ (LA) ou SAINT-SAUVEUR, chapelle isolée, c de Groix.

TRINITÉ (LA), vill. c de Langonnet, appelé aussi *la Trinité-Langonnet*. — *La Trinité-de-Bezver*, XVIe s° (inscript. de l'église paroissiale de la Trinité). — *La Trinité-Langonnet, bourg trévial de Béver*, en 1789.
    Trève de la par. de Langonnet.

TRINITÉ (LA), chapelle isolée et m à eau sur le Naïc, c de Lanvénégen.

TRINITÉ (LA), vill. éc. et m à vent, c de Quéven. — Prieuré.

TRINITÉ (LA), chapelle isolée, c de Saint-Allouestre.

TRINITÉ (RUE DE LA), à Sarzeau.

TRINITÉ-CARNAC (LA), vill. c de Carnac; riv. voy. CRACH (RIVIÈRE DE). — Chef-lieu d'une c récemment érigée sous le nom de *la Trinité-sur-Mer*.

TRINITÉ-LANGONNET (LA), village. — Voy. TRINITÉ (LA).

TRINITÉ-PORHOËT (LA), arrond. de Ploërmel. — *Trinitate (villa de)*, 1251 (duché de Rohan-Chabot). — Voy. PORHOËT à la Table des formes anciennes.
    Par. du doy. de Lanouée, anc[t] dans la par. de Mohon; prieuré, membre de l'abb. de Saint-Jacut; établissement de chevaliers de Saint-Jean de Jérusalem. — Siége de juridiction de la seigneurie de Rohan. — Sénéch. de Ploërmel; subd. de Josselin. — Distr. de Josselin; chef-lieu de c en 1790.

TRINITÉ-SURZUR (LA), c de Vannes-Est; lande dans la commune.
    Trève de la par. de Surzur sous le nom de *la Trinité-de-la-Lande*; chapellenie désignée aussi sous le titre de prieuré. — Distr. de Vannes.

TRINO, h. c de Sulniac.

TRIO (LE HAUT et LE BAS), h. c de Ruffiac.

Triono, h. c ᵈᵉ d'Erdeven.

Trioulin, ruiss. voy. Kerusten; mⁱⁿ à eau sur ce ruiss. cⁿᵉ de Saint-Caradec-Trégomel.

Tripot (Rue du), à Auray.—Voy. Jeu-de-Paume (Rue du).

Tri-Toul, h. cⁿᵉ d'Erdeven.

Trivlay, éc. cᵒᵉ de Berric.

Troalen (Loge), éc. cⁿᵉ de Gourin.

Troche (Rue), au Palais; s'appelait avant 1862 *rue des Ormeaux*, et plus anciennement *Stangrelan*.

Troët-Cochon, éc. cᵒⁿ de Pluméliau.

Trogalen, h. cᵉ de Séglien; pont sur le ruiss. du Pont-en-Ostiec, reliant Séglien et Locmalo.—*Tuoucallen*, 1417 (princip. de Rohan-Guémené). — *Teuougallen*, 1429 (*ibid.*).

Troguennec, éc. cⁿᵉ d'Hennebont.

Troguer, vill. cⁿᵉ de Guidel.

Troguern, h. cⁿᵉ de Grand-Champ.

Troguern, éc. cⁿᵉ de Guénin.

Trohanic, île de la baie du Morbihan, côte de Saint-Armel.

Trohanier (Le), butte artificielle au milieu de fortifications romaines, cⁿᵉ de Mohon.

Trohudal, chât. et vill. cⁿᵉ de Pénestin; ruiss. affl. de la Vilaine, qui arrose Camoël et Pénestin. — Seign.

Trois-Alouettes, h. cⁿᵉ de Naizin.

Trois-Alouettes (Les), h. et mⁱⁿ à eau sur le Kerzio, cⁿᵉ d'Elven.

Trois-Chaillos (Ruisseau de la Fontaine des).—Voy. Patouillet.

Trois-Chênes (Croix des), cⁿᵉ de Grand-Champ.

Trois-Chênes (Les), éc. cⁿᵉ de Plaudren.

Trois-Chênes (Les), f. cⁿᵉ de Saint-Jean-la-Poterie.

Trois-Croix (Les), vill. cⁿᵉ de Moustoirac.

Trois-Duchesses (Rue des), à Vannes. — Voy. Bienfaisance (Rue de la).

Trois-Filles (Maison des), éc. cᵒᵉ de Cruguel.

Trois-Marie (Rue des), à Vannes, conduisant au couvent de ce nom établi au Bondon. — Voy. Bonne-Foi (Rue de la).

Trois-Moulins (Fontaine des), cⁿᵉ de Vannes.

Trois-Moulins (Ruisseau des). — Voy. Boulloterie (Ruisseau de la).

Troisnal, éc. cⁿᵉ de Muzillac. — Seigneurie.

Trois-Pierres (Les), rochers sur l'Océan, entre Groix et le Port-Louis.

Trois-Pierres (Les), roches sur l'Océan, côte de Quiberon.

Trois-Pierres (Les), roches sur l'Océan, entre Riantec et Plœmeur.

Trois-Pierres (Les), roches sur le Morbihan, côte de Séné.

Trois-Quarts-de-Lieue, éc. cⁿᵉ de Plœmeur.

Trois-Recteurs (Croix des), à la limite de Ploubinec, Riantec et Merlévenez.

Trois-Recteurs (Ruisseau des), dit aussi *de Kerollin*, *du Pont-eur-Roux*, *du Pont-de-Cléherne*, *de Stanc-Varie* et *En-tri-Person*, affluent de celui du Pont-du-Couëdic : il arrose Plouay, Inguiniel, Lanvaudan, Calan et Inzinzac; pont sur ce ruiss. reliant Lanvaudan, Inguiniel et Plouay.

Trois-Rois (Les), h. cⁿᵉ de Vannes. — Chapellenie désignée quelquefois sous le titre de prieuré.

Trois-Sapins (Pointe des), sur la baie du Morbihan, cᵒᵉ de Vannes.

Trois-Sœurs (Les), roches sur l'Océan, entre Houat et Hœdic.

Trois-Vents (Les), éc. cᵒᵉ de Plumelin.

Trois-Violons (Rue des), à Lorient.—Voy. Convention (Rue de la).

Trolan, ruiss. affl. du Ninian, qui arrose Ménéac, la Trinité-Porhoët et Mohon. — *Lanuon* ou *Lanvon*, 1255 (D. Morice, I, 961).

Tromelin, h. cⁿᵉ de Berné. — Seigneurie.

Tromelin, vill. cⁿᵉ de Locmalo; pont sur la Sarre, qui relie Locmalo et Séglien. — *Tuou-an-Melin*, 1416 (princip. de Rohan-Guémené).

Tromerne, h. cⁿᵉ de Ploërdut.

Tromeur, chât. f. et mⁱⁿ à eau sur le ruiss. de ce nom, cⁿᵉ de Sérent; ruiss. dit aussi *de Lizio*, affl. de l'Oust, qui arrose Lizio, Sérent et le Roc-Saint-André. — Seigneurie; ancien manoir.

Trompe Souris, mⁱⁿ à eau sur le Ru-de-l'Étang-de-Priziac, cⁿᵉ de Priziac.

Trompiers (Les), lande, cⁿᵉ d'Augan.

Tronavalenne, h. cⁿᵉ de Priziac.—*Tronavallen*, 1436 (princip. de Rohan-Guémené).

Tronc-de-Saint-Michel (Le), éc. cⁿᵉ de Roudouallec.

Tronchaie (Rue de la), à Rochefort.

Tronchais (La), f. cⁿᵉ de Carentoir. — Seigneurie.

Tronchâteau, h. et mⁱⁿ à eau sur le ruiss. de ce nom, cⁿᵉ de Cléguer. — *Truncus castri*, 1272 (D. Morice, I, 1009). — Seigneurie; ancien château.

Tronchâteau (Ruisseau de), dit aussi *Tré-en-dire-Meleins*, *du Pont-en-Daul*, *du Crano* et *Er-Ster-Vihan*, affl. du Scorff; il arrose Plouay, Calan et Cléguer.

Tronéven, vill. cⁿᵉ de Saint-Tugdual. — *Thuouneven*, 1432 (princip. de Rohan-Guémené).

Trongoff, f. mⁱⁿ à vent, étang et mⁱⁿ à eau sur le ruiss. de ce nom, cᵇᵉ de Plumergat; ruiss. voy. Goh-Reste. — Seigneurie; manoir.

Tronjoly, chât. mⁱⁿ à vent et mⁱⁿ à eau sur le ruiss. de ce nom, cⁿᵉ de Gourin; ruiss. voy. Inam. — Seigneurie; manoir.

Tronscorff, chât. f. bois, deux ponts et deux mⁱⁿˢ à

eau sur le Scorff, c^{ne} de Langoëlan. — *Tuouscorff*, *manoir*, 1433 (princip. de Rohan-Guémené). — Seigneurie.

Tronsec, h. c^{Le} de Sérent. — *Troussoy*, 1405 (chât. de Kerfily).

Tronsonnais (La), vill. et pont sur la Claye, c^{ne} de Saint-Congard.

Trosalaun, h. c^{ne} du Faouët.

Troter (Loge), éc. c^{ne} de Saint-Caradec-Trégomel.

Trou-à-Cochon (Le), h. c^{ne} de Saint-Aignan.

Trou-de-l'Enfer, grotte naturelle, dans l'île de Groix.

Trou-du-Tonnerre, grotte naturelle, dans l'île de Groix.

Trou-du-Tournant (Le), nom donné au confl. de la Gouacraie et de la Mer-de-Caden, c^{ne} de Béganne.

Trouesnel, vill. c^{ne} d'Allaire.

Trouisset (Venelle du), à Ploërmel.

Troulin, vill. c^{ne} de la Chapelle.

Trourenne (Le Grand et le Petit), h. c^{ne} de Muzillac.

Trousse-Boucaud, éc. c^{ne} d'Elven.

Troussière, m^{in} à eau sur l'Yvel, c^{ne} de Saint-Brieuc-de-Mauron.

Troverne, chât. éc. et étang, c^{ne} de Guidel. — Seigneurie; manoir.

Trozy, f. et bois, c^{ne} de Monteneuf.

Truc-Bras, rocher sur l'Océan, près d'Hœdic.

Trudat, h. c^{ne} de Limerzel.

Truguen-Menut, rocher sur l'Océan, près d'Hœdic.

Truhel, vill. c^{ne} de Nivillac.

Truie (La), roche sur la riv. de Pénerf, côte d'Ambon.

Truie (La), roche sur l'Océan, côte de Bangor.

Truie (La), roche sur le Morbihan, entre l'île-aux-Moines et Arradon.

Truie (La), rocher sur la Vilaine, près de la Roche-Bernard.

Truie (La), roche sur l'Océan, côte de Saint-Pierre.

Truie (La), roche sur l'Océan, côte de Sarzeau.

Truies (Les), roches et bancs sur l'Océan, entre Groix et le Port-Louis.

Truies (Les), roches sur le Morbihan, entre Saint-Armel et l'Île-d'Arz.

Trumunute, vill. c^{ne} de Roudouallec.

Truonguen, f. c^{ne} du Palais.

Truscat, chât. et f^{e}, c^{ne} de Sarzeau. — Seigneurie; ancien manoir.

Trussac, vill. lande, éc. dit *Lann-Trussac* et ruiss. qui se jette dans le Morbihan, c^{ne} de Vannes.

Trussac (Rue et Ruelle de), à Vannes; la rue dite autrefois *Grande Ruelle de Poulho*.

Trute (La), éc. m^{in} à vent, ruiss. affl. du Liziec et m^{in} à eau sur ce ruiss. c^{ne} d'Elven.

Tuy, vill. c^{ne} de Béganne.

Tual, pont sur le Luscanen, c^{ne} de Plœren.

Tudy, éc. c^{ne} de Plumergat. — *Le Déduy*, 1418 (carmes de Sainte-Anne).

Tugdual, m^{in} à eau sur le Lay, c^{ne} de Guéhenno.

Tugnac, vill. c^{ne} de Pleugriffet.

Tuint, croix, c^{ne} de Questembert.

Tulin, éc. c^{ne} de Meslan.

Tumiac, vill. et tumulus dit *Butte de Tumiac* ou *Butte de César*, c^{ne} d'Arzon; basse dans la baie de Quiberon, entre Saint-Gildas-de-Rhuis et Quiberon.

Tuneludès, h. c^{ne} de Saint-Jean-Brévelay.

Tuncberne, éc. c^{ne} de Monterblanc.

Tunc (Le), roche et banc sur l'Océan, entre Plœmeur et Riantec, dits autref. *le Treux* (trésor des chartes des ducs de Bretagne, arch. de la Loire-Inférieure).

Turenne (Rue de), à Lorient; appelée avant 1817 rue *de Villevault*.

Turlu, vill. c^{ne} de Saint-Jacut.

Turluman, vill. et ruiss. affl. du Kerandrun, c^{ne} de Theix.

Tuvenaye (La), éc. et lande, c^{ne} de Bréhan-Loudéac. — Seigneurie.

Ty-Achaou, éc. c^{ne} du Faouët.

Ty-Allan, éc. c^{ne} de Cléguérec.

Ty-André, éc. c^{ne} de Réguiny.

Ty-an-Gnoas, éc. c^{ne} de Roudouallec.

Ty-Ascouet, vill. c^{ne} du Faouët.

Ty-Bec-en-Alée, éc. c^{ne} de Priziac.

Ty-Bellec, éc. c^{ne} de Cléguérec.

Ty-Bertho, h. et pont, c^{ne} de Plaudren.

Ty-Bézen, h. c^{ne} de Lanvénégen.

Ty-Bihan, éc. c^{ne} de Caudan.

Ty-Bihan, éc. c^{ne} de Locoal-Mendon.

Ty-Bihan, éc. c^{ne} de Vannes.

Ty-Bihan-Pont-Ster, hameau. — Voy. Pont-Ster.

Ty-Bodec, éc. c^{ne} de Grand-Champ.

Ty-Bonaparte, éc. c^{ne} de Plaudren.

Ty-Boulen, éc. c^{ne} de Moustoirac.

Ty-Bras, éc. c^{ne} de Langoëlan.

Ty-Chanoni, éc. c^{ne} de Cléguérec.

Ty-Charles, éc. c^{ne} d'Inguiniel.

Ty-Château, éc. c^{ne} de Kergrist.

Ty-Château, éc. c^{ne} de Plœmel.

Ty-Collet, éc. c^{ne} de Brech.

Ty-Coquette, éc. c^{ne} d'Erdeven.

Ty-Costé-en-Tour, h. c^{ne} de Priziac.

Ty-Couche, éc. c^{ne} de Grand-Champ.

Ty-Diano, vill. c^{ne} de Riantec.

Ty-Doar, éc. c^{ne} de Landaul.

Ty-Doar, h. c^{ne} de Riantec.

Ty-Douar, éc. c^{ne} de Berné.

Ty-Douar, éc. c^{ne} de Locoal-Mendon.

Ty-Douar, éc. c^{ne} de Plœrdut.

Ty-Douar, éc. c^{ne} de Pluvigner.

Ty-Douar, éc. c^{ne} de Remungol.

Ty-Douar, h. c^{ne} de Saint-Thuriau.

Ty-Douarec, h. c^{ne} de Plœren.

Ty-Doué-Baris, restes d'une anc. construction dont la destination est inconnue, c^{ne} de Ploërdut.

Ty-el-Lann, éc. c^{ne} de Naizin.

Ty-Empésocrès, éc. c^{ne} de Pluvigner.

Ty-en-Torriganet, grotte-aux-fées, c^{ne} de Cléguérec.

Ty-en-Torriganet, roche-aux-fées, c^{ne} de Langoëlan.

Ty-er-Bomine, éc. c^{ne} de Plouray.

Ty-er-Brugou ou Vide-Bouteille, éc. c^{ne} du Faouët.

Ty-er-Chin, éc. c^{ne} de Locoal-Mendon.

Ty-er-Grano-Parc, éc. c^{ne} de Bieuzy.

Ty-er-Hoat, éc. c^{ne} de Berné.

Ty-er-Lann, éc. c^{ne} de Bubry.

Ty-er-Lann, éc. c^{ne} de Carnac.

Ty-er-Lann, éc. c^{ne} de Theix.

Ty-er-Mané, éc. et m^{in} à vent, c^{ne} d'Erdeven.

Ty-er-Mané, h. c^{ne} de Guern.

Ty-er-Men, éc. c^{ne} de Grand-Champ. — Seigneurie.

Ty-er-Mor, éc. c^{ne} de Landévant.

Ty-er-Ouach, éc. c^{ne} d'Erdeven.

Ty-er-Parc-Lann (Bras et Bihan), éc. c^{ne} de Moréac.

Ty-Forn, éc. c^{ne} de Guidel.

Ty-Gallen, éc. c^{ne} de Bubry.

Ty-Glas, éc. c^{ne} de Grand-Champ.

Ty-Glas, éc. c^{ne} de Neulliac.

Ty-Glas, éc. c^{ne} de Plœren.

Ty-Glas, éc. c^{ne} de Plouray.

Ty-Glas, h. c^{ne} de Saint-Caradec-Trégomel. — Seigneurie connue sous le nom de *la Maison-Verte* (traduction de Ty-Glas).

Ty-Glei, éc. c^{ne} de Noyal-Pontivy.

Ty-Goazic, éc. c^{ne} de Gourin.

Ty-Guen, éc. c^{ne} de Plumergat.

Ty-Guyader, éc. c^{ne} de Pluvigner.

Ty-Henri, vill. et m^{in} à eau sur le ruiss. des Trois-Recteurs, c^{ce} de Plouay. — *Bourg de Ty-Henry*, 1625 (arch. comm. de Plouay). — Seigneurie.

Ty-Héry, éc. c^{ne} de Priziac. — *Thy-Henri*, 1463 (princip. de Rohan-Guémené).

Ty-Holo, vill. c^{ne} de Langonnet.

Ty-Lan, éc. c^{ne} de Guiscriff.

Ty-Lan-e-Guen, éc. c^{ne} de Pluneret.

Ty-Lann, h. c^{ne} de Langoëlan.

Ty-Lann, vill. c^{ne} de Langonnet.

Ty-Lann, éc. c^{ne} de Lignol.

Ty-Lann, f. c^{ne} de Plouay.

Ty-Lann, éc. c^{ne} de Remungol.

Ty-Lannais, éc. c^{ne} de Cléguérec.

Ty-Lannais-Kerbédic, éc. c^{ne} de Cléguérec.

Ty-Lann-er-Velin, éc. c^{ne} de Napoléonville.

Ty-Lann-Trémelo, éc. c^{ne} de Caudan.

Ty-Lann-Vihan, h. c^{ne} de Bubry.

Ty-Lène, h. c^{ne} de Berné.

Ty-Losquet, éc. c^{ne} de Locmalo.

Ty-Losquet, éc. c^{ne} de Moréac.

Ty-Losquet, éc. c^{ne} de Plœren.

Ty-Losquet, éc. et lande, c^{ne} de Surzur.

Ty-Lotavy, éc. c^{ne} de Priziac. — Ancien établissement de Templiers sous le nom de *Lotavy*.

Ty-Luhern, éc. c^{ne} de Plœren.

Ty-Maitour, éc. et lande, c^{ne} de Plaudren.

Ty-Mané, éc. c^{ne} de Lignol.

Ty-Marrec, f. c^{ne} de Plouay.

Ty-Mat, h. bois et deux m^{ins} à eau, dont un dit *Vieux Moulin de Ty-Mat*, sur le ruiss. du Pont-du-Couëdic, c^{ne} d'Inzinzac. — Seigneurie.

Ty-Mélex, éc. c^{ne} de Lignol.

Ty-Melex, éc. c^{ne} de Plumergat.

Ty-Meliner, éc. c^{ne} de Locoal-Mendon.

Ty-Moing, éc. c^{ne} de Cléguérec.

Ty-Moing, éc. c^{ne} de Cléguérec (dist. du précédent).

Ty-Moten, h. c^{ne} de Moréac.

Ty-Mouel, éc. c^{ne} de Cléguérec.

Ty-Néhué, éc. c^{ne} de Belz.

Ty-Néhué, éc. c^{ne} de Cléguérec.

Ty-Néhué, h. c^{ne} d'Inzinzac.

Ty-Néhué, éc. c^{ne} de Languidic.

Ty-Néhué, f. c^{ne} de Merlévenez.

Ty-Néhué, éc. c^{ne} de Noyal-Pontivy.

Ty-Néhué, éc. c^{ne} de Plœmel.

Ty-Néhué, éc. c^{ne} de Pluneret.

Ty-Néhué, éc. c^{ne} de Pluvigner.

Ty-Néhué, éc. c^{ne} de Remungol.

Ty-Néhué, éc. c^{ne} de Theix.

Ty-Néhué-Kergranne, vill. c^{ne} de Caudan.

Ty-Néhué-Kerhono, éc. c^{ne} de Caudan.

Ty-Néhué-Kerjustic, éc. c^{ne} de Languidic.

Ty-Néhué-Kerhoman, éc. c^{ne} de Languidic.

Ty-Néhué-Loqueltas, éc. c^{ne} d'Inzinzac.

Ty-Néhué-Moustoiric, éc. c^{ne} de Caudan.

Ty-Nestour, h. c^{ne} de Lignol.

Ty-Névé, h. c^{ne} de Berné.

Ty-Névé, éc. c^{ne} de Bubry.

Ty-Névé, éc. c^{ne} de Crach.

Ty-Névé, éc. c^{ne} d'Hennebont.

Ty-Névé, h. et éc. dit *Loge-Ty-Névé*, c^{ne} d'Inguiniel.

Ty-Névé, f. c^{ne} de Kervignac.

Ty-Névé, éc. c^{ne} de Lignol.

Ty-Névé, éc. c^{ne} de Lignol (dist. du précédent).

Ty-Névé, éc. c^{ne} de Moustoirac.

Ty-Névé, f. c^{ne} de Neulliac.

Ty-Névé, éc. c^{ne} de Quistinic.

Ty-Névé-Cosquer, éc. c^{ne} de Calan.
Ty-Névé-en-Justice, éc. c^{ne} de Bubry.
Ty-Névé-Guernalan, éc. c^{ne} de Calan.
Ty-Névé-Kerbrehouet, éc. c^{ne} de Quistinic.
Ti-Névé-Kergause, éc. c^{ne} de Languidic.
Ty-Névé-Kerhouant, f. c^{ne} de Plouay.
Ty-Névé-Kerlivio, f. c^{ne} de Berné.
Ty-Névé-Kertanguy ou Kertanguy, éc. et bois, c^{ne} de Quistinic.
Ty-Nicolas-Goff, éc. c^{ne} de Roudouallec.
Ty-Nicole, h. c^{ne} de Berné.
Ty-Notério, h. c^{ne} de Gourin.
Ty-Nulhose, éc. c^{ne} de Plouay.
Ty-Oulin, h. et ruiss. affl. du Conveau, c^{ne} de Gourin.
Ty-Plancue, h. c^{ne} de Quéven.
Ty-Poden, h. c^{ne} du Faouët.
Ty-Pomme, h. c^{ne} de Gourin.
Ty-Pouen, éc. c^{ne} de Cléguérec.

Ty-Poulruan, éc. c^{ne} de Priziac.
Ty-Prat-er-Bellec, h. c^{ne} de Saint-Caradec-Trégomel.
Ty-Quelen, h. ruiss. affl. du Pont-Briand et mⁱⁿ à eau sur ce ruiss. c^{ne} de Guiscriff. — Seigneurie.
Ty-Ribet, éc. c^{ne} de Berné.
Tyriden, éc. c^{ne} de Guern. — Seigneurie; manoir.
Ty-Robert, éc. c^{ne} de Baud.
Ty-Ru, éc. c^{ne} d'Inzinzac.
Ti-Ru, h. c^{ne} de Kervignac.
Ty-Rue-Tréauray, éc. c^{ne} de Languidic.
Ty-Rune, éc. c^{ne} de Guidel.
Ty-Souquet, éc. c^{ne} de Cléguérec. — Seign. manoir.
Ty-Tessir ou la Maison-Neuve, éc. c^{ne} de Plaudren.
Ty-Thuriau, éc. c^{ne} de Grand-Champ.
Tyvaux, éc. c^{ne} de Plaudren.
Ty-Vil-Coze, éc. c^{ne} de Lanvénégen.
Ty-Yan-Bras, éc. c^{ne} de Plœren.

U

Ulin, ruisseau qui va se jeter dans l'Oust, après avoir arrosé la c^{ne} de Peillac.
Ulm (Rue d'), à Napoléonville.
Union (Rue de l'), à Lorient; appelée avant 1789 rue de la Salle.

Union (Rue et Place de l'), à Ploërmel.
Unité (Rue de l'), à Vannes; dite autref. rue *Bara-Ségal*.
Ursulines (Rue des), à Vannes; dite aussi autrefois *du Pessu* ou *de Caumonhic*.

V

Vache (La), roche sur l'Océan, côte de Plouhinec.
Vache (Pont à la), sur le ruiss. du Pont-ès-Béniers, reliant Josselin et Lanouée.
Vache-Enragée (La), éc. c^{ne} de Saint-Armel.
Vache-Gare (Lande de la), et mⁱⁿ à vent, c^{ne} de Buléon.
Vache-Gare (Moulin à eau de la), c^{ne} de Sérent.
Vacherie (La), f. c^{ne} de Rochefort. — Seigneurie.
Vacherie (La), h. partie c^{ne} de Saint-Jacut, partie c^{ne} de Saint-Vincent; pass. sur l'Arz, reliant Saint-Jacut à Saint-Vincent et à Saint-Perreux.
Vaches (Pont des), sur le ruiss. de Bourg-Pommier, c^{ne} de Limerzel.
Vaden, croix, c^{ne} de Séné.
Vagalut, rocher sur l'Océan, près d'Hœdic.
Vagner (Le Grand et le Petit), roches sur la baie de Quiberon, côte de Quiberon.
Vagues (Lande des), c^{ne} de Carentoir.
Vaihuen (Le), éc. c^{ne} de Languidic.

Vainguen, h. c^{ne} de Caudan.
Vais (Pont des), au confl. du Trévelo et de la Garenne, reliant Caden et Limerzel.
Vais (Pont des), sur le Trévelo, reliant Caden et Limerzel (dist. du précédent).
Val (Le), éc. c^{ne} d'Allaire.
Val (Le), h. c^{ne} de Béganne.
Val (Le), h. c^{ne} de Bohal.
Val (Le), h. c^{ne} de Campénéac.
Val (Le), vill. c^{ne} d'Helléan.
Val (Le), éc. c^{ne} d'Inzinzac. — Seigneurie.
Val (Le), éc. c^{ne} de Landévant. — Seigneurie.
Val (Le), ruiss. dit aussi *du Pont-du-Val* et *du Pontigo*, affl. du Trégréhenne, qui arrose Marzau, Arzal, Muzillac et Noyal-Muzillac.
Val (Le), h. c^{ne} de Ménéac.
Val (Le), vill. c^{ne} de Pénestin.
Val (Le), h. c^{ne} de Pleugriffet.
Val (Le), vill. c^{ne} de Rieux.

Val (Le), vill. partie cⁿᵉ de Saint-Dolay, partie cⁿᵉ de Nivillac.

Val (Le), vill. cⁿᵉ de Saint-Jacut.

Val (Le), vill. et mⁱⁿ à eau sur le Liziec, cⁿᵉ de Saint-Nolff. — Seign. connue sous le nom *du Val-Diliec*.

Val (Le), vill. cⁿᵉ de Taupont.

Val (Le), f. cⁿᵉ de Théhillac.

Val (Le Grand et le Petit), village ; ruiss. *du Grand-Val*, affl. de celui des Landelles, et ruiss. *du Petit-Val*, affl. de celui des Bois-de-Bernéan, cⁿᵉ de Beignon.

Val (Le Haut et le Bas), vill. cⁿᵉ de Saint-Martin.

Val (Le Haut et le Bas), vill. cⁿᵉ de Saint-Perreux.

Val (Moulin à eau du), sur le Rahun, et étang, cⁿᵉ de Carentoir.

Val (Pont du), au confl. du ruiss. du Pont-du-Moulin et de l'Oyon, cⁿᵉ d'Augan.

Val (Rue ou Quartier du), à Ploërmel. — Voy. Duval (Rue).

Val (Rue du), à la Trinité-Porhoët.

Val-Aimé (Le), éc. et mⁱⁿ à eau sur le Tromeur, cⁿᵉ du Roc-Saint-André. — *Valesmée*, xviiᵉ siècle (seign. de Sérent).

Val-au-Curé (Le), h. cⁿᵉ de Saint-Servant.

Valauga (Le), vill. cⁿᵉ de Caden.

Val-au-Moulin (Le), éc. ruiss. dit aussi *de Lécaden*, affl. de celui de la Bouloterie, et pont sur ce ruiss. cⁿᵉ de Caden.

Val-aux-Houx (Le), h. et pont sur le ruiss. de ce nom, cⁿᵉ de Guégon ; ruiss. voy. Sédon (Le). — Seigneurie connue sous le nom *du Val-au-Houlle*.

Val-Bily (Le), village, lande et pont sur l'Oyon, cⁿᵉ d'Augan.

Val-Budron (Le), éc. cⁿᵉ de Ménéac.

Val-Corie (Le), h. cⁿᵉ de Guer.

Val-de-la-Cocherie (Le), f. cⁿᵉ de Carentoir.

Val-d'Oust (Le), vill. cⁿᵉ de la Chapelle.

Val-d'Oust (Rue du), à Josselin.

Val-du-Ronceray (Le), h. cⁿᵉ de Carentoir.

Valelan (Le), vill. cⁿᵉ de Beignon.

Valescan, vill. cⁿᵉ de Guer.

Val-ès-Pies (Le), h. cⁿᵉ de Saint-Servant.

Valet (Le), éc. cⁿᵉ de la Gacilly.

Val-Garel (Le), h. cⁿᵉ de Guer. — Seigneurie.

Val-Hélin (Croix du), cⁿᵉ de Saint-Gravé.

Valhuec, îlot sur l'Océan, près de Houat. — *An Maluec*, 1454 (canonis. de saint Vincent-Ferrier).

Validée, vill. cⁿᵉ de Mauron.

Valinais (La), vill. cⁿᵉ de Carentoir.

Valjouin, h. et mⁱⁿ à eau sur le ruiss. de ce nom, cⁿᵉ de Lizio ; ruiss. affl. du Tromeur, qui arrose Saint-Servant et Lizio. — Seigneurie.

Val-la-Rivière (Le), vill. cⁿᵉ de Guer.

Vallayette (La), éc. cⁿᵉ de Saint-Dolay.

Vallée (Bois de la), et ruiss. *de la Fontaine-de-la-Vallée*, affl. du Minerai-de-Coëtquidan, cⁿᵉ de Guer.

Vallée (La), h. cⁿᵉ d'Allaire.

Vallée (La), f. cⁿᵉ de Caden.

Vallée (La), f. cⁿᵉ de Campénéac. — Seigneurie.

Vallée (La), f. cⁿᵉ de Caro..

Vallée (La), vill. et f. cⁿᵉ de Cournon. — Seigneurie.

Vallée (La), vill. cⁿᵉ d'Helléan.

Vallée (La), vill. cⁿᵉ de Lanouée.

Vallée (La), vill. cⁿᵉ de Malansac.

Vallée (La), vill. cⁿᵉ de Néant.

Vallée (La), vill. cⁿᵉ de Péaule.

Vallée (La), h. cⁿᵉ de Peillac.

Vallée (La), h. cⁿᵉ de Pleugriffet.

Vallée (La), éc. cⁿᵉ de Ploërmel ; pont sur le ruiss. de ce nom, reliant Ploërmel et Monterrein ; ruiss. *du Pont-de-la-Vallée* : voy. Aubert (Ruisseau du Pont-).

Vallée (La), h. cⁿᵉ de Pluherlin.

Vallée (La), vill. cⁿᵉ de Saint-Guyomard.

Vallée (La), vill. étang et mⁱⁿ à eau sur le ruiss. de ce nom, cⁿᵉ de Saint-Jacut.

Vallée (La), vill. cⁿᵉ de Saint-Nicolas-du-Tertre.

Vallée (Pont de la), sur le ruiss. du Pont-de-Bodel, cⁿᵉ de Missiriac.

Vallée (Ruisseau de la), affl. de l'Arz ; il arrose Pluherlin et Saint-Gravé.

Vallée (Ruisseau de la), dit aussi *des Saudrais*, *du Creux-Chemin*, *du Moulin-Éon* et *de Calléon*, affl. de la Graë ; il arrose Malansac et Saint-Jacut.

Vallée-Bouillante (La), f. cⁿᵉ de Porcaro.

Vallée-de-la-Nolan (La), f. cⁿᵉ de Carentoir. — Seigneurie.

Vallée-de-Saint-Amand (Ruisseau de la), qui arrose Campénéac et se jette dans l'étang de Trécesson.

Vallée-des-Anayes (Ruisseau de la) ou du Pont-Ténier, affluent de la Claye, qui arrose Saint-Guyomard et Trédion.

Vallée-du-Gray (La), f. cⁿᵉ de Carentoir.

Vallée-Perrot (La), vill. cⁿᵉ de Guer.

Vallées (Les), h. cⁿᵉ d'Allaire.

Vallées (Les), vill. cⁿᵉ de Bréhan-Loudéac.

Vallées (Pont des), reliant Montertelot et la Chapelle.

Vallées (Ruisseau des), affl. de la Claye, qui arrose Saint-Congard.

Vallée-Sainte-Anne (La), vill. lande et ruiss. affl. de celui du Bois-du-Loup, cⁿᵉ d'Augan. — Seigneurie.

Vallée-sous-le-Bois (Ruisseau de la), affl. de l'Oust qui arrose Saint-Congard.

Vallet (Le), h. cⁿᵉ d'Allaire.

Vallet (Le), éc. cⁿᵉ de Caro.

Vallet (Le), éc. cⁿᵉ de Guer.

Vallet (Le), h. cⁿᵉ de Guilliers.

Vallet (Le Grand et le Petit), vill. cⁿᵉ de Mauron.

Valliant (Le), vill. cⁿᵉ d'Augan.

Vallon-du-Cheval (Ruisseau du), qui arrose Bangor et se jette dans l'Océan.

Val-Néant (Le), h. pass. et mⁱⁿ à eau sur le Tromeur, cⁿᵉ du Roc-Saint-André. — Seigneurie.

Val-Ogier (Ruisseau du), affl. de celui des Landelles, qui arrose Beignon.

Val-Richard, h. cⁿᵉ de Lizio.

Val-Rue-Breton (Le), éc. cⁿᵉ de Saint-Martin.

Val-Savin (Le), éc. cⁿᵉ de Caro. — Seigneurie.

Val-Tonin, h. cⁿᵉ de Ploërmel.

Valvert (Le), éc. et pont sur le Saint-Niel, cⁿᵉ de Noyal-Pontivy.

Vandour (Le), éc. cⁿᵉ de Saint-Armel.

Vannes, chef-lieu du dépᵗ; port; riv. voy. Morbihan; restes de la voie romaine de Vannes à Corseul, dans les cⁿᵉˢ de Vannes, Saint-Avé et Monterblanc, dite aussi *Vieux grand chemin de Vannes à Saint-Jean-Brévelay* ou *chemin Conan*, *chemin Cognan*, près de Rulliac en Saint-Avé, 1399 (duché de Rohan-Chabot). — *Venetia*, *Veneti*, 1ᵉʳ siècle avant J. C. (Commentaires de César, *De Bello gallico*, III, 9). — Οὐενετοί, 11ᵉ siècle après J. C. (Ptolémée, *Géographie*, liv. II, ch. viii). — Δαριόρίγον, πόλις (*Dariorigum*) (*ibid.*). — *Dartoritum*, 111ᵉ siècle (carte de Peutinger). — *Venetum civitas*, vᵉ siècle (Notice des provinces).— *Venetica urbs*, *civitas*; *Veneticus pagus*, viᵉ siècle (Grégoire de Tours). — *Venetensis civitas*, *parrochia*, viᵉ siècle (Vie de saint Melaine).— *Vannetais oriental* ou *Haut-Vannetais* et *Vannetais occidental* ou *Bas-Vannetais*, depuis le viᵉ siècle : voy. Broërec (Pays de). —̲ *Venetus*, viiᵉ siècle (triens d'or, Essai sur les monnaies de Bretagne). — *Veneda*, 818 (Ermold Nigel). — *Venedia*, 826 (cart. de Redon). — *Vednedia*, 833 (*ibid.*). — *Venedi*, 850 (*ibid.*). — *Venes*, 1273 (duché de Rohan-Chabot). — *Vanes*, 1336 (*ibid.*).— *Vennes*, 1424 (chartreuse d'Auray).

Chef-lieu du diocèse de Vannes, fondé en 465, suffragant de l'archev. de Tours (auj. Rennes); territoire du même nom dans ce diocèse. Vannes renfermait quatre paroisses : voy. Notre-Dame-du-Mené, Saint-Patern, Saint-Pierre et Saint-Salomon; plusieurs prieurés : voy. Magdeleine (La), Saint-Guen, Saint-Julien, Saint-Symphorien, Trois-Rois (Les); des communautés de Capucins, Carmes (au Bondon et dans la ville), Cordeliers, Dominicains ou Jacobins, Jésuites, Carmélites (à Nazareth et au Bondon : ce dernier établissement annexé au premier au xviᵉ siècle), Filles de Notre-Dame-de-la-Charité (au Petit-Couvent), Hospitalières, Dames du Père-Éternel, Ursulines et Visitandines; un Hôtel-Dieu (à Saint-Nicolas), un hôpital général, un hospice du vocable de Saint-Yves (à la Garenne), une maladrerie (à la Magdeleine).

Siége d'un comté du même nom : voy. Broërec à la Table des formes anciennes et l'Introduction; centre, au ixᵉ siècle, de tout le pays vannetais, Vannes fut longtemps résidence ducale : voy. à la Table les mots Motte et Hermine, et dans le Dictionnaire, le mot Plaisance. — Anc. ville close; restes de l'enceinte gallo-romaine. — Ancienne châtellenie.

Siége du parlement sédentaire de Bretagne, de 1485 à 1553. — Siége d'une sénéchaussée royale qui avait conservé jusqu'au xvᵉ siècle le nom *de Broërec*, et à laquelle fut substitué un présidial en 1554, avec une lieutenance particulière à Auray depuis 1564. — Siége des juridictions seigneuriales de Largouet, de Kaër, de l'évêque et du chapitre de Vannes, etc.; d'une amirauté; d'un consulat; d'une cour des traites; d'une maîtrise des eaux, bois et forêts; d'une commission intermédiaire des États de Bretagne; de la chambre des comptes de Bretagne à plusieurs reprises, jusqu'au milieu du xvᵉ siècle, et sans interruption depuis cette époque jusqu'en 1495, où elle fut transférée à Nantes; d'un atelier monétaire ducal, qui cessa de fonctionner au xvᵉ siècle.

Gouvernement de place; communauté de ville, avec droit de députer aux États de la province, et des armoiries : *de gueules à une hermine passante d'argent, mouchetée de sable et accolée de la jarretière flottante de Bretagne.*

Siége d'une subdélégation de l'intendance de Bretagne. — Chef-lieu de distr. et de cⁿᵉ en 1790; le cⁿᵉ portait alors le nom de *Vannes et Séné*. En l'an I l'on créa deux cantons de Vannes, savoir : Vannes-Est et Vannes-Ouest. En l'an viii, cette ville était devenue le chef-lieu d'un arrondissement formé de la réunion des distr. de Vannes, de la Roche-Bernard et de Rochefort.

Vannes (Pont des), sur la Claye, reliant Trédion et Plumelec.

Vanzeur, ruiss. voy. Magdeleine (La); pont sur ce ruiss. cⁿᵉ de Theix.

Vaque, vill. cⁿᵉ de Bangor.

Varchais (Le), h. cⁿᵉ de Damgan.

Varec, éc. et mⁱⁿ à vent, cⁿᵉ de Bangor.

Varec, h. cⁿᵉ de Saint-Nolff.

Varlingue (La), rocher sur l'Océan, côte de Pénestin.

VARQUER, vill. dit aussi *Lande-de-Varquer*, et lande, c^ne de la Trinité-Surzur.

VARQUÈS, vill. c^ne de Pluneret.

VARREC, éc. c^ne de Camors.

VARREC (LE), éc. c^ne de Monterblanc.

VASES (RUE DES), à Lorient. — Voy. ENCLOS-DU-PORT (RUE DE L').

VAT, font. c^ne de Séné.

VAUBAN (RUE), à Lorient.

VAUBILY (LE), h. c^ne d'Allaire.

VAUBIO (LE), éc. c^ne d'Allaire; ruiss. voy. GLÉRÉ.

VAUBOSSARD (LE), vill. c^ne de Concoret.

VAUBRIEN (LE), vill. c^ne de Pleugriffet. — *Le Vau-Brient*, XIVe siècle (duché de Rohan-Chabot).

VAU-BRUNET (NOË DU), ruiss. affl. de celui du Pont-du-Moulin, qui arrose Augan.

VAU-CORBÉ (LE), f. c^ne de Malansac.

VAU-D'ARZ (LE), f. c^ne de Malansac, et pont au confl. de l'Arz et du ruiss. des Vallées, reliant Pluherlin, Malansac et Saint-Gravé. — Seigneurie.

VAU-D'ARZ-D'IZAIGNON (LE), h. c^ne de Malansac.

VAUDEPIERRE (LE), éc. c^ne d'Allaire. — Seigneurie.

VAUDEQUIP (LE), chât. bois, f. et deux m^ins à eau sur le ruiss. de ce nom, c^ne d'Allaire; ruiss. affl. de l'Arz, qui arrose Allaire et Saint-Jacut. — Seigneurie; anc. château.

VAUGASSE (LE), f. c^ne de Saint-Marcel; ruiss. *de la Noë-du-Vaugasse*, affl. de l'Oust, qui arrose Saint-Marcel et Malestroit. — *Le Vaulgacze*, XVIe siècle (seign. de Malestroit). — Seigneurie.

VAUGLARD (LE), h. c^ne du Roc-Saint-André.

VAUGRENARD (LE), h. c^ne de Saint-Gravé.

VAUGRIOT, vill. c^ne de Concoret.

VAU-HOLLAND, ruiss. affl. du Vau-Lorient, qui arrose Porcaro.

VAUJOBERT (LE), b. c^ne de Saint-Jean-la-Poterie.

VAUJOUAN (LE), vill. c^ne d'Allaire. — Seigneurie.

VAUJOUAS (LE), éc. et f. c^ne de Ménéac. — Seigneurie.

VAU-LAURENT (LE), ruiss. dit aussi *de la Vieille-Forêt*, affl. de l'Oust; m^in à eau sur ce ruiss. et étang, c^ne de Saint-Martin.

VAU-LORIENT (LE), ruiss. dit aussi *du Pont-du-Guiny* et *du Pont-Fourché*, affl. de l'Oyon, qui arrose Beignon et Porcaro.

VAU-MARQUÉ (LE), f. c^ne de Porcaro; ruiss. affl. de celui du Pont-de-Bas, qui arrose Guer et Porcaro; pont sur ce ruiss. reliant ces deux c^nes.—Seigneurie.

VAUMENIER (LE), f. c^ne de Ménéac. — Seigneurie.

VAUMIGNO (LE), h. c^ne de Saint-Jean-la-Poterie.

VAU-MIXIER (LE), lande, c^ne d'Augan.

VAUNIEL (LE), éc. f. et bois, c^ne de Guer; ruiss. *de la Coulée-du-Vauniel* : voy. CARAFORT. — Seigneurie.

VAU-PAYEN (LE), h. et ruiss. affl. de celui de Carafort, c^ne de Monteneuf.

VAUQUEREL (LE), h. c^ne de Pleugriffet. — *Le Vauque-rou*, XIVe siècle (duché de Rohan-Chabot).

VAU-RENARD (LE), éc. c^ne de Pluherlin.

VAUSERIN (LE), éc. c^ne de Néant.

VAUTINA (LE), vill. c^ne de Caden.

VAUTOUDAN (LE), vill. c^ne de Porcaro.

VAUVIA (LE), h. c^ne d'Allaire.

VAUVOLET (LE), éc. c^ne de Saint-Jacut.

VAUX (LES), f. et m^in à eau sur l'Oyon, c^ne de Campénéac; ruiss. dit aussi *de Guernault*, affl. de l'Oyon, qui arrose Augan et Campénéac; étang : voy. VIEIL-ÉTANG (LE).

VAUX (LES), h. c^te de Glénac.

VAUX (LES), f. bois et m^in à vent, c^ne de Guer; m^in à eau sur l'Aff, à la limite de cette commune, et pont dit *Planche-des-Vaux*, sur la même riv. reliant Guer au dép^t d'Ille-et-Vilaine.

VAUX (LES), vill. c^ne de Peillac.

VAUX (LES), vill. et m^in à eau sur le Tromeur, c^ne du Roc-Saint-André.

VAUX (MOULIN À EAU DES), c^ne de Mauron.

VAUX (RUISSEAU DES), affluent de celui de la Ville-Voisin; il arrose Augan.

VAUX (RUISSEAU DES), dit aussi *Petit-Vivier*, du Pont-Charrier et *de la Goutière*, affl. de l'Oyon; il arrose Augan et Monteneuf.

VAUX (RUISSEAU DES). — Voy. MOULIN (PONT DU).

VAUX-DE-LA-GRAË (RUISSEAU DES). — Voy. GRAË (LA).

VAUX-LOYENS (LES), lande, c^ne de Monteneuf.

VAUX-ROUSSEL (RUISSEAU DES), affluent de la Graë; il arrose Saint-Jacut.

VAZÈNE, vill. port et fort sur l'Océan, c^ne de Bangor.

VEAU-BORNE (LE), h. c^ne de Lanouée. — *Le Vauborne*, XIVe siècle (duché de Rohan-Chabot). — *Le Vaubonne*, XVe siècle (*ibid.*).

VEAU-GUILLAUME (RUISSEAU DU), affl. du Saint-Malo-de-Beignon; il arrose Guer et Saint-Malo-de-Beignon.

VEAUVOUAN (RUISSEAU DU), affl. du Baranton; il sort du dép^t d'Ille-et-Vilaine et arrose Mauron dans celui du Morbihan.

VEAUX (RUISSEAU DES), affl. de celui du Pont-Grignard, qui arrose Saint-Nicolas-du-Tertre.

VÉCHEN (GOH et NÉVÉ), h. c^ne de Berné.

VÉE (LE), f. c^ne de Béganne.

VEILLAIS, pont sur le ruiss. du Vieil-Étang, c^ne de Carentoir.

VEINGBUGEU, roche sur l'Océan, près de Houat.

VELEC, basse sur l'Océan, côte de Port-Philippe.

VELLE (LA), éc. c^ne de Saint-Jean-Brévelay.

VELLERIT (LE GRAND et LE PETIT), vill. c^ne de Ploërdut.

Veloux, b. c^{ne} de Muzillac.
Venaudière (La), éc. c^{ne} de Pluherlin.
Venelle (La Grande et la Petite), rues à Rochefort.
Venelles (Les), éc. c^{ne} de Rochefort.
Venelles (Rue des), à Montertelot.
Vengue, h. c^{ne} de Treffléan.
Véniel (Le), h. c^{ne} de Pluvigner.
Venise, éc. c^{ne} de Trédion.
Vent (Le), h. c^{ne} de la Chapelle.
Vent (Le), éc. c^{ne} d'Elven.
Vente (Pont de la), sur le canal des Forges, reliant
Lanouée au dép' des Côtes-du-Nord.
Venuraie (La), h. c^{ne} d'Allaire.
Véquaie (La), h. c^{ne} de Malansac.
Verdon (Le), pointe sur l'Étel, c^{ue} de Locoal-Mendon.
Verdun (Rue de), à Guer.
Véret, vill. c^{ne} de Saint-Martin.
Verger (Le), f. c^{ne} d'Augan. — Seigneurie.
Verger (Le), h. c^{ne} de Béganne.
Verger (Le), h. c^{ne} de Berric.
Verger (Le), vill. c^{ne} de Caden.
Verger (Le), vill. c^{ne} de Carnac.
Verger (Le), h. c^{ne} de Caro.
Verger (Le), h. bois et mⁱⁿ à eau sur le Scave, c^{ne} de
Gestel. — Seigneurie.
Verger (Le), éc. c^{ne} de Gourin.
Verger (Le), h. c^{ne} de Grand-Champ.
Verger (Le), éc. c^{ne} de Guer.
Verger (Le), h. et mⁱⁿ à eau sur le ruiss. de ce nom,
c^{ne} de Guilliers; ruiss. voy. Évriguet (Ruisseau d').
— Seigneurie.
Verger (Le), h. c^{ne} de Ménéac.
Verger (Le), h. c^{ne} de Peillac. — Seigneurie.
Verger (Le), éc. c^{ne} de Rieux.
Verger (Le), vill. c^{ne} de Saint-Marcel.
Verger (Le), éc. c^{ne} de Theix. — Seigneurie.
Verger (Le), éc. c^{ne} de Vannes. — Seign. manoir.
Verger (Le Haut et le Bas), h. c^{ne} de Glénac. — Deux
seigneuries.
Vénias (Les), éc. c^{ne} de Pluherlin.
Vérie (La), vill. c^{ne} de Saint-Perreux.
Vériglé (La), vill. c^{ne} de Carentoir. — La Ville-Glé,
1515 (chap. de Vannes). — Seigneurie.
Vérité (Chapelle isolée de la), c^{ne} de Caudan.
Vérité (Rue de la), à Vannes; dite autref. rue Cos-
siale, puis rue Saint-Jean-de-la-Boucherie.
Vernay (Rue), à Lorient. — Voy. Fontaines (Rue des)
et Pontcarré-de-Viarmes (Rue).
Vernie, font. à la limite de Ploërdut et de Langoëlan;
ruiss. de la Fontaine-Verrie : voy. Kerservant.
Verrie (La), éc. c^{ne} de Missiriac. — Seigneurie.
Verrie (La), éc. c^{ne} de Montertelot.

Verrouet (Le), éc. c^{ne} de Saint-Tugdual.
Versa (Le Grand et le Petit), vill. c^{ne} de Séné. — Sei-
gneurie.
Vertin (Le), h. c^{re} de Marzan.
Vertin (Le), éc. c^{ne} de Saint-Jean-Brévelay. — Seign.
Vertin (Le), éc. c^{ne} de Sarzeau. — Seigneurie.
Vertu (Rue de la), à Vannes; dite autref. du Drézen.
Vertus (Les), h. et pont sur le ruiss. du Mont, c^{ne} de
Berric.
Vésy (Le Grand et le Petit), îles sur le Morbihan, c^{ne}
de Baden.
Vétérit, éc. c^{ne} de Theix.
Vetveur, vill. c^{ne} de Lanvénégen.
Vetvigne, vill. c^{ne} de Lanvénégen.
Vézec (Le), h. c^{ne} de Naizin.
Vézigot (Le), h. c^{ne} de Nivillac.
Vézy (Le), éc. c^{ne} de Moustoirac.
Viac-Cornec, îles de la baie du Morbihan, côte de Séné;
elles ont été réunies à la terre-ferme.
Viahouit, éc. c^{ne} de Grand-Champ.
Vialgoët (Le), h. et ruiss. de la Fontaine-du-Vialgoët,
affl. du Loch, c^{ne} de Grand-Champ.
Vianet (Loge), éc. c^{ne} de Pleugriffet.
Viaouit, h. c^{ne} de Moustoirac.
Viarmes (Rue de), à Lorient. — Voy. Pontcarré-de-
Viarmes (Rue).
Vicaire (Rue de la), à Josselin.
Vicaire (Rue du), à Hennebont.
Vicomte (Moulin à vent du), c^{ne} de Carentoir.
Victoire (Rue de la) ou Porer, au Faouët.
Victoire (Ruelle de la), au Blanc, c^{ne} de Lorient.
Victoires (Rue et place des), au Port-Louis.
Vide-Bouteille, écart. — Voy. Ty-en-Brugol.
Viéguéach, h. c^{ne} de Crach. — Seigneurie.
Vieil-Étang (Le), étang dit aussi des Vaux; il baigne
Campénéac et Augan.
Vieil-Étang (Ruisseau du). — V. Marchands (Pont ès-).
Vieil-Hôpital (Le), f. c^{ne} de Malansac.
Vieille (La), roche sur l'Océan, près de Houat.
Vieille-Abbaye (La). — Voy. Abbaye-aux-Alines (L').
Vieille-Boucherie (Rue de la), à Vannes. — Voy. Loi
(Rue de la).
Vieille-Chapelle (La), h. c^{ne} de Bieuzy.
Vieille-Chaussée (La), chemin, c^{ne} d'Ambon, allant
vers Muzillac.
Vieille-Chaussée (La), chemin servant de limite entre
Josselin et Lanouée.
Vieille-Chaussée (Pont de la), sur le ruiss. de Bourg-
Pommier, reliant Limerzel et Questembert.
Vieille-Cour (La), f. c^{ne} de Ploërmel. — Seigneurie.
Vieille-Cour (La), h. c^{ne} de Ruffiac.
Vieille-Drais (La), h. c^{ne} de Saint-Perreux.

Vieille-École (Chemin de la), à Guer.
Vieille-Église (Croix de la), c^{ne} de Monterblanc.
Vieille-Fontaine, font. c^{ne} de Locmaria.
Vieille-Fontaine (La), vill. c^{ne} de la Trinité-Surzur.
Vieille-Forêt (Ruisseau de la) : voy. Vau-Laurent (Le).
— Seigneurie en Saint-Martin.
Vieille-Forêt-Rue-Aron, vill. c^{ne} de Saint-Martin.
Vieille-Forêt-Rue-Dabo, h. c^{ne} de Saint-Martin.
Vieille-Forêt-Rue-Daniel, vill. c^{ne} de Saint-Martin.
Vieille-Forêt-Rue-Feuillate, éc. c^{ne} de Saint-Martin.
Vieille-Halle (Rue et place de la), à Rochefort.
Vieille-Métairie (La), éc. c^{ne} de Noyal-Pontivy.
Vieille-Métairie (La), éc. c^{ne} de Plougoumelen.
Vieille-Poste (La), éc. c^{ne} de Muzillac.
Vieille-Psalette (Rue de la), à Vannes. — Voy. Impasses (Les).
Vieille-Roche, village, partie c^{ne} d'Arzal, partie c^{ne} de Camoël, les deux parties séparées par la Vilaine et reliées par un passage; ruiss. affl. de la Vilaine, qui arrose Arzal. — Seigneurie en Arzal.
Vieille-Rue (La), rue à Pluvigner.
Vieille-Salle (Rue de la), anc. rue de Vannes; autref. dans la par. du Mené.
Vieilles-Presses (Les), hameau. — Voy. Pont-Guen.
Vieilles-Rues (Les), h. c^{ne} de Molac.
Vieilles-Rues (Les), f. c^{ne} de Ruffiac.
Vieille-Ville (La), vill. c^{ne} de Guégon.
Vieille-Ville (La), h. c^{ne} de Limerzel.
Vieille-Ville (La), f. c^{ne} de Loyat, et éc. en ruines, c^{ne} de Tréhorenteuc. — Seigneurie.
Vieille-Ville (La), éc. c^{ne} de Pleucadeuc. — Seign.
Vieille-Ville (La), h. c^{ne} de Pleugriffet.
Vieille-Ville (La), vill. et ruiss. dit *Ru de la Vieille-Ville*, affl. du ruiss. de Gourdes, c^{ne} de Ploërmel.
Vieille-Ville (La), éc. c^{ne} de Pluherlin.
Vieille-Ville (La), vill. c^{ne} de Saint-Dolay.
Vieille-Ville (La), h. et mⁱⁿ à vent, c^{ne} de Saint-Jacut.
Vieille-Ville (La), vill. et lande, c^{ne} de Saint-Samson.
Vieille-Ville (La), vill. c^{ne} de Sérent. — Seigneurie.
Vieille-Ville (La), h. c^{ne} de Taupont. — Seigneurie.
Vieille-Ville (Rue et quartier de la), à Hennebont.
Vierge (Fontaine de la). — Voy. Maria.
Vierge (Fontaine de la), et ruiss. *de la Fontaine-de-la-Vierge*, affl. de celui du Moulin-de-Cochelin, c^{ne} de Locoal-Mendon.
Vierge (Fontaine de la), et rue *de la Fontaine-de-la-Vierge*, dite autref. *de la Fontaine*, à Lorient, faub. de Kerentrech.
Vierge (Fontaine de la), c^{ne} de Surzur.
Vierge (Rue de la), à Languidic.
Vierge-Marguerite (Croix de la), c^{ne} de Locmalo.

Vierges (Rue des), à Josselin.
Vierges (Rue des), à Vannes.
Vieuville, h. c^{ne} de Brignac.
Vieux-Bourg (Le), partie de la ville de Rochefort; font. et pont sur le ruiss. de l'Étang, reliant Rochefort, Malansac et Pluherlin.
Vieux-Calvaire (Le), croix, c^{ne} de Surzur.
Vieux-Château (Butte du), c^{ne} de la Gacilly.
Vieux-Château (Le), éc. c^{ne} de Bubry. — Seigneurie.
Vieux-Château (Le), vill. c^{ne} de Plaudren.
Vieux-Château (Le), motte féodale, c^{ne} de Plumelec.
Vieux-Château (Le) ou Penmark, presqu'île, pointe, batterie et port dit aussi *de Ster-Vras*, sur l'Océan, c^{ne} de Port-Philippe.
Vieux-Château (Pointe du), à Hœdic, sur l'Océan.
Vieux-Château (Rue du), à Hennebont.
Vieux-Chemin (Rue du), à Napoléonville.
Vieux-Cimetière (Rue du), à Carentoir.
Vieux-Étangs (Ruisseau des). — Voy. Vobulo (Le).
Vieux-Four (Le), éc. c^{ne} de Crédin.
Vieux-Four (Rue du), à Napoléonville. — Voy. Grand-Four (Rue du).
Vieux-Moulin (Lande du), c^{ne} de Plouay.
Vieux-Moulin (Le), écart. — Voy. Coh-Vélin.
Vieux-Moulin (Le), h. ruiss. affluent de celui du Vaudequip et mⁱⁿ à eau sur ce ruiss. c^{ne} d'Allaire. — Seigneurie.
Vieux-Moulin (Le), éc. c^{ne} de Bieuzy.
Vieux-Moulin (Le), mⁱⁿ à vent, c^{ne} de Damgan.
Vieux-Moulin (Le), éc. c^{ne} d'Elven.
Vieux-Moulin (Le), éc. et mⁱⁿ à vent, c^{ne} de l'Île-aux-Moines.
Vieux-Moulin (Le), mⁱⁿ à eau sur le ruiss. de ce nom, c^{ne} de Lantillac; ruiss. voy. Cabanloup (Ruisseau de).
Vieux-Moulin (Le), éc. c^{ne} de Moustoirac.
Vieux-Moulin (Le), éc. c^{ne} de Péaule.
Vieux-Moulin (Le), mⁱⁿ à vent, c^{ne} de Pénestin.
Vieux-Moulin (Le), mⁱⁿ à vent et éc. c^{ne} de Plouharnel.
Vieux-Moulin (Le), h. c^{ne} de Quéven.
Vieux-Moulin (Le), éc. c^{ne} de Saint-Jacut.
Vieux-Moulin (Le), éc. c^{ne} de Saint-Nolff; ruiss. voy. Liziec (Ruisseau de).
Vieux-Moulin (Le), vill. et lande, c^{ne} de Saint-Samson; pont sur l'Estuer, qui relie Saint-Samson et Bréhan-Loudéac.
Vieux-Moulin (Le), mⁱⁿ à eau sur le ruiss. de la Fontaine-de-Cran, c^{ne} de Theix; ruiss. [voy. Trégue-xard], et pont sur ce ruiss. reliant Theix et Sulniac.
Vieux-Moulin (Passage du), sur le Goh-Reste, c^{ne} de Plumergat.

Vieux-Moulin (Pointe du), sur l'Étel, cⁿᵉ de Locoal-Mendon.

Vieux-Moulin (Rue du), à Locminé.

Vieux-Moulins (Les), mⁱⁿ à eau sur l'Aff, cⁿᵉ de Guer.

Vieux-Moulins (Rue des), à Napoléonville. — Voy. Moulins (Rue des).

Vieux-Passage (Le), pass. sur l'Étel, reliant Belz et Plouhinec; vill. cⁿᵉˢ de Plouhinec. — *Kaer-en-Treth, villa*, 1037 (cart. de Redon).

Vieux-Pont (Le), pont sur le Prado, reliant Belz et Locoal-Mendon.

Vieux-Pont (Le), pont sur le Loch, cⁿᵉ de Grand-Champ.

Vieux-Pont (Moulin à eau du), sur l'Inam, cⁿᵉ de Gourin.

Vieux-Porho (Le), éc. cⁿᵉ de Monterblanc.

Vieux-Pré (Le), éc. cⁿᵉ d'Elven.

Vieux-Prés (Ruisseau des), qui arrose Ploërmel et Loyat et se jette dans l'étang au Duc.

Vieux-Presbytère (Le), éc. cⁿᵉ de Moustoirac.

Vieux-Ruault (Le), vill. et pointe sur le Morbihan, cⁿᵉ de Sarzeau. — *Ruzaud*, 1453 (sénéch. de Rhuis).

Vieuzan (La), vill. cⁿᵉ de Pleugriffet.

Vigile (Maison), f. cⁿᵉ de Malansac.

Vigne (La), h. cⁿᵉ d'Arzal.

Vigne (La), éc. cⁿᵉ d'Arzal (dist. du h. précédent).

Vigne (La), éc. cⁿᵉ d'Augan.

Vigne (La), vill. cⁿᵉ de Beignon.

Vigne (La), éc. cⁿᵉ de Caro.

Vigne (La), h. cⁿᵉ des Fougeréts. — Seigneurie.

Vigne (La), chât. éc. dit *la Petite-Vigne*, et mⁱⁿ à eau sur le ruiss. de la Forêt, cⁿᵉ de Languidic. — Seigneurie; manoir.

Vigne (La), éc. cⁿᵉ de Loyat.

Vigne (La), éc. cⁿᵉ de Mauron.

Vigne (La), h. cⁿᵉ du Palais.

Vigne (La), h. cⁿᵉ de Plouay.

Vigne (La), f. cⁿᵉ de Réminiac.

Vigne (La), h. cⁿᵉ de Saint-Gorgon.

Vigne (La), h. cⁿᵉ de Saint-Martin.

Vigne (La), h. cⁿᵉ de Saint-Vincent.

Vignes (Les), vill. cⁿᵉ de Carentoir.

Vilain (La), vill. cⁿᵉ de Campénéac.

Vilaine (La), riv. qui sort du dépᵗ d'Ille-et-Vilaine, où elle est canalisée, fait un petit détour dans la Loire-Inférieure et entre dans le Morbihan, où elle arrose les cⁿᵉˢ de Théhillac, Rieux, Allaire, Saint-Dolay, Béganne, Péaule, Nivillac, Marzan, la Roche-Bernard, Férel, Arzal, Camoël, Billiers, Pénestin, et se jette dans l'Océan. — Ἧρἰος, ποταμός (*Herius, fluvius*), IIᵉ siècle après J. C. (Ptolémée, *Géographie*, liv. II, ch. VIII). — *Visnonia*, 834 (cart. de Redon).

— *Vitisnonia*, 843 (*ibid.*). — *Visionum, flumen*, 846 (*ibid.*). — *Visnonius*, 866 (*ibid.*). — *Visnonicum flumen*, 869 (*ibid.*). — *Vicenonia*, 1084 (*ibid.*). — *Ester* (fleuve passant à Tréhiguier en Pénestin), 1120 (*ibid.*). — *Ster-Gavale*, aliàs *Ster-Gaule* [voy. Gavele], *fluvius*, XIIᵉ siècle (*ibid.*). — *Villaingne*, 1434 (seign. de la Roche-Bernard).

Vilain (Le Grand et le Petit), h. cⁿᵉ de Pluvigner; pont au confl. du ruisseau du Pont-Fau et de celui du Parc-Lann-en-Ty, reliant Pluvigner et Camors. — Seigneurie.

Vilienne (Le), éc. cⁿᵉ d'Arradon.

Village (Le) ou la Bâtardais, h. cⁿᵉ de Saint-Gravé.

Village (Le Grand et le Petit), vill. et lande *du Grand-Village*, cⁿᵉ de Bréhan-Loudéac.

Village-au-Cadio (Le), vill. cⁿᵉ de Béganne.

Village-au-Chêne (Le), vill. cⁿᵉ de Malansac.

Village-Danto (Le) ou Chez-Danto, h. cⁿᵉ de Malansac.

Village-de-Bas (Le), vill. cⁿᵉ de Malansac.

Village-Harnais (Le), h. cⁿᵉ de Saint-Gravé.

Village-Olivier (Le), h. cⁿᵉ de Malansac.

Village-Raulais (Le), h. cⁿᵉ de Malansac.

Village-Sylvestre (Le), éc. cⁿᵉ de Malansac.

Village-Thomas (Le), h. cⁿᵉ de Saint-Gravé.

Ville (Rue de la), à Josselin.

Ville-Abbé (La), éc. cⁿᵉ de la Croix-Helléan.

Ville-Adel (La), éc. cⁿᵉ de Monteneuf.

Ville-Ario (La), vill. cⁿᵉ de Caden.

Ville-Agnès (La), vill. cⁿᵉ de Néant.

Ville-Agno (La), vill. et lande, cⁿᵉ de Bréhan-Loudéac.

Ville-Allain (La), h. cⁿᵉ de Josselin.

Ville-Allio (La), h. cⁿᵉ de Cruguel.

Ville-Allo (La), h. cⁿᵉ de Malansac.

Ville-Aly (La), f. cⁿᵉ de Bohal.

Villéan (La), vill. cⁿᵉ de Ménéac. — Seigneurie.

Ville-André (La), vill. cⁿᵉ de Campénéac.

Ville-André (La), vill. cⁿᵉ de Ménéac.

Ville-André (La), h. cⁿᵉ de Plumelec.

Ville-André (La), h. cⁿᵉ de Sérent.

Ville-Armel (La), vill. cⁿᵉ de Saint-Gorgon.

Ville-Armel (La), vill. cⁿᵉ de Taupont.

Ville-au-Baud (La), vill. cⁿᵉ de Nivillac.

Ville-Aubert (La), f. étang et mⁱⁿ à vent, cⁿᵉ de Campénéac. — Seigneurie.

Ville-Aubert (La), vill. cⁿᵉ de Lanouée.

Ville-Aubert (La), chât. et f. cⁿᵉ de Malansac; ruiss. voy. Enfer (L'). — Seigneurie; manoir.

Ville-Aubert (La), h. cⁿᵉ de Sérent.

Ville-Aubin (La), éc. et ruiss. dit *Étier-de-la-Ville-Aubin*, affl. de la Vilaine, cⁿᵉ de Nivillac. — Seigneurie.

VILLE-AU-BLANC (LA), h. c^ne de Malansac.

VILLÉ-AU-BLANC (LA), vill. c^be de Taupont.

VILLE-AU-BOIS (LA), éc. c^ne de la Croix-Helléan.

VILLE-AU-BOCÉ (LA), vill. c^ne de Caden.

VILLE-AU-BRAYE (LA HAUTE et LA BASSE), vill. c^ne de Lanouée.

VILLE-AUBRY (LA), h. c^ne de Saint-Servant.

VILLE-AU-CAROUX (LA), f. c^ne de Férel.

VILLE-AU-CHAT (LA), h. c^te de Cruguel.

VILLE-AU-CHAUD (LA), vill. c^ee de Plumelec.

VILLE-AU-CHÊNE (LA GRANDE et LA PETITE), h. et bois, c^ue de Malansac.

VILLE-AU-CODIER (LA), éc. c^ne de Saint-Guyomard.

VILLE-AU-COMTE (LA), vill. c^ne de Monteneuf.

VILLE-AU-COQ (LA), éc. c^ne de Limerzel.

VILLE-AU-COURS (LA), h. c^ne de Guégon.

VILLE-AUDEUX (LA), éc. c^ue de Guéhenno.

VILLE-AUDRAIN (LA), h. c^te de Cruguel.

VILLE-AUDRAIN (LA), h. c^ne de Saint-Samson.

VILLE-AUDREN (LA), vill. c^ue de Plumelec.

VILLE-AUDY (LA), vill. c^ne de Malansac.

VILLE-AU-FEU (LA), vill. c^ne de Cruguel.

VILLE-AU-FEUVE (LA), vill. c^te de Néant.

VILLE-AU-FEUVRE (LA), h. c^ne de Concoret.

VILLE-AU-GAL (LA), éc. c^ne de Guégon.

VILLE-AU-GAL (LA), vill. c^ne de Plumelec. — Seign.

VILLE-AU-GALLIC (LA), h. c^ne de Cruguel.

VILLE-AUGÉ (LA), éc. c^ne de Guilliers. — Seigneurie.

VILLE-AU-GEAI (LA), éc. c^ne de Nivillac.

VILLE-AU-GOLET (LA), h. c^ne de Malansac.

VILLE-AU-HOUX (LA), f. c^ne de Trédion.

VILLE-AU-JEUNE (LA), vill. et bois, c^ne de Béganne.

VILLE-AULOT (LA), vill. c^ne de Brignac.

VILLE-AULOT (LA), vill. c^ne de Cruguel.

VILLE-AU-MANANT (LA), vill. c^ne de Caden.

VILLE-AU-MÉE (LA), f. c^ne de Pluherlin. — Seigneurie.

VILLE-AU-MOGUÉ (LA), éc. c^ne de Nivillac.

VILLE-AU-PAGE (LA), h. c^ne de Nivillac.

VILLE-AU-PÉE (LA), vill. c^ne de Guégon.

VILLE-AU-PORCHER (LA), vill. c^ne de Nivillac.

VILLE-AU-POUVOIR (LA), vill. c^ne de Ménéac.

VILLE-AURAIE (LA), h. et bois, c^ne de Malansac.

VILLE-AURNAY (LA), h. c^ne de Cruguel.

VILLE-AU-ROUGE (LA), vill. c^ne de Sérent.

VILLE-AU-SERF (LA), éc. c^ne de Saint-Dolay.

VILLE-AU-SIOUR (LA), h. c^ne de Nivillac.

VILLE-AU-SUBLOU (LA), h. c^ne de Malansac.

VILLE-AU-TADY (LA), h. c^ne de Guégon.

VILLE-AU-TEXIER (LA), h. c^ne de Malansac.

VILLE-AU-THELIER (LA), vill. c^ne de Sérent.

VILLE-AU-TOUER (LA), vill. c^ne de Carentoir.

VILLE-AU-TRAIT (LA), h. c^ne de Lantillac.

VILLE-AU-VAL (LA), éc. c^ne de Pluherlin.

VILLE-AU-VENT (LA), h. c^ne de Berric.

VILLE-AU-VENT (LA), grotte habitée, c^ne de Billio.

VILLE-AU-VENT (LA), vill. c^ne de Caden.

VILLE-AU-VENT (LA), f. c^ne de Campénéac.

VILLE-AU-VENT (LA), éc. c^ne d'Helléan.

VILLE-AU-VENT (LA), éc. c^ue du Hézo, qui n'existe plus.

VILLE-AU-VENT (LA), éc. c^ue de Lanouée.

VILLE-AU-VENT (LA), éc. c^ne de Peillac.

VILLE-AU-VENT (LA), éc. c^ne de Pleugriffet.

VILLE-AU-VENT (LA), éc. c^ue de Réguiny.

VILLE-AU-VENT (LA), h. c^ne de Saint-Congard.

VILLE-AU-VENT (LA), vill. c^ne de Saint-Guyomard.

VILLE-AU-VENT (LA), éc. c^ne de Sulniac.

VILLE-AU-VOYER (LA), vill. c^ne de la Chapelle. — Seigneurie.

VILLE-AU-VOYER (LA), vill. c^ne de Mohon.

VILLE-AU-VY (LA), vill. c^ne de Ploërmel. — Seigneurie.

VILLE-AUX-AÎNÉS (LA), vill. c^ne de la Gacilly.

VILLE-AUX-ANGLAIS (LA), h. c^ne de la Grée-Saint-Laurent.

VILLE-AUX-BECHROUX (LA), h. c^ne de Malansac.

VILLE-AUX-CHÊNES (LA), h. c^ne de Pluherlin.

VILLE-AUX-CHEVALIERS (LA), h. c^ne de Saint-Servant.

VILLE-AUX-FAUCHOUX (LA), éc. c^ne de Malansac.

VILLE-AUX-FEUVES (LA), vill. et ruiss. dit aussi de Budélio, affl. de l'Arz, c^ne de Malansac.

VILLE-AUX-GENTILS (LA), h. c^ne de Guégon.

VILLE-AUX-JUIFS (LA), vill. c^ne de Carentoir.

VILLE-AUX-LIÈVRES (LA), éc. c^ne de Pluherlin.

VILLE-AUX-LOUIS (LA), vill. c^ne de Saint-Brieuc-de-Mauron.

VILLE-AUX-MAÇONS (LA), éc. c^ne de Sérent.

VILLE-AUX-MELAIS (LA), éc. c^ne de Saint-Martin.

VILLE-AUX-MOINES (LA), éc. c^ne de Guégon.

VILLE-AUX-NOËL (LA), vill. c^ne de Carentoir.

VILLE-AUX-TENOUX (LA), f. c^ne de Guilliers. — Seign.

VILLE-AVRIL (LA), éc. et vill. c^ne de Nivillac.

VILLE-BASSE (LA), h. c^ne de Crédin.

VILLE-BASSE (LA), h. c^ne des Fougerêts.

VILLE-BASSE (LA), vill. c^ne de Pluherlin.

VILLE-BALD (LA), vill. et m^in à eau sur le Rhun, c^ne de Sérent. — Seigneurie.

VILLE-BEAU (BUTTE DE LA), île sur l'Aff. c^ne de Carentoir.

VILLE-BEAU (LA), île sur l'Aff, c^ne de Carentoir (dist. de la précédente).

VILLE-BESET (LA), vill. c^ne de Guégon.

VILLE-BERNARD (LA), vill. c^ne de Caden.

VILLE-BERNIER (LA), vill. c^ne de Ploërmel. — Seign.

VILLE-BESNARD (LA), vill. ruiss. affl. de l'Oust et pont sur ce ruiss. c^ne de Guégon.

Ville-Beuve (La), vill. et m^in à vent, c^ne de Guégon. — Seigneurie.
Ville-Bihan (La), vill. c^ne de Guégon.
Ville-Billio (La), vill. c^ne de Caden.
Ville-Bily (La), h. c^ne de Pleucadeuc.
Ville-Bily (La), vill. c^ne du Roc-Saint-André.
Ville-Bizeul (La), h. c^ne de Taupont.
Ville-Blanche (La), chât. et f. c^ne de Monteneuf. — Seigneurie; manoir.
Ville-Blanche (La), f. c^ne de Pluherlin.
Ville-Bléhen (La), f. c^ne de Malansac. — Seigneurie.
Ville-Blouen (La), vill. c^ne de Nivillac.
Ville-Bogé (La), h. c^ne de Saint-Vincent.
Ville-Bonet (La), f. c^ne de Pleucadeuc. — Seigneurie.
Ville-Bonne (La), vill. c^ne de Taupont. — Seigneurie.
Ville-Bono (La), éc. c^ne de Bohal.
Ville-Bono (La), h. c^ne de Pluherlin.
Ville-Boscher (La), vill. c^ne de Guer.
Ville-Bouland (La), vill. c^ne de Néant.
Ville-Boulart (La) ou la Maison-des-Chiens, éc. c^ne de Rochefort.
Ville-Bouquet (La), h. c^ne de Guégon. — Seigneurie.
Ville-Bouquet (La), f. c^ne de Ploërmel. — Seigneurie.
Ville-Bourde (La), éc. c^ne de Guégon. — Seigneurie.
Ville-Bourgon (La), éc. c^ne de Guégon.
Ville-Boury (La), h. et pont sur l'Arz, c^ne de Pluherlin. — Seigneurie.
Ville-Bras (La), éc. c^ne de Guégon.
Ville-Bras (La), éc. en ruines, c^ne de Lizio.
Ville-Bressel (La), vill. c^ne de Pleugriffet.
Ville-Briant (La), h. c^ne de Meslan.
Ville-Briex (La), éc. c^ne de Pleugriffet.
Ville-Briend (La), éc. c^ne de la Croix-Helléan. — Seigneurie.
Ville-Briend (La), vill. et lande, c^ne de Porcaro.
Ville-Brient (La), h. c^ne d'Évriguet.
Ville-Brient (La), vill. c^ne de Montertelot. — Seigneurie.
Ville-Bringuin (La), éc. c^ne de Nivillac.
Ville-Buo (La), f. et m^in à vent, c^ne de Caro.
Ville-Bro (La), vill. et m^in à vent, c^ne de Taupont.
Ville-Burel (La), éc. c^ne de Pleucadeuc.
Ville-Cade (La), vill. c^ne de Ménéac.
Ville-Cade (La), vill. c^ne de Saint-Samson.
Ville-Cadio (La), vill. c^ne d'Augan.
Ville-Cadio (La), vill. c^ne de Loyat.
Ville-Cado (La), h. c^ne de Guilliers. — Seigneurie.
Ville-Cadoret (La), h. c^ne de Guéhenno. — Seigneurie.
Ville-Calmet (La), h. c^ne de Saint-Brieuc-de-Mauron.
Ville-Camaret (La), h. c^ne de Guégon.
Ville-Cancouet (La), vill. c^ne de Peillac.

Ville-Cario (La), h. c^ne de Lanouée.
Ville-Caro (La), h. et m^in à vent, c^ne des Fougerêts. — Seigneurie.
Ville-Caro (La), h. c^ne de Lanouée. — Seigneurie.
Ville-Caro (La), h. c^ne de Mauron.
Ville-Caro (La), vill. c^ne de Saint-Malo-des-Trois-Fontaines.
Ville-Chaperon (La), h. c^ne de la Croix-Helléan.
Ville-Chapet (La), vill. c^ne de Carentoir.
Ville-Chapet (La), éc. c^ne de Guégon.
Ville-Chatal (La), éc. c^ne de Béganne.
Ville-Chauchais (La), h. c^ne de Ploërmel.
Ville-Chauve (La), chât. f. et lande dite *Bruyères de la Ville-Chauve*, c^ne des Fougerêts. — Seigneurie; manoir.
Ville-Chevrier (La), éc. et bois, c^ne du Roc-Saint-André. — *La Ville-Cherouvrier*, 1673 (seign. de Sérent). — Seigneurie.
Ville-Chotard (La), vill. c^ne de Trédion.
Ville-Clairio (La), vill. c^ne de Bréhan-Loudéac.
Ville-Claro (La), vill. c^ne d'Augan.
Ville-Clément (La), vill. c^ne de Saint-Servant; ruiss. aff. du Poudlan, qui arrose Lizio, Quily et Saint-Servant.
Ville-Cléno (La), f. c^ne de Malansac.
Ville-Cognac (La), vill. c^ne de Mauron.
Ville-Collio (La), h. c^ne de Ploërmel.
Ville-Conan (La), h. c^ne de Guégon.
Ville-Coquelin (La), vill. c^ne de Néant.
Ville-Corbin (La), vill. c^ne de Taupont.
Ville-Cono (La), h. c^ne de Lanouée.
Ville-Convé (La), h. c^ne de Caro.
Ville-Costard (La), f. c^ne d'Augan. — Seigneurie.
Ville-Coto (La), vill. c^ne de la Croix-Helléan.
Villecounte (La), h. c^ne d'Allaire.
Ville-Crusson (La), f. c^ne de Camoël.
Ville-Cué (La), vill. et lande, c^ne d'Augan. — *Rochecuay*, 1494 (chât. de Beaurepaire).
Ville-Culan (La), h. c^ne de Bréhan-Loudéac.
Ville-Damon (La), vill. c^ne de Mauron.
Ville-Danet (La), vill. c^ne de Nivillac.
Ville-Daniel (La), vill. c^ne de Guégon.
Ville-Daniel (La), éc. c^ne de Monteneuf.
Ville-Daniel (La), h. c^ne de Saint-Nicolas-du-Tertre.
Ville-Danne (La), h. c^ne de Guillac. — Seigneurie.
Ville-Danoue (La), f. c^ne de Malansac.
Ville-Dava (La), h. c^ne de Peillac.
Ville-Dava (La), f. et pont sur la Claye, c^ne de Pleucadeuc. — Seigneurie.
Ville-d'Aval (La), f. c^ne de Carentoir.
Ville-Daval (La Haute et la Basse), vill. c^ne de la Gacilly.

VILLE-DAVID (LA), h. cne de Cruguel.

VILLE-DAVID (LA), h. cne de Guégon.

VILLE-DAVID (LA), h. cne de Lanouée.

VILLE-DAVID (LA), vill. cne de Ménéac.

VILLE-DAVID (LA), vill. cue de Tréal.

VILLE-DAVID-ès-CARO (LA), vill. cne de Guégon.

VILLE-DAVY (LA), chât. vill. éc. et deux mins à vent, cne de Mauron; ruiss. affluent du Doift, qui arrose Mauron et Saint-Léry. — Seigneurie; manoir.

VILLE-DE-BAS (LA), h. cne de Concoret.

VILLE-DE-BAS (LA), h. cne de Saint-Nicolas-du-Tertre.

VILLE-DÉNACHÉ (LA), vill. cne de Taupont.— *Villa-Desnache*, 1454 (canonisat. de saint Vincent-Ferrier). — Seigneurie.

VILLE-DENÉ (LA), h. cne d'Allaire.

VILLE-DENÉ (LA), h. cne de la Chapelle. — Seigneurie.

VILLE-DEVOUAL (LA), éc. cne de Guégon.— Seigneurie.

VILLEDEN (LA), vill. min à vent, éc. et mines d'étain, cne du Roc-Saint-André.— *Villedel*, xviᵉ siècle (sc. du musée de Vannes). — Seigneurie.

VILLE-DERRÉ (LA), vill. cne de Brignac. — Seigneurie.

VILLE-DES-PRÉS (LA), h. cne de Bohal. — Seigneurie.

VILLE-DES-PRÉS (LA), h. cne de Pluherlin.

VILLE-DIGO (LA), éc. cne de Caden.

VILLE-DONO (LA), éc. cne de Lanouée.

VILLE-DOUCE (LA), éc. cne de Malansac.

VILLE-DOUÉNO (LA), h. cne de Lanouée.

VILLE-DRÉAN (LA), vill. cue de Lizio.

VILLE-DU-BOIS (LA), h. cne de Béganne.

VILLE-DU-BOIS (LA), h. cne de Saint-Guyomard.

VILLE-DEBOT (LA), vill. cne de Bréhan-Loudéac.

VILLE-DU-BREIL (LA) OU LE BREIL-D'EN-BAS, vill. cne de Campénéac.

VILLE-DURAND (LA), f. cne de Ménéac. — Seigneurie.

VILLE-DURAND (LA), h. et marais, cne de Nivillac.

VILLE-ÉAN (LA), vill. cne de Lanouée.

VILLE-ÉLOI (LA), h. cne de Saint-Martin.

VILLE-EN-BOIS (LA), éc. cne de Mauron.

VILLE-EN-BOIS (LA), éc. cne de Sarzeau.

VILLE-EN-BOIS (LA), hameau.— Voy. POULFANG.

VILLE-ÉON (LA), vill. cne de Caro. — Seigneurie.

VILLE-ÉON (LA), éc. cne de la Croix-Helléan.

VILLE-ÉON (LA), éc. cne de Guéhenno. — Seigneurie.

VILLE-ÉON (LA), vill. cne de Saint-Brieuc-de-Mauron.

VILLE-ERMA (LA), vill. cne de Carentoir.

VILLE-ERMOINS (LA), h. cne de Saint-Guyomard.

VILLE-ès-ALLAINS (LA), éc. cue de Sérent.

VILLE-ès-ALOS (LA), vill. cne de Mauron.

VILLE-ès-ARIAUX (LA), h. cne de Ménéac.

VILLE-ès-BÂTARDS (LA), vill. cne de Sérent.

VILLE-ès-BOTTÉ (LA), vill. cne de Lanouée. — *Ville-ès-Botes*, xivᵉ siècle (duché de Rohan-Chabot).

Morbihan.

VILLE-ès-BOUVETS (LA), vill. cne de Ménéac.

VILLE-ès-BRAIES (LA), h. cne de Malansac.

VILLE-ès-BRAIES (LA), vill. cne de Sérent.

VILLE-ès-BRUMAUX (LA), éc. cne de Ménéac.

VILLE-ès-CART (LA), fⁱˢ, cne de Caden.

VILLE-ès-CHÂTELAINS (LA), vill. cne de Pleucadeuc.

VILLE-ès-COURANS (LA), village : voy. COURANS (LES). — Seigneurie.

VILLE-ès-DARDS (LA), vill. cue de Guégon.

VILLE-ès-ÉPÉES (LA), h. cne de Ménéac.

VILLE-ès-FEUVES (LA), vill. cue de Ménéac.

VILLE-ès-FIGLINS (LA), vill. cne du Roc-Saint-André.— *Ville-aux-Ficulx-Glains*, 1598 (sénéch. de Ploërmel).

VILLE-ès-GEAIS (LA), h. partie cne d'Augan, partie cue de Porcaro; ruiss. affl. de l'Oyon, qui arrose Porcaro.

VILLE-ès-GUILLOUCHE (LA), éc. cne de Caden.

VILLE-ès-GUILLOUX (LA), vill. cne de Lanouée.

VILLE-ès-HALLOIS (LA), vill. cue de Cruguel.

VILLE-ès-JOURS (LA), éc. cne de Pleugriffet.

VILLE-ès-LOUPS (LA), h. cne de Nivillac.—Seigneurie.

VILLE-ès-MALAIS (LA), vill. cne de Sérent.

VILLE-ès-MELAIS (LA), vill. cne de Mauron.

VILLE-ès-MÉNAGERS (LA), vill. cne de Ménéac. — Seigneurie.

VILLE-ès-MÉTAYERS (LA), h. cne de Cruguel.

VILLE-ès-MÉTAYERS (LA), h. cne de Sérent.

VILLE-ès-MOË (LA), h. cne de Molac.

VILLE-ès-MOINES (LA), vill. cne de Lanouée. — *Ville-ès-Moyennes*, xivᵉ siècle (duché de Rohan-Chabot).

VILLE-ès-MORBUX (LA), vill. cne de Brignac.

VILLE-ès-NÉVOUX (LA), vill. cue de Caden.

VILLE-ès-NOËS (LA), h. cne de Saint-Dolay.

VILLE-ès-PANIERS (LA), h. cue de Ménéac.

VILLE-ès-PELÉS (LA), f. cne d'Augan. — Seigneurie.

VILLE-ès-PICAUD (LA), h. cne de Guégon.

VILLE-ès-RUISSEAUX (LA), vill. cne de Malansac.

VILLE-ès-THÈSES (LA), f. cne de Mauron. — Seigneurie.

VILLE-ès-TURNIAUX (LA), vill. cne de Ménéac.

VILLE-ès-VALETS (LA), vill. cue de Guégon.

VILLE-ès-VIEILLES (LA), h. cne de Cruguel.

VILLE-ÉTIENNE (LA), f. cne de Monteneuf.

VILLE-ÉTONÉ (LA), h. cne de Saint-Guyomard.

VILLE-ÉVEN (LA), h. cne de Guégon.

VILLE-FÉRÉE (LA), h. cne de Campénéac.

VILLE-FÉVRIER (LA), vill. cne de Mauron.

VILLE-FICHET (LA), vill. cne de Sérent.

VILLE-FIEF (LA), h. ruiss. dit aussi *du Trieux*, affl. de celui du Pont-du-Moulin, et min à eau sur ce ruiss. cne d'Augan. — *Villefier*, 1456 (chât. de Beaurepaire). — Seigneurie.

VILLE-FILLEUL (LA), écart. — Voy. CHEZ-FILLEUL.

VILLE-FRABOURG (LA), vill. c^ne de Nivillac.

VILLE-FRÉZOUR (LA), f. c^ue de Locmalo.

VILLE-FRIOUL (LA), f. c^ne de Saint-Marcel. — *Ville-Freour*, 1433 (chât. de Kerfily). — Seigneurie.

VILLE-FROGER (LA), vill. c^ne de Guégon.

VILLE-FROGER (LA), f. c^ne de Mauron.

VILLE-GALLES (LA), vill. c^ne de Sérent.

VILLE-GAREL (LA), vill. c^ne d'Allaire.

VILLE-GAUDIN (LA), éc. et pont sur le ruiss. du Pont-de-la-Villeneuve, c^ne de Missiriac.

VILLE-GAULTIER (LA), vill. c^ne de Ploërmel.

VILLE-GAUTIER (LA), éc. c^ne de Béganne.

VILLE-GAUTIER (LA), vill. c^ne de Lantillac.— Seigneurie.

VILLE-GAUTIER (LA), h. c^ne de Saint-Guyomard.

VILLE-GAZIO (LA), vill. c^ne de Trédion.

VILLE-GEFFRAY (LA), vill. c^ne d'Évriguet.

VILLE-GEFFRAY (LA), h. c^ne de Guégon.

VILLE-GÉHAN (LA), h. c^ne de Saint-Gravé.

VILLE-GENDRON (LA), vill. c^ne de Caden.

VILLE-GÉRARD (LA), vill. c^ne de Néant.

VILLE-GERBE (LA), h. c^ne de Malansac. — *Villa Jarbe*, 1272 (prieuré de la Magdeleine de Malestroit).

VILLE-GERME (LA), h. c^ne de Sérent.

VILLE-GLÉU (LA), h. c^ne de Saint-Brieuc-de-Mauron.

VILLE-GLEU (LA), vill. c^ne de Plumelec.

VILLE-GLEUHIEL (LA), vill. c^ne de Guégon.

VILLE-GLIN (LA), vill. c^ne de Bohal.

VILLE-GODEC (LA), éc. c^ne de Meslan.

VILLE-GODEFROY (LA), éc. c^ne de Guégon.

VILLE-GOËT (LA), éc. c^ne d'Inzinzac.

VILLE-GOURDEN (LA), éc. c^ne de Guéhenno.— *Villa Gorreden*, 1260 (abb. de Lanvaux). — Seigneurie.

VILLE-GOURDEN (LA), vill. partie c^ne de Josselin, partie c^ne de Guégon. — Seigneurie.

VILLE-GOURER (LA), vill. c^ne de Sérent.

VILLE-GOURHAN (LA), h. c^ne de Ménéac.

VILLE-GOURIEL (LA), h. c^ne de Guégon.

VILLE-GOURIO (LA), h. c^ne d'Augan.

VILLE-GOURIO (LA), vill. c^ne de Ploërmel.

VILLE-GOURIO (LA), h. c^ne de Sérent.

VILLE-GOURMIL (LA), f. c^ne de Guillac.

VILLE-GOYAT (LA), vill. c^ne de Taupont.— Seigneurie.

VILLE-GRAYOT (LA), h. c^ne de Pluherlin.

VILLE-GRIGNON (LA), vill. c^ne de Guilliers.

VILLE-GRIGNON (LA), vill. c^ne de Malansac.

VILLE-GRIGNON (LA), vill. c^ne de Nivillac. — Seigneurie.

VILLE-GROS (LA), h. c^ne de Sérent. — Seigneurie.

VILLE-GUÉ (LA HAUTE et LA BASSE), h. c^ne de Lantillac. — Deux seigneuries.

VILLE-GUÉUA (LA), h. c^ne de Lizio.— Seigneurie.

VILLE-GUÉHAY (LA), éc. c^ne de Guégon.

VILLE-GUÉHÈRE (LA), h. c^ne de Malansac.

VILLE-GUÉHO (LA), vill. c^ne de Sérent.

VILLE-GUÉRY (LA), f. c^ne de Saint-Servant. — Seigneurie.

VILLE-GUESGON (LA), vill. et m^in à vent, c^ne de Guilliers.

VILLE-GUESNIAC (LA), h. et bois, c^ne de Mohon.— Seigneurie.

VILLE-GUIGUEN (LA), vill. c^ne de Plumelec.

VILLE-GUILLASSE (LA), h. c^ne des Fougerêts.

VILLE-GUILLAUME (LA), vill. c^ne de Cruguel.

VILLE-GUILLEMOT (LA), h. c^ne de Guégon.

VILLE-GUILLEMOT (LA), h. c^ne de Plumelec.

VILLE-GUIMARD (LA), h. c^ne de Cruguel.

VILLE-GUIMARD (LA), h. c^ne de Pleugriffet.

VILLE-GUINGAMP (LA), h. et m^in à vent, c^ne de Billio.

VILLE-GUIZIO (LA), vill. c^ne de Sérent.

VILLE-GUYMARD (LA), vill. c^ne de Guégon.

VILLE-HAGAND (LA), h. c^ne de Guilliers. — Seigneurie.

VILLE-HALIGANT (LA), vill. c^ne de Saint-Brieuc-de-Mauron.

VILLE-HAMON (LA), vill. c^ne de Ménéac.

VILLE-HANNET (LA), vill. c^ne de Saint-Jacut.

VILLE-HATTE (LA), vill. c^ne de Tréal.

VILLE-HAUDOIN (LA), h. c^ne de Guégon.

VILLE-HÉAR (LA), vill. c^ne d'Évriguet.

VILLE-HEIN (LA), vill. c^ne de Loyat.

VILLE-HEL (LA), vill. c^ne de Beignon.

VILLE-HÉLAN (LA), vill. c^ne de Bréhan-Loudéac.

VILLE-HÉLEC (LA), vill. partie c^ne de Trédion, partie c^ne de Plumelec.

VILLE-HÉLEUC (LA), vill. c^ne de Carentoir.

VILLE-HELLIO (LA), vill. c^ne de Caden.

VILLE-HELLIO (LA), vill. c^ne de Taupont. — Seigneurie.

VILLE-HELLO (LA), h. c^ne de Buléou.

VILLE-HELLO (LA), vill. c^ne de Guillac.

VILLE-HÉMERO (LA), vill. c^ne de Ploërmel.

VILLE-HÉRO (LA), h. c^ne de Guégon.

VILLE-HERVÉ (LA), h. c^ne de Caro.

VILLE-HERVÉ (LA), vill. c^ne de Guilliers.

VILLE-HERVÉ (LA), h. c^ne de Plumelec. — Seigneurie.

VILLE-HERVIEUX (LA), vill. c^ne de Lanouée. — *Ville-Hervé*, XIVe siècle (duché de Rohan-Chabot).

VILLE-HERVIEUX (LA), vill. c^ne de Sérent.

VILLE-HERVIO (LA), vill. c^ne d'Augan.

VILLE-HERVY (LA), vill. c^ne de Ploërmel.

VILLE-HEU (LA), vill. c^ne de Plumelec.

VILLE-HEUZÉ (LA), éc. c^ne de Mauron.

VILLE-HIDON (LA), éc. c^ne de Nivillac.

VILLE-HOGART (LA), h. c^ne de Ruffiac.

VILLE-HOUET (LA), vill. c^ne de Guillac.

Ville-Hourman (La), vill. c^{ne} de Guégon.

Ville-Hoyeux (La), h. et lande dite *Noë de la Ville-Hoyeux*, c^{ne} de Bréhan-Loudéac.

Ville-Hoyeux (La), éc. c^{ne} de Bréhan-Loudéac (dist. du h. précédent). — *Ville-Hoeou*, 1285 (D. Morice, I, 1072).

Ville-Hubeaud (La), vill. c^{ne} de Néant.

Ville-Hue (La), éc. f. dite *Basse-Ville-Hue*, et ruiss. affl. de celui du Pont-de-Bas. c^{ne} de Guer. — Deux seigneuries.

Ville-Hue (La), vill. c^{ne} de Monteneuf.

Ville-Hulin (La), vill. c^{ne} de Guégon.

Ville-Izac (La), h. c^{ne} de Nivillac. — Seigneurie.

Ville-Jacob (La), h. c^{ne} de Nivillac.

Ville-Jacob (La), vill. c^{ne} de Plumelec.

Ville-Jacquet (La), éc. c^{ne} de Saint-Gravé.

Ville-Jagu (La), vill. c^{ne} d'Augan.

Ville-Jagu (La), vill. et pont, c^{ne} d'Helléan.

Ville-Jagu (La), h. c^{ne} de Sérent.

Ville-Jaho (La), éc. c^{ne} de Guégon.

Ville-Jalur (La), vill. c^{ne} de Ménéac.

Ville-Jamin (La), éc. c^{ne} de Guégon. — Seigneurie.

Ville-Jan (La), vill. c^{ne} de Crédin.

Ville-Janvier (La), vill. c^{ne} de Carentoir.

Ville-Janvier (La), chât. éc. et mⁱⁿ à vent, c^{ne} de Cournon. — Seigneurie; manoir.

Ville-Jarvien (La), vill. c^{ne} de la Gacilly.

Ville-Jarno (La), h. c^{ne} de Guillac.

Ville-Jarno (La), vill. c^{ne} de Lanouée.

Ville-Jarno (La), h. c^{ne} de Ploërmel. — Seigneurie.

Ville-Jaudouin (La), vill. et lande, c^{ne} de Mohon.

Ville-Jean (La), h. c^{ne} de Péaule.

Ville-Jeanne (La), vill. c^{ne} de Mohon.

Ville-Jeanne (La), vill. c^{ne} de Tréal.

Ville-Jégu (La), h. c^{ne} de Lantillac.

Ville-Jégu (Pont de la), sur le Lié, reliant Bréhan-Loudéac au dép¹ des Côtes-du-Nord.

Ville-Jéhan (La), f. c^{ne} de Campénéac.

Ville-Jéhan (La), vill. c^{ne} de Lanouée.

Ville-Jéhan (La), vill. c^{ne} de Mauron.

Ville-Jéhan (La), h. c^{ne} de Ménéac.

Ville-Jéhan (La), h. c^{ne} de Monteneuf.

Ville-Jéhan (La), vill. c^{ne} de Saint-Malo-des-Trois-Fontaines.

Ville-Josse (La), vill. c^{ne} de la Chapelle.

Ville-Josselin (La), h. c^{ne} de Lanouée.

Ville-Josselin (La), éc. c^{ne} de Ménéac. — Seigneurie.

Ville-Jossy (La), h. c^{ne} de Nivillac.

Ville-Joubart (La), vill. c^{ne} de Guillac.

Ville-Jouel (La), h. c^{ne} de Guégon.

Ville-Jourdran (La), h. c^{ne} de Saint-Brieuc-de-Mauron.

Ville-Juhel (La), vill. c^{ne} de Mauron.

Ville-Juhel (La), vill. c^{ne} de Taupont.

Ville-Julo (La), f. c^{ne} de Malansac.

Ville-Julo (La), vill. c^{ne} de Pluherlin.

Ville-Launay (La), éc. c^{ne} de Sérent.

Ville-Laurent (La), h. c^{ne} de Camoël.

Ville-Laurent (La), h. c^{ne} de Saint-Dolay.

Ville-Léo (La), vill. c^{ne} de Saint-Servant.

Ville-Loi (La), f. c^{ne} de Bohal.

Ville-Louais (La), vill. c^{ne} de Plumelec.

Ville-Louet (La), h. c^{ne} de Lantillac. — *Ville-Loel*, 1391 (chap. de Vannes). — Seigneurie.

Ville-Lozier (La), f. c^{ne} de Malansac.

Ville-Lubois (La), h. c^{ne} de Nivillac.

Ville-Macé (La), vill. c^{ne} des Fougeréts. — Seigneurie.

Ville-Mahaud (La), éc. c^{ne} de Réganne.

Ville-Mahé (La), vill. c^{ne} d'Allaire.

Ville-Mahé (La), h. et ruiss. affl. de celui du Creux-Chemin, c^{ne} de Malansac.

Ville-Maigre (La), éc. c^{ne} d'Elven.

Ville-Maigre (La), éc. c^{ne} de Theix.

Ville-Maine (La), vill. c^{ne} de Pleucadeuc.

Ville-Mainguy (La), f. c^{ne} de Brignac. — Seigneurie.

Ville-Mainguy (La), h. c^{ne} de la Croix-Helléan.

Ville-Mainguy (La), vill. c^{ne} de Guilliers.

Ville-Mainguy (La), vill. c^{ne} de Lanouée. — *Ville-Menguy*, xive siècle (duché de Rohan-Chabot).

Ville-Mango (La), h. c^{ne} de Saint-Guyomard.

Ville-Marcaro (La), éc. c^{ne} de Lanouée.

Ville-Maret (La), h. c^{ne} de Pleugriffet.

Ville-Marie (La), éc. c^{ne} de Nivillac.

Ville-Marie (La), f. c^{ne} de Rufflac. — Seigneurie.

Ville-Marie (La), h. c^{ne} de Saint-Marcel.

Ville-Marie (La), h. c^{ne} de Sérent.

Ville-Mariée (La), vill. c^{ne} de Carentoir.

Ville-Marion (La), éc. c^{ne} de Riantec.

Ville-Marion (La), éc. c^{ne} de Saint-Jacut.

Ville-Marqué (La), vill. c^{ne} de Monteneuf.

Ville-Marquer (La), h. c^{ne} d'Augan.

Ville-Marquer (La Haute et la Basse), h. c^{ne} de Pleugriffet. — Seigneurie.

Ville-Marquet (La), éc. c^{ne} de Guéhenno.

Ville-Martel (La), vill. c^{ne} de Guéhenno.

Ville-Martel (La), vill. et bois, c^{ne} de Mohon. — Seigneurie.

Ville-Martin (La), h. c^{ne} de Lanouée.

Ville-Martin (La), vill. c^{ne} de Mauron.

Ville-Martin (Pont de la), sur le Fondeliane, c^{ne} de Carentoir.

Ville-Mena (La), h. c^{ne} de Guillac.

Ville-Méno (La), vill. croix et lande dite *Pâture de la Croix-de-la-Ville-Méno*, c^{ne} d'Augan.

VILLE-MÉNO (LA), vill. c^te de Guillac.
VILLE-MENON (LA), éc. c^ne de Péaule.
VILLE-MERHÉAN (LA), vill. c^te de Plumelec.
VILLE-MINIO (LA), h. c^te de Saint-Servant.
VILLE-MOISAN (LA), vill. c^ne de Guéhenno.
VILLE-MOISAN (LA), h. c^ne de Saint-Samson. — Seigneurie.
VILLE-MOISO (LA), h. c^ne de Sérent; pont sur la Claye, reliant Trédion, Saint-Guyomard et Sérent.
VILLE-MOIZAN (LA), vill. c^ne de Crédin.
VILLE-MOIZAN (LA), h. c^ne de la Croix-Helléan. — Seigneurie.
VILLE-MOIZO (LA), éc. c^te de Pleucadeuc. — Seigneurie.
VILLE-MORHAN (LA), vill. c^ne de Campénéac.
VILLE-MORIN (LA), h. et bois, c^te de Monteneuf; pont dit aussi *Taro*, sur le Rahun, reliant Monteneuf et Réminiac. — Seigneurie.
VILLE-MONIO (LA), f. et marais, c^ne de Cruguel.
VILLE-MORO (LA), h. c^ne de Pleugriffet.
VILLE-MONO (LA), vill. c^ne de Saint-Servant.
VILLE-MORVAN (LA), vill. et lande, c^ne de Bréhan-Loudéac. — Seigneurie.
VILLE-MORVAN (LA), h. c^ne de Sérent.
VILLE-MORVANT (LA), vill. c^ne d'Évriguet.
VILLE-MORVANT (LA), vill. c^ne de Nivillac.
VILLE-MOUETTE (LA), éc. c^ne de Pluherlin.
VILLE-MOUSSARD (LA), f. c^ne d'Augan. — Seigneurie.
VILLE-MULO (LA), vill. c^te de Saint-Malo-des-Trois-Fontaines. — *Villa Millo*, 1513 (fabr. de Taupont).
VILLE-NARD (LA), vill. c^ne de Ploërmel. — Établissement de chevaliers de Saint-Jean de Jérusalem : voy. SAINT-JEAN. — Seigneurie.
VILLE-NAYL (LA), vill. c^ne de Quily.
VILLENETTE (LA), éc. c^ne de Plumelec.
VILLENEUVE, h. c^ne d'Allaire.
VILLENEUVE, vill. c^ne de Carentoir.
VILLENEUVE, f. c^ne de Carentoir (dist. du vill. précédent). — Seigneurie.
VILLENEUVE, vill. c^ne de Glénac.
VILLENEUVE, éc. c^ne d'Hennebont. — Seigneurie.
VILLENEUVE, f. c^ne de Naizin.
VILLENEUVE, vill. dit aussi *le Guernehué*, c^ne de Plumergat.
VILLENEUVE, vill. c^ne de Réminiac.
VILLENEUVE, f. c^ne de Rieux. — Seigneurie.
VILLENEUVE ou LA VILLE-NEUVE, village. — Voy. GUERNEUÉ ou GUERNEVÉ (LE).
VILLE-NEUVE (LA), éc. c^ne de Baden.
VILLE-NEUVE (LA), chât. bois et f^es, c^ne de Baud. — Seigneurie; manoir.
VILLE-NEUVE (LA), vill. c^ne de Berné.
VILLE-NEUVE (LA), h. c^ne de Bieuzy.

VILLE-NEUVE (LA), h. c^ne de Brech.
VILLE-NEUVE (LA), h. et bois, c^ne de Brech (dist. du précédent). — Seigneurie.
VILLENEUVE (LA), vill. c^ne de Caden.
VILLE-NEUVE (LA), éc. c^ne de Camors.
VILLE-NEUVE (LA), éc. c^ne de Camors (dist. du précédent).
VILLE-NEUVE (LA), h. c^ne de Caro.
VILLE-NEUVE (LA), h. c^ne de la Chapelle — Seigneurie érigée en comté au xviie siècle.
VILLE-NEUVE (LA), éc. c^ne de la Croix-Helléan.
VILLE-NEUVE (LA), vill. c^ne d'Évriguet.
VILLE-NEUVE (LA), éc. c^ne de Férel.
VILLE-NEUVE (LA), éc. c^ne de Guiscriff.
VILLE-NEUVE (LA), h. et m^in à vent, c^ne d'Hennebont.
VILLE-NEUVE (LA), vill. et salines, c^ne du Hézo.
VILLE-NEUVE (LA), vill. et ruiss. affl. du Kerhonic, c^ne d'Inguiniel.
VILLE-NEUVE (LA), éc. c^ne d'Inzinzac.
VILLENEUVE (LA), éc. c^ne de Josselin.
VILLENEUVE (LA), vill. c^ne de Kerfourn.
VILLE-NEUVE (LA), f. c^ne de Kervignac. — Seigneurie.
VILLE-NEUVE (LA), vill. et ruiss. affl. de la Sarre, c^ne de Langoëlan.
VILLE-NEUVE (LA), h. et m^in à eau sur le Reste, c^ne de Lanvénégen. — Seigneurie; manoir.
VILLE-NEUVE (LA), éc. c^ne de Lignol. — Seigneurie.
VILLE-NEUVE (LA), h. c^ne de Locmalo.
VILLE-NEUVE (LA), vill. partie c^ne de Lorient, partie c^ne de Plœmeur; rue dans la première partie.
VILLENEUVE (LA), f. c^ne de Malansac.
VILLE-NEUVE (LA), éc. c^ne de Malguénac.
VILLENEUVE (LA), vill. pont sur le ruiss. de ce nom, et ruiss. *du Pont-de-la-Villeneuve*, dit aussi *du Faou*, affl. de l'Oust, c^ne de Missiriac.
VILLENEUVE (LA), éc. c^ne de Moréac.
VILLENEUVE (LA), h. et pont sur le Pontuel, c^ne de Moustoirac.
VILLENEUVE (LA), h. c^ne de Péaule.
VILLENEUVE (LA), vill. et m^in à vent, c^ne de Peillac. — Seigneurie.
VILLE-NEUVE (LA), chât. et étang, c^ne de Pleucadeuc; pont *de l'Étang-de-la-Ville-Neuve*, reliant Pleucadeuc et Molac. — Seigneurie; manoir.
VILLE-NEUVE (LA), éc. c^ne de Pleugriffet.
VILLE-NEUVE (LA), h. c^ne de Pleugriffet (dist. du précédent).
VILLE-NEUVE (LA), vill. et ruiss. affl. du Scanff, c^ne de Ploërdut.
VILLE-NEUVE (LA), h. c^ne de Pluméliau.
VILLE-NEUVE (LA), éc. c^ne de Plumelin.
VILLE-NEUVE (LA), éc. c^ne de Pluncret.

Ville-Neuve (La), h. cne de Pluvigner.

Ville-Neuve (La) ou Guernevé, vill. cne de Pontscorff.

Ville-Neuve (La), éc. cne de Radenac. — Seigneurie.

Ville-Neuve (La), vill. cne de Réguiny. — Seigneurie.

Ville-Neuve (La), h. et ruiss. affl. de l'Ével, cne de Remungol.

Ville-Neuve (La), h. cne de Roudouallec.

Villeneuve (La), éc. cne de Saint-Brieuc-de-Mauron.

Villeneuve (La), éc. cne de Saint-Dolay. — Seigneurie.

Ville-Neuve (La), éc. cne de Sainte-Brigitte.

Ville-Neuve (La), vill. cne de Saint-Gildas-de-Rhuis.

Ville-Neuve (La), vill. cne de Saint-Gonnery.

Ville-Neuve (La), h. et écluse sur l'Oust, cne de Saint-Gouvry; ruiss. dit aussi de l'Ancien-Moulin-du-Bruguet et du Pont-du-Gat, affl. de l'Oust, qui arrose Gueltas et Saint-Gouvry.

Villeneuve (La), éc. cne de Saint-Jean-Brévelay.

Ville-Neuve (La), h. cne de Saint-Martin.

Villeneuve (La), vill. cne de Saint-Nicolas-du-Tertre.

Ville-Neuve (La), éc. cne de Saint-Samson.

Ville-Neuve (La), h. cne de Sarzeau. — Seigneurie.

Ville-Neuve (La), h. cne de Silfiac.

Ville-Neuve (La), f. cne de la Trinité-Porhoët.

Ville-Neuve (Le Grand et le Petit), vill. cne de Trédion.

Ville-Neuve-Barrégan (La), vill. cne du Faouët.

Ville-Neuve-Bois-du-Crocq (La), f. cne de Plouay; pont sur le ruisseau de Bois-du-Crocq, reliant Plouay et Inguiniel.

Villeneuve-Clandy, h. cne de Locminé.

Ville-Neuve-Coët-er-Faux (La), éc. et bois, cne de Napoléonville. — Seigneurie; manoir en la paroisse de Neulliac.

Ville-Neuve-Coëtuhan (La), f. cne de Saint-Thuriau.

Ville-Neuve-Colpo (La), h. cne de Bignan.

Ville-Neuve-Conaour (La), h. cne de Gourin.

Ville-Neuve-du-Bois (La), vill. cne de Langonnet.

Ville-Neuve-du-Bourg (La), éc. cne de Bubry.

Ville-Neuve-Ellée (La), vill. cne de Guidel.

Ville-Neuve-Grationnais (La), éc. cne de Bubry. — Seigneurie.

Ville-Neuve-Hilaby (La), h. cne de Plumergat.

Villeneuve-Jacquelot (La), chât. f. dite *Métairie de la Porte de la Villeneuve-Jacquelot*, étang, min à vent et min à eau sur le ruiss. du Pont-Rohellec, cne de Quistinic; bois s'étendant en Quistinic et Bubry. — Seigneurie connue sous le nom de *Villeneuve-Quistinic*; manoir dit *Maner-Jacquelot*, et ruines d'un manoir plus ancien appelé *la Motte-Jacquelot*.

Ville-Neuve-Jamain (La), h. et ruiss. *de la Fontaine-de-la-Ville-Neuve-Jamain*, affl. du Poblaye, cne de Quistinic.

Ville-Neuve-Keravian (La), éc. cne de Moustoirac.

Ville-Neuve-Kerfily (La), h. cne de Languidic.

Ville-Neuve-Kerhorlay (La) ou Guernevé, éc. cne de Guidel.

Ville-Neuve-Kerhuilic (La), h. cne de Baud.

Ville-Neuve-le-Bourg (La), vill. cne de Guidel.

Ville-Neuve-le-Lage (La), f. bois et min à eau sur le ruiss. de Bois-du-Crocq, cne de Plouay; pont sur ce ruiss. reliant Plouay et Inguiniel. — Seigneurie.

Ville-Neuvelin (La), éc. cne de Priziac. — Seigneurie.

Ville-Neuve-Liven (La), h. cne de Languidic.

Ville-Neuve-Locmaria (La), éc. cne de Cléguérec.

Ville-Neuve-Louéac (La), vill. cne de Langonnet.

Ville-Neuve-Pennélen (La), h. cne de Bubry.

Ville-Neuve-Piniou (La), h. cne de Guidel.

Ville-Neuve-Pont-Normand (La), vill. cne de Plumergat.

Ville-Neuve-Pont-Ulaire (La), vill. et pêcherie sur le Scorff, cne de Plouay.

Villeneuve-Porchuec, éc. cne de Noyal-Pontivy.

Ville-Neuve-Postic (La), h. cne de Napoléonville.

Villeneuve-près-le-Seigle, h. cne de Noyal-Pontivy.

Villeneuve-Rio, éc. cne de Languidic.

Ville-Neuve-Runello (La), vill. cne de Plouray.

Ville-Neuve-Saint-André (La), h. et ruiss. affluent du Blavet, cne de Cléguérec.

Ville-Neuve-Saint-Caradec (La), h. cne d'Hennebont.

Ville-Neuve-Saint-Fiacre (La), h. cne de Guidel.

Ville-Neuve-Saint-Maur (La), h. cne de Languidic.

Ville-Neuve-Saint-Noé (La), éc. cne de Plouray. — Seigneurie.

Ville-Neuve-Scourzic (La), h. cne de Baud.

Ville-Neuve-Talcoët (La), vill. cne de Bignan.

Ville-Neuve-Talhouët-er-Lausque (La), éc. cne de Bignan.

Ville-Neuve-Tenuel (La), éc. cne de Guénin.

Ville-Neuve-Tro-Loc (La), h. cne de Guidel.

Ville-Nizan (La), vill. cne d'Évriguet.

Ville-Noël (La), h. cne de Ruffiac. — Seigneurie.

Ville-Oger (La), vill. et min à eau sur le ruiss. de ce nom, cne de Lantillac; ruiss. dit aussi *du Passoué et de Morian*, affl. de l'Oust, qui arrose Radenac, Lantillac, Pleugriffet et Guégon. — Seigneurie.

Ville-Oger (La), vill. cne de Mohon. — Seigneurie.

Ville-Oger (La), h. cne de Sérent. — Seigneurie.

Ville-Oillo (La), vill. cne de Caden.

Villeois (Les), h. cne de Campénéac. — Seigneurie.

Ville-Olivier (La), éc. cne de Guéhenno; min à eau sur le Sédon, cne de Cruguel. — Seigneurie.

Villéon, éc. cne de Meslan.

Ville-Orève (La), éc. cne de Caden.

Ville-Orhan (La), h. cne de Guégon.

Ville-Orhan (La), f. cne de Ploërmel.

Ville-Ortier (La), éc. cne de Saint-Guyomard.

VILLE-OUIE (LA), h. cne de Carentoir.

VILLE-OUIX (LA), h. cne de Guer.

VILLE-OURMAN (LA), éc. cne de Sérent.

VILLE-PAIN (LA), vill. et ruiss. dit aussi *de la Noë*, aff. de l'Oust, cne de Saint-Gonnery. — *Villa Pagani*, 1265 (D. Morice, I, 996). — *Karpaen*, 1270 (duché de Rohan-Chabot). — *Ville-Paen*, 1406 (*ibid.*).

VILLE-PELLERIN (LA), h. cne de Ploërmel.

VILLE-PELOTTE (LA), h. cne de Guégon. — Seigneurie.

VILLE-PÉNOT (LA), vill. cne de Campénéac. — Seign.

VILLE-PÉNOT (LA), vill. et pont sur le canal de Nantes à Brest, cne de Gueltas. — *Villa-Pezrou*, 1270 (duché de Rohan-Chabot).

VILLE-PENHON (LA), h. cne de Plumelec.

VILLE-PENTÉ (LA), h. cne de Nivillac.

VILLE-PIERRE (LA), vill. cne de Guéhenno.

VILLE-PIERRE (LA), h. cne de Sérent. — Seigneurie.

VILLE-PIERRE (LA), h. cne de Trédion.

VILLE-PLANÇON (LA), éc. cne de la Croix-Helléan. — Seigneurie.

VILLE-POTIER (LA), f. cne de Porcaro; lande, cne d'Augan.

VILLE-POTIN (LA), vill. cne de Cruguel.

VILLE-PROSPER (LA), éc. cne de Nivillac.

VILLÉ-PRUDENCE (LA), éc. cne de Saint-Dolay.

VILLE-QUÉLO (LA), h. cne de Sérent. — Seigneurie.

VILLE-QUÉNO (LA), éc. et bois, cne de Carentoir. — Seigneurie; manoir.

VILLE-QUINIO (LA), vill. et pont sur le Petit-Val, cne de Beignon.

VILLE-RAFFRAY (LA), vill. cne de Guégon.

VILLE-RAFRAY (LA), h. cne de la Croix-Helléan.

VILLE-RÉE (LA), éc. cne de Sérent. — *Ville-Raye* (*La*), XVIIᵉ siècle (présid. de Vannes). — Seigneurie.

VILLE-RÉGENT (LA), éc. cne de Tréal. — Seigneurie.

VILLE-RÉHEL (LA), vill. cne de Ploërmel.

VILLE-RENAUD (LA), vill. cne de Campénéac; ruiss. voy. BERNÉAN (RUISSEAU DES BOIS-DE-).

VILLE-RÉZO (LA), vill. cne de Saint-Servant.

VILLE-RIALLAND (LA), h. cne de Nivillac.

VILLE-RIEUX (LA), vill. cne de Pleugriffet.

VILLE-RIO (LA), f. cne d'Augan. — Seigneurie.

VILLE-RIO (LA), h. cne de Guillac.

VILLE-RIO (LA), h. cne de Malansac.

VILLE-RIO (LA), h. cne de Marzan.

VILLE-ROBERT (LA), vill. cne de la Croix-Helléan.

VILLE-ROBERT (LA), h. cne de Guéhenno.

VILLE-ROBERT (LA), h. f. et min à vent, cne de Ruffiac. — Seigneurie.

VILLE-ROSSELIN (LA), éc. cne de la Croix-Helléan.

VILLE-ROUAULT (LA), h. cne de Bréan-Loudéac.

VILLE-ROULAIS (LA), h. cne de Ploërmel.

VILLE-ROUX (LA), vill. cne de Nivillac.

VILLE-ROUXEL (LA), vill. cne de Guilliers.

VILLE-ROYAN (LA), h. cne de Guégon.

VILLE-RUAUD (LA), f. cne d'Augan. — Seigneurie.

VILLE-RUAUD (LA), vill. cne de Guégon.

VILLE-RUAUD (LA), vill. cne de Taupont.

VILLE-RUAULT (LA), vill. cne de Saint-Servant.

VILLE-SALOUX (LA), vill. cne d'Augan.

VILLE-SAMSON (LA), vill. cne de Pleucadeuc.

VILLE-SAMSON (LA), éc. cne de Pleugriffet.

VILLE-SAUVAGE (LA), h. cne de Nivillac.

VILLE-SERAIN (LA), vill. cne de Brignac.

VILLE-SÉVESTRE (LA), h. cne de Mauron.

VILLES-GEFS (LES), f. cne de la Gacilly. — Seigneurie connue sous le nom de *la Ville-Geffre,*

VILLE-SIMON (LA), h. cne de Guer.

VILLE-SOTTE (LA), vill. et ruiss. aff. du Sédon, cne de Guéhenno.

VILLE-STÉPHANT (LA), vill. cne de Lizio.

VILLE-SUET (LA), h. cne de Néant.

VILLE-TAILLOUSE (LA), h. cne de Noyal-Muzillac.

VILLE-TANGUY (LA), vill. partie cne de Caden, partie cne de Malansac.

VILLE-TÉDAIN (LA), vill. cne de Ménéac.

VILLE-THÉAUX (LA), h. cne des Fougeréts.

VILLE-THÉBAUT (LA HAUTE et LA BASSE), vill. cne de Ménéac.

VILLE-TINGUIOT (LA), vill. cne de Sérent.

VILLE-TINGUY (LA), f. cne de Malansac.

VILLE-TRÉMAL (LA), vill. cne de Guilliers.

VILLETTE (LA), vill. cne de Loyat, et rue au bourg.

VILLE-TUAL (LA), f. cne de Ménéac. — Seigneurie.

VILLE-TUAL (LA), vill. cne de Pleugriffet.

VILLE-TUAL (LA), vill. cne de Saint-Brieuc-de-Mauron.

VILLE-URSULE (LA), éc. cne de la Croix-Helléan.

VILLEVAULT (RUE DE), à Lorient. — Voy. TURENNE (RUE).

VILLE-VERTE (LA), vill. cne de Carentoir.

VILLE-VOISIN (LA), h. bois dits *Grand Bois* et *bois de Devant de la Ville-Voisin*; ruiss. dit aussi *du Pâtis-de-Boussac* et *du Pont-de-la-Baronne*, aff. de l'Oyon, et min à eau sur ce ruiss. cne d'Augan. — Seigneurie; manoir.

VILLEZINE (LA), vill. cne de Néant.

VILLIO, vill. cne de Tréal. — Seigneurie.

VILLIO (LA), vill. cne de la Gacilly. — *La Villelio*, 1426 (chât. de Castellan).

VILLON (LA), éc. cne de Bohal.

VILLORION, f. cne de la Gacilly. — Seigneurie.

VILLOT (LE), vill. cne de Ménéac.

VILLOUET (LA), f. cne de la Gacilly. — Seigneurie.

VINCENNES (BOIS DE) et f. *du Bois-de-Vincennes*, cne de Réguiny.

Vincin (Le), éc. f. et bois, cⁿᵉ d'Arradon.

Prieuré du vocable de Notre-Dame; appartient, au xviiiᵉ siècle, au séminaire de Vannes.

Vincin (Ruisseau du), de Lescanen ou du Moustoir, qui arrose Plescop, Plœren, Arradon et enfin Vannes, où il se jette dans la baie du Morbihan, après avoir traversé les étangs du Pont-Ster et du Moulin-de-Campen; pont sur ce ruisseau, reliant Arradon et Vannes.

Vinel, croix, cⁿᵉ de Ploërdut.

Viniec (Le), f. et mⁱⁿ à eau, cⁿᵉ d'Hennebont.

Vininy (Le), h. cⁿᵉ de Surzur; ruiss. affl. du Pembulzo, qui arrose la Trinité-Surzur et Surzur.

Vinouse, f. lande dite *Breuil-de-Vinouse* et ruiss. *de la Fontaine-de-Vinouse*, affluent du Vau-Marqué, cⁿᵉ de Porcaro.

Vinval, vill. cⁿᵉ de Caro.

Visel (Le), h. cⁿᵉ d'Hennebont.

Visit (Le), h. cⁿᵉ de Cléguer.

Visquelène, pont sur le ruiss. de ce nom, et ruiss. *du Pont-de-Visquelène*, affl. de la Sale, cⁿᵉ de Grand-Champ.

Vivier (Maison du), éc. cⁿᵉ de Réguiny.

Vivier-de-l'École (Le), f. cⁿᵉ de Ruffiac; ruiss. affluent du Pont-Grignard, qui arrose Ruffiac et Tréal.

Vivier-Pro (Ruisseau du), cⁿᵉ de Peillac.

Vobulo (Le), ruiss. dit aussi *du Pont-de-Planche*, *du Pont-Poubai* et *des Vieux-Étangs*, affl. de l'Oyon, qui arrose Augan et Porcaro; mⁱⁿ à eau sur ce ruiss. cⁿᵉ d'Augan; lande, cⁿᵉ de Porcaro. — *Vaubulo*, *aliàs Vaubullo*, 1442 (chât. de Beaurepaire).

Vodeste (Le), f. cⁿᵉ de Plouay.

Vogueron (Le), h. cⁿᵉ de Plumelin.

Voisin (Ruisseau de la Noë-). — Voy. Lot (Le).

Voltaire (Rue), à Lorient. — Voy. Molière (Rue).

Voltais (La), chât. f. bois et ruiss. *de la Fontaine-de-la-Voltais*, affl. de l'Oyon, cⁿᵉ de Monteneuf. — Seigneurie; manoir.

Voncel, éc. cⁿᵉ de Baud.

Vondre (Le), vill. cⁿᵉ de Sarzeau.

Voten-Gazec-Mein, ruisseau. — Voy. Saint-Jean.

Vouillen-Vras, ruiss. affl. du Loc, qui arrose Plaudren.

Voûte (La), vill. cⁿᵉ de Férel; quartier de la Roche-Bernard; pont sur le ruiss. de ce nom, reliant ces deux communes; ruiss. dit *Étier-de-la-Voûte* : voy. Rodoir (Le).

Voûte (Rue de la), à la Villeneuve, cⁿᵉ de Lorient.

Vraie-Croix (La), chapelle isolée, cⁿᵉ de Bieuzy.

Vraie-Croix (La), éc. cⁿᵉ de Locminé.

Vraie-Croix (La), chapelle isolée, cⁿᵉ de Riantec.

Vraie-Croix (La), vill. et mⁱⁿ à eau sur le ruiss. de ce nom, dit aussi *du Tostal*, cⁿᵉ de Sulniac; ruiss. dit aussi *du Halinier*, affl. du Saint-Éloi, qui arrose Elven et Sulniac. — *Bourg de l'Hôpital de Sulniac*, 1522 (chât. de Kerfily). — *L'Hôpital*, 1523 (inscr. d'une cloche de l'église paroissiale de la Vraie-Croix).

Trève de la par. de Sulniac; établissement de chevaliers de Saint-Jean de Jérusalem.

Vrai-Secours, chapelle isolée, éc. et mⁱⁿ à eau sur le ruiss. des Trois-Recteurs, cⁿᵉ de Plouay.

Vran (Le), baie de l'île aux Moines, sur le Morbihan.

Vréguelguy, éc. cⁿᵉ de Saint-Jean-Brévelay.

Vreh-Coët, h. cⁿᵉ de Bignan.

Vrignec (Le), étang qui baigne Lauzach et la Trinité-Surzur.

Vrigouet (Le), éc. cⁿᵉ de Plœren.

Vriguen, h. cⁿᵉ de Bieuzy.

Vue-de-Sainte-Anne (La), éc. cⁿᵉ de Plœmel.

W

Willaumez (Rue), au Palais; dite autrefois rue *du Four*.

Y

Yeulais (Les), éc. cⁿᵉ de Rieux.

Yoff, vill. cⁿᵉ d'Ambon.

Yonch, port sur l'Océan, cⁿᵉ du Palais; pont sur le ruiss. de ce nom, reliant le Palais et Locmaria; ruiss. *du Pont-Yorch* : voy. Tibain.

Ysaugouet ou Isaugouet, ruiss. dit aussi *des Communes*, affluent du Doift, qui arrose Concoret et Saint-Léry après un détour dans le dép' d'Ille-et-Vilaine; deux mⁱⁿˢ à eau sur ce ruisseau, dont un dit *moulin Bas-d'Ysaugouet*, cⁿᵉ de Concoret.

Yun-an-Miner, lande, cⁿᵉ de Roudouallec; ruiss. dit aussi *de Keransquer*, *du Moulin-de-Kerlaouen* et *de Pont-eur-Groas*, affluent de l'Inam, qui arrose Roudouallec et Gourin.

Yvel ou Ivel, riv. dite aussi *du Duc* et *de Coleu*, affl. du Ninian ; elle prend sa source dans le dép* des Côtes-du-Nord et arrose, dans celui du Morbihan, Méréac, Brignac, Saint-Brieuc-de-Mauron, Mauron, Néant, Loyat, Ploërmel et Taupont, après avoir traversé l'étang du Duc.

Yvonet, pont sur le Pont-Rouge, c* de Ploërdut.

Yzès, port sur l'Océan, c* de Port-Philippe.

Z

Zance, éc. c* de Caudan.

Zance (Le), éc. c* d'Inzinzac.

Zaoulouvras, h. c* de Langonnet.

Zéneux (Les), vill. c* des Fougerêts.

Zioles (Les), éc. c* de Béganne.

Zonic (Loge), éc. c* de Gourin.

TABLE DES FORMES ANCIENNES.

A

Abbaye-Bourdin (L'). *Abbaye (L')*, en Sérent.

Abbé (L'), nom ancien d'une rue de Vannes située dans le quartier dit Caimont-Haut.

Abeduu ou Beduu, villa, par. de Ruffiac, 830 (cart. de Redon).

Abeilard. *Saint-Gildas-de-Rhuis.*

Accipitris, villa, aux environs de la par. de Locoal, xii° siècle (cart. de Redon).

Acenac. *Assénac.*

Æff. *Aff.*

Aguiniac. *Aguénéac.*

Alair; Aler; Aloir. *Allaire.*

Alancaon. *Bodieuc.*

Algam; Alcam; Aigan. *Augan.*

Alnisia. — Voy. Sales.

Alrae; Alrai; Alraium; Alroy. *Auray.*

Alurit. *Larré.*

An-Maluec. *Valhuec.*

An-Manacdi. *Pont-Manéty.*

Aougst; Aoust; Augusta ripparia. *Oust (L')*, rivière.

Aquitanicus Oceanus. *Gascogne (Golfe de).*

Aradon. *Arradon.*

Ardon in Rowis. *Arzon (en Rhuis).*

Argoët (L'). *Largouet.*

Arhael in Treblharail, villa, par. de Carentoir, ix° siècle (cart. de Redon).

Armoricanus tractus. *Armorique.*

Arnbont, villa, par. de Guébenno, 1263 (abb. de Lanvaux). *Kerbon* (?).

Arre. *Arz (L')*, rivière.

Arsal. *Arzal.*

Art; Ars. *Arz.*

Arwistl, locus, par. de Molac (?), 849 (cart. de Redon).

Atenac. *Tenac.*

Atrum flumen; Atr fluvius. *Arz (L')*, riv.

Auam; Auum flumen. *Oyon (L')*, riv.

Augam. *Augan.*

Aula-Nowid. — Voy. Lisnowid.

Aulnais-Caradreux (Les). *Aulnais (Les).*

Auquefer. *Aucfer.*

Aurai; Aurray; Aurey; Auroy; Aulray. *Auray.*

Auri, villa, par. de Bieuzy, 1125 (cart. de Redon).

Avalac. *Lavallac.*

B

Bacb-Howori, ruiss. sur lequel sont l'écluse de Stumou et le lieu-dit *Loinprostan*, 865 (cart. de Redon).

Bachin, compot, par. de Carentoir, ix° siècle (cart. de Redon).

Bachon, villa, par. de Pleucadeuc, 848 (cart. de Redon).

Badan. *Baden.*

Bagan, villagium, au lieu où fut établie l'abbaye de Prières, par. de Billiers, 1252 (D. Morice, I, 953).

Banenberen. *Manébéren.*

Banigou (Le). *Lanigo.*

Barazoes. *Paradis (Le).*

Bausou (Le). *Bauzo.*

Baut; Bault. *Baud.*

Bavalen. *Bavalan.*

Beata-Maria-de-Monte. *Notre-Dame-du-Mené.*

Beaufort. *Bléfort.*

Beaumont. *Manéguen.*

Beauvoir, établissement de chevaliers de Saint-Jean de Jérusalem, en la par. de Priziac, annexe de celui du Croisty en Saint-Tugdual.

Bedanum. *Beignon.*

Beduu. — Voy. Abeduu.

Beels. *Belz.*

Bejus. *Bégu.*

Bekamne; Begane. *Béganne.*

Beler. *Billiers.*

Bella-Insula. *Belle-Île-en-Mer.*

Belost. *Beloste.*

Bels. *Belz.*

Benedicti villa, aux environs de la par. de Locoal, xii° siècle (cart. de Redon).

Bennans. *Bénance.*

Bentazon. *Béthaon.*

Bernuz. *Bernus.*

Berrené; Berrenné; Berrané. *Berne.*

Berry. *Berric.*

Bethléem. *Béléan.*

Beubri; Beubry. *Bubry.*

Beufort. *Bléfort.*

Beuzi. *Bieuzy.*

Beuzi. *Saint-Bieuzy.*

Bevoy. *Bihoué.*

Bezbot, nemus, par. de Noyal-Pontivy, 1270 (duché de Rohan-Chabot).

Bezver; Béver. *Trinité (La)*, en Langonnet.

Bidainonum. *Beignon.*

Bignen. *Bignan.*

Bihuy. *Saint-Bieuzy.*

Biler. *Bilaire.*

Bilian, villa, par. de Carentoir, 826 (cart. de Redon).

Biliou; Billiou. *Billio.*

Bingnen. *Bignan.*

Bizol. *Biel.*

Bizuy. *Saint-Bieuzy.*

Blavet. *Port-Louis (Le).*

Blavetum flumen; Blaved; Blaguelt; Blavez; Blaouez; Blavoez; Blaoez. *Blavet (Le)*, rivière.

Blayno. *Bléno.*

Blevez. *Blavet.*

Blouez. *Blavet.*

Bluorn (Le). *Blerne (Le).*

Boblay, anc. seign. de la par. de Sulniac. — Botbleiz, 1475 (chât. du Vaudequip).—Bobleiz, 1561 (*ibid.*). —Boblaye et Botblaye, xviiᵉ et xviiiᵉ sˢ (*ibid.*).— Terre anoblie en 1436; manoir, bois.

Bodioc; Bodiec; Bodiuc-de-Sancto-Lemano. *Bodieuc.*

Boduysic. *Boduic.*

Boedec; Boaedec. *Ouadec.*

Boesiust. *Bois-Juste (Le).*

Bogast. *Bogas.*

Bois (Doyenné des), diocèse de Vannes, dit aussi Guémené-des-Bois (corruption de Heboë et de Kemrenetheboë) ou Guidel.

Bois (Moulin des). *Joie (La).*

Bois-du-Lié, seigneurie en la par. de Moréac.

Bois-du-Lou. *Bois-du-Loup (Le).*

Boismouraut. *Bois-Moreau.*

Bojust. *Bojus.*

Bojuste. *Bois-Juste (Le).*

Bolgan. *Balgan.*

Bonester, mⁱⁿ près de Tréhiguier, par. de Pénestin, 1120 (cart. de Redon).

Boni doni conventus. *Bondon (Le)*, couvent.

Bordeloh. *Crafort.*

Borgeel, manerium, 1258 (duché de Rohan-Chabot).

Borthenry. *Bordéry.*

Bortifouen. *Bortifaouen.*

Boscus-Moraudi. *Bois-Moreau.*

Bosseno (Le), lieu-dit près de la font. du Drézen, à Auray.

Bolaiaoc, villa, par. de Ploërmel, 858 (cart. de Redon).

Botamou. *Bodamo.*

Botbenalec. *Bonalo.*

Botcuach, villa, dioc. de Vannes, 852 (cart. de Redon).

Botderv. *Boterff (Le).*

Botdon (Le); Bodon (Le). *Bondon (Le).*

Botdrimon. *Brodimon.*

Boterelli, villa. *Botrel.*

Bot-Euzen-Audu, villa, par. de Bubry, 1282 (abb. de la Joie).

Bot-Fau. *Bot-Faux (Le).*

Botgarth ou Rosgal, villa, sur l'Oust, par. de Pleucadeuc, 825 (cart. de Redon).

Botguasuc. *Rohéan.*

Botguioche. *Botioche.*

Bothencrech. *Kerchœret.*

Bothigar; Botdutgar. *Botucar.*

Bothturbau. *Boterbo.*

Botjudwallon, villa, par. de Carentoir, 864 (cart. de Redon).

Botlouernoc, aliàs Botlowernoc, villa, par. d'Augan, 833 (cart. de Redon).

Botmachlon, locus, par. de Ruffiac (?) 830 (cart. de Redon).

Botombau. *Boterbo.*

Botpleven. *Pelven.*

Botquenguen. *Botquenven.*

Botriwaloc, villa, en Réminiac, par. de Caro, 856 (cart. de Redon).

Botsarphin, 826; Botsorphin, aliàs Botsorpin, 866; villa, par. de Pleucadeuc (cart. de Redon).

Bottcadoan. *Bosquédaouen.*

Botvallon. *Bonvallon.*

Botvrel. *Bodevrel.*

Botwillon, villa, par. de Carentoir, ixᵉ siècle (cart. de Redon).

Bouaissollon. *Bois-Solon (Le).*

Bouen. *Bouen.*

Bouesrie (La). *Boiry (La).*

Bouhal. *Bohal.*

Bouhalgo. *Bohalgo.*

Boutenhay. *Bodnay.*

Bouyer (Le). *Boyer (Le).*

Boyust. *Bois-Juste (Le).*

Boznevel. *Bonovel.*

Bragour. *Bragou.*

Brambilly. *Brambily.*

Branderyon. *Brandérion.*

Brandevi. *Brandivy.*

Branguili. *Branguily.*

Branhuydez. *Berhuider.*

Branlagadec. *Barlagadec.*

Brannadan. *Brénedan.*

Branquasset ou Villa-Freoli, villa, par. de Bourg-Paul-Muzillac (?) 1128 (cart. de Redon).

Brenscean, villa, par. de Carentoir, 814 (cart. de Redon).

Bransean. *Brangouan.*

Brantril (Le). *Brantry.*

Brebaudun. *Bréhondec.*

Brec. *Brech.*

Brecelien. *Bresselien.*

Brécilien, vaste forêt qui couvrait autrefois le centre de la Péninsule bretonne, anc. Brocéliande du moyen âge; mentionnée encore au xviᵉ s.; il n'en reste aujourd'hui que la forêt de Paimpont (Ille-et-Vilaine); Bresrelien, 1145 (D. Morice, I, 5).

Bréderyen. *Brandérion.*

Brehant-Lodoiac; Brébant. *Bréhan-Loudéac.*

Brellevenez; Brélevenez. *Merlévenez.*

Brémagouet. *Bermagouet.*

Brengilli; Breguilli; Brenguili. *Branguily.*

Bren-Hermelin, villa, par. d'Allaire, 888 (cart. de Redon).

Brennuanau, villa, par. de Sérent (?) 1120 (cart. de Redon).

Brenoiou-Rewis. *Bornon (en Rhuis).*

Brensar. *Branzar.*

Brentril. *Brantry.*

Breoc, villa et ruiss. par. de Carentoir, 826 (cart. de Redon).

Breteigne; Bretaigne. *Bretagne.*

Breullevenez. *Merlévenez.*

Briand-Maillard, seign. en Guégon.

Brisiacum. *Priziac.*

Britannia; Britannica provincia; Britannicum regnum. *Armorique. Bretagne.*

Brocéliande. — Voy. Brécilien.

Broërec. *Broguerec; Browerec; Broweroc; Broweroch; Browerech; Broweroec; patria, pagus, provincia Gueroci; Warrochia; Warodia;* du ixᵉ au xiᵉ siècle (cart. de Redon). — *Broarec,* 1272 (duché de Rohan-Chabot). — *Brosrec,* 1340 (inscr. de la chapelle de Locmaria en Plœmel). — — Au viᵉ siècle, le Broërec désigne le Vannetais occidental; au ixᵉ, il comprend aussi le Vannetais oriental, et porte du ixᵉ au xiᵉ siècle le nom de comté de Vannes. — Sénéchaussée : voy. *Vannes.*

Brohoearn. *Brohéac.*

Brohun. *Trédion.*

Brois. *Brousse (La).*

Fougeray; les Foulgerets. *Fougeréts* (*Les*).

Fournam. *Fournan*.

Fresne-Daniel (Le). *Fresne* (*Le*), en Néant.

Frotguivan, aliàs Frotguiwan, pons, par. de Ruffiac, 846 (cart. de Redon).

Frotmer; Froutmer. *Rohan*, ruisseau.

G

Gabre (La), seign. en Saint-Brieuc-de-Mauron.

Gaffre (Le), anc. seign. de la par. de Ploërmel (dist. du Fief-au-Gaffre).

Galfrot. *Galvrout*.

Gallnis. *Galny*.

Gars (Le); le Gare. *Plaisance*.

Gart (Le). *Gouarde* (*Le*).

Garu (Le) ou Garv; le Garff. *Garo* (*Le*).

Garzpenboez. *Caspenboih*.

Gostebouays. *Gadebois*.

Gaudio (monasterium Beatæ-Mariæ de). *Joie* (*La*), abbaye.

Gauffre (Le). *Gâvre*.

Gauoet (Le). *Gahouat* (*Le*).

Gavele. *Camoël*.

Gebreiac, locus, sur les bords de l'Oust, dans le pays de Vannes, 821 (cart. de Redon).

Gelloc, villa, près du ruiss. d'Ewol, par. de Ruffiac, 846 (cart. de Redon).

Giliac; Gilliac; Gillac; Gilac. *Guillac*.

Glac. *Guillac*.

Glennac. *Glénac*.

Gnescan. *Quénécan*.

Goart (Le). *Gouarde* (*Le*).

Goergnan. *Guerignan*.

Goezangavre; Goezanavre; Goezangaffre. *Goës-er-Gave*.

Gorrey; Gorray. *Goray* (*Le*).

Gorwrein. *Gourin*.

Gosceiini (Castellum et castrum). *Josselin*.

Goueliennau. *Crubelz*.

Gouleplouc; Goulplouc. *Gourplé*.

Gournoy. *Guernoy*.

Gourrein. *Gourin*.

Grado (Le); le Grador. *Gras-d'Or* (*Le*).

Grandicampus; Grant-Champ. *Grand-Champ*.

Graneill; Grozaneill. *Granil* (*Le*).

Graton, villa, paroisse de Ruffiac, 846 (cart. de Redon). Peut-être variante de Groco, Grocon.

Grazenpont (Chapelle Notre-Dame-de-), par. de Surzur, 1455 (abb. de Lanvaux). — Seigneurie.

Greellec. *Grellec*.

Greille (La). *Grêle* (*La*).

Grenic. *Grenit*.

Grennec. *St-Laurent* (de Grée-Neuve).

Griffet. *Pleugriffet*.

Grignery. *Gréguinic*.

Groco; Grocon. — Voy. Crocon.

Groë; Groy; Groye; Groys; Groya; Groay. *Groix*.

Groetel. *Groutel*.

Grossa-Quercus. *Gros-Chêne* (*Le*).

Guadel. *Belle-Île-en-Mer*.

Guaeir. *Guern*.

Guarau (Le). *Garo* (*Le*).

Guart (Le). *Gouarde* (*Le*).

Guedel; Guezel. *Belle-Île-en-Mer*.

Gué-de-l'Île (Le), seigneurie dont le siége était en la par. de Naizin, et que l'on appelait vulgairement Gué-de-l'Île-Naizin.

Gué-de-l'Île-la-Rivière. *Gué-de-l'Île* (*Le*).

Guebeno. *Guéhenno*.

Guémené-Theboy. — Voy. Kemenet-Heboë.

Guerbrat. *Kerbras*.

Guercrist. *Kergrist*.

Guerdin. *Crédin*.

Guerguezou; Guernhuezou. *Guervezo* (*Le*).

Guerguy. *Gerguy* (*Le*).

Guern. *Guer*.

Guern (Le). *Guer*, en Plumelec.

Guernalegoet. *Guernalgout*.

Guernanporhel. *Guern-er-Porhiel*.

Guernanvalleyen. *Guernévélien*.

Guernaudren. *Keraudrain*.

Goernenhal. *Guernalh*.

Guernensach. *Guersach*.

Guerngrom. *Guergrom*.

Guernharpin. *Guernarpin*.

Guerniguel; Guernigel. *Garniguel*.

Guernmorin. *Guermorin*.

Guern-Noedel, terre dans la presqu'île de Rhuis(?) 1295 (abb. de Saint-Gildas-de-Rhuis).

Guernou. *Guernehué* (*Le*), en Plumergat.

Guernou. *Guerno* (*Le*).

Guernoudalen. *Guernendalen*.

Guernperennes. *Guerbernéze*.

Guernsalic. *Guersallic*.

Guernuyo. *Guernio*.

Guervasy. *Kervazy*.

Guezgon. *Guégon*.

Guezuen (Le), lieu-dit de la par. de Saint-Gilles-Hennebont, 1484 (abb. de la Joie).

Guibe, écluse aux environs de Moustoirac(?) fin du xiie siècle (abb. de Lanvaux).

Guidul. *Guidel*.

Guileric. *Guelledic*.

Guilledo (Le). *Guéldo* (*Le*).

Guillier. *Guilliers*.

Guillingant. *Guétingam*.

Guinin; Guignin. *Guénin*.

Guiscri; Guiscrist; Guisguri. *Guiscriff*.

Guoscelini (Castrum). *Josselin*.

Gurengoet. *Crangouet*.

Gurbel. *Gourhel*.

Guyaudeye (La). *Guyondaye* (*La*).

Guydel. *Guidel*.

Guylenec (Le). *Guélenec* (*Le*).

Guynin. *Guénin*.

H

Haelrech. *Stanverec*.

Haenbont. *Hennebont*.

Haie-Pargo (La). *Haie* (*La*), en Billio.

Haimbont. *Hennebont*.

Halaer, locus, sur l'Oust, en Broërec, xiie siècle (cart. de Redon).

Hanker (Le). *Hinguair* (*Le*).

Haye-Kerdaniel (La). *Kerdaniel*.

Hédan. *Hazeno*.

Héléan; Helien. *Helléan*.

Heleia; Hélé. *Ellée* (*L'*), rivière.

Hembont. *Hennebont*.

Hemhoir. *Émoi*.

Henbont; Henbon; Henbontus. *Hennebont*.

Hengaer (Le). *Hinguair* (*Le*).

Hengaer (Le). *Hinguer* (*Le*).

Henleis; Henleys. *Henlée*.

Henlis-Aladin, locus, par. de Carentoir, 863 (cart. de Redon).

Henterrann, villa, par. de Caro, 859 (cart. de Redon).

Hentles; Henles. *Henlis*.

Hplos; Herius. *Vilaine* (*La*), rivière.

Hermine (L'), ancien château ducal, à Vannes, bâti par le duc Jean IV à la fin du xive siècle; il était déjà en ruines au xviie siècle, et n'est plus guère rappelé aujourd'hui que par la Tour du Connétable.

Hermitage (L'). *Malpaudrie* (*La*).

Herracum (Castrum et molendinum), sur le bord de la mer, 1205 (abb. de Lanvaux).
Herran. *Errants* (*Les*).
Héso (Le). *Hézo* (*Le*).
Himhoir; Himboir. *Émoi*.
Hoat. *Houat*.
Hôpital de Sulniac (L'). *Vraie-Croix* (*La*).
Houlle (Le), seigneurie unie à celle de la Solle, dans la paroisse de Melrand.
Huelfau. *Helfaut* (*Le*).
Huerniguel. *Garniguel*.
Hult. *Oust* (*L'*), rivière.
Huytaille (Bois de), près de la forêt de Brohun, 1457 (chât. de Kerfily).

I

Idol, flumen; Idola. *Isole* (*L'*), rivière.
Illinerzel. *Limerzel*.
Imhoir; Imwor. *Émoi*.
Insula. *Isle* (*L'*).
Insula-Frigida, villa. *Nilizien* (*Le*).
Isle-de-Guédas (L'). *Isle* (*L'*).
Isleur. *Ilur*.

J

Jagonique, île dans un marais, près de l'embouchure de la rivière d'Étel, vi° siècle (abb. de Sainte-Croix de Quimperlé).
Jargui; Jarguy. *Gerguy* (*Le*).
Jerguy. *Gerguy* (*Le*).
Jestell. *Gestel*.
Jocelini (Castrum); chastel Jocelin. *Josselin*.
Joscelini (Castellum). *Josselin*.

K

Kaer. *Locmariaquer*.
Kaeranhalegen. *Kernaléguen*.
Kaer-an-Mau. *Kermaux*.
Kaerberzec. *Kerverzet*.
Kaer-Bryent. *Kerbrient*.
Kaer-Caradoc, villa, par. de Plouhinec, 1037 (cart. de Redon).
Kaer-en-Baellec. *Kerbelloc*.
Kaer-en-Lan. *Kerlann*.
Kaer-en-Mostoer. *Moustoir* (*Le*), en Plouhinec.
Kaerennyc. *Kervénic*, en Vannes.
Kaer-en-Treth. *Vieux-Passage* (*Le*).

Kaer-Even, villa, par. de Plouhinec, 1037 (cart. de Redon).
Kaerfelganc. *Kerurgant*.
Kaer-Gleubirian, villa, par. de Plouhinec, 1037 (cart. de Redon).
Kaergloaes. *Kerloix*.
Kaergoubal. *Kergoal*.
Kaerguallezre. *Kergollaire*.
Kaerguerne. *Kerverne*, en Riantec.
Kaer-Guiscoiarn, villa, par. de Plouhinec, 1037 (cart. de Redon).
Kaerhuelin. *Kerimelin*.
Kaer-Kerveneac. *Kervéhenec*, en Plouhinec.
Kaer-Killialunan. *Quilihernan*.
Kaer-Livon. *Kerlion*.
Kaer-Mavyc. *Kermavic*.
Kaerpotin. *Kerboten*.
Kaerrigvallen. *Kerivalan*.
Kaer-Rombost. *Kerlebost*.
Kaer-Rozerch. *Keroset*.
Kaervernhezre. *Korverné*, en Lignol.
Kaervinyac. *Kervignac*.
Kairrafreiz. *Kervers*.
Kairvrez. *Kervers*.
Kaistemberth. *Questembert*.
Karantoer; Karantoir. *Carentoir*.
Kareven-Hubert. *Kervin-Hubert*.
Karpaen. *Ville-Pain* (*La*).
Katheneuc. *Cateneuf*.
Kaurel. — Voy. Keuril.
Keberoen; Keperoen. *Quiberon*.
Kelliwenhan, villa, par. de Ruffiac, 839 (cart. de Redon).
Keluaiz. *Quelloué*.
Kemenet-Guégant; Kemenet-Guingant; Kemenet-Guégamp; Kemenet-Guengant; Kemené-Guingant. *Guémené*.
Kemenet-Heboë, 1037 (D. Morice, I, 374); Kemenet-Hebgoen, 1160 (*ibid.* I, 638); Kemené-Theboë, 1265 (*ibid.* I, 996); Kemenetheboy, doy. 1280 (chap. de Vannes); Guémené-Theboy, 1301 (D. Morice, I, 1176); Quemenetheboy, 1370 (*ibid.* I, 1641); Kermenethéboy, 1445 (abb. de la Joie); Quémenétéboy, seigneurie, 1492 (*ibid.*). — Doyenné : voy. Bois (Doyenné des). — Seigneurie : voy. l'Introduction.
Keminet; Kemenet, fief.— Voy. Outre-l'Eau.
Kemorz. *Camors*.
Kenescam; Kenescan; Kenequan; Keneken. *Quénécan*.
Kenhoet; Kenquayt. *Quenhouet* (*Le*).
Kenpeniac; Kempeniac. *Campénéac*.
Keralband. *Saint-Fiacre*, en Pluneret.

Keraiven. *Keralvé*.
Kerampoul. *Kerompoul*.
Keranbaelec. *Kerbellec*.
Keranbeleterian. *Kerbétérien*.
Kerancabelloc. *Kerabeller*.
Kerancarguet. *Kerharguet*.
Kerancrom. *Kerlomhouarne*.
Kerancucuhet; Kerancuquet; Kerancucuet. *Kerycu*.
Kerangleau. *Kerglove*.
Kerangoffic. *Kergouic*.
Keranna. *Sainte-Anne*.
Kerannezne. *Kernen*.
Kerantreiz. *Kerentrech*.
Keraudren. *Keraudrain*.
Kerauguen. *Kerorguen*.
Kerbelz. *Crubelz*.
Kerberont. *Kerberon*.
Kerberre. *Kerbert*.
Kerbervet. *Kerarvet*.
Kerbezron. *Kerberon*.
Kerbocquelion. *Kerboclion*.
Kerbosol. *Kersol*.
Kerbotin. *Kerboten*.
Kerbranken. *Cavrangui*.
Kerbuoret. *Kerburel*.
Kerchruth, lieu-dit, par. de Plœmeur, xii° siècle (abb. de Sainte-Croix de Quimperlé).
Kerconennou. *Kergonano*.
Kerconhouarn. *Kergandehnen*.
Kercucu. *Kerjégu*.
Kercuclen. *Kerguelen*.
Kerdavy-Quintin, seigneurie dont la juridiction s'exerçait à Questembert.
Kerderien, 1412; Kerderyan, 1415; lieu-dit, par. de Riantec (abb. de la Joie).
Kerdezael. *Kerdéhel*.
Kerdiles. *Kerdelise*.
Kerdister. *Guerdiner*.
Kerdrean. *Kerran*.
Kerdréan-des-Bois. *Kerdréan*, en Naizin.
Kerdreverz (ou Kerdrenerz), lieu-dit, par. de Caudan, 1332 (abb. de la Joie).
Kerdudoret. *Keridoret*.
Koredrein. *Keredren*.
Kereliano. *Kerléano*.
Kerenbost. *Kerlebost*.
Kerenhouzar. *Korbouar*.
Kerencuqu. *Kerycu*.
Kerenguel. *Caringué*.
Kerenbeull. *Kerhel*.
Kerenhouant. *Kerhouant*.
Kerenlazre, seigneurie en Baud, 1441 (seigneuries de Baud et Kervono).

Kerenmelenec. *Kervéhennec*, en Languidic.
Kerenpeleterien. *Kerbétérien.*
Kerenroch. *Kerorh.*
Kerercunff. *Kericunff.*
Kererfagon. *Kerfagot.*
Kereuzan. *Kersau.*
Kerevenic. *Kervenic*, en Lignol.
Kereveno. *Kerveno*, en Plumelin.
Kerezo; Keriézo. *Kerzo.*
Kerforn. *Kerfourn.*
Kerfos. *Kerfosse-Saint-Adrien.*
Kerfourcar. *Kerfouquet.*
Kerfraval. *Kerfral.*
Kerfrichon. *Kerfriçon.*
Kergadoué, lieu-dit, par. de Languidic, 1425 (abb. de la Joie).
Kergambre. *Kercambre.*
Kergannec. *Kergarnec.*
Kergariou, lieu-dit, voisin du manoir de Kerhouant, par. de Languidic, 1385, déjà ruiné en 1452 (abb. de la Joie).
Kergars. *Quégars.*
Kergat. *Kerat.*
Kergaznou. *Kerganno.*
Kergleizrec; Kergleizec. *Gliévec (Le).*
Kergleret; Kerglerec. *Clergarel.*
Kergloeguenic. *Kerléguénic.*
Kergoaledre. *Kergollaire.*
Kergoaïlen; Kergoallan. *Kerouallan.*
Kergoarin. *Kerouarin.*
Kergonsearch. *Kerouzern.*
Kergouelen.—Voy. Kerguélen.
Kergoulaval. *Golivard.*
Kergouleden. *Kergoluden.*
Kergoumarch, lieu-dit, par. de Ploemeur, 1609 (abb. de la Joie).
Kergonsal. *Kergoussel.*
Kergouserch. *Kerguserh.*
Kergrohan. *Kergrohenne.*
Kerguégan, 1368; Kervégan, 1448; lieu-dit, aux environs de Sterbouest, par. de Riantec (abb. de la Joie).
Kerguegan-Anmez; Kerguegan-an-Meur. *Kerganemeur.*
Kerguéganic. *Kervéganic.*
Kerguélen; Kergouelen, 1375 (abb. de la Joie). Prieuré de femmes en Saint-Caradec-Hennebont, appelé aussi *Notre-Dame-d'Hennebont.* membre de l'abbaye de Saint-Melaine de Rennes; devenu, au XVIIe siècle, couvent d'Ursulines.
Kerguelbezre. *Kergollaire.*
Kerguen. *Kerven.*
Kerguenic; Kerguennic. *Kervenic*, en Guern.

Kerguenican. *Kervénigant.*
Kerguenmunuc. *Kervéhénec*, en Ploemeur.
Kerguennodic. *Kerguénaudic.*
Kerguenou. *Kervéno*, en Languidic.
Kerguezec. *Kerrouec.*
Kerguézenec. *Kerguéhennec.*
Kerguezenec. *Kervéhennec*, en Kervignac.
Kerguezou. *Kervezo.*
Kerguffyel; Kerguefflou. *Kerguifio.*
Kerguinnas. *Kerignas.*
Kerguodic. *Kerguénaudic.*
Kergustant. *Kergustanc.*
Kerguyserch; Kerguserch. *Kerguserh.*
Kerhaeliou. *Quéhellio-Kergalant.*
Kerhaledrc. *Kergollairo.*
Kerbarnanton. *Harlanton (Le).*
Kerhéré; Kerhervé. *Keréré.*
Kerhezrou; Kerhezou; Kerheizou. *Kerso.*
Kerhuellic. *Kerluilic.*
Keridloen, villa, par. de Ménéac, 1082 (cart. de Redon).
Keriezcant. *Kerican.*
Kerivalast. *Keriolas.*
Kerkernam, villa, par. de Guillac, 1082 (cart. de Redon).
Kerlen. *Kerlin.*
Kerlenbat. *Kerlénat.*
Kerlevezric; Kerguelvezic. *Kerlividic.*
Kerleviou. *Kerlivio.*
Kerliger. *Kerléger.*
Kerlocgouaso. *Kerlocazo.*
Kerloes. *Kerloix.*
Kerlobo. *Kerléhau.*
Kerlois, ancien prieuré-chapellenie de l'île d'Arz.
Kerlouénan. *Kerlevenan.*
Kermabgueganou. *Kermapucano.*
Kermabon. *Kermabo.*
Kermabousset. *Kermapousserh.*
Kermaenec. *Crémenec.*
Kermaes. *Carmès.*
Kermaes. *Kermestro.*
Kermapenhars. *Kermabenarze.*
Kermarchic. *Kermarhic.*
Kermaréchal. *Kermarchal.*
Kermarbyou. *Kermario.*
Kermauguen. *Kerfraval.*
Kermaupezron. *Kermaprizo.*
Kermené-Guingamp. *Guémené.*
Kermenethéboy. — Voy. Kemenet-Heboë.
Kermeryan. *Kermérien.*
Kermeur. *Guerveur.*
Kermorz. *Camors.*
Kermorzuel. *Kermorduel.*

Kernec. *Kerarnay.*
Kernézan. *Sainte-Barbe*, en Plouharnel.
Kerorguen. *Kerguen.*
Kerorsol. *Kersol.*
Kerouguen. *Kerguen.*
Kerouhaot. *Kerhouant.*
Kerousseau. *Kerusseau.*
Kerousten. *Kerusten.*
Kerouzard. *Kerzarde.*
Kerpezron. *Kerberon.*
Kerpirhuiry. *Beauregard*, en Saint-Avé.
Kerran-le-Maux. *Kerran*, en Locmariaquer.
Kerrecort. *Kerrecorde.*
Kerredou. *Kerdo.*
Kerreth. *Keret.*
Kerriel. *Guiriel (Le).*
Kerrigualon. *Kergalant.*
Kerriguen. *Keriven.*
Kerriou-an-Hay. *Kerio.*
Kerriven. *Keriven.*
Kerronnau. *Kerno.*
Kerronner. *Korentrech.*
Kerrouallan. *Kerallan.*
Kerrouzault. *Kerauds.*
Kerrualen. *Kerivalan.*
Kerruez. *Kerhué.*
Kersacbin; Kersacin. *Kersassin.*
Kerscouble. *Kerscoup.*
Kerserchou; Kerserhou. *Kerzcho.*
Kerserffan. *Kerservant.*
Kerual. *Keroual*, en Priziac.
Kervasal. *Kervassal.*
Kervazouen. *Kervasoën.*
Kerveniac. *Kervignac.*
Kervercol. *Kersol.*
Kervergnezre. *Kerverné*, en Lignol.
Kervoier. *Kervoyer.*
Keryaban. *Kerjean.*
Keryaval. *Kerfraval.*
Kerzuell. *Kerduel.*
Keuril, 814; Keurillam, 843; Kaurel, 844; ruiss. dans la par. de Carentoir (cart. de Redon).
Kiberon. *Quiberon.*
Kistinic-Blaguelt. *Quistinic*, sur le Blavet.
Krac. *Carac.*
Kreugel. *Criguel.*
Kuenesquan. *Quénecan.*

L

Laidanic. *Lesdanic.*
Lainkelkel, villa, in Trefhidic, par. de Béganne, 1066 (cart. de Redon).

Locoal-Hennebont. *Locoal. Sainte-Hélène.*

Locpezran. *Port-Louis (Le).*

Locqueltas-Rhuis. *Saint-Gildas-de-Rhuis.*

Locquemeren-en-Prat. *Locmeren-des-Prés.*

Loctudguenne. *Loctuen.*

Locuan. *Locuon.*

Locus-Christi. *Lochrist.*

Locus-Gildasii. *Saint-Gildas ou Locqueltas.*

Locus-Monachorum. *Locminé.*

Locus Sancti-Guituali. *Locoal.*

Locus Sancti Maclovii. *Locmalo,* commune.

Lodor. *Lesdours.*

Loeat. *Loyat.*

Loencetenoch, villa, par. de Ruffiac, 867 (cart. de Redon). Peut-être faut-il lire dans le manuscrit *Loen* (Loin) *et Gnoch,* ces deux mots étant précisément fournis par le cartulaire à la même date et dans la même paroisse.

Loeniou, locus, sur les bords de l'Oust, près de Gebreiac, dans le pays vannetais, 821 (cart. de Redon).

Loeon. *Loyon.*

Logarel. *Logorenne.*

Loglenec. — Voy. *Langlenec.*

Loguellou. *Noguello.*

Loiet. *Loyat.*

Loin, villa, par. de Ruffiac, 867 (cart. de Redon).

Loinprostan, locus, par. de Peillac, 865 (cart. de Redon). —Voy. Baeb-Howori.

Lomenech. *Locminé.*

Lopéran. *Port-Louis (Le).*

Lotavy. *Ty-Lotavy.*

Lotivy, prieuré, aujourd'hui détruit, du vocable de Notre-Dame, en la paroisse de Quiberon, membre de l'abbaye de Sainte-Croix de Quimperlé. — *Locdeugui,* xi° siècle (abb. de Sainte-Croix de Quimperlé).

Lotivy. *Sainte-Avoie.*

Lotudy. *Saint-Tudy.*

Louayson, moulin à eau sur le Condat, 1533 (chât. du Brossais).

Louc. *Lorq (Le).*

Louch (Le). *Loch (Le).*

Loueat; Louyeat. *Loyat.*

Louénan. — Voy. Penlan-Louénan.

Louffeault, bois, près de la forêt de Brobun, 1457 (chât. de Kerfily).

Loutinoc; Loudinoc. *Lodineux.*

Morbihan.

Luert. *Keranézo. Kergal.*

Luhanven; Luhanguen. *Lohanven.*

Luhguiwan, locus, par. de Ruffiac, 846 (cart. de Redon).

Luzré. *Ludré.*

Lymelan. *Limouelan.*

M

Macoer-Aurilian, villa. *Mangolérian.*

Maelgannac. *Malguénac.*

Maerdi. *Merdy (Le).*

Magdeleine (La) de la Montjoie. *Magdeleine (La),* en Malansac.

Magoacrou (Le). *Magoro.*

Mainegnevre. *Main-Lièe.*

Maison-Verte (La). *Ty-Glas.*

Maladerie (La) de Vennes. *Magdeleine (La),* en Vannes.

Malades (Vallon et rue des), au bourg du Palais, xvii° s° (sénéch. de Belle-Île-en-Mer). Peut-être est-ce la rue actuelle de l'Hôpital.

Malanzac. *Malansac.*

Malastret. *Malastrait.*

Malastritum. *Malestroit.*

Malenzac; Malenzahc; Malenchac; Malenczac. *Malansac.*

Malestrictum; Malestret. *Malestroit.*

Malestroit-en-Quidice, anc. seign. «au terrouer de Muzillac», 1559 (abb. de Saint-Gildas-de-Rhuis).

Malgenac. *Malguénac.*

Mallechac. *Malansac.*

Malvegin; Malveisin. *Malvoisin.*

Manachty (Le). *Ménaty.*

Manaoures-Cozic. *Ménoray.*

Maner-Jacquelot. *Villeneuve-Jacquelot (La).*

Manez-an-Maer. *Manermair.*

Marc-Aurélien. *Mangolérian.*

Marczat. *Marsac.*

Marsin; Marsen. *Marzan.*

Mauhuson. *Maubuisson.*

Maugremien. *Mongrenier.*

Mauronium. *Mauron.*

Mebon. *Mohon.*

Melgennac; Melguegnac; Melguengnac. *Malguénac.*

Mellac. *Meulac (Le).*

Mellionuc. *Er-Vélionec.*

Melran; Melrant. *Melrand.*

Menaores. *Ménoray.*

Menczamael. *Manermaire.*

Menezanbec; Menczorbec. *Manerbec.*

Menezcan, lieu-dit, près de Bodamo, par. de Plumergat, 1403 (cornies de Sainte-Anne).

Menezdilez. *Mendilis.*

Menez-Madezou; Menez-Madezoy. *Menémadé.*

Menez-Tirec. *Mané-Tiret.*

Mengueffnet. *Min-Guionet.*

Meoulguenac. *Malguénac.*

Mer (Moulins de la). *Joie (La).*

Mercier (Porte au), nom ancien d'une des portes de Malestroit, xvi° siècle (arch. comm. de Malestroit).

Mériadec-Coëtsal. *Mériadec.*

Morlerant. *Melrand.*

Mesuillac; Mezillac. *Muzillac.*

Metlan. *Meslan.*

Meurlevenez. *Merlévenez.*

Mezlan. *Meslan.*

Mezrezel. *Mérézelle.*

Miceriac. *Missiriac.*

Milarou (Le). *Milliaro.*

Miledec (Le); Milhedec (Le). *Milladec (Le).*

Miliziac. *Saint-Vincent,* en Persquen.

Milleron, anc. trève de la par. de Moréac, dont on retrouve le nom dans ceux de Keraudraio-Millero et de Talvern-Millero, c°° de Moréac. — Seigneurie.

Miniac; Miniacum; Miniachum. *Ménéac.*

Minihi. *Ménéhy.*

Minihi-Raunor, in villâ Accipitris, aux environs de Locoal, xii° siècle (cart. de Redon).

Misseriac; Miseriac. *Missiriac.*

Mochon. *Mohon.*

Mohum. *Mohon.*

Moine (Bourg au), nom donné à une partie du faubourg de la Magdeleine de Malestroit, 1515 (arch. comm. de Malestroit).

Moines (Rue ou bourg des), à Pluvigner, xv° siècle (abb. de Lanvaux).

Mollach; Mollac. *Molac.*

Monachorum villa, apud Quoëtforestou, par. de Baud, 1259 (abb. de Lanvaux).

Moncon. *Meucon.*

Mongée (La). *Magdeleine (La),* en Malansac.

Monhon. *Mohon.*

Monnoierie (La). *Monnaie (La).*

Mons-en-Cron (aliàs Crom). *Kerlouhouarne.*

Monserrec. *Montsarac.*

Monsterblanc; Moustoerblanc. *Monterblanc.*

Monster-en-Coët, in Trescoët. *Moustoir-Houet.*

Monster-en-Radenec. *Moustoirac.*

Monster-Guezenou; Monster-Guéhenou; Monster-Gueheneuc; Moustoir-Guéhenno. *Guéhenno.*

Monster-Landesquient. *Moustoir (Le),* en Ploubinec.

Montagne (La). *Palais (Le).*

Montcozort; Montcouzort. *Monconard.*

Monterrin. *Monterrein.*

Montertelo. *Montertelot.*

Montgonne; Montcon. *Meucon.*

Monti-Guéhenno (Le). *Mont (Le),* en Guéhenno.

Montjoie (La). *Magdelaine (La),* en Malansac.

Montserre. *Montsarac.*

Moquepàys. *Mocpaye.*

Morandais (La). *Marendais (La).*

Morbihan. *Port-Navalo.*

Moréac-Bois-du-Lié. *Moréac.*

Moréac-Molac. *Moréac.*

Morclaye (Lu). *Morlais (La).*

Moreyac; Moreiac. *Moréac.*

Morfoas; Morfouace. *Morfouesse.*

Moriacum. *Moréac.*

Mostoer (Le). *Listoir.*

Motte (La). *Noyal-Pontivy.*

Motte (La), ancien château ducal, à Vannes; devint manoir épiscopal au xv° siècle, lorsque Jean V se fixa au château de l'Hermine; il fut reconstruit au xvii° siècle sur le même emplacement et est devenu plus tard la Préfecture (récemment démolie). C'est dans ce château que les États de 1532 votèrent la réunion de la Bretagne à la France.

Motte-Jacquelot (La). *Villeneuve-Jacquelot (Lu).*

Mouhon. *Mohon.*

Moulin-Boissel (Le), seigneurie. *Boissel.*

Moullac; Moulac. *Molac.*

Moustaer-Rivallen. *Moustoir-Rialan.*

Moustaer-Ryaval. *Moustoir (Le),* en Malguénac.

Mousterloho. *Moustoir-Lorho.*

Mouster-Radennac; Moustoer-Radunac; Moustoir-Radenac. *Moustoirac.*

Mouestr-Sainct-Alban. *Moustoir (Le),* en Elven.

Moustoer-an-Grill. *Moustoir (Le),* en Plouhinec.

Moustoer-Bahae. *Moustoir-Babu (Le).*

Moustoir (Le). *Théhillac.*

Moustoir-Locminé. *Moustoirac.*

Mullacum; Mulacum; Mullac. *Molac.*

Mustoir, villa in Halaer, en Broërec, xii° siècle (cart. de Redon).

Musuliacum; Musullac; Musilac; Musuillac; Museillac. *Muzillac.*

Mutsin, 834; Muzin, 866; écluse sur l'Oust, en amont du confluent de l'Arz, paroisse de Peillac(?) (cart. de Redon).

N

Nanton, locus, paroisse d'Augan, 866 (cart. de Redon).

Naustenc. *Nostang.*

Neeroidic. *Nerhouet.*

Neidin; Neizin; Neyzin. *Naizin.*

Nenian. *Ninian (Le).*

Neuilliac; Neuiliac. *Neulliac.*

Neveliac; Nevilliac; Nevylinc. *Neulliac.*

Nevezic. *Névéit (Le).*

Neyebran. *Névran.*

Niviliac; Nivilliac. *Nivillac.*

Noal; Noyal; Noeal; Noual; Noial; Noyeal; Noyal-Pontivi. *Noyal-Pontivy.*

Nocalo. *Noyalo.*

Noë-de-Spissac (La). *Lasné.*

Noial; Noyal prope Musuillac. *Noyal-Muzillac.*

Normanni mons, apud villam de Bransean, par. de Kervignac, 1279 (abb. de la Joie).

Nostre-Dame-Sainct-Eve. *Saint-Avé.*

Notre-Dame-d'Hennebont.—Voy. Kerguélen.

Notre-Dame-du-Roncier. *Notre-Dame,* à Josselin.

Novus-Burgensis, métairie aux environs de Malestroit, xii° siècle (prieuré de la Magdeleine de Malestroit).

Noyalguen. *Sainte-Noyale.*

Nuial. *Noyal-Muzillac.*

Nnial. *Noyal-Pontivy.*

Nuilac. *Nivillac.*

Nuiliac. *Neulliac.*

O

Oeon; Oucon; Oyeon. *Oyon (L').*

Oia, flumen. *Houé (Le),* ruisseau.

Orient (L'). *Lorient.*

Ost; Out. *Oust (L').*

Ουενετοί. *Vannes.*

Outre-l'Eau. *Tréleau.*

Outre-l'Eau (Bailliage d'), nom donné à la partie du comté de Porhoët située sur la rive droite de l'Oust, dans le diocèse de Vannes; elle était aussi appelée Fief de Kemenet ou Porhoët-en-Vannes.

P

Pacondolaye (La). *Pagdolays (La).*

Pagus, patria, provincia Gueroci.—Voy. Broërec.

Pagus trans silvam.—Voy. Porhoët.

Pagus Trocoët.—Voy. Porhoët.

Pallay, moulin en la paroisse de Melrand, 1296 (duché de Rohan-Chabot).

Pallay; Pallais (Le). *Palais (Le).*

Pandonnet, nom accolé à celui de Loyat au xvi° et au xvii° siècle: «Terre et vicomté de Loyat et Pandonnet», 1676 (chât. de Loyat). Il semble devoir être attribué particulièrement au château de cette seigneurie.

Paradis (Fontaine, croix et place de la Croix de), à Hennebont, au bout de la rue Neuve, où l'on bâtissait alors la chapelle Notre-Dame-de-Paradis, aujourd'hui église paroissiale d'Hennebont, 1524 (abb. de la Joie).

Parc (Moulin du). *Joie (La).*

Parciacum. *Priziac,* en Molac.

Parlafan. *Parlavant.*

Parrochia Sancti-Pauli-de-Musuillac. *Bourg-Paul-Muzillac.*

Passage de Questeneen (Le); passage de Questenen, en la frairie de Saint-Armel. *Passage (Le).*

Passouer. *Passoué (Le),* en Augan.

Peilac. *Peillac.*

Pelan; Pelian; Pellien. *Pliant.*

Pemur. *Penmeur.*

Penbezu, lieu-dit dans la paroisse de Noyal-Pontivy, 1267 (duché de Rohan-Chabot).

Ponbocze. *Pen-Bosse (Le).*

Penengouern. *Penhuern.*

Penenploe; Peu-er-Bloué. *Sainte-Barbe,* en Plouharnel.

Penet. *Pénel.*

Pengalfrot, lieu-dit, auprès de Galvrout, paroisse de Remungol, 1273 (duché de Rohan-Chabot).

Penguern. *Penvern.*

Penguilli. *Pinguily.*

Penhair (Le). *Panner.*

Penhern.—Voy. Pouhern.

Penkaer-Lesquoet. *Penher-Losquet.*

Penlan-Louénan, lieu-dit, et lande

Louénan, paroisse de Plumergat, 1427 (carmes de Sainte-Anne).

Penmur. *Penmeur.*

Pennauter. *Penautais.*

Penpont-Cadu. *Saint-Cado,* en Belz.

Penpoulqueau. *Penpoulquio.*

Pentrifos. *Pentrifonse.*

Periou, villa, paroisse de Crach, 1233 (abb. de Lanvaux).

Perseuel. *Perseuel.*

Peruet. *Perue.*

Perzquen. *Persqsen.*

Pibidan. — Voy. Sanctus-Germanus.

Pihiriac. *Piriac.*

Pirit. *Piry.*

Piroit. *Perue.*

Piry-Ezel. *Piry-Cézel.*

Piscatura. *Enoi.*

Placecazre. *Plascaer* (*Le*).

Plaremel. *Ploermel.*

Plasquer, anc. seigneurie en la par. de Crach, dont le manoir devait avoisiner la chapelle Notre-Dame-de-Plasquer.

Plaule. *Péaule.*

Pleaule; Plœaule. *Péaule.*

Plebs Arthmael; Plermel. *Ploërmel.*

Plebs Cadoc; plebs Catoc. *Pleucadeuc.*

Plebs Huiernim; plebs Huernim; plebs Hoiernin. *Pluherlin.*

Plebs Ithinuc. *Plouhinec.*

Plebs Venenca. *Kervignac.*

Plec. *Plech* (*Le*).

Pleguinner. *Pluvigner.*

Plemeliau. *Pluméliau.*

Pleouc; Pleouc Griffet. *Pleugriffet.*

Plessis-Briend (Le). *Plessis* (*Le*), en Saint-Caradec-Trégomel.

Plessis-Geoffroy (Le). *Plessis* (*Le*), en Guégon.

Plessis-Josso (Le). *Plessis* (*Le*), en Theix.

Plessis-Monteville (Le). *Plessis* (*Le*), en Guégon.

Plessis-Poulbazre (Le). *Plessis* (*Le*), en Saint-Caradec-Trégomel.

Plessis-Riou (Le). *Plessis* (*Le*), en Caudan.

Plessis-Rosmadec (Le). *Plessis* (*Le*), en Theix.

Plessix-Renac (Le). *Plessix* (*Le*), en Rieux.

Pleumour. *Plœmeur.*

Pleuvinguer. *Pluvigner.*

Ploasmel; Ploarmel. *Ploërmel.*

Plœaudran. *Plaudren.*

Plœgomelen. *Plougoumelen.*

Plœherlin. *Pluherlin.*

Plœmelen. *Plumelin.*

Plœmer. *Plœmeur.*

Plœnerec. *Pluneret.*

Ploerlin. *Pluherlin.*

Ploermail; Ploermeloys. *Ploërmel.*

Plœrren; Plœueren. *Plaren.*

Plœscob; Plœascob. *Plescop.*

.Ploesdiagon. *Pistiagon.*

Plœymer. *Plœmel.*

Ploezinec; Ploeyzineuc. *Plouhinec.*

Ploezoe; Plozoe; Plouzay. *Plouay.*

Ploiarmel; Ploismel; Ploynarzmail. *Ploërmel.*

Ploiarnel; Ploeznael. *Plouharnel.*

Ploicaduc; Ploigodec. *Pleucadeuc.*

Ploiec; Ployeucgriffet. *Pleugriffet.*

Ploihinoc. *Plouhinec.*

Ploimargat. *Plumergat.*

Ploiredut; Plœretut. *Ploerdut.*

Plooc. *Pleugriffet.*

Plormer; Plormel. *Ploërmel.*

Plouearthmaël. *Ploërmel.*

Plucgaduc in Keminct, villa. 1082 (cart. de Redon).

Pluemur. *Plœmeur.*

Pluiucatoch. *Pleucadeuc.*

Plumellian. *Pluméliau.*

Publeiz. *Poublay.*

Podrohoit. — Voy. Porhoët.

Poliac; Poilac. *Peillac.*

Pomelleuc; Pommelleuc. *Pommeleuc.*

Pomena. *Pommenard.*

Ponbels; Ponbelz. *Belz.*

Punctevy. *Pontivy.*

Pouscorf; Pons-Scorvi. *Pontscorff.*

Pont-an-Empalazre. *Pont-Emplar.*

Pontbleiz; Pontblaiz. *Poublay.*

Pont-Campen. *Campen.*

Pontchaellec. *Pontcallec.*

Pontenet. *Pont-Annet* (*Le*).

Pontguellec. *Pontcallec.*

Pontivi; Pontiveium. *Pontivy.*

Pontkellec. *Pontcallec.*

Pontmelleuc. *Pommeleuc.*

Pont-Noyallo (Le). *Noyalo.*

Pont-Péan (Le). *Payen* (*Le Pont-*).

Pontquellec. *Pontcallec.*

Porhoët, archidiaconé (dioc. de Saint-Malo); doyenné (dioc. de Vannes); comté et chef-lieu de ce comté : voy. *Josselin.* — Pagus trans silvam vel Poutrecoët, 833 (cart. de Redon); Pagus Trocoët, 834 (*ibid.*); Poutrocoët, 859 (*ibid.*); Potrocoët, 863 (*ibid.*); Porrehoit, doyenné, 1130 (prieuré de Saint-Martin de Josselin); Podrohoit, xii° siècle (*ibid.*); Porehet, castrum, videlicet Joscelini, xii° siècle (*ibid.*); Poreeth, castrum, xii° siècle (*ibid.*); Porrehodium, castrum, xii° siècle (*ibid.*): Porzenquoet, 1254 (D. Morice, 1, 956); Porhoet, 1258 (abb. de Lanvaux); Porcoel, aliàs Porenquoet, 1291 (D. Morice, I, 1097); Pourhouet, 1294 (D. Morice, I, 1113); Porhoit, 1312 (duché de Rohan-Chabot).—Voy. l'Introduction, organisation ecclésiastique et organisation féodale. — Maîtrise particulière des eaux, bois et forêts, à Josselin.

Porlosquat. *Porch-Loscant.*

Porozat. *Saint-Armel.*

Porquennec. *Porchuec.*

Porrehoit; Porebet; Poreeth; Porrehodium; Porzenquoet: Porcoet; Porenquoet; Porhoit. — Voy. Porhoët.

Portangoaraguer. *Borgrouaguer.*

Porte-Saint-Aubin (La). *Saint-Aubin.*

Port-Liberté. *Port-Louis* (*Le*).

Portzbriendo. *Propriando.*

Portzengalaix, lieu-dit, et fontaine, près de l'abbaye de la Joie, paroisse de Saint-Gilles-Hennebont, 1443 (abb. de la Joie).

Porzanguern. *Polvern.*

Porz-Bouen; Portzbozguen, 1445 (arch. de la seign. de Kergus, chez M. Stenfort, à Gourin); Porzbozen, 1490 (*ibid.*); Porzbozven, 1521 (*ibid.*); seigneurie confondue auj. avec celle de Kergus qu'elle touche, en Gourin.

Porzdinam. *Pordinan.*

Porzelan. *Port-Hallan.*

Porzo (Le). *Porho.*

Porzpis. *Pornic.*

Potiers (Chemin des), aux environs de Caro et de Missiriac, 1438 (chât. de Kerfily); sans doute le même que le Chemin Cosal ou la Chaussée Ahès. — Voy. ces deux mots.

Potrocoët. — Voy. Porhoët.

Poubels. *Belz.*

Poubleiz. *Poublay.*

Pouhern, 1417; Poulhern, 1470; Penhern, 1498; lieu-dit, entre Kerzého et Lambézégan, par. de Languidic (abb. de la Joie): n'existe plus.

Poulanbriz. *Poulbrient.*

Poulbadel. *Poulboudel.*

Poul-er-Prat, font. près d'Auray.

Poulfildan. *Poulvidan.*

Poulhaelec, lieu-dit, paroisse de Saint-Gilles-Hennebont, 1398 (abb. de la Joie).

Pouliziguyn. *Poulhériguen.*
Poulmabon. *Pourmabon.*
Poulmarch. *Poulmach.*
Poulmarchguezen. *Poulmarzéven.*
Pouloho; Poulbohou. *Poulho.*
Pourhouet. — Voy. Porhoët.
Poutrecoët; Poutrocoët.—Voy. Porhoët.
Pranderyon. *Brandérion.*
Precibus (Abbatia de). *Prières* (abb. do).
Prédiryon; Prenderion. *Brandérion.*
Pré-Lideic. *Pralidec.*
Priel, villa, paroisse de Marzan, 895 (cart. de Redon).
Prisiac; Prissiac. *Priziac.*
Prosat; Provosat. *Saint-Armel.*
Puliac. *Peillac.*
Pullgouidnet, locus, par. de Rufflac, 846 (cart. de Redon).
Pullupin, fons, paroisse de Guer, 839 (cart. de Redon).
Pulunyan. *Plunian.*

Q

Quampénéac. *Campénéac.*
Quanquiseren. *Canquiserne.*
Quarual. *Keroual,* en Lanouée.
Quasgurq (Eleemosina de), in Kemenet-Guegant, 1160 (D. Morice, I, 638). *Cléguérec* (?).
Quatre-Évangélistes (Les), prieuré, en Pleucadeuc. *Saint-Marc.*
Quehuac. *Quihiar.*
Quellenec (Le). *Guélenec* (Le).
Quelligan; Quélingamp. *Guélingam.*
Quelvinec. *Quelvignac.*
Quelvoez. *Quelloué.*
Quemenet-Guégant. *Guémené.*
Quemenetheboy; Quémenétéboy. — Voy. Kamenet-Heboö.
Quenebeusan; Quenechpeusan. *Quénépozan.*
Quenecham; Quenesquau. *Quénécan.*
Quenechbili. *Quinipily.*
Quenechgolohet. *Quénécolet.*
Quenec-Ysac, 1316 (duché de Rohan-Chabot).
Quenengrouach. *Guernogroach.*
Quenepevan. *Quénépeuvant.*
Quenupily. *Quinipily.*
Quengabel. *Kercabel.*
Quenquis-Brient. *Canquisquélen.*
Quenquiseren, aliàs = Quenquiseran. *Canquiseren* (Le).
Quenquisellen. *Canquiserne.*
Quenquis-Gourhexre. *Canquisouré.*

Quenquis-Monguy; Quenquis-Audren. *Quinquis,* en Priziac.
Queran. *Quérant.*
Querboulard. *Guerneboulard.*
Querdin; Querzin. *Crédin.*
Querglei, villa, par. de Bourg-Paul-Muzillac (?) 1123 (cart. de Redon).
Quergueganenmer. *Kerganemour.*
Querloys. *Kerlouay.*
Quernenc. *Quelneuf.*
Quernoguent. *Carnoguin.*
Querreven. *Kervin.*
Querstival. *Stival.*
Querviniac; Querveniac. *Kervignac.*
Questelberz; Quenstelbertz. *Questembert.*
Questinic. *Quistinic.*
Quelgueu; Quecuen; Quezven; Quesven. *Quéven.*
Quidice.—Voy. Malestroit-en-Quidice.
Quilerette. *Curette* (La).
Quilguennec; Quilvennec. *Quelfenec.*
Quiligan; Quillincamp; Quillingan. *Guélingam.*
Quilir. *Quily.*
Quilivignec. *Quelvignac.*
Quillibron. *Quillivro.*
Quilmezien. *Quilvien.*
Quilvesquell. *Kervesquel.*
Quinsoy. *Quilisoy.*
Quintembert. *Questembert.*
Quirvinyac. *Kervignac.*
Quoessanvec. *Croixanvec.*
Quoet-Bocen. *Capossen.*
Quoetbras. *Coëtprat.*
Quoeteren. *Coacren.*
Quoetennours. *Coët-en-Ours.*
Quoet-en-Paign. *Coët-er-Pagne.*
Quoetenscoulle. — Voy. Coëterscoulf.
Quoetgouler. *Coët-Ulaire.*
Quoetigou. *Coat-Digo.*
Quoezformant. *Goësfroment.*
Quoillou. *Coëlot.*
Quoitcastel, lieu-dit, par. de Noyal-Pontivy, 1267 (duché de Rohan-Chabot).
Quoitforestou, lieu-dit, par. de Baud, 1259 (abb. de Lanvaux).
Quoitmeguer; Quoitmogar. *Coëtmagouet.*
Quoitoquer. *Coët-Auquer.*
\ Quyblion. *Quivilion.*

R

Radennac. *Radenac.*
Ramprenouet. *Remponet.*
Rancoranc. *Rangornet.*

Rangablach. *Rimgoblach.*
Ranhoiarn, aliàs Roenhoiarn, compot, par. de Carentoir, 826 (cart. de Redon).
Ranlis, villa, par. de Rufflac, 846 (cart. de Redon).
Ranloin-Picket, villa, par. de Rufflac, 846 (cart. de Redon).
Rantec. *Riantec.*
Redennac. *Radenac.*
Reginea; Regueni; Reguony. *Réguiny.*
Remugol; Remulgot; Remungoïl; Remulgol. *Remungol.*
Rengun. *Ranquin* (Le).
Rentec. *Riantéc.*
Resac, locus, par. de Caden, XIIᵉ siècle (cart. de Redon).
Rescalli. *Rescaly.*
Rescuel. *Richuel.*
Rosquovar. *Risconval.*
Ressac. *Saint-Perroux.*
Restargant; Restorgant. *Restergant.*
Restaudren. *Restrodant.*
Rest-Audreyn. *Restodrin.*
Restdezalbeu; Restalucz. *Restaloué.*
Restingois. *Restinois.*
Restren; Roscren. *Resclon.*
Restuzyou. *Rustuo* (Le).
Reuiliac. *Rulliac.*
Reus; Heux. *Rieux.*
Reuvisii pagus; Rewis; Reuis; Reuys. *Rhuis.*
Rianthec. *Riantec.*
Rible (Le). *Ribb.*
Riellec. *Riallec* (Le).
Rientec. *Riantec.*
Riex. *Rieux.*
Rimezon. *Rimaison.*
Rivinet, compot, par. de Pleucadeuc, 826 (cart. de Redon).
Roberti, villa. *Robert.*
Rocan; Rochan. *Rohan.*
Rocha-Bernardi; Roca-Bernardi. *Roche-Bernard* (La).
Rocha-Fortis. *Rochefort* (en terre).
Rochecuay. *Ville-Cué* (La).
Roche-des-Trois. *Rochefort* (en terre).
Rochelando (La). *Roche* (La), en Rufflac.
Rochenneznet. *Ronénettes.*
Roche-Sauveur. *Roche-Bernard* (La).
Rodoed-Gallec. *Roudouallec.*
Roenhoiarn. —Voy. Ranhoiarn.
Roezfau. *Rufaux* (Le).
Roezou (Pont à), sur le ruiss. du Pont-Augan, par. de Languidic, 1498 (abb. de la Joie).
Roezquoedou. *Rongoëdo.*

Rohallaire. *Rohaler.*
Romain (Bois au), près de la Combe, par. de Pleucadeuc, 1478 (chât. de Kerfily).
Romania. *Armorique.*
Rompenoec. *Remponet.*
Ros. *Roz.*
Rosanguer. *Rosanière.*
Rosgal. — Voy. Botgarth.
Rosiers (Les). *Roserières.*
Rosmezec-Alray. *Rosinec*, près d'Auray.
Rosquoet. *Rongoët* (*Le*).
Rosulehezre. *Rozulair.*
Roudoezgallec. *Roudouallec.*
Rouézo (La). *Laroiseau.*
Roufflay (Le). *Rufflé* (*Le*).
Rowis. *Rhuis.*
Rozel, villa. *Rosel.*
Ruellyac. *Rulliac.*
Ruflac; Ruflacum. *Ruffiac.*
Rullan (Le). *Rulan.*
Rulyac. *Rulliac.*
Ruminiac. *Réminiac.*
Rungant, villa, 1233 (abb. de Lanvaux).
Runyou (Le). *Rhunio* (*Le*).
Rupes-Bernardi. *Roche-Bernard* (*La*).
Rupes-Fortis. *Rochefort* (en terre).
Rusaux. *Russeau.*
Rusquec (Ihuellan et Izellan). *Ruchec* (*Le*).
Ruyense castrum; Ruys; Ruis. *Rhuis.*
Ruyliac; Ruilliac; Ruiluiac. *Rulliac.*
Ruyno. *Reinaud.*
Ruzaud. *Vieux-Ruault* (*Le*).
Ryno. *Reinaud.*

S

Sach-Radul; Sach-Raoul. *Sach* (*Le*).
Saent-Goneri. *Saint-Gonnery.*
Saint-Abran; Saint-Abram. *Saint-Abraham.*
Saintain. *Centaine.*
Saint-Algonez. *Saint-Aloué.*
Saint-Alocstre; Saint-Alonestre. *Saint-Allouestre.*
Saint-Alvoez. *Saint-Aloué.*
Saint-Anouestre. *Saint-Allouestre.*
Saint-Argocstle. *Saint-Allouestre.*
Saint-Arvezen; Saint-Arguezen. *Sainte-Hervezen.*
Saint-Caradec à Trégomael; Saint-Caradec en Trégomel. *Saint-Caradec-Trégomel.*
Saint-Connec. *Saint-Connet.*

Saint-Crist. *Lochrist.*
Saint-Démétrius, nom ancien d'une partie du territoire de Sarzeau, à laquelle on a même attribué le titre de paroisse.
Saint-Dial; Saint-Diell. *Saint-Diel.*
Saint-Ducat. *Saint-Lucas.*
Saint-Dulut. *Saint-Idult.*
Saint-Dyomar. *Saint-Guyomard.*
Sainte-Catherine-de- (*ou sur*) Blavet. *Sainte-Catherine*, en Riantec.
Sainte-Croix. *Saint-Pierre* (de Vannes).
Saint-Elenan. *Saint-Éléran.*
Saint-Elvoez. *Saint-Aloué.*
Saint-Enenan. *Saint-Éléran.*
Sainte-Noialle. *Sainte-Noyale.*
Saint-Éon. *Saint-Yves.*
Sainteve; Saint-Eve; Saincteve. *Saint-Avé.*
Saint-Fezglan; Saint-Fezlan. *Saint-Felan.*
Saint-Fiacre-Châteaumabon. *Saint-Fiacre*, en Radenac.
Saint-Gelan. *Saint-Gérand.*
Saint-Gildas-de-Blavet. *Saint-Gildas*, en Bieuzy.
Saint-Gilles-Hennebont. *Saint-Gilles.*
Saint-Gilles-les- (*aliàs* sur *ou* des) Champs. *Saint-Gilles.*
Saint-Gilles-Trémoec. *Saint-Gilles-Hennebont.*
Saint-Goustaen. *Saint-Goustan* (d'Auray).
Saint-Goustan-de-Rhuis. *Saint-Gildas-de-Rhuis.*
Saint-Govri. *Saint-Gouvry.*
Saint-Guedas-de-Ruys. *Saint-Gildas-de-Rhuis.*
Saint-Guydas. *Saint-Gildas-de-Rhuis.*
Saint-Hernan. *Saint-Ernan.*
Saint-Hilaire, lieu-dit, par. de Baud, 1583 (abb. de la Joie).
Saint-Iel. *Saint-Diel.*
Saint-Jacques. *Saint-James.*
Saint-Jagu. *Saint-Jacut.*
Saint-Jean, en la par. de Saint-Caradec-Hennebont, établissement de chevaliers de Saint-Jean de Jérusalem, annexe de la commanderie du Croisty en Saint-Tugdual.
Saint-Jean. *Saint-Jean-Brévelay.*
Saint-Jean-du-Croisty. *Saint-Jean*, en Saint-Tugdual.
Saint-Jégu. *Saint-Jacut.*
Saint-Jehan-Brévellay. *Saint-Jean-Brévelay.*
Saint-Jugnan. *Saint-Zunan.*
Saint-Julien, prieuré, à Vannes.

Saint-Junan. *Saint-Zunan.*
Saint-Lenec. *Saint-Hernec.*
Saint-Lorans-de-Greneuc. *St-Laurent.*
Saint-Louan. *Saint-Léon.*
Saint-Martin-sur-Oust. *Saint-Martin.*
Saint-Mériadec-de-la-Lande. *Saint-Mériadec*, en Pluvigner.
Saint-Michel-des-Montagnes. *Montagnes* (*Les*).
Saint-Michel-du-Champ ou du Camp, ou d'Auray. *Chartreuse* (*La*).
Saint-Molff. *Saint-Nolff.*
Saint-Nicolas, prieuré établi au château de Sucinio, en Sarzeau, simple chapellenie au xviiie siècle.
Saint-Nicolas-de-Blavet. *Saint-Nicolas-des-Eaux.*
Saint-Nicolas-de-Castennec. *Saint-Nicolas-des-Eaux.*
Saint-Niziau. *Saint-Nio.*
Saint-Noay. *Saint-Noé.*
Saint-Nouan, seigneurie dont la juridiction s'exerçait, avec celle de Kernivinen, au bourg de Saint-Yves en Bubry (voy. *Saint-Yves*).
Saint-Noyalguen. *Sainte-Noyale.*
Saint-Offac. *Saint-Tofac.*
Saint-Pabu-de-la-Fosse-au-Serpent, ancien prieuré, membre de l'abbaye de Saint-Gildas-de-Rhuis, dont on ne connaît plus aujourd'hui l'emplacement exact; il était situé en Sarzeau, dans le parc ducal de Sucinio, et n'existait déjà plus au xive siècle. Peut-être faut-il y voir l'ancienne abbaye de Suceniou, démolie au xiiie siècle par Jean Ier, duc de Bretagne (D. Morice, I, 41). D'autre part, ce prieuré passe pour avoir remplacé un monastère bâti par saint Gildas sous le nom de Coët-Laen.
Saint-Pater. *Saint-Patern.*
Saint-Pere. *Saint-Pierre.*
Saint-Perreuc. *Saint-Perreux.*
Saint-Pierre-de-Beignon. *Beignon.*
Saint-Sansson. *Saint-Samson.*
Saint-Saudin; Saint-Saudien. *Saudient.*
Saint-Sauveur. *Saint-Goustan-d'Auray.*
Saint-Sauveur-de-Locminé. *Locminé.*
Saint-Seran. *Saint-Servant.*
Saint-Telenan; Saint-Tellennen. *Saint-Éléran.*
Saint-Terguezen. *Sainte-Hervezen.*
Saint-Tudale; Saint-Tudual; Saint-Tudoal. *Saint-Tugdual.*
Saint-Tugoal. *Saint-Tugdual.*
Saint-Tutgual; Saint-Tutgoal. *Saint-Tugdual.*

Saint-Tuzual. *Saint-Tugdual.*
Saint-Ugat. *Saint-Dugast.*
Saint-Uhel. *Saint-Huel.*
Saint-Uzec. *Saint-Thuriaf.*
Saint-Vian. *Saint-Viant.*
Saint-Vincent-sur-Oust. *Saint-Vincent.*
Saint-Yel. *Saint-Diel.*
Saint-Yllut. *Saint-Idult.*
Sales (Domus de) in Alnisiâ. *Salles (Les)*, en Sainte-Brigitte.
Salle (La), seign. de la par. de Loyat, en la trève de Gourhel.
Salles (Les), ancien château sur le bord du Blavet, près de Pontivy, 1406 (duché de Rohan-Chabot); n'existe plus.
Salles-de-Couesnongle (Les). *Couesnongle.*
Salles-de-Penret (Les). *Salles (Les)*, en Sainte-Brigitte.
Sancta Gravida. *Saint-Gravé.*
Sancta Maria de Platea Pulchra. *Notre-Dame-de-Plasquer.*
Sancti Gildasii-Ruyensis (Abbatia). *Saint-Gildas-de-Rhuis*, abbaye.
Sancti Johannis de Pratis (Abbatia). *Saint-Jean-des-Prés*, abbaye.
Sanctis Albis (Prioratus de). *Saint-Guen*, prieuré.
Sanctus Aelvodus. *Saint-Dolay.*
Sanctus Albinus. *Saint-Aubin.*
Sanctus Arnulphus; Saint-Arnol. *Saint-Allouestre.*
Sanctus Bilci. *Bieuzy.*
Sanctus Caradocus. *Saint-Caradec-Hennebont.*
Sanctus Conguarus ; Saint-Congar. *Saint-Congard.*
Sanctus Egidius prope Henbont. *Saint-Gilles-Hennebont.*
Sanctus Germanus de Pibidan. *Saint-Germain*, en Elven.
Sanctus Gildasius; Sant-Gueltas. *Gueltas.*
Sanctus Gobricius. *Saint-Gouvry.*
Sanctus Gonerius. *Saint-Gonnery.*
Sanctus Gravidus. *Saint-Gravé.*
Sanctus Gravius. *Saint-Gravé*, en Trédion.
Sanctus Gudualus. *Locoal.*
Sanctus Gulstanus de Alrayo. *Saint-Goustan-d'Auray.*
Sanctus Innanus ou Inuanus. *Saint-Aignan.*
Sanctus Jacutus. *Saint-Jacut.*
Sanctus Lemanus. *Bodieuc.*
Sanctus Maclovius de Bedano. *Saint-Malo-de-Beignon.*

Sanctus Majolus. *Saint-Nolff.*
Sanctus Masloo de Bidainono. *Saint-Malo-de-Beignon.*
Sanctus Servacius. *Saint-Servant.*
Saniel. *Saint-Niel.*
Sant-Druman. *Saint-Urbain.*
Sarraoui. *Sach (Le).*
Sarzau. *Sarzeau.*
Soudraye (La), îlot qui existait autrefois sur l'Oust, à Malestroit, à côté de l'île Notre-Dame, et sur lequel se serait élevé l'ancien château de Malestroit.
Scensece. *Sensec.*
Sclusensouch. *Scouech (Le).*
Sconhael; Sconsael; Sconhel. *Scouhelle.*
Sóbervet. *Sóbrevet.*
Seglean; Seguelien; Seguelian. *Séglien.*
Segré. *Sigré.*
Selefiac. *Silfiac.*
Senbodan. *Henbodan.*
Senguen. *Saint-Guen*, en Saint-Tugdual.
Senkoko, locus, par. de Béganne, XII⁰ siècle (cart. de Redon).
Sensech; Sencec. *Sensec.*
Sent-Ducocca, 833; Sent-Ducocan, 871; monasteriolum, par. de Cléguérec (cart. de Redon).
Senteve. *Saint-Avé.*
Sequellian. *Séglien.*
Sertenaye (La). *Certenais (La).*
Seuaye (La). *Suais (La).*
Silifiac; Silviac; Siliphiac; Silifliac. *Silfiac.*
Sordéac. *Sourdéac.*
Soual. *Suie.*
Soulais (Le). *Soleil (Le).*
Soult-Alarun. *Sant-Alarin.*
Sourdéac, seigneurie de la paroisse de Loyat, 1430 (chât. de Loyat).
Spina-Fortis. *Spinefort (Le).*
Staepren. *Strapen.*
Staerguezel, lieu-dit, aux environs de Sterbouest, par. de Riantec, 1368 (abb. de la Joie).
Staerguyn. *Stervins.*
Stancadou. *Stang-en-Ihuern.*
Stangbingant. *Stang-en-Gamp.*
Stefyor, lieu-dit, par. de Noyal-Pontivy, 1067 (duché de Rohan-Chabot).
Ster-Gavale; Ster-Gaule. *Vilaine (La).*
Strapren (Le). *Strapen.*
Stumou, écluse. — Voy. Bach-Howori.
Succenio; Suceniou; Suchunyou; Succeniou; Succhenio; Suçenyo; Succenyo. *Sucinio.*

Sulim. *Castennec.*
Sulon. *Toul-Sallo.*
Suluniac; Sulunyac; Suillinizac; Sulunyac; Suligna. *Sulniac.*
Susniac. *Sulniac.*
Sussunio. *Sucinio.*
Sylviac. *Silfiac.*

T

Taermer (Le). *Treumer.*
Talanguern. *Talverne.*
Talenguen. *Coëtuhan*, en Saint-Thuriau.
Talenquail. *Talcoët-Noyal.*
Talguern. *Penvern.*
Talhouët-Salo. *Salo (Le)*, en Pluneret.
Tanguethen. *Saint-Michel (Île).*
Tauppont; Taulpont. *Taupont.*
Tehillac. *Thehillac.*
Téloué. *Tellené.*
Temple (Le). *Prieuré (Le)*, en Baud.
Tenou-Evel. *Temuel.*
Tenougallen. *Trogalen.*
Tenoust. *Téno.*
Tenuennellin. *Trémelin.*
Terre-Borri. *Kerbourg.*
Theis; Theys. *Theix.*
Thenac. *Tenac.*
Thuonsal. *Treusal.*
Thuouneven. *Tronéven.*
Thyhenri. *Ty-Héry.*
Tinsedio, villa, par. de Sainte-Croix de Josselin, 1082 (cart. de Redon).
Tiollaye (La). *Tiolaie (La).*
Tonouloscan, villa. *Tenoux.*
Touche-Hilary (La). *Touche (La)*, en Moustoirac.
Touche-Piart (La). *Touche (La)*, en Saint-Martin.
Toulanlan. *Toulan.*
Toulgoat-en-Bougeant, seign. en la par. de Guiscriff; paraît se rapporter au vill. de Kergoat.
Tramer. *Trémer.*
Trazaiec. *Trédiec.*
Treballnou, villa, dans le pays de Vannes, 909 (cart. de Redon).
Trebcodic, villa, dans le pays de Vannes (?) 834 (cart. de Redon).
Trebdobrogen, locus, par. de Ruffiac, 830 (cart. de Redon); paraît être le même que Dobrogen.
Trebdreoc, villa, par. de Carentoir, 846 (cart. de Redon); paraît être le même que Drihoc.
Trebctwal, villa condita, par. de Ruf-

fiac, 83o (cart. de Redon); paraît être la même qu'Etwal.

Trebbarail, aliàs Trebarail. — Voy. Arhael.

Treblaian, villa, par. de Ruffiac (?) 834 (cart. de Redon).

Treblen. *Tréblanc.*

Trebnowid, villa, par. de Ruffiac, 864 (cart. de Redon).

Trebrimoel; Trebremel; Trebrimel. *Trebimoël.*

Trebwiniau, villa, par. de Pluherlin, 866 (cart. de Redon); paraît être la même que Winiau.

Trécesson. *Folie (La).*

Tredeuoez. *Tredoué.*

Treduilhon. *Trédion.*

Tredyon. *Trédion.*

Trellinec. *Trehuinec.*

Treffingar, villa, par. de Caden, 992 (cart. de Redon).

Trefflesheruin. *Saint-Germain,* en Séglien.

Treffraval. *Tréfoual.*

Trefhidic. — Voy. Treihidic.

Trefloc in Treihidic, villa. *Trélo.*

Trefwredoc, 1037; Tretfuerethuc, xiie siècle, villa, in Resac, par. de Caden (cart. de Redon).

Tregaranteuc. *Tregranteur.*

Trégoumel ; Trégomel ; Trégomael. *Saint-Caradec-Trégomel.*

Tregrehen. *Trégrehenne.*

Trégroye; Trégoray. *Tréauray.*

Tréguz. *Trégu.*

Treheguer; Trehegel. *Tréhiguier.* .

Trebelan. *Tréhulan.*

Tréhuellen; Tréhuélin. *Treulin.*

Trehuen. *Trihuen.*

Treihidic, 1037; Trefhidic, 1066; Trewthic, xiie siècle; villa, par. de Béganne (cart. de Redon).

Treiselguer. *Tréhiguier.*

Treisfaven. *Tréfaven.*

Tréleven, seigneurie dont le siége était en la par. de Saint-Jean-Brévelay.

Tremehouarn; Tremehoern. *Trémoar.*

Tremeur. *Trémer.*

Tremiloret; Tremeboret. *Trémorel.*

Treminatos (Eleemosina de) in Broguerec, 1160 (D. Morice, I, 638).

Trenenaulen; Trenenaullan. *Trénaulan.*

Tresmes. *Tramesse.*

Trestournel, seign. en la par. de Sérent.

Tret, villa, aux environs de Malestroit, xiie siècle (prieuré de la Magdeleine de Malestroit). .

Tretgruuc, locus in Resac, par. de Caden, xiie siècle (cart. de Redon).

Trethilkel. *Tréhiguier.*

Treublen, villa, par. de Loyat, 1082 (cart. de Redon).

Treuff (Le); le Treff. *Dreff (Le).*

Treux (Le). *Tarc (Le).*

Trevalsur; Trevalsun. *Trévelzun.*

Trévenalleuc. *Trévenalet.*

Tréverec (Moulins de), sur le ruiss. du Pont-Augan, par. de Languidic, 1498 (abbaye de la Joie). Ce nom semble s'appliquer aux trois moulins de Pomin, de Talhouet-la-Motte et de Moulin-Brun.

Trévigno. *Trévinio.*

Trevinec. *Tréhuinec.*

Trevleyan; Treveleen. *Trefflean.*

Trévoray. *Tréauray.*

Trevran. *Tréverend.*

Trewort. *Trévéro.*

Trewthic. — Voy. Treihidic.

Treyergat. *Tréffat.*

Trez, locus, près de Tréhiguier, par. de Pénestin, 1128 (cart. de Redon).

Trinitate (Villa de). *Trinité-Porhoet (La).*

Trinité-Bodieuc (La). *Bodieuc.*

Trinité de Bezver (La). *Trinité (La),* en Langonnet.

Trinité-de-la-Lande (La). *Trinité-Sur-zur (La).*

Trofeat, ruiss. dans la par. de Guer, 1391 (chât. des Touches).

Trohardet. *Tréharday-Chauvet.*

Tronavallen. *Tronaralenne.*

Troussoy. *Tronsec.*

Truncus castri. *Tronchâteau.*

Tuobizian; Tuoubizian; Tuoubizien. *Trébihan.*

Tuou-an-Melin. *Tromelin.*

Tuoucallen. *Trogalen.*

Tuouscorff. *Tronscorff.*

Tuousulon. *Toul-Sallo.*

Tymat. *Coët-Quintin.*

U

Ulfer. *Hilvern.*

Ult; Ulto; Ultum; Ultii fluvius. *Oust (L'),* rivière.

V

Val (Le) ou le Val-sous-Castel, seign. en la par. de Quily.

Val-au-Houlle (Le). *Val-aux-Houx (Le).*

Val-Diliec (Le). *Val (Le),* en Saint-Nolff.

Valesmée. *Val-Aimé (Le).*

Vanes. *Vannes.*

Vauborne (Le); le Vaubonne. *Veau-Borne (Le).*

Vau-Brient (Le). *Vaubrien (Le).*

Vaubulo; Vaubullo. *Vobulo (Le).*

Vaucouleurs, seigneurie en la par. de Ménéac.

Vaufollo. *Haut-Folo (Le).*

Vaulgueze (Le). *Vaugasse (Le).*

Vaupinet. *Haut-Pinel (Le).*

Vauquerou (Le). *Vauquerel (Le).*

Vednedia. *Vannes.*

Veill-Estanc (Le). *Cozlen (Le).*

Venetia; Veneti; Venetum (civitas); Venetica (urbs, etc.); Veneticus (pagus); Venetensis (civitas, etc.); Venetus; Veneda; Venedia; Venedi; Venes; Vennes. *Vannes.*

Verger (Le), seigneurie en la par. de Noyal-Pontivy.

Vicenonia. *Vilaine (La).*

Vieux-Miniki (Le). *Cadiguc.*

Vigne (La). *Ferron (Le).*

Villa-André. *Kerandré.*

Villa-Bresqle. *Kerbresque.*

Villa-Cadoret. *Kercadoret.*

Villa-Chevet in Bothencrech. *Kercherel.*

Villa-Christi. *Kergrist.*

Villa-Connan. *Kergonan.*

Villa-Costet. *Kergostet.*

Villa-Debc. *Kerdec.*

Villa-Desnache. *Ville-Denache (La).*

Villæ-Romanorum, lieu-dit, près de l'embouchure de la riv. d'Étel, vie s' (abb. de Sainte-Croix de Quimperlé).

Villa-Freoli. — Voy. Branquasset.

Villa-Gorreden. *Ville-Gourden (La).*

Villa-Guen. *Maison-Blanche (La).*

Villaingne. *Vilaine (La).*

Villa-Jacob. *Kerjacob.*

Villa-Jarbe. *Ville-Gerbe (La).*

Villa-Johannis. *Kerjan.*

Villa-Jouan. *Kerjouan.*

Villa-Madiou. *Kervadio.*

Villa-Pagani. *Ville-Pain (La).*

Villa-Pezrou. *Ville-Pérot (La).*

Villa-Tanguy. *Gaertanguy.*

Ville-au-Blanc (La), lieu-dit, au bout du quai de Saint-Goustan, à Auray.

Ville-aux-Fieulx-Glains. *Ville-ès-Figlins (La).*

Ville-Blanche (La). *Rivières (Les).*

Ville-Boissel (La), seigneurie. *Boissel.*

Ville-Cherouvrier (La). *Ville-Cherrier (La).*

W

Y

ADDITIONS ET CORRECTIONS.

Page 1, col. 1, art. Abattoir (Rue de l'), à Lorient, au lieu de : Voy. Neuve-de-la-Comédie (Rue), lisez : Voy. Rue Neuve-de-la-Comédie.

Page 2, col. 1, art. Aiguillon (Rue d'), au lieu de : Voy. Poissonnière (Rue), lisez : Voy. Rue Poissonnière.

Page 3, col. 1, art. Artois (Rue d'), au lieu de : rue *Neuve-de-la-Comédie*, lisez : *Rue Neuve-de-la-Comédie*.

Page 3, col. 2, après l'art. Assénac, intercaler celui-ci : Assigné, nom d'une section de la commune de Saint-Samson. — Seigneurie.

Page 4, col. 1, art. Aumaître (Rue), au lieu de : Madeleine, lisez : Magdeleine.

Page 4, col. 2, art. Badion-du-Prado (Le), au lieu de : rue au Prado, lisez : partie du village du Prado.

Page 6, col. 1, art. Bas (Rue de), à Mauron : à supprimer.

Page 6, col. 1, art. Basse (Rue), à Malestroit : à supprimer.

Page 6, col. 1, art. Basse (Rue), à Saint-Jean-la-Poterie : à supprimer.

Page 6, col. 2, art. Batelière (Rue) : à supprimer.

Page 10, col. 2, art. Bémat, ajouter : Seigneurie.

Page 10, col. 2, art. Béniers (Roisseau du Pont-ès-), au lieu de : *Ténédo*, lisez : *Trénédo*.

Page 11, col. 2, art. Barnéan (Ruisseau des Bois-de-), lisez : Bernéan.

Page 12, col. 1, art. Bessais (Le), au lieu de : éc. de Peillac, lisez : éc. cⁿᵉ de Peillac.

Page 12, col. 1, art. Beurrerie (Rue de la), au lieu de : Voy. Noire (Rue), lisez : Voy. Rue Noire.

Page 14, col. 1, art. Bizole (La), supprimer : (La).

Page 14, col. 1, art. Blanche (Rue), à Lorient : à supprimer.

Page 14, col. 1, art. Blanche (Rue), à Vannes : à supprimer.

Page 14, col. 1, art. Blavet (Le), au lieu de : Baud, Languidic, Inzinzac, Hennebont, lisez : Baud, Languidic, Lanvaudan, Inzinzac, Hennebont.

Page 16, col. 1, art. Bodieuc, au lieu de : *Rodiec*, manoir, lisez : *Bodiec*, manoir.

Page 16, col. 2, art. Bodon-Banal, lisez : Bodou-Banal, et faites passer après l'art. Bodory.

Page 16, col. 2, art. Boduhueun : à supprimer.

Page 18, col. 2, art. Bois-Moreau (Rue de), au lieu de : *Boscus Morandi*, lisez : *Boscus Moraudi*.

Page 19, col. 1, art. Boissel, ajouter : Seigneurie connue sous le nom de *la Ville-Boissel* ou *du Moulin-Boissel*.

Page 19, col. 1, art. Boissière (La), cⁿᵉ de Nivillac, ajouter : Seigneurie.

Page 19, col. 2, après l'art. Bonet-Plat, intercaler celui-ci : Bonette, nom d'une section de la cⁿᵉ de Plaudren.

Morbihan.

Page 22, col. 1, art. BOTCOUARH, au lieu de : Seigueurie, lisez : Seigneurie.

Page 25, col. 2, art. BOURGOGNE (RUE DE), au lieu de : Voy. TRAVERSIÈRE (RUE), lisez : Voy. RUE TRAVERSIÈRE.

Page 32, col. 1, après l'art. BURGUIN, intercaler celui-ci : BURIN, nom d'une section de la cⁿᵉ de Saint-Dolay.

Page 33, col. 1, art. CADOUDAL, ajouter : ancienne trève de Plumelec.

Page 35, col. 1, art. CARAFORT (RUISSEAU DE), au lieu de : Deux étangs, l'un en Guer, etc. lisez : Deux étangs du même nom, l'un, etc.

Page 35, col. 2, art. CAECC-ER-SEGAL, lisez : CAREC-ER-SEGAL.

Page 37, col. 2, art. CASTEL-GAL, ajouter : Seigneurie.

Page 37, col. 2, art. CATENEUF, au lieu de : Boisbrassu, lisez : Bois-Brassu.

Page 38, col. 1, après l'art. CENDRE (RUE DE LA), à Napoléonville, intercaler celui-ci : CENDRES (PLACE AUX), à Napoléonville. — Voy. FIL (RUE et PLACE DU).

Page 38, col. 2, art. CERTENAIS (LA), au lieu de : Boisbrassu, lisez : Bois-Brassu.

Page 40, col. 1, après l'art. CHÂTEAU (RUE DU), à Josselin, intercaler celui-ci : CHÂTEAU (RUE DU), à Napoléonville. — Voy. LOURMEL (RUE DE).

Page 40, col. 2, art. CHÂTEAU (RUISSEAU DU), au lieu de : Voy. PRÉ-AUX-FOUDRES (RUISSEAU DU), lisez : Voy. PRÉ-AU-FEUVRE (LE).

Page 40, col. 2, art. CHATELÈS, au lieu de : Voy. ESNOUL-DES-CHÂTELETS, lisez : Voy. ESNOUL-DES-CHATELÈS.

Page 41, col. 1, art. CHAUDRON-DU-DIABLE (LE), au lieu de : cromle'ch, lisez : cromlec'h.

Page 44, col. 2, art. CLÉGUER, ruiss., au lieu de : Voy. ÉLOI (SAINT-), lisez : Voy. SAINT-ÉLOI (LE).

Page 45, col. 1, art. CLOÎTRE (CHAPELLE DU), au lieu de : Plumélian, lisez Pluméliau.

Page 46, col. 2, après l'art. COCHELIN (RUISSEAU DU MOULIN-DE-), intercaler celui-ci : COCHON (LE), rocher sur la Vilaine, côte de Férel.

Page 47, col. 1, art. COËLO, au lieu de : Voy. COLLEDO (LE HAUT et LE BAS), lisez : Voy. COLLEDO (MOULIN DU).

Page 49, col. 1, art. COËTUHAN, cⁿᵉ de Saint-Thuriau, lisez : manoir dit aussi *Talenguen*.

Page 49, col. 1, art. COËT-ULAIRE (IHUEL, IZEL et CREIZE), villages, lisez : CREIZ, village.

Pages 49-72, partout où il y a Rémungol, lisez : Remungol.

Page 50, col. 2, art. COLIN (RUE), au lieu de : Voy. NEUVE (RUE), lisez : Voy. RUE NEUVE.

Page 50, col. 2, articles COLLÉDO (LE HAUT et LE BAS); COLLÉDO (MOULIN DU); COLLÉDO (RUISSEAU DU), lisez : COLLEDO.

Page 50, col. 2, art. COMÉDIE (RUE DE LA), à Lorient, au lieu de : Voy. NEUVE-DE-LA-COMÉDIE (RUE), lisez : Voy. RUE NEUVE-DE-LA-COMÉDIE.

Page 51, col. 1, art. COMMUNE (RUE) : à supprimer.

Page 51, col. 2, art. COQUÉRO (LE), cⁿᵉ de Lauzach, au lieu de : Govello, lisez : Gouvello.

Page 52, col. 2, art. CORN-COUTELLUAN, au lieu de : rive, lisez : riv.

Page 53, col. 1, art. COSPÉREC (BRAS et BIHAN), ajouter : Seigneurie.

Page 53, col. 2, art. COSQUER (LE), cⁿᵉ de Pluvigner, ajouter : *Cosquer-Coët-Kerisac* ou *Cosquer-Lancelot*, XVIIIᵉ s⁰ (sénéch. d'Auray).

Page 54, col. 1, art. COSQUÉRO, cⁿᵉ de Pluméliau. Faire un article séparé pour : COSQUÉRO, éc. cⁿᵉ de Saint-Tugdual.

Page 54, col. 1, art. COSSAL (LE), ajouter : Seigneurie.

Page 56, col. 2, art. CRACH (RIVIÈRE DE), au lieu de : *Pont-eur-Ruis*, lisez : *Pont-eur-Rui*.

Page 57, col. 2, art. CRÉHAL, ajouter : Seigneurie; manoir dit *Créhal-Bihan*.

Page 58, col. 1, art. CRENET (LE), cⁿᵉ de Caden, lisez : vill. cⁿᵉ de Caden.

Page 61, col. 2, art. DISMÉON (BRAS et BIHAN), ajouter : Seigneurie.

Page 61, col. 2, après l'art. DISTRO (LE), intercaler celui-ci : DIVÉROUEL (LE), nom d'une section de la cⁿᵉ de Saint-Tugdual.

Page 62, col. 1, art. Donfos (Iruelloff et Izelloff), au lieu de : villages, lisez village.

Page 64, col. 1, art. Église (Rue et Place de l'), à Napoléonville, supprimer les mots : et *Marché du Cuir-à-Poils* ou *du Cuir-Vert*.

Page 66, col. 1, art. Er-Lanic, ajouter : Voy. Tisserand (Le).

Page 66, col. 2, art. Esnoul-des-Chatelêts (Rue). Voy. Française (Rue), lisez : Esnoul-des-Chatelès (Rue). — Voy. Rue Française.

Page 69, col. 2, art. Fil (rue et Place du), à Napoléonville, ajouter : la place dite autrefois place *aux Cendres.*

Page 72, col. 2, après l'art. Four (Rue du), au Palais, intercaler celui-ci : Four (Rue du), au Port-Louis. — Voy. Pointe (Porte et Rue de la).

Page 73, col. 2, art. Franches (Les), lisez : Frauches (Les), et faites passer après l'art. Fraternité (Rue de la).

Page 74, col. 2, art. Ganquis-Plessis, ajouter : Seigneurie.

Page 75, col. 1, art. Garderve, au lieu de : éc. de Camors, lisez : éc. c^{ne} de Camors.

Page 87, col. 1, art. Groix, lisez : membre de l'abbaye de Sainte-Croix de Quimperlé, qui passa, au xviie siècle, aux oratoriens de Nantes.

Page 88, col. 2, art. Guennic (Les Grand et Petit), au lieu de : villages, lisez : village.

Page 91, col. 1, art. Guernehué (Le), vill. c^{ne} de Plumergat, ajouter : Voy. Villeneuve.

Page 91, col. 1, art. Guernehué (Pont), supprimer : Voy. Villeneuve.

Page 91, col. 2, art. Guernic (Les Grand et Petit), au lieu de : villages, lisez : village.

Page 93, col. 2, art. Guillemin, au lieu de : *Gouach-Boduhuern,* lisez : *Gouarch-Roduherne.*

Page 95, col. 2, art. Haut-Folo (Le), ajouter : Seigneurie, connue sous le nom de *Vaufollo.*

Page 95, col. 2, art. Haut-Pinel (Le), ajouter : Seigneurie, connue sous le nom de *Vaupinel.*

Page 97, col. 1, art. Hermain (L'), lisez : Prieuré, appelé quelquefois simplement prieuré de *Molac.*

Page 98, col. 1, art. Hinguet (Les Haut et Bas), lisez : Hinguéul.

Page 98, col. 2, art. Hôpital (Rue de l'), au Palais, ajouter : dite aussi autrefois rue *du Paluden,* xviiie siècle (arch. comm. du Palais).

Page 101, col. 1, art. Acobins (ancienne place, etc.), lisez : Jacobins.

Page 103, col. 2, art. Kerandraon, c^{ne} de Gourin, ajouter : Seigneurie.

Page 105, col. 1, art. Keraudrain, c^{ne} de Saint-Gildas-de-Rhuis, ajouter : Prieuré-chapellenie dépendant de l'abbaye de Saint-Gildas-de-Rhuis.

Page 118, col. 1, art. Kerglazen (Bras et Bihan), ajouter : Seigneurie.

Page 122, col. 2, art. Kergoicher, ajouter : Seigneurie.

Page 124, col. 2, art. Kerhilias, lisez : Pont sur le Goah-er-Licennen, etc.

Page 125, col. 1, art. Kerhorre, c^{ne} de Bignan, lisez : h. c^{ne} de Bignan.

Page 131, col. 2, art. Kerlévené, c^{ne} de Languidic, ajouter : Seigneurie.

Page 135, col. 1, art. Kermario, c^{ne} de Carnac, ajouter : Seigneurie.

Page 140, col. 1, art. Keroupoul, ajouter : Seigneurie plus connue sous le nom de *Kerampoul.*

Page 153, col. 1, art. Labatie, au lieu de : Moustoir-Remnngol, lisez : Moustoir-Remungol.

Page 153, col. 1, art. Laër-Faven (Rue), lisez : Malguénac (Rue de) et Noyers (Rue des).

Page 159, col. 2, art. Lay (Le), au lieu de : *Collédo,* lisez : *Colledo.*

Page 160, col. 1, art. Lemé (Haut et Bas), ajouter : Seigneurie.

Page 162, col. 2, art. Lézevarch, au lieu de : *Lescuvalch,* lisez : *Leseuvalch.*

Page 169, col. 2, art. Luzerne, éc. de Plumergat, lisez : éc. c^{ne} de Plumergat.

Page 173, col. 2, art. Mané-Bihan, h. c^{ne} de Caradec-Trégomel, lisez : Saint-Caradec-Trégomel.

Page 174, col. 2, art. Manénain (Ihuel, Izel et Creize), lisez : Creiz.

Page 175, col. 2, art. Mare (La), h. c^{ne} de Jacut, lisez : Saint-Jacut.

Page 176, col. 1, art. Mariolle, au lieu de : Voy. Noë (La), lisez : Voy. Noé (Rue).

Page 176, col. 2, art. MASSE (PONT DE LA), au lieu de : Veau-Marqué, lisez : Vau-Marqué.

Page 177, col. 1, art. MEIN-FEULET, lisez : MEIN-FEUTET.

Page 179, col. 1, art. MERCIÈRE (RUE) : à supprimer.

Page 180, col. 2, art. MILITAIRE (RUE) : à supprimer.

Page 186, col. 1, art. MOUSKER, au lieu de : Quiberon; côte de Crach, lisez : Quiberon, côte de Crach.

Page 186, col. 1, art. MOUSTOIR (LE), cᵘᵉ de Locoal-Mendon, au lieu de : ville, lisez : village.

Page 189, col. 1, art. NÉZART, ajouter : Seigneurie plus connue sous le nom *du Lézart.*

Page 190, col. 1, art. NOË (RUE), à Vannes, lisez : Noë.

Page 192, col. 2, art. OUADEC (BRAS et BIHAN), au lieu de : villages, lisez : village.

Page 193, col. 2, après l'art. PALUDEN, vill. intercaler celui-ci : PALUDEN (RUE DU), au Palais. — Voy. HÔPITAL (RUE DE L').

Page 202, col. 2, art. PIERRE-FENDUE (LA), au lieu de : *Mein-Foulet,* lisez : *Mein-Feutet.*

Page 206, col. 2, art. PLUMÉLIAU, au lieu de : *Plemeliat,* lisez : *Plemeliau.*

Page 208, col. 2, art. PONT-BRIAND, au lieu de : Pont-Briand; cᵉᵉ de Guiscriff, lisez : Pont-Briand, cⁿᵉ de Guiscriff.

Page 209, col. 2, art. PONT-DE-FER, au lieu de : Camoël-Assérac, lisez : Camoël, Assérac.

Page 213, col. 2, art. PONT-MARTAY, sur le Kerguzangor, lisez : pont sur le Kerguzangor.

Page 215, col. 2, art. PONTSCORFF, au lieu de : L'évêque de Vannes y avait aussi une juridiction, lisez : y avait eu aussi, etc.

Page 217, col. 2, art. PORT-D'OUST (LE), éc. cⁿᵉ de Congard, lisez : Saint-Congard.

Page 220, col. 1, art. POULDU (LE), cⁿᵉ de Saint-Jean-Brévelay, au lieu de : chât, fᵉ, lisez : chât. fᵉ.

Page 220, col. 2, art. POUGLASS, TRÉVELIN, etc. lisez : POULGLASS.

Page 231, col. 1, art. RENAUD (ÎLE DU), sur le Morbihan; éc. cⁿᵉ de Baden, lisez : sur le Morbihan, contenant un éc. cⁿᵉ de Baden.

Page 231, col. 1, art. RENAUDEBIE (LA), lisez : RENAUDERIE (LA).

Page 232, col. 2, art. RESTINOIS, au lieu de : Berne, lisez : Berné.

Page 234, col. 1, art. BITORD, lisez : RITORD.

Page 238, col. 1, art. ROICH-ER-VILIN-MEELL, au lieu de : PENLANN (RUISSEAU DU MOULIN-DU-), lisez : PENEANN (RUISSEAU DU MOULIN-DE-).

Page 242, col. 1, art. RUE NEUVE, vill. de Sainte-Anne, lisez : au vill. de Sainte-Anne.

Page 244, col. 2, art. SAINT-BLEU (TOMBE DU), lisez : SAINT BLEU.

Page 246, col. 1, art. SAINT-DUGAST (LE HAUT et LE BAS), au lieu de : hameaux, lisez : hameau.

Page 246, col. 1, art. SAINTE-ANNE, cⁿᵉ de Surzur, au lieu de : Pont-de-Caden, lisez : Pont-Caden.

Page 247, col. 1, art. SAINTE-HÉLÈNE, cᵒⁿ du Port-Louis, au lieu de : paroisse *de Locoal-Hennebont,* et subd. d'Hennebont, lisez : paroisse *de Locoal-Hennebont,* en la sénéch. et subd. d'Hennebont.

Page 249, col. 1, art. SAINT-GRAVÉ, eᵒⁿ de Rochefort, au lieu de : *Santa Gravida,* lisez : *Sanctu Gravida.*

Page 253, col. 1, art. SAINT-MICHEL, île, au lieu de : Chapelle de fondation du prieuré de Saint-Michel-des-Montagnes, situé en la par. de Plœmeur, lisez : Chapelle de fondation du prieuré de Saint-Michel-des-Montagnes situé, etc.

Page 254, col. 2, art. SAINT-PIERRE (RUE), à Lorient, lisez : SAINT-PIERRE (RUE DE).

Page 255, col. 2, art. SAINT-SÉBASTIEN (PLACE), au lieu de : BIGARRÉ (PLACE DE), lisez : BIGARRÉ (PLACE).

Page 257, col. 2, art. SASCOËT, au lieu de : *Cléguérct,* lisez : *Cléguérec.*

Page 258, col. 2, art. SCAËN, lieu-dit : à supprimer.

Page 262, col. 1, après l'art. STANG-EUR-GOCH-VELIN, intercaler celui-ci : STANG-EUR-RHEUX, ruiss. — Voy. STANG-EUR-GOOH-VELIN.

Page 268, col. 1, art. TISSERAND (LE), île, ajouter : dite aussi *Er-Lanic.*

Page 268, col. 1, après l'art. Tisserand (Le), intercaler celui-ci : Tisserands (Les), rocher de la baie du Morbihan, côte d'Arzon.

Page 279, col. 1, art. Ty-er-Parc-Lann (Bras et Bihan), au lieu de : éc. c^{ne} de Moréac, lisez : deux éc. c^{es} de Moréac.

Page 281, col. 2, art. Vallée-sous-le-Bois (Ruisseau de la), au lieu de : affl. de l'Oust qui arrose Saint-Congard, lisez : affl. de l'Oust, qui etc.

Page 282, col. 1, art. Vannes, au lieu de : chef-lieu du diocèse de Vannes, fondé, etc., lisez : chef-lieu du diocèse de Vannes fondé, etc.

Page 282, col. 2, art. Vannes, au lieu de : à laquelle fut substitué un présidial en 1554, lisez : en 1552.

Page 282, col. 2, art. Vannes, au lieu de : En l'an... l'on créa deux cantons, lisez : En l'an X, l'on créa etc.

Page 292, col. 1, art. Villeneuve ou la Villeneuve, supprimer le mot : village.

Page 294, col. 1, art. Ville-Rouault (La), au lieu de : Bréan-Loudéac, lisez : Bréhan-Loudéac.

Page 299, col. 1, art. Caer-Locmariaquer, à reporter après l'art. Cadent.

Page 304, col. 3, art. Liscelli, au lieu de : aliàs Liskilli, lisez : aliàs Liskelli.

Page 306, col. 1, art. Mouestr-Sainct-Alban, lisez : Mouster-Sainct-Alban.

Page 308, col. 3, art. Ranhoiarn, lisez : Renhoiarn, et faites passer après l'art. Rengun.

Page 308, col. 3, art. Roenhoiarn, au lieu de : Voy. Ranhoiarn, lisez : Voy. Renhoiarn.